古典力学
Classical Mechanics

ジョン・テイラー
John R. Taylor

上田 晴彦 訳
Ueda Haruhiko

プレアデス出版

古 典 力 学

Classical Mechanics

by John R. Taylor

Japanese translation rights arranged with
UNIVERSITY BOOKS INC dba UNIVERSITY SCIENCE BOOKS
through Japan UNI Agency, Inc., Tokyo

目　次

第Ⅱ部 発展編 —— 511

第14章 衝突理論 635

第15章 特殊相対性理論 679

まえがき

この本は物理学を専攻する学生，特に入門物理学（アメリカの大学における典型的な「新入生の物理学」）の一部として，ある程度力学を学んだことがあり，より深く学ぶ準備ができている物理学科の学生を対象としている。本書はコロラド大学の物理学科における大学 3 年次レベルの力学コースから生まれたが，そのコースの受講生は主に物理学専攻の学生であるものの，数学・化学・工学専攻の学生もいる。これらの学生のほとんどは 1 年にわたる新入生の物理学を受講しているので，少なくともニュートンの法則，エネルギーと運動量，単振動などを知っている。本書では一通りの知識のある学生に，これらの基本的な考え方のより深い理解を与えたうえで，ラグランジュ的手法とハミルトン的手法を用いた定式化，非慣性系，剛体の運動，連成振動子，カオス理論などのより進んだ理論を取り扱う。

もちろん力学はどのように物体が動くか，すなわち電子がブラウン管の中をどのように動くか，野球のボールがどのように空を飛ぶか，彗星が太陽のまわりをどのように動くかということを調べる研究分野である。古典力学は 17 世紀のガリレイとニュートンによって作られ，18 世紀と 19 世紀のラグランジュとハミルトンによって再構成された力学の形式である。200 年以上前から，古典力学はすべての考えうる系の動きを説明することができる唯一の力学形式であると考えられていた。

そして 20 世紀初頭の 2 つの大革命において，古典力学は光速度に近い物体の運動や，原子を構成する粒子の原子内部の運動を説明できないことが示された。1900 年から 1930 年頃までの期間，主に高速に移動する物体を記述するために相対論的力学が，主に原子核系を記述するために量子力学が発展した。これらの競合する理論に直面して，古典力学はその関心と重要性の多くを失ってしまったと考えられるかもしれない。しかし実際には 21 世紀初頭において，古典力学はこれまでと同じくらい重要で魅力的なものになっている。この復活劇は，3つの事実に起因している。第1に，相変わらず多くの興味深い物理系が古典的な用語によって最もよく記述される，ということである。宇宙船や現代の加速器における荷電粒子の軌道を知るには，古典力学を理解する必要がある。第2に，カオス理論の進展に関連する古典力学の最近の発展が物理学と数学の全く新しい分野を生み出し，因果関係の概念の理解を変えたことである。これらの新しいアイデアにより，最高の知性を持つ物理学者の一部が古典力学の研究に戻るようになっている。第3に今日でも真理であるが，古典力学の深い理解が，相対性理論と量子力学の学習のための前提条件となることである。

物理学者は，「古典力学」という用語を比較的漫然と使用する傾向がある。多数の人々は古典力学をニュートン力学，ラグランジュ力学，ハミルトン力学の意味で使用している。そのような人々にとって，「古典力学」には相対性理論と量子力学は含まれていない。一方で物理学のいくつかの分野においては，「古典力学」の一部として相対性理論を含める傾向がある。このような人々にとって，「古典力学」は「非量子力学」を意味する。この2番目の用法の反映として，「古典力学」と呼ばれるいくつかのコースには，相対性理論の紹介が含まれている。そしてそのような理由で，本書には読者が自由に選択できる相対論的力学の章を含めた。

古典力学の魅力的な特徴は，ベクトル，ベクトル解析，微分方程式，複素数，テイラー級数，フーリエ級数，変分法，行列など，物理学の他の多くの分野に必要な数学的技法を学ぶ絶好の機会を与えてくれることである。これらの話題について，私は（さらに詳しく知りたい場合の参考文献と共に）少なくとも最小限の復習または紹介をおこない，古典力学の極めて単純な文脈の中でその使用法を教授しようとした。読者がこれらの重要な技法を使いこなせるという自信を持って本書から巣立ってくれることを，私は願っている。

本書は必然的に，1セメスターのコースで消化できるよりも多くの題材を含んでいる。ここで私は，何を省略すべきかの選択の基準を述べる。本書は2部に分かれている。第I部には「基礎的」な題材が11章含まれており，順番に読む必要がある。一方で第II部には相互に独立した5つの「発展的」な題材があり，いずれも他の章を参照せずに読むことができる。通常，このように分割することはすっきりしたものではないが，これをどのように使うかは読者（または読者の学生）の予備知識によって決まる。コロラド大学での 1 学期のコースにおける教授経験により，第 I 部の大部分は着実に取り組む必要があることが分かった。第 II 部については学生にそのうちの 1 つを選択させ，課題として学習させた。(学生たちはその活動を楽しんでいたようであった。）本書の予備版から利用した教授の中には，学生たちが最初の 4〜5 の章を素早い復習で済ませることができるよう十分な準備をしており，第 II 部に使える時間をより多く残せたという経験をした者もいた。また力学のコースが 2 クォーター続く大学においては，第 I 部のすべてと第 II 部の大部分をカバーすることが可能であることも分かった。

第 II 部の各章は相互に独立しているので，第 I 部を終了する前にそれらの一部を読むことができる。たとえば第 12 章のカオスは第 5 章の振動が終わった後に，第 13 章のハミルトン力学は第 7 章のラグランジュ力学の直後に読むことができる。複数の節には，連続性を失うことなく省略できることを示す星印が付いている。(これは重要ではないと言っているわけではなく，後で読者がそれらを読むために戻ってくることを私は望んでいる。)

物理学の教科書を読む際には，各章の最後で多くの演習をおこなうことが重要である。私は教員と学生の両方に多くの選択肢を与えるために，多数の演習問題を含めた。それらの一部は各章の考え方の単純な応用であり，他のものはこれらの拡張である。私は章ごとに問題を入れた。そのため各章を読んですぐに，その章のいくつかの問題を解くことができる（し，またそうすべきである)。(当然のことながら特定の章に記載されている問題は，それ以前の章の知識を必要とするが，その後の章の知識は必要としない。) 問題の程度を示すための 1 つ星 (*) は，ただ 1 つの内容を含む簡単な演習を意味する。3 つ星 (***) は複数の内容を含み，おそらくかなりの時間と労力を要する挑戦的な問題である。この種の分類はかなり主観的で極めて大まかであり，また驚くほど難しいものである。私は読者がこのようであるべきだと考える変更についての提案を，歓迎する。

問題のなかにはグラフを描いたり，微分方程式を解くのにコンピュータを使用したりする必要があるものが存在する。いずれも特定のソフトウェアを必要とするわけではない。MathCad のような比較的単純なシステムでも，Excel のようなスプレッドシートでさえも利用可能である。Mathematica，Maple，Matlab など，より洗練されたシステムが必要なものもある。(ちなみに本書をもとにした授業は，これらのすばらしいシステムを学ぶためのよい機会にもなる。) コンピュータの使用を必要とする問題は，[コンピュータ]と表示されている。少なくとも必要なコードを作るには多くの時間がかかるという理由で，私はそれらの問題を***または少なくとも**にした。もちろんこれらの問題は，必要とされるソフトウェアを利用した経験のある学生にとっては，より簡単なものになるであろう。

各章は，「第××章の主な定義と方程式」という要約で終わる。私はこれらの要約が，読者が各章を理解していることを確認するのに役立つことを，そして読者が本書を読み終わった後に参考書として利用する際に，細部を忘れてしまった数式を見つけようとするときに役立つことを，願っている。

助力や提案をしてくれたことに感謝したい人々が，たくさんいる。コロラド大学では，Larry Baggett 教授，John Cary 教授，Mike Dubson 教授，Anatoli Levshin 教授，Scott Parker 教授，Steve Pollock 教授，Mike Ritzwoller 教授らが含まれる。他大学では，以下の教授たちが原稿を論評したり，授業で予備版を使用してくれたりした。

Meagan Aronson, U of Michigan
Dan Bloom, Kalamazoo College
Peter Blunden, U of Manitoba
Andrew Cleland, UC Santa Barbara
Gayle Cook, Cal Poly, San Luis Obispo
Joel Fajans, UC Berkeley
Richard Fell, Brandeis University
Gayanath Fernando, U of Connecticut
Jonathan Friedman, Amherst College
David Goldhaber-Gordon, Stanford
Thomas Griffy, U of Texas
Elisabeth Gwinn, UC Santa Barbara

Richard Hilt, Colorado College
George Horton, Rutgers
Lynn Knutson, U of Wisconsin
Jonathan Maps, U of Minnesota, Duluth
John Markert, U of Texas
Michael Moloney, Rose-Hulman Institute
Colin Morningstar, Carnegie Mellon
Declan Mulhall, Cal Poly, San Luis Obispo
Carl Mungan, US Naval Academy
Robert Pompi, SUNY Binghamton
Mark Semon, Bates College
James Shepard, U of Colorado
Richard Sonnenfeld, New Mexico Tech
Edward Stern, U of Washington
Michael Weinert, U of Wisconsin, Milwaukee
Alma Zook, Pomona College

私はこれらすべての人々と彼らの学生から寄せられた多くの有益なコメントに，深く感謝している。特に誤植や曖昧さを捉えることに対する Carl Mungan の驚くべき注意深さに感謝したい。また Jonathan Friedman と彼の学生 Ben Heidenreich は，10 章の本当に恥ずかしい間違いから私を救ってくれた。私は最高の精査で原稿を批評し，文字通り何百もの提案をしてくれた友人であり同僚である Bates College の Mark Semon と Boeing Aircraft Company の Dave Goodmanson に，特に感謝している。Wisconsin 大学の Christopher Taylor も Mathematica と LaTeX について忍耐強く助けてくれた。ポルトガルの Universidade da Beira Interior の Manuel Fernando Ferreira da Silva 教授は，驚くほど徹底的に初期の印刷物を読み，様々な提案をしてくれたが，その多くは些細なものであるものの，重要なものもいくつかあった。University Science Books の Bruce Armbruster と Jane Ellis は，著者の夢を実現してくれた。編集者の Lee Young は極めて珍しいことに，英語用法および物理学の専門家である。彼は多くの重要な改善を提案してくれた。最後に，私の妻 Debby に感謝したい。私と結婚生活をおくることはひどく骨の折れることであるが，彼女はそれを恐れ多くも我慢してくれた。そして高い能力を備えた英語教師として，執筆と編集について彼女が知っているほとんどのことを，私に教えてくれた。私は永遠に感謝する。

我々の努力にもかかわらず，本書にはおそらく誤りが含まれていると思われる。もし読者が見つけたどんな誤りでも，私に知らせてくれればとても幸いである。教授マニュアルを含む補助資料およびその他の通知は，University Science Books のウェブサイト www.uscibooks.com に掲載される予定である。

John R. Taylor
Department of Physics
University of Colorado
Boulder, Colorado 80309, USA
John.Taylor@Colorado.edu

訳者まえがき

本書はジョン・テイラー著,『Classical Mechanics』(University Science Books, 2005)の全訳である。本書の著者であるジョン・ロバート・テイラー (John Robert Taylor) 氏は，現在コロラド大学ボルダー校の物理学の名誉教授である。テイラー氏は 1939 年 2 月 2 日に英国ロンドンで誕生の後, 1960 年にケンブリッジ大学で数学の学士号を取得した。1963 年に米国カリフォルニア大学バークレー校で物理学の博士号を取得し，1966 年からコロラド大学で教鞭をとっている。また 1972 年にはコロラド大学教授に就任し，さらに 1988 年から 1990 年に放映された "Physics For Fun"というテレビ・シリーズにより，エミー賞を受賞した。(YouTube で，テイラー氏の姿とともにその一部を現在でも視聴できる。テイラー氏がどれほど物理教育に力を注いでいるか，その一端を垣間見ることができるので，ぜひご覧あれ！）テイラー氏は本書を含む大学レベルの物理学の教科書を数冊執筆しており，日本でも『計測における誤差解析入門』(林茂雄・馬場凉 訳，東京化学同人，2000）の著者として知られている。なおテイラー氏は，コロラド大学を 2005 年に定年退職されている。

本書の内容であるが，手に取っていただければすぐにわかるように，力学の広い範囲をカバーした大作である。日本での力学の教科書はニュートン力学のみを取り扱ったものが多いが，米国の教科書では，解析力学・カオス・特殊相対論・連続体力学などを含んでいるものが一般的となっている。本書はそのような教科書の中でももっとも標準的なものとして，多くの米国の大学で使用されているベストセラーの教科書である。

日本で米国の古典力学の教科書といえば，吉岡書店から出版されているゴールドスタイン著『古典力学』がもっとも有名であろう。ゴールドスタインは私の愛読書でもあり，大学 1 年生の時から今に至るまで何度も読み返し研究に生かしてきたが内容が高度で，私が勤務している標準レベルの大学での学部教育に活用することは難しかった。本書はゴールドスタインよりもずっと易しいため，より多くの日本の学生・物理愛好家に読まれることを期待している。

私事になるが，50 歳になったのを契機に古典力学を見直してみようと思い立ったのが，本書の翻訳のきっかけである。気軽ではあるがじっくりと読み進めることができるもの，という前提で探したが和書で適切なものが見つからず，洋書に範囲を広げて本書の原書である『Classical Mechanics』に行き着いた。一瞬にして「これだ！」と思い，それ以後はこの書を読むことが私の人生の秘かな楽しみとなった。この教科書はこれまで私が出会った古典力学の書物とは明らかに趣が違っており，目新しさを感じながらの読書となった。了読後，この素晴らしい教科書をぜひ日本語で紹介し，日本の科学文化の中に取り入れたいと思い，出版社も決まらないなかで翻訳作業に入った。翻訳は遅々として進まなかったが，半年で第 5 章まで翻訳が完了した段階で，プレアデス出版の麻畑仁様にご相談したところ，同氏のご厚意・ご尽力により本書の出版の目途が立った。その後は翻訳のペースを上げ，約 2 年で翻訳作業を終えることができた。麻畑様には，この場を借りて感謝申し上げたい。

翻訳については，厳密さよりも読みやすさを優先させ，不自然な日本語にならないように努めたつもりである。また若干ではあるが，若い日本の読者にはなじみのないもの（たとえば「トブラローネ（問題 10.12）」や「スポック（問題 15.6）」など）には，訳者による注釈をつけた。実はこの翻訳作業は，私が副学部長から副学長の職にあった期間と重なる。きわめて多忙を極めた中での作業となったため，最後は気力で強引に仕上げた部分もある。また大著を 1 人で翻訳したため不備な点もあると思うが，読者のご批判を待ちたい。なお本書の章末問題ではコンピュータの利用が前提になっているものがあるが，拙著『Java で初等力学シミュレーション』（プレアデス出版），『Maxima で学ぶ解析力学』（工学社）が参考になるかもしれない。

最後に，これまで私を支えてくれた妻（晴美）と息子（悠宇杜），そして愛猫（夏空美：ソラミ）に感謝しながら，筆を置くことにしたい。これから本書に挑戦される読者のご多幸を，心からお祈りしている。

2019 年 3 月　上田晴彦

第 I 部

基礎編

本書の第 I 部には，学部段階のほぼすべての物理学専攻者に必要不可欠な知識であると考えられる題材が含まれている。第 II 部には，読者の好みや利用可能な時間に応じて選択できる追加の話題が含まれている。「基礎編」と「発展編」の区別については当然ながら議論の余地があり，読者であるあなたの予備知識に大きく依存する。予備知識があれば，たとえば第 I 部の最初の 5 つの章を素早く復習することも，完全に省くこともできる。実際問題として，これらの区別は次のとおりである。第 I 部の 11 の章は順番に読まれるように設計されており，各章を書く際には前の章の大部分（それらを本書で学んだか，または他で学んだかにせよ）の内容に精通していると仮定した。これとは対照的に第 II 部の章は互いに独立であり，第 I 部の内容の大部分を知っていれば，どんな順序ででも読むことができる。

第 1 章　ニュートンの運動の法則

1.1　古典力学

力学は物体がどのように運動するか，すなわち惑星が太陽のまわりをどのように動くか，スキー選手がどのように坂を下るか，または電子が原子核のまわりをどのように動くかについて研究する学問である。我々の知る限りでは，ギリシャ人は 2000 年以上前に力学について真剣に考えた初めての人たちであり，ギリシャの力学は現代科学の発展の大きな第 1 歩を象徴している。それにもかかわらず現代から見るとギリシャ人の考えには深刻な欠陥があり，ここでそれらを考慮する必要はない。今日我々が知っている力学の発展は，ガリレイ（1564-1642）とニュートン（1642-1727）の研究から始まるので，ニュートンによる 3 法則の定式化が本書の出発点である。

18 世紀後半と 19 世紀前半には，フランスの数学者・天文学者のラグランジュ（1736-1813）とアイルランドの数学者ハミルトン（1805-1865）によって，彼らの名前で呼ばれる 2 つの異なった定式化がなされた。ラグランジュ的手法とハミルトン的手法による力学の定式化は，ニュートン的手法と完全に同等であるが，これらの 2 つの手法は多くの複雑な問題に対して極めて簡単な解法を提供するうえ，様々な現代物理学の分野の出発点でもある。古典力学という用語はやや曖昧に使われているが，一般にこれら 3 つの等価な定式化を含んでいると理解されている。そして古典力学と呼ばれる本書の主題についても，この意味で使っている。

20 世紀初頭まで，古典力学はあらゆる種類の運動を正確に記述する，唯一の力学理論であると考えられていた。しかし 1905 年から 1925 年までの 20 年間で，古典力学は光速度に近い速度で移動する物体の運動や，原子・分子内部の微視的な粒子の運動を正確に記述していないことが明らかになった。その結果，極めて高速な物体の運動を記述する相対論的力学と，微視的な粒子の運動を記述する量子力学という，2 つの全く新しい力学形式が作られた。本書では「自由選択」となる第 15 章で，相対性理論を紹介する。量子力学については全く別の本（または複数の別の本）にまかせ，その簡単な紹介についてさえもおこなわなかった。

古典力学はそれぞれの領域において相対論的力学と量子力学に置き換えられるが，古典力学が正確な運動を完全に記述する多数の興味深く現代的な問題が依然として存在する。特に最近の数十年間におけるカオス理論の出現によって古典力学の研究は活発になり，物理学において最も流行りの分野のひとつになりつつある。本書の目的は，古典力学の刺激的な分野における徹底した基礎を与えることである。ニュートンの定式化を使うことが適切な場合は，その枠組みの中で問題を議論するつもりである。しかしラグランジュとハミルトンのより新しい定式化が望ましい状況を強調し，またそのような場合にこれらを使用することもおこなう。本書のレベルでは，ニュートン的手法よりラグランジュ的手法を用いる多くの重要な利点があり，そのため第 7 章からラグランジュ的手法を繰り返し使用する。それとは対照的にハミルトン的手法の利点はより高度なレベルで出現するので，ハミルトン力学の導入は第 13 章までおこなわない（ただし第 7 章終了以後であれば，いつでも読むことができる）。

この本を書くにあたって，読者が典型的な「一般物理学」の新入生コースに含まれるニュートン力学の入門的講義を受けていることを前提としている。この章では，読者が以前に学習したであろう内容の概要を，簡単に説明する。

1.2 空間と時間

ニュートンの 3 法則は，空間・時間・質量・力の 4 つの重要な基礎概念によって定式化されている。本節ではこれらの最初の 2 つである，空間と時間を復習する。空間と時間の古典的な見解の簡単な説明に加えて，空間内の点を表現するベクトルの仕組みを素早く復習する。

空間

我々が存在している3次元空間の各点Pは，図 1.1 のように任意に選ばれた原点OからPへの距離と方向を指定する位置ベクトル$\mathbf{r}$によって，表すことができる。ベクトルを決める多くの異なる方法があるが，その中で最も自然なのは3つの選択された垂直軸方向の成分(x, y, z)を与えることである。これを表現する一般的な方法は，3 つの軸方向を指し示す 3 つの単位ベクトル$\hat{\mathbf{x}}, \hat{\mathbf{y}}, \hat{\mathbf{z}}$を導入し，

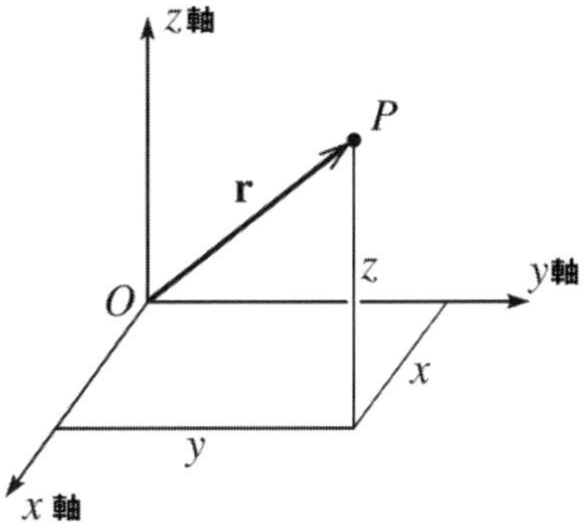

図 1.1　点Pは，任意に選ばれた原点Oに対するPの位置を与える位置ベクトル$\mathbf{r}$によって表わされる。ベクトル$\mathbf{r}$は，適切に選ばれた軸$Oxyz$の成分(x, y, z)によって指定できる。

$$\mathbf{r} = x\hat{\mathbf{x}} + y\hat{\mathbf{y}} + z\hat{\mathbf{z}} \tag{1.1}$$

と書くことである。初歩の段階では，(1.1) のような唯 1 つの見通しの良い表記法を選択し，それを堅持するのが賢明であろう。しかしより高度な段階では，複数の異なる表記を使用することを避けることはできない。著者ごとに好みが異なるため(ここで私が$\hat{\mathbf{x}}, \hat{\mathbf{y}}, \hat{\mathbf{z}}$としているものは，$\mathbf{i}, \mathbf{j}, \mathbf{k}$を使用するのが一般的である)，それらの表記に慣れる必要がある。さらに，ほぼすべての表記には欠点があり，状況によっては使用できない可能性がある。したがって読者は自分好みの記法を選ぶかもしれないが，他の異なる記法に対しても許容する必要がある。

(1.1) を以下のように短縮し，簡略化して書くと便利である。

$$\mathbf{r} = (x, y, z) \tag{1.2}$$

この表記法は (1.1) との一貫性が全くないことは明らかである。しかしその意味するところは極めて明白であり，$\mathbf{r}$ がx, y, zの成分を持つベクトルであることを主張している。(1.2) の表記が最も便利な場合，本書ではそれを使用することをためらわない。ほとんどのベクトルでは，添え字x, y, zで成分を示す。したがって速度ベクトル$\mathbf{v}$の成分はv_x, v_y, v_zであり，加速度ベクトル$\mathbf{a}$の成分はa_x, a_y, a_zである。

方程式がより複雑になるにつれて，(1.1) のように 3 つの項の和として書くことは往々にして不便である。むしろ総和記号 Σ と，それに続く単一項を使用したほうがよい。(1.1) の表記は，この省略形には向いていない。このような理由から，$\mathbf{r}$の 3 つの成分x, y, zをr_1, r_2, r_3と，そして 3 つの単位ベクトル$\hat{\mathbf{x}}, \hat{\mathbf{y}}, \hat{\mathbf{z}}$を$\mathbf{e}_1, \mathbf{e}_2, \mathbf{e}_3$とする。 つまり，

$$r_1 = x, \quad r_2 = y, \quad r_3 = z$$

$$\mathbf{e}_1 = \hat{\mathbf{x}}, \quad \mathbf{e}_2 = \hat{\mathbf{y}}, \quad \mathbf{e}_3 = \hat{\mathbf{z}}$$

とする。(ここで$\mathbf{e}$はドイツ語の「eins」つまり「1 つ」を表しているので，記号$\mathbf{e}$は単位ベクトルに対して共通に使用される)。これらの表記で，(1.1) は

$$\mathbf{r} = r_1\mathbf{e}_1 + r_2\mathbf{e}_2 + r_3\mathbf{e}_3 = \sum_{i=1}^{3} r_i\mathbf{e}_i \tag{1.3}$$

となる。このような単純な方程式の場合，(1.3) は (1.1) に対して実際上の利点はないが，より複雑な方程式の場合は (1.3) を使用する方がはるかに便利であるので，適切な場合にはこの表記法を使用する。

ベクトル演算

力学の学習においては，ベクトルによるさまざまな演算を繰り返し使用する。$\mathbf{r}$と$\mathbf{s}$が

$$\mathbf{r} = (r_1, r_2, r_3)\ , \quad \mathbf{s} = (s_1, s_2, s_3)$$

という成分を持つベクトルの場合，対応する成分を加えることで，その**和**（または合計）$\mathbf{r} + \mathbf{s}$を得ることができる。

$$\mathbf{r} + \mathbf{s} = (r_1 + s_1, r_2 + s_2, r_3 + s_3) \tag{1.4}$$

（この規則は，よく知られているベクトル加算に関する三角形や平行四辺形の規則と同じであることを，読者は十分ご存知であろう。) ベクトル和の重要な例は，物体に加えられた力である。物体に 2 つの力$\mathbf{F_a}$と$\mathbf{F_b}$が働くとき，その効果はベクトルの加法 (1.4) によって与えられる単一の力，つまり合力と同じである。

$$\mathbf{F} = \mathbf{F_a} + \mathbf{F_b}$$

cがスカラー（つまり通常の数）であり，$\mathbf{r}$がベクトルである場合，積は次の式で与えられる。

$$c\mathbf{r} = (cr_1, cr_2, cr_3) \tag{1.5}$$

これは$c\mathbf{r}$が$\mathbf{r}$と同じ方向[1]のベクトルであり，$\mathbf{r}$の大きさのc倍に等しい大きさであることを意味する。たとえば質量m（スカラー）の物体の加速度が$\mathbf{a}$（ベクトル）であるなら，ニュートンの第 2 法則は，物体に働く力$\mathbf{F}$は（1.5）で与えられる積$m\mathbf{a}$に常に等しいことを主張する。

2 つの任意のベクトルに対して，重要な 2 種類の積がある。1 つは 2 つのベクトル$\mathbf{r}$と$\mathbf{s}$ の**スカラー積**（または**内積**）であり，以下のように定義される。

$$\mathbf{r}\cdot\mathbf{s} = rs\cos\theta \tag{1.6}$$

$$= r_1 s_1 + r_2 s_2 + r_3 s_3 = \textstyle\sum_{n=1}^{3} r_n\, s_n \tag{1.7}$$

ここでrとsはベクトル$\mathbf{r}$と$\mathbf{s}$の大きさを，θはそれらの間の角度を表す。（これらの 2 つの定義が同じであることの証明については，問題 1.7 を参照のこと。）たとえば，物体に力$\mathbf{F}$が作用し微小変位$d\mathbf{r}$動いた場合，この力がおこなう仕事はスカラー積$\mathbf{F}\cdot d\mathbf{r}$であり，それは（1.6）または（1.7）のいずれかで与えられる。スカラー積のもう 1 つの重要な用途は，ベクトルの大きさを定義することである。ベクトル$\mathbf{r}$の大きさ（または長さ）は$|\mathbf{r}|$またはrで表されるが，これはまたピタゴラスの定理によって$\sqrt{r_1^2 + r_2^2 + r_3^2}$に等しい。（1.7）により，これは

$$r = |\mathbf{r}| = \sqrt{\mathbf{r}\cdot\mathbf{r}} \tag{1.8}$$

に等しい。スカラー積$\mathbf{r}\cdot\mathbf{r}$は，$\mathbf{r}^2$と略されることもある。

2 つのベクトル$\mathbf{r}$と$\mathbf{s}$に関するもう 1 つの積は，**ベクトル積**（または**外積**）であり，ベクトル$\mathbf{p} = \mathbf{r}\times\mathbf{s}$として

$$\left.\begin{aligned} p_x &= r_y s_z - r_z s_y \\ p_y &= r_z s_x - r_x s_z \\ p_z &= r_x s_y - r_y s_x \end{aligned}\right\} \tag{1.9}$$

または同等であるが，

$$\mathbf{r}\times\mathbf{s} = \det\begin{bmatrix} \hat{\mathbf{x}} & \hat{\mathbf{y}} & \hat{\mathbf{z}} \\ r_x & r_y & r_z \\ s_x & s_y & s_z \end{bmatrix}$$

と定義される。ここで「det」は行列式を表す。これらのいずれの定義でも，$\mathbf{r}\times\mathbf{s}$は$\mathbf{r}$と$\mathbf{s}$の両方に垂直なベクトルで，その方向は右手の法則により与えられ，またその大きさは$rs\sin\theta$である（問題 1.15）。ベクトル積は回転運動の議論において重

[1] よく言われることであるが，cが負の場合は$c\mathbf{r}$は$\mathbf{r}$とは逆方向になることに注意する必要がある。

要な役割を果たす。たとえば，物体を原点のまわりで回転させる（点$\mathbf{r}$に作用する）力$\mathbf{F}$の働きは，ベクトル積$\boldsymbol{\Gamma} = \mathbf{r} \times \mathbf{F}$として定義される$O$に対する$\mathbf{F}$のトルクによって与えられる。

ベクトルの微分

物理学の法則の多く（おそらくほとんど）はベクトルを含み，その大部分はベクトルの微分を含む。ベクトルを微分する方法は数多くあり，ベクトル解析と呼ばれる包括的な学問があるが，その多くはこの本の中で説明していく。ここではベクトルの最も簡単な微分，つまり時間に依存するベクトルの時間微分について述べる たとえば質点の速度$\mathbf{v}(t)$は，その位置$\mathbf{r}(t)$の時間微分，すなわち$\mathbf{v} = d\mathbf{r}/dt$である。同様に加速度は速度の時間微分であり，$\mathbf{a} = d\mathbf{v}/dt$である。

ベクトルの導関数の定義は，スカラーの導関数の定義に酷似している。$x(t)$がtのスカラー関数である場合，その導関数は

$$\frac{dx}{dt} = \lim_{\Delta t \to 0} \frac{\Delta x}{\Delta t}$$

である。ここで$\Delta x = x(t + \Delta t) - x(t)$は時間が$t$から$t + \Delta t$に進む間の$x$の変化である。全く同じように，$\mathbf{r}(t)$が$t$に依存する任意のベクトルである場合，その導関数は

$$\frac{d\mathbf{r}}{dt} = \lim_{\Delta t \to 0} \frac{\Delta \mathbf{r}}{\Delta t} \tag{1.10}$$

である。ここで

$$\Delta \mathbf{r} = \mathbf{r}(t + \Delta t) - \mathbf{r}(t) \tag{1.11}$$

は当該時間に対する$\mathbf{r}$の変化である。もちろんこの極限が存在するかについては，数多くの微妙な問題点がある。幸いにもこれらについては，ここで心配する必要はない。我々が出会うベクトルはすべて微分可能であり，極限が存在することは当然のこととしてよい。定義（1.10）から，導関数は我々が期待するすべての特性を持つことを証明することができる。たとえば$\mathbf{r}(t)$と$\mathbf{s}(t)$がtに依存する 2 つのベクトルである場合，それらの和の導関数は，我々が期待するものとなっている。

$$\frac{d}{dt}(\mathbf{r} + \mathbf{s}) = \frac{d\mathbf{r}}{dt} + \frac{d\mathbf{s}}{dt} \tag{1.12}$$

同様に$\boldsymbol{r}(t)$がベクトルであり$f(t)$がスカラである場合，積$f(t)\boldsymbol{r}(t)$の導関数は，積の規則になっている。

$$\frac{d}{dt}(f\mathbf{r}) = f\frac{d\mathbf{r}}{dt} + \frac{df}{dt}\mathbf{r} \tag{1.13}$$

読者がこれらの定理を証明するのを楽しむ人であるなら，定義（1.10）からそのことを示すことができる。読者がこの種の証明を楽しまない場合でも，幸いにして心配することなく，これらの結果を当然のものとして受け入れることができる。

言及すべきもう１つの結果は，ベクトルの導関数の成分に関してである。成分x, y, zを持つ$\mathbf{r}$が移動する質点の位置であるとし，この時の質点の速度$\mathbf{v} = d\mathbf{r}/dt$を知りたいと仮定する。以下の和を微分するとき

$$\mathbf{r} = x\hat{\mathbf{x}} + y\hat{\mathbf{y}} + z\hat{\mathbf{z}} \tag{1.14}$$

規則（1.12）により３つの別々の導関数の和となり，また積の規則（1.13）によって，それぞれに２つの項が含まれることになる。したがって原理的には，(1.14)の導関数には，６つの項が含まれるはずである。しかし単位ベクトル$\hat{\mathbf{x}}, \hat{\mathbf{y}}, \hat{\mathbf{z}}$は時間に依存しないので，それらの時間微分はゼロである。そのため６つの項のうちの３つはゼロとなり，３つの項だけが残る。

$$\frac{d\mathbf{r}}{dt} = \frac{dx}{dt}\hat{\mathbf{x}} + \frac{dy}{dt}\hat{\mathbf{y}} + \frac{dz}{dt}\hat{\mathbf{z}} \tag{1.15}$$

これを標準的な表現

$$\mathbf{v} = v_x\hat{\mathbf{x}} + v_y\hat{\mathbf{y}} + v_z\hat{\mathbf{z}}$$

と比較すると，以下が成立することがわかる。

$$v_x = \frac{dx}{dt}, \quad v_y = \frac{dy}{dt}, \quad v_z = \frac{dz}{dt} \tag{1.16}$$

言い換えれば$\mathbf{v}$の直交座標成分は，対応する$\mathbf{r}$の成分の微分になる。この事実は，基本的な力学の問題を解く際に（何も考えずに）常に使用する。特に注目すべき点は以下のとおりである。単位ベクトル$\hat{\mathbf{x}}, \hat{\mathbf{y}}, \hat{\mathbf{z}}$は定数であるため，その導関数は（1.15）には現れない。極座標などの大部分の座標系では基本単位ベクトルは一定ではなく，（1.16）に対応する結果は明らかにより複雑なものとなる。これから見るように，非直交座標を利用する必要がある問題では，$\mathbf{r}$の座標に関して速度・加速度を書き下すことはかなり困難である。

時間

古典的な見方においては，すべての観測者から見て時間はひとつの普遍的パラメータtである。つまりすべての観測者が適切に同期された正確な時計を持っていれば，特定のでき事が発生した時間についてはすべて一致する。もちろん，我々はこの見解が正確ではないことも承知している。相対性理論によれば，相対運動をしている 2 人の観測者の時間は一致しない。それにもかかわらず，光速度よりはるかに遅い古典力学の範囲にある場合においては，測定された時間の差は全く無視できるものであるので，（相対性理論に関する 15 章を除いて）ここでは古典的な単一の時間の仮定を採用する。時間の原点（$t = 0$とする時間）をどこに置くかという明らかなあいまいさを除くと，すべての観測者は任意のでき事が起こった時間について同意する。

基準系

古典力学のほぼすべての問題においては，（明示的にせよ暗示的にせよ）基準系の選択，つまり図 1.1 のように位置を示すための空間原点および軸の選択と，時間を測定するための時間原点の選択を伴う。2 つの座標系の差異はごく小さいものかも知れない。たとえば，ある座標系において$t = 0$とされているものが，別の座標系では$t' = t_0 \neq 0$となっているように，それらは時間原点の選択のみが異なっているだけかもしれない。または 2 つの座標系は，それらの空間および時間原点は同じであるものの，3 つの空間軸の向きが異なっているかもしれない。これらのさまざまな可能性を利用して，基準系を慎重に選択することで，問題を簡素化することができる。たとえば斜面を滑り落ちる物体に関する問題では，軸の 1 つを斜面に沿う方向にとることが有用である。

2 つの座標系の間に相対的な運動がある場合，つまり一方の原点が他方の原点に対して相対的に運動している場合，より重要な違いが生じる。1.4 節において，このような座標系のすべてが物理的に同等であるとは限らないことを学ぶ[2]。**慣性系**と呼ばれる特殊な座標系においては，基本法則は標準的で単純な形式で成立

---

[2] ここで述べていることは，相対性理論においても正しい。

する。(これらの基本法則のひとつがニュートンの第1法則，つまり慣性の法則であるため，これらの座標系は慣性系と呼ばれる。) 第2の座標系が慣性系に対して加速または回転している場合，この座標系は非慣性系座標である。基本的な方程式，特にニュートンの法則は，このような第2の座標系においては標準的な形では成立しない。慣性系と非慣性系との区別は，古典力学の議論の中心であることを知ることとなろう。それは相対性理論において，さらに明白な役割を果たす。

1.3　質量と力

質量と力の概念は，古典力学を定式化する上での中心課題である。これらの概念を適切に定義することに多くの科学哲学者が没頭しており，また学術論文の主題でもある。幸いにも，我々はここでこれらの微妙な問題について心配する必要はない。一般物理学の入門コースの内容に基づいて質量と力の意味を合理的に知ることができ，また多くの現実的な状況でこれらのパラメータがどのように定義され測定されるかを簡単に言い表すことができる。

質量

物体の質量は物体の慣性，つまり加速に対する抵抗によって特徴付けられる。大きな石は加速しにくく，その質量は大きい。小さな石は加速しやすく，その質量は小さい。これらの自然な概念を定量的にするために，ここで質量の単位を定義し，次に選択された単位を基に任意の物体の質量を測定するための処方箋を与えなければならない。国際的に合意された質量単位はキログラムであり，パリ郊外の国際度量衡局に保管されているプラチナ・イリジウムの物体の質量となる

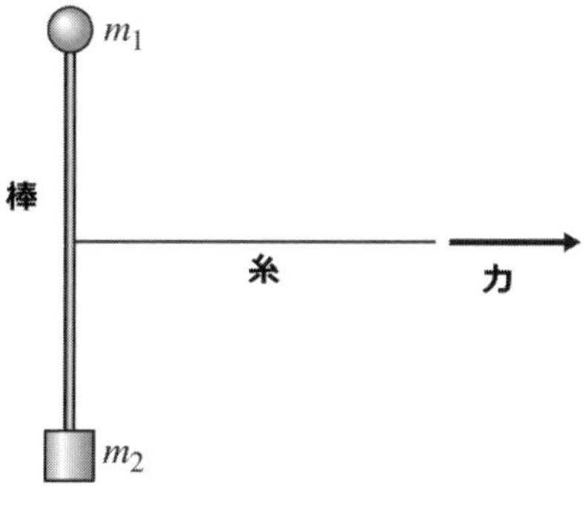

図 1.2 慣性秤は，硬い棒の両端に取り付けられた2つの物体の質量m_1とm_2とを比べる。棒の中点に加えられる力が，両者を同じ度合で加速させ棒が回転しない場合にのみ，両者の質量は等しい。

ように定められている。(訳者註：2019 年 5 月 20 日からは，プランク定数という物理定数を介した新しい定義に移行。）他の物体の質量を測定するには，質量を比較する手段が必要である。原理的には，図 1.2 のような慣性秤で，このことをおこなうことができる。比較される 2 つの物体が軽く硬い棒の反対側の端に固定され，その中点に鋭い引っ張り力が与えられる。質量が等しい場合，2 つの物体は同じ度合で加速し棒は回転せずに動く。それらの質量が等しくなければ，より質量の大きいものほど加速が小さくなり，棒が動くと回転する。

慣性秤のすばらしさは，加速されることに対する抵抗という概念に直接基づいた質量比較の方法を与えることにある。実際には慣性秤は極めて扱いにくいが，幸い質量の比較をおこなうはるかに簡単な別の方法が複数ある。その中でも最も簡単なのは，物体の重量を測ることである。読者が入門物理学の講義を思い出すなら，すべての測定が同じ場所でおこなわれる場合，物体の質量は物体の重量[3]（物体にかかる重力加速度）と完全な比例関係にあることを理解できるであろう。したがって（同じ場所で測定したときに）同じ重量を持つ場合に限り，2 つの物体は同じ質量を持つといえる。そして 2 つの質量が等しいかどうかを確認する簡単で実用的な方法は，単にそれらの重量を測定し，等しいかどうかを確認することである。

質量を比較する方法を用いると，任意の質量を測定する体系を簡単に構築することができる。まず，慣性力または重力のいずれかを使用して，元の 1kg 質量に合致する多数の標準キログラムを作る。次にキログラムの倍数と分数を作成し，再び秤で確認する。(秤の一方の端に置いた 2kg の物体を，もう一方の端に置いた 1kg の物体 2 つと比較する。また秤の一方の端に置いた 2 つの 0.5 kg の物体を，もう一方の端においた質量 1kg の物体と比較する。) 最後に未知の質量の物体を天秤の一方の端に置き，既知の質量を他方の端に積むことによって，未知の質量を任意の精度で，均衡するまで測定することができる。

---

[3] この見解は，すべての物体が重力によって同じ割合で加速されることを示すガリレイの有名な実験から始まる。近年おこなわれた最初の実験は，ハンガリーの物理学者エトヴェシュ（1848-1919）による。エトヴェシュは，重量が質量に比例していることを10^{-9}の精度で示した。過去数十年間の実験により，その精度は10^{-12}になっている。

力

押す・引くという力の非公式な概念は，力の議論のための極めてよい出発点である。我々は確かに自分たちが作り出す力を意識している。セメントが入った袋を握るとき，袋に上向きの力を働かせていることをはっきりと認識している。粗い床の上で横方向に重い木箱を押すとき，動く方向に与えなければいけない水平方向の力を意識する。無生物によって引き起こされた力はその原因を突き止めるがやや難しく，そのような力を特定するには多少なりともニュートンの法則を理解しなければならない。セメントが入った袋を手放すと，地面に向かって加速する。したがってそれを下に引っ張る別の力，つまり袋の重さ，または地球の重力，が必要であると結論づけられる。木箱を床の横方向に押しても加速しないため，反対方向に木箱を押す力，つまり摩擦力が必要であると結論づけられる。初等力学を学ぶ学生にとって最も重要なスキルの１つは，物体が置かれている状況を調べ，物体に働くすべての力，つまり物体に接触して摩擦力や空気抵抗などの接触力を働かせるもの，地球の重力や帯電した物体の静電気力のような遠隔力を働かせる可能性のある近くの物体を確認することである。

力を特定する方法を知っていることを認めれば，力をどのように測定するか決定する必要がある。力の単位として，通常はニュートン（Nと略記）を採用する。ニュートンは，標準キログラムの質量を持つ物体を $1\mathrm{m/s^2}$ で加速させる単一の力の大きさとして定義される。１ニュートンの意味することに同意したならば，いくつかの方法でその後の議論を進めることができるが，もちろんそれらはすべて同じ最終結論に至る。おそらくほとんどの科学哲学者が推奨するルートは，ニュートンの第２法則，つまり $2\mathrm{m/s^2}$ の加速度で標準キログラムを加速するならば与えられた力は 2N など，を用いて一般的な力を定義することである。このアプローチは，我々が実際に力を測定する方法と全く異なっている[4]。ここでは，ばねばかりを使用するという，より簡単な手順を用いる。ニュートンの定義を使用して，最初のばねばかりを測定して１N と読み取る。次に図 1.3 に示すように，バ

[4] このアプローチはまた，ニュートンの第２法則が力の定義の結果であるという混乱する状況を作り出している。これは全く真実ではない。力の定義が何であれ，第２法則の大部分は実験的なものである。ばねばかりを用いて力を定義することの利点の１つは，力の定義を第２法則の実験的基礎から分離することである。もちろん，一般に受け入れられているすべての定義は，与えられた力の値に対して同じ最終結果を与える。

ランスアームを使用して2番目のばねばかりを最初のばねばかりと釣り合わせることで，1ニュートンの倍数と分数を定義する。ひとたび完全に調整されたばねばかりを手に入れれば，原則として，未知の力を測定された力と照合し，その値を読み取ることによって，未知の力を測定することができる。

これまでは，力の大きさのみを決定してきた。読者がお分かりのように力はベクトルであり，その方向も定義する必要がある。これは簡単におこなうことができる。静止している物体に力**F**（および他の力を加えない）を加えると，**F**の方向はその結果として生じる加速度の方向，すなわち物体が移動する方向として定義される。

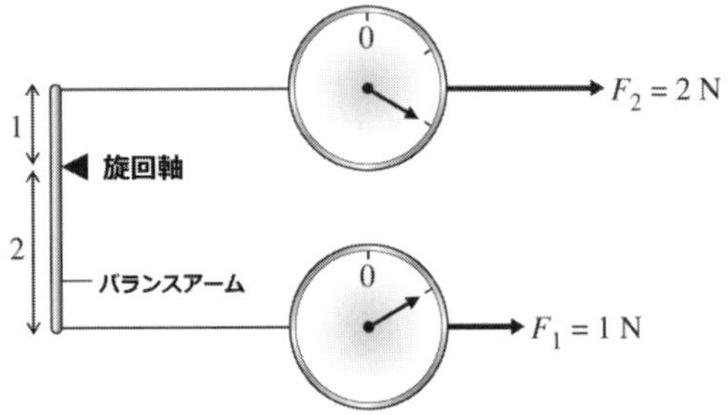

図 1.3 任意の大きさの力を決定する数多くの方法の 1 つ。下側のばねばかりは 1Nとなるように調整されている。旋回軸の上下のレバーアームが 1：2 の比率になるように左側のバランスアームを調整する。力$\mathbf{F_1}$が 1Nの場合， 釣り合いをとるために必要な力$\mathbf{F_2}$は 2Nとなる。これにより，上部のばねばかりを 2Nと較正することができる。2 つのレバーアームを再調整することにより，第 2 のばねばかりを較正して任意の力の大きさを読み取ることができる。

ここまでで，我々は少なくとも原理的には位置，時間，質量，力の意味を理解しているので，これからの主題，つまりニュートンの 3 法則の基礎について議論することができる。

1.4　ニュートンの第1および第2法則：慣性系

この節では，ニュートンの法則を**質点**に適用した場合の議論をおこなう。質量は持つが大きさを持たない質点または**粒子**は空間内を移動することはできるが，内部の自由度を持たない便利な仮想物体である。質点は，「並進」運動エネルギー（空間内を移動する運動のエネルギー）を持つが，回転・内部振動・変形のエネルギーを持たない。もちろん運動の法則は，広がりを持つ物体よりも質点の方が簡単になる。これが質点から議論を始める主な理由である。後で広がりを持つ物体を多数の質点の集合体とみなして，質点の力学から広がりを持つ物体の力学を構築する。

それでもなお，関心のある対象物を質点と近似させることができる，多くの重要な問題があることを認識することは価値がある。多くの場合，原子および原子より小さいサイズの粒子は質点とみなすことができ，また巨視的な物体でさえも質点と近似することができる。崖の上から投げられた石は，ほぼすべての状況下で質点とみなせる。太陽のまわりを周回する惑星でさえ，質点と近似することができる。したがって質点の力学は，広がりを持つ物体の力学に対する出発点というだけではない。それ自体，広い適用範囲を持つ主題である。

ニュートンの最初の２つの法則はよく知られており，また簡潔に述べることができる。

ニュートンの第１法則（慣性の法則）

力が働かなければ，質点は一定速度$\mathbf{v}$で動く。

ニュートンの第２法則

質量mの任意の質点に働く合力$\mathbf{F}$は，質点の質量mに加速度を掛け合わせたものに常に等しい。

$$\mathbf{F} = m\mathbf{a} \tag{1.17}$$

この式において，$\mathbf{F}$は質点に働くすべての力のベクトル和を示す。また$\mathbf{a}$は粒子の加速度であり，

$$\mathbf{a} = \frac{d\mathbf{v}}{dt} \equiv \dot{\mathbf{v}} = \frac{d^2\mathbf{r}}{dt^2} \equiv \ddot{\mathbf{r}}$$

である。$\mathbf{v}$は粒子の速度であるが，ここでは$\mathbf{v} = \dot{\mathbf{r}}, \mathbf{a} = \dot{\mathbf{v}} = \ddot{\mathbf{r}}$のように，$t$についての微分をドットで表す便利な表記法を導入した。

両法則とも，同等の意味を持ついろいろな方法で述べることができる。たとえば第１法則なら，「力が存在しない場合，静止している質点は静止したままであり，動いている質点は同じ方向に一定の速さで動き続ける。」となる。これはも

ちろん，速度が常に一定であるということとまったく同じである。加速度$\mathbf{a}$がゼロの場合に限り$\mathbf{v}$は一定であるため，より簡潔な言い回しは以下のようになる。「力が働かない場合，質点の加速度はゼロである。」

第2法則は，

$$\mathbf{p} = m\mathbf{v} \tag{1.18}$$

と定義される質点の**運動量**を用いると，次のように言い換えることができる。古典力学では，質点の質量mは決して変化しないので

$$\dot{\mathbf{p}} = m\dot{\mathbf{v}} = m\mathbf{a}$$

である。したがって，第2法則（1.17）は，以下のようになる。

$$\mathbf{F} = \dot{\mathbf{p}} \tag{1.19}$$

古典力学においては，第2法則の2つの形式（1.17）と（1.19）は，完全に同等である[5]。

微分方程式

$m\ddot{\mathbf{r}} = \mathbf{F}$の形式で書いたとき，ニュートンの第2法則は，粒子の位置$\mathbf{r}(t)$の**微分方程式**となる。すなわち，未知関数の導関数を含む未知関数$\mathbf{r}(t)$の方程式である。物理学のほとんどの方程式は微分方程式であり，物理学者の研究時間のかなりの部分が，これらの方程式を解くことに費やされている。特に本書に含まれる問題の大部分はニュートンの第2法則，またはそれと同等であるラグランジュおよびハミルトン形式の力学のどちらであろうと，微分方程式を含んでいる。これらの問題の難易度は，大きく異なっている。いくつかのものは簡単に解けるので，微分方程式であることにほとんど注意を払わないであろう。たとえばx軸に沿ってのみ移動するように制限された，一定の力F_0を受けている質点に対するニュートンの第2法則を考えてみると，

---

[5] 第15章で説明するように，相対性理論では2つの形式は等価ではない。どの形式が正しいかは，我々が使用する力，質量，および相対論的運動量の定義に依存する。これらの3つの量について通常の定義を採用すれば，相対性理論で使われるのは（1.19）の形式である。

$$\ddot{x} = \frac{F_0}{m}$$

となる。これはtの関数である$x(t)$の 2 階微分方程式（2 階の導関数を含むが，それよりも高次の導関数を含まないため）である。これを解くには，2 度積分するだけでよい。最初の積分により速度

$$\dot{x}(t) = \int \ddot{x}(t)dt = v_0 + \frac{F_0}{m}t$$

が得られるが，ここで積分定数は質点の初期速度である。2 回目の積分により位置

$$x(t) = \int \dot{x}(t)dt = x_0 + v_0 t + \frac{F_0}{2m}t^2$$

が得られるが，第 2 の積分定数は質点の初期位置である。この微分方程式を解くことはとても簡単であるので，微分方程式の理論を知る必要はない。一方，我々は微分方程式の理論の知識を必要とする多くの微分方程式に出会うため，本書では必要な際に必要な知識を提示する。もちろん微分方程式の理論をある程度学んでいたなら有利かもしれないが，本書を読み進みながらそれらの知識を身に付けることは難しいことではない。実際多くの読者は，このような数学理論を学ぶ最も良い方法は，物理的な応用の文脈の中にあることを見出すであろう。

慣性系

表面的には，ニュートンの第 2 法則は第 1 法則を含んでいる。物体に力が働かない場合は$\mathbf{F} = 0$であり，また第 2 法則（1.17）において$\mathbf{a} = 0$を意味するが，これは第 1 法則そのものである。しかし重要でかつ微妙な点により，第 1 法則は重要な役割を果たしている。ニュートンの法則は，考えうるすべての基準系で成立するわけではない。このことを理解するために，第 1 法則と第 1 法則が成立する基準系（ここではSと呼ぶ）を考えてみよう。たとえばS系の原点と座標軸が地球の表面に対して固定されている場合，よい精度でS系に関して第 1 法則（慣性の法則）が成立する。滑らかな水平面に置かれた摩擦の働かないアイスホッケーのパックには力が働かないため，第 1 法則にしたがって一定の速度で移動する。慣性の法則が成り立つので，Sを**慣性系**と呼ぶ。Sに対して一定の速度で移動し，回

転していない第2の系S'を考えると，そのパックはS'系に対してやはり一定の速度で移動する。つまりS'も慣性系である。

しかしSに対して加速する第3の系S''を考える。S''から見ると，パックは（反対方向に）加速しているように見える。加速しているS''系に対して慣性の法則は成立しないので，S''は**非慣性系**と呼ばれる。この結果について，不思議なことは何もないことを強調する必要がある。実際，それは実験結果である。S'は，直線軌道に沿って一定速度で滑らかに走行する高速列車に取り付けられた系，または摩擦なしのパック，つまり図1.4のように列車の床に置かれた角氷に取り付けられた系とすることができる。列車内（S'系）から見ると，角氷は静止しており，第1法則にしたがって静止し続ける。地面（S系）から見ると角氷は列車と同じ速度で移動しているが，第1法則にしたがって同じ速度で移動し続ける。今度は加速している2番目の列車（S''系）で同じ実験をおこなうことを考えよう。この列車が前方に加速すると角氷が残され，力を受けていなくても，S''に対して角氷は後ろ向きに加速する。明らかにS''系は非慣性系であり，ニュートンの第1・第2法則ともS''系では成り立たない。同様の結論は，S''系が回転するメリーゴーランドに取り付けられている場合にもおこる。力を受けない摩擦のないパックはS''系では直線運動しないので，ニュートンの法則は成り立たない。

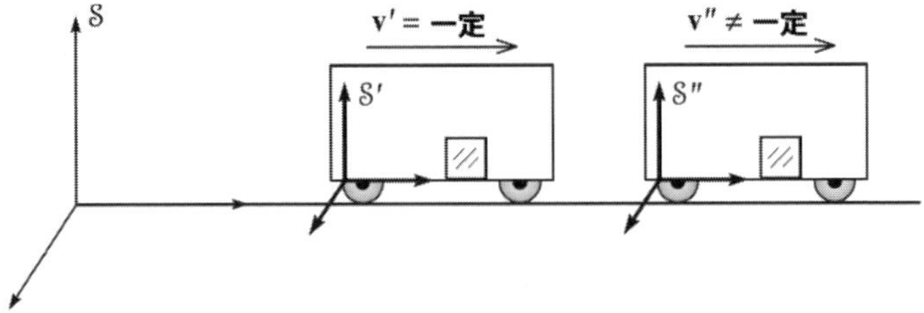

図 1.4 Sは地面に固定され，S'はSに対して一定の速度$\mathbf{v}'$で移動する列車に固定されている。S, S'の両方から見て，列車の床に置かれた角氷はニュートンの第1法則に従う。S''が固定されている列車が前方に加速している場合，S''から見て床に置かれた角氷は後方に加速し，第1法則は成り立たない。

明らかにニュートンの2つの法則は，（非加速および非回転という）特別な慣性系でのみ成立する。ほとんどの科学哲学者は，このような慣性系を特定するために第1法則を使用すべきであるという見解を持っている。力が全く働いていない物体がS系において一定の速度で移動している場合，Sは慣性系である[6]。ニュートンの第1法則によって慣性系を同定した後，実験的事実として第2法則がこれらの同じ慣性系内で成立すると主張することができる[7]。

運動の法則は慣性系でのみ成立するので，我々の注意を慣性系に限定することになると考えるかもしれないし，またしばらくの間はそのようにする。それにもかかわらず非慣性系で作業する必要がある，または少なくともそのようにすることが極めて便利である状況が存在することに注意してほしい。非慣性系の最も重要な例は，地球そのものである。地球に固定された基準系は良い近似で慣性系であり，そのため物理学を専攻する学生にとっては幸運な状況にある。それにもかかわらず，地球は1日に1回自転軸まわりを回転し，1年に1回太陽のまわりを回り，太陽は銀河系中心のまわりをゆっくりと周回する。これらの理由のために，地球に固定された基準系は，正確には慣性系ではない。これらの影響はごくわずかであるが，潮汐や長距離投射体の軌道など，地球に固定された系が非慣性系であることを考慮に入れた場合に最も簡単に説明できる例が，いくつかある。第9章では，運動の法則を非慣性系で使用する場合，どのように修正されなければならないかを検討する。しかし当面は，慣性系に限定して説明をおこなう。

第1・第2法則の妥当性

相対性理論と量子力学の出現以来，ニュートンの法則は普遍的に有効なものではないことが分かっている。それにもかかわらず，第1・第2法則が実用的な目的においては正しい現象，つまり古典物理学的な現象が多数ある。物体の速度が

---

6 ここで循環論法に陥る危険がいくらかある。その物体に力が働いていないことを，どうやって知ったのだろうか。「一定速度で移動しているので」などと答えない方がよいだろう。幸運なことに，人が押したり引っ張ったり近くにある重い物体が重力を及ぼすなど，あらゆる力の源を特定することは可能であると主張することができる。そのようなものがなければ，物体には力が働いていないと合理的に言うことができる。

7 先に述べたように，第2法則がどの程度実験的なものであるかは，力を定義する方法に依存する。第2法則によって力を定義した場合，（すべてではないにせよ）ある程度，法則は定義になる。もしばねのつり合いによって力を定義するならば，第2法則は明らかに実験的に証明可能な定理である。

光速度c に近づき相対性理論が重要になったときにおいても，第1法則は成立する。（古典力学の場合と同様に，相対性理論でも慣性系は第1法則が成立する系として定義される）[8]。第15章でわかるように，第2法則の2つの形式$\mathbf{F} = m\mathbf{a}$と$\mathbf{F} = \dot{\mathbf{p}}$は，相対性理論では同等ではない。ただし相対性理論においても，$\mathbf{F}$と$\mathbf{p}$を用いた第2法則の表現$\mathbf{F} = \dot{\mathbf{p}}$は依然有効である。いずれにしても，重要な点は次のとおりである。古典論の範囲では，第1・第2法則（第2法則はどちらの形でもよい）は，普遍的かつ正確に妥当であると仮定できる。もし読者が望むのであれば，この仮定を自然界のモデル，つまり古典的モデルの定義として見なすことができる。このモデルは論理的に一貫性があり，多くの現象をよく表しているので，我々が学習するに足る十分な価値がある。

1.5　第3法則と運動量保存

ニュートンの第1・第2法則は，加えられた力に対する単一の物体の運動に関連したものである。それに対して第3法則は，全く異なる事柄に関連している。物体に作用するすべての力は必然的にそれに力を与える第2の物体を伴う。釘はハンマーによって叩かれ，台車は馬によって引っ張られる。

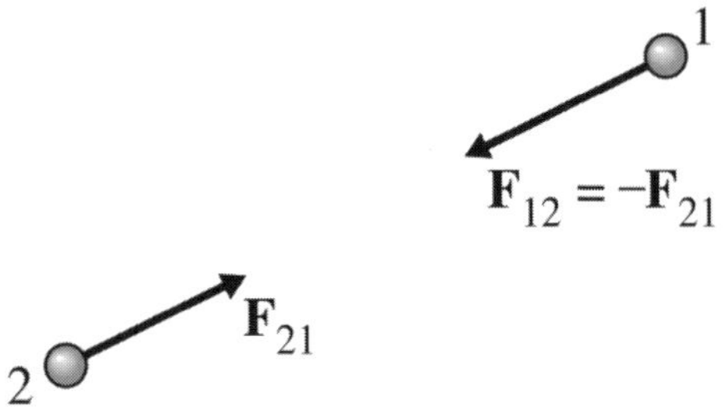

図1.5　ニュートンの第3法則は，物体2が物体1に及ぼす反作用力が，物体1が物体2に及ぼす力と大きさが等しく向きが反対，すなわち$\mathbf{F}_{12} = -\mathbf{F}_{21}$であると主張する。

これは明らかに常識的なレベルであるが，第3法則は日々の経験をはるかに超えている。対象物1が別の対象物2に力を加えると，対象物2も対象物1に力（「反作用」の力）を加えることを，ニュートンは認識した。これは極めて自然なことである。壁を押すと，壁も力を返してくることを確かめるのは，極めて簡単であ

[8] 相対性理論における異なる慣性系間の関係，いわゆるローレンツ変換は，古典力学の関係とは異なる。15.6節を参照のこと。

る。それがなければ，間違いなく我々は転倒することになる。我々の通常の認識を超えている第 3 法則の側面は，以下のことである。第 3 法則によれば，物体 2 が物体 1 に及ぼす反作用の力は，物体 1 が物体 2 に及ぼす力と大きさが常に等しく，向きが逆である。物体 1 が物体 2 に及ぼす力を$\mathbf{F}_{21}$と表すと，ニュートンの第 3 法則は極めて簡潔に記述することができる。

ニュートンの第 3 法則

物体 1 が物体 2 に力$\mathbf{F}_{21}$を加えると，物体 2 は常に物体 1 に，以下で与えられる反作用力$\mathbf{F}_{12}$を作用させる。

$$\mathbf{F}_{12} = -\mathbf{F}_{21} \tag{1.20}$$

上記の文章の内容は，図 1.5 に示されている。これは地球が月に及ぼす作用および月が地球に及ぼす反作用（または陽子が電子に及ぼす作用および電子が陽子に及ぼす反作用）を示すものと考えることができる。実際には，この図は第 3 法則の通常の説明 (1.20) を若干上回っていることに注意してほしい。この図では，2 つの力を大きさが等しく向きが反対であることを示しているだけでなく，1 と 2 を結ぶ線に沿って力が及ぼされていることも示している。この余分な特性を持つ力は，**中心力**と呼ばれる。（中心力は中心線に沿って作用する。）第 3 法則は力が中心力であることを必要としないが，後で論じるようにこれから遭遇する力の大部分

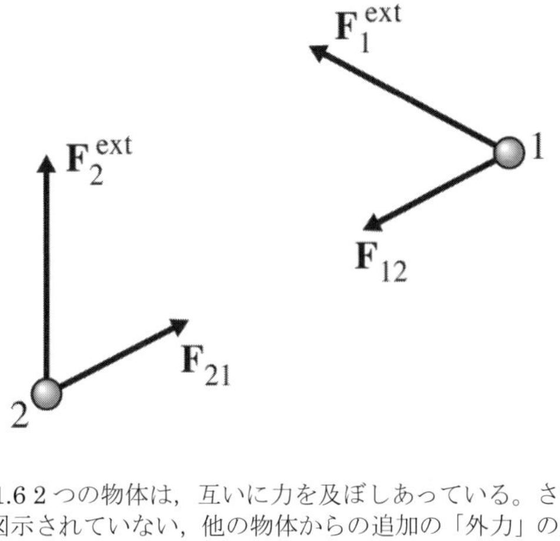

図 1.6 2 つの物体は，互いに力を及ぼしあっている。さらに図示されていない，他の物体からの追加の「外力」の影響を受ける可能性もある。

（重力，2つの電荷間の静電気力など）は，中心力である。

ニュートン自身がよく知っていたように，第3法則は運動量保存の法則に密接に関連している。地球と月または氷上の2人のスケーターなど，図1.6に示すような2つの物体に，まず注目する。それぞれの物体が他方の物体に及ぼす力のほかに，2つの物体以外の他の物体によって加えられる「外力」が存在する。地球と月は太陽による外力を受け，2人のスケーターは風による外力を受ける。ここで2つの物体が受ける外力の合計を$\mathbf{F}_1^{\mathrm{ext}}, \mathbf{F}_2^{\mathrm{ext}}$と表す。物体1の受ける合力は，

$$\left(\text{物体 1 の受ける合力}\right) \equiv \mathbf{F}_1 = \mathbf{F}_{12} + \mathbf{F}_1^{\mathrm{ext}}$$

であり，同じく物体2の受ける合力は，

$$\left(\text{物体 2 の受ける合力}\right) \equiv \mathbf{F}_2 = \mathbf{F}_{21} + \mathbf{F}_2^{\mathrm{ext}}$$

である。ニュートンの第2法則を用いて，質点の運動量の変化率を計算することができる。

$$\dot{\mathbf{p}}_1 = \mathbf{F}_1 = \mathbf{F}_{12} + \mathbf{F}_1^{\mathrm{ext}} \tag{1.21}$$

$$\dot{\mathbf{p}}_2 = \mathbf{F}_2 = \mathbf{F}_{21} + \mathbf{F}_2^{\mathrm{ext}} \tag{1.22}$$

ここで，2つの物体の運動量の合計を

$$\mathbf{P} = \mathbf{p}_1 + \mathbf{p}_2$$

とすると，全運動量の変化率は以下のようになる。

$$\dot{\mathbf{P}} = \dot{\mathbf{p}}_1 + \dot{\mathbf{p}}_2$$

これを解くためには，方程式（1.21）と（1.22）を加えるだけでよい。これをおこなうと，ニュートンの第3法則により，2つの内力$\mathbf{F}_{12}$と$\mathbf{F}_{21}$が相殺され，

$$\dot{\mathbf{P}} = \mathbf{F}_1^{\mathrm{ext}} + \mathbf{F}_2^{\mathrm{ext}} \equiv \mathbf{F}^{\mathrm{ext}} \tag{1.23}$$

となる。ここで$\mathbf{F}^{\mathrm{ext}}$という表記法を導入して，2粒子系の受ける外力の和を示した。

（1.23）は単一粒子の基本法則から多粒子系の理論を構築するための，一連の重要な結果のうちの最初のものである。これにより系の全運動量に関する限り，内力は効果を及ぼさないことがわかる。この結果の特別な場合は，外力がない場合（$\mathbf{F}^{\mathrm{ext}} = 0$），つまり$\dot{\mathbf{P}} = 0$となる場合である。このとき，以下の重要な結果が得られる。

$$\text{もし}\quad \mathbf{F}^{\mathrm{ext}} = 0 \quad \text{なら}\quad \mathbf{P} = \text{一定} \tag{1.24}$$

つまり外力がなければ，2粒子系の運動量の合計は一定である。この結果は運動

量保存の法則と呼ばれている。

多粒子系

我々は 2 粒子系について，運動量保存の法則（1.24）を証明した。この結果を任意の粒子数に拡張することは，原理的には簡単である。しかしいくつかの重要な表記法を紹介し，さらに総和表記を使用した練習をおこなうため，ここでは詳細に説明する。N個の質点からなる系を考える。それぞれの質点にギリシャ文字の添え字α, βを付けるが，これらは$1,2,\cdots,N$の値を取る。質点αの質量はm_α，その運動量は$\mathbf{p}_\alpha$である。質点αが受ける力は，極めて複雑である。図 1.7 で示すように，$(N-1)$個のその他の質点のそれぞれが力を及ぼすが，それらを$\mathbf{F}_{\alpha\beta}$と書き，βによるαへの力とする。さらに質点αに外力が存在する可能性があるが，これを$\mathbf{F}_\alpha^{\text{ext}}$と書く。したがって質点$\alpha$に対する力の和は，以下の通りである。

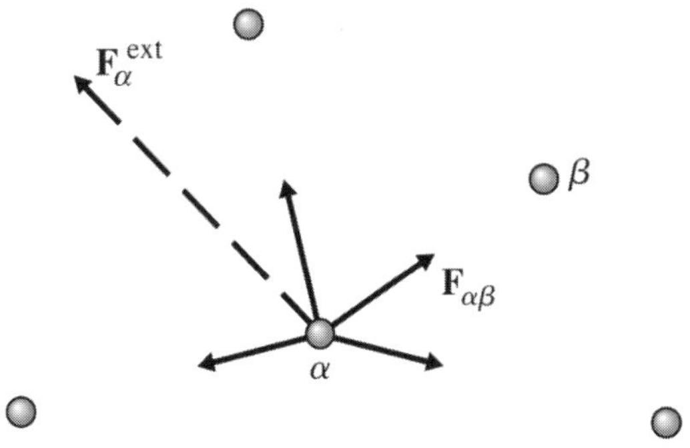

図 1.7　$\alpha, \beta = 1,2,\cdots,5$の印付けをされた 5 粒子系。粒子$\alpha$は，実線の矢印および$\mathbf{F}_{\alpha\beta}$（$\beta$による$\alpha$への力）で示される 4 つの内力を受けている。さらに粒子αは破線の矢印で示された合計の外力を受けていてもよく，それは$\mathbf{F}_\alpha^{\text{ext}}$と表される。

$$(\text{質点}\alpha\text{の受ける合力}) \equiv \mathbf{F}_\alpha = \sum_{\beta\neq\alpha} F_{\alpha\beta} + \mathbf{F}_\alpha^{\text{ext}} \tag{1.25}$$

ここで和は，αと等しくないβのすべての値にわたって実行される。（質点αは自分自身に力を及ぼすことはできないため，$\mathbf{F}_{\alpha\alpha} = 0$である。）ニュートンの第 2 法則により，この式は$\mathbf{p}_\alpha$の変化率と同じある。

$$\dot{\mathbf{p}}_\alpha = \sum_{\beta\neq\alpha} \mathbf{F}_{\alpha\beta} + \mathbf{F}_\alpha^{\text{ext}} \tag{1.26}$$

この結果は，各$\alpha = 1,2,\cdots,N$において成立する。

ここでN粒子系の全運動量を考えてみよう。

$$\mathbf{P} = \sum_\alpha \mathbf{p}_\alpha$$

もちろんこの総和はN個のすべての質点，$\alpha = 1,2,\cdots,N$にわたっておこなわれる。この方程式を時間で微分すると，

$$\dot{\mathbf{P}} = \sum_\alpha \dot{\mathbf{p}}_\alpha$$

また$\dot{\mathbf{p}}_\alpha$に（1.26）を代入すると

$$\dot{\mathbf{P}} = \sum_\alpha \sum_{\beta\neq\alpha} \mathbf{F}_{\alpha\beta} + \sum_\alpha \mathbf{F}_\alpha^{\text{ext}} \tag{1.27}$$

となる。ここでの2重和は，$N(N-1)$個の項をすべて含む。この和の各項$\mathbf{F}_{\alpha\beta}$は$\mathbf{F}_{\beta\alpha}$と対になっている（すなわち$\mathbf{F}_{12}$は$\mathbf{F}_{21}$と対になっている等）ので，

$$\sum_\alpha \sum_{\beta\neq\alpha} \mathbf{F}_{\alpha\beta} = \sum_\alpha \sum_{\beta>\alpha} \left(\mathbf{F}_{\alpha\beta} + \mathbf{F}_{\beta\alpha}\right) \tag{1.28}$$

である。右辺の2重和には，$\beta > \alpha$ となるαとβの値だけが含まれており，左辺の半分の項の数になる。しかし各項は2つの力の和（$\mathbf{F}_{\alpha\beta} + \mathbf{F}_{\beta\alpha}$）であり，第3法則によってその和はゼロである。したがって，(1.28)の2重和はゼロであり，(1.27)に戻ると，

$$\dot{\mathbf{P}} = \sum_\alpha \mathbf{F}_\alpha^{\text{ext}} \equiv \mathbf{F}^{\text{ext}} \tag{1.29}$$

（1.29）は，2粒子系の結果（1.23）に正確に対応している。2粒子系の場合と同じく，内部の力は全運動量$\mathbf{P}$の変化に影響を与えない，つまり$\mathbf{P}$の変化率は系に働く外力によって決定される。特に外力がゼロであれば，以下が成立する。

運動量保存の法則

N粒子系に加えられる外力$\mathbf{F}^{\text{ext}}$がゼロである場合，系の全運動量$\mathbf{P}$は一定である。

ご存じのように，これは古典物理学において最も重要な結果の1つであり，また相対性理論や量子力学にも当てはまる。読者がここで使用した和の操作にあまり精通していない場合は，3または4粒子系において（1.25）から（1.29）に至る引数を明示的にすべて書き出すことをお勧めする（問題1.28または1.29）。逆に，運動量保存の法則がすべての多粒子系に当てはまるならば，ニュートンの第3法則は正しいものであると，読者自身も確信するべきである（問題1.31）。言

い換えれば，運動量の保存とニュートンの第 3 法則は互いに同等である。

ニュートンの第 3 法則の妥当性

古典物理学の範囲内では，第 3 法則は第 2 法則と同様に，それが正確であると考えられる程度の精度で有効である。しかし速度が光速度に近づくにつれて，第 3 法則が成り立たないことが容易にわかる。その要点となるのは，同時間tで測定された作用$\mathbf{F}_{12}$と$\mathbf{F}_{21}$が大きさが等しく向きが反対であることを，第 3 法則が主張しているということである。よく知られているように，ひとたび相対性理論が重要な状況になると，普遍的な単一の時間という概念を放棄しなければならない。1 人の観測者が同時に観測した 2 つのでき事は，通常は第 2 の観測者から見た場合に同時ではない。そのため等式$\mathbf{F}_{12}(t) = \mathbf{F}_{21}(\mathrm{t})$（両者とも同じ時間）は第 1 の観測者には当てはまるが，一般的には別の観測者にとっては正しくない。つまり相対性理論が重要になると，第 3 法則は有効ではなくなる。

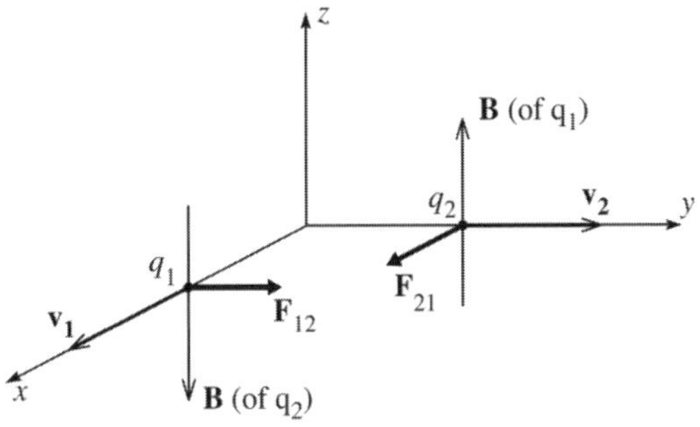

図 1.8 正の電荷q_1とq_2のそれぞれは，他方の電荷に力を及ぼす磁場を生成する。結果として生じる磁力$\mathbf{F}_{12}$および$\mathbf{F}_{21}$は，ニュートンの第 3 法則に従わない。

驚くべきことに，運動している 2 つの電荷間の磁力というよく知られている力の場合，速度が遅くても第 3 法則が成立しないという例が存在する。このことを見るために，図 1.8 のような 2 つの正の電荷を考えてみよう。この図においてq_1はx方向に移動し，q_2はy方向に移動している。各電荷によって生成される磁場の正確な計算は複雑であるが，単純な議論でも 2 つの場の正しい方向がわかり，またそれだけで十分である。移動している電荷q_1は，x方向の電流に相当する。右手の法則によって，これはq_2の近傍でz方向の磁場を生成する。力の右手の法則により，この場はq_2に対してx方向の力$\mathbf{F}_{21}$を生成する。全く同じような議論により，図に示したようにq_1に働く力$\mathbf{F}_{12}$がy方向であることがわかる（それが正しいことは，読者自身で確認してほしい）。明らかにこれらの2つの力は，ニュートンの第3法則に従わない。

ニュートンの第3法則は運動量保存と同等であることが分かっているので，この結論は特に驚くべきことである。明らかに図1.8の2つの電荷の運動量の和$m_1\mathbf{v}_1 + m_2\mathbf{v}_2$は保存されない。この正しい結論により，質点の力学的運動量$m\mathbf{v}$が唯一の運動量ではないことが理解できる。電磁場も運動量を運ぶことができるため，図1.8の状況下では，2つの質点の失われた力学的運動量は，電磁場の運動量に変換されている。

幸運にも，図1.8において両者の速度が光速度よりもはるかに小さい場合（$v \ll c$），力学的運動量の損失と，それに付随する第3法則の不具合はまったく無視できる。これを見るためには，q_1とq_2の間の働く磁力に加えて，ニュートンの第3法則に従うクーロン力kq_1q_2/r^2が存在することに留意されたい[9]。磁力がクーロン力のv^2/c^2倍であることを示すことは簡単である（問題1.32）。したがってvがcに近づくと，古典力学は相対性理論に道を譲らなければならないが，磁力が重要となり第3法則が崩れる[10]。いずれにしても図1.8のような予想外の状況は，ニュートンの第3法則が古典的な範囲で有効であること，そして我々が非相対論的な力学を仮定するということ，と矛盾しないことがわかる。

1.6 直交座標系におけるニュートンの第2法則

ニュートンの3つの法則の中で最もよく使われるのは，運動方程式と呼ばれる第2法則である。これまで見てきたように，第1法則は慣性系を定義するために理論上重要であるが，通常この意味を超えて実用的に使われるものではない。第3法則は多粒子系において内力を整理する上で決定的に重要であるが，入り組んだ力の様子が理解できると，対象とする物体の運動を計算するために，第2法則が使用される。特に多くの単純な問題では，力は知られているか，または簡単に

---

9 ここでkはクーロン定数であり，$k = 1/(4\pi\varepsilon_0)$と記されることもある。

10 2つの定常電流の間の磁力は，古典的な領域であっても必ずしも小さい必要はないが，この力は第3法則に従うことを示すことができる。問題1.33を参照してほしい。

見つけられる。この場合,問題を解決するために必要なのは第 2 法則だけである。

すでに述べたように，第 2 法則は時間tの関数である位置ベクトル$\mathbf{r}$の 2 階微分方程式[11]である。

$$\mathbf{F} = m\ddot{\mathbf{r}} \tag{1.30}$$

典型的な問題では$\mathbf{F}$を構成する力が与えられるので，我々のおこなうべきことは$\mathbf{r}(t)$の微分方程式（1.30）を解くことである。時には$\mathbf{r}(t)$が分かっており，力の形を調べるために（1.30）を使用しなければならないこともある。いずれの場合も，（1.30）はベクトルの微分方程式である。そして多くの場合，このような方程式を解く最も簡単な方法は，採用した座標系においてベクトルを成分に分解することである。

概念上最も簡単な座標系は，単位ベクトル$\hat{\mathbf{x}}, \hat{\mathbf{y}}, \hat{\mathbf{z}}$を持つ直交座標（またはデカルト座標）であり，力$\mathbf{F}$は次のように書くことができる。

$$\mathbf{F} = F_x\hat{\mathbf{x}} + F_y\hat{\mathbf{y}} + F_z\hat{\mathbf{z}} \tag{1.31}$$

また位置ベクトル$\mathbf{r}$は，以下のように書ける。

$$\mathbf{r} = x\hat{\mathbf{x}} + y\hat{\mathbf{y}} + z\hat{\mathbf{z}} \tag{1.32}$$

1.2 節で述べたように単位ベクトル$\hat{\mathbf{x}}, \hat{\mathbf{y}}, \hat{\mathbf{z}}$は一定であるため，直交座標系における$\mathbf{r}$の展開式を微分するのは容易である。そのため（1.32）を 2 度にわたって微分することで，以下の単純な式を得ることができる。

$$\ddot{\mathbf{r}} = \ddot{x}\hat{\mathbf{x}} + \ddot{y}\hat{\mathbf{y}} + \ddot{z}\hat{\mathbf{z}} \tag{1.33}$$

すなわち$\ddot{\mathbf{r}}$の 3 つの直交座標成分は，$\mathbf{r}$の 3 つの座標x, y, zの導関数であり，第 2 法則（1.30）は，以下のようになる。

$$F_x\hat{\mathbf{x}} + F_y\hat{\mathbf{y}} + F_z\hat{\mathbf{z}} = m\ddot{x}\hat{\mathbf{x}} + m\ddot{y}\hat{\mathbf{y}} + m\ddot{z}\hat{\mathbf{z}} \tag{1.34}$$

この方程式を 3 つの別々の成分に分解すると,F_xは$m\ddot{x}$に等しくなければならず,y成分およびz成分に対しても同様であることがわかる。すなわち直交座標では,単一のベクトル方程式（1.30）は，以下の 3 つの方程式と等価である。

---

[11] 力$\mathbf{F}$は場合によっては,$\mathbf{r}$の導関数を含むこともある(たとえば移動する電荷の磁気力は,速度$\mathbf{v} = \dot{\mathbf{r}}$を含む)。力$\mathbf{F}$が$\mathbf{r}$の$n > 2$の高次導関数を含むことも，頻繁に起こる。この場合の第 2 法則は，n次微分方程式である。

$$\mathbf{F} = m\ddot{\mathbf{r}} \quad \Leftrightarrow \quad \begin{cases} F_x = m\ddot{x} \\ F_y = m\ddot{y} \\ F_z = m\ddot{z} \end{cases} \tag{1.35}$$

直交座標系において，3 次元のニュートンの第 2 法則が，3 つの 1 次元のニュートンの第 2 法則になるというこの美しい結果は，直交座標系におけるほぼすべての単純な力学問題の解の基礎である。そのような問題がどのようなものかを理解するための例を，以下に示す。

例 1.1 斜面を降りるブロック

摩擦係数 μ を持ち水平から角度 θ 傾斜している斜面上を，質量mのブロックが静止状態から加速しながら降りるのを観察する。どのくらいの時間tで，斜面を滑り落ちるのであろうか。

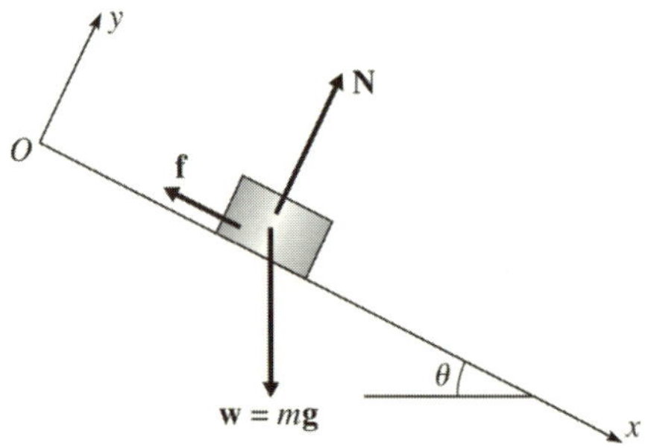

図 1.9 ブロックは角度θの斜面を滑り落ちる。箱にかかる 3 つの力は，その重量$\mathbf{w} = m\mathbf{g}$，斜面の垂直抗力$\mathbf{N}$，および摩擦力$\mathbf{f}$であり，その大きさは$f = \mu N$である。z軸は表示されていないが，ページの外側，つまり斜面を横切る方向を指している。

我々が最初にやるべきは，基準系を選択することである。通常ブロックが滑り落ちる最初の位置を空間原点に，ブロックから手を離した瞬間を時間原点（$t = 0$）に選択する。読者が入門物理学のコースで習ったように，座標軸の最良の選択は，図 1.9 に示されているとおり 1 つの座標軸（x軸）を斜面に沿って，もう 1 つの座標軸を斜面の垂直方向に（y軸），そして 3 つ目の座標軸（z軸）をそれと垂直に取る。このような選択をすることは，2 つの利点がある。第 1 に，ブロックが斜面上を真っ直ぐ滑るため，その動きはx軸方向に限定されxの値のみが変化することである。（もし水平にx軸，それと垂直にy軸をとった場合，xとyの両方が変化することになる。）第2に，ブロックにかかる3つの力のうちの2つは未知である（垂直抗力$\mathbf{N}$と摩擦$\mathbf{f}$。重力$\mathbf{w} = m\mathbf{g}$は既知。）が，我々の座標軸の選択では$\mathbf{N}$はy方向にあり，fは（負の）x方向にあるので，各々の未知数の非ゼロ成分は1つしかないことである。

今やニュートンの第2法則を適用する準備が整った。(1.35) は，以下に述べるように3つの要素を別々に分析できることを意味している。

z方向には力が働かないので，$F_z = 0$である。$F_z = m\ddot{z}$とすると$\ddot{z} = 0$となり，$\dot{z}$（またはv_z）は定数であることを意味する。ブロックは静止状態から動き出すが，これは$\dot{z}$がすべてのtについてゼロであることを意味する。$\dot{z} = 0$であればzは一定であり，またそれはゼロから始まるので，すべてのtについて$z = 0$となる。つまり推測の通り，ブロックの動きはxy平面にとどまる。

ブロックは斜面から飛び上がったりしないことから，y方向に動きがないことがわかる。特に，$\ddot{y} = 0$である。したがってニュートンの第2法則は，正味の力のy成分がゼロであることを意味する。すなわち，$F_y = 0$である。図1.9からこれは

$$F_y = N - mg\cos\theta = 0$$

となる。

したがって第2法則のy成分から，未知の垂直抗力は$N = mg\cos\theta$であることがわかる。$f = \mu N$であるので，摩擦力は$f = \mu mg\cos\theta$となる。残っているのは，実際の運動を求めるために第2法則の最後の成分（x成分）を使うことだけである。

第2法則のx成分から$F_x = m\ddot{x}$であるが，これは（図1.9を参照）

$$w_x - f = m\ddot{x}$$

したがって

$$mg\sin\theta - \mu mg\cos\theta = m\ddot{x}$$

である。mが打ち消されて，斜面を滑り落ちる加速度を求めることができる。

$$\ddot{x} = g(\sin\theta - \mu\cos\theta) \tag{1.36}$$

$\ddot{x}$を求めそれが一定であることが分かったら，積分を2回おこない，xをtの関数として求めるだけでよい。最初の積分で，

$$\dot{x} = g(\sin\theta - \mu\cos\theta)t$$

となる。（$t = 0$で$\dot{x} = 0$なので，積分定数はゼロであることに注意してほしい。）もう一度積分をおこない，以下を得る。

$$x(t) = \frac{1}{2}g(\sin\theta - \mu\cos\theta)t^2$$

（再度，積分定数はゼロであることに注意）以上により，解を求めることができた。

1.7 2次元極座標

直交座標は単純であるという長所はあるが，さまざまな非直交座標系を使用せずに特定の問題を解くことは，ほぼ不可能であることが今後わかるであろう。非直交座標が複雑であることを示すために，極座標を用いた2次元問題におけるニュートンの第2法則の形式を考える。この座標は，図1.10で定義されている。2つの直交座標x, yを使用する代わりに，Oからの距離rとx軸から反時計回りに測った角度ϕで質点の位置を示す。直交座標x, yが与えられると，以下の関係を使用して極座標r, ϕを，またはその逆を計算することができる。（これらの4つの方程式がすべて正しいことを，確認しておくこと[12]。）

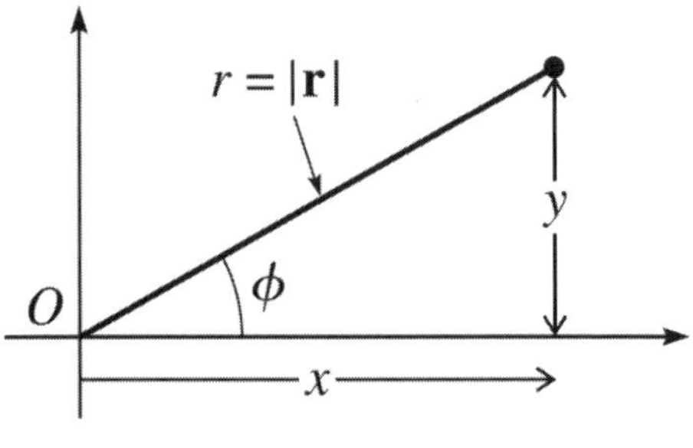

図1.10 極座標r, ϕの定義

[12] ϕに関する方程式には，若干微妙な点が存在する。第1象限と第3象限（同じく第2象限と第4象限）は同じy/xの値を与えるので，ϕが適切な象限にあることを確認する必要がある。問題1.42を参照のこと。

$$\left.\begin{array}{l} x = r\cos\phi \\ y = r\sin\phi \end{array}\right\} \Leftrightarrow \begin{cases} r = \sqrt{x^2 + y^2} \\ \phi = \arctan(y/x) \end{cases} \tag{1.37}$$

直交座標の場合と同様に，2 つの単位ベクトルを導入すると便利である。これを$\hat{\mathbf{r}}$と$\hat{\boldsymbol{\phi}}$で表わす。これらの定義を理解するために，図 1.11（a）に示すように，単位ベクトル$\hat{\mathbf{x}}$をxが増加しyが一定

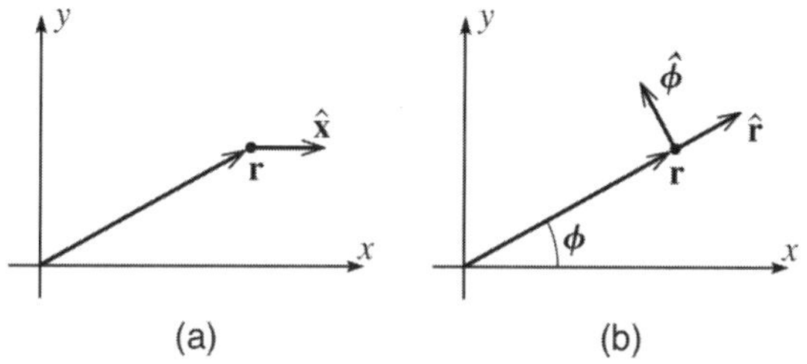

図 1.11（a）単位ベクトル$\hat{\mathbf{x}}$は，yを固定してxを増加させる方向を指す。　（b）単位ベクトル$\hat{\mathbf{r}}$は，ϕを固定してrを増加させる方向を指す。同じく$\hat{\boldsymbol{\phi}}$はrを固定してϕを増加させる方向のを指す。$\hat{\mathbf{x}}$と異なり，ベクトル$\hat{\mathbf{r}}$と$\hat{\boldsymbol{\phi}}$は位置ベクトル$\mathbf{r}$が動くにつれて変化する。

である方向の単位ベクトルとする。同様に，ϕが固定された方向を指す単位ベクトルとして$\hat{\mathbf{r}}$を定める。また同じく，$\mathbf{r}$が固定された状態でϕが増加する方向を示す単位ベクトルを$\hat{\boldsymbol{\phi}}$とする。図 1.11 は直交座標の単位ベクトル$\hat{\mathbf{x}}, \hat{\mathbf{y}}$と，新しい単位ベクトル$\hat{\mathbf{r}}, \hat{\boldsymbol{\phi}}$との最も重要な違いを，明確に表している。ベクトル$\hat{\mathbf{x}}, \hat{\mathbf{y}}$は平面のすべての点で同じであるが，新しいベクトル$\hat{\mathbf{r}}, \hat{\boldsymbol{\phi}}$の方向は，位置ベクトル$\mathbf{r}$が動くにつれ変化する。このことが，極座標系でニュートンの第 2 法則を使用することを複雑にする。

図 1.11 は，単位ベクトル$\hat{\mathbf{r}}$を表現する別の方法を示す。$\hat{\mathbf{r}}$は$\mathbf{r}$と同じ方向であるが，大きさが 1 であるため，

$$\hat{\mathbf{r}} = \frac{\mathbf{r}}{|\mathbf{r}|} \tag{1.38}$$

である。この結果は，「帽子（ハット）」表記の第 2 の役割を示唆している。任意のベクトル$\mathbf{a}$に対して$\hat{\mathbf{a}}$を$\mathbf{a}$方向の単位ベクトル，すなわち$\hat{\mathbf{a}} = \mathbf{a}/|\mathbf{a}|$と定義する。

2 つの単位ベクトル$\hat{\mathbf{r}}, \hat{\boldsymbol{\phi}}$は，2 次元平面上で互いに直交しているため，任意のベクトルをそれらの展開形で表現することができる。たとえば，物体に働く力$\mathbf{F}$は，以下のように書ける。

$$\mathbf{F} = F_r\hat{\mathbf{r}} + F_\phi\hat{\boldsymbol{\phi}} \tag{1.39}$$

たとえば，注目している物体がひもの端に結ばれ，(私の手の位置が原点となる)，円運動している石である場合，F_rはひもの張力に，F_ϕは石の接線方向の動きを遅らせる空気抵抗になる。位置ベクトル自体の展開形は極座標では特に簡単であり，図 1.1（b）から明らかなように，

$$\mathbf{r} = r\hat{\mathbf{r}} \tag{1.40}$$

となる。

ここまでで，ニュートンの第 2 法則$\mathbf{F} = m\ddot{\mathbf{r}}$が極座標でどのように書けるかを調べる準備が整った。これまで見てきたように，直交座標では$\ddot{\mathbf{r}}$のx成分が$\ddot{x}$であることが，極めて単純な結果（1.35）になることにつながっている。今や，極座標で$\ddot{\mathbf{r}}$の成分を求めなければならない。すなわち（1.40）をtで微分しなければならない。(1.40) は非常に簡単であるが，$\mathbf{r}$が動くにつれてベクトル$\hat{\mathbf{r}}$も変化する。したがって（1.40）を微分する際に必要となる，$\hat{\mathbf{r}}$の導関数を含む項を取り上げる。最初にやるべきことは，$\hat{\mathbf{r}}$の時間微分を調べることである。

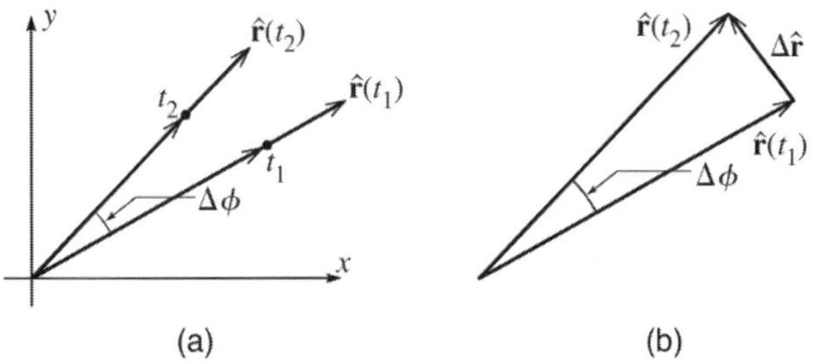

図 1.12（a）2 つの連続した時間t_1およびt_2における粒子の位置。粒子が正確に半径方向に移動していない限り，対応する単位ベクトル$\hat{\mathbf{r}}(t_1)$および$\hat{\mathbf{r}}(t_2)$は異なる方向を指す。（b）$\hat{\mathbf{r}}$の変化$\Delta\hat{\mathbf{r}}$は，図で示された三角形で与えられる。

図 1.12（a）は，2 つの連続する時間t_1および$t_2 = t_1 + \Delta t$における，対象質点の位置を示す。対応する角度$\phi(t_1)$ および$\phi(t_2)$が異なる場合，2 つの単位ベクトル$\hat{\mathbf{r}}(t_1)$および$\hat{\mathbf{r}}(t_2)$は異なる方向を指す。$\hat{\mathbf{r}}$の変化は図 1.12（b）に示されており，（Δtが小さい場合は）よい近似で以下が成立する。

$$\Delta\hat{\mathbf{r}} \approx \Delta\phi\hat{\boldsymbol{\phi}} \approx \dot{\phi}\Delta t\hat{\boldsymbol{\phi}} \tag{1.41}$$

（$\Delta\hat{\mathbf{r}}$の方向は$\hat{\mathbf{r}}$と垂直であるが，これは$\hat{\boldsymbol{\phi}}$の方向であることに留意されたい。）両辺をΔtで割り，$\Delta t \to 0$の極限を取ると，$\Delta\hat{\mathbf{r}}/\Delta t \to d\hat{\mathbf{r}}/\mathrm{d}t$となるので，結局以下が得られる。

$$\frac{d\hat{\mathbf{r}}}{dt} = \dot{\phi}\hat{\boldsymbol{\phi}} \tag{1.42}$$

（この重要な結果の別の証明については，問題 1.43 を参照のこと）。$d\hat{\mathbf{r}}/dt$は$\hat{\boldsymbol{\phi}}$方向であり，角度ϕの変化率に比例することに注意してほしい。どちらの特徴も，図 1.12 からわかる。

$\hat{\mathbf{r}}$の微分が分かったので，方程式（1.40）を微分する準備ができた。積の規則を利用すると，2 つの項を得る。

$$\dot{\mathbf{r}} = \dot{r}\hat{\mathbf{r}} + r\frac{d\hat{\mathbf{r}}}{dt}$$

（1.42）を代入すると，速度$\dot{\mathbf{r}}$つまり$\mathbf{v}$について，以下を得る。

$$\mathbf{v} \equiv \dot{\mathbf{r}} = \dot{r}\hat{\mathbf{r}} + r\dot{\phi}\hat{\boldsymbol{\phi}} \tag{1.43}$$

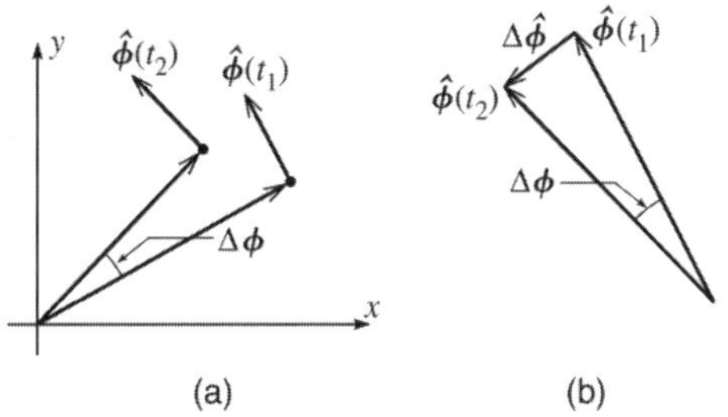

図 1.13（a）2 つの連続した時間時間t_1およびt_2における単位ベクトル$\hat{\boldsymbol{\phi}}$。（b）変化$\Delta\hat{\boldsymbol{\phi}}$。

これから，速度の極座標表示を読み取ることができる。

$$v_r = \dot{r}, \quad v_\phi = r\dot{\phi} = r\omega \tag{1.44}$$

ここで第 2 の方程式において，角速度$\dot{\phi}$に対する伝統的な表記法ωを導入した。（1.44）の結果は，入門物理学の学習によって慣れているべきであるが，対応する直交座標の結果（$v_x = \dot{x}$および$v_y = \dot{y}$）よりもはるかに複雑である。

ニュートンの第 2 法則を書き下す前に，2 回目の微分をおこない，加速度を求めておかなければならない。

$$\mathbf{a} \equiv \ddot{\mathbf{r}} = \frac{d}{dt}\dot{\mathbf{r}} = \frac{d}{dt}\left(\dot{r}\hat{\mathbf{r}} + r\dot{\phi}\hat{\boldsymbol{\phi}}\right) \tag{1.45}$$

最終的な表現は，$\dot{\mathbf{r}}$に（1.43）を代入することによって得られる。（1.45）の微分を完了するには，$\hat{\boldsymbol{\phi}}$の導関数を計算しなければならない。この計算は，（1.42）に至る議論に完全に類似しており，図 1.13 に示されている。この図を見ることで，読者は以下の結果を納得できるであろう。

$$\frac{d\hat{\boldsymbol{\phi}}}{dt} = -\dot{\phi}\hat{\mathbf{r}} \tag{1.46}$$

式（1.45）に戻って，次の 5 つの項を与えるために微分をおこなう。

$$\mathbf{a} = \left(\ddot{r}\hat{\mathbf{r}} + \dot{r}\frac{d\hat{\mathbf{r}}}{dt}\right) + \left((\dot{r}\dot{\phi} + r\ddot{\phi})\hat{\boldsymbol{\phi}} + r\dot{\phi}\frac{d\hat{\boldsymbol{\phi}}}{dt}\right)$$

（1.42）と（1.46）を使って，2 つの単位ベクトルの導関数を置き換えると，以下のようになる。

$$\mathbf{a} = (\ddot{r} - r\dot{\phi}^2)\hat{\mathbf{r}} + (r\ddot{\phi} + 2\dot{r}\dot{\phi})\hat{\boldsymbol{\phi}} \tag{1.47}$$

この複雑な結果は，固定長のひもの端に取り付けられた石をぐるぐる回す場合のようなrが一定であるという特殊な場合を考えると，少しわかりやすくなる。rが定数の場合，rの 1 階・2 階微分ともゼロであり，（1.47）はちょうど 2 つの項

$$\mathbf{a} = -r\dot{\phi}^2\hat{\mathbf{r}} + r\ddot{\phi}\hat{\boldsymbol{\phi}}$$

または

$$\mathbf{a} = -r\omega^2\hat{\mathbf{r}} + r\alpha\hat{\boldsymbol{\phi}}$$

しか持たない。ここで$\omega = \dot{\phi}$は角速度を表し，$\alpha = \ddot{\phi}$は角加速度を表す。これは，質点が固定された円のまわりを動くときに働く内向きの向心加速度$r\omega^2$（またはv^2/r）と，接線加速度$r\alpha$を持つ初等物理学のおなじみの結果である。しかしrが一定でない場合，加速は（1.47）の 4 つの項のすべてを含む。半径方向に働く第 1 項$\ddot{r}$は，rが変化した場合には予想されるものであるが，ϕ方向に働く最後の項$2\dot{r}\dot{\phi}$は分かりにくい。これはコリオリの加速度と呼ばれ，第 9 章で詳しく説明する。

加速を（1.47）のように計算できたので，最終的にニュートンの第 2 法則の極座標表示は以下のようになる。

$$\mathbf{F} = m\mathbf{a} \quad \Leftrightarrow \quad \begin{cases} F_r = m(\ddot{r} - r\dot{\phi}^2) \\ F_\phi = m(r\ddot{\phi} + 2\dot{r}\dot{\phi}) \end{cases} \tag{1.48}$$

極座標表示におけるこれらの方程式は，直交座標表示の美しく単純な方程式（1.35）とは大きく異なる。実際，ラグランジュ形式（第 7 章）でニュートン力

学をわざわざ計算し直す主な理由の 1 つは，後者が直交座標と同じぐらい簡単に非直交座標を扱うことができるためである。

読者は極座標表示での第 2 法則が非常に複雑であるため，それを使用する機会などないのでは，と感じるかもしれない。しかし実際には，極座標を使って極めて簡単に解くことができる多くの問題がある。そのため私は，そのことを示す基礎的な例で，この節を締めくくることにする。

例 1.2 振動するスケートボード

図 1.14 に示すように，スケートボード場の「ハーフパイプ」は，半径 $R = 5\mathrm{m}$の半円形断面のコンクリートの谷でできている。谷の側面に摩擦のないスケートボードを下に向けて置き，そして手を離す。ニュートンの第 2 法則を用いて，その後の動きを調べる。特に底から少し離れたところからスケートボードを離せば，どれくらいの時間で手を離したところまで戻ってくるのであろうか。

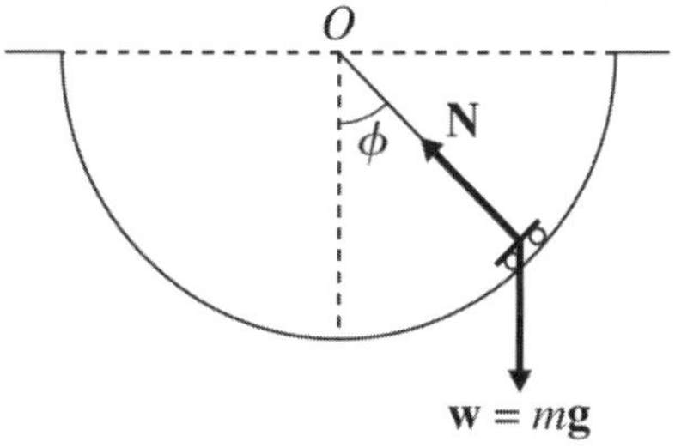

図 1.14 半径Rの半円谷の中にあるスケートボード。ボードの位置は底から上方に測った角度ϕで指定する。スケートボードに働く 2 つの力は重力$\mathbf{w} = m\mathbf{g}$，および垂直抗力$\mathbf{N}$である。

スケートボードは円形の経路上を移動するように制約されているため，この問題は，図のようにハーフパイプの中心に原点 O を持つ極座標を使用すると，最も簡単に解くことができる。（以下の計算のどこかの時点で，直交座標で第 2 法則を書いてみて，どれほど複雑な結果が得られるかを確かめよ。）極座標を選択すると，スケートボードのr座標は$r = R$で一定であり，スケートボードの位置は角度ϕによって完全に指定される。rが定数の場合，第 2 法則（1.48）は比較的単純な形式になる。

$$F_r = -mR\dot{\phi}^2 \tag{1.49}$$

$$F_\phi = mR\ddot{\phi} \tag{1.50}$$

図1.14に示すように，スケートボードに働く2つの力は重力$\mathbf{w} = m\mathbf{g}$と壁の垂直抗力$\mathbf{N}$である。合力$\mathbf{F} = \mathbf{w} + \mathbf{N}$の成分は，以下のようになる。

$$F_r = mg\cos\phi - N, \qquad F_\phi = -mg\sin\phi$$

F_rを（1.49）に代入すると，$N, \phi, \dot{\phi}$を含む方程式が得られる。幸いにも，我々はNに全く興味がない。さらに幸いなことにF_ϕを（1.50）に代入すると，Nを全く含まない方程式を得ることができる。

$$-mg\sin\phi = mR\ddot{\phi}$$

mを消去して整理すると，以下のようになる。

$$\ddot{\phi} = -\frac{g}{R}\sin\phi \tag{1.51}$$

（1.51）は，スケートボードの運動を決定する$\phi(t)$の微分方程式である。定性的には，この方程式が意味する動きを容易に理解することができる。まず$\phi = 0$の場合は，（1.51）は$\ddot{\phi} = 0$となる。したがってスケートボードを$\phi = 0$の位置に静止させて（$\dot{\phi} = 0$）置くと，（誰かが押さない限り）スケートボードは決して動かない。すなわち予想どおり，$\phi = 0$は平衡位置となる。次にある時点でϕがゼロでなく，$\phi > 0$であると仮定する。つまりスケートボードは，ハーフパイプの右側にある。この場合，（1.51）より$\ddot{\phi} < 0$なので，加速度は左方向を向いている。スケートボードが右に動いている場合はその動きは遅くなり，最終的には左に移動し始める[13]。ひとたび左側への移動が始まると，速度を上げながら底に戻り左側に移動する。スケートボードが左側に来るとすぐに変数の符合が逆になり（$\phi < 0, \ddot{\phi} > 0$），スケートボードは最終的に底に戻り，再び右側に移動する。言い換えれば，微分方程式（1.51）はスケートボードが右から左へ，そして右へと前後に振動することを意味する。

運動方程式（1.51）は多項式，三角関数，対数関数，指数関数などの初

13　ここではスケートボードが上方の端に達しておらず，谷から飛び出さないことを前提としている。スケートボードは谷の中において静止状態で手を離されたので，この前提は正しい。この主張を証明する最も簡単な方法は，エネルギー保存則を使うことであるが，このことについては，しばらく議論しない。さしあたりこのことを常識の問題として受け入れることに，読者はおそらく同意してくれるだろう。

等関数を使って解くことはできない[14]。したがって運動に関するより定量的な情報が必要な場合は，計算機を使用して数値的に解くことが最も簡単な方法である（問題 1.50 を参照）。しかし初期角度ϕ_0が小さい場合，小角度の近似を使用することができる。

$$\sin\phi \approx \phi \tag{1.52}$$

この近似の範囲内で，(1.51) は以下のようになる。

$$\ddot{\phi} = -\frac{g}{R}\phi \tag{1.53}$$

この方程式は初等関数を利用して解くことができる。(この段階で読者は，スケートボードの問題についての議論が単振り子の解析と非常によく似ていることを，認識するであろう。特に小角度近似 (1.52) は，入門物理学のコースで単振り子の問題を解くために使われるものである。ここで見られる同様の議論はもちろん，偶然ではない。数学的に 2 つの問題は全く同じである。）以下のようにパラメータを定義する。

$$\omega = \sqrt{\frac{g}{R}} \tag{1.54}$$

すると (1.53) は，以下のようになる。

$$\ddot{\phi} = -\omega^2\phi \tag{1.55}$$

これが小角度近似における，スケートボードの運動方程式である。本書でこれから頻繁に使われる方法を紹介したいので，その解法についていくらか詳しく説明する。(以前に微分方程式を学んでいたのなら，これから続く 3 段落を簡単なまとめだと思って見てほしい。)

最初に，(1.55) の 2 つの解を目の子勘定（つまり直観による推定）によって見つけることは容易である。任意定数Aに対して，関数$\phi(t) = A\sin(\omega t)$は明らかに解である。($\sin(\omega t)$を微分すると因数$\omega$が外に出て，sin はcosに変化する。再度微分すると，もう 1 つ因数ωが外に出て，cosは$-\sin$に変化する。そのため，この関数は$\ddot{\phi} = -\omega^2\phi$を満たす。）同じく任意の定数$B$に対する$\phi(t) = B\cos(\omega t)$も，もう 1 つの解である。さらにこれら 2 つの解の和も解となっていることは，容易に確認できる。我々は今や，解の

14　(1.51) の解は，ヤコビの楕円関数である。しかしほとんどの人にとってヤコビ関数は「初等」的ではない，という態度を本書では採用する。

完全形を見つけた。2つの定数AおよびBの任意の値に対して

$$\phi(t) = A\sin(\omega t) + B\cos(\omega t) \tag{1.56}$$

は解である。

ここで運動方程式（1.55）のどんな解も，（1.56）の形式を持つと主張したい。言い換えると，（1.56）は一般解である。我々はすべての解を見つけたわけであり，これ以上他の解を探す必要はない。これがなぜ正しいのかを知るために，微分方程式（1.55）は未知数ϕの2次導関数$\ddot{\phi}$についての方程式であることに注意してほしい。$\ddot{\phi}$が何であるかが分かっていれば，2回の積分という初等的な手続きによってϕを見つけることができる。その結果は2つの未知の定数，つまり2つの積分定数を含み，これらは(たとえば）$\phi, \dot{\phi}$の初期値から決めることができる。言い換えると$\ddot{\phi}$に関する知識は，ϕ自体が2つの未知定数を含む関数族のひとつであることを示している。もちろん微分方程式（1.55）はϕに関する$\ddot{\phi}$ についての方程式であり，$\ddot{\phi}$について何も教えてくれない。それにもかかわらずこのような方程式は，ϕは2つの未定定数を含む関数族の1つであることを教えてくれる。微分方程式論を学んだ場合，このことがまさに該当することがわかる。もし読者が微分方程式論を学んでいなければ，著者はこのことを妥当な事実として受け入れるよう頼まなければならない。任意の2階微分方程式（(1.55）を含む方程式の大きなクラスで，この本で遭遇するすべての方程式）の解はすべて，（1.56）における定数A, Bのように，2つの独立定数を含む関数族に属している。(より一般的には，n次方程式の解はn個の独立定数を含む。)

この定理は，解（1.56）に新たな洞察を与える。我々はすでに（1.56）の形をもつ任意の関数が，運動方程式の解であることを知っている。この定理は，運動方程式のすべての解がこの形式であることを保証している。同じ議論が，我々が遭遇するすべての2階微分方程式に適用される。(1.56)のような2つの任意定数を含む解を見つけることができれば，我々は方程式の一般解を見つけたことを保証される。

残っているのは，スケートボードに対する2つの定数A, Bを決めることだけである。これをおこなうには，初期条件を見なければならない。$t = 0$

において，(1.56) は$\phi = B$となる。つまりBはϕの初期値であり，それをここではϕ_0とする。したがって$B = \phi_0$である。$t = 0$において，式 (1.56) から$\dot{\phi} = \omega A$となる。静止状態でスケートボードから手を離したので$A = 0$であり，最終的な解の形は

$$\phi(t) = \phi_0 \cos(\omega t) \tag{1.57}$$

である。

この解について最初に留意すべきは，一般的な見地から予想されるように$\phi(t)$は正から負にそしてまた正に，周期的かつ無限に振動することである。特に$\omega t = 2\pi$のとき，スケートボードは初めて元の位置に戻る。これに要する時間を運動の周期と呼び，τと表記する。したがって，スケートボードの振動の周期は

$$\tau = \frac{2\pi}{\omega} = 2\pi\sqrt{\frac{g}{R}} \tag{1.58}$$

である。ここで$R = 5\mathrm{m}$, $g = 9.8\mathrm{m/s^2}$としよう。これらの値を代入すると，スケートボードは$\tau = 4.5$秒で出発点に戻ることがわかる。

第 1 章の主な定義と方程式

スカラー積とベクトル積

$$\mathbf{r} \cdot \mathbf{s} = rs\cos\theta = r_x s_x + r_y s_y + r_z s_z \qquad [(1.6)\&(1.7)]$$

$$\mathbf{r} \times \mathbf{s} = (r_y s_z - r_z s_y, r_z s_x - r_x s_z, r_x s_y - r_y s_x) = \det\begin{bmatrix} \hat{\boldsymbol{x}} & \hat{\boldsymbol{y}} & \hat{\boldsymbol{z}} \\ r_x & r_y & r_z \\ s_x & s_y & s_z \end{bmatrix} \qquad [(1.9)]$$

慣性系

慣性系はニュートンの第 1 法則が成立する任意の基準系，すなわち非加速・非回転系である。

座標系の単位ベクトル

(ξ, η, ς)が直交座標系である場合，

$\hat{\boldsymbol{\xi}} = \eta, \varsigma$ を固定したときの，ξが増加する方向の単位ベクトルとする。任意のベクトル$\mathbf{s}$は$\mathbf{s} = s_\xi \hat{\boldsymbol{\xi}} + s_\eta \hat{\boldsymbol{\eta}} + s_\varsigma \hat{\boldsymbol{\varsigma}}$のように展開できる。

異なる座標系におけるニュートンの第 2 法則

ベクトル形式	直交座標系	2 次元極座標系	円柱極座標系
	(x, y, z)	(r, ϕ)	(ρ, ϕ, z)
$\mathbf{F} = m\ddot{\mathbf{r}}$	$\begin{cases} F_x = m\ddot{x} \\ F_y = m\ddot{y} \\ F_z = m\ddot{z} \end{cases}$	$\begin{cases} F_r = m(\ddot{r} - r\dot{\phi}^2) \\ F_\phi = m(r\ddot{\phi} + 2\dot{r}\dot{\phi}) \end{cases}$	$\begin{cases} F_r = m(\ddot{\rho} - \rho\dot{\phi}^2) \\ F_\phi = m(\rho\ddot{\phi} + 2\dot{\rho}\dot{\phi}) \\ F_z = m\ddot{z} \end{cases}$
	(1.35)	(1.48)	問題 1.47，1.48

第 1 章の問題

各章の問題は，節番号にしたがって並べられている。特定の節に記載されている問題は，その節とそれ以前の節の内容を理解しておく必要があるが，その後の節の内容の理解は必要ない。各節内においては，問題はおおよそ難易度の順に並べられている。 星 1 つ（*）は，ただ 1 つの主概念を含んだ簡単な問題であることを示している。 星 2 つ（* *）はやや難しい問題であり，通常は複数の概念を含んでいる。星 3 つ（***）は，本質的に困難であるか，または長い計算を伴うために明らかに難しい問題であることを示している。言うまでもなくこれらの区別は難しく，おおよそのものである。

コンピュータの使用を必要とする問題には，[コンピュータ]という印が付けられている。特に読者がプログラム言語を学んでいる途中なら，必要なコードを作るのに長時間かかるという理由で，これらは大抵***に分類されている。

1 .2 節 空間と時間

1.1* 2 つのベクトル$\mathbf{b} = \hat{\mathbf{x}} + \hat{\mathbf{y}}$と$\mathbf{c} = \hat{\mathbf{x}} + \hat{\mathbf{z}}$が与えられたとき，$\mathbf{b} + \mathbf{c}$，$5\mathbf{b} + 2\mathbf{c}$，$\mathbf{b} \cdot \mathbf{c}$，$\mathbf{b} \times \mathbf{c}$を求めよ。

1.2* 2 つのベクトルが，$\mathbf{b} = (1,2,3)$および$\mathbf{c} = (3,2,1)$と与えられている。（これらの表示は，ベクトルの成分を与える簡潔な方法であることに注意すること。）ことのき，$\mathbf{b} + \mathbf{c}$，$5\mathbf{b} - 2\mathbf{c}$，$\mathbf{b} \cdot \mathbf{c}$，$\mathbf{b} \times \mathbf{c}$を計算せよ。

1.3 * （通常の 2 次元版の）ピタゴラスの定理を 2 回適用することにより，3 次元ベクトル$\mathbf{r} = (x, y, z)$の長さrが，$r^2 = x^2 + y^2 + z^2$を満たすことを証明せよ。

1.4* スカラー積の数多くの用途のうちの 1 つとして，2 つのベクトル間の角度を求めることがある。スカラー積を計算することで，$\mathbf{b} = (1,2,4)$と$\mathbf{c} = (4,2,1)$の間の角度を求めよ。

1.5* 立方体の体対角線と，いずれか 1 つの面対角線のなす角度を求めよ。（ヒント：立方体から面 1 を選び，そのなかの 1 つの角をOとする。そしてそれとちょうど反対側になる点を(1,1,1)とする。体対角線を表すベクトルと面対角線を表すベクトルを書き下し，問題 1.4 と同じ方法で，それらの間の角度を求める。）

1.6* スカラー積を計算し，2 つのベクトル$\mathbf{b} = \hat{\mathbf{x}} + s\hat{\mathbf{y}}$および$\mathbf{c} = \hat{\mathbf{x}} - s\hat{\mathbf{y}}$が直交するようなスカラー$s$の値を求めよ。(2 つのベクトルは，それらの間のスカラー積がゼロの場合にのみ直交することに，注意すること)。略図を用いて，解答を説明せよ。

1.7* スカラー積$\mathbf{r}\cdot\mathbf{s}$の 2 つの定義$rs\cos\theta$(1.6)と，$\sum r_i s_i$(1.7)は等しいことを示せ。これをおこなう方法の 1 つは，$\mathbf{r}$方向に沿ってx軸を取ることである。（厳密にいうと，定義（1.7）が軸の選択とは無関係であることを最初に確認する必要がある。このような細かいことを心配したい場合は，問題 1.16 を参照すること。）

1.8* (a) 定義 (1.7) を使用して，スカラー積の分配法則，すなわち$\mathbf{r}\cdot(\mathbf{u}+\mathbf{v}) = \mathbf{r}\cdot\mathbf{u} + \mathbf{r}\cdot\mathbf{v}$を示せ。(b) $\mathbf{r}$と$\mathbf{s}$が時間に依存するベクトルである場合，積の微分法則が$\mathbf{r}\cdot\mathbf{s}$に適用されること，つまり以下を証明せよ。

$$\frac{d}{dt}(\mathbf{r}\cdot\mathbf{s}) = \mathbf{r}\cdot\frac{d\mathbf{s}}{dt} + \frac{d\mathbf{r}}{dt}\cdot\mathbf{s}$$

1.9* 初等三角法において，読者はおそらく 3 つの辺a, b, cをもつ三角形の余弦定理$c^2 = a^2 + b^2 - 2ab\cos\theta$を学んだことであろう。ここで$\theta$は辺$a, b$間の角度である。余弦定理は，等式$(\mathbf{a}+\mathbf{b})^2 = a^2 + b^2 + 2\mathbf{a}\cdot\mathbf{b}$の結果であることを証明せよ。

1.10* 質点が一定の角速度ωで，反時計回りに円（中心O，半径R）上を移動する。円はxy平面にあり，質点は時間$t = 0$でx軸上にある。質点の位置が，以下で与えられることを示せ。

$$\mathbf{r}(t) = \hat{\mathbf{x}}R\cos(\omega t) + \hat{\mathbf{y}}R\sin(\omega t)$$

質点の速度と加速度を求めよ。加速度の大きさと方向はどのようになるか。得られた結果を，均一な円運動に対するよく知られた特徴に関連付けよ。

1.11* 移動する質点の位置が，以下のような時間tの関数として与えられている。

$$\mathbf{r}(t) = \hat{\mathbf{x}}b\cos(\omega t) + \hat{\mathbf{y}}c\sin(\omega t)$$

ここでb, c, ωは定数である。質点の軌道を描け。

1.12* 移動する質点の位置が，以下のような時間tの関数として与えられている。

$$\mathbf{r}(t) = \hat{\mathbf{x}}b\cos(\omega t) + \hat{\mathbf{y}}c\sin(\omega t) + \hat{\mathbf{z}}v_0 t$$

ここでb, c, v_0, ωは定数である。質点の軌道を描け。

1.13* $\mathbf{u}$を任意の単位ベクトルとすると，任意のベクトル$\mathbf{b}$は以下を満たすことを示せ。

$$b^2 = (\mathbf{u} \cdot \mathbf{b})^2 + (\mathbf{u} \times \mathbf{b})^2$$

この結果を図の助けを借りて，言葉で説明せよ。

1.14* 任意の 2 つのベクトル$\mathbf{a}, \mathbf{b}$に対して，以下を示せ。

$$|\mathbf{a} + \mathbf{b}| \leq (a + b)$$

（ヒント：$|\mathbf{a} + \mathbf{b}|^2$を計算し，$(a + b)^2$と比較せよ。）なぜこれが三角不等式と呼ばれるのかを，説明せよ。

1.15* ベクトル積の定義（1.9）は，$\mathbf{r} \times \mathbf{s}$が$\mathbf{r}, \mathbf{s}$の両方に垂直で大きさが$rs\sin\theta$であり，その方向が右手の法則によって与えられる初等的な定義に等しいことを示せ。（ヒント：定義（1.9）は，（証明するのは非常に困難であるが）座標軸の選択とは無関係であるという事実がある。したがって$\mathbf{r}$がx軸に，$\mathbf{s}$がxy平面になるように座標軸を選択できる。）

1.16** （a）スカラー積$\mathbf{r} \cdot \mathbf{s}$を（1.7）のように$\mathbf{r} \cdot \mathbf{s} = \sum r_i s_i$で定義する。このときピタゴラスの定理から，任意のベクトル$\mathbf{r}$の大きさが$r = \sqrt{\mathbf{r} \cdot \mathbf{r}}$であることを示せ。 （b）ベクトルの大きさは，座標軸の選択に依存しないことは明らかである。したがって（a）の結果は（1.7）で定義されるスカラー積$\mathbf{r} \cdot \mathbf{r}$は，直交軸をどのように選択しても同じであることを保証する。これを使い，（1.7）で定義されている$\mathbf{r} \cdot \mathbf{s}$が，任意の直交軸の選択に対して同じであることを証明せよ。［ヒント：ベクトル$\mathbf{r} + \mathbf{s}$の大きさを考えよ。］

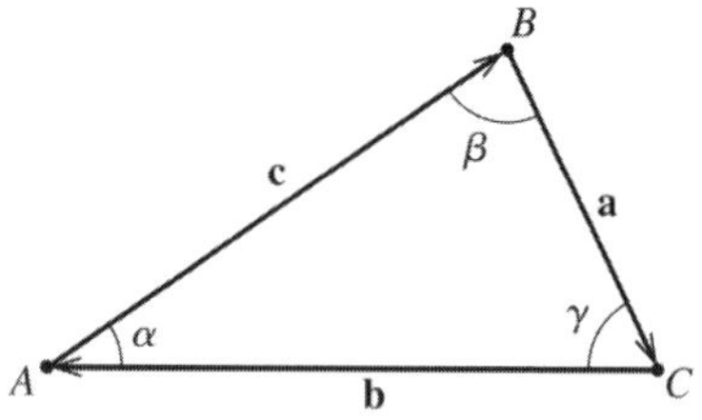

図 1.15 問題 1.18 の三角形。

1.17** （a）（1.9）で定義されたベクトル積$\mathbf{r} \times \mathbf{s}$の分配法則，すなわち$\mathbf{r} \times (\mathbf{u} + \mathbf{v}) = (\mathbf{r} \times \mathbf{u}) + (\mathbf{r} \times \mathbf{v})$を証明せよ。 （b）以下の積の微分法則を示せ。ただし因子の順序に注意すること。

$$\frac{d}{dt}(\mathbf{r} \times \mathbf{s}) = \mathbf{r} \times \frac{d\mathbf{s}}{dt} + \frac{d\mathbf{r}}{dt} \times \mathbf{s}$$

1.18** 3 つのベクトル$\mathbf{a}, \mathbf{b}, \mathbf{c}$は，図 1.15 に示すように，角度$\alpha, \beta, \gamma$を持つ三角形 ABC の 3 つの辺である。（a）三角形の面積が，次の 3 つの式のいずれかによって与えられることを証明せよ。

$$面積=\frac{1}{2}|\mathbf{a}\times\mathbf{b}|=\frac{1}{2}|\mathbf{b}\times\mathbf{c}|=\frac{1}{2}|\mathbf{c}\times\mathbf{a}|$$

（b）これら 3 つの式を使って，以下の正弦定理を証明せよ。

$$\frac{a}{sin\alpha}=\frac{b}{sin\beta}=\frac{c}{sin\gamma}$$

1.19** $\mathbf{r},\mathbf{v},\mathbf{a}$が粒子の位置，速度，加速度を表す場合，以下を示せ。

$$\frac{d}{dt}[\mathbf{a}\cdot(\mathbf{v}\times\mathbf{r})]=\dot{\mathbf{a}}\cdot(\mathbf{v}\times\mathbf{r})$$

1.20** 原点Oから三角形の 3 つの角を指し示す，3 つのベクトル$\boldsymbol{A},\boldsymbol{B},\boldsymbol{C}$を考える。問題 1.18 の結果を使って，三角形の面積が以下のようになることを示せ。

$$（三角形の面積）=\frac{1}{2}|(\mathbf{B}\times\mathbf{C})+(\mathbf{C}\times\mathbf{A})+(\mathbf{A}\times\mathbf{B})|$$

1.21** 平行 6 面体（対向する面が平行な 6 面の立体）は，1 つの角に原点Oを持ち，ベクトル$\mathbf{a},\mathbf{b},\mathbf{c}$によって定義される$O$から始まる 3 つの辺を持つ。平行 6 面体の体積が$|\mathbf{a}\cdot(\mathbf{b}\times\mathbf{c})|$であることを示せ。

1.22** 2 つのベクトル$\mathbf{a},\mathbf{b}$はxy平面上にあり，x軸との角度はそれぞれα，βである。(a)$\mathbf{a}\cdot\mathbf{b}$を 2 つの方法（すなわち（1.6）と（1.7））で表し，よく知られている以下の等式を示せ。

$$\cos(\alpha-\beta)=\cos\alpha\cos\beta+\sin\alpha\sin\beta$$

（b）同様に$\mathbf{a}\times\mathbf{b}$を計算することで，以下を示せ。

$$\sin(\alpha-\beta)=\sin\alpha\cos\beta-\cos\alpha\sin\beta$$

1.23** 未知のベクトル$\mathbf{v}$は$\mathbf{b}\cdot\mathbf{v}=\lambda$および$\mathbf{b}\times\mathbf{v}=\mathbf{c}$を満たす。ここで$\lambda,\mathbf{b},\mathbf{c}$は一定で既知であるとする。$\mathbf{v}$を$\lambda,\mathbf{b},\mathbf{c}$で表せ。

1 .4 節 ニュートンの第 1 および第 2 法則：慣性系

1.24* 読者が以前に微分方程式を学習していない場合に備えて，本書では必要に応じて必要な概念を導入する。まずは簡単な問いから始める。未知関数$f(t)$に関する，1 階微分方程式$df/dt=f$の一般解を求めよ。［これをおこなう，いくつかの方法がある。1 つは方程式を$df/f=dt$と書き直し，そのうえで両辺を積分することである。］一般解は，任意定数をいくつ含んでいるか。［読者の答えは，（通常の）n階微分方程式の解が，n個の任意定数を含むという重要な一般定理を示すことになるであろう。］

1.25* 微分方程式を$df/dt=-3f$とした場合において，問題 1.24 と同じ質問に答えよ。

1.26** 慣性系の特徴は，働く合力がゼロになる物体は一定速度で直線運動することである。

これを説明するために，次のことを考えてみよう。慣性系Sの原点と同じ高さにある床の上に立って，真北の方向に摩擦の働かないパックを蹴る。 (a) 慣性系から見たパックのx座標とy座標を，時間の関数として書き下せ。(それぞれ真東と真北を指す，x軸とy軸を使用すること。) 次に，さらに 2 人の観測者を考えてみる。一人はSに対して一定速度vで真東に移動しているS'に静止している。 もう一人は，Sに対して真東に一定加速度で移動しているS''に静止している。(パックを蹴った瞬間には，3 つの系が一致しており，またその瞬間にはS''はSに対して静止している。) (b) パックの座標x', y'を求め，S'から見たパックの進路を描け。 (c) S''についても，同じことをおこなえ。どれが慣性系か。

1.27** 慣性系の特徴は，働く合力がゼロである物体は一定速度で直線運動することである。これを説明するために，次のような実験を考えてみよう。一定の角速度ωで回転する，完全に平らな水平回転テーブルのそばの地面に立っている。(これを慣性系とする。) 回転テーブルの中心を真っすぐに通って動くように，テーブル上に身を乗り出し，摩擦のないパックを押す。回転テーブル上に座っている人が見たパックの動きを説明せよ。これは熟考を要する問題であるが，定性的なイメージを得ることはできる。定量的な結果を得たい場合は，極座標を使用することをお勧めする。問題 1.46 を参照のこと。

1.5 節　第 3 法則と運動量保存

1.28* 運動量保存を証明する (1.25) から (1.29) までのステップを，$N = 3$の場合において実行せよ。その際，すべての和を明示的に書き出し，様々な操作を理解していることを確認すること。

1.29* 4 粒子系 ($N = 4$) において，問題 1.28 と同じことを実行せよ。

1.30* 運動量保存などの保存法則は，実験結果に関する驚くべき量の情報を与えることがある。おそらく最も簡単な例は，次のものである。外力の影響を受けない質量m_1, m_2の 2 つの物体がある。静止している物体 2 と衝突するときに，物体 1 は速度$\mathbf{v}$で移動している。衝突後 2 つの物体は互いにくっつき，共通速度$\mathbf{v}'$で移動する。運動量保存を使用して，$\mathbf{v}'$を$\mathbf{v}, m_1, m_2$で表せ。

1.31* 1.5 節において，ニュートンの第 3 法則が運動量保存を意味することを証明した。運動量保存の法則を任意の粒子群に適用し，粒子間に働く力は第 3 法則に従わなければならないことを，逆に証明せよ。[ヒント：系には多数の粒子が含まれているが，そのうちの 2 つの粒子 (これを 1,2 と呼ぶ) だけに注目することができる。運動量保存の法則により粒子対に外力が働かない場合，その全運動量は一定でなければならないことがわかる。これを使って$\mathbf{F}_{12} = -\mathbf{F}_{21}$を証明せよ。]

1.32** 電磁気学の学習経験があれば，図 1.8 に示すような興味深い状況について，次のような問題を考えることができる。一定の速度$\mathbf{v}_2$ ($v_2 \ll c$) で移動する位置$\mathbf{r}_2$にある電荷q_2が

$\mathbf{r_1}$に作り出す電場および磁場は，以下のようになる[15]。

$$\mathbf{E}(\mathbf{r_1}) = \frac{1}{4\pi\epsilon_0}\frac{q_2}{s^2}\hat{\mathbf{s}}, \qquad \mathbf{B}\,(\mathbf{r_1}) = \frac{\mu_0}{4\pi}\frac{q_2}{s^2}\mathbf{v_2} \times \hat{\mathbf{s}}$$

ここで，$\mathbf{s} = \mathbf{r_2} - \mathbf{r_1}$は$\mathbf{r_2}$から$\mathbf{r_1}$を指すベクトルである。(これらの式のうちの最初のものは，クーロンの法則と呼ばれるものである。) $\mathbf{F}_{12}^{\mathrm{el}}$と$\mathbf{F}_{12}^{\mathrm{mag}}$が，位置$\mathbf{r_1}$速度$\mathbf{v_1}$を持つ電荷$q_1$に働く電気力と磁気力を表す場合，$F_{12}^{mag} \le (v_1 v_2/c^2)F_{12}^{el}$となることを示せ。このことは非相対論的な領域では，運動している 2 つの電荷間の磁力を無視することが正当であることを示している。

1.33*** 電磁気学やベクトル解析の学習経験があれば，2 つの定常電流ループ間の磁力$\mathbf{F_{12}}$と$\mathbf{F_{21}}$が，ニュートンの第 3 法則に従うことを証明せよ。[ヒント：2 つの電流をI_1, I_2とし，2 つのループのある点を$\mathbf{r_1}, \mathbf{r_2}$とする。$d\mathbf{r_1}, d\mathbf{r_2}$がループの短い領域である場合，ビオ・サバールの法則によれば，$d\mathbf{r_2}$にから$d\mathbf{r_1}$が受ける力は以下のようになる。

$$\frac{\mu_0}{4\pi}\frac{I_1 I_2}{s^2}d\mathbf{r_1} \times (d\mathbf{r_2} \times \hat{\mathbf{s}})$$

ここで，$\mathbf{s} = \mathbf{r_1} - \mathbf{r_2}$である。これを両方のループのまわりに積分することによって，力$\mathbf{F_{12}}$が計算される。3 重積を簡素化するには，「$BAC - CAB$」規則を使用する必要がある。]

1.34*** 外力がない場合，N粒子系の全角運動量（$\mathbf{L} = \sum_\alpha \mathbf{r_\alpha} \times \mathbf{p_\alpha}$と定義される）が保存されることを証明せよ。[ヒント：(1.25) から (1.29) までの議論をなぞる必要がある。この場合，ニュートンの第 3 法則以上のものが必要となる。つまり粒子間力が中心力である，すなわち粒子αと粒子βとを結ぶ線に沿って$\mathbf{F_{\alpha\beta}}$が作用する，と仮定する必要がある。角運動量の詳細な議論は，第 3 章で与えられる。]

1.6 節　直交座標系におけるニュートンの第 2 法則

1.35* ゴルフボールが地面上から速さv_0で真東の方向に，水平面から角度θの上方向に打撃を受けたとする。空気抵抗を無視し，x座標を東方向，y座標を北方向，z座標を垂直方向にとり，ニュートンの第 2 法則 (1.35) を使って，ボールの位置を時間の関数として求めよ。ゴルフボールが地面に落ちるまでの時間と，その間の移動距離も求めよ。

1.36* 一定の速さv_0で海上からの高さhで水平に飛行している飛行機から，小さな救命ボートの上に物資の束を落とさなければならない。　(a) 空気抵抗は無視できると仮定して，

---

15 たとえば David J. Griffiths 著,『Introduction to Electrodynamics (第 3 版)』, Prentice Hall, (1999) の 440 ページを参照のこと。

飛行機から落ちる物資の束に関するニュートンの第2法則を書き下せ。その方程式を解き，落下中の物資の束の位置を時間tの関数として求めよ。 (b) 救命ボートに物資の束を当てるには，どの程度救命ボートの前（水平方向に測定）から，それを落とす必要があるか。$v_0 = 50\mathrm{m/s}$, $h = 100\mathrm{m}$, $g \approx 10\mathrm{m/s^2}$の場合，この距離を求めよ。 (c) 救命ボートの$\pm 10m$以内に着水させるには，パイロットはどの程度の時間間隔（$\pm\Delta t$）以内に物資の束を落とさなければならないか。

1.37* ある学生が初速度v_0で摩擦のないパックを蹴り，パックは水平より上に角度θ傾斜した平面上をまっすぐ滑る。 (a) パックに関するニュートンの第2法則を書き下し，その位置を時間の関数として求めよ。 (b) パックはどれくらいの時間で，出発点に戻るかを求めよ。

1.38* 水平の床に長方形の板を置き，水平から角度θで傾斜するまで板の一端を傾ける。床に接する2つの角のうちの1つを原点，板の下端に沿ってx軸，板を登る方向にy軸，板に垂直にz軸をとる。原点Oに静止している摩擦の働かないパックを，初速度$(v_{0x}, v_{y0}, 0)$で蹴る。与えられた座標を使ってニュートンの第2法則を書き下し，パックが床まで戻るまでの時間と，Oから離れた距離を求めよ。

1.39** 初速度v_0で，ボールを傾斜面上に投げる。傾斜面は水平上方に角度ϕだけ傾いており，ボールの初速度の方向は平面から角度θである。斜面方向にx軸，斜面と垂直にy軸，それを横切る方向にz軸をとる。これらの座標軸を使ってニュートンの第2法則を書き下し，ボールの位置を時間の関数として求めよ。そしてボールが投げられた地点から距離$R = 2v_0^2 \sin\theta \cos(\theta + \phi)/(g\cos^2\phi)$離れた場所に落ちることを示せ。与えられた$v_0, \phi$に対して，傾斜平面上の可能な最大距離は$R_{max} = v_0^2/[g(1 + \sin\phi)]$であることを示せ。

1.40*** 水平な地面に対して，大砲から仰角θで砲弾を撃つ。 (a) 空気抵抗を無視し，ニュートンの第2法則を使用して，砲弾の位置を時間の関数として表せ。(x軸を水平方向，y軸を垂直方向にとった座標軸を利用すること。) (b) $r(t)$を大砲から砲弾までの距離とする。砲弾が飛んでいる間にわたって$r(t)$が増加する場合における，θの最大値を求めよ。［ヒント：(a) で得られた解を使い，r^2を$x^2 + y^2$と書くことで，r^2が常に増加しているという条件を見つけることができる。］

1.7節 2次元極座標

1.41* 重力のない空間において，宇宙飛行士が長さRのひもの端に質量mの物体をくくりつけ，一定の角速度ωで回転させた。ニュートンの第2法則 (1.48) を極座標で書き下し，ひもの張力を求めよ。

1.42* 直交座標から極座標への変換およびその逆変換が，4つの方程式 (1.37) によって与えられることを証明せよ。なぜϕに関する方程式が完全ではないのか，またそれにもかかわらず完全な解を与えるのかを説明せよ。

1.43* (a) 2 次元極座標系における単位ベクトル $\hat{\mathbf{r}}$ が

$$\hat{\mathbf{r}} = \hat{\mathbf{x}}\cos\phi + \hat{\mathbf{y}}\sin\phi \tag{1.59}$$

となることを示し，これに対応する $\hat{\boldsymbol{\phi}}$ の式を求めよ。 (b) ϕ が時間 t に依存すると仮定し，(a)の解答を微分して，$\hat{\mathbf{r}}, \hat{\boldsymbol{\phi}}$ の時間微分に対する (1.42) と (1.46) の代替の証明を与えよ。

1.44* (1.56) の関数 $\phi(t) = A\sin(\omega t) + B\cos(\omega t)$ が，2 階微分方程式 (1.55)，つまり $\ddot{\phi} = -\omega^2\phi$ の解であることを，直接代入することによって検証せよ。(この解は，正弦関数と余弦関数の係数である 2 つの任意定数を含んでいるため，一般解である。)

1.45** $\mathbf{v}(t)$ が時間に依存する任意のベクトル(たとえば動いている質点の速度)であるが，一定の大きさを持つ場合，$\dot{\mathbf{v}}(t)$ は $\mathbf{v}(t)$ と直交することを証明せよ。$\dot{\mathbf{v}}(t)$ は $\mathbf{v}(t)$ と直交する場合，$|\mathbf{v}(t)|$ は一定であるという逆の証明をせよ。[ヒント : $\mathbf{v}^2$ の微分を考えよ。]この結果は，非常に便利である。これを利用すると，2 次元極座標において $d\hat{\mathbf{r}}/dt$ が $\hat{\boldsymbol{\phi}}$ の方向に一致しなければならない理由，およびその逆が証明できる。また加速度が速度に垂直であるので，磁場中の荷電粒子の速度の大きさは一定であることが示せる。

1.46** 摩擦のないパックを回転するテーブル上で，中心 O を通ってまっすぐ滑らせる問題 1.27 の実験を考えてみよう。(a) 地上の観測者 S という慣性系で測定したパックの位置を，時間の関数として極座標 r, ϕ で書き表せ。 (b) 回転台上に静止している観察者 (S'系) によって測定されたパックの極座標 r', ϕ' を書き表せ。(ϕ と ϕ' が $t = 0$ で一致するように，これらの座標は設定されている。) この 2 番目の観測者が見た軌道を記述せよ。S' 系は慣性であろうか。

1.47** 3 次元内の点 P の位置を，直交 (またはデカルト) 座標系のベクトル $\mathbf{r} = (x, y, z)$ で与える。同じ位置を，以下のように定義される**円柱極座標** ρ, ϕ, z によって指定することができる。P' を P の xy 平面への投影とする。すなわち P' は直交座標 $(x, y, 0)$ を有する。次に ρ, ϕ は，xy 平面における P' の 2 次元極座標として定義され，z は第 3 の直交座標で変わらない。(a) 3 つの円柱極座標を表す略図を作成せよ。直交座標 x, y, z に関して ρ, ϕ, z の式を与えよ。ρ が何であるかを言葉で説明せよ (「ρ は＿＿＿からの P までの距離」)。様々な表記法があり，たとえば ρ の代わりに r を使う人もいる。なぜ r の使用は望ましくないのかを説明せよ。 (b) 3 つの単位ベクトル $\hat{\boldsymbol{\rho}}, \hat{\boldsymbol{\phi}}, \hat{\mathbf{z}}$ を記し，位置ベクトル $\mathbf{r}$ の展開式を，これらの単位ベクトルで書け。 (c) (b) の解を 2 回微分して，粒子の加速度 $\mathbf{a} = \ddot{\mathbf{r}}$ の円柱成分を求めよ。これをおこなうには，$\hat{\boldsymbol{\rho}}, \hat{\boldsymbol{\phi}}$ の時間微分を知る必要がある。対応する 2 次元の結果 (1.42) と (1.46) から，これらを得ることができる。あるいは問題 1.48 のように，それらを直接導出することもできる。

1.48** 直交座標 $\hat{\mathbf{x}}, \hat{\mathbf{y}}, \hat{\mathbf{z}}$ を用いて，円柱極座標の単位ベクトル $\hat{\boldsymbol{\rho}}, \hat{\boldsymbol{\phi}}, \hat{\mathbf{z}}$ (問題 1.47) の式を求めよ。$d\hat{\boldsymbol{\rho}}/dt, d\hat{\boldsymbol{\phi}}/dt, d\hat{\mathbf{z}}/dt$ を求めるために，これらの式を時間に関して微分せよ。

1.49** 半径が$R \pm \epsilon$で，z軸を中心とする 2 つの同心円柱を想像してほしい。ここでϵはきわめて小さいとする。厚さ2ϵの小さな無摩擦パックを 2 つの円柱間に挿入するが，これらは垂直軸から一定の距離で自由に動くことができる質点とみなすことができる。位置を表すのに円柱極座標(ρ, ϕ, z)を使用すると（問題 1.47），ρは$\rho = R$に固定されϕ, zは任意に変わることができる。パックの一般的な動きを知るために，重力の影響を含めたニュートンの第 2 法則を書き下し，それを解け。パックの動きを説明せよ。

1.50*** [コンピュータ]例 1.2 のスケートボードの微分方程式（1.51）は，初等関数を用いて解くことはできないが，数値的には簡単に解ける。（a）Mathematica，Maple，Matlab などの微分方程式を数値的に解くことができるソフトウェアを利用できる場合，スケートボードを$\phi_0 = 20$度から手を放した場合の微分方程式を，$R = 5m, g = 9.8m/s^2$として解け。ϕの時間に対する図を 2 周期または 3 周期の期間で作成せよ。(b) 同じ図上で，同じ$\phi_0 = 20$度に対する近似解（1.57）を描け。これら 2 つのグラフについて説明せよ。注：以前に数式処理ソフトを使用していない場合は，必要なコマンドを学習する必要がある。たとえば，Mathematica では，「NDSolve」コマンドとそれが提供する解を描く方法を学ぶ必要がある。これは少し時間がかかるが，学習する価値のあるものである。

1.51*** [コンピュータ]初期値を$\phi_0 = \pi/2$として，問題 1.50 のすべてを再度解け。

第 2 章　投射体および荷電粒子

この章では，重力と空気抵抗の影響下にある投射体の運動と，均一磁場中の荷電粒子の運動という 2 つの話題を提示する。両者とも直交座標系におけるニュートンの法則を使って解くことができ，また両者を利用して重要な数学的内容を復習・紹介することもできる。とりわけ，どちらも極めて実用性の高い問題である。

2.1　空気抵抗

多くの入門物理学コースでは投射体の運動の学習に時間を費やすが，ほとんど常に空気抵抗を無視する。多くの問題においては，これは優れた近似となる。しかし空気抵抗が明らかに重要となる問題もあるため，我々はそれを説明する方法を知る必要がある。より一般的には，空気抵抗が重要であるかどうかにかかわらず，実際にどの程度重要であるかを推定する何らかの方法が必要である。

空気またはその他の媒体の中を物体が運動している際の抵抗力，または**抗力**$\mathbf{f}$の基本的な性質を調べることから始めよう。（空気は大部分の投射体が移動する際の媒体であるためここでは一般的に「空気抵抗」と言うことにするが，他の気体や液体にも同様の考えが適用される。）自転車に乗った人ならだれでも知っているように，空気抵抗に関する最も明らかな事実は，それが物体の速さvに依存するということである。さらに多くの物体では，空気中を動くことによって生じる力の方向は速度$\mathbf{v}$と反対である。回転しない球などの特定の物体に対しては，これはまさに真実であり，多くの場合それは良い近似である。しかし，このことが真実でない状況が確かに存在することに注意してほしい。飛行機の翼にかかる空気の力には，**揚力**と呼ばれる大きな横方向成分があり，それがないと飛行機は飛ぶことができない。とは言うものの，ここでは$\mathbf{f}$と$\mathbf{v}$が互いに逆方向を向いていると仮定する。すなわち横方向の力がゼロであるか，または少なくとも無視できるほど小さい物体のみを検討する。この状況は図 2.1 に示されており，以下の方程式にまとめられる。

$$\mathbf{f} = -f(v)\hat{\mathbf{v}} \tag{2.1}$$

ここで$\hat{\mathbf{v}} = \mathbf{v}/|\mathbf{v}|$は$\mathbf{v}$方向の単位ベクトルを表し，$f(v)$は$\mathbf{f}$の大きさを表す。

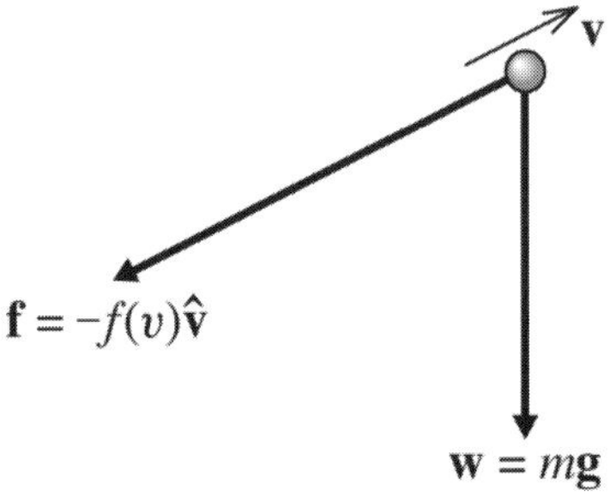

図 2.1 投射体は重力$\mathbf{w} = m\mathbf{g}$と，空気抵抗$\mathbf{f} = -f(v)\hat{\mathbf{v}}$の 2 つの力を受ける。

空気抵抗の大きさを与える関数$f(v)$は，vによって複雑に変化する。特に対象物の速度が音速に近づくにつれて，その傾向が強まる。しかし低速では，多くの場合，以下で良く近似できる[1]。

$$f(v) = bv + cv^2 = f_{lin} + f_{quad} \tag{2.2}$$

ここでf_{lin}とf_{quad}はそれぞれ線形項と 2 次の項を表し，

$$f_{lin} = bv, \quad f_{quad} = cv^2 \tag{2.3}$$

である。これら 2 つの項の物理的原因は，全く異なっている。線形項f_{lin}は媒体の粘性抵抗に起因し，一般に媒体の粘性と投射体の線形サイズに比例する（問題 2.2)。2 次項f_{quad}は，投射体が継続的に衝突する空気の質量を加速しなければならないことから生じ，媒体の密度と投射体の断面積に比例する（問題 2.4)。特に球形の投射体（砲弾，野球のボール，または雨滴）の場合，(2.2) の係数bおよびcは，以下のようになる。

$$b = \beta D, \quad c = \gamma D^2 \tag{2.4}$$

ここで，Dは球の直径を示し，係数βおよびγは媒質の性質に依存する。STP（訳

---

1 数学的には，式 (2.2) はある意味では明らかである。通常の任意の関数は，テイラー級数展開$f = a + bv + cv^2 + \cdots$を持つことが期待される。十分に小さい$v$については，最初の 3 つの項は良好な近似を与え，$v = 0$のとき$f = 0$であるので，定数項aはゼロでなければならない。

者註：Standard Temperature and Pressur，標準温度と圧力）の空気中の球形投射体の場合，以下のように近似できる。

$$\beta = 1.6 \times 10^{-4} \mathrm{N} \cdot \mathrm{s/m^2} \tag{2.5}$$

$$\gamma = 0.25 \mathrm{N} \cdot \mathrm{s^2/m^4} \tag{2.6}$$

（これらの 2 つの定数の計算については，問題 2.2 と 2.4 を参照のこと。）これらの値は，STP で空気中を移動する球に対してのみ有効であることを理解しておく必要がある。それにもかかわらず，それらは任意の温度・圧力下において，異なる気体を移動する非球体の場合においても，抵抗力の重要性についての少なくとも大まかな様子を示してくれる。

（2.2）において，ある項を他の項に対して無視できることがよく起こるが，これはニュートンの第 2 法則を解く作業を単純化する。この事柄が今考えている問題で起こるかどうか，またどの項を無視するかを判断するには，2 つの項の大きさを比較する必要がある。

$$\frac{f_{quad}}{f_{lin}} = \frac{cv^2}{bv} = \frac{\gamma D}{\beta} v = \left(1.6 \times 10^3 \frac{\mathrm{s}}{\mathrm{m^2}}\right) Dv \tag{2.7}$$

空気中の球に対して（2.5）と（2.6）の値を使用する。次の例が示すように，与えられた問題においてこの方程式にDとvの値を代入するだけで，項の 1 つが無視できるかどうかを調べることができる。

例 2.1 野球のボールおよび液体の滴

$v = 5\mathrm{m/s}$の適度な速度で移動する直径$D = 7\mathrm{cm}$の野球のボールにおける，線形および 2 次抵抗力の相対的重要性を評価する。雨滴（$D = 1$ mm, $v \leqq 0.6\mathrm{m/s}$），およびミリカンの油滴実験で使用される小さな油滴（$D = 1.5\mu\mathrm{m}$, $v \leqq 5 \times 10^{-5}\mathrm{m/s}$）においても，同じことをおこなう。

野球のボールにおける値を，（直径の単位をメートルに変換することを忘れずに）（2.7）に代入すると，以下を得る。

$$\frac{f_{quad}}{f_{lin}} \approx 600 \qquad \text{（野球のボール）} \tag{2.8}$$

この場合の野球のボールでは明らかに線形項は無視できるので，2 次抵抗力のみを考慮する必要がある。ボールがより速く移動している場合，比f_{quad}/f_{lin}はさらに大きくなる。より遅い速度ではこの比はそれほど大きくないが，$v = 1\mathrm{m/s}$でもこの比は100になる。実際問題として，vの線形項が 2 次項に対して十分小さい場合，両方の項は無視できるほど小さくなる。したがって野球のボールやそれに類似する物体の場合，f_{lin}を無視して抵抗力を以下のようにして良い。

$$\mathbf{f} = -cv^2\hat{\mathbf{v}} \tag{2.9}$$

雨滴については，該当する値を代入すると

$$\frac{f_{quad}}{f_{lin}} \approx 1 \qquad \text{（雨滴）} \tag{2.10}$$

となる。したがってこの雨滴の場合，2 つの項は匹敵しどちらも無視することはできない。そのため，その運動を計算することをより困難にしている。雨滴がより大きくなったり，はるかに速く移動していた場合，線形項は無視できる。雨滴がずっと小さいか，またはかなりゆっくりと移動している場合，2 次項の大きさはごくわずかである。しかし一般的には，雨滴やそれと同様の物体においては，f_{lin}とf_{quad}の両方を考慮する必要がある。

ミリカンの油滴実験においては，該当する値を代入すると

$$\frac{f_{quad}}{f_{lin}} \approx 10^{-7} \qquad \text{（ミリカンの油滴実験）} \tag{2.11}$$

となる。この場合 2 次項はまったく無視でき，抵抗力は以下のようになる。

$$\mathbf{f} = -bv\hat{\mathbf{v}} = -b\mathbf{v} \tag{2.12}$$

ここで$v\hat{\mathbf{v}} = \mathbf{v}$であるので，右辺第 2 項のような非常に簡潔な形になる。

この例が示す教訓は明らかである。まず抵抗力が線形項に支配され 2 次の項は無視できる物体，特に空気中を移動する極めて小さい液滴だけでなく，非常に粘性の強い流体内のやや大きな物体（たとえば糖蜜の中を移動するボールベアリング）のような物体がある。一方ゴルフボール，砲弾，さらには自由落下する人間のような大部分の投射体においては，支配的な抵抗力は 2 次的であり，線形項を無視することができる。線形問題は非線形問題よりも解決しやすいので，この状

況は少し不運である。次の 2 つの節では線形の場合について説明するが，その理由はこれがより簡単なものだからである。それにもかかわらず，線形の場合にも実用的な応用例があり，その解決のために用いられる数学は多くの分野で広く使用されている。 第 2.4 節では，より難しいがより普通の状態である 2 次抵抗力の場合を取り上げる。

この入門的な節を終了するにあたって，流体の動きを特徴づけるより高度で重要なパラメータであるレイノルズ数について言及する必要がある。既に述べたように，線形抵抗力f_{lin}は投射体が移動する流体の粘性に関連し，2 次の項f_{quad}は同様に流体の慣性（したがって密度）に関連する。したがってこれらの比f_{quad}/f_{lin}を流体の基本的なパラメータである粘度η，密度ϱに結び付けることができる（問題 2.3 参照）。その結果，比f_{quad}/f_{lin}は**レイノルズ数**と呼ばれる無次元数$R = Dv\varrho/\eta$と，おおよそ同じ大きさであることがわかる。したがって前述の議論を要約し一般化する方法は，レイノルズ数Rが大きいときには 2 次抵抗力が支配的であるが，Rが小さいときは線形抵抗力が支配的であると述べることである。

2.2　線形空気抵抗

まず 2 次抵抗力が無視でき，空気抵抗力が（2.12）で与えられる投射体を考える。抵抗力は$\mathbf{v}$に関して線形であるため，運動方程式は非常に簡単に解ける。図 2.2 に示したように，投射体に働く 2 つの力は，重力$\mathbf{w} = m\mathbf{g}$および抵抗力$\mathbf{f} = -b\mathbf{v}$である。したがって第 2 法則$m\ddot{\mathbf{r}} = \mathbf{F}$は，以下のようになる。

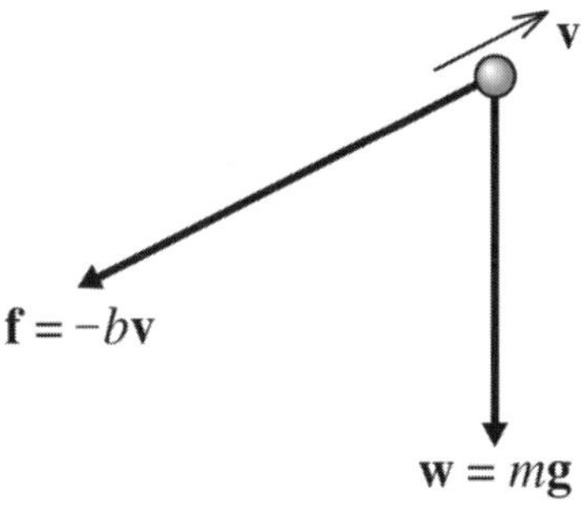

図 2.2 放射体に働く 2 つの力。空気抵抗の力$\mathbf{f} = -b\mathbf{v}$は，速度に関して線形である。

$$m\ddot{\mathbf{r}} = m\mathbf{g} - b\mathbf{v} \qquad (2.13)$$

この方程式の興味深い特徴は，どちらの力も$\mathbf{r}$に依存しないため，運動方程式には$\mathbf{r}$自体は含まれない（含まれるのは$\mathbf{r}$の 1 階微分と 2 階微分のみ）ということである。$\ddot{\mathbf{r}}$を$\dot{\mathbf{v}}$と書き換えると，（2.13）は$\mathbf{v}$の 1 階微分方程式になる。

$$m\dot{\mathbf{v}} = m\mathbf{g} - b\mathbf{v} \tag{2.14}$$

この単純化は力が$\mathbf{v}$にのみ依存し，$\mathbf{r}$に依存しないために起こる。そして$\mathbf{v}$の１次微分方程式を解いたのち，$\mathbf{v}$を積分して$\mathbf{r}$を求めればよい。

おそらく線形抵抗力がもたらす最も重要な単純化の特徴は，運動方程式が極めて簡単に成分分解できることである。たとえばx軸を右向きに，y軸を下向きにとると，(2.14) は以下のようになる。

$$m\dot{v}_x = -bv_x \tag{2.15}$$

$$m\dot{v}_y = mg - bv_y \tag{2.16}$$

つまりv_xとv_yのみを含む２つの別々の方程式となり，v_xの方程式はv_yを含まず，その逆も同様である。これは抵抗力が$\mathbf{v}$という線形であったために起こったことを理解することは，重要である。たとえば抵抗力が以下のような２次の場合，

$$\mathbf{f} = -cv^2\hat{\mathbf{v}} = -cv\mathbf{v} = -c\sqrt{v_x^2 + v_y^2}\mathbf{v} \tag{2.17}$$

(2.14) の$-b\mathbf{v}$を (2.17) に置き換える必要がある。そして２つの方程式 (2.15) と (2.16) の代わりに，以下の方程式が得られる。

$$\left.\begin{aligned} m\dot{v}_x &= -c\sqrt{v_x^2 + v_y^2}v_x \\ m\dot{v}_y &= mg - c\sqrt{v_x^2 + v_y^2}v_y \end{aligned}\right\} \tag{2.18}$$

ここで各方程式は，変数v_xおよびv_yの両方を含む。これらの２つの変数が入った微分方程式は，線形の場合における１変数の微分方程式よりも解くのがずっと困難である。

２変数が入り混じっていないので，線形抵抗力の各方程式を別々に解き，２つの解をそれぞれ見積もることができる。さらに各方程式は，それ自体が興味深い問題を与えている。(2.15) は，線形抵抗力を引き起こす媒体中を水平に走行する物体（たとえば，摩擦のない車輪を備えた台車）の運動方程式である。(2.16) は線形空気抵抗力を受けながら，垂直に落下する物体（たとえば小さな油滴）の場合と同じである。ここでは，これらの２つの別々の問題を順番に解く。

線形抵抗力を受ける水平運動

図 2.3 の台車のように，線形抵抗媒体の中を水平に動く物体を考えてみよう。

$t = 0$において，台車の位置・速度はそれぞれ$x = 0$，$v_x = v_{x0}$ であると仮定する。台車が受ける唯一の力は抵抗力**f**である。したがって台車は必然的に減速する。減速の割合は (2.15) によって決定され，以下のような一般的な形式となる。

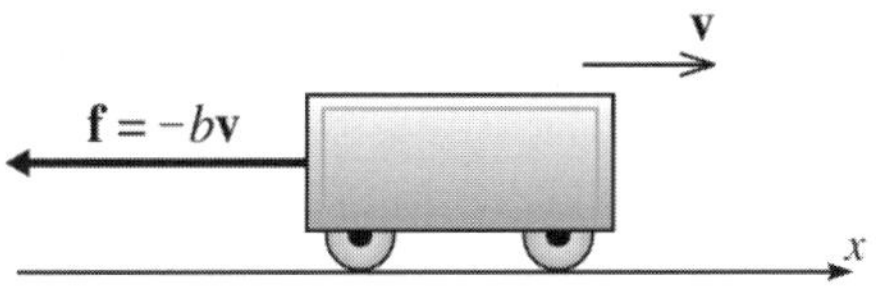

図 2.3 線形抵抗力を生じる媒体中を，水平摩擦のないトラック上を移動する台車。

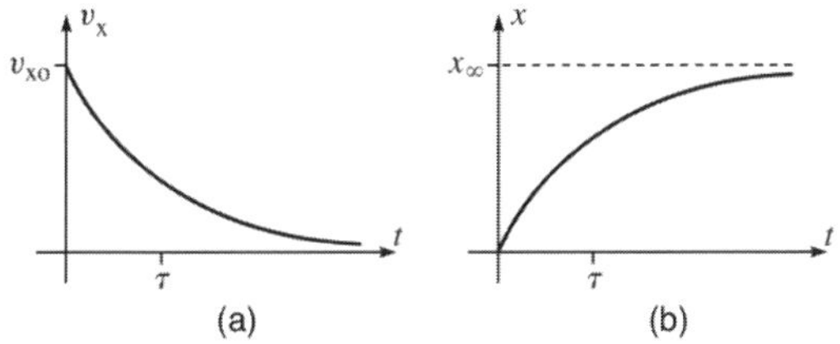

図 2.4 (a) 線形抵抗力を受けて水平移動する台車の, 時間tの関数としての速度v_x。$t \to \infty$とすると，v_xは指数関数的にゼロに近づく。(b) 同じ台車の時間tの関数としての位置x。$t \to \infty$で$x \to x_\infty = v_{x0}\tau$となる。

$$\dot{v}_x = -kv_x \tag{2.19}$$

ここで$k = b/m$という，一時的な省略形を用いる。この方程式はv_xの 1 階微分方程式であり，その一般解はただ 1 つの任意定数を含まなければならない。この方程式はv_xの導関数がv_x自身の$-k$倍に等しいことを示しているが, この特性を有する唯一の関数は指数関数である。

$$v_x(t) = Ae^{-kt} \tag{2.20}$$

Aの任意の値に対して，これは（2.19）を満たす（問題 1.24，1.25)。この解は任意定数を 1 つ含んでいるので，1 次方程式の一般解である。つまりどのような解でもこの形にならなければならない。今の場合$v_x(0) = v_{x0}$であるので，$A = v_{x0}$となり，

$$v_x(t) = v_{x0}e^{-kt} = v_{x0}e^{-t/\tau} \tag{2.21}$$

ここで，以下の便利なパラメータを導入した。

$$\tau = 1/k = m/b \qquad [線形抵抗力の場合] \tag{2.22}$$

図 2.4（a）に示すように，台車は指数関数的に減速することがわかる。パラメータτは時間の次元を持ち（読者は確認しておくこと)，(2.21) から$t = \tau$のときの

速度は初期値の$1/e$倍であることがわかる。すなわちτは，指数関数的に減少する速度が，$1/e$倍になる時間である。$t \to \infty$で，速度はゼロに近づく。

時間の関数としての位置を知るには，速度（2.21）を積分するだけでよい。この種の積分は，定積分または不定積分を使用しておこなうことができる。定積分には積分定数が自動的に処理されるという利点がある。$v_x = dx/dt$なので，以下のようになる。

$$\int_0^t v_x(t')dt' = x(t) - x(0)$$

（上限を示すtとの混乱を避けるため，積分変数を「ダミー」変数t'としたことに注意すること。）したがって，

$$x(t) = x(0) + \int_0^t v_{x0} e^{-t'/\tau} dt'$$

$$= 0 + \left[-v_{x0}\tau e^{-t'/\tau}\right]_0^t$$

$$= x_\infty\left(1 - e^{-t/\tau}\right) \tag{2.23}$$

2 行目において，$t = 0$のとき$x = 0$であると仮定している。また最後の行では，$t \to \infty$における$x(t)$の極限値を表す以下のパラメータを導入した。

$$x_\infty = v_{x0}\tau \tag{2.24}$$

図 2.4（b）に示すように台車が減速すると，その位置は漸近的にx_∞に近づくことがわかる。

線形抵抗力を受ける垂直運動

次に線形の空気抵抗を受ける物体が垂直下方に投射された場合について考察する。図 2.5 に示すように，投射体に働く力は重力と空気抵抗の 2 つである。y軸を垂直下方向にとると，運動方程式に関連する成分はy成分だけであり，

$$m\dot{v}_y = mg - bv_y \tag{2.25}$$

となる。速度が下向き（$v_y > 0$）の場合，抵抗力は上向きであり，重力は下向きである。v_yが小さい場合，重力が抵抗力よりも重要であり，落下する物体は下向きに加速運動する。抵抗力が重量と釣り合うまで，この加速は続く。つり合いに達する速度は，（2.25）の左辺をゼロにすることによって簡単に見出すことができ，$v_y = mg/b$，または

$$v_y = v_{ter}$$

となる。ここで**終端速度**を，以下のように定義した。

$$v_{ter} = \frac{mg}{b} \qquad \text{[線形抵抗の場合]} \qquad (2.26)$$

終端速度は, それに達する時間が与えられれば, 投射体が最終的に落下する速度である。この速度はm, bに依存するので, 物体ごとに異なっている。たとえば 2 つの物体の形状と大きさが同じ場合（両方とも同じbの値を持つ），より重い物体（より大きいm）ほど，予想どおりに大きい終端速度を持つ。v_{ter}は空気抵抗係数bに反比例するので，空気抵抗の重要度に関する逆指標とみなすことができる。つまり空気抵抗が大きければ，予想通りv_{ter}は小さくなる。

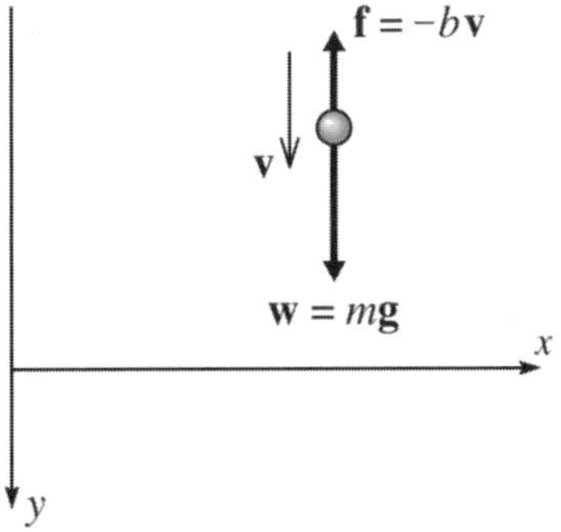

図 2.5 垂直下方向に投げられた，線形の空気抵抗の影響を受けた投射体に働く力。

例 2.2 小液滴の終端速度

ミリカンの油滴実験（$D = 1.5\mu$m, $\varrho = 840$kg/m^3）において，小さな油滴の終端速度を求める。直径$D = 0.2$mmの小さな霧の滴に対しても，同じことをおこなう。

例 2.1 から，これらの物体に関しては線形抵抗力が支配的であることがわかっているので，終端速度は（2.26）で与えられる。（2.4）によれば$b = \beta D$であり，（SI 単位で）$\beta = 1.6 \times 10^{-4}$である。油滴の質量は，$m = \varrho\pi D^3/6$であるので，（2.26）は次のようになる。

$$v_{ter} = \frac{\varrho\pi D^2 g}{6\beta} \qquad \text{[線形抵抗の場合]} \qquad (2.27)$$

この興味深い結果は，与えられた密度の下では，終端速度がD^2に比例することを示している。これは空気抵抗が重要になると，大きな球体は同じ密度の小さな球体より速く落ちることを意味する[2]。

数値を入れると，油滴の終端速度は以下のようになる。

$$v_{ter} = \frac{(840)\times\pi\times\left(1.5\times10^{-6}\right)^2\times(9.8)}{6\times(1.6\times10^{-4})} = 6.1\times10^{-5}\mathrm{m/s} \qquad \text{[油滴の場合]}$$

ミリカンの油滴実験では，油滴は非常にゆっくりと落ちるので，それらの速度は顕微鏡で観察することで測定できる。

霧の滴の場合の数値を入れると，同様にして

$$v_{ter} = 1.3\mathrm{m/s} \qquad \text{[霧の滴の場合]} \qquad (2.28)$$

を得る。この速度は，霧雨の代表的なものである。大きな雨滴の場合，終端速度はかなり大きくなるが，より大きな（したがってより速い速度を持つ）滴の場合，より信頼できる値を得るために，2 次抵抗を計算に含める必要がある。

これまでは（垂直方向に移動する）投射体の終端速度について議論したが，投射体が終端速度にどのように近づくかを議論する必要がある。これは運動方程式（2.25）によって決定されるが，それを書き直すと以下のようになる。

$$m\dot{v}_y = -b(v_y - v_{ter}) \qquad (2.29)$$

（ここで$v_{ter} = mg/b$である。）この微分方程式は，複数の方法で解決できる。（別解法については，問題 2.9 を参照のこと。）おそらく最も簡単なのは，この方程式が水平方向の運動に関する方程式（2.15）とほぼ同じであることを利用することであるが，今の場合の右辺はv_xではなく$(v_y - v_{ter})$である。水平方向の場合，解は指数関数（2.20）であった。新しい垂直方程式（2.29）を解く秘訣は，新しい変数$u = (v_y - v_{ter})$を導入することである。（v_{ter}が一定であるため），新しい変数は$m\dot{u} = -bu$を満たす。これは水平方向の運動の式（2.15）とまったく同じなので，uの解は同じ指数関数$u = Ae^{-t/\tau}$となる。（(2.20）の定数kは$k = 1/\tau$となっている。）したがって，

$$v_y - v_{ter} = Ae^{-t/\tau}$$

$t = 0$のとき$v_y = v_{y0}$なので，$A = v_{y0} - v_{ter}$であり，t関数としてのv_yの最終

---

[2] ここでは抵抗力が線形であると仮定しているが，2 次抵抗力の場合も，同じような定性的結論が得られる（問題 2.24）。

解は以下のようになる。

$$v_y(t) = v_{ter} + (v_{y0} - v_{ter})e^{-t/\tau} \tag{2.30}$$

$$= v_{y0}e^{-t/\tau} + v_{ter}\left(1 - e^{-t/\tau}\right) \tag{2.31}$$

この第 2 の表現は，$v_y(t)$を 2 つの項の和として与える。すなわち$t = 0$のとき，第 1 項はv_{y0}に等しいが，t が増加するとゼロになっていく。第 2 項は$t = 0$で同じくゼロであるが，$t \to \infty$でv_{ter}に近づく。 特に $t \to \infty$の場合，

$$v_y(t) \to v_{ter} \qquad (2\text{-}32)$$

となり，我々が予期したとおりとなる。

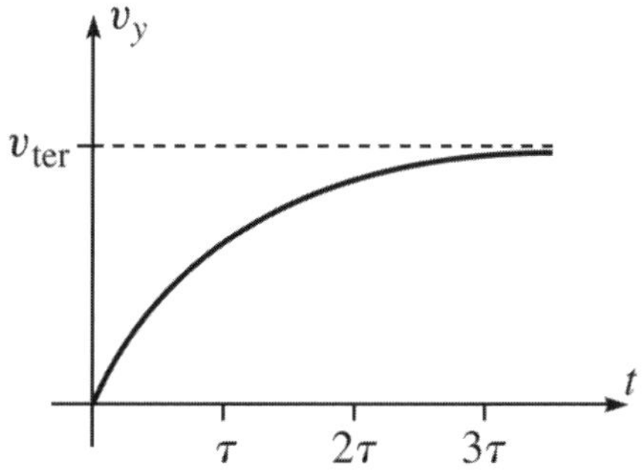

図 2.6 線形抵抗力を持つ媒体に物体を落としたとき，v_y は図で示のようにその終点値v_{ter}に近づく。

$v_{y0} = 0$，すなわち投射体が静止状態から落下する場合の結果（2.31）を，もう少し詳しく調べてみよう。この場合，（2.31）は以下のようになる。

$$v_y(t) = v_{ter}\left(1 - e^{-t/\tau}\right) \qquad (2\text{-}33)$$

この結果は，図 2.6 に表示されている。ここでv_yは 0 から始まり，$t \to \infty$になるに従い，終端速度$v_y \to v_{ter}$に漸近的に近づく。落下する物体に対する時間τの重要性は，（2.33）から容易に読み取ることができる。$t = \tau$のとき，

$$v_y = v_{ter}(1 - e^{-1}) = 0.63v_{ter}$$

となる。すなわち時間τにおいて，物体は終端速度の 63%に達する。 同様の計算により，次の結果が得られる。

時間t	v_{ter}のパーセント
0	0
τ	63%
2τ	86%
3τ	95%

もちろん実際には物体の速度は決してv_{ter}に到達しないが，τは速度がどれくらい速くv_{ter}に近づくかを示す良い尺度である。特に$t = 3\tau$のとき，速度はv_{ter}の 95%であり，多くの場合，時間が3τになると速度は本質的にv_{ter}に等しいと言ってよい。

例 2.3 2 つの液滴の特徴的な時間

例 2.2 における油滴と霧の滴に対する特徴的な時間τを求める。

特徴的な時間τは(2.22)において$\tau = m/b$と定義され，またv_{ter}は(2.26)において$v_{ter} = mg/b$と定義されている。したがって，以下の有用な関係を得る。

$$v_{ter} = g\tau \tag{2-34}$$

この関係により，一定の加速度がgに等しい場合，時間τにおいて落下する物体が獲得する速度としてv_{ter}を解釈できることに注意してほしい。またv_{ter}と同様に，時間τは空気抵抗の重要度を表す逆指標であることにも注意してほしい。空気抵抗係数bが小さいとき，v_{ter}とτの両方が大きくなる。bが大きいとき，v_{ter}とτの両方とも小さい。

我々の現在の目的における（2.34）の重要性は，2 つの滴の終端速度がわかれば，ただちにτの値がわかることである。ミリカンの油滴については$v_{ter} = 6.1 \times 10^5 \mathrm{m/s}$であるので，以下がわかる。

$$\tau = \frac{v_{ter}}{g} = \frac{6.1 \times 10^{-5}}{9.8} = 6.2 \times 10^{-6}\mathrm{s} \qquad \text{[油滴の場合]}$$

ちょうど 20 マイクロ秒間落ちた後，油滴は終端速度の 95%を獲得するであろう。多くの場合，油滴は常にその終端速度で動くとしてよい。

例 2.2 の霧の滴の落下において終端速度は$v_{ter} = 1.3\mathrm{m/s}$であったので，$\tau = v_{ter}/g \approx 0.13$秒となる。約 0.4 秒後に，滴はその終端速度の 95%を獲得するであろう。

物体が静止状態から落下しているかどうかにかかわらず，v_yの既知の形（2.30）

$$v_y(t) = v_{ter} + (v_{y0} - v_{ter})e^{-t/\tau}$$

を積分することによって，その位置yを時間の関数として求めることができる。投射体の初期位置が$y = 0$であると仮定すると，直ちに以下を得る。

$$\begin{aligned} y(t) &= \int_0^t v_y(t')dt' \\ &= v_{ter}t + \left(v_{y0} - v_{ter}\right)\tau\left(1 - e^{-t/\tau}\right) \end{aligned} \tag{2-35}$$

$y(t)$に関するこの方程式と，$x(t)$に関する方程式（2.23）と組み合わせることにより，線形抵抗を持つ媒質中を水平・垂直の両方向に移動する任意の投射体の軌道を与えることができる。

2. 3　線形抵抗力を持つ媒体中における軌道と到達距離

前節の最初で，任意の方向に運動する投射体の運動方程式は，水平運動と垂直運動の 2 つの別々の方程式に分解されることを見た[（2.15）および（2.16）]。これら別々の方程式を（2.23）と（2.35）というようにそれぞれ解き，これらの解をまとめることで，任意の方向に運動している投射体の軌道を求めることができる。この議論ではyを垂直方向に上向きにとるほうがずっと便利であるが，この場合はv_{ter}の符号を逆にする必要がある。(読者がこの点を理解していることを確認すること)。したがって軌道に関する 2 つの方程式は，次のようになる。

$$\left.\begin{aligned} x(t) &= v_{x0}\tau\left(1 - e^{-t/\tau}\right) \\ y(t) &= \left(v_{y0} + v_{ter}\right)\tau\left(1 - e^{-t/\tau}\right) - v_{ter}t \end{aligned}\right\} \tag{2.36}$$

最初の方程式をtについて解き 2 番目の方程式に代入することで，これらの 2 つの方程式からtを取り除くことができる（問題 2.17 を参照）。その結果，軌道の方程式は以下のようになる。

$$y = \frac{v_{y0}+v_{ter}}{v_{x0}}x + v_{ter}\tau\ln\left(1 - \frac{x}{v_{x0}\tau}\right) \tag{2.37}$$

この方程式は容易に理解するには複雑すぎるかもしれないが，図 2.7 に実曲線として描き，それを利用して（2.37）のいくつかの特徴を理解することにしよう。たとえば（2.37）の右辺の第 2 項を見ると，$x \to v_{x0}\tau$のとき対数関数の引数はゼロに近づき対数項，したがってyも$-\infty$に近づく。つまり図に示したように，軌道は$x = v_{x0}\tau$で垂直方向の漸近線を持つ。空気抵抗がなくなった場合（このとき，

v_{ter}とτの両方が無限に近づく)，(2.37）で定義された軌道が空気抵抗力ゼロに対応する破線軌道に近づくことを，読者が確認するための練習問題（問題 2. 19）を残しておく。

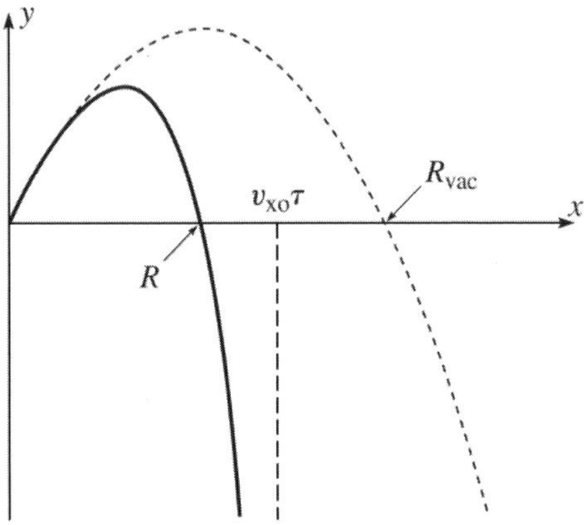

図 2.7 線形抵抗力の下での放射体（実線の曲線）と，それに対応する真空中（破線の曲線）の軌道。2 つの曲線は最初は極めて似ているが，tが増加すると空気抵抗が放射体を遅くし，その軌道を押し下げ，$x = v_{x0}\tau$で垂直漸近線が引ける。放射体の水平方向の範囲はRと表示され，真空に対応する範囲はR_{vac}である。

水平範囲

初等物理学コースの標準的な（そして非常に興味深い）問題は，投射体の水平到達距離R（もちろん空気抵抗がない場合）が，以下のようになることを示すことである。

$$R_{vac} = \frac{2v_{x0}v_{y0}}{g} \quad \text{（空気抵抗なし）} \tag{2.38}$$

ここでR_{vac}は真空の場合の到達距離を表す。空気抵抗があった場合，この結果がどのように修正されるかを見てみよう。

到達距離Rは，(2.37）で与えられるyがゼロのときのxの値である。したがってRは，以下の方程式の解である。

$$\frac{v_{y0}+v_{ter}}{v_{x0}}R + v_{ter}\tau \ln\left(1 - \frac{R}{v_{x0}\tau}\right) = 0 \tag{2.39}$$

これは超越方程式であり，対数関数・正弦関数・余弦関数などのよく知られた初等関数を用いて解くことはできない。与えられたパラメータの下では，コンピュータで数値的に解くことができる（問題 2.22)。しかしこの方法は解がパラメータにどのように依存するかが分かりづらい。より良い方法は，近似的な解析解を得ることを可能にする近似を見つけることである。(コンピュータが出現する以前には，これは何が起こるかを知る唯一の方法であった。）今の場合，空気抵抗の影響は小さい場合を考える。これはv_{ter}とτの両方が大きく，対数関数の引数の第 2 項が（分母にτを持つため）小さいことを意味する。このことは，対数をテイラー展開してよいことを示唆している（問題 2.18 参照）。

$$\ln(1-\epsilon) = -\left(\epsilon + \frac{1}{2}\epsilon^2 + \frac{1}{3}\epsilon^3 + \cdots\right) \tag{2.40}$$

この展開式を（2.39）の対数項に用いることができるが，τが十分大きい場合にはϵ^3を超える項を無視することができる。これにより，以下のようになる。

$$\left[\frac{v_{y0}+v_{ter}}{v_{x0}}\right]R - v_{ter}\tau\left[\frac{R}{v_{x0}\tau} + \frac{1}{2}\left(\frac{R}{v_{x0}\tau}\right)^2 + \frac{1}{3}\left(\frac{R}{v_{x0}\tau}\right)^3\right] = 0 \tag{2.41}$$

この方程式は，簡単に整理することができる。第 1 括弧の第 2 項は，第 2 括弧の第 1 項と打ち消しあう。次にすべての項にRが含まれるので，解の 1 つは$R = 0$である。この解は$x = 0$のとき，高さyはゼロであるという意味においては正しい。しかしこれは興味のある解ではないので，共通因数Rで割ることをおこなう。少し数式を整理し（さらにv_{ter}/τをgで置き換えると），以下のようになる。

$$R = \frac{2v_{x0}v_{y0}}{g} - \frac{2}{3v_{x0}\tau}R^2 \tag{2.42}$$

これはRの 2 次方程式に対する表記としては不自然であると思うかもしれないが，期待する近似解にすばやく到達できる。その要点は，右辺第 2 項が非常に小さいということである。（分子の R はv_{ter}未満であり，また分母のτは非常に大きいと仮定している。）したがって第 1 近似として，以下が得られる。

$$R \approx \frac{2v_{x0}v_{y0}}{g} = R_{vac} \tag{2.43}$$

これはまさに我々が期待していたことである。空気抵抗が小さいため，到達距離はR_{vac}に近くなる。しかし（2.42）を用いて，より良い第 2 の近似を得ることができる。（2.42）の最後の項はR_{vac}に対する必要となる修正である。その項は小さいため，この補正のおおよその値には確かに満足できる。したがって，（2.42）の最後の項を評価する際には，Rを近似値R_{vac}に置き換えることができる。（（2.42）の第 1 項はR_{vac}であることに注意すること。）

$$R \approx R_{vac} - \frac{2}{3v_{x0}\tau}(R_{vac})^2$$

$$= R_{vac}\left(1 - \frac{4}{3}\frac{v_{y0}}{v_{ter}}\right) \tag{2.44}$$

（2行目を得るには，前の行の2番目のR_{vac}を$2v_{x0}v_{y0}/g$, τgをv_{ter}に置き換えた。）空気抵抗の補正は，常にRをR_{vac}より小さくすることに注意してほしい。また補正は，比v_{y0}/v_{ter}にのみ依存することに注意してほしい。より一般的には，空気抵抗の重要度は，投射速度の終端速度に対する比v/v_{ter}によって示されることは容易にわかる（問題2.32）。投射中ずっと$v/v_{ter} \ll 1$であれば，空気抵抗の影響は非常に小さい。v/v_{ter}が1程度またはそれ以上であれば，空気抵抗はほぼ確実に重要である。[近似（2.44）は良いものではない。]

例2.4 小金属ペレットの到達距離

直径$d = 0.2$ mm，45°で$v = 1$ m/sの小さな金属ペレットをはじく。ペレットが金（密度$\varrho \approx 16\mathrm{g/cm^3}$）であると仮定して，その水平方向の到達距離を求める。もしペレットがアルミニウム（密度$\varrho \approx 2.7\mathrm{g/cm^3}$）であれば，どうなるだろうか。

空気抵抗がない場合，両方のペレットは以下のような同じ到達距離を有するであろう。

$$R_{vac} = \frac{2v_{x0}v_{y0}}{g} = 10.2\mathrm{cm}$$

金については，（読者が調べられるとおり）方程式（2.27）によって$v_{ter} \approx 21\mathrm{m/s}$となる。したがって(2.44)の補正項は，以下のようになる。

$$\frac{4}{3}\frac{v_{y0}}{v_{ter}} = \frac{4}{3} \times \frac{0.71}{21} \approx 0.05$$

すなわち，空気抵抗は5%つまり到達距離を約9.7cmに減少させる。アルミニウムの密度は金の約1/6である。したがって終端速度は6分の1であり，アルミニウムの補正は6倍または約30%であり，到達距離は約7cmとなる。 金のペレットの場合，空気抵抗の補正は非常に小さいためおおよそ無視してよい。アルミニウムのペレットの場合，補正はまだ小さいが，無視できない。

2.4　2次空気抵抗

2.2, 2.3節では，線形抵抗力$\mathbf{f} = -b\mathbf{v}$を受ける投射体の完全な理論を展開した。抵抗力が線形である投射体の例（ミリカンの油滴のような非常に小さな物体）を見つけることはできるが，投射体のより明白なほとんどの例（野球のボール，フットボールの球，大砲の砲弾など）については，純粋な2次抵抗力がより良い近似となる。したがって，2次抵抗力に対する理論を作り上げなければならない。表面的には，2つの理論はあまり変わらない。いずれの場合も，以下の微分方程式を解かなければならない。

$$m\dot{\mathbf{v}} = m\mathbf{g} + \mathbf{f} \tag{2-45}$$

$\mathbf{f}$が$\mathbf{v}$の比較的簡単な関数の場合，どちらの場合も速度$\mathbf{v}$の1階微分方程式である。しかしながら，重要な違いがある。線形の場合（$\mathbf{f} = -b\mathbf{v}$），（2.45）は線形微分方程式であり，$\mathbf{v}$を含む項はすべて$\mathbf{v}$またはその微分で線形である。2次の場合，（2.45）はもちろん非線形である。そして非線形微分方程式の数学的理論は，線形理論よりもはるかに複雑であることが分かっている。実際問題として，xとyの両方向に移動する一般的な投射体の場合，抵抗力が2次なら方程式（2.45）は初等関数を用いて解くことができない。第12章で見るように，より複雑な系では非線形性がカオスの驚くべき現象につながる可能性があるが，今の問題においては起こらない。

この節では，2.2節で論じた同じ2つの特別な場合，すなわち線路上の列車のように水平方向に制限された運動や，窓から落とされた石のような垂直方向に制限された運動をする物体（両方とも2次抵抗力を持つ）から始める。この2つの非常に単純な場合では，微分方程式（2.45）は初等的な手段で解くことができ，その解からいくつかの重要な技法と興味深い結果を導けることがわかる。次に一般的な場合（水平・垂直の両方向の動き）について簡単に議論するが，これは数値的にしか解けない。

2次抵抗力を受ける水平運動

（xの正方向に）水平に動く，2次抵抗力は受けるがその他の力は受けない物体を考える。たとえばゴールラインを越え，空気抵抗の影響を受けながら惰性で止まる自転車レーサーを想像してほしい。自転車に十分に潤滑油が塗られ，タイヤが十分に膨らんでいる限り，通常の摩擦力を無視することができる[3]。そのため，速度が極めて遅い場合を除いて，空気抵抗は純粋に2次である。したがって，運動方程式のx成分は以下の通りである（v_xをvと略記する）。

$$m\frac{dv}{dt} = -cv^2 \tag{2.46}$$

v^2で割りdtを掛けると，変数vが左辺のみに，tが右辺のみに現れる[4]。

$$m\frac{dv}{v^2} = -cdt \tag{2.47}$$

微分方程式を操作し1つの変数だけが左側に，もう一方のみが右側に現れるようにするこの方法は，**変数分離法**と呼ばれる。両辺それぞれを単純に積分することで解を見つけることができるため，変数分離ができるなら，これは1階微分方程式を解く最も簡単な方法である。

方程式（2.47）を積分すると，以下のようになる。

$$m\int_{v_0}^{v}\frac{dv'}{v'^2} = -c\int_0^t dt'$$

ここでv_0は$t = 0$での初期速度である。積分定数について心配する必要がないように，上限・下限を適切な範囲で明確にした積分としたことに注目してほしい。上限のv, tとの混同を避けるために，積分の変数をv', t'に変更した。これらの積分は両方とも容易に実行でき，以下のようになる。

---

3 まもなく議論するように，自転車に乗っている人が停止するまで減速すると空気抵抗が小さくなり，最終的に摩擦が支配的な力になる。それにもかかわらず，約10mph（訳者註：mi/h，つまりマイル/時。なお10mphはおよそ時速16kmに相当する。）程度またはそれ以上の速度では，2次空気抵抗以外のすべてを無視するのはよい近似である。

4 （2.46）から（2.47）に進むにあたり，導関数dv/dtをdvとdtという2つの別々の数の商であるかのように扱かった。読者もお分かりのように，この無謀な手続きは厳密に正しい，というわけではない。それにもかかわらず，このことは2つの方法で正当化することができる。第1に微分の理論では，dvとdtが別々の数（差分）として定義され，その商を導関数dv/dtとした事実である。幸いにも，この理論の詳細について知る必要は全くない。ΔvとΔtの両方が小さくなるとき，dv/dtが$\Delta v/\Delta t$の極限であることを，物理学者は知っている。dvはΔvの略語であり（同じくdtはΔtの略語である），商dv/dtが真の微係数に対して十分望ましい精度内に収まるように十分に小さくなっている。この理解のなかでは，一方の側にdvを他方にdtを持つ（2.47）は，全く問題ない。

$$m\left(\frac{1}{v_0}-\frac{1}{v}\right)=-ct \tag{2.48}$$

これをvについて解くと

$$v(t)=\frac{v_0}{1+cv_0t/m}=\frac{v_0}{1+t/\tau} \tag{2.49}$$

ここで定数を組み合わせた略称τを，以下のように導入した。

$$\tau=\frac{m}{cv_0} \qquad \text{（2 次抵抗力の場合）} \tag{2.50}$$

簡単に確認できるようにτは時間であり，$t=\tau$のとき速度は$v=v_0/2$である。このパラメータτは，線形空気抵抗の影響を受けた場合の運動を表現するために，（2.22）で導入されたτとは異なることに注意すること。それにもかかわらず，両方のパラメータは空気抵抗が運動を大きく遅らせる時間の指標という，同じ意味を有する。

自転車の位置xを求めるために，vを積分して（読者はその結果を確認すること）初期位置x_0をゼロとすると，

$$x(t)=x_0+\int_0^t v(t')dt' = v_0\tau\ln(1+t/\tau) \tag{2.51}$$

となる。図 2.8 は，tの関数としてのvとxの結果を示している。これらのグラフを対応する図 2.4 のグラフ，つまり線形抵抗力を受けて水平に動いている物体，と比較することは興味深い。表面的には，速度に関する 2 つのグラフは同じに見える。特に両方とも，$t\to\infty$のときゼロになる。しかし線形抵抗力の場合vは指数関数的にゼロになるが，2 次の場合は$1/t$のように非常にゆっくりとしか減速しない。このvのふるまいの違いは，xのふるまいにおいて非常に劇的に現れる。線形

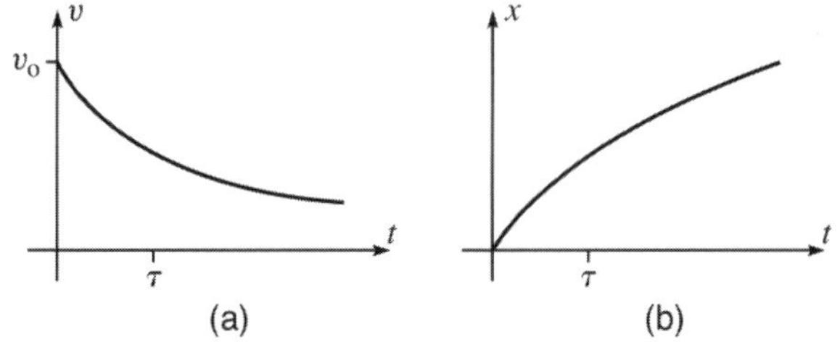

図 2.8 自転車のような，2 次空気抵抗を受け水平移動する物体の運動。(a) 速度は (2.49) で与えられ，$t\to\infty$では$1/t$のように 0 になる。(b) 位置は（2.5 1）で与えられ，$t\to\infty$の場合，無限大となる。

の場合，$t \to \infty$のときxは有限の限界に近づく。一方で 2 次の場合は (2.51) から，$t \to \infty$のときxは無限に増加することは明らかである。

2 次および線形抵抗力に対するxの挙動の著しい違いは，定性的には理解しやすい。 2 次の場合，抵抗力はv^2に比例する。したがってvが小さくなると，抵抗力は極めて小さくなる。それはxの任意の有限の値で自転車を止めることができないほど小さい。この予想外の挙動によって，すべての速度においてv^2に比例する抵抗力が支配的であるということが非現実的であることがわかる。線形抵抗力と通常の摩擦力は非常に小さいが，$v \to 0$の場合無視することはできず，最終的にv^2項よりも重要になる。特にこれらの 2 つの項（自転車の場合は摩擦）のうちの前者または後者により，実際の物体が無限に運動を続けることはできない。

2 次抵抗力を受ける垂直運動

物体が 2 次抵抗力で垂直運動する場合は，水平運動の場合とほぼ同じ方法で解くことができる。高い塔の窓から落とされた野球のボールを考えてみよう。座標yを垂直下方向にとると，運動方程式は次のようになる（v_yをvと略記する）。

$$m\dot{v} = mg - cv^2 \tag{2.52}$$

この方程式を解く前にボールの終端速度，つまり（2.52）の 2 つの項がちょうど釣り合う速度を考えてみよう。明らかにこれは$cv^2 = mg$を満たす必要があり，その解は以下のようになる。

$$v_{ter} = \sqrt{\frac{mg}{c}} \tag{2.53}$$

与えられた物体（与えられたm, g, c）に対して，終端速度を計算することができる。たとえば野球のボールの場合は$v_{ter} = 35\mathrm{m/s}$で，時速約 80 マイルになる。

（2.53）を使ってcをmg/v_{ter}^2で置き換え，因子mで割ることによって，運動方程式（2.52）を若干整理することができる。

$$\dot{v} = g\left(1 - \frac{v^2}{v_{ter}^2}\right) \tag{2.54}$$

これは水平移動の場合と同様に，変数分離法によって解くことができる。まず，次のように書き直す。

$$\frac{dv}{1-v^2/v_{ter}^2} = g\,dt \tag{2.55}$$

これは望ましい変数分離形式となっており（左側はvのみ，右側はtのみ），両辺を単純に積分することができる[5]。ボールが静止状態から動き始めると仮定すると，左辺のvの積分の下限は 0，上限はvで，右辺のtの積分の下限は 0，上限はtである。以上より（問題 2.35 によって）

$$\frac{v_{ter}}{g}\operatorname{arctanh}\left(\frac{v}{v_{ter}}\right) = t \tag{2.56}$$

となる。ここで，「arctanh」は逆双曲線正接を示す。この特殊な積分は，自然対数関数を用いて代替的に評価することができる（問題 2.37）。 しかし双曲線関数 sinh, cosh, tanh とその逆関数 arcsinh, arccosh, arctanh は，これからその使用法を学ぶべき物理学のすべての分野で，頻繁に現れる。読者がこれらの関数にあまり慣れていないなら，問題 2.33 と 2.34 によって，そのふるまいを学習することができる。

（2.56）をvについて解くと

$$v = v_{ter}\tanh\left(\frac{gt}{v_{ter}}\right) \tag{2.57}$$

位置yを求めるためにvを積分し，以下を得る。

$$y = \frac{(v_{ter})^2}{g}\ln\left[\cosh\left(\frac{gt}{v_{ter}}\right)\right] \tag{2.58}$$

これら 2 つの式はどちらもほんの少ししか問題を解決できないが（問題 2.35 参照），次の例を解くには十分である。

例 2.5 高い塔から落とされた野球のボール

野球のボール（質量$m = 0.15$kg，直径$D = 7$cm）の終端速度を求める。高い塔から落下した後，最初の 6 秒間の速度と位置を図示する。

5　力が速度にのみ依存する 1 次元の問題は，方程式$m\dot{v} = F(v)$が常に$m\,dv/F(v) = dt$と書くことができるので，変数分離法によって解くことができる。もちろん$F(v)$が複雑すぎると解析的に積分できるという保証はないが，最悪の場合でも数値的解の存在を直接保証する。問題 2.7 を参照。

終端速度は（2.53）で与えられ，空気抵抗係数cは（2.4）より $c = \gamma D^2$，$\gamma = 0.25\mathrm{N \cdot s^2/m^4}$で与えられる。したがって，

$$v_{ter} = \sqrt{\frac{mg}{\gamma D^2}} = \sqrt{\frac{(0.15\mathrm{kg})\times(9.8\mathrm{m/s^2})}{(0.25\mathrm{N{\cdot}s^2/m^4})\times(0.07\mathrm{m})^2}} = 35\mathrm{m/s} \tag{2.59}$$

となる。この値は，およそ時速 80 マイルである。興味深いことに，速い球を投げる野球投手は，v_{ter}よりもかなり速く投球することができる。実はこれらの条件下では，抵抗力はボールの重量よりも大きい。

v, yのプロットは手作業でおこなうこともできるが，Mathcad や Mathematica など，グラフを作成できるコンピュータソフトウェアの助けを借りれば，より簡単になる。どのような方法を選択しても，結果は図 2.9 のようになる。実線の曲線は実際の速度と位置を示し，点線の曲線は真空中の対応する値を示している。実際の速度は$t \to \infty$で終端速度 $v_{ter} = 35\mathrm{m/s}$に近づくが，真空中の速度は制限なく増加する。最初は，真空中の位置（すなわち$y = 1/2\ gt^2$）と同じように位置が増加するが，vが増加するにつれて増加の度合いが下がり，空気抵抗がより重要になる。最終的に，yは$y = v_{ter}t + const$の直線に近づく（問題 2.35 参照）。

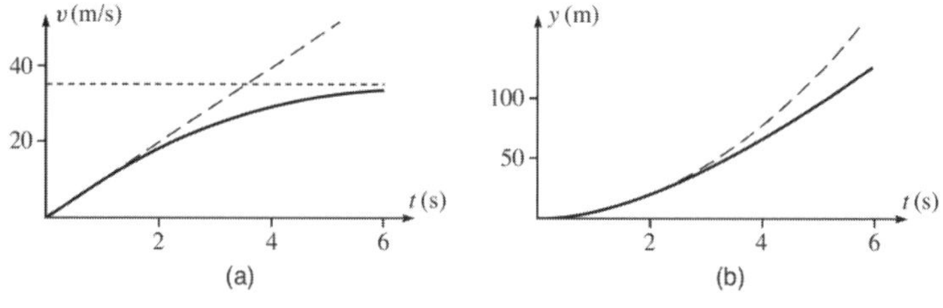

図 2.9 高い塔の上から落ちた野球のボールの動き（実線）。真空中の対応する動きは，長い破線で示されている。（a）実際の速度は$t \to \infty$で終端速度 $v_{ter} = 35\mathrm{m/s}$に近づく。（b）対応する真空グラフにおいては，時間に対する位置のグラフはより下降する。$t = 6$秒のとき，野球のボールは約130メートル落下するが，真空中では約180メートル落下する。

2 次抵抗力を受ける水平および垂直運動

2 次抵抗力を受ける投射体の運動方程式は，以下の通りである。

$$m\ddot{\mathbf{r}} = m\mathbf{g} - cv^2\hat{\mathbf{v}}$$
$$= m\mathbf{g} - cv\mathbf{v} \tag{2.60}$$

水平成分と垂直成分に分解すると（yを垂直上向きに取る），

$$\left.\begin{aligned} m\dot{v}_x &= -c\sqrt{v_x^2 + v_y^2}\, v_x \\ m\dot{v}_y &= -mg - c\sqrt{v_x^2 + v_y^2}\, v_y \end{aligned}\right\} \tag{2.61}$$

となる。これらは2つの未知関数$v_x(t)$および$v_y(t)$を含む2つの微分方程式であるが，各方程式はv_xとv_yの両方が含まれる。特にどちらの方程式も，x方向にのみ移動する物体，またはy方向にのみ移動する物体と同じではない。つまり水平方向と垂直方向の2つの解をつなぎ合わせるだけでは，これらの2つの式を解くことはできない。さらに悪いことに，2つの方程式（2.61）を解析的に解くことはできない。それらを解く唯一の方法は数値的なものであり，指定された初期条件の数値（つまり初期の位置・速度の指定値）に対してのみおこなうことができる。そのため，一般解を見つけることはできない。数値的におこなうことができるのは，選ばれた初期条件に対応する特定の解を見つけることだけである。(2.61)の解の一般的な性質について議論する前に，そのような数値解を1つ解いてみよう。

例2.6 野球のボールの軌道

例2.5の野球のボールを，高い崖から30m/s（約70mi/h）の速度で水平面から50°の角度で投射する。投射されてから最初の8秒間の軌跡を調べ，真空中の対応する軌道と比較する。同じ野球のボールを同じ初速度で地面上から投げた場合，どのくらい離れて着陸するのであろうか。つまり，その水平方向の到達距離はどの程度であろうか。

以下の初期条件

$$v_{x0} = v_0\cos\theta = 19.3\text{m/s}, \qquad v_{y0} = v_0\sin\theta = 23.0\text{m/s}$$

および$x_0 = y_0 = 0$（ボールが投げられた地点に原点を置く場合）の下で，連立微分方程式(2.61)を解かなければならない。これはMathematica，Matlab，Mapleなどのシステムや「C」，Fortranなどのプログラミング言語を用いておこなうことができる。図 2.10 に Mathematica の関数「NDSolve」を使って得られた軌跡を示す。

図 2.10 の特徴のいくつかは，コメントするに値する。空気抵抗の影響は，真空軌道（破線で示す）と比較して軌道を低下させることは明らかである。たとえば真空中では，軌道の最高点は$t \approx 2.3$秒で起き，開始点より約27m上にあることがわかる。空気抵抗がある場合は，最高点に到達するのは$t = 2.0$秒の直前であり，またその高さは約21mである。真空中では, ボールはx方向に無限に移動し続ける。空気抵抗の影響は，$x = 100$m付近の垂直漸近線の右側にxが移動しないように水平移動を遅くすることである。

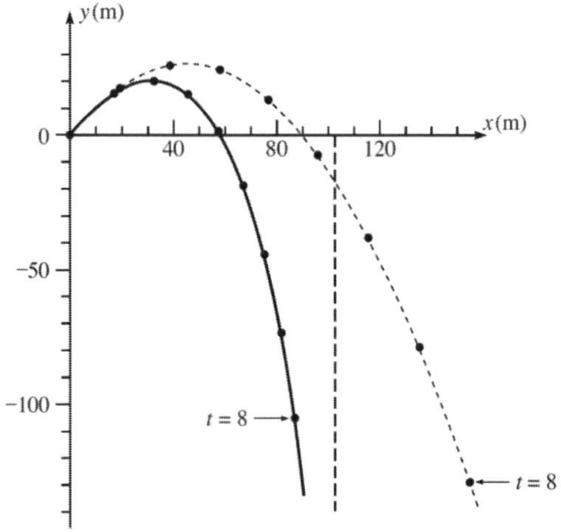

図 2.10 崖から投げ出され, 2 次の空気抵抗力を受ける野球のボールの軌道（実線曲線）。初速度は30m/sで水平面から50°上方向である。終端速度は35m/sである。破線曲線は，真空中の対応する軌道を示す。各点は 1 秒間隔でのボールの位置を示す。空気抵抗は水平運動を遅くするため，ボールは$x = 100$mを超える付近の垂直漸近線に近づく。

ボールの水平方向の範囲は, yがゼロに戻るときのxの値として図から容易に読み取れる。真空中の値$R_{vac} \approx 90m$に対して，空気抵抗がある場合は$R \approx 59m$である。予想されたように，この例では空気抵抗の影響はかなり大きい。ボールは終端速度よりわずかに遅い速度で投げられているが（35m/sに対して30m/s)，これは空気の抵抗力は重力よりわずかに小さいことを意味する。この場合，空気抵抗が軌道をかなり変化させることが予想される。

この例は 2 次抵抗力を伴う投射体の運動の，いくつかの一般的特徴を示している。この問題に対する運動方程式 (2.61) を解析的に解くことはできないが，方程式を用いて軌道の様々な一般的な特性を示すことができる。たとえばボールは真空で達するよりも早く，より低い最高点に達することがわかる。そして常にそのようになることを証明することは，容易である。投射体が上向きに移動する限り（$v_y > 0$），空気抵抗力は下向きの成分を有するため，下向きの加速度は（真空中の値である）gより大きい。したがって図 2.11 に示すように，tに対するv_yのグラフは，真空中よりも速くv_{y0}から下降する。これは，v_yが真空より早くゼロに達すること，ボールが最高点に達するまでに移動する（y方向の）距離が短い方向ことを保証する。つまりボールの最高点への到達は真空中の場合よりも早く起こり，またその高さは低くなる。

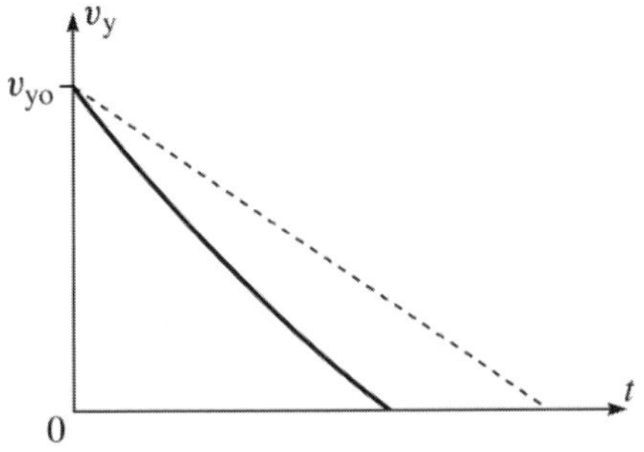

図 2.11 上向きに投げられた（$v_{y0} > 0$），2 次抵抗（実線曲線）を受ける放射物のtに対するv_{y0}のグラフ。破線（傾き=$-g$）は，空気抵抗がない場合に対応する。放射体は$v_{y0} = 0$となり最高点に達するまで，上方に移動する。その間抵抗力は下向きであり，下向きの加速度は常にgより大きい。したがって曲線は破線よりも急勾配になり，放射体は真空中よりも早く最高点に到達する。曲線の下の領域が破線の下の領域よりも小さいため，放射体の最高点は真空中よりも低くなる。

例 2.6 の野球のボールは，$t \to \infty$において垂直漸近線に近づくことが分かったが，これが常にそうなることを証明してみよう。まず，ボールがひとたび下降を開始すると，それは加速しながら下降を続け，$t \to \infty$でv_yはv_{ter}に近づく。同時にv_xは減少を続け，ゼロに近づく。したがって方程式 (2.61) の両方の平方根ともv_{ter}に近づく。特にtが大きいとき，v_xの方程式は

$$\dot{v}_x \approx -\frac{cv_{ter}}{m}v_x = -kv_x$$

となる。この方程式の解はもちろん指数関数$v_x = Ae^{-kt}$であり，v_xは$t \to \infty$にお

いて極めて急激に（指数関数的に）ゼロに近づくことがわかる。これはv_xの積分であるx，つまり

$$x(t) = \int_0^t v_x(t')dt'$$

が，$t \to \infty$において有限な値に近づくことを意味するので，軌跡は有限の垂直漸近線を持つことが示せた。

2.5　均一磁場における荷電粒子の運動

（投射運動のような）重要な数学的方法を導入できるニュートンの法則の興味深い応用例は，磁場中の荷電粒子の運動である。ここでは，図 2.12 に示すように，z方向の均一磁場$\mathbf{B}$内を移動する荷電粒子q（これは通常，正であると仮定する）を考える。荷電粒子に働く力は，磁力

$$\mathbf{F} = q\mathbf{v} \times \mathbf{B} \tag{2.62}$$

である。そのため，運動方程式は次のように書くことができる。

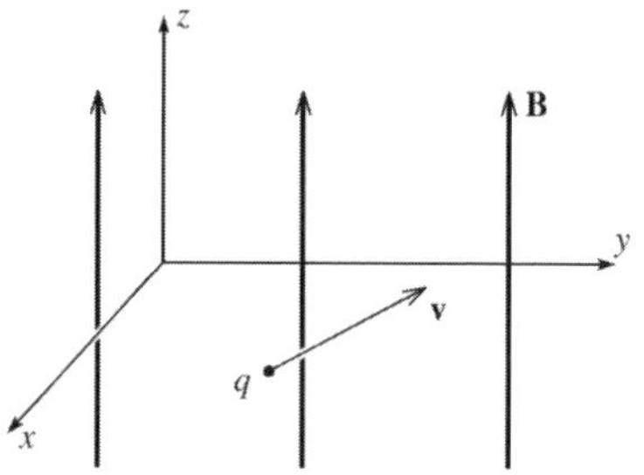

図 2.12　z方向の均一磁場内を移動する荷電粒子。

$$m\dot{\mathbf{v}} = q\mathbf{v} \times \mathbf{B} \tag{2.63}$$

[投射体の場合と同様に，力は（位置ではなく）速度にのみ依存するため，第 2 法則は$\mathbf{v}$の 1 階微分方程式に還元される。]

運動方程式を解く最も簡単な方法は，多くの場合，成分に分解することである。$\mathbf{v}, \mathbf{B}$の成分は以下のとおりである。

$$\mathbf{v} = (v_x, v_y, v_z) \qquad \mathbf{B} = (0,0,B)$$

これらから，$\mathbf{v} \times \mathbf{B}$の成分を計算することができる。

$$\mathbf{v} \times \mathbf{B} = (v_y B, -v_x B, 0)$$

したがって，(2.63) の 3 つの成分は以下のようになる。

$$m\dot{v}_x = qBv_y \tag{2.64}$$

$$m\dot{v}_y = -qBv_x \tag{2.65}$$

$$m\dot{v}_z = 0 \tag{2.66}$$

最後の式は，荷電粒子の**B**方向の速度成分v_zが，以下のようになることを示している。

$$v_z = 一定$$

磁力は常に**B**に垂直に働くので，予想通りの結果が得られたことになる。v_zは一定であるので，v_xおよびv_yに注目しよう。実際，これらは 2 次元ベクトル(v_x, v_y)を構成すると考えることもできる。これは**v**をxy平面に射影したものであり，横方向速度と呼ばれる。

$$(v_x, v_y) = 横方向速度$$

v_x, v_yについての方程式（2.64）および（2.65）を簡略化するために，以下のパラメータを定義する。

$$\omega = \frac{qB}{m} \tag{2.67}$$

これは時間の逆数の次元を持ち，**サイクロトロン角振動数**と呼ばれる。この記法により，方程式（2.64）および（2.65）は以下のようになる。

$$\left.\begin{aligned}\dot{v}_x &= \omega v_y \\ \dot{v}_x &= -\omega v_x\end{aligned}\right\} \tag{2.68}$$

これらの 2 つの変数が組み合わさった微分方程式は，様々な方法で解くことができる。ここでは複素数を利用する方法を説明する。これはおそらく最も簡単な解法ではないが，この方法は物理学の多くの分野で驚くほど広く応用されている。（複素数を利用しない代替の解法については，問題 2.54 を参照のこと。）

v_x, v_yという 2 つの変数は，もちろん実数である。しかしこれらを利用して，以下の複素数を定義することを，妨げるものではない。

$$\eta = v_x + iv_y \tag{2.69}$$

ここで，i（多くの工学者たちによってはjと表記されるが）は-1の平方根$i = \sqrt{-1}$を表している。（そしてηはギリシャ文字のイーターである。）複素数ηを複素平面，すなわちアルガン図に描くと，図 2.13 に示すように，その 2 つの成分はv_xとv_yになる。言い換えれば，複素平面におけるηの表現は，2 次元横方向速度(v_x, v_y)を図で表したものである。

複素数ηを導入する利点は，その導関数を計算する際に現れる。（2.68）を使用

すると，

$$\dot{\eta} = \dot{v}_x + i\dot{v}_y = \omega v_y - i\omega v_x = -i\omega(v_x + iv_y)$$

または

$$\dot{\eta} = -i\omega\eta \tag{2.70}$$

である。v_xとv_yの 2 つの連立方程式が，複素数ηの単一の方程式になっていることがわかる。さらに$\dot{u} = ku$の形式になっているため，その解は指数関数$u = Ae^{kt}$であることがわかる。したがって，ただちにηは以下のようになることがわかる。

$$\eta = Ae^{-i\omega t} \tag{2.71}$$

この解の重要性について議論する前に，次節で複素指数関数のいくつかの特性を概観したい。これらの概念をよく知っている読者は，この部分を省略してもよい。

2.6　複素指数関数

読者はおそらく実数xに対する指数関数e^xには慣れ親しんでいるだろうが，zが複素数の場合のe^zには慣れていないであろう[6]。実数の場合，e^xの定義（たとえば，それ自体の導関数に等しい関数など）はいくつかある。複素数の場合に最も簡単に適用できる定義は，テイラー級数を用いる方法である。(問題 2.18 を参照。)

$$e^z = 1 + \frac{z}{1!} + \frac{z^2}{2!} + \frac{z^3}{3!} + \cdots \tag{2.72}$$

実数・複素数，またその大小に関わらず，zの任意の値に対してこの級数は収束して，e^zの明確な値を与える。それを微分することで，自分自身が自らの微分に等しいという期待される性質を持っていることも，容易にわかる。

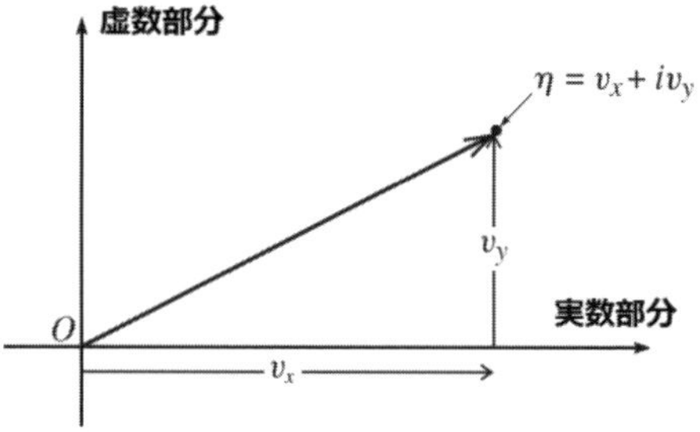

図 2.13 複素数$\eta = v_x + iv_y$は複素平面内の点として表される。Oからηを指す矢印は，文字通り横方向速度(v_x, v_y)を表したものとなっている。

[6]複素数の基本的な性質については，問題 2.45 から 2.49 を参照のこと

そして，指数関数の他のすべてのよく知られた性質，たとえば$e^z e^w = e^{(z+w)}$（問題 2.50，2.51 参照），を持っていることを（必ずしも簡単とは限らないが）示すことができる。特に関数Ae^{kz}（A, kは任意定数で，実数または複素数）は，以下を満たす。

$$\frac{d}{dz}(Ae^{kz}) = k(Ae^{kz}) \tag{2.73}$$

Aの値がどのようなものであってもこのような方程式を満たすので，これは 1 階方程式$df/dz = kf$の一般解である。前節で複素数$\eta(t)$を導入し，これが方程式$\dot{\eta} = -i\omega\eta$を満たすことを示した。ここで述べたことが，$\eta$が（2.71）で予想される指数関数でなければならないことを保証していることがわかる。

特に純虚数の指数関数，すなわち$e^{i\theta}$でθが実数を考える。この関数のテイラー級数（2.72）は，以下のようになる。

$$e^{i\theta} = 1 + i\theta + \frac{(i\theta)^2}{2!} + \frac{(i\theta)^3}{3!} + \frac{(i\theta)^4}{4!} + \cdots \tag{2.74}$$

$i^2 = -1, i^3 = -i$などに注意すると，この級数の偶数項のすべてが実数であるのに対し，奇数項のすべてが純虚数であることがわかる。（2.74）を再編成して書き直すと

$$e^{i\theta} = \left[1 - \frac{\theta^2}{2!} + \frac{\theta^4}{4!} + \cdots\right] + i\left[1 - \frac{\theta^3}{3!} + \cdots\right] \tag{2.75}$$

となる。最初の括弧内は$\cos\theta$のテイラー級数であり，2 番目の括弧内は$\sin\theta$のテイラー級数である（問題 2.18）。したがって，以下の重要な関係が証明できた。

$$e^{i\theta} = \cos\theta + i\sin\theta \tag{2.76}$$

オイラーの公式として知られているこの結果は，図 2.14(a)に示されている。特に複素数$e^{i\theta}$は極角θを有し，$\sin^2\theta + \cos^2\theta = 1$であるので，$e^{i\theta}$の大きさは 1 である。つまり$e^{i\theta}$は単位円上，つまり中心$O$，半径1の円上にある。

ここで注目しているのは，$\eta = Ae^{-i\omega t}$の形の複素数である。係数Aは複素定数であり，$A = ae^{i\delta}$と書ける。ここで図 2.14（b）に示すように，$a = |A|$は大きさ，δはAの極角である（問題 2.45 を参照）。したがってηは次のように書くことができる。

$$\eta = Ae^{-i\omega t} = ae^{i\delta}e^{-i\omega t} = ae^{i(\delta-\omega t)} \tag{2.77}$$

図 2.14（b）に示すように，ηはAと同じ大きさ（すなわちa）を持つが，$(\delta - \omega t)$に等

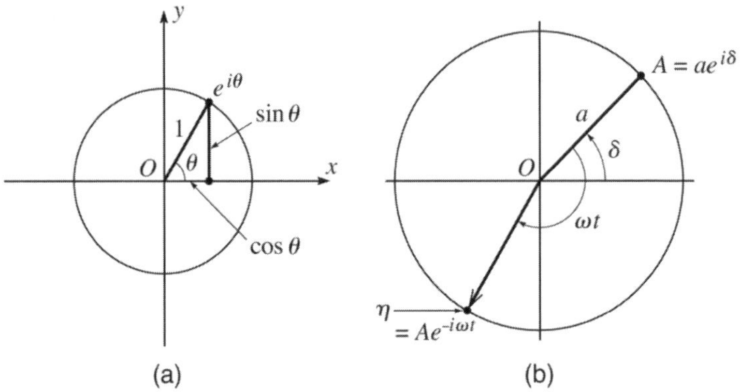

図 2.14（a）オイラーの公式（2.76）は，複素数$e^{i\theta}$が極角θの単位円（原点 O を中心とする半径 1 の円）上にあることを意味する。　（b）複素定数$A = ae^{i\delta}$は極角δを持つ半径aの円上にある。関数$\eta(t) = Ae^{-i\omega t}$は同じ円上にあるが極角$(\delta - \omega t)$を持ち，$t$が進むにつれて円のまわりを時計回りに動く。

しい極角を持つ。tの関数として，ηは角速度ωで半径aの円のまわりを時計回りに移動する。

（2.77）において，複素定数$A = ae^{i\delta}$の役割を理解することは重要である。もしAが1に等しければ$\eta = e^{-i\omega t}$であるので，ηは単位円にあり，時計回りに角速度ωで移動し，$t = 0$で実軸（$\eta = 1$）から始まる。$A = a$が実数ではあるが1に等しくなければ単位円を半径aの円に拡大するだけであり，ηが同じ角速度で実軸から始まり，$t = 0$のときは$\eta = a$になる。最後に$A = ae^{i\delta}$であれば，角度δの効果によりηを一定角度δだけ回転することになり，$t = 0$でηは極角がδで始まる。

これらの数学的結果が得られたので，磁場中の荷電粒子に戻ることにする。

2.7　磁場中の荷電粒子の運動の解

数学的には，磁場中における荷電粒子の速度$\mathbf{v}$の解は完全に求められており，残っているのはそれを物理的に解釈することだけである。我々はすでに，磁場$\mathbf{B}$に沿った成分であるv_zが，一定であることを知っている。$\mathbf{B}$を横切る成分(v_x, v_y)は複素数$\eta = v_x + iv_y$と表され，またニュートンの第 2 法則によりηは$\eta = Ae^{-i\omega t}$のように時間に依存し，図 2.14（b）で示された円上を一様に運動することが分かっている。さて，その図に示されているOからηを指す矢印は，横方向速度(v_x, v_y)を示したものである。したがってこの横方向速度は，一定の角速度$\omega = qB/m$かつ一定の大きさで，時計回りに回転するように方向を変える[7]。v_zは一定であるため，このことは荷電粒子が渦巻状またはらせん状の運動をおこなうことを示唆している。これを検証するために$\mathbf{v}$を積分し，tの関数としての$\mathbf{r}$を求めればよい。

v_zは定数であるため，以下のように書ける。

$$z(t) = z_0 + v_{z0}t \tag{2.78}$$

x, yの動きは，別の複素数を導入することで最も簡単に求められる。

$$\xi = x + iy \tag{2.79}$$

ここでξはギリシャ文字グザイである。複素平面においてξは横方向の位置(x, y)を示す。明らかに，ξの微分はη，すなわち$\dot{\xi} = \eta$である。このため，

$$\begin{aligned} \xi &= \int \eta\, dt = \int Ae^{-i\omega t} dt \\ &= \frac{iA}{\omega} e^{-i\omega t} + const \end{aligned} \tag{2.79}$$

である。係数iA/ωをCとし，積分定数を$X + iY$とすると，

$$x + iy = Ce^{-i\omega t} + (X + iY)$$

となる。z軸が点(X, Y)を通過するように原点を再定義することによって，右辺の定数項を削除して

$$x + iy = Ce^{-i\omega t} \tag{2.80}$$

とできる。$t = 0$に設定することにより，残りの定数Cは以下のようになる。

$$C = x_0 + iy_0$$

この結果を図 2.15 に示す。横方向の位置(x, y)は，角速度$\omega = qB/m$で円上を時計回りに移

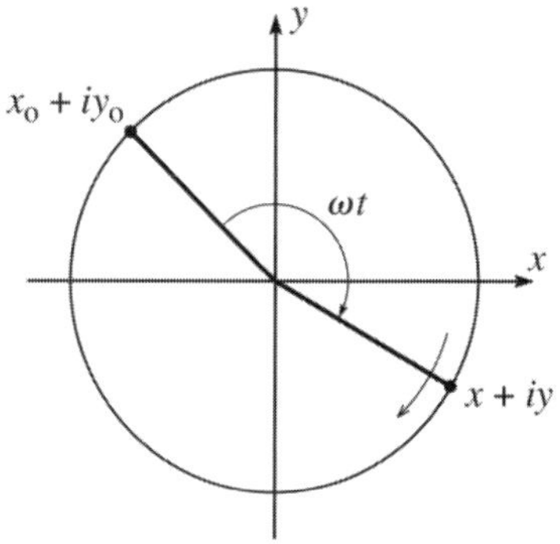

図 2.15 z方向の均一磁場における荷電粒子の動き。横方向の位置(x, y)は，図のように円上を移動し，座標zは一定の速度でページの内外に移動

7 ここでは電荷qが正であると仮定している。qが負であれば$\omega = qB/m$は負であり，横方向速度は反時計回りに回転する。

動することがわかる。一方（2.78）で与えられるzは単調増加するので，荷電粒子はその軸が磁場に平行な一様ならせんを描く。

磁場に沿った荷電粒子のらせん運動に関する多くの例がある。たとえば宇宙線粒子（地球にぶつかる宇宙からの荷電粒子）は，地球の磁場に捕獲され，北極または南極方向に磁力線に沿って渦を巻く。速度のz成分がゼロになると，らせんは円になる。荷電粒子を高エネルギーに加速するための装置であるサイクロトロンでは，このようにして荷電粒子は円軌道に閉じ込められる。荷電粒子は適切なタイミングで電場をかけられ，徐々に加速される。 軌道の角振動数は，もちろん$\omega = qB/m$である（これがサイクロトロン振動数と呼ばれる理由である）。軌道半径は

$$r = \frac{v}{\omega} = \frac{mv}{qB} = \frac{p}{qB} \tag{2.81}$$

である。この半径は荷電粒子が加速するにつれて増加し，その結果磁場を生み出す円形磁石の外縁部に，最終的に現れる。

磁場中での荷電粒子の運動のためにここで使用したのと同じ方法を，磁場および電場中の荷電粒子にも使うことができるが，この議論はここで説明した解決方法に何も付け加えないので，問題 2.53 と 2.55 で読者自身が試してほしい。

第 2 章の主な定義と方程式

線形および 2 次抵抗

速さvが音速よりも十分に小さい場合，流体中を移動する物体に働く抵抗力$\mathbf{f} = f(v)\hat{\mathbf{v}}$の大きさは，以下のようになる。

$$f(v) = f_{lin} + f_{quad}$$

$$f_{lin} = bv = \beta Dv, \quad f_{quad} = cv^2 = \gamma D^2 v^2 \qquad [(2.2)\sim(2.6)]$$

ここでDは，物体の線形サイズを示す。球の場合Dは直径であり，STP における空気中の球に関しては，$\beta = 1.6 \times 10^{-4}\mathrm{N \cdot s/m^2}$，$\gamma = 0.25\mathrm{N \cdot s^2/m^4}$である。

荷電粒子に働くローレンツ力

$$\mathbf{F} = q(\mathbf{E} + \mathbf{v} \times \mathbf{B}) \qquad [(2.62)と問題 2.53]$$

第 2 章の問題

星印は，最も簡単な（*）ものから難しい（***）ものまでの，おおよその難易度を示している。

2 .1 節 空気抵抗

2.1* 野球のボールが空気中を動く時，2 次抵抗力と線形抵抗力の比f_{quad}/f_{lin}は（2.7）で与えられる。野球のボールの直径が7cmの場合，2 つの抵抗力が等しく重要となる近似的な速さvを求めよ。抵抗力を純粋に 2 次的なものとして扱うことが可能な，おおよその速さの範囲はどの程度だろうか。通常の条件下で線形項を無視するのは，良い近似であろうか。直径70cmのビーチボールで，同じ質問に答えよ。

2.2* 流体中の球に対する線形抵抗力の起源は，流体の粘性である。ストークスの法則によれば，球面上の粘性抵抗は，

$$f_{lin} = 3\pi\eta Dv \tag{2.82}$$

である。ここでηは流体の粘度[8]，Dは球の直径，vはその速度である。（2.4）によって与えられたbを$b = \beta D$として，この式がf_{lin}の形（2.3）を再現することを示せ。STP における空気の粘性が$\eta = 1.7 \times 10^{-5} \mathrm{N \cdot s/m^2}$であるとし，（2.5）で与えられた$\beta$の値を確認せよ。

2.3* （a）流体中の運動球上の 2 次および線形抵抗力は，（2.84）および（2.82）で与えられる（問題 2.4 および 2.2）。この 2 種類の抵抗力の比は，$f_{quad}/f_{lin} = R/48$となることを示せ[9]。ここで無次元**レイノルズ数**Rは，

$$R = \frac{Dv\varrho}{\eta} \tag{2.83}$$

であり，Dは球の直径vは速度，ϱ, ηは流体の密度と粘度である。明らかにレイノルズ数は，2 種類の抵抗力の相対的重要度を表す尺度である[10]。Rが非常に大きいとき 2 次抵抗力が支

---

8 念のために言っておくが，流体の粘度ηは以下のように定義される。速度vが底部（$y = 0$）で 0 であり，表面（$y = h$）に向かって増加するように流体が（x方向に）流れている広い水路を考える。このとき流体の一連の層は，速度勾配dv/dyで相互に滑る。いずれか 1 つの層の領域Aがその上の流体を引きずる力FはAおよびdv/dyに比例するが，ηはその比例定数として定義される。すなわち，$F = \eta A dv/dy$である。

9 数値係数 48 は，球の場合のものである。他の物体についても同様の結果が得られるが，数値係数は形状によって異なる。

10 任意の物体に関わる流れに関し，レイノルズ数は通常（2.83）で定義される。ここでDは典型的な線寸法として定義される。Rが比率f_{quad}/f_{lin}であるという主張を聞くことがある。

配的であり，線形抵抗力は無視することができる。Rが非常に小さいときはその逆である。（b）グリセリン（密度$1.3\mathrm{g/cm^3}$，STP 時の粘度$12\mathrm{N\cdot s/m^2}$）の中を，$5\mathrm{cm/s}$で移動する鋼のボールベアリング（直径$2\mathrm{mm}$）のレイノルズ数を求めよ。

2.4* 流体中の任意の投射体に対する 2 次抵抗力の起源は，投射体が押しあげる流体が持つ慣性である。(a) 投射体が（速度に垂直な）断面積Aおよび速度vを有し，流体の密度がϱであるとき，投射体が流体にぶつかる割合（質量/時間）がQAvであることを示せ。 (b) この流体のすべてが投射体の速度vまで加速されるという単純化された仮定をおこない，投射体に働く抵抗力はϱAv^2であることを示せ。投射体と遭遇するすべての流体が最高速度vに加速されることは定かではないが，実際の抵抗力は

$$f_{quad} = \kappa\varrho Av^2 \tag{2.84}$$

の形をとることが分かっている。ここでκは 1 未満の数で，流線形の物体ではκは小さく，前端が平坦な物体ではκが大きいなど，投射体の形状に依存する。これが正しいこと，および球の場合の係数κは$\kappa = 1/4$であることが分かっている。 (c) (2.4)のcが$c = \gamma D^2$のとき，(2.84) がf_{quad}の形 (2.3) を再現することを示せ。STP における空気の密度が$1.29\mathrm{kg/m^3}$であり，球の場合には$\kappa = 1/4$であることを考慮し，(2.6) で与えられたγの値を検証せよ。

2.2 節 線形空気抵抗

2.5* 線形抵抗力を受ける投射体が，終端速度v_{ter}より大きい速度v_{y0}で垂直下方に投げ出されると仮定する。速度が時間とともにどのように変化するかを説明し，$v_{y0} = 2v_{ter}$の場合に，tの関数としてv_yを図示せよ。

2.6* (a) (2.33) は，静止状態から落とした物体の速度を示している。最初はv_yが小さいので空気抵抗は重要ではないため，(2.33) は真空中の自由落下の基本結果$v_y = gt$と一致しなければならない。これが事実であることを証明せよ。［ヒント：$e^x = 1 + x + x^2/2! + x^3/3! + \cdots$のテイラー級数を利用すること。］(b) 投げられた物体の位置は，$v_{y0} = 0$で (2.35) で与えられる。tが小さい時，これは$y = gt^2/2$というよく知られた結果となることを，同様に確かめよ。

2.7* 運動方程式（ニュートンの第 2 法則）を常に解くことができる，あるいは少なくとも積分をおこなう問題に還元される，単純な 1 次元問題が存在する。これらのうちの 1 つ（これは，この章で数回出会った）は速度vだけに依存する力，すなわち$F = F(v)$を受ける 1 次元粒子の運動である。ニュートンの第 2 法則を書き下し，$mdv/F(v) = dt$と変形し，変数を分ける。この方程式の両辺を積分して，以下を得る。

球の場合は$f_{quad}/f_{lin} = R/48$であるので，この主張は「Rはおおよそf_{quad}/f_{lin}のオーダーである」と解釈するとよい。

$$t = m\int_{v_0}^{v}\frac{dv'}{F(v')}$$

積分をおこなうことができれば，これはvの関数としてtを与える。次にvをtの関数として解くことができる。この方法を使用して，$F(v) = F_0$（定数）という特別な場合を解き，その結果を説明せよ。ここで用いた変数分離法は，問題 2.8 と 2.9 で再び使用される。

2.8* 時間$t = 0$で速度v_0を持つ質量mの物体が，抵抗力が$F(v) = -cv^{3/2}$である媒質中でx軸に沿って惰性で動く。問題 2.7 の方法を使って，時間tとその他の与えられたパラメータの関数としてvを解け。いつ（もしあれば）それは静止するだろうか。

2.9* 微分方程式（2.29），$m\dot{v}_y = -b(v_y - v_{ter})$を直感的に解くことにより，空気中を落下する物体の速度を求めよ。これは最も優れた微分方程式の解法である。それにもかかわらず時にはもっと体系的な方法が好まれるが，ここではまさにそうである。方程式を「分離された」形式で書き直せ。

$$\frac{mdv_y}{(v_y - v_{ter})} = -bdt$$

時間 0 からtまでで両辺を積分し，tの関数としてv_yを求めよ。また（2.30）と比較せよ。

2.10** グリセリン（密度$1.3\mathrm{g/cm^3}$，STP で$12\mathrm{N\cdot s/m^2}$の粘度）の中に落とされた鋼のボールベアリング（直径2mm，密度$7.8\mathrm{g/cm^3}$）において，支配的な抵抗力は問題 2.2 の（2.82）で与えられる線形抵抗力である。　(a) 特徴的な時間τと終端速度v_{ter}を求めよ。[後者を求める際には，アルキメデスの浮力を含めるべきである。これは（2.25）の右辺に，3 番目の力が加えられたものとなる。]静止状態からからどれだけ落ちると，ボールベアリングは終端速度の 95%に達するか。　(b)（2.82）と（2.84）（球であるため$\kappa = 1/4$）を使用して，終端速度における比f_{quad}/f_{lin}を計算せよ。f_{quad}を無視するのは，良い近似であったか。

2.11** 線形媒質中において，初速度v_0で垂直に投げ上げられた物体を考える。　(a) 手を離した位置から上方にyを測定し，物体の速度$v_y(t)$および位置$y(t)$を書け。　(b) 物体が最高点に到達する時間，およびその際の位置y_{max}を求めよ。　(c) 抵抗係数がゼロに近づくにつれて，先の答えは真空中の物体についてのよく知られた結果$y_{max} = v_0^2/2g$になることを示せ。［ヒント：抵抗力が非常に小さい場合，終端速度は非常に大きいので，v_0/v_{ter}は非常に小さい。対数関数におけるテイラー級数を使用して，$\ln(1+\delta)$を$\delta - \delta^2/2$で近似する。（テイラー級数の詳細については，問題 2.18 を参照のこと）］

2.12** 問題 2.7 は，常に積分をおこなうことができる 1 次元問題の 1 つである。ここに別のものがある。1 次元粒子に働く力が位置にのみ依存する，つまり$F = F(x)$となる場合，ニュートンの第 2 法則を解くことで，以下の形でvをxの関数として求めることができることを示せ。

$$v^2 = v_0^2 + \frac{2}{m}\int_{x_0}^{x} F(x')dx' \tag{2.85}$$

[ヒント：チェーンルールを使って，「vdv/dx規則」と我々が呼ぶ便利な関係を証明する。vをx

の関数として考えるならば，以下が成立する。

$$\dot{v} = v\frac{dv}{dx} = \frac{1}{2}\frac{dv^2}{dx} \tag{2.86}$$

これを使って，ニュートンの第 2 法則を変数分離の形式$md(v^2) = 2F(x)dx$に書き換えてから，x_0からxまで積分する。］$F(x)$が定数である場合の結果を説明せよ。（読者はこの解を，運動エネルギーと仕事を用いて説明するかもしれない。どちらも第 4 章で議論する。）

2.13** 質量mの物体が力$F = -kx$を受け，x軸上を動くように拘束されている場合を考える。ここでkは，正の定数である。物体は時間$t = 0$で，$x = x_0$において静止状態から手を離される。問題 2.12 の結果（2.85）を使用して，物体の速度をxの関数，すなわち$dx/dt = g(x)$を満たす関数$g(x)$として求めよ。これを$dx/g(x) = dt$と分離し，時間 0 からtまで積分して，xをtの関数として求めよ。（最も簡単な方法ではないものの，これは調和単振動子を解く方法のひとつである。）

2.14*** 問題 2.7 の方法を用いて以下を解く：x軸に沿って力$F(v) = F_0 e^{-v/V}$（ここでF_0, Vは定数である）を受けながら移動するように拘束された物体を考える。 (a) 時間$t = 0$で初速度が$v_0 > 0$の場合，$v(t)$を求めよ。(b) 物体は一瞬止まるが，それは何時であろうか。(c) $v(t)$を積分することによって，$x(t)$を求めることができる。これをおこない，一瞬止まるまでに，物体がどれだけ遠くに移動したかを調べよ。

2.3 線形抵抗力を持つ媒質中における軌道と到達範囲

2.15* 水平な地面から，速度(v_{x0}, v_{y0})で投げられた投射体を考える（xは水平方向，yは垂直方向にとる）。空気抵抗がないと仮定し，投射体がどれくらいの時間空中にいるかを調べ，着地前までの飛行距離（水平距離）が$2v_{x0}v_{y0}/g$であることを示せ。

2.16* ゴルファーはスピードv_0で，水平な地面から上方向に角度θでボールを叩く。角度θが固定され，空気抵抗が無視できると仮定すると，ボールが距離dだけ離れた高さhの壁を超える最小速度$v_0(\mathrm{min})$を求めよ。角度θが$\tan\theta < h/d$となるような場合は，解を得ることは困難になるはずであるが，その理由を説明せよ。$\theta = 25°, d = 50\mathrm{m}, h = 2\mathrm{m}$の場合，$v_0(\mathrm{min})$はいくらになるか。

2.17* (2.36)の 2 つの方程式は，投射体の位置(x, y)をtの関数として与える。tを消去し，yをxの関数として与えよ。（2.37）を確かめよ。

2.18* テイラーの定理によれば，任意の関数$f(x)$について，点$(x + \delta)$におけるfの値は，fおよび点xにおけるfの微分を含む無限級数として表すことができる。

$$f(x + \delta) = f(x) + f'(x)\delta + \frac{1}{2!}f''(x)\delta^2 + \frac{1}{3!}f'''(x)\delta^3 + \cdots \tag{2.87}$$

ここでプライムは，$f(x)$の一連の導関数を示す。（関数に応じて，この級数は任意のδにおいて収束するか，またはゼロ以外の「収束半径」より小さいδの値に対してのみ収束する。）この定理は第 1 項または第 1,2 項が優れた近似値である場合，特にδの小さな値において極めて有用である[11]。（a）$\ln(1+\delta)$のテイラー級数を求めよ。（b）$\cos\delta$についても，同じことをおこなえ。（c）同様に，$\sin\delta$についてもおこなえ。（d）e^{δ}についてもおこなえ。

2.19* 2.3 節の投射を考える。（a）空気抵抗がないと仮定して，位置(x,y)をtの関数として表現し，tを消去して軌道yをxの関数として与えよ。（b）線形抵抗力を含む正しい軌道は (2.37) で与えられる。空気抵抗がない場合 (τと$v_{ter}=g\tau$の両方が無限大に近づくとき)，これが（a）の答えと一致することを示せ。[ヒント：$\ln(1-\epsilon)$のテイラー級数（2.40）を利用せよ。]

2.20** [コンピュータ] グラフを描くことができる適切なソフトウェアを使用して，水平から 45° 上に投げられた弾丸の軌道（2.36）を，かなりの大きさの抵抗力から抵抗力が全く働かない場合までの 4 つの異なる抵抗力係数の値を用いて描け。[ヒント：与えられた数字がない場合は，便利な値を選択することもできる。たとえば$v_{x0}=v_{y0}=1, g=1$のように取ればよい。（これらのパラメータの値が 1 になるように，長さと時間の単位を選択することになる。）このような選択の下では，抵抗力の強さが 1 つのパラメータ$v_{ter}=\tau$で与えらる。そして$v_{ter}=0.3,1,3,\infty$（すなわち抵抗力が全くない）で計算し，$t=0{\sim}3$の時間の軌跡を描くことができる。$v_{ter}=\infty$の場合，読者はおそらく軌道を別に描きたいと思うであろう。]

2.21*** 大砲は同じ速さv_0で，あらゆる方向に砲弾を発射することができる。空気抵抗を無視して，原点に大砲を置き，垂直上方にz軸を取った円柱極座標を使用する。この時大砲は，以下の半径内の任意の物体に砲弾を当てることができる。

$$z=\frac{v_0^2}{2g}-\frac{g}{2v_0^2}\rho^2$$

これを示し，その範囲について説明せよ。

2.22*** [コンピュータ] 線形抵抗を持つ媒質中の投射体の到達距離に関する方程式(2.39)は，初等関数を用いて解析的に解くことはできない。いくつかのパラメータに数値を入れると，Mathematica，Maple，MatLab などのソフトウェアパッケージのいずれかを使って数値的に解くことができる。これをおこなうには，以下のようにする。線形抵抗を持つ媒質中で初速度v_0，角度θで投げ上げられた投射体を考える。$v_0=1, g=1$となるような単位を選択し，また終端速度$v_{ter}=1$と仮定する。（$v_0=v_{ter}$では，空気抵抗がかなり重要である。）真空中では最大到達距離は，$\theta=\pi/4\approx 0.75$で起こる。（a）真空中の最大到達距離はいくらか。（b）同じ角度$\theta=0.75$で（2.39）を解き，与えられた媒質中における最大

11　テイラー級数の詳細については，たとえば Mary Boas 著，『Mathematical Methods in the Physical Sciences』(Wiley, 1983)，22 ページ，または Donald McQuarrie 著，『Mathematical Methods for Scientists and Engineers』（University Science Books, 2003)，94 ページを参照のこと。

到達距離を求めよ。 (c) 計算が完了したら，最大到達距離がおそらく存在すであろうθの値を得るために，同じ計算を繰り返せ。(読者は$\theta = 0.4, 0.5, \cdots, 0.8$の場合を試してみてほしい。) (d) これらの結果に基づいて，最大値がありそうな範囲をθの小さな間隔で刻み，同じ手順を繰り返す。最大到達距離となる角度を有効数字 2 桁で求めるまで，必要に応じて再度繰り返せ。そして真空の場合と比較せよ。

2.4 節 2 次空気抵抗

2.23* (a) 直径 3mm の鋼のボールベアリング，(b) 16 ポンドの鋼の砲弾，(c) 200 ポンドの落下傘で降下する人について，空気中を自由落下する際の終端速度を求めよ。なお 3 つの場合すべてで，抵抗力は純粋に 2 次的であると仮定してよい。また鋼の密度は約$8\mathrm{g/cm^3}$，落下傘で降下する人を密度$1\mathrm{g/cm^3}$の球として取り扱ってよい。

2.24* 空気（密度ρ_{air}）中を落下する球（直径D，密度ρ_{sph}）に働く抵抗力が，純粋に 2 次的であると仮定する。 (a) 問題 2.4 の (2.84) で，(球の場合の$\kappa = 1/4$を使用して) 終端速度が以下のようになることを示せ。

$$v_{ter} = \sqrt{\frac{8}{3}Dg\frac{\rho_{sph}}{\rho_{air}}} \tag{2.88}$$

(b) この結果を使用して，同じ大きさの 2 つの球の場合，密度の高い方が速く落ちることを示せ。(c) 同じ材料の 2 つの球では，大きい方がより速く落ちることを示せ。

2.25* 2.4 節の自転車選手が，2 次抵抗力の影響を受けて惰性で動き停止する状況を考える。その速度と位置についての結果 (2.49) と (2.51) を詳細に導き，定数$\tau = m/cv_0$が確かに時間の次元を持つことを示せ。

2.26* 自転車に乗っている人が受ける 2 次の空気抵抗係数の典型的な値は，約$c = 0.20\mathrm{N/(m/s)^2}$である。自転車に乗っている人と自転車の総質量が$m = 80\mathrm{kg}$，$t = 0$における自転車に乗っている人の初速度が$v_0 = 20\mathrm{m/s}$（約$45\mathrm{mi/h}$）であると仮定する。空気抵抗力の影響を受けて惰性で動き停止する状況を考えた場合，時間$\tau = m/cv_0$を求めよ。$15\mathrm{m/s}$になるには，どれくらい時間がかかるだろうか。$10\mathrm{m/s}, 5\mathrm{m/s}$ならどうだろうか。(約$5\mathrm{m/s}$以下では，摩擦を無視することは合理的ではないので，この計算を進めることでスピードを落とすという議論をすることはできない。)

2.27* 初速度v_0で質量mのパックを，(傾斜角$= \theta$の) スロープに蹴りあげる。パックとスロープとの間に摩擦はないが，大きさ$f(v) = cv^2$の空気抵抗が働く。上向きの運動をおこなう際のニュートンの第 2 法則を書き下し，パックの速度をtの関数として表せ。上向きの運動は，どのくらいの時間続くか。

2.28* 質量mの物体が原点で速度v_0を持ち，抵抗力$F(v)=-cv^{3/2}$を持つ媒質中をx軸に沿って惰行している。問題 2 の「vdv/dx」規則（2.86）を使用し，運動方程式を変数分離の形$mvdv/F(v)=dx$に書き両辺を積分し，xをv（またはその逆）で書き表せ。最終的に物体は，$2m\sqrt{v_0}/c$の距離を走行することを示せ。

2.29* 70kg のスカイダイバーが落下傘を広げた場合の終端速度は，約50km/s（約115mi/h）である。静止した気球からジャンプした後の時間$t=1,5,10,20,30$秒での速さを求めよ。空気抵抗がない場合の，対応する速度と比較せよ。

2.30* 問題 2.29 のスカイダイバーを，球と近似することを考えよう。（もっともらしい近似ではないが，物理学ではこのような近似をおこなうことがある。）与えられた質量と終端速度から，球の直径はどの程度かを答えよ。その答えは妥当だと考えられるか。

2.31** 質量$m=600$g，直径$D=24$cmのバスケットボールがある。（a）終端速度を求めよ。（b）高さ30mの塔から落とした場合，地面にぶつかるまでに要する時間を求めよ。また真空中を落下する場合の，対応する数値と比較せよ。

2.32** 次のような記述を考えよう。飛行中の投射体の速さが常に終端速度よりも十分に小さい場合，空気抵抗の影響は非常に小さい。（a）v_{ter}の大きさに関する明示的な方程式を参照することなく，なぜそうであるかを明確に説明せよ。（b）明示的な公式（2.26）と（2.53）を調べることにより，上記の説明は線形の場合よりも 2 次の抵抗力の場合にさらに有用である理由を説明せよ。［ヒント：重量に対する抵抗の比f/mgを，比率v/v_{ter}で表せ。］

2.33** 双曲線関数coshz, sinhzは，任意の実数または複素数のzに対して，次のように定義されている。

$$\text{cosh}z=\frac{e^z+e^{-z}}{2},\qquad \text{sinh}z=\frac{e^z-e^{-z}}{2}$$

（a）実数値zの適切な範囲にわたって，両関数のふるまいを描け。（b）$\text{cosh}z=\cos(iz)$ を示せ。それに対応するsinhzの関係式は，どのようなものであろうか。（c）coshz, sinhzの微分・積分はどうなるか。（d）$\cosh^2 z-\sinh^2 z=1$を示せ。（e）$\int dx/\sqrt{1+x^2}=\text{arcsinh}x$を示せ。［ヒント：1 つの証明方法は，$x=\text{sinh}z$と置換することである。］

2.34** 双曲線関数tanh$x$はtanh$x=$sinhz/coshzと定義され，またcoshz, sinhzは問題 2.33 のように定義されている。（a）$z=-i\tan(iz)$であることを証明せよ。（b）tanhzを微分せよ。（c）$\int dz\,\tan z=\ln\cosh z$を示せ。（d）$1-\tanh^2 z=\text{sech}^2 z$を証明せよ。ここで$\text{sech}z=1/\text{cosh}z$である。（e）$\int dx/(1-x^2)=\text{arctanh}x$であることを示せ。

2.35** （a）運動方程式（2.52）から，2 次空気抵抗力を受けた落下物の速度および位置に対する（2.57）および（2.58）までの議論の詳細を示せ。関係する 2 つの積分を必ず実行せよ。（問題 2.34 の結果が役立つであろう。）（b）パラメータ$\tau=v_{ter}/g$を導入して，2

つの方程式を整理せよ。$t=\tau$のとき，vが終端値の76%に達していることを示せ。$t=2\tau, 3\tau$のときの，対応するパーセンテージを答えよ。（c）$t \gg \tau$のとき，およその位置は$y=v_{ter}t+const$であることを示せ。［ヒント：cosh$x$の定義（問題 2.33）は，xが大きいときに簡単な近似を与える。］（d）tが小さい場合，位置の式（2.58）は$y \approx gt^2/2$となることを示せ。[cosh$x$, ln$(1+\delta)$のテイラー級数を使用せよ。]

2.36** ガリレイの新科学対話からの，以下の引用について検討する。

> アリストテレスは，「1 ポンドの球が 1 キュビットに落ちる前に，100 キュビットの高さから落ちる 100 ポンドの鉄球が地面に到達する」と言った。私は，それらは同時に地面に達すると言う。実験をすると，大きい方が 2 本の指の幅ほど小さい方より勝る。つまり大きなものが地面に到達したとき，もう 1 つは 2 本の指の幅程度足りない。

アリストテレスの考えはまったく間違っているが，その違いが単に「2 つの指の幅」であるというガリレイの主張は，どの程度本当だろうか。（a）鉄の密度は約$8\mathrm{g/cm^3}$であると仮定し，2 つの鉄球の終端速度を求めよ。(b) キュビットが約 2 フィートであることを考えると，(2.58) を用いて重いボールが地面に着いた時の軽いボールの位置を求めよ。それらはどれくらい離れているか。(訳者註：1 フィート ≈ 約 30cm)

2.37** 落下物の速度に関する結果（2.57）は，（2.55）を積分することによって求められるが，これをおこなう最も手軽な方法は積分$\int du/(1-u^2)=\mathrm{arctanh}\,u$を使うことである。これをおこなう別の方法がある。「部分分数」の方法

$$\frac{1}{1-u^2}=\frac{1}{2}\left(\frac{1}{1+u}+\frac{1}{1-u}\right)$$

を使って積分（2.55）をおこない，自然対数を得る。得られた方程式を解いてvをtの関数として与え，その答えが（2.57）と一致することを示せ。

2.38** 空気による 2 次抵抗力を受ける投射体が，最高速度v_0で垂直上方に投げられた。(a) 上向きの運動に対する運動方程式を書き下し，それを解いてvをtの関数として与えよ。(b) 軌道の最高点に到達する時間が，以下であることを示せ。

$$t_{top}=(v_{ter}/g)\mathrm{arctan}(v_0/v_{ter})$$

（c）例 2.5 の野球のボール（$v_{ter}=35\mathrm{m/s}$）について，$v_0=1,10,20,30,40\mathrm{m}$の場合の$t_{top}$を求め，対応する真空中の値と比較せよ。

2.39** 自転車乗りが惰性走向する際には 2 つの力，つまり 2 次の空気抵抗力$f=-cv^2$（ここでcは，問題 2.26 で与えられている），および約3Nの摩擦力f_{fr}を受ける。前者は高速および中速の場合に支配的であり，後者は低速の場合に支配的である。(なお摩擦力は，ベアリングの通常の摩擦と，路上のタイヤの転がり摩擦との組み合わせである。)（a）自転車乗りが惰性走行している際の運動方程式を書け。（b）問題 2.26 の数値（および上記の

$f_{fr} = 3\text{N}$）を使用して，自転車乗りが最初20m/sから15m/sになるのにどれくらいの時間がかかるかを計算せよ。10m/s, 5m/sまで遅くなるには，どれぐらいの時間がかかるか。また完全に停止するには，どの程度の時間が必要か。問題 2.26 を解いている場合は，摩擦を完全に無視した場合と比較せよ。

2.40** 抵抗力$f = -bv - cv^2$の影響を受けて，水平方向（正のx方向）に惰性走行している物体を考える。この物体に対するニュートンの第 2 法則を書き下し，変数分離をおこないvを解け。vの挙動をtの関数として描け。tが大きい時の，時間依存性を説明せよ。（tが大きいときはどの力の項が支配的だろうか。）

2.41** 野球のボールが速度v_0で垂直上方に投げられ，大きさ$f(v) = cv^2$の 2 次抵抗力を受ける。上向きに移動している際の運動方程式を書き下し（y軸を垂直上方にとる），それが$\dot{v} = -g[1 + (v/v_{ter})^2]$と書き直せることを示せ。「$vdv/dx$」規則（2.86）を使い，$\dot{v}$を$vdv/dy$と書き，変数分離することで運動方程式を解け。（$v$を含む項を一方に，$y$を含む項を他方におけ。）$y$を$v$で表すために両辺を積分し，$v$を$y$の関数として求めよ。野球のボールの最高到達点が

$$y_{max} = \frac{v_{ter}^2}{2g} \ln\left(\frac{v_{ter}^2 + v_0^2}{v_{ter}^2}\right) \tag{2.89}$$

になることを示せ。$v_0 = 20\text{m/s}$（約45mi/h）で，野球のボールが例 2.5（69 ページ）で与えられたパラメータを持つ場合，y_{max}はどのような値になるだろうか。真空中の値と比較せよ。

2.42** 問題 2.41 の野球のボールをもう一度考え，下向きに移動している場合の運動方程式を書き下せ。（下向きの方程式における 2 次抵抗力は上向きの方程式とは異なり，先ほどとは別に扱わなければならないことに注意すること。）vをyの関数として求め，下向きの運動（2.89）のように，ボールが地面に戻ったときの速さは，$v_{ter}v_0/\sqrt{v_{ter}^2 + v_0^2}$であることを示せ。問題 2.41 の野球のボールの場合，この速さはいくらか。真空中の値と比較せよ。

2.43*** ［コンピュータ］問題 2.31 のバスケットボールが，水平から45°上向きに初速度$\mathbf{v_0} = 15\text{m/s}$で2mの高さから投げられた。(a) 運動方程式を解くために適切なソフトウェアを使用し，(2.61) のボールの位置(x, y)を求め，軌道を描け。空気抵抗がない場合に対応する軌道を表示せよ。(b) 図を描くことで，ボールが床に当たる前にどのくらい遠く水平方向に移動するかを調べよ。真空中の対応する到達距離と比較せよ。

2.44*** ［コンピュータ］投射体の正確な軌道を得るには，いくつかの複雑な関係を考慮する必要がある。たとえば投射体の高度が非常に高くなると，大気密度が減少するにつれて空気抵抗が減少することを考慮しなければならない。これを説明するために，水平から50°上方に初速度300m/sで発射される砲弾（直径15cm，密度7.8g/cm^3）を考える。抵抗力はほぼ 2 次的であるが大気密度に比例し，また密度は高さと共に指数関数的に低下するので，

抵抗力は$f = c(y)v^2$となる。ここで$c(y) = \gamma D^2 exp(-y/\lambda)$で与えられ，$\gamma$は（2.6），$\lambda \approx 10{,}000\mathrm{m}$である。（a）砲弾の運動方程式を書き下し，適切なソフトウェアを使用し，$x(t), y(t)$の値を$0 < t < 3.5$秒で求めよ。（b）大気密度の変化を無視して[つまり$c(y) = c(0)$に設定する]，同じ計算をおこなえ。さらに空気抵抗を完全に無視して，再計算せよ。同じグラフ上で，$0 < t < 3.5$秒の 3 つの軌跡をすべて描け。この結果，空気抵抗は大きな違いをもたらし，空気抵抗の変化は小さくても無視できない差であることがわかるであろう。

2.6 節 複素指数関数

2.45* （a）オイラーの関係（2.76）を使って，任意の複素数$z = x + iy$は$z = re^{i\theta}$と書くことができることを示せ。ここでrとθは実数である。（b）$z = 3 + 4i$を$z = re^{i\theta}$の形で書け。（c）$z = 2e^{-i\pi/3}$を$z = x + iy$の形で書け。

2.46* 任意の複素数$z = x + iy$に対して，**実部**と**虚部**は実数$\mathrm{Re}(z) = x$, $\mathrm{Im}(z) = y$として定義される。**モジュラス**（訳者註：複素数の絶対値）または**絶対値**は$|z| = \sqrt{x^2 + y^2}$であり，θは$z = re^{i\theta}$と表される際の**位相**または**角度**である。**複素共役**は$z^* = x - iy$である。（この複素共役の表記はほとんどの物理学者が使うものであるが，ほとんどの数学者は$\bar{z}$を使用する。）次の複素数のそれぞれについて実数部と虚数部，絶対値と位相，複素共役を求めよ。また複素平面上にz, z^*を描け。

（a）$z = 1 + i$　　（b）$z = 1 - i\sqrt{3}$

（c）$z = \sqrt{2}e^{-i\pi/4}$　　（d）$z = 5e^{i\omega t}$

なお（d）ではωは定数であり，tは時間である

2.47* 次の 2 つの値のそれぞれについて，$z + w$, $z - w$, zw, z/wを計算せよ。

(a) $z = 6 + 8i$, $w = 3 - 4i$　　(b) $z = 8e^{i\pi/3}$, $w = 4e^{i\pi/6}$

複素数の加算・減算には$x + iy$の形式が便利であるが，乗算や特に割り算には，$re^{i\theta}$の形式が便利である。(a) で$re^{i\theta}$の形式に変換せずにz/wを計算するための上手いやり方は，w^*を上下に掛け合わせることである。

2.48* 複素数zに対して，$|z| = \sqrt{z^*z}$を証明せよ。

2.49* 複素数$z = e^{i\theta} = \cos\theta + i\sin\theta$を考える。（a）$z^2$を 2 つの異なる方法で評価することによって，公式$\cos 2\theta = \cos^2\theta - \sin^2\theta$, $\sin 2\theta = 2\sin\theta\cos\theta$を証明せよ。(b) 同じ技法を用いて，$\cos 3\theta$, $\sin 3\theta$に関する公式を見つけよ。

2.50* e^zの級数による定義（2.72）を使って[12]，$de^z/dz = e^z$を証明せよ。

2.51** e^zの級数の定義（2.72）を使用することで，$e^z e^w = e^{z+w}$を証明せよ。［ヒント：左辺を 2 つの級数の積として書くと，多数の$z^n w^m$項の和が得られる。$n+m$（これをpと呼ぶ）が同じすべての項をまとめて 2 項定理を使うと，右辺の級数となることがわかる。］

2.7 節 磁場中の荷電粒子の運動の解

2.52* $\eta = v_x + iv_y$であるので，2.5 節と 2.7 節の粒子の横方向速度は（2.77）に含まれている。実部と虚部を調べることで，v_x, v_yの式を別々に見つけることができる。これらの式に基づいて，横方向速度の時間依存性を示せ。

2.53* 質量m，正電荷qの荷電粒子が，両方ともz方向を指している均一な電場$\mathbf{E}$と磁場$\mathbf{B}$中を移動する。荷電粒子に働く合力は，$\mathbf{F} = q(\mathbf{E} + \mathbf{v} \times \mathbf{B})$である。荷電粒子の運動方程式を書き下し，3 つの成分に分解せよ。方程式を解き，荷電粒子の動きを求めよ。

2.54** 2.5 節では，複素数$\eta = v_x + iv_y$を使う方法によって，磁場中の荷電粒子の横方向速度の運動方程式（2.68）を解いた。読者が想像するように，この方程式はその際に述べた技法なしで解くことができる。ここに 1 つの方法がある。（a）（2.68）の最初の方程式をtに関して微分し，2 番目の方程式を使ってv_xの 2 階微分方程式を求めよ。これは読者が見覚えがなければならない方程式であり（もしそうでなければ，（1.55）を参照すること），その一般解を求めることができる。いったんv_xがわかると，（2.68）からv_yがわかる。（b）ここで得られた一般解は，問題 2.52 で解かれた（2.77）に含まれる一般解と同じであることを示せ。

2.55*** 質量m，正電荷qの荷電粒子が均一な電場・磁場内で移動する。$\mathbf{E}$はy方向を指し，$\mathbf{B}$はz方向を指す（これは「$\mathbf{E}$と$\mathbf{B}$の交差」と呼ばれる配置になっている）。荷電粒子は最初原点にあり，$v_x = v_{x0}$（正または負）でx軸に沿って時間$t = 0$ではじかれた。（a）荷電粒子の運動方程式を書き下し，3 つの成分に分解せよ。運動が$z = 0$の平面に限られることを示せ。（b）ドリフト速度v_{dr}と呼ばれ，場の中を粒子が真っすぐ移動する，v_{x0}の一意の値があることを証明せよ。（これは速度セレクタの基本であり，多くの異なる速度を持つビームから，特定の速度で移動する荷電粒子を選択することを可能にする。）（c）v_{x0}の任意の値に対して運動方程式を解き，荷電粒子の速度をtの関数として求めよ。［ヒント：(v_x, v_y)の方程式は，v_xの定数項の補正を除いて，方程式（2.68）とよく似ている。$u_x = v_x - v_{dr}$および$u_y = v_y$という変数変換をおこなうと，(u_x, u_y)の方程式は読者がご存知の一般解を持つ形式（2.68）になる。］（d）速度を積分してtの関数として位置を求め，v_{x0}の様々な値に

12　数学的な細かい点を心配するタイプの人は，無限級数を微分することが許されているのか疑問に思うかもしれない。幸い（このような）べき級数の場合，「収束半径」内の任意のzに対して，級数を微分できるという定理がある。e^zの級数の収束半径は無限大であるので，zの任意の値についてこれを微分することができる。

対して軌道を描け。

第 3 章　運動量と角運動量

この章と次の章では，運動量・角運動量・エネルギー保存の法則について説明する。これら 3 つの法則は互いに密接に関連しており，現代物理学の基礎とみなされる少数の保存法の中でも最も重要なものである。興味深いことに，古典力学では最初の 2 つの法則（運動量・角運動量保存の法則）は最後の法則（エネルギー保存の法則）と大きく異なる。ニュートンの法則から最初の 2 つを証明するのは比較的簡単であるが（すでに運動量保存の法則は証明済みである），エネルギー保存の法則の証明は驚くほど微妙である。運動量・角運動量についてはこの短い章で取り扱うが，エネルギーについてはかなり長い第 4 章で議論する。

3.1　運動量の保存

第 1 章では，$\alpha = 1, \cdots, N$とラベル付けされたN粒子系を調べた。すべての内力がニュートンの第 3 法則に従う限り，系の全線運動量$\mathbf{P} = \mathbf{P}_1 + \cdots + \mathbf{P}_N = \sum \mathbf{P}_\alpha$の変化率は，系に働く外力によって完全に決定される。

$$\dot{\mathbf{P}} = \mathbf{F}^{\mathrm{ext}} \tag{3.1}$$

ここで$\mathbf{F}^{\mathrm{ext}}$は，系に働く全外力を表す。第 3 法則により，全運動量の変化率からは内力は相殺され無くなる。特に系が孤立しており，全外力がゼロになると，以下が成立する。

運動量保存の法則

N粒子系に働く全外力$\mathbf{F}^{\text{ext}}$がゼロである場合，系が持つ力学的全運動量$\mathbf{P} = \sum m_\alpha \mathbf{v}_\alpha$は一定である。

系がただ 1 つの粒子($N = 1$)のみを含む場合，粒子に働くすべての力は外的なものである。そのため何の力も存在しない場合，運動量保存の法則は単一の粒子の運動量が一定であるというあまり面白くない結果になるが，これはニュートンの第 1 法則である。しかしながら系が 2 つ以上の粒子($N \geq 2$)を含む場合，運動量保存の法則は自明ではなく，有用な性質を持つ。このことは，次の単純でよく知られている例を見ることでわかる。

例 3.1　2 つの物体の非弾性衝突

質量m_1, m_2，および速度$\mathbf{v}_1, \mathbf{v}_2$を持つ 2 つの物体（たとえば 2 つのパテの塊，または交差する 2 台の車）を考える。2 つの塊が衝突してお互いにくっつくため，図 3.1 に示すように，1 つの塊として移動する。（お互いにくっつくこのような衝突は，完全非弾性衝突と呼ばれる。）衝突が起こる短い瞬間には外力が無視できると仮定し，衝突直後の速度$\mathbf{v}$を求める。

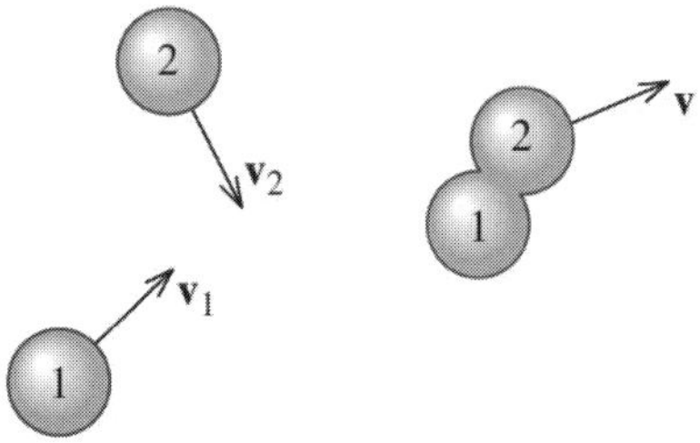

図 3.1 2 つのパテの塊の完全非弾性衝突

衝突直前の全運動量は，以下のようになる。

$$\mathbf{P}_{\text{in}} = m_1\mathbf{v}_1 + m_2\mathbf{v}_2$$

最終的な運動量は衝突直後の運動量と同じで，以下のようになる。

$$\mathbf{P}_{\text{fin}} = m_1\mathbf{v} + m_2\mathbf{v} = (m_1 + m_2)\mathbf{v}$$

（最後の式は，2 つの塊がお互いにくっつくと，それらが質量$m_1 + m_2$の単一物体とみなされるという，有用な結果を示していることに注意すること。）運動量保存の法則によって，これら 2 つの運動量は等しくなり，$\mathbf{P}_{\text{in}} = \mathbf{P}_{\text{fin}}$であるので，最終的な速度を簡単に求めることができる。

$$\mathbf{v} = \frac{m_1\mathbf{v}_1 + m_2\mathbf{v}_2}{m_1 + m_2} \tag{3.2}$$

最終速度は，対応する質量m_1, m_2によって重み付けされた元の速度$\mathbf{v}_1, \mathbf{v}_2$の加重平均にすぎないことがわかる。

特別な場合として重要なのは，動いている自動車が信号待ちで停車している自動車に衝突したときのように，1 台の自動車が最初静止している場合である。$\mathbf{v}_2 = 0$の場合，（3.2）は以下のようになる。

$$\mathbf{v} = \frac{m_1}{m_1 + m_2}\mathbf{v}_1 \tag{3.3}$$

この場合，最終速度は常に$\mathbf{v}_1$と同じ方向であるが，係数$m_1/(m_1 + m_2)$だけ減少する。事故後に測定可能な量を使って，静止した自動車に追突した暴走車の未知の速度$\mathbf{v}_1$を見積もることができるため，（3.3）は自動車事故を調査する警察によって使用される。（最終速度$\mathbf{v}$は，結合し壊れた自動車のタイヤのスリップ痕から見積もることができる）。

運動量保存の法則を利用したこのような衝突の分析は，核反応・車の衝突から銀河の衝突までの多くの問題を解決する重要な手法となる。

3.2　ロケット

運動量保存の法則を利用した素晴らしい例は，ロケット推進の分析である。 ロケットに関して解決する必要がある基本的な問題は，押したり押されたりという外的要因がない場合において，物体がどのように動くか，ということである。全く摩擦のない凍った湖に座っていると想像すれば，同じ状態に身を置くことができる。岸に近づく最も簡単な方法は，靴のような無駄なものを

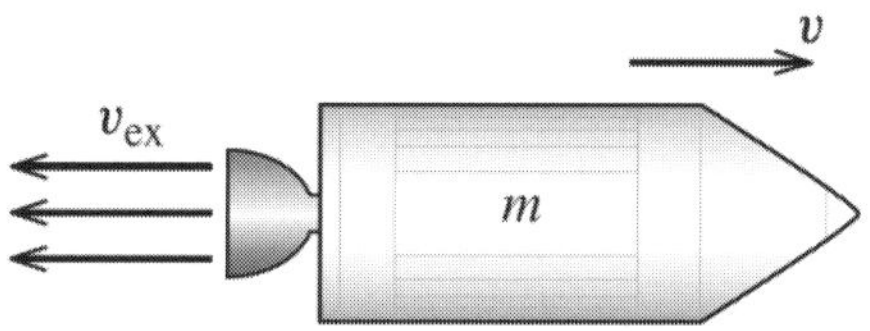

図 3.2 質量mのロケットは速さvで右に移動し，ロケットに対して排気の速さv_{ex}で使用済燃料を排出する。

外し，岸の反対側へできるだけ強く投げることである。ニュートンの第3法則では，ブーツを片方向に押すと，ブーツから反対方向に押される。したがってブーツを投げれば，ブーツの反作用力により反対方向に押され，氷上を滑走して岸に向かう。ロケットの場合も，その本質は同じである。エンジンはロケットの後部から使用済燃料を投げ出すように設計されており，第3法則によって，燃料はロケットを前方に押し出す。

ロケットの動きを定量的に分析するには，全運動量を調べる必要がある。図3.2に示すように質量mのロケットをx軸の正の方向に移動させて（v_xを単にvと略記する），ロケットに対して排気速度v_{ex}で使用済み燃料を排出する様子を考える。ロケットが燃料を放出しているので，ロケットの質量mは着実に減少している。時間tにおいて，運動量は$P(t) = mv$である。$t + dt$の短い時間の後[1]，ロケット質量はdmを負として$(m + dm)$であり，その運動量は$(m + dm)(v + dv)$である。時間dtで排出される燃料の質量は$(-dm)$で，地面に対する速度$v - v_{ex}$を有する。したがって，$t + dt$における（ロケットと排出された燃料）の全運動量は，以下のようになる。

$$P(t + dt) = (m + dm)(v + dv) - dm(v - v_{ex}) = mv + mdv + dmv_{ex}$$

ここでは微小量の積$dmdv$を無視している。したがって総運動量の変化は，次のようになる。

$$dP = P(t + dt) - P(t) = mdv + dm\, v_{ex} \tag{3.4}$$

外力の合力F^{ext}（たとえば重力）がある場合，運動量の変化は$F^{ext}dt$である。（問題3.11を参照）ここでは外力はないと仮定するので，Pは一定で，$dP = 0$となる。つまり

$$mdv = -dm\, v_{ex} \tag{3.5}$$

である。両辺をdtで割ると，次のように書き直すことができる。

$$m\dot{v} = -\dot{m}v_{ex} \tag{3.6}$$

ここで$-\dot{m}$は，ロケットのエンジンが質量を放出する変化量である。この式は，質点に対するニュートンの第2法則（$m\dot{v} = F$）に似ているが，右辺の積$-\dot{m}v_{ex}$が

---

[1] dt, dmのような微小量を使う場合，それらは小さいがゼロでない増加量であり，dmをdtで割ったものが（任意の精度内で）微分係数dm/dtと等しいと見なせるように，dtを十分小さくとることができるとする。詳細は，(2.47) の直前の脚注を参照のこと。

力の役割を果たしているところが異なる。このような理由から，この積は**推進力**と呼ばれる。

$$推進力 = -\dot{m}v_{ex} \tag{3.7}$$

（$\dot{m}$は負であるため，推進力は正である。）

（3.5）は変数分離法によって解くことができる。両辺をmで割ると，以下になる。

$$dv = -v_{ex}\frac{dm}{m}$$

排気速度v_{ex}が一定であれば，この方程式を積分して，以下が得られる。

$$v - v_0 = v_{ex}\ln(m_0/m) \tag{3.8}$$

ここでv_0は初速度，m_0はロケットの初期質量（燃料とロケットに搭載される積載物を含む）である。この結果は，ロケットの最大速度に重大な制限を課す。比率m_0/mはすべての燃料が燃焼されたときに最大であり，mはロケット+積載物の質量にすぎない。たとえば元の質量の 90%が燃料であっても，この比はわずか 10 であり，$\ln 10 = 2.3$であるので得られた速度$v - v_0$は，v_{ex}の 2.3 倍を超えることはできない。これはロケットエンジニアがv_{ex}を可能な限り大きくしようとすること，また初期段階の重い燃料タンクを捨てて，後期段階の総質量を減らすことができる多段ロケットを設計しようとすることを意味する[2]。

3.3　質量中心

3.1 節の概念のいくつかは，系の重心という重要な概念の観点から言い換えることができる。N個の粒子群$\alpha = 1,\cdots,N$を考える。この系の**質量中心**（または **CM**）は，（同じ原点Oに対して）以下のような位置であると定義される。

$$\mathbf{R} = \frac{1}{M}\sum_{\alpha=1}^{N} m_\alpha\,\mathbf{r}_\alpha = \frac{m_1\mathbf{r}_1 + \cdots + m_N\mathbf{r}_N}{M} \tag{3.9}$$

Mは全粒子の総質量を表し，$M = \sum m_\alpha$である。この定義において最初に注意することは，これがベクトルに関する方程式であることである。CM の位置は，3 つ

[2] 第 1 段階の燃料タンクを捨てることは，第 2 段階の初期質量と最終質量を同じ量だけ減らす。第 2 段階に（3.8）を適用する際に，このことはm_0/mを増加させる効果を持つ。問題 3.12 を参照のこと。

の成分(X,Y,Z)を有するベクトル$\mathbf{R}$であり，式（3.9）はこれらの 3 つの成分を与える 3 つの等式に等価である。

$$X=\frac{1}{M}\sum_{\alpha=1}^{N}m_\alpha x_\alpha,\qquad Y=\frac{1}{M}\sum_{\alpha=1}^{N}m_\alpha y_\alpha,\ \ Z=\frac{1}{M}\sum_{\alpha=1}^{N}m_\alpha z_\alpha$$

いずれにせよ CM の位置$\mathbf{R}$は位置$\mathbf{r}_1,\cdots,\mathbf{r}_\mathrm{N}$の加重平均であり，各位置$\mathbf{r}_\alpha$は対応する質量$m_\alpha$によって重み付けされる。（それは$\mathbf{r}_\alpha$と，$\mathbf{r}_\alpha$における全質量の割合を掛けたものの総和に等価である。）

CM の概念を理解するためには，ただ 2 つの粒子$(N=2)$の場合を考えることが役立つ。この場合，定義（3.9）は

$$\mathbf{R}=\frac{m_1\mathbf{r}_1+m_2\mathbf{r}_2}{m_1+m_2}\qquad(3.10)$$

となる。CM の位置が，よく知られたいくつかの特性を持つことを確認することは容易である。たとえば図 3.3 に示すように，（3.10）で定義された CM が 2 つの粒子を結ぶ線上にあることを示すことができる（問題 3.18）。また，m_1,m_2からの CM の距離が，m_2/m_1の比であることを示すことも容易であり，そのため CM はより質量の大きい粒子の近く存在する。（図 3.3 では，この比率は 1/3 である。）特にm_1がm_2よりもはるかに大きい場合，CM は$\boldsymbol{r}_1$に非常に近くなる。より一般的には，N個の粒子の CM について表している（3.9）に戻ると，m_1が他の質量のどれよりもはるかに大きい場合（すべての惑星と比較した太陽の場合のように），つまり$m_1\approx M$であり他のすべての粒子では$m_\alpha\ll M$である場合，を考える。これは$\mathbf{R}$が$\mathbf{r}_1$に非常に近いことを意味する。したがって，たとえば太陽系の CM は太陽に非常に近い。

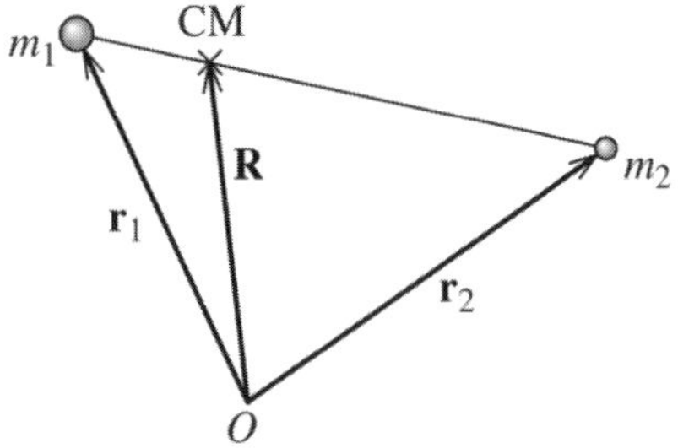

図 3.3 2 つの粒子の CM は，$\mathbf{R}=(m_1\mathbf{r}_1+m_2\mathbf{r}_2)/M$の位置にある。これは図で示されているように$m_1,m_2$を結ぶ直線上にあり，$m_1,m_2$からの CM の距離は$m_2/m_1$の比であることが証明できる。

系の CM の観点から，N粒子系の全運動量$\mathbf{P}$を次のように書くことができる。

$$\mathbf{P} = \sum_\alpha \mathbf{p}_\alpha = \sum_\alpha m_\alpha \dot{\mathbf{r}}_\alpha = M\dot{\mathbf{R}} \tag{3.11}$$

最後の等式は，$\mathbf{R}$の定義(3.9)の微分に（M を乗じたものに）過ぎない。この際立った結果は，N個の粒子の全運動量は，質量Mの単一粒子の運動量と全く同じであり，速度も CM の速度と等しいことを示している。

（3.11）を微分すると，さらに驚くべき結果が得られる。(3.1）によれば，$\mathbf{P}$の導関数はちょうど$\mathbf{F}^{\text{ext}}$である。したがって（3.11）は，

$$\mathbf{F}^{\text{ext}} = M\ddot{\mathbf{R}} \tag{3.12}$$

である。すなわち重心$\mathbf{R}$は，系に働く外力の合力を受け，質量Mの単一の粒子であるかのように運動する。この結果は野球のボールや惑星などの広がりを持った物体を，質点のように扱うことができる主たる理由である。物体が軌道の規模に比べて小さい場合，その CM の位置$\boldsymbol{R}$は全体的な位置に関する代表値であり，（3.12）は$\boldsymbol{R}$が質点と同じように動くことを意味する。

CM の重要性を考えると，さまざまな系の CM の位置を簡単に計算する必要がある。入門物理学や微積分のコースで多くの練習をつんだかもしれないが，そうでない場合のためにこの章の最後にいくつかの演習が用意されている。心に留めておくべき重要なポイントの 1 つは，物体の質量が連続的に分布するとき，定義（3.9）の和が積分になることである。

$$\mathbf{R} = \frac{1}{M}\int \mathbf{r}\,dm = \frac{1}{M}\int \varrho\mathbf{r}\,dV \tag{3.13}$$

ここでϱは物体の質量密度，dVは体積要素を表し，積分は物体全体（つまり$\varrho \neq 0$である場所）でおこなわれる。第 10 章では慣性モーメントを評価するために，同様の積分を使用する。ここで例をあげる。

例 3.2　円錐の CM

図 3.4 の，均一な円錐の CM 位置を求める。

円錐の対称性から，CM が対称軸（z 軸）上にあることは明らかであるが，これは積分（3.13）からもすぐにわかる。たとえば積分のx成分を考えると，任意の点(x, y, z)からの寄与が，点$(-x, y, z)$からの寄与によって相殺されることが容易にわかる。つまりXの積分はゼロである。同じことがYにも適用されるため，CM はz軸上にある。CM の高さZを求めるには，

$$Z=\frac{1}{M}\int \varrho z dV=\frac{\varrho}{M}\int z dx dy dz$$

とする。ここで積分の外にある因子は，（積分が円錐の内部に限定されている場合に限り）円錐全体にわたって一定である。そして体積要素dVを$dxdydz$に変更した。任意の与えられたzについて，x,yの積分は半径$r=Rz/h$の円上についておこなわれ，$\pi r^2=\pi R^2z^2/h^2$の係数を与える。以上より

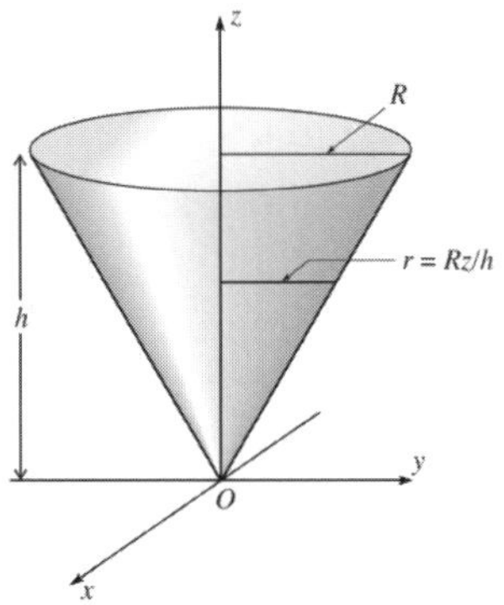

図 3.4 頂点が原点にあり，均一な質量密度を持つ，z軸を中心とする円錐。その高さはhで底面の半径はRである。

$$Z=\frac{\varrho\pi R^2}{Mh^2}\int_0^h z^3 dz=\frac{\varrho\pi R^2}{Mh^2}\frac{h^4}{4}=\frac{3}{4}h$$

となる。ここで最後の段階では，質量Mをϱに体積を掛けたもの，つまり$M=\varrho\pi R^2h/3$で置き換えた。以上より CM が頂点から$3h/4$（または底面から$h/4$）の距離の，円錐の軸上にあることが分かった。

3.4 単一粒子の角運動量

角運動量の保存は多くの点で，通常（または「線形」）の運動量の保存と似ている。それにもかかわらず，ここでは最初に単一粒子系について，次に複数粒子系について，その形式を詳細に検討する。そして角運動量保存を考えることにより，いくつかの重要な考え方と有用な

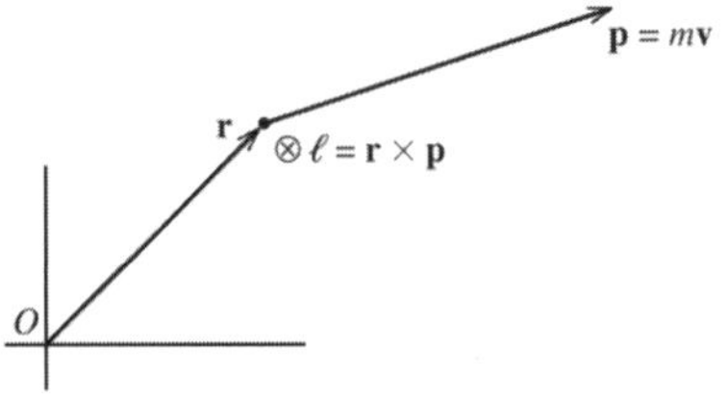

図 3.5 原点Oに対する位置$\mathbf{r}$および運動量$\mathbf{p}$の粒子について，Oのまわりの角運動量はベクトル$\mathbf{l}=\mathbf{r}\times\mathbf{p}$として定義される。図に表示されているような場合は，$\mathbf{l}$はページを貫く方向にある。

数学を取り入れる。

単一粒子の**角運動量**は，ベクトルとして定義される。

$$\mathbf{l} = \mathbf{r} \times \mathbf{p} \tag{3.14}$$

ここで図 3.5 に示すように, $\mathbf{r} \times \mathbf{p}$は選ばれた原点$O$に対する粒子の位置ベクトル$\mathbf{r}$と，その運動量$\mathbf{p}$のベクトル積である。角運動量$\mathbf{l}$は（線形運動量 $\mathbf{p}$と異なり）原点の選択に依存するので，厳密に言えばにO対する相対的な角運動量と呼ぶべきである 。

$\mathbf{l}$の時間変化率は，簡単に計算できる。

$$\dot{\mathbf{l}} = \frac{d}{dt}(\mathbf{r} \times \mathbf{p}) = (\dot{\mathbf{r}} \times \mathbf{p}) + (\mathbf{r} \times \dot{\mathbf{p}}) \tag{3.15}$$

（ベクトルを正しい順序に保つように注意している限り，積の規則をベクトル積の微分に使用できることは，簡単に確認できる。問題 1.17 を参照のこと。）右辺の最初の項で$\mathbf{p}$を$m\dot{\mathbf{r}}$に置き換えると，任意の 2 つの平行なベクトルのベクトル積がゼロであるため，第 1 項はゼロであることがわかる。第 2 項で，$\dot{\mathbf{p}}$を粒子に働く合力$\mathbf{F}$で置き換えることができるので，以下を得る。

$$\dot{\mathbf{l}} = \mathbf{r} \times \mathbf{F} \equiv \mathbf{\Gamma} \tag{3.16}$$

ここで$\mathbf{\Gamma}$（ギリシャ語の大文字のガンマ）は，$\mathbf{r} \times \mathbf{F}$と定義された粒子上の$O$のトルクの合力を表す。（トルクの他の一般的な記号は，$\boldsymbol{\tau}$または$\mathbf{N}$である。）言い換えれば，（3.16）によって原点Oについての粒子の角運動量の変化率は，Oについてのトルクに等しいことがわかる。（3.16）は線形運動量の方程式$\dot{\mathbf{p}} = \mathbf{F}$の回転版であり，（3.16）は往々にしてニュートンの第 2 法則の回転形式として考えられている。

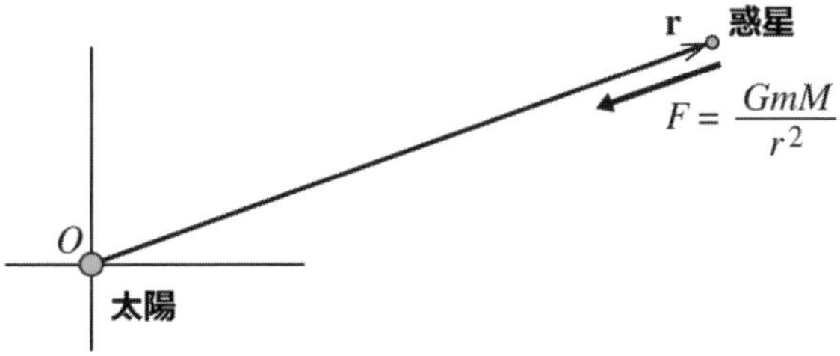

図 3.6 惑星（質量m）は太陽（質量M）からの中心力を受ける。太陽を原点に選ぶと，$\mathbf{r} \times \mathbf{F} = \mathbf{0}$であり，惑星の$O$に関する角運動量は一定である。

多くの 1 粒子系の問題では，（選択されたOについての）

トルクがゼロになるように，原点Oを選択することができる。この場合，Oのまわりの粒子の角運動量は一定である。たとえば太陽のまわりを周回する単一の惑星（または彗星）を考えてみよう。惑星に働く唯一の力は，図 3.6 に示すように太陽の重力による引力GmM/r^2である。重力の大切な特徴は，それが**中心力**，すなわち 2 つの中心を結ぶ線に沿う方向の力であることである。これは$\mathbf{F}$が太陽から測った位置ベクトル$\boldsymbol{r}$と平行である（実際には逆平行である）ことを意味し，したがって$\mathbf{r}\times\mathbf{F}=\mathbf{0}$である。つまり太陽を原点に選ぶと，$O$に関する惑星の角運動量は一定であり，そのため惑星運動の解析は大幅に簡素化される。たとえば$\mathbf{r}\times\mathbf{p}$は一定であるため，$\mathbf{r},\mathbf{p}$は固定された平面にとどまらなければならない。言い換えれば，惑星の軌道は太陽を含む単一平面に限定され，問題は 2 次元に縮小される。この結果は，第 8 章で利用される。

ケプラーの第 2 法則

ニュートン力学の初期の成功の 1 つは，ケプラーの第 2 法則を角運動量の保存の単純な結果として説明することができたことあった。ニュートンの運動の法則は，1687 年に彼の有名な本『プリンキピア』に掲載された。ほぼ 80 年前，ドイツの天文学者ヨハネス・ケプラー（1571-1630）は，惑星運動に関する 3 つの法則を発表した[3]。これらの法則は，観測された惑星運動を数学的に記述したものであるという点で，ニュートンの法則とはかなり異なっている。たとえば第 1 法則では，太陽を 1 つの焦点とする楕円上を惑星は運動すると述べている。ケプラーの法則は，より根本的な考え方から惑星運動を説明しようとしていない。それらはただの要約，つまり素晴らしい洞察を必要とするものの，観測された惑星運動の要約に過ぎない。ケプラーの 3 つの法則はすべて，ニュートンの運動の法則の結果であることが分かっている。第 8 章では，ケプラーの第 1・第 3 法則を導き出す。第 2 法則は，これから議論する。

ケプラーの第 2 法則は，一般的に次のように述べられる。

---

3 ケプラーの最初の 2 つの法則は 1609 年の『新天文学』で，3 番目の法則は 1619 年に出版された『宇宙の調和』という別の本で発表された。

ケプラーの第 2 法則

各惑星が太陽のまわりを移動するにつれて，惑星から太陽に引かれた線は，等しい時間に等しい面積を掃く。

この興味深い法則の意味は，惑星や彗星の軌道を示す図 3.7 に描かれている。これは原点Oにいる太陽のまわりを回る，惑星や彗星（この法則は彗星についても適用される）の軌道に適用される法則である。（この説明全体を通して，太陽は固定されていると近似する。第 8 章で，太陽の小さな動きを許容する場合を考えることにする。）任意の 2 つの点PQの間を移動する惑星によって「掃かれた」領域は，三角形OPQの領域である。（厳密に言えば，「三角形」は，2 つの線OPとOQと弧PQとの間の領域であるが，互いに接近しているPとQの対を考えた場合，弧PQと直線PQの違いは無視できる。）惑星がPからQまで動く間の経過時間をdt，対応するOPQの面積をdAで表す。ケプラーの第 2 法則は，同じ時間間隔（$dt = dt'$）で区切られた点P'とQ'という他の組を選択すると，OPQと$OP'Q'$は同じ面積を持つ，つまり$dA = dA'$となることを主張する。同様にこの等式の両辺をdtで割ると，惑星が領域を掃く速度dA/dtが軌道上のすべての点で同じ，すなわちdA/dtは一定であるという主張になる。

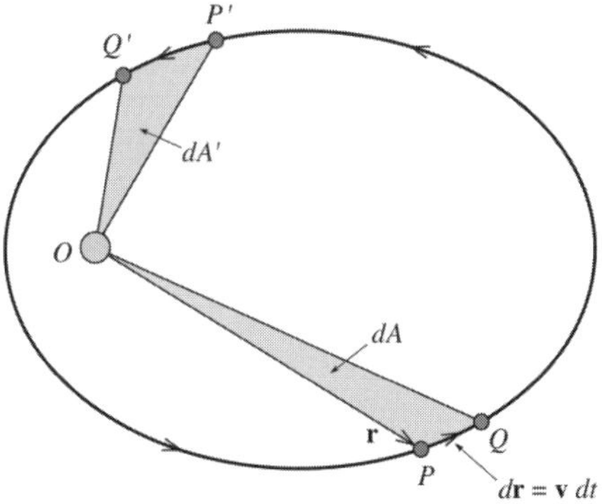

図 3.7 太陽をOに固定した場合の惑星の軌道。ケプラーの第 2 法則は，2 組の点P, QとP', Q'が等しい時間間隔$dt = dt'$で分離されている場合，2 つの領域dA, dA' が等しいと主張する。

この結果を証明するために，まず直線OPは位置ベクトル$\mathbf{r}$であり，PQは変位$d\mathbf{r} = \mathbf{v}dt$であることに注意してほしい。ここで三角形の 2 つの辺がベクトル $\mathbf{a},\mathbf{b}$ によって与えられる場合，三角形の面積は$\frac{1}{2}|\mathbf{a} \times \mathbf{b}|$であることは，ベクトル積の

よく知られた特性である（問題 3.24 を参照）。したがって，三角形OPQの面積は

$$dA = \frac{1}{2}|\mathbf{r} \times \mathbf{v}dt|$$

となる。$\mathbf{v}$を$\mathbf{p}/m$で置き換え，両辺をdtで割ると，

$$\frac{dA}{dt} = \frac{1}{2m}|\mathbf{r} \times \mathbf{p}| = \frac{1}{2m}l \tag{3.17}$$

となる。ここでlは，角運動量$\mathbf{l} = \mathbf{r} \times \mathbf{p}$の大きさである。太陽に対する惑星の角運動量は保存されるのでdA/dtが一定であるが，これはケプラーの第 2 法則である。

同じ結果を導く別の証明は，いくつかの追加的な洞察を必要とする。以下を示すのは簡単な練習問題（問題 3.27）である。

$$l = mr^2\omega \tag{3.18}$$

ここで$\omega = \dot{\phi}$は太陽まわりの惑星の角速度である。また面積を掃く割合は

$$\frac{dA}{dt} = \frac{1}{2}r^2\omega \tag{3.19}$$

となる。(3.18) と (3.19) を比較するとdA/dtが定数，つまり角運動量の保存はケプラーの第 2 法則とまったく同じであることがわかる。さらに惑星（または彗星）が太陽に近づく（rが減少する）につれて，その角速度ωは必然的に増加することがわかる。より具体的に述べると，ωはr^2に反比例する。たとえば，点P'におけるrの値がPにおける値の半分である場合，P'における角速度ωはPにおける角速度の 4 倍である。

ケプラーの第 2 法則の証明は重力が中心力であり，そのため太陽に対する惑星の角運動量が一定である，という事実にのみ依存していることは興味深い。したがってケプラーの第2法則は，中心力の影響を受けて動く物体に対して成り立つ。対照的に第 1 および第 3 法則（特に，惑星の軌道は 1 つの焦点に太陽がある楕円である，という第 1 法則）は重力の逆 2 乗の性質に依存し，その他の力に関しては成り立たないことを，第 8 章で示す。

3.5 複数粒子の角運動量

次にN個の粒子系$\alpha = 1,2,\cdots,N$における，それぞれの角運動量$\mathbf{l}_\alpha = \mathbf{r}_\alpha \times \mathbf{p}_\alpha$を考える。（もちろんすべての$\mathbf{r}_\alpha$は，同じ原点$O$から測定されている。）**全角運動量$\mathbf{L}$**を

$$\mathbf{L} = \sum_{\alpha=1}^{N} \mathbf{l}_\alpha = \sum_{\alpha=1}^{N} \mathbf{r}_\alpha \times \mathbf{p}_\alpha \tag{3.20}$$

とする。これをtについて微分し（3.16）を用いると，以下が得られる。

$$\dot{\mathbf{L}} = \sum_{\alpha=1}^{N} \dot{\mathbf{l}}_\alpha = \sum_{\alpha=1}^{N} \mathbf{r}_\alpha \times \mathbf{F}_\alpha \tag{3.21}$$

ここでいつものように，$\mathbf{F}_\alpha$は粒子αに働く合力を表している。この結果は，$\mathbf{L}$の変化率が系全体のトルクに過ぎないことを示しており，それ自体の重要な結果ではある。しかし今の関心事は，内力・外力の影響を分けることである。（1.25）のように，$\mathbf{F}_\alpha$を

$$（粒子\ \alpha\ に働く合力）= \mathbf{F}_\alpha = \sum_{\beta\neq\alpha} \mathbf{F}_{\alpha\beta} + \mathbf{F}_\alpha^{\text{ext}} \tag{3.22}$$

とする。ここで$\mathbf{F}_{\alpha\beta}$は粒子βによって粒子αに及ぼされる力を表し，$\mathbf{F}_\alpha^{\text{ext}}$は，$N$粒子系以外の作用原因から粒子$\alpha$に働く合力である。これを（3.21）に代入し，以下を得る。

$$\dot{\mathbf{L}} = \sum_\alpha \sum_{\beta\neq\alpha} \mathbf{r}_\alpha \times \mathbf{F}_{\alpha\beta} + \sum_\alpha \mathbf{r}_\alpha \times \mathbf{F}_\alpha^{\text{ext}} \tag{3.23}$$

（3.23）は第 1 章の線形運動量の議論における（1.27）に対応しており，興味深い追加的な議論を経て，それと同じように変形することができる。各$\alpha\beta$項を対応する$\beta\alpha$項と対になるように再配置すると，以下のようになる[4]。

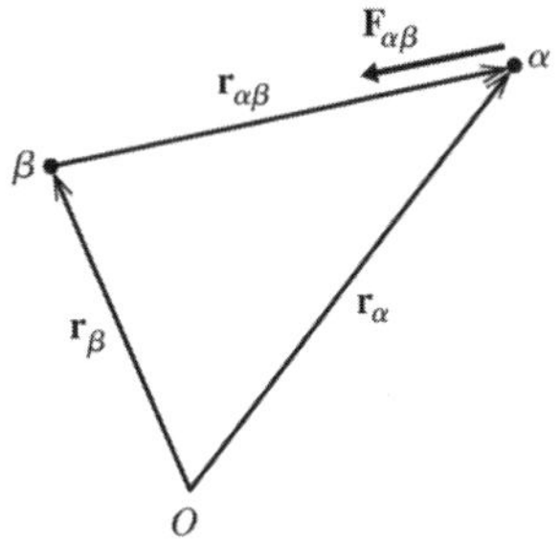

図 3.8 ベクトル$\mathbf{r}_{\alpha\beta} = (\mathbf{r}_\alpha - \mathbf{r}_\beta)$は，粒子$\beta$から粒子$\alpha$の方向を持つ。力$\mathbf{F}_{\alpha\beta}$が中心力（$\alpha$と$\beta$を結ぶ線に沿った方向を持つ）であれば，$\mathbf{r}_{\alpha\beta}$と$\mathbf{F}_{\alpha\beta}$は同一直線上にあり，それらのベクトル積はゼロである。

$$\sum_\alpha \sum_{\beta\neq\alpha} \mathbf{r}_\alpha \times \mathbf{F}_{\alpha\beta} = \sum_\alpha \sum_{\beta>\alpha} \left(\mathbf{r}_\alpha \times \mathbf{F}_{\alpha\beta} + \mathbf{r}_\beta \times \mathbf{F}_{\beta\alpha}\right) \tag{3.24}$$

すべての内力が第 3 法則（$\boldsymbol{F}_{\alpha\beta} = -\boldsymbol{F}_{\beta\alpha}$）に従うと仮定すれば，右辺の和を次のようにできる。

$$\sum_\alpha \sum_{\beta>\alpha} \left(\mathbf{r}_\alpha - \mathbf{r}_\beta\right) \times \mathbf{F}_{\alpha\beta} \tag{3.25}$$

この和を計算するには，ベクトル$(\mathbf{r}_\alpha - \mathbf{r}_\beta) = \mathbf{r}_{\alpha\beta}$を調べる必要がある。これを図 3.8 に示すが，ここで$\mathbf{r}_{\alpha\beta}$は粒子βから粒子αに向かうベクトルである。第 3 法則を満たすことに加えて，力$\mathbf{F}_{\alpha\beta}$はすべて中心力である場合，2 つのベクトル$\mathbf{r}_{\alpha\beta}$および$\mathbf{F}_{\alpha\beta}$は同じ直線上にあり，そのベクトル積はゼロである。

4　ここで何が起こったのかを理解して欲しい。たとえば$\mathbf{r}_1 \times \mathbf{F}_{12}$と$\mathbf{r}_2 \times \mathbf{F}_{21}$をペアにした。

（3.23）に戻ると，ここで与えた様々な仮定の下では，（3.23）の 2 重和はゼロであると結論付けられる。残りの和の項は，外部トルクの合力である。

$$\dot{\mathbf{L}} = \boldsymbol{\Gamma}^{\text{ext}} \tag{3.26}$$

特に外部トルクの合力がゼロである場合，以下が成立する。

角運動量保存の法則

N粒子系に働く外部トルクの合力がゼロである場合，系の全角運動量$\mathbf{L} = \sum \mathbf{r}_\alpha \times \mathbf{p}_\alpha$は一定である。

この法則が成立するのは，すべての内力$\mathbf{F}_{\alpha\beta}$が中心力であり，また第 3 法則を満たすという 2 つの仮定が成立するときである。これらの仮定はほぼ常に有効であるため，この法則は（以前に述べたように）同じように有効である。この後 2 つの簡単な例を用いて説明するが，この法則は多くの問題を解決する上で大きな有用性を持っていることがわかるであろう。

慣性モーメント

具体例についての議論をする前に，角運動量の計算をする際に必ずしも基本となる定義（3.20）に戻る必要はないことに注意することは重要である。入門物理学の内容から予想されるように，固定軸（たとえば固定された車軸のまわりを回転する車輪）を中心に回転する剛体の場合，かなり複雑な和である（3.20）を慣性モーメントと回転の角速度で表現できる。具体的には回転軸をz軸とすると，角運動量のz成分であるL_zはちょうど$L_z = I\omega$となる。ここでIは与えられた軸に対する物体の**慣性モーメント**，ωは回転の角運動量である。第 10 章でこの結果を証明し一般化するが，読者は問題 3.30 でこのことを証明することもできる。今のところ，読者に入門物理学の内容を使用してもらうことをお願いする。特に読者はすでにご存知であろうが，様々な標準的物体の慣性モーメントはすでに分かっている。たとえば，その軸を中心に回転する均一な円盤（質量M，半径R）に対して，$I = \frac{1}{2}MR^2$となる。直径を中心に回転する均一な球の場合，$I = \frac{5}{2}MR^2$である。一般に，任意の多粒子系について$I = \sum m_\alpha \rho_\alpha^2$であるが，ここで$\rho_\alpha$は回転軸からの$m_\alpha$までの距離である。

例 3.3　パテの物体と回転テーブルとの衝突

均一な円形の回転テーブル（質量M，半径R，中心O）がxy平面内に静止しており，垂直方向のz軸の位置にある摩擦のない車軸に取り付けられる。回転テーブルの端に向かって速さvのパテ（質量m）の塊を投げると，図 3.9 に示すようにパテは距離bの場所[5]を通過する線に沿って近づく。パテが回転テーブルに当たると，パテはその端にくっついて，2 つは角速度ωで共に回転する。ωを求める。

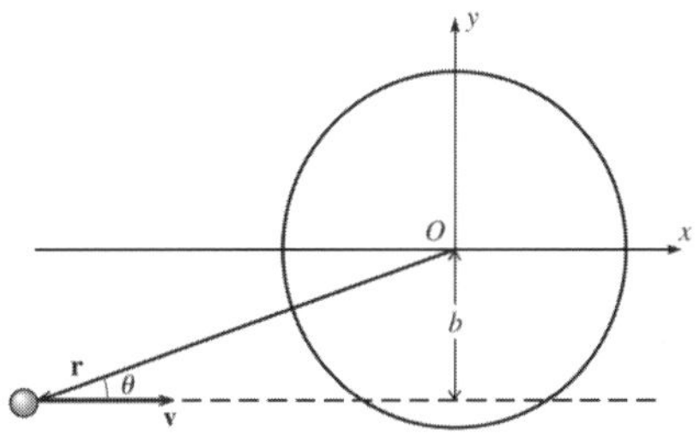

図 3.9 質量mのパテの物体が，静止した回転テーブルに対して速度$\mathbf{v}$で投げられる。パテの進入路は，テーブルの中心Oの距離b内を通過する。

この問題は角運動量の保存を用いると，容易に解決される。回転テーブルは摩擦のない車軸に取り付けられているため，テーブルにはz方向のトルクは働かない。したがって系に働く外部トルクのz成分はゼロであり，L_zは保存される。（これはz方向に作用し，z方向のトルクに何も寄与しない重力が存在する場合でも当てはまる。）衝突前の回転テーブルは角運動量がゼロ，パテの角運動量は$\mathbf{l} = \mathbf{r} \times \mathbf{p}$であり，その方向は$z$軸の方向である。したがって初期の全角運動量の$z$成分は，

$$L_z^{in} = l_z = r(mv)\sin\theta = mvb$$

である。衝突後，パテと回転テーブルは全慣性モーメント[6]$I = (m +$

---

5 通常は原子または原子間の衝突を取り扱う衝突理論においては，距離bは衝突パラメータと呼ばれる。

6 これは半径Rに固定されたパテの慣性モーメントmR^2に均一な回転テーブルに対する慣性モーメント$MR^2/2$を加えたものになっている。

$M/2)R^2\omega$でz軸を中心に一緒に回転し，また最終的な角運動量のz成分は$L_z^{fin} = I\omega$である。したがって角運動量の保存$L_z^{in} = L_z^{fin}$により，

$$mvb = (m + M/2)R^2\omega$$

となる。または，これをωについて解くと，

$$\omega = \frac{m}{(m+M/2)}\frac{vb}{R^2} \tag{3.27}$$

である。この答は特に興味深いものではない。興味深いのは，簡単な計算で答えを見つけることができたということである。これは，多くの問いに簡単に答えられるという保存法則の典型例である。ここで使用された解法は，入射した発射体が静止した標的に吸収され，その角運動量が 2 つの物体間で共有される多くの状況（核反応など）で使用できる。

CM に対する角運動量

角運動量の保存，およびより一般的な結果（3.26），つまり$\dot{\mathbf{L}} = \mathbf{\Gamma}^{\mathrm{ext}}$は，ニュートンの第 2 法則を念頭において，すべての量が慣性系で測定されたと仮定して導かれた。そのためには$\mathbf{L}, \mathbf{\Gamma}^{\mathrm{ext}}$の両方が，ある慣性系に固定された原点$O$に対して測定されている必要がある。注目すべきは CM が加速されており，慣性系に固定されていなくても，$\mathbf{L}, \mathbf{\Gamma}^{\mathrm{ext}}$を質量中心に対して測定すると，以下が成り立つことである。

$$\frac{d}{dt}\mathbf{L}\ (\text{CM に対する}) = \mathbf{\Gamma}^{\mathrm{ext}}\ (\text{CM に対する}) \tag{3.28}$$

つまり$\mathbf{\Gamma}^{\mathrm{ext}}(\text{CM に対する}) = 0$の場合，$\mathbf{L}$（CM に対する）は保存される。第 10 章でこの結果を証明するが，問題 3.37 にしたがって自分自身で証明することもできる。次の例に示すように，この結果はさまざまな問題を非常に簡単に解くことができるので，ここで述べておく。

例 3.4　滑り回転するダンベル

長さ$2b$の伸び縮みしない無質量棒の端に取り付けられた 2 つの等しい質量mの物体からなるダンベルが，摩擦のない水平テーブル上に静止している。図 3.10 に示すように，ダンベルはx軸上にあり，その中心が原点にある。時間$t = 0$において，左側の物体はy方向に，水平力$\mathbf{F}$の短い時間Δt持

続する鋭い打撃が与えられた。それ以降の動きを説明する。

この問題は，2つの部分からなる。衝撃力を受けた直後の運動を求めてから，その後の力の働かない運動を求める必要がある。最初の運動を推測するのは難しいことではないが，この章で学習した内容を使用して結果を導いてみよう。唯一の外力は，短い時間Δtの間，y方向に作用する力$\mathbf{F}$である。$\dot{\mathbf{P}} = \mathbf{F}^{\mathbf{ext}}$であるので，衝撃力を受けた直後の全運動量は$\mathbf{P} = \mathbf{F}\Delta t$である。$\mathbf{P} = M\dot{\mathbf{R}}$, $(M = 2m)$ であるので，CM はy軸上を速度

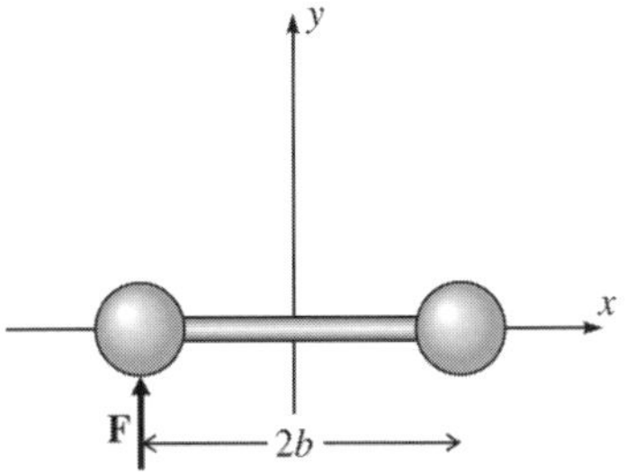

図 3.10 ダンベルの左側の質量には，y方向に鋭い打撃が与えられる。

$$\mathbf{v}_{\rm cm} = \dot{\mathbf{R}} = \mathbf{F}\Delta t/2m$$

で移動する。力$\mathbf{F}$が作用している間，CM に対するトルク$\Gamma^{ext} = Fb$が存在するので，(3.28) から初期（衝撃力が止まった直後）の角運動量は$L = Fb\Delta t$である。 $L = I\omega$，$I = 2mb^2$であるので，ダンベルは時計回りに回転しており，初期の角速度は以下の通りである。

$$\omega = F\Delta t/2mb$$

ダンベルの時計回りの回転により，左側の物体は速度ωbで CM に対して上側に移動しており，その初期速度は

$$v_{left} = v_{cm} + \omega b = F\Delta t/m$$

である。同様に，右側の物体は CM に対して相対的に下側に移動しており，その初期速度は

$$v_{right} = v_{cm} - \omega b = 0$$

である。つまり右側の物体は最初静止しており，左側の物体が系のすべての運動量を保持していることがわかる。

その後の運動は，非常に簡単である。衝撃力が止まったら，外的な力やトルクは存在しない。したがって CM は一定の速度でy軸のまっすぐ上側

に移動し続け，ダンベルはCMのまわりを一定の角運動量，したがって一定の角速度で回転し続ける。

第３章の主な定義と方程式

ロケットの運動方程式

$$m\dot{v} = -\dot{m}v_{ex} + F^{ext} \qquad [(3.6)\&(3.29)]$$

多粒子系の質量中心

$$\mathbf{R} = \frac{1}{M}\sum_{\alpha=1}^{N} m_\alpha \mathbf{r}_\alpha = \frac{m_1\mathbf{r}_1 + \cdots + m_N\mathbf{r}_N}{M} \qquad [（3.9）]$$

ここでMは全粒子の総質量を表し，$M = \sum m_\alpha$である。

角運動量

（原点Oに対する）位置$\mathbf{r}$および運動量$\mathbf{p}$を有する単一の粒子について，Oに関する角運動量は，以下のようになる。

$$\mathbf{l} = \mathbf{r} \times \mathbf{p} \qquad [（3.14）]$$

多粒子系についての全角運動量は，以下のようになる。

$$\mathbf{L} = \sum_{\alpha=1}^{N} \mathbf{l}_\alpha = \sum_{\alpha=1}^{N} \mathbf{r}_\alpha \times \mathbf{p}_\alpha \qquad [（3.20）]$$

すべての内力が中心力であれば，

$$\dot{\mathbf{L}} = \mathbf{\Gamma}^{\mathrm{ext}} \qquad [（3.26）]$$

となる。ここで$\mathbf{\Gamma}^{\mathrm{ext}}$は外部トルクの合力である。

第３章の問題

星印は，最も簡単な（*）ものから難しい（***）ものまでの，おおよその難易度を示している。

3.1節 運動量の保存

3.1* 速さvで質量mの砲弾を発射する，質量Mの大砲を考える（すなわち，大砲に対する砲弾の速さはvである)。大砲は完全に自由に後退りすると仮定すると（いかなる外力も大砲または砲弾に働かない)，運動量が保存することを使い，砲弾の地面に対する相対的な速さが$v/(1+m/M)$ であることを示せ。

3.2* 速さv_0で完全に水平かつ真北方向に飛んでいる砲弾が爆発し，2 つの等しい質量の断片に分裂した。爆発の直後に，1 つの断片が速さv_0で垂直上方の方向に飛んでいることが分かった。もう一方の断片の速度を求めよ。

3.3* 速度$\mathbf{v_0}$で飛んでいる砲弾が爆発し，3 つの等しい質量に分裂した。爆発直後，1 つの破片は速度$\mathbf{v_1} = \mathbf{v_0}$を持ち，他の 2 つの速度$\boldsymbol{v_2}$と$\boldsymbol{v_3}$の大きさは等しく（$v_2 = v_3$)，互いに垂直である。$\mathbf{v_2}$と$\mathbf{v_3}$を求め，3 つの速度の様子を描け。

3.4* 質量m_hの 2 人の鉄道作業員が，摩擦のない車輪を持つ質量m_{fc}の停止している鉄道貨車の片方の端に立っている。2 人の鉄道作業員が貨車の反対側の端のほうに走り，同じ速さu（貨車と比較して）で飛び降りた。（a) 2 人の鉄道作業員が同時に走り飛び降りた場合，運動量の保存を使用し，貨車が反対側に動く速さを求めよ。（b）一人の鉄道作業員が飛び降りた後に，もう一人の鉄道作業員が走り始めた場合，それはどのようなものとなるか。どのような行為が，貨車の速さを上げるか。［ヒント：速さuは，飛び降りた直後の貨車に対する鉄道作業員の速さである。どちらの鉄道作業員も同じ値を持ち，(a）と（b）で同じである。］

3.5* 運動量の保存に対する多くの応用には，エネルギーの保存も同時に含まれている。しかし我々は，まだエネルギーに関する議論を始めていない。それにもかかわらず，読者は入門物理学コースにおいて，この種類の問題に対処するためのエネルギーの概念を十分に学習している。ここにひとつ，素晴らしい例がある。2 つの物体間の弾性衝突は，衝突後の 2 つの物体の運動エネルギーの合計が，衝突以前と同じであるものと定義される。(よく知られている例は，2 つのビリヤードボール間の衝突であり，一般に言って全運動エネルギーの喪失は極めて少ない。）一方の物体が静止している場合の，2 つの等しい質量を持つ物体の弾性衝突を考えてみよう。それらの衝突前の速度を$\mathbf{v_1}, \mathbf{v_2} = 0$とし，衝突後の速度を$\mathbf{v'_1}, \mathbf{v'_2}$とする。運動量保存を表すベクトル方程式と，衝突が弾性的であることを表すスカラー方程式を書き下せ。これらを使用して，$\mathbf{v'_1}, \mathbf{v'_2}$間の角度が 90° であることを証明せよ。この結果は，原子物理学の歴史において重要であった。衝突によって垂直な進路を走る 2 つの物体が出現した場合，それらは同じ質量を持っており，弾性衝突を受けたことを強く暗示した。

3.2 節 ロケット

3.6* サターン V ロケットの打ち上げの初期段階では，燃料が約15,000kg/sの割合でロケットに対して約2500m/sで放出される。ロケットの推進力は何であろうか。これをトン（1 トン ≈ 9000ニュートン）に変換し，ロケットの初期重量（約 3000 トン）と比較せよ。

3.7* スペースシャトル打ち上げの最初の数分間は，以下のように非常に大まかに説明することができる。初期質量は2×10^6kg, 最終質量（2 分後）は約1×10^6kg, 平均排気速度v_{ex}は約 3000m/s であり，初期速度はもちろんゼロである。すべてのでき事が重力が無視できる宇宙空間で起こっているとした場合，この段階が終った際のスペースシャトルの速さを求めよ。その際の推進力は何であり，またそれは（地球上での）シャトルの最初の総重量と比べて，どの程度の質量を持つであろうか。

3.8* ロケット（初期の質量m_0）を地面からほんのわずか上方に静止させておくために，エンジンを使用する。 (a) 質量λm_0未満の燃料のしか燃やすことができなければ，どれくらいの時間，浮いていることができるか。[ヒント：推進力と重力がつりあっているという条件を書き下せ。変数tとmを分離することで，方程式を積分することができる。] (b) $v_{ex} \approx 3000\mathrm{m/s}, \lambda \approx 10\%$の場合，ロケットは地面上にどれくらいの時間，浮いていることができるか。

3.9* 問題 3.7 のデータから，スペースシャトルの初期質量と，排出質量の割合$-\dot{m}$（一定と仮定してもよい）を求めることができる。噴射が完全におこなわれた際に，シャトルがちょうど地面から離れ始める最小排気速度v_{ex}はいくらであろうか。[ヒント：少なくとも推進力は，シャトルの重量につりあう必要がある。]

3.10* 自由空間において，静止状態から加速するロケット（初期質量m_0）を考える。最初は，速度が上がるにつれて運動量pは増加するが，質量mが減少するとpは最終的に減少し始める。pが最大となるmの値を求めよ。

3.11** (a) ロケットが同一直線に沿って作用する外力F^{ext}を受けて，直線的に移動すると考える。運動方程式が以下のようになることを示せ。

$$m\dot{v} = -\dot{m}v_{ex} + F^{ext} \tag{3.29}$$

[(3.6) の導出を見直してほしいが，その際に外力の項を残しておくことに注意すること。]
(b) 重力場gの中で，（静止状態から）垂直発射されるロケットを考えると，運動方程式は次のようになる。

$$m\dot{v} = -\dot{m}v_{ex} - mg \tag{3.30}$$

ロケットが一定の割合で質量を放出すると仮定すると$\dot{m} = -k$（kは正の定数），つまり$m = m_0 - kt$である。変数分離法を使用して（すなわちvを含むすべての項が左辺にあり，tを含むすべての項が右辺にあるように，式を書き換える），(3.30) からvをtの関数として求めよ。 (c) 問題 3.7 のおおよそのデータを用いて，発射 2 分後のスペースシャトルの速さを計算せよ。（ほぼ正しいことであるが），この時間中にシャトルは鉛直上方に移動し，gがほとんど変化しないと仮定せよ。重力がない場合の，対応する結果と比較せよ。 (d) (3.30) の右辺第 1 項が，第 2 項の初期値よりも小さくなるように設計されたロケットに，何が起こるかを述べよ。

3.12** 多段ロケットの使用を説明するために，以下を考えよ。:（a）あるロケットは，その初期質量の 60%を燃料として運ぶ。（すなわち燃料の質量は$0.6m_0$である。）第 1 段階で燃料をすべて燃やすなら，自由空間において静止状態から加速した場合の最終的な速さはどれくらいか。その答えをv_{ex}の倍数で表現せよ。　（b）次に，燃料を 2 段階で燃焼させると仮定する。第 1 段階では，$0.3m_0$の燃料を燃焼させる。その後$0.1m_0$の質量を有する第 1 段階の燃料タンクを投げ捨て，残りの$0.3m_0$の燃料を燃焼させる。先と同じ数値を仮定して，この場合の最終的な速さを計算し，先の結果と比較せよ。

3.13** まだ問題 3.11(b)を解いていない場合はそれをやり，重力場gの中で静止状態から垂直に加速するロケットの速さ$v(t)$を求めよ。そして$v(t)$を積分し，tの関数としてのロケットの高さが，以下になることを示せ。

$$y(t) = v_{ex}t - \frac{1}{2}gt^2 - \frac{mv_{ex}}{k}\ln\left(\frac{m_0}{m}\right)$$

問題 3.7 で与えられた数値を使用し，スペースシャトルの 2 分後の高さを推定せよ。

3.14** 線形抵抗力$f = -bv$を受けるが，他の外力は働かないロケットを考えてみよう。問題 3.11 の（3.29）を用いて，静止したロケットが一定速度$k = -\dot{m}$で質量を放出する場合，その速度は以下のようになることを示せ。

$$v = \frac{k}{b}v_{ex}\left[1 - \left(\frac{m}{m_0}\right)^{b/k}\right]$$

3.3 節 質量中心

3.15* $\mathbf{r_1} = (1,1,0), \mathbf{r_2} = (1,-1,0), \mathbf{r_3} = (0,0,0)$で，$xy$平面にある 3 つの粒子の質量中心の位置を求めよ。$m_1 = m_2, m_3 = 10m_1$の場合について図示し，説明せよ。

3.16* 地球と太陽の質量は$M_e \approx 6.0 \times 10^{24}, M_s \approx 2.0 \times 10^{30}$（どちらもkg）で，中心間距離は$1.5 \times 10^8$kmである。それらの CM の位置を求め，説明せよ。（太陽半径は$R_s \approx 7.0 \times 10^5$kmである。）

3.17* 地球と月の質量は$M_e \approx 6.0 \times 10^{24}, M_m \approx 7.4 \times 10^{22}$（どちらもkg）で，中心間距離は$3.8 \times 10^5$kmである。それらの CM の位置を求め，説明せよ。（地球半径は$R_e \approx 6.4 \times 10^3$kmである。）

3.18**　（a）図 3.3 に示すように，任意の 2 つの粒子の CM が常にそれらを結ぶ線上にあることを示せ。［m_1から CM を指す方向を書き下し，それがm_1からm_2までのベクトルと同じ方向であることを示せ。］　（b）CM からm_1およびm_2までの距離が，比m_2/m_1であることを証明せよ。m_1がm_2よりもはるかに大きい場合，CM はm_1の位置に非常に近いことを説明せよ。

3.19** （a）地面から投られた投射体の経路は，（空気抵抗を無視した場合）放物線であることがわかっている。(3.12）に照らして，投射体が空中で爆発した場合の破片の CM のその後の経路はどのようなものであろうか。 （b）100m 離れた目標に当てるために，平地から砲弾を発射する。不運にも砲弾は到達前に爆発し，2 つの等しい破片に分裂した。 2 つの破片は同時に着弾したが，1 つは目標物を 100m 越えた場所に着弾した。もう 1 つの破片は，どこに着弾しただろうか。 （c）異なる時間に着弾した場合，同じ結果（破片の 1 つは，依然として目標物を 100m 越えて着弾した）になるのだろうか。

3.20** 質量M_1, M_2，質量中心R_1, R_2である，2 つの広がりを持った物体からなる系を考える。系全体の CM が，

$$\mathbf{R} = \frac{M_1\mathbf{R_1} + M_2\mathbf{R_2}}{M_1 + M_2}$$

であることを示せ。この見事な結果は，複雑な系の CM を見つける際に，構成要素それ自身が広がりを持った物体であっても，それぞれ別々の質量中心に配置された点群のようにそれらの構成要素を扱うことができることを意味する。

3.21** 均一な金属の薄いシートが半径Rの半円形の形に切断され，xy平面に置かれている。またその中心は原点に，直径がx軸に沿っているとする。極座標を使用して，CM の位置を求めよ。[この場合，CM の位置を定義する (3.9) の和は，$\int \boldsymbol{r}\sigma dA$という 2 次元積分となる。ここでシート表面の質量密度（質量/面積）はσ，面積要素はdAで，$dA = rdrd\phi$である。]

3.22** 球面極座標r, θ, ϕを用いて半径がR，その中心が原点で，その平らな面がxy平面にある均一な半球の CM を求めよ。この問題を解く前に，球面極座標における体積要素は$dV = r^2 dr\, \sin\theta d\theta\, d\phi$であることを確かめておく必要がある。(球面極座標は 4.8 節で定義されているが，まだこの座標系に精通していない場合は，この問題に取り組まないほうがよい。）

3.23*** ［コンピュータ］空気抵抗が無視できる手榴弾を，高い崖の頂上にある原点から初速度$\mathbf{v_0}$で投げた。 （a）グラフが描ける適切なプログラムを使用して，$\mathbf{v_0} = (4,4), g = 1, 0 \le t \le 4$（$x$は水平方向，$y$は垂直方向）として $t = 1,2,3,4$での手榴弾の位置を，適切な記号（たとえば点または十字）で図示せよ。 （b）$t = 4$で手榴弾の速度が$\mathbf{v}$のときに爆発し， 2 つの等しい破片に分裂した。，そのうちの 1 つは速度$\mathbf{v} + \Delta\mathbf{v}$で移動している。他の破片の速度はいくらか。 （c）$\Delta\mathbf{v} = (1,3)$と仮定して，元のグラフに$4 \le t \le 9$の 2 つの破片の軌道を追加せよ。$t = 5,6,7,8,9$の位置に，記号を挿入せよ。2 つの破片の CM が，元の放物線の軌道をたどっていることを明確に示せ。

3.4 節 単一粒子の角運動量

3.24* ベクトル$\mathbf{a}, \mathbf{b}$が三角形の 2 つの辺を形成している場合，$|\mathbf{a} \times \mathbf{b}|/2$が三角形の面積に等しいことを示せ。

3.25* 質量mの粒子が，摩擦のない水平なテーブル上を移動する。その粒子には質量のないひもが取り付けられ，ひもの反対側の端はテーブルの穴を通り，人がそれを握っている。最初粒子は半径r_0の円内を角速度ω_0で動いているが，次に穴と粒子の間の距離がrになるまで，穴を通してひもを引き下げた。粒子の角速度はいくらになるか。

3.26* 固定された原点Oの方向を向く中心力の影響下で，粒子が運動している。(a) Oについての粒子の角運動量が，一定である理由を説明せよ。　(b) 粒子の軌道が，Oを含む単一の平面内になければならないことを，詳細に議論せよ。

3.27** 固定された太陽のまわりを周回する，惑星を考える。惑星軌道をxy平面，太陽を原点とし，惑星の位置を極座標(r, ϕ)で表す。　(a) 惑星の角運動量の大きさは，$l = mr^2\omega$であることを示せ。ここで$\omega = \dot{\phi}$は，太陽に対する惑星の角速度である。　(b)（ケプラーの第 2 法則のように）惑星が「領域を掃く」速度は$dA/dt = r^2\omega/2$, したがって$dA/dt = l/2m$であることを示せ。ケプラーの第 2 法則を演繹せよ。

3.5 節 複数粒子の角運動量

3.28* 粒子が 3 つしかない系について，(3.20) から (3.26) の$\dot{\mathbf{L}} = \mathbf{\Gamma}^{\text{ext}}$に至る引数を詳細に調べ，すべての和を明示的に書き出せ。

3.29* 半径R_0の一様な球状の小惑星が，角速度ω_0で回転している。 10 億年経過した後，その半径がRになるまで，より多くの物質を引き付けた。その密度が同じであり，付け加わった物質は，最初小惑星に対して相対的に静止していた（少なくとも平均的には）と仮定して，小惑星の新しい角速度を求めよ。(読者は慣性モーメントが$2MR^2/5$であることを，初等物理の学習から知っているとする。) 半径が倍になると，最終的な角速度はどの程度の大きさになるか。

3.30** 固定軸まわりを，角速度ωで回転する剛体を考える。回転軸をz軸とし，剛体を構成する$\alpha = 1, \cdots, N$個の粒子の位置は，円柱極座標$\rho_\alpha, \phi_\alpha, z_\alpha$を使って指定されている。　(a) 粒子$\alpha$の$\phi$方向の速度が，$\rho_\alpha\omega$であることを示せ。　(b) したがって粒子$\alpha$の角運動量の$z$成分は，$m_\alpha\rho_\alpha^2\omega$であることを示せ。(c) 全角運動量の$z$成分$L_z$は，$L_z = I\omega$として書くことができることを示せ。ただし$I$は，($z$軸についての) 慣性モーメント

$$I = \sum_{\alpha=1}^{N} m_\alpha \rho_\alpha^2 \tag{3.31}$$

である。

3.31**　(3.31) の和を適切な積分で置き換え，極座標で積分をおこなうことによって，質量M，半径Rの均一な円盤が，軸まわりを回転する際の慣性モーメントを求めよ。

3.32**　直径のまわりを回転する均一な球の慣性モーメントが，$2MR^2/5$であることを示せ。なお (3.31) の和は回転軸をz軸とみなし，球面極座標を使うと，最も簡単に積分で置き換えられる。体積要素は$dV = r^2 dr\, \sin\theta d\theta\, d\phi$である。(球面極座標は4.8節で定義されているが，この座標に精通していない場合は，この問題を解いてはいけない)。

3.33**　(3.33) の和から始め，それを適切な積分で置き換えることで，中心を通過する垂直な軸のまわりを回転する，辺の長さ$2b$の一様な薄い正方形の物体の慣性モーメントを求めよ。

3.34**　ジャグラーが，その一端にタールが塗ってあり燃えている均一な棒を，ジャグリングしている。彼は棒の反対側の端を持っており，手を離す瞬間の棒は水平であり，そのCMは速さv_0で垂直方向に上昇し，角速度ω_0で回転するように投げる。棒をつかむために，手に戻ったときにちょうど整数回の回転をおこなうようにしたいと考えている。棒が彼の手に戻ったときに，ちょうどn回の回転をしなければならないなら，v_0の値はどのようなものでなければならないか。

3.35**　質量M，半径Rの均一な硬い円盤が，水平に対して角度γの傾斜面を滑ることなく回転しながら降りることを考える。円盤と傾斜面との間の瞬間的な接触点をPとする。　(a) 自由物体図を描き，円盤に働くすべての力を示せ。　(b) Pまわりの回転に対する$\dot{\mathbf{L}} = \mathbf{\Gamma}^{\mathbf{ext}}$を適用して，円盤の直線加速度$\dot{v}$を求めよ。($L = I\omega$であり，円周上のある点を中心とした回転の慣性モーメントは$3MR^2/2$であることに注意せよ。円盤が滑らないことから$v = R\omega$であり，したがって$\dot{v} = R\dot{\omega}$である。)　(c) CMについての回転に$\dot{\mathbf{L}} = \mathbf{\Gamma}^{\mathbf{ext}}$を適用して，同じ結果を導出せよ。(この場合，摩擦力という余分な未知の力があることがわかるであろう。ニュートンの第2法則をCMの動きに適用することにより，これを排除することができる。CMのまわりの回転の慣性モーメントは$MR^2/2$である。)

3.36**　力$\mathbf{F}$がx軸から「北東方向」に角度γで働く場合について，例3.4 (108ページ) の計算を繰り返せ。衝撃力が与えられた直後の，2つの物体の速度はどうなるか。$\gamma = 0, \gamma = 90°$の場合を確認することで，導いた答えが正しいことを確かめよ。

3.37***　質量m_α，固定された原点Oに対して位置$\mathbf{r}_\alpha$にあるN個の物体からなる系がある。$\mathbf{r'}_\alpha$をCMに対するm_αの位置，すなわち$\mathbf{r'}_\alpha = \mathbf{r}_\alpha - \mathbf{R}$とする。　(a) この最後の方程式を説明する図を描け。　(b) $\sum m_\alpha r'_\alpha = 0$という有益な関係を証明せよ。この関係が，なぜほぼほぼ明らかであるのかを説明せよ。　(c) この関係を用いて，CMに関する角運動量の変化率が，CMについての全外部トルクに等しいという結果 (3.28) を証明せよ。(CMが加速していても，つまり慣性系の固定点で無くても成立するので，この結果は驚くべきことである。)

第 4 章　エネルギー

この章では，エネルギー保存の法則を取り扱う。読者はエネルギーの保存に関する分析が，第 3 章で取り上げた線運動量および角運動量に関する議論よりも驚くほど複雑であることがわかるであろう。その差の主な理由は，次のとおりである。古典力学のほとんどの問題では，（各粒子について$\mathbf{p} = m\mathbf{v}$という）1 種類の線運動量があり，（各粒子について$\mathbf{l} = \mathbf{r} \times \mathbf{p}$という）1 種類の角運動量がある。これとは対照的にエネルギーには運動エネルギー，様々な種類の位置エネルギー，熱エネルギーなど多くの異なった重要な形がある。エネルギーはある種類のものから別の種類のものに変換するが，このことがエネルギーの保存を複雑にしている。エネルギーの保存は 1 粒子系の場合でも，非常に微妙な課題であることを，これから見ていく。

エネルギーの議論を困難としているものの 1 つとして，ベクトル解析の新しい計算技法，すなわち勾配と回転の概念を必要とすることがあげられる。これらの重要な概念を，必要に応じて紹介していく。

4.1　運動エネルギーと仕事

先に述べたように，さまざまな種類のエネルギーが存在する。最も基本的なものは**運動エネルギー**（または KE）であり，速さvで移動する質量mの単一粒子に関する定義は，以下の通りである。

$$T = \frac{1}{2}mv^2 \tag{4.1}$$

空間を通って移動する粒子を想像し，図 4.1 に示すように，2 つの隣接点$\mathbf{r_1}$と

$\mathbf{r_1} + d\mathbf{r}$の間を移動した場合の，その運動エネルギーの変化について調べる。Tの時間微分は，$v^2 = \mathbf{v}\cdot\mathbf{v}$であることに注意すれば容易に計算できる。

$$\frac{dT}{dt} = \frac{1}{2}m\frac{d}{dt}(\mathbf{v}\cdot\mathbf{v}) = \frac{1}{2}m(\dot{\mathbf{v}}\cdot\mathbf{v} + \mathbf{v}\cdot\dot{\mathbf{v}}) = m\dot{\mathbf{v}}\cdot\mathbf{v} \tag{4.2}$$

第 2 法則によると，係数$m\,\dot{\mathbf{v}}$は粒子に働く力$\mathbf{F}$に等しいので，

$$\frac{dT}{dt} = \mathbf{F}\cdot\mathbf{v} \tag{4.3}$$

となる。両辺にdtを掛けると，$\mathbf{v}dt$は変位$d\mathbf{r}$であるため，以下のようになる。

$$dT = \mathbf{F}\cdot d\mathbf{r} \tag{4.4}$$

右辺$\mathbf{F}\cdot d\mathbf{r}$は，変位$d\mathbf{r}$を**引き起こした力$\mathbf{F}$によってなされた仕事**，と定義される。このようにして，軌道上の 2 つの隣接している点の間の粒子の運動エネルギーの変化が，2 点間を移動するときに働く力によっておこなわれる仕事と等しいという**仕事・運動エネルギー定理**を証明した[1]。

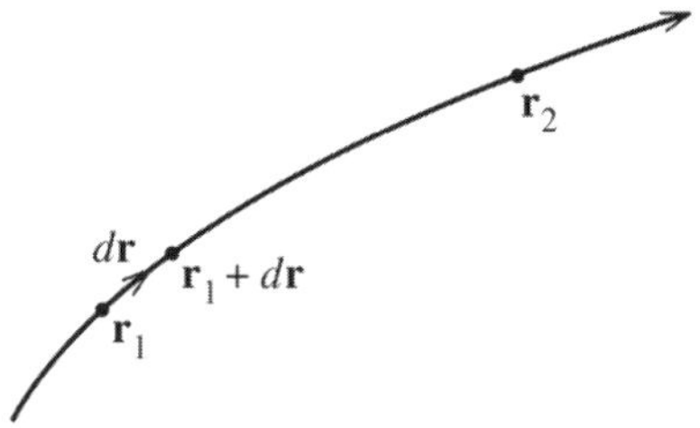

図 4.1 粒子の経路上の 3 つの点：$\mathbf{r_1}, \mathbf{r_1} + d\mathbf{r}$（$d\mathbf{r}$は微小），$\mathbf{r_2}$。

これまでのところ，微小変位$d\mathbf{r}$についてのみ仕事・運動エネルギー定理が証明されているが，より大きな変位に簡単に一般化できる。図 4.1 の$\mathbf{r_1}, \mathbf{r_2}$の 2 点を考えてみよう。点 1 と 2 の間の経路を非常に小さな区分に分割し，それぞれの区分に対して無限小の結果（4.4）を適用する。これらの結果をすべて加えると，Tの 1 から 2 への全体の変化は，点 1 と点 2 との間のすべての微小変位においておこなわれた，すべての微小な仕事の合計$\sum\mathbf{F}\cdot d\mathbf{r}$であることがわかる。

---

[1] 最初は不思議に思われる点が 2 つある。仕事$\mathbf{F}\cdot d\mathbf{r}$は，たとえば$\mathbf{F}$と$d\mathbf{r}$が反対の方向を向いている場合は，負になる。負の仕事をする力という概念は我々の日常の仕事の概念と矛盾しているが，それは物理学者の定義と完全に一致している。逆方向の力は運動エネルギーを減らすので，仕事・運動エネルギー定理により，仕事は負でなければならない。第 2 に$\mathbf{F}$と$d\mathbf{r}$が垂直である場合，仕事$\mathbf{F}\cdot d\mathbf{r}$はゼロである。これもやはり我々の日常の仕事の感覚と矛盾するが，物理学者の使用法と一致している。変位に垂直な力は，運動エネルギーを変えない。

$$\Delta T \equiv T_2 - T_1 = \sum \mathbf{F} \cdot d\mathbf{r} \tag{4.5}$$

すべての変位$d\mathbf{r}$がゼロになる極限では，この和は積分となる。

$$\sum \mathbf{F} \cdot d\mathbf{r} \to \int_1^2 \mathbf{F} \cdot d\mathbf{r} \tag{4.6}$$

線積分[2]と呼ばれるこの積分は，1 つの変数xに対する積分$\int f(x)dx$の一般化であり，多くの小片の和の極限という定義も極めて類似している。(4.6) の右辺にある記号$\int_1^2 \mathbf{F} \cdot d\mathbf{r}$について疑問を感じたら，それを（すべての変位は無限小である）左辺の和とみなしてほしい。線積分を評価する際には，次の例に示すように，1 つの変数に対する通常の積分に変換することができる。その名前が示唆するように，線積分は粒子が点 1 から点 2 までの経路に（一般的には）依存する。(4.6) の右辺の線積分は，経路に沿って点 1 と点 2 との間を移動する際に，**力$\mathbf{F}$によってなされた仕事**と呼ばれる。

例 4.1　3 つの線積分

図 4.2 に示す 3 つの経路のそれぞれに沿って，原点Oから点$P = (1,1)$に向かう場合，2 次元の力$\mathbf{F} = (y, 2x)$によっておこなわれる仕事に関する線積分を計算する。経路aはOから$Q = (1,0)$までx軸に沿って進み，次にQから直線Pまでまっすぐ進む。経路bは直線$y = x$に沿ってOからPへと直進し，経路cはQを中心とする四分円上を動く。

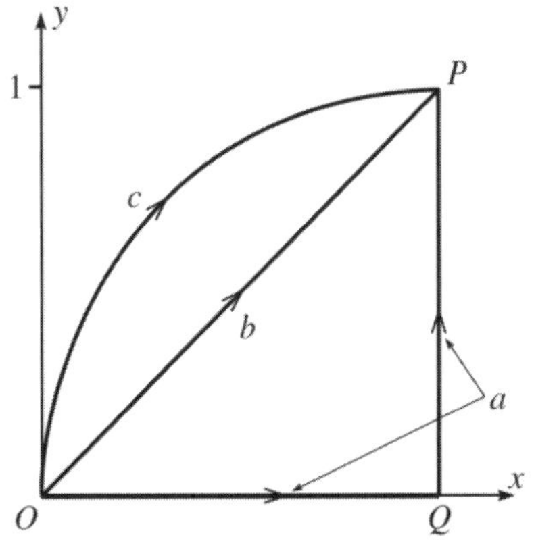

図 4.2 原点から点$P = (1,1)$までの 3 つの異なる経路a, b, c。

2　直線をまっすぐなものと考えがちな我々にとって，これはあまりしっくりする名前ではない。しかし直線と同様に曲線というものもあり，一般に線積分には，図 4.1 に示すような曲線も含まれる。

軌道aに沿った積分は，2 つの部分で簡単に評価される。OQでは変位は$d\mathbf{r} = (dx, 0)$の形式を持ち，QPでは$d\mathbf{r} = (0, dy)$である。したがって，以下のようになる。

$$W_a = \int_a \mathbf{F} \cdot d\mathbf{r} = \int_O^Q \mathbf{F} \cdot d\mathbf{r} + \int_Q^P \mathbf{F} \cdot d\mathbf{r} = \int_0^1 F_x(x, 0)dx + \int_0^1 F_y(1, y)dy$$
$$= 0 + 2\int_0^1 dy = 2$$

経路b上では$x = y$となるので，$dx = dy$となる。そして

$$W_b = \int_b \mathbf{F} \cdot d\mathbf{r} = \int_b \left(F_x dx + F_y dy\right) = \int_0^1 (x + 2x)dx = 1.5$$

である。経路cは，パラメータで書くことができる。

$$\mathbf{r} = (x, y) = (1 - \cos\theta, \sin\theta)$$

ここでθはOQとQから点(x, y)までの直線との間の角度で，$0 \le \theta \le \pi/2$である。したがって，経路cは

$$d\mathbf{r} = (dx, dy) = (\sin\theta, \cos\theta)d\theta$$

であり，仕事は以下のようになる。

$$W_c = \int_c \mathbf{F} \cdot d\mathbf{r} = \int_c \left(F_x dx + F_y dy\right)$$
$$= \int_0^{\pi/2} [\sin^2\theta + 2(1 - \cos\theta)\cos\theta]d\theta = 2 - \pi/4 = 1.21$$

他の例については，問題 4.2 と 4.3 を見てほしい。線積分を一度も学んだことがない場合は，これらの問題を試してみてほしい。

線積分表記で，(4.5) を次のように書き直すことができる。

$$\Delta T \equiv T_2 - T_1 = \int_1^2 \mathbf{F} \cdot d\mathbf{r} \equiv W(1 \to 2) \tag{4.7}$$

ここで，点 1 から点 2 へ移動する際に$\mathbf{F}$がなす仕事の表記$W(1 \to 2)$を導入した。結果は大小に関係しない，任意の変位に対する**仕事・運動エネルギー定理**となる：点 1 から点 2 への移動の間の粒子の運動エネルギーの変化は，力によってなされた仕事と等しい。

(4.7) の右辺に現れる仕事は，粒子に働く合力$\mathbf{F}$によっておこなわれる仕事であることを理解しておくことは重要である。一般に，$\mathbf{F}$は様々な別々の力のベクトル和である。

$$\mathbf{F} = \mathbf{F}_1 + \cdots + \mathbf{F}_n \equiv \sum_{i=1}^{n} \mathbf{F}_i$$

（たとえば投射体に働く合力は2つの力，すなわち重力と空気抵抗の和である。）合力$\mathbf{F}$によってなされた仕事を評価するには，別々の力$\mathbf{F}_1, \cdots, \mathbf{F}_n$によってなされた仕事の和をとればよいという，極めて便利な事実がある。この主張は次のように容易に証明される。

$$\begin{aligned} W(1 \to 2) &= \int_1^2 \mathbf{F} \cdot d\mathbf{r} = \int_1^2 \sum_i \mathbf{F}_i \cdot d\mathbf{r} \\ &= \sum_i \int_1^2 \mathbf{F}_i \cdot d\mathbf{r} = \sum_i W_i(1 \to 2) \end{aligned} \tag{4.8}$$

1 行目から 2 行目への重要なステップは，n個の和の積分がn個の個別積分の和と同じであるため，正当化される。したがって仕事・運動エネルギー定理は，次のように書き直すことができる。

$$T_2 - T_1 = \sum_{i=1}^{n} W_i(1 \to 2) \tag{4.9}$$

実際には，この定理をほとんど常にこのように使用する。粒子に働くn個の別々の力のそれぞれによっておこなわれる仕事W_iを計算し，次にΔTをすべてのW_iの和に等しいとする。

ある粒子に働く合力がゼロであれば，仕事・運動エネルギー定理により粒子の運動エネルギーが一定であることがわかる。これは速さvが一定であることを示しているが，単にニュートンの第 1 法則にしたがっているだけなので，正しいもののあまり面白い結果ではない。

4. 2　位置エネルギーと保存力

エネルギー形式の議論を進める次の段階は，力に対応する位置エネルギー（または PE）の概念を，物体に対して導入することである。読者はおそらく理解していると思われるが，すべての力が対応する位置エネルギーを持つわけではない。位置エネルギーを持つ（必要な特性を有する）特殊な力は保存力と呼ばれており，そのため保存力と非保存力とを区別する特徴について議論しなければならない。具体的にいうと，保存力と見なされるための力が満たすべき条件が 2 つあることが，これからの議論でわかる。

議論を簡単にするために，最初は惑星に働く太陽からの重力や電場中の電荷に働く電気力$q\mathbf{E}$のように，対象物に作用する力は 1 つしかない（その他の力は存在しない）と仮定しよう。力$\mathbf{F}$は，多くの異なる変数に依存する。力は，物体の位置$\mathbf{r}$に依存する。（惑星が太陽から遠ければ遠いほど，引力は弱くなる。）空気抵抗の場合と同様に，物体の速度に依存することがある。時間変化する電場中の電荷のように，時間tに依存することがある。最後に，力が人間によって作り出されている場合，どれくらい疲れているのか，どれくらい押すのに都合が良い場所にあるかといったような，測定することができない多くものに依存する。

力$\mathbf{F}$が保存力である第 1 の条件は，$\mathbf{F}$が作用する物体の位置$\mathbf{r}$のみに依存することである。速度，時間，または$\mathbf{r}$以外の変数に依存してはいけない。これは極めて制限的に聞こえるが，この性質を持つ力は多数ある。（太陽に対する相対位置$\mathbf{r}$にある）惑星に働く太陽からの重力は，次のように書くことができる。

$$\mathbf{F}(\mathbf{r}) = -\frac{GmM}{r^2}\hat{\mathbf{r}}$$

これは明らかに変数$\mathbf{r}$にのみ依存する。（パラメータm, M，そしてもちろん重力定数Gは，与えられた惑星・太陽に対して定数である）同様に，静電場$\mathbf{E}(\mathbf{r})$による電荷qに働く静電力$\mathbf{F}(\mathbf{r}) = q\mathbf{E}(\mathbf{r})$も，この特徴を持つ。この条件を満たさない力には，空気抵抗（速度に依存），摩擦（運動の方向に依存），磁気力（速度に依存），変化する電場$\mathbf{E}(\mathbf{r}, t)$（これは明らかに時間に依存）が含まれている。

保存的であると呼ばれるために力が必要とする第 2 の条件は，物体が 2 つの点$\mathbf{r_1}$，$\mathbf{r_2}$（または 1，2 と短く書く）の間を移動するときに，力によってなされる仕事に関係する。

$$W(1 \to 2) = \int_1^2 \mathbf{F} \cdot d\mathbf{r} \qquad (4.10)$$

図 4.3 は，2 つの位置 1 と 2，およびそれらをつなぐ 3 つの異なる経路を示している。積分 (4.10) によって定義される点 1 と点 2 との間でなされる仕事は，3 つの経路a, b, cのいずれを粒子がたどるかによって，異なる値となる可能性がある。たとえば，重い木箱を床に押し付けた際の動摩擦力を考える。この力，つ

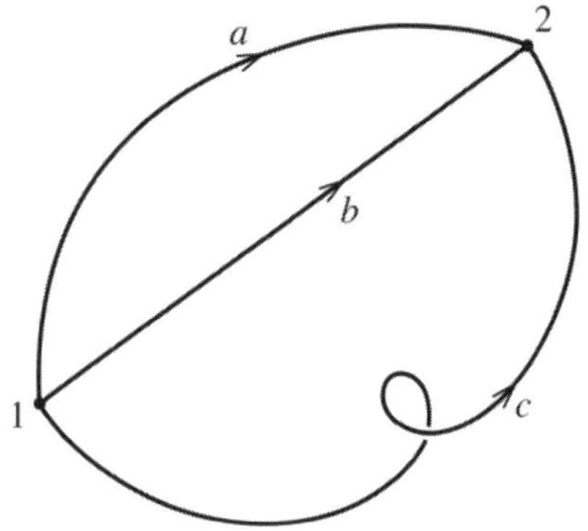

図 4.3 同じ 2 つの点 1 と 2 を結ぶ，3 つの異なる経路a, b, c。

まりF_{fric}は一定の大きさを持っており，その方向は常に運動とは反対である。したがって，木箱が 1 から 2 に移動するときの摩擦による仕事は（4.10）で与えられ，

$$W_{fric}(1 \to 2) = -F_{fric}L$$

となる。ここでLは，経路の長さである。図 4.3 の 3 つの経路は長さが異なるため，$W_{fric}(1 \to 2)$は 3 つの経路のそれぞれで，異なる値を持つ。

一方で同じ 2 点 1 と 2 を結ぶどの経路でも，$W(1 \to 2)$が同じであるという性質を持つ力が存在する。この性質を持つ力の例は，地表面に近い物体に働く地球からの重力$\mathbf{F}_{grav} = m\mathbf{g}$である。このことは，簡単に示すことができる（問題 4.5）。なぜなら$\mathbf{g}$が垂直方向の定ベクトルであるため，この場合になされる仕事は以下のようになる。

$$W_{grav}(1 \to 2) = -mgh \tag{4.11}$$

ここでhは，点 1 と点 2 の間の垂直方向の高さである。ここでなされる仕事は，与えられた点 1 と点 2 の間の任意の 2 つの経路で同じである。力がおこなう仕事が経路について独立しているというこの特徴は，それが保存力であるために満足さなければならないものである。今や 2 つの条件を述べる準備が整った。

力が保存力であるための条件

粒子に作用する力$\mathbf{F}$は，以下の 2 つの条件を満たす場合にのみ**保存力**である。

(i) $\mathbf{F}$は粒子の位置$\mathbf{r}$のみに依存する（速度$\mathbf{v}$，時間t，またはその他のすべての変数には依存しない）。すなわち，$\mathbf{F} = \mathbf{F}(\mathbf{r})$である。

(ii) 任意の 2 つの点 1 と 2 について，$\mathbf{F}$によってなされる仕事$W(1 \to 2)$は，1 と 2 の間のすべての経路について同じである。

「保存」という名前の由来と重要な概念は，次のとおりである。物体のすべての力が保存力である場合，位置の関数である$U(\mathbf{r})$で表される位置エネルギー（または単に PE）と呼ばれる量を定義することができ，力学的エネルギー

$$E = KE + PE = T + U(\mathbf{r}) \tag{4.12}$$

は定数となる。つまり，Eは保存される。

与えられた保存力に対応する位置エネルギー$U(\mathbf{r})$を定義するために，まずはUがゼロと定義される基準点$\mathbf{r_0}$を選択する。（たとえば地表面付近の重力の場合，地表面でUをゼロと定義することが多い。）次に，任意の地点$\mathbf{r}$における**位置エネルギー**$U(\mathbf{r})$を，以下のように定義する[3]。

$$U(\mathbf{r}) = -W(\mathbf{r}_0 \to \mathbf{r}) \equiv -\int_{r_0}^{r} \mathbf{F}(\mathbf{r}') \cdot \mathrm{d}\mathbf{r}' \qquad (4.13)$$

言い換えると，図 4.4 のように粒子が基準点$\mathbf{r}_0$から点$\mathbf{r}$に移動する場合，$U(\mathbf{r})$は$\mathbf{F}$によっておこなわれる仕事を負にしたものである。（マイナス記号をつける理由は，まもなくわかるであろう。）定義（4.13）は，保存力（ii）の性質があるために，意味があるものとなっていることに注意してほしい。(4.13) の積分が異なる経路について異なる場合，（4.13）は一意関数$U(r)$を定義しない[4]。

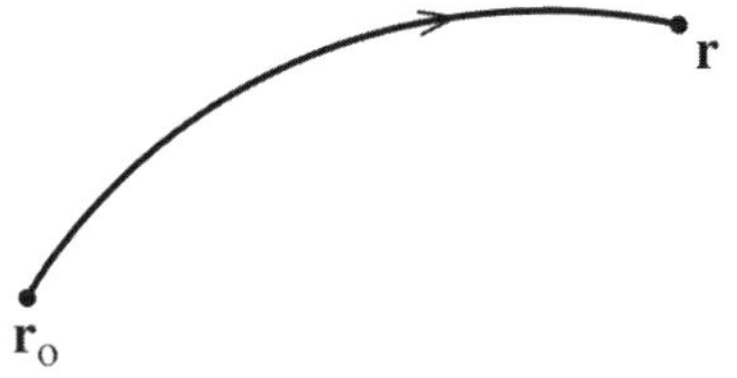

図 4.4 任意の点$\mathbf{r}$における位置エネルギー$U(\mathbf{r})$は，粒子が基準点$\mathbf{r_0}$から$\mathbf{r}$に移動する場合に$\mathbf{F}$によっておこなわれる仕事の負数として定義される。この仕事が経路に依存していない場合にのみ力は保存的であり，またこの定義は一意な関数$U(\mathbf{r})$を与える。

例 4.2 均一電場内の荷電粒子の位置エネルギー

荷電粒子qが強度E_0でx方向を指す均一電場内に置かれており，そのためqには$\mathbf{F} = q\mathbf{E} = qE_0\hat{\mathbf{x}}$の力が働く。この力は保存力であることを示し，対応する位置エネルギーを求める。

---

[3] 上限の$\mathbf{r}$との混乱を避けるために，積分変数$\mathbf{r}'$を利用したことに注意すること。

[4] 定義（4.13）は保存力の（i）の性質にも，やや微妙な方法で依存する。$\mathbf{F}$が$\mathbf{r}$以外の他の変数（たとえばtまたは$\mathbf{v}$）に依存する場合，（4.13）の右辺は粒子が$\mathbf{r}_0$から$\mathbf{r}$にいつどのように移動したかに依存し，再び一意に定義された$U(\mathbf{r})$とはならない。

任意の経路に沿って，任意の 2 つの点 1 と 2 との間を移動する間に$\mathbf{F}$によっておこなわれる仕事は

$$W(1 \to 2) = \int_1^2 \mathbf{F} \cdot d\mathbf{r} = qE_0 \int_1^2 \hat{\mathbf{x}} \cdot d\mathbf{r} = qE_0 \int_1^2 dx = qE_0(x_2 - x_1) \quad (4.14)$$

である。これは，2 つの端点 1 と 2 にのみ依存する（実際には，x座標x_1, x_2だけに依存する）。これにより確かに経路とは無関係であり，力は保存力であることがわかる。対応する位置エネルギー$U(\mathbf{r})$を定義するために，まずはUがゼロになる基準点$\mathbf{r_0}$を，選択しなければならない。自然な選択はそれを原点$\mathbf{r_0} = 0$にすることであり，この場合の位置エネルギーは$U(r) = -W(0 \to \mathbf{r})$，つまり（4.14）にしたがって以下のようになる。

$$U(\mathbf{r}) = -qE_0 x$$

ここで位置エネルギー$U(r)$を使って，$\mathbf{F}$によっておこなわれた仕事についての重要な表現を導出する。図 4.5 で示したように，$\mathbf{r_1}, \mathbf{r_2}$を任意の 2 点とする。$\mathbf{r_0}$が$U(r)$がゼロである基準点である場合，図 4.5 から明らかなように，

$$W(\mathbf{r_0} \to \mathbf{r_2}) = W(\mathbf{r_0} \to \mathbf{r_1}) + W(\mathbf{r_1} \to \mathbf{r_2})$$

となる。それゆえ，以下のようになる。

$$W(\mathbf{r_1} \to \mathbf{r_2}) = W(\mathbf{r_0} \to \mathbf{r_2}) - W(\mathbf{r_0} \to \mathbf{r_1}) \quad (4.15)$$

右辺の 2 つの項のそれぞれは，対応する点における位置エネルギー（のマイナス）である。したがって，左辺はこれらの 2 つの位置エネルギーの差に過ぎないことがわかる。

$$W(\mathbf{r_1} \to \mathbf{r_2}) = -[U(\mathbf{r_2}) - U(\mathbf{r_1})] = -\Delta U \quad (4.16)$$

仕事・運動エネルギー定理（4.7）と組み合わせると，この結果の有用性が明らかになる。

$$\Delta T = W(\mathbf{r_1} \to \mathbf{r_2}) \quad (4.17)$$

これを（4.16）と比較すると，

$$\Delta T = -\Delta U \quad (4.18)$$

となる。または右辺を左辺に動かすと[5]，

5　これでUの定義におけるマイナス記号の理由がわかる。この定義だと(4.18)の右辺がマイナスとなるが，これにより(4.19)の左辺がプラスとなる。

$$\Delta(T+U)=0 \tag{4.19}$$

となる。すなわち**力学的エネルギー**

$$E=T+U \tag{4.20}$$

は，粒子が$\mathbf{r_1}$から$\mathbf{r_2}$に移動するにつれて変化しない。点$\mathbf{r_1}$，$\mathbf{r_2}$は粒子の軌道上の任意の2点であるため，重要な結論が得られる。粒子に働く力が保存力であれば，粒子の力学的エネルギーは決して変化しない。すなわち粒子のエネルギーは保存されており，「保存」という言葉が使用されている意味がわかる。

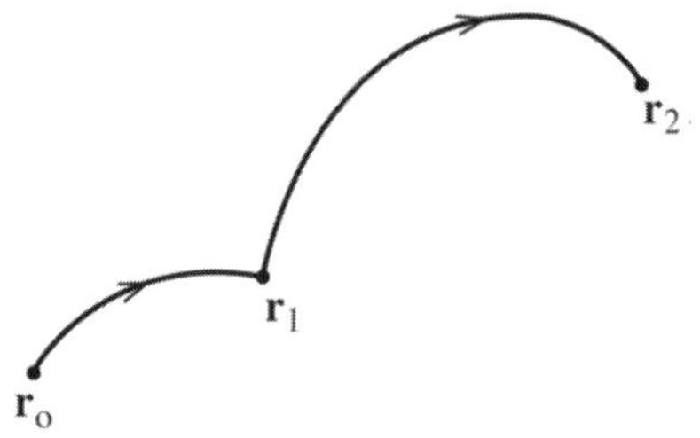

図 4.5 $\mathbf{r_1}$から$\mathbf{r_2}$に向かう仕事$W(\mathbf{r_1}\to\mathbf{r_2})$は，$W(\mathbf{r_0}\to\mathbf{r_2})$ から$W(\mathbf{r_0}\to\mathbf{r_1})$を引いたものと同じである。この結果は，関係する力が保存力であれば，どのような経路をたどるかは無関係である。

いろいろな力

これまで，単一の保存的な力に支配された単一粒子におけるエネルギーの保存を調べてきた。粒子が複数の力を受けている場合，それらのすべてが保存力であるなら，これまでの結果は容易に一般化される。たとえば，ばねにより天井から吊り下げられた物体を想像してみよう。この物体は重力($\mathbf{F_{grav}}$)とばねの力($\mathbf{F_{spr}}$)の，2つの力を受ける。（既に述べたように）重力は確かに保存力である。そしてばねがフックの法則に従うなら，$\mathbf{F_{spr}}$も保存力である（問題4.42を参照)。$\mathbf{F_{grav}}$の場合はU_{grav}，$\mathbf{F_{spr}}$の場合はU_{spr}というように，各々の力に対してそれぞれ別々の位置エネルギーを定義することができ，Uの変化が対応する力によっておこなわれた（マイナスの）仕事を与えるという，重要な性質（4.16）を持つ。仕事・運動エネルギー定理によれば，物体の運動エネルギーの変化は，

$$\begin{aligned}\Delta T &= W_{grav}+W_{spr}\\ &= -\left(\Delta U_{grav}+\Delta U_{spr}\right)\end{aligned} \tag{4.21}$$

となる。ここで2行目は，2つの別々の位置エネルギーの特性によった。この方程式を再整理すると，$\Delta(T+U_{grav}+U_{spr})=0$であることがわかる。つまり

$E=T+U_{grav}+U_{spr}$ と定義される全力学的エネルギーは，保存される。

力がすべて保存的である場合，上で述べたことは粒子に働く力が n 個の場合に直ちに拡張される。各力 $\mathbf{F}_i$ について，対応する位置エネルギー U_i を定義すれば以下を得る。

単一粒子におけるエネルギー保存の原理

粒子に作用する n 個の力 $\boldsymbol{F}_i\ (i=1,\cdots,n)$ のすべてが，対応する位置エネルギー $U_i(r)$ を有する保存力である場合，以下で定義される**全力学的エネルギー**

$$E\equiv T+U\equiv T+U_1(\mathbf{r})+\cdots+U_n(\mathbf{r}) \tag{4.22}$$

は，時間に対して一定である。

非保存的な力

粒子に働く力の一部が非保存的である場合，対応する位置エネルギーを定義することはできない。また保存される力学的エネルギーを定義することもできない。それにもかかわらず，我々はすべての保存力に対して位置エネルギーを定義し，非保存力が粒子の力学的エネルギーをどのように変化させるかを示す形式で，仕事・運動エネルギー定理を再構築することができる。まず粒子に働く力を 2 つの部分，すなわち保存力の部分 $\mathbf{F}_{\mathrm{cons}}$ と非保存力の部分 $\mathbf{F}_{\mathrm{nc}}$ に分ける。$\mathbf{F}_{\mathrm{cons}}$ では位置エネルギーを定義することができ，これを U と呼ぶことにする。仕事・運動エネルギー定理によって，任意の 2 つの時間の間の運動エネルギーの変化は，以下のようになる。

$$\Delta T=W=W_{cons}+W_{nc} \tag{4.23}$$

右辺の最初の項はちょうど $-\Delta U$ であり，$\Delta(T+U)=W_{nc}$ となるように左辺に動かすことができる。力学的エネルギーを $E=T+U$ と定義すると，

$$\Delta E\equiv\Delta(T+U)=W_{nc} \tag{4.24}$$

となる。もはや力学的エネルギーは保存されないが，非保存力が粒子におこなった仕事の量だけ力学的エネルギーは変化する，ということが言える。多くの問題では，唯一の非保存的な力は動摩擦力であり，通常は負の仕事をする（摩擦力 $\mathbf{f}$ は

運動方向とは逆方向であるため，$\mathbf{f}\cdot d\mathbf{r}$は負である)。この場合$W_{nc}$は負であり，(4.24) は物体が摩擦によって「盗まれた」量の力学的エネルギーを失うことを教えてくれる。これらすべての事柄は，以下の簡単な例で示される。

例 4.3　斜面を滑り落ちるブロック

例 1.1 のブロックをもう一度考え，斜面の底に到達したときの速さvを，出発点からの距離dで求める。

ブロックの配置と，それに働く力を図 4.6 に示す。ブロックに働く 3 つの力は，重力$\mathbf{w} = m\mathbf{g}$，斜面の垂直抗力$\mathbf{N}$，および摩擦力$\mathbf{f}$であり，例 1.1 で見たようにその大きさは$f = \mu mg\cos\theta$である。重力$m\mathbf{g}$は保存力であり，対応する位置エネルギーは（おそらく読者は入門物理学の内容からわかっているであろうが，問題 4.5 を参照してもよい）

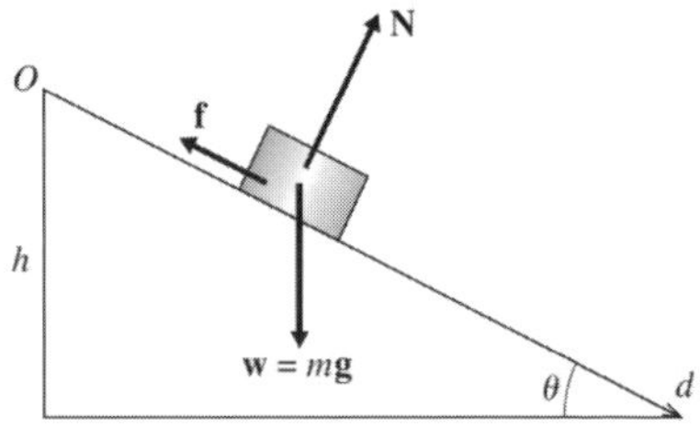

図 4.6 角度θの傾斜上のブロック。勾配の長さはdであり，その高さは$h = d\sin\theta$である。

$$U = mgy$$

である。ここでyは，ブロックの垂直方向の高さを斜面の底部より上に測ったものである（底部の PE をゼロとした場合)。垂直抗力は運動の方向に対して垂直であるので仕事はせず，エネルギーの増減には寄与しない。摩擦力は$W_{fric} = -fd = -\mu mgd\cos\theta$である。運動エネルギーの変化は$\Delta T = T_f - T_i = mv^2/2$であり，位置エネルギーの変化は$\Delta U = U_f - U_i = -mgh = -mgd\sin\theta$である。したがって (4.24) は，

$$\Delta T + \Delta U = W_{fric}$$

または

$$\frac{1}{2}mv^2 - mgd\sin\theta = -\mu mgd\cos\theta$$

となる。vについて解くと，以下のようになる。

$$v = \sqrt{2gd(\sin\theta - \mu\cos\theta)}$$

いつものように，読者はこの答えが常識と合致していることを確認しておく必要がある。たとえば$\theta = 90°$のとき，期待される答えが得られているだろうか。$\theta = 0$のときはどうか。（$\theta = 0$の場合は，やや微妙な部分がある。）

4.3　位置エネルギーの勾配としての力

力$\mathbf{F}(\mathbf{r})$に対応する位置エネルギー$U(\mathbf{r})$は，（4.13）のように$\mathbf{F}(\mathbf{r})$の積分として表すことができることが分かった。これは$\mathbf{F}(\mathbf{r})$を，$U(\mathbf{r})$のある種の導関数として書くことができることを示唆している。この考えが正しいことをこれから証明するが，それをおこなうにはこれまで出会ったことのない数学が必要となる。具体的には，$\mathbf{F}(\mathbf{r})$はベクトル[一方で$U(\mathbf{r})$はスカラーである]なので，ベクトル解析に関する数学が必要となる。

位置エネルギー$U(\mathbf{r})$に対応する保存力$\mathbf{F}(\mathbf{r})$が作用する粒子を考え，$\mathbf{r}$から$\mathbf{r} + \mathrm{d}\mathbf{r}$までの小さな変位の間に，$\mathbf{F}(\mathbf{r})$によっておこなわれた仕事を調べる。この仕事は 2 通りの方法で評価することができる。一方は定義によるもので，(dx, dy, dz)の小さな変位$\mathbf{dr}$に関するものである。

$$
\begin{aligned}
W(\mathbf{r} \to \mathbf{r} + d\mathbf{r}) &= \mathbf{F} \cdot d\mathbf{r} \\
&= F_x dx + F_y dy + F_z dz
\end{aligned}
\tag{4.25}
$$

他方，仕事$W(\mathbf{r} \to \mathbf{r} + d\mathbf{r})$は変位による PE の（負の）変化と同じである。

$$
\begin{aligned}
W(\mathbf{r} \to \mathbf{r} + d\mathbf{r}) &= -dU = -[U(\mathbf{r} + d\mathbf{r}) - U(\mathbf{r})] \\
&= -[U(x + dx, y + dy, z + dz) - U(x, y, z)]
\end{aligned}
\tag{4.26}
$$

2 行目では，Uが 3 つの変数(x, y, z)の関数であることを強調するために，位置ベクトル$\mathbf{r}$をその要素で置き換えた。さて 1 変数関数については，（4.26）のような差分を微分で表すことができる。

$$
df = f(x + dx) - f(x) = \frac{df}{dx} dx \tag{4.27}
$$

これは微分の定義に過ぎない[6]。$U(x, y, z)$のような 3 変数関数に対して，これに

6　厳密に言えば，この方程式は$dx \to 0$の極限でのみ正しい。いつものように，dxが（0 ではないが）十分小さく，選ばれた精度目標の中で両辺は等しいという見解を採用する。

対応する結果は次のようになる。

$$dU = U(x+dx, y+dy, z+dz) - U(x,y,z)$$
$$= \frac{\partial U}{\partial x}dx + \frac{\partial U}{\partial y}dy + \frac{\partial U}{\partial z}dz \tag{4.28}$$

ここで 3 つの導関数は，3 つの独立変数(x,y,z)に関する偏導関数である。[たとえば，$\partial U/\partial x$はy,zを固定し，xを変化させたときのUの変化率である。この場合はy,zを定数として扱い，$U(x,y,z)$をxで微分することによって求められる。これに関する例については，問題 4.10 と 4.11 を参照してほしい。] (4.26) に (4.28) を代入すると，$\mathbf{r}$から$\mathbf{r}+d\mathbf{r}$までの微小変位でおこなわれる仕事は

$$W(\mathbf{r} \to \mathbf{r}+d\mathbf{r}) = -\left[\frac{\partial U}{\partial x}dx + \frac{\partial U}{\partial y}dy + \frac{\partial U}{\partial z}dz\right] \tag{4.29}$$

である。

2 つの式 (4.25) と (4.29) は，いずれも微小変位$d\mathbf{r}$に対して成立する。特にx方向を指すように$d\mathbf{r}$を選ぶことができるが，この時は$dy = dz = 0$であり，(4.25)と(4.29)の両方で最後の 2 つの項がゼロになる。残りの項を等しいと見なすと，$F_x = -\partial U/\partial x$であることがわかる。$y$または$z$方向を指すように$d\mathbf{r}$を選択すると，$F_y, F_z$に対応する結果が得られる。

$$F_x = -\frac{\partial U}{\partial x}, \quad F_y = -\frac{\partial U}{\partial y}, \quad F_z = -\frac{\partial U}{\partial z}$$

すなわち$\mathbf{F}$は，3 つの成分x,y,zに関するUの 3 つの偏微分を負にした要素を持つベクトルである。この結果を，以下のようにやや簡潔に表す。

$$\mathbf{F} = -\hat{\mathbf{x}}\frac{\partial U}{\partial x} - \hat{\mathbf{y}}\frac{\partial U}{\partial y} - \hat{\mathbf{z}}\frac{\partial U}{\partial z} \tag{4.31}$$

ベクトル（$\mathbf{F}$）とスカラー（U）の間の関係式（4.31）は，物理学において繰り返し出現する。たとえば，電場$\mathbf{E}$は全く同じ形で静電ポテンシャルVと関係している。より一般的には，任意のスカラー$f(\mathbf{r})$が与えられると，3 つの成分が$f(\mathbf{r})$の偏導関数であるベクトルはfの**勾配**と呼ばれ，∇fと表される。

$$\nabla f = \hat{\mathbf{x}}\frac{\partial f}{\partial x} + \hat{\mathbf{y}}\frac{\partial f}{\partial y} + \hat{\mathbf{z}}\frac{\partial f}{\partial z} \tag{4.32}$$

記号∇fは「グラジエントf」と呼ばれる。記号∇それ自体は「グラジエント」ま

たは「デル」または「ナブラ」と呼ばれる。この表記では，(4.31) は

$$\mathbf{F} = -\nabla U \tag{4.33}$$

となる。この重要な関係は，定義 (4.13) がUを$\mathbf{F}$の積分として与えたのと同じように，Uの導関数として力$\mathbf{F}$を与える。力$\mathbf{F}$を (4.33) の形で表すことができると，$\mathbf{F}$は**位置エネルギーから導き出せる**。したがって，いかなる保存力も位置エネルギーから導き出せることが示された[7]。

例 4.4 Uから$\mathbf{F}$を求める

ある粒子の位置エネルギーは$U = Axy^2 + B\sin Cz$であり，A, B, Cは定数である。これに対応する力は，何であろうか。

$\mathbf{F}$を求めるためにやるべきことは，(4.31) の 3 つの偏微分を評価することだけである。これをおこなうには，$\partial U/\partial x$はyとzを定数として扱い，xに関して微分することで計算できることなどを，理解しておく必要がある。したがって，$\partial U/\partial x = Ay^2$などとなり，最終結果は次のようになる。

$$\mathbf{F} = -(\hat{\mathbf{x}}Ay^2 + \hat{\mathbf{y}}2Axy + \hat{\mathbf{z}}BC\cos Cz)$$

fを (4.32) から削除し，以下のように記載することは往々にして便利である。

$$\nabla = \hat{\mathbf{x}}\frac{\partial}{\partial x} + \hat{\mathbf{y}}\frac{\partial}{\partial y} + \hat{\mathbf{z}}\frac{\partial}{\partial z} \tag{4.34}$$

この表記では，∇はスカラーfに適用できるベクトル微分演算子で，(4.32) で与えられたベクトルを生成する。

勾配についての極めて有用な応用例は (4.28) で与えられ，右辺は$\nabla U \cdot d\mathbf{r}$と表

7 ここでは標準的な用語にしたがっている。保存力がエネルギーを保存し，位置エネルギーから導き出せるようなものを「保存的」と定義していることに注目してほしい。これは時には，混乱を生じさせることがある。なぜなら，何の仕事もせずにエネルギーを保存する力（電荷に働く磁気力，または滑る物体に働く垂直抗力など）があるが，位置エネルギーから導かれないため，ここで定義した意味では「保存的」ではないからである。この不運な混乱はめったに問題を引き起こすことはないが，読者の心のどこかにそれを留めておいてほしい。

せる。したがってUを任意のスカラーfで置き換えると，微小変位$d\mathbf{r}$の結果としてのfの変化は，以下のようになる。

$$df = \nabla f \cdot d\mathbf{r} \tag{4.35}$$

この有用な関係は，1変数関数に対する（4.27）の3次元版である。これは，勾配が1次元における常微分の3次元版であるという意味を示している。

以前に∇という表記に出会ったことがないなら，これから徐々に慣れていくであろう。一方（4.33）は，3つの方程式（4.30）の便利な略記として考えることができる。勾配を利用した練習は，問題4.12から4.19にある。

4.4　Fが保存力である第2の条件

力$\mathbf{F}$が保存力であるという2つの条件のうちの1つは，2つの任意の点1と2の間を移動する際になす仕事$\int_1^2 \mathbf{F}\cdot d\mathbf{r}$が，経路と独立していなければならないということであった。もし与えられた力がこの特徴を持っているかどうかを見分ける方法が分からないなら，読者はわき道にそれるのを許されるべきであろう。任意の2点の位置，およびそれらを結ぶ任意の経路の積分値を確かめることは，確かにもっともなことである。幸いにも我々は，このようなことをおこなう必要はない。解析的な形で与えられた力に，すばやく適用できる簡単な見分け方がある。この見分け方には，いわゆるベクトルの回転という，もう1つのベクトル解析の基本概念が含まれている。

力$\mathbf{F}$が所望の特徴を持つこと，つまりそれがおこなう仕事は経路とは無関係であることは，任意の場所で

$$\nabla \times \mathbf{F} = 0 \tag{4.36}$$

が満たされるときにのみ成立することを示すことができる。（ただし，ここではその証明はしない[8]。）物理量$\nabla \times \mathbf{F}$は$\mathbf{F}$の回転，または単に「回転$\mathbf{F}$」または「デ

---

8 条件（4.36）はストークスの定理と呼ばれる結果から導かれる。これを調べたいのであれば，問題4.25を参照して欲しい。詳細についてはベクトル解析，または物理数学の教科書を参照してほしい。特にMary Boas著『Mathematical Methods in the Physical Sciences』（Wiley，1983）の260ページをお勧めする。

ル・クロス$\mathbf{F}$」と呼ばれる。それは∇と$\mathbf{F}$のベクトル積として定義されるが，その際に∇の成分，すなわち$(\partial/\partial x, \partial/\partial y, \partial/\partial z)$を通常の数であるかのように取り扱う。これが何を意味するかを見るために，まずは2つの通常のベクトル$\mathbf{A}, \mathbf{B}$のベクトル積を考えてみよう。以下の表で，$\mathbf{A}, \mathbf{B}, \mathbf{A} \times \mathbf{B}$の成分を列挙した。

ベクトル	x成分	y成分	z成分
$\mathbf{A}$	A_x	A_y	A_z
$\mathbf{B}$	B_x	B_y	B_z
$\mathbf{A} \times \mathbf{B}$	$A_yB_z - A_zB_y$	$A_zB_x - A_xB_z$	$A_xB_y - A_yB_x$

(4.37)

$\nabla \times \mathbf{F}$の成分は，第1行の項目が微分演算子であることを除いて，全く同じ方法で求められる。そのため，以下のようになる。

ベクトル	x成分	y成分	z成分
∇	$\partial/\partial x$	$\partial/\partial y$	$\partial/\partial z$
$\mathbf{F}$	F_x	F_y	F_z
$\nabla \times \mathbf{F}$	$\frac{\partial}{\partial y}F_z - \frac{\partial}{\partial z}F_y$	$\frac{\partial}{\partial z}F_x - \frac{\partial}{\partial x}F_z$	$\frac{\partial}{\partial x}F_y - \frac{\partial}{\partial y}F_x$

(4.38)

(4.36) が，$\int_1^2 \mathbf{F} \cdot d\mathbf{r}$が経路に依存しないという条件と明らかに等価であると主張することは難しいが，以下の例に示すように，経路の独立性を判断する際に容易に適用できる。

例4.5　クーロン力は保存力か

原点に固定された電荷Qから，荷電粒子qに働く力$\mathbf{F}$を考える。その力が保存力であることを示し，また対応する位置エネルギーUを求める。さらに$-\nabla U = \mathbf{F}$であることを確認する。

ここで問題となっている力は，図4.7 (a) に示すようなクーロン力である。

$$\mathbf{F} = \frac{kqQ}{r^2}\hat{\mathbf{r}} = \frac{\gamma}{r^3}\mathbf{r} \tag{4.39}$$

ここでkはクーロン定数$1/(4\pi\epsilon_0)$であり，γは定数kqQの略である。最後の式から$\mathbf{F}$の成分を読み取ることができ，(4.38) を使用して$\nabla \times \mathbf{F}$の成分を計算することができる。たとえばx成分は，以下のようになる。

$$(\nabla \times \mathbf{F})_x = \frac{\partial}{\partial y}F_z - \frac{\partial}{\partial z}F_y = \frac{\partial}{\partial y}\left(\frac{\gamma z}{r^3}\right) - \frac{\partial}{\partial z}\left(\frac{\gamma y}{r^3}\right) \tag{4.40}$$

この式にある2つの微分は，簡単に計算できる。まず$\partial z/\partial y = \partial y/\partial z = 0$であるので，(4.40) を次のように書き直すことができる。

$$(\nabla \times \mathbf{F})_x = \gamma z\left(\frac{\partial}{\partial y}r^{-3}\right) - \gamma y\left(\frac{\partial}{\partial z}r^{-3}\right) \tag{4.41}$$

次に

$$r = (x^2 + y^2 + z^2)^{1/2}$$

であることを思い出してほしい。そのため，たとえば以下が成立する。

$$\frac{dr}{dy} = \frac{y}{r} \tag{4.42}$$

(チェーンルールを使用して，これが成立することを確認せよ。) (4.41) の2つの導関数を (チェーンルールを再度利用して) 計算すると，以下のようになる。

$$(\nabla \times \mathbf{F})_x = \gamma z\left(\frac{-3}{r^4}\frac{y}{r}\right) - \gamma y\left(\frac{-3}{r^4}\frac{z}{r}\right) = 0$$

他の2つの要素の計算もまったく同じ結果となり (読者がこの結果を信じられない場合は，そのことを確認せよ)，$\nabla \times \mathbf{F} = 0$となることがわかる。(4.36) に

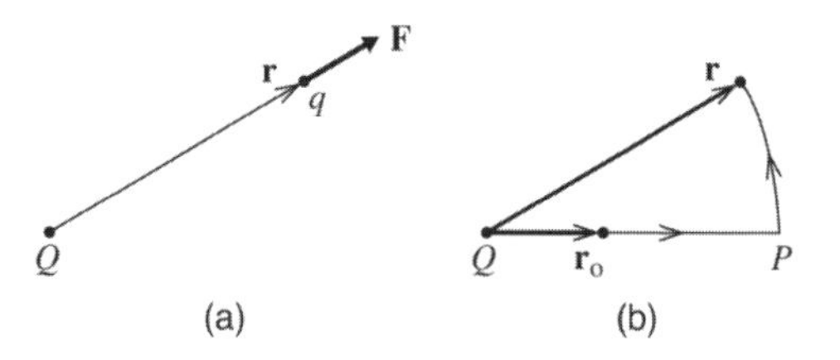

図 4.7 (a) 荷電粒子qに働く，固定電荷Qからのクーロン力$\mathbf{F} = \gamma\hat{\mathbf{r}}/r^2$。(b) qが$\mathbf{r_0}$から$\mathbf{r}$に移動するときに$\mathbf{F}$がおこなう仕事は，半径方向の外側のPから，$\mathbf{r}$までの経路に沿って評価することができる。

よれば，$\mathbf{F}$は保存力であるための第 2 の条件を満たすことが保証される。また最初の条件（変数$\mathbf{r}$のみに依存する）も確かに満たすので，$\mathbf{F}$が保存力であることが証明された。($\nabla \times \mathbf{F} = 0$の証明は，球面極座標を用いたほうが素早くおこなえる。問題 4.22 を参照。)

位置エネルギーは，仕事積分（4.13）から定義される。

$$U(\mathbf{r}) = -\int_{\mathbf{r_0}}^{r} \mathbf{F}(\mathbf{r}') \cdot d\mathbf{r}' \tag{4.43}$$

ここで$\mathbf{r_0}$は$U(\mathbf{r_0}) = 0$となる（まだ指定されていない）基準点である。幸いにもこの積分は経路とは無関係であるので，最も便利な経路を選択することができる。その可能性の 1 つが，図 4.7（b）に示されている。この経路ではPとラベル付けされた半径方向外側の点まで行き，次に（Qを中心とする）円のまわりを$\mathbf{r}$まで進む道のりが選択されている。最初の経路では$\mathbf{F}(\mathbf{r}')$と$d\mathbf{r}'$は同一直線上にあり，$\mathbf{F}(\mathbf{r}') \cdot d\mathbf{r}' = (\gamma/r'^2)dr'$である。第 2 の経路では$\mathbf{F}(\mathbf{r}')$と$d\mathbf{r}'$は垂直であるため，この経路に沿って仕事はおこなわれず，全体の仕事は最初の経路での仕事のみになる。

$$U(\mathbf{r}) = -\int_{\mathbf{r_0}}^{r} \frac{\gamma}{r'^2} dr' = \frac{\gamma}{r} - \frac{\gamma}{r_0} \tag{4.44}$$

最後に，この種の問題では無限遠を基準点$\mathbf{r_0}$と選択するのが普通である。そのため 2 番目の項はゼロである。この選択をした後（γをkqQで置き換えると），Qによる電荷qの位置エネルギーの既知の公式に到達する。

$$U(\mathbf{r}) = U(r) = \frac{kqQ}{r} \tag{4.45}$$

この答えが位置ベクトル$\mathbf{r}$の大きさrにのみ依存し，方向には依存しないことに注意してほしい。

∇Uを調べるために，そのx成分を評価しよう。

$$(\nabla U)_x = \frac{\partial}{\partial x}\left(\frac{kqQ}{r}\right) = -\frac{kqQ}{r^2}\frac{\partial r}{\partial x} \tag{4.46}$$

ここで最後の式は，チェーンルールに従った。微分$\partial r/\partial x$はx/r[（4.42）と比較せよ]であるので，（4.39）から

$$(\nabla U)_x = -kqQ\frac{x}{r^3} = -F_x$$

となる。他の 2 つの要素もまったく同じようになり，以下が成立する。

$$\nabla U = -\mathbf{F} \tag{4.47}$$

4.5 時間依存性がある位置エネルギー

保存力に関する第2条件($\nabla \times \mathbf{F} = 0$) を満たすが，時間依存性のため第1条件を満たさない力$\mathbf{F}(r,t)$を考えることがある。この場合，依然として$\mathbf{F} = -\nabla U$という性質を持つ位置エネルギー$U(\mathbf{r},t)$を定義することはできるが，もはや全力学的エネルギー$E = T + U$が保存されることはない。これらの主張を正当化する前に，このような状況の例を挙げておく。図4.8は，湿った空気からゆっくりと地面に漏れる，電荷$Q(t)$を有する帯電した導電性球（たとえば，バンデグラーフ起電機）の近傍にある，小さな電荷qを示している。$Q(t)$は時間と共に変化するので，小さな電荷qに及ぼす力は明らかに時間に依存している。それにもかかわらず，力の空間的依存性は，例4.5の時間非依存性のクーロン力（133ページ）と同じである。その例とまったく同じ分析をおこなうと，$\nabla \times \mathbf{F} = \mathbf{0}$であることがわかる。

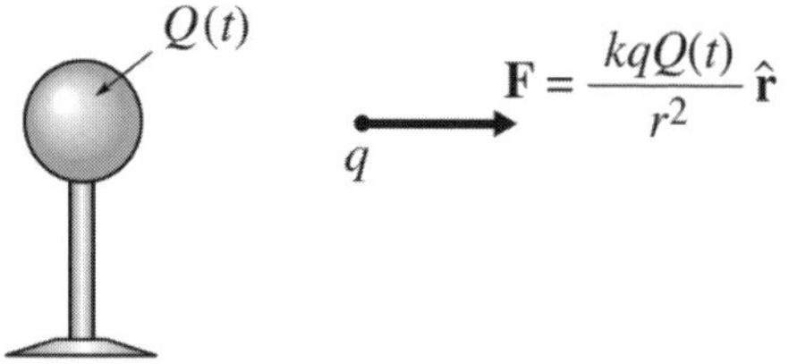

図4.8導電性球上にある電荷$Q(t)$はゆっくりと漏れているので，小さな電荷qの力は，その位置$\mathbf{r}$が一定であっても，時間とともに変化する。

ここで上記の主張を正当化しよう。まず$\nabla \times \mathbf{F}(\mathbf{r},t) = 0$なので，(4.36) で使用された同じ数学定理により，（任意の時間tで評価した）仕事に関する積分$\int_1^2 \mathbf{F}(\mathbf{r},t) \cdot d\mathbf{r}$は，経路に依存しないことが保証される。これは，関数$U(\mathbf{r},t)$が(4.13)と類似の積分で定義できることを意味している。

$$U(\mathbf{r},t) = -\int_{\mathbf{r}_0}^{\mathbf{r}} \mathbf{F}(\mathbf{r}',t) \cdot d\mathbf{r}' \tag{4.48}$$

そして以前と同じようにして，$\mathbf{F}(\mathbf{r},t) = -\nabla U(\mathbf{r},t)$となる（問題4.27を参照）。この場合，力$\mathbf{F}$は時間に依存した位置エネルギー$U(\mathbf{r},t)$から導くことができると言える。

これまでのすべての議論は以前におこなったものと変わらないが，ここから筋書きが変わる。力学的エネルギーを$E = U + T$と定義することはできるが，もはやEは保存されない。(4.19) からの議論を注意深く見直すと，何がうまくいかないか知ることができるかもしれないが，一方で粒子がその経路上を移動すると，$E = U + T$が変化することを直接示すことができる。以前のように時間tおよび$t + dt$において，粒子が存在する経路上の任意の 2 つの隣接点を考える。(4.4) から，運動エネルギーの変化は以下のようになる。

$$dT = \frac{dT}{dt}dt = (m\dot{\mathbf{v}} \cdot \mathbf{v})dt = \mathbf{F} \cdot d\mathbf{r} \tag{4.49}$$

一方，$U(\mathbf{r}, t) = U(x, y, z, t)$は 4 つの変数$(x, y, z, t)$の関数であり，

$$dU = \frac{\partial U}{\partial x}dx + \frac{\partial U}{\partial y}dy + \frac{\partial U}{\partial z}dz + \frac{\partial U}{\partial t}dt \tag{4.50}$$

となる。右辺の最初の 3 つの項は，$\nabla U \cdot d\mathbf{r} = -\mathbf{F} \cdot d\mathbf{r}$となる。したがって

$$dU = -\mathbf{F} \cdot d\mathbf{r} + \frac{\partial U}{\partial t}dt \tag{4.51}$$

である。これを (4.49) に加えると，最初の 2 つの項はキャンセルされ，

$$d(T + U) = \frac{\partial U}{\partial t}dt \tag{4.52}$$

となる。明らかに，力学的エネルギー$E = T + U$が保存されるのは，Uがtから独立している（すなわち$\partial U/\partial t = 0$）ときだけである。

図 4.8 の例に戻り，この結論からエネルギーの保存に何が起こったかを理解することができる。図 4.8 の位置に電荷qを静止させ，また球の電荷は漏れている状況を考える。これらの条件の下ではqの KE は変化しないが，位置エネルギー$kqQ(t)/r$はゆっくりとゼロに減少する。明らかに，$T + U$は一定ではない。確かに力学的エネルギーは保存されないが，全エネルギーは保存されることに注意が必要である。力学的エネルギーの損失は，放電電流が周囲の空気を加熱することによる熱エネルギーの増加と，正確に釣り合う。この例は，力学エネルギーが他の何らかの形のエネルギー，または注目している系の外部にある他の物体の力学的エネルギーに変換されるような状況下では，位置エネルギーは明示的に時間に依存することを示している。

4.6 線形1次元系のエネルギー

これまで，3次元で自由に動く粒子のエネルギーについて議論してきた。多くの興味深い問題には，ただ1つの次元で動くように制約されている物体に関するものが含まれており，またそのような問題を調べることは一般的な場合よりもはるかに簡単である。面白いことに，物理学者が「1次元系」という言葉で意味するものには，多少の曖昧さがある。入門物理学の教科書の多くは，1次元系の運動を議論することから始めるが，これは（列車など）完全に真っすぐな軌道上を移動する物体を意味する。このような線形系を議論する際には，x軸を軌道と一致するように取り，物体の位置を単一の座標xで指定する。この節では，線形1次元系に焦点を当てる。しかし，曲がりくねった軌道上にあるジェットコースターのように，単一のパラメータでその位置を指定できる多くの複雑な系も存在する（たとえば，軌道に沿ったジェットコースターの距離など）。次節で説明するように，このような曲線1次元系のエネルギー保存の取り扱いは，真っすぐな軌道と同じくらい簡単である。

まず，完全な直線軌道（これをx軸とする）に沿って移動するように制約された物体を考えてみよう。仕事に関係する力$\mathbf{F}$の唯一の要素はx成分であり，他の2つの成分を無視することができる。したがって，$\mathbf{F}$によっておこなわれる仕事は，次の1次元積分となる。

$$W(x_1 \to x_2) = \int_{x_1}^{x_2} F_x(x)dx \tag{4.53}$$

力が保存力である場合，F_xは2つの条件を満たさなければならない：(i) 位置xにのみ依存しなければならない。[既に積分（4.53）を書いていることで，このことは暗示されている。]

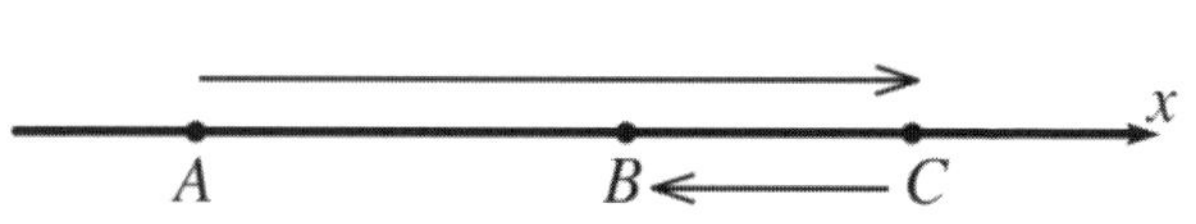

図 4.9 $ABCB$と呼んでいる経路は，AからBを経てCに行き，Bまで戻る。

(ii) 仕事（4.53）は経路とは独立していなければならない。1次元系の際立った特徴は，第1の条件が既に第2の条件を保証していることであり，したがって後者は余計な条件となることである。この特徴を理解するには，1次元では2つの点を結ぶ経路の選択肢がほとんどないことを認識するだけでよい。たとえば，図 4.9 に示す 2 点 A と B を考えてみよう。点 AB 間の最も単純な経路は，Aから Bへ直接行く経路（この経路を「AB」と呼ぶ）である。図に示されている別の可能性は，AからBを経てCへ，そしてBへの戻るものである（これを「$ABCB$」と呼ぶ)。この経路に沿っておこなわれた仕事は，次のように分割できる。

$$W(ABCB) = W(AB) + W(BC) + W(CB)$$

ここで力が位置xにのみ依存する場合[条件 1]，BからCに向かう際になされた仕事の増分は，CからBへの対応する仕事と完全に等しい（ただし反対の符号である)。すなわち右辺の最後の 2 つの項は打ち消しあい，以下の期待された結果になる。

$$W(ABCB) = W(AB)$$

もちろん，何度も前後に往復するAからBへの道筋を作り出すことができるが，ちょっと考えてみると，そのような経路は直接経路ABが 1 回で，残りのすべてが対となって打ち消しあういくつかの部分に分割できることがわかる。したがって，AとBの間の任意の経路でおこなわれる仕事は，直接経路ABでなされる仕事と同じであり，1 次元では保存力の第 1 の条件が第 2 の条件を保証することが証明された。

位置エネルギーのグラフ

1 次元系の第 2 の有用な特徴は，ただ 1 つの独立変数（x）を用いて位置エネルギー$U(x)$を描くことができるため，これから見ていくように，系の挙動を容易に視覚化できることである。対象とする物体に働くすべての力が保存力であると仮定して，位置エネルギーを以下のようにあらわす。

$$U(x) = -\int_{x_0}^{x} F_x(x')dx' \tag{4.54}$$

ここでF_xは，粒子に働く合力のx成分である。たとえばフックの法則に従うばねの端に取り付けられた物体に働く力は$F_x = -kx$であり，基準点$x_0 = 0$を選択すると，（4.54）はフックの法則にしたがう任意のばねにおいて

$$U(x) = \frac{1}{2}kx^2$$

となる。

3 次元での結果$\mathbf{F} = -\boldsymbol{\nabla}U$に対応して，1 次元ではより簡単な以下の結果が得ら

れる。

$$F_x = -\frac{dU}{dx} \tag{4.55}$$

図4.10のようにxに対する位置エネルギーを描くと，物体のふるまいを定性的に見ることができる。力の方向は（4.55）において$U(x)$のグラフ上で「下り坂」として与えられ，x_1であれば左に，x_2であれば右に働く。その結果，物体は常に「下り坂」の方向に加速する。これは，常に下り坂を加速するジェットコースターの動きを思い起こさせる性質である。この類推は偶然ではない。ジェットコースターの場合，$U(x)$はmgh（hは地上からの高さ）であり，xに対する$U(x)$のグラフはxに対するhのグラフと同じ形をしているため，軌道と同じである。任意の1次元系に対して，常にジェットコースターの図式としての$U(x)$のグラフを考えることができ，一般的な意味ではここで説明したように，様々な場所における運動の状態を教えてくれる。

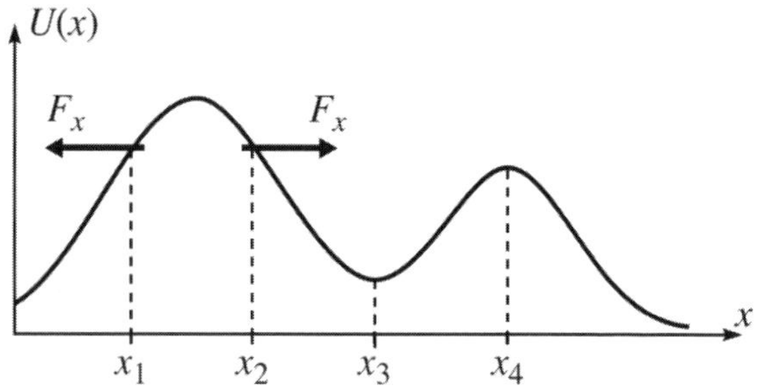

図 4.10 任意の 1 次元系において$\boldsymbol{x}$に対する位置エネルギー$\boldsymbol{U(x)}$のグラフは，ローラーコースターの軌跡の図式と考えることができる。力$F_x = -dU/dx$は，x_1とx_2では物体を「下り坂」に押す傾向がある。$U(x)$が最小または最大である点x_3およびx_4において，$dU/dx = 0$であり，力はゼロである。そのような点は平衡点である。

$dU/dx = 0$であり$U(x)$が最小値または最大値であるx_3およびx_4のような点では，力はゼロであり，物体は平衡状態に留まることができる。すなわち条件$dU/dx = 0$は，平衡点を意味する。$d^2U/dx^2 > 0$かつ$U(x)$が最小であるx_3において，平衡からの小さな変位は物体を平衡に戻す力を引き起こす（x_3の右側で左に戻り，x_3の左側で右に戻る）。つまり$d^2U/dx^2 > 0$かつ$U(x)$が最小となる平衡点は，安定な平衡点である。$d^2U/dx^2 < 0$で$U(x)$が最大であるx_4のような平衡点では，小さな変位は平衡から離れる力につながるので，その平衡は不安定である。

物体が運動している場合，その運動エネルギーは正であり全エネルギーは必然的に$U(x)$より大きい。たとえば，物体が図 4.11 の平衡点$x = b$付近のどこかを移動しているとする。その全エネルギーは$U(b)$より大きくなければならず，たとえばEで示される値に等しいとすることができる。物体がbの右にあり，右に移動している場合，その PE は増加し，物体は c（$U(c) = E$，KE はゼロ）とラベル付けされた**転向点**に達するまで KE は減少する必要がある。$x = c$で物体は停止し，左に戻って$x = b$に向かって加速する。物体は再び KE がゼロになるまで停止することはできない。これは$U(a) = E$で，物体が右に戻って加速する転向点aで起こる。ここで起こったことが繰り返されるので，物体が 2 つの丘の間で運動を始め，そのエネルギーが両方の丘の頂点よりも低い場合，物体は谷または「井戸」に閉じ込められ，$U(x) = E$となる 2 つ点の間を無限に振動する

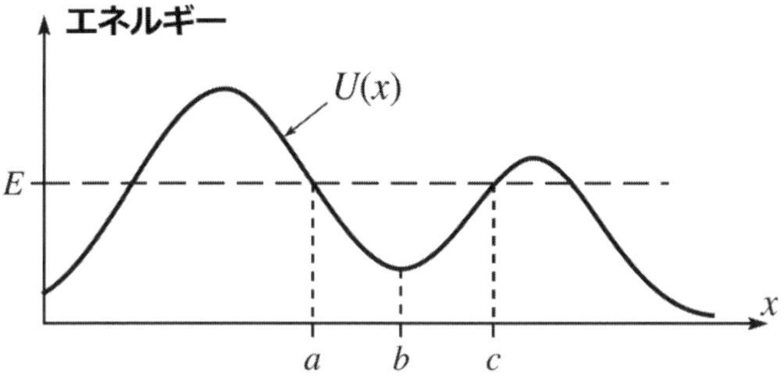

図 4.11 物体が$x = b$の近くで示されているエネルギーEの状態から始める。物体は 2 つの丘の間の谷または「井戸」に閉じ込められ，$U(x) = E$で運動エネルギーがゼロである$x = a$およびcの転向点の間で振動する。

物体が 2 つの丘の間で再び運動を始めるが，そのエネルギーは左の丘よりも低いが右の丘の頂上よりも高いと仮定する。この場合，右のどの場所でも$E > U(x)$であるので右方向に逃げることができるし，ひとたびその方向に動けば，物体を止めることはできない。最後に，エネルギーが両方の丘より高い場合，物体はいずれの方向にも逃げることができる。

ここで得られた結果は，多くの分野で重要な役割を果たしている。分子物理学の例が，図 4.12 に示されている。この図は HCl などの典型的な 2 原子分子の位置エネルギーを，2 つの原子間の距離の関数として示したものである。（HCl の

場合について言うと），この位置エネルギー関数は，水素原子がより重い塩素原子の内外を振動する際の半径方向の運動を決める。2つの原子が遠く（無限に）離れており，かつ静止している場合に，エネルギーがゼロと選ばれている。独立変数は，その定義により常に正で$0 \leq r < \infty$となる，原子間距離rであることに注意してほしい。$r \to 0$の場合，位置エネルギーは極めて大きくなるが，これは（原子核のクーロン反発力のために）2つの原子が非常に接近した際には，互いに反発することを示す。エネルギーが正の場合（$E > 0$），H原子はそれをとらえることができる「丘」がないため，無限遠に逃げることができる。H原子は無限遠から近づくことができるが，転向点$r = a$で停止し，（エネルギーの一部を持ち去る機構がない場合），無限遠に再び移動する。一方$E < 0$の場合，H原子は捕獲され，$r = b$および$r = d$で示される2つの転向点の間を行き来する。また平衡点は，$r = c$と示されている点にある。我々が通常HCl分子と考えるものに対応するのは，$E < 0$の状態である。このような分子を形成するためには，2つの別個の原子（$E > 0$）が$r = c$付近に集まっていなければならない。そして光の放出のようないくつかのプロセスにより，$E < 0$で捕獲された2つの原子となるよう，十分なエネルギーが取り除れかなければならない。

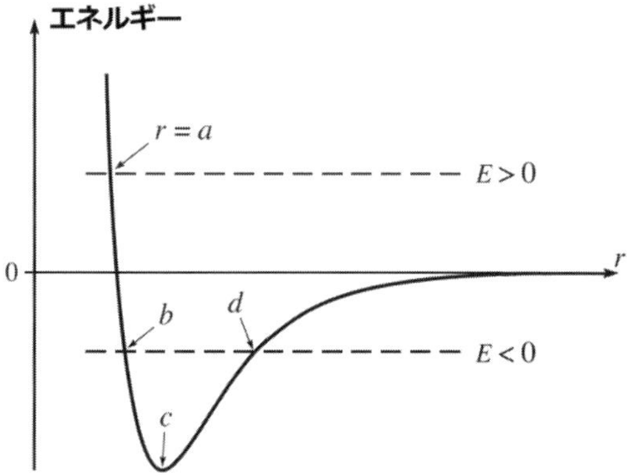

図4.12 2原子間の距離rの関数として描かれた，HClなどの典型的な2原子分子の位置エネルギー。$E > 0$の場合，2つの原子は転向点$r = a$より近づくことはできないが，無限に離れることはできる。$E < 0$の場合，2つの原子はb, dの転向点の間に閉じ込められ，結合分子を形成する。平衡距離は$r = c$である。

運動の完全な解

1 次元保存系の 3 番目の顕著な特徴は，少なくとも原理的にはエネルギーの保存を使用することで運動の完全な解，すなわち位置xを時間tの関数として得ることができることである。（問題において与えられた）既知の関数$U(x)$と，初期条件によって決定されるEのもとで$E = T + U(x)$が保存されるので，$T = \frac{1}{2}m\dot{x}^2 = E - U(x)$となり，速度$\dot{x}$を$x$の関数として解くことができる。

$$\dot{x}(x) = \pm\sqrt{\frac{2}{m}}\sqrt{E - U(x)} \tag{4.56}$$

（エネルギーを考えても速度の方向を決定することができないため，符号にあいまいさが残ることに注意してほしい。この理由により，ここで説明する方法は通常は 3 次元問題ではうまく機能しない。1 次元系では，$\dot{x}$の符号を直観的に決定することがほぼ常にできる。ただし，そのことをやらないといけないことに注意すること。）

速度をxの関数として表せると，変数分離法を使って次のようにxをtの関数として求めることができる。まず定義$\dot{x} = dx/dt$を，次のように書き直す。

$$dt = \frac{dx}{\dot{x}}$$

[$\dot{x} = \dot{x}(x)$であるので，これで変数tとxを分離したことになる。] 次に初期位置と最終位置の間で積分して，以下を得る。

$$t_f - t_i = \int_{x_i}^{x_f} \frac{dx}{\dot{x}} \tag{4.57}$$

これは，注目している初期位置と最終位置との間の移動時間を与える。これに（4.56）の$\dot{x}$を代入すると（$\dot{x}$が正であると仮定して），時間 0 の初期位置x_0から時間tの任意の位置xに行く時間は，

$$t = \int_{x_0}^{x} \frac{dx'}{\dot{x}(x')} = \sqrt{\frac{m}{2}}\int_{x_0}^{x} \frac{dx'}{\sqrt{E - U(x')}} \tag{4.58}$$

となる。（いつものように，上限xとの混乱を避けるために，積分変数をx'に変更した。）積分（4.58）は，問題で与えられた$U(x)$の特定の形式に依存する。与えられた$U(x)$に対して積分をおこなうことができる[少なくとも数値的におこなうことができる]と仮定すると，tをxの関数として求めることができる。次の簡単な例が示すように，最後にxをtの関数として解くことができると，解が完成する。

例 4.6　自由落下

時間$t = 0$で，塔の上から石を落とす。エネルギー保存の原理を使い，石の位置x（塔の頂点を$x = 0$とし，下方向に測定）をtの関数として求める。ただし，空気抵抗を無視する。

石に働く唯一の力は重力であるが，それはもちろん保存力である。対応する位置エネルギーは，以下のようになる。

$$U(x) = -mgx$$

（xは下側に測られていることに注意すること。）$x = 0$のときには石が静止しているので，全エネルギーは$E = 0$であり，（4.56）によると速度は

$$\dot{x}(x) = \sqrt{\frac{2}{m}}\sqrt{E - U(x)} = \sqrt{2gx}$$

という（初等運動学においてよく知られている結果）になる。したがって

$$t = \int_0^x \frac{dx'}{\dot{x}(x')} = \int_0^x \frac{dx'}{\sqrt{2gx'}} = \sqrt{\frac{2x}{g}}$$

となり，予期されたように，tをxの関数として求めることができた。これを解くと，おなじみの結果が得られる。

$$x = \frac{1}{2}gt^2$$

重力の位置エネルギー$U(x) = -mgx$を含むこの単純な例は，多くの異なる（より単純な）方法で解くことができるが，ここで使用されたエネルギー保存を利用する方法は，任意の位置エネルギー関数$U(x)$に対して使用できる。場合によっては，積分（4.58）を初等関数で評価することができ，問題の解析的な解を得ることができる。たとえば，$U(x) = \frac{1}{2}kx^2$（ばねの端に取り付けられた物体など）の場合，積分は逆正弦関数となることがわかる。これはxが時間とともに正弦的に振動することを意味する（問題 4.28 を参照）。ある位置エネルギーについては，初等関数を利用した積分をおこなうことはできないが，関数表を用いて解くことができる可能性がある（問題 4.38 を参照）。またある問題については，積分（4.58）を数値的におこなうことが唯一の方法となることもある。

4.7　曲線形の 1 次元系

今まで議論してきた 1 次元系は，座標xで指定された位置から直線状の経路に沿って移動するように制約された物体についてのものであった。物体の位置が単一の数で指定されている限り 1 次元であると言える，その他のより一般的な系がある。このような 1 次元系の 1 つの例は，図 4.13 に示された湾曲した剛性ワイヤに通されたビーズである。（他の例は，曲線軌道に制限されたジェットコースターである。）ビーズの位置は，適切に選ばれた原点 O から，曲線に沿って測定された距離sという単一のパラメータによって指定することができる。今から示すように，このような座標の選択により湾曲した 1 次元の経路に対する議論は，まっすぐな経路の場合と密接に関連する。

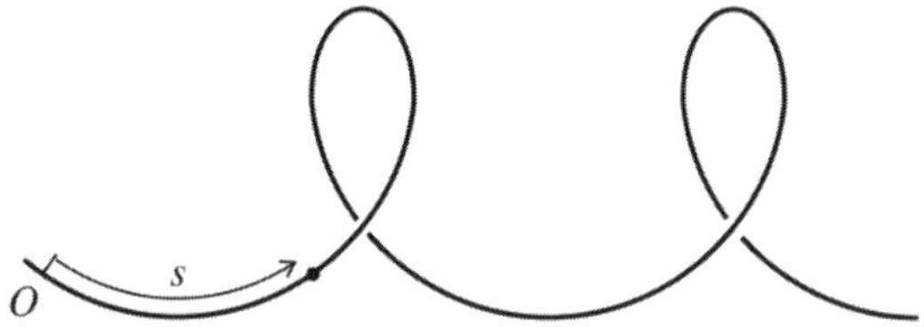

図 4.13 湾曲した軌道上を移動するように制約された物体は，（軌道に沿って測定される）原点からの物体の距離sによって特定される位置を持つ，1 次元系と考えることができる。図で示された系は，2 重ループに曲げられた剛性ワイヤを通されたビーズである。

ビーズの座標sは，直線経路上の台車の座標xに対応している。ビーズの速さは$\dot{s}$と簡単に分かり，またその運動エネルギーは直線経路でのおなじみの$T=\frac{1}{2}m\dot{x}^2$と対応して

$$T=\frac{1}{2}m\dot{s}^2$$

である。力はもう少し複雑である。ビーズが湾曲したワイヤ上を移動するとき，垂直抗力はゼロではない。しかしながら垂直抗力はビーズが湾曲経路にしたがって進むように制限をつけるものである。（このため，垂直抗力は拘束力と呼ばれる）。一方，垂直抗力は仕事をしないため，力の接線成分F_{tang}が，我々の主な関心事となる。特に（直線経路上で$F_x=m\ddot{x}$と同じように）これを

$$F_{tang}=m\ddot{s}$$

と表わせることを示すことは簡単である（問題 4.32）。さらに，接線方向の成分

を持つビーズに働く力がすべて保存力である場合，$F_{tang} = -dU/ds$のような位置エネルギー$U(s)$を定義することができる。さらに全力学的エネルギー$E = T + U(s)$は一定である。4.6 節の全体の説明は，今や曲ったワイヤ上のビーズ（または1次元経路上を移動するように制約された他の物体）に適用できるようになった。特に$U(s)$が最小となる点は安定な平衡点であり，$U(s)$が最大となる点は不安定な平衡点である。

ワイヤ上のビーズよりはるかに複雑であると考えられるが，それにもかかわらず1次元であり，ほぼ同じ方法で扱うことができる多くの系がある。ここに，そのような例を挙げる。

例 4.7　円柱上で釣り合っている立方体の安定性

半径rの硬質ゴム円柱がその軸を水平にして固定され，質量m，一辺$2b$の木製立方体が円柱の上で釣り合っている。また立方体の中心は円柱の軸の上に垂直にあり，その4つの辺は軸に平行である。立方体は円柱のゴム上を滑ることはないが，図 4.14 に示すように左右に揺れることはできる。立方体の位置エネルギーを調べることによって，その中心が円柱上にある立方体の平衡が，安定しているか不安定であるかを調べる。

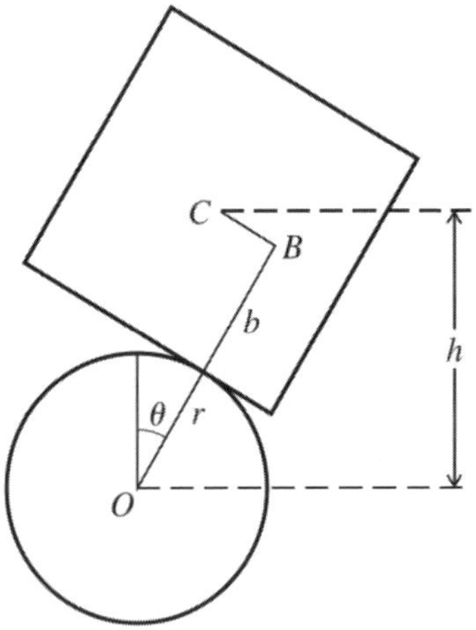

図 4.14 一辺$2b$と中心 C の立方体が，半径r，中心 O の固定された水平円柱上に置かれている。元々は C が O の上に置かれているが，滑らずに左右に回転できる。

最初に，系が1次元であることに留意されたい。なぜなら左右に揺れる位置は，たとえば回転した角度θのような単一の座標によって指定できるからである。（平衡点の中心から立方体までの距離sで指定することもできるが，角度はより便利である。いずれにしても系の位置が1つの座標で指定されている場合，その問題は確かに1次元である。）拘束力は，円柱から立方体上に働く垂直抗力および摩擦力である。すなわち，これらの2つの力は，図4.14に示すように立方体のみを動かせる。これらの力はどちらも仕事をしないので，考慮する必要はない。立方体に働く唯一のその他の力は重力であるが，我々はこれが保存力であり，また重力の位置エネルギーは立方体の中心に質点があるのと同じであることを，初等物理学から知っている。すなわち$U = mgh$であるが，ここでhは図4.14に示すように，原点から見たCの高さである（問題4.6参照）。OBとして示された線の長さはちょうど$r + b$であり，長さBCは立方体が円柱のまわりに回転した距離，すなわち$r\theta$である。したがって$h = (r + b)\cos\theta + r\theta\sin\theta$であり，位置エネルギーは

$$U(\theta) = mgh = mg[(r + b)\cos\theta + r\theta\sin\theta] \tag{4.59}$$

である。平衡位置（または位置）を求めるには，$dU/d\theta$がゼロになる点を見つけなければならない。（厳密に言えば，今のところこのような拘束系に対する，この非常にもっともらしい主張を証明していない。まもなくこのことについて，議論するつもりである。）微分をおこなうことは容易である。（読者自身がこれを確認すること。）

$$\frac{dU}{d\theta} = mg[r\theta\cos\theta - b\sin\theta]$$

これは$\theta = 0$でゼロになるので，明らかに$\theta = 0$が平衡点であることが確認できる。この平衡点が安定しているかどうかを判断するためには，再度微分して平衡位置での$d^2U/d\theta^2$の値を求めるだけでよい。結果は（$\theta = 0$において）以下のようになる。（自分自身で確認すること。）

$$\frac{d^2U}{d\theta^2} = mg(r - b) \tag{4.60}$$

立方体が円柱よりも小さい場合（すなわち$b < r$），この2次導関数は正であり，$\theta = 0$で$U(\theta)$が最小で平衡が安定していることがわかる。立方体が円柱上で平衡状態にある場合，それは無限にそこに残るであろう。一方，

立方体が円柱より大きい場合（$b > r$），2次導関数（4.60）は負であるので平衡は不安定であり，ほんのわずかの乱れも立方体を回転させて円柱の上から落下させる。

さらなる一般化

1次元系として記述できる，先の例以外の複雑な系が多数ある。そのような系は複数の物体を含むことがあるが，物体はその位置を記述するただ1つのパラメータのみを必要とするように，支柱またはひもによって結ばれている。そのような系の一例は，図4.15に示すアトウッドの器械であり，質量のない滑車に通された無質量で伸びることのないひもの両端に吊るされた，2つの質量m_1およびm_2の物体から構成されている。（滑車の質量を考慮することも簡単にできるが，説明を単純にするために，滑車は質量がないと仮定する。）2つの物体は上下に動くことができるが，ひもを通しての滑車のから力とひもを通しての物体からの力が物体を拘束するので，m_1が下降するまったく同じ距離だけ，m_2は上昇する。したがって系全体の位置は，たとえば図のように滑車の中心より下にあるm_1の高さxのような単一のパラ

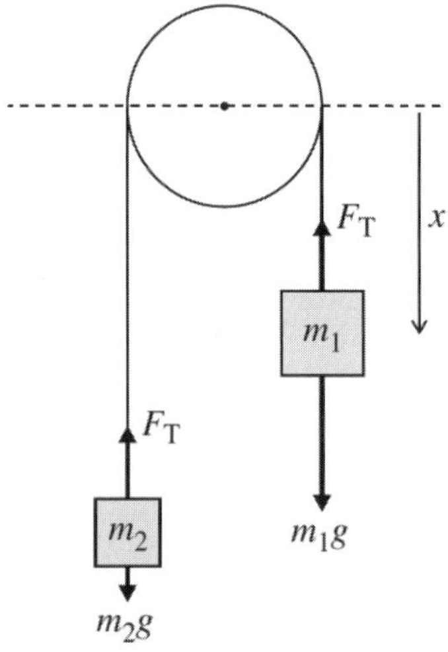

図4.15 2つの質量m_1およびm_2の物体が，無質量の摩擦のない滑車に通された，質量のない非伸縮性の糸で吊り下げられているアトウッドの器械。ひもの長さは固定されているので，系全体の位置は，適切に決められた任意の高さからm_1までの距離xで指定される。2つの物体に働く力は，それぞれの質量m_1g, m_2gと，張力F_T（滑車とひもには質量がないため，2つの張力は等しい）である。

メータで指定することができ，そのため系は 1 次元である[9]。

質量m_1とm_2の物体のエネルギーを考えてみよう。それらに働く力は重力と糸の張力である。重力は保存力であるため，重力に対する位置エネルギーU_1およびU_2を導入することができる。そして以前の考察により，系のいかなる変位においても，

$$\Delta T_1 + \Delta U_1 = W_1^{ten} \tag{4.61}$$

および

$$\Delta T_2 + \Delta U_2 = W_2^{ten} \tag{4.62}$$

が成立する。ここでW^{ten}は，m_1とm_2の張力によっておこなわれた仕事を表している。今摩擦がなければ，張力は糸のすべての部分に沿って同じである。したがって張力は確かに 2 つの個々の物体に作用するが，m_1が下に移動しm_2が等距離上に移動するとき（またはその逆），m_1によってなされる仕事は，m_2によってなされる仕事と大きさが同じで符号が反対である。つまり

$$W_1^{ten} = -W_2^{ten} \tag{4.63}$$

である。したがって，2 つのエネルギー方程式（4.61）と（4.62）を足し合わせると，ひもの張力を含む項がキャンセルされ，

$$\Delta(T_1 + U_1 + T_2 + U_2) = 0$$

となる。すなわち，全力学的エネルギー

$$E = T_1 + U_1 + T_2 + U_2 \tag{4.64}$$

は保存されている。この美しい結果は，ひもと滑車に対する拘束力が完全に消えてしまったことによる。

何らかの方法（弦，支柱，またはそれらが動かなければならない軌道などによって）によって動きが制限された複数の粒子を含む多くの系は，同じ方法で扱うことができることが分かっている。拘束力は系がどのように動くかを決定する上で極めて重要であるが，全体として見ると系に対して仕事をしない。したがって系の全エネルギーを考えると，拘束力は無視できる。特に他のすべての力が保存

---

9 読者は正しくも，物体が横向きもに動くと反論するかもしれない。これが心配ならば，垂直に立てられた無摩擦棒を各物体に差し込むことができるが，これらの棒は実際には必要ない。物体を横向きに押すことをしない限り，それぞれの物体はそれ自身の垂直線上にとどまる。

的であれば（アトウッドの器械の例と同様に），各粒子αの位置エネルギーU_αが定義でき，全エネルギー

$$E = \sum_{\alpha=1}^{N}(T_\alpha + U_\alpha)$$

は一定である。さらに系が 1 次元（アトウッドの器械のように位置が 1 つのパラメータで指定される場合）であれば，4.6 節で考えたすべての事項が適用される。

拘束された系の注意深い議論は，ニュートン力学よりもラグランジュ形式においてはるかに容易にできる。したがって，これ以上の深い議論を第 7 章まで延期する。具体的には，安定した平衡状態は通常は位置エネルギーの最小値に相当するという証明が，問題 7.47 でおこなわれる。

4.8 中心力

1 次元系の単純さのいくばくかを有する 3 次元系は中心力，すなわち固定された「力の中心」の方向に向いているか，またはその逆方向に向いている力の影響下にある粒子である。力の中心を原点にとると，中心力は以下の形となる。

$$\mathbf{F}(\boldsymbol{r}) = f(\mathbf{r})\hat{\mathbf{r}} \tag{4.65}$$

ここで$f(\boldsymbol{r})$は，力の大きさを与える（力が外向きであれば正，内向きなら負とする）。中心力のひとつの例は，原点にある第 2 の電荷Qによる電荷qに対するクーロン力である。これは以下の，よく知られた形をしている。

$$\mathbf{F}(\mathbf{r}) = \frac{kqQ}{r^2}\hat{\mathbf{r}} \tag{4.66}$$

これは明らかに（4.65）の例となっており，$f(\mathbf{r}) = kqQ/r^2$によって与えられる大きさを持つ関数を有する。クーロン力には，すべての中心力によって共有されない 2 つの追加の特性がある。まず我々が証明したように，それは保存力である。第 2 に，それは**球対称**または**回転不変**である。すなわち，（4.65）の大きさを持つ関数$f(\mathbf{r})$は$\mathbf{r}$の方向とは無関係であり，そのため原点から同じ距離にあるすべての点で同じ値を有する。球対称性のこの第 2 の特性を簡単に表す方法は，大きさを持つ関数$f(\mathbf{r})$がベクトル$\mathbf{r}$の大きさにのみ依存し，その方向は変化しないことを明示することである。そのため，以下のように書く。

$$f(\mathbf{r}) = f(r) \tag{4.67}$$

中心力の顕著な特徴は，今述べた 2 つの特性を持っていることである。保存的

な中心力は球対称であり，逆に球対称の中心力は保存力である。これらの2つの結果はさまざまな方法で証明することができるが，最も直接的な証明は球面極座標を使用することである。したがって何らかの証明を試みる前に，この座標系の定義を簡単に見直す。

球面極座標

点Pの位置は，原点OからPを指すベクトル$\mathbf{r}$によって指定される。ベクトル$\mathbf{r}$はその直交座標(x, y, z)によって指定することができるが，球対称の問題では，図4.16に定義されているように球面極座標(r, θ, ϕ)で$\mathbf{r}$を指定するほうがずっと便利である。座標rはPの原点からの距離，すなわち$r = |\mathbf{r}|$である。角度θは，$\mathbf{r}$とz軸との間の角度である。角度ϕは**方位角**と呼ばれることもあり，図に示された通りx軸から$\mathbf{r}$のxy平面上へ投影したもの間の角度である[10]。直交座標(x, y, z)を極座標(r, θ, ϕ)に変換する，またその逆をおこなうことは，簡単である（問題4.40）。たとえば図4.16を見れば，以下のようになることがわかるであろう。

$$x = r\sin\theta\cos\phi, \quad y = r\sin\theta\sin\phi, \quad z = r\cos\theta \tag{4.68}$$

読者が球面極座標を視覚化するのに役立つ素晴らしい例として，地球表面上の位置の指定がある。地球中心を原点に選ぶと，表面上のすべての点のrは同じ値，すなわち地球半径である[11]。したがって表面上の位置は，2つの角度(θ, ϕ)で表現できる。北極軸と一致するようにz軸を選ぶと，θは北極から下に測った点Pの緯度を与えることが容易にわかる。（緯度は伝統的に赤道から測られているので，角度θは「余緯度」と呼ばれることがある。）同様に，ϕはx軸を子午線とし東回りに測った経度である。

関数$f(\mathbf{r})$が球対称であるということは，$\mathbf{r}$を極座標で表したとき，fはθおよびϕとは無関係である。これは，$f(\mathbf{r}) = f(r)$を意味し，球対称であれば2つの偏微分$\partial f/\partial\theta$および$\partial f/\partial\phi$はどこでもゼロである。

10　ここで与えられた定義は物理学者が日常使うものであるが，ほとんどの数学の教科書では，θとϕの役割を逆転させていることに注意すること。

11　実際には地球は完全に球状ではないので，rはまったく一定ではないが，θとϕを与えることで表面上の任意の位置を指定できるという結論に変わりはない。

単位ベクトル$\hat{\mathbf{r}}, \hat{\boldsymbol{\theta}}, \hat{\boldsymbol{\phi}}$は，通常の方法で定義される。まず$\hat{\mathbf{r}}$は$\theta, \phi$を固定し，$r$が増加する方向を指す単位ベクトルである。したがって図 4.17 に示すように，ベクトル$\hat{\mathbf{r}}$は半径方向外側を指すので，$\mathbf{r}$方向の単位ベクトルにすぎない。(地表上では，$\hat{\mathbf{r}}$はその場所ごとの垂直上方向を向いている。) 同様に，$\hat{\boldsymbol{\theta}}$は$r, \phi$を固定して$\theta$を増加させる方向，すなわち経度線に沿って南方向を向いている。最後に，$\hat{\boldsymbol{\phi}}$はr, θを固定してϕを増加させる方向，すなわち緯度を表す円に沿って東方向に向く。

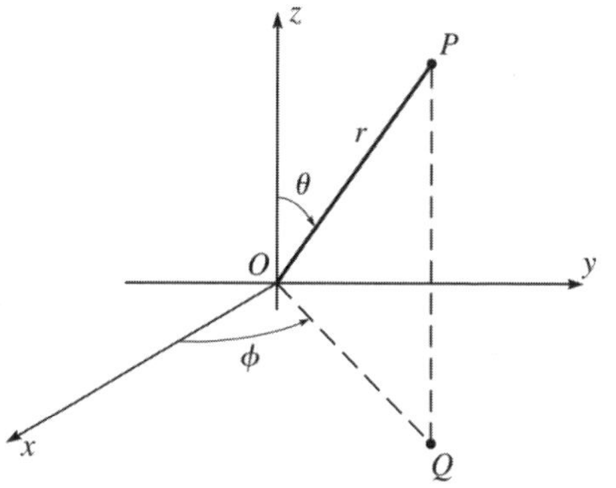

図 4.16 点 P の球面極座標(r, θ, ϕ)は，rを原点からの距離，θを線OPとz軸の間の角度，ϕをx軸からの線OQ。ここで，QはPのxy平面への投影である。

3 つの単位ベクトル$\hat{\mathbf{r}}, \hat{\boldsymbol{\theta}}, \hat{\boldsymbol{\phi}}$は互いに直交しているので，直交座標の場合と同様に球面極座標内のスカラー積を評価することができる。したがって，もし

$$\mathbf{a} = a_r\hat{\mathbf{r}} + a_\theta\hat{\boldsymbol{\theta}} + a_\phi\hat{\boldsymbol{\phi}}$$

および

$$\mathbf{b} = b_r\hat{\mathbf{r}} + b_\theta\hat{\boldsymbol{\theta}} + b_\phi\hat{\boldsymbol{\phi}}$$

であれば，以下のようになる。(各自，確認しておくこと。)

$$\mathbf{a}\cdot\mathbf{b} = a_r b_r + a_\theta b_\theta + a_\phi b_\phi \tag{4.69}$$

単位ベクトル$\hat{\mathbf{r}}, \hat{\boldsymbol{\theta}}, \hat{\boldsymbol{\phi}}$は，2 次元極座標の単位ベクトルと同様に，位置によって変化する。これからわかるように，この変動性は 2 次元の場合と同様，微分を含む多くの計算を複雑にする。

球面極座標における勾配

直交座標では，$\boldsymbol{\nabla} f$の成分はx, y, zに関するfの偏微分となることを見てきた。

$$\nabla f = \hat{\mathbf{x}}\frac{\partial f}{\partial x} + \hat{\mathbf{y}}\frac{\partial f}{\partial y} + \hat{\mathbf{z}}\frac{\partial f}{\partial z} \tag{4.70}$$

極座標における∇fの対応式は，それほど単純ではない。これを求めるには(4.35)，つまり微小変位$d\mathbf{r}$において，任意の関数$f(\mathbf{r})$における変化が

$$df = \nabla f \cdot d\mathbf{r} \tag{4.71}$$

であることを利用する。極座標の微小ベクトル$d\mathbf{r}$を評価するには，r, θ, ϕを変化させたときの点$\mathbf{r}$に何が起こるかを注意深く検討しなければならない。rの小さな変化drは，点を$\hat{\mathbf{r}}$の半径方向に距離drだけ移動させる。図 4.17 からわかるように，θの小さな変化$d\theta$は，経度の円（半径r）に沿って，点をθの方向に距離$rd\theta$だけ移動させる。（係数rに十分注意すること。距離は単なる$d\theta$ではない。）同様にϕの小さな変化$d\phi$は，緯度の円（半径$r\sin\theta$）のまわりに，点を距離$r\sin\theta d\phi$移動させる。これらをまとめると，

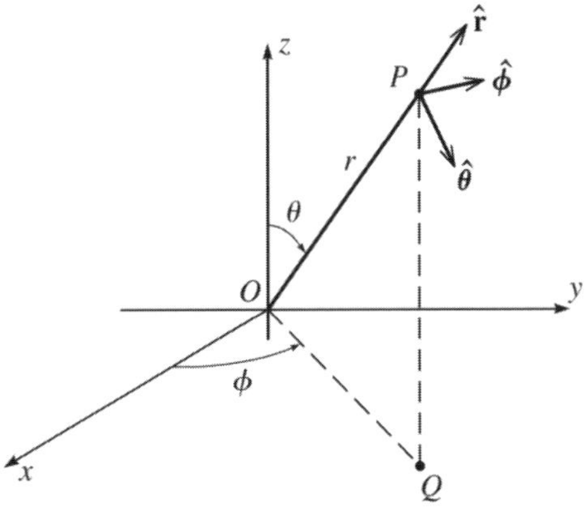

図 4.17 点Pにおける球面極座標の 3 つの単位ベクトル。ベクトル$\hat{\mathbf{r}}$は半径方向，$\hat{\boldsymbol{\theta}}$は緯度に沿って南方向，$\hat{\boldsymbol{\phi}}$は緯度を東まわりの方向を向く。

$$d\mathbf{r} = dr\hat{\mathbf{r}} + rd\theta\hat{\boldsymbol{\theta}} + r\sin\theta d\phi\hat{\boldsymbol{\phi}}$$

となる。$d\mathbf{r}$の成分が分かったので，∇fの未知成分に関して（4.71）のスカラー積を評価できるようになった。

$$df = (\nabla f)_r dr + (\nabla f)_\theta r d\theta + (\nabla f)_\phi r\sin\theta d\phi \tag{4.72}$$

一方，fは 3 つの変数r, θ, ϕの関数であるので，fの変化はもちろん，

$$df = \frac{\partial f}{\partial r}dr + \frac{\partial f}{\partial \theta}d\theta + \frac{\partial f}{\partial \phi}d\phi \tag{4.73}$$

である。（4.72）と（4.73）を比較すると，極座標における∇fの成分は

$$(\nabla f)_r = \frac{\partial f}{\partial r},\ \ (\nabla f)_\theta = \frac{1}{r}\frac{\partial f}{\partial \theta},\ \ (\nabla f)_\phi = \frac{1}{r\sin\theta}\frac{\partial f}{\partial \phi} \tag{4.74}$$

となる。これはまた，以下のようにより簡潔に表記できる。

$$\nabla f = \hat{\mathbf{r}}\frac{\partial f}{\partial r} + \hat{\boldsymbol{\theta}}\frac{1}{r}\frac{\partial f}{\partial \theta} + \hat{\boldsymbol{\phi}}\frac{1}{r sin\theta}\frac{\partial f}{\partial \phi} \tag{4.75}$$

ベクトル解析の回転および他の演算子にも同様の考察が適用されるが，これらはすべて直交座標より球面極座標（および他のすべての非直交座標）のほうが著しく複雑である。これらの演算子の式は非常に覚えにくいので，本書の巻末に，重要なものをリストアップしている。これらの証明は，ベクトル解析の教科書に見いだすことができる[12]。これらの考え方を基にして，中心力の問題に戻ろう。

保存的で球対称な中心力

先に中心力が球対称である場合にのみ，保存力となることを述べた。この主張は，いくつかの異なる方法で証明することができる。最も手っ取り早い証明方法（必ずしも最も洞察的なものではないが）は，球面極座標を使用するものである。最初に，中心力$\mathbf{F}(\mathbf{r})$が保存力であるなら，それは球対称でなければならないことを証明する。保存力であるので$-\nabla U$という形で表現することができるが，これは(4.75) によると

$$\mathbf{F}(r) = -\nabla U = -\hat{\mathbf{r}}\frac{\partial U}{\partial r} - \hat{\boldsymbol{\theta}}\frac{1}{r}\frac{\partial U}{\partial \theta} - \hat{\boldsymbol{\phi}}\frac{1}{r\sin\theta}\frac{\partial U}{\partial \phi} \tag{4.76}$$

となる。$\mathbf{F}(\mathbf{r})$は中心力であるので，その半径方向成分のみが非ゼロであり，(4.76)の後ろの 2 項はゼロでなければならない。そのためには，$\partial U/\partial\theta = \partial U/\partial\phi = 0$となることが必要である。すなわち$U(r)$は球対称であり，(4.76) は以下のようになる。

$$\mathbf{F}(r) = -\hat{\mathbf{r}}\frac{\partial U}{\partial r}$$

---

12 たとえば Mary Boas 著，『Mathematical Methods in the Physical Sciences』（Wiley, 1983）の 431 ページを参照。

Uは球対称（rのみに依存する）なので，$\partial U/\partial r$も同様に球対称であり，中心力$\mathbf{F}(r)$が球対称であることがわかる。この章の最後にある問題に，球対称な中心力は必然的に保存力となるという，逆の結果の証明に関するものを入れておく。（問題 4.43 と 4.44 を参照してほしい。しかしこれに関する最も単純な証明は，例 4.5 のクーロン力の解析をほぼ正確に模倣する方法である。）

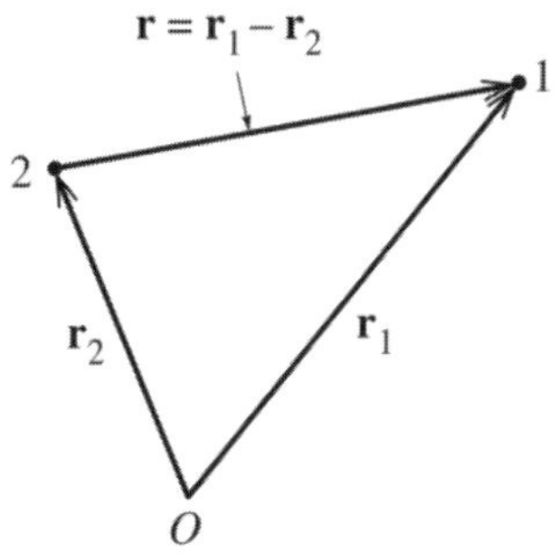

図 4.18 粒子 2 からの粒子 1 の方向を指すベクトル$\mathbf{r}$は，$\mathbf{r} = (\mathbf{r}_1 - \mathbf{r}_2)$である。

これらの結果の重要性は次のとおりである。第 1 に，中心力で球対称である力$\mathbf{F}(\mathbf{r})$はrのみに依存するため，1 次元力とほぼ同じくらい簡単に取り扱える。第 2 に，$\mathbf{F}(\mathbf{r})$は確かに 1 次元力ではないが（その方向は，依然としてθ, ϕに依存している），第 8 章において，このような種類の力を伴う問題は，数学的にはある種の 1 次元問題と同等であることがわかるであろう。

4.9　2 粒子系の相互作用エネルギー

これまでエネルギーに関する議論のほとんどは，単一の粒子（または粒子として近似できる任意の大きさの対象物）のエネルギーに焦点を当てていた。これから議論を多粒子系にまで拡張するが，まずは2粒子系から始めよう。この節では，2 つの粒子は$\mathbf{F}_{12}$（粒子 2 による粒子 1 への力）と$\mathbf{F}_{21}$（粒子 1 による粒子 2 への力）という力で相互作用するが，その他の外力は働かないと仮定する。一般に，力$\mathbf{F}_{12}$は両方の粒子の位置に依存する可能性があるので，

$$\mathbf{F}_{12} = \mathbf{F}_{12}(\mathbf{r}_1, \mathbf{r}_2)$$

と書ける。ニュートンの第 3 法則により，以下が成立する。

$$\mathbf{F}_{12} = -\mathbf{F}_{21}$$

このような 2 粒子系の例として，孤立している 2 連星を考えることができる。この場合，各星からの重力による 2 つの力のみが存在する。図 4.18 で示すように，星 2 から星 1 の方向を持つベクトルを$\mathbf{r}$で表すと，力$\mathbf{F}_{12}$はちょうどよく知ら

れている

$$\mathbf{F}_{12} = -\frac{Gm_1m_2}{r^2}\hat{\mathbf{r}} = -\frac{Gm_1m_2}{r^3}\mathbf{r}$$

となる。ベクトル$\mathbf{r}$は，2 つの位置$\mathbf{r}_1$および$\mathbf{r}_2$を使って書くことができる。実際，図 4.18 に示すように，

$$\mathbf{r} = \mathbf{r}_1 - \mathbf{r}_2$$

である。したがって力$\mathbf{F}_{12}$は，$\mathbf{r}_1$および$\mathbf{r}_2$の関数として以下のように表される。

$$\mathbf{F}_{12} = -\frac{Gm_1m_2}{|\mathbf{r}_1-\mathbf{r}_2|^3}(\mathbf{r}_1 - \mathbf{r}_2) \tag{4.77}$$

力 (4.77) の顕著な特徴は，それが 2 つの位置$\mathbf{r}_1, \mathbf{r}_2$の特定の組合せ$\mathbf{r}_1 - \mathbf{r}_2$にのみ依存するということである。この特徴は偶然ではなく，任意の孤立した 2 粒子系に当てはまる。その理由は，孤立系は**並進不変**でなければならないからである。粒子の相対的な位置を変えずに系を新しい位置に丸ごと平行移動させても，粒子間の力は同じままでなければならない。これは図 4.19 に示されているが，ここで点$\mathbf{r}_1$と点$\mathbf{r}_2$で第 1 ペアを，点$\mathbf{s}_1$と点$\mathbf{s}_2$で第 2 ペアを示し，$\mathbf{s}_1 - \mathbf{s}_2 = \mathbf{r}_1 - \mathbf{r}_2$である。2 つの点$\mathbf{r}_1$と$\mathbf{r}_2$は同時に$\mathbf{s}_1$と$\mathbf{s}_2$に平行移動できるため，$\mathbf{r}_1 - \mathbf{r}_2 = \mathbf{s}_1 - \mathbf{s}_2$を満たす任意の点について，$\mathbf{F}_{12}(\mathbf{r}_1, \mathbf{r}_2)$は$\mathbf{F}_{12}(\mathbf{s}_1, \mathbf{s}_2)$と同じでなければならない。言い換えれば$\mathbf{F}_{12}(\mathbf{r}_1, \mathbf{r}_2)$は，ここで要求されていたように$\boldsymbol{r}_1 - \boldsymbol{r}_2$にのみ依存し，

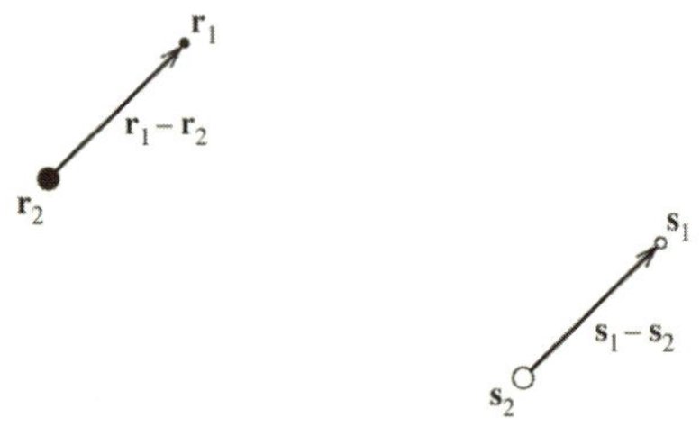

図 4.19 $\mathbf{r}_1 - \mathbf{r}_2 = \mathbf{s}_1 - \mathbf{s}_2$の場合，$\mathbf{r}_1, \mathbf{r}_2$の 2 つの粒子は相対位置に影響を与えずに$\mathbf{s}_1, \mathbf{s}_2$に丸ごと平行移動できる。これは$\mathbf{r}_1, \mathbf{r}_2$の粒子間の力が，$\mathbf{s}_1, \mathbf{s}_2$の力と同じでなければならないことを意味する。

$$\mathbf{F}_{12} = \mathbf{F}_{12}(\mathbf{r}_1 - \mathbf{r}_2) \tag{4.78}$$

である。

(4.78) の結果は，我々の議論を大幅に簡素化する。任意の都合のよい場所に$\mathbf{r}_2$を固定することにより，力$\mathbf{F}_{12}$についてほとんどすべてを調べることができる。特に，$\mathbf{r}_2$を一時的に原点にとることにしよう。その場合，(4.78) は$\mathbf{F}_{12}(\mathbf{r}_1)$とな

る。（この操作は，粒子 2 が原点に来るまで両方の粒子を平行移動させることに等しいが，そのような平行移動によって力が影響を受けないことを我々は知っている。）$\mathbf{r_2}$を固定すると，単一の粒子に対する力の議論が適用される。たとえば，粒子 1 に働く力$\mathbf{F_{12}}$が保存力である場合，それは以下のようになる。

$$\nabla_1 \times \mathbf{F_{12}} = \mathbf{0} \tag{4.79}$$

ここで∇_1は，粒子 1 の座標(x_1, y_1, z_1)に対する微分演算子である。

$$\nabla_1 = \hat{\mathbf{x}}\frac{\partial}{\partial x_1} + \hat{\mathbf{y}}\frac{\partial}{\partial y_1} + \hat{\mathbf{z}}\frac{\partial}{\partial z_1}$$

（4.79）が成り立つとき，粒子 1 の力が

$$\mathbf{F_{12}} = -\nabla_1 U(\mathbf{r_1})$$

と書けるような位置エネルギー$U(\mathbf{r_1})$を定義できる。これは，粒子 2 が原点にある場合の力$\mathbf{F_{12}}$を与える。それ以外の場所に粒子 2 がある場合には，$\mathbf{r_1}$を$\mathbf{r_1} - \mathbf{r_2}$に置き換えて任意の位置に変換するだけでよい。

$$\mathbf{F_{12}} = -\nabla_1 U(\mathbf{r_1} - \mathbf{r_2}) \tag{4.80}$$

$\partial/\partial x_1$のような演算子はx_1に定数を加えることによって変わらないので，演算子∇_1を変更する必要はないことに注意してほしい。

粒子 2 に働く反作用の力$\mathbf{F_{21}}$を計算するには，$\mathbf{F_{21}} = -\mathbf{F_{12}}$というニュートンの第 3 法則を利用するだけでよい。つまり，（4.80）の符号を変更するだけである。以下の関係

$$\nabla_1 U(\mathbf{r_1} - \mathbf{r_2}) = -\nabla_2 U(\mathbf{r_1} - \mathbf{r_2}) \tag{4.81}$$

に注意して，これを再度表現する。ここで，∇_2は粒子 2 の座標に対する勾配である。（これに関する証明については，チェーンルールを利用すること。問題 4.50 を参照。）$\mathbf{F_{21}}$を計算するために（4.80）の符号を変更する代わりに，∇_1を∇_2に変更し

$$\mathbf{F_{21}} = -\nabla_2 U(\mathbf{r_1} - \mathbf{r_2}) \tag{4.82}$$

を得る。方程式（4.80）と（4.82）は多粒子系に一般化した際の，素晴らしい結果となっている。これらの意味することを強調するために，以下のように再度表現する。

$$\left.\begin{aligned} (\text{粒子 1 に対する力}) &= -\nabla_1 U \\ (\text{粒子 2 に対する力}) &= -\nabla_2 U \end{aligned}\right\} \tag{4.83}$$

つまり単一の位置エネルギー関数Uが存在し，そこから両方の力を引き出すことができる。粒子1に働く力を求めるには，粒子1の座標に対してUの勾配をとるだけでよい。粒子2に働く力を求めるためには，粒子2の座標に対して勾配をとるだけでよい。

この結果を多粒子系に一般化する前に，2粒子系のエネルギーの保存について検討してみよう。図4.20に，2つの粒子の軌道を示している。短い時間間隔dtの間，粒子1はdr_1および粒子2はdr_2移動するが，その際に関連する力によって両方の粒子に対して仕事がおこなわれる。仕事・運動エネルギー定理により，

$$dT_1 = (\text{粒子 1 に対する仕事}) = d\mathbf{r_1}\cdot\mathbf{F_{12}}$$

が成立する。同様に

$$dT_2 = (\text{粒子 2 に対する仕事}) = d\mathbf{r_2}\cdot\mathbf{F_{21}}$$

も成立する。これらを加えると，全運動エネルギー$T = T_1 + T_2$の変化が見出され，

$$\begin{aligned} dT = dT_1 + dT_2 &= (\text{粒子 1 に対する仕事}) + (\text{粒子 2 に対する仕事}) \\ &= W_{tot} \end{aligned} \tag{4.84}$$

となる。ここで

$$W_{tot} = d\mathbf{r_1}\cdot\mathbf{F_{12}} + d\mathbf{r_2}\cdot\mathbf{F_{21}}$$

であり，両方の粒子に対しておこなわれた全仕事を示す。$\mathbf{F_{21}}$を$-\mathbf{F_{12}}$に置き換え，$\mathbf{F_{12}}$を（4.80）に置き換えると，W_{tot}は

$$W_{tot} = (d\mathbf{r_1} - d\mathbf{r_2})\cdot\mathbf{F_{12}} = d(\mathbf{r_1} - \mathbf{r_2})\cdot[-\boldsymbol{\nabla}_\mathbf{1} U(\mathbf{r_1} - \mathbf{r_2})] \tag{4.85}$$

である。$(\boldsymbol{r_1} - \boldsymbol{r_2})$を$\boldsymbol{r}$とすると，この方程式の右辺は位置エネルギーの変化（にマイナス符号を付けたもの）と見なすことができる[13]。

$$W_{tot} = -d\mathbf{r}\cdot\boldsymbol{\nabla} U(\mathbf{r}) = -dU \tag{4.86}$$

最後のステップは，勾配演算子の特性（4.35）に従った。この重要な結果を理解するために，ひとまず立ち止まってみる価値がある。全仕事量W_{tot}は，粒子1が$d\mathbf{r_1}$移動するときに$\mathbf{F_{12}}$によっておこなわれた仕事と，粒子2が$d\mathbf{r_2}$移動するときに$\mathbf{F_{21}}$によっておこなわれた仕事の2つの和である。（4.86）によれば，位置エネルギーUはこれらの項の両方を考慮に入れたものであり，そのためW_{tot}は単に

13 微分するのためにチェーン・ルールを利用すると，$\boldsymbol{\nabla}_\mathbf{1} U(\mathbf{r})$と$\boldsymbol{\nabla} U(\mathbf{r})$のどちらを書いても差異がないことがわかる。

$-dU$である。

全運動エネルギーに戻ると，(4.84) から変化dTがちょうど$-dU$であることがわかる。dUの項を反対側に移すと，

$$d(T+U)=0$$

である。すなわち2粒子系の全エネルギー

$$E=T+U=T_1+T_2+U \tag{4.87}$$

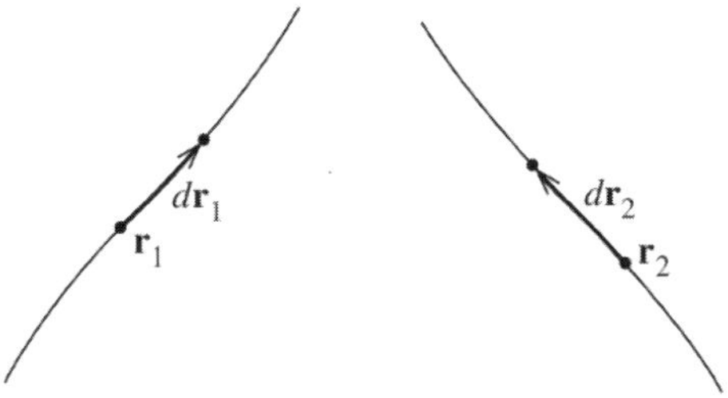

図 4.20 2つの相互作用する粒子の動き。短い時間間隔dtの間，粒子1はr_1からr_1+dr_1に移動し，粒子2はdr_2からr_2+dr_2に移動する。

は保存されている。2つの粒子の全エネルギーには（もちろんであるが）2つの運動エネルギーが含まれているが，Uは2つの力$\mathbf{F_{12}}, \mathbf{F_{21}}$の両方によっておこなわれた仕事を表現しているので，1つの位置エネルギーしか含まれていないことに十分注意してほしい。

弾性衝突

ここで述べた考え方は，弾性衝突に簡単に適用できる。弾性衝突は，それらの間の距離$\mathbf{r_1}-\mathbf{r_2}$が増加するにつれてゼロになる保存力を通して相互作用する，2つの粒子（または粒子群として扱うことができる物体）間の衝突である。$|\mathbf{r_1}-\mathbf{r_2}|\to\infty$となるに従い力がゼロになるので，位置エネルギー$U(\mathbf{r_1}-\mathbf{r_2})$は定数に近づくが，その値をゼロとする。たとえば2つの粒子は電子と陽子であってもよく，2つのビリヤードボールであってもよい。2つのビリヤードボールの間の力が保存力であるかは明らかではないが，ビリヤードボールは衝突したとき，ほぼ完璧なばねのように（つまり保存力となるように）動作するように製造されている。物体間の力が非保存力であり，そのような物体の衝突が非弾性的なその他の物体（パテの塊など）を考えるのは簡単である。

衝突においては，最初離れていた2つの粒子が互いに接近し，その後再び離れる。力は保存的であるので全エネルギーは保存され，$T+U=$定数（ただし，$T=T_1+T_2$）である。しかし粒子が遠く離れているとき，Uはゼロである。した

がって，「in」と「fin」という添え字を使って，粒子が衝突する前と後の状況にラベルを付けると，エネルギー保存は

$$T_{in} = T_{fin} \tag{4.88}$$

であることを意味する。言い換えれば，弾性衝突は2つの粒子が衝突し離れていく際に全運動エネルギーが変化しない衝突である，と特徴付けることができる。しかし，運動エネルギーは常に保存されるものではないことを理解しておくことは，重要である。粒子が接近している間，それらのPEは非ゼロである場合は，それらのKEは確かに変化している。KEが保存されるのは両者が十分離れており，PEが無視できるほど小さいため，エネルギーの保存が（4.88）となる場合のみである。

前述の議論は，弾性衝突が極めて一般的に発生していることを示唆している。弾性衝突が起こるためには，相互作用が保存力である2つの粒子が必要なだけである。実際には，弾性衝突はこれが意味するようには，広く普及していない。問題となるのは，衝突の前後で2つの粒子が必要となるということである。たとえば，十分なエネルギーで1つのビリヤードボールを短時間ではじくと，2つのボールが粉々になることがある。同様に，原子に対して十分なエネルギーの電子をぶつけると，原子は分解したり，少なくともその構成成分の内部運動を変化させたりする可能性がある。電子と陽子のような2つの素粒子が衝突しても，相対性理論によると，十分なエネルギーがあれば新しい粒子を作り出すことができる。明らかに十分に高いエネルギーでは，2つの物体が衝突するという仮定は，個々の粒子が最終的に破壊されるという近似が可能であり，基本的な力がすべて保存力であっても衝突は弾性的であるとは仮定できない。それにもかかわらず，低エネルギーでは，衝突が完全に弾性である多くの状況がある。十分に低いエネルギーでは，電子と原子との衝突は常に完全弾性であり，良好な近似のもとでビリヤードボールの衝突にもこれが当てはまる。

弾性衝突は，エネルギーと運動量の保存を使用する際の簡単な例を与えるが，以下のものはその1つである。

例4.8　等質量弾性衝突

図 4.21 に示すように，等質量$m_1 = m_2 = m$の 2 つの粒子（たとえば 2 つの電子，または 2 つのビリヤードボール）の弾性衝突を考える。粒子 2 が最初は静止していれば，2 つの粒子の衝突後の速度間の角度は$\theta = 90°$であることを証明する。

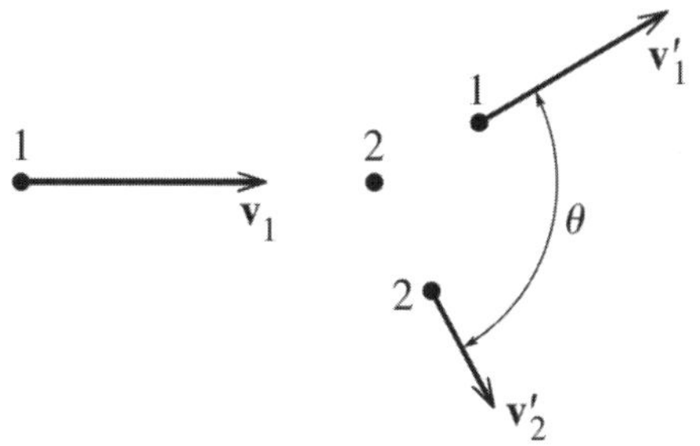

図 4.21 2 つの等質量の粒子間の弾性衝突。粒子 1 は速度$\mathbf{v_1}$で進入し，静止粒子 2 と衝突する。2 つの最終速度$\mathbf{v'_1}$と$\mathbf{v'_2}$の間の角度はθである。

運動量の保存により$m\mathbf{v_1} = m\mathbf{v'_1} + m\mathbf{v'_2}$，つまり

$$\mathbf{v_1} = \mathbf{v'_1} + \mathbf{v'_2} \tag{4.89}$$

である。衝突が弾性的であることから$\frac{1}{2}m\mathbf{v}_1^2 = \frac{1}{2}m\mathbf{v}'^2_1 + \frac{1}{2}m\mathbf{v}'^2_2$，つまり

$$\mathbf{v}_1^2 = \mathbf{v}'^2_1 + \mathbf{v}'^2_2$$

である。(4.89) を 2 乗すると，以下のようになる。

$$\mathbf{v}_1^2 = \mathbf{v}'^2_1 + 2\mathbf{v}'_1 \cdot \mathbf{v}'_2 + \mathbf{v}'^2_2$$

これら 2 つの方程式を比較すると，

$$\mathbf{v'_1} \cdot \mathbf{v'_2} = \mathbf{0}$$

すなわち，$\mathbf{v'_1}$と$\mathbf{v'_2}$は直交する。（一方の速度がゼロでない場合，その間の角度は不明である。） この結果は，原子物理学において有用である。未知の発射体が静止した標的粒子に当たった場合，2 つの粒子が 90° の角度をなして現れたという事実から，衝突が弾性的であり，また 2 つの粒子の質量が等しいことがわかる。

4.10　多粒子系のエネルギー

2 粒子系の議論は，かなり容易にN粒子系に拡張することができる。主に複雑となるのは，表記法である。Σが多数の要素を含んでいる場合，何が起こってい

るのかをはっきりと見ることは困難である。この理由から，ここでは4つの粒子（$N = 4$）の場合を考え，様々な和を明示的に書き出すことにする。

4つの粒子

図4.22に示すように，4つの粒子を考えてみよう。粒子は相互作用することができる。（たとえば粒子が帯電しており，各粒子が他の3つの粒子からクーロン力を受けるなど。）また，重力や近くの帯電体のクーロン力などの外力を受けることもある。この系のエネルギーを定義する際に，簡単にわかるのは運動エネルギーTであり，これはもちろん以下のように4つの項の和である。

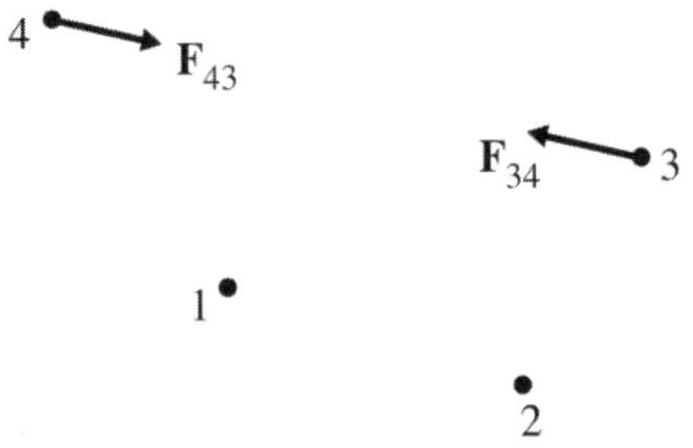

図 4.22 $\alpha = 1,2,3,4$の 4 粒子系。粒子の各組み$\alpha\beta$には，力の作用対，$\mathbf{F}_{\alpha\beta}$と$\mathbf{F}_{\beta\alpha}$（$\mathbf{F}_{34}$と$\mathbf{F}_{43}$の組）が働く。さらに各粒子αは，外部の合力$\mathbf{F}_{\alpha}^{\mathrm{ext}}$を受けてもよい。 たとえば 4 つの粒子は空気中に浮遊する帯電した塵でもよく，その際の力$\mathbf{F}_{\alpha\beta}$は静電的なものであり，$\mathbf{F}_{\alpha}^{\mathrm{ext}}$は重力+空気の浮力である。

$$T = T_1 + T_2 + T_3 + T_4 \tag{4.90}$$

ここで各粒子に対する各々の項は$T_\alpha = m_\alpha v_\alpha^2/2$である。

位置エネルギーを定義するには，粒子に働く力を調べなければならない。第1に，4つの粒子の相互作用という内力が存在する。粒子の各対について，力の作用・反作用対が存在する。たとえば粒子3と4は，図4.22に示す力$\mathbf{F}_{34}$と$\mathbf{F}_{43}$を作り出す。当然ながら，これらの粒子間に働く力$\mathbf{F}_{\alpha\beta}$の各々は，他の粒子および任意の外部物体の存在によって影響を受けない。たとえば$\mathbf{F}_{34}$は，粒子 1 と粒子 2 およびすべての外部物体が除去されても，全く変化しない[14]。したがって，$\mathbf{F}_{34}$と

14 これはかなり微妙な点である。もちろん，その他の粒子が粒子3に余分な力を及ぼすことを否定していない。ここで主張しているのは，粒子3が粒子4に及ぼす力は，粒子1と粒子2と外部物質の有無とは無関係であるということである。この主張が正しくない状況を考えることはできるが（粒子1の存在が，粒子4が粒子3に及ぼす力を変える可能性がある），我々の住む世界ではここで述べた主張が正しいことが，実験によって確認されている。

$\mathbf{F}_{43}$の 2 つの力は 4.9 節でやったように取り扱うことができる。力が保存力であれば，位置エネルギーは

$$U_{34} = U_{34}(\mathbf{r_3} - \mathbf{r_4}) \tag{4.91}$$

であり，それに対応する力は（4.83）のような適切な勾配である。

$$\mathbf{F_{34}} = -\boldsymbol{\nabla}_\mathbf{3} U_{34}, \quad \mathbf{F_{43}} = -\boldsymbol{\nabla}_\mathbf{4} U_{34} \tag{4.92}$$

6 つの明確な粒子対12,13,14,23,24,34があり，各対について対応する位置エネルギー$U_{12}, \cdots, U_{34}$があり，それぞれに対応する力が同様に得られる。

各々の外力$\mathbf{F}_{\boldsymbol{\alpha}}^{\mathbf{ext}}$は，対応する位置$\mathbf{r}_{\boldsymbol{\alpha}}$のみに依存する。(たとえば力$\mathbf{F}_\mathbf{1}^{\mathbf{ext}}$は位置$\mathbf{r_1}$に依存するが，$\mathbf{r_2}, \mathbf{r_3}, \mathbf{r_4}$には依存しない)。したがって，単一の粒子に力を加えた場合と同じように$\mathbf{F}_{\boldsymbol{\alpha}}^{\mathbf{ext}}$を扱うことができる。特に，$\mathbf{F}_{\boldsymbol{\alpha}}^{\mathbf{ext}}$が保存力である場合，位置エネルギー$U_\alpha^{ext}(\mathbf{r}_{\boldsymbol{\alpha}})$を導入することができ，対応する力は

$$\mathbf{F}_{\boldsymbol{\alpha}}^{\mathbf{ext}} = -\boldsymbol{\nabla}_{\boldsymbol{\alpha}} U_\alpha^{ext}(\mathbf{r}_{\boldsymbol{\alpha}}) \tag{4.93}$$

である。もちろん$\boldsymbol{\nabla}_{\boldsymbol{\alpha}}$は，粒子$\alpha$の座標に対する微分を表す。

今やすべての位置エネルギーをまとめて，全位置エネルギーをそれらの和として定義することができる。

$$\begin{aligned} U = U^{int} + U^{ext} &= (U_{12} + U_{13} + U_{14} + U_{23} + U_{24} + U_{34}) \\ &\quad + (U_1^{ext} + U_2^{ext} + U_3^{ext} + U_4^{ext}) \end{aligned} \tag{4.94}$$

この定義では，U^{int}は 6 つの対の位置エネルギー$U_{12}, \cdots, U_{34}$の和，およびU^{ext}は外力によって生じた 4 つの位置エネルギー$U_1^{ext}, \cdots, U_4^{ext}$の和である。

粒子αに働く力は，座標$(x_\alpha, y_\alpha, z_\alpha)$に対する$U$の（マイナス符号をつけた）勾配であることを示すのは，かなり簡単なことである（詳細は問題 4.51 を参照)。たとえば勾配$-\boldsymbol{\nabla}_\mathbf{1} U$を考える。$-\boldsymbol{\nabla}_\mathbf{1}$が（4.94）の最初の行に作用した場合，前にある 3 つの項$U_{12} + U_{13} + U_{14}$に対する作用により，3 つの内部力$\mathbf{F}_{12} + \mathbf{F}_{13} + \mathbf{F}_{14}$を与える。後ろにある 3 つの項$U_{23} + U_{24} + U_{34}$に作用した場合，$\mathbf{r_1}$に依存しないのでゼロとなる。$-\boldsymbol{\nabla}_\mathbf{1}$が（4.94）の第 2 行に作用するとき，第 1 項U_1^{ext}に対するその作用により外力$\mathbf{F}_\mathbf{1}^{\mathbf{ext}}$となる。その他の 3 つの項は$\mathbf{r_1}$に依存しないのでゼロになる。したがって，

$$\begin{aligned} -\boldsymbol{\nabla}_\mathbf{1} U &= \mathbf{F}_{12} + \mathbf{F}_{13} + \mathbf{F}_{14} + \mathbf{F}_\mathbf{1}^{\mathbf{ext}} \\ &= (\text{粒子 1 に働く合力}) \end{aligned} \tag{4.95}$$

となる。まったく同じように，一般的に以下の予想される結果が成り立つことを

証明できる。

$$-\boldsymbol{\nabla}_\alpha U = (\text{粒子}\alpha\text{に働く合力}) \tag{4.96}$$

位置エネルギーUの定義の第 2 の重要な特性は,（関連するすべての力が保存力であるためUを定義できるので）$E = T + U$と定義される全エネルギーが保存されることである。ここで，このことを使い慣れた方法で証明する。（詳細については，問題 4.52 を参照。）4 つの粒子それぞれに仕事・運動エネルギーの定理を適用し，それらの結果を加えると，任意の短い時間間隔において$dT = W_{tot}$であることがわかる。ここでW_{tot}は，全粒子に作用するすべての力によってなされる仕事を表す。次に$W_{tot} = -dU$であることをから$dT = -dU$，つまり以下であることがわかる。

$$dE = dT + dU = 0$$

すなわち，エネルギーは保存される。

N個の粒子

ここで述べた議論を任意の数の粒子に拡張することは，今やかなり簡単である。ここで主要な数式を書き下しておく。$\alpha = 1, \cdots, N$とラベル付けされたN個の粒子について，全運動エネルギーはちょうどN個の個別の運動エネルギーの和になる。

$$T = \sum_\alpha T_\alpha = \sum_\alpha \frac{1}{2} m_\alpha v_\alpha^2$$

すべての力が保存力であると仮定すると，粒子の各対$\alpha\beta$について，それらの相互作用を表す位置エネルギー$U_{\alpha\beta}$を導入し，各粒子αについてその粒子に働く全外力に対応する位置エネルギーU_α^{ext}を導入する。全位置エネルギーは,

$$U = U^{int} + U^{ext} = \sum_\alpha \sum_{\beta>\alpha} U_{\alpha\beta} + \sum_\alpha U_\alpha^{ext} \tag{4.97}$$

である。（ここで 2 重和の条件$\beta > \alpha$により，内部相互作用$U_{\alpha\beta}$を 2 重に数えられていないことが保証される。たとえばU_{12}は含まれるが，U_{21}は含まれない。）

このように定義された位置エネルギーUを用いると，任意の粒子αに対する合力は（4.96）のように$-\boldsymbol{\nabla}_\alpha U$で与えられ，全エネルギー$E = T + U$が保存される。最後に，もし何らかの力が非保存的であれば，保存力に関する位置エネルギーとしてUを定義することができ，この場合$dE = W_{nc}$であることを示すことができる。

ここでW_{nc}は，非保存的な力によってなされる仕事である。

剛体

先の 2 つの節の形式はかなり一般的で複雑であったが，その応用のほとんどはこの形式に比べてはるかに単純であるため，おそらく読者は少し慰められるだろう。1 つの単純な例として，N個の原子からなるゴルフボールまたは隕石のような剛体を考える。典型的な数Nは非常に大きいが，これまで述べてきたエネルギーの形式は，非常に簡単なものとなる。読者は初等物理学の学習内容からご存知であろうが，堅く結合したN個の粒子の全運動エネルギーは，質量中心運動の運動エネルギーと回転運動エネルギーからなる。(このことは第 10 章で証明するが，今のところ読者がこのことを受け入れてくれることを望む。)（4.97）によって与えられる内部の原子間力の位置エネルギーは，

$$U^{int} = \sum_\alpha \sum_{\beta>\alpha} U_{\alpha\beta}(\mathbf{r}_\alpha - \mathbf{r}_\beta) \tag{4.98}$$

である。(通常はそうであるように）原子間力が中心力である場合，4.8 節で見たように，位置エネルギー$U_{\alpha\beta}$は$\mathbf{r}_\alpha - \mathbf{r}_\beta$の大きさ（方向ではない）に依存する。したがって，（4.98）を次のように書き換えることができる。

$$U^{int} = \sum_\alpha \sum_{\beta>\alpha} U_{\alpha\beta}(|\mathbf{r}_\alpha - \mathbf{r}_\beta|) \tag{4.99}$$

剛体が動くと，その構成原子の位置$\boldsymbol{r}_\alpha$はもちろん移動するが，任意の 2 つの原子間の距離$|\mathbf{r}_\alpha - \mathbf{r}_\beta|$は変化しない。(実際，これは剛体の定義である。）したがって注目している物体が剛体の場合，（4.99）の項のどれも変更することはない。すなわち内力の位置エネルギーU^{int}は一定であり，そのため無視することができる。したがって剛体のエネルギーについて考える際にはU^{int}を完全に無視し，外力に対応するエネルギーU^{ext}についてのみ考慮すればよい。後者のエネルギーは単純な関数であることが多いため（以下の例を参照)，剛体に関するエネルギーを考えることは，極めて簡単である。

例 4.9　斜面を転がる円柱

図 4.23 に示すように，半径Rの均一な剛性円柱が斜面を滑り落ちることなく転がる。エネルギー保存の法則を利用し，手を離した位置から垂直下方hに達した際の速さvを求める。

前述の議論にしたがって，円柱が持つ内力を無視することができる。円柱に働く外力は，斜面からの垂直抗力と摩擦力，および重力である。最初の 2 つは仕事をせず，重力は保存力である。入門物理学の内容からわかるように，広がりを持つ物体の重力の位置エネルギーは，すべての質量が質量中心に集中した場合と同じである（問題 4.6 を参照）。したがって，以下のようになる。

$$U^{ext} = MgY$$

ここでYは，任意の適切な基準の水準から測定した円柱の CM の高さである。円柱の運動エネルギーは$T = \frac{1}{2}Mv^2 + \frac{1}{2}I\omega^2$であるが，ここで$I$は慣性モーメント$I = \frac{1}{2}MR^2$，$\omega$は回転の角速度$\omega = v/R$である。したがって，最終的な運動エネルギーは

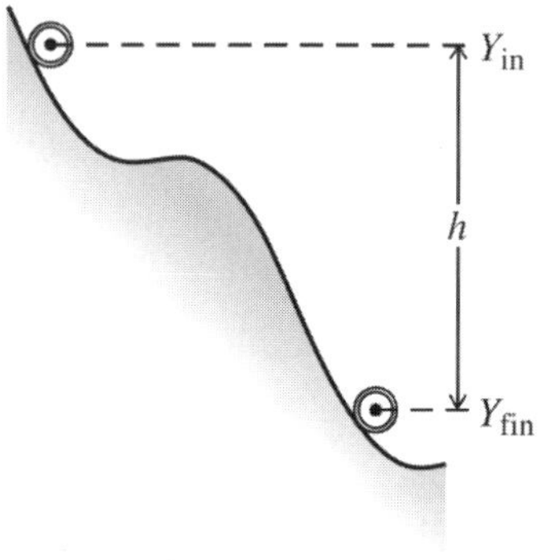

図 4.23 一様な円柱が静止状態から，斜面を滑ることなく回転し，垂直方向の距離$h = Y_{in} - Y_{fin}$（CM 座標Yが垂直上方に測定される）まで降る。

$$\mathrm{T} = \frac{3}{4}Mv^2$$

であり，また初期の KE はゼロである。したがって，$\Delta T = -\Delta U^{ext}$の形式でのエネルギーの保存は，以下を意味する。

$$\frac{3}{4}Mv^2 = -Mg\left(Y_{fin} - Y_{in}\right) = Mgh$$

したがって，最終の速さは以下のようになる。

$$v = \sqrt{\frac{4gh}{3}}$$

第 4 章の主な定義と方程式

仕事・運動エネルギー定理

粒子が点 1 から点 2 に移動するときの KE の変化は，以下の通り。

$$\Delta T \equiv T_2 - T_1 = \int_1^2 \mathbf{F}\cdot d\mathbf{r} \equiv W(1\to 2) \qquad [(4.7)]$$

ここで$T=\frac{1}{2}mv^2$であり，$W(1\to 2)$は粒子に働く力$\mathbf{F}$によっておこなわれる仕事である。仕事は，上で述べた積分によって定義される。

保存力と位置エネルギー

(i)粒子の位置$\mathbf{F}=\mathbf{F}(\mathbf{r})$のみに依存し，(ii)任意の2つの点1と2において$\mathbf{F}$によっておこなわれる仕事$W(1\to 2)$は，1と2を結ぶすべての経路で同じである（または，同じ意味となるが$\nabla\times\mathbf{F}=0$である）とき，粒子に働く力$\mathbf{F}$は**保存力**である。[4.2&4.4節]

$\mathbf{F}$が保存力であれば，対応する**位置エネルギー**を定義することができる。

$$U(\mathbf{r}) = -W(\mathbf{r}_0\to\mathbf{r}) \equiv -\int_{r_0}^{r}\mathbf{F}(\mathbf{r}')\cdot d\mathbf{r}' \qquad [(4.13)]$$

ここで

$$\mathbf{F} = -\nabla U \qquad [(4.33)]$$

である。

粒子に働くすべての力が対応する位置エネルギー$U_1,\cdots,U_n$を持つなら，**全力学的エネルギー**

$$E \equiv T + U \equiv T + U_1(r) + \cdots + U_n(r) \qquad [(4.22)]$$

は，一定である。より一般的には，非保存的な力がある場合は$\Delta E = W_{nc}$，つまり仕事は非保存力によっておこなわれる。

中心力

力$\mathbf{F}(\mathbf{r})$が「力の中心」に向かうような，または遠ざかるような方向を持つ場合，**中心力**と呼ばれる。力の中心を原点に取ると，

$$\mathbf{F}(\mathbf{r}) = f(\mathbf{r})\hat{\mathbf{r}} \qquad [(4.65)]$$

である。中心力は，それが保存力である場合に限り，球対称［$f(\boldsymbol{r})=f(r)$］である。

［(4.8)節］

多粒子系のエネルギー

多粒子系に働くすべての力（内力および外力）が保存力である場合，全位置エネルギー

$$U = U^{int} + U^{ext} = \sum_\alpha \sum_{\beta>\alpha} U_{\alpha\beta} + \sum_\alpha U_\alpha^{ext} \qquad [（4.97）]$$

は，以下を満たす。

$$(\text{粒子}\alpha\text{に働く合力}) = -\boldsymbol{\nabla}_\alpha U \qquad [（4.96）]$$

また

$$T + U = \text{一定} \qquad [\text{問題 4.52}]$$

を満たす。

第 4 章の問題

星印は，最も簡単な（*）ものから難しい（***）ものまでの，おおよその難易度を示している。

4.1 節 運動エネルギーと仕事

4.1* $\mathbf{a}\cdot\mathbf{b}$を成分の形で書くことで，以下に示す微分に関する積の規則が，2 つのベクトルのスカラー積に適用されることを証明せよ。

$$\frac{d}{dt}(\mathbf{a}\cdot\mathbf{b}) = \frac{d\mathbf{a}}{dt}\cdot\mathbf{b} + \mathbf{a}\cdot\frac{d\mathbf{b}}{dt}$$

4.2**図 4.24(a)に示すように，原点と点$P = (1,1)$を結ぶ 3 つの経路に沿った 2 次元力$\mathbf{F} = (x^2, 2xy)$により，なされた仕事

$$W = \int_O^P \mathbf{F}\cdot d\mathbf{r} = \int_O^P (F_x dx + F_y dy) \qquad (4.100)$$

を求めよ。ここで，3 つの経路は以下のように定義される。（a）この経路は，x軸に沿って$Q = (1,0)$まで進み，次にPまでまっすぐ上に進む。（積分を 2 つの部分$\int_O^P = \int_O^Q + \int_Q^P$に分けよ。）（b）この経路上では$y = x^2$であり，（4.100）の項$dy$を$dy = 2xdx$で置き換えることで，積分全体を$x$の積分に変換することができる。（c）

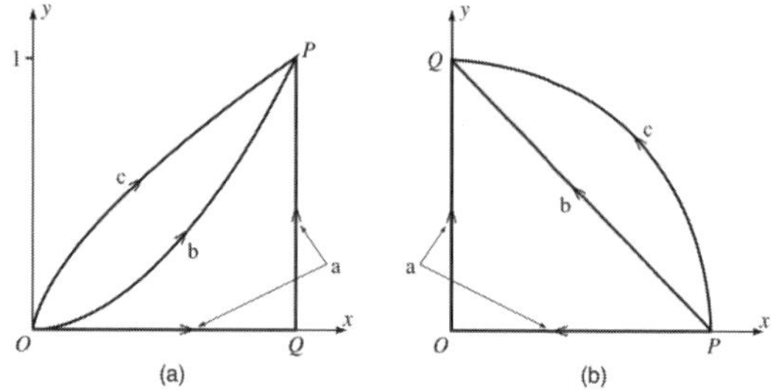

図 4.24（a）問題 4.2。（b）問題 4.3。

この経路は$x = t^3, y = t^2$とパラメータで与えることができる。この場合，（4.100）のx, y, dx, dyをt, dtで書き換え，tの積分に変換する。

4.3** 力を$\mathbf{F} = (-y, x)$，P と Qを結ぶ 3 つの経路を図 4.24（b）に示すものとしたうえで，問題 4.2 と同じ事をおこなえ。3 つの経路は，以下のように定義される。（a）この経路は$P = (1,0)$から原点に進み，その後$Q = (0,1)$までまっすぐに進む。（b）この経路はPからQまで，一直線に進む。(yをxの関数として書いたうえで，その積分をxの積分として書き直せ。)（c）この経路は原点を中心とした四分円である。(極座標でxとyを書き，その積分をϕの積分として書き直せ。)

4.4** 摩擦のない水平テーブル上を移動する質量mの粒子が，反対側の端がテーブルの穴を通って（手で握られて）いる質量のないひもに取り付けられている。最初，粒子は半径r_0の円内を角速度ω_0で運動しているが，その後，穴と粒子の間の距離がrになるまで，穴を通してひもを引き下げた。（a）この時の，粒子の角速度を求めよ。（b）ゆっくりと縮む半径を持つ円で粒子の経路を近似できるようにひもをゆっくりと引っ張ると仮定した場合，ひもを引っ張ることによってなされた仕事を計算せよ。（c）（b）の答えを，粒子の運動エネルギーの増加と比較せよ。

4.2 節 位置エネルギーと保存力

4.5* （a）一様な重力場$\mathbf{g}$内にある，質量mの物体を考える。この場合，質量mの物体に働く力は$m\mathbf{g}$であり，また$\mathbf{g}$は垂直下方向を指す定数ベクトルである。物体が点 1 から点 2 までの任意の経路で動く場合，重力による仕事は$W_{grav}(1 \to 2) = -mgh$であることを示せ。ここでhは点 1 と点 2 の間の垂直方向の高さである。さらにこの結果を利用し，重力は（少なくとも$\mathbf{g}$が一定とみなせるような十分狭い領域では）保存力であることを示せ。（b）y軸を垂直上方向にとると，重力の位置エネルギーは$U = mgy$（原点で$U = 0$と選択した場合）であることを示せ。

4.6* 垂直下方向に作用する均一な重力場$\mathbf{g}$内のN粒子系について，重力の全位置エネルギーが，全質量が系の質量中心に集中している場合と同じ，つまり

$$U = \sum_\alpha U_\alpha MgY$$

であることを証明せよ。ここで$M = \sum_\alpha m_\alpha$は全質量，$\mathbf{R} = (X, Y, Z)$は CM の位置であり，y座標は垂直上方向にとっている。[ヒント：問題 4.5 から，$U_\alpha = m_\alpha g y_\alpha$であることを利用せよ。]

4.7* 惑星Xの表面に立っている場所付近では，質量mの物体に垂直下方に重力が働くが，その大きさは$m\gamma y^2$である。ここでγは定数であり，yは水平な地面から物体までの高さである。

(a) $\mathbf{r_1}$から$\mathbf{r_2}$に移動する質量mの物体に対して，重力によっておこなわれた仕事を計算せよ。その答えを使って，惑星Xの重力は珍しいものではあるものの，依然として保存力であることを示せ。対応する位置エネルギーを求めよ。 (b) 同じ惑星で，地面からの高さhにある，曲がった摩擦のない剛性のワイヤにビーズを通す。ビーズがワイヤのどこかにあるときに，ビーズに働く力を図にはっきりと示せ。(働く力の名前を明らかにするだけで，それらが何であるかがわかる。力の大きさについては，神経質にならなくて良い。) どの力が保存力であり，どの力が保存力ではないのだろうか。 (c) 高さhで静止状態からビーズを離した場合，地面に到達する際にどれくらいの速さになるか。

4.8** 半径Rの固定された球の頂点にある，小さな摩擦のないパックを考えてみよう。パックをほんのわずか押すと滑り始めるが，球の表面を離れる前に垂直方向にどの程度まで下がるだろうか。［ヒント：エネルギーの保存を使用して，パックの速度を高さの関数として求める。そしてニュートンの第 2 法則を使用して，パックに働く球からの垂直抗力を求める。この力がどのような値になったら，パックが球から離れるのであろうか。］

4.9** (a) 一方の端が固定された 1 次元ばねによって加えられる力は$F = -kx$である。ここでxは，もう一方の端の平衡位置からの変位である。この力が保存力であると仮定し，平衡位置でのUをゼロとして，対応する位置エネルギーが$U = kx^2/2$であることを示せ。 (b) このばねが天井から垂直に吊り下げられており，また質量mの物体が他端から吊り下げられ，垂直方向にのみ移動するように拘束されていると仮定する。吊り下げられた物体の新しい平衡位置x_0を求めよ。$x = x_0$での新しい平衡位置から測定された変位に等しい座標yを使用し，(そして$y = 0$で$U = 0$になるように基準点を再定義した場合)，(ばねと重力の) 位置エネルギーの合計が$ky^2/2$と等しいことを示せ。

4.3 節 位置エネルギーの勾配としての力

4.10* 以下で与えられる関数の，x, y, zに関する偏微分を求めよ。 (a)$f(x,y,z) = ax^2 + bxy + cy^2$，(b) $g(x,y,z) = \sin(axyz^2)$，(c) $h(x,y,z) = ae^{xy/z^2}$。ここでa, b, cは定数である。$\partial f/\partial x$を計算する際にはy, zを定数として扱った上で，xで微分することに注意すること。

4.11* 以下で与えられる関数の，x, y, zに関する偏微分を求めよ。 (a) $f(x,y,z) = ay^2 + 2byz + cz^2$，(b) $g(x,y,z) = \cos(axy^2z^3)$，(c) $h(x,y,z) = ar$。ここでa, b, cは定数であり，$r = \sqrt{x^2 + y^2 + z^2}$である。$\partial f/\partial x$を評価するには$y, z$を定数として扱った上で，$x$で微分することに注意すること。

4.12* 次の関数$f(x,y,z)$の勾配∇fを計算せよ。 (a) $f = x^2 + z^3$ (b) $f = ky$，ここでkは定数である。 (c) $f = r \equiv \sqrt{x^2 + y^2 + z^2}$ ［ヒント：チェーンルールを使用せよ］ (d) $f = 1/r$

4.13* 次の関数$f(x,y,z)$の勾配∇fを計算せよ。(a) $f=\ln(r)$ (b) $f=r^n$ (c) $f=g(r)$ ここで$r=\sqrt{x^2+y^2+z^2}$であり，$g(r)$はrの任意関数である。［ヒント：チェーンルールを使用せよ］

4.14* $f(\mathbf{r})$と$g(\mathbf{r})$は，$\mathbf{r}$の任意の 2 つのスカラー関数であるとすると，

$$\nabla(fg)=f\nabla g+g\nabla f$$

であることを示せ。

4.15* $f(\mathbf{r})=x^2+2y^2+3z^2$のとき，点$\mathbf{r}=(1,1,1)$から$(1.01,1.03,1.05)$に移動したときの$f$の変化を推定するために，近似（4.35）を使用せよ。正確な結果と比較せよ。

4.16* 粒子の位置エネルギーが$U(\mathbf{r})=k(x^2+y^2+z^2)$で，また$k$は定数である場合，粒子に働く力を求めよ。

4.17* 均一電場$\mathbf{E_0}$中の電荷qは，一定の力$\mathbf{F}=q\mathbf{E_0}$を受ける。（a）この力は保存力であり，また位置$\mathbf{r}$での電荷の位置エネルギーが，$U(\mathbf{r})=-q\mathbf{E_0}\cdot\mathbf{r}$であることを証明せよ。（b）必要な微分を実行することにより，$\mathbf{F}=-\nabla U$であることを確認せよ。

4.18** 勾配の性質（4.35）を用いて，以下の重要な結果を証明せよ。(a) 任意の点$\mathbf{r}$におけるベクトル∇fは，$\mathbf{r}$に対してfが一定となる面に垂直である。(fが一定となる表面上の微小変位$d\mathbf{r}$を選択せよ。そのような変位に対するdfを考えよ。) (b) 任意の点$\mathbf{r}$における∇fの方向は，$\mathbf{r}$から離れるにつれてfが最も速く増加する方向である。(微小変位$d\mathbf{r}=\epsilon\mathbf{u}$を選択せよ。ここで$\mathbf{u}$は単位ベクトルであり，$\epsilon$は微小定数である。$\boldsymbol{a}\cdot\boldsymbol{b}=ab\cos\theta$を念頭に置いて，対応する$df$が最大である$\mathbf{u}$の方向を求めよ。)

4.19** （a）$f=x^2+4y^2$のとき，$f=$一定で定義される曲面を求めよ。（b）問題 4.18 の結果を用いて，点$(1,1,1)$において，面$f=5$に垂直な単位ベクトルを求めよ。fの変化率を最大にするには，この点からどの方向に移動すべきか。

4.4 節 *F*が保存力である第 2 の条件

4.20* 次の力に対する回転$\nabla\times\mathbf{F}$を求めよ。(a) $\mathbf{F}=k\mathbf{r}$ (b) $\mathbf{F}=(Ax,By^2,Cz^3)$ (c) $\mathbf{F}=(Ay^2,Bx,Cz)$。ここで$A,B,C.k$は定数である。

4.21* 原点に固定された質点Mによって，$\mathbf{r}$にある質点mに働く重力$\mathbf{F}=-GMm\hat{\mathbf{r}}/r^2$が保存力であることを確かめ，対応する位置エネルギーを求めよ。

4.22* 球面極座標を用いて$\nabla\times\mathbf{F}$を計算すると，クーロン力が保存力であるという例 4.5（133 ページ）の証明はかなり簡単になる。残念なことに，球面極座標における$\nabla\times\mathbf{F}$の式は非常に複雑であり，導き出すのは難しい。しかしその結果は巻末に書かれており，またその証明は様々なベクトル解析や物理数学の本の中に見つけることができる[15]。巻末にある結果を基に，クーロン力$\mathbf{F}=\gamma\hat{\mathbf{r}}/r^2$が保存力であることを示せ。

4.23** 以下のうちどれが保存力であろうか。 (a) $\mathbf{F}=k(x,2y,3z)$。ここでkは定数である。 (b) $\mathbf{F}=k(y,x,0)$ (c) $\mathbf{F}=k(-y,x,0)$。保存力である場合，対応する位置エネルギーUを求め，直接微分することで$\mathbf{F}=-\nabla U$を確かめよ。

4.24*** 単位長さ当たりの質量がμの，無限に長い均一な棒がz軸上に置かれている。 (a) z軸から距離ρにある質点mの物体に対する重力$\mathbf{F}$を計算せよ。（2 点間の重力は問題 4.21 で与えられている。） (b) 質点に働く$\mathbf{F}$を直交座標(x,y,z)に関して書き直し，$\nabla\times\mathbf{F}=0$であることを確かめよ。 (c)巻末にある円柱極座標における$\nabla\times\mathbf{F}$の式を用いて，$\nabla\times\mathbf{F}=0$を示せ。 (d) 対応する位置エネルギーUを求めよ。

4.25*** 条件$\nabla\times\mathbf{F}=0$が，$\mathbf{F}$によっておこなわれた仕事$\int_1^2\mathbf{F}\cdot d\mathbf{r}$ の経路独立性を保証するという証明は，残念なことにここに含めるには手間がかかりすぎる。しかし，以下の 3 つの演習で，その主要な点を取り上げる[16]。 (a) $\int_1^2\mathbf{F}\cdot d\mathbf{r}$の経路独立性は，閉じた経路$\Gamma$のまわりの積分$\oint_\Gamma\mathbf{F}\cdot d\mathbf{r}$がゼロであることと同じであることを示せ。（伝統的に記号$\oint$は閉じた経路，つまり同じ点から始まり同じ点で停止する経路まわりの積分の際に使用される。）［ヒント：任意の 2 点 1，2 と 1 から 2 の任意の 2 つの経路について，最初の経路に沿って 1 から 2 へ, 2 番目の経路に沿って逆方向に 1 へ戻るに$\mathbf{F}$よってなされた仕事を考えよ。］(b) ストークスの定理は，$\oint_\Gamma\mathbf{F}\cdot d\mathbf{r}=\int(\nabla\times\mathbf{F})\cdot\hat{\mathbf{n}}dA$であると主張している。ここで右辺の積分は，経路$\Gamma$が境界である面に対する面積分であり，$\hat{\mathbf{n}}$および$dA$は面の単位法線ベクトルおよび面積要素である。ストークスの定理は，いずれの場所においても$\nabla\times\mathbf{F}=0$であれば$\oint_\Gamma\mathbf{F}\cdot d\mathbf{r}=0$であることを示していることを証明せよ。 (c) ストークスの定理の一般的な証明はここでの範囲外であるが，以下の特別な場合は簡単に証明できる。（これは一般的な証明への，重要なステップとなる。）$x=B$, $x=B+b$, $y=C$, $y=C+c$の線で囲まれたz方向に垂直な平面内にある矩形の閉路を，Γと表すとする。この単純な経路（上から見て反時計回りに進む）について，ストークスの定理

$$\oint_\Gamma\mathbf{F}\cdot d\mathbf{r}=\int(\nabla\times\mathbf{F})\cdot\hat{\mathbf{n}}dA$$

---

15 たとえば, Mary Boas 著,『Mathematical Methods in the Physical Sciences』(Wiley, 1983) の 435 ページ。

16 より完全な議論は，たとえば Mary Boas 著，『Mathematical Methods in the Physical Sciences』（Wiley，1983）の 6 章 8-11 節を参照せよ。

が成立することを示せ。ここで，$\hat{\mathbf{n}} = \hat{\mathbf{z}}$であり，右辺の積分は$\Gamma$の内側の平らな矩形領域上でおこなわれる。［ヒント：左辺の積分には 4 つの項があり，そのうち 2 つはxの積分，もう 2 つはyの積分である。このように対にすると，各対を$F_x(x, C + c, z) - F_x(x, C, z)$という形（または$x$と$y$を交換した同様の項）の単一の被積分関数に組み合わせることができる。この被積分関数を，$\partial F_x(x, y, z)/\partial y$に対する$y$の積分として書き直すことができる。（他の項も同様にできる。）］

4.5 節 時間依存性がある位置エネルギー

4.26* 質量mの物体が均一な重力場の中にある。その物体には鉛直下方に力$F = mg$が働くが，gは$g = g(t)$と，時間とともに変化する。垂直上方向にy軸をとり，いつものように$U = mgy$と定義する。この時$\mathbf{F} = -\nabla U$を示せ。また$E = mv^2/2 + U$をtで微分することによって，Eが保存されていないことを示せ。

4.27** 力$\mathbf{F}(\mathbf{r}, t)$は時間$t$に依存するが，依然として$\nabla \times \mathbf{F} = 0$を満足していると仮定する。（任意の時間$t$で評価される）仕事に関する積分$\int_1^2 \mathbf{F}(\mathbf{r}, t) \cdot d\mathbf{r}$は，点 1 から点 2 に至る経路とは無関係であるのは（問題 4.25 で議論されたストークスの定理に関連する）数学的事実である。これを使用して，(4.48) で定義された時間に依存する PE が，$\mathbf{F}(\mathbf{r}, t) = -\nabla U(\mathbf{r}, t)$であることを示せ。方程式 (4.19) でなされる議論，すなわちエネルギーの保存について，何が問題になるのか説明せよ。

4.6 節 線形 1 次元系のエネルギー

4.28** ばね定数kのばねの端にある質量mの物体が，水平なx軸に沿って動くように拘束されている。原点をばねの平衡位置にとると，位置エネルギーは$\frac{1}{2}kx^2$になる。時間$t = 0$において物体は原点にあり，$x_{max} = A$の最大変位まで移動してから原点を中心に振動し続けるように，右に向かって蹴る。 (a) エネルギー保存に関する式を書き下し，物体の速度$\dot{x}$を位置xと全エネルギーEを用いて解け。 (b) $E = kA^2/2$であることを示し，これを使って$\dot{x}$の式からEを消去せよ。(4.58) の$t = \int dx'/\dot{x}(x')$を使用して，物体が原点から位置xまで移動する時間を求めよ。 (c) (b) の結果を解き，xをtの関数として与えることで，物体が周期$2\pi\sqrt{m/k}$の単振動運動をすることを示せ。

4.29** ［コンピュータ］x軸上に動きを制限された質量mの物体の位置エネルギーが，$U = kx^4$, ($k > 0$)であるとする。(a) この位置エネルギーの様子を描き，物体が最初$x = 0$で静止していて$t = 0$で右方向に蹴られた場合，その運動の様子を定性的に記述せよ。 (b) (4.58) を使い，物体がその最大変位$x_{max} = A$に達する時間を求めよ。その答えをm, Aおよびkに対するxの積分として与えよ。そして振幅Aの振動の周期τを，積分形で求めよ。 (c) 積分変数を適切に変化させることによって，周期τが振幅Aに反比例することを示せ。(d) (b) の積分は初等関数を用いて求めることはできないが，数値的に求めることはできる。$m = k = A = 1$の場合の周期を求めよ。

4.7 節 曲線形の 1 次元系

4.30* 半球の上に円柱の形をしたものが乗っている子供の玩具を，図 4.25 に示す。半球の半径はRであり，おもちゃ全体の CM は床から高さhにある。(a) 玩具を垂直から角度θ傾けたときの，重力の位置エネルギーを書き下せ。[θの関数として CM の高さを求める必要がある。玩具が傾いているときの半球の中心Oの高さを，まず考えるとよい。] (b) $\theta = 0$で安定した平衡が成り立つための，R, hの値を求めよ。

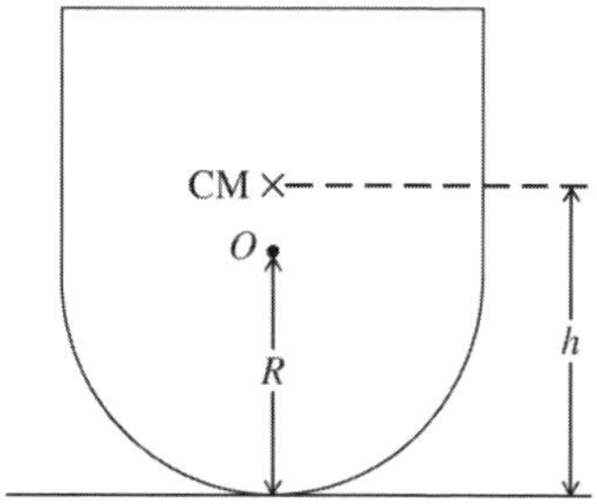

図 4.25 問題 4.30

4.31* (a)図 4.15 のアトウッドの器械における 2 つの物体の全エネルギーEを，座標xと$\dot{x}$を用いて書け。 (b) 方程式E=一定を微分することによって，座標xの運動方程式を得ることができることを示せ。(このことは 1 次元保存系については正しい。) これが，ニュートンの第 2 法則を各物体に適用し，得られた 2 つの方程式から未知の張力を消去することによって得られる運動方程式と同じであることを確認せよ。

4.32** ビーズを図 4.13 で示す湾曲した剛性のワイヤに通す。ビーズの位置は，原点からワイヤに沿って測定した距離sによって指定される。 (a) ビーズの速さvが$v = \dot{s}$であることを証明せよ。($\mathbf{v}$を成分dx/dtなどで書き，ピタゴラスの定理を使ってその大きさを求めよ。) (b) $m\ddot{s} = F_{tang}$であることを証明せよ。ここでF_{tang}は，ビーズに働く力の接線成分である。(これをおこなう 1 つの方法は，方程式$v^2 = \mathbf{v} \cdot \mathbf{v}$の時間微分をおこなうことである。左辺から$\ddot{s}$が，右辺から$F_{tang}$が導かれる。) (c) ビーズに働く 1 つの力は，(これはビーズがワイヤ上に留まるように制限する) ワイヤから受ける垂直抗力$\mathbf{N}$である。他のすべての力 (重力など) が保存力であると仮定すると，それらの力は位置エネルギーUから導くことができる。$F_{tang} = -dU/ds$を証明せよ。このことは，このタイプの 1 次元系は，xをsでF_xをF_{tang}で置き換えた線形系のように扱うことができることを示している。

4.33** [コンピュータ] (a) 例 4.7 (146 ページ) の，円柱上で平衡状態にある立方体の位置エネルギーに関する (4.59) を確かめよ。 (b) $b = 0.9r$, $b = 1.1$とした場合の$U(\theta)$の様子を描け。(r, m, gがすべて 1 になるように単位を選ぶこともできる。) (c) グラフを描くことで，例 4.7 の$\theta = 0$での平衡の安定性に関する結果を確認せよ。他に平衡点はあるだろうか。またそれらは安定しているだろうか。

4.34** 興味深い 1 次元系として，単振り子がある。それは図 4.26 で示されるように，質量のない棒（長さl）の端に固定された質点mから構成されており，他端は天井を軸として垂直面内で自由に往復する。振り子の位置は，平衡位置からの角度ϕによって指定できる。（$s = l\phi$であるので，平衡からの距離sによっても同じく指定することができる。しかし角度を使うほうが，より便利である。）(a) 振り子の（平行位置から測定した）位置エネルギーは

$$U(\phi) = mgl(1 - \cos\phi) \qquad (4.101)$$

であることを証明せよ。全エネルギーEをϕおよび$\dot{\phi}$の関数として書け。(b) Eをtに対して微分することにより，ϕの運動方程式を得ることができるが，この運動方程式はおなじみの$\Gamma = I\alpha$となることを示せ。（ここでΓはトルク，Iは慣性モーメント，αは角加速度$\ddot{\phi}$である。）(c) 運動中，角度ϕは小さいままであると仮定する。$\phi(t)$を解き運動が周期

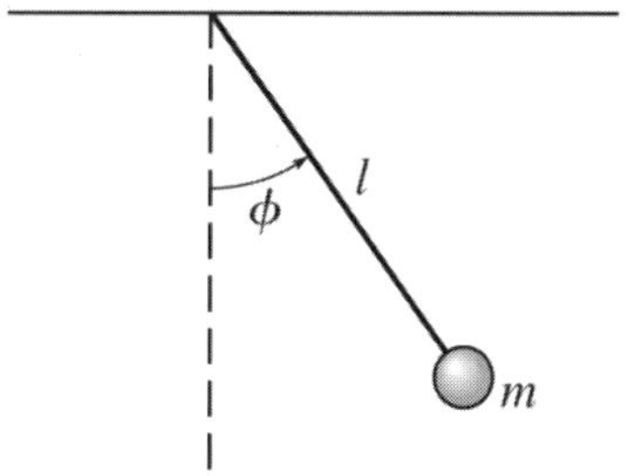

図 4.26 問題 4.34

$$\tau_0 = 2\pi\sqrt{l/g} \qquad (4.102)$$

の周期運動をすることを示せ。（添え字「0」は，微小振動の周期であることを強調している。）

4.35** 図 4.15 のアトウッドの器械について滑車の半径をR，慣性モーメントがIであると仮定する。 (a) 2 つの物体と滑車の合計のエネルギーを，座標xと$\dot{x}$で書き下せ。（滑車の運動エネルギーは$\frac{1}{2}I\omega^2$であることに，注意すること。） (b) E=一定を微分することによって，座標xに関する運動方程式を得ることができることを示せ。（このことは，保存的な 1 次元系で成立する。）この運動方程式が，ニュートンの第 2 法則を 2 つの物体と滑車に別々に適用し，その結果得られた 3 つの方程式から 2 つの未知の張力を取り除くことによって求まったものと同じであることを確認せよ。

4.36** 貫通する穴を持つ金属ボール（質量m）を，摩擦のない垂直に立てられた棒に通す。

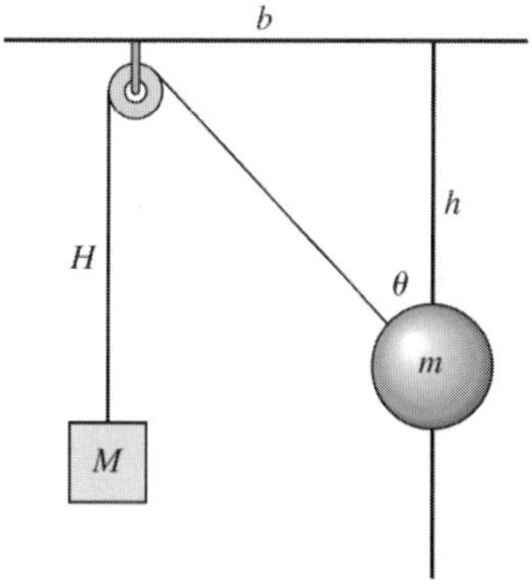

図 4.27 問題 4.36

ボールに取り付けられた質量のないひも（長さl）は，質量・摩擦のない滑車を通り，図 4.27 に示すように質量Mのブロックに結び付けられている。2 つの物体の位置は，1 つの角度θによって特定できる。 (a) 位置エネルギー$U(\theta)$を書き下せ。(PE は，hとHで示される高さを用いて，容易に与えられる。θと定数bとlを用いて，これらの 2 つの変数を消去せよ。滑車とボールの大きさは，無視できると仮定する。) (b) $U(\theta)$を微分し，系が平衡位置を持つかどうか，またmおよびMのどのような値に対して平衡状態を実現するかについて答えよ。平衡位置の安定性について考えよ。

4.37*** ［コンピュータ］図 4.28 に示すように，摩擦のない水平軸に取り付けられた半径Rの質量のない車輪がある。質点Mを車輪の縁に接着させ，質量mの物体を車輪の周囲に巻かれたひもから垂れ下げる。(a) 2 つの物体の合計の PE を，角度ϕの関数として書き下せ。 (b) これを使い，任意の場所で平衡となる際のmとMの値を見つけよ。平衡位置を説明し，その安定性についてトルクを用いて議論し，説明せよ。 (c) $m = 0.7M$と$m = 0.8M$の場合の$U(\phi)$をグラフに描き，$\phi = 0$で静止状態から手を放した場合の挙動を，グラフを使って説明せよ。 (d) ($\phi = 0$で静止状態から手を放す場合について) 一方の側で系が振動し，他方の側では振動しないm/Mの臨界値を求めよ。

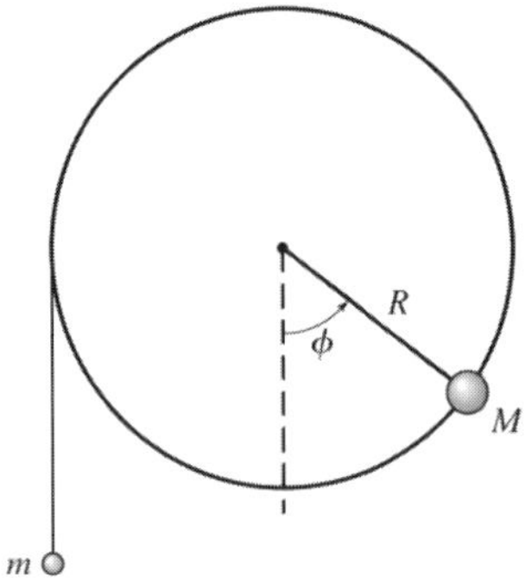

図 4.28 問題 4.37

4.38*** ［コンピュータ］問題 4.34 の単振り子を考える。(4.57) で説明した方法を使って，以下のように振り子の周期に関する式（微小振動についてはもとより，大きな振動についても成立する）を得ることができる。 (a) PE に対して (4.101) を使用し，$\dot{\phi}$をϕの関数として求めよ。次に振り子が$\phi = 0$からその最大値（振幅）Φまで移動する時間を求めるために，(4.57) を$t = \int d\phi/\dot{\phi}$の形で使用する。この時間は周期$\tau$の 4 分の 1 なので，周期を求めることができる。以下を示せ。

$$\tau = \tau_0 \frac{1}{\pi}\int_0^{\Phi} \frac{d\phi}{\sqrt{\sin^2(\Phi/2) - \sin^2(\phi/2)}} = \tau_0 \frac{2}{\pi}\int_0^1 \frac{du}{\sqrt{1-u^2}\sqrt{1-A^2u^2}} \tag{4.103}$$

ここでτ_0は微小振動の周期 (4.102)（問題 4.34）であり，$A = \sin(\Phi/2)$である。［最初の式を得るには，$1 - \cos\phi$を$\sin^2(\phi/2)$で表す三角関数の公式を使用する必要がある。2 番目の式を得るには，$\sin(\phi/2) = Au$を利用する必要がある。］これらの積分は，初等関数を用いて計算できない。しかし第 2 の積分は，第 1 種完全楕円積分（$K(A^2)$とも表記される）と呼ばれる標準積分であり，その値は表[17]で示されており，また Mathematica [EllipticK（A^2）と呼ばれる]のようなコンピュータソフトウェアでも計算できる。（b）この関数を計算できるコンピュータソフトウェアを利用できる場合，振幅$0 \le \Phi \le 3$ラジアンに対してτ/τ_0のグラフを描け。またそれに対して説明をせよ。振動の振幅がπに近づくと，τはどうなるかを説明せよ。

4.39***（a）まだ解いていなければ，問題 4.38（a）を解け。（b）振幅Φが小さい場合，$A = \sin(\Phi/2)$である。振幅が極めて小さい場合，（4.103）の最後の平方根を無視することができる。これが微小振幅の周期についてよく知られた結果$\tau = \tau_0 = 2\pi\sqrt{l/g}$を与えることを示せ。（c）振幅は小さいものの，極めて小さいというほどではない場合，（b）の近似を改善することができる。2 項展開を使うと$1/\sqrt{1-A^2u^2} \approx 1 + \frac{1}{2}A^2u^2$であるので，この近似の下では（4.103）は

$$\tau = \tau_0\left[1 + \frac{1}{4}\sin^2(\Phi/2)\right]$$

である。第 2 項は 45 度の振幅に対してどの程度の補正割合となるだろうか。($\Phi = 45°$の場合の正しい答えは，有効数字 4 桁で$1.040\tau_0$である。)

4.8 節 中心力

4.40*（a）球面極座標r, θ, ϕを使って，x, y, zを表す 3 つの方程式 (4.68) を確かめよ。（b）x, y, z を使ってr, θ, ϕを表せ。

4.41* 質量mの物体が，位置エネルギー$U = kr^n$を有する中心引力の場において，（原点を中心とする）円軌道上を移動する。$T = nU/2$という**ビリアルの定理**を証明せよ。

4.42* 1 次元系において，フックの法則に従う力は保存力であることは明らかである。（$F = -kx$は位置xにのみ依存するので，Fは 1 次元系において保存力となることが十分に保証されている。）次に一端が原点に固定されており，他端は 3 次元で自由に動くことができる，フックの法則にしたがうばねを考える。(たとえば，ばねは天井のある点に固定され，他端で上下にゆれる質量mの物体が付けられている)。ばねによって加えられる力$\mathbf{F(r)}$を，その長さrおよびその平衡長r_0を用いて書き下せ。この力は保存力であることを証明せよ。

---

17 たとえば，M.Abramowitz，I.Stegun 著，『Handbook of Mathematical Functions』（Dover，New York，1965）を参照されたい。著者によって異なる記法が使用されていることに注意すること。特に著者によっては，全く同じ積分を$K(A)$と書くことに注意。

[ヒント：力は中心力であろうか。ばねが曲がらないと仮定せよ。]

4.43** 4.8 節において，中心力で球対称である力$\mathbf{F}(\mathbf{r})$は自動的に保存力となることを述べた。ここで 2 つの証明方法がある。 (a) $\mathbf{F}(\mathbf{r})$は中心力で球対称であるため，$\mathbf{F}(\mathbf{r}) = f(r)\hat{\mathbf{r}}$の形式でなければならない。直交座標を使用し，これが$\nabla \times \mathbf{F} = 0$を意味することを示せ。 (b) 球面極座標における$\nabla \times \mathbf{F}$の巻末の表記を使用し，より素早く$\nabla \times \mathbf{F} = 0$を証明せよ。

4.44** 問題 4.43 は，中心的で球対称の力が自動的に保存力であるという 2 つの証明を与えているように見えるが，どちらの証明もなぜそうであるかを本当に明確にはしていない。ここに完全ではないが，より洞察に富んだ証明がある。図 4.29 に示すように，2 つの点A, Bとそれらを結ぶ 2 つの異なる経路ACBおよびADBを考えてみよう。経路ACBは，Aから半径方向に半径r_BのCに達し，次に（中心をO）とするBを通る球のまわりに移動する。経路ADBは，線OBに到達するまで半径r_Aの球を回り，次に半径方向にBに移動する。中心力で球対称な力$\mathbf{F}$によっておこなわれる仕事が，両方の経路で同じである理由を明確に説明せよ。（これはAからBまでの任意の 2 つの経路に沿った仕事が，同じであることを証明していない。読者が望むなら，どの経路も半径方向に行き来する経路と定数rとなる一連の経路で近似できることを示すことで，証明を完成することができる。）

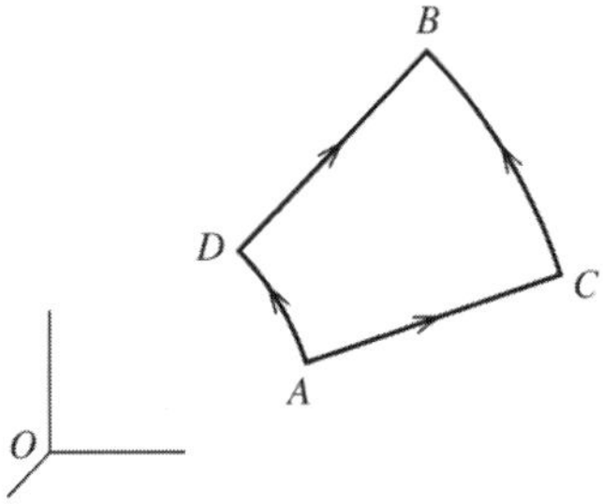

図 4.29 問題 4.44

4.45** 4.8 節では，中心力でありかつ保存力である$\mathbf{F}(\mathbf{r}) = f(r)\hat{\mathbf{r}}$は，自動的に球対称となることを証明した。これに代わる証明がある。図 4.29 の 2 つの経路ACBとADBを考えてみよう。ただし$r_B = r_A + dr$で，drは微小である。両方の経路を通る際に$\mathbf{F}(\mathbf{r})$によっておこなわれた仕事を書き下し，それらが等しくなければならないという事実を使い，関数$f(r)$の大きさがA点とD点で同じでなければならないことを証明せよ。すなわち$f(\mathbf{r}) = f(r)$であり，力は球対称である。

4.9 節 2 粒子系の相互作用エネルギー

4.46* 例 4.8（160 ページ）のような 2 つの粒子の弾性衝突を考えるが，今度は$m_1 \neq m_2$というように，質量は等しくないとする。解θが$m_1 > m_2$の場合は$\theta < \pi/2$，$m_1 < m_2$の場合は$\theta > \pi/2$を満足することを示せ。

4.47* 2 つの粒子が，弾性衝突で正面衝突する場合を考える。(正面衝突であるので，動きは 1 直線上に限定されるため，1 次元系である。) 衝突後の相対速度が衝突前と同じで，かつ向きが反対であることを証明せよ。すなわちv_1, v_2を初期速度，v'_1, v'_2を対応する最終速度とした場合，$v_1 - v_2 = -(v'_1 - v'_2)$である。

4.48* 質量m_1速度v_1の粒子が，静止している質量m_2の第 2 の粒子と衝突した。衝突が完全非弾性衝突（2 つの粒子が 1 つになり一緒に移動）であった場合，衝突によって運動エネルギーの何分の 1 が失われるか。$m_1 \ll m_2$と$m_1 \gg m_2$の場合の答えを説明せよ。

4.49** クーロン力と重力は，どちらも$U = \gamma/|\mathbf{r_1} - \mathbf{r_2}|$の形式の位置エネルギーを持つ。ここで$\gamma$はクーロン力の場合$kq_1q_2$，重力の場合$-Gm_1m_2$である。また$\mathbf{r_1}, \mathbf{r_2}$は 2 つの粒子の位置である。$-\boldsymbol{\nabla}_\mathbf{1}U$は粒子 1 に働く力，$-\boldsymbol{\nabla}_\mathbf{2}U$は粒子 2 に働く力であることを，詳細に示せ。

4.50** 2 つの粒子の位置エネルギーは，（4.81）で表される。

$$\boldsymbol{\nabla}_\mathbf{1}U(\mathbf{r_1} - \mathbf{r_2}) = -\boldsymbol{\nabla}_\mathbf{2}U(\mathbf{r_1} - \mathbf{r_2})$$

このことを証明せよ。(微分をおこなう際には，チェーンルールを使用せよ。3 次元での証明は表記が厄介であるので，その 1 次元での結果

$$\frac{\partial}{\partial x_1}f(x_1 - x_2) = -\frac{\partial}{\partial x_2}f(x_1 - x_2)$$

を証明せよ。そしてこの結果が 3 次元にまで拡張できることを確かめよ。)

4.10 節 多粒子系のエネルギー

4.51**（4.94）にある 4 粒子系の位置エネルギーのすべての項を書き下せ。たとえば$U = U(\mathbf{r_1}, \mathbf{r_2}, \cdots, \mathbf{r_4})$であり，$U_{34} = U_{34}(\mathbf{r_3} - \mathbf{r_4})$である。(たとえば) 粒子 3 に働く力が$-\boldsymbol{\nabla}_\mathbf{3}U$によって与えられることを詳細に示せ。[内力と外力それぞれの力が（4.92）と（4.93）によって与えられることに注意せよ。]

4.52** 4.10 節の 4 粒子系を考える。（a）4 個の粒子それぞれについて仕事・運動エネルギー定理を書き，これら 4 つの方程式を足し合わせることで，短い時間間隔dtにおける全 KE の変化が，$dT = W_{tot}$であることを示せ。ここでW_{tot}はすべての力によって，すべての粒子に対してなされた全仕事である。[2～3 行程度で，このことを示すこと。]（b）次に$W_{tot} = -dU$であることを示せ。ここで，dUは同じ時間間隔における全 PE の変化である。全力学的エネルギー$E = T + U$が保存されることを導け。

4.53** (a) 固定された陽子 (電荷$+e$) を中心とし, 半径rの円軌道上にある電子 (電荷$-e$, 質量m) を考える。内向きのクーロン力ke^2/r^2が電子に求心加速度を与えていることを考慮し, 電子の KE は PE の$-\frac{1}{2}$倍に等しいこと, つまり$T = -U/2$または$E = U/2$, を証明せよ。 (この結果は, いわゆるビリアル定理である。問題点 4.41 を参照すること。) ここで, 電子と水素原子との非弾性衝突を考える。固定された陽子を中心とし, 電子 1 が半径rの円軌道内にある。(これは水素原子である。) 電子 2 が運動エネルギーT_2で, 遠くから近づいてくる。電子 2 が原子に衝突すると, 電子 1 は自由に弾き飛ばされ自由電子になり, 電子 2 が半径r'の円軌道に捕捉される。 (b) 3 粒子系における全エネルギーの式を書き下せ。(陽子は固定されているので, 答えは 5 項, つまり 3 つの PE と 2 つの KE が含まれている必要がある。) (c) 衝突が起こるはるか以前の 5 つの項のすべての値と, 全エネルギーEの値を求めよ。衝突が終わったはるか後について, 再度それらの値を求めよ。遠く離れた電子 1 の KE はどのようなものであろうか。変数T_2, r, r'を用いて答えよ。

第 5 章　振動

安定な平衡位置から変位したほとんどの系において，振動が起こる。変位が小さい場合，振動はほぼいつでも単振動と呼ばれるものになる。したがって振動，特に単振動は非常に広範囲に及ぶうえ，極めて便利でもある。たとえば，すべての精度の良い時計は，時間を測るために振動子を利用している。最初の信頼できる時計には，振り子が使用された。最初の正確な時計（歴史的には航海において重要であった）は，振動するバランスホイールが使用された。現代の時計は水晶の振動を利用している。コロラド州ボルダーの国立標準技術研究所の原子時計のような今日の最も正確な時計は，原子の振動を利用している。この章では，振動に関する物理学と数学を学習する。単純な調和振動から始めて，減衰振動（抵抗力により減衰する振動）と強制振動（時計のように外部からの強制力によって維持される振動）に話を進める。この章の最後の 3 つの節では，任意の周期的な強制力で駆動される振動子の運動を調べる際に，フーリエ級数を使用する方法について説明する。

5.1　フックの法則

良く知られているように，フックの法則に従うばねの端にある物体は，単振動と呼ばれるタイプの振動をおこなう。このことを調べる前に，まずはフックの法則がなぜ重要であり，頻繁に出現するのかを考えて見よう。フックの法則は，ばねの力が以下の形であることを主張する。（ここでは，x軸方向に運動するばねを考える。）

$$F_x(x) = -kx \tag{5.1}$$

ここで，xはばねの釣り合いの位置からの変位，kはばね定数と呼ばれる正の数である。kが正であるということは，$x = 0$における平衡が安定していることを意味している。$x = 0$の時，力は働いていない。$x > 0$（右への変位）のとき力は負であり（左に戻る），$x < 0$（左への変位）のときの力は正である（右に戻る）。いずれにせよ力は復元力であり，平衡は安定している。（kが負の場合，力は原点から離れる方向に働くため平衡は不安定になり，振動することはない。）位置エネルギーが以下のようになることは，フックの法則が成立することとまったく同じである。

$$U(x) = \frac{1}{2}kx^2$$

座標xによって特定される，位置エネルギー$U(x)$を有する任意の保存的な 1 次元系を考える。系が安定な平衡位置$x = x_0$を持ち，これを原点（$x_0 = 0$）とする。今，平衡位置の近傍における$U(x)$のふるまいを考える。任意の関数はテイラー級数で展開することができるので，以下のように書くことができる。

$$U(x) = U(0) + U'(0)x + \frac{1}{2}U''(0)x^2 + \cdots \tag{5.2}$$

xが小さい限り，この級数の最初の 3 つの項までで良い近似とならなければならない。最初の項は定数であるが，物理現象に影響を与えることなく常に$U(x)$から定数を減じることができるので，$U(0)$をゼロに再定義することもできる。$x = 0$は平衡点であるため$U'(0) = 0$であり，級数（5.2）の第 2 項は自動的にゼロになる。平衡は安定しているので，$U''(0)$は正である。$U''(0)$をkと書くと，小さな変位の場合は常に[1]

$$U(x) = \frac{1}{2}kx^2 \tag{5.3}$$

すなわち安定な平衡からの変位が十分に小さい場合，フックの法則は常に有効である。$U''(0)$が負であればkも負になり，平衡は不安定になることに注意してほしい。我々は今のところ，この場合には興味はない。（5.3）の形のフックの法則は多くの状況で利用されるが，次の例が示すように，必ずしも座標が直交座標xである必要はない。

---

1 唯一の例外は$U''(0)$がゼロになる場合であるが，この例外的な場合はここでは考慮しない。

例 5.1　円柱上に置かれた立方体

例 4.7（146 ページ）の立方体について再度考え，微小角度θに対して位置エネルギーがフックの法則の形$U(\theta)=\frac{1}{2}k\theta^2$をとることを示す。

この例では，

$$U(\theta)=mg[(r+b)\cos\theta+r\theta\sin\theta]$$

である。θが小さい場合には，$\cos\theta\approx 1-\theta^2/2, \sin\theta\approx\theta$と近似できるため，

$$U(\theta)\approx mg\left[(r+b)\left(1-\frac{\theta^2}{2}\right)+r\theta^2\right]=mg(r+b)+\frac{1}{2}mg(r-b)\theta^2$$

となり，意味のない定数は別として，$\frac{1}{2}k\theta^2$の形を持つ。ただし「ばね定数」$k=mg(r-b)$である。例 4.7 ですでに確認した条件であるが，$r>b$（つまりkは正の定数）の場合にのみ，平衡は安定していることに注意してほしい。

4.6 節で論じたように，任意の 1 次元系の運動の一般的な特徴は，xに対する$U(x)$のグラフから理解することができる。フックの法則が成立する位置エネルギー (5.3) の場合，図 5.1 に示すようにこのグラフは放物線である。質量mの物体がこの形の位置エネルギーを持ち，全エネルギー$E>0$である場合，物体は捕捉され，$U(x)=E$で運動エネルギーがゼロであり，物体が瞬間的に停止する 2 つの転向点の間を振動する。$U(x)$は$x=0$に関して対称であるので，2 つの転向点は原点の反対側で等距離にある。伝統的には$x=\pm A$と表されるが，Aは振動の振幅と呼ばれる。

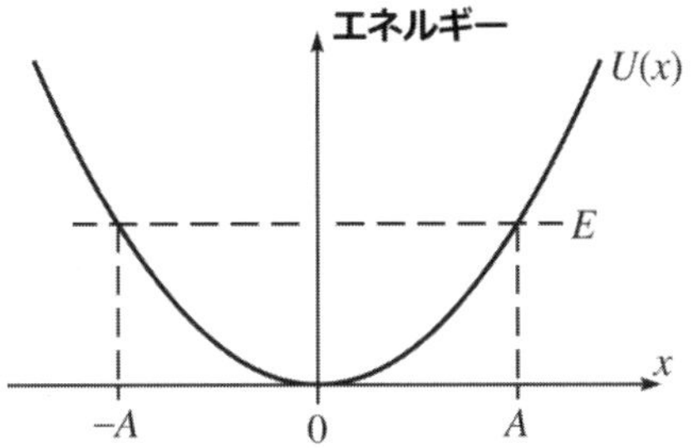

図 5.1 $U(x)=kx^2/2$の位置エネルギー，Eの全エネルギーを持つ質量mの物体が，$U(x)=E$で運動エネルギーがゼロになる$x=\pm A$の 2 つの転向点の間を振動している。

5.2 単振動

これから，安定な平衡位置から外れた質量mの物体の運動方程式（ニュートンの第 2 法則）を調べることにする。議論を明確にするために，図 5.2 に示すように固定ばねに取り付けられた，摩擦のない軌道上にある台車を考えてみよう。位置エネルギーが（5.3），またはそれと等価な$F_x(x) = -kx$で近似できることをこれまで見てきた。したがって運動方程式は$m\ddot{x} = F_x(x) = -kx$，または次のようになる。

$$\ddot{x} = -\frac{k}{m}x = -\omega^2 x \tag{5.4}$$

ここで，以下の定数を導入した。

$$\omega = \sqrt{\frac{k}{m}}$$

これは台車が振動する際の角振動数である。x軸に沿って動くばねにつながれた台車を考えて (5.4) に到達したが，この式は様々な座標系の様々な振動系に適用できることが，最終的にわかる。たとえば

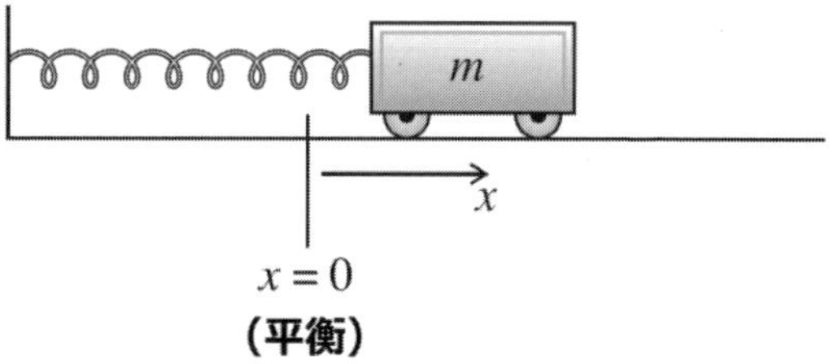

図 5.2 ばねの端に取り付けられ，振動する質量$\boldsymbol{m}$の台車。

（1.55）では，振り子（またはハーフパイプの中にあるスケートボード）の位置を与える角度ϕが少なくとも小さい場合には，同じ方程式$\ddot{\phi} = -\omega^2\phi$が成立することをみてきた。この節では，（5.4）の解の性質を見直すつもりである。残念ながら，同じ解を導くさまざまな方法があるが，いずれも利点があるため，読者はそれらを容易に使いこなす必要がある。

指数関数的な解

方程式（5.4）は 2 階線形同次微分方程式であり[2]，2 つの独立した解が存在する。これらの 2 つの独立した解は様々な方法で選ぶことができるが，おそらく最も便利なのは，以下のように選ぶことであろう。

$$x(t) = e^{i\omega t},\quad x(t) = e^{-i\omega t}$$

これらの関数が(5.4)を満たすことは，簡単に確認できる。さらに，いずれの定数倍も解であり，同様にそのような倍数の任意の和も解である。したがって，関数

$$x(t) = C_1 e^{i\omega t} + C_2 e^{-i\omega t} \tag{5.5}$$

は任意の 2 つの定数C_1およびC_2に対して，解となっている。（このような解の線形結合はそれ自体が解となっており，**重ね合わせの原理**と呼ばれる。重ね合わせの原理は，多くの物理学の分野で重要な役割を果たす。）（5.5）には 2 つの任意定数が含まれているため，2 階微分方程式（5.4）の一般解である[3]。したがって任意の解は，係数C_1およびC_2を適切に選択することによって，（5.5）の形で表すことができる。

正弦および余弦解

（5.5）の指数関数は非常に扱いやすく，多くの場合，（5.5）は解の最良の形である。それにもかかわらず，この形式には 1 つの欠点がある。もちろん$x(t)$は実数であるが，（5.5）の 2 つの指数関数は複素数である。これは$x(t)$自体が実数であることを保証するために，係数C_1およびC_2を慎重に選択しなければならないことを意味する。まもなくこの点に戻るだろうが，まずは（5.5）を別の使いやすいものに書き直す。オイラーの公式（2.76）から，（5.5）の 2 つの指数関数は次のように書くことができる。

$$e^{\pm i\omega t} = \cos(\omega t) \pm i\sin(\omega t)$$

これを（5.5）に代入し変形すると，以下のようになる。

$$x(t) = (C_1 + C_2)\cos(\omega t) + i(C_1 - C_2)\sin(\omega t)$$

---

[2] xまたはその微分の指数が 1 乗よりも高くないため線形であり，すべての項が 1 乗であるため同次である。（つまり，xとその微分に依存しない項はない。）

[3] 2 階微分方程式の一般解は，2 つの任意定数を含むという（1.56）の後の結果を思い出すこと。

$$= B_1 \cos(\omega t) + B_2 \sin(\omega t) \tag{5.6}$$

ここで，B_1, B_2は単にその前の行の係数に新しい名前をつけたものである。

$$B_1 = C_1 + C_2,\quad B_2 = i(C_1 - C_2) \tag{5.7}$$

形式（5.6）は，**単振動**（**SHM**：simple harmonic motion）の定義とみなすことができる。この形式の正弦と余弦の組み合わせをもつ任意の運動は，単振動と呼ばれる。関数$\cos(\omega t)$と$\sin(\omega t)$は実数であるため，$x(t)$が実数であるという要件は，単に係数B_1, B_2が実数でなければならないことを意味する。

係数B_1, B_2は，問題の初期条件から簡単に決められる。$t = 0$のとき，（5.6）は$x(0) = B_1$となる。すなわちB_1はちょうど初期位置$x(0) = x_0$である。同様に，（5.6）を微分することにより，ωB_2を初速度v_0として決めることができる。

$x = x_0$に台車を引っ張り，それを静止状態（$v_0 = 0$）から手を離すことによって振動を開始させると，（5.6）で$B_2 = 0$となり，余弦項のみが残る。

$$x(t) = x_0 \cos(\omega t) \tag{5.8}$$

$t = 0$で台車を蹴り，原点（$x_0 = 0$）から動かすと，正弦項のみが残る。

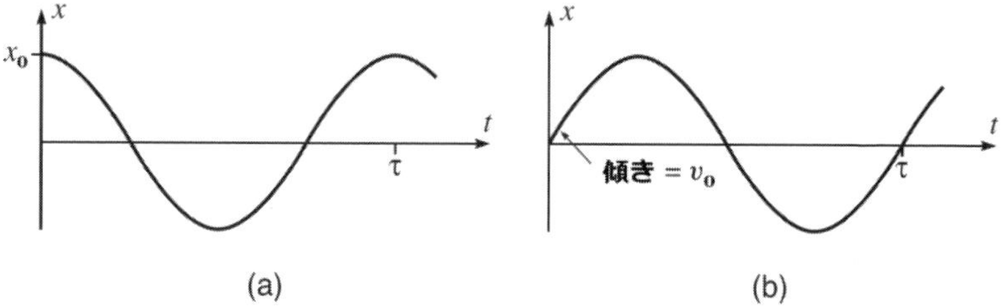

図 5.3 （a）$t = 0$でx_0において台車から手を離した振動は，余弦曲線となる。（b）$t = 0$で台車が原点から蹴り出された場合，振動は初期勾配v_0の正弦曲線となる。いずれの場合も，振動の周期は$\tau = 2\pi/\omega = 2\pi\sqrt{m/k}$であり，$x_0$または$v_0$の値がどのようなものであっても，同じである。

$$x(t) = \frac{v_0}{\omega} \sin(\omega t)$$

これらの 2 つの単純な場合を，図 5.3 に示す。正弦・余弦を含む一般解（5.6）と同じく，両方の解は周期的であることに注意してほしい。正弦・余弦の引数は両者ともωtなので，関数$x(t)$は$\omega\tau = 2\pi$となる時間τの後，同じ運動を繰り返す。つまり周期は，以下のようになる。

$$\tau = \frac{2\pi}{\omega} = 2\pi\sqrt{\frac{m}{k}} \tag{5.9}$$

位相がずれた余弦解

一般解（5.6）は，図 5.3 の 2 つの特別な場合よりも視覚化するのが難しいが，次のような形に書き直すことが便利である。まず別の定数

$$A = \sqrt{B_1^2 + B_2^2} \tag{5.10}$$

を定義する。Aは直角三角形の斜辺であり，他の 2 辺はB_1, B_2であることに注意してほしい。これを図 5.4 に示したが，δをその三角形の下側の角として定義している。ここで，（5.6）を以下のように書き直すことができる。

$$\begin{aligned} x(t) &= A\left[\frac{B_1}{A}\cos(\omega t) + \frac{B_2}{A}\sin(\omega t)\right] \\ &= A[\cos\delta\cos(\omega t) + \sin\delta\sin(\omega t)] \\ &= A\cos(\omega t - \delta) \end{aligned} \tag{5.11}$$

この形から，台車が振幅Aで振動していることは明らかであるが，（5.8）のような単純な余弦ではなく，位相がずれる余弦である。$t = 0$のとき余弦の引数は$-\delta$であり，振動は位相シフトδによって通常の余弦より後ろにずれる。ニュートンの第 2 法則から（5.11）を導き出したが，よくあることであるが，複数の方法で同じ結果を得ることができる。特に（5.11）は，4.6 節で論じたエネルギーの手法を用いて導出することもできる（問題 4.28 を参照）。

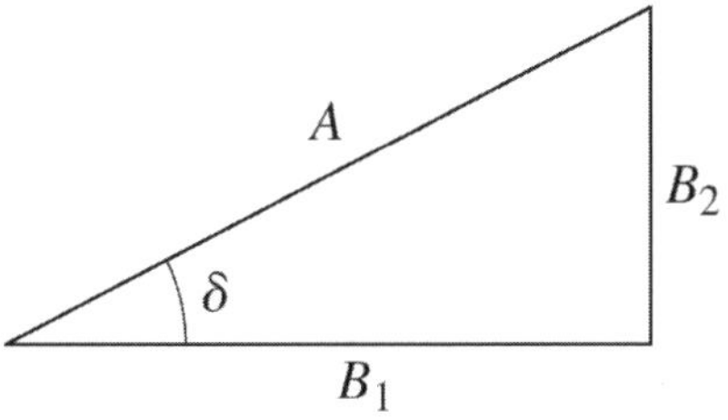

図 5.4　定数A, δは，図で示すようにB_1, B_2で定義される。

複素指数関数の実数部分としての解

（5.5）の複素指数関数の観点から解を表現する，もう 1 つの有用な方法があ

る。係数C_1, C_2は，（5.7）によって正弦・余弦形式の係数B_1, B_2に関係しており，これを解くと次のようになる。

$$C_1 = \frac{1}{2}(B_1 - iB_2), \quad C_2 = \frac{1}{2}(B_1 + iB_2) \tag{5.12}$$

B_1, B_2は実数であるため，C_1, C_2の両方が複素数であり，さらにC_2がC_1の複素共役であることがわかる。

$$C_2 = C_1^*$$

（任意の複素数$z = x + iy$に対して，複素共役は$z^* = x - iy$と定義される[4]。）したがって，（5.5）は次のように書くことができる。

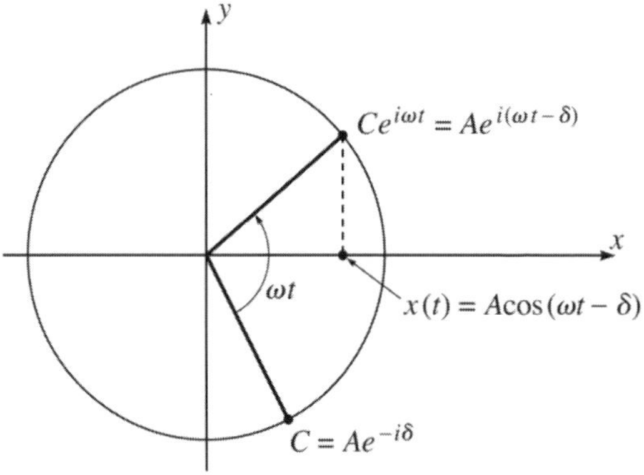

図 5.5 振動する台車の位置$x(t)$は，複素数$Ae^{i(\omega t-\delta)}$の実数部である。後者は半径Aの円のまわりを移動するので，前者は振幅Aでx軸上を前後に振動する。

$$x(t) = C_1 e^{i\omega t} + C_1^* e^{-i\omega t} \tag{5.13}$$

ここで右辺の第 2 項は，第 1 項の複素共役である。（このことが分からない読者は，問題 5.35 を参照すること。）ここで任意の複素数$z = x + iy$に対して，

$$z + z^* = (x + iy) + (x - iy) = 2x = 2\mathrm{Re}z$$

である。ここで$\mathrm{Re}z$はzの実部（すなわちx）を表す。したがって（5.13）は次のように書くことができる。

$$x(t) = 2\mathrm{Re}C_1 e^{i\omega t}$$

最後に定数$C = 2C_1$を定義すると，（5.12）と図 5.4 から，

$$\mathrm{C} = B_1 - iB_2 = Ae^{-i\delta} \tag{5.14}$$

および

$$x(t) = \mathrm{Re}Ce^{i\omega t} = \mathrm{Re}Ae^{i(\omega t-\delta)}$$

---

4 zの複素共役を表現するのに，ほとんどの物理学者はz^*を使用するが，数学者の多くは$\bar{z}$を使用する。

となる。この見た目の美しい結果が，図 5.5 に示されている。複素数$Ae^{i(\omega t-\delta)}$は，半径Aの円のまわりを角速度ωで反時計回りに動く。その実数部[すなわち$x(t)$]は複素数の実軸への射影である。複素数が円のまわりを回っている間，この射影は角振動数ωと振幅Aでx軸上を前後に振動する。具体的に書くと，$x(t) = A\cos(\omega t - \delta)$となり，（5.11）と一致する。

例 5.2　バケツ内のボトル

図 5.6 に示すように，水が張られた大きなバケツの中にボトルがまっすぐに浮いている。平衡状態では，水面からd_0の深に沈んでいる。ボトルを深さdに押し下げ手を離すと単振動をおこなうが，その際の角振動数を求める。$d_0 = 20cm$ 場合，振動の周期はどのくらいであろうか。

ボトルに働く 2 つの力は，下向きの重力mgと上向きの浮力ϱgAdである。ここでϱは水の密度であり，Aはボトルの断面積である。（アルキメデスの原理によれば，浮力はϱgに水没した容積Adをかけたものである。）平衡状態の深度d_0は，以下の条件から決定できる。

$$mg = \varrho gAd_0 \qquad (5.15)$$

ここで，ボトルが深さ$d = d_0 + x$にあると仮定する。（xは平衡からの距離として定義しており，また最も都合の良い座標を使用する。）ニュートンの第 2 法則は，以下のようになる。

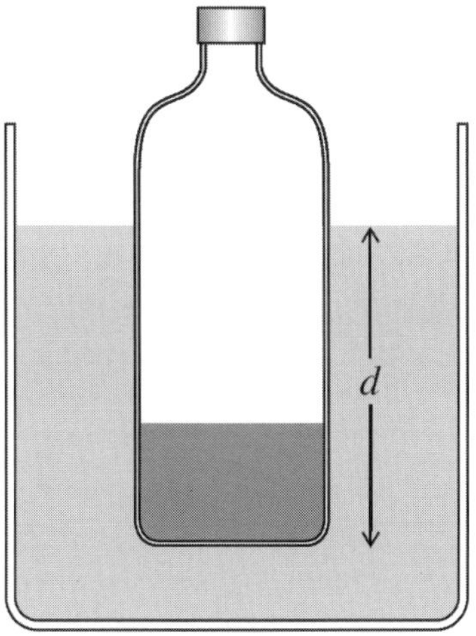

図 5.6 ボトルには砂が入っているので，水の入ったバケツに直立して浮く。平衡状態の際の深さは，$d = d_0$である。

$$m\ddot{x} = mg - \varrho gA(d_0 + x)$$

(5.15) から右辺の第 1 項と第 2 項は打ち消され，$\ddot{x} = -\varrho gAx/m$となる。しかし再び (5.15) から$\varrho gAx/m = g/d_0$となるので，運動方程式は次のようになる。

$$\ddot{x} = -\frac{g}{d_0}x$$

これはちょうど，単振動運動の方程式である。以上より，ボトルは角振動数$\omega = \sqrt{g/d_0}$の SHM で上下に動くと結論づけられる。この結果の際立った特徴は，角振動数にm, ϱまたはAが明示的に関与していないことである。またその角振動数は長さ$l = d_0$の単振り子の角振動数と同じである。

$d_0 = 20cm$の場合，周期は以下のようになる。

$$\tau = \frac{2\pi}{\omega} = 2\pi\sqrt{\frac{d_0}{g}} = 2\pi\sqrt{\frac{0.2\mathrm{m}}{9.8\mathrm{m/s^2}}} = 0.9 \text{ 秒}$$

この実験を，各自で試してみよ。ただしボトルのまわりの水の流れが，状況をかなり複雑にすることに注意してほしい。ここでの計算は，実際に起こることを大雑把に単純化したものである。

エネルギーに関する考察

単振動に関するこの節を終了する前に，（ばねにつながれた台車などの）前後に振動する振動子のエネルギーについて簡単に検討してみよう。$x(t) = A\cos(\omega t - \delta)$なので，位置エネルギーは，以下のようになる。

$$U = \frac{1}{2}kx^2 = \frac{1}{2}kA^2\cos^2(\omega t - \delta)$$

速度を求めるために$x(t)$を微分すると，運動エネルギーは以下のようになる。

$$T = \frac{1}{2}m\dot{x}^2 = \frac{1}{2}m\omega^2A^2\sin^2(\omega t - \delta)$$

$$= \frac{1}{2}kA^2\sin^2(\omega t - \delta)$$

ここで 2 行目の式は，ω^2をk/mで置き換えることによって得られる。UとTの両方が0から$\frac{1}{2}kA^2$の間で振動するが，その振動の様子が全く逆であることがわかる。Uが最大のときTはゼロで，その逆もある。特に$\sin^2\theta + \cos^2\theta = 1$であるので，任意の保存力の下で成立するように全エネルギーは一定である。

$$E = U + T = \frac{1}{2}kA^2 \tag{5.16}$$

5.3　2 次元振動子

2次元または3次元では，振動の様子は1次元よりもかなり変化に富んでいる。最も単純なものは，復元力が平衡からの変位に比例するいわゆる**等方性の調和振動子**であり，すべての方向において同じ比例定数を持つ。

$$\mathbf{F} = -k\mathbf{r} \tag{5.17}$$

すなわち$F_x = -kx$, $F_y = -ky$（および 3 次元の場合は$F_z = -kz$）であり，すべて同じ定数kを持つ。この力は図 5.7（a）に描かれているように，平衡位置（ここは原点にとられることが多いが）に向う中心力である。図 5.7（b）には，この形の力を生み出す 4 つの同一のばねの配置が示されている。すぐわかるように中央の物体が平衡位置から離れると，内向きの力が発生する。そしてこの内向きの力が，微小変位$\mathbf{r}$に対して（5.17）の形をとっていることを示すことは難しくない（問題 5.19）[5]。2 次元等方性の振動子のもう 1 つの例は，（少なくとも近似的には）大きな球形のボウルの底部近くで転がるボールベアリングである。3 次元の場合の 2 つの重要な例は，対称結晶内の平衡点付近で振動する原子と，核内で動く陽子（または中性子）である。

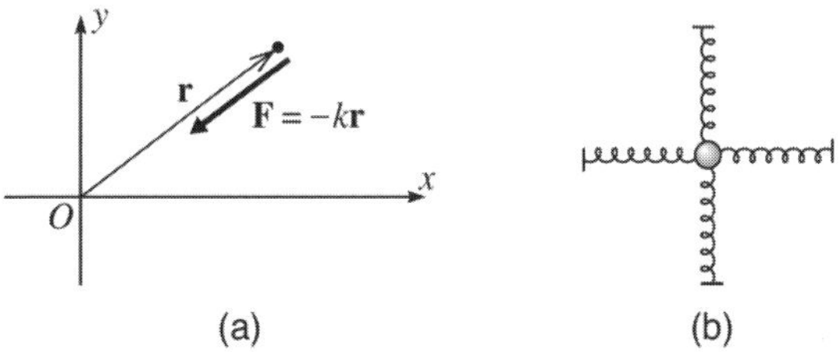

図 5.7（a）$\mathbf{r}$に比例する復元力は，等方性の調和振動子となる。(b) このばねの配置の中心にある物体が，4 つのばねがある平面内を動くとき，$\mathbf{F} = -k\mathbf{r}$の形の合力を受ける。

この形式の力を受けている粒子を考えてみよう。物事を単純にするため，その運動が 2 次元に限定されているとする。運動方程式$\ddot{\mathbf{r}} = \mathbf{F}/m$は，2 つの独立した

[5] 原点に向かう他端が固定されているばねに単に質量を付けるだけでは，（5.17）で示される形の力を得ることができないことを指摘しておく。

方程式に分かれる。

$$\left.\begin{array}{l}\ddot{x}=-\omega^2 x\\ \ddot{y}=-\omega^2 y\end{array}\right\} \tag{5.18}$$

ここでよく知られている角振動数$\omega=\sqrt{k/m}$（力の定数が同じであるので，xとyに関する両方の方程式で同じである）を導入した。これらの 2 つの方程式のそれぞれは，前節で論じた 1 次元の場合の形と全く同じで，解は[（5.11）と同じく]以下の通りである。

$$\left.\begin{array}{l}x(t)=A_x\cos(\omega t-\delta_x)\\ y(t)=A_y\cos(\omega t-\delta_y)\end{array}\right\} \tag{5.19}$$

4 つの定数$A_x, A_y, \delta_x, \delta_y$は，問題の初期条件によって決定される。時間の原点を再定義することによって，位相シフトδ_xを無くすことができるが，$y(t)$に対応する位相δ_yを無くすことは，一般にはできない。したがって，一般解の最も単純な形式は，以下のようになる。

$$\left.\begin{array}{l}x(t)=A_x\cos(\omega t)\\ y(t)=A_y\cos(\omega t-\delta)\end{array}\right\} \tag{5.20}$$

ここで$\delta=\delta_y-\delta_x$は，yとxの振動の相対的な位相である（問題 5.15 を参照）。

（5.20）のふるまいは，3 つの定数A_x, A_yおよびδの値に依存する。A_xまたはA_yのいずれかがゼロの場合，粒子は軸の 1 つに沿って単振動運動をおこなう。（ボウルの中のボールベアリングは原点を中心として前後に転がるが，x方向またはy方向のみに動く）A_xもA_yもゼロでない場合，その運動は相対的な位相δに大きく依存する。$\delta=0$の場合，$x(t), y(t)$は歩調を合わせて上昇・下降し，図 5.8（a）に示すように点(x, y)は(A_x, A_y)と$(-A_x, -A_y)$をつなぐ直線上を揺れ動く。$\delta=\pi/2$の場合，x, yは足並みを乱して振動し，yがゼロのときxは極値になり，その逆も成り立つ。図 5.8（b）で示すように，点(x, y)は半長径A_xと半短径A_yを持つ楕円を表す。δの他の値については，図 5.8（c）の$\delta=\pi/4$の場合のように，点(x, y)は斜めの楕円のまわりを移動する。（経路が実際に楕円であることを証明したい場合は，問題 8.11 を参照すること。）

非等方性振動子では，復元力の成分は変位の成分に比例するが，比例定数は異なる。

$$F_x=-k_x x,\quad F_y=-k_y y,\quad F_z=-k_z z \tag{5.21}$$

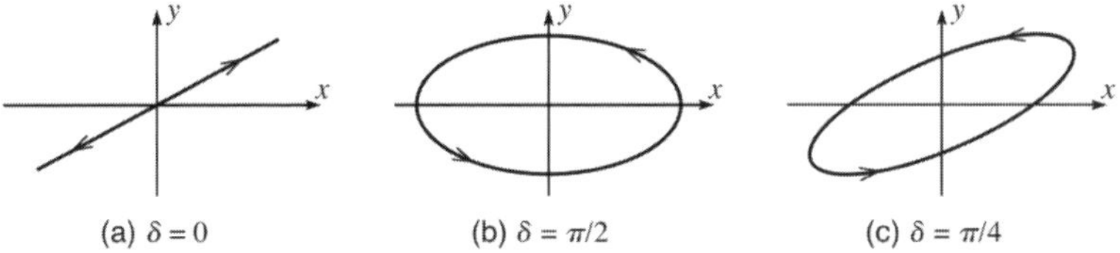

図 5.8（5.20）で与えられる，2 次元等方性の振動子の運動。　(a) $\delta = 0$の場合，x, yは歩調を合わせて単振動運動をおこない，点(x, y)は図で示したように斜めの線に沿って前後に移動する。　(b) $\delta = \pi/2$の場合，(x, y)はx軸とy軸に沿った軸を持つ楕円のまわりを移動する。　(c) 一般に（たとえば$\delta = \pi/4$の場合），点(x, y)は図に示したように傾斜した楕円のまわりを移動する。

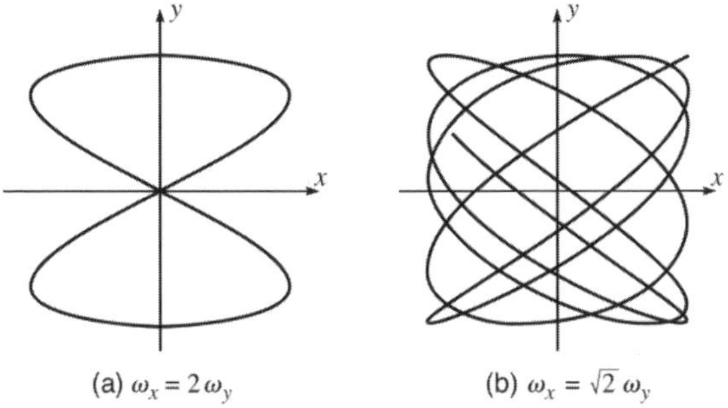

図 5.9 (a) $\omega_x = 2$と$\omega_y = 1$の非等方性を持つ振動子の 1 つの可能な経路。yが 1 往復する時間内にxが 2 回往復するが，この動作が正確に繰り返される。(b) $t = 0$から$t = 24$までの，$\omega_x = \sqrt{2}$および$\omega_y = 1$の場合の経路。この場合，経路それ自体は繰り返されないが，十分に長く時間が経過すれば，$x = \pm A_x$x と$y = \pm A_y$で囲まれた矩形内の任意の点に，いくらでも近づく。

このような力の一例は，異なる対称軸に沿って異なる力の定数の支配下にある低対称結晶において，平衡位置から変位した原子が受ける力である。議論を簡単にするために，ニュートンの第 2 法則が(5.18)のように，2 つの別々の方程式に分かれている 2 次元の粒子について，もう一度考えてみよう。

$$\left.\begin{aligned}\ddot{x} &= -\omega_x^2 x\\ \ddot{y} &= -\omega_y^2 y\end{aligned}\right\} \tag{5.22}$$

これと（5.18）の間の唯一の違いは，異なる軸に異なる角振動数，たとえば$\omega_x = \sqrt{k_x/m}$などが存在することある。これらの 2 つの方程式の解は，(5.20) と同じようになる。

$$\left.\begin{aligned} x(t) &= A_x\cos(\omega_x t) \\ y(t) &= A_y\cos(\omega_y t - \delta) \end{aligned}\right\} \tag{5.23}$$

2 つの異なる角振動数のために，可能となる運動には豊富な多様性が存在する。ω_x/ω_yが有理数であれば，運動が周期的であることは（問題 5.17）かなり容易に分かり，その結果得られる経路はリサジュー図形と呼ばれる（フランスの物理学者ジュール・リサジュー，1822-1880）。たとえば図 5.9（a）が示す粒子の軌道は$\omega_x/\omega_y = 2$の場合であり，xの動きはyの動きの 2 倍の頻度で繰り返される。この場合，軌道は 8 の字となる。ω_x/ω_yが非整数である場合，その動きはより複雑となり決して繰り返しは起きない。図 5.9（b）に$\omega_x/\omega_y = \sqrt{2}$の場合が示されている。この種の動きは**準周期的**であると呼ばれる。x座標とy座標のそれぞれの動きは周期的であるが，2 つの周期には関連性がないため，$\mathbf{r} = (x, y)$の運動には周期性がない。

5. 4　減衰振動

ここで 1 次元振動子に戻り，振動を減衰させる抵抗力がある場合について取り上げる。抵抗力にはいくつかの可能性がある。通常の動摩擦力は，大きさはほぼ一定であるが，常に速度と反対方向に向いている。空気または水のような流体によってもたらされる抵抗は，速度に複雑に依存する。しかしながら第 2 章で見たように，抵抗力がvまたは（異なる状況下で）v^2に比例すると仮定するのは合理的な近似である。ここでは，抵抗力はvに比例すると仮定する。具体的には，$\mathbf{f} = -b\mathbf{v}$であるとする。これを採用する主な理由の 1 つは，この場合が特に簡単な方程式を解くことにつながること，そしてその方程式は他の場所にも現れる非常に重要な方程式であり，したがって十分に検討する価値があるというである[6]。

たとえばばねに取り付けられた台車のように，フックの法則に従う力$-kx$と抵抗力$-b\dot{x}$を受ける，1 次元の物体を考えてみよう。台車に対する合力は$-b\dot{x} - kx$であり，ニュートンの第 2 法則は（2 つの力の項を左辺に移動させると）

6　特殊な場合ではあるものの，抵抗力$\mathbf{f}$が$\mathbf{v}$に対して線形であることを考えるのは非常に重要である。第 12 章での非線形力学とカオスにおいて，$\mathbf{f}$が$\mathbf{v}$に対して線形でないときに起こりうる驚くべき複雑な動きについて述べる。

$$m\ddot{x} + b\dot{x} + kx = 0 \tag{5.24}$$

となる。

物理学の素晴らしいことの1つとして，同じ数学的な方程式がまったく異なる物理的状況下で出てくることがあるため，ある状況の方程式の理解が直ちに他の状況に引き継がれることがあげられる。(5.24) を解く前に，LRC 回路で同じ式がどのように現れるかを示す。LRC 回路は図 5.10 に示すように，インダクタ（インダクタンスL），コンデンサ（容量C），抵抗（抵抗R）を含む回路である。電流の正の方向を反時計回りにし，コンデンサの左側のプレートの電荷を$q(t)$ [右側は$-q(t)$の電荷とする]と選んだので，$I(t) = \dot{q}(t)$である。回路を正方向になぞると，電荷の位置エネルギーはインダクタの両端で$L\dot{I} = L\ddot{q}$，抵抗の両端で$RI = R\dot{q}$，コンデンサの両端でq/Cだけ低下する。回路に関するキルヒホッフの第2法則を適用すると，以下のようになる。

$$L\ddot{q} + R\dot{q} + \frac{1}{C}q = 0 \tag{5.25}$$

これは，減衰振動子に関する (5.24) の形と，全く同じである。振動子について学習すると，LRC 回路にすぐに応用できる。電気回路のインダクタンスLは振動子の質量の役割を果たし，抵抗項$R\dot{q}$は抵抗力に対応し，$1/C$はばね定数kに対応することに留意されたい。

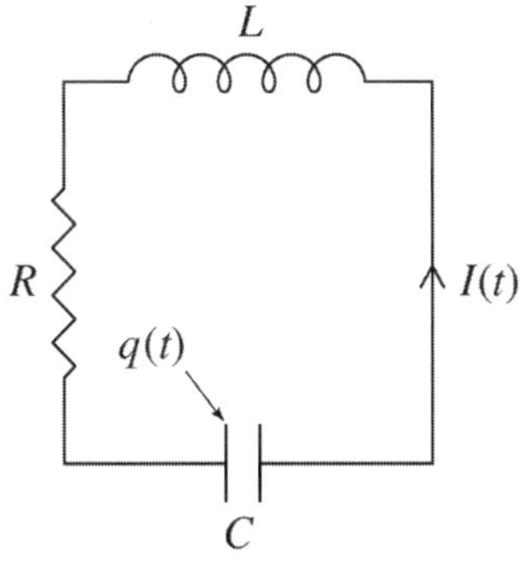

図 5.10 LRC 回路

ここで力学と微分方程式 (5.24) に戻る。この方程式を解くにはmで割ったうえで，2つの定数を新たに導入すると便利である。ここで定数b/mを2βと改めて書く。

$$\frac{b}{m} = 2\beta \tag{5.26}$$

減衰定数と呼ばれるこのパラメータβは，減衰力の強さを特徴付けるものである。bと同様，大きなβは大きな減衰力に対応する。次に定数k/mをω_0^2と改めて書く。

$$\omega_0 = \sqrt{\frac{k}{m}} \tag{5.27}$$

ω_0は前の 2 つの節でωと呼んでいたものであることに，注意すること。抵抗力があると，さまざまな角振動数が重要になるため，添え字を追加した。これからは，（5.27）で与えられる系の**固有角振動数**，つまり抵抗力が存在しない場合の角振動数，を表すためにω_0という表記を使用する。これらの記号を使用すると，減衰振動子の運動方程式（5.24）は次のようになる。

$$\ddot{x} + 2\beta\dot{x} + \omega_0^2 x = 0 \tag{5.28}$$

パラメータβとω_0の両方が時間の逆数の次元，すなわち角振動数と同じ次元を有することに留意されたい。

方程式（5.28）は，これまでとは別の 2 階線形同次方程式である。[最後に出てきたものは，（5.4）である。]したがって$x_1(t), x_2(t)$の 2 つの独立した解[7]を見つけることができれば，一般解は$C_1x_1(t) + C_2x_2(t)$の形式となる。これが意味することは，2 つの独立した解を見つけるために，我々が自由に直感を働かせればよいということである。どんな手段を使おうとも，2 つの解を見つけ出すことができれば，一般解を求めることができる。

特に，以下の形の解を求めて見よう。

$$x(t) = e^{rt} \tag{5.29}$$

このとき，以下が成り立つ。

$$\dot{x} = re^{rt}$$

$$\ddot{x} = r^2 e^{rt}$$

これらを（5.28）に代入すると，（5.29）は以下の場合にのみ，(5.28)を満たす。

$$r^2 + 2\beta r + \omega_0^2 = 0 \tag{5.30}$$

[この方程式は，微分方程式（5.28）の**特性方程式**と呼ばれることもある。]この

7 ここで「独立」の定義を与えよう。この定義は一般的にやや複雑であるが，2 つの関数に対しては簡単である。どちらも定数倍でなければ，2 つの関数は独立している。したがって，2 つの関数$\sin(x)$と$\cos(x)$は独立である。同様に 2 つの関数xとx^2は独立であるが，2 つの関数xと$3x$は独立ではない。

方程式の解は，$r = -\beta \pm \sqrt{\beta^2 - \omega_0^2}$である。したがって，もし 2 つの定数

$$r_1 = -\beta + \sqrt{\beta^2 - \omega_0^2} \\ r_2 = -\beta - \sqrt{\beta^2 - \omega_0^2} \tag{5.31}$$

を定義した場合，2 つの関数$e^{r_1 t}, e^{r_2 t}$は（5.28）の 2 つの独立解であり，一般解は

$$x(t) = C_1 e^{r_1 t} + C_2 e^{r_2 t} \tag{5.32}$$

$$= e^{-\beta t}\left(C_1 e^{\sqrt{\beta^2-\omega_0^2}t} + C_2 e^{-\sqrt{\beta^2-\omega_0^2}t}\right) \tag{5.33}$$

となる。この解を表示させることはあまりにも面倒であるが，減衰定数βのさまざまな範囲について調べることで，（5.33）によって何が起こるかを知ることができる。

非減衰振動

減衰がない場合の減衰定数βはゼロであり，（5.33）の指数の平方根はちょうど$i\omega_0$であり，解は以下のようになる。

$$x(t) = C_1 e^{i\omega_0 t} + C_2 e^{-i\omega_0 t} \tag{5.34}$$

これは減衰がない調和振動子の，おなじみの解となっている。

弱い減衰

次に，減衰定数βが小さいと仮定する。具体的には，以下が成立するとする。

$$\beta < \omega_0 \tag{5.35}$$

この状態は**不足減衰**と呼ばれることもある。この場合，（5.33）の指数の平方根は再度虚数となり，

$$\sqrt{\beta^2 - \omega_0^2} = i\sqrt{\omega_0^2 - \beta^2} = i\omega_1$$

と書くことができる。ここで

$$\omega_1 = \sqrt{\omega_0^2 - \beta^2} \tag{5.36}$$

である。パラメータω_1は，固有角振動数ω_0より小さい角振動数である。減衰が非常に弱い（$\beta \ll \omega_0$）という重要な場合では，ω_1はω_0に非常に近い。この表記法では，解（5.33）は次のようになる。

$$x(t) = e^{-\beta t}\left(C_1 e^{i\omega_1 t} + C_2 e^{-i\omega_1 t}\right) \tag{5.37}$$

この解は，2つの因子の積となっている。最初の因子$e^{-\beta t}$は減衰する指数関数であり，着実にゼロに向かって減少する。次の因子は，固有角振動数ω_0が幾分低い角振動数ω_1に置き換えられていることを除くと，非減衰振動の形式 (5.34) となっている。（5.11）のように$A\cos(\omega_1 t - \delta)$の形に第2因子を書き直すことができ，解は次のようになる。

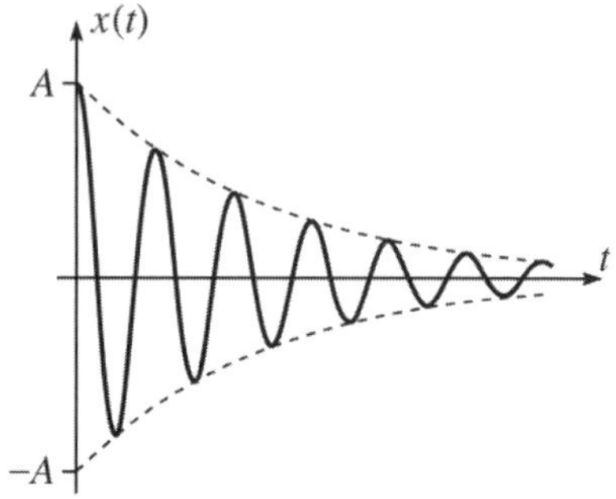

図 5.11 不足減衰は，指数関数的に減少する振幅$Ae^{-\beta t}$を持つ単振動と考えることができる。破線は，$\pm Ae^{-\beta t}$の包絡線である。

$$x(t) = Ae^{-\beta t}\cos(\omega_1 t - \delta) \tag{5.38}$$

この解は，図 5.11 に示すように，指数関数的に減少する振幅$Ae^{-\beta t}$を持つ角振動数ω_1の単振動運動を表している。(5.38) は，減衰定数βの別の解釈を示唆している。βは逆時間の次元を有するので$1/\beta$は時間であり，振幅関数$Ae^{-\beta t}$がその初期値が$1/e$に低下する時間であることがわかる。したがって，少なくとも不足減衰振動の場合，βは減衰パラメータ，すなわち運動が消滅する速度の尺度として見ることができる。

（減衰パラメータ）$= \beta$ [減衰運動]

少なくともここで議論している事例$\beta < \omega_0$については，βが大きくなるほど振動はより早く消滅する。

過減衰

次に減衰定数βが大きいと仮定する。特に

$$\beta > \omega_0 \tag{5.39}$$

の，**過減衰**と呼ばれる状態を考える。この場合，（5.33）の指数の平方根は実数であり，解は以下のようになる。

$$x(t) = C_1 e^{-\left(\beta - \sqrt{\beta^2 - \omega_0^2}\right)t} + C_2 e^{-\left(\beta + \sqrt{\beta^2 - \omega_0^2}\right)t} \tag{5.40}$$

ここでは，2 つの指数関数が現れる。（両方の指数ともtの係数が負であるため）どちらも時間が経過するにつれて減少する。この場合，減衰が強すぎるため，正しくは振動しない。図 5.12 は，振動子が$t = 0$でOから蹴り出された典型的な場合を示している。この場合は最大の変位になり，その後さらにゆっくりと後ろに動いていき，$t \to \infty$の極限で原点に戻る。右辺の第 1 項（5.40）は，第 2 項よりもゆっくりと減少するが，これは第 1 項の指数の係数が第 2 項のそれより小さいためである。したがって長期的な動きは，第 1 項によって支配される。特に運動が消滅する速度は，第 1 項の指数の係数によって特徴付けることができる。

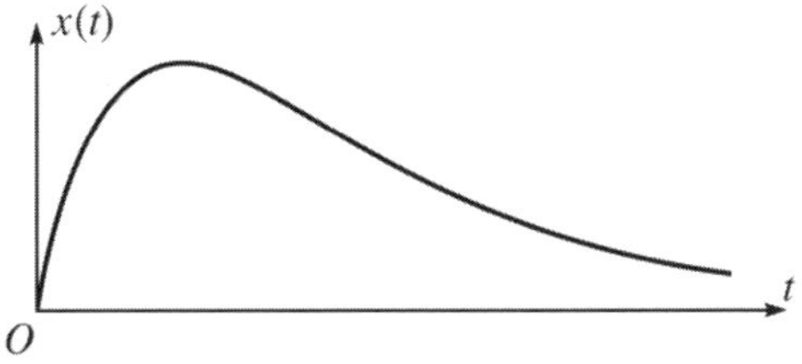

図 5.12 振動子が$t = 0$で原点から蹴りだされた過減衰運動。最大変位まで移動し，$t \to \infty$で漸近的にOの方に戻る。

$$（減衰パラメータ）= \beta - \sqrt{\beta^2 - \omega_0^2} \qquad [過減衰運動] \tag{5.41}$$

(5.41)を注意深く見ると，予想とは逆に減衰定数βを大きくすると，過減衰運動の減衰率が小さくなることがわかる。（問題 5.20 を参照）。

臨界減衰

不足減衰と過減衰の境界は**臨界減衰**と呼ばれ，減衰定数が固有角振動数$\beta = \omega_0$に等しいときに発生する。この場合には，特に数学的な観点からいくつかの興味深い特徴がある。$\beta = \omega_0$のとき，（5.33）で表した 2 つの解は同じ解となる。

$$x(t) = e^{-\beta t} \tag{5.42}$$

[これは特性方程式（5.30）の 2 つの解が，$\beta = \omega_0$のときに一致するために起こる。]これは$x(t) = e^{rt}$という形式の解を求める際に，運動方程式の 2 つの解を推測によって見つけることができない場合となるため，別の方法で 2 番目の解を見つけなければならない。幸いにも，この場合は 2 番目の解を見つけることは難し

くない。関数

$$x(t) = te^{-\beta t} \tag{5.43}$$

も$\beta = \omega_0$という特殊な場合の運動方程式（5.28）の解となっていることを，簡単に確認することができる（問題 5.21 と 5.24 を参照）。したがって，臨界減衰の場合の一般解は，以下のようになる。

$$x(t) = C_1 e^{-\beta t} + C_2 te^{-\beta t} \tag{5.44}$$

両方の項に，同じ指数因子$e^{-\beta t}$が含まれていることに注意してほしい。この因子は，$t \to \infty$の場合の振動の減衰を支配するものであるので，両方の項がほぼ同じ速度で減衰し，減衰パラメータは以下のようになる。

$$（減衰パラメータ）= \beta = \omega_0 \qquad [臨界減衰]$$

さまざまな種類の減衰振動が消滅する速度を比較することは，興味深いことである。それぞれの場合において，この速度は$x(t)$における支配的な指数関数の指数tの係数のちょうど（マイナスの）「減衰パラメータ」によって決定されることが分かった。これまでのことは，以下のように要約することができる。

減衰	β	減衰パラメータ
無し	$\beta = 0$	0
不足	$\beta < \omega_0$	β
臨界	$\beta = \omega_0$	β
過	$\beta > \omega_0$	$\beta - \sqrt{\beta^2 - \omega_0^2}$

図 5.13 はβの関数として減衰パラメータを描いたもので，$\beta = \omega_0$のとき，つまり臨界振動の場合，運動が最も速く消滅することを明確に示している。振動が，できるだけ速やかに消滅することが望ましい状況がある。たとえばアナログ計器の針（たとえば，電圧計または圧力計）

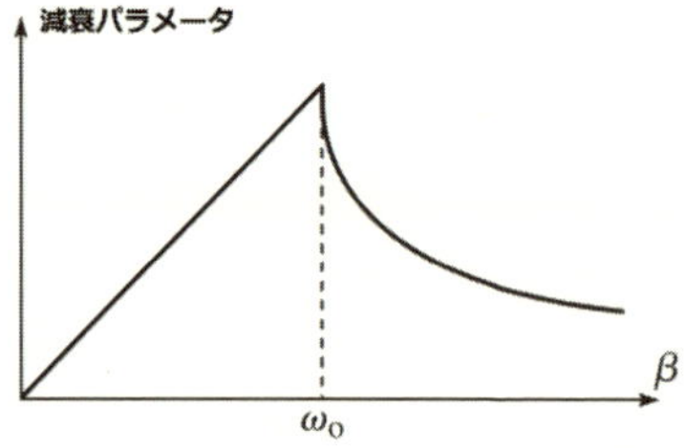

図 5.13 減衰定数βの関数としての減衰振動の減衰パラメータ。$\beta = \omega_0$ の臨界減衰の際に，減衰パラメータは最大であり，その動きは臨界減衰のために最も迅速に消滅する。

は，正しい読み取り値で急速に落ち着くことが望ましい。同様に車では，凹凸のある道路によって引き起こされる振動が素早く減衰することが望まれる。そのような場合には，（車の緩衝装置によって）振動を減衰させるような調整がなされなければならず，最も速く減衰するために，それは臨界減衰に近くに調整されなければならない。

5.5　駆動減衰振動

避けることができない減衰力がエネルギーを消耗するので，放っておかれた任意の振動子は，最終的には静止する。したがって振動を続けるには，それを維持するための何らかの外部からの「駆動」力が存在しなければならない。たとえば振り子時計における振り子の動きは，時計のおもりによって引き起こされる定期的に押す力によって動かされる。ブランコに乗っている子供の動きは，親からの定期的に押す力によって維持される。外部駆動力を$F(t)$とすると，減衰力が$-bv$の形となることを前提とすると，振動子が受ける合力は$-bv-kx+F(t)$となり，運動方程式は次のようになる。

$$m\ddot{x}+b\dot{x}+kx=F(t) \tag{5.45}$$

非駆動振動の場合と同様に，この微分方程式は物理学の他の分野で出現する。顕著な例は，図 5.10 の LRC 回路である。その回路内の振動電流を持続させたい場合は，起電力（electromotive force：EMF）$\mathcal{E}(t)$を加える必要がある。この場合，回路の運動方程式は次のようになり，

$$L\ddot{q}+R\dot{q}+\frac{1}{C}q=\mathcal{E}(t) \tag{5.46}$$

（5.45）と完全に対応している。

これまでのように，（5.45）をmで割ってb/mを2β，k/mをω_0^2に置き換えて，整理する。また，$F(t)/m$を単位質量あたりの力とする。

$$f(t)=\frac{F(t)}{m} \tag{5.47}$$

この記法を用いると，（5.45）は以下のようになる。

$$\ddot{x} + 2\beta\dot{x} + \omega_0^2 x = f(t) \tag{5.48}$$

線形微分演算子

この方程式を解く方法を説明する前に，表記法を合理化したい。関数$x(t)$に作用する特定の演算子の結果として（5.48）の左辺を考えることは，極めて有用である。具体的には，微分演算子

$$D = \frac{d^2}{dt^2} + 2\beta\frac{d}{dt} + \omega_0^2 \tag{5.49}$$

を考える。この定義の意味は，Dがxに作用すると，（5.48）の左辺を与えるということである。

$$Dx \equiv \ddot{x} + 2\beta\dot{x} + \omega_0^2 x$$

この定義は明らかに，表記のうえで便利である。（5.48）は，以下のようになる。

$$Dx = f \tag{5.50}$$

しかしこのような表記方法は，はるかに多くの概念を含む。（5.49）のような演算子の概念は，物理学全分野に適用される強力な数学的ツールであることが分かっている。当面の間重要なことは，演算子が線形であることである。我々は初等微積分学により，axの導関数（aは定数）が$a\dot{x}$であり，$x_1 + x_2$の導関数が$\dot{x}_1 + \dot{x}_2$であることを知っている。これは 2 次導関数にも当てはまるので，演算子Dにも適用される。

$$D(ax) = aDx, \quad D(x_1 + x_2) = Dx_1 + Dx_2$$

（これらの 2 つの式が意味することを理解していることを，読者は確認すること。）これらを 1 つの方程式にまとめることができる。

$$D(ax_1 + bx_2) = aDx_1 + bDx_2 \tag{5.51}$$

任意の 2 つの定数a, bと任意の 2 つの関数$x_1(t), x_2(t)$に対して 上式を満たす演算子を**線形演算子**という。

我々は以前に，線形演算子の性質（5.51）を使用している。（駆動されていない）減衰振動子に関する（5.28）は，次のように書くことができる。

$$Dx = 0 \tag{5.52}$$

重ね合わせの原理は，x_1とx_2がこの方程式の解であるならば，任意の定数a, bに

対して$ax_1 + bx_2$も解であることを主張する。新しい演算子の表記法では，証明は非常に簡単である。$Dx_1 = 0$, $Dx_2 = 0$が与えられた場合，（5.51）を使用すると，

$$D(ax_1 + bx_2) = aDx_1 + bDx_2 = 0 + 0 = 0$$

つまり，$ax_1 + bx_2$も解である。

駆動されていない振動子の方程式（5.52），つまり$Dx = 0$は，すべての項がxまたはその導関数の1つをちょうど1回含むため，**同次方程式**と呼ばれる。方程式（5.50），つまり$Dx = f$は，xを全く含まない非同次な項fを含むので，**非同次方程式**と呼ばれる。我々がこれからやらなければならないのは，この非同次方程式を解くことである。

特殊解と同次解

新しい演算子表記を使用すると，（5.48）の一般解を驚くほど簡単に求めることができる。実際，我々はすでにほとんどの作業をおこなっている。最初に，何らかの形で解が見つかったとする。つまり，以下を満たす関数$x_p(t)$が見つかったとする。

$$Dx_p = f \tag{5.53}$$

この関数$x_p(t)$は方程式の**特殊解**であり，添え字「p」は「特殊（particular）」を表している。次にしばらくの間，同次方程式$Dx = 0$を考え，解$x_h(t)$が以下を満足しているとする。

$$Dx_h = 0 \tag{5.54}$$

この関数を**同次解**と呼ぶ[8]。同次方程式の解については既に完全に分かっており，（5.32）からx_hは次の形をとっている。

$$x_h(t) = C_1 e^{r_1 t} + C_2 e^{r_2 t} \tag{5.55}$$

両方の指数関数とも，$t \to \infty$で消滅する。

今や，重要な結果を証明する準備ができた。まずx_pが（5.53）を満たす特殊解であれば，$x_p + x_h$は

$$D(x_p + x_h) = Dx_p + Dx_h = f + 0 = f$$

---

8 別の一般的な名前として余関数と呼ぶこともある。これは「余」が「特殊解」を意味しないことを覚えておくことが難しいという欠点がある。

となる。1 つの特殊解x_pが与えられれば，多数の他の解$x_p + x_h$を得ることができる。関数x_hには 2 つの任意定数が含まれており，また 2 次方程式の一般解はちょうど 2 つの任意定数を含んでいることが分かっている。したがって，(5.55) で与えられるx_hを持つ$x_p + x_h$は一般解である。

この結果からいえることは，我々がしなければならないのは，運動方程式 (5.48) の 1 つの特殊解$x_p(t)$を何とかして見つけることである。そして一般解は，$x(t) = x_p(t) + x_h(t)$の形を持つことになる。

正弦波駆動力における複素数解

ここでは，駆動力$f(t)$が時間の余弦関数である場合に特化して考える。

$$f(t) = f_0\cos(\omega t) \tag{5.56}$$

ここでf_0は駆動力の振幅[$f(t) = F(t)/m$であるので，実際には振幅を振動子の質量で割ったものである]，ωは駆動力の角振動数である。(駆動力の角振動数ωと振動子の固有角振動数ω_0を区別することに注意してほしい。これらは完全に独立した角振動数であるが，$\omega \approx \omega_0$のときに振動子の反応が最大になることがわかる。) 多くの駆動振動子の駆動力は，正弦波である。たとえばブランコにのっている子供を押している親という状況でさえ，(5.56) でおおまかに近似することができる。放送信号によってラジオの回路に誘導される駆動 EMF は，ほぼ完全にこの形式になる。正弦波駆動力の重要性は，フーリエの定理によれば[9]，本質的に任意の駆動力が一連の正弦波力として構築できることにある。

したがって駆動力が (5.56) で与えられ，運動方程式 (5.48) が

$$\ddot{x} + 2\beta\dot{x} + \omega_0^2 x = f_0\cos(\omega t) \tag{5.57}$$

となる場合を考えよう。この方程式を解くことは，以下の方法によって大幅に簡略化される。(5.57) の任意の解について，左辺は同じであるが，右辺の余弦関数を正弦関数で置き換えた方程式の解も存在しなければならない。(結局のところ，これらの 2 つの関数は，時間原点が移動している部分のみ異なる)。したがって，次の方程式を満たす関数$y(t)$が存在しなければならない。

$$\ddot{y} + 2\beta\dot{y} + \omega_0^2 y = f_0\sin(\omega t) \tag{5.58}$$

---

9 フランスの数学者，ジャン・バティスト・ジョゼフ・フーリエ男爵 (1768-1830) にちなんで名づけられた。5.7-5.9 節を参照のこと。

ここで，以下の複素関数を定義する。

$$z(t) = x(t) + iy(t) \tag{5.59}$$

ここで$x(t)$は実数部，$y(t)$は虚数部である。（5.58）をi倍して（5.57）に加えると，

$$\ddot{z} + 2\beta\dot{z} + \omega_0^2 z = f_0 \mathrm{e}^{i\omega t} \tag{5.60}$$

となる。まだこの方程式を調べていないが，（5.60）はすばらしい進歩になっている。指数関数の単純な性質のため，（5.60）は（5.57）または（5.58）よりも解きやすくなる。そして (5.60) の解$z(t)$を見つけると直ちに，その実数部を (5.57) の解とすればよい。

（5.60) の解を求める際には，明らかに好きな関数を自由に試すことができる。特に，以下の形の解があるかどうかを見てみよう。

$$z(t) = C\mathrm{e}^{i\omega t} \tag{5.61}$$

ここでCは未定定数である。これを（5.60）の左辺に代入すると，

$$(-\omega^2 + 2i\beta\omega + \omega_0^2)C\mathrm{e}^{i\omega t} = f_0\mathrm{e}^{i\omega t}$$

となる。言い換えると，（5.61）が（5.60）の解になっているのは，

$$C = \frac{f_0}{\omega_0^2 - \omega^2 + 2i\beta\omega} \tag{5.62}$$

のときのみである。我々は運動方程式の特殊解を見つけるのに成功した。

$z(t) = C\mathrm{e}^{i\omega t}$の実数部を取る前に，複素数係数$C$を以下の形に書いておくと便利である。

$$C = A\mathrm{e}^{-i\delta} \tag{5.63}$$

ここでAとδは実数である。[任意の複素数はこの形式で書くことができる。（5.14）に合致するように，特定の記法が選択される。] Aとδを特定するためには，(5.62) と (5.63) を比較しなければならない。まず，両方の式の絶対値の 2 乗を取ると，

$$A^2 = CC^* = \frac{f_0}{\omega_0^2 - \omega^2 + 2i\beta\omega}\frac{f_0}{\omega_0^2 - \omega^2 - 2i\beta\omega}$$

または

$$A^2 = \frac{f_0}{\left(\omega_0^2 - \omega^2\right)^2 + 4\beta^2\omega^2} \tag{5.64}$$

である。（この式を確認せよ。導出については，問題 5.35 を参照すること。）こ

れにより，Aが駆動力$f(t)$によって引き起こされる振動の振幅であることが，すぐにわかる。したがって，(5.64) はこの議論の最も重要な結果である。この式は，振動の振幅が様々なパラメータにどのように依存するかを示す。特に$\omega_0 \approx \omega$のときに，分母が小さくなるので振幅が最大になることがわかる。言い換えれば推測どおり，その固有角振動数ω_0に近い角振動数ωで駆動すると，振動子は最も良く応答する。

解の性質について引き続き議論する前に，(5.63) の位相角δを特定する必要がある。(5.63) と (5.62) を比較して整理すると，以下のようになることがわかる。

$$f_0 e^{i\delta} = A(\omega_0^2 - \omega^2 + 2i\beta\omega)$$

f_0, Aは実数であるので, 位相角δが複素数$(\omega_0^2 - \omega^2) + 2i\beta\omega$の位相角と同じであることを示している。この関係を図 5.14 に示す。

$$\delta = \arctan\left(\frac{2\beta\omega}{\omega_0^2 - \omega^2}\right) \tag{5.65}$$

特殊解を求めるための我々の探求は完了した。(5.59) で導入された「架空の」複素数の解は

$$z(t) = Ce^{i\omega t} = Ae^{i(\omega t - \delta)}$$

であり，その実数部が探していた解であり，以下のようになる。

$$x(t) = A\cos(\omega t - \delta) \tag{5.66}$$

実定数A, δは (5.64) および (5.65) で与えられる。

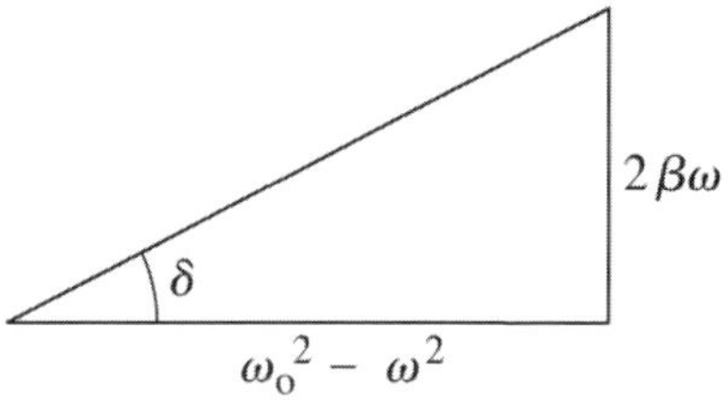

図 5.14 位相角 δ はこの三角形の角度である。

解 (5.66) は，運動方程式の 1 つの特殊解にすぎない。一般解は，(5.55) で与えられる対応する同次方程式の任意の解を加えることによって求められる。つまり，一般解は以下の通りである。

$$x(t) = A\cos(\omega t - \delta) + C_1 e^{r_1 t} + C_2 e^{r_2 t} \tag{5.67}$$

この一般解の 2 つの余分な項は時間の経過と共に指数関数的に消滅するため，**過渡現象**と呼ばれる。これらは問題の初期条件に依存するが，最終的な状態には無

関係である。解の長期的な運動は，余弦項によって支配される。したがって，特殊解（5.66）は我々が通常関心を持つ解であり，次節でその性質を調べる。

（5.67）の運動の例について議論する前に，（5.67）が適用されるのは復元力$(-kx)$と抵抗力$(-b\dot{x})$は線形であり，その駆動方程式（5.45）は線形微分方程式である系であることを，はっきりさせておくことは重要である。非線形微分方程式は解くのが難しいので，ほとんどの力学の教科書は最近まで線形方程式に焦点を当てていた。これは線形方程式がある意味では標準であり，解（5.67）が振動子が動作する唯一の（または少なくとも唯一の重要な）方法であるという，誤った印象を作り出した。第 12 章で非線形力学とカオスについて見ていくが，運動方程式が非線形である振動子は，(5.67) と驚くほど異なる挙動をすることがある。ここで線形振動子を調べる重要な理由の 1 つは，後で非線形振動子を調べる際の背景を与えることである。

運動（5.67）の詳細は，減衰パラメータβの強さに依存する。具体的には，固有角振動数ω_0よりβが小さく（不足減衰），振動子がゆっくり減衰していると仮定する。この場合，（5.67）の 2 つの一時的な項は（5.38）のように書き換えることができるので，

$$x(t) = A\cos(\omega t - \delta) + A_{tr}e^{-\beta t}\cos(\omega_1 t - \delta_{tr}) \tag{5.68}$$

となる。この潜在的に混乱させる恐れのある式について，非常に注意深く考える必要がある。右辺の第 2 項は同次または過渡項であり，第 1 項のAおよびδから定数A_{tr}およびδ_{tr}を区別するために添え字「tr」を付け加えている。2 つの定数A_{tr}, δ_{tr}は，任意定数である。（5.68）は，初期条件によって決定されるA_{tr}, δ_{tr}の，任意の値に対する系の可能な運動を表している。因子$e^{-\beta t}$は，この一時的な項が指数関数的に減衰し，長期的な挙動とは無関係であることを示している。減衰するにつれて，過渡項は (5.36) の駆動されていない（ただし依然として減衰している）振動子のように，角振動数ω_1で振動する。最初の項は特殊解であり，その 2 つの定数A, δは任意ではない。それらは系のパラメータとして，(5.64) および (5.65) により決定される。この項は駆動力が維持されている限り，駆動力の角振動数ωおよび振幅が変化しない状態で振動する。

例 5.3 駆動減衰型線形振動子のグラフ表示

時間$t = 0$で，静止状態で原点から手を離された駆動減衰型線形振動子について，以下のパラメータを用いて，(5.68) で与えられる$x(t)$のグラフを作成する。駆動角振動数$\omega = 2\pi$，固有角振動数$\omega_0 = 5\omega$ ，減衰定数$\beta = \omega_0/20$，および駆動振幅$f_0 = 1000$。最初の 5 つの駆動周期を示す。

2π に等しい駆動角振動数を選択したことは，駆動周期が$\tau = 2\pi/\omega = 1$であることを意味する。これは駆動周期の単位で時間を測定することを選択したことを意味しており，また便利な選択である。$\omega_0 = 5\omega$とは，振動子が駆動角振動数の 5 倍の固有角振動数を持つことを意味する。これにより，グラフ上の 2 つを簡単に区別することができる。$\beta = \omega_0/20$は，振動子が比較的ゆっくりと減衰されていることを意味する。最後に，$f_0 = 1000$は力の単位の選択である。この奇妙に思われる選択の理由は，それが振動が都合のよい大きさ（すなわちAが 1 に近い大きさ）になることによる。

最初の課題は，与えられたパラメータから (5.68) のさまざまな定数を決定することである。このことは，(5.68) の過渡項を「余弦正弦」形式で書き換えると，より簡単になる。

$$x(t) = A\cos(\omega t - \delta) + e^{-\beta t}[B_1\cos(\omega_1 t) + B_2\sin(\omega_1 t)] \tag{5.69}$$

定数A, δは (5.64) および (5.65) によって決定され，与えられたパラメータのもとで

$$A = 1.06, \quad \delta = 0.0208$$

となる。角振動数ω_1は，

$$\omega_1 = \sqrt{\omega_0^2 - \beta^2} = 9.987\pi$$

であり，ゆっくり減衰する振動子において期待されるように，この値はω_0に非常に近い。B_1, B_2を求めるために，与えられた初期値x_0に (5.69) で与えられた$x(0)$が，また初期値v_0に対応する$\dot{x}_0$が等しいとする。これによりB_1, B_2に関する 2 つの連立方程式が得られるが，それらは簡単に解くことができる（問題 5.33）。

$$B_1 = x_0 - A\cos\delta, \quad B_2 = \frac{1}{\omega_1}(v_0 - \omega A\sin\delta + \beta B_1) \tag{5.70}$$

または，初期条件$x_0 = v_0 = 0$を用いて，

$$B_1 = -1.05, \quad B_2 = -0.0572$$

である。

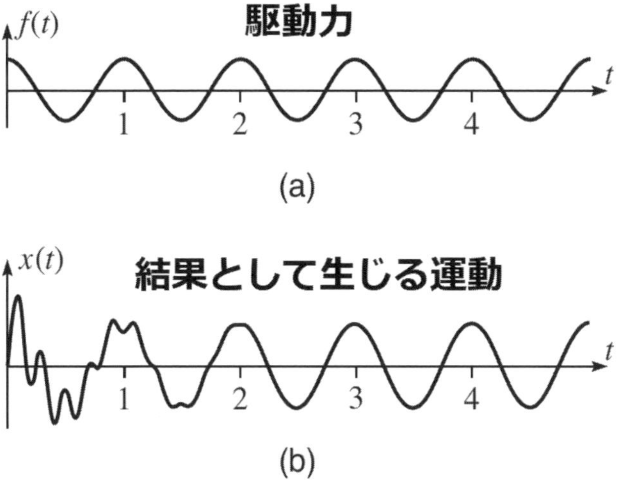

図 5.15 駆動時間の単位で示された時間tに対する，正弦波駆動力に対する減衰線形振動子の運動。(a) 時間の関数としての駆動力は単純な余弦である。(b) 最初の 2 つまたは 3 つの駆動周期については，過渡的な動きがはっきりと見える。しかしその後は長期間の動きのみが残っており，ちょうど駆動周波数で正弦波的に振動する 。本文で説明したように，$t \approx 3$の後の正弦波運動はアトラクターと呼ばれる。

これらの数値をすべて（5.69）に入れると，図 5.15 に示すように，動きをグラフ化することができる。(a) は駆動力$f(t) = f_0 \cos(\omega t)$を示し，(b) は振動子の運動$x(t)$を示す。もちろん駆動力は，周期 1 の完全な正弦波である。その結果として生じる運動は，はるかに興味深い。約 3 回の駆動周期（$t \gtrsim 3$）の後において，その動きは駆動角振動数で振動する純粋な余弦と区別できない。つまり過渡的なものが消滅し，長期的な動きだけが残る。しかし$t \approx 3$以前では，過渡現象の影響がはっきりとわかる。より速い固有角振動数ω_0で振動するので，それらは急速で連続的な上下運動と

して現れる。実際には，最初の駆動周期内にそのような上下運動が 5 つあることから，$\omega_0 = 5\omega$であることが簡単にわかる。

過渡運動は初期値x_0, v_0に依存するため，x_0, v_0を異なる値にすると全く異なる初期運動になる（問題 5.36 を参照のこと）。しかし短時間（この例では 2 周期）後，初期の違いは消えさり，初期条件にかかわらず動きは特殊解（5.66）と同じ正弦運動に落ち着く。このため（5.66）の動きは**アトラクター**とも呼ばれ，異なる初期条件に対応する動きは特定の動き（5.66）に「引き寄せ」られる。ここで説明する線形振動子には，（与えられた駆動力に対して）固有のアトラクターがある。系のあらゆる可能な運動は，その初期状態が何であっても，（5.66）と同じ運動に引き付けられる共振。第 12 章において，非線形振動子にはいくつかの異なるアトラクターがあること，そしてパラメータがある値になると，アトラクターの動きは駆動角振動数を持つ単振動よりはるかに複雑となることがわかる。

図 5.15（b）に示すアトラクターの振幅と位相は（初期条件ではなく），駆動力のパラメータに依存する。これらのパラメータに対する振幅と位相の依存性は，次節の主題となる。

5.6 共振

前節では，角振動数ωでの余弦波駆動力（実際には質量で割った力）$f(t) = f_0\cos(\omega t)$によって駆動される減衰振動子について検討した。素早く消滅する過渡的な運動を別にして，系の応答が同じ角振動数ωで余弦的に振動することを見出した。

$$x(t) = A\cos(\omega t - \delta)$$

ここで振幅Aは（5.64）で与えられる。

$$A^2 = \frac{f_0}{\left(\omega_0^2 - \omega^2\right)^2 + 4\beta^2\omega^2} \tag{5.71}$$

また位相シフトδは，（5.65）で与えられる。

(5.71) の最も明白な特徴は，応答の振幅Aが，予想通り駆動力の振幅$A \propto f_0$に比例するということである。より興味深いのは，Aが角振動数ω_0（振動子の固有角振動数），ω（推進力の角振動数），減衰定数βに依存することである。最も興味深いのは減衰定数βが非常に小さい場合であり，これは議論しなければならない。βが小さいと，(5.71) の分母の第2項は小さい。ω_0とωが非常に大きく異なる場合，(5.71) の分母の第 1 項は大きくなり，駆動振動の振幅は小さい。一方ω_0がωに非常に近い場合，分母の 2 つの項は小さく，そのため振幅Aは大きい。これはω_0またはωのいずれかを変化させると，振動子の運動の振幅にかなりの変化が生じることを意味する。このことが，図 5.16 に示されている。図 5.16 では，弱い減衰系（$\beta = 0.1\omega$）に対して，ωを固定した場合のω_0の関数としてA^2を示している。(系のエネルギーはA^2に比例するので，AではなくA^2を図示するのが普通である。)

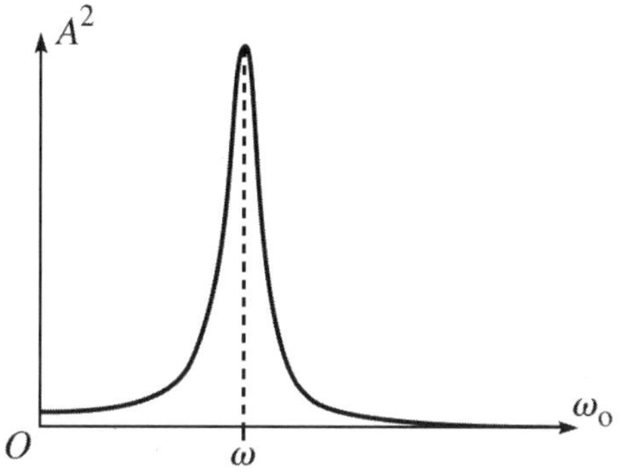

図 5.16 固有角振動数ω_0の関数として示された，駆動周波数ωが固定された駆動振動子の，振幅の 2 乗値A^2。ω_0とωが近い場合，応答は劇的に大きくなる。

図 5.16 に示す動作は劇的であるが，その定性的な特徴は期待していたものである。 独自の特性を除くと，振動子はその固有角振動数ω_0（または減衰がある場合はわずかに低い角振動数ω_1）で振動する。角振動数ωで振動させようとすると，ωの値がω_0に近い場合，振動子は極めて大きく反応するが，ω_0から離れていればほとんど応答しない。適切な角振動数で駆動されたときの振動子の応答は，**共振**と呼ばれる。

日常的な共振の応用として，ラジオの LRC 回路による無線信号の受信がある。これまで見てきたように，LRC 回路の運動方程式は駆動される振動子の運動方程式と全く同じであり，LRC 回路は同じ共振現象を示す。90.1 MHz で KVOD

局（訳者註：コロラド州のラジオ局）を受信するようにラジオを合わせるときは，ラジオのLRC回路を調整し固有角振動数が90.1 MHzになるようにする。読者の近所のラジオ局は，独自の角振動数でそれぞれがラジオの回路に小さな起電力を誘導する信号を送信している。しかし同じ角振動数の信号だけが相当な電流を駆動することに成功し，KVODが送信した信号を受け取り，その放送音を再現する。

ここで論じたタイプの力学的共振の例として，一連の規則的な時間間隔の上下運動を引き起こす「でこぼこ」道路を走行する自動車の挙動がある。車輪が突起を横切るたびに上向きの衝撃力を受けるが，これらの衝撃力の角振動数は車の速さに依存する。これらの衝撃力の角振動数が，ばね[10]上の車輪の振動の固有角振動数に等しい速さが1つあり，この場合は車輪が共振して不快な乗り心地を引き起こす。もし車がこの速さよりも遅くまたは速く動くならば「共振から外れ」，乗り心地ははるかに滑らかなものとなる。

別の例は，兵士の小隊が橋を渡って行進するときに起こる。橋はほとんどすべての力学系と同様に特定の固有角振動数を持っており，兵士がこれらの固有角振動数の1つに等しい角振動数で行進した場合，橋梁は激しく共振して破損する可能性がある。この理由により，兵士は橋を渡って行進するときに歩調を乱す。

共振現象の詳細はやや複雑である。たとえば最大応答の正確な位置は，ωを固定してω_0を変化させるか，またはその逆の変化をさせるかに依存する。振幅Aは，その（5.71）の分母

$$\left(\text{分母}\right) = (\omega_0^2 - \omega^2)^2 + 4\beta^2\omega^2 \tag{5.72}$$

が最小ととなったとき，最大になる。ωを固定してω_0を変化させると（読者の好きな局を拾うためにラジオを合わせたときのように），この最小値は明らかに$\omega_0 = \omega$のときに起こり，最初の項はゼロになる。一方，（多くの応用例で起こるように）ω_0を固定してωを変化させると，（5.72）の第2項もまた変化し，直接微分することにより，

$$\omega = \omega_2 = \sqrt{\omega_0^2 - 2\beta^2} \tag{5.73}$$

10 共振振動を示すのは車輪（および車軸）である。非常に重い車体は比較的影響を受けない。

のときに最大値となることがわかる。しかし$\beta \ll \omega_0$（通常は最も興味深いケース）では，(5.73) と$\omega = \omega_0$の差は無視できる。

この章では非常に多くの異なる角振動数に出会ったため，それらを見直すために立ち止まることは価値があることであろう。まず振動子の固有角振動数ω_0（減衰がない場合）がある。次にわずかに減衰を加えると，指数関数的に減衰する包絡線の下で同じ系が角振動数$\omega_1 = \sqrt{\omega_0^2 - \beta^2}$で正弦波振動することがわかった。次に角振動数$\omega$の駆動力を加えた。駆動力は原則として前の 2 つとは独立して任意の値を取ることができる。しかし$\omega \approx \omega_0$のとき，駆動振動子の応答は最大となる。具体的にはω_0を固定してωを変化させると，(5.73) で定義される$\omega = \omega_2$のとき最大応答が得られる。要約すると，以下のようになる。

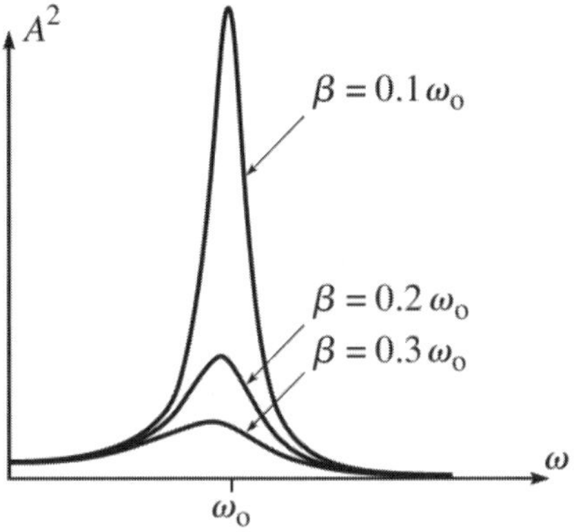

図 5.17 減衰定数βの 3 つの異なる値に対する駆動振動数ωの関数としての駆動振動の振幅。βが小さくなるにつれて，共振のピークがより高く，よりシャープになることに注意すること。

$\omega_0 = \sqrt{k/m}$ =減衰していない振動子の固有角振動数

$\omega_1 = \sqrt{\omega_0^2 - \beta^2}$ =減衰された振動子の角振動数

ω =駆動力の角振動数

$\omega_2 = \sqrt{\omega_0^2 - 2\beta^2}$ =応答が最大となるωの値。

いずれにしても，駆動振動の最大振幅は (5.71) に$\omega_0 \approx \omega$を代入することによって求められる。

$$A_{max} \approx \frac{f_0}{2\beta\omega_0} \tag{5.74}$$

このことは図 5.17 に示すように，減衰定数βの値が小さいほど，振動の最大振幅の値が大きくなることを示している[11]。

共振の幅：Q 因子

図 5.17 から，減衰定数βを小さくすると共振のピークが高くなるだけでなく，幅も狭くなることがわかる。**幅**（または**半値全幅**または **FWHM** ）を，A^2がその最大高さの半分に等しい 2 つの点の間の間隔として定義する。図 5.18 のように，2 つの半値点が$\omega \approx \omega_0 \pm \beta$にあることを示すのは，簡単な練習問題（問題 5.41）となる。したがって半値全幅は

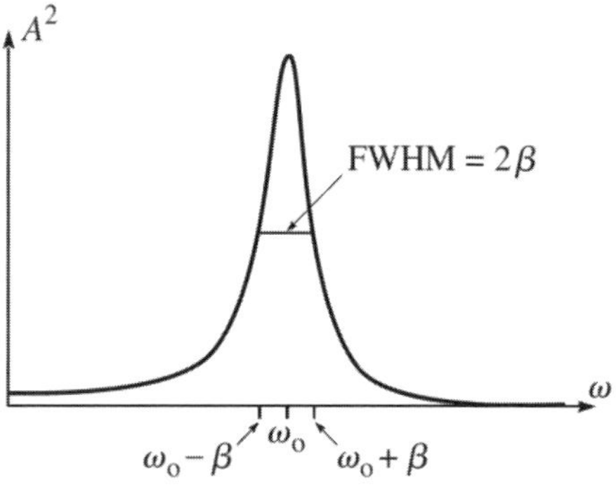

図 5.18 半値全幅（FWHM）は，A^2が最大値の半分である点の間の距離である。

$$\text{FWHM} \approx 2\beta \tag{5.75}$$

となる。それと等価であるが，**半値半幅**は以下のようになる。

$$\text{HWHM} \approx \beta \tag{5.76}$$

共振のピークの鋭さは，その幅2βとその位置の比ω_0によって示される。多くの目的において，非常に鋭い共振が望まれているので，この比の逆数として***Q*値**を定義することが一般的によくおこなわれている。

$$Q = \frac{\omega_0}{2\beta} \tag{5.77}$$

Q値が大きい場合は狭い共振となり，逆もまた同様である。たとえば時計は，一定の角振動数で動く機能を保つために，振動子（たとえば，振り子または水晶）の共振を利用している。そのためには，幅2βが固有角振動数ω_0に比べて非常に小さいことが必要である。言い換えれば，良好な時計は大きいQ値を必要とする。

---

11 この図では，図 5.16 のようにω_0を固定してωに対してA^2をグラフ化することを選択した。この曲線は，いずれの方法でも非常に類似した形状を有することに留意してほしい。

典型的な振り子のQ値は約 100 である。水晶の場合は約 10,000 である。したがって水晶時計は，典型的な振り子時計よりもはるかに良い精度を保つ[12]。

Q値を見る別の方法がある。駆動力がない場合，振動は$1/\beta$のオーダの時間で消滅し，

$$（減衰時間）= 1/\beta$$

である。(実際には，振幅が初期値の$1/e$に低下する時間である)。単振動の周期は，もちろん以下のとおりである。

$$周期 = 2\pi/\omega_0$$

（$\beta \ll \omega_0$と仮定しているので，ω_0とω_1を区別する必要はないことに注意してほしい。）したがって，Q値の定義を次のように書き換えることができる。

$$Q = \frac{\omega_0}{2\beta} = \pi\frac{1/\beta}{2\pi/\omega_0} = \pi\frac{減衰時間}{周期} \tag{5.78}$$

右辺の比は，減衰時間内での周期の数である。したがってQ値は，振動子が減衰時間内に作る周期の数のπ倍である[13]。

共振時の位相

振動子の運動が駆動力の振動に対してどの程度遅れるかを表す位相シフトδは，（5.65）で与えられる。

$$\delta = \arctan\left(\frac{2\beta\omega}{\omega_0^2 - \omega^2}\right) \tag{5.79}$$

ωを狭い共振（βが小）を十分に下回る時から始め，そこから変化させた場合の位相シフトの様子を調べる。$\omega \ll \omega_0$のとき，（5.79）はδが非常に小さいことを意味する。すなわち，$\omega \ll \omega_0$の場合，振動が駆動力の振動にほぼ完全に対応し

12　実は水晶時計と振り子時計の両方とも，ここでの簡単な議論よりもはるかに良い精度を保っている。良いクロノメーターは，その振動数を共振の中心近くに保つ。したがって，振動数の可変性は実際には共振の幅よりもはるかに小さい。それにもかかわらず，ここで述べられた結論は正しい。

13　さらなる別の定義（そしておそらく最も基本的なもの）として，Qは2πに振動子に蓄えられたエネルギーと 1 周期で消費されるエネルギーの比を掛けたものがある。問題 5.44 を参照すること。

ている。(これは図 5.15 の場合に相当している。) ωがω_0に向かって増加すると，δはゆっくり増加する。 $\omega = \omega_0$の共振状態では，(5.79) の逆正接の引数が無限大であるので，$\delta = \pi/2$であり，振動は駆動力の 90° 後になる。$\omega > \omega_0$になると，逆正接の引数は負であり，ωが増加すると 0 に近づく。したがってδは$\pi/2$を超えて増加し，最終的にπに近づく。特に，ひとたび$\omega \gg \omega_0$となると，振動は駆動力とほぼ完全に真逆になる。図 5.19 のβの 2 つの異なる値に対して，この挙動が示されている。特に共振が狭いほど，δは0からπに急速にジャンプすることに注意してほしい。

古典力学の共振では，(図 5.19 のような) 位相のふるまいは通常，(図 5.18 のような) 振幅のふるまいよりも重要ではない[14]。原子と核の衝突では，位相シフトは 1 次的な興味の対象となることがある。このような衝突は量子力学に支配されるが，それに対応する共振現象が存在する。たとえば中性子ビームは，標的核を「駆動」することができる。ビームのエネルギーが系の共振エネルギーに等しいとき (量子力学ではエネルギーが角振動数の役割を果たす)，共振が起こり，位相は0からπに急激に増加する。

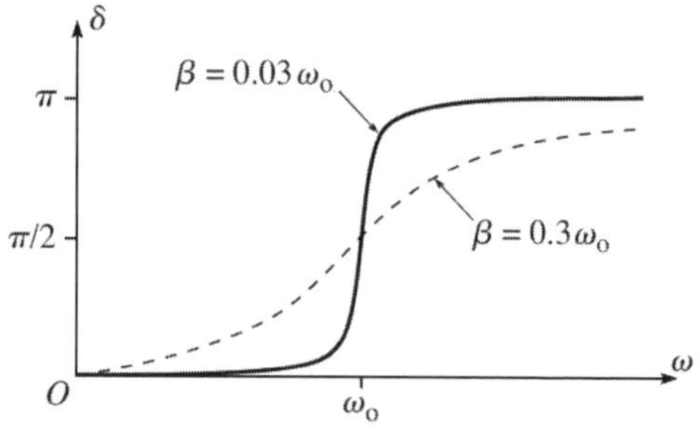

図 5.19 駆動振動数ωが共振を通過するとき，位相シフトδは0から$\pi/2$まで増加する。共振が狭いほど，この突然の増加がより突然起こる。実線は比較的狭い共振 ($\beta = 0.03\omega_0$または$Q = 16.7$) に対するものであり，破線はより広い共振 ($\beta = 0.3\omega_0$または$Q = 1.67$) に対するものである。

14 それにもかかわらず，δの挙動を観察することができる。ひもと金属の留め金からなる単純な振り子を作り，その先端を持ち左右に手を振らすことで動かす。最も明白なことは，振動数が固有角振動数に等しいとき，それを動かすのに最も成功するということである。よりゆっくりと振らせたとき，振り子は手の動きに合わせて動くが，より早く振らせたときは手に逆らって動く。

5.7　フーリエ級数*

*フーリエ級数は，現代物理学のほぼすべての領域で幅広く応用されている。それにもかかわらず，第 16 章まではフーリエ級数を再び使用することはない。したがって，時間のない場合，この章にある最後の 3 つの節は初読の際には省略することができる。

直前の 2 つの節では，正弦波駆動力$f(t) = f_0 \cos(\omega t)$によって駆動される振動子について説明した。なぜ正弦波駆動力が重要なのかについては，主に 2 つの理由がある。第 1 は，駆動力が正弦波である多くの重要な系が存在することである。ラジオの電気回路が良い例である。それに対して，2 番目の理由はやや微妙である。それはフーリエ級数という強力な手法を使用することで，任意の周期的な駆動力を正弦波の力によって構築できることである。したがって，私がここで説明しようとすることは，正弦波駆動力での動きを調べることによって，任意の周期的な駆動力での運動を解いていることを示すことである。この素晴らしい結果を理解する前に，フーリエ級数のいくつかの側面を見直す必要がある。この節では，本書で必要となるフーリエ級数の特徴を記す[15]。次に，それらを駆動振動子に適用する。

周期τを持つ周期的な関数$f(t)$を考える。すなわちこの関数は，tが周期τだけ進むごとに同じ動きを繰り返す。

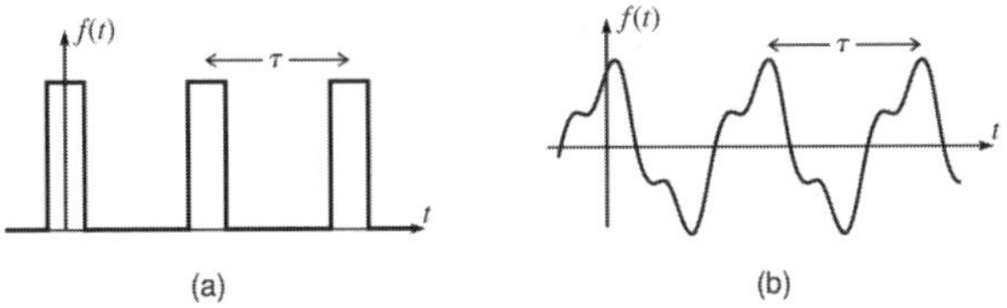

図 5.20 周期τの周期関数の 2 つの例。　(a) τの間隔で一定の力で釘を打つハンマーを表す矩形パルス，または電話回線のデジタル信号。(b) 滑らかな周期的な信号。これは，楽器の圧力変化で起こりえる。

$$f(t + \tau) = f(t)$$

tの値が何であれ，これは周期τを持つ関数として記述することができる。周期τを持つ関数の簡単な例は，図 5.20 (a) に示されているように，τの間隔で振り下ろ

---

15 いつものように，我々が必要とするすべての理論を説明する。詳細については，たとえば Mary Boas 著，『Mathematical Methods in the Physical Sciences』(Wiley, 1983)，第 7 章を参照のこと。

されるハンマーによってくぎに働く力である。もう 1 つは，5.20（b）に描かれているように，楽器で演奏された音によって鼓膜にかかる圧力である。より多くの周期的な運動を考えることは簡単である。特に，与えられた周期を持つ多数の周期的な正弦波関数が存在する。関数

$$\cos(2\pi t/\tau),\quad \cos(4\pi t/\tau),\quad \cos(6\pi t/\tau) \tag{5.80}$$

は対応する正弦関数と同様に，すべて周期τを持つ。（tがτだけ増加した場合，これらの関数はそれぞれ元の値に戻る。図 5.21 を参照）。角振動数$\omega = 2\pi/\tau$を導入すると，これらの正弦関数を少し簡潔に書くことができる。（5.80）と対応する正弦のすべての関数は，次のように書くことができる。

$$\cos(n\omega t),\ \sin(n\omega t) \qquad [n = 0,1,2,\cdots] \tag{5.81}$$

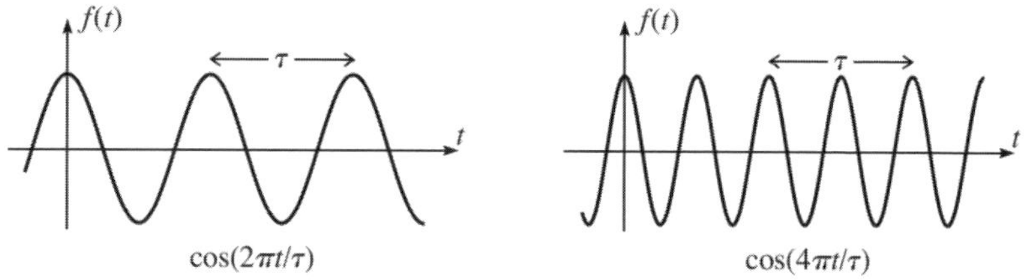

図 5.21 $\cos(2n\pi t/\tau)$（またはこれと対応する正弦）の形式の関数は，nが整数の場合，周期τを持つ周期関数である。$\cos(4\pi t/\tau)$もまた，より小さい周期$\tau/2$を有するが，これは周期τも有するという事実を変えないことに留意されたい。

（$n = 0$の場合，余弦関数は定数 1 になるが，これは確かに周期的である。一方，正弦関数は 0 であり，興味深いものではない）。

正弦関数と余弦関数（5.81）が，すべて周期τを持つことは明らかである（各自が確認しておくこと）。真に驚くべきことは，これらの正弦関数と余弦関数は，任意の周期τの関数を定義するということである。1807 年，フランスの数学者ジャン・バティスト・フーリエ（1768-1830）は，周期τの周期関数は（5.81）の正弦と余弦の線形結合として書き下すことができることを示した。すなわち，$f(t)$が周期τの任意の[16]周期関数であれば，以下が成り立つ。

---

16 このような定理では常にそうであるが，関数$f(t)$には一定の制限があることが多い。しかしフーリエの定理は，使用するすべての関数に対して有効である。

$$f(t) = \sum_{n=0}^{\infty}[a_n \cos(n\omega t) + b_n \sin(n\omega t)] \tag{5.82}$$

ここで，定数a_nおよびb_nは関数$f(t)$に依存する。この極めて有用な結果はフーリエの定理と呼ばれ，$f(t)$の和（5.82）は**フーリエ級数**と呼ばれる。

フーリエの定理が，なぜ彼が最初に公表した時に相当な驚き，そして懐疑論にさえ出くわしたのかを理解するのは難しいことではない。この定理は，図 5.20（a）の矩形パルスのような不連続な関数でも，連続的かつ完全に滑らかな正弦関数と余弦関数で構築できると主張している。驚くべきことに，これから例を見るが，これは真実であることが判明している。さらに驚くべきことに，フーリエ級数の最初の数項を保持することによって優れた近似が得られることがよくある。したがって，かなり面倒で不連続な関数を扱わなければならないのではなく，十分に少ない数の正弦・余弦関数を扱うだけで済む。 フーリエの定理を駆動振動子に適用することについて議論する前に，フーリエ級数のいくつかの特性を調べる必要がある。

フーリエの定理の証明は困難であり，そのためフーリエの発見から何年も経ってから満足のいく証明が見つかった。私は読者が単にそれを受け入れるよう求める。しかし結果が受け入れられれば，それを使用することを学ぶのは簡単である。特に与えられた任意の周期関数$f(t)$について，係数a_nおよびb_nを見つけることは容易である。問題 5.48 は，これらの係数が次のように与えられることを示す機会を与える。

$$a_n = \frac{2}{\tau}\int_{-\pi/2}^{\pi/2} f(t)\cos(n\omega t)\,dt \qquad [n \geq 1] \tag{5.83}$$

$$b_n = \frac{2}{\tau}\int_{-\pi/2}^{\pi/2} f(t)\sin(n\omega t)\,dt \qquad [n \geq 1] \tag{5.84}$$

残念ながら，$n = 0$の係数は別個の注意を必要とする。$n = 0$の場合，（5.82）の項$\sin(n\omega t)$はゼロになるので，係数b_0は意味のないものとなり，単にそれをゼロと定義することができる。また，以下の関係が成立することが，極めて簡単にわかる（問題 5.46）。

$$a_0 = \frac{1}{\tau}\int_{-\pi/2}^{\pi/2} f(t)dt \tag{5.85}$$

フーリエ係数に関するこれらの公式を手に入れると，与えられた任意の周期関数に関するフーリエ級数を見つけることは容易である。以下の例では，図 5.20(a)の矩形パルスに対してこれをおこなう。

例 5.4　矩形パルスのフーリエ級数

図 5.22 に示す周期矩形パルス$f(t)$のフーリエ級数を周期τ，パルス高さf_{max}，パルスの持続時間$\Delta\tau$を用いて求める。$\tau = 1$, $f_{max} = 1, \Delta\tau = 0.25$という値の下で，$f(t)$ならびにそのフーリエ級数の最初の 3 項の和および最初の 11 項の和を図に描く。

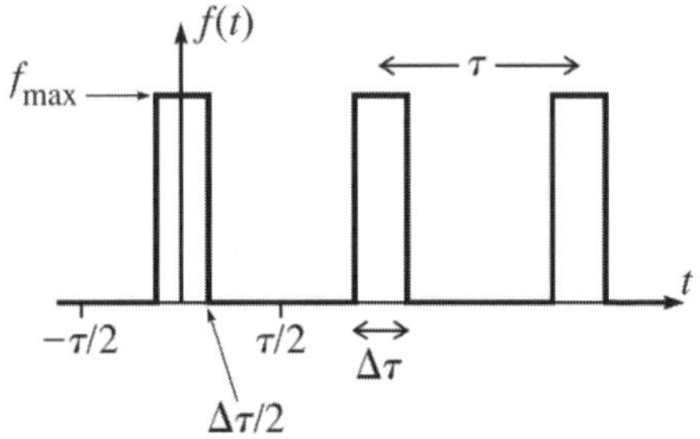

図 5.22 周期的な矩形パルス。 周期はτ，パルスの持続時間は$\Delta\tau$，パルス高さはf_{max}である。

最初にやるべきことは，与えられた関数のフーリエ係数a_n, b_nを計算することである。まず（5.85）によれば，定数項a_0は以下のようになる。

$$a_0 = \frac{1}{\tau}\int_{-\tau/2}^{\tau/2} f(t)dt$$

$$= \frac{1}{\tau}\int_{-\Delta\tau/2}^{\Delta\tau/2} f_{max}dt = \frac{f_{max}\Delta\tau}{\tau} \tag{5.86}$$

ここで被積分関数$f(t)$は$\pm\Delta\tau/2$の外側でゼロであるため，積分範囲の変更は許されることに注意してほしい。次に（5.83）によれば，他のすべての係数a $(n \geq 1)$は，

$$a_n = \frac{2}{\tau}\int_{-\tau/2}^{\tau/2} f(t)\cos(n\omega t)\,dt$$

$$= \frac{2f_{max}}{\tau}\int_{-\Delta\tau/2}^{\Delta\tau/2} \cos(n\omega t)\,dt$$

$$= \frac{4f_{max}}{\tau}\int_{0}^{\Delta\tau/2} \cos\left(\frac{2\pi nt}{\tau}\right)dt = \frac{2f_{max}}{\pi n}\sin\left(\frac{\pi n\Delta\tau}{\tau}\right) \qquad (5.87)$$

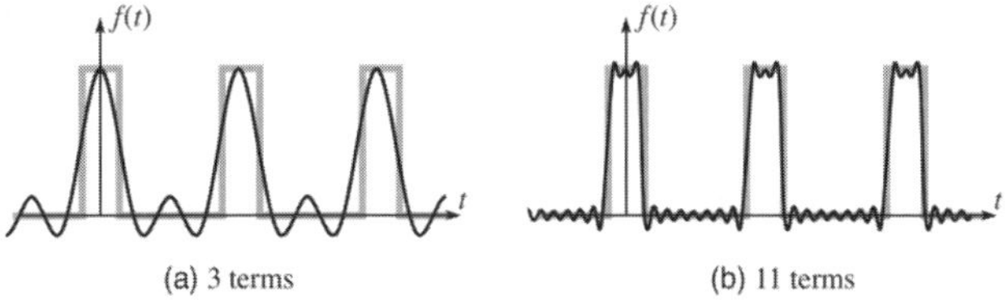

図 5.23（a）図 5.22 の矩形パルスに対するフーリエ級数の最初の 3 項の和。（b）最初の 11 項の和。

となる。2 行目から 3 行目にかけては，フーリエ係数の評価に役立つ以下の技法を使用した。2 行目の被積分関数$\cos(n\omega t)$は偶関数である。つまり任意の点tと$-t$で，同じ値を持つ。したがって$-T$からTまでの積分を，0 からTの積分の 2 倍で置き換えることができる。

最後に，係数bはすべてゼロである。積分（5.84）を調べると，（この場合は）被積分関数が奇関数であることがわかる。すなわち，任意の点tにおける関数値は，$-t$においては負の同じ大きさの値である。［tから$-t$への移動は$f(t)$を変えずに$\sin(n\omega t)$の符号を反転させる。］したがって，左半分がちょうど右半分を打ち消すため，$-T$からTまでの積分はゼロとなる。

したがって，必要なフーリエ級数は以下のようになる。

$$f(t) = a_0 + \sum_{n=1}^{\infty} a_n\cos(n\omega t) \qquad (5.88)$$

ここで定数項a_0は（5.86）であり，残りのすべての係数a $(n \geq 1)$は（5.87）である。与えられた数を入れると，これらの係数はすべて評価され，フー

リエ級数の結果は次のようになる。

$$f(t) = f_{max}[0.25 + 0.45\cos(2\pi t) + 0.32\cos(4\pi t) + 0.15\cos(6\pi t) + 0\cos(8\pi t) - 0.09\cos(10\pi t) - 0.11\cos(12\pi t) + \cdots] \quad (5.89)$$

フーリエ級数の実用的価値は，級数が急速に収束する場合に最大になり，級数の最初の数項を保持することで信頼できる近似を得ることができる。図 5.23（a）は，級数の最初の 3 項（5.89）の和と矩形パルス自体を示している。予想通り 3 つの滑らかな項だけでは，元の不連続関数に対して感覚的にも正確な近似は得られない。それにもかかわらず，3 つの項は一般的な形を模倣する顕著な働きをする。図 5.23（b）のように，11 項を含めると驚くほど一致する[17]。次節では，フーリエ級数の方法を使用して周期パルスで駆動される振動子の動きを調べる。我々はこの解を，フーリエ級数として求めることができる。フーリエ級数は非常に速く収束し，最初の 3 つまたは 4 つの項だけで興味深いことのほとんどを教えてくれる。

5.8 駆動振動子におけるフーリエ級数の解*

*この節には，フーリエ級数に対する素晴らしい応用が含まれている。この方法を理解することは重要であるが，連続性を失うことなく本節を省略することができる。

本節では，フーリエ級数（5.7 節）の知識と正弦波駆動振動子（5.5 節）の解を組み合わせることにより，任意の周期駆動力によって駆動される振動子の運動を解く。これがどのように作用するかを見るために，運動方程式 (5.48) に戻ろう。

$$\ddot{x} + 2\beta\dot{x} + \omega_0^2 x = f$$

ここで$x = x(t)$は振動子の位置，βは減衰定数，ω_0は固有角振動数，$f = f(t)$は周期τの任意の周期的な駆動力（実際には力/質量）である。以前やったように，これを以下の簡潔な形で書き直すと便利である。

$$Dx = f$$

ここで，D は線形微分演算子で，

---

17 しかしフーリエ級数は，$f(t)$の不連続点のすぐ近傍で依然として一致しないことに注意して欲しい。不連続付近でフーリエ級数があふれ出るこの傾向を，ギブス現象という。

$$D = \frac{d^2}{dt^2} + 2\beta \frac{d}{dt} + \omega_0^2$$

である。この問題を解くために，以下のようにフーリエ級数を使用する。力$f(t)$を$f(t) = f_1(t) + f_2(t)$という 2 つの力の和とし，またそれぞれの運動方程式はすでに解かれていると仮定する。つまり以下を満たす関数$x_1(t), x_2(t)$がすでに求まっているとする。

$$Dx_1 = f_1, \quad Dx_2 = f_2$$

以下で簡単に示せる通り，考えている問題に対する解は[18]，これらの和$x(t) = x_1(t) + x_2(t)$である。

$$Dx = D(x_1 + x_2) = Dx_1 + Dx_2 = f_1 + f_2 = f$$

この式において重要となる第 2 の等号は，Dが線形であるため成立する。$f(t)$が多くの項の和になっている場合においてもこの議論は同様にうまくいくので，以下の結論が得られる。駆動力$f(t)$が任意の数の項の和

$$f(t) = \sum_n f_n(t)$$

となっているとき，個々の力$f_n(t)$のそれぞれについて解$x_n(t)$が分かれば，全駆動力$f(t)$の解は

$$x(t) = \sum_n x_n(t)$$

となる。

この結果は，フーリエの定理と組み合わせて使用すると理想的である。任意の周期的な駆動力$f(t)$は，正弦および余弦のフーリエ級数で展開することができ，また我々はすでに正弦波駆動力の解を知っている。したがってこれらの正弦波の解を足し合わせることによって，任意の周期的な駆動力に対する解を求めることができる。表示を単純化するために，駆動力$f(t)$がそのフーリエ級数に余弦項のみを含むと仮定しよう。[これは例 5.4 の矩形パルスの場合であり，条件$-f(t) = f(t)$を満足する任意の偶関数について成り立つ。なぜなら，この条件は正弦項の係数がすべてゼロであることを保証するからである。]この場合，駆動力は以下のようになる。

18　厳密に言えば，2 階微分方程式には多くの解があるので，「唯一」の解と言うべきではない。しかし任意の 2 つの解の違いは最終的にはゼロとなる一時的なものである。ここでの主な関心事は長期的な運動であり，それゆえ唯一の解である。

$$f(t) = \sum_{n=0}^{\infty} f_n \cos(n\omega t) \tag{5.90}$$

ここでf_nは$f(t)$のn番目のフーリエ係数を表し，またいつものように$\omega = 2\pi/\tau$である。ここで個々の項$f_n \cos(n\omega t)$は，5.5 節の正弦波駆動力に対して仮定したのと同じ形（5.56）を持っている。(ただし振幅f_0はf_nになり，角振動数ωは$n\omega$になっている部分が異なっている)。対応する解は（5.66）で与えられ[19]，

$$x_n(\mathrm{t}) = A_n \cos(n\omega t - \delta_n) \tag{5.91}$$

である。ここで（5.64）から，

$$A_n = \frac{f_n}{\sqrt{(\omega_0^2 - n^2\omega^2)^2 + 4\beta^2 n^2 \omega^2}} \tag{5.92}$$

であり，また（5.65）から

$$\delta_n = \arctan\left(\frac{2\beta n\omega}{\omega_0^2 - n^2\omega^2}\right) \tag{5.93}$$

である。(5.91）は駆動力$f_n \cos(n\omega t)$の解であるため，完全な力（5.90）の解は，

$$x(t) = \sum_{n=0}^{\infty} A_n \cos(n\omega t - \delta_n) \tag{5.94}$$

となる。

これにより，周期駆動力$f(t)$によって駆動される振動子の長期運動の解が完成した。要約すると，解を求めるステップは次のとおりである。

1. 与えられた駆動力$f(t)$に対するフーリエ級数（5.90）の係数f_nを求める。
2. (5.92）と（5.93）で与えられる量A_nとδ_nを計算する。
3. 解$x(t)$をフーリエ級数（5.94）として書き下す。

次の例に示すように，実際には満足できる近似を得るためには，解（5.94）のほんのわずかの項のみを含めるだけでよい[20]。

---

[19] $n = 0$の定数項は，別途考慮する必要がある。一定の力f_0の解は$x_0 = f_0/\omega_0^2$であることは容易にわかる。実はこれは，(5.92）と（5.93）で$n = 0$とした場合に得られるものとなっている。

[20] (5.92）～（5.94）に含まれる解は，複雑な表記を気にしなければ，より簡潔に書くことができる。問題 5.51 を参照すること。

例 5.5 矩形パルスによって駆動される振動子

例 5.4（図 5.22）の周期的な矩形パルスによって駆動される，弱い減衰振動子を考えてみよう。振動子の固有周期を$\tau_0 = 1$，つまり固有角振動数を$\omega_0 = 2\pi$とし，また減衰定数を$\beta = 0.2$とする。パルスを時間$\Delta\tau = 0.25$で持続させ，高さを$f_{max} = 1$とする。駆動周期が固有周期と同じ，つまり$\tau = \tau_0 = 1$と仮定して，振動子の長期運動を表す$x(t)$の最初の 6 つのフーリエ係数A_nを計算する。得られた運動を，数周期について図示する。$\tau = 1.5\tau_0$，$2.0\tau_0$，$2.5\tau_0$の場合について，同じことを繰り返す。

この場合について解く前に，この問題が示す実際の系を考える。1 つの簡単な可能性は，ばねの先端に吊り下げられた物体を，教授が間隔τで規則的に間隔をあけて，上向きに軽く叩いている場合である。もっと親しみやすい例は，ブランコに乗っている子供を親が規則的に間隔をあけて押している場合であるが，その際にはフックの法則を正当化するために振幅を小さく保つように注意する必要がある。$\tau = \tau_0 = 1$の場合，つまり親は正確に固有角振動数で子供を押している場合から始める。

駆動力のフーリエ係数f_nは，例 5.4 の（5.86）および（5.87）において既に計算されている。（その際にはa_nと表記されていた。）係数A_nに対して（5.92）を代入し，与えられた数（$\tau = \tau_0 = 1$を含む）に入れると，最初の 6 つのフーリエ係数が得られる。

A_0	A_1	A_2	A_3	A_4	A_5
63	1791	27	5	0	−1

（これらはかなり小さいので，10^4を掛けた値で表現されている。つまり$A_0 = 63 \times 10^{-4}$，$A_1 = 1791 \times 10^{-4}$などである。）これらの数字には，目立った特長が 2 つある。第 1 に，これらの値はA_1よりも後の項では急速に小さくなり，ほぼすべての目的において，$x(t)$のフーリエ級数の最初の 3 つの項以外のすべてを無視しても，良い近似になる。第 2 に，係数A_1は他のすべてよりもはるかに大きい。これは係数A_1について（5.92）を見れば分かりやすい。なぜなら$\omega = \omega_0$（親がブランコの固有角振動数で子

供を押していることを思い出すこと)，および$n = 1$であるので，分母の第 1 項はちょうどゼロとなり，分母は異常に小さく，A_1は他のすべての係数と比較して異常に大きい。言い換えれば，駆動角振動数が固有角振動数と同じである場合，$x(t)$に対するフーリエ級数の$n = 1$項は共振状態にあり，振動子は角振動数ω_0で特に強く応答する。

(5.94) で与えられる$x(t)$を図示する前に，(5.93) を使って位相シフトδ_nを計算する必要がある。(5.94) の無限級数を，実際に図示することは簡単に実行できるが，結果を表示することは無駄であろう。その代わりに，$x(t)$を近似するための有限数の項を選択することにしよう。今の場合，3 つの項で十分であることは明らかであるが，念のために 6 つの項を使用する。図 5.24 は，(5.94) の最初の 6 項の和で近似した$x(t)$を示している。示されたスケールでは，この近似グラフは正確な結果と全く区別できず，また同様に振動子の固有角振動数に等しい角振動数を持つ余弦と区別できない[21]。固有角振動数での強い応答は，期待

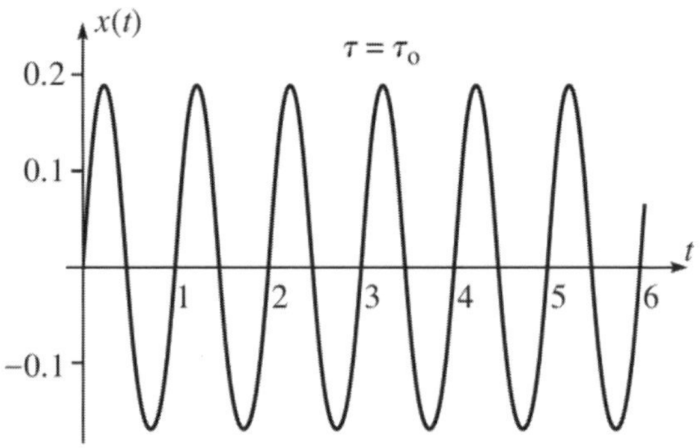

図 5.24 駆動周期τが振動子の固有周期τ_0に等しい（したがって$\omega = \omega_0$）周期的な矩形パルスによって，駆動される線形振動子の動作。横軸は自然周期τ_0を単位とした時間を示している。予想通り，その動きはほぼ完全に正弦波であり，その周期は自然周期に等しい。

[21] 実際には正弦であるが共鳴状態にあるので，これは予想どおり$\cos(\omega t - \delta_1)$で$\delta_1 = \pi/2$である。

されるものである。たとえば，ブランコに乗る子供を押した人が子供を揺らす最も効率的な方法は，自然周期の間隔，すなわち$\tau = \tau_0$で規則正しく間隔をあけて押すことであり，その固有角振動数で激しく振動する。

他の周期τを持つ駆動力も，まったく同様に扱うことができる。フーリエ係数$A_0, \cdots A_5$を，表 5.1 に示す。

表 5.1 4 つの異なる駆動周期$\boldsymbol{\tau = \tau_0, 1.5\tau_0, 2.0\tau_0}$および$\boldsymbol{2.5\tau_0}$の周期矩形パルスによって駆動される線形振動子の運動$\boldsymbol{x(t)}$の最初の 6 つのフーリエ係数$\boldsymbol{A_n}$。すべての値に$\boldsymbol{10^4}$が掛けられている。

	A_0	A_1	A_2	A_3	A_4	A_5
$\tau = 1.0\tau_0$	63	1791	27	5	0	−1
$\tau = 1.5\tau_0$	42	145	89	18	6	2
$\tau = 2.0\tau_0$	32	82	896	40	13	6
$\tau = 2.5\tau_0$	25	59	130	97	25	11

この表の 4 行にわたる項目については，注意深い検討が必要である。最初の行（$\tau = \tau_0$）は，すでに議論した係数を示している。最も顕著な特徴は，$n = 1$の係数がちょうど共鳴しているので最大となることである。次の行（$\tau = 1.5\tau_0$）では，$n = 1$のフーリエ成分が共振から十分に離れており，A_1は 12 分の 1 程度に低下している。他の係数についてはわずかに増加したものもあるが，合計した効果は振動子が$\tau = \tau_0$のときよりもはるかに小さい。これは図 5.25（a）および（b）に明瞭に示されているが，これらは 2 つの駆動周期の値についての（そのフーリエ級数の最初の 6 項で近似される）$x(t)$の様子を示している。

表 5.1 の第 3 行は，固有期間の 2 倍に相当する駆動周期のフーリエ係数を示している。これは親は子供の 2 回目の揺れの際に，1 回だけ押している状況である。$\tau = 2.0\tau_0$の場合，駆動角振動数は固有角振動数の半分（$\omega = \omega_0/2$）である。これは，角振動数$2\omega = \omega_0$となる$n = 2$のフーリエ成分がちょうど共振することを意味し，そのため係数A_2は異常に大きくなる。図 5.25（c）に見られるように，この場合は再び大きな応答を得る。

図 5.25（c）の場合をもう少し見てみよう。もちろん子供を揺らすための良い方法は，2 回の揺れごとに 1 回押すことであることは経験上分かっているであろうが，1 回の揺れごとに 1 回押すという結果と異なることは当然である。図 5.25（c）を注意深く見てみると，揺れのサイズが交互に変わることに気づくであろう。偶数回目の揺れは奇数回目の揺れより，わずかに大きくなる。これも予想されたことである。振動子が減衰しているため，押した後の次の揺れは最初の揺れより少し小さくなる。

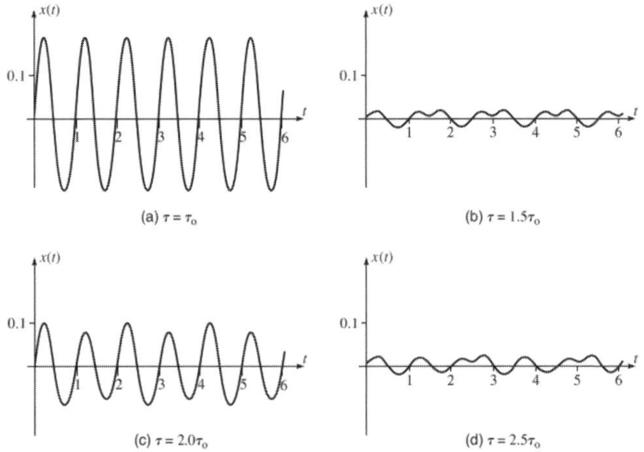

図 5.25 駆動周期τの 4 つの異なる値に対する，周期的な矩形パルスによって駆動される線形振動子の動作。 (a) 振動子が固有周波数（$\tau=\tau_0$）で駆動されると，フーリエ級数の$n=1$項が共振し，振動子は強く応答する。 (b) $\tau=1.5\tau_0$のとき，応答は微弱である。 (c) $\tau=2.0\tau_0$のときは$n=2$項が共鳴し，応答は再び強くなる。 (d) $\tau=2.5\tau_0$のとき，応答は再び弱いものとなる。

最後に$\tau=2.5\tau_0$のとき，$n=2$のフーリエ成分は共振から十分に外れており，A_2は再び小さくなる。一方，$n=3$の成分は共振に近づいているので，A_3は大きくなっている。実際，A_2とA_3はおおよそ同じ大きさであるため，$x(t)$は 2 つの支配的なフーリエ成分を含み，図 5.25（d）に見られるような振動を示す。（同様の考察は$\tau=1.5\tau_0$の場合にも当てはまり，係数A_1およびA_2はどちらもかなり大きい）。

5.9　RMS 変位：パーセバルの定理*

*この節で紹介・応用するパーセバルの関係は，フーリエ級数の最も有用な特性の 1 つである。それにもかかわらず，時間がない場合はこの節を省略することができる。

直前の節では，加えられた周期的な駆動力の角振動数に対して振動子の応答がどのように変化するかを調べた。いくつかの興味深い角振動数のそれぞれについてフーリエ級数の方法を用いて，$x(t)$の運動を求めた。振動子の応答を測定するための単一の数値を見つけ，この数を駆動角振動数（または駆動時間）に対して図示すると便利である。実際にこれをおこなう，いくつかの方法がある。おそらくやらなければならない最も明白なことは，平衡からの振動子の平均変位$\langle x\rangle$を求めることである。（時間平均を示すために，かぎ括弧$\langle\ \rangle$を使用する。）残念なことに，振動子は正の領域のxに対応する負の領域xにも，同じだけの時間存在するので，平均$\langle x\rangle$はゼロである[22]。この難点を回避するための最も便利な量は，2 乗平均平方変位$\langle x^2\rangle$である。そして通常 **2 乗平均平方根**または **RMS**（訳者註：root mean square）変位が，議論する際の長さの次元を有する量を与える。

$$x_{rms}=\sqrt{\langle x^2\rangle} \tag{5.95}$$

時間平均の定義には，少し注意が必要である。通常は 1 周期τにわたる平均として，これを以下のように定義する。

$$\langle x^2\rangle=\frac{1}{\tau}\int_{-\tau/2}^{\tau/2}x^2dt \tag{5.96}$$

運動は周期的であるため，これは任意の整数の周期数にわたる平均と同じであり，したがって長時間の平均も同じである。（これが明らかでないと感じる場合は，問題 5.54 を参照すること。）

平均$\langle x^2\rangle$を評価するために，$x(t)$のフーリエ級数（5.94）を考える。

$$x(t)=\sum_{n=0}^{\infty}A_n\cos(n\omega t-\delta_n) \tag{5.97}$$

（一般にこの級数には正弦・余弦が含まれているが，例 5.5 では駆動力に余弦しか含まれていない。そして物事を簡単にするため，このように仮定する。一般の

[22] これは必ずしも正しくない。(5.94) の小さな定数項A_0は，非ゼロの平均$\langle x\rangle=A_0$に寄与する。しかしこれは我々が特徴づけようとしているいかなる振動にも反映されない。

場合は，問題 5.56 を参照すること。）xの各因子を（5.96）に代入することで，複雑な 2 重和を得る。

$$\langle x^2\rangle = \frac{1}{\tau}\int_{-\frac{\tau}{2}}^{\frac{\tau}{2}}\sum_m\sum_n \cos(n\omega t-\delta_n)\cos(m\omega t-\delta_m)\,dt \qquad (5.98)$$

幸いにも，これは劇的に単純化される。 積分が以下のようになることを示すのは，かなり簡単である（問題 5.55）。

$$\int_{-\frac{\tau}{2}}^{\frac{\tau}{2}}\cos(n\omega t-\delta_n)\cos(m\omega t-\delta_m)dt = \begin{cases}\tau & (m=n=0)\\ \tau/2 & (m=n\neq 0)\\ 0 & (m\neq n)\end{cases} \qquad (5.99)$$

したがって 2 重和（5.98）においては，$m=n$の項のみを保持する必要があり，驚くほど簡単な結果が得られる。

$$\langle x^2\rangle = A_0^2+\frac{1}{2}\sum_{n=1}^{\infty}A_n^2 \qquad (5.100)$$

この関係は**パーセバルの定理**と呼ばれている[23]。これは多くの重要な理論的用途を持っているが，我々の目的に対する主な用途は，以下のとおりである。係数A_nを計算する方法は分かっているので，パーセバルの定理によって振動子の応答$\langle x^2\rangle$を計算することができる。さらに（5.100）の有限数の項以外のすべての項を除くことで，次の例に示すように，$\langle x^2\rangle$を計算する容易な優れた近似が得られる。

例 5.6 駆動振動子の RMS 変位

例 5.4（図 5.22）の周期的な矩形パルスによって駆動される例 5.5 の振動子について，再度検討する。 この振動子の（5.100）で与えられた RMS 変位$x_{rms}=\sqrt{\langle x^2\rangle}$を求める。以前と同じ数値（$\tau_0=1$, $\beta=0.2$, $f_{max}=1$, $\tau=0.25$）を用い，（5.100）の最初の 6 項で近似したx_{rms}を駆動周期τが$0.25<\tau<5.5$の範囲で図示する。

$x_{rms}=\sqrt{\langle x^2\rangle}$の式を書き下すのに必要なすべての計算は，すでに完了している。まず$\langle x^2\rangle$は（5.100）で与えられ，フーリエ係数A_nは（5.92）により，以下で与えられる。

23 フーリエ級数には余弦項のみが含まれているという簡略化した仮定を立てたことを忘れないでほしい。一般に，（5.100）の和は，正弦項からの寄与B_n^2も含まなければならない。問題 5.56 を参照すること。

$$A_n = \frac{f_n}{\sqrt{(\omega_0^2 - n^2\omega^2)^2 + 4\beta^2 n^2 \omega^2}} \tag{5.101}$$

駆動力のフーリエ係数f_nは（5.87），（5.86）より，以下となる。

$$f_n = \frac{2f_{max}}{\pi n} \sin\left(\frac{\pi n \Delta\tau}{\tau}\right) \qquad [n \geqq 1 \text{の場合}] \tag{5.102}$$

一方で$f_0 = f_{max}\Delta\tau/\tau$である。これらをまとめることで，求めた$x_{rms}$の式が与えられる。（読者が見たいと思った場合のために，それを書き下すことを課題として残しておく。）

与えられた数値を入れれば，駆動力の周期τがただ1つの独立変数として残る。（5.100）の最初の6項の後に続く無限級数を切り捨てると，適切なソフトウェア（またはプログラム可能な電卓）で容易に計算され，

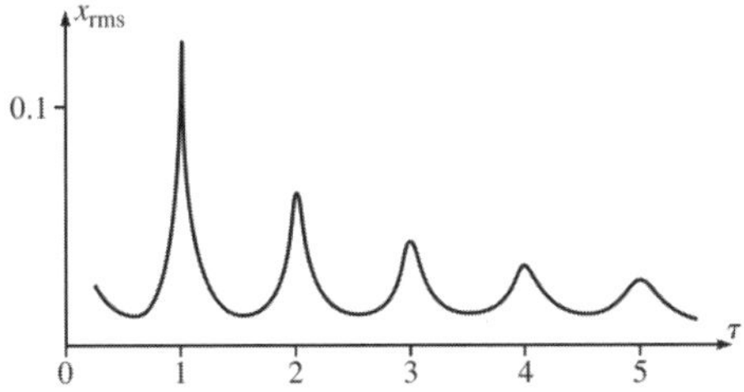

図5.26 パーセバルの式（5.100）の最初の6つの項を使用して計算された，駆動力の周期τの関数としての，周期的な矩形パルスによって駆動される線形振動子のRMS変位。横軸は自然周期τ_0の単位でτを示す。τがτ_0の整数倍であるとき，応答は特に強い。

図5.26に示すような図を描くことができる。このグラフは，前の例で求めたものをはっきりと簡潔に示している。駆動力の周期τを増加させると，振動子の応答が大幅に変化する。τが固有周期τ_0の整数倍（すなわち$\tau = n\tau_0$）を通過するたびに，n番目のフーリエ成分が共振し，応答は鋭い最大値を示す。一方，ここではパルスの幅$\Delta\tau$と高さf_{max}を固定することを選択したので，連続する各ピークはその前のパルスよりも低い。したがって駆動力の周期が長くなるにつれて，その力の効果は予想通りより少なくなる。

第 5 章の主な定義と方程式

フックの法則

$$F=-kx \quad \Leftrightarrow \quad U=\frac{1}{2}kx^2$$ [5.1 節]

単振動

$$\ddot{x}=-\omega^2 x \quad \Leftrightarrow \quad x(t)=A\cos(\omega t-\delta) \text{ など}$$ [5.2 節]

減衰振動

振動子が減衰力$-bv$を受ける場合，以下のようになる。

$$\ddot{x}+2\beta\dot{x}+\omega_0^2 x=0 \quad \Leftrightarrow \quad x(t)=Ae^{-\beta t}\cos(\omega_1 t-\delta)$$ [（5.28），（5.38）]

ここで$\beta=2b/m$, $\omega_0=\sqrt{k/m}$, $\omega_1=\sqrt{\omega_0^2-\beta^2}$であり，求められる解は「弱い減衰」（$\beta<\omega_0$）である。

駆動減衰振動と共振

振動子が正弦波駆動力$F(t)=mf_0\cos(\omega t)$を受ける場合，長期的な運動は，

$$x(t)=A\cos(\omega t-\delta)$$ [（5.66）]

となる。ここで

$$A^2=\frac{f_0^2}{\left(\omega_0^2-\omega^2\right)^2+4\beta^2\omega^2}$$ [（5.64）]

であり，また位相シフトδは（5.65）で与えられる。この解には，対応する同次方程式の「過渡的」解を加えることができるが，これは時間の経過とともに消滅する。ωがω_0に近くなると，長期的な解は「共振する」（鋭い最大値を有する）。

フーリエ級数

駆動力が正弦波ではないものの周期的である場合，（5.90）のような正弦項のフーリエ級数として，駆動力を構築することができる。またその運動の様子は（5.94）で与えられる一連の正弦波解となる。

$$x(t)=\sum_{n=0}^{\infty}A_n\cos(n\omega t-\delta_n)$$ [（5.94）]

RMS 変位

2 乗平均平方根変位

$$x_{rms} = \sqrt{\frac{1}{\tau}\int_0^\tau x^2 dt} \qquad [（5.95）および（5.96）]$$

は，振動子の平均応答の良い尺度であり，パーセバルの定理によって以下のように与えられる。

$$x_{rms} = \sqrt{A_0^2 + \frac{1}{2}\sum_{n=1}^{\infty} A_n^2} \qquad [（5.100）]$$

第 5 章の問題

星印は，最も簡単な（*）ものから難しい（***）ものまでの，おおよその難易度を示している。

5.1 節 フックの法則

5.1* 自然長l_0，ばね定数kを持つ質量のないばねを考える。一端が天井に取り付けられ，質量mの物体が他端に吊されている。ばねの平衡状態での長さは，l_1である。（a）l_1を決定する条件を書き下せ。ここでばねが新しい平衡状態の長さを超えて，さらに距離xだけ引き伸ばされたと仮定しよう。物体にかかる合力（ばねと重力）が，$F = -kx$であることを示せ。つまりxが平衡位置からの距離であるとき，合力はフックの法則に従う。これは非常に有用な結果で，このことにより垂直のばねに吊るされた物体を水平状態のときのように扱うことができる。（b）位置エネルギーの和（ばねと重力）が$U(x) = const + \frac{1}{2}kx^2$であることを示すことにより，同じ結果を証明せよ。

5.2* 分子内に存在する 2 つの原子の位置エネルギーは，モース関数によって近似される。

$$U(r) = A\left[\left(e^{(R-r)/S} - 1\right)^2 - 1\right]$$

ここでrは 2 つの原子の間の距離であり，A, R, Sは正の定数で，かつ$S \ll R$である。この関数を$0 < r < \infty$で図示せよ。$U(r)$が最小となる平衡距離r_0を求めよ。ここで$r = r_0 + x$とし，xは平衡からの変位であるとする。微小変位の場合，Uの近似形は$U(x) = const + \frac{1}{2}kx^2$，つまりフックの法則となることを示せ。ばね定数$k$とは，何であろうか。

5.3* 単振り子（質量m，長さl）の位置エネルギー$U(\phi)$を，振り子と垂線とのなす角度ϕを使って書き下せ。（振り子が最低の位置にある場所を，Uのゼロ点に選べ。）微小角の場合，Uは座標ϕに関してフックの法則の形式$U(\phi) = \frac{1}{2}k\phi^2$となることを示せ。$k$とは何であろうか。

5.4**水平状態にある半径Rの円柱にひもを取り付け，円柱まわりに数回ひもを巻き付けた後，質量mの物体を端に取り付けることによって作られる，特別な振り子を考える。 平衡状態では，質量は円柱の縁より垂直に距離l_0だけ垂れ下がる。振り子が垂直から角度ϕに振れた場合の位置エネルギーを求めよ。微小角度に対しては，それはフックの法則の形式$U = \frac{1}{2}k\phi^2$で書けることを示せ。kの値についての説明をおこなえ。

5.2 節 単振動

5.5* 5.2 節で，1 次元の単振動を表現する 4 つの等価な方法について説明した。

$$x(t) = C_1 e^{i\omega t} + C_2 e^{-i\omega t} \qquad (\text{I})$$

$$= B_1 \cos(\omega t) + B_2 \sin(\omega t) \qquad (\text{II})$$

$$= A\cos(\omega t - \delta) \qquad (\text{III})$$

$$= \mathrm{Re} C e^{i\omega t} \qquad (\text{IV})$$

これらをすべて理解していることを確認するために，I⇒II⇒III⇒IV⇒I の手順に従い，それらが同等であることを示せ。各形式において，定数（C_1, C_2など）を前式の定数で与えよ。

5.6* ばねの端にある物体が, 角振動数ωで振動する。$t = 0$でその位置は$x_0 > 0$であったが, そこで衝撃を与え, 原点に戻って振幅$2x_0$の単振動をおこなうようにした。問題 5.5 の (III) の形で時間の関数としてその位置を求めよ。

5.7* (a) 問題 5.5 の形式 (II) の係数B_1, B_2を，$t = 0$での初期位置x_0と速度v_0について解け。 (b) 振動子の質量が$m = 0.5\text{kg}$，ばね定数$k = 50\text{N/m}$のとき，角振動数ωを求めよ。また$x_0 = 3.0\text{m}, v_0 = 50\text{m/s}$の場合, B_1, B_2の値を求めよ。$x(t)$の様子を数周期にわたって描け。 (c) $x = 0$で$\dot{x} = 0$となる最初の時間はいつか。

5.8* (a) ばね定数$k = 80\text{N/m}$のばねの一端に質量$m = 0.2\text{kg}$の物体を取り付け，他端を固定した場合，その振動の角振動数ω，振動数f，周期τを求めよ。 (b) 初期位置と初期速度を$x_0 = 0, v_0 = 40\text{m/s}$とすると，$x(t) = A\cos(\omega t - \delta)$の定数$A$と$\delta$はどうなるか。

5.9* 平衡位置付近で振動する物体の最大変位は0.2mであり，最大の速さは1.2m/sである。その振動の周期τを求めよ。

5.10* x軸上の位置xにおける質量mの物体に対する力は，$F = -F_0 \sinh \alpha x$であり，またF_0, αは正の定数である。位置エネルギー$U(x)$を求め，微小振動の場合の$U(x)$の近似を与えよ。そのような振動の，角振動数を求めよ。

5.11* 既知の位置x_1, x_2で，振動する質量mの物体の速度はv_1, v_2である。この時，振動の振幅と角振動数を求めよ。

5.12** 周期τの単振動を考える。$\langle f\rangle$を任意の変数$f(t)$の平均値，つまり 1 周期にわたって平均したものとする。

$$\langle f\rangle=\frac{1}{\tau}\int_0^\tau f(t)dt \tag{5.103}$$

$\langle T\rangle=\langle U\rangle=\frac{1}{2}E$を証明せよ。ここで$E$は振動子の全エネルギーである。[ヒント：$\langle\sin^2(\omega t-\delta)\rangle=\langle\cos^2(\omega t-\delta)\rangle=1/2$という，より一般的で非常に有用な結果を証明することから始めよ。なぜこれらの 2 つの結果が明らかであるのかを説明し，三角関数の恒等式を使って$\sin^2\theta$と$\cos^2\theta$を$\cos(2\theta)$で書き直すことで，それらを証明せよ。]

5.13** 原点からの距離rにおける 1 次元系の質量mの物体の位置エネルギーは，$0<r<\infty$に対して

$$U(r)=U_0\left(\frac{r}{R}+\lambda^2\frac{R}{r}\right)$$

とする。ここでU_0, Rおよびλはすべて正の定数である。平衡位置r_0を求めよ。xを平衡からの距離とし，小さなxについての位置エネルギーは，$U(x)=const+\frac{1}{2}kx^2$の形となることを示せ。微小振動の場合の角振動数を求めよ。

5.3 節　2 次元振動子

5.14* （5.21）の形の復元力に支配された，2 次元粒子を考える。（2 つの定数k_x, k_yは等しくてもなくても構わないが，もし等しければ振動子は等方性を持つ。）その位置エネルギーは（原点で$U=0$とすると），以下の形であることを示せ。

$$U=\frac{1}{2}\left(k_xx^2+k_yy^2\right) \tag{5.104}$$

5.15* 2 次元等方振動子の一般解は，（5.19）で与えられる。時間の原点を変えることで，これをより単純な形式（5.20）および$\delta=\delta_y-\delta_x$に変形できることを示せ。[ヒント：時間原点の変換は，tから$t'=t+t_0$への変数変換である。この変換をおこない，定数t_0を適切に選択し，tをt'に変更する。]

5.16* （5.20）にしたがって移動する，2 次元等方振動子を考える。相対的な位相が$\delta=\pi/2$である場合，粒子は長半径A_xおよび短半径A_yを持つ楕円内を運動することを示せ。

5.17** （5.23）で与えられる運動をする，2 次元異方性振動子を考える。　(a) 角振動数の比が有理数（すなわち$\omega_x/\omega_y=p/q$，ここでp, qは整数である）である場合，運動は周期的である。その周期を求めよ。　(b) 角振動数の比が非有理数であれば，運動は決して繰り返さないことを証明せよ。

5.18*** 図 5.27 に示されている物体が，摩擦のない水平な机の上に置かれている。2 つの同一の各々のばねは，ばね定数kおよび自然長l_0を有する。平衡状態では物体は原点に静止しており，また距離aは必ずしもl_0に等しいとは限らない。（つまり，ばねはすでに伸びているか縮んでいるかの状態にあるかもしれない。）物体が(x, y)，ただしx, yは小さいとする，に移動すると，位置エネルギーは (5.104) (問題 5.14) の異方性振動子の形をしていることを示せ。$a < l_0$ならば原点での平衡は不安定であることを示し，その理由を説明せよ。

図 5.27 問題 5.18

5.19*** 図 5.7 (b) に示すように，4 つの同一ばねに取り付けられた物体を考える。各ばねは，ばね定数kおよび自然長l_0を持ち，物体が原点での平衡状態にあるときの各ばねの長さはa(必ずしもl_0と等しいとは限らない)である。物体が点(x, y)までわずかに移動すると，その位置エネルギーは等方単振動に相当する$\frac{1}{2}k'r^2$の形を有することが示せ。kを用いて定数k'を表せ。対応する力を求めよ。

5.4 節 減衰振動

5.20* 過減衰振動子（$\beta > \omega_0$）の減衰パラメータ$\beta - \sqrt{\beta^2 - \omega_0^2}$が，$\beta$の増加とともに減少することを確認せよ。$\omega_0 < \beta < \infty$に対するそのふるまいを，図示せよ。

5.21* 関数 (5.43)，つまり$x(t) = te^{-\beta t}$が，臨界減衰振動子（$\beta = \omega_0$）の運動方程式 (5.28) の第 2 の解であることを確かめよ。

5.22* (a) 臨界減衰状態のばねにつながれた，台車を考える。時間$t = 0$において台車は平衡位置におり，速度v_0で正の方向に蹴られる。それ以降の時間の位置$x(t)$を求め，これを図示せよ。 (b) $x = x_0$の位置で静止状態から手を離した場合にも，同じことをおこなえ。この場合，いかなる減衰も働かない場合の周期$\tau_0 = 2\pi/\omega_0$に等しい時間後に，台車は平衡状態からどの程度はなれているか。

5.23* 減衰振動子は，(5.24) を満たす。ここで$F_{dmp} = -b\dot{x}$は減衰力である。エネルギー$E = \frac{1}{2}mx^2 + \frac{1}{2}kx^2$の変化率を求めよ。(5.24) を利用して，$dE/dt$がエネルギーが$F_{dmp}$によって散逸される度合い（にマイナス符号を付けたもの）であることを示せ。

5.24* 臨界減衰（$\beta = \omega_0$）についての議論において，第 2 の解 (5.43) は手品のように引き出された。$\beta < \omega_0$の解を見て，次のように注意深く$\beta \to \omega_0$とすることによって，合理的で系統的な方法でその解に到達することができる。$\beta < \omega_0$の場合，2 つの解は$x_1(t) = e^{-\beta t}\cos(\omega_1 t)$，$x_2(t) = e^{-\beta t}\sin(\omega_1 t)$である。$\beta \to \omega_0$とした場合，最初の解が臨界減衰の第 1 解$x_1 = e^{-\beta t}$に近づくことを示せ。残念なことに$\beta \to \omega_0$とした場合，2 番目のものはゼロ

になる。（これを確かめよ。）しかし$\beta \neq \omega_0$であれば，$x_2(t)$をω_1で除算することができる。$\beta \to \omega_0$として，この新しい第 2 の解が先に示された$te^{-\beta t}$に近づくことを示せ。

5.25** $\beta < \omega_0$の減衰振動子を考える。(5.38) の運動は周期的ではないので，「周期」τ_1を定義するのは少し困難である。しかし意味がある定義として，τ_1を$x(t)$の隣り合っている最大値の間の時間と定義する。　(a) tに対する$x(t)$を様子を図示し，τ_1の定義をグラフ上に示せ。$\tau_1 = 2\pi/\omega_1$であることを示せ。　(b) これと等価な定義が，τ_1が$x(t)$の隣り合っているゼロ点間の時間の 2 倍であることを示せ。図示したものに，これを表示せよ。　(c) $\beta = \omega_0/2$の場合，1 周期で縮小する振幅の割合を求めよ。

5.26** 減衰していない振動子の周期は$\tau_0 = 1.000\mathrm{s}$であるが，少し減衰を加えて$\tau_1 = 1.001\mathrm{s}$に変わったとする。減衰係数βはいくらであろうか。それによって，振動の振幅が 10 周期後にどの程度減少するか。周期の変化・振幅の減少のどちらの減衰の効果がより顕著であるか。

5.27** 振動子の減衰が増加するにつれ，「振動子」という名前があまり適切ではないように思えることがある。　(a) これを説明するために，臨界減衰振動子が原点$x = 0$を 2 回以上通過することは決してないことを証明せよ。　(b) 過減衰振動子についても，同じことを証明せよ。

5.28** 質量のないばねが，荷重のない状態で天井から垂直に吊り下げられている。物体が底端部に取り付けられ，手が離される。最終的に手を離した場所から 0.5 メートル下で止まり，また運動は臨界減衰状態にある場合，1 秒後の物体は最終的な平衡位置にどれくらい近づくか。

5.29** 非減衰振動子は，周期$\tau_0 = 1$秒を有する。微弱な減衰を加えると，1 周期τ_1後で振動の振幅が 50%低下することがわかった。（減衰振動の周期は，最大値の間の時間として定義され，$\tau_1 = 2\pi/\omega_1$である。問題 5.25 を参照せよ。）βはω_0と比べて，どのくらい大きいであろうか。τ_1を求めよ。

5.30** 過減衰振動子の位置$x(t)$は (5.40) で与えられる。　(a) 初期位置x_0と速度v_0を用いて，定数C_1, C_2を求めよ。　(b) $v_0 = 0$と$x_0 = 0$の 2 つの場合の$x(t)$のふるまいを，図示せよ。　(c) 数学は時として我々が思っている以上の素晴らしい結果出すことを見るために（そして答えを確認するために），$\beta \to 0$では (a) の$x(t)$の解は，非減衰運動の正しい解に近づくことを示せ。

5.31** [コンピュータ]固有角振動数$\omega_0 = 2\pi$のばねに取り付けた台車を考え，$x_0 = 1, t = 0$で静止状態から手を離したとする。グラフを描く適切なソフトウェアを使用し，減衰定数$\beta = 0,1,2,4,6,2\pi,10,20$の場合における，$0 < t < 2$の位置$x$を描け。[$x(t)$は$\beta < \omega_0$, $\beta = \omega_0$, $\beta > \omega_0$のそれぞれについて，異なる式によって与えられることに注意すること。]

5.32** [コンピュータ]時間$t = 0$で位置x_0において静止状態から手を離された，不足減衰振

動子（ばねの端につながれた物体など）を考えてみよう。(a) その後の位置$x(t)$が

$$x(t) = e^{-\beta t}[B_1 \cos(\omega_1 t) + B_2 \sin(\omega_1 t)]$$

の形となることを示せ。すなわち，B_1, B_2をx_0を用いて求めよ。　(b) βを臨界値ω_0に近づけると，解が自動的に臨界解となることを示せ。　(c) 適切なソフトウェアを使用して，$x_0 = 0$, $\omega_0 = 0$, $\beta = 0, 0.02, 0.1, 0.3, 1$での，$0 \le t \le 20$の解を図示せよ。

5.5 節 駆動減衰振動

5.33* 駆動減衰振動子の解$x(t)$は，最も簡単な形式（5.69）で求められる。その方程式と対応する$\dot{x}$の式を解いて，A, δおよび初期位置x_0と速度v_0を用いて，係数B_1, B_2を求めよ。(5.70) で与えられた式を確かめよ。

5.34* 駆動減衰振動子の非同次方程式（5.48）の特殊解$x_p(t)$を見つけたと仮定し，それを微分演算子 (5.49) を用いて$Dx_p = f$と表す。また$x(t)$は任意の他の解であると仮定すると，$Dx = f$である。$x - x_p$が対応する同次方程式$D(x - x_p) = 0$を満たさなければならないことを証明せよ。これは，非同次方程式の任意の解xを特殊解と同次解の和，すなわち$x = x_p + x_h$と書くことができるという代替の証明になる。

5.35** この問題により，この章，特に共振に関する (5.64) を導出する際に必要とされる，複素数の特徴についての記憶を新たにすることができる。　(a) 複素数$z = x + iy$（x, yは実数）は，$z = re^{i\theta}$と書けることを示せ。ここでr, θは，複素平面上の点zの極座標である。（オイラーの公式を思い出すこと。）(b) $|z| = r$ として定義されるzの絶対値が，$|z|^2 = zz^*$によっても与えられることを示せ。ここでz^*はzの複素共役を示し，$z^* = x - iy$と定義される。　(c) $z^* = re^{-i\theta}$であることを証明せよ。　(d) $(zw)^* = z^* w^*$および$(1/z)^* = 1/z^*$を証明せよ。　(e) $z = a/(b + ic)$でa, b, cが実数の場合，$|z|^2 = a^2/(b^2 + c^2)$を示せ。

5.36** [コンピュータ] 例 5.3 (208 ページ) の計算を，同じパラメータを用いて繰り返せ。ただし初期条件$x_0 = 2, v_0 = 2$とする。$0 \le t \le 4$に対する$x(t)$の様子を例 5.3 の結果と共に図示せよ。それらの間の類似点と相違点を説明せよ。

5.37** [コンピュータ]以下の値

$$\omega = 2\pi, \quad \omega_0 = 0.25\omega, \quad \beta = 0.2\omega_0, \quad f_0 = 1000$$

を用い，初期条件$x_0 = 0, v_0 = 0$として例 5.3 (208 ページ) の計算を繰り返せ。$0 \le t \le 12$に対する$x(t)$の様子を図示し，例 5.3 と比較せよ。それらの間の類似点と相違点を説明せよ。（完全解，つまり同次解＋特殊解だけでなく同次解も図示すれば，説明に役立つであろう。）

5.38** [コンピュータ] $\omega = \omega_0 = 1$, $\beta = 0.1$, $f_0 = 0.4$, および初期条件$x_0 = 0, v_0 = 6$として例 5.3（208 ページ）の計算を（すべて適切な単位で）繰り返せ。A, δそしてB_1, B_2を求め，

最初の十数秒間の$x(t)$のふるまいを図示せよ。

5.39** [コンピュータ]微分方程式を数値的に解くために，例 5.3（208 ページ）の計算を繰り返せ。ただしさまざまな係数をすべて求めるのではなく，適切なソフトウェア（Mathematica の NDSolve コマンドなど）を利用して，微分方程式（5.48）を境界条件$x_0 = v_0 = 0$の下で解け。グラフが図 5.15 に一致することを確認せよ。

5.6 節 共振

5.40* 可変角振動数ωを有する正弦波力によって駆動される，一定の固有角振動数ω_0および減衰定数β(あまり大きくない)を持つ減衰振動子を考える。$\omega = \sqrt{\omega_0^2 - \beta^2}$のとき，(5.71)で与えられる応答の振幅が最大であることを示せ。(共振が狭い場合，これは$\omega \approx \omega_0$を意味することに注意すること。)

5.41* 駆動角振動数ωが変化すると，駆動減衰振動子の最大応答（A^2）は$\omega \approx \omega_0$（固有角振動数ω_0および減衰定数$\beta \ll \omega_0$の場合）で起こることがわかっている。$\omega \approx \omega_0 \pm \beta$のとき，$A^2$ が最大値の半分に等しいこと，そして半値全幅はちょうど2βとなることを示せ。［ヒント：近似に注意すること。たとえば，$\omega + \omega_0 \approx 2\omega_0$とするのはよいが，$\omega - \omega_0 \approx 0$としてはいけない。］

5.42* 多くの科学博物館で吊るされている大きなフーコーの振り子は，減衰する前に何時間も振動することができる。減衰時間を約 8 時間，長さを 30m としたときの，Q値を求めよ。

5.43** 車が「でこぼこ」道に沿って走行するとき，道路上の突起物により車輪はばね上で振動する。(実際に振動するのは，車軸と 2 つの車輪からなる車軸部品である。) 次の情報を参考に，この振動が共振する場合の車の速度を求めよ。(a) 80kg の男性 4 人が車に乗ると，2 センチメートル沈む。これを使用して，4 つのばねのそれぞれのばね定数kを推定せよ。　(b) 車軸部品（車軸と 2 つの車輪）の総質量が 50kg の場合，2 つのばねで振動する部品の固有振動数fを求めよ。　(c) 道路上の突起物が 80cm 間隔で離れている場合，これらの振動はどの速度で共振するか。

5.44** 共振におけるQ値のもう 1 つの解釈は，次のようなものである。過渡項が消滅した後の駆動減衰振動子の運動を考え，それが共振に近いと仮定する。その場合，$\omega = \omega_0$と設定できる。(a) 振動子の全エネルギー(運動エネルギー ＋ 位置エネルギー)が$E = \frac{1}{2}m\omega^2 A^2$であることを示せ。　(b) 減衰力$F_{dmp}$によって 1 周期中に散逸するエネルギー$\Delta E_{dis}$が，$2\pi m\beta\omega A^2$であることを示せ。(力が働く割合は$Fv$であることに注意。) (c) Q値は比E/E_{dis}の2π倍であることを示せ。

5.45*** 固有角振動数ω_0と減衰定数βを共に固定し，力$F(t) = F_0\cos(\omega t)$によって駆動され

る減衰振動子を考える。　(a) $F(t)$が働く割合$P(t)$を求め，任意の数の完全な周期にわたる平均割合$\langle P \rangle$が$m\beta\omega^2 A^2$であることを示せ。　(b) この値は，抵抗力に対してエネルギーが失われる平均の割合と同じであることを確認せよ。　(c) ωが変化するにつれて，$\langle P \rangle$は$\omega = \omega_0$のとき最大となることを示せ。すなわち，（ちょうど）$\omega = \omega_0$で共振が起こる。

5.7 節 フーリエ級数*

5.46* フーリエ級数の定数項a_0は取り扱いがやや面倒であり，常に特別な処理を必要とする。$f(t)$がフーリエ級数（5.82）を持つならば，a_0は 1 周期にわたる$f(t)$の平均$\langle f \rangle$となることを示せ。

5.47** フーリエ係数a_n, b_nに関する重要な公式（5.83）～（5.85）を証明するには，まず次のことを証明する必要がある。

$$\int_{-\tau/2}^{\tau/2} \cos(n\omega t)\cos(m\omega t)\,dt = \begin{cases} \tau/2 & (m = n \neq 0) \\ 0 & (m \neq n) \end{cases} \tag{5.105}$$

（この積分は，$m = n = 0$のときは明らかにτである）。すべての余弦が正弦で置き換えられた場合にも同じ結果が得られ，また最終的に以下が成立する。

$$\int_{-\tau/2}^{\tau/2} \cos(n\omega t)\sin(m\omega t)\,dt = 0 \qquad (\text{任意の整数}n, m\text{に対して}) \tag{5.106}$$

ここでいつものように，$\omega = 2\pi/\tau$である。これらを証明せよ。[ヒント：三角関数の公式を使用し，$\cos(\theta)\cos(\phi)$を$\cos(\theta + \phi)$のような項で置き換えよ。]

5.48** （5.105）と（5.106）を使用して，フーリエ係数a_n, b_nに関する式（5.83）～（5.85）を証明せよ。[ヒント：フーリエ級数（5.82）の両辺に$\cos(m\omega t)$または$\sin(m\omega t)$を掛け，$-\tau/2$から$\tau/2$まで積分せよ。]

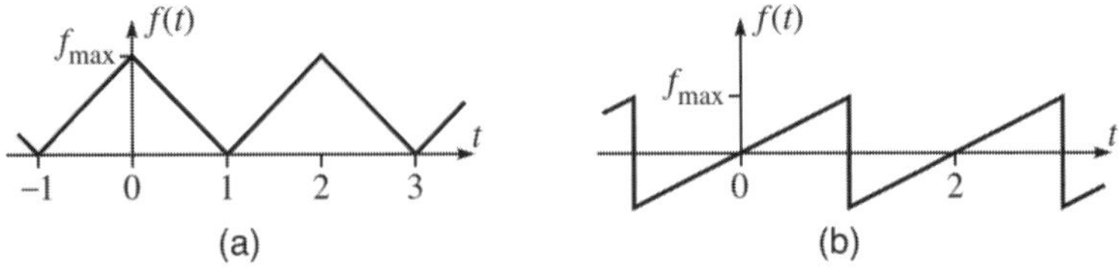

図 5.28　(a)問題 5.49　(b)問題 5.50

5.49*** ［コンピュータ］図 5.28（a）に示された関数の，フーリエ係数a_n, b_nを求めよ。図 5.23 と同様の図を作成し，関数自体をフーリエ級数の最初の 2 つの項と比較し，次に最初の 6 つかそれ以上の項と比較せよ。ただし$f_{max} = 1$とする。

5.50*** ［コンピュータ］図 5.28（b）に示す関数のフーリエ係数a_n, b_nを求めよ。図 5.23 と同様の図を作成し，関数自体をフーリエ級数の最初の数項の和，および最初の 10 項またはそれ以上の項の和と比較せよ。ただし$f_{max} = 1$とする。

5.8 節 駆動振動子におけるフーリエ級数の解*

5.51** 読者が複素数を使うことが気にならない場合は，周期的に駆動される振動子のフーリエ級数解を作ることができる。明らかに方程式（5.90）の周期的な力は，$f = \mathrm{Re}(g)$と書くことができるが，ここで複素関数gは

$$g(t) = \sum_{n=0}^{\infty} f_n e^{in\omega t}$$

である。振動子の運動を表す実数解は，同様に$x = \mathrm{Re}(z)$と書くことができることを示せ。ここで

$$z(t) = \sum_{n=0}^{\infty} C_n e^{in\omega t}$$

であり，また

$$C_n = \frac{f_n}{\omega_0^2 - n^2\omega^2 + 2i\beta n\omega}$$

である。この解の場合，実数の振幅A_nと位相シフトδ_nを別々に心配する必要がなくなる。（もちろんA_nとδ_nは複素数C_nの内部に隠されている。）

5.52*** ［コンピュータ］例 5.5（225 ページ）のすべての計算と図を，$\beta = 0.1$とする以外はすべての同じパラメータで繰り返せ。それらの結果を，例 5.5 の結果と比較せよ。

5.53*** ［コンピュータ］問題 5.49［図 5.28（a）］で与えられる周期$\tau = 2$の周期的な力で，振動子を駆動する。（a）周期$\tau_0 = 2$（すなわち$\omega_0 = \pi$），減衰パラメータ$\beta = 0.1$，最大駆動強度$f_{max} = 1$を仮定して，長期運動$x(t)$を求めよ。$x(t)$に対するフーリエ係数を求め，$0 \le t \le 6$について，級数の最初の 4 つの項の和を図示せよ。（b）固有角振動数が 3 に等しい場合を除いて，これを繰り返せ。

5.9 節 RMS 変位：パーセバルの定理*

5.54* $f(t)$を周期τの周期関数とする。1 周期にわたるfの平均が，他の時間間隔にわたる平均と必ずしも同じでない理由を明確に説明せよ。一方$T \to \infty$のように，長時間Tの平均が 1 周期にわたる平均に近づく理由を，説明せよ。

5.55** パーセバルの関係（5.100）を証明するためには，まず余弦積の積分結果（5.99）

を証明しなければならない。この結果を証明し，それを使ってパーセバルの関係を証明せよ。

5.56** (5.100) で述べたパーセバルの関係は，フーリエ級数が余弦のみを含む関数に適用される。この関係を書き下し，以下の関数となることを証明せよ。

$$x(t)=\sum_{n=0}^{\infty}[A_n\cos(n\omega t-\delta_n)+B_n\sin(n\omega t-\delta_n)]$$

5.57** [コンピュータ]図 5.26 に至る計算を，$\beta=0.1$とする以外はすべて同じパラメータを使用して繰り返せ。 結果を図示し，図 5.26 と比較せよ。

第6章　変分法

多くの問題では，非デカルト座標を使用する必要がある。大まかに言えば，このような問題は2つの組に分かれる。第1の組は特定の対称性により，特別な座標を使用することが最も有利である場合である。球対称性を持つ問題は，球面極座標を使用するのがよい。同様に軸対称性を持つ問題は，円柱極座標を使用すると最もうまく扱える。第2の組は，粒子が何らかの形で拘束されている場合は適切な座標，通常は非直交座標系，を選択することが最も適切である。たとえば，球の表面上を動くように制約を受けている物体は，球面極座標を使用した場合，最もうまく扱える。ビーズが湾曲したワイヤ上を動く場合，最良の座標の選択は，ある適切な原点からの湾曲したワイヤに沿う距離である。

残念ながら，これまで見てきたように直交座標以外の座標系における加速度成分の表現は極めて複雑であるため，より込み入った系に移行するにつれて状況は急速に悪化する。このことは，ニュートンの第2法則を非デカルト座標系で使用することを困難にする。どんな座標でも同じように機能する代価の（しかし最終的には同等の）運動方程式が必要であるが，それはラグランジュ方程式によって与えられる。

ラグランジュ方程式の大いなる柔軟性を証明し，理解するための最良の方法は，「変分原理」を使用することである。変分原理は，数学および物理の多くの分野で重要となる。変分原理は古典力学，量子力学，光学，電磁気学など，物理学のほとんどすべての分野を定式化することが可能であることが証明されている。ニュートンの法則に慣れている初学者にとって，変分原理の観点から古典力学を再構成することは，必ずしも物事を前に進めているように見えないだろう。しかし変分原理は多数の異なる主題に対して類似の定式化を可能にするので，物理学への統一的見解を与えることになり，そのため近年の理論物理学の進展において重要な役割を演じてきた。そのため，本章ではかなり一般的な設定で変分法を導入することにする。この短い章においては，一般的な変分問題の簡単な紹介をする。次の章では，ラグランジアンの定式化を確立するためにここで学んだ内容を適用する。読者がすでに「変分法の計算」に精通しているなら，第7章に直接進むことができる。

6.1　2つの例

変分法の計算には，積分形で表現されている量の最小値または最大値を求めることが含まれる。これがどのようなものかを見るために，ここでは2つの簡単で具体的な例から始めることにする。

2点間の最短経路

最初の例は，以下に述べる問題である。航空路の2点が与えられたとき，それらの間の最短経路はどのようなものであろうか。読者は直線が答えであることを，明らかに知っているであろう。ただし変分原理について学習したことがない

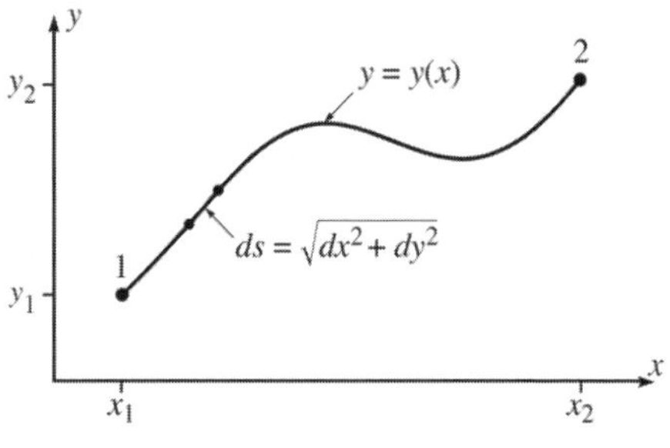

図 6.1　2 点 1 と 2 を結ぶ経路。短区分の長さは$ds = \sqrt{dx^2 + dy^2}$であり，経路の全長は$L = \int_1^2 ds$である。

なら，読者はそれが正しいという証拠を調べたことがないであろう。この問題は図6.1に示されている。図6.1には，2つの点 (x_1, y_1)，(x_2, y_2) およびそれらを結ぶ経路$y = y(x)$が示されている。ここでやるべきことは，最短の長さを持つ経路$y(x)$を見つけ，それが実際に直線であることを示すことである。

経路の微小区分の長さは$ds = \sqrt{dx^2 + dy^2}$であり，また

$$dy = \frac{dy}{dx}dx \equiv y'(x)dx$$

であるので，

$$ds = \sqrt{dx^2 + dy^2} = \sqrt{1 + y'(x)^2}dx \tag{6.1}$$

となる。したがって点 1 と点 2 との間の経路の全長は，

$$L = \int_1^2 ds = \int_{x_1}^{x_2} \sqrt{1 + y'(x)^2}dx \tag{6.2}$$

である。この方程式は，考えている問題を数学的な形で表したものである。未知変数は，点 1 と点 2 との間の経路を定義する関数$y = y(x)$である。ここでの問題は，積分（6.2）が最小となる関数$y(x)$を見つけることである。これを，既知関数$f(x)$が最小となる変数xの値を求めるという，初等数学の標準的な最小値問題と比較することは興味深い。ここでの新しい問題は，この古いタイプのものよりも明らかに一段難しいものとなっている。

この新しい問題を解決するための手続きを始める前に，別の例を考えてみよう。

フェルマーの原理

先と同様の問題として，2 つの点の間をたどる光の経路を見つけるというものがある。媒質の屈折率が一定の場合，経路はもちろん直線であるが，屈折率が変化する場合または鏡やレンズが挿入された場合は，その経路はあまり明らかではない。フランスの数学者フェルマー（1601-1665）は，求める経路が光の移動時間を最小とするものであることを発見した。図 6.1 を使って，フェルマーの原理を説明することができる。光が短い距離dsだけ進む時間はds/vである。ここでvは媒質中の光の速さ$v = c/n$であり，nは屈折率である。したがってフェルマーの原理は，点 1 と点 2 との間の正しい経路は

$$（移動時間）= \int_1^2 dt = \int_1^2 \frac{ds}{v} = \frac{1}{c}\int_1^2 nds$$

が最小となる場合であることを主張する。nが一定であれば積分の外に取り出すことができるので，点 1 と点 2 との間の最短経路を見つけることにまで，問題を簡単にできる。（そして，その答えはもちろん直線である。）一般に屈折率は$n = n(x, y)$で場所により変化する可能性があり，この問題はそのような条件下で積分

$$\int_1^2 n(x, y)ds = \int_{x_1}^{x_2} n(x, y)\sqrt{1 + y'(x)^2}dx \tag{6.3}$$

が最小となる経路$y(x)$を求めることである。[最後の式を得るために，dsを（6.1）に置き換えた。]

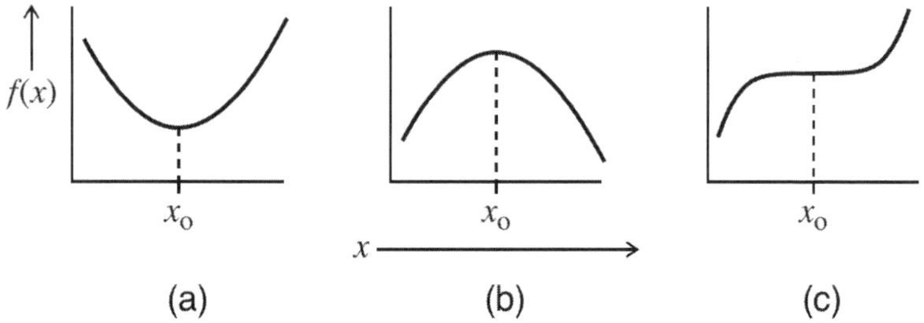

図 6.2 x_0で$df/dx=0$の場合，3 つの可能性が存在する。 (a) 2 次導関数が正の場合，$f(x)$はx_0で最小値をとる。 (b) 2 次導関数が負の場合，$f(x)$は最大値をとる。 (c) 2 次導関数がゼロの場合，最小値，最大値，または（図示したように）いずれでもないことがある。

フェルマーの原理に関連して最小化されなければならないこの積分は，積分（6.2）と非常によく似ている。ただし因子$n(x,y)$はx,yに関する余分な依存関係を導入するため，少し複雑になる。同様の積分は，他の多くの問題で生じる。ときには積分が最大となる経路が必要な場合もあり，時には最大値と最小値の両方に興味があることもある。ヒントとなる考え方を探るために，初等数学における関数の最大値と最小値を求める問題について，今一度考えてみることは有用である。関数$f(x)$の最大値または最小値に必要な条件は，その導関数がゼロになること，つまり$df/dx=0$である。残念ながら，この条件は最大値または最小値を保証するには十分ではない。初等数学での学習内容を思い出すと，これは図 6.2 に示すように本質的に 3 つの可能性がある。df/dxがゼロである点x_0は，最大値または最小値であってもよいし，図 6.2（c）に示すように，d^2f/dx^2もゼロの場合はどちらでもない場合もある。ある点x_0で$df/dx=0$であるが，3 つの可能性のうちのどれが得られるかわからない場合，x_0は関数$f(x)$の**定常点**であると言う。なぜならx_0からxの微小変位は（傾きがゼロであるため）$f(x)$を変化させないからである。

この章における問題の状況は，これと非常に似ている。次節で説明する方法は，正しい経路からの経路の微小変化が積分の値を変化させないという意味で，(6.2) または (6.3) のような積分が**定常**となる経路を求める。積分が確実に最小値（または最大値，またはおそらくどちらでもない）を知る必要がある場合は，これを個別に確認する必要がある。ちなみに，ここでこの章のタイトル名を説明する準備が整った。経路の微小変化が積分をどのように変化させるかということに関心があるので，この主題は**変分原理**と呼ばれる。同じ理由から，ここで説明する方法は変分法と呼ばれるが，フェルマーの原理は変分原理の一種である。

6.2　オイラー・ラグランジュ方程式

前節の 2 つの例は，変分問題と呼ばれるものの一般的な形を示している。ここで考えているのは，以下の形の積分値を持つものである。

$$S = \int_{x_1}^{x_2} f[y(x), y'(x), x]dx \tag{6.4}$$

ここで$y(x)$は図 6.1 のように 2 点 (x_1, y_1) と (x_2, y_2) を結ぶ未知の曲線である。ただし

$$y(x_1) = y_1, \qquad y(x_2) = y_2 \tag{6.5}$$

である。(6.5) を満たす（すなわち点 1 と点 2 を結ぶ）すべての可能な曲線の中で，積分Sを最小にする（または最大にするか，少なくとも定常状態にする）必要がある。ここでは最小値を見つけることを仮定する。(6.4) の関数fは 3 つの変数$f = f[y, y', x]$の関数であるが，積分は経路$y = y(x)$に従うので，被積分関数$f[y(x), y'(x), x]$は実際には 1 変数xの関数である。

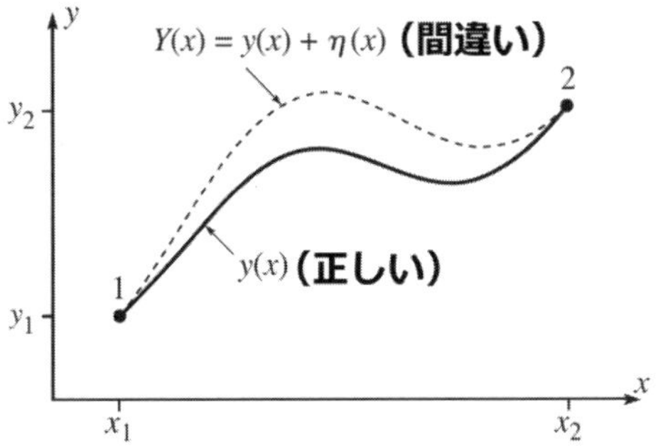

図 6.3 点 1 と点 2 との間の経路$y = y(x)$は，(6.4) の積分Sが最小である「正しい」経路である。他の経路$Y(x)$は，Sに対してより大きな値を与える点で「間違っている」。

$y = y(x)$によって，問題に対する正しい解を示すことにする。図 6.3 に示すように，$y = y(x)$について計算された（6.4）の積分Sは，任意の隣接曲線$y = Y(x)$より小さい。「間違った」曲線$Y(x)$を，以下のように書くと便利である。

$$Y(x) = y(x) + \eta(x) \tag{6.6}$$

ここで$\eta(x)$（ギリシャ語の「イータ」）は，間違った経路$Y(x)$と正しい経路$y(x)$の差を示している。$Y(x)$は終点 1 と 2 を通過しなければならないので，$\eta(x)$は

$$\eta(x_1) = \eta(x_2) = 0 \tag{6.7}$$

を満たす。差$\eta(x)$には無限に多くの選択肢がある。たとえば$\eta(x) = (x - x_1)(x - x_2)$，または$\eta(x) = \sin[\pi(x - x_1)/(x_2 - x_1)]$と選択することができる。

Sは誤った曲線$Y(x)$に沿って積分された場合，（$Y(x)$がどれだけ$y(x)$に近かろうと）正しい曲線$y(x)$に沿って積分された場合よりも大きくなければならない。この条件を表現するために，パラメータαを導入し$Y(x)$を

$$Y(x) = y(x) + \alpha\eta(x) \tag{6.8}$$

と書く。曲線$Y(x)$に沿って積分されたSは今やパラメータαに依存するので，$S(\alpha)$と書くことにする。正しい曲線$y(x)$は，$\alpha = 0$に設定することによって（6.8）から得られる。したがって，Sが正しい曲線$y(x)$に対して最小であるという要件は，$S(\alpha)$が$\alpha = 0$で最小であることを意味する。この結果により，この問題は通常の関数[つまり$S(\alpha)$]が，指定された点（$\alpha = 0$）で最小値を取ることを確認する初等数学の従来の問題に変換された。そのためには，$\alpha = 0$のとき微分$dS/d\alpha$がゼロであることを確認すればよい。

積分$S(\alpha)$を詳細に書き出すと，次のようになる。

$$\begin{aligned} S(\alpha) &= \int_{x_1}^{x_2} f(Y, Y', x)dx \\ &= \int_{x_1}^{x_2} f(y + \alpha\eta, y' + \alpha\eta', x)dx \end{aligned} \tag{6.9}$$

（6.9）をαに関して微分するために，被積分関数fにαが現れることに注意し，$\partial f/\partial\alpha$を評価する必要がある。$\alpha$は$f$の 2 つの引数に現れるので，（チェーンルールを使用して）2 つの項が現れる。

$$\frac{\partial f(y+\alpha\eta, y'+\alpha\eta', x)}{\partial\alpha} = \eta\frac{\partial f}{\partial y} + \eta'\frac{\partial f}{\partial y\prime}$$

また$dS/d\alpha$については（これはゼロでなければならない），以下のようになる。

$$\frac{dS}{d\alpha}=\int_{x_1}^{x_2}\frac{\partial f}{\partial \alpha}dx=\int_{x_1}^{x_2}\left(\eta\frac{\partial f}{\partial y}+\eta'\frac{\partial f}{\partial y'}\right)dx=0 \tag{6.10}$$

この条件は，（6.7）を満たす任意の$\eta(x)$に対して，つまり任意の「間違った」経路$Y(x)=y(x)+\alpha\eta(x)$に対して，真でなければならない。

条件（6.10）を利用するには，部分積分を使用して右辺の第2項を書き直す必要がある[1]。（η'は$d\eta/dx$を意味することに注意すること。）

$$\int_{x_1}^{x_2}\eta'(x)\frac{\partial f}{\partial y'}dx=\left[\eta(x)\frac{\partial f}{\partial y'}\right]_{x_1}^{x_2}-\int_{x_1}^{x_2}\eta(x)\frac{d}{dx}\left(\frac{\partial f}{\partial y'}\right)dx$$

条件（6.7）により，右辺の最初の項（「端点項」）はゼロである。したがって[2]

$$\int_{x_1}^{x_2}\eta'(x)\frac{\partial f}{\partial y'}dx=-\int_{x_1}^{x_2}\eta(x)\frac{d}{dx}\left(\frac{\partial f}{\partial y'}\right)dx \tag{6.11}$$

となる。この式を（6.10）に代入すると，

$$\int_{x_1}^{x_2}\eta\left(\frac{\partial f}{\partial y}-\frac{d}{dx}\frac{\partial f}{\partial y'}\right)dx=0 \tag{6.12}$$

この条件は，任意の関数$\eta(x)$に対して満たされなければならない。したがってこれから述べるように，（関連区間$x_1\le x\le x_2$内の）すべてのxについて，大カッコ内の因子はゼロでなければならない。

$$\frac{\partial f}{\partial y}-\frac{d}{dx}\frac{\partial f}{\partial y'}=0 \quad \text{（オイラー・ラグランジュ方程式）} \tag{6.13}$$

これは（スイスの数学者レオンハルト・オイラー（1707-1783），イタリア・フランスの物理学者，数学者ジョセフ・ラグランジュ（1736-1813）の名前で呼ばれる）いわゆる**オイラー・ラグランジュ方程式**であり，これによって積分Sが定常

1　もし読者が$\int vdu=[uv]-\int udv$という部分積分に慣れているのなら，同じことを別の言い方で述べた$\int u'vdx=[uv]-\int uv'dx$ということを認識することに役立つ。言い換えれば，積分$\int u'vdx$においては，符号を逆にし端点の寄与$[uv]$を加えることで，プライムの位置をuからvに移動できる。

2　これは物理学でよく現れる，部分積分の単純な形式である。端点$[uv]$でゼロとなる場合（これは多くの場合で起こる），部分積分により，符号を変えることでuからvへ微分を動かすこと，つまり$\int u'vdx=-\int uv'dx$とすることができる。

である経路を見つけることができる。その使い方を説明する前に，(6.12) から (6.13) までの段階を議論する必要があるが，このことは決して明らかではない。

(6.12) は，$\int \eta(x)g(x)dx = 0$という形を持つ。この条件だけですべてのxについて$g(x) = 0$を意味するとは確かにならない。しかし (6.12) が任意の$\eta(x)$に対して成立し，また$\int \eta(x)g(x)dx = 0$であるならば，すべてのxについて$g(x) = 0$が成立すると結論付けることができる。これを証明するためには，関係するすべての関数が連続的であると仮定しなければならないが，ここではこれが成り立つことは当然である考える[3]。この主張を証明するために，逆に$g(x)$がある区間x_1, x_2の間で非ゼロであるとする。次に$g(x)$と同じ符号をもつ関数$\eta(x)$を選択する（すなわちgが正のときはηも正，gが負のときはηも負である。）被積分関数は連続であり，$\eta(x)g(x) \geq 0$を満たしており，また少なくともある区間では非ゼロである。これらの条件の下で，$\int \eta(x)g(x)dx$はゼロになることはない。この矛盾は，すべてのxについて$g(x)$がゼロであることを意味する。

これにより，オイラー・ラグランジュ方程式の証明が完了した。それを使用する手順は次のとおりである。 (1) 求めようとしている定常経路に関する量が，以下の積分の標準形として表されるように，問題を設定する。

$$S = \int_{x_1}^{x_2} f[y(x), y'(x), x]dx \tag{6.14}$$

ここで$f[y(x), y'(x), x]$は問題を解くために適した関数である。 (2) 関数$f[y(x), y'(x), x]$を使って，オイラー・ラグランジュ方程式 (6.13) を書き下す。(3) 最後に，定常経路となる関数$y(x)$を定義する微分方程式 (6.13) を，(可能であれば) 解く。この手順を次節のいくつかの例で説明する。

6.3 オイラー・ラグランジュ方程式の応用

この節では，航空路上の 2 地点間の最短経路を見つけ出すという問題から始めよう。

例 6.1 2 地点間の最短経路

点 1 と点 2 との間の経路の長さは，積分 (6.2) によって以下のように

[3] 不連続な関数を認めれば，主張された結果は明らかに偽である。たとえば$g(x)$をある 1 点で非ゼロにしても，$\int \eta(x)g(x)dx$は依然としてゼロのままである。

与えられることがわかった。

$$L=\int_1^2 ds=\int_{x_1}^{x_2}\sqrt{1+y'^2}dx$$

これは標準形式（6.14）で，関数fは次のように与えられる。

$$f(y,y',x)=(1+y'^2)^{1/2} \tag{6.15}$$

オイラー・ラグランジュ方程式（6.13）を使用するためには，関連する以下の 2 つの偏微分を計算しておく必要がある。

$$\frac{\partial f}{\partial y}=0,\quad \frac{\partial f}{\partial y'}=\frac{y'}{(1+y'^2)^{1/2}} \tag{6.16}$$

$\partial f/\partial y=0$なので，（6.13）は以下のようになる。

$$\frac{d}{dx}\frac{\partial f}{\partial y'}=0$$

言い換えると$\partial f/\partial y'$は定数Cである。（6.16）によれば，これは

$$y'^2=C^2(1+y'^2)$$

または少し整理すると，y'^2 =一定となる。これは$y'(x)$が定数であることを意味し，それをmと呼ぶことにする。方程式$y'(x)=m$を積分すると$y(x)=mx+b$であり，これにより 2 点間の最短経路が直線であることが分かる。

変数に関する注意

今までは，x,yの 2 変数の問題を考えていた。これらのうちxは独立変数であり，yは関係$y=y(x)$を介した従属変数である。残念なことに，我々は利便性や伝統によって変数に異なる名前を付けることを余儀なくされることがよくある。たとえば単純な 1 次元の力学問題では，独立変数は時間tであり，従属変数は位置$x=x(t)$である。これは変数x,yをt,xなどの他の変数で置き換えたオイラー・ラグランジュ方程式に慣れなければならないことを意味する。次の例では 2 つの変数はx,yであるが，独立変数はyであり，（6.13）と（6.14）のx,yの役割とは完全に逆になる。

例 6.2 最速降下線

変分原理に関する有名な問題は，次のとおりである。2 つの点 1 と 2

（1 のほうが地上から高い場所にある）が与えられた場合，点 1 から手を離されたジェットコースターが最短時間で点 2 に到達するには，無摩擦の軌道をどのような形で構築すればよいか。この問題は，「最短」を意味するギリシャ語の brachistos と「時間」を意味する chronos から，最速降下（brachistochrone）問題と呼ばれている。問題の概略は，図 6.4 に描かれている。ここでは点 1 を原点とし，yを垂直方向にとる。

1 から 2 までの移動時間は，以下のとおりである。

$$\text{時間（1→2）} = \int_1^2 \frac{ds}{v} \tag{6.17}$$

任意の高さyにおける速度は，エネルギーの保存によって決定され，$v = \sqrt{2gy}$となる（問題 6.8）。vはyの関数として与えられるので，yを独立変数とすると便利である。つまり未知の経路を$x = x(y)$と書く。これは，経路上の隣接点間の距離dsが，以下のようにかけることを意味している。

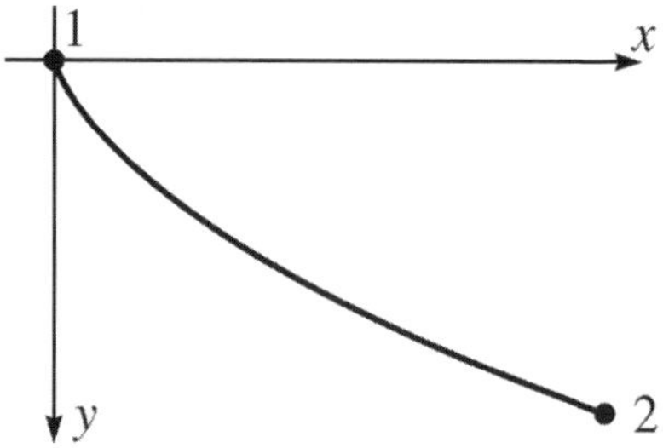

図 6.4 最速降下問題は，地点 1 から手を離されたジェットコースターが最小時間で地点 2 に達する軌道の形状を見つけることである。

$$ds = \sqrt{dx^2 + dy^2} = \sqrt{x'(y)^2 + 1}dy \tag{6.18}$$

ここでプライムはyに関する微分を表す。すなわち，$x'(y) = dx/dy$である。したがって（6.17）により，1 から 2 への移動に要する時間は

$$\text{時間（1→2）} = \frac{1}{\sqrt{2g}} \int_0^{y_2} \frac{\sqrt{x\prime(y)^2+1}}{\sqrt{y}} dy \tag{6.19}$$

である。

（6.19）は最小値を求める積分を与える。xとyの役割が交換されていることを除いて，被積分関数は標準形式（6.14）になっている。

$$f(x,x',y)=\frac{\sqrt{x'^2+1}}{\sqrt{y}} \tag{6.20}$$

時間をできるだけ短くする経路を求めるためには，この関数にオイラー・ラグランジュ方程式を（xとyを入れ替えて）適用するだけでよい。

$$\frac{\partial f}{\partial x}=\frac{d}{dy}\frac{\partial f}{\partial x'} \tag{6.21}$$

(6.20)の関数はxとは無関係であるので，微分$\partial f/\partial x$はゼロであり，(6.21)は単に$\partial f/\partial x'$が定数であることを示している。このことから我々は微分を評価し（便宜上それを 2 乗する），以下を得る。

$$\frac{x'^2}{y(1+x'^2)}=\text{一定}=\frac{1}{2a} \tag{6.22}$$

ここで今後の便宜のために，定数を$1/2a$とした。この方程式はxに対して簡単に解ける。

$$x'=\sqrt{\frac{y}{2a-y}}$$

その結果，以下のようになる。

$$x=\int\sqrt{\frac{y}{2a-y}}dy \tag{6.23}$$

この積分は，以下のあまり見込みのありそうにない代入によって評価できる

$$y=a(1-\cos\theta) \tag{6.24}$$

これにより，以下のようになる。（読者はこのことを確認すること。）

$$\begin{aligned} x&=a\int(1-\cos\theta)\,d\theta \\ &=a(\theta-\sin\theta)+const \end{aligned} \tag{6.25}$$

2 つの方程式（6.25）と（6.24）は，求める経路に対するパラメトリック方程式であり，パラメータθの関数としてx,yを与える。$x=y=0$となるように始点 1 を選択したので，（6.24）はθの初期値がゼロであることを示している。これは（6.25）の積分定数がゼロであることを意味する。したがって経路の最終的なパラメトリック方程式は，次のようになる。

$$x=a(\theta-\sin\theta),\ y=a(1-\cos\theta) \tag{6.26}$$

ここで経路が与えられた点(x_2, y_2)を通過するように，定数aを選択する。

(6.26) で与えられる経路は，図6.5 に図示されている。この図では点 2 を超えて，経路を続けて（点線で）描いている。これによって最速下降問題の解曲線は，サイクロイドであることがわかる。サイクロイドはx軸の下側に沿って回転する，半径aの車輪の縁上の点の後を追うことで得られる曲線である (問題 6.14)。この曲線のもう 1 つの顕著な特徴は，次のとおりである。点 2 でジェットコースターを静止させてから曲線の底（図の点 3）に移動させた場合，2 から 3 に移動する時間は，2 の位置を 1 から 3 の間のどこにとろうとも同じである。これはサイクロイド形の軌道上を前後に転がるジェットコースターの振動が，振幅が小さい限りにおいてほぼ等時性であるに過ぎない単振り子の振動とは対照的に，正確に等時性（振幅と周期は完全に独立）を持つことを意味する（問題 6.25 を参照)。サイクロイドの等時性の特性は時計のデザインに使われたが，その 1 つはロンドンのビクトリア・アンド・アルバート博物館で見ることができる。

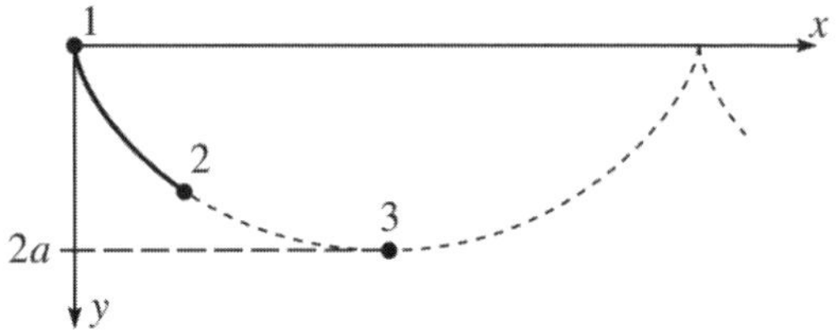

図 6.5 与えられた点 1 と 2 の間の最短時間を与えるジェットコースターの経路は，頂点が 1 で 2 を通過するサイクロイドの一部である。サイクロイドは，x軸の下側に沿って回転する，半径aの車輪の縁上の点の後を追うことによって得られる曲線である。点 3 は曲線上の最も低い点である。

最大および最小 vs 定常

この節のどちらの例でも，実際に求めた曲線が現在考えている積分について最小値を与えていること，つまり 2 点間の経路の長さは最大・定常ではなく，最小となっていること，を確認していないことに読者は気づいているだろう。オイラー・ラグランジュ方程式は，元の積分の極値の経路を与えることだけを保証している。最小値または最大値，（あるいはどちらでもない定常曲線のどちらか）を与えるのかを決定する問題は，一般に非常に困難である。いくつかの場合では，どれにあたるのかを見るのは簡単である。たとえば直線が平面内の2点間の最小距離を与えることは，明らかである。最速下降問題の場合，求められた経路は実際には正しいものであるが，最小時間をもたらすことは全く明らかではない。

様々な可能性を見るために，地球表面上の2点1と2の間の最短経路，すなわち**測地線**を見つける問題を検討しよう。読者はご存知であろうが，その答えは2点を通る大円である[4]。変分法を使用すると，大円が確かに距離の極値となることが比較的容易に証明できる。球面極座標を使用すると，球面上の各点は 2つの角度θおよびϕによって識別される。経路を$\phi = \phi(\theta)$と定義し，この経路に沿って1と2の間の距離を与える積分を設定すると，$\phi(\theta)$に関するオイラー・ラグランジュ方程式により，経路が大円であることを示すことができる。（詳細は問題6.16を参照のこと。）しかし地上の任意の2点1と2を結ぶ2つの異なる大円軌跡があるので，これが最小距離を必然的に与えることを決定する前に，少し注意深く考える必要がある。話を簡単にするために，（エクアドルの太平洋岸の近くにある）キトと（ブラジルの大西洋沿岸を流れるアマゾン川河口にある）マカプアという赤道上の2つの町を考えてみよう。この2つの町の間の「正しい」最短経路は，もちろん南アメリカの約2000マイル間の赤道に沿った大円の経路である。しかしオイラー・ラグランジュ方程式を満たす2番目の可能性は，キトから赤道上を太平洋，アフリカ大陸，大西洋を横切って西へ向かい，約23,000マイル後にマカプアに到着する経路である。この経路は最大であると推測されるが，実際には最大値でも最小値でもない。その近くでより短い経路を見つけるのは簡単であるが，より長いものも簡単に見つけることができる。言い換えれば，この第2の大円に沿った経路は最大値も最小値も与えない。この第2の経路は，当然ながら初等数学における水平変曲点に類似している。幸いにもこの問題では，最初の経路が真の最小値を与えることは明らかである。しかし一般に，オイラー・ラグランジュ方程式がどのような定常経路を与えているのかを決定することは，

[4] 大円は，地球と地球の中心を通る平面が交差してできる円である。

難しい。

我々にとって幸運なことに，このような質問は我々の目的には関係がないということである。力学の応用で重要なことは，ある積分に対して定常となる経路を手に入れることである。最大値・最小値またはそのどちらでもないかは，関係がない。

6.4　2つ以上の変数

これまで独立変数(通常はx)と従属変数（通常はy）の2つの変数だけで，問題を検討してきた。力学のほとんどの応用では複数の従属変数があることが多いが，幸いなことに独立変数は1つのままであり，通常は時間tである。2つの従属変数がある単純な例として，2点間の最短経路の問題に戻る。2点1と2の間の最短経路を見つけようとしたとき，求める経路が$y = y(x)$の形式で記述できると仮定した。このことは一見すると合理的に見えるが，図6.6のようにこのように書くことができない経路を考えるのは簡単である。すべての可能な経路の中で最短経路を見つけたことを完全に確信したいならば，すべての可能な経路を含む形で最短経路を求める方法を見つけなければならない。これをおこなう方法は，次のようにパラメトリック形式で経路を記述することである。

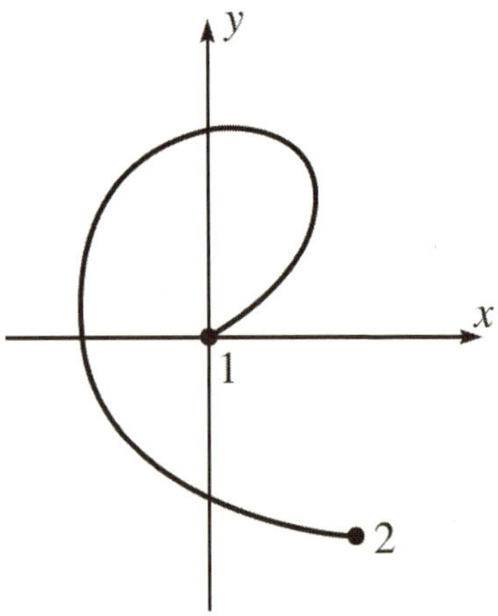

図 6.6 ここで示した2点1と2の間の経路は，$y = y(x)$や$x = x(y)$と書くことはできないが，パラメトリック形式（6.27）で書くことができる。

$$x = x(u),\ \ y = y(u) \tag{6.27}$$

ここでuは，曲線をパラメータ化することができる任意の便利な変数（たとえば，経路に沿った距離）である。パラメトリック形式（6.27）には，以前に検討したすべての曲線が含まれている。[$y = y(x)$の場合は，パラメータuにxを使用するだけである。]また図 6.6 のような曲線はもちろん，関心のあるすべての曲線も含まれる[5]。

経路の小区分の長さ（6.27）は，次のとおりである。

$$ds = \sqrt{dx^2 + dy^2} = \sqrt{x'(u)^2 + y'(u)^2}du \tag{6.28}$$

いつものようにプライムは関数の因子に関する微分を表す。すなわち，$x'(u) = dx/du$および$y'(u) = dy/du$である。したがって全経路長は

$$L = \int_{u_1}^{u_2} \sqrt{x'(u)^2 + y'(u)^2}du \tag{6.29}$$

となる。我々がやるべき事は，この積分が最小となる 2 つの関数$x(u)$と$y(u)$を求めることである。

この問題は，未知の 2 つの関数$x(u), y(u)$が存在するため，これまでに考えていたものより複雑である。このタイプの一般的な問題は，次のとおりである。以下の形の積分

$$S = \int_{u_1}^{u_2} f[x(u), y(u), x'(u), y'(u), u]du \tag{6.30}$$

が 2 つの固定点$[x(u_1), y(u_1)], [x(u_2), y(u_2)]$の間で与えられたとき，積分$S$が定常となる経路$[x(u), y(u)]$を求める。この問題の解決法は 1 変数の場合と極めてよく似ているが，ここではその概略を述べることとし，詳細は読者にゆだねる。結論として 2 つの従属変数を使用すると，2 つのオイラー・ラグランジュ方程式が得られる。それを示すために，以前と同じような議論をおこなうことにする。正しい経路が

$$x = x(u),\ y = y(u) \tag{6.31}$$

であり，隣接する「間違った」経路を以下のようにする。

$$x = x(u) + \alpha\xi(u),\ y = y(u) + \beta\eta(u) \tag{6.32}$$

（ξはギリシャ文字「グザイ」である。）積分Sが正しい経路（6.31）に対して定常であるという条件は，間違った経路（6.32）に沿っておこなわれた積分$S(\alpha, \beta)$が$\alpha = \beta = 0$のとき，以下を満たすことである。

$$\frac{\partial S}{\partial \alpha} = 0,\quad \frac{\partial S}{\partial \beta} = 0 \tag{6.33}$$

---

5 読者が数学的な細部に興味を持っている場合，これに続くすべての場合に関係するすべての関数が連続であり，連続する 2 次導関数を持つと仮定しなければならないことを言っておく。この仮定は，たとえば微分に不連続性を許すことによって，少し弱めることができる。

これらの2つの条件は, 1変数の場合の条件(6.10)の自然な一般化である。(6.10)から（6.13）に続く手続きと同じ議論をすることにより，これらの2つの条件が2つのオイラー・ラグランジュ方程式と同等であることを示すことができる（問題6.26参照)。

$$\frac{\partial f}{\partial x} = \frac{d}{du}\frac{\partial f}{\partial x'}, \quad \frac{\partial f}{\partial y} = \frac{d}{du}\frac{\partial f}{\partial y'} \tag{6.34}$$

これらの2つの方程式は積分（6.30）が定常である経路を決定するが，逆にある経路に対して積分が定常である場合，その経路はこれらの2つの方程式を満たさなければならない。

例6.3　2点間の最短経路

今や我々は, 2点間の最短経路の問題を完全に解けるようになった。(すなわち，図6.6のようなすべての可能な経路を含めて解くことができるようになった。)（6.29）から，この問題に対する被積分関数fは

$$f(x, x', y, y', u) = \sqrt{x'^2 + y'^2} \tag{6.35}$$

である。これはx, yから独立しているので，(6.34）の左辺の2つの導関数$\partial f/\partial x, \partial f/\partial y$はゼロである。したがって2つのオイラー・ラグランジュ方程式は，単に2つの導関数$\partial f/\partial x', \partial f/\partial y'$が定数であることを意味し

$$\frac{\partial f}{\partial x'} = \frac{x'}{\sqrt{x'^2+y'^2}} = C_1, \quad \frac{\partial f}{\partial y'} = \frac{y'}{\sqrt{x'^2+y'^2}} = C_2 \tag{6.36}$$

である。2番目の方程式を最初の方程式で除し，y'/x'が微分dy/dxであることを使うと，

$$\frac{dy}{dx} = \frac{y'}{x'} = \frac{C_2}{C_1} = m \tag{6.37}$$

を得る。したがって求める経路は，直線$y = mx + b$になる。パラメトリック方程式を使用したこの証明は，（新しい証明にすべての可能な経路が含まれているという点で）以前の証明よりも優れているだけでなく，簡単でもある。

オイラー・ラグランジュ方程式を任意の数の従属変数に一般化することは簡単

であり，詳細に説明する必要はない。ここではオイラー・ラグランジュ方程式がラグランジュ形式の力学においてどのように現れるか，の概略を述べることにする。

ラグランジュ力学における独立変数は，時間tである。従属変数は系の位置または「配置」を指定する座標であり，通常は$q_1, q_2, \cdots, q_n$と書く。座標の数nは，系の性質に依存する。3 次元で拘束されていない単一の粒子についてはnは 3 であり，また 3 つの座標q_1, q_2, q_3は 3 つの直交座標x, y, zであってもよいし，球面極座標r, θ, ϕであってもよい。3 次元で自由に移動するN個の粒子に対してnは$3N$であり，座標$q_1, q_2, \cdots, q_n$は$3N$個の直交座標$x_1, y_1, z_1, \cdots, x_N, y_N, z_N$である。2 重振り子（2 つの単振り子で，図 6.7 のように 1 番目の重りに 2 番目の振り子がぶら下がったもの）では 2 つの座標q_1, q_2があり，図 6.7 に示すように，これらを 2 つの角度に選ぶことができる。座標$q_1, q_2, \cdots, q_n$は極めて多くの表現を取ることができ，**一般化座標**と呼ばれる。n個の一般化座標をn次元の**配置空間**内の点を定義するものと考えることはおおむね有益であり，それらの点の各々は系の固有の位置または配置を示す。

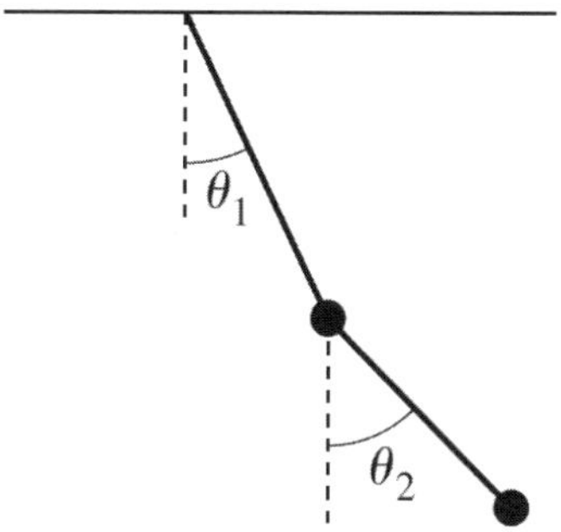

図 6.7 2 重振り子の位置を特定する一般化座標の良い選択は，振り子と鉛直方向の間の角度θ_1, θ_2の組を採用することである。

ラグランジュ力学の多くの問題の最終目標は，座標が時間とともにどのように変化するか，すなわちn個の関数$q_1(t), \cdots, q_n(t)$を求めることである。これらn個の関数は，n次元配置空間内の経路を定義するものとみなすことができる。もちろんこの経路はニュートンの第 2 法則によって決定されるが，それはある積分が定常となる経路として特徴付けることと同等である。これは対応するオイラー・ラグランジュ方程式（この文脈ではラグランジュ方程式と呼ばれる）を満たす必要があることを意味するが，これらのラグランジュ方程式は，ニュートンの第 2

法則よりもはるかに書き下して使用するのが簡単である。特にニュートンの第 2 法則とは異なり，ラグランジュ方程式はすべての座標系においてまったく同じ単純な形式を取る。

その定常値が力学系の進化を決定する積分Sは，作用積分と呼ばれる。その被積分関数はラグランジアン$\mathcal{L}$と呼ばれ，n個の座標$q_1, q_2, \cdots, q_n$とそれらのn個の時間導関数$\dot{q}_1, \dot{q}_2, \cdots, \dot{q}_n$と時間$t$の関数である。

$$\mathcal{L} = \mathcal{L}(q_1, \dot{q}_1, \cdots, q_n, \dot{q}_n, t) \tag{6.38}$$

独立変数はtであるので，座標q_iの導関数は時間微分であり，いつものように$\dot{q}_i$とドットで表現されていることに注意してほしい。作用積分

$$S = \int_{t_1}^{t_2} \mathcal{L}(q_1, \dot{q}_1, \cdots, q_n, \dot{q}_n, t) \tag{6.39}$$

が定常であるとは，以下のn個のオイラー・ラグランジュ方程式が成立することを意味する。

$$\frac{\partial \mathcal{L}}{\partial q_1} = \frac{d}{dt}\frac{\partial \mathcal{L}}{\partial \dot{q}_1}, \quad \frac{\partial \mathcal{L}}{\partial q_2} = \frac{d}{dt}\frac{\partial \mathcal{L}}{\partial \dot{q}_2}, \quad \cdots, \frac{\partial \mathcal{L}}{\partial q_n} = \frac{d}{dt}\frac{\partial \mathcal{L}}{\partial \dot{q}_n} \tag{6.40}$$

これらn個の方程式は，（6.34）の 2 つのオイラー・ラグランジュ方程式にちょうど対応しており，まったく同じ方法で証明される。これらn個の方程式が満たされると，積分（6.39）は定常状態にあることになる。また作用積分が定常状態にある場合，これらn個の方程式は満たされる。次章では，これらの式がどのように導かれ，どのように使用されるのかを確認する。

第 6 章の主な定義と方程式

オイラー・ラグランジュ方程式

以下の形式の積分

$$S = \int_{x_1}^{x_2} f[y(x), y'(x), x]dx \qquad [\,(6.4)\,]$$

が**オイラー・ラグランジュ方程式**を満たす場合にのみ，経路$y = y(x)$に沿った経路は，その経路の変化に対して定常状態にある。

$$\frac{\partial f}{\partial y} - \frac{d}{dx}\frac{\partial f}{\partial y\prime} = 0 \qquad [\,(6.13)\,]$$

複数の変数

積分がn個の従属変数を含む場合，n個のオイラー・ラグランジュ方程式が存在する。たとえば，2 つの従属変数$[x(u), y(u)]$を持つ以下の形式の積分

$$S = \int_{u_1}^{u_2} f(x(u), y(u), x'(u), y'(u), u)du$$

の場合，$x(u), y(u)$に対する変分に対して定常であるのは，これら 2 つの関数が以下の 2 つの方程式を満たす場合のみである。

$$\frac{\partial f}{\partial x} = \frac{d}{du}\frac{\partial f}{\partial x'}, \quad \frac{\partial f}{\partial y} = \frac{d}{du}\frac{\partial f}{\partial y'} \qquad [(6.34)]$$

第 6 章の問題

星印は，最も簡単な（*）ものから難しい（***）ものまでの，おおよその難易度を示している。

6 .1 節 2 つの例

6.1* 球の表面などの曲面上の 2 点間の最短経路は，**測地線**と呼ばれる。測地線を求めるには，最初に問題の表面上の経路の長さを与える積分を設定することから始める。これは積分（6.2）に似ているが，（表面の性質によっては）より複雑なものとなり，x, yとは異なる座標を含むことがある。これを説明するために球面極座標(r, θ, ϕ)を使用して，仮に 2 つの点$(\theta_1, \phi_1), (\theta_2, \phi_2)$を特定し，その経路を$\phi = \phi(\theta)$で表した場合，半径$R$の球上の点を結ぶ経路の長さは以下のようになることを示せ。

$$L = R\int_{\theta_1}^{\theta_2} \sqrt{1 + \sin^2\theta\phi'(\theta)^2}\, d\theta \qquad (6.41)$$

（問題 6.16 で，この長さを最小にする方法を求める。）

6.2* 問題 6.1 と同じことをおこない，円柱極座標(ρ, ϕ, z)を用いて半径Rの円柱上の長さLを求めよ。ただし経路が$\phi = \phi(z)$の形で指定されているものとする。

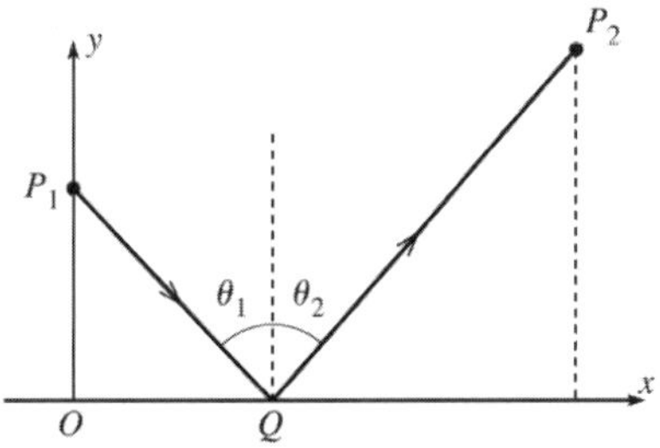

図 6.8 問題 6.3 の図

6.3** 図 6.8 のように，平面鏡上の点Qを経由して点P_1から点P_2まで真空中を移動する光線を考える。フェルマーの原理が，実際の経路はQがP_1，P_2と同じ垂直平面にあり，$\theta_1 = \theta_2$と

いう反射の法則に従うことを意味していることを示せ。［ヒント：鏡をxz平面に置き，y軸上の $(0,y_1,0)$にP_1を，xy平面の$(x_2,y_2,0)$にP_2を置く。最後に，$Q=(x,0,z)$とする。光が経路P_1QP_2を横切る時間を計算し，Qが$z=0$であり，反射の法則を満たすときに最小であることを示す。］

6.4** 光線は，屈折率n_1の媒質中の点P_1から屈折率n_2の媒質中の点P_2までを，図 6.9 に示すように，2 つの媒質間の境界面上の点Qを経由して進む。フェルマーの原理により，実際の経路において，QがP_1,P_2と同じ垂直平面にあり，またスネルの法則$n_1 sin\theta_1 = n_2 sin\theta_2$に従うことを示せ。［ヒント：境界面を$xz$平面とし，$y$軸上の $(0,h_1,0)$にP_1を，xy平面の$(x_2,-h_2,0)$にP_2をとる。最後に$Q=(x,0,z)$とする。 光が経路P_1QP_2を横切る時間を計算し，Qが$z=0$，かつスネルの法則を満たすときに最小であることを示す。］

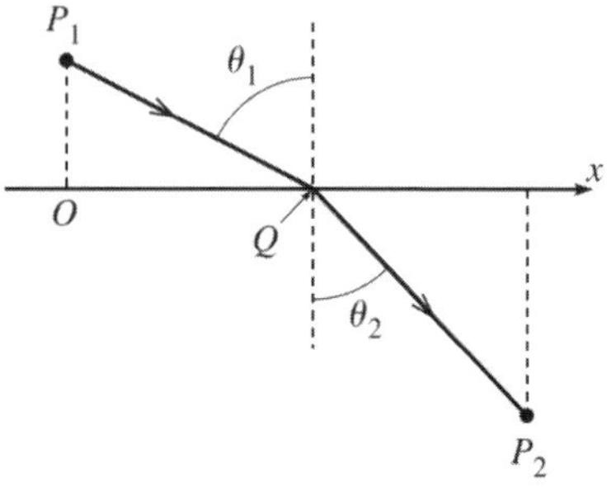

図 6.9 問題 6.4 の図

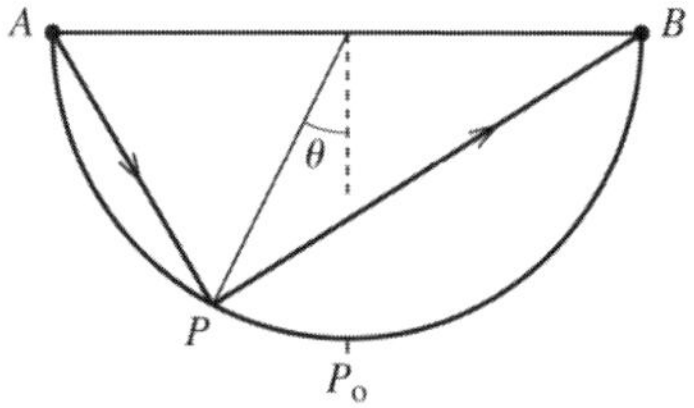

図 6.10 問題 6.5 の図

6.5** フェルマーの原理は，「A点からB点に移動するのに要する光線の移動時間は，実際の経路に沿った場合に最小となる」と言い表せる。厳密に言えば，時間は定常であり，最小ではないと言わざるを得ない。事実，実際の経路に沿って時間が最大である状況を構築することができる。ここにそのような例を 1 つ挙げる。直径の両端にAと Bを持つ，図 6.10 に示す凹型半球鏡を考えてみよう。Aおよび Bと同じ垂直平面内において，Pで 1 回反射し，Aから Bへの真空中を進む光線を考える。反射の法則によれば，実際の経路は半球の底の点P_0 $(\theta=0)$を経由する。θの関数として経路APBに沿った移動時間を求め，それが$P=P_0$で最大であることを示せ。これは，ちょうど 2 つの直線区間となるAPBの経路に対して，時間が最大であることを示している。他の経路に対しては最小であることは容易にわかる。したがって，正しい一般的な文章は，経路の任意の変化に対して定常であるということになる。

6.6** 変分法の多くの問題では，(6.1) のように表面上の曲線の微小区間の長さdsを知る必要がある。次の 8 つの状況で，適切なdsの式を与える表を作成せよ。(a) 平面内の$y=y(x)$で与えられる曲線， (b) 先と同じであるが$x=x(y)$ で与えられる曲線， (c) 先と同じであるが，$r=r(\phi)$ で与えられる曲線， (d) 先と同じであるが，$\phi=\phi(r)$ で与えられる曲線， (e) 半径Rの円柱上の$\phi=\phi(z)$で与えられる曲線，(f) 先と同じであるが，$z=z(\phi)$で与えられる曲線， (g) 半径Rの球面上の$\theta=\theta(\phi)$で与えられる曲線， (h) 先と同じであるが，$\phi=\phi(\theta)$で与えられる曲線。

6.3 節 オイラー・ラグランジュ方程式の応用

6.7* z軸を中心とする半径Rの直円柱を考える。円柱極座標を用いて(R,ϕ_1,z_1)，(R,ϕ_2,z_2)で与えられる円柱上の 2 点間の測地線（最短経路）を，zの関数ϕとして求めよ。測地線を書け。それは唯一のものであろうか。重ならずに平らに置いた円柱の表面を想像することにより，測地線がその形をしている理由を説明せよ。

6.8* 例 6.2（251 ページ）のジェットコースターの速さが，$\sqrt{2gy}$であることを確かめよ。（車輪の質量は無視できる程度であり，また摩擦も無視できると仮定せよ。）

6.9* 積分$\int_O^P (y'^2 + yy' + y^2)\,dx$を定常とする，原点$O$と$xy$平面内の点$P(1,1)$とを結ぶ経路の方程式を求めよ。

6.10* 一般にその積分を最小化したい被積分関数$f(y,y',x)$は，y,y',xに依存する。fがyから独立している場合，すなわち$f=f(y',x)$のときは，問題がかなり単純化される。（これは例 6.1 と 6.2 の両方で起こったが，後者ではxとyの役割が入れ替わった。）このことが起こると，オイラー・ラグランジュ方程式（6.13）は，

$$\partial f/\partial y' = 一定 \tag{6.42}$$

となることを示せ。これは$y'(x)$に関する 1 階微分方程式であるが，一方でオイラー・ラグランジュ方程式は一般に 2 次であるので，これは重要な単純化となる。そのため，(6.42) はオイラー・ラグランジュ方程式の**第 1 積分**と呼ばれることがある。ラグランジュ力学では，運動量成分が保存されているときにこの単純化が生じることがわかる。

6.11** 積分$\int_{x_1}^{x_2} \sqrt{x}\sqrt{1+y'^2}\,dx$が定常となる経路$y=y(x)$を求めよ。

6.12** 積分$\int_{x_1}^{x_2} x\sqrt{1-y'^2}\,dx$が定常となる経路$y=y(x)$は，逆双曲線関数 arcsinh であることを示せ。

6.13** 相対性理論では，速度は 2 つの隣接点間の距離が$ds=[2/(1-r^2)]\sqrt{dr^2+r^2d\phi^2}$である，特定の「ラピディティ空間」（訳者註：ラピディティは速さにかわる運動の大きさの尺度で，相対性理論で用いられる。）の点で表すことができる。ここでrとϕは極座標であり，またここでは 2 次元空間のみを考える。（非ユークリッド空間におけるこのような距離の表現は，空間計量と呼ばれる。）オイラー・ラグランジュ方程式を使用し，原点から他の点までの最短経路が直線であることを示せ。

6.14** (a) 最速下降曲線（6.26）が確かにサイクロイドであること，すなわちx軸の下側に沿って回転する半径aの車輪の円周上の点によって描かれる曲線であることを証明せよ。(b) サイクロイドは一連の輪状のものが無限に繰り返すが，1 つの輪だけが最速降下問題に関連する。（すべて同じ開始点 1 を持つ）aの 3 つの異なる値に対して各々の輪を描き，

任意の点 2（正の座標x_2, y_2）に対して，輪が点を通過するaの値が 1 つだけあることを確かめよ。　(c) 与えられた点x_2, y_2を通るaの値を求めるには，通常は超越方程式の解を必要とする。ここでは，$x_2 = \pi b$, $y_2 = 2b$，および$x_2 = 2\pi b$, $y_2 = 0$に対し，サイクロイドが点 2 を通るaの値，および対応する最小時間を求めよ。

6.15** 例 6.2（251 ページ）の最速降下問題を再度考えるが，初速度v_0で点 1 から発進すると仮定する。固定された点 2 までの最小時間の経路は依然サイクロイドであるが，そのカスプ（曲線の上端点）の高さが，点 1 より$v_0^2/2g$高くなることを示せ。

6.16** 問題 6.1 の結果（6.41）を使用して，球上の 2 点間の測地線（最短経路）が大円であることを証明せよ。[ヒント：(6.41) の被積分関数$f(\phi, \phi', \theta)$はϕとは無関係であるため，オイラー・ラグランジュ方程式は$\partial f/\partial\phi' = c$，つまり定数になる。これは$\theta$の関数として$\phi'$を与える。次の方法で，最終的に積分をおこなうことを避けることができる。点 1 を通過するようにz軸を選択しても，一般性を失うことはない。この選択により定数cはゼロとなることを示し，対応する測地線を書き下せ。]

6.17** 円柱極座標を用いた方程式が$z = \lambda\rho$である，円錐上の測地線を求めよ。[必要となる曲線を$\phi = \phi(\rho)$の形にせよ。] $\lambda \to 0$の場合の結果を確認せよ。

6.18** 平面極座標を使用して，平面上の 2 点間の最短経路が直線であることを示せ。

6.19** 回転面は次のように生成される。xy平面内の 2 つの固定点$(x_1, y_1), (x_2, y_2)$が，曲線$y = y(x)$で結ばれている。[実際には$x = x(y)$と書いておけば，もっと楽になる。]曲線全体がx軸を中心に回転し，表面を生成する。表面積が一定となる曲線は，$y = y_0\cosh[(x - x_0)/y_0]$の形式であることを示せ。ここで$x_0, y_0$は定数である。(得られる表面が，半径$y_1, y_2$の 2 つの同軸リングによって形作られるシャボン玉の形状であるため，シャボン玉問題と呼ばれる)。

6.20** 読者がまだ問題 6.10 を解いていないなら，その問題を見よ。オイラー・ラグランジュ方程式の「第 1 積分」を求めることができる 2 番目の状況は，次のとおりである。被積分関数$f(y, y', x)$が明示的にxに依存しない，すなわち$f(y, y')$の場合，

$$\frac{df}{dx} = \frac{\partial f}{\partial y}y' + \frac{\partial f}{\partial y'}y''$$

となることを論ぜよ。オイラー・ラグランジュ方程式を使って右辺の$\partial f/\partial y$を置き換えると，以下のようになることを示せ。

$$\frac{df}{dx} = \frac{d}{dx}\left(y'\frac{\partial f}{\partial y'}\right)$$

これは，以下の第 1 積分を与える。

$$f - y'\frac{\partial f}{\partial y'} = 一定 \tag{6.43}$$

これにより，いくつかの計算が簡単になる（例えば問題 6.21 および 6.22 参照)。ラグランジュ力学において独立変数が時間tであるとき，ラグランジュ関数がtに依存しないなら，それに対応する結果としてエネルギーが保存される。(7.8 節参照。)

6.21** 例 6.2 (251 ページ) では，変数x, yを交換することによって最速降下曲線を求めた。そのような交換を避ける方法は，次のとおりである。(6.19) のように時間を書くが，積分変数としてxを使用する。被積分関数は，$f(y, y', x) = \sqrt{(y'^2+1)/y}$の形をしていなければならない。これは$x$とは独立であるので，問題 6.20 の「第 1 積分」(6.43) を使うことができる。この微分方程式が (6.23) のxに関する積分と同じになり，したがって以前と同じ曲線になることを示せ。

6.22*** 一定の長さlの糸が与えられ，その一端が原点Oに固定されている。糸をxy平面に配置し，糸とx軸で囲まれた領域が最大になるように，他端をx軸上に配置する。求めるな形状が半円であることを示せ。囲まれた領域はもちろん$\int y dx$であるが，$\int_0^l f ds$という形式で書き直すことができる。ここでsはOから糸に沿って測った距離，$f(y, y', x) = y\sqrt{1+y'^2}$，$y' = dy/ds$とする。$f$は独立変数$s$を明示的に含まないので，問題 6.20 の「第 1 積分」(6.43) を利用することができる。

6.23*** 対気速度（訳者註：航空機と大気との相対速度）v_0の航空機は，町O（原点）から距離Dだけ真東にある町Pへ飛行しなければならない。$\mathbf{v_{wind}} = Vy\hat{\mathbf{x}}$の安定した穏やかなせん断風があり，また$x, y$はそれぞれ東と北方向にとる。次のようにして，飛行時間を最小にするために飛行機が従うべき経路$y = y(x)$を求めよ。 (a) v_0, V, ϕ（飛行機が東北に向かう角度）および飛行機の位置を使って，飛行機の対地速度を求めよ。(b) 飛行時間を，$\int_0^D f dx$の形式の積分形として書き下せ。y', ϕ の両方が小さいままであると仮定すると（風速が大きすぎない場合は，このことは確かに成立する)，被積分関数fは近似形式$f = (1+\frac{1}{2}y'^2)/(1+ky)$（に興味のない定数を掛けたもの）となることを示せ。なお$k = V/v_0$である。 (c) 最適経路を決定するオイラー・ラグランジュ方程式を書き下せ。それを解くために，解を$y(x) = \lambda x(D-x)$と仮定せよ。これは明らかに 2 つの町を通過する。$\lambda = (\sqrt{4+2k^2D^2}-2)/(kD^2)$となる場合に，オイラー・ラグランジュ方程式を満たすことを示せ。$D = 2000$マイル，v_0 = 500mph，せん断風力V = 0.5mph/mi の場合，この経路はどのくらい北寄りに飛行機を動かすだろうか。この経路をたどると飛行機は，どれくらい時間を節約できるだろうか。[読者はおそらくこの積分をおこなうために，コンピュータを使いたいと思うであろう。]

6.24*** 屈折率nが，r^2に反比例する媒質を考える。すなわち$n = \mathrm{a}/r^2$であり，またrは原点からの距離である。積分 (6.3) が定常であるというフェルマーの原理を使用し，原点を含む平面内を移動する光線の経路を求めよ。[ヒント：2 次元極座標を使用し，$\phi = \phi(r)$として経路を書き下す。フェルマーの原理についての積分は$\int f(\phi, \phi', r) dr$の形をとるべきであるが，ここでは$f(\phi, \phi', r)$は$\phi$と無関係となる。したがってオイラー・ラグランジュ方程式は$\partial f/\partial\phi'$=一定になる。これをϕ'に対して解き，次に積分してϕをrの関数として与える。これを書き直してϕの関数としてrを与え，その結果として得られる経路が原点を通る円であることを示す。この円のまわりの光の移動について，議論せよ。]

6.25*** 図 6.11 に示すように，一定値aを持つサイクロイド（6.26）の単一軌道を考える。台車が，Oと最下点Pとの間の軌道上の任意の点P_0（すなわちP_0はパラメータ$0 < \theta_0 < \pi$を持つ）で静止状態から手を離される。台車がP_0からPに転がる時間は，以下のとおりであることを示せ。

$$\text{時間}（P_0 \to P）= \sqrt{\frac{a}{g}} \int_{\theta_0}^{\pi} \sqrt{\frac{1-\cos\theta}{\cos\theta_0 - \cos\theta}}\, d\theta$$

また，この時間が$\pi\sqrt{a/g}$に等しいことを証明せよ。これはP_0の位置とは無関係であるため，P_0がOにあるか，OとPの間にあるか，場合によってはPに無限に近い位置であるかにかかわらず，P_0から Pに転がる時間は同じである。この驚くべき結果が，本当であることを示せ。[ヒント：この計算をおこなうには，いくつかの変数について巧みな変更をおこなう必要がある。1 つの手法は次のとおりである。$\theta = \pi - 2\alpha$とし，その後関連する三角関数の公式を使用してθの余弦をαの正弦で置き換える。そして$\sin\alpha = u$とし，その後の積分をおこなう。]

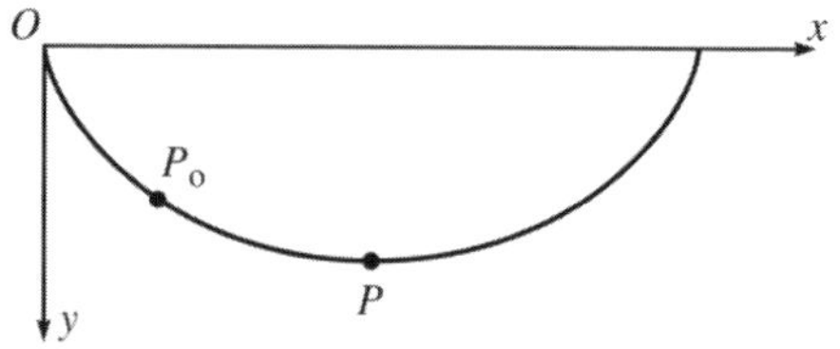

図 6.11 問題 6.25 の図

6.4 節 2 つ以上の変数

6.26** 積分（6.30）の定常状態から，2 つのオイラー・ラグランジュ方程式（6.34）に至る議論を詳細に述べよ。

6.27** 3 次元空間内の 2 点間の最短経路が，直線であることを証明せよ。その後にパラメトリック形式

$$x = x(u),\ \ y = y(u),\ \ z = z(u)$$

で経路を記述し，(6.34) に対応する 3 つのオイラー・ラグランジュ方程式を使用せよ。

第 7 章　ラグランジュ方程式

物体の運動法則の理論的発展は，ガリレイによる数理科学としての運動学の発明以来，特にニュートンによってなされた素晴らしい発展以来，著名な数学者すべての注目を集める，興味深く重要な問題となっている。これらの著名人の後継者のなかで，ラグランジュは系の物体の運動に関する極めて多様な結果が 1 つの根本的な式，それは彼の偉大な業績を一種の科学詩とするような美しさを持つ式，となることを示すことで，他の数学者以上に演繹的研究に拡張と調和を持たらした。

—ウィリアム・ローワン・ハミルトン 1834 年

1788 年にイタリア・フランスの天文学者・数学者であるラグランジュ（1736-1813）によって出版された力学形式を，変分法の考えを使って学習する準備が整った。ラグランジュ形式は，それ以前からあるニュートン形式よりも 2 つの重要な利点を有している。まずニュートン形式と異なり，ラグランジュ方程式はすべての座標系で同じ形となる。第 2 に，ワイヤ上を動くビーズのような拘束系を扱う場合，ラグランジュ形式は，ビーズがワイヤ上に留まるように制限するワイヤからの垂直抗力のような拘束力を排除する。これは，ほとんどの問題を大幅に簡素化する。なぜなら，拘束力は通常不明であるからである。またこの種の力について知る必要がないので，この単純化はほとんどの場合において犠牲を払うことがない。

7.1 節では，ラグランジュ方程式が，3 次元で拘束されていない物体に対するニュートンの第2法則に等しいことを証明する。この結果をN個の拘束されていない物体に拡張することは驚くほど簡単であるが，読者がその詳細を自ら補えるように残しておく（問題7.7)。それ以後の数節では，拘束のある系に対するより難しくより興味深い場合を取り上げる。ここではいくつかの簡単な例と，重要な定義（自由度など）から始める。次に7.4節では，曲面上を動くように拘束された物体に対するラグランジュ方程式を証明する（一般的な場合は，問題7.13として残しておく)。7.5節には複数の例が示されているが，そのいくつかはニュートンの定式化よりもラグランジュの定式化の方が，明らかに設定が容易である。7.6節では，「イグノラブル座標」という興味深い用語を紹介する。最後に7.7節で要約を述べた後，非常に重要ではあるが最読の際には省略できる3つの節で，この章は終わる。7.8節では，ラグランジュ力学において，エネルギーと運動量保存の法則がどのように現れるかを論じる。7.9節では，ラグランジュ方程式を磁力を含むように拡張する方法を説明する。7.10節では，ラグランジュの未定乗数法の考え方を紹介する。

7.9節を除いたこの章全体を通して，すべての非拘束力が保存力であるか，少なくとも位置エネルギー関数から導くことができる場合のみを扱う。この制限は大幅に緩和することができるが，この制約下においても読者が満足するであろう応用例のほとんどが既に含まれている。

7.1 非拘束運動におけるラグランジュ方程式

保存的な力$\mathbf{F}(\mathbf{r})$に支配された，3次元で拘束されていない粒子の運動を考えてみよう。粒子の運動エネルギーは，

$$T=\frac{1}{2}mv^2=\frac{1}{2}m\dot{\mathbf{r}}^2=\frac{1}{2}m(\dot{x}^2+\dot{y}^2+\dot{z}^2) \tag{7.1}$$

となり，またその位置エネルギーは

$$U=U(\mathbf{r})=U(x,y,z) \tag{7.2}$$

である。**ラグランジュ関数**，または単に**ラグランジアン**と呼ばれるものは，次のように定義される。

$$\mathcal{L}=T-U \tag{7.3}$$

ラグランジアンは，KEからPEを差し引いたものであることに注意してほしい。それは全エネルギーと同じではない。読者は量$T-U$がなぜ興味あるものでなけ

ればならないのかを，尋ねる権利がある。これから見るように，この質問に対する簡単な答えはない。また（角運動量$\mathbf{L}$，および長さLと区別するため），ラグランジアンの記号として$\mathcal{L}$を使用すること[1]に注意してほしい。なお$\mathcal{L}$は粒子の位置(x, y, z)とその速度$(\dot{x}, \dot{y}, \dot{z})$の関数，すなわち，$\mathcal{L} = \mathcal{L}(x, y, z, \dot{x}, \dot{y}, \dot{z})$である。

以下の 2 つの導関数を考える。

$$\frac{\partial \mathcal{L}}{\partial x} = -\frac{\partial U}{\partial x} = F_x \tag{7.4}$$

$$\frac{\partial \mathcal{L}}{\partial \dot{x}} = \frac{\partial T}{\partial \dot{x}} = m\dot{x} = p_x \tag{7.5}$$

第 2 の方程式を時間に関して微分し，ニュートンの第 2 法則$F_x = \dot{p}_x$を使うと，（ここでの座標系が慣性系であることを当然と考えている）以下が成立する。

$$\frac{\partial \mathcal{L}}{\partial x} = \frac{d}{dt}\frac{\partial \mathcal{L}}{\partial \dot{x}} \tag{7.6}$$

まったく同じ方法で，y, zに対応する方程式が成立することを証明することができる。したがって，（少なくとも直交座標系においては）ニュートンの第 2 法則が，以下の 3 つのラグランジュ方程式となることがわかった。

$$\frac{\partial \mathcal{L}}{\partial x} = \frac{d}{dt}\frac{\partial \mathcal{L}}{\partial \dot{x}}, \quad \frac{\partial \mathcal{L}}{\partial y} = \frac{d}{dt}\frac{\partial \mathcal{L}}{\partial \dot{y}}, \quad \frac{\partial \mathcal{L}}{\partial z} = \frac{d}{dt}\frac{\partial \mathcal{L}}{\partial \dot{z}} \tag{7.7}$$

ここでなされた議論をちょうど逆にすることができることを読者は確認できるため，（少なくとも単一粒子の直交座標系においては）ニュートン第 2 法則は，3 つのラグランジュ方程式（7.7）と完全に等価であることがわかる。ニュートンの第 2 法則によって決定される粒子の経路は，3 つのラグランジュ方程式によって決定される経路と同じである。

次のステップは，(7.7) の 3 つの方程式が，オイラー･ラグランジュ方程式 (6.40) の形式を完全に有することを認識することである。つまりこのことは，積分$S = \int \mathcal{L} dt$が粒子がたどる経路については定常状態にあることを意味する。この積分は作用積分と呼ばれ，また粒子の進路に対して定常状態にあるということは，

---

[1] この表記はラグランジアンがL，ラグランジアン密度が$\mathcal{L}$で表される場の理論では困ったことになるが，我々にとって問題となることはない。

[その発案者である，アイルランドの数学者ハミルトン(1805-1865)以後]ハミルトンの原理[2]と呼ばれ，以下のように表現できる。

ハミルトンの原理

与えられた時間間隔t_1からt_2において，2つの点1と2との間で粒子が実際の経路をたどった場合，作用積分

$$S = \int_{t_1}^{t_2} \mathcal{L} dt \tag{7.8}$$

は定常状態となる。

我々は1粒子で直交座標の場合しか証明してはいないが，多くの力学系のほぼすべての座標系に対してこのこと有効であることが，これからわかるであろう。

これまでのところ1粒子系に対しては，次の3つの法則が完全に同等であることが証明された。

1. 粒子の経路は，ニュートンの第2法則$\mathbf{F} = m\mathbf{a}$によって決定される。
2. 少なくとも直交座標では，経路は3つのラグランジュ方程式（7.7）によって決定される。
3. 経路はハミルトンの原理によって，決定される。

ハミルトンの原理は，古典力学以外の多くの分野（たとえば場の理論）で一般的に使われ，様々な物理学の領域に統一的な原理を与えた。20 世紀には，量子論の構築において重要な役割を果たした。しかしここでの目的のためには，ラグランジュ方程式がどのような座標系でも成立することを証明することが非常に重要である。

直交座標系$\mathbf{r} = (x, y, z)$の代わりに，他の座標系を使用したいとしよう。それは球面極座標(r, θ, ϕ)，または円柱極座標(ρ, ϕ, z)，または各位置$\mathbf{r}$が一意の値(q_1, q_2, q_3)で表せ，またその逆も成り立つ「一般化座標」q_1, q_2, q_3の任意の集合，つまり，

$$q_i = q_i(\mathbf{r}) \qquad i = 1,2,3 \tag{7.9}$$

[2] ハミルトンの原理は（ハミルトン形式とは対照的に），古典力学のラグランジュ形式の1つの可能な表現であるという不運な状況に混乱しないようにしてほしい。

であり，そして以下が成立する場合であってもよい。

$$\mathbf{r} = \mathbf{r}(q_1, q_2, q_3) \tag{7.10}$$

これらの 2 つの方程式は，$\mathbf{r} = (x, y, z)$の任意の値に対して一意な値(q_1, q_2, q_3)を与え，またその逆も成立することを保証する。(7.10) を用いて，(x, y, z)と$(\dot{x}, \dot{y}, \dot{z})$を$(q_1, q_2, q_3)$と$(\dot{q}_1, \dot{q}_2, \dot{q}_3)$で書き換えることができる。次に，ラグランジアン$\mathcal{L} = \frac{1}{2}m\dot{\mathbf{r}}^2 - U$を以下の新しい変数

$$\mathcal{L} = \mathcal{L}(q_1, q_2, q_3, \dot{q}_1, \dot{q}_2, \dot{q}_3)$$

を用いて書き直すことを考える。またこの時，作用積分は以下のようになる。

$$S = \int_{t_1}^{t_2} \mathcal{L}(q_1, q_2, q_3, \dot{q}_1, \dot{q}_2, \dot{q}_3)dt$$

ここで積分Sの値は，変数変換によって変化しない。したがって，Sが正しい経路付近での経路の変化に対して定常であるということは，新しい座標系においても真でなければならず，そのため第 6 章の結果によって正しい経路が新しい座標系q_1, q_2, q_3に対して，3 つのオイラー・ラグランジュ方程式，

$$\frac{\partial \mathcal{L}}{\partial q_1} = \frac{d}{dt}\frac{\partial \mathcal{L}}{\partial \dot{q}_1}, \quad \frac{\partial \mathcal{L}}{\partial q_2} = \frac{d}{dt}\frac{\partial \mathcal{L}}{\partial \dot{q}_2}, \quad \frac{\partial \mathcal{L}}{\partial q_3} = \frac{d}{dt}\frac{\partial \mathcal{L}}{\partial \dot{q}_3} \tag{7.11}$$

を満たさなければならない。これらの新しい座標は一般化座標の集合であるため，上記の (2) から「直交座標」という言葉を省略することができる。ラグランジュ形式が極めて有用である主な 2 つの理由のうちの 1 つは，ラグランジュ方程式が一般化座標の任意の選択に対して同じ形式を有するというこの結果による。

ラグランジュ方程式を導き出す際に，心にとどめて置く価値がある点が 1 つある。(7.6) はニュートンの第 2 法則$F_x = \dot{p}_x$と等価であるというここでの証明は，$\mathcal{L} = T - U$を書き下した元の座標系が慣性系である場合にのみ真であるということである。したがってラグランジュ方程式は，一般化座標q_1, q_2, q_3の任意の選択の下で成立し，またこれらの一般化座標は非慣性系座標であってもよい。しかし我々は，最初にラグランジアン$\mathcal{L} = T - U$を書き下した場合，それは慣性系で書き下したものであるとする。

ラグランジュ方程式を多粒子系に簡単に一般化することができるが，最初にいくつかの簡単な例を見ていこう。

例 7.1 2 次元内の 1 粒子：直交座標

保存力の場において，2 次元運動する粒子の直交座標におけるラグランジュ方程式を書き下し，それらがニュートンの第 2 法則を意味していることを示す。(もちろん，我々はすでにこのことを証明したが，それが明示的に働くことを見ておく価値がある。)

2 次元の単一粒子に対するラグランジアンは，

$$\mathcal{L} = \mathcal{L}(x, y, \dot{x}, \dot{y}) = T - U = \frac{1}{2}m(\dot{x}^2 + \dot{y}^2) - U(x, y) \tag{7.12}$$

である。ラグランジュ方程式を書き下すためには，以下の微分

$$\frac{\partial \mathcal{L}}{\partial x} = -\frac{\partial U}{\partial x} = F_x, \quad \frac{\partial \mathcal{L}}{\partial \dot{x}} = \frac{\partial T}{\partial \dot{x}} = m\dot{x} \tag{7.13}$$

およびこれらに対応するyの微分が必要となる。したがって，2 つのラグランジュ方程式は次のように書き直すことができる。

$$\left.\begin{aligned} \frac{\partial \mathcal{L}}{\partial x} = \frac{d}{dt}\frac{\partial \mathcal{L}}{\partial \dot{x}} \iff F_x = m\ddot{x} \\ \frac{\partial \mathcal{L}}{\partial y} = \frac{d}{dt}\frac{\partial \mathcal{L}}{\partial \dot{y}} \iff F_y = m\ddot{y} \end{aligned}\right\} \iff \mathbf{F} = m\mathbf{a} \tag{7.14}$$

(7. 13) において，微分$\partial\mathcal{L}/\partial x$が力の$x$成分であり，$\partial\mathcal{L}/\partial\dot{x}$が運動量の$x$成分 (そして同様のことが$y$成分にも成立する) であることに注目してほしい。一般化座標$q_1, q_2, \cdots, q_n$を使う場合，$\partial\mathcal{L}/\partial q_i$は必ずしも力の成分ではないが，力に類似した役割を果たすことがわかる。同様に$\partial\mathcal{L}/\partial\dot{q}_i$は必ずしも運動量成分ではないが，運動量のような働きをする。この理由から，これらの導関数を**一般化力**と**一般化運動量**と呼ぶことにする。つまり，

$$\frac{\partial \mathcal{L}}{\partial q_i} = (\text{一般化力の}i\text{番目の成分}) \tag{7. 15}$$

そして

$$\frac{\partial \mathcal{L}}{\partial \dot{q}_i} = (\text{一般化運動量の}i\text{番目の成分}) \tag{7. 16}$$

である。これらの表記法を用いると，(7. 11) の各ラグランジュ方程式

$$\frac{\partial \mathcal{L}}{\partial q_i} = \frac{d}{dt}\frac{\partial \mathcal{L}}{\partial \dot{q}_i}$$

は，以下の形を取る。

（一般化力）＝（一般化運動量の変化率）　　(7. 17)

次の例で，これらの考えを説明する。

例 7.2 2 次元内の 1 粒子：極座標

極座標を使って，2 次元内を移動する先と同じ系のラグランジュ方程式を求める。

ラグランジュ力学のすべての問題と同様に，我々の最初の課題は，選択された座標におけるラグランジアン$\mathcal{L} = T - U$を書き下すことである。今の場合, 図 7.1 に示すように極座標を使用するように指示されている。これは速度成分が$v_r = \dot{r}, v_\phi = r\dot{\phi}$ であり，運動エネルギーが$T = \frac{1}{2}mv^2 = \frac{1}{2}m\left(\dot{r}^2 + r^2\dot{\phi}^2\right)$であることを意味する。したがってラグランジアンは

$$\mathcal{L} = \mathcal{L}\left(r, \phi, \dot{r}, \dot{\phi}\right) = T - U = \frac{1}{2}m\left(\dot{r}^2 + r^2\dot{\phi}^2\right) - U(r, \phi) \qquad (7.18)$$

となる。与えられたラグランジアンから，我々は 2 つのラグランジュ方程式を書き下しておかなければならない。1 つはrに関する微分を含むものであり，もう 1 つはϕに関する微分を含むものである。

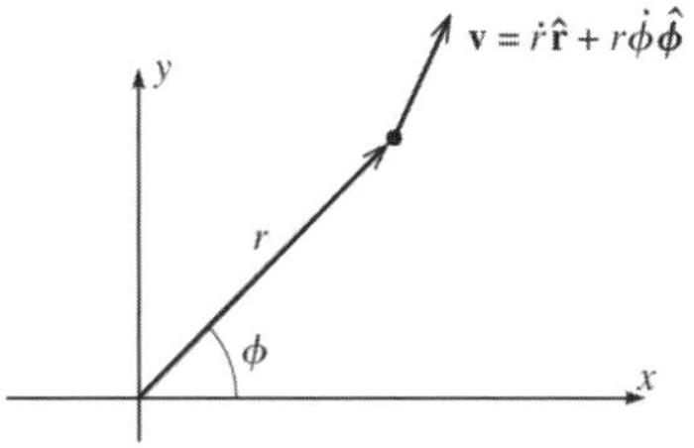

図 7.1 2 次元極座標で表現された粒子の速度。

r方程式

rに関する導関数を含む方程式（r方程式）は，

$$\frac{\partial \mathcal{L}}{\partial r} = \frac{d}{dt}\frac{\partial \mathcal{L}}{\partial \dot{r}}$$

または

$$mr\dot{\phi}^2 - \frac{\partial U}{\partial r} = \frac{d}{dt}(m\dot{r}) = m\ddot{r} \qquad (7.19)$$

である。ここで$-\partial U/\partial r$はF_r，すなわち$\mathbf{F}$の半径方向成分であるので，r方程式を，以下のように書き換えることができる。

$$F_r = m(\ddot{r} - r\dot{\phi}^2) \tag{7.20}$$

読者はこの式が（1.48）で最初に得られた式，$F_r = ma_r$，つまり$\mathbf{F} = m\mathbf{a}$のr成分であることを認識してほしい。（$-r\dot{\phi}^2$の項は，悪名高い求心加速度である。）つまり極座標(r, ϕ)を使用すると，rに対応するラグランジュ方程式は，ニュートンの第 2 法則の半径方向成分に過ぎない。（しかしラグランジアンによる導出は，加速度成分の退屈な計算を避けていることに注意してほしい。）これからすぐに見ることになるが，ϕ方程式は少し異なった状況が生じることになり，このことがラグランジュ法の顕著な特徴を示している。

$\boldsymbol{\phi}$方程式

座標ϕに対するラグランジュ方程式は，

$$\frac{\partial \mathcal{L}}{\partial \phi} = \frac{d}{dt}\frac{\partial \mathcal{L}}{\partial \dot{\phi}} \tag{7.21}$$

または$\mathcal{L}$に（7.18）を代入すると，

$$-\frac{\partial U}{\partial \phi} = \frac{d}{dt}\left(mr^2\dot{\phi}\right) \tag{7.22}$$

である。この方程式を解釈するためには，左辺を力$\mathbf{F} = -\nabla U$の適切な成分に関連付ける必要がある。そのため極座標での∇Uの成分を知る必要がある。

$$\nabla U = \frac{\partial U}{\partial r}\hat{\mathbf{r}} + \frac{1}{r}\frac{\partial U}{\partial \phi}\hat{\boldsymbol{\phi}} \tag{7.23}$$

（読者がこのことを覚えていないなら，問題 7.5 を見てほしい。）力のϕ成分は，$\mathbf{F} = -\nabla U$における$\hat{\boldsymbol{\phi}}$の係数である。すなわち，以下のようになる。

$$F_\phi = -\frac{1}{r}\frac{\partial U}{\partial \phi}$$

したがって，（7.22）の左辺はrF_ϕであり，これは単に原点を中心とした粒子のトルクΓとなる。一方で右辺の量$mr^2\dot{\phi}$は，原点を中心とする角運動量Lと見なすことができる。したがってϕ方程式（7.22）は，

$$\Gamma = \frac{dL}{dt} \tag{7.24}$$

つまりトルクは角運動量の変化率に等しい，という初等力学のよく知られた条件となる。

（7.24）は適切な一組の一般化座標を選択すると，対応するラグランジュ方程式が自然な形で自動的に現れる，というラグランジュ方程式の優れた特徴を示している。座標に対してrとϕを選択すると，ϕ方程式は角運動量の方程式であることがわかる。実際，状況はこれよりも優れている。（7.15）と（7.16）に，一般化力と一般化運動量という概念を導入したことを思い出してほしい。この場合，一般化力のϕ成分は単にトルクであり，

$$（一般化力の\phi成分） = \frac{\partial \mathcal{L}}{\partial \phi} = \Gamma（トルク） \tag{7.25}$$

である。また一般化運動量の対応する成分は，

$$（一般化運動量の\phi成分） = \frac{\partial \mathcal{L}}{\partial \dot{\phi}} = L（角運動量） \tag{7.26}$$

である。座標（r, ϕ）の「自然な」選択により，一般化力と一般化運動量のϕ成分は，対応する「自然な」量であるトルクと角運動量になる。

一般化「力」は必ずしも力の次元ではなく，一般化「運動量」は必ずしも運動量の次元ではないことに注意してほしい。今の場合，一般化力（ϕ成分）はトルク（すなわち，力×距離）であり，一般化運動量は角運動量（運動量×距離）である。

この例は，ラグランジュ方程式の別の特徴を示している。一般化力のϕ成分$\partial \mathcal{L}/\partial \phi$は，粒子に働くトルクであることが判明した。トルクがゼロになると，対応する一般化運動量$\partial \mathcal{L}/\partial \dot{\phi}$（この場合は角運動量）が保存される。明らかに，これは一般的な結果である。一般化力のi番目の成分は$\partial \mathcal{L}/\partial q_i$である。これがゼロになると，ラグランジュ方程式

$$\frac{\partial \mathcal{L}}{\partial q_i} = \frac{d}{dt}\frac{\partial \mathcal{L}}{\partial \dot{q}_i}$$

は，単に一般化運動量のi番目の成分$\partial \mathcal{L}/\partial \dot{q}_i$は一定であることを意味する。すな

わち$\mathcal{L}$がq_iから独立しているならば，一般化力のi番目の成分はゼロであり，一般化運動量の対応する成分は保存される。実際，ラグランジアンは座標q_iと独立していることに気づくことがよくあり，そのような場合は対応する保存量を直ちに求めることができる。この件については，7.8 節で取り扱うことにする。

拘束されていない複数の粒子

上記の考えをN個の拘束されていない粒子系（たとえばN分子からなる気体）に拡張することは極めて簡単であり，その詳細を示すことは読者にゆだねる（問題 7.6 および 7.7 参照）。ここでは，主に$N > 1$のラグランジュ方程式の形式を示すために，2 粒子の場合の議論をしておく。2 つの粒子についてもラグランジアンは$\mathcal{L} = T - U$と（以前と全く同じように）定義されるが，ただし今度は以下のようになる。

$$\mathcal{L}(\mathbf{r_1}, \mathbf{r_2}, \dot{\mathbf{r}}_1, \dot{\mathbf{r}}_2) = \frac{1}{2} m_1 \dot{\mathbf{r}}_1^2 + \frac{1}{2} m_2 \dot{\mathbf{r}}_2^2 - U(\mathbf{r_1}, \mathbf{r_2}) \tag{7.27}$$

いつものように，2 粒子に働く力は$\mathbf{F_1} = -\nabla_1 U$および$\mathbf{F_2} = -\nabla_2 U$である。ニュートンの第 2 法則を各粒子に適用すると，6 つの方程式を得ることができる。

$$F_{1x} = \dot{p}_{1x}, \qquad F_{1y} = \dot{p}_{1y}, \qquad \cdots, \qquad F_{2z} = \dot{p}_{2z},$$

（7.7）とまったく同じく，これらの 6 つの方程式のそれぞれは，対応するラグランジュ方程式と同等である。

$$\frac{\partial \mathcal{L}}{\partial x_1} = \frac{d}{dt}\frac{\partial \mathcal{L}}{\partial \dot{x}_1}, \quad \frac{\partial \mathcal{L}}{\partial y_1} = \frac{d}{dt}\frac{\partial \mathcal{L}}{\partial \dot{y}_1}, \ \cdots, \ \frac{\partial \mathcal{L}}{\partial z_2} = \frac{d}{dt}\frac{\partial \mathcal{L}}{\partial \dot{z}_2} \tag{7.28}$$

これらの 6 つの方程式は，積分$S = \int_{t_1}^{t_2} \mathcal{L}\, dt$が定常状態にあることを暗示している。最後にこれらは，任意の適当な 6 つの座標$q_1, q_2, \cdots, q_6$に変更することができる。Sが定常状態にあることはこの新しい座標系においても真でなければならず，またこのことは新しい座標に関してラグランジュ方程式が成立しなければならないことを意味する。

$$\frac{\partial \mathcal{L}}{\partial q_1} = \frac{d}{dt}\frac{\partial \mathcal{L}}{\partial \dot{q}_1}, \quad \frac{\partial \mathcal{L}}{\partial q_2} = \frac{d}{dt}\frac{\partial \mathcal{L}}{\partial \dot{q}_2}, \ \cdots, \ \frac{\partial \mathcal{L}}{\partial q_6} = \frac{d}{dt}\frac{\partial \mathcal{L}}{\partial \dot{q}_6} \tag{7.29}$$

第 8 章で繰り返し使用する 6 つの一般化座標の集合の例は，次のとおりである。$\mathbf{r_1}, \mathbf{r_2}$の 6 つの座標の代わりに，CM の位置$R = (m_1 \mathbf{r_1} + m_2 \mathbf{r_2})/3$の 3 つの座標と，相対位置$\mathbf{r} = \mathbf{r_1} - \mathbf{r_2}$の 3 つの座標を使用することができる。このような座標の選択は，劇的な簡素化につながることがわかる。差し当たりの主要点は，これらの新しい一般化座標に関してラグランジュ方程式が標準形式（7.29）で自動的に成立することである。

これらの考え方をN個の拘束されていない粒子の場合に拡張することは，まったく簡単なことであるが，読者にこのことを確かめるための機会を残しておく（問題 7.7 を参照）。結論として，N個の粒子を記述するために必要となる$3N$個のラグランジュ方程式

$$\frac{\partial \mathcal{L}}{\partial q_i} = \frac{d}{dt}\frac{\partial \mathcal{L}}{\partial \dot{q}_i} \qquad [i = 1,2,\cdots 3N]$$

が，任意の$3N$個の座標$q_1, q_2, \cdots, q_{3N}$に対して成り立つ。

7.2　拘束系の例

ラグランジュ形式の最大の利点は，空間内で自由に移動できないように拘束されている系を処理できることである。拘束系のよく知られている例は，ワイヤに通されたビーズである。ビーズはワイヤに沿って移動できるが，他の場所には移動できない。拘束系の別の例として剛体があり，その個々の原子は任意の 2 つの原子間の距離が固定されているようにしか動かすことができない。一般的な拘束系の性質について議論する前に，別の簡単な例である平面振り子について議論する。

図 7.2 に示す，単振り子を考えてみよう。質量mのおもりが，Oで固定されxy平面内で摩擦なしに自由に揺れ動く質量のない棒に固定されている。おもりはx方向とy方向の両方に移動するが，$\sqrt{x^2+y^2}=l$が一定になるように棒によって拘束されている。この場合は明らかに，座標のうちの 1 つだけが独立しているので（xが変化すると，yの変化は拘束式によって決定さ

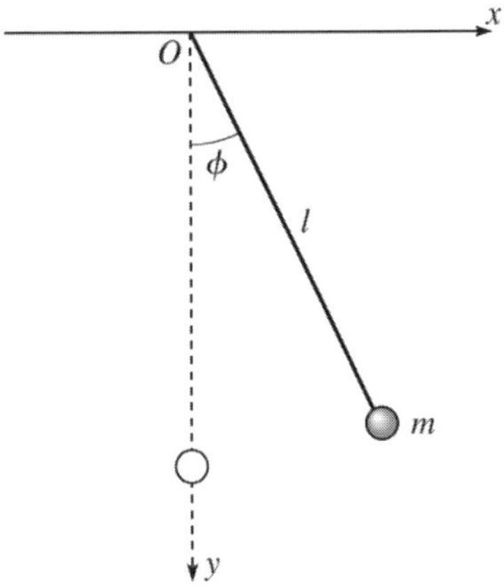

図 7.2 単振り子。質量mのおもりは，Oからの距離がlになるように棒によって拘束されている。

れる)，系は 1 つの自由度しか持たない。これを表現する 1 つの方法として，たとえば$y=\sqrt{l^2-x^2}$と書いて座標の 1 つを削除し，1 つの座標xですべてを表現することが考えられる。これは完全に正当な方法であるが，より単純な方法は図 7.2 に示すように，x,yの両方を単一パラメータϕ，つまり振り子とその平衡位置の間の角度で表現することである。

ϕを使うと，関心のあるすべての量を表現することができる。運動エネルギーは$T=\frac{1}{2}mv^2=\frac{1}{2}ml^2\dot{\phi}^2$である。位置エネルギーは$U=mgh$であるが，ここで$h$はおもりの平衡位置からの高さを示し，$h=l(1-\cos\phi)$である（このことを確認しておくこと）。したがって位置エネルギーは$U=mgl(1-\cos\phi)$であり，ラグランジアンは

$$\mathcal{L}=T-U=\frac{1}{2}ml^2\dot{\phi}^2-mgl(1-\cos\phi) \tag{7.30}$$

となる。どのような方法で計算を進めようとも，つまりすべての項をx（またはy），またはϕで書こうと，ラグランジアンは単一の一般化座標qとその時間導関数$\dot{q}$を用いて$\mathcal{L}=\mathcal{L}(q,\dot{q})$ という形式で表される。（今は証明しないが）ラグランジアンがひとたびこの 1 変数で表されると（1 自由度系の場合），（前節で拘束されていない粒子について証明したのと同じように）系の進化は再びラグランジュ方程式を満足する。つまり，以下のようになる。

$$\frac{\partial\mathcal{L}}{\partial q}=\frac{d}{dt}\frac{\partial\mathcal{L}}{\partial\dot{q}} \tag{7.31}$$

角度ϕを一般化座標として選ぶと，ラグランジュ方程式は次のようになる。

$$\frac{\partial\mathcal{L}}{\partial\phi}=\frac{d}{dt}\frac{\partial\mathcal{L}}{\partial\dot{\phi}} \tag{7.32}$$

ラグランジアン$\mathcal{L}$は（7.30）で与えられ，必要となる微分は以下のように容易に計算できる。

$$-mgl\sin\phi=\frac{d}{dt}\left(ml^2\dot{\phi}\right)=ml^2\ddot{\phi} \tag{7.33}$$

図 7.2 を参照すると，この方程式の左辺は重力によって振り子に加えられるトルクΓであることがわかる。一方，ml^2は振り子の慣性モーメントIである。$\ddot{\phi}$ は角加速度αであるので，単振り子のラグランジュ方程式は，おなじみの結果$\Gamma=I\alpha$を単に再現したものであることがわかる。

7.3　一般的な拘束系

一般化座標

位置$\mathbf{r}_\alpha(\alpha = 1, \cdots, N)$を持つ，任意の$N$粒子系を考える。各位置$\mathbf{r}_\alpha$が$q_1, \cdots, q_n$と時間$t$の関数として表される場合，パラメータ$q_1, \cdots, q_n$は系の**一般化座標**の集合であるといえる。

$$\mathbf{r}_\alpha = \mathbf{r}_\alpha(q_1, \cdots, q_n, t), \quad [\alpha = 1, \cdots, N] \tag{7.34}$$

逆にそれぞれのq_iは，$\mathbf{r}_\alpha$と場合によってはtで表すことができる。

$$q_i = q_i(\mathbf{r}_1, \cdots, \mathbf{r}_N, t), \quad [\alpha = 1, \cdots, N] \tag{7.35}$$

さらに一般化座標の数（n）は，系がこのようにパラメータ化されることを可能にする最小の数であることが必要である。我々の3次元世界では，N個の粒子の一般化座標の数nは明らかに$3N$以下であり，拘束系の場合は一般にそれ以下，時には劇的に違う場合もある。たとえば剛体の場合，粒子数Nは10^{23}であるかもしれないが，一般化座標nの数は6（質量中心の位置を与える3つの座標，および物体の向きを与える3つの座標）である。

（7.34）を説明するために，再び図7.2の単振り子を考えてみよう。1つの粒子（おもり）と（振り子は2次元に制限されているため）2つの直交座標がある。我々が見てきたように唯一の一般化座標があり，これを角度ϕとした。（7.34）の類似表現は

$$\mathbf{r} \equiv (x, y) = (l\sin\phi, l\cos\phi) \tag{7.36}$$

であり，2つの直交座標x, yを，1つの一般化座標ϕで表現する。

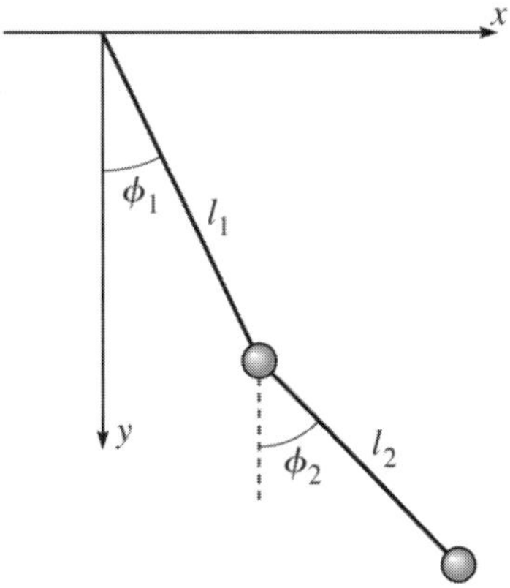

図 7.3 2重振り子における両おもりの位置は，それが独立して変化することができる2つの一般化座標ϕ_1およびϕ_2によって，一意的に指定される。

図7.3に示す2重振り子は2つのおもりを持ち，両方とも運動が平面内に限定されているため，4つの直交座標

を持つ。これらの座標は，2 つの一般化座標ϕ_1, ϕ_2で表現できる。具体的には，仮に原点を上の振り子が吊るされている場所に置くと，以下のようになる。

$$\mathbf{r_1} = (l_1 \sin\phi_1, l_1 \cos\phi_1) = \mathbf{r_1}(\phi_1) \tag{7.37}$$

$$\mathbf{r_2} = (l_1 \sin\phi_1 + l_2 \sin\phi_2, l_1 \cos\phi_1 + l_2 \cos\phi_2) = \mathbf{r_2}(\phi_1, \phi_2) \tag{7.38}$$

ここで$\mathbf{r_2}$の成分はϕ_1およびϕ_2に依存することに注意してほしい。

これらの 2 つの例では，直交座標と一般化座標との間の変換は時間tに依存しないが，そうでない例を考えるのは容易である。図 7.4 に示す列車を考えてみよう。この車両は天井から吊り下げられた振り子を持ち，等加速度aで強制的[3]に加速されている。いつものように振り子の位置を角度ϕで指定するのは自然なことであるが，最初に理解すべきはこれは加速度，つまり車両の非慣性系に対する振り子の位置を与えているということである。おもりの位置を慣性系に対して指定する場合，地面に対して固定された系を選択することができ，この慣性系に対する位置を角度 ϕ で表すことができる。地面に対する振り子の接合場所の位置は（x軸と原点を適切に選ぶと）$x_s = \frac{1}{2}at^2$であり，おもりの位置は，以下のようになることが簡単にわかる。

$$\mathbf{r} \equiv (x, y) = (l\sin\phi + \tfrac{1}{2}at^2, l\cos\phi) = \mathbf{r}(\phi, t) \tag{7.39}$$

（7.34）と書いた場合，$\mathbf{r}$と一般化座標ϕとの間の関係は時間tに依存する。

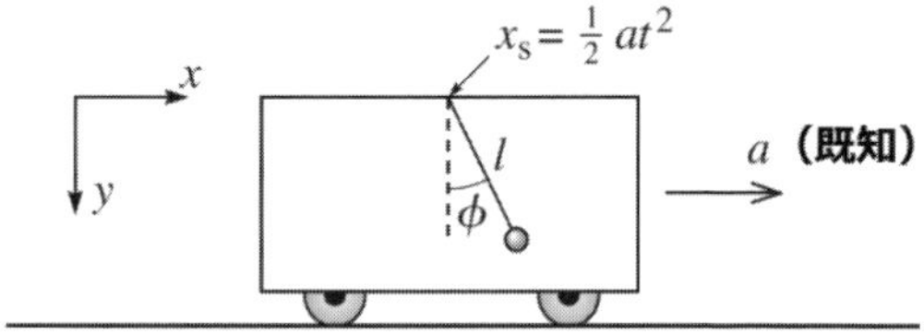

図 7.4 振り子は，既知の等加速度で加速される列車の屋根から吊り下げられている。

直交座標$\mathbf{r_\alpha}$と一般化座標との間の関係（7.34）が時間tを含まない場合，座標$q_1, \cdots, q_n$は**自然**であるという。（7.34）が時間を含む場合には一般的に適用されない自然座標の便利な特性を，我々はこれから見ていくことになる。幸いなことに，その名前が示すよ

---

[3]「強制」という言葉は，外部の作用因子によって課せられた運動をいうためによく使用され，系の内部運動の影響を受けない。この例では，自動車の「強制的な」加速は，振り子の振動がどのようなものであっても同じであると仮定されている。

うに，最も便利な座標の選択が自然座標である多くの問題が存在する[4]。

自由度

系の自由度の数は，小さな変位で独立して変化することができる座標の数，つまり系が任意の初期状態から移動できる独立した「方向」の数である。たとえば図 7.2 の単振り子は 1 自由度を持ち，図 7.3 の 2 重振子は 2 自由度を持つ。3 次元で自由に移動する粒子は 3 自由度を有するが，N粒子からなる気体は$3N$自由度を有する。

3 次元におけるN粒子系の自由度の数が$3N$未満であるとき，系は拘束されていると言われる。(2 次元では，これに対応する数は$2N$である。) 1 自由度の単振り子のおもりは，拘束されている。2 自由度の 2 重振り子の 2 つのおもりは拘束されている。剛体のN個の原子は 6 自由度しか持たず，明らかに拘束されている。他の例としては，固定ワイヤ上を移動するように拘束されたビーズ，および 3 次元内で固定された表面上を移動するように拘束された粒子である。

今までに示したすべての例では，自由度の数は系の構成を記述するのに必要な一般化座標の数に等しい。(2 重振り子は 2 つの自由度を持ち，2 つの一般化座標を必要とする。) この自然な性質を持つ系は，**ホロノミック**であると言われる[5]。つまりホロノミック系はn自由度を持ち， n個の一般化座標$q_1, \cdots, q_n$で記述できる。ホロノミック系は非ホロノミック系よりも取り扱いが容易であり，そのため本書ではホロノミック系に限定する。

読者はすべての系がホロノミックであると想像してもよいし，少なくとも非ホロノミック系はまれで極めて複雑であると想像してもよいだろう。ところが実際には，非ホロノミック系で非常に単純な例がいくつかある。たとえば水平なテーブル上で自由に動く（しかし鉛直軸に対して滑りも回転もしない）硬質ゴム球を考える。任意の位置(x, y)から出発して，それは 2 つの独立した方向にのみ移動

---

4 自然座標は時にはスクレロノーマス，自然座標でないものはレオノーマスと呼ばれることもある。本書では，これらの印象深い名称を使用しない。(7.34) の時間依存性は，図 7.4 の車の強制加速などの強制的な動きに関連付けられているため，非自然座標は強制座標と呼ばれることもある。

5 完全には同等でない「ホロノミック」の，多くの異なる定義を見かけることがある。

することができる。したがってボールには2つの自由度があり，その中心の場所が2つの座標x, yによって一意に指定できると想像してもよいであろう。しかし，次のことを考えてみよう。ボールを原点Oに置き，ボールの頂点に印をつける。今，次の3つの動きをおこなう（図7.5を参照)。ボールをx軸に沿って円周cに等しい距離だけ（マークがもう一度上になる）点Pまで転がす。今度はそれをy方向に同じ距離cだけ転がして，Qが再び上に来るようにする。最後に，ボールを三角形OPQの斜辺に沿って原点にまっすぐに戻す。この最後の移動は長さが$\sqrt{2}c$なのでボールは開始点に戻るが，印は最上部ではなくなる。位置(x, y)は初期値に戻ったが，ボールの向きは変化した。明らかに，2つの座標(x, y)は一意の構成を指定するには不十分である。ボールの向きを指定するには，これらに加えて3つの数値が必要となるので，設定を完全に指定するには，5つの座標が必要である。ボールの自由度は2であるが，5つの一般化座標が必要である。これは明らかに，非ホロノミック系である。

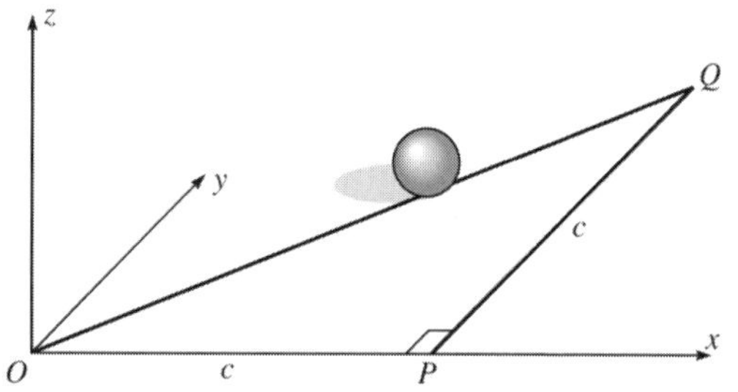

図7.5 直角三角形OPQは，長さcの辺OPとPQを持ち，xy平面にある。OP に沿ってボールを回転させると，ボールの方向が変更された状態で，開始点に戻る。

非ホロノミック系は確かに存在するが，ホロノミック系よりも分析が複雑であるため，これ以上は議論しない。一般化座標$q_1, \cdots, q_n$，および位置エネルギー$U(q_1, \cdots, q_n, t)$（4.5節で説明したように時間tに依存する可能性がある）を持つ任意のホロノミック系の時間発展は，n個のラグランジュ方程式

$$\frac{\partial \mathcal{L}}{\partial q_i} = \frac{d}{dt}\frac{\partial \mathcal{L}}{\partial \dot{q}_i} \qquad [i = 1, \cdots n] \tag{7.40}$$

で表現される。ラグランジアン$\mathcal{L}$は，通常のように$\mathcal{L} = T - U$と定義されている。この結果は，7.4節で証明する。

7.4　拘束がある場合のラグランジュ方程式の証明

今や，ホロノミック系におけるラグランジュ方程式を証明する準備が整った。物事を十分単純に保つために，ただ 1 つの粒子がある場合を明示的に扱う。（任意の数の粒子への一般化は，かなり簡単である。問題 7.13 を参照してほしい。）物事を明確にするために，ここでは粒子が表面上を動くように拘束されていると仮定する[6]。これは 2 自由度を持ち，一般化座標q_1, q_2は独立に変化し得る。

粒子（一般的には複数の粒子）には 2 種類の力が働いていることを認識しなければならない。まず，拘束力が存在する。ワイヤ上のビーズの場合，拘束力はビーズに働くワイヤの垂直抗力である。粒子は表面上を動くように拘束されているため，この力は表面に対して法線方向に働く。剛体のなかの原子の場合，拘束力は原子を剛体内の定位置に保持する原子間力である。一般に拘束力は必ずしも保存力ではないが，このことは問題ではない。ラグランジュ法の目的の 1 つは，われわれが通常は知りたくない拘束力を伴わない方程式を見つけることである。（しかし拘束力が非保存的であれば，7.1 節の簡単な非拘束な場合のラグランジュ方程式は成立しないことに注意すること。）ここでは$\mathbf{F}_{\mathrm{cstr}}$によって粒子の拘束力を表すが，今の場合これは粒子の動きを制限する表面の力である。

第 2 に，粒子には重力などの他の「非拘束的」な力が働く。これらは我々が実際に興味を持っている力であり，ここではそれを$\mathbf{F}$で表すことにする。ここではすべての非拘束力は，少なくとも保存力であるための第 2 の条件を満たすと仮定する。そのためこれらの力は，位置エネルギー$U(\mathbf{r}, t)$の微分，つまり

$$\mathbf{F} = -\nabla U(\mathbf{r}, t) \tag{7.41}$$

と表せる。（すべての非拘束力が保存力であればUはtとは無関係であるが，ここまで仮定する必要はない。）粒子に働く力の和は$\mathbf{F}_{\mathrm{tot}} = \mathbf{F}_{\mathrm{cstr}} + \mathbf{F}$である。

最後に，ラグランジアンはいつものように

$$\mathcal{L} = T - U \tag{7.42}$$

である。Uは非拘束力に対してのみの位置エネルギーであるため，$\mathcal{L}$の定義は拘束

6　実際には粒子を単一の表面に拘束する方法を想像するのは少し難しいので，飛び跳ねることができないと考えればよい。このことが気になる場合は，間に挟まれた粒子を自由に動かせるように十分な隙間を置いた，2 つの平行な表面の間に挟まれた粒子を想像するとよい。

力を除外している。これは以下で見るように，拘束系に対するラグランジュ方程式が巧妙に拘束力を排除していることを正しく反映している。

作用積分は正しい経路で定常である

時間t_1, t_2において，粒子が通過する任意の2点$\mathbf{r_1}, \mathbf{r_2}$を考える。ここで「正しい」経路，つまり粒子が2点間をたどる実際の経路を$\mathbf{r}(t)$で，および同じ2点間の正しい経路に隣接する「間違った」経路を$\mathbf{R}(t)$で表す。以下のように書くのが便利である。

$$\mathbf{R}(t) = \mathbf{r}(t) + \boldsymbol{\epsilon}(t) \tag{7.43}$$

ここで正しい経路上の$\mathbf{r}(t)$から，間違った経路上の対応する点$\mathbf{R}(t)$を指す微小ベクトルとして$\boldsymbol{\epsilon}(t)$を定義する。点$\mathbf{r}(t)$と$\mathbf{R}(t)$の両方とも，粒子が閉じ込められている表面上にあると仮定しているので，ベクトル$\boldsymbol{\epsilon}(t)$も同じ面に含まれている。$\mathbf{r}(t)$と$\mathbf{R}(t)$の両方が同じ端点を通過するため，t_1, t_2で$\boldsymbol{\epsilon}(t) = 0$となる。

拘束面内にある任意の経路$\mathbf{R}(t)$に沿ってとられた作用積分をSとする。

$$S = \int_{t_1}^{t_2} \mathcal{L}(\mathbf{R}, \dot{\mathbf{R}}, t)dt \tag{7.44}$$

また正しい経路$\mathbf{r}(t)$に沿った対応する積分をS_0とする。ここで証明するように，経路$\mathbf{R}(t)$の変化に対して$\mathbf{R}(t) = \mathbf{r}(t)$のとき，または同じことであるがその差がゼロのとき，積分Sは定常である。これを別の方法で言い換えると，作用積分の差

$$\delta S = S - S_0 \tag{7.45}$$

が経路間の距離$\boldsymbol{\epsilon}$の1次微分に対してゼロであることであり，これが今から証明するものである。

差（7.45）は，2つの経路上のラグランジアン間の差,

$$\delta\mathcal{L} = \mathcal{L}\big(\mathbf{R}, \dot{\mathbf{R}}, t\big) - \mathcal{L}(\mathbf{r}, \dot{\mathbf{r}}, t) \tag{7.46}$$

の積分である。$\mathbf{R}(t) = \mathbf{r}(t) + \boldsymbol{\epsilon}(t)$を代入し，また

$$\mathcal{L}(\mathbf{r}, \dot{\mathbf{r}}, t) = T - U = \frac{1}{2}m\dot{\mathbf{r}}^2 - U(\mathbf{r}, t)$$

であるので，以下のようになる[7]。

$$\begin{aligned}\delta\mathcal{L} &= \frac{1}{2}m[(\dot{\mathbf{r}} + \dot{\boldsymbol{\epsilon}})^2 - \dot{\mathbf{r}}^2] - U(\mathbf{r} + \boldsymbol{\epsilon}, t) + U(\mathbf{r}, t) \\ &= m\dot{\mathbf{r}} \cdot \dot{\boldsymbol{\epsilon}} - \boldsymbol{\epsilon} \cdot \nabla U + O(\epsilon^2)\end{aligned}$$

---

[7] 2行目の第2項を理解するには，任意のスカラー関数$f(\mathbf{r})$に対して$f(\mathbf{r} + \boldsymbol{\epsilon}) - f(\mathbf{r}) \approx \boldsymbol{\epsilon} \cdot \nabla f$であることに注意すればよい。4.3節を参照のこと。

ここで$O(\epsilon^2)$は$\boldsymbol{\epsilon}, \dot{\boldsymbol{\epsilon}}$の2乗およびそれ以上の大きなべきを含む項を表す。2つの作用積分の差（7.45）はϵの1乗の範囲で

$$\delta S = \int_{t_1}^{t_2} \delta \mathcal{L} dt = \int_{t_1}^{t_2} [m\dot{\mathbf{r}} \cdot \dot{\boldsymbol{\epsilon}} - \boldsymbol{\epsilon} \cdot \nabla U] dt \tag{7.47}$$

である。最後の積分の第1項は，部分積分することができる。（これは時間微係数をある係数から別の係数に移動して，符号を変えることを意味することを思い出してほしい。）2つの端点ではその差$\boldsymbol{\epsilon}$はゼロであるため，端点の寄与はゼロであり，

$$\delta S = -\int_{t_1}^{t_2} \boldsymbol{\epsilon} \cdot [m\ddot{\mathbf{r}} + \nabla U] dt \tag{7.48}$$

となる。ここで$\mathbf{r}(t)$は「正しい」経路である場合は，ニュートンの第2法則を満たす。したがって$m\ddot{\mathbf{r}}$は，粒子に働く力の和$\mathbf{F}_{\text{tot}} = \mathbf{F}_{\text{cstr}} + \mathbf{F}$になる。一方で，$\nabla U = -\mathbf{F}$である。したがって（7.48）の第2項は，第1項の第2の要素と打ち消しあい，以下のようになる。

$$\delta S = -\int_{t_1}^{t_2} \boldsymbol{\epsilon} \cdot \mathbf{F}_{\text{cstr}} dt \tag{7.49}$$

しかし拘束力$\mathbf{F}_{\text{cstr}}$は，粒子が移動する表面に対して垂直であり，一方$\boldsymbol{\epsilon}$は表面には存在する。したがって$\boldsymbol{\epsilon} \cdot \mathbf{F}_{\text{cstr}} = 0$であり，$\delta S = 0$であることが証明された。すなわち作用積分は，これまで主張されてきたように，正しい経路においては定常である[8]。

最終的な証明

我々はハミルトンの原理，つまり積分は粒子が実際に従う経路に対して定常である，ということを証明した。しかし任意の経路変化についてではなく，拘束と矛盾しない経路の変化（つまり粒子が拘束されている表面上にある経路）について，証明したに過ぎない。これは3つの直交座標に関して，ラグランジュ方程式を証明できていないことを意味する。一方で，適切な一般化座標に関して，このことを証明することができる。我々は粒子が表面上を移動する際にはホロノミックな拘束，すなわち完全な3次元空間の2次元部分集合によって閉じ込められて

8　（7.49）の被積分関数がゼロであるということが，この証明の重要部分である。証明の一般化を任意の拘束系（たとえば問題 7.13 に対しておこなった場合）について考えると，同じ理由でこれに対応する部分があり，対応する項がゼロであることがわかる。拘束条件に従う変位においては，拘束力は何の仕事もしない。このことは拘束力の1つの可能な定義でもある。

いると仮定している。これは粒子が 2 つの自由度を持ち，独立に変化することができる 2 つの一般化座標q_1, q_2によって記述することができることを意味する。q_1, q_2の任意の変化は，拘束と一致する[9]。したがって作用積分をq_1, q_2で書き換えることができる。

$$S = \int_{t_1}^{t_2} \mathcal{L}(q_1, q_2, \dot{q}_1, \dot{q}_2, t)dt \tag{7.50}$$

この積分は，正しい経路$[q_1(t), q_2(t)]$ 付近のq_1, q_2の任意の変化に対して，定常である。したがって第 6 章の議論により，正しい経路は 2 つのラグランジュ方程式を満たす。

$$\frac{\partial \mathcal{L}}{\partial q_1} = \frac{d}{dt}\frac{\partial \mathcal{L}}{\partial \dot{q}_1}, \qquad \frac{\partial \mathcal{L}}{\partial q_2} = \frac{d}{dt}\frac{\partial \mathcal{L}}{\partial \dot{q}_2} \tag{7.51}$$

ここで示した証明は，3 次元の単一粒子に直接適用され，2 次元の表面上を動くように拘束されているものの，一般的な場合の主な考え方をすべて含んでいる。一般化はほとんどの場合，比較的簡単におこなえる（問題 7.13 参照)。その一方で，私は以下の一般的な結果が正しいことを読者に納得させるために，これまでで十分に言い尽くしたであろうことを願っている。n自由度およびn個の一般化座標，および位置エネルギー$U(q_1, \cdots, q_n, t)$から導かれる非拘束力を有する任意のホロノミック系に対して，系がたどる経路は以下のn個のラグランジュ方程式によって決定される。

$$\frac{\partial \mathcal{L}}{\partial q_i} = \frac{d}{dt}\frac{\partial \mathcal{L}}{\partial \dot{q}_i} \qquad [i = 1, \cdots n] \tag{7.52}$$

ここで$\mathcal{L}$はラグランジアン$\mathcal{L} = T - U$であり，$U = U(q_1, \cdots, q_n, t)$は拘束力を除くすべての力に対応する全位置エネルギーである。

ラグランジュ方程式の証明に不可欠なのは，非拘束力が保存力である（あるいは少なくとも保存力であるための第 2 の条件を満たす）ため，位置エネルギーから$\mathbf{F} = -\nabla U$と導かれるということである。これが正しくない場合，少なくとも（7.52）で，ラグランジュ方程式が成立しないことがある。この条件を満たさな

[9] たとえば表面が原点を中心とする球である場合，一般化座標q_1, q_2は，球面極座標の 2 つの角度θ, ϕであっても良い。θ, ϕの任意の変化は，粒子が球上に留まるという拘束と一致する。

い力の明白な例は動摩擦力である。動摩擦力は拘束力（表面に対して垂直でない）とみなすことはできず，位置エネルギーから導き出すことはできない。したがって動摩擦力が存在するとき，ラグランジュ方程式は (7.52) の形で保持されない。ラグランジュ方程式を，摩擦のような力を含むように修正することができる（問題 7.12 参照）が，結果は有用なものではない。そのため，ここでは（7.52）が成り立つ状況に限定する。

7.5　ラグランジュ方程式の例

この節では，ラグランジュ方程式の使用例を 5 つ紹介する。最初の 2 つは，ニュートン形式で簡単に解くことができるほど単純なものである。そのような例を含める主な目的は，読者にラグランジュ形式の使用経験を与えることにある。それにもかかわらず，これらの単純な場合でさえ，ニュートン形式よりもラグランジュ形式はいくつかの利点を有する。特にラグランジュ形式が，考慮する必要がある拘束力をどのように取り除くかを見ていく。最後の 3 つの例は十分に複雑であり，ニュートン形式を使用した解法はかなりの創意工夫を必要とする。それとは対照的に，ラグランジュ形式はほとんど何も考えることなく運動方程式を書き下すことができる。

ここに示した例は，ラグランジュ方程式を受け入れるための重要なポイントを示している。ラグランジュ形式は常に（またはほぼ常に）運動方程式を書き下す簡単な手段を与える。一方，その結果得られた方程式が容易に解けることは保証しない。非常に運が良ければ，運動方程式には解析的な解があるかもしれないが，そうでない場合でも解を理解するための第 1 歩であり，近似解の出発点を示唆することがよくある。運動方程式は，ある種の付随する質問に簡単な答えを与えることができる。（たとえばひとたび運動方程式が得られれば，系の平衡位置をきわめて簡単に見つけることができる。）そして与えられた初期条件のもとで，運動方程式を数値的に解くことができる。

ラグランジュ形式は極めて重要であるので，5 つの例以上の価値があることは確かである。しかし重要なことは，いくつかの例を自分自身で解くことである。この章の最後には，多くの問題が用意されている。この節を読んだ後，できるだけ早くいくつかの問題を解くことが必要不可欠である。

例 7.3 アトウッドの器械

図 4.15 で初めて出くわしたアトウッドの器械を考察するために，図 7.6 に再示する。ここで 2 つの質量m_1, m_2を持つ物体は，摩擦のない軸受けと半径Rの質量を持たない滑車を通る非伸縮のひも（長さl）によって吊り下げられている。距離xを一般化座標としてラグランジアン$\mathcal{L}$を書き下し，ラグランジュの運動方程式を求め，それを加速度$\ddot{x}$に対して解く。その結果をニュートンの解と比較する。

ひもの長さが固定されているため，2 つの質量の高さx, yは独立して変化することはできない。ひもの長さは$x + y + \pi R = l$となるので，yはxで表すことができる。

$$y = -x + const \tag{7.53}$$

したがって，xを唯一の一般化座標として使用することができる。(7.53) から$\dot{y} = -\dot{x}$となるので，系の運動エネルギーは以下のようになる。

$$T = \frac{1}{2}m_1\dot{x}^2 + \frac{1}{2}m_2\dot{y}^2 = \frac{1}{2}(m_1 + m_2)\dot{x}^2$$

一方，位置エネルギーは

$$U = -m_1gx - m_2gy = -(m_1 - m_2)gx + const$$

これらを組み合わせると，ラグランジアンは以下のようになる。

$$\mathcal{L} = T - U = \frac{1}{2}(m_1 + m_2)\dot{x}^2 + (m_1 - m_2)gx \tag{7.54}$$

ただしここでは，興味のない定数は省かれている。

ラグランジュ方程式は，以下のようになる。

$$\frac{\partial \mathcal{L}}{\partial x} = \frac{d}{dt}\frac{\partial \mathcal{L}}{\partial \dot{x}}$$

ここで$\mathcal{L}$の代わりに（7.54）を代入すると，

$$(m_1 - m_2)g = (m_1 + m_2)\ddot{x} \tag{7.55}$$

となる。これを解くことにより，加速を得ることができる。

$$\ddot{x} = \frac{m_1 - m_2}{m_1 + m_2}g \tag{7.56}$$

m_1とm_2をかなり近い値に選ぶことで，この加速度をgよりもずっと小さくすることができ，測定がより簡単となる。したがってアトウッドの器械は，gを素早くかつ合理的に測定する方法を提供する。

これに対応するニュートンの解では，ニュートンの第 2 法則をそれぞれの質量に対して別々に書き下す必要がある。m_1に働く合力は，F_tをひもの張力として$m_1 g - F_t$である。（F_tは拘束力であり，ラグランジュ形式では考慮する必要はなかった。）したがって，m_1に対するニュートンの第 2 法則は，

$$m_1 g - F_t = m_1 \ddot{x}$$

である。同じように，m_1に対するニュートンの第 2 法則は

$$F_t - m_2 g = m_2 \ddot{x}$$

である。（m_2の上向き加速度は，m_1の下向き加速度と同じであることに注意。）ニュートンの方法は 2 つの未知数，つまり求めるべき加速度$\ddot{x}$と拘束力F_tを含む，2 つの方程式を与えた。これらの 2 つの方程式を加えることによってF_tを除去し，ラグランジュ法の方程式（7.55）に到達し，その後$\ddot{x}$に対する同じ値（7.56）を得る。

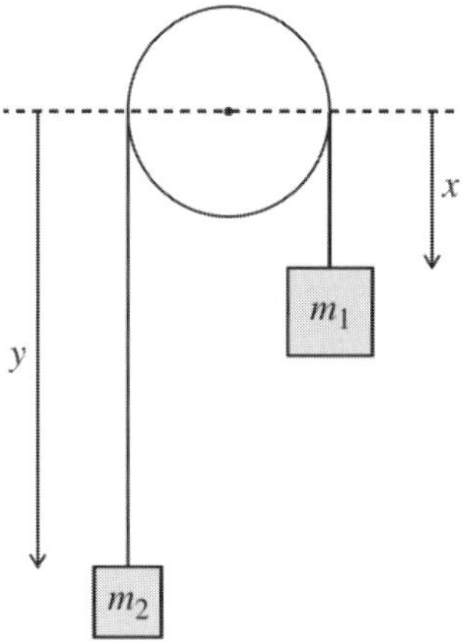

図 7.6 摩擦のない半径Rの滑車を通過する質量のない非伸縮性のひもで吊り下げられた，2 つの質量m_1, m_2を持つ物体からなるアトウッドの器械。ひもの長さは固定されているので，系全体の位置は唯一の変数で特定できるが，それを距離xとする。

アトウッドの器械に対するニュートン形式の解は，それに代わる解法によって大いに興奮するのには簡単すぎる。それにもかかわらずこの単純な例は，ラグランジュの方法がどのように未知の（そして通常は関心のない）拘束力を無視し，またどのようにニュートンの解法の少なくとも 1 つのステップを排除しているかを，明確に示している。

例 7.4 円柱上を移動するように拘束された粒子

図 7.7 に示すように，円柱極座標(ρ, ϕ, z)の式$\rho = R$によって与えられる，

半径Rの摩擦のない円柱上を移動するように拘束された質量mの粒子を考えてみよう。拘束力（円柱の法線力）の他に，粒子に働く唯一の力は，原点に向かう力$\mathbf{F} = -k\mathbf{r}$である。（これは，フックの法則力の3次元版である。）一般化座標としてz, ϕを使用し，ラグランジアン$\mathcal{L}$ を求める。ラグランジュ方程式を書き下した後にそれを解き，粒子の運動を説明する。

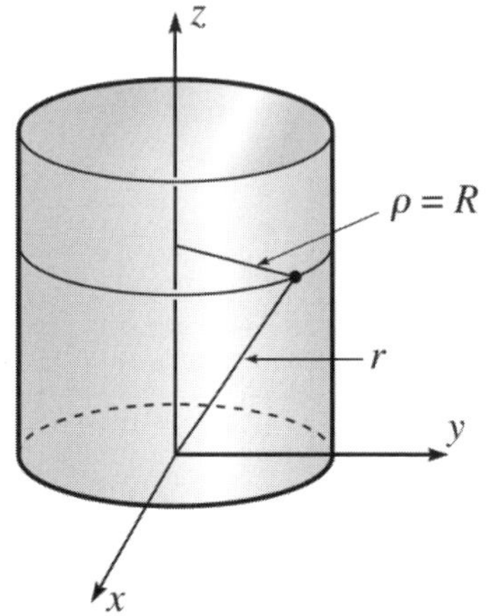

図 7.7 質量mは円柱の表面$\rho = R$に閉じ込められ，フックの法則に従う力$\mathbf{F} = -k\mathbf{r}$を受ける。

粒子の座標ρは$\rho = R$に固定されるので，zとϕだけを与えることによってその位置を指定することができる。またこれらの2つの座標は独立に変化することができるので，系は自由度2を持ち，(z, ϕ)は一般化座標である。速度は$v_\rho = 0,\ v_\phi = R\dot{\phi},\ v_z = \dot{z}$となる。したがって運動エネルギーは

$$T = \frac{1}{2}mv^2 = \frac{1}{2}m\left(R^2\dot{\phi}^2 + \dot{z}^2\right)$$

となる。力$\mathbf{F} = -k\mathbf{r}$の位置エネルギーは，$U = \frac{1}{2}kr^2$（問題 7.25）である。ここで$r$は原点から粒子までの距離であり，$r^2 = R^2 + z^2$で与えられる（図 7.7 参照）。したがって，

$$U = \frac{1}{2}k(R^2 + z^2)$$

となるので，ラグランジアンは以下のようになる。

$$\mathcal{L} = \frac{1}{2}m\left(R^2\dot{\phi}^2 + \dot{z}^2\right) - \frac{1}{2}k(R^2 + z^2) \tag{7.57}$$

系には2つの自由度があるため，2つの運動方程式が存在する。z方程式は，次のとおりである。

$$\frac{\partial \mathcal{L}}{\partial z} = \frac{d}{dt}\frac{\partial \mathcal{L}}{\partial \dot{z}} \quad または \quad -kz = \ddot{z} \tag{7.58}$$

ϕ方程式はさらに簡単である。$\mathcal{L}$はϕに依存しないので，$\partial\mathcal{L}/\partial\phi = 0$となり，$\phi$方程式は以下のようになる。

$$\frac{\partial \mathcal{L}}{\partial \phi} = \frac{d}{dt}\frac{\partial \mathcal{L}}{\partial \dot{\phi}} \quad または \quad 0 = \frac{d}{dt}mR^2\dot{\phi} \tag{7.59}$$

z方程式（7.58）から$z = A\cos(\omega t - \delta)$となり，質量が$z$方向に対しては単振動をおこなうことを示している。$\phi$方程式（7.59）は，$mR^2\dot{\phi}$が一定であること，すなわち角運動量の$z$成分が保存されていることを示している。この方向にはトルクが働かないため，これは予想できた結果である。ρは固定されているため$\dot{\phi}$は一定であり，質量mの粒子は一定の角速度$\dot{\phi}$で円柱のまわりを運動すると同時に，単振動でz方向に上下に運動する。

これらの 2 つの例は，以下に述べるようなラグランジュ形式による問題の解法手順を示している。（すべての拘束はホロノミックであり，非拘束力は位置エネルギーから導かれると想定している。）

1.任意の適切な慣性系を使用して，運動エネルギーおよび位置エネルギー，つまりラグランジアン$\mathcal{L} = T - U$を書き下す。

2. n個の適切な一般化座標$q_1, \cdots, q_n$を選択し，手順 1 で使用した元の座標を一般化座標で表す。（手順 1 と 2 は任意の順序で実行できる。）

3. $\mathcal{L}$を$q_1, \cdots, q_n$および$\dot{q}_1, \cdots, \dot{q}_n$を用いて書き直す。

4. n個のラグランジュ方程式（7.52）を書き下す。

これから見ていくように，どんなに複雑な系であっても，これらの 4 つのステップはあらゆる系の運動方程式に行き着く完全無欠な経路を提供する。得られた方程式を簡単に解くことができるかどうかは別の問題であるが，解くことができない場合でも系を理解するための大きな第 1 歩となり，近似解または数値解を見つけるための重要な第 1 歩となる。

次の 2 つの例は，ニュートン形式を使うとかなりの注意と工夫を必要とする問題に対して，ラグランジュ形式が運動方程式を簡単に与えることを示している。

例 7.5 くさび上を滑るブロック

図 7.8 に示すブロックとくさびを考えてみよう。ブロック（質量m）はくさび上を自由に滑ることができ，またくさび（質量M）は水平テーブル上を滑ることができ，両方とも摩擦が無視できる。最初は両方とも静止した状態において，ブロックがくさびの頂部から手を離された。くさびの角度がαで，その傾斜面の長さがlであれば，ブロックがくさびの底に達するのにどれくらい時間がかかるだろうか。

系は 2 自由度を有しており，また図示したとおり 2 つの一般化座標の良い選択は，くさびの頂点からのブロックの距離q_1および任意の便利な固定点からくさびまでの距離q_2である。求めるべき量はくさびに対するブロックの加速度$\ddot{q}_1$であるが，その理由はくさびの傾斜面上を滑るのに必要な時間を素早く見つけることができるからである。最初にやるべきことは，ラグランジアンを書き下すことである。これを直交座標でおこなうのが最も安全であり，その後選ばれた一般化座標で書き直す。

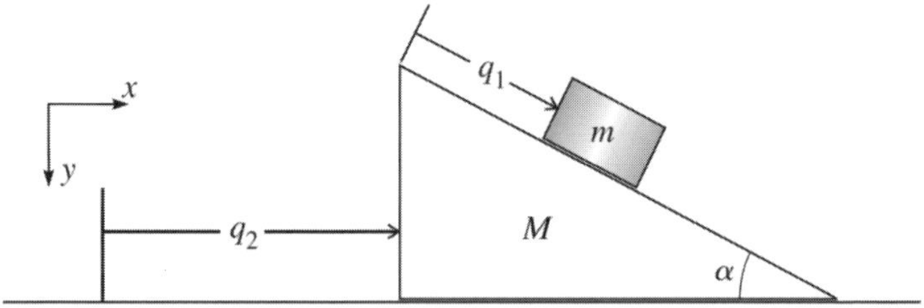

図 7.8 質量mのブロックが，水平のテーブル上を自由に滑る質量Mのくさびを滑り落ちる。

くさびの運動エネルギーは$T_M = \frac{1}{2}M\dot{q}_2^2$であるが，ブロックの運動エネルギーはより複雑である。くさびに対するブロックの速度は$\dot{q}_1$であるが，くさび自体がテーブルに対して水平方向の速度$\dot{q}_2$を持つ。テーブルを基準とする慣性系に対するブロックの速度は，これらの 2 つのベクトル和である。矩形成分（xは右，yは下）に分解すると，テーブルに対するブロックの速度は

$$v = (v_x, v_y) = (\dot{q}_1\cos\alpha + \dot{q}_2, \dot{q}_1\sin\alpha)$$

である。したがってブロックの運動エネルギーは

$$T_m = \frac{1}{2}m(v_x^2 + v_y^2) = \frac{1}{2}m(\dot{q}_1^2 + \dot{q}_2^2 + 2\dot{q}_1\dot{q}_2\cos\alpha)$$

となる。(この式を得るために，$\cos^2\alpha + \sin^2\alpha = 1$という恒等式を使用した。) 系の全運動エネルギーは，以下になる。

$$T = T_M + T_m = \frac{1}{2}(M+m)\dot{q}_2^2 + \frac{1}{2}m(\dot{q}_1^2 + 2\dot{q}_1\dot{q}_2\cos\alpha) \tag{7.60}$$

くさびの位置エネルギーは定数であり，これをゼロに設定する。ブロックの位置エネルギーは$-mgy$であり，ここで$y = q_1\sin\alpha$はくさびの頂部から測定したブロックの高さである。したがって，

$$U = -mgq_1\sin\alpha$$

となり，ラグランジアンは以下のようになる。

$$\mathcal{L} = T - U = \frac{1}{2}(M+m)\dot{q}_2^2 + \frac{1}{2}m(\dot{q}_1^2 + 2\dot{q}_1\dot{q}_2\cos\alpha) + mgq_1\sin\alpha \tag{7.61}$$

ひとたび一般化座標q_1, q_2についてのラグランジアンを求めたら，q_1とq_2の 2 つのラグランジュ方程式を書き下して解くだけである。q_2方程式（これは少し簡単である）は，以下の通りである。

$$\frac{\partial\mathcal{L}}{\partial q_2} = \frac{d}{dt}\frac{\partial\mathcal{L}}{\partial\dot{q}_2} \tag{7.62}$$

しかし（7. 61）の$\mathcal{L}$はq_2とは明らかに独立しているので，これは一般化運動量$\partial\mathcal{L}/\partial\dot{q}_2$が一定であることを示し，

$$M\dot{q}_2 + m(\dot{q}_2 + \dot{q}_1\cos\alpha) = const \tag{7.63}$$

である。その結果は，x方向の全運動量の保存を表していることがわかる。（そして，ラグランジュ形式の助けを借りずに書き下すことができるものである。)

q_1方程式は

$$\frac{\partial\mathcal{L}}{\partial q_1} = \frac{d}{dt}\frac{\partial\mathcal{L}}{\partial\dot{q}_1} \tag{7.64}$$

であるが，いずれの微分もゼロでないのでより複雑である。(7. 61) の$\mathcal{L}$を代入すると，次のようになる。

$$mg\sin\alpha = \frac{d}{dt}m(\dot{q}_1 + \dot{q}_2\cos\alpha)$$

$$= m(\ddot{q}_1 + \ddot{q}_2\cos\alpha) \tag{7.65}$$

(7.63)を微分して，以下を得る。

$$\ddot{q}_2 = -\frac{m}{M+m}\ddot{q}_1\cos\alpha \tag{7.66}$$

ここで(7.65)から$\ddot{q}_2$を消去して$\ddot{q}_1$について解くと，以下のようになる。

$$\ddot{q}_1 = \frac{g\sin\alpha}{1-\frac{m\cos^2\alpha}{M+m}} \tag{7.67}$$

$\ddot{q}_1$に対するこの値が用意できると，元の質問に素早く答えることができる。勾配を下降する加速度が一定であるため，時間tの間に勾配を下った距離は$\frac{1}{2}\ddot{q}_1 t^2$であり，長さ$l$を移動する時間は$\sqrt{2l/\ddot{q}_1}$であるが，ここで$\ddot{q}_1$は（7.67）で与えられる。この答えよりも面白いのは，$\ddot{q}_1$の式（7.67）が様々な特殊なケースで常識と一致することを確認することである。たとえば$\alpha = 90°$の場合，（7.67）は$\ddot{q}_1 = g$を意味し，これは明らかに正しい。そして$M \to \infty$ならば，（7.67）は$\ddot{q}_1 \to g sin\alpha$を意味する。これは固定された傾斜上のブロックに対する良く知られた加速度であり，明らかに常識と一致する。練習問題（問題 7.19）を残しておくので，$M \to 0$の極限での結果が，読者が予測したものと一致することを確認してほしい。

例 7.6 回転するワイヤリング上のビーズ

質量mのビーズが，半径Rの摩擦のない円形ワイヤリングに通されている。リングは垂直面にあり，図 7.9 に示すように一定の角速度$\dot{\phi} = \omega$でリングの垂直方向の直径を中心に回転する。リング上のビーズの位置は，垂直から測定した角度θによって指定される。系のラグランジアンを一般化座標θで書き下し，ビーズの運動方程式を求める。ビーズがθが一定の状態にとどまることができる平衡位置を見つけ，静力学および「遠心力」$m\omega^2\rho$（ここでρは軸からのビーズの距離）を用いて，その位置を説明する。平衡位置の安定性を議論するために，運動方程式を使用する。

我々が最初にやるべきことは，ラグランジアンを書き下すことである。

非回転基準系に対して，ビーズはリングに対して接線方向の速度$R\dot{\theta}$，それと垂直な方向の速度$\rho\omega = (R\sin\theta)\omega$を持つ。（後者は角速度$\omega$で回転するリングによる。）したがって運動エネルギーは，$T = \frac{1}{2}mv^2 = \frac{1}{2}mR^2(\dot{\theta}^2 + \omega^2\sin^2\theta)$である。リングの底部から測定した重力の位置エネルギーは，$U = mgR(1-\cos\theta)$であることは容易にわかる。したがって，ラグランジアンは

$$\mathcal{L} = \frac{1}{2}mR^2\left(\dot{\theta}^2 + \omega^2\sin^2\theta\right) - mgR(1-\cos\theta) \tag{7.68}$$

であり，ラグランジュ方程式は

$$\frac{\partial\mathcal{L}}{\partial\theta} = \frac{d}{dt}\frac{\partial\mathcal{L}}{\partial\dot{\theta}} \quad \text{または} \quad mR^2\omega^2\sin\theta\cos\theta - mgR\sin\theta = mR^2\ddot{\theta}$$

である。mR^2で割ることで，所望の運動方程式に到達する。

$$\ddot{\theta} = (\omega^2\cos\theta - g/R)\sin\theta \tag{7.69}$$

この方程式は初等関数の範囲では解析的に解くことはできないが，系のふるまいについて多くのことを教えてくれる。このことを見るために，(7.69) を使用してビーズの平衡位置を求める。平衡点はθの任意の値であり，ここではそれをθ_0と書くが，以下の条件を満たす。ビーズが$\theta = \theta_0$で静止状態（$\dot{\theta} = 0$）に置かれると，θ_0で静止する。$\ddot{\theta} = 0$の場合，その条件は保証される。（$\ddot{\theta} = 0$の場合$\dot{\theta}$は変化せず，0のままであることに注意してほしい。つまりθは変化せず，θ_0と等しくなる。）平衡位置を求めるには，(7.69) の右辺をゼロに等しくするだけでよい。

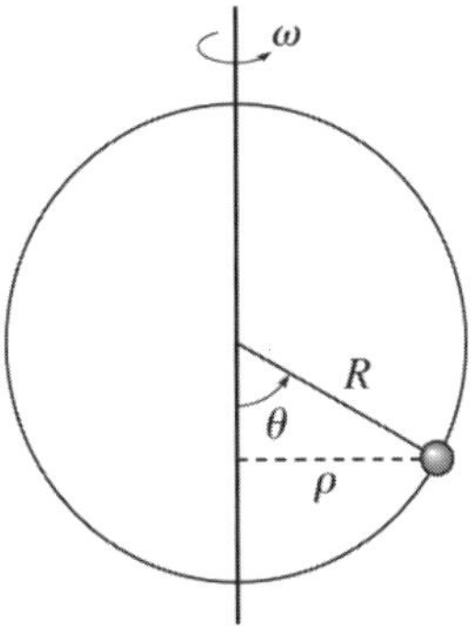

図7.9 ビーズは，摩擦のないワイヤリングのまわりを自由に動くことができる。摩擦がないワイヤリングは，垂直軸を中心に一定の速度ωで回転している。ビーズの位置は角度θで指定し，その回転軸からの距離は$\rho = R\sin\theta$である。

$$(\omega^2\cos\theta - g/R)\sin\theta = 0 \tag{7.70}$$

この方程式は，2つの因子のいずれかがゼロであれば満たされる。$\theta = 0$またはπの場合，係数$\sin\theta$はゼロである。したがってビーズは，リングの

底部または上部で静止したままであり得る。(7.70) の最初の因子は，以下が成立するときにゼロになる。

$$\cos\theta = \frac{g}{\omega^2 R}$$

$|\cos\theta|$は 1 以下でなければならないので，最初の因子は$\omega^2 \geq g/R$のときにのみゼロになる。この条件件が満たされると，余分な 2 つの平衡位置

$$\theta_0 = \pm\arccos\left(\frac{g}{\omega^2 R}\right) \tag{7.71}$$

が出現する。リングがゆっくりと回転しているとき ($\omega^2 < g/R$)，リングの下部と上部に 2 つの平衡位置があるが，十分速く回転しているとき ($\omega^2 > g/R$) には，(7.71) で与えられているように，底辺の両側に対称的に配置された 2 つの余分な平行位置が出現する[10]。

おそらく様々な平衡位置を理解する最も簡単な方法は，「遠心力」という言葉を使うことである。ほとんどの入門物理学の講義では，遠心力は，正しい考え方を持った物理学者が避けるべき忌まわしいものとして却下される。私たちが慣性系に注意を向ける限り，これは正しい (そして確かに安全な) 視点である。それにもかかわらず，第 9 章で述べるように，非慣性回転系の観点から見ると，遠心力$m\omega^2\rho$ (おそらくmv^2/ρとしてよく知られている) が現実のものとして存在する。ここでρは回転軸からの物体の距離である。したがって回転するリング上にいるハエの視点を取ると，以下のように平衡位置を理解することができる。リングの底部または上部においてビーズは回転軸上にあり，$\rho = 0$であるので遠心力$m\omega^2\rho$はゼロである。さらに重力はリングに対して垂直方向に働くので，ビーズをワイヤに沿って動かす力はなく，ビーズは静止したままである。他の 2 つの平衡点は，少し微妙である。軸から離れた任意の位置 (図 7.9 に示すような位置) では遠心力はゼロではなく，ビーズをワイヤに沿って外側に押す成分がある。一方重力は，ビーズをワイヤに沿って内側に引っ張る成分を持つ。(ビーズが中間位置$\theta = \pm\pi/2$の下にある場合)。(7.71) で与えられた位置のいずれかで，これらの 2 つの成分はバラン

---

[10] $\omega^2 = g/R$のとき，(7.71) で与えられる 2 つの余分な位置がちょうど出現するが，その最初の位置は$\theta = \pm 0$で底部で一致していることに注意してほしい。

スがとれており（各自で確かめよ。問題 7.28 参照。），ビーズは静止したままである。

平衡点θ_0は安定していなければ，つまりビーズがθ_0から少し離れた場所にいた場合にθ_0に戻ろうとしなければ，特に興味深いわけではない。運動方程式（7.69）を使って，この問題に簡単に取り組むことができる。ここでは，$\theta = 0$の底部の平衡から始める。θが0に近い限り$\cos\theta = 1$，$\sin\theta \approx 0$で近似すると，以下のようになる。

$$\ddot{\theta} = (\omega^2 - g/R)\theta \qquad [\theta\text{が 0 の近傍}] \tag{7.72}$$

リングがゆっくりと回転している場合（$\omega^2 < g/R$），これは次のようになる。

$$\ddot{\theta} = (\text{負の数})\theta$$

ビーズを右にずらすと（$\theta > 0$），θが正であるため$\ddot{\theta}$は負であり，ビーズは左に加速，つまり下に向かって戻る（$\theta < 0$）。またビーズを左にずらすと$\ddot{\theta}$が正になり，ビーズが右に加速し再び下に戻る。いずれにせよビーズは平衡に向かって戻るため，安定している。

リングの回転を加速すると$\omega^2 > g/R$となるので，近似の運動方程式（7.72）は

$$\ddot{\theta} = (\text{正の数})\theta$$

となる。右側に小さな変位があると$\ddot{\theta}$は正となり，ビーズは底から離れるように加速する。同様に左側への変位は$\ddot{\theta}$を負にし，ビーズは再び底から離れるように加速する。したがって$\omega^2 = g/R$の臨界値を超えてωを増加させると，底部の平衡は安定から不安定に変化する。

頂点（$\theta = \pi$）の平衡は，常に不安定である（問題 7.28 参照）。これは遠心力の観点から議論すると理解が容易である。リングの頂部の近くでは，遠心力と重力の両方がビーズを外側に押し出す方向にあるため，復元力によって平衡位置に戻ることはない。

他の 2 つの平衡位置は$\omega^2 > g/R$のときにのみ存在し，安定であることが容易にわかる。運動方程式（7.69）は，

$$\ddot{\theta} = (\omega^2\cos\theta - g/R)\sin\theta \tag{7.73}$$

である。状況を明確にするために，右方向$0 < \theta < \pi/2$の平衡を考えてみ

よう。平衡点では，(7.73) の右の括弧内の項はゼロであり，$\sin\theta$は正である。θを少し大きくする（ビーズが上に，そして右に移動する）と$\sin\theta$は正のままあるが，括弧内の項は負になる。($\cos\theta$はこの象限では減少関数であることに注意してほしい。）したがって$\ddot{\theta}$は負になり，ビーズはその平衡点に向かって加速する。平衡状態からθを少し小さくすると$\ddot{\theta}$は正になり，ビーズは再び平衡に向かって加速する。したがって，右方向への平衡は安定している。読者が期待するように，同様の分析により，同じことが左の平衡に当てはまることがわかる。

我々は，以下の興味深い結論に達した。リングがゆっくりと回転しているとき（$\omega^2 < g/R$），ただ 1 つの安定した平衡が$\theta = 0$に存在する。回転を速くしてきωが臨界値を通過する，つまり$\omega^2 = g/R$の場合，元の平衡は不安定になるが，$\theta = 0$から始まり，さらにωを増加させると左右に移動する 2 つの新しい安定平衡点が出現する。1 つの安定した平衡点が消滅し，同じ点から分岐した 2 つの平衡点が同時に現れるこの現象のことを分岐と呼ぶが，これは第 12 章のカオス理論の主要な話題の 1 つになる。

ここで例として挙げた装置は，ジェームス・ワット（1736-1829）が蒸気機関の調速機として使用したものであることに注目するのは興味深いことである。装置はエンジンとともに回転し，エンジンの回転速度が速くなると，ビーズがリング上を上昇する。角速度ωが所定の最大許容値に達すると，対応する高さに達したビーズが蒸気の供給を停止させた。

この例は，7.1 節で述べたラグランジュ法の別の利点を示している。一般化座標は，ラグランジアン$\mathcal{L} = T - U$が最初に書き下された系が慣性系である限りにおいて，非慣性系に対する座標であってもよい。この例では，角度θはリングの非慣性回転系で測定されたビーズの極角であったが，ラグランジアン（7.68）は$\mathcal{L} = T - U$として定義され，TおよびUはリングが回転する系に対する慣性系で定義さている[11]。

11　例 7.5 は，このことに対する別の例となる。座標q_1はくさびの加速系に対するブロックの位置を示しているが，運動エネルギーTはテーブルという慣性系で評価された。別の例にこの節の最後となる次の例では，回転リング上のビーズに関する前の例をさらに考察し，安定な平衡点の近傍での運動方程式の近似解を得る。

例 7.7 平衡に近いビーズの振動

前の例のビーズを再度考え，運動方程式を使用して安定平衡位置の近傍でのビーズの近似的な挙動を求める。

$\omega^2 < g/R$のときの唯一の安定な平衡は，リングの底部$\theta = 0$である。θが小さい状態である限り，運動方程式（7.73）を$\sin\theta \approx \theta$および$\cos\theta \approx 1$で近似できて，以下を得る。

$$\begin{aligned} \ddot{\theta} &= -(g/R - \omega^2)\theta \qquad [\theta\text{がゼロの付近}] \\ &= -\Omega^2\theta \end{aligned} \tag{7.74}$$

ただし 2 行目で角振動数を導入した。

$$\Omega = \sqrt{g/R - \omega^2}$$

$\omega^2 < g/R$である限りΩは正の実数として定義されるので，（7.74）は角振動数Ωを伴う単振動の方程式となる。以上より，$\theta = 0$の安定な平衡から少しずれた位置にあるビーズは，角振動数Ωで以下の単振動をしていると結論できる。

$$\theta(t) = A\cos(\Omega t - \delta) \tag{7.75}$$

リングの回転速度が$\omega^2 > g/R$まで速くなるとΩは純虚数になり，$\cos i\alpha = \cosh\alpha$なので（7.75）は余弦の双曲線関数になる。この解は時間とともに大きくなっていき，$\theta = 0$での平衡が不安定になったことを正しく反映している。

ひとたび$\omega^2 > g/R$となると，（7.71）で与えられるリング底部の左右に対称的に位置する，2 つの安定した平衡点が出現する。期待されるようにこれらは同じようにふるまうので，ここでは右側のものに焦点を当てる。その位置を$\theta = \theta_0$とすると，（7.70）によればθ_0は

$$\omega^2\cos\theta_0 - g/R = 0 \tag{7.76}$$

ついては，問題 7.30 を参照のこと。

である。ビーズをθ_0に近づけたと想像してみよう。

$$\theta = \theta_0 + \epsilon$$

ここで微小パラメータの，時間依存性を調べる。再び運動方程式（7.73）を近似することができるが，これにはより多くの注意が必要となる。それらのテイラー級数の最初の 2 つの項で$\cos(\theta_0+\epsilon)$と$\sin(\theta_0+\epsilon)$を近似すると，

$$\cos(\theta_0+\epsilon) \approx \cos\theta_0 - \epsilon\sin\theta_0, \quad \sin(\theta_0+\epsilon) \approx \sin\theta_0 + \epsilon\cos\theta_0 \tag{7.77}$$

となる。そして運動方程式（7.73）は，次のようになる。

$$\begin{aligned}\ddot{\theta} &= [\omega^2\cos(\theta_0+\epsilon) - g/R]\sin(\theta_0+\epsilon) \qquad [\theta\text{が}\theta_0\text{付近}] \\ &= [\omega^2\cos\theta_0 - \epsilon\omega^2\sin\theta_0 - g/R][\sin\theta_0 + \epsilon\cos\theta_0] \end{aligned} \tag{7.78}$$

（7.76）により最初のかぎ括弧内の第 1 項と第 3 項は打ち消しあい，中間項$-\epsilon\omega^2\sin\theta_0$だけが残る。$\epsilon$の最も低いオーダーの観点から，第 2 括弧の第 2 項を落とすことができ，また$\ddot{\theta}$は$\ddot{\epsilon}$と同じなので，

$$\ddot{\epsilon} = -\epsilon\omega^2\sin^2\theta_0 = -\Omega'^2\epsilon \tag{7.79}$$

となる。ここで第 2 の等式は，角振動数を$\Omega' = \omega\sin\theta_0$と定義するか，または（7.76）を用いて

$$\Omega' = \sqrt{\omega^2 - \left(\frac{g}{\omega R}\right)^2} \tag{7.80}$$

と定義することで得られる（問題 7.26 参照）。（7.79）は単振動の式であるので，パラメータϵはゼロのまわりで振動し，ビーズ自体は角振動数Ω'で平衡位置θ_0を中心に振動する。

7.6 一般化運動量とイグノラブルな座標

すでに述べたように，一般化座標$q_i(i=1,\cdots,n)$を持つ任意の系に対して，n個の量$\partial\mathcal{L}/\partial q_i = F_i$を一般化力といい，$\partial\mathcal{L}/\partial\dot{q}_i = p_i$を一般化運動量という。この用語のもとでは，ラグランジュ方程式

$$\frac{\partial\mathcal{L}}{\partial q_i} = \frac{d}{dt}\frac{\partial\mathcal{L}}{\partial\dot{q}_i} \tag{7.81}$$

は，次のように書き換えることができる。

$$F_i = \frac{d}{dt} p_i \tag{7.82}$$

すなわち，一般化力は一般化運動量の変化率である。特にラグランジアンが特定の座標q_iから独立している場合は$F_i = \partial \mathcal{L}/\partial q_i = 0$であり，対応する一般化運動量$\pi$は一定である。

たとえば，単一の投射体が重力のみを受けるとする。位置エネルギーは$U = mgz$（垂直上に測定された直交座標zを使用する場合）であり，ラグランジアンは以下のようになる。

$$\mathcal{L} = \mathcal{L}(x, y, z, \dot{x}, \dot{y}, \dot{z}) = \frac{1}{2} m(\dot{x}^2 + \dot{y}^2 + \dot{z}^2) - mgz \tag{7.83}$$

直交座標に関しては，一般化力は通常の力（$\partial \mathcal{L}/\partial x = -\partial U/\partial x = F_x$など）に過ぎず，一般化運動量は通常の運動量（$\partial \mathcal{L}/\partial \dot{x} = m\dot{x} = p_x$など）に過ぎない。$\mathcal{L}$は$x, y$から独立しているので，先に述べたように成分$p_x, p_y$は定数である。

一般に一般化力および一般化運動量は，通常の力および運動量と同じではない。たとえば（7.25）と（7.26）において，2 次元極座標では一般化力のϕ成分はトルクであり，一般化運動量のϕ成分は角運動量であった。いずれにしてもラグランジアンが座標q_iから独立しているとき，対応する一般化運動量は保存される。したがって 2 次元粒子のラグランジアンがϕとは無関係であれば，粒子の角運動量は保存される。これはもう 1 つの重要な結果である（ニュートン形式の観点からも明らかである）。ラグランジアンが座標q_iから独立しているとき，その座標は**イグノラブル**，または**サイクリック**であると呼ばれる。明らかに可能な限り多くのものがイグノラブルとなり，対応する運動量が一定になるように座標を選択することは，良い考えである。これはおそらく，与えられた問題に対して一般化座標を選択する際の主な基準となる。可能な限り多くの座標をイグノラブルにしてみてほしい。

直前の 3 つの段落の結果を，「$\mathcal{L}$は座標q_iとは独立である」が「q_iが変化しても$\mathcal{L}$は変化しないまたは不変である（ただし他のすべてのq_jは固定されている）」と同等であることを使って，言い換えることができる。つまり$\mathcal{L}$が座標q_iの変化の下で不変である場合，対応する一般化運動量p_iは保存される。$\mathcal{L}$の不変性とある種の保存則との間のこの関係は，（並進・回転などの）変換の下での不変性を保存則に関連付けるいくつかの同様の結果の最初のものである。 これらの結果は，ドイツの数学者エミー・ネーター（1882-1935）にちなんで，**ネーターの定理**と呼ばれる。第 7.8 節で，この重要な定理に戻ることになる。

7.7 結論

ラグランジュ形式の古典力学は 2 つの重要な利点を持っている。つまりニュートン形式とは異なり，すべての座標系で同じように機能する。また拘束系を簡単に処理できるため，拘束力を議論する必要がない。系が拘束されている場合，適切な独立した一般化座標の組を選択しなければならない。拘束があるかどうかにかかわらず，次にやるべきことは選択された座標でラグランジアン$\mathcal{L}$を書き下すことである。運動方程式は自動的に標準形式に従う。

$$\frac{\partial\mathcal{L}}{\partial q_i}=\frac{d}{dt}\frac{\partial\mathcal{L}}{\partial\dot{q}_i}\qquad[i=1,\cdots,n]$$

もちろん得られた方程式が解けるという保証はなく，ほとんどの実際の問題ではそうではなく，数値解または解析的に解くには少なくとも近似が必要である。

7.5 項の例のように，ほどほどに複雑な問題であってもラグランジュ形式によって運動方程式を求めることは，ニュートンの第 2 法則を用いるよりもはるかに簡単である。ただし一部の純粋主義者は，ラグランジュの方法が余りにも物事を容易にし，物理学について考える必要性を排除することに反対するであろう。

ラグランジュ形式は，これまで考えられていたよりも一般的な系を含むように拡張することができる。1 つの重要な例は磁力が重要となる場合であるが，これは第 7.9 節で取り上げる。摩擦や空気抵抗などの散逸力が含まれることもあるが，ラグランジュ形式は散逸力がないか，少なくとも無視できる問題に主に適していることを認めなければならない。

この章の最後の 3 節では，3 つの高度な主題が扱われる。これらすべての主題はラグランジュ力学にとって重要であるが，これらは初読の際には省略してもよい。7.8 節では，特定の変換の下での不変性と保存則との間の顕著な関連性についての 2 つの例を挙げる。ネーターの定理として知られているこの関係は，現代物理学のすべての分野において重要であるが，特に量子物理学において重要である。7.9 節では，ラグランジュ力学に磁力を含める方法について議論する。これは量子論において，非常に重要なテーマである。最後に 7.10 節で，ラグランジュの未定乗数法を紹介する。この技法は物理学の多くの分野でさまざまな形で現れるが，ここではラグランジュ力学の簡単な例に限定する。これらの最後の3節は，それぞれが自己完結しており独立している。読者はそれらのすべてを選択，またはすべてを選択しないとしてもよいし，いくつかを選択してもよい。

7.8　保存則の詳細*

*この節の内容は前節よりも進んだものとなっており，初読の際には省略してもかまわない。ただし第11.5節と第13章を読む際には，ここで説明する内容を理解している必要があることに注意してほしい。

この節では，運動量とエネルギーの保存法がラグランジュ形式にどのように適合するかを議論する。ラグランジュ形式はニュートンの方程式から導かれたため，ニュートン力学に基づいた保存則についてわかっていることは，当然ラグランジュ力学にも当てはまる。それにもかかわらず，ラグランジュ形式の観点から保存則を調べることで，いくつかの新しい洞察を得ることができる。さらに最近の多くの研究では，ラグランジュの定式化（たとえばハミルトンの原理に基づく）を出発点としている。そのため，ラグランジュ形式の枠組みのなかで保存則について何が言えるのかを知ることは重要である。

全運動量の保存

ニュートン力学から，N個の粒子からなる孤立系の運動量は保存されていることはすでに分かっているが，ラグランジュの観点からこの重要な性質を調べよう。孤立系の最も顕著な特徴の1つは，並進不変性を持つことである。すなわちN個の粒子すべてを同じ変位$\boldsymbol{\epsilon}$だけ移動させても，系に関する物理的に重要な事柄は何も変わらないはずである。これを図7.10に示す。ここでは，固定変位$\boldsymbol{\epsilon}$による系全体の移動の効果は，すべての位置$\mathbf{r}_\alpha$を$\mathbf{r}_\alpha+\boldsymbol{\epsilon}$にすることである。

$$\mathbf{r}_1 \to \mathbf{r}_1+\boldsymbol{\epsilon},\quad \mathbf{r}_2 \to \mathbf{r}_2+\boldsymbol{\epsilon},\quad \cdots,\quad \mathbf{r}_N \to \mathbf{r}_N+\boldsymbol{\epsilon} \tag{7.84}$$

特に位置エネルギーは，この変位によって影響を受けてはならないので

$$U(\mathbf{r}_1+\boldsymbol{\epsilon},\mathbf{r}_2+\boldsymbol{\epsilon},\cdots,\mathbf{r}_N+\boldsymbol{\epsilon},t)=U(\mathbf{r}_1,\mathbf{r}_2,\cdots,\mathbf{r}_N,t) \tag{7.85}$$

である。またはより簡潔に

$$\delta U = 0$$

と書けるが，ここでδUは並進運動（7. 84）の下でのUの変化を表す。明らかに速度は並進運動（7. 84）によって変わらない。(すべての$\mathbf{r}_\alpha$に定数$\boldsymbol{\epsilon}$を加えても$\dot{\mathbf{r}}_\alpha$は変わらない)。したがって(7. 84)の変換の下で$\delta T=0$であり，

$$\delta\mathcal{L}=0 \qquad (7.86)$$

である。この結果は，任意の変位$\boldsymbol{\epsilon}$に対して当てはまる。微小変位をx方向に選択するとx座標$x_1,\cdots,x_N$はϵ増加し，y,z座標は変化しない。この変換においては，$\mathcal{L}$の変化は以下のようになる。

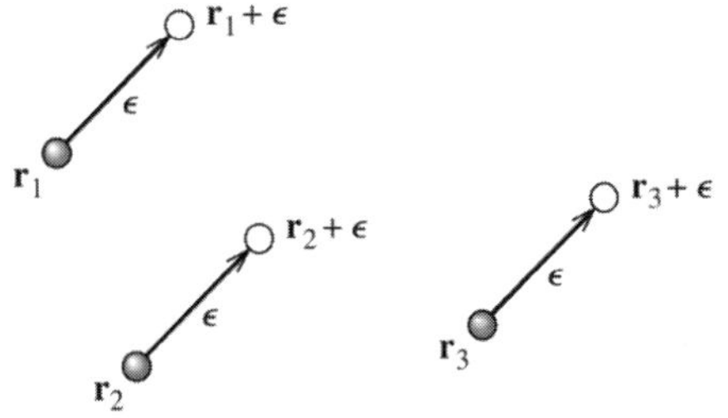

図 7.10 N個の粒子の孤立系は並進不変であり，これはすべての粒子が同じ変位で動かされたとき，物理的に有意な変化はないことを意味している。

$$\delta\mathcal{L}=\epsilon\frac{\partial\mathcal{L}}{\partial x_1}+\cdots+\epsilon\frac{\partial\mathcal{L}}{\partial x_N}=0$$

これは以下のように書ける。

$$\sum_{\alpha=1}^{N}\frac{\partial\mathcal{L}}{\partial x_\alpha}=0 \qquad (7.87)$$

ラグランジュ方程式を使って，各微分を次のように書き直すことができる。

$$\frac{\partial\mathcal{L}}{\partial x_\alpha}=\frac{d}{dt}\frac{\partial\mathcal{L}}{\partial\dot{x}_\alpha}=\frac{d}{dt}p_{\alpha x}$$

ここで$p_{\alpha x}$は粒子αの運動量のx成分である。したがって（7.87）は次のようになる。

$$\sum_{\alpha=1}^{N}\frac{d}{dt}p_{\alpha x}=\frac{d}{dt}P_x=0$$

ここでP_xは，全運動量$\mathbf{P}=\sum_\alpha \boldsymbol{p}_{\boldsymbol{\alpha}}$の$x$成分である。微小変位$\boldsymbol{\epsilon}$を$y$方向と$z$方向に引き続き選ぶことによって，$y$成分と$z$成分について同じ結果を証明することができる。以上によりラグランジアンが並進（7.84）によって変化しない場合，N粒子系の運動量は保存される。$\mathcal{L}$の並進不変性と全運動量の保存との間のこの関係は，ネーターの定理のもう１つの例である。

エネルギーの保存

最後にラグランジュ形式の観点から，エネルギー保存について議論をする。この分析はやや複雑であるが，より高度な概念，特にハミルトン形式（第 13 章）において必要とされる重要な多くの概念を紹介していく。

時間が進むにつれて，関数$\mathcal{L}(q_1,\cdots,q_n,\dot{q}_1,\cdots,\dot{q}_n,t)$は$t$が変化すること，および系の進化によって$q$と$\dot{q}$が変化することの両方の影響により変化する。したがってチェーンルールによって，

$$\frac{d}{dt}\mathcal{L}(q_1,\cdots,q_n,\dot{q}_1,\cdots,\dot{q}_n,t)=\sum_i\frac{\partial\mathcal{L}}{\partial q_i}\dot{q}_i+\sum_i\frac{\partial\mathcal{L}}{\partial\dot{q}_i}\ddot{q}_i+\frac{\partial\mathcal{L}}{\partial t} \tag{7.88}$$

となる。ラグランジュ方程式によって，右辺の最初の和の微分係数を以下で置き換える。

$$\frac{\partial\mathcal{L}}{\partial q_i}=\frac{d}{dt}\frac{\partial\mathcal{L}}{\partial\dot{q}_i}=\frac{d}{dt}p_i=\dot{p}_i$$

一方（7.88）の右辺の 2 番目の和の中の微分は，一般化運動量p_iである。したがって，（7.88）は次のように書き換えることができる。

$$\frac{d}{dt}\mathcal{L}=\sum_i(\dot{p}_i\dot{q}_i+p_i\ddot{q}_i)+\frac{\partial\mathcal{L}}{\partial t}$$

$$=\frac{d}{dt}\sum_i(p_i\dot{q}_i)+\frac{\partial\mathcal{L}}{\partial t} \tag{7.89}$$

興味深い系の多くは，ラグランジアンは明示的に時間に依存しない。すなわち，$\partial\mathcal{L}/\partial t=0$である。この場合，（7.89）の右辺の第 2 項は消える。（7.89）の左辺を右辺に動かすと，$\sum p_i\dot{q}_i-\mathcal{L}$の時間微分はゼロであることがわかる。この量は極めて重要であるため，それ自体の記号があり，系の**ハミルトニアン**と呼ばれている。

$$\mathcal{H}=\sum_{i=0}^{n}p_i\dot{q}_i-\mathcal{L} \tag{7.90}$$

この用語を使用すると，次の重要な結論を述べることができる。

> ラグランジアン$\mathcal{L}$が時間に明示的に依存しない場合（すなわち$\partial\mathcal{L}/\partial t=0$），ハミルトニアン$\mathcal{H}$は保存される。

保存則の発見は重大なでき事であり，そのためハミルトニアンは重要な量であることを正当化するのに十分である。実際，事態はこれよりもはるかに進んでいる。第 13 章で見るように，$\mathcal{L}$がラグランジュ形式の基礎であるのと同じように，ハミルトニアン$\mathcal{H}$はハミルトン形式の基礎である。

現時点では，新たに導入されたハミルトニアンの主な重要性は，系の全エネルギーであるということである。具体的には，一般化座標と直交座標との間の関係が時間に依存しないこと，つまり

$$\mathbf{r}_\alpha = \mathbf{r}_\alpha(q_1, \cdots, q_n) \tag{7.91}$$

を条件とすると，ハミルトニアン$\mathcal{H}$は全エネルギーとなる。

$$\mathcal{H} = T + U \tag{7.92}$$

7.3 節において，(7.91) を満足する一般化座標を自然であるとしたことを思い出してほしい。したがって (7.92) を，一般化座標が自然であれば$\mathcal{H}$は全エネルギー$T + U$である，と言い換えることができる。これを証明するために，全運動エネルギー$T = \frac{1}{2}\sum_\alpha m_\alpha \dot{\mathbf{r}}_\alpha^2$を，一般化座標$q_1, \cdots, q_n$で表すことを考える。まず (7.91) を$t$に関して微分し，チェーンルールを使用すると[12],

$$\dot{\mathbf{r}}_\alpha = \sum_{i=1}^n \frac{\partial \mathbf{r}_\alpha}{\partial q_i} \dot{q}_i \tag{7.93}$$

この方程式それ自身のスカラー積を作ると，以下を得る。

$$\dot{\mathbf{r}}_\alpha^2 = \sum_j \left(\frac{\partial \mathbf{r}_\alpha}{\partial q_j} \dot{q}_j\right) \cdot \sum_k \left(\frac{\partial \mathbf{r}_\alpha}{\partial q_k} \dot{q}_k\right)$$

今後の混乱を避けるために，和の指標をjとkと改名した。今や運動エネルギーは 3 項の和として与えられて，これを以下のように書くことができる[13]。

$$T = \frac{1}{2}\sum_\alpha m_\alpha \dot{\mathbf{r}}_\alpha^2 = \frac{1}{2}\sum_{j,k} A_{jk} \dot{q}_j \dot{q}_k \tag{7.94}$$

ここでA_{jk}は，以下の和の省略形である。

$$A_{jk} = A_{jk}(q_1, \cdots, q_n) = \sum_\alpha m_\alpha \left(\frac{\partial \mathbf{r}_\alpha}{\partial q_j}\right) \cdot \left(\frac{\partial \mathbf{r}_\alpha}{\partial q_k}\right) \tag{7.95}$$

---

12 (7.91) が明示的に時間に依存するならば，この$\dot{\mathbf{r}}_\alpha$に対する 1 つの余分な項，つまり$\frac{\partial \mathbf{r}_\alpha}{\partial t}$が存在するであろう。この余分な項は，$\mathcal{H} = T + U$以下の (7.98) の結論を無効にする。

13 (7.94) は，一般化座標が自然であれば運動エネルギーTは一般化速度$\dot{q}_i$の 2 次の同次関数である，と言い直すことができる。この結果は，今後の議論において重要な役割を果たす。たとえば，11.5 節を参照のこと。

（7.94）を$\dot{q}_i$で微分することによって，一般化運動量p_iを評価することができる（問題 7.45）。

$$p_i = \frac{\partial \mathcal{L}}{\partial \dot{q}_i} = \frac{\partial T}{\partial \dot{q}_i} = \sum_j A_{ij}\dot{q}_j \tag{7.96}$$

ハミルトニアンに関する（7.90）に戻って，右辺の和を次のように書き換える。

$$\sum_i p_i\dot{q}_i = \sum_i\left(\sum_j A_{ij}\dot{q}_j\right)\dot{q}_i = \sum_{i,j} A_{ij}\dot{q}_i\dot{q}_j = 2T \tag{7.97}$$

最後のステップは（7.94）に従った。したがって，

$$\mathcal{H} = \sum_i p_i\dot{q}_i - \mathcal{L} = 2T - (T - U) = T + U \tag{7.98}$$

すなわち直交座標と一般化座標の間の変換が（7.91）のように時間に依存しないなら，ハミルトニアン$\mathcal{H}$は系の全エネルギーとなる。

ラグランジアンが時間と独立しているなら，ハミルトニアンは保存されることは，すでに証明されている。したがってラグランジアンの時間独立性[および条件（7.91）]は，エネルギーの保存を意味することが分かった。$\mathcal{L}$は時間$t \to t + \epsilon$の変換によって変わらないと言うことで，$\mathcal{L}$の時間独立性を言い直すことができる。したがってここで証明した結果は，空間変換の下での$\mathcal{L}$の不変性（$\mathbf{r} \to \mathbf{r} + \boldsymbol{\epsilon}$）が運動量保存に関連するのと同じように，時間変換の下での$\mathcal{L}$の不変性はエネルギー保存に関連するということである。両方の結果とも，ネーターの有名な定理の具体化である。

7.9　磁力に関するラグランジュ方程式*

*この節では，電磁気学におけるスカラーポテンシャルとベクトルポテンシャルの知識が必要である。 ここで説明した考え方は，磁場の量子力学的な取り扱いにおいて重要な役割を果たすが，本書では再度取り上げることはない。

これまでラグランジアンを$\mathcal{L} = T - U$と一貫して定義してきたが，磁場中の荷電粒子など，ラグランジュ法で扱うことができるが$\mathcal{L}$は$T - U$ではない系が存在する。このような系のラグランジアンの定義は何であろうか。これがここで取り組む最初の質問である。

ラグランジアンの定義と非一意性

おそらく力学系のラグランジアンの最も満足できる一般的な定義は，次のとお

りである。

ラグランジアンの一般的定義

一般化座標$q = (q_1, \cdots, q_n)$を持つ与えられた力学系に対して，**ラグランジアン**$\mathcal{L}$は座標・速度の関数$\mathcal{L}(q_1, \cdots, q_n, \dot{q}_1, \cdots, \dot{q}_n, t)$であり，系の正しい運動方程式がラグランジュ方程式

$$\frac{\partial \mathcal{L}}{\partial q_i} = \frac{d}{dt}\frac{\partial \mathcal{L}}{\partial \dot{q}_i} \qquad [i = 1, \cdots, n]$$

となるものである。

言い換えれば，ラグランジアンとは考えている系に対してラグランジュ方程式が正しい答えを与える任意の関数$\mathcal{L}$である。

これまで説明した系においては，古い定義$\mathcal{L} = T - U$はこの新しい定義に明らかに適合する。しかし，新しい定義ははるかに一般的である。特に新しい定義が，唯一のラグランジュ関数を定義していないことは容易にわかる。たとえば 1 次元における 1 つの粒子を考え，この粒子のラグランジアン$\mathcal{L}$を求めたとする。この場合，粒子の運動方程式は次のようになる。

$$\frac{\partial \mathcal{L}}{\partial x} = \frac{d}{dt}\frac{\partial \mathcal{L}}{\partial \dot{x}} \tag{7.99}$$

ここで$f(x, \dot{x})$を，以下を満たす任意関数とする。

$$\frac{\partial f}{\partial x} \equiv \frac{d}{dt}\frac{\partial f}{\partial \dot{x}} \tag{7.100}$$

（たとえば，$f = x\dot{x}$のような関数を考える。）（7.99）の$\mathcal{L}$を

$$\mathcal{L}' = \mathcal{L} + f$$

と置き換えたとき，（7.100）によってラグランジアン$\mathcal{L}'$は$\mathcal{L}$とまったく同じ運動方程式を与える。

ラグランジアンの一意性の欠如は，（物理的な結果を変更することなく，一定の値を加えることができる）位置エネルギーにおけるなじみ深い一意性の欠如に似ているが，より根本的である。重要な点は，正しい運動方程式を与える任意の関数$\mathcal{L}$が，ラグランジアンに必要なすべての特徴（たとえば，積分$\int \mathcal{L}\, dt$は正しい

経路に対して定常である）を持つ，他のどのような関数$\mathcal{L}$であってもよい。与えられた系について，正しい運動方程式に導く関数$\mathcal{L}$を見つけることができれば，それが「正しい」ラグランジアンかどうかを議論する必要はない。運動方程式は，他の考えられるラグランジアンとまったく同じである。

磁場中における荷電粒子のラグランジアン

電場$\mathbf{E}$と磁場$\mathbf{B}$内を移動する粒子（質量m，電荷q）を考えてみよう。粒子に働く力はよく知られているローレンツ力$\mathbf{F} = q(\mathbf{E} + \mathbf{v} \times \mathbf{B})$なので，ニュートンの第 2 法則より以下のようになる。

$$m\ddot{\mathbf{r}} = q(\mathbf{E} + \dot{\mathbf{r}} \times \mathbf{B}) \tag{7.101}$$

ラグランジュ形式を再定式化するためには，3 つのラグランジュ方程式が（7.101）と同じとなる関数$\mathcal{L}$を見つけるだけでよい。これはスカラーポテンシャル$V(\mathbf{r}, t)$とベクトルポテンシャル$\mathbf{A}(\mathbf{r}, t)$を使うことで実現可能であるが，ここで 2 つの場は以下のように書き表すことができる[14]。

$$\mathbf{E} = -\boldsymbol{\nabla} V - \frac{\partial \mathbf{A}}{\partial t}, \qquad \mathbf{B} = \boldsymbol{\nabla} \times \mathbf{A} \tag{7.102}$$

このとき，ラグランジュ関数[15]

$$\mathcal{L}(\mathbf{r}, \dot{\mathbf{r}}, t) = \frac{1}{2}m\dot{\mathbf{r}}^2 - q(V - \dot{\mathbf{r}} \cdot \mathbf{A}) \tag{7.103}$$

$$= \frac{1}{2}m(\dot{x}^2 + \dot{y}^2 + \dot{z}^2) - q(V - \dot{x}A_x - \dot{y}A_y - \dot{z}A_z) \tag{7.104}$$

は，ニュートンの第 2 法則（7.101）を再現するという望ましい特性を有する。これを確認するために，3 つのラグランジュ方程式のうちの最初のものを調べてみよう。

$$\frac{\partial \mathcal{L}}{\partial x} = \frac{d}{dt}\frac{\partial \mathcal{L}}{\partial \dot{x}} \tag{7.105}$$

これが示唆していることを知るためには，提案されたラグランジアン（7.104）

---

14 たとえば，David J. Griffiths 著，『Introduction to Electrodynamics』（Prentice-Hall, 1999），p416-417 を参照のこと。

15 読者がお望みなら，これを$\mathcal{L} = T - U$と書くことはできるが，Uは速度$\dot{\mathbf{r}}$に依存するので通常の PE ではない。Uは「速度に依存する PE」と呼ばれることもあるが，荷電粒子に働く力は$-\boldsymbol{\nabla} U$ではないことに注意すること。

の 2 つの導関数を評価しなければならない。

$$\frac{\partial \mathcal{L}}{\partial x} = -q\left(\frac{\partial V}{\partial x} - \dot{x}\frac{\partial A_x}{\partial x} - \dot{y}\frac{\partial A_y}{\partial x} - \dot{z}\frac{\partial A_z}{\partial x}\right) \tag{7.106}$$

また

$$\frac{\partial \mathcal{L}}{\partial \dot{x}} = m\dot{x} + qA_x$$

である。これをtで微分する際には，$A_x = A_x(x, y, z, t)$であることを思い出す必要がある。tが変化するとx, y, zは粒子とともに変化するが，チェーンルールによって

$$\frac{d}{dt}\frac{\partial \mathcal{L}}{\partial \dot{x}} = m\ddot{x} + q\left(\dot{x}\frac{\partial A_x}{\partial x} + \dot{y}\frac{\partial A_x}{\partial y} + \dot{z}\frac{\partial A_x}{\partial z} + \frac{\partial A_x}{\partial t}\right) \tag{7.107}$$

となる。（7.106）と（7.107）を（7.105）に代入し，$\dot{x}$に関する 2 つの項を消去し並べ替えることで，（提案されたラグランジアンによるx成分の）ラグランジュ方程式は次のようになる。

$$m\ddot{x} = -q\left(\frac{\partial V}{\partial x} + \frac{\partial A_x}{\partial t}\right) + q\dot{y}\left(\frac{\partial A_y}{\partial x} - \frac{\partial A_x}{\partial y}\right) - q\dot{z}\left(\frac{\partial A_x}{\partial z} - \frac{\partial A_z}{\partial x}\right) \tag{7.108}$$

または（7.102）にしたがって，

$$m\ddot{x} = q\left(E_x + \dot{y}B_z - \dot{z}B_y\right) \tag{7.109}$$

となるが，これはニュートンの第 2 法則（7.101）のx成分である。yと z の成分も同じようになるので，提案されたラグランジアン（7.104）によるラグランジュ方程式は，荷電粒子に対するニュートンの第 2 法則と等価であると結論づけることができる。つまり我々は，荷電粒子のニュートンの第 2 法則を，ラグランジアン（7.104）によってラグランジュ形式に再構築することに成功した。

ラグランジアン（7.104）を使うことで，電場や磁場中の荷電粒子に関わる様々な問題を解くことができる（たとえば問題 7.49 を参照）。理論的には，この分析の最も重要な結論は，一般化運動量を評価するときに現れる。たとえば，以下のようになる。

$$p_x = \frac{\partial \mathcal{L}}{\partial \dot{x}} = m\dot{x} + qA_x$$

y, z成分についても同じようになるので，

$$(\text{一般化運動量 } \mathbf{p}) = m\mathbf{v} + q\mathbf{A} \tag{7.110}$$

すなわち一般化運動量は，力学的運動量$m\mathbf{v}$に磁気的な項$q\mathbf{A}$を加えたものである。この結果は磁場中にある荷電粒子の量子論の中心課題であり，そこでは一般化運動量は微分演算子$-i\hbar\nabla$（ここで$\hbar$はプランク定数を2πで割ったものである）に対応することが分かっており，力学的運動量$m\mathbf{v}$の量子論における類似のものは演算子$-i\hbar\nabla - q\mathbf{A}$である。

7.10　ラグランジュの未定乗数法と拘束力*

*ラグランジュの未定乗数法は，物理学の多くの分野で使用されている。しかし本書では再度使用することはないため，連続性を失うことなくこの節を省略することができる。

この節では，ラグランジュの未定乗数法について説明する。この強力な手法は，物理学の様々な領域で応用され，様々な状況で全く異なる様相を見せる。ここではラグランジュ力学への応用のみを扱うが[16]，計算を簡単にするために，議論を1自由度を持つ2次元系に限定する。

ラグランジュ力学の強みの1つが，すべての拘束力を回避できることであることを見てきた。しかし実際に，これらの力を知る必要がある状況が存在する。たとえばジェットコースターの設計者は，どの程度強い軌道を作る必要があるかを知るために，軌道に働く法線方向の力を知る必要がある。この場合，依然としてラグランジュ方程式の修正された形を使用することができるが，手続きはいくぶん異なる。すべてを独立して変化させることができる一般化座標$q_1, \cdots, q_n$を採用することはできない。($q_1, \cdots, q_n$の独立性は，拘束を気にする必要のない標準のラグランジュ方程式では保たれていることを忘れないでほしい。）その代わりに，より多くの座標を用いることで拘束を処理する，ラグランジュの未定乗数法を使用する。

この手法を説明するために，2つの直交する座標x, yのみを持つ系を考えてみよう。この系は，以下の形を持つ**拘束の式**によって制限されているとする[17]。

$$f(x, y) = 一定 \tag{7.111}$$

---

[16] その他の問題への応用については，たとえばMary Boas著,『Mathematical Methods in the Physical Sciences』(Wiley, 1983) の第4章9節，および第9章6節を参照のこと。

[17] いくつかの典型的な拘束がこの形式に当てはまる，という例をこれから見ていく。実際，ホロノミックな制約があることを示すことは，かなり簡単である。

たとえば，1 自由度の単振り子を考える（図 7.2)。これを標準的なラグランジュ法で扱う際には 1 つの一般化座標 ϕ，つまり振り子と垂直との間の角度を使用することで，拘束の議論を避ける。その代わりとして元の直交座標x, yを使用する場合，これらの座標が独立していないことを認識しておく必要がある。拘束は，以下の式を満たす。

$$f(x,y) = \sqrt{x^2 + y^2} = l$$

ここでlは振り子の長さである。ラグランジュの未定乗数法はこの拘束に対応した形でx, yの時間依存性を決定し，棒の張力を求めることを可能にする。2 番目の例として，図 7.6 のアトウッドの器械を考えてみよう。これまでの取り扱いでは，質量m_1の物体の位置である一般化座標xを使用したが，ひもの長さが定数であることが拘束を課すことを理解していれば，その代わりとして座標x, y（両方の物体の位置）を使うことができる。

$$f(x,y) = x + y = \text{一定}$$

ここでもまたラグランジュの未定乗数法はこの拘束に対応し，x, yの時間依存性を導き拘束力，ここではひもの張力，を求める。

新しい方法を打ち立てるために，ハミルトンの原理から始める。ラグランジアンは，$\mathcal{L}(x, \dot{x}, y, \dot{y})$の形を持つ。（$t$についても明示的に依存することが可能であるが，表記を簡略化するためにはそうではないと仮定する。）7.4 節で与えられたハミルトンの原理の証明は，座標が拘束されている場合でも適用される。（実際には拘束がある場合を考慮して設計されている。）したがって，これまでのように作用積分

$$S = \int_{t_1}^{t_2} \mathcal{L}(x, \dot{x}, y, \dot{y})\, dt \tag{7.112}$$

は，実際の経路に沿って積分した場合は定常状態にある。$x(t), y(t)$でこの「正しい」経路を示し，隣接する「間違った」経路への小さな変位を考える。

$$\left.\begin{aligned} x(t) &\to x(t) + \delta x(t) \\ y(t) &\to y(t) + \delta y(t) \end{aligned}\right\} \tag{7.113}$$

変位が拘束に関する方程式と一致していれば，積分 (7.112) は変化せず，$\delta S = 0$である。これを利用するために，δSを微小変位δxとδyに関して書き下す必要がある。

$$\delta S = \int \left(\frac{\partial \mathcal{L}}{\partial x}\delta x + \frac{\partial \mathcal{L}}{\partial \dot{x}}\delta \dot{x} + \frac{\partial \mathcal{L}}{\partial y}\delta y + \frac{\partial \mathcal{L}}{\partial \dot{y}}\delta \dot{y} \right) dt \tag{7.114}$$

第 2 項と第 4 項は部分積分することができ，

$$\delta S = \int \left(\frac{\partial \mathcal{L}}{\partial x} - \frac{d}{dt}\frac{\partial \mathcal{L}}{\partial \dot{x}}\right)\delta x dt + \int \left(\frac{\partial \mathcal{L}}{\partial y} - \frac{d}{dt}\frac{\partial \mathcal{L}}{\partial \dot{y}}\right)\delta y dt = 0 \qquad (7.115)$$

が，拘束と一致する任意の変位δxおよびδyについて成り立つ。

任意の変位に対して（7.115）が成立した場合，x, yに対する 2 つのラグランジュ方程式が成立することを直ちに証明できる。（$\delta y = 0$を選択すると，最初の積分のみが残されるが，これは任意のδxに対して消滅しなければならない。そのためカッコ内の係数はゼロでなければならないが，これはxに関する通常のラグランジュ方程式を意味する。同じ議論が，yに対しても成り立つ。）これは完全に拘束がない場合の，正しい結論である。

しかし拘束が存在する場合，（7.115）は拘束と一致する変位δxおよびδyについてのみ真である。したがって，以下のことが言える。我々が関係するすべての点は$f(x, y) = const$を満たすので，変位（7.113）は$f(x, y)$を変えない。そのため

$$\delta f = \frac{\partial f}{\partial x}\delta x + \frac{\partial f}{\partial y}\delta y = 0 \qquad (7.116)$$

が拘束と矛盾しない任意の変位に対して成立する。これはゼロであるため任意の関数$\lambda(t)$で乗算し，それを積分の値（すなわちゼロ）を変えずに（7.115）の被積分関数に加えることができる。これを**ラグランジュの未定乗数法**という。したがって，以下のようになる。

$$\delta S = \int \left(\frac{\partial \mathcal{L}}{\partial x} + \lambda(t)\frac{\partial f}{\partial x} - \frac{d}{dt}\frac{\partial \mathcal{L}}{\partial \dot{x}}\right)\delta x dt$$

$$+ \int \left(\frac{\partial \mathcal{L}}{\partial y} + \lambda(t)\frac{\partial f}{\partial y} - \frac{d}{dt}\frac{\partial \mathcal{L}}{\partial \dot{y}}\right)\delta y dt \qquad (7.117)$$

ここからが最も巧妙な計算となる。今のところ$\lambda(t)$はtの任意の関数であるが，最初の積分におけるδxの係数がゼロになるように選択することができる。すなわち乗数$\lambda(t)$をうまく選択することにより，系の実際の経路に沿って

$$\frac{\partial \mathcal{L}}{\partial x} + \lambda\frac{\partial f}{\partial x} = \frac{d}{dt}\frac{\partial \mathcal{L}}{\partial \dot{x}} \qquad (7.118)$$

となる。これは2つの修正されたラグランジュ方程式の最初のものであり，通常の方程式に比べ，左辺にλを含む余分項があることのみ異なる。このように選択された乗数の下で，（7.117）の最初の積分はゼロである。したがって（その和がゼロとなるため）2番目の積分もゼロであり，これはδyの任意の選択に対して真である。（この制約は，δxまたはδyを別々に制限しない。つまりδyが選択されるとδxのみが固定される。また，逆も同様である。）したがって，この2番目の積分におけるδyの係数はゼロでなければならず，我々は第2の修正されたラグランジュ方程式を得る。

$$\frac{\partial \mathcal{L}}{\partial y} + \lambda \frac{\partial f}{\partial y} = \frac{d}{dt}\frac{\partial \mathcal{L}}{\partial \dot{y}} \tag{7.119}$$

我々は今や，2つの未知関数$x(t), y(t)$に対する2つの修正されたラグランジュ方程式を手に入れた。この素晴らしい結果は，3番目の未知関数であるラグランジュ乗数$\lambda(t)$を導入した代償として手に入れたものである。3つの未知関数を見つけるには3つの方程式が必要であるが，幸いにも3つ目の方程式がすでに手に入り，それは拘束の式である。

$$f(x, y) = 一定 \tag{7.120}$$

$x(t), y(t)$および乗数$\lambda(t)$を決定するには，少なくとも3つの方程式（7.118），（7.119）および（7.120）で十分である。例をあげて説明する前に，この理論に対する学習をもう少し進める。

これまでのところ，ラグランジュ乗数$\lambda(t)$は問題を解決するために導入された単なる数学的所産に過ぎない。しかし，それは拘束力に密接に関連していることがわかる。このことを見るために，修正されたラグランジュ方程式（7.118）および（7.119）をより詳細に調べることにする。現在議論しているラグランジアンは，

$$\mathcal{L} = \frac{1}{2}m_1\dot{x}^2 + \frac{1}{2}m_2\dot{y}^2 - U(x, y)$$

である。（単振り子のような問題では，x, yは単一の物体の2つの座標であり，ま

た$m_1 = m_2$である。アドウッドの器械のような問題では2つの別々の物体があり，またm_1とm_2は必ずしも等しいわけではない。）このラグランジアンを（7.118）に代入すると，

$$-\frac{\partial U}{\partial x} + \lambda \frac{\partial f}{\partial x} = m_1 \ddot{x} \tag{7.121}$$

となる。ここで左辺の$-\partial U/\partial x$は，非拘束力のx成分である。（Uは非拘束力の位置エネルギーと定義されていることに注意。）右辺の$m_1\ddot{x}$は全体の力のx成分であり，非拘束力と拘束力の和に等しい。したがって，$m_1\ddot{x} = -\partial U/\partial x + F_x^{cstr}$である。（7.121）の両辺から$-\partial U/\partial x$を消去すると，

$$\lambda \frac{\partial f}{\partial x} = F_x^{cstr} \tag{7.122}$$

となり，y成分についても同じような結果を得る。これがラグランジュの未定乗数法の意義である。ラグランジュ乗数$\lambda(t)$を，拘束関数$f(x,y)$の適切な偏微分に乗じることで，対応する拘束力の成分を与える。

これらの手法が実際にどのように働いているのかを知るために，ここで述べたことを使って，アトウッドの器械を調べてみよう。

例 7.8 ラグランジュの未定乗数法を利用したアトウッドの器械

ラグランジュの未定乗数法と，2つの物体の位置を表すx, yを使って，図7.6のアトウッドの器械（ここでは図7.11として示す）を解く。

与えられた座標に対するラグランジアンは

$$\mathcal{L} = T - U = \frac{1}{2}m_1\dot{x}^2 + \frac{1}{2}m_2\dot{y}^2 + m_1 g x + m_2 g y \tag{7.123}$$

であり，拘束の式は，

$$f(x,y) = x + y = const \tag{7.124}$$

である。xに対する修正されたラグランジュ方程式（7.118）は，

$$\frac{\partial \mathcal{L}}{\partial x} + \lambda(t)\frac{\partial f}{\partial x} = \frac{d}{dt}\frac{\partial \mathcal{L}}{\partial \dot{x}} \quad \text{または} \quad m_1 g + \lambda = m_1\ddot{x} \tag{7.125}$$

であり，yについては，

$$\frac{\partial \mathcal{L}}{\partial y} + \lambda(t)\frac{\partial f}{\partial y} = \frac{d}{dt}\frac{\partial \mathcal{L}}{\partial \dot{y}} \quad \text{または} \quad m_2 g + \lambda = m_2\ddot{y} \tag{7.126}$$

である。これらの２つの方程式に拘束の式（7.124）をあわせると，未知数$x(t), y(t)$および$\lambda(t)$は容易に解ける。（7.124）から$\ddot{y} = -\ddot{x}$であり，（7.125）から（7.126）を引いてλを消去すると，以前と同じ結果に到達することができる。

$$\ddot{x} = (m_1 - m_2)g/(m_1 + m_2)$$

２つの修正されたラグランジュ方程式（7.125）と（7.126）をよりよく理解するには，それらを２つのニュートンの方程式と比較するとよい。m_1に対するニュートンの第２法則は

$$m_1 g - F_t = m_1\ddot{x}$$

となる。ここでF_tは糸の張力である。m_2に対するニュートンの第２法則は

$$m_2 g - F_t = m_2\ddot{y}$$

となる。これらは２つのラグランジュ方程式（7.125）と（7.126）と同じであり，ラグランジュ乗数は拘束力であることがわかる。

$$\lambda = -F_t$$

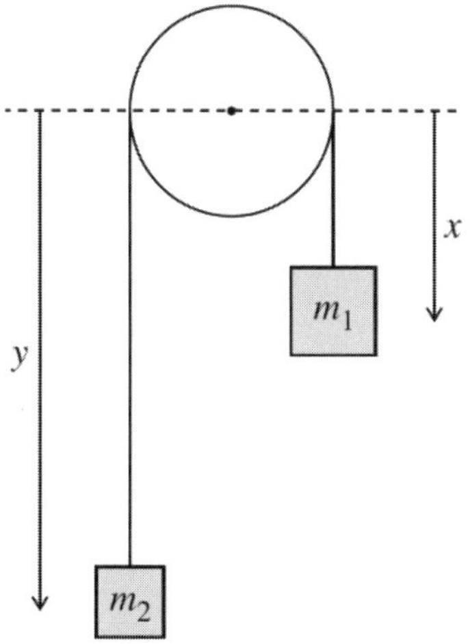

図 7.11 アトウッドの器械

[２つの些細なコメント：負の符号は，座標x, yの両方が下向きに測定され，両方の張力が上向きであるために発生する。一般に（7.122）によれば，拘束力は$\lambda\partial f/\partial x$であるが，このような単純な問題の場合は，$\partial f/\partial x = 1$である。

問題 7.50 から 7.52 において，ラグランジュの未定乗数法の使用例を挙げておく。

第 7 章の主な定義と方程式

ラグランジアン

保存系の**ラグランジアン**$\mathcal{L}$は，以下のように定義される。

$$\mathcal{L} = T - U$$ [式（7.3）]

T, Uはそれぞれ運動エネルギー，および位置エネルギーである。

一般化座標

n個のパラメータ$q_1, \cdots, q_n$が，各粒子の位置$\mathbf{r}_\alpha$を$q_1, \cdots, q_n$（および場合によっては時間t）の関数として表すことができるならば，またはその逆にnが系をこのように記述できる最小の数であるならば，N粒子系の**一般化座標**である。

［（7.34）および（7.35）］

$n < 3N$（3 次元）の場合，系は**拘束されている**と呼ばれる。座標$q_1, \cdots, q_n$は，$\mathbf{r}_\alpha$と$q_1, \cdots, q_n$の関係が時間とは無関係であるなら，**自然**と呼ばれる。系の**自由度**の数は，独立に変化させることが可能な座標の数である。自由度の数が一般化座標の数（ある意味では「正常」状態）に等しい場合，系は**ホロノミック**であると呼ばれる。 [7.3 節]

ラグランジュ方程式

任意のホロノミック系に対して，ニュートンの第 2 法則はn個の**ラグランジュ方程式**に等価である。

$$\frac{\partial \mathcal{L}}{\partial q_i} = \frac{d}{dt}\frac{\partial \mathcal{L}}{\partial \dot{q}_i} \qquad [i = 1, \cdots n]$$ [7.3 および 7.4 節]

なおラグランジュ方程式はハミルトンの原理に等価であるが，この事実をラグランジュ方程式を証明するためだけに使用した。 ［（7.8）］

一般化運動量とイグノラブルな座標

i番目の**一般化運動量**p_iは，以下の微分で定義される。

$$p_i = \frac{\partial \mathcal{L}}{\partial \dot{q}_i}$$

$\partial \mathcal{L}/\partial q_i = 0$ならば座標$q_i$は**イグノラブル**であり，対応する一般化運動量は一定である。［7.6 節］

ハミルトニアン

ハミルトニアンは，次のように定義される。

$$\mathcal{H} = \sum_{i=0}^{n} p_i \dot{q}_i - \mathcal{L} \qquad [(7.90)]$$

$\partial \mathcal{L}/\partial t = 0$ならば，$\mathcal{H}$は保存される。座標$q_1, \cdots, q_n$が自然ならば，$\mathcal{H}$は系のエネルギーとなる。

電磁場内の電荷のラグランジアン

電磁場内における電荷qのラグランジアンは，以下のとおりである。

$$\mathcal{L}(\mathbf{r}, \dot{\mathbf{r}}, t) = \frac{1}{2} m \dot{\mathbf{r}}^2 - q(V - \dot{\mathbf{r}} \cdot \mathbf{A}) \qquad [(7.103)]$$

第 7 章の問題

星印は，最も簡単な（*）ものから難しい（***）ものまでの，おおよその難易度を示している。

7.1 節 非拘束運動におけるラグランジュ方程式

7.1* 鉛直上方向に測定したzを用いて，直交座標(x, y, z)に関して投射体のラグランジアン（空気抵抗なし）を書き下せ。3 つのラグランジュ方程式を見いだし，それらが運動方程式として期待されるものであることを示せ。

7.2* x軸に沿って移動し，$F = -kx$（kは正である）の力を受ける 1 次元粒子のラグランジアンを書き下せ。ラグランジュの運動方程式を見いだし，それを解け。

7.3* 位置エネルギー$U(x, y) = \frac{1}{2} k r^2$（ここで$r^2 = x^2 + y^2$）で，2 次元内を移動する質量$m$の物体を考える。座標$x, y$を使ってラグランジアンを書き下し，2 つのラグランジュの運動方程式を見いだせ。その解について説明せよ。［これは，個々の原子イオンの性質を調べるために使用される 「イオントラップ」内での，イオンの位置エネルギーである。］

7.4* 水平面に対してある角度αで傾斜する摩擦のない平面内を移動する，質量mの物体を考える。斜面上を横切って水平に測定されたx座標と，傾斜下向きに測定されたy座標でラグランジアンを書き下せ。(系を2次元として扱うが，重力の位置エネルギーを含むとする。) 2 つのラグランジュ方程式を見いだし，それらが期待していたものであることを示せ。

7.5* $\nabla f(r,\phi)$の成分を，2 次元極座標で求めよ。［ヒント：微小変位$d\mathbf{r}$の結果としてのスカラーfの変化は，$df = \nabla f \cdot d\mathbf{r}$であることに注意。］

7.6* 位置エネルギー$U(\mathbf{r}_1,\mathbf{r}_2)$を持つ，拘束されていない 3 次元内の 2 つの粒子を考える。(a) ニュートンの第 2 法則を各粒子に適用することによって，得られる 6 つの運動方程式を書き下せ。　(b) ラグランジアン$\mathcal{L}(\mathbf{r}_1,\mathbf{r}_2,\dot{\mathbf{r}}_1,\dot{\mathbf{r}}_2) = T - U$を書き下し，6 つのラグランジュ方程式が (a) の 6 つのニュートン方程式と同じであることを示せ。このことにより，ラグランジュ方程式の妥当性が直交座標で確立され，また次にハミルトンの原理が確立される。後者は座標から独立しているので，このことにより任意の座標系におけるラグランジュ方程式の妥当性が証明される。

7.7* N個の粒子が 3 次元内で拘束されずに動くという条件下で，問題 7.6 を解け。(この場合，$3N$個の運動方程式が存在する。)

7.8** (a) 等質量の 2 つの粒子$m_1 = m_2 = m$がx軸に拘束され，位置エネルギー$U = \frac{1}{2}kx^2$のばねでつながれた系に対するラグランジアン$\mathcal{L}(x_1,x_2,\dot{x}_1,\dot{x}_2)$を書き下せ。[ここで$x$はばねの伸びた長さ$x = (x_1 - x_2 - l)$，$l$はばねの伸びのない長さであり，物体 1 は常に物体 2 の右にとどまると仮定する。　(b)$\mathcal{L}$を新しい変数$X = \frac{1}{2}(x_1 + x_2)$ (CM の位置) とx (ばねの伸びた長さ) で表し，Xとxの 2 つのラグランジュ方程式を書き下せ。　(c) $X(t), x(t)$を解き，運動の様子を説明せよ。

7.3 節 一般的な拘束系

7.9* 中心 O がxy平面内にある半径Rの剛体の円形滑車に吊るされたビーズを考え，2 次元極座標の角度ϕをビーズの位置を表す 1 つの一般化座標として使用する。直交座標(x,y)をϕで表す方程式と，一般化座標ϕを(x,y)で表す方程式を書き下せ。

7.10* 粒子は円錐 (軸がz軸上で頂点が原点にあり，下方を向いており，その半角がα) の表面上を移動するように制限されている。粒子の位置は2つの一般化座標で指定できるが，それらの候補として円柱極座標(ρ,ϕ)を選択できる。粒子の 3 つの直交座標を，一般化座標(ρ,ϕ)で与えよ。またその逆の式も書き下せ。

7.11** 列車の中に吊り下げられた，図 7.4 の振り子を考えてみよう。車両が前後に振動していると仮定すると，振り子が吊るされている点は位置$x_s = A\cos\omega t,\ y_s = 0$となる。一般化座標として$\phi$を使い，おもりの直交座標を与える方程式を$\phi$で与えよ。また，その逆を表す式を書き下せ。

7.4 節 拘束がある場合のラグランジュ方程式の証明

7.12* この章で論じた形のラグランジュ方程式は，力（少なくとも非拘束力）が位置エネルギーから導かれる場合にのみ有効である。摩擦などの力を含むように修正する方法を知るためには，次の点を考慮する必要がある。1 次元の単一粒子は，様々な保存力（保存力 $= F = -\partial U/\partial x$）と非保存力（それを$F_{fric}$と呼ぶ）からの力を受けている。ラグランジアンを$\mathcal{L} = T - U$と定義し，適切な修正がおこなわれると以下のようになることを示せ。

$$\frac{\partial \mathcal{L}}{\partial x} + F_{fric} = \frac{d}{dt}\frac{\partial \mathcal{L}}{\partial \dot{x}}$$

7.13** 7.4 節[方程式（7.41）～（7.51）]では，2 次元面上を動くように拘束された単一粒子のラグランジュ方程式が成立することを証明した。同じ手順を繰り返し，さまざまな不特定の拘束を受ける 2 粒子系についてのラグランジュ方程式が成立することを証明せよ。[ヒント：粒子 1 に働く力は，全拘束力F_1^{cstr}と非拘束力F_1の合計であり，同様のことが粒子 2 についても成り立つ。拘束力には多くのもの（面の法線力，粒子間を結びつけているひもなど）があるが，拘束力と矛盾しない変位に対して拘束力によっておこなわれる仕事がゼロであることは，常に正しい。これは拘束力が持つ特性である。一方，非拘束力は位置エネルギー$U(\boldsymbol{r}_1, \boldsymbol{r}_2, t)$から導出可能，つまり$\mathbf{F}_1 = -\nabla U_1$であり粒子 2 についても同様であることは明らかである。$\mathbf{r}_1(t), \mathbf{r}_2(t)$によって与えられる正しい経路に対する積分と$\mathbf{r}_1(t) + \boldsymbol{\epsilon}_1(t)$，$\mathbf{r}_2(t) + \boldsymbol{\epsilon}_2(t)$によって与えられる近くの任意の誤った経路に対する積分との間の差異δSを書き下せ。7.4 節と同じようにして，δSが（7.49）に類似した積分によって与えられ，これが拘束力の特性によってゼロであることを示すことができる。]

7.5 節 ラグランジュ方程式の例

7.14* 図 7.12 は，ヨーヨーの大まかなモデルを表している。質量のないひもが固定点から垂直に吊るされ，他端は質量m，半径Rの均一な円柱のまわりに数回巻き付けられている。円柱から手を離すと円柱は鉛直に動き，ひもがほどける方向に回転する。一般化座標として距離xを使い，ラグランジアンを書き下せ。ラグランジュの運動方程式を見いだし，円柱が$\ddot{x} = 2g/3$で下向きに加速することを示せ。[ヒント：読者は入門物理学の授業から，ヨーヨーのような物体の全運動エネルギーは$T = \frac{1}{2}mv^2 + \frac{1}{2}I\omega^2$であることを知っている必要がある。ここで$v$は質量中心の速度，$I$は慣性モーメント（均一の円柱の場合は$I = \frac{1}{2}mR^2$）であり，$\omega$は CM のまわりの角速度であ

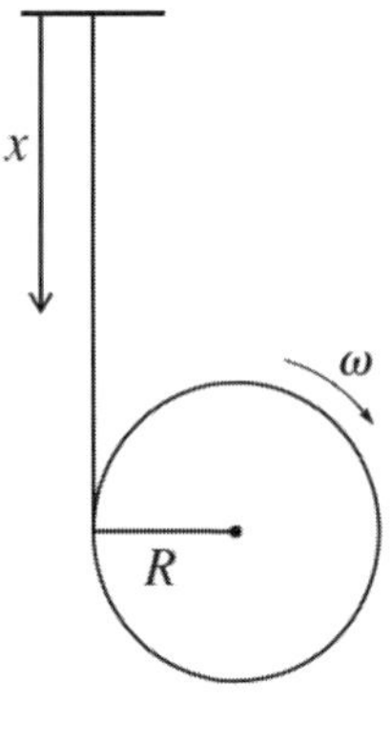

図 7.12 問題 7.14 の図

る。またωを$\dot{x}$で表すことができる。]

7.15* 質量m_1の物体が，摩擦のない水平の台の上に静止しており，質量のないひもに取り付けられている。このひもはテーブルの端まで水平に続き，そこで質量と摩擦のない滑車を通過し，垂直に垂れ下がっている。そして 2 番目の質量m_2の物体が，ひもの下端に取り付けられている。系のラグランジアンを書き下せ。ラグランジュの運動方程式を求め，それを用いて物体の加速度を求めよ。なお一般化座標として，テーブルから下方に測った 2 番目の物体までの距離xを使用すること。

7.16* 水平から仰角αの傾斜面を，まっすぐに滑らずに転がる円柱（質量m，半径R，慣性モーメントI）のラグランジアンを書き下せ。一般化座標として，出発点から真下に地面まで測った円柱までの距離xを使用せよ。ラグランジュ方程式を書き下し，円柱の加速度$\ddot{x}$を求めよ。$T = \frac{1}{2}mv^2 + \frac{1}{2}I\omega^2$であることに注意せよ。ここで$v$は質量中心の速度，$\omega$は角速度である。

7.17* ラグランジュの方法を用いて，滑車の慣性モーメント Iの影響を含む，例 7.3 のアトウッドの器械（288 ページ）の加速度を求めよ。（滑車の運動エネルギーは$\frac{1}{2}I\omega^2$であり，ωはその角速度である）。

7.18* 質量mの物体が，質量のないひもで吊り下げられている。ひもの他端は，固定された水平軸を中心に自由に回転する，半径Rと慣性モーメントIの水平な円柱に数回巻きつけられている。適切な座標を使用して，ラグランジアンとラグランジュの運動方程式を書き下し，質量mの物体の加速度を求めよ。［回転する円柱の運動エネルギーは$\frac{1}{2}I\omega^2$である。］

7.19* 例 7.5（292 ページ）では，2 つの加速度は（7.66）と（7.67）で与えらる。$M \to 0$の極限で，ブロックの加速度が正しく与えられていることを確認せよ。［テーブルに対するブロックの加速度の成分を求める必要がある。］

7.20* 滑らかなワイヤが，円柱極座標$\rho = R$および$z = \lambda\phi$，（ここでRおよびλは定数であり，z軸は垂直上向き，および重力は垂直下向き）を持つらせん形に曲げられる。一般化座標としてzを使用して，ワイヤ上の質量mのビーズのラグランジアンを書き下せ。ラグランジュ方程式を求め，ビーズの垂直方向の加速度$\ddot{z}$を求めよ。$R \to 0$の極限で，$\ddot{z}$はどうなるか。それは理にかなっているか。

7.21* 長い摩擦のない棒の中心が原点に固定され，棒は一定の角速度ωで水平面内で強制的に回転させられている。一般化座標としてrを使用し，棒にはめ込まれた質量mのビーズのラグランジアンを書き下せ。ここでr, ϕはビーズの極座標である。（ϕは$\phi = \omega t$のように棒の回転によって決められるので，ϕは独立変数ではないことに注意すること。）$r(t)$に対するラグランジュ方程式を解け。ビーズが最初に原点で静止している場合は，どうなるだろうか。もしビーズが任意の点$r_0 > 0$から手を離された場合，$r(t)$は最終的に指数関数的に増加することを示せ。その結果を，遠心力$m\omega^2 r$を使って説明せよ。

7.22* 角度ϕを一般化座標として使用し，一定加速度aで上方に加速しているエレベータの天井から吊り下げられた，長さlの単振り子のラグランジアンを書き下せ。(Tを書き下す際には注意が必要である。おそらくおもりの速度を成分形式で書くのが最も安全であろう。)ラグランジュの運動方程式を求め，それがgを$g + a$に置き換えた場合の通常の非加速的振り子と同じであることを示せ。特に微小振動に対する角振動数は$(g + a)/l$であることも示せ。

7.23* 大きな台車内のレールに，小さな台車（質量m）が取り付けられている。これらの2つの台車は，小さな台車が大きな台車の中央点で平衡状態になるように，ばね（ばね定数k）によって取り付けられている。小さな台車の平衡からの距離はxで，地上の固定点からの大きな台車の距離はXである（図 7.13 参照）。Aとωの両方を固定して，大きな台車を$X = A\cos\omega t$となるように強制的に振動させた。小さな台車の動きを知るためにラグランジアンを決め，ラグランジュ方程式が次の形となることを示せ。

$$\ddot{x} + \omega_0^2 x = B\cos\omega t$$

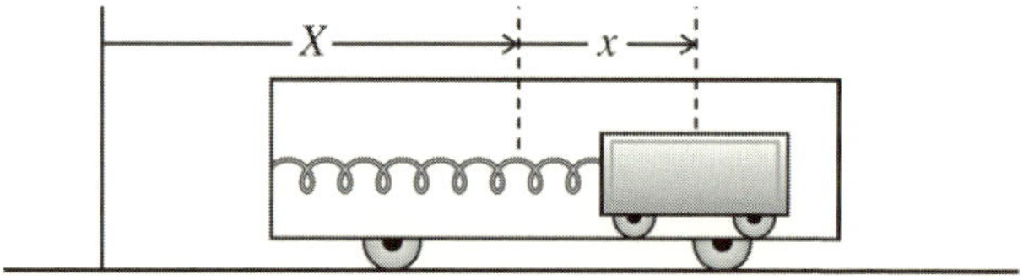

図 7.13 問題 7.23 の図

ここでω_0は固有角振動数$\omega_0 = \sqrt{k/m}$で，Bは定数である。（減衰を無視していることを除いて）これは5.5節の（5.57）で想定されている駆動型振動の形式となっている。したがってここで説明した系は，そこで議論された運動を実現するための1つの方法である。(大きな台車に糖蜜を充填すれば，減衰を引き起こすことが可能である。)

7.24* 例 7.3（288ページ）で，アトウッドの器械の加速度が$\ddot{x} = (m_1 - m_2)g/(m_1 + m_2)$であることがわかった。系に働く有効力は$(m_1 - m_2)g$であり，有効質量は$(m_1 + m_2)$であるので，この結果は「明白」であると主張されることがある。明らかに，このことはそれほど明白ではないが，ラグランジュ法を用いると極めて自然に出てくる。ラグランジュ方程式は，以下のように考えることができることを思い出してほしい[（7.17）]。

（一般化力）=（一般化運動量の変化率）

アトウッドの器械の一般化力は$(m_1 - m_2)g$であり，一般化運動量が$(m_1 + m_2)\dot{x}$であることを示せ。またそのことについて説明せよ。

7.25* 中心力$\mathbf{F} = -kr^n\hat{\mathbf{r}}$（ただし$n \neq -1$）の位置エネルギーは，$U$のゼロ点を適切に選ぶと$U = kr^{n+1}/(n+1)$であることを証明せよ。特に$n = 1$の場合，$\mathbf{F} = -k\hat{\mathbf{r}}$，$U = \frac{1}{2}kr^2$となる。

7.26* 例 7.7（299 ページ）では，滑車上のビーズが安定した平衡点のいずれかで小さな振動を起こすことがわかった。（7.79）で定義された角振動数Ω'が，（7.80）で要求される$\sqrt{\omega^2-(g/\omega R)^2}$に等しいことを確認せよ。

7.27** 以下のような構成の，2 重アトウッドの器械を考えてみよう。摩擦のない軸に取り付けられた質量のない滑車に通されたひもから，質量$4m$の物体が吊り下げられている。ひもの他端は第 2 の類似の滑車が吊り下げられ，その一方の端に$3m$，他方の端にmの物体が吊り下げられている。適切な 2 つの一般化座標を使用してラグランジアンを設定し，ラグランジュ方程式を使用して，系から手を離したときの質量$4m$の物体の加速度を求めよ。第 1 の滑車が両側に同じ重量を吊り下げられていても，回転する理由を説明せよ。

7.28** 例題 7.6（294 ページ）に対して，いくつかの点を確認する必要がある。（a）滑車と共に回転する非慣性系の視点から，ビーズは（ワイヤの法線力である拘束力に加えて）重力と遠心力$m\omega^2\rho$の影響を受ける。（7.71）で与えられる平衡点において，これら 2 つの力の接線成分が互いに釣り合うことを確認せよ。（自由物体図が役に立つであろう。）（b）頂点の平衡点（$\theta=\pi$）が，不安定であることを確認せよ。（c）（7.71）によって与えられる第 2 の平衡点（θが負で左側にあるもの）が，安定していることを確かめよ。

7.29** 図 7.14 は，一定の角速度ωで回転する車輪の端部（中心O，半径R）に支持点Pが取り付けられた単振り子（質量m，長さl）を示している。$t=0$において，点PはOの右側にある。ラグランジアンを書き下し，角度ϕの運動方程式を求めよ。[ヒント：運動エネルギーTを書き下せ。速度を正しく求める安全な方法は，時間tにおけるおもりの位置を書き下してから微分することである。]$\omega=0$という特殊な場合において，答えが正しいことを確認せよ。

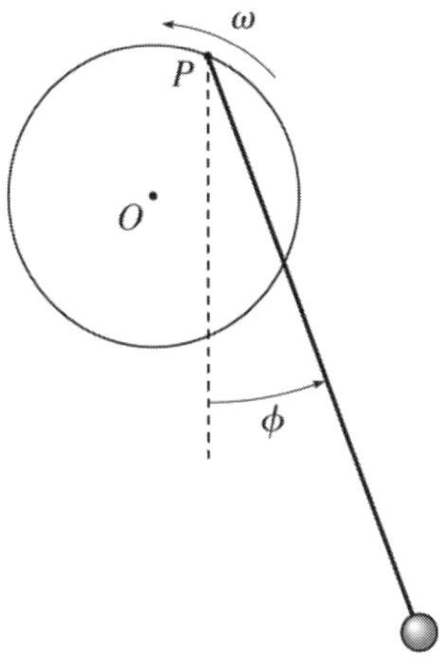

図 7.14 問題 7.29 の図

7.30** 図 7.4 の振り子を，一定の加速度aで強制的に加速されている列車の中に吊り下げることを考える。(a) 角度ϕに対する，系のラグランジアンと運動方程式を書き下せ。(5.11) で使用したのと同様の方法を使い，$\sin\phi$と$\cos\phi$の組み合わせを$\sin(\phi+\beta)$の倍数として書け。（b）列車が加速した場合，（列車に対して）振り子が一定となる平衡角ϕを求めよ。運動方程式を使用し，この平衡角が安定していることを示せ。この平衡角からの，微小振動に対する角振動数を求めよ。(第 9 章ではこの問題を解くための極めて巧みな方法を見ることになるが，ラグランジュ法は答えに真っすぐたどり着く道を与える)。

7.31** 図 7.15 に示すように，ばね定数kのばねの端に取り付けられた台車（質量m）から，単振り子（質量M，長さL）がぶら下げられている。（a）ラグランジアンを 2 つの一般化座標x,ϕを用いて書き下せ。ここでxは，平衡長さからのばねの伸びである。（問題 7.29 のヒントを読むこと。）2 つのラグランジュ方程式を求めよ。（警告：それらはかなり複雑である。） （b）x,ϕの両方が小さいとして，方程式を簡略化せよ。（それらは依然として，かなり複雑である。特にそれらがまだ結合している，つまり各方程式には両方の変数が含まれていることに注意してほしい。第 11 章で，これらの方程式を解く方法を学習する。特に問題 11.19 を参照すること。）

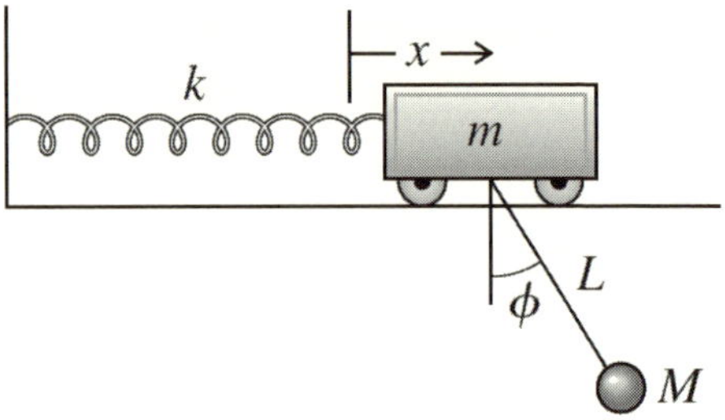

図 7.15 問題 7.31 の図

7.32** 例 4.7（146 ページ）で用いた，円柱上で平衡状態にある立方体を考えてみよう。$b < r$と仮定しラグランジュ法を使用して，頂部における微小振動の角振動数を求めよ。このことをおこなうための最も簡単な手順は，ラグランジュ方程式を得るために$\mathcal{L}$を微分する前に小角度近似を$\mathcal{L}$に対しておこなっておくことである。いつものように，運動エネルギーを書き下す際に注意すること。これは$\frac{1}{2}(mv^2 + I\theta^2)$である。ここで$v$は CM の速度，$I$は CM まわりの慣性モーメント$(2mb^2/3)$である。$v$を求める安全な方法は，CM の座標を書き下してから微分することである。

7.33** 棒状の石鹸（質量m）が，水平なテーブル上に置かれた摩擦のない長方形の静止したプレート上で静止している。時間$t = 0$において，プレートを一定の角速度 ω で反対側の縁を中心に旋回させるためにその一端を持ち上げたところ，石鹸は下側の端に向かって滑り始めた。石鹸の運動方程式が$\ddot{x} - \omega^2 x = -g\sin\omega t$であることを示せ。ここで$x$は下側の端からの石鹸の距離である。 $x(0) = x_0$とし，$x(t)$に対してこの方程式を解け。［同次方程式を簡単に解くことができる，方程式（5.48）を解く際に使った方法を利用する必要がある。特殊解として$x = A\sin\omega t$を試し，Aについて解く。］

7.34** 一端が固定されているばね（ばね定数k）に取り付けられた，x軸に沿って移動する質量mの台車（図 5.2）というよく知られた問題を考えてみよう。（ほとんどの場合でおこなわれるように）ばねの質量を無視すると，台車は角振動数$\omega = \sqrt{k/m}$の単振動をおこなうことがわかる。ラグランジュ法を使用すると，以下に述べるようにばねの質量Mの効果を調べることができる。 （a）ばねが均一であり，また均一に伸びると仮定すると，その運動エネルギーは$\frac{1}{6}M\dot{x}$であることを示せ。（いつものように，xをばねの平衡長さからの伸びとせよ。）台車とばねからなる，系のラグランジアンを書き下せ。（注意：位置エネルギーは依然として$\frac{1}{2}M\dot{x}$である。）　(b) ラグランジュ方程式を書き下し，台車の運動は依然としてSHMであるが，角振動数は$\omega = \sqrt{k/(m+M/3)}$であることを示せ。すなわちばねの質量$M$の効果は，台車の質量に$M/3$を加えるだけである。

7.35** 図 7.16 は滑らかな水平ワイヤ管の鳥瞰図であり，点Aを通る垂直軸のまわりに一定の角速度ωで強制的に回転させられている。質量mのビーズが管に通され，そこから中心に下した線と直径ABとのなす角度ϕによってその位置が定められる。一般化座標としてϕを使って，この系のラグランジアンを求めよ。（問題 7.29 のヒントを読むこと。）ラグランジュの運動方程式を使って，ビーズが単振り子のように点Bを中心に振動することを示せ。振幅が小さい場合，角振動数はどのようになるか。

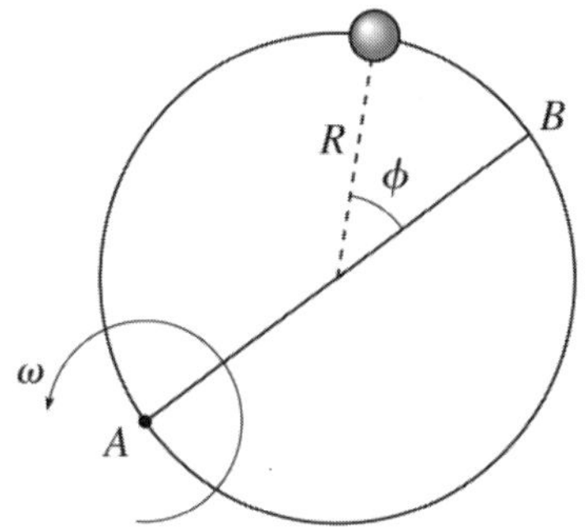

図 7.16 問題 7.35 の図

7.36*** その一端が固定点 O から吊り下げられ，他端に質量mの物体が取り付けられている質量のないばね（ばね定数kおよび自然長l_0）からなる振り子を考える。ばねは伸び縮みするが，曲がることはない。系全体は，単一の垂直面内に限定されている。　(a) 角度ϕとばねの長さrを一般化座標として用いて，振り子のラグランジアンを書き下せ。　(b) 系の 2 つのラグランジュ方程式を見つけ，(1.48) で与えられるようなニュートンの第 2 法則を用いてそれらを解釈せよ。　(c) (b) の方程式は，一般的に解析的に解くことはできない。しかし微小振動に対しては，それらを解くことができる。これをおこない，その運動を求めよ。［ヒント：lはばねとそれにぶら下がっている物体との平衡状態の長さを表し，$r = l + \epsilon$と書く。「微小振動」には小さな値ϵとϕしか含まれていないので，微小角近似を使用して，方程式からϵまたはϕ（またはその微分）の累乗を含むすべての項（ϵとϕの積，およびその微分）を落とせ。これにより方程式が大幅に簡素化され，解くことができるようになる。］

7.37*** 2 つの等しい質量$m_1 = m_2 = m$を持つ物体が，摩擦のない水平テーブルの穴を通る長さLの質量のないひもでつながれている。第 1 の物体はテーブル上を滑り，第 2 の物体はテーブルの下に垂れ下がり，垂直方向の上下に動く。　(a) ひもが緩むことはないと仮定し，テーブル上の物体の極座標(r, ϕ)を用いて系のラグランジアンを書き下せ。　(b) 2 つのラグランジュ方程式を求め，第 1 の物体の角運動量lを使ってϕ方程式を解釈せよ。　(c) $\dot{\phi}$を角運動量lを使って求め，r方程式から$\dot{\phi}$を消去せよ。次にr方程式を使用して，最初の物体が円軌道に沿って移動できる値$r = r_0$を求めよ。ニュートン形式の用語で，その答えを解釈せよ。　(d) 第 1 の物体がこの円形経路を移動しているが，そこに半径方向の微小振動が与えられたと仮定する。$r(t) = r_0 + \epsilon(t)$ と書き，rの式を$\epsilon(t)$の 1 次よりも高いすべてのべき乗を落として書き直せ。円形経路が安定しており，$r(t)$がr_0を中心として正弦波的に振動することを示せ。その振動の角振動数を求めよ。

7.38*** 垂直方向のz軸上に軸を持ち，頂点が原点にあり半角αを持つ（下向きの）円錐の表面上を，粒子が移動するように制限されている。 (a) ラグランジアン$\mathcal{L}$を，球面極座標r, ϕを用いて書き下せ。 (b) 2 つの運動方程式を求めよ。角運動量l_zを使ってϕ方程式を解釈し，それを使ってr方程式から$\dot{\phi}$を定数l_zに置き換えよ。r方程式は$l_z = 0$の場合に意味があるだろうか。粒子が水平な円形の経路に留まることができるrの値r_0を求めよ。 (c) 粒子に半径方向に小さな衝撃が与えられ，$r(t) = r_0 + \epsilon(t)$となったとする。ここで$\epsilon(t)$は小さいとする。r方程式を使用して，円形の経路が安定しているかどうかを判断せよ。もし安定なら，r_0のまわりを振動するrの角振動数を求めよ。

7.39*** (a) 位置エネルギー$U(r)$ を持つ保存的な中心力の影響下で 3 次元運動をする粒子のラグランジアンを，球面極座標(r, θ, ϕ)を用いて書き下せ。 (b) 3 つのラグランジュ方程式を書き，半径方向の加速度，角運動量などを使ってその重要性を説明せよ。(θ方程式は時間の経過とともにlのϕ成分が変化することを意味し，角運動量の保存と矛盾しているように見えるため，その解釈は微妙である。ただし，l_ϕはlの可変方向の成分であることを注意すること。) (c) 最初，運動が赤道面内（すなわち$\theta_0 = \pi/2,\ \dot{\theta}_0 = 0$)にあると仮定する。それ以降の動きを説明せよ。(d) 初期運動が経度線に沿っている（すなわち$\dot{\phi}_0 = 0$）と仮定する。それ以降の動きを説明せよ。

7.40*** 「球面振り子」は，横方向に自由に動くことができる単振り子である。(それとは対照的に，制限のない「単振り子」は単一の垂直平面に限定されている。) 球面振り子のおもりは，半径$r = R$の振り子の支点を中心とした球面上を移動する。今の場合，支点を原点とし，極軸が真下を指す球面極座標r, θ, ϕを選択すると便利である。2 つの変数θ, ϕは一般化座標の良い選択である。 (a) ラグランジアンと，2 つのラグランジュ方程式を求めよ。 (b) ϕ方程式が，角運動量のz成分l_zについて教えてくれることを説明せよ。 (c) $\phi =$一定の特殊な場合について，θ方程式が示すものを書き下せ。 (d) ϕ方程式を用いて，θ方程式の$\dot{\phi}$をl_zに置き換え，θを一定に保つことができる角度θ_0の存在について議論せよ。なぜこの運動は円錐振り子と呼ばれるのだろうか。 (e) $\theta = \theta_0 + \epsilon(t)$ でϵが小さい場合，θはθ_0のまわりを単振動することを示せ。振り子のおもりの運動を説明せよ。

7.41*** 図 7.17 に示すように，放物線の形に曲げられ，垂直軸のまわりに一定の角速度ωで回転しているワイヤ上にある，摩擦なく滑るビーズを考える。円柱極座標を使用し，放物線の方程式を$z = k\rho^2$とする。一般

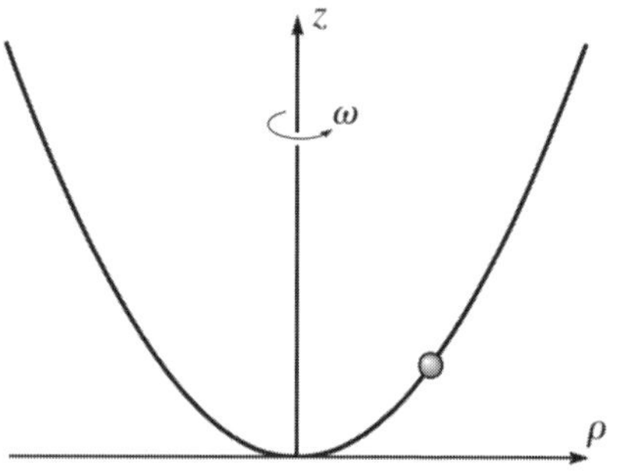

図 7.17 問題 7.41 の図

化座標をρとして，これを用いてラグランジアンを書き下せ。ビーズの運動方程式を求め，平衡の位置があるかどうか，すなわち回転するワイヤを上下に滑ることなくビーズが固定されたままであるρの値があるかどうかを調べよ。ここで求めた平衡位置における安定性について議論せよ。

7.42***［コンピュータ］例 7.7（299 ページ）では，回転する輪に通されたビーズが，非ゼロの安定な平衡点のまわりで，(7.80) で与えられる角振動数$\Omega' = \sqrt{\omega^2 - (g/\omega R)^2}$をもつ近似的な正弦波の微小振動を起こすことがわかった。この近似がどれほど良いものかを見るために，運動方程式 (7.73) を数値的に解き，数値解と近似解$\theta(t) = \theta_0 + A\cos(t - \delta)$の両方を同じグラフ上に描け。ただし$g = R = 1, \omega^2 = 2$という数値を使用し，初期条件は$\dot{\theta}(t) = 0, \theta = \theta_0 + \epsilon_0$とし，また$\epsilon_0 = 1°$とする。$\epsilon_0 = 10°$で，同じことを繰り返せ。その結果を説明せよ。

7.43***［コンピュータ］摩擦のない水平軸に，半径Rの質量のない車輪が取り付けられている。質点Mの物体がその縁に接着され，質量のないひもが車輪の周囲に数回巻き付けられ，その下端から吊り下げられた質量mの物体により垂直にたれ下がっている。(図 4.28 を参照すること。) 最初に質点Mが車軸の真下にある状態で，車輪を手でささえている。$t = 0$で車輪から手を離したところ，質量mの物体は垂直方向に落ち始める。(a) ラグランジアン$\mathcal{L} = T - U$を，車輪が回転した角度ϕの関数として書き下せ。運動方程式を求め，$m < M$の場合，安定な平衡状態が 1 つ存在することを示せ。(b) $m < M$と仮定すると，$-\pi \le \phi \le 4\pi$の範囲で位置エネルギー$U(\phi)$を描き，グラフを使って先に見つけた平衡位置を説明せよ。(c) 運動方程式は初等関数の形で解くことができないので，数値的に解くことになる。そのためには，さまざまなパラメータの数値を選択する必要がある。ここでは$M = g = R = 1$（これは単位の都合の良い選択になる），$m = 0.7$とする。方程式を解く前にϕに対する$U(\phi)$を注意深く描き，$\phi = 0$でMが静止状態から手を離されたときに期待される運動の種類を予測せよ。次に$0 \le t \le 20$として運動方程式を解き，その予想を確かめよ。(d) $m = 0.8$として，(c) を繰り返せ。

7.44***［コンピュータ］問題 7.29 をまだ解いていない場合は，それを解け。車輪が小さくてゆっくり回転するならば，車輪の回転は振り子にほとんど影響を及ぼさないと予想するかもしれない。(a) 以下の数値を用いて，運動方程式を数値的に解くことによって，この予想を検証せよ。g, lを 1 とする。(これは振り子の固有角振動数$\sqrt{g/l}$も 1 であることを意味する。) 振り子の固有角振動数に比べて回転角振動数が小さくなるように，$\omega = 0.2$とする。振り子の長さよりもかなり小さい半径となるように，$R = 0.2$ととる。初期条件として$t = 0$で$\phi = 0.2$と$\dot{\phi} = 0$をとり，$0 < t < 20$の範囲で解$\phi(t)$を描け。そのグラフは，普通の単振り子の正弦振動とよく似ているはずである。その周期は正確であるか。(b) 今度は，$0 < t < 100$の範囲で$\phi(t)$を描き，回転支持体にわずかの違いをもたらし，振動の振幅が周期的に増加・減少することを確かめよ。これらの微小変動の周期について，説明せよ。

第 7.8 節 保存則の詳細*

7.45** (a)「自然」な系の運動エネルギーに対する重要な式（7.94）の係数A_{ij}が対称であること，すなわち$A_{ij} = A_{ji}$であることを確かめよ。(b) 任意のn個の変数$v_1, \cdots v_n$に対して，以下が成立することを示せ。

$$\frac{\partial}{\partial v_i}\sum_{j,k} A_{jk}\, v_j v_k = 2\sum_j A_{ij} v_j$$

[ヒント：和を書き出すことができる$n = 2$の場合から始めよ。(a) の結果が必要となることに注意すること。]この同値式は，物理学の多くの分野で役立つ。たとえば一般化運動量p_iに対する式（7.96）を証明する際に必要となる。

7.46** ネーターの定理は，不変性と保存則との関係を主張する。7.8 節では，ラグランジアンの並進不変性が全線運動量の保存を意味することを見出した。ここでは，$\mathcal{L}$の回転不変性が全角運動量の保存を意味することを証明する。N粒子系のラグランジアンが，ある対称軸を中心とする回転によって変化しないと仮定する。 (a) 一般性を失うことなくこの軸をz軸とし，すべての粒子が同時に$(r_\alpha, \theta_\alpha, \phi_\alpha)$から$(r_\alpha, \theta_\alpha, \phi_\alpha + \epsilon)$に移動したとき，ラグランジアンは変化しないことを示せ。(ただしすべての粒子について，ϵは同じとする。) したがって，以下を示せ。

$$\sum_{\alpha=1}^{N}\frac{\partial \mathcal{L}}{\partial \phi_\alpha} = 0$$

(b) ラグランジュ方程式を用いて，対称軸のまわりの全運動量L_zが一定であることを示せ。また特にラグランジアンが任意の軸まわりの回転に対して不変である場合，$\mathbf{L}$のすべての成分は保存されることを示せ。

7.47*** 第 4 章（4.7 節の最後）で，1 自由度系では安定な平衡位置が「通常」の位置エネルギー$U(q)$の最小値に対応するとした。ラグランジュ力学を使うことで，今やこの主張を証明できる。 (a) 位置が$\mathbf{r}_\alpha = \mathbf{r}_\alpha(q)$の$N$個の粒子からなる 1 自由度系を考える。ここで$q$は 1 つの一般化座標であり，$\mathbf{r}$と$q$の間の変換は時間に依存しない。すなわち，$q$は「自然」座標である。(このことは「通常」の必要条件の意味であり，変換が時間に依存する場合，その主張は必ずしも真ではない。) KE が$T = \frac{1}{2}A\dot{q}^2$の形を有することを証明せよ。ここで$A = A(q) > 0$は$q$に依存するが，$\dot{q}$には依存しない。[これは$n$自由度の結果（7.94）と正確に一致する。ここでの証明につまずいた場合は，そこでの証明を見直してほしい。]ラグランジュの運動方程式は，以下であることを示せ。

$$A(q)\ddot{q} = -\frac{dU}{dq} - \frac{1}{2}\frac{dA}{dq}\dot{q}^2$$

(b) $\dot{q} = 0$でq_0に置かれたときにそのまま残っていれば，q_0は平衡点である。$dU/dq = 0$ の場合にのみ，q_0は平衡点であることを示せ。 (c) Uがq_0で最小である場合にのみ，平衡が安定していることを示せ。 (d) 問題 7.30 を解いた場合，その問題の振り子がこの問題の条件を満たしておらず，ここで証明された結果がその系に対して当てはまらないことを示せ。

第 7.9 節 磁力に関するラグランジュ方程式*

7.48** ラグランジアン$\mathcal{L}(q_1,\cdots q_n,\dot{q}_1,\cdots\dot{q}_n,t)$を持つ系において，一般化座標$(q_1,\cdots q_n)$の任意の関数を$F=F(q_1,\cdots q_n)$とする。ここで 2 つのラグランジアン$\mathcal{L}$と$\mathcal{L}'=\mathcal{L}+dF/dt$が全く同じ運動方程式を与えることを証明せよ。

7.49** z方向の均一な一定磁場$\mathbf{B}$内を移動する，質量m電荷qの粒子を考える。（a）$\mathbf{B}$は$\mathbf{B}=\mathbf{\nabla}\times\mathbf{A}$，$\mathbf{A}=\frac{1}{2}\mathbf{B}\times\mathbf{r}$と書くことができることを証明せよ。円柱極座標を用いた場合は，$\mathbf{A}=\frac{1}{2}B\rho\hat{\boldsymbol{\phi}}$となることも証明せよ。（b）ラグランジアン（7.103）を円柱極座標で書き，対応する 3 つのラグランジュ方程式を求めよ。（c）ρが定数である場合のラグランジュ方程式の解を，詳細に記せ。

7.10 節 ラグランジュの未定乗数法と拘束力*

7.50* 摩擦のない水平のテーブル上に，質量m_1の物体が乗っている。この物体にテーブルの端まで水平に伸びるひもが取り付けられており，そこで摩擦のない小さな滑車を通して，質量m_2の物体につながっている。滑車からのm_1とm_2の距離を座標x,yとして使用する。これらは拘束の式$f(x,y)=x+y=$一定，を満たす。修正された 2 つのラグランジュ方程式を書き下し，$\ddot{x},\ddot{y}$およびラグランジュの未定乗数λについて（拘束式とともに）解け。2 つの物体にかかる張力を求めるには，(7.122)（およびそれに対応するyの式）を使用する。初等的なニュートンの方法で問題を解き，答えを検証せよ。

7.51* 図 7.2 の単振り子のラグランジアンを，直交座標x,yを用いて表せ。これらの座標は，$f(x,y)=\sqrt{x^2+y^2}=l$を満たすように拘束されている。（a）修正された 2 つのラグランジュ方程式（7.118）と（7.119）を書き下せ。これらをニュートンの第 2 法則の 2 つの成分と比較し，ラグランジュの未定乗数が棒の張力（マイナス）であることを示せ。(7.122) およびそれに対応するyの式を確かめよ。（b）拘束式はいろいろな方法で表すことができる。たとえば，$f(x,y)=x^2+y^2=l^2$と書くことができる。これを使用しても，同じ物理的結果が得られることを確認せよ。

7.52* ラグランジュの未定乗数法は，非直交座標の下でもうまく機能する。ひもから垂れ下がった質量mの物体を考えてみよう。ひものもう一方の端は，摩擦のない水平軸に取り付けられた車輪（半径R，慣性モーメントI）のまわりに数回巻き付けられている。物体と車輪に関する座標，つまり物体が落ちた距離x，車輪が回転した角度ϕ（いずれも適切な基準位置から測定した）を使用する。これら 2 つの変数に対する修正されたラグランジュ方程式を書き下し，$\ddot{x},\ddot{\phi}$とラグランジュの未定乗数を（拘束式と一緒に）解け。物体と車輪に対するニュートンの第 2 法則を書き下し，それを使って$\ddot{x},\ddot{\phi}$の解を調べよ。$\lambda\partial f/\partial x$が，確かに物体に対する張力であることを示せ。$\lambda\partial f/\partial x$について説明せよ。

第 8 章　2 体中心力問題

この章では，各々が保存的な中心力を他方に及ぼすが，それ以外の「外からの力」を受けない 2 つの物体の運動について議論する。連星系における 2 つ星，太陽のまわりを回る惑星，地球のまわりを回る月，水素原子における電子と陽子，2 原子分子における 2 つの原子など，この問題には多くの例がある。ほとんどの場合，現実の状況はより複雑なものとなる。たとえば太陽のまわりを回るただ 1 つの惑星に興味があるとしても，他のすべての惑星の影響を完全に無視することはできない。同様に，月－地球系は太陽による外力の影響を受ける。それにもかかわらずすべての場合において，興味を持っている 2 つの物体を外的影響から隔離されたものとして扱うことは，最初におこなう近似として優れたものである。

原子スケールの系は量子力学的に扱われなければならないが，水素原子と 2 原子分子は古典力学に属しておらず，そのためこれらを例に挙げることに読者は反対するかもしれない。しかしこの章で学習しようとしている概念の多く（たとえば換算質量という重要な概念など）は，量子力学における 2 体問題に大きな役割を果たしている。そしてここで扱っている内容は，対応する量子力学の内容を学習する際の必須の前提条件であると言ってよいであろう。

8.1　問題

質量m_1, m_2を持つ 2 つの物体を考えよう。この章の目的のために，物体は点粒子として考えられるほど小さいと仮定し，またその位置を（ある慣性系の原点Oに対して）$\mathbf{r_1}, \mathbf{r_2}$で表すものとする。唯一働く力は相互作用の力$\mathbf{F_{12}}, \mathbf{F_{21}}$であり，これ

らは保存的な中心力と仮定する。したがって，力は位置エネルギー$U(\mathbf{r}_1, \mathbf{r}_2)$から導くことができる。2 つの天体（たとえば地球と太陽など）の場合，力は重力$Gm_1m_2/|\mathbf{r}_1 - \mathbf{r}_2|^2$であり，対応する位置エネルギーは（第 4 章で見たように）

$$U(\mathbf{r}_1, \mathbf{r}_2) = -\frac{Gm_1m_2}{|\mathbf{r}_1 - \mathbf{r}_2|} \tag{8.1}$$

となる。水素原子における電子と陽子については，位置エネルギー（e の陽子，-e の電子）は 2 つの電荷のクーロン PE である。

$$U(\mathbf{r}_1, \mathbf{r}_2) = -\frac{ke^2}{|\mathbf{r}_1 - \mathbf{r}_2|} \tag{8.2}$$

ここでkはクーロン定数$k = 1/4\pi\epsilon_0$である。

これらの両方の例では，Uは$(\mathbf{r}_1 - \mathbf{r}_2)$にのみ依存し，$\mathbf{r}_1$および$\mathbf{r}_2$と別々には依存しない。4.9 節で見たように，これは偶然ではない。任意の孤立系は並進不変であり，$U(\mathbf{r}_1, \mathbf{r}_2)$が並進不変であれば$U$は$(\mathbf{r}_1 - \mathbf{r}_2)$のみに依存する。この場合は，さらに単純化される。4.8 節で見たように，保存力が中心力であれば，Uは$(\mathbf{r}_1 - \mathbf{r}_2)$の方向に依存しない。つまり例（8.1）と例（8.2）の場合と同様に，大きさ$|\mathbf{r}_1 - \mathbf{r}_2|$に依存するだけである。

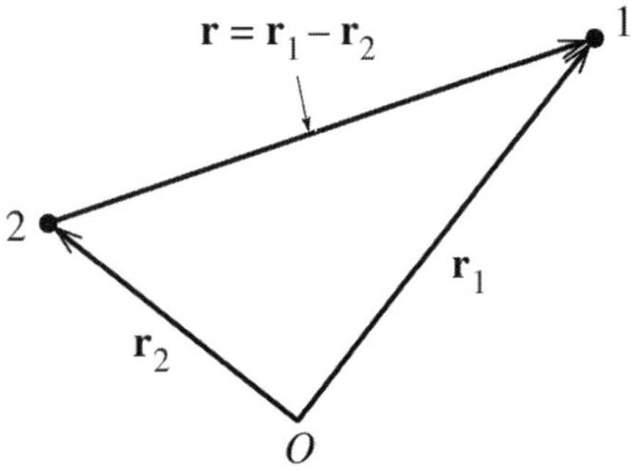

図 8.1 相対位置$\mathbf{r} = \mathbf{r}_1 - \mathbf{r}_2$は，物体 2 に対する物体 1 の位置である。

$$U(\mathbf{r}_1, \mathbf{r}_2) = U(|\mathbf{r}_1 - \mathbf{r}_2|) \tag{8.3}$$

（8.3）の特徴を利用するには，以下の新しい変数を導入すると便利である。

$$\mathbf{r} = \mathbf{r}_1 - \mathbf{r}_2 \tag{8.4}$$

図 8.1 に示すように，これは物体 2 に対する物体 1 の位置であり，**相対位置**として$\mathbf{r}$とした。前段落の結果は，位置エネルギーUが相対位置$\mathbf{r}$の大きさrにのみ依存すると言い換えることができる。

$$U = U(r) \tag{8.5}$$

これから解いていく数学的問題は，以下のとおりである。2 つの物体（月と地球，または電子と陽子）の可能な運動を求めたい。そのラグランジアンは

$$\mathcal{L} = \frac{1}{2}m_1\dot{\mathbf{r}}_1^2 + \frac{1}{2}m_2\dot{\mathbf{r}}_2^2 - U(r) \tag{8.6}$$

である。もちろん，ニュートン形式でも同様に問題を設定することができる。より便利と思われる形式に移るために，ラグランジュ形式とニュートン形式の間を自由に行き来する。今の場合，ラグランジュ形式のほうがよりわかりやすい。

8.2　CM および相対座標：換算質量

最初にやるべきことは，問題を解決するためにどのような一般化座標を使うかを決めることである。位置エネルギー$U(r)$は$\mathbf{r}$を利用すると単純な形式を取るので，相対位置$\mathbf{r}$をそれらのうちの 1 つ（または数え方にもよるが 3 つ）として使うべきであるという強い示唆が既にある。問題は，他の（ベクトル）変数に何を選ぶかである。最も良い選択は，第 3 章で定義されているように，2 つの物体の質量中心（または CM）$\mathbf{R}$を採用することである。

$$\mathbf{R} = \frac{m_1\mathbf{r}_1 + m_2\mathbf{r}_2}{m_1 + m_2} = \frac{m_1\mathbf{r}_1 + m_2\mathbf{r}_2}{M} \tag{8.7}$$

ここでMは 2 つの物体の総質量を表す。

$$M = m_1 + m_2$$

第 3 章で説明したが，図 8.2 に示すように，2 つの粒子の CM はそれらを結ぶ線上にある。2 つの質量m_2およびm_1を持つ物体から質量中心までの距離は，m_1/m_2の比となる。特にm_2がm_1よりもはるかに大きい場合，CM は物体 2 に非常に近くなる。（図 8.2 ではm_1/m_2は約 1/3 なので，CM はm_2からm_1までの 4 分の 1 の場

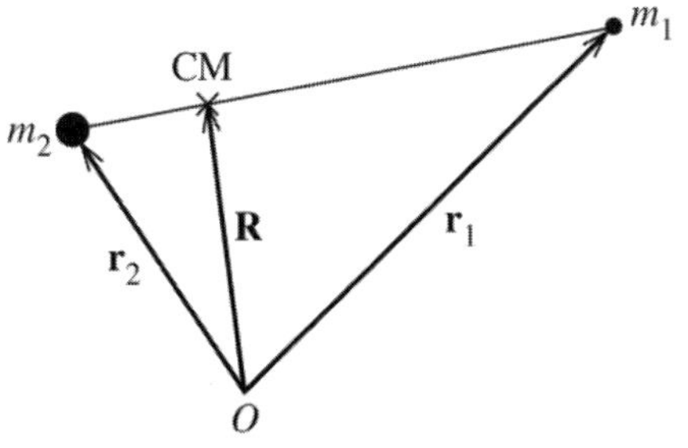

図 8.2　2 つの物体の質量中心は，2 つの物体を結ぶ直線上の位置$\mathbf{R} = (m_1\mathbf{r}_1 + m_2\mathbf{r}_2)/M$にある。

所にある。)

3.3 節で，2 つの物体の全運動量は総質量$M = m_1 + m_2$が CM に集中し，CM が以下で示す方程式にしたがって運動することを学んだ。

$$\mathbf{P} = M\dot{\mathbf{R}} \tag{8.8}$$

この結果は，重要な単純化をもたらす。もちろん全運動量は一定であるので，(8.8) によれば$\dot{\mathbf{R}}$は一定である。これは，CM が静止している慣性系を選択できることを意味している。これから見るように，この **CM 系**は運動を調べるのに極めて便利な基準系である。

2 つの物体の運動に関する議論をするために，一般化座標として CM の位置$\mathbf{R}$と相対的な位置$\mathbf{r}$を使用する。これらの座標に関して，我々はすでに位置エネルギーが$U = U(r)$という単純な形となることを知っている。これらの変数で運動エネルギーを表すには，古い変数$\mathbf{r_1}, \mathbf{r_2}$を新しい$\mathbf{R}, \mathbf{r}$で書く必要がある。以下を示すことは簡単である（図 8.2 を参照)。

$$\mathbf{r_1} = \mathbf{R} + \frac{m_2}{M}\mathbf{r} \qquad \mathbf{r_2} = \mathbf{R} - \frac{m_1}{M}\mathbf{r} \tag{8.9}$$

そして運動エネルギーは，以下のようになる。

$$\begin{aligned} T &= \frac{1}{2}(m_1\dot{\mathbf{r}}_1^2 + m_2\dot{\mathbf{r}}_2^2) \\ &= \frac{1}{2}\left(m_1\left[\dot{\mathbf{R}} + \frac{m_2}{M}\dot{\mathbf{r}}\right]^2 + m_2\left[\dot{\mathbf{R}} - \frac{m_1}{M}\dot{\mathbf{r}}\right]^2\right) \\ &= \frac{1}{2}\left(M\dot{\mathbf{R}}^2 + \frac{m_1 m_2}{M}\dot{\mathbf{r}}^2\right) \end{aligned} \tag{8.10}$$

(8.10) は，以下のパラメータを導入するとさらに単純化される。

$$\mu = \frac{m_1 m_2}{M} \equiv \frac{m_1 m_2}{m_1 + m_2} \quad [\text{換算質量}] \tag{8.11}$$

これは質量の次元を有し，**換算質量**と呼ばれる。μが常にm_1, m_2の両方よりも小さいことを簡単に確認できる[したがって，このような名前（訳者註：英語では換算質量は「reduced mass」，つまり直訳すると「減少した質量」となる）となっている]。 $m_1 \ll m_2$の場合，μはm_1に非常に近い。したがって，地球－太陽からなる系の換算質量は，地球の質量とほぼ同じである。水素原子中の電子と陽子の換算質量は，ほぼ電子の質量である。一方，$m_1 = m_2$の場合，明らかに$\mu = \frac{1}{2}m_1$である。

（8.10）に戻って，運動エネルギーをμで書き直す。

$$T = \frac{1}{2}M\dot{\mathbf{R}}^2 + \frac{1}{2}\mu\dot{\mathbf{r}}^2 \tag{8.12}$$

この素晴らしい結果は，運動エネルギーは 2 つの「架空の」粒子，CM の速度で運動する質量Mの物体と相対位置$\mathbf{r}$の速度で運動する質量μ（換算質量）の物体と同じである。さらに重要なのは，対応するラグランジアンの結果である。

$$\mathcal{L} = T - U = \frac{1}{2}M\dot{\mathbf{R}}^2 + \left(\frac{1}{2}\mu\dot{\mathbf{r}}^2 - U(r)\right)$$

$$= \mathcal{L}_{cm} + \mathcal{L}_{rel} \tag{8.13}$$

CM と相対位置を一般化座標として使用することで，ラグランジアンを 2 つの部分に分割した。そのうちの 1 つは CM 座標$\mathbf{R}$のみを含み，もう 1 つは相対座標$\mathbf{r}$のみを含む。これは$\mathbf{R}$と$\mathbf{r}$の動きを 2 つの別々の問題として解決できることを意味し，問題を大幅に簡素化する。

8. 3　運動方程式

ラグランジアン（8.13）を用いると，2 体系の運動方程式を書き下すことができる。$\mathcal{L}$は$\mathbf{R}$に依存していないため，$\mathbf{R}$方程式（実際にはX, Y, Zの 3 つの方程式）は特に簡単である。

$$M\ddot{\mathbf{R}} = 0 \qquad \text{または} \qquad \dot{\mathbf{R}} = \text{一定} \tag{8.14}$$

この結果を，いくつかの方法で説明することができる。最初に（既に知っているように），これは全運動量保存の直接的な結果である。あるいは$\mathcal{L}$は$\mathbf{R}$に依存していないことを反映していると見なすことができるし，また 7.6 節で導入した用語を利用すると，CM の座標$\mathbf{R}$はイグノラブルであるといえる。より具体的には，$\mathcal{L}_{cm} = \frac{1}{2}M\dot{\mathbf{R}}^2$（これは$\mathcal{L}$のうちで$\mathbf{R}$を含む唯一の部分である）は，質量$M$と位置$\mathbf{R}$の自由粒子のラグランジアンの形をとる。したがって（ニュートンの第 1 法則により），$\mathbf{R}$は一定の速度で移動する。

相対座標$\mathbf{r}$のラグランジュ方程式は，それほど単純ではないが，同様に美しい形をしている。$\mathbf{r}$を含む$\mathcal{L}$の唯一の部分である$\mathcal{L}_{rel}$は，質量μと位置$\mathbf{r}$の単一粒子についてのラグランジアンと，数学的に区別できない。したがって，$\mathbf{r}$に対するラ

グランジュ方程式は

$$\mu\ddot{\mathbf{r}} = -\nabla U(\mathbf{r}) \tag{8.15}$$

である（このことを確認しておくこと）。相対運動を求めるには，位置エネルギー$U(\mathbf{r})$の下で，その質量が換算質量μに等しく位置$\mathbf{r}$にある単一粒子についてのニュートンの第 2 法則を解くだけでよい。

CM 基準系

基準系を適切に選択すれば，ここでの問題を考えるのがさらに簡単になる。具体的には$\dot{\mathbf{R}}$ =一定であるので CM が静止しており，全運動量がゼロである慣性系，いわゆる **CM 系**を選択することができる。この基準系では$\dot{\mathbf{R}} = 0$であり，ラグランジアンの CM 部分はゼロ（$\mathcal{L}_{cm} = 0$）である。したがって，CM 系では

$$\mathcal{L} = \mathcal{L}_{rel} = \frac{1}{2}\mu\dot{\mathbf{r}}^2 - U(\mathbf{r}) \tag{8.16}$$

となり，ここでの問題は実際には 1 体問題になる。この劇的な単純化は，「イグノラブル座標」という興味深い用語の特徴を示している。座標q_iは，$\partial\mathcal{L}/\partial q_i = 0$であれば，イグノラブルであったことを思い出してほしい。この場合，少なくともイグノラブルな座標$\mathbf{R}$は，本当に無視できるものである。

図 8.3 に示すように，CM 系内で運動がどのように見えるかをしばらくの間考えてみる価値はある。CM は静止しているため，それを原点に取ることは自然である。両方の粒子は動いているが，その運動量の大きさは等しく向きは反対である。m_2がm_1よりもはるかに大きい場合（しばしばそうであるように），CM はm_2に近く，粒子 2 の速度は小さい。（図では$m_2 = 3m_1$であり，したがって$v_2 = \frac{1}{3}v_1$である。）相対位置$\mathbf{r}$は粒子 2 に対する粒子 1 の相対位置であり，どちらの粒子の位置でもない。図に示すように，粒子 1 の位置は$\mathbf{r_1} = (m_2/M)\mathbf{r}$である。しかし$m_2 \gg m_1$の場合，CM

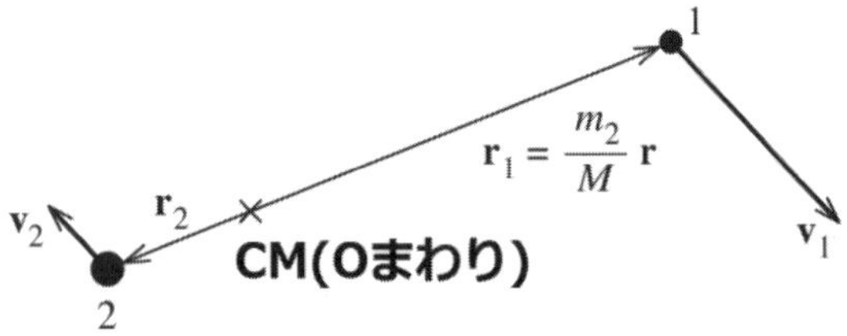

図 8.3 CM 系では，質量中心は原点に固定されている。相対位置$\mathbf{r}$は粒子 2 に対する粒子 1 の位置であり，したがって原点に対する粒子 1 の位置は，$\mathbf{r_1} = (m_2/M)\mathbf{r}$である。

はほぼ静止している粒子 2 に非常に近く，$\mathbf{r_1} \approx \mathbf{r}$である。つまり，$\mathbf{r}$は$\mathbf{r_1}$とほとんど同じである。

CM 系の運動方程式は（8.16）のラグランジアン$\mathcal{L}_{rel}$から導き出され，それは（8.15）である。これは，位置エネルギー$U(r)$を持つ固定点からの中心力場における，換算質量μに等しい質量の単一粒子の方程式と全く同じである。この章の方程式では換算質量μが繰り返し出現するが，このことは方程式が 2 つの物体の相対運動に応用されていることを理解するのに役立つ。しかし，固定された中心力によって周回する（質量μの）単一の物体を視覚化する方が簡単であろう。特に$m_2 \gg m_1$の場合，これらの 2 つの問題は実用的には全く同じである。さらに興味を持っているものが，固定された中心力によって周回する質量mの単一物体である場合，μをmに置き換えるだけで，同じ方程式をすべて使用することができる。いずれにしても相対座標$\mathbf{r}(t)$の解は，常に粒子 2 に対する粒子 1 の動きを与える。同じことであるが図 8.3 の関係を使用すると，$\mathbf{r}(t)$に関する知識から CM に対する粒子 1（または粒子 2）の運動がわかる。

角運動量の保存

我々はすでに，2 つの粒子の全角運動量が保存されていることを知っている。他の多くのものと同様に，この条件は CM 系において特に簡単な形式をとる。任意の系において，全角運動量は

$$\begin{aligned}\mathbf{L} &= \mathbf{r_1} \times \mathbf{p_1} + \mathbf{r_2} \times \mathbf{p_2} \\ &= m_1 \mathbf{r_1} \times \dot{\mathbf{r}}_\mathbf{1} + m_2 \mathbf{r_2} \times \dot{\mathbf{r}}_\mathbf{2}\end{aligned} \tag{8.17}$$

となる。CM 系では，（8.9）（と$\mathbf{R} = 0$）から

$$\mathbf{r_1} = \frac{m_2}{M}\mathbf{r}, \qquad \mathbf{r_2} = -\frac{m_1}{M}\mathbf{r} \tag{8.18}$$

である。（8.17）に代入すると，CM 系における角運動量は

$$\begin{aligned}\mathbf{L} &= \frac{m_1 m_2}{M^2}(m_2 \mathbf{r} \times \dot{\mathbf{r}} + m_1 \mathbf{r} \times \dot{\mathbf{r}}) \\ &= \mathbf{r} \times \mu\dot{\mathbf{r}}\end{aligned} \tag{8.19}$$

となる。ここでは$m_1 m_2/M$を，換算質量μで置き換えた。

この結果に関する最も際立ったことは，CM 系の全角運動量が質量μおよび位置$\mathbf{r}$を有する単一粒子の角運動量と全く同じであることである。今の目的にとって重要な点は，角運動量が保存されているので，ベクトル$\mathbf{r} \times \dot{\mathbf{r}}$は一定であること

である。特に$\mathbf{r} \times \dot{\mathbf{r}}$の方向は一定であり，これは 2 つのベクトル$\mathbf{r}, \dot{\mathbf{r}}$が固定された平面に留まることを意味する。つまり CM 系では，全体の動きは固定された平面にとどまり，これをxy平面に取ることができる。言い換えれば，CM 系では，保存的な中心力を伴う 2 体問題は 2 次元問題に還元される。

2 つの運動方程式

残された 2 次元問題の運動方程式を設定するには，運動をおこなう平面内の座標系を選択する必要がある。疑う余地のない選択は極座標r, ϕを使用することであり，この場合のラグランジアン（8.16）は

$$\mathcal{L} = \frac{1}{2}\mu\left(\dot{r}^2 + r^2\dot{\phi}^2\right) - U(r) \tag{8.20}$$

となる。このラグランジュはϕとは無関係であるため座標ϕはイグノラブルで，ϕに対応するラグランジュ方程式は

$$\frac{\partial \mathcal{L}}{\partial \dot{\phi}} = \mu r^2 \dot{\phi} = 一定 = l \quad [\phi方程式] \tag{8.21}$$

である。$\mu r^2 \dot{\phi}$は角運動量l（厳密にはそのz成分l_z）であるため，ϕ方程式は角運動量保存を述べたに過ぎない。

rに対応するラグランジュ方程式（**動径方程式**とも呼ばれる）は

$$\frac{\partial \mathcal{L}}{\partial r} = \frac{d}{dt}\frac{\partial \mathcal{L}}{\partial \dot{r}}$$

または

$$\mu r \dot{\phi}^2 - \frac{dU}{dr} = \mu \ddot{r} \quad [r方程式] \tag{8.22}$$

である。例 7.2（(7.19) および (7.20)）で見たように，求心項$\mu r \dot{\phi}^2$を右辺に移動すると，これは$\mathbf{F} = m\mathbf{a}$（またはμがmに置き換わるため，$\mathbf{F} = \mu\mathbf{a}$）の半径方向成分になる。

8.4 等価な 1 次元問題

解くべき 2 つの運動方程式は，ϕ方程式（8.21）と動径方程式（8.22）である。ϕ方程式の定数l（角運動量）は初期条件によって決定され，またϕ方程式を$\dot{\phi}$について解くことに使用する。

$$\dot{\phi} = \frac{l}{\mu r^2} \tag{8.23}$$

この動径方程式により定数lを使うことで，$\dot{\phi}$を取り除くことを可能にする。動径方程式は，次のように書き直すことができる。

$$\mu\ddot{r} = -\frac{dU}{dr} + \mu r\dot{\phi}^2 = -\frac{dU}{dr} + F_{cf} \tag{8.24}$$

この式は実際の力$-dU/dr$に「架空の外向きの遠心力」[1]

$$F_{cf} = \mu r\dot{\phi}^2 \tag{8.25}$$

を加えた力が質量μ，位置rを有する 1 次元の粒子に働く場合のニュートンの第 2 法則の形を持つ。言い換えれば粒子の半径方向の運動は，粒子が 1 次元で運動している場合と全く同じである。また，その際には実際の力$-dU/dr$に加え遠心力F_{cf}の影響を受ける。

我々は（8.24）で表されるように，2 つの物体の相対運動の問題を 1 つの 1 次元問題に還元した。解がどのようなものとなるかについて議論する前に，ϕ方程式（8.23）を用いて遠心力を書き換え，さらに定数lを使い$\dot{\phi}$を消去することで，遠心力を以下のように書き直すことは有益である。

$$F_{cf} = \frac{l^2}{\mu r^3} \tag{8.26}$$

さらに遠心力を，遠心力の位置エネルギーを使って表現する。

$$F_{cf} = -\frac{d}{dr}\left(\frac{l^2}{2\mu r^2}\right) = -\frac{dU_{cf}}{dr} \tag{8.27}$$

ここで遠心力の位置エネルギーU_{cf}は，

$$U_{cf}(r) = \frac{l^2}{2\mu r^2} \tag{8.28}$$

である。（8.24）に戻って，動径方程式をU_{eff}を使って書き直すことができる。

$$\mu\ddot{r} = -\frac{d}{dr}\left[U(r) + U_{cf}(r)\right] = -\frac{d}{dr}U_{eff}(r) \tag{8.29}$$

1　この遠心力は，速度の方位成分$v_\phi = r\dot{\phi}$を使って$F_{cf} = \mu v_\phi^2/r$と書くと，もっと馴染みやすいかもしれない。

有効位置エネルギー$U_{eff}(r)$は，実際の位置エネルギー$U(r)$と遠心力の位置エネルギー$U_{cf}(r)$の和である。

$$U_{eff}(r) = U(r) + U_{cf}(r) = U(r) + \frac{l^2}{2\mu r^2} \tag{8.30}$$

（8.29）から，粒子の半径方向の運動は，粒子が有効位置エネルギー$U_{eff}(r) = U(r) + U_{cf}(r)$のもとで，1次元運動している場合とまったく同じである。

例 8.1 彗星の有効位置エネルギー

太陽が作り出す重力場内を移動する彗星（または惑星）の，実際の有効位置エネルギーを書き下す。これに関係する3つの位置エネルギーを描き，$U_{eff}(r)$のグラフを用いてr方向の動きを説明する。惑星の運動は，ドイツの天文学者ヨハネス・ケプラー（1571-1630）によって，最初に数学的に求められたため，太陽のまわりの惑星や彗星の動きに関するこの種の問題（または逆2乗力を介して相互作用する任意の2つの物体）は，ケプラー問題と呼ばれることが多い。

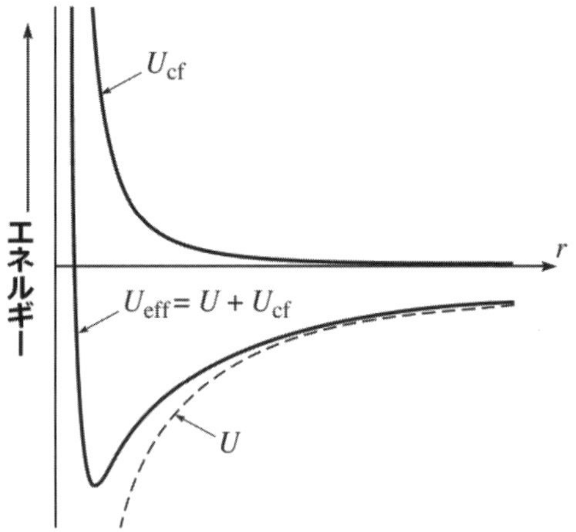

図 8.4 彗星の動径方向の運動を支配する有効位置エネルギー$U_{eff}(r)$は，実際の重力位置エネルギー$U(r) = -Gm_1m_2/r$と遠心項$U_{cf} = l^2/2\mu r^2$の和である。rが大きい場合，支配的な項は引力である重力である。rが小さい場合，それは反発力である遠心力である。

彗星の重力に対する位置エネルギーは，以下のよく知られている式で表される。

$$U(r) = -\frac{Gm_1m_2}{r} \tag{8.31}$$

ここでGは重力定数，m_1, m_2は彗星および太陽の質量である。遠心力に対する位置エネルギーは（8.28）で与えられるので，有効位置エネルギーは

$$U_{eff}(r) = -\frac{Gm_1m_2}{r} + \frac{l^2}{2\mu r^2} \tag{8.32}$$

となる。この有効位置エネルギーの一般的な挙動は，容易にわかる（図 8.4）。rが大きいときには，遠心力項$l^2/2\mu r^2$は重力項$-Gm_1m_2/r$に比べて無視でき有効 PE，つまり$U_{eff}(r)$は負であり，rが大きくなるにつれて上昇する。（8.29）によれば，rの加速度はこの勾配を下る方向になる。[ジェットコースターは$U_{eff}(r)$で定義されたコースを下る方向に加速する。] したがって彗星が太陽から遠く離れている場合，$\ddot{r}$は常に内側を向く。

rが小さいとき，（$l = 0$以外なら）遠心項$l^2/2\mu r^2$は重力項$-Gm_1m_2/r$よりも大きくなり，$r = 0$付近では$U_{eff}(r)$は正で，下向きに傾く。したがって彗星が太陽に近づくにつれて$\ddot{r}$は外向きになり，彗星は再び太陽から離れ始める。このことに対する 1 つの例外は，角運動量が完全にゼロ（$l = 0$）の場合である。この場合，（8.23）は$\dot{\phi} = 0$を意味する。すなわち，彗星はϕが一定の直線に沿って動径方向に移動しており，いずれ太陽に衝突する。

エネルギーの保存

軌道の詳細を調べるには，動径方程式（8.29）をもっと詳しく調べる必要がある。その式の両辺に$\dot{r}$を掛けると，

$$\frac{d}{dt}\left(\frac{1}{2}\mu\dot{r}^2\right) = -\frac{d}{dt}U_{eff}(r) \tag{8.33}$$

となる。言い換えると，以下のようになる。

$$\frac{1}{2}\mu\dot{r}^2 + U_{eff}(r) = \text{一定} \tag{8.34}$$

この結果は，エネルギーが保存することを表している。U_{eff}を$U + l^2/2\mu r^2$として書き，lを$\mu r^2\dot{\phi}$で置き換えると，

$$\frac{1}{2}\mu\dot{r}^2 + U_{eff}(r) = \frac{1}{2}\mu\dot{r}^2 + \frac{1}{2}\mu r^2\dot{\phi}^2 + U(\mathrm{r})$$
$$= E \tag{8.35}$$

となる。これにより相対運動の2次元問題を，半径方向の運動のみを含む等価な1次元問題として書き直すことができた。（常に一定であることがわかっていた）全エネルギーは，動径運動の1次元運動エネルギーと1次元有効位置エネルギー$U_{eff}(r)$の和と考えることができるが，その理由は後者が実際の位置エネルギーUと，角運動の運動エネルギー$\frac{1}{2}\mu r^2\dot{\phi}^2$を含んでいるからである。これは力とエネルギーの両方に関して，1次元問題が2物体の中心力問題に直ちに移されることを意味する。

例8.2 彗星または惑星のエネルギーに関する考察

例8.1の彗星（または惑星）をもう一度調べる。全エネルギーEを考慮して，$E > 0$および$E < 0$の場合に対して，彗星の太陽からの最大距離と最小距離を決定する方程式を見つける。

エネルギー方程式（8.35）では，左辺の項$\frac{1}{2}\mu\dot{r}^2$は常にゼロ以上である。したがって彗星の運動は，$E \geq U_{eff}$の領域に限定される。これが何を意味するかを見るために，図8.4のU_{eff}のグラフを図8.5に再掲した。まず，彗星のエネルギーがゼロより大きい場合を考えてみよう。

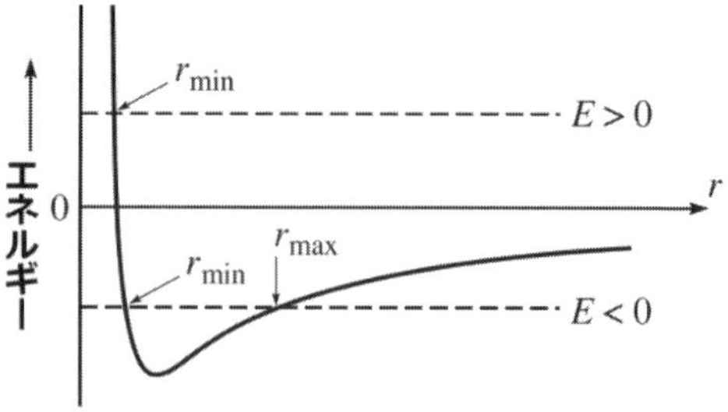

図8.5 彗星のrに対する有効位置エネルギー$U_{eff}(r)$を描いた図。与えられたエネルギーEに対して，彗星は$E \geq U_{eff}(r)$の場所にしか行くことができない。$E > 0$の場合，r_{min}, r_{max}の2つの転向点の間に閉じ込められる。

図では, $E > 0$とラベル付けされた高さEの破線の水平線が描かれている。このエネルギーを持つ彗星は，この線が$U_{eff}(r)$の曲線の上にある場所であればどこでも動くことができるが，線が曲線の下にある場所へは移動できない。これは単純にいうと，彗星が以下で定義されるr_{min}という転向点の内側に移動することができないことを意味する。

$$U_{eff}(r_{min}) = E \tag{8.36}$$

彗星が最初に太陽に向かって移動している場合，瞬間的に$\dot{r} = 0$になるr_{min}に達するまで，彗星は運動を続ける。その後は外側に移動し，$\dot{r}$がゼロになる点がないので最終的に無限遠に移動し，**無限軌道になる**。

$E < 0$の場合，高さEで描かれた（$E < 0$とラベル付けされた）線はr_{min}, r_{max}という2つの転向点で$U_{eff}(r)$と一致し，彗星はこれらの2つの値rの間に閉じ込められる。太陽から離れる場合（$\dot{r} > 0$), その運動はr_{max}に達するまで続き，ここで$\dot{r}$はゼロとなり符号を反転させる。彗星はr_{min}に達するまで内向きに移動し，そして$\dot{r}$の符号が再び逆転する。したがって，彗星はr_{min}, r_{max}とそれらの間の$E < 0$で運動する。この明らかな理由により，この種の軌道は**有界軌道**と呼ばれている[2]。

最後に,（与えられた角運動量lの値に対して）Eが$U_{eff}(r)$の最小値に等しい場合，2つの転回点r_{min}, r_{max}が1つになり，彗星は一定の半径で捕捉され円軌道上を運動する。

この例では逆2乗力の場合だけを考えたが, 多くの2体問題は同じ定性的な特徴を持っている。たとえば2原子分子の中にある2つの原子の動きは，図4.12に示されている有効位置エネルギーによって支配されるが，それは図8.5の重力曲線と似たものになる。したがってここでの定性的な結論のすべては，その他の2原子分子や他の多くの二体問題に適用される。

---

[2] 太陽まわりの軌道上にただ1つの彗星を考えると, エネルギー保存則は有限軌道（$E < 0$）が無限軌道（$E > 0$）に変わること, またはその逆が起こることは無いことを教えてくれる。実際には, 彗星は時には別の彗星や惑星に十分に近づくことによってEの値を変えるために, 有界軌道から無限軌道に変わることがある。

２体問題の動径方向の運動について考える際には，角運動量を完全に忘れてはいけない。(8.23) によれば$\dot{\phi} = l/\mu r^2$であるので，ϕは常に変化し，また常に同じ符号を持つ。（常に増加または減少する。）たとえば正のエネルギーを持つ彗星が太陽に近づくと，rが小さくなるにつれて，角度ϕはその変化の度合いを増加させる。彗星が遠ざかるにつれてϕは同じ方向に変化し続けるが，rが大きくなるにつれて，その変化の度合いを減少させる。したがって正のエネルギーの彗星の実際の軌道は，図 8.6 のようになる。（重力のような）逆２乗力の場合，まもなく証明されるように図 8.6 の軌道は実際には双曲線である。無限軌道（すなわち，$E > 0$の軌道）は，多くの異なる力の法則に対して定性的に似たものになる。

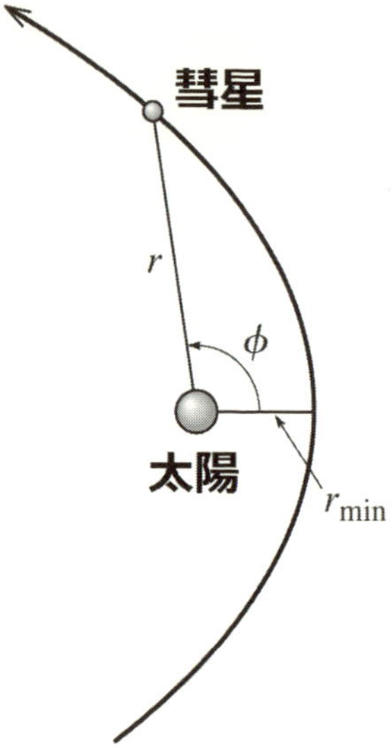

図 8.6 正のエネルギーの彗星の典型的な無限軌道。rは最初は無限大からr_{min}に減少し，その後無限大に戻る。一方，角度ϕは絶えず増加している。

有界な軌道（$E < 0$）については，rが２つの極値r_{min}, r_{max}の間で振動するのに対し，ϕは一貫して増加する（または減少するが，ここでは反時計回りに彗星が旋回するとϕが増加すると仮定する）。逆２乗力の場合，動径方向の振動

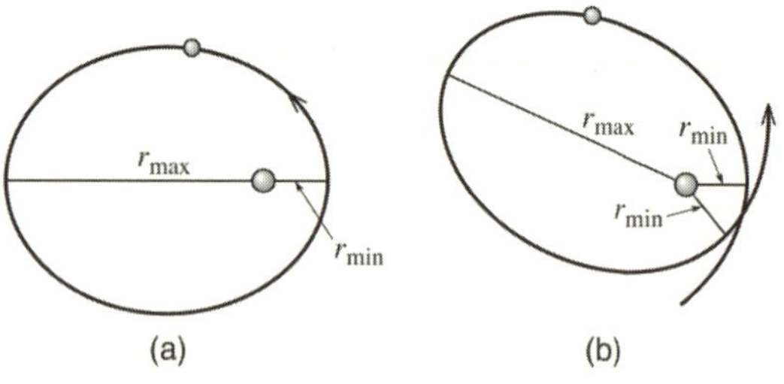

図 8.7 (a) 任意の逆２乗力の下での有界軌道は，ϕが 0 から 360° になる時間の間に，rがr_{min}からr_{max}を経てr_{min}に戻るという特殊な性質を持つ。したがって，軌道は１回転ごとに繰り返される。(b) 他のほとんどの力の下では，rの振動周期はϕが 360° 進んだ時間とは異なるため，１周回後には軌道は閉じない。この例では，rがr_{min}からr_{max}を経てr_{min}に戻る１周期を終える間に，ϕは約 330° 進む。

の周期は，ϕが完全に 1 回転する時間に等しくなることがわかる。したがって，その動きは図 8.7（a）のように，1 回転ごとに正確に繰り返される。（逆 2 乗力については，有界軌道は実際には楕円であることもわかる。）他のほとんどの力の法則では，動径方向の運動の周期は 1 回転の時間とは異なり，多くの場合その軌道は閉じない。（つまり，元の初期条件に決して戻らない[3]。）図 8.7（b）は角度ϕが約 330° 進んだ時点で，rがr_{min}からr_{max}に戻り，またr_{min}に戻る軌道を示している（図 8.7（b））。軌道は 1 回転後には，必ずしも閉じない。

8.5　軌道方程式

動径方程式（8.29）はrをtの関数として決定するが，多くの場合rをϕの関数として求めておきたい。たとえば関数$r = r(\phi)$は，軌道の形状をより直接的に示す。したがってrに対する動径方程式を，ϕの微分方程式として書き直したい。これをおこなうには 2 つの技法が必要であるが，まずは力を用いて動径方程式を書き下す。

$$\mu\ddot{r} = F(r) + \frac{l^2}{\mu r^3} \tag{8.37}$$

ここで$F(r)$は中心力$F = -dU/dr$であり，第 2 項は遠心力である。

この方程式をϕの形で書き直す第 1 の技法は，以下の代入をおこなうことである。

$$u = \frac{1}{r} \quad \text{または} \quad r = \frac{1}{u} \tag{8.38}$$

第 2 の技法はチェーンルールを使用して，微分演算子d/dtを$d/d\phi$で書き直すことである。

$$\frac{d}{dt} = \frac{d\phi}{dt}\frac{d}{d\phi} = \dot{\phi}\frac{d}{d\phi} = \frac{l}{\mu r^2}\frac{d}{d\phi} = \frac{lu^2}{\mu}\frac{d}{d\phi} \tag{8.39}$$

（第 3 の等式は$l = \mu r^2\dot{\phi}$から得られ，最後の結果は$u = 1/r$の変数変換による。）

恒等式（8.39）を使用すると，動径方程式の左辺の$\ddot{r}$を書き換えることができる。まずは

3　逆 2 乗則に従う力の他に，唯一の重要な例外は等方性の単振動であり，5.3 節で説明したように，そのために軌道も楕円である。

$$\dot{r} = \frac{d}{dt}(r) = \frac{lu^2}{\mu}\frac{d}{d\phi}\left(\frac{1}{u}\right) = -\frac{l}{\mu}\frac{du}{d\phi}$$

であるので

$$\ddot{r} = \frac{d}{dt}(\dot{r}) = \frac{lu^2}{\mu}\frac{d}{d\phi}\left(-\frac{l}{\mu}\frac{du}{d\phi}\right) = -\frac{l^2u^2}{\mu^2}\frac{d^2u}{d\phi^2} \tag{8.40}$$

となる。これを動径方程式（8.37）に代入すると，

$$-\frac{l^2u^2}{\mu}\frac{d^2u}{d\phi^2} = F + \frac{l^2u^3}{\mu}$$

または

$$u''(\phi) = -u(\phi) - \frac{\mu}{l^2u(\phi)^2}F \tag{8.41}$$

となる。任意の与えられた中心力$\mathbf{F}$について，この変換された動径方程式は，新しい変数$u(\phi)$の微分方程式である。これを解くことができれば，すぐに$r = 1/u$を求めることができる。次節では逆 2 乗力の場合について解き，得られた軌道が円錐形の断面，つまり楕円，放物線または双曲線であることを示す。まずは，より簡単な例を示す。

例 8.3　自由粒子の動径方程式

自由粒子（すなわち，力が働いていない粒子）に対して変換された動径方程式（8.41）を解き，結果として得られる軌道が予想されるように直線であることを確認する。

この例は，自由粒子が直線に沿って移動することを示す最も難しい方法の 1 つであろう。それにもかかわらず，変換された動径方程式が意味を成すことを確認できる，素晴らしい例である。力が働かない場合，(8.41) は

$$u''(\phi) = -u(\phi)$$

である。この方程式の一般解は，以下のようになる。

$$u(\phi) = A\cos(\phi - \delta) \tag{8.42}$$

ここでAとδは任意の定数である。したがって（定数を$A = 1/r_0$と名前を変更して）

$$r(\phi) = \frac{1}{u(\phi)} = \frac{r_0}{\cos(\phi - \delta)} \qquad (8.43)$$

である。図 8.8 からわかるように，この一見予想外の結果は実は極座標における直線の方程式である。図ではQは極座標(r_0, δ)を持つ固定点であり，問題の線はOQに垂直でQを通る直線である。極座標(r, ϕ)を有する点Pが$r\cos(\phi - \delta) = r_0$の場合にのみ，この直線上にあることが容易にわかる。言い換えれば，式（8.43）はこの直線の方程式である。

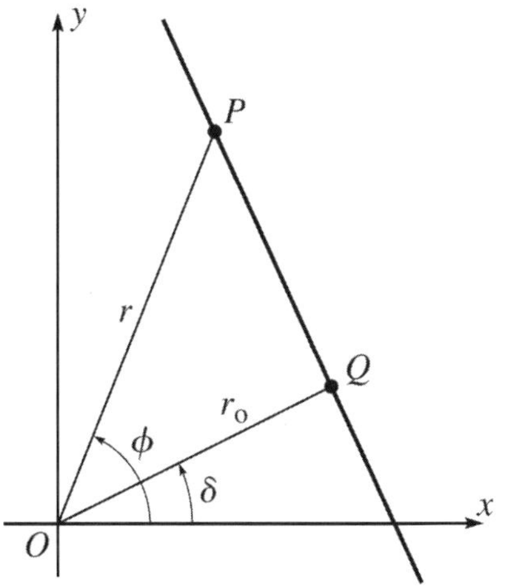

図 8.8 固定点Qは原点Oに対して極座標(r_0, δ)を持つ。極座標(r, ϕ)の点Pは，$r\cos(\phi - \delta) = r_0$の場合にのみ，$OQ$に垂直な$Q$を通る線上にある。つまり，この直線の方程式は（8.43）である。

次節では，逆 2 乗力によって軌道上に保たれた彗星やその他の物体のあたりまえでない軌道を求めるために，(8.41) と同じ変換された動径方程式を使用する。

8.6　ケプラー軌道

今度はケプラー問題，すなわち彗星または逆 2 乗力に支配されたその他の物体が取りうる軌道を求める問題に戻ろう。この問題の 2 つの重要な具体例の 1 つは，太陽のまわりの彗星または惑星（または地球のまわりの人工衛星）の運動であり，その場合の力は重力$-Gm_1m_2/r^2$である。もう 1 つは反対の符号を持つ 2 つの電荷q_1およびq_2の軌道運動であり，その場合の力はクーロン力kq_1q_2/r^2である。両方の場合を含み，かつ方程式を簡略にするために，力を以下のように書く。（$u = 1/r$であることに注意。）

$$F(r) = -\frac{\gamma}{r^2} = -\gamma u^2 \tag{8.44}$$

ここでγは，重力の場合にはGm_1m_2に等しい「力の定数」である[4]。

これまでの巧みな準備のおかげで，今や問題を極めて簡単に解くことができる。変形された動径方程式（8.41）に力（8.44）を代入すると，$u(\phi)$は以下のようになる。

$$u''(\phi) = -u(\phi) + \gamma\mu/l^2 \tag{8.45}$$

力が逆 2 乗力である場合に限りu^2が（8.41）の$1/u^2$と打ち消しあうので，この方程式の最後の項は定数となるが，これが逆 2 乗力の固有の特徴であることに注意してほしい。この最後の項は定数であるため，（8.45）をきわめて簡単に解くことができる。以下の変数

$$w(\phi) = u(\phi) - \gamma\mu/l^2$$

を代入すると，この方程式は次のようになる

$$w''(\phi) = -w(\phi)$$

その一般解は，以下のようになる。

$$w(\phi) = A\cos(\phi - \delta) \tag{8.46}$$

ここでAは正の定数であり，δは$\phi = 0$となる方向を適切に選択することによってゼロにできる定数である。したがって，$u(\phi)$の一般解は

$$u(\phi) = \frac{\gamma\mu}{l^2} + A\cos\phi = \frac{\gamma\mu}{l^2}(1 + \epsilon\cos\phi) \tag{8.47}$$

となるが，ここでϵは無次元の正の定数$Al^2/\gamma\mu$の新しい表記である。$u = 1/r$なので右辺の定数$\gamma\mu/l^2$は[1 /長さ]の次元を持つが，ここでは長さの次元を持つ以下の変数を導入する。

$$c = l^2/\gamma\mu \tag{8.48}$$

以上より，解は

---

[4] 定数γは，重力および反対の符号を持つ 2 つの電荷間に働く力に対して正である。問題 8.31 で議論したように，同じ符号の 2 つの電荷についてγは負である。今のところ，我々はγは正であると仮定する。

$$\frac{1}{r(\phi)} = \frac{1}{c}(1 + \epsilon\cos\phi)$$

または

$$r(\phi) = \frac{c}{1+\epsilon\cos\phi} \tag{8.49}$$

となる。これは，正の未定定数ϵと長さ$c = l^2/\gamma\mu$（重力の場合は$l^2/\mathrm{G}m_1m_2\mu$）を使ったϕの関数としてのrに対する解である。ここでは有界軌道の場合に，次に無限軌道の場合に，その性質を調べる。

有界軌道

（8.49）の軌道$r(\phi)$のふるまいは，正の未定定数ϵによって制御される。（8.49）は，そのふるまいが$\epsilon < 1$または$\epsilon \geq 1$に応じて全く異なることを示している。$\epsilon < 1$の場合，（8.49）の分母はゼロになることはなく，$r(\phi)$はすべてのϕに対して有限である。$\epsilon \geq 1$の場合，分母はある角度でゼロになり，ϕがその角度に近づくと$r(\phi)$は無限大に近づく。明らかに$\epsilon = 1$は，有界軌道と無限軌道の境界である。この境界は，前に議論した$E < 0$と$E \geq 0$との境界に対応することを手短に示す。まずは定数ϵが1未満から始めよう。$\epsilon < 1$の場合，図8.9で示したように（8.49）の$r(\phi)$の分母は$1 \pm \epsilon$の値で振動する。したがって$r(\phi)$は，以下の間で振動する。

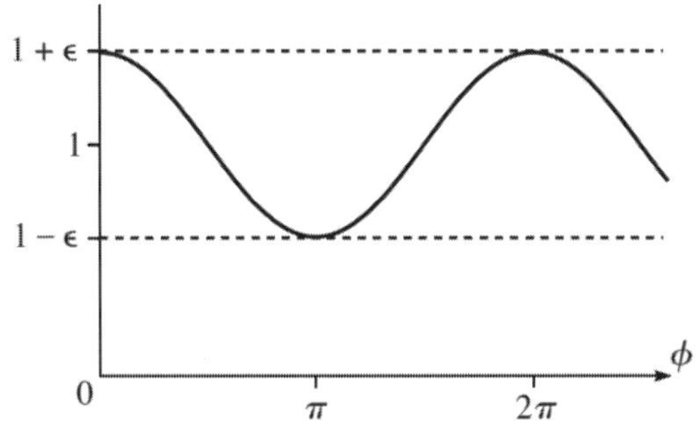

図8.9　$r(\phi)$を与える方程式（8.49）の分母$1 + \epsilon\cos\phi$は$1 + \epsilon$と$1 - \epsilon$の間を揺れ動き，またその周期は2πである。

$$r_{min} = \frac{c}{1+\epsilon}, \qquad r_{max} = \frac{c}{1-\epsilon} \tag{8.50}$$

$\phi = 0$のときは$r = r_{min}$となりいわゆる**近日点**で，$\phi = \pi$のときは$r = r_{max}$となり

いわゆる**遠日点**である。$r(\phi)$はϕに対して明らかに周期的であり，その周期は2πなので$r(2\pi)=r(0)$となり，軌道は1回転後に閉じる。したがって，軌道の一般的な外観は図8.10のようになる。

図8.10に示されている軌道は確かに楕円のように見えるが，まだそれが本当であることを証明していない。しかし（8.49）を直交座標で書き直し，それを以下の形に変形するのはかなり簡単である（問題8.16を参照）。

$$\frac{(x+d)^2}{a^2}+\frac{y^2}{b^2}=1 \tag{8.51}$$

ここで（簡単に確認できるように）

$$a=\frac{c}{1-\epsilon^2},\quad b=\frac{c}{\sqrt{1-\epsilon^2}},\quad d=a\epsilon \tag{8.52}$$

である。方程式（8.51）は，xが$x+d$となっていることを除いて，長半径aおよび短半径bの楕円の標準方程式である。図8.10に示すように，この差は原点にある太陽が楕円の中心ではなく，そこから距離d離れた場所にあることを反映している。

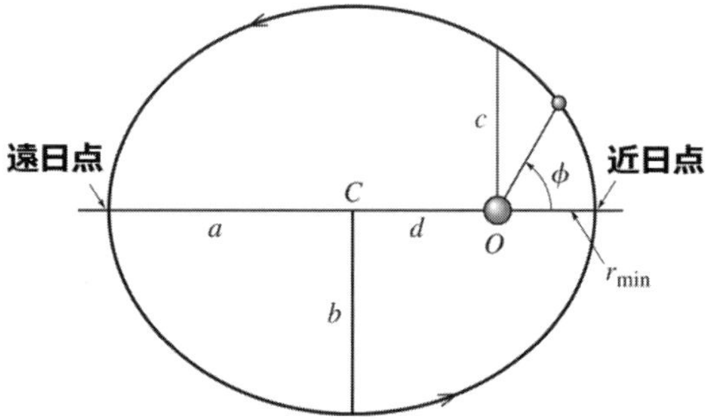

図8.10　（8.49）で与えられる彗星または惑星の有界軌道は，楕円である。太陽は原点Oにあり，これは楕円の焦点の1つである（中心Cではない）。距離a,bは，長半径および短半径と呼ばれる。(8.48)で導入されたパラメータ$c=l^2/\gamma\mu$は$\phi=90°$の場合のrの値である。彗星が太陽から最も近づく点，および最も遠く離れている点を，近日点および遠日点という。

今や(8.47)の不定積分定数としてきた定数ϵを，理解することができる。(8.52)によれば，長軸と短軸の比は

$$\frac{b}{a}=\sqrt{1-\epsilon^2} \tag{8.53}$$

である。読者は覚えていないだろうが，この方程式は楕円の離心率の定義（または 1 つの可能な定義）である。つまりこの方程式は，定数ϵが離心率であることを示している。$\epsilon = 0$の場合は$b = a$となり，楕円は円となることに注意してほしい。$\epsilon \to 1$ならば$b/a \to 0$となり，楕円は極めて細長くなる。

定数ϵを離心率と特定したので，楕円に関する太陽の位置を特定できるようになった。(8.52) によれば，中心Cから太陽までの距離は$d = a\epsilon$であり，（覚えていないかもしれないが）$a\epsilon$は中心から楕円の焦点までの距離である。したがって太陽の位置は楕円の 2 つの焦点のうちの 1 つであり，我々は今や惑星（およびその軌道が閉じている彗星）は楕円軌道に従う，という**ケプラーの第 1 法則**を証明した。

例 8.4 ハレー彗星

英国の天文学者エドモンド・ハレー（1656-1742）の名前がつけられたハレーの彗星は，離心率ϵ =0.967 という極めて偏心した軌道を描いている。最も接近する点（近日点）で，彗星は太陽から0.59AUの距離となり，水星の軌道にかなり近い。(AUまたは天文単位は太陽からの地球までの平均距離で，約1.5×10^8 kmである。）太陽から彗星までの最大距離，つまり遠日点までの距離はどれくらいであろうか。

与えられた距離は$r_{min} = 0.59$AUであり，(8.50) に従うと$r_{max}/r_{min} = (1+\epsilon)/(1-\epsilon)$である。したがって，以下のようになる。

$$r_{max} = \frac{1+\epsilon}{1-\epsilon} r_{min} = \frac{1.967}{0.033} r_{min} = 60 r_{min} = 35\text{AU}$$

このことにより最大距離では，ハレー彗星が海王星の軌道の外側にあることがわかる。(訳者註：海王星の軌道半径は約 30 AU。)

周回軌道：ケプラーの第 3 法則

我々は今や，彗星や惑星の楕円軌道の周期を求めることができる。ケプラーの第 2 法則（第 3.4 節）によれば，太陽から彗星または惑星へ引いた線が描く領域を掃く速度は

$$\frac{dA}{dt}=\frac{l}{2\mu}$$

である。楕円の総面積は$A=\pi ab$なので，周期は

$$\tau=\frac{A}{dA/d\tau}=\frac{2\pi ab\mu}{l}$$

となる。両辺を 2 乗して（8.53）を使い，b^2を$a^2(1-\epsilon^2)$に置き換えると，次のようになる。

$$\tau^2=4\pi^2\frac{a^4(1-\epsilon^2)\mu^2}{l^2}=4\pi^2\frac{a^3c\mu^2}{l^2}$$

最後の等式においては(8.52)を使用し，$a(1-\epsilon^2)$をcで置き換えた。長さcは(8.48)で$l^2/\gamma\mu$と定義されているので，以下のようになる。

$$\tau^2=4\pi^2\frac{a^3\mu}{\gamma} \tag{8.54}$$

最後にγは逆 2 乗力の法則$F=-\gamma/r^2$における定数であり，重力については$\gamma=Gm_1m_2=G\mu M$である。ここでMは総質量で$M=m_1+m_2$である（$m_1m_2=\mu M$という手軽な恒等式に注目してほしい。）今の場合は$m_2=M_s$，つまり太陽の質量で，彗星や惑星の質量であるm_1よりもはるかに大きい。したがって，$M\approx M_s$および

$$\gamma=Gm_1m_2\approx G\mu M_s$$

は優れた近似である。したがって（8.54）のμの係数は相殺され，以下のようになる。

$$\tau^2=\frac{4\pi^2}{GM_s}a^3 \tag{8.55}$$

これは**ケプラーの第 3 法則**である。彗星（または惑星）の質量が打ち消されたため，この法則から太陽の軌道をまわるすべての物体について，その周期の 2 乗は長半径の 3 乗に比例することがわかる。（円軌道ではa^3をr^3に置き換えることができる。）この法則は，どのような大きさの衛星に対しても等しく適用される。たとえば月を含む地球のすべての衛星は，同じ法則に従う。［（8.55）のM_sは地

球の質量M_eで置き換えられる。]同じことが，木星のすべての衛星に適用される。

例 8.5 低軌道の人工衛星の周期

ケプラーの第3法則を使って，地表面から数十マイル上空にある円形軌道の衛星の周期を求める。

この周期は，(8.55) においてM_sをM_eで置き換えたもので与えられる。軌道は円形であるためaをrで置き換えることができ，軌道は地球の表面に近いので$r \approx R_e$，つまり地球の半径であるとする。

$$\tau^2 = \frac{4\pi^2}{GM_e}R_e^3$$

これは地表面での重力の加速度である$GM_e/R_e^2 = g$を使うと簡略化され，

$$\tau = 2\pi\sqrt{\frac{R_e}{g}} = 2\pi\sqrt{\frac{6.38\times10^6 m}{9.8 m/s^2}} = 5070\ 秒 \fallingdotseq 85\ 分 \qquad (8.56)$$

である。この結果は，低軌道衛星が約1時間半で地球を周回するというよく知られた観測結果と一致している。

エネルギーと離心率の関係

最後に，軌道の離心率を彗星または他の周回物体のエネルギーEに関連づけることができる。これをおこなう最も簡単な方法は，最接近距離r_{min}で，彗星のエネルギーが有効位置エネルギーU_{eff}［式（8.36）］に等しいことを，思い出すことである。

$$E = U_{eff}(r_{min}) = -\frac{\gamma}{r_{min}} + \frac{l^2}{2\mu r_{min}^2}$$

$$= \frac{1}{2r_{min}}\left(\frac{l^2}{\mu r_{min}} - 2\gamma\right) \qquad (8.57)$$

（8.50）から$r_{min} = c/(1+\epsilon)$，定義（8.48）から$c = l^2/\gamma\mu$である。したがって，

$$r_{min} = \frac{l^2}{\gamma\mu(1+\epsilon)}$$

であるので，これを（8.57）に代入して以下を得る。

$$E = \frac{\gamma\mu(1+\epsilon)}{2l^2}[\gamma(1+\epsilon) - 2\gamma]$$

$$= \frac{\gamma^2\mu}{2l^2}(\epsilon^2 - 1) \qquad (8.58)$$

(8.58) までの計算は，有界および無限軌道についても同様に有効であり，次のような予想を示唆している。負のエネルギー（$E < 0$）は，有界軌道となる離心率$\epsilon < 1$に対応している。正のエネルギー（$E > 0$）は，無限軌道となる離心率$\epsilon > 1$に対応する。(8.58) は，力学的特性E, lと幾何学的特性ϵとの間の有用な関係となっている。それは様々な興味深いつながりを意味する。たとえば与えられた角運動量lの値に対して，可能な限り低いエネルギーを持つ軌道は$\epsilon = 0$となる円軌道である。（このつながりは，量子力学において重要な対応を持つ。）

8.7 無限ケプラー軌道

前節では，(8.49) で与えられる一般的なケプラー軌道を求めた。

$$r(\phi) = \frac{c}{1+\epsilon cos\phi} \qquad (8.59)$$

そして$\epsilon < 1$，またはこれと同等であるが$E < 0$である有界軌道を詳細に調べた。この節では$\epsilon \geq 1$かつ$E \geq 0$である無限軌道についての解析をおこなう。

有限軌道と無限軌道の境界は，$\epsilon = 1$または$E = 0$に対応する。$\epsilon = 1$のとき，$\phi = \pm\pi$では (8.59) の分母はゼロになるので，$\phi \to \pm\pi$で$r(\phi) \to \infty$となる。すなわち$\epsilon = 1$の場合の軌道に制限がなくなり，彗星が$\phi = \pm\pi$

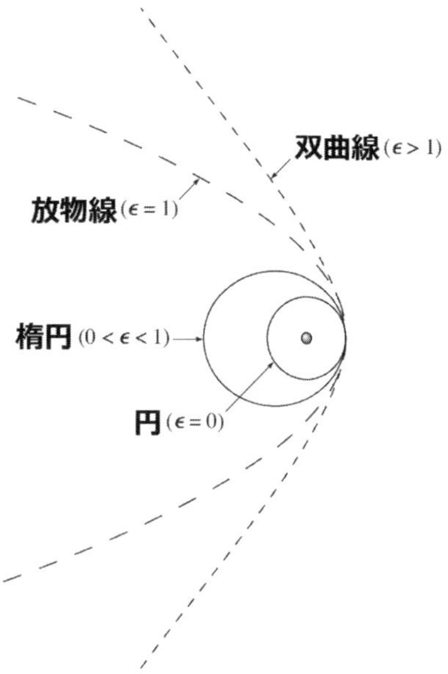

図 8.11 彗星の 4 つの異なるケプラー軌道：円，楕円，放物線，双曲線。わかりやすくするために，4 つの軌道はr_{min}に同じ値を使用し，すべて同じ方向から最接近点に近づくようにした。

に近づくにつれて無限になる。（8.51）を導いたものと同じような初等代数学を使うと，$\epsilon = 1$での（8.59）の直交座標形式は

$$y^2 = c^2 - 2cx \tag{8.60}$$

となるが，これは放物線の方程式である。この軌道は，図 8.11 に（長いダッシュで）示されている。

$\epsilon > 1$（または$E > 0$）の場合，(8.59) の分母は以下の条件によって決まる値ϕ_{max}でゼロになる。

$$\epsilon\cos(\phi_{max}) = -1$$

したがって，$\phi \to \pm\phi_{max}$のとき$r(\phi) \to \infty$となり，軌道は角度$-\phi_{max} < \phi < \phi_{max}$の範囲に限定される。これにより軌道は図 8.6 に示された一般的な外観になる。$\epsilon > 1$の場合，（8.59）の直交座標形式は（問題 8.30）

$$\frac{(x-\delta)^2}{\alpha^2} - \frac{y^2}{\beta^2} = 1 \tag{8.61}$$

である。ここで定数α, β, δについては，容易に求めることができる（問題 8.30）。これは双曲線の方程式であり，予想通り正のエネルギーのケプラー軌道は双曲線であることが証明された。図 8.11 に，そのような軌道の 1 つを（短いダッシュで）示している。

ケプラー軌道のまとめ

ケプラー軌道に対するこれまでの結果は，以下のように要約することができる。すべての可能な軌道は，（8.59）で与えられる。

$$r(\phi) = \frac{c}{1+\epsilon\cos\phi} \tag{8.62}$$

これは 2 つの積分定数[5]ϵ, cによって特徴づけられる。無次元定数ϵは，彗星のエネルギーと（8.58）で結び付けられている。

$$E = \frac{\gamma^2\mu}{2l^2}(\epsilon^2 - 1) \tag{8.63}$$

[5] ニュートンの第 2 法則は 2 階微分方程式であり，また運動は 2 次元であるため，実際には全部で 4 つの積分定数が存在する。3 番目の積分定数は（8.46）の定数δであり，これを軌道の軸をx軸にとることでゼロにできる。4 番目は時間$t = 0$における軌道上の彗星の位置である。

これまで見てきたように，軌道の離心率は次のように軌道の形状を決定する。

離心率	エネルギー	軌道
$\epsilon = 0$	$\mathrm{E} < 0$	円
$0 < \epsilon < 1$	$\mathrm{E} < 0$	楕円
$\epsilon = 1$	$\mathrm{E} = 0$	放物線
$\epsilon > 1$	$\mathrm{E} > 0$	双曲線

（8.62）から定数cは軌道の大きさを決定するスケール因子であることがわかる。それは長さの次元を持ち，$\phi = \pi/2$の場合で太陽から彗星までの距離となる。これは$l^2/\gamma\mu$に等しいか，またはγは力の定数Gm_1m_2であるので，

$$c = \frac{l^2}{Gm_1m_2\mu} \tag{8.64}$$

となる。ここでm_1は彗星の質量，m_2は太陽の質量，μは$\mu = m_1m_2/(m_1+m_2)$であるが，m_2が非常に大きいので，この値はm_1に非常に近い。

8.8　軌道の変更

この最後の節では，人工衛星がどのようにある軌道から別の軌道に変えることができるかを議論する。たとえば金星を訪問したい宇宙船は，地球に近く太陽を中心とした円形の軌道から，金星の軌道に行くための楕円軌道に移動したいと考えるかもしれない。もう 1 つの例は，それこそがここで議論したいものであるが，地球まわりの 1 つの軌道，それはおそらく円軌道であるが，からそれをより高い高度上の楕円軌道に変えたい地球衛星である。地球まわりの軌道の分析は，太陽の質量M_sを地球の質量M_eに置き換えなければならないこと，および（太陽に対する近日点，遠日点の代わりに）地球から最も近い点は**近地点**，最も遠い点は**遠地点**であることを除いて，太陽のまわりの軌道の分析と同じである。有限の楕円軌道に注意を限定すると，最も一般的な形は

$$r(\phi) = \frac{c}{1+\epsilon\cos(\phi-\delta)} \tag{8.65}$$

である。（1 つの軌道に興味がある場合に限り，角度δが 0 になるようにx軸を選

ぶことができる。任意の 2 つの軌道に興味がある場合には，このようにしてδを取り除くことはできない。)

最初宇宙船がエネルギーE_1，角運動量l_1，軌道パラメータ$c_1, \epsilon_1, \delta_1$の（8.65）形式の軌道にあると仮定しよう。軌道を変更する一般的な方法は，宇宙船が短時間，激しくロケット噴射することである。このことをある角度ϕ_0で発生する衝撃力として扱い，既知の量だけ速度の瞬時変化を引き起こすという，良い近似をおこなうことができる。既知の速度変化から，新しいエネルギーE_2および角運動量l_2を計算することができる。（8.48）からc_2の新しい値を，（8.58）からϵ_2の新しい値を計算することができる。最後に角度ϕ_0で新しい軌道は古い軌道と交わらなければならないので，つまり$r_1(\phi_0) = r_2(\phi_0)$でなければならないので，以下の式から$\delta_2$を求めることができる。

$$\frac{c_1}{1+\epsilon_1 \cos(\phi_0 - \delta_1)} = \frac{c_2}{1+\epsilon_2 \cos(\phi_0 - \delta_2)} \tag{8.66}$$

この計算は原理的には単純であるが実際におこなうのは面倒で，練習問題として取り上げていない。計算を単純化し重要な特徴をより明確にするために，重要な特殊な場合を 1 つだけ取り扱う。

近地点における接線方向の推進力

最初の軌道の近地点にあるとき，前方または後方の接線方向にロケット噴射することによって，1 つの軌道から別の軌道に移動する衛星を考えてみよう。x軸を適切に選択することで，このことが$\phi = 0$で起こったように，つまり$\phi_0 = 0, \delta_1 = 0$とすることができる。さらに接線方向に噴射されるので，噴射直後の速度は 地球から衛星までの動径に垂直な同じ方向である。したがって，噴射された位置は最終軌道の近地点でもあり[6]，同様に $\delta_2 = 0$である。したがって，軌道の連続性を保証する式（8.66）は，以下のようになる。

$$\frac{c_1}{1+\epsilon_1} = \frac{c_2}{1+\epsilon_2} \tag{8.67}$$

ロケット噴射前後の速度の比をλ，つまり$v_2 = \lambda v_1$で示す。ここでλを**推力係数**と

---

6 実際には最終軌道の近地点または遠地点となるが，これから見るように両方の場合を同時に処理できる。

呼ぶ。$\lambda > 1$ならば前に押す力が働き，衛星は加速する。$0 < \lambda < 1$の場合，後ろに押す力が働き，衛星は減速する。(原理的にはλは負になる可能性があり，その場合は方向の逆転が起こるが，ここではそのような場合は考慮しない。)

近地点では，角運動量はちょうど$l = \mu r v$である。rの値は衝撃力が働いている間には変化せず，またロケットの噴射による衛星の質量の変化は無視できると仮定する。これらの仮定の下では，角運動量は速度と同じ割合で変化する。

$$l_2 = \lambda l_1 \tag{8.68}$$

(8.48) によれば，パラメータcはl^2に比例する。したがってcの新しい値は

$$c_2 = \lambda^2 c_1 \tag{8.69}$$

となる。(8.67) に代入してϵ_2について解くと，新しい離心率は以下のようになる。

$$\epsilon_2 = \lambda^2 \epsilon_1 + (\lambda^2 - 1) \tag{8.70}$$

(8.70) には，新しい軌道に関する興味深い情報のほとんどすべてが含まれている。たとえば$\lambda > 1$ (前方への推進力) の場合，新しい軌道は$\epsilon_2 > \epsilon_1$であることがわかる。したがって新しい軌道は古い軌道と同じ近地点を持つが，離心率が大きく，図 8.12 (a) の外側の破線の曲線に示すように，古い軌道の外にある。λを十分に大きくすると，新しい離心率は1より大きくなる。この場合，新しい軌道は実際には双曲線であり，宇宙船は地球から脱出する。

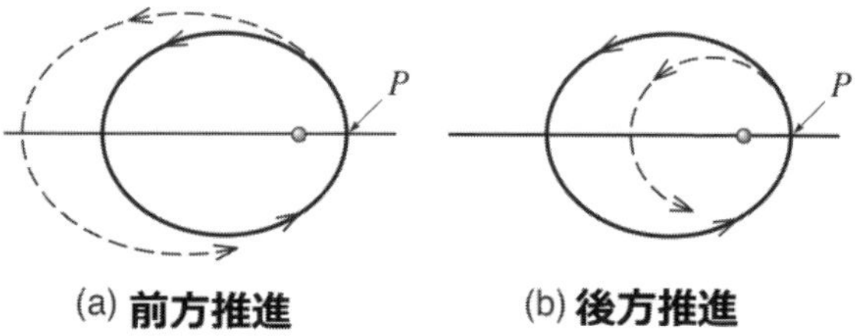

図 8.12 軌道の変更。衛星の元の軌道は実線で示されており，衛星が近地点Pにあるときにロケットが噴射される。 (a) 前方への推進力は，衛星をより大きな破線の楕円軌道に移動させる。 (b) 逆方向の推進力は，衛星を小さな破線の楕円軌道に移動させる。

推力係数$\lambda < 1$ (後方への推進力) を選択すると，新しい離心率は古い離心率未満$\epsilon_2 < \epsilon_1$であり，図 8.12 (b) の内側の破線の曲線に示すように，新しい軌道は古い内部にある。λをゆっくり小さくしていくと，最終的にはϵ_2はゼロになる。

つまり我々が正しい衝撃力でロケットを後方に噴射すれば，衛星を円軌道に移動させることができる。さらにλを小さくすると，ϵ_2は負になる。これはどのようなことを意味するであろうか。パラメータは正の定数で始まったが，$\epsilon < 0$でも軌道方程式$r = c/(1 + \epsilon\cos\phi)$は意味をなす。唯一の違いは，方向$\phi = 0$が今や最大$r$の方向であり，$\phi = \pi$は最小$r$の方向であることである。つまり，遠地点と近地点が交換される。P（古い軌道の近地点）で十分大きな後退の推進力を与えることによって，Pが遠地点となるより小さな軌道に，衛星を移動させることができる。

例 8.6 円軌道間の変更

半径R_1の円軌道上にある宇宙船の搭乗員が，半径$2R_1$の円軌道に移動することを試みる。これをおこなうために，図 8.13 に示すように，2 回の連続した噴射を実行する。まず点Pから，必要な半径まで引き上げるのに十分な大きさを持つ楕円形の移行軌道 2 に移動する。次に必要な半径（移行軌道の遠地点P'）に達すると，目的とする円形軌道 3 に宇宙船を移動させる。これらの 2 つの噴射地点でのそれぞれで，どの程度速度を上げ下げする必要があるか。つまり必要な推力係数λ, λ'を求める。全体の操縦の結果，衛星の速度がどの程度増減したか。

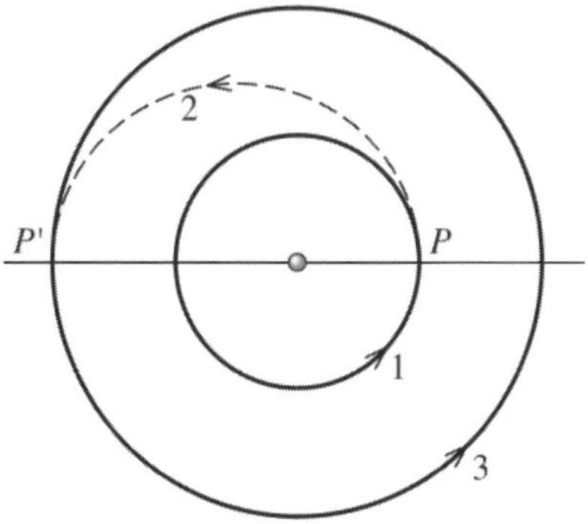

図 8.13 P, P'の 2 つの連続した噴射により，衛星は小さな円軌道 1 から移行軌道 2 に，それから最終的な円軌道 3 に移動する。

初期の円軌道は$c_1 = R_1$，離心率$\epsilon_1 = 0$を有する。最終軌道は半径$R_3 = 2R_1$である。(8.69) によれば，移行軌道は$c_2 = \lambda^2 R_1$であり，(8.70) によれば$\epsilon_2 = (\lambda^2 - 1)$であるが，ここで$\lambda$は$P$における第 1 の推力係数である。衛星が点$P'$に到達すると，それは半径$R_3$にあることが必

要である。P'は軌道の遠地点であるので,

$$R_3 = \frac{c_2}{1-\epsilon_2} = \frac{\lambda^2 R_1}{1-(\lambda^2-1)} = \frac{\lambda^2 R_1}{2-\lambda^2} \qquad (8.71)$$

となる。これはλについて容易に解くことができ

$$\lambda = \sqrt{\frac{2R_3}{R_1+R_3}} = \sqrt{\frac{4}{3}} \approx 1.15 \qquad (8.72)$$

である。つまり宇宙船は必要な移行軌道に入るために,その速度を約 15%上げる必要がある。

2 番目の噴射は,移行軌道の遠地点であるP'でおこなわれる。問題 8.33 によって,2 番目の推力係数が

$$\lambda' = \sqrt{\frac{R_1+R_3}{2R_1}} = \sqrt{\frac{3}{2}} \approx 1.22 \qquad (8.73)$$

つまり移行軌道から最終的な円軌道に移動するには,速度を 22%上げる必要があることがわかる。

最初の軌道から最終軌道に移動する速さの全体的な変化は,単に$\lambda\lambda'$の積であるとするのは魅力的な考えである。しかしこれは宇宙船の速度が周回軌道を移動するにつれて変化することを見過ごしている。角運動量保存により,移行軌道の両端の速度は$v_2(遠)R_3 = v_2(近)R_1$を満たすことが容易にわかる。したがって速度の全体的な増加は,以下のようになる。

$$v_3 = \lambda' \frac{v_2(遠)}{v_2(近)} \lambda v_1$$

$$= \sqrt{\frac{R_1+R_3}{2R_1}} \frac{R_1}{R_3} \sqrt{\frac{2R_3}{R_1+R_3}} v_1 = \sqrt{\frac{R_1}{R_3}} v_1 \qquad (8.74)$$

今の場合$R_3 = 2R_1$であり,したがって$v_3 = v_1/\sqrt{2}$である。すなわち最終的な速度は,初期の速度よりも$\sqrt{2}$だけ小さい。この結果[より一般的には結果 (8.74)]は予想可能である。周回軌道では,$v \propto 1/\sqrt{R}$となることを簡単に示すことができる (問題 8.32)。したがって半径を倍にするには,必然的に速度を$\sqrt{2}$で割っておく必要がある。

第 8 章の主な定義と方程式

相対座標と換算質量

相対座標

$$\mathbf{r} = \mathbf{r_1} - \mathbf{r_2} \qquad [\,(8.4)\,]$$

および CM 座標$\mathbf{R}$を用いて書き直すと，2 体問題は 2 つの独立した粒子，すなわち質量$M = m_1 + m_2$および位置$\mathbf{R}$を有する自由粒子と，その質量が以下の**換算質量**

$$\mu = \frac{m_1 m_2}{m_{1+} m_2} \qquad [\,(8.11)\,]$$

に等しく，またその位置が$\mathbf{r}$で位置エネルギーが$U(r)$である粒子に帰着できる。

等価な 1 次元問題

与えられた角運動量lを持つ相対座標の運動は，質量μ，位置r $(0 < r < \infty)$，**有効位置エネルギー**

$$U_{eff}(r) = U(r) + U_{cf}(r) = U(r) + \frac{l^2}{2\mu r^2} \qquad [\,(8.30)\,]$$

を有する（半径方向の）1 次元粒子の運動と等価である。ここでU_{cf}は**遠心力位置エネルギー**と呼ばれる。

変換された動径方程式

rから$u = 1/r$への変数変換およびϕを用いてtを消去すると，1 次元の動径運動方程式は次のようになる。

$$u''(\phi) = -u(\phi) - \frac{\mu}{l^2 u(\phi)^2} F \qquad [\,(8.41)\,]$$

ケプラー軌道

惑星または彗星の場合，力は$F = Gm_1 m_2/r^2 = \gamma/r^2$であり，（8.41）の解は

$$r(\phi) = \frac{c}{1+\epsilon\cos\phi} \qquad [\,(8.49)\,]$$

となる。ここで$c = l^2/\gamma\mu$であり，ϵは以下のようにエネルギーと関係している。

$$E = \frac{\gamma^2 \mu}{2l^2}(\epsilon^2 - 1) \qquad [\ (8.58)\ ]$$

このケ**プラー軌道**は離心率ϵが 1 より小さい，等しい，1 より大きいに対応して楕円，放物線，双曲線となる。

第 8 章の問題

星印は，最も簡単な（*）ものから難しい（***）ものまでの，おおよその難易度を示している。

8 .2 節 CM および相対座標：換算質量

8.1* 2 つの粒子の位置が，CM および相対位置を用いて，$\mathbf{r}_1 = \mathbf{R} + m_2\mathbf{r}/M$および$\mathbf{r}_2 = \mathbf{R} + m_1\mathbf{r}/M$と書くことができることを確かめよ。したがって 2 つの粒子の KE の和は，$T = \frac{1}{2}M\dot{R}^2 + \frac{1}{2}\mu\dot{r}^2$と表わせることを確かめよ。ここで$\mu$は，換算質量$\mu = m_1 m_2/M$を表す。

8.2** この章の主題は外力が働かない場合の 2 つの粒子の運動であるが，[たとえばラグランジアン$\mathcal{L}$を（8.13）のように 2 つの独立した部分$\mathcal{L} = \mathcal{L}_{cm} + \mathcal{L}_{rel}$に分割することなどの]多くの考え方は，より一般的な状況に簡単に拡張できる。これを説明するために，以下のことを考えてみよう。2 つの質量m_1, m_2を持つ粒子が均一な重力場g内を移動しており，位置エネルギー$U(r)$を介して相互作用する。 (a) ラグランジアンは（8.13）のように分解できることを示せ。 (b) 3 つの CM 座標 X，Y，Z に対するラグランジュ方程式を書き下し，CM の運動を説明せよ。相対座標を用いて 3 つのラグランジュ方程式を書き下し，相対位置$\mathbf{r}$の動きが位置$\mathbf{r}$，位置エネルギー$U(r)$，換算質量μを有する単一粒子と同じであることを明確に示せ。

8.3** 質量m_1, m_2の 2 つの粒子が自然長L, ばね定数kの質量のないばねでつながれている。最初m_2がテーブル上に静止しており，m_1はm_2の垂直上方の高さLの場所で手に持たれている。時間$t = 0$で，m_1を初速度v_0で垂直上方に投げる。その後の（どちらかの物体がテーブルに戻る前の）任意の時間tでの 2 つの物体の位置を求め，その運動を説明せよ。［ヒント：問題 8.2 を参照すること。2 つの物体が衝突しないほどに，v_0は十分に小さいと仮定する。］

8.3 節 運動方程式

8.4* （8.13）のラグランジアンを使用して，相対座標x, y, zの 3 つのラグランジュ方程式を書き下し，相対位置$\mathbf{r}$の動きが位置$\mathbf{r}$，位置エネルギー$U(r)$，換算質量μを有する単一粒子と同じであることを明確に示せ。

8.5* 相対位置$\mathbf{r}$の共役運動量$\mathbf{p}$は，成分$p_x = \partial\mathcal{L}/\partial\dot{x}$などで定義される。$\mathbf{p} = \mu\dot{\mathbf{r}}$となることを証明せよ。また CM 系では，$\mathbf{p}$は粒子１の運動量$\mathbf{p}_1$（または$-\mathbf{p}_2$）と同じであることを示せ。

8.6* CM 系において，粒子１の角運動量$\mathbf{l_1}$は全角運動量$\mathbf{L}$と$\mathbf{l_1} = (m_2/M)\mathbf{L}$の関係にあることを示せ。また同様に$\mathbf{l_2} = (m_1/M)\mathbf{L}$も示せ。$\mathbf{L}$は保存されているので，このことは CM 系で$\mathbf{l_1}$と$\mathbf{l_2}$もそれぞれ同じく保存されることを示している。

8.7** （a）初等的なニュートン力学を用いて，固定された質量m_2の物体のまわりを半径rの円軌道で回る，質量m_1の物体の周期を求めよ。　（b）CM の運動と相対運動へ分けることで，m_2が固定されておらず，質量が互いに一定距離rだけ離れている場合の対応する周期を求めよ。$m_2\to\infty$としたの場合，この結果の様子を議論せよ。　（c）地球を太陽質量と等しく，太陽との距離が現在の地球－太陽の距離と同じ円形軌道を描く星と置き換えた場合の，軌道周期を求めよ。（太陽質量は地球の 30 万倍以上である。）

8.8** 2 つの物体m_1, m_2は，位置エネルギー$U(r) = \frac{1}{2}kr^2$で相互作用しながら平面内を移動する。ラグランジアンを CM の位置$\mathbf{R}$と相対位置$\mathbf{r}$を用いて書き下し，座標X, Y, x, yに対する運動方程式を求めよ。その運動を説明し，相対運動の角振動数を求めよ。

8.9** 等しい質量の 2 つの粒子$m_1 = m_2$を軽いまっすぐなばね（ばね定数k，自然長L）によってつなげ，摩擦のない水平テーブル上を自由に滑らせることを考える。　（a）ラグランジアンを座標$\mathbf{r_1}, \mathbf{r_2}$を用いて書き下し，$\mathbf{r}$の極座標$(r, \phi)$を使って CM の位置$\mathbf{R}$と相対位置$\mathbf{r}$を用いて書き換えよ。　（b）CM 座標$X, Y$に対するラグランジュ方程式を書き下し，そして解け。　（c）r, ϕに対するラグランジュ方程式を書き下せ。rが一定，そしてϕが一定であるという 2 つの特別な場合について，これらを解け。対応する運動を説明せよ。特に後者の場合の角振動数は，$\omega = \sqrt{2k/m_1}$であることを示せ。

8.10** 等しい質量$m_1 = m_2$を持つ 2 つの粒子が，固定された力の中心付近の摩擦のない水平面上を，位置エネルギー$U_1 = \frac{1}{2}kr_1^2$および$U_2 = \frac{1}{2}kr_2^2$のもとで移動する。さらにそれらは，位置エネルギー$U_{12} = \frac{1}{2}\alpha kr^2$を介して相互作用する。ここで$r$はそれらの間の距離であり，$\alpha, k$は正の定数である。　（a）CM の位置$\mathbf{R}$と相対位置$\mathbf{r} = \mathbf{r_1} - \mathbf{r_2}$を用いてラグランジアンを求めよ。　（b）CM の座標X, Yと相対座標x, yのラグランジュ方程式を書き下し，それを解け。その運動を説明せよ。

8.11** フックの法則に従う位置エネルギー$U(r) = \frac{1}{2}kr^2$で相互作用する，2 つの粒子を考える。ここで$\mathbf{r}$は相対位置$\mathbf{r} = \mathbf{r_1} - \mathbf{r_2}$であり，またこれらの粒子は外力の影響を受けない。$\mathbf{r}(t)$が楕円を描くことを示せ。そして両方の粒子が，共通の CM まわりの同じ楕円上を移動することを示せ。[これを示すことは，驚くほど厄介である。おそらく最も簡単な手順は，xy平面を軌道面として選択し，x, yの運動方程式（8.15）を解くことである。その解は$x = A\cos\omega t + B\sin\omega t$の形をしており，$y$についても同様の式が成り立つ。$\sin\omega t$と$\cos\omega t$に対してこれらを解き，$\sin^2 + \cos^2 = 1$を使うと，軌道方程式を$ax^2 + 2bxy + cy^2 = k$の形にすることができる。ここで$k$は正の定数である。今$a, c$が正で$ac > b^2$ならば，この方程式は楕円となることを示せ。]

8.4 節 等価な 1 次元問題

8.12** (a) 有効位置エネルギー (8.32) を調べることによって，角運動量lを持つ惑星（または彗星）が，一定の半径を持つ太陽まわりの円軌道上を回ることができる半径を求めよ。[dU_{eff}/drを調べよ。] (b) この円軌道が安定していること，つまり半径方向の小さな変位が半径方向の微小振動のみを引き起こすことを示せ。 [d^2U_{eff}/dr^2を調べよ。]これらの振動の周期が，惑星の軌道周期に等しいことを示せ。

8.13*** 換算質量がμである 2 つの粒子は，位置エネルギー$U = \frac{1}{2}kr^2$を介して相互作用する。ここでrはそれらの間の距離である。 (a) $U(r)$，遠心力エネルギー$U_{cf}(r)$，有効位置エネルギー$U_{eff}(r)$を図示せよ。(角運動量lを既知の定数として扱うこと。) (b) 2 つの粒子が，一定のrで互いに円を描くことができる距離である「平衡」距離r_0を求めよ。 [ヒント：このことは，dU_{eff}/drがゼロであることを要求する。] (c) 平衡点r_0まわりの$U_{eff}(r)$のテイラー展開をおこない，$(r - r_0)^3$以上のすべての項を無視することによって，粒子がr_0から少し離れた場合の，円軌道のまわりの角振動数を求めよ。

8.14*** $U = kr^n$で$kn > 0$を持つ中心力内を移動する，換算質量μの粒子を考えてみよう。(a) 条件$kn > 0$が，力について我々に教えてくれることを説明せよ。$n = 2, -1, -3$の場合の有効位置エネルギーU_{eff}を図示せよ。 (b)（与えられた角運動量lを有する）粒子が，一定の距離で周回する半径を求めよ。この円軌道はどのようなnの値で安定しているか。読者が図示したものは，この結論と一致しているか。 (c) 安定している場合，円軌道の微小振動の周期は$\tau_{osc} = \tau_{orb}/\sqrt{n+2}$であることを示せ。$\sqrt{n+2}$が有理数の場合，これらの軌道は閉じていることを説明せよ。$n = 2, -1, 7$の場合について，これらの軌道を描け。

第 8.6 節 ケプラー軌道

8.15* ケプラーの第 3 法則 (8.55) を導出する際には，太陽質量M_sが惑星質量mよりもはるかに大きいという事実に基づいた近似をおこなった。この法則は実際には$\tau^2 = [4\pi^2/G(M_s + m)]a^3$であることを示せ。したがって，比例定数は異なる惑星に対して少し異なる。最も重い惑星（木星）の質量は約2×10^{27}kgであり，M_sは約2×10^{30}kg（木星より数桁小さい質量を持つ惑星もある）が与えられているとすれば，ケプラーの第 3 法則の「比例定数」は，惑星間でどの程度の割合で変わるだろうか。

8.16** ケプラー軌道は，$r(\phi) = c/(1 + \epsilon\cos\phi)$，$c > 0, \epsilon \geq 0$の形で書くことができることを (8.41) で証明した。ここで$0 \leq \epsilon < 1$の場合，この方程式を直交座標(x, y)で書き直し，方程式を楕円方程式の形式 (8.51) にできることを証明せよ。(8.52) で与えられた定数の値を確認せよ。

8.17** もし読者が問題 4.41 を解いたならば，$U = kr^n$を持つ中心力内にある粒子の円軌道についての**ビリアル定理**に出くわしたであろう。ここに粒子の任意の周期軌道に適用される，定理のより一般的な形式がある。　(a) $G = \mathbf{r}\cdot\mathbf{p}$の時間微分を求め，時間 0 から$t$まで積分することにより，

$$\frac{G(t)-G(0)}{T} = 2\langle T\rangle + \langle \mathbf{F}\cdot\mathbf{r}\rangle$$

であることを示せ。ここで$\mathbf{F}$は粒子に働く力であり，$\langle f\rangle$は任意の量fの時間平均を表す。(b) なぜ粒子の軌道が周期的で，tを十分に大きくするとこの方程式の左辺を好きなだけ小さくする，すなわち$t\to\infty$のときに左辺はゼロに近づく，ことができるのかを説明せよ。　(c) この結果を用いて，$\mathbf{F}$が位置エネルギー$U = kr^n$に対応する力の場合，$\langle T\rangle = n\langle U\rangle/2$であることを証明せよ。ここで$\langle f\rangle$は，非常に長い時間にわたる時間平均を表す。

8.18** 人工衛星は地表面から 250 km上空にあり，約 8500 m/sで移動している。その軌道の離心率と，地上からの遠地点の高さを求めよ。［ヒント：地球半径は$R_e \approx 6.4\times10^6$mである。$GM_e$がわかっている必要があるが，$GM_e/R_e^2 = g$の関係を知っていれば，この値を求めることができる。］

8.19** 近地点における衛星の高さは地表から 300 km上にあり，遠地点では 3000 kmである。このとき，軌道の離心率を求めよ。軌道をxy平面に，長軸をx軸方向に，地球を原点に取ると，y軸を横切るときの衛星の高さを求めよ。［問題 8.18 のヒントを参照すること。］

8.20** 太陽から距離r_{max}で，遠日点を通過する彗星を考えてみよう。r_{max}を一定に保ちながら，実際にはゼロにはしないものの角運動量lをどんどん小さくする，すなわち$l\to0$とすることを考える。(8.48) および (8.50) を使用して，この極限で楕円軌道の離心率が 1 に近づき，最接近距離r_{min}がゼロに近づくことを示せ。r_{max}は一定であるが，lが非常に小さい場合の軌道を描け。長半径aは，どのような値になるか。

8.21***　(a) 問題 8.20 を解いていないなら，まずはそれをおこなえ。　(b) ケプラーの第 3 法則 (8.55) を用いて，この軌道の周期をr_{max}（およびGとM_s）を用いて求めよ。　(c) 次に彗星が太陽から距離r_{max}で，静止状態から解き放たれる極端な場合を考えてみよう。（この場合，lはゼロである。）(4.58) に関連して説明した手法を使い，彗星が太陽に到達するまでの時間を求めよ。（太陽半径はゼロとせよ。）　(d) 彗星が太陽を素通りできると仮定した場合の，その全体の動きを説明し，その周期を求めよ。　(e) (b) と (d) の解を比較せよ。

8.22*** 質量mの粒子は，固定された力の中心から$F(r) = k/r^3$（kは正または負でよい）の力を受け，角運動量lで移動する。　(a) kの様々な値に対して有効位置エネルギーU_{eff}を描き，可能性のある様々な軌道を説明せよ。　(b) 変換された動径方程式 (8.41) を書き下して解き，その解を使って (a) の予測を確認せよ。

8.23*** 質量mの粒子が固定された力の中心から

$$F(r) = -\frac{k}{r^2}+\frac{\lambda}{r^3}$$

の力を受け，角運動量lで移動する。ここでk, λは正である。 (a) 変換された動径方程式（8.41）を書き下し，軌道が以下の形となることを証明せよ。

$$r(\phi) = \frac{c}{1+\epsilon\cos(\beta\phi)}$$

ここでc, β, ϵは正の定数である。 (b) 与えられた変数を用いてc, βを求め，$0 < \epsilon < 1$の場合の軌道を説明せよ。(c) βの値がどのようなものであれば，軌道は閉じているか。$\lambda \to 0$とした場合の結果は，どうなるか。

8.24*** 定数λは負であると仮定したうえで，問題 8.23 の粒子を考える。変換された動径方程式（8.41）を書き下し，角運動量が小さい（具体的には$l^2 < -\lambda m$）場合の軌道を説明せよ。

8.25*** [コンピュータ]中心力$F = -k/r^{5/2}$の場の中にいる質量m，角運動量lを持つ粒子を考えてみよう。方程式を簡略化するために，$m = l = k = 1$の単位を選択する。 (a) U_{eff}が最小となるrの値r_0を求め，$0 < r \leq 5r_0$の$U_{eff}(r)$を図示せよ。(図が曲線の興味深い部分を示すようにスケールを選択せよ。) (b) 粒子がエネルギー$E = -0.1$を持つと仮定して，粒子が力の中心に最も接近する距離r_{min}の正確な値を求めよ。(そのためには，関連する方程式を数値的に解くためのコンピュータプログラムの使用が必要になる。) (c) $\phi = 0$のときに粒子が$r = r_{min}$にあると仮定し，コンピュータプログラム（Mathematica の「NDSolve」など）を使って変換された動径方程式（8.41）を解き，$0 \leq \phi \leq 7\pi$に対して$r = r(\phi)$の形の軌道を求めよ。軌道を図示せよ。その軌道は閉じているか。

8.26*** 太陽のまわりを回る任意の物体に対するケプラーの第 1・第 2 法則の正当性は，太陽からの力（保存力であると仮定）は中心力であり，$1/r^2$に比例することであることを示せ。

8.27*** ある時間t_0に彗星が半径r_0, 速さv_0で, 彗星から太陽まで引いた線に対して鋭角αの方向に運動しているのが観測された。太陽を原点Oとし，彗星を（時間t_0で）x軸上に，またその軌道をxy平面上に置き，どのようにして，$r(\phi) = c/(1 + \epsilon\cos(\phi - \delta))$という形で与えられた軌道方程式のパラメータを計算できるかを示せ。$r_0 = 1.0 \times 10^{11}\mathrm{m}$，$v_0 = 45\mathrm{km/s}$，$\alpha = 50°$の場合について，これをおこなえ。［太陽の質量は約$2.0 \times 10^{30}\mathrm{kg}$，また$\mathrm{G} = 6.7 \times 10^{-11}\mathrm{Nm^2/s^2}$である。］

8.7 節 無限ケプラー軌道

8.28* 与えられた角運動量lを有する人工衛星に対して，放物面軌道上の最近接距離r_{min}は，円軌道の場合の半径の半分であることを示せ。

8.29** 太陽の質量の半分が突然消えたら，地球の軌道（円軌道としてよい）はどのようになるだろうか。地球は太陽に拘束されているだろうか。［ヒント：質量を喪失する瞬間に，地球の KE と PE に何が起こるかを考えよ。円軌道のビリアル定理（問題 4.41）は，この問題を解決するのに役立つ。]太陽（および質量が半分となった太陽）は固定しているとして，取り扱え。

8.30** 一般的なケプラー軌道は，(8.49) の極座標で与えられる。$\epsilon = 1$および$\epsilon > 1$の場合，直交座標でこれを書き直せ。$\epsilon = 1$の場合は放物線（8.60）を，$\epsilon > 1$の場合は双曲線（8.61）を表わすことを示せ。 後者については，定数α, β, δをc, ϵで表せ。

8.31*** （たとえば 2 つの正の電荷などの）斥力的な逆 2 乗力を受ける，2 つの粒子の運動を考える。この系には（CM 系で測定した場合）$E < 0$の状態がなく，また$E > 0$のすべての状態で，相対運動が双曲線になることを示せ。典型的な軌道を描け。［ヒント：力の方向を逆にする必要があるが，8.6 節と 8.7 節の分析を厳密にたどることができる。おそらくこれをおこなう最も簡単な方法は，（8.44）とそれ以降のすべての式のγの符号を変更して（$F(r) = +\gamma/r^2$となるように）正の値に保つことである。 $l \neq 0$を仮定せよ。］

8.8 節 軌道の変更

8.32* （太陽のような）与えられた重力の（力の）中心まわりの円軌道に対して，公転する物体の速さが軌道半径の平方根に反比例することを証明せよ。

8.33** 図 8.13 は，Pの円形軌道 1 から移行軌道 2 へ，次にP'の移行軌道から最終の円軌道 3 へ移動する宇宙船を示している。例 8.6 ではPで上昇に必要な推力係数を詳細に導出した。同様にP'で必要とされる推力係数は$\lambda = \sqrt{(R_1 + R_3)/2R_1}$であることを示せ。[ここでの議論は例 8.6 とよく似ているが，P'は移行軌道の遠地点（近地点ではない）であるという事実を考慮する必要がある。たとえば (8.67) のプラス記号はマイナス記号でなければならない。]

8.34** 例 8.6（359 ページ）で説明した簡単な軌道移行を使って，宇宙船を海王星に送ることにする。宇宙船は，地球に近い円軌道（半径 1AU または 1 天文単位）から始まり，海王星に近い円形軌道（半径約 30 AU）となる。ケプラーの第 3 法則を使用すると，この移行に約 31 年かかることを示せ。(実際には，宇宙船が木星を通過する際に重力を増く受けるようにすることで，これよりずっと早く到達できる。)

8.35*** 円軌道上の宇宙船に対して，楕円軌道に移行するための接線方向への推進力と，所望の円軌道に移動するための楕円の反対側にある第 2 の接線方向への推進力とを用いて，半径が四分の一となる別の円軌道に移動したい。(図 8.13 のようになるが，後方に動く。) 必要な推力係数を求め，最終軌道の速さが初期の速さの 2 倍になることを示せ。

第9章　非慣性系の力学

第1章では，ニュートンの法則が加速や回転がない特別な場合である慣性系でのみ有効であることを見た。このような理由により，慣性系のみを使用してすべての力学問題を扱うことは自然なことであるし，これまで実際におこなってきたことでもある。それにもかかわらず，非慣性系を考えることが，是非とも必要となる状況がある。たとえば読者が加速している車に座っている状態で，空中に投げたコインの動きを説明したいのであれば，読者が観察している系，すなわち動いている車の加速度系においてその動きを記述するのは極めて自然である。別の重要な例は，地球に固定された基準系である。これを慣性系と見なすことは良い近似である。それにもかかわらず地球は自転軸まわりで回転し，かつ軌道上を加速度運動しているという2つの理由のため，地球に固定された基準系は慣性系ではない。多くの問題では，地球に固定された系の非慣性的な性質は完全に無視できるが，地球の回転が重要な結果をもたらす長距離ロケットの発射などの状況がある。当然，我々が住んでいる地球に固定された系から見た運動を調べたいと思うが，そうするには非慣性系の力学を学ぶ必要がある。

この章の最初の2つの節では，加速しているが回転していない基準系という単純な場合について説明する。この章の残りの部分では，回転する基準系について説明する。

9.1　回転を伴わない加速

慣性系S_0と，S_0に対して必ずしも一定である必要はない加速度$\mathbf{A}$で加速している第 2 の系Sとを考える。ここで関心があるのは非慣性系なので，Sがそれにあたる。またS_0に対するSの加速度（と速度）については，大文字を使用する。慣性系S_0は，地面に固定された系と見なすことができる。SはS_0に対して速度$\mathbf{V}$と加速度$\mathbf{A} = \dot{\mathbf{V}}$で，相対的に移動する列車に固定された系と見なしても良い。今，車両の乗客が質量mのテニスボールを捕る行為を，S_0系で考えよう。S_0は慣性系であり，ニュートンの第 2 法則が成り立つので，

$$m\ddot{\mathbf{r}}_0 = \mathbf{F} \tag{9.1}$$

である。ここで$\mathbf{r}_0$はS_0に対するボールの位置であり，$\mathbf{F}$はボールに働く合力，つまりボールに働くすべての力（重力, 空気抵抗, ボールを押す乗客の手の力など）のベクトル和である。

次に，加速系Sに対して測定された同じボールの動きを考える。ボールのSに対する位置は$\mathbf{r}$であり，速度のベクトル加算公式により，Sに対する速度$\dot{\mathbf{r}}$は，以下のようになる[1]。

$$\dot{\mathbf{r}}_0 = \dot{\mathbf{r}} + \mathbf{V} \tag{9.2}$$

つまり，

（地面に対するボールの速度）

＝（車両に対するボールの速度）＋（地面に対する車両の速度）

である。これを微分し並べ替えをおこなうと，

$$\ddot{\mathbf{r}} = \ddot{\mathbf{r}}_0 - \mathbf{A} \tag{9.3}$$

となる。この方程式にmを掛け，(9.1) を使って$m\ddot{\mathbf{r}}_0$を$\mathbf{F}$で置き換えると，

$$m\ddot{\mathbf{r}} = \mathbf{F} - m\mathbf{A} \tag{9.4}$$

この方程式はニュートンの第 2 法則の形式を厳密に保っているが，慣性系内で同定されたすべての力の和$\mathbf{F}$に加えて，右辺に$-m\mathbf{A}$に等しい余分な項が存在する。このことは非慣性系では**慣性力**と呼ばれる余分な力の項を加えることにより，非慣性系でニュートンの第2法則を使用し続けることができるということを意味する。

1 相対性理論の重要な事項として，速度が (9.2) の単純なベクトル加算式に正確には従わないことがある。それにもかかわらず，古典力学の枠組みでは (9.2) は正しい。同じように，SとS_0で測定された時間は同じであることは相対論的には正しくないが，古典力学では当然のように正しいとする。

$$\mathbf{F}_{\text{inertial}} = -m\mathbf{A} \tag{9.5}$$

非慣性系で現れるこの慣性力は，日常的な状況でよく見られる光景である。離陸に向けて急加速している航空機に座っていると，乗客の視点から見ると座席に押し付けられる力が存在する。突然ブレーキをかけたバスに立っている場合（$\mathbf{A}$は後方に働く），慣性力$-m\mathbf{A}$は前方に働き，適切にバランスをとっていないと，顔を床にぶつける可能性がある。車が急なカーブを高速で進む際に運転手が経験する慣性力は，乗客を外側に押すいわゆる遠心力である。慣性力は，単にニュートンの第 2 法則の形を保つために導入された「見かけの」力であるという見解をとることができる。それにもかかわらず，加速系にいる観測者にとっては，完全に本物である。

加速度系内に物体が含まれる多くの問題では，(9.4) のような余分な慣性力を付け加えることで，ニュートンの第 2 法則を非慣性系で使用することが最も簡単な手続きである。ここに簡単な例を挙げる。

例 9.1 加速している車両内部の振り子

図 9.1 に示すように，一定の加速度$\mathbf{A}$で右側に加速している列車の内部に取り付けられた単振り子（質量m，長さL）を考えてみよう。振り子が加速している車両に対して静止したままとなる角度ϕ_{eq}を求め，この平衡角度まわりの微小振動の角振動数を計算する。

任意の慣性系で観察されるようにおもりには 2 つの力，ひもからの張力$\mathbf{T}$と重力$m\mathbf{g}$が働く。したがって（任意の慣性系における）合力は，$\mathbf{F} = \mathbf{T} + m\mathbf{g}$である。加速している車両の非慣性系で考える場合は，慣性力$-m\mathbf{A}$も考えなければならず，運動方程式 (9.4) は次のようになる。

$$m\ddot{\mathbf{r}} = \mathbf{T} + m\mathbf{g} - m\mathbf{A} \tag{9.6}$$

重力$m\mathbf{g}$と慣性力$-m\mathbf{A}$が質量mに比例するため，これら 2 つの項を組み合わせることで，この問題を単純化できる。

$$\begin{aligned} m\ddot{\mathbf{r}} &= \mathbf{T} + m(\mathbf{g} - \mathbf{A}) \\ &= \mathbf{T} + m\mathbf{g}_{\text{eff}} \end{aligned} \tag{9.7}$$

ここで$\mathbf{g}_{\text{eff}} = \mathbf{g} - \mathbf{A}$である。車両の加速系における振り子の運動方程式は，

図 9.1 にあるように$\mathbf{g}$が$\mathbf{g}_{\mathrm{eff}} = \mathbf{g} - \mathbf{A}$で置き換えられていることを除いて，慣性系とまったく同じであることがわかる[2]。これにより，この問題を解くことは簡単になる。

（車両内から見た場合において）振り子が静止している場合は，$\ddot{\mathbf{r}}$はゼロでなければならず，(9.7) から$\mathbf{T}$は$m\mathbf{g}_{\mathrm{eff}}$と反対符号でなければならない。特に図 9.1 から，$\mathbf{T}$（したがって振り子）の方向は

$$\phi_{eq} = \arctan(A/g) \tag{9.8}$$

である。慣性系内の振り子の小振幅での角振動数は，$\omega = \sqrt{g/L}$であることはよく知られている。したがって振り子の角振動数は，gを$g_{eff} = \sqrt{g^2 + A^2}$で置き換えることによって得られる。つまり，以下のようになる。

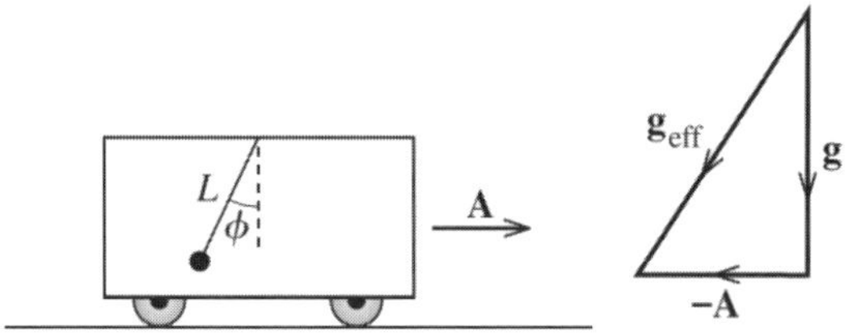

図 9.1 一定の加速度$\mathbf{A}$で加速している列車の屋根から振り子が吊り下げられている。車両の非慣性系では，加速度は慣性力$-m\mathbf{A}$を介して現れるが，それは$\mathbf{g}$を$\mathbf{g}_{\mathrm{eff}} = \mathbf{g} - \mathbf{A}$置き換えることと同等である。

$$\omega = \sqrt{\frac{g_{eff}}{L}} = \sqrt{\frac{\sqrt{g^2+A^2}}{L}} \tag{9.9}$$

この解を，他のより直接的な方法から得られたものと比較することは価値がある。最初に地面に固定された慣性系では，平衡角が (9.8) であることは分かった。この系では，おもりには 2 つの力しか働いていない（$\mathbf{T}$と$m\mathbf{g}$)。振り子が列車に対して静止しているなら,（地面から見て）$\mathbf{A}$で加速しなければならない。したがって合力$\mathbf{T} + m\mathbf{g}$は$m\mathbf{A}$に等しくなければ

2 加速系にあることの影響は付加的な重力を持つことと同じである，というこの結果は一般相対性理論の基礎であり，等価原理と呼ばれている。

ならず，力の三角形を描くことによって，T が方向（9.8）を持つことがわかる。一方で角振動数（9.9）を，地上を基にした系で求めるのはかなりの工夫が必要であり，非慣性系における導出に対する洞察を与えるものではない。

ラグランジュ法を用いて，両者の結果を導出することもできる。この方法は，慣性系と非慣性系について考える必要がないという明確な利点がある。一般化座標ϕでラグランジアン$\mathcal{L}$を書き下し，計算を始めるだけである。しかし，このようにして角振動数（9.9）を求めることは，問題 7.30 をおこなった場合にわかるように，非常に面倒である。

9.2　潮汐

（9.4）の結果についての素晴らしい応用として，潮汐の説明がある。よく知られているように，潮汐は月と太陽の重力によって海洋が隆起する現象である。地球が回転するにつれて，地球の表面上にいる人々はこれらの隆起を通り過ぎて移動するため，海面の上昇と下降を経験する。この効果に対する最も重要な貢献をするのは月であるので，議論を簡略化するために，最初は太陽を完全に無視する。また海洋が，地球の全表面を覆っていると最初は仮定する。

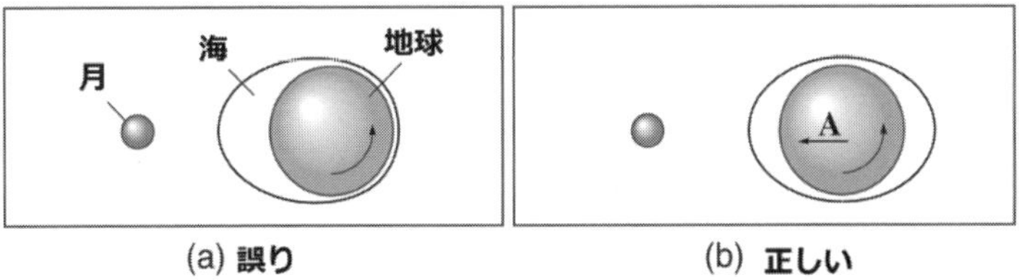

図 9.2 北極上空から見た地球と月の様子。地球は自転軸のまわりを反時計回りに回転している。　(a) 説得力のある，しかし間違った潮汐の説明は，月の引力が海を月がある方向に膨らませる原因になるというものである。地球が 1 日 1 回転するので，この場合に地球の表面上にいる人は実際に観測される 2 回ではなく，1 日に 1 回の満潮を経験する。　(b) 正しい説明：月の引力の主な効果は，全地球（海を含む）に対して月に向かう小さな加速度**A**を与えることである。本文で説明されているように，残りの効果は海洋が月に向かって，および月から離れて膨らむことである。地球が 1 日に 1 回転するにつれて，これら 2 つの膨らみは 1 日に観測される 2 回の満潮を引き起こす。

図 9.2（a）にある潮汐の説明は，完全に間違っている。この誤った議論によれば，月の引力は海を月に向かって引っ張るので，月に向かって単一の膨らみを作り出す。この議論（それは間違っているが）の問題点は，単一の膨らみが 1 日に 1 回の満潮を引き起こすということであるが，実際には 2 回の満潮が観察される。

図 9.2（b）に示す正しい説明は，より複雑である。月の支配的な効果は，海を含む全地球に月に向かう加速度**A**を与えることである。この加速度は月による地球の向心加速度であり，また地球は共通の質量中心のまわりを回り，地球を構成するすべての質量がその中心に集中している場合と（ほぼ正確に）同じである。地球と共に回っている地球上のあらゆる物体の向心加速度は，物体が地球の中心で感じる月の引っ張りに相当する。地球の月の側にあるどの物体も，地球中心よりも若干大きい力で月に引っ張られる。したがって地球で実際に見られるように，月に最も近い側の物体は，あたかも月に向かってわずかな付加的な引力を感じるかのようにふるまう。特に海面は，月に向かって膨らむ。一方，月から遠い側の物体は，中心よりもわずかに弱い力で月に引っ張られる。つまり月によって，（地球に対して）わずかに離れるように移動する。このわずかな離反は海を月から離れた側に膨らませ，結果として毎日の 2 回の満潮を引き起こす。

(9.4) に戻ると，この議論を定量的な (そしておそらくもっと説得力がある) ものにすることができる。地球表面付近の質量mに働く力は，（1）地球の万有引力$m\mathbf{g}$，（2）月の万有引力 $-GM_m m\hat{\mathbf{d}}/d^2$（ここで$M_m$は月の質量であり，**d**は図 9.3 のように月に対する物体の位置），および（3）非重力の合力$\mathbf{F}_{\text{ng}}$（たとえば海の中の海水による浮力），である。一方，

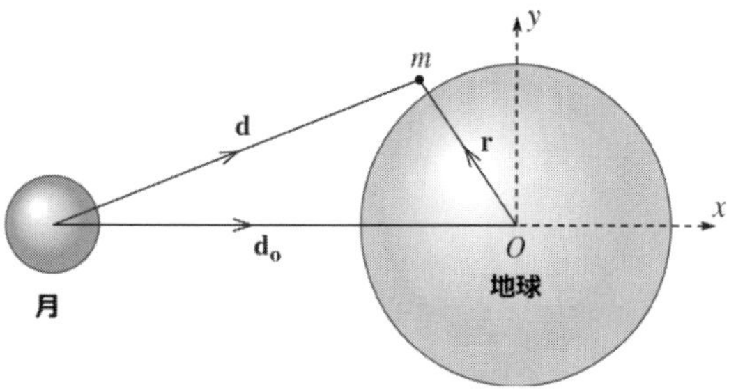

図 9.3　地球表面に近い位置にある質量mの物体は，地球中心に対して相対位置**r**，月に対して相対位置**d**である。ベクトル$\mathbf{d_0}$は，月に対して相対的な地球中心の位置である。

地球中心にある原点Oの加速度は，

$$\mathbf{A} = -GM_m \frac{\hat{\mathbf{d}}_0}{d_0^2}$$

である。ここで$\mathbf{d}_0$は，月に対する地球中心の位置である。これらをまとめると，（9.4）は以下のようになる。

$$m\ddot{\mathbf{r}} = \mathbf{F} - m\mathbf{A} \tag{9.10}$$

$$= \left(m\mathbf{g} - GM_m m \frac{\hat{\mathbf{d}}}{d^2} + \mathbf{F}_{\text{ng}}\right) + GM_m \frac{\hat{\mathbf{d}}_0}{d_0^2} \tag{9.11}$$

M_mを含む 2 つの項を組み合わせると，

$$m\ddot{\mathbf{r}} = m\mathbf{g} + \mathbf{F}_{\text{tid}} + \mathbf{F}_{\text{ng}}$$

である。ここで**潮汐力**

$$\mathbf{F}_{\text{tid}} = -GM_m m\left(\frac{\hat{\mathbf{d}}}{d^2} - \frac{\hat{\mathbf{d}}_0}{d_0^2}\right) \tag{9.12}$$

は，月がmに及ぼす実際の力と，mが地球中心にあった場合の対応する力との差である。

　地球の近くの任意の物体の（地球に対する）運動における月の全体の影響は，（9.12）の潮汐力$\mathbf{F}_{\text{tid}}$に含まれている。図 9.4 のPのように月に面している地点では，ベクトル$\mathbf{d} = \overrightarrow{MP}$, $\mathbf{d_0} = \overrightarrow{MO}$は同じ方向を向いているが，$d < d_0$である。したがって（9.12）の第 1 項が支配的であり，潮汐力は月に向かう。点Rで月の反対側になると，再び$\mathbf{d}$（$\overrightarrow{MR}$に等しい）と$\mathbf{d_0}$は同じ方向を向くが，$d > d_0$であり潮汐力は月から離れる方向になる。点Qにおいて，ベクトル$\mathbf{d} = \overrightarrow{MQ}$

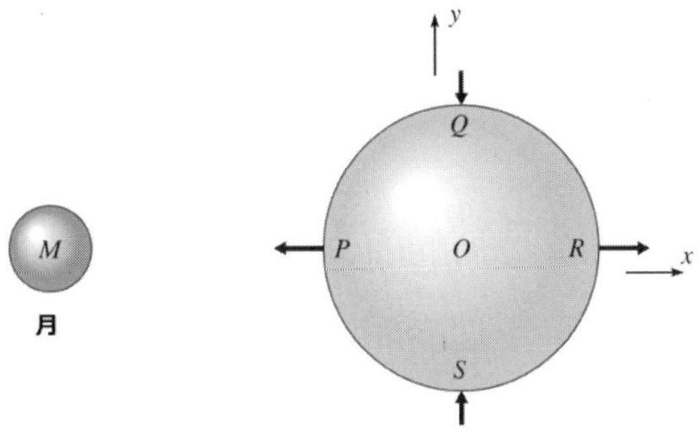

図 9.4　（9.12）で与えられる潮汐力$\mathbf{F}_{\text{tid}}$は，P点とR点では外側方向（地球中心から離れる方向）であるが，QとSでは内側方向（地球の中心に向かう方向）である。

および $\mathbf{d_0} = \overrightarrow{MO}$は異なる方向を指す。(9.12) の第 2 項の$x$成分は打ち消しあい，また最初の項のみが$y$成分を持つ。したがって$Q$（および同様に$S$）では，図 9.4 に示すように潮汐力は内側，つまり地球の中心に向かう方向となる。特に潮汐力の影響は，図 9.2 (b) に示すような形に海洋をひずませ，点PとRを中心とする隆起を引き起こし，1 日に 2 回の満潮が観測される。

潮汐の高さ

満潮と干潮の高さの差を求める最も簡単な方法は，海面が一定の位置エネルギーを持つ等ポテンシャル面であることを理解することである。これを証明するために，海面上にある一滴の海水を考える。地球の万有引力$m\mathbf{g}$，潮汐力$\mathbf{F}_{\text{tid}}$，周囲の海水の圧力$\mathbf{F}_{\text{p}}$の 3 つの力の影響下で，液滴は（地球の基準系に対して）平衡状態にある。静止流体はせん断力が働かないので，圧力$\mathbf{F}_{\text{p}}$は海面に垂直でなければならない。（これはアルキメデスの原理における浮力である。）液滴が平衡状態にあるので，$m\mathbf{g} + \mathbf{F}_{\text{tid}}$も同様に表面に対して垂直でなければならない。

さて，$m\mathbf{g}$と$\mathbf{F}_{\text{tid}}$の両方が保存力なので，それぞれは位置エネルギーの勾配として書くことができる。

$$m\mathbf{g} = -\nabla U_{eg}, \quad \text{および} \quad \mathbf{F}_{\text{tid}} = -\nabla U_{tid}$$

ここでU_{eg}は地球の重力による位置エネルギーであり，U_{tid}は（9.12）から

$$U_{tid} = -GM_m m\left(\frac{1}{d} + \frac{x}{d_0^2}\right) \tag{9.13}$$

となる[3]。したがって$m\mathbf{g} + \mathbf{F}_{\text{tid}}$が海面に垂直であるということは，$\nabla\left(U_{eg} + U_{tid}\right)$が表面に対して垂直であると言い換えることができ，さらにそれは$U = \left(U_{eg} + U_{tid}\right)$が表面で一定であることを意味している。言い換えれば，海面は等ポテンシャル面である。

Uは海水面上で一定であるので，

$$U(P) = U(Q)$$

（図 9.5 参照），または

---

3 (9.12) によれば，$\mathbf{F}_{\text{tid}}$は 2 つの項の和である。第 1 のものは，対応する位置エネルギー$-GM_m m/d$を有する通常の逆 2 乗力であり，第 2 のものは$-GM_m mx/d_0^2$項を与えるx方向を指す定数ベクトルである。

$$U_{eg}(P) - U_{eg}(Q) = U_{tid}(Q) - U_{tid}(P) \tag{9.14}$$

である。この式の左辺はちょうど

$$U_{eg}(P) - U_{eg}(Q) = mgh \tag{9.15}$$

である。ここでhは満潮と干潮の間の差（図 9.5 の長さOPとOQの差）である。(9.14) の右辺を変形するためには，定義（9.13）から 2 つの潮位の位置エネルギー $U_{tid}(Q), U_{tid}(P)$ を評価しなければならない。点Qにおいて，$d = \sqrt{d_0^2 + r^2}$（$r \approx R_e$で）かつ$x = 0$であることがわかる。したがって，(9.13) から

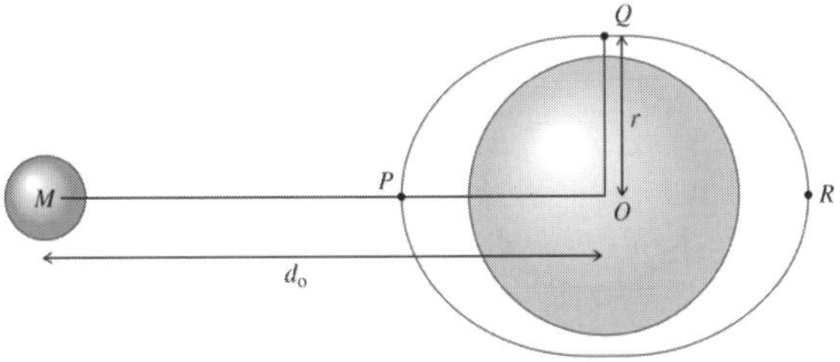

図 9.5 満潮と干潮の差hは，OPとOQの長さの差である。ここではこの差は誇張されており（hは数メートル程度であることが分かっている），OPとOQの長さはともに地球の半径に非常に近い（$R_e \approx 6400$km）。また実際には$r \approx R_e$は，地球－月間の距離$OM = d_0$より約 60 倍小さい。

$$U_{tid}(Q) = -GM_m m \frac{1}{\sqrt{d_0^2 + R_e^2}}$$

となる。平方根を$\sqrt{d_0^2 + R_e^2} = d_0\sqrt{1 + (R_e/d_0)^2}$と書き直すことができる。次に，$R_e/d_0 \ll 1$から，2 項近似$(1+\epsilon)^{-1/2} \approx 1 - \frac{1}{2}\epsilon$を使用して以下のようにする。

$$U_{tid}(Q) \approx -\frac{GM_m m}{d_0}\left(1 + \frac{R_e^2}{2d_0^2}\right) \tag{9.16}$$

点Pでは$d = d_0 - R_e$および$x = -R_e$であり，同様の計算によって以下のようになることがわかる（問題 9.5）。

$$U_{tid}(P) \approx -\frac{GM_m m}{d_0}\left(1 + \frac{R_e^2}{d_0^2}\right) \tag{9.17}$$

（すぐに確認できるように，月の逆側にある点Rで同じ答えが得られるので，この近似においては毎日の 2 回の潮の高さは同じでなければならない。）

(9.15)，(9.16)，(9.17) を (9.14) に代入すると

$$mgh = \frac{GM_m m}{d_0}\frac{3R_e^2}{2d_0^2}$$

となる。ここで$g = GM_e/R_e^2$であるため，これは以下のようになる。

$$h = \frac{3M_m}{2M_e}\frac{R_e^4}{d_0^3} \tag{9.18}$$

以下の数値（$M_m = 7.35 \times 10^{22}$kg, $M_e = 5.98 \times 10^{24}$kg, $R_e = 6.37 \times 10^6$m, $d_0 = 3.84 \times 10^8$m）を採用すると，月による潮汐の高さを計算できる。

$$h = 54\text{cm} \qquad [\text{月のみ}] \tag{9.19}$$

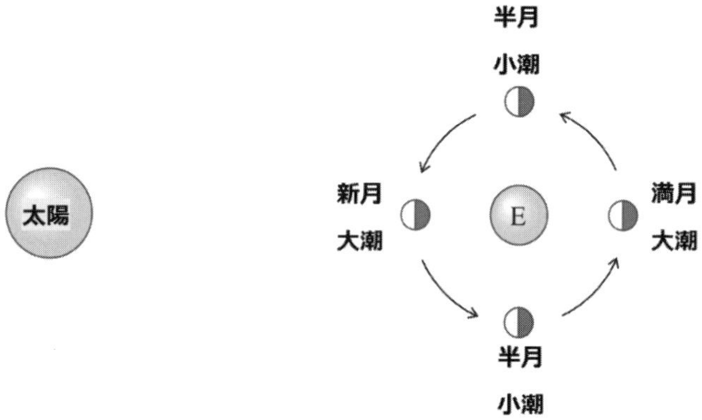

図 9.6 周回軌道上にある月の 4 つの連続した位置。新月と満月では，月と太陽の潮汐効果が互いに強め合い，潮汐は大きい（大潮）。半月では 2 つの効果はキャンセルされ，潮汐は小さくなる（小潮）。

太陽に起因する潮の高さも（9.18）で与えられるが，M_mは太陽の質量$M_s = 1.99 \times 10^{30}$kgで置き換えられ，$d_0$は太陽から地球までの距離$1.495 \times 10^{11}$mで置き換えられる。これにより，以下の値が求まる。

$$h = 25\text{cm} \qquad [\text{太陽のみ}] \tag{9.20}$$

太陽が潮汐に与える寄与は月よりも小さいものの，無視できないものであり，この 2 つの効果は興味深い関係で結ばれている。まず地球，太陽，月がおおよそ一直線に並んでいる場合を考えてみよう。これは地球が真ん中にある満月の場合，月が真ん中にある新月の場合のどちらかである（図 9.6 を参照）。この場合，月と太陽による潮汐力は，（月によって引き起こされる 2 つの盛り上がりは太陽によって引き起こされる 2 つの盛り上がりと一致するので）互いに補強する。したがって（9.19）と（9.20）の合計，すなわち$h = 54 + 25 = 79$cmというhを有する大きな潮（大潮）となることが予測される。一方，太陽，地球，月が直角を成すならば，2 つの潮汐効果は打ち消され，高さ$h = 54 - 25 = 29$cmの小さな潮（小潮）となることが予測される。

ここで提示された理論は，特に大きな海の真ん中では基本的に正しいが，実際の状況は多くの興味深い複雑な関係を伴う。おそらく最も重要な複雑な関係は，大規模な大陸の影響である。これまでは海が世界中を覆い，月と太陽の潮力が図 9.5 の 2 つの隆起を作ることを可能にするとした。しかし大陸の存在がこの結論に影響を及ぼし，場合によってはより小さな，また別の場合にはより大きな潮汐が起こることもある。黒海や地中海のような小さな海は，大きな海から陸地によって遮断されており，ここで計算したよりもはるかに小さい潮汐となる。一方で大洋を横断して流れる潮は接する大陸によって阻まれ，はるかに高くまで潮汐が起こる。次第に狭くなる河口に入る潮は，極めて劇的な「潮津波」を引き起こす可能性がある。

9.3　角速度ベクトル

この章の残りの部分では，（慣性系に対して）回転している基準系における物体の動きについて説明する。この議論を始める前に，回転を取り扱うためのいくつかの概念と記法を導入しなければならない。回転を詳細に調べることは，実際には驚くほど複雑である。幸いにも細部の多くは必要とされず，証明するのが非常に難しい性質のいくつかはもっともらしいものであり，証明なしに利用することができる。

我々が関心を持っている回転軸は，ほぼ常に剛体に固定された軸である。最も重要な例は回転する地球に固定された様々な軸であるが，第 10 章でその他の例を見ることにする。剛体の回転について論じる際に，我々が関心を持つ状況が 2 つある。1 つは物体のある点が（ある慣性系で）固定されており，それを中心として物体が回転している場合である。固定された車軸を中心に回転している車輪，または固定された点を中心に揺れている振り子がその例である。もう 1 つは回転体に固定点がない場合（たとえば，空中を飛びながら回転している野球のボールなど）であるが，この時にはまず重心の運動を求め，その CM に対する物体の回転運動を求める，という 2 つのステップを通常は踏む。CM に対する運動に注意を向ける場合に限定すると，CM が固定されている基準系での運動を調べることになる。したがってどちらの方法でも，回転体についての議論は，実際上 1 点が固定されている物体に関係している。

固定点を中心に回転する物体に関する重要な結果は，**オイラーの定理**と呼ばれるが，これは固定点Oに対する任意の物体の最も一般的な運動は，Oを通る軸のまわりの回転であるというものである。この定理を証明するのは極めて複雑であるが，その結果は全く自然であるので，証明なしに受け入れることにする[4]。これは与えられた点Oについての回転を指定する場合には，回転軸の方向と回転した角度のみを与える必要があることを意味する。ここでより興味を持っている事項は回転速度，つまり角速度であり，オイラーの定理は回転軸の方向とこの軸のまわりの回転速度を与えることで，回転運動を指定できることを意味している。回転軸の方向は，単位ベクトル$\mathbf{u}$と回転の速さ$\omega = d\theta/dt$で指定できる。たとえばメリーゴーランドは，10rad/min（ω =ラジアン/分）の割合で垂直軸（$\mathbf{u}$は垂直）のまわりを回転する。

単位ベクトル$\mathbf{u}$をωと組み合わせて**角速度ベクトル**を作ると，便利である。

$$\boldsymbol{\omega} = \omega \mathbf{u} \tag{9.21}$$

単一のベクトル$\boldsymbol{\omega}$は，回転軸の方向（すなわち$\boldsymbol{\omega}$の方向$\mathbf{u}$）と回転の速さ（すなわち$\boldsymbol{\omega}$の大きさω）の両方を指定する。実は，まだ一意のベクトル$\boldsymbol{\omega}$を定義していない。たとえば垂直軸を中心に回転する回転円の場合，ベクトル$\boldsymbol{\omega}$は垂直方向に向いているが，上下どちらを指しているのだろうか。右手の法則を使用して，このあいまいさを取り除く。右の親指を$\boldsymbol{\omega}$に沿って指すと，右の指が回転方向になるように，$\boldsymbol{\omega}$の方向を選択する。これを言うもう 1 つの方法は，ベクトル$\boldsymbol{\omega}$に沿って見ると，時計回りに回転している物体が見えるということである。

角速度は時間とともに変化することを認識することは，重要である。回転速度が変化している場合$\boldsymbol{\omega}$は大きさが変化し，回転軸が変化している場合$\boldsymbol{\omega}$は方向が

---

[4] たとえば，ゴールドスタイン，サーフコ，ポール著，『古典力学』（吉岡書店，2006），第 4.6 節の証明を参照のこと。

変化する。たとえば，制御不能状態で回転している宇宙船の角速度は，大きさと方向の両方が変化する。この場合，$\boldsymbol{\omega} = \boldsymbol{\omega}(t)$は時間$t$における瞬間角速度である。一方，$\boldsymbol{\omega}$は（大きさと方向が）一定である多くの興味深い状況が存在する。たとえば自転軸まわりを回転する地球の角速度の場合，このことが（優れた近似として）当てはまる。

有用な関係

剛体の角速度と物体の任意の場所での線速度との間には，有用な関係がある。たとえば，地球を中心Oについて角速度$\boldsymbol{\omega}$で回転させることを考えてほしい。（この議論では，我々は宇宙空間内で静止しているとする。）次に，地球上（または地球内）に固定された任意の点P（たとえばエベレスト山の頂点で，Oを基準とした位置$\mathbf{r}$）を考えてみよう。北極を指すz軸を持つ球面の極座標(r, θ, ϕ)によって$\mathbf{r}$を指定することができるが，ここでθは（地理学者たちが普通やるように，赤道から北極方向に測るのではなく）北極から赤道方向に測られた**余緯度**である。地球がその軸上で回転すると，図 9.7 に示すように，点Pは半径$\rho = r\sin\theta$の緯度のまわりを東方向に移動する。これはPが速さ$v = \omega r\sin\theta$で移動することを意味し，図 9.7 の方向を確認すると，速度ベクトルは$\boldsymbol{\omega} \times \mathbf{r}$であることがわかる。この結果は，回転体の性質とは無関係であることが容易にわかる。すなわちOを通る軸を中心に，角速度$\boldsymbol{\omega}$で回転する任意の剛体に対して，物体に固定された任意の点P（位置$\mathbf{r}$）の速度は，

$$\mathbf{v} = \boldsymbol{\omega} \times \mathbf{r} \tag{9.22}$$

である。この有益な関係は，半径rの車輪の外周上の点における速さについて，入門物理学で学んだおなじみの関係$v = \omega r$の一般化である。これに対応する，回転体に固定された任意のベクトルにおける関係があることを強調することは，おそらく価値がある。たとえば$\mathbf{e}$が物体内で固定された単位ベクトルである場合，非回転系から見たその変化率は，

$$\frac{d\mathbf{e}}{dt} = \boldsymbol{\omega} \times \mathbf{e} \tag{9.23}$$

という，この後すぐに使用される結果が得られる。

角速度の和

言及すべき角速度の最後の基本特性として，相対角速度は相対並進速度と同じように加算することができるということがある。系 2 が系 1 に対して相対速度$\mathbf{v_{21}}$を持ち，物体 3 が系 2 に対して速度$\mathbf{v_{32}}$を持つならば，系 1 に対する物体 3 の速度は（古典力学の枠組みで）その和であるということを，我々は知っている。

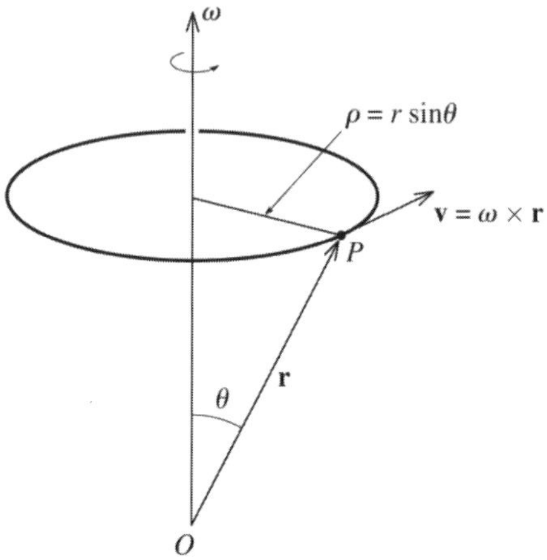

図 9.7 地球の回転は速さ$v = \omega\rho = \omega r \sin\theta$，したがって速度$\mathbf{v} = \boldsymbol{\omega} \times \mathbf{r}$で，緯度の円（半径$\rho = rsin\theta$）のまわりの表面上の点$P$を動かす。

$$\mathbf{v_{31}} = \mathbf{v_{32}} + \mathbf{v_{21}} \quad (9.24)$$

これに代わり，系 2 が系 1（両方の系とも同じ原点 O を持つ）に対して角速度$\boldsymbol{\omega}_{21}$で回転し，物体 3 が系 1 および 2 に対して角速度$\boldsymbol{\omega}_{31}$および$\boldsymbol{\omega}_{32}$で回転していると仮定しよう。点$\mathbf{r}$は物体 3 に固定されている。系 1 と 2 に対するその並進速度は，（9.24）を満足しなければならない。（9.22）によれば，これは

$$\boldsymbol{\omega}_{31} \times \mathbf{r} = (\boldsymbol{\omega}_{32} \times \mathbf{r}) + (\boldsymbol{\omega}_{21} \times \mathbf{r}) = (\boldsymbol{\omega}_{32} + \boldsymbol{\omega}_{21}) \times \mathbf{r}$$

である。これは任意の$\mathbf{r}$について成り立たなければならないので，

$$\boldsymbol{\omega}_{31} = \boldsymbol{\omega}_{32} + \boldsymbol{\omega}_{21} \quad (9.25)$$

つまり角速度は並進速度と同じように加えることができる。

角速度の表記法

角速度にラベルを付ける際，通常次のような規則に従う。（回転するコマなど）その動きを注目している物体の角速度に，小文字の$\boldsymbol{\omega}$を使用する。単一または複数の物体の動きを計算する際の非慣性回転基準系の角速度に，大文字$\boldsymbol{\Omega}$を使用する。この区別は前の 2 節での区別と一致している。そこでは，（慣性系に対する）非慣性系の加速度と速度に，大文字$\mathbf{A}$と$\mathbf{V}$を使用した。$\boldsymbol{\omega}$は通常は未知数であるが，

Ωは通常 1 日に 1 回転する地球の角速度などの既知の角速度として与えられる。この章の残りの部分では，回転基準系から見た物体の運動を取り扱うが，ここで述べた規則に従い，その系の角速度を**Ω**で表す。

9.4　回転系における時間微分

慣性系S_0に対して角速度**Ω**で回転する系Sから見た物体の運動方程式を考える準備が整った。ここでの結論は任意の回転系に適用されるが，最も重要な例は回転する地球に取り付けられた系であり，これは読者が心に留めておくべき例である。この場合，まずは地球の角速度を計算することから始めよう。地球の角速度は自転軸まわりに 24 時間で 1 回転するので[5]，地球に取り付けられた系では以下のようになる。

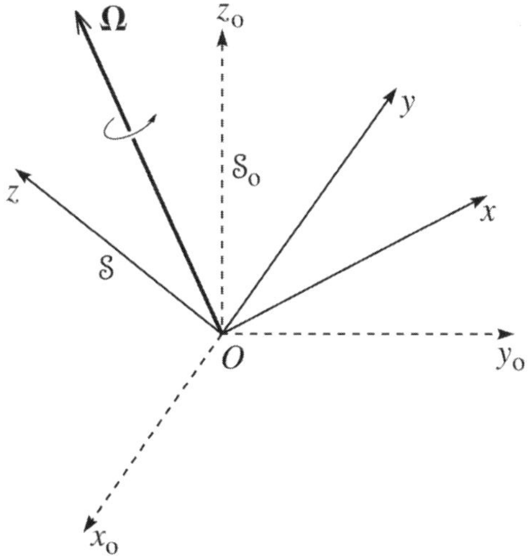

図 9.8 3 つの点線の軸で定義されるS_0系は，慣性系である。3 つの実線の軸で定義されるS系は，同じ原点Oを共有するが，S_0に対して角速度**Ω**で回転する。

$$\Omega = \frac{2\pi\mathrm{rad}}{24\times 3600\mathrm{s}} \approx 7.3\times 10^{-5}\mathrm{rad/s} \tag{9.26}$$

この角速度は非常に小さいため，多くの場合完全に無視できる。それにもかかわらず，これから見ていくように地球の回転は投射体，振り子，および他の系の動

[5] 厳密に言えば自転軸まわりの回転周期は，遠方の星に比べて 1 回転する時間である恒星日である。これは太陽日よりも 365/366 倍短くなっているが，その差は十分小さいのでここでは考慮しない。

きに測定可能な影響を及ぼしている。地球と月の軌道運動に関連する他の非慣性的な影響（特に潮汐）があるが，ここで考慮する問題にとってはそれほど重要ではないので無視する。

図 9.8 に示すように，2 つの系S_0, Sが共通の原点Oを共有していると仮定する。そのため，S_0系に対するS系の唯一の動きは角速度の回転である。たとえば共通の原点Oは地球の中心，S系は地球に固定された軸の集合，S_0系は原点は同じであるが，遠方の恒星に対して方向が固定された軸の集合である。S系は我々にとって使いやすいものであるが，非慣性系である。S_0系は余り便利ではないが，慣性系である。

ここで，任意のベクトル$\mathbf{Q}$を考えてみよう。これはボールの速度または位置，物体に働く力，またはその他の関心のあるベクトルである。最初にやらなければならないのは，S_0系で測定された$\mathbf{Q}$の時間変化率を，S系で測定されたそれに対応する時間変化率と関連付けることである。これら 2 つの変化率を区別するために，ここでは一時的に以下の表記を使用する。

$$\left(\frac{d\mathbf{Q}}{dt}\right)_{S_0} = \text{（慣性系}S_0\text{に対するベクトル}\mathbf{Q}\text{の変化率）}$$

$$\left(\frac{d\mathbf{Q}}{dt}\right)_{S} = \text{（回転系}S\text{に対する同じベクトル}\mathbf{Q}\text{の変化率）}$$

これらの 2 つの変化率を比較するために，ベクトル$\mathbf{Q}$を回転系Sに固定された 3 つの直交単位ベクトル$\mathbf{e_1}, \mathbf{e_2}, \mathbf{e_3}$で展開する。（たとえば，これらの 3 つの単位ベクトルは，図 9.8 に示す 3 つの実線の軸を指し示す。）したがって，以下のようになる[6]。

$$\mathbf{Q} = Q_1\mathbf{e_1} + Q_2\mathbf{e_2} + Q_3\mathbf{e_3} = \sum_{i=1}^{3} Q_i\mathbf{e_i} \tag{9.27}$$

この展開は，単位ベクトルがS系内に固定されているので，S系内にいる観察者に都合の良いように選択される。それにもかかわらず，この展開は両方の系で同等

[6] 第 1 章で見てきたように，これはi =1,2,3をもつ表記$\mathbf{e_i}$を 3 つの単位ベクトルにしたほうが，$\hat{\mathbf{x}}, \hat{\mathbf{y}}, \hat{\mathbf{z}}$とするよりも便利な場合の一例である。その理由は（9.27）のような和で，加算記号Σを使用できるからである。第 10 章では，回転軸の最も便利な選択肢は回転体の主軸を使用することであることを見ていくが，その場合にも表記$\mathbf{e_i}$は非常にうまく働くことがわかる。したがって回転体に固定された単位ベクトルにこの表記を使用し，回転していない系には$\hat{\mathbf{x}}, \hat{\mathbf{y}}, \hat{\mathbf{z}}$を使い続ける。

に成立することを認識する必要がある。[どのような系を使用していても，(9.27)は3つの直交ベクトル$\mathbf{e_1}, \mathbf{e_2}, \mathbf{e_3}$による単一のベクトル$\mathbf{Q}$の単なる展開である。]唯一の違いは，$S$系の観察者から見るとベクトル$\mathbf{e_1}, \mathbf{e_2}, \mathbf{e_3}$は固定されており，$S_0$系の観察者から見るとベクトル$\mathbf{e_1}, \mathbf{e_2}, \mathbf{e_3}$は回転していることである。

今，展開（9.27）を時間で微分してみよう。まずS系では，ベクトル$\mathbf{e_i}$は一定であるので，単純に以下のようになる。

$$\left(\frac{d\mathbf{Q}}{dt}\right)_S = \sum_{i=1}^{3} \frac{dQ_i}{dt} \mathbf{e_i} \tag{9.28}$$

[(9.27) の展開係数Q_iはいずれの系でも同じであるため，右辺の微分をSまたはS_0の添え字を付ける必要はない。]

S_0系から見ると，ベクトル$\mathbf{e_i}$は時間と共に変化する。したがって，S_0系での微分（9.27）は，

$$\left(\frac{d\mathbf{Q}}{dt}\right)_{S_0} = \sum_i \frac{dQ_i}{dt} \mathbf{e_i} + \sum_i Q_i \left(\frac{d\mathbf{e_i}}{dt}\right)_{S_0} \tag{9.29}$$

である。右辺第2項の微分は，「有益な関係」（9.23）の助けを借りて容易に計算できる。ベクトル$\mathbf{e_i}$は，S_0に対して角速度$\boldsymbol{\Omega}$で回転するS系に固定されている。したがってS_0で観測される$\mathbf{e_i}$の変化率は，（9.23）によって与えられる。

$$\left(\frac{de_i}{dt}\right)_{S_0} = \boldsymbol{\Omega} \times \mathbf{e_i}$$

そして（9.29）の2番目の和の部分は，以下のようになる。

$$\sum_i Q_i \left(\frac{de_i}{dt}\right)_{S_0} = \sum_i Q_i (\boldsymbol{\Omega} \times \mathbf{e_i}) = \boldsymbol{\Omega} \times \sum_i Q_i \mathbf{e_i} = \boldsymbol{\Omega} \times \mathbf{Q}$$

この結果を（9.29）に代入し，（9.28）を使用して最初の和を置き換えると，

$$\left(\frac{d\mathbf{Q}}{dt}\right)_{S_0} = \left(\frac{d\mathbf{Q}}{dt}\right)_S + \boldsymbol{\Omega} \times \mathbf{Q} \tag{9.30}$$

となる。この重要な恒等式は，慣性系S_0で測定された任意の1つのベクトル$\mathbf{Q}$の導関数を，回転系S内の対応する導関数と関連付ける。次節ではこれを使い，回転系S内でのニュートンの第2法則の形を求める。

9.5 回転系におけるニュートンの第 2 法則

今や回転系Sにおけるニュートンの第 2 法則の形を求める準備が整った。問題を単純化するために，地球に固定された軸のように（極めてよい近似で），S_0系に対するS系の角速度$\boldsymbol{\Omega}$は一定であると仮定する。$\boldsymbol{\Omega}$が一定であるということのかなり驚くべき側面は，ある系でこのことが成り立てば，それは他の系でも自動的に成立することである。これはすぐに（9.30）から導かれる。つまり$\boldsymbol{\Omega}\times\boldsymbol{\Omega}=0$なので，$\boldsymbol{\Omega}$の 2 つの導関数は常に同じである。特に 1 つの導関数がゼロであるならば，他の導関数もゼロである。

ここで，質量mおよび位置$\mathbf{r}$の粒子を考える。慣性系S_0では，粒子はニュートンの第 2 法則の通常の形に従う。

$$m\left(\frac{d^2\mathbf{r}}{dt^2}\right)_{S_0}=\mathbf{F} \tag{9.31}$$

通常の場合$\mathbf{F}$は粒子に働く合力，つまり慣性系内で特定されたすべての力のベクトル和を表す。左辺の導関数はもちろん，慣性系S_0での観察者によって評価された導関数である。しかし回転系Sで評価された導関数でこの導関数を表現するためには，（9.30）を使用する必要がある。まず（9.30）にしたがって，

$$\left(\frac{d\mathbf{r}}{dt}\right)_{S_0}=\left(\frac{d\mathbf{r}}{dt}\right)_S+\boldsymbol{\Omega}\times\mathbf{r}$$

である。微分を再度おこなうと，以下のようになる。

$$\begin{aligned}\left(\frac{d^2\mathbf{r}}{dt^2}\right)_{S_0}&=\left(\frac{d}{dt}\right)_{S_0}\left(\frac{d\mathbf{r}}{dt}\right)_{S_0}\\&=\left(\frac{d}{dt}\right)_{S_0}\left[\left(\frac{d\mathbf{r}}{dt}\right)_S+\boldsymbol{\Omega}\times\mathbf{r}\right]\end{aligned}$$

右側の外側の微分に（9.30）を適用すると，

$$\left(\frac{d^2\mathbf{r}}{dt^2}\right)_{S_0}=\left(\frac{d}{dt}\right)_S\left[\left(\frac{d\mathbf{r}}{dt}\right)_S+\boldsymbol{\Omega}\times\mathbf{r}\right]+\boldsymbol{\Omega}\times\left[\left(\frac{d\mathbf{r}}{dt}\right)_S+\boldsymbol{\Omega}\times\mathbf{r}\right] \tag{9.32}$$

このやや面倒な結果は，きれいな形にすることができる。まず回転系Sで評価された微分が主な関心事であるため，これらの微分を表す「ドット」表記を復活させる。すなわち$\dot{\mathbf{Q}}$を使って

$$\dot{\mathbf{Q}} \equiv \left(\frac{d\mathbf{Q}}{dt}\right)_S$$

とし，回転系S内の任意のベクトル$\mathbf{Q}$の導関数とする。次に$\mathbf{\Omega}$が一定であるので，その導関数はゼロであり，また 2 つの類似項をグループ化すると，(9.32) は

$$\left(\frac{d^2\mathbf{r}}{dt^2}\right)_{S_0} = \ddot{\mathbf{r}} + 2\mathbf{\Omega} \times \dot{\mathbf{r}} + \mathbf{\Omega} \times (\mathbf{\Omega} \times \mathbf{r}) \tag{9.33}$$

と書き直せる。ここで右辺のドットは，すべて回転系Sに対して評価された導関数を示す。

慣性系S_0のニュートンの第 2 法則 (9.31) に (9.33) を代入し，2 つの項を右辺に移動すると，回転系Sにおけるニュートンの第 2 法則の形が得られる。

$$m\ddot{\mathbf{r}} = \mathbf{F} + 2m\dot{\mathbf{r}} \times \mathbf{\Omega} + m(\mathbf{\Omega} \times \mathbf{r}) \times \mathbf{\Omega} \tag{9.34}$$

ここでいつものように，$\mathbf{F}$は任意の慣性系で同定されたすべての力の和を示す。第 9.1 節の加速度系と同様に，回転基準系の運動方程式はニュートンの第 2 法則と同様の形となるが，この場合には方程式の右辺に 2 つの余分な項があることがわかる。これらの余分な項の最初のものは，**コリオリ力**と呼ばれている。(フランスの物理学者コリオリ (1792-1843) は，それを説明した最初の人である。)

$$\mathbf{F}_{\mathbf{cor}} = 2m\dot{\mathbf{r}} \times \mathbf{\Omega} \tag{9.35}$$

第 2 のものは，いわゆる**遠心力**である。

$$\mathbf{F}_{\mathbf{cf}} = m(\mathbf{\Omega} \times \mathbf{r}) \times \mathbf{\Omega} \tag{9.36}$$

次の数節で，これら 2 つの項について議論するつもりである。今のところ重要な点は，慣性系に対して計算された力$\mathbf{F}$にこれらの 2 つの「見かけの」慣性力を常に加えることを忘れない限り，ニュートンの第 2 法則を回転系（したがって非

慣性系）で使ってよい。すなわち回転系では[7]，以下のようになる。

$$m\ddot{\mathbf{r}} = \mathbf{F} + \mathbf{F}_{\mathbf{cor}} + \mathbf{F}_{\mathbf{cf}} \tag{9.37}$$

9.6 遠心力

回転系（地球に取り付けられた系など）でニュートンの第2法則を使用するには，遠心力とコリオリ力の2つの慣性力を導入する必要があることが分かった。ある程度，2つの力を別々に調べることができる。特に物体に対するコリオリ力は，回転系に対する物体の速度$\mathbf{v} = \dot{\mathbf{r}}$に比例する。したがってコリオリ力は，回転系内で静止している物体に対してはゼロであり，十分にゆっくりと動いている物体の場合は無視できる。この章の残りの部分での主な関心事は地球の回転系であり，このために2つの慣性力の相対的重要性を容易に推定することができる。両方の力ともベクトル積を含むので，それらは様々なベクトルの方向に依存するが，第1近似として

$$F_{cor} \sim mv\Omega,\quad F_{cf} \sim mr\Omega^2$$

とできる。ここでvは地球の回転系に対する物体の速度，すなわち地球の表面上で観測される速度である。したがって，

$$\frac{F_{cor}}{F_{cf}} \sim \frac{v}{R\Omega} \sim \frac{v}{V} \tag{9.38}$$

ここで中間の表現は共通因数mを取り除き，rを地球の半径Rで置き換えた。（原点は地球中心にあるので，地球表面近くの物体では$r \approx R$である。）最後の式では$R\Omega$をV，つまり地球が角速度Ωで回転した場合の赤道上の地点の速度で置き換えた。Vは約 1000 mi/hであるので，(9.38) は$v \ll 1000$mi/hの投射体ではまずはコリオリ力を無視した近似をおこなうのに適している。これが本節でおこなうことである[8]。

---

7 この重要な結果は，回転系と非回転系におけるベクトルの時間微分の関係（9.30）を使って導出された。読者がこの関係が複雑だと思った場合は，問題 9.11 に概説されているラグランジアン形式に基づいた，代替の導出を好むかもしれない。

8 後で見るように，たとえ$v \ll 1000$mi/hであっても，コリオリの力は（たとえばフーコー

遠心力は（9.36）で，以下のように与えられている。

$$\mathbf{F_{cf}} = m(\mathbf{\Omega} \times \mathbf{r}) \times \mathbf{\Omega} \tag{9.39}$$

地球の表面上またはその近くの物体を，余緯度 θ で示している図 9.9 の助けを借りると，これがどのように見えるかを知ることができる。地球の回転は，対象物を緯度の円まわりに運動させ，またベクトル $\mathbf{\Omega} \times \mathbf{r}$（非回転系から見たこの円運動の速度）は，この円に接している。したがって $(\mathbf{\Omega} \times \mathbf{r}) \times \mathbf{\Omega}$ は回転軸から半径方向外側 $\hat{\boldsymbol{\rho}}$，それは円柱軸の ρ 方向

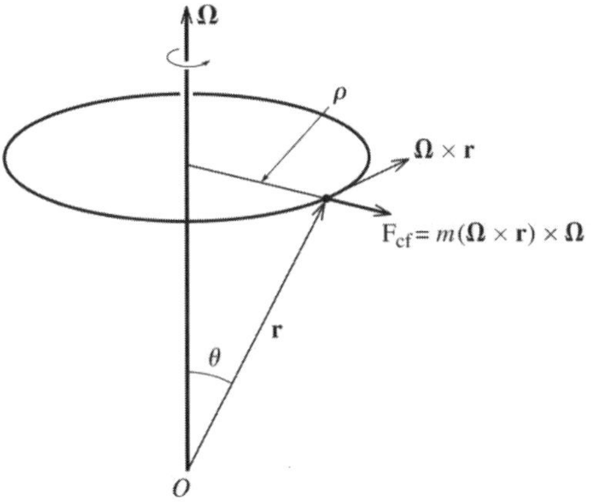

図 9.9 ベクトル $\mathbf{\Omega} \times \mathbf{r}$ は，地球の回転によって速度 ρ で東方向に引きずられたときの物体の速度である。したがって遠心力 $m(\mathbf{\Omega} \times \mathbf{r}) \times \mathbf{\Omega}$ は軸から半径方向外側に向いており，その大きさは $m\Omega^2\rho$ である。

の単位ベクトルであるが，に向いている。$(\mathbf{\Omega} \times \mathbf{r}) \times \mathbf{\Omega}$ の大きさは，$\Omega^2 r\sin\theta = \Omega^2\rho$ と容易にわかる。そのため，以下のようになる。

$$\mathbf{F_{cf}} = m\Omega^2\rho\hat{\boldsymbol{\rho}} \tag{9.40}$$

まとめると，地球と一緒に回転する観察者の視点からは，地軸から半径方向外側に向かう，大きさ $m\Omega^2\rho$ を有する遠心力がある。しばらくの間，$\mathbf{v} = \mathbf{\Omega} \times \mathbf{r}$ を（非回転系から観測される）地球回転に関連する速度とすると，その大きさは $v = \Omega\rho$ であり，また遠心力は mv^2/ρ である。

自由落下の加速度

振り子などで）大きな影響を与えることができる。それにもかかわらず，F_{cor} が F_{cf} に比べて小さいことは確かに事実であり，最初は F_{cor} を無視することは理にかなっている。

$\mathbf{g}$と呼ばれる自由落下加速度は，地球表面付近の真空中で静止状態から手を離された物体の，地球に対する初期加速度である。これは実際には驚くほど複雑な概念であることがわかる。（地球に対する）運動方程式は[9],

$$m\ddot{\mathbf{r}} = \mathbf{F_{grav}} + \mathbf{F_{cf}} \tag{9.41}$$

である。ここで$\mathbf{F_{cf}}$は（9.40）で与えられ，$\mathbf{F_{grav}}$は重力

$$\mathbf{F_{grav}} = -\frac{GMm}{R^2}\hat{\mathbf{r}} = m\mathbf{g_0} \tag{9.42}$$

である。またM, Rは地球の質量と半径であり，$\hat{\mathbf{r}}$は地球の中心であるOからの動径方向の単位ベクトルである[10]。加速度$\mathbf{g_0}$は第 2 の等式で定義され，「真の」加速度と呼ばれるが，その理由は遠心力の効果がなければ観察することができる加速であるからである。

（9.41）から，自由落下する物体の初期加速度は，2 つの項の和に等しい力として決められる。

$$\mathbf{F_{eff}} = \mathbf{F_{grav}} + \mathbf{F_{cf}} = m\mathbf{g_0} + m\Omega^2 R\sin\theta\hat{\boldsymbol{\rho}} \tag{9.43}$$

$\mathbf{F_{cf}}$の最後の式はρを$R\sin\theta$で置き換えた（9.40）から得られる。実効力を構成する 2 つの力が図 9.10 に示されており，自由降下の加速度は一般に，真の重力加速度と大きさまたは方向のどちらも等しくないことは明らかである。具体的には（9.43）をmで割ると，自由落下加速度$\mathbf{g}$は以下のようになる。

$$\mathbf{g} = \mathbf{g_0} + \Omega^2 R\sin\theta\hat{\boldsymbol{\rho}} \tag{9.44}$$

$\mathbf{g}$の動径内向き方向（$-\mathbf{r}$方向）[11]の成分は，

$$g_{rad} = g_0 - \Omega^2 R\sin^2\theta \tag{9.45}$$

---

9 コリオリの力がゼロであることを保証するために，静止状態から手を離された物体の初期加速度として$\mathbf{g}$を定義した。物体の速度が増加すると，コリオリの力が最終的に重要になり，（その効果は通常は非常に小さいものの）加速度が変化することがわかる。

10 重力が$-(GMm/r^2)\hat{\mathbf{r}}$であるとするために，地球は完全に球対称であると仮定している。これは極めて良い近似ではあるが，全く正しいというわけではない。幸運にも，$\mathbf{F_{grav}}$はmに比例するので，常に$m\mathbf{g_0}$と書くことができる。ほぼすべての場合において，$\mathbf{g_0}$は$-\hat{\mathbf{r}}$の方向であると言うことができ，実際にそれに極めてに近い。

11 厳密に言えばこれは$\mathbf{g_0}$方向の$\mathbf{g}$の成分であり，$-\mathbf{r}$方向ではない。同様に，係数$\sin^2\theta$は実際には$\sin\theta\sin\theta'$でなければならない。ここで（$\mathbf{r}$と北との間の角度であるθとは対応した），θ'は$\mathbf{g_0}$と北との間の角度である。しかし，（地球が完全に球対称ではないことに起因する）この差異は，ほとんどの実用的な目的においては完全に無視できる。

である。第 2 の遠心項は極（$\theta = 0$またはπ）でゼロ，赤道で最大であり，その大きさは，[（9.26）の値を使用して]以下のようになることが容易にわかる。

$$\Omega^2 R = (7.3 \times 10^{-5}\mathrm{s}^{-1})^2 \times (6.4 \times 10^6\mathrm{m}) \approx 0.034\mathrm{m/s^2} \qquad (9.46)$$

g_0は約$9.8\mathrm{m/s^2}$であるので，遠心力によって赤道でのgの値は極より約0.3%小さいことがわかる[12]。この差は確かに小さいが，現代の10^{-9}の精度でgを測定できる重力計を用いると，簡単に測定できる。

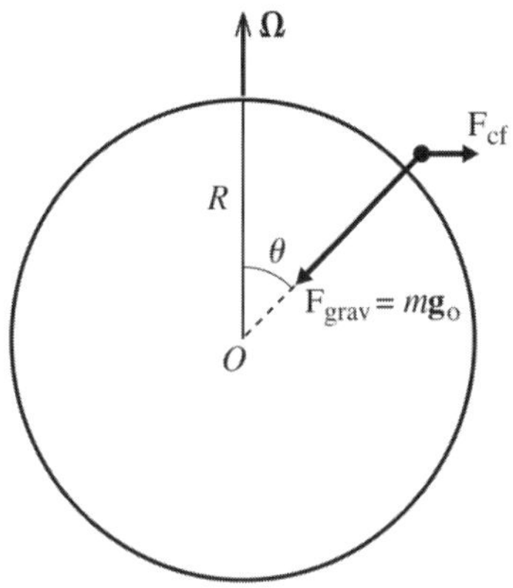

図 9.10 地表に近い場所において，静止状態から手を離された物体の自由落下の加速度は，真の重力$m\mathbf{g_0}$と回転軸から外側に向いている遠心力という慣性力$\mathbf{F_{cf}}$の 2 つの力の結果である。（遠心力の大きさは，この図では誇張されている。）

（9.44）と図 9.10 から，**g**の接線成分(純粋な重力とは垂直な成分)はすべて遠心力からの由来となり，

$$g_{tang} = \Omega^2 R \sin\theta\cos\theta \qquad (9.47)$$

となる。**g**の接線成分は極と赤道でゼロであり，緯度 45°で最大となる。g_{tang}がゼロでない値を持つことの最も顕著な特徴は，自由落下の加速度が真の重力の方向にないことを意味する。図 9.11 からわかるように，**g**と動径方向の間の角度は約$\alpha \approx g_{tang}/g_{rad}$であり，その（$\theta = 45°$での）最大値は，

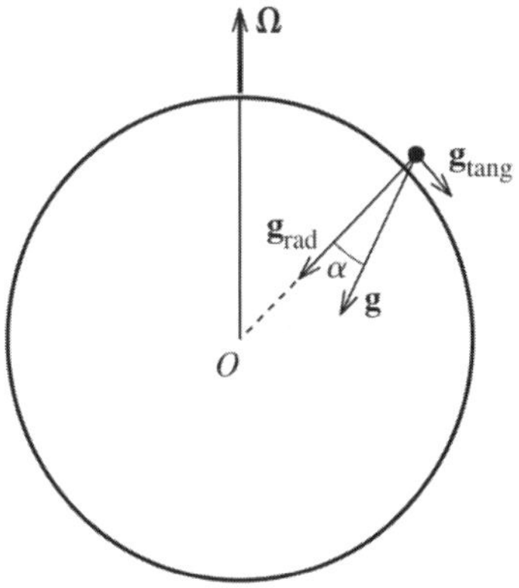

図 9.11 遠心力によって，自由落下の加速度**g**は非ゼロの接線成分（この図では大きく誇張されている）を持ち，**g**は半径方向から小さな角度αだけずれている。

---

12 実際の差はおおよそ0.5%であり，0.2%は赤道方向に地球が膨らんでいることの結果である。

$$\alpha_{max}=\frac{\Omega^2 R}{2g_0}\approx\frac{0.034}{2\times 9.8}\approx 0.0017\text{rad}\approx 0.1^\circ \tag{9.48}$$

である。この角度αは，観測された自由落下加速度**g**と真の重力加速度$\mathbf{g_0}$，その方向は「垂直」と呼ばれることが多いが，との間の角度である。αの値を実際に測定するのは，困難である。観察される**g**の方向を求めることは（原則として，少なくとも）容易である。$\mathbf{g_0}$の方向を求めるには，鉛直線を使うことを考えるかもしれないが，この思いつきは鉛直線も遠心力の影響を受けるため，$\mathbf{g_0}$ではなく**g**の方向にぶら下がるだけであることに，すぐに納得するであろう。実際に$\mathbf{g_0}$の方向を見つけようとするどんな試みも，ただ単にそして直接的に**g**の方向を求めることを引き起こす。このため，以下では垂直線を鉛直線の方向として定義する。したがってこれらの小さな区別が問題となるまれな場合では，「垂直」は「±**g**の方向」を意味することとする。同じように，「水平」は「**g**に垂直」を意味することとする。

9.7 コリオリカ

物体が動いているときにニュートンの第2法則を回転系で使いたい場合，含める必要がある第2の慣性力が存在する。これが，コリオリカ（9.35）である。

$$\mathbf{F_{cor}}=2m\dot{\mathbf{r}}\times\mathbf{\Omega}=2m\mathbf{v}\times\mathbf{\Omega} \tag{9.49}$$

ここで$\mathbf{v}=\dot{\mathbf{r}}$は回転系に対する物体の速度である。コリオリカと磁場**B**内の電荷qについてのよく知られた力$q\mathbf{v}\times\mathbf{B}$との間には，顕著な類似性が存在する。実際に$2m$を$q$に，$\mathbf{\Omega}$を**B**と置き換えると，前者は後者に一致する。この類似性に深い意味はないが，コリオリカが粒子の動きにどのように影響するかを視覚化するのに役立つことがある。

コリオリカの大きさは**v**と$\mathbf{\Omega}$の大きさ，およびそれらの相対的な向きに依存する。回転系が地球の場合，（9.26）において$\Omega\approx 7.3\times 10^{-5}\text{s}^{-1}$となる。（たとえば野球のボールのような）$v\approx 50\text{m/s}$の物体の場合，コリオリカが生み出す最大加速度（それ自身と$\mathbf{\Omega}$と垂直する**v**に作用する）は，

$$a_{max}=2v\Omega\approx 2\times(50\text{m/s})\times(7.3\times 10^{-5}\text{s}^{-1})\approx 0.007\text{m/s}^2$$

である。これは自由落下加速度$g=9.8\text{m/s}^2$と比較して非常に小さなものであるが，やろうとすれば確かに検出可能である。ロケットや長距離砲弾などのいくつ

かの投射体は$50m/s$よりもずっと速く移動するため，コリオリ力がそれだけ重要になる。さらにフーコー振り子のようにコリオリ力は非常に小さいものの，長時間作用して大きな効果を生み出す系がある。

コリオリ力の方向

磁力$q\mathbf{v}\times\mathbf{B}$と同じく，コリオリ力$2m\mathbf{v}\times\mathbf{\Omega}$は移動する物体の速度に対して常に垂直であり，その方向は右手の法則によって与えられる。図 9.12 は，地面に対して反時計回りに回転している水平回転テーブルを上から眺めた図である。角速度$\mathbf{\Omega}$は（紙面の上向き方向となる）垂直上方を指している。回転テーブルを横切って滑ったり転がったりする物体を考えると，物体の位置と速度がどのようなものであっても，コリオリ力は速度を右に偏向させる働きをすることが容易にわかる。同様に回転テーブルが時計回りに回転していた場合，コリオリ力は速度を左に偏向させる働きをする。(物体が実際に指定された方向に偏向されるかどうかは，他にどのような力が作用しているか，その力がどの程度大きいかによって異なる。)

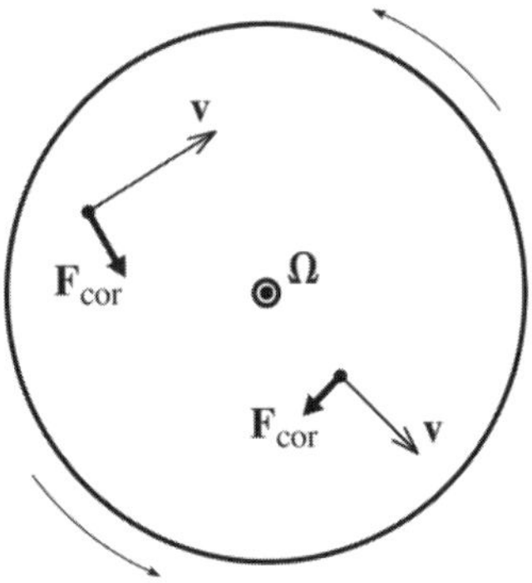

図9.12 回転している水平な回転テーブルを上から見た図。慣性系に対して反時計回りに回転している回転テーブルの角速度$\mathbf{\Omega}$は，紙面の上向きを指している。回転テーブル上の観察者から見ると，テーブル上を移動する2つの物体は，コリオリの力$\mathbf{F_{cor}} = 2m\mathbf{v}\times\mathbf{\Omega}$を受ける。物体の位置と速度にかかわらず，コリオリの力は常に速度を右に偏向させる。（回転方向が時計回りの場合，$\mathbf{\Omega}$は紙面の下向きを指し，コリオリの力は移動する物体を左に偏向させる。）

図9.12は北極上空から見た北半球であると想像しよう。（地球は反時計回りに回転するので，角速度は示されているような向きになる。）したがって，地球の回転によるコリオリ力により，北半球では移動物体を右に偏向させる。（もちろ

ん，南半球では左に偏向させる。）[13]この効果は，北半球では目標の左に，南半球の右に向けなければならない長距離の砲撃者にとって重要である（問題9.28を参照）。気象学における重要な例は，サイクロン現象である。サイクロンは，低気圧領域を囲む空気が急速に内側に移動するときに発生する。コリオリ力のために図9.13に示すように空気は右に偏向され，したがって（北半球では）反時計回りに（南半球では時計回りに）循環し始める。これが十分に激しく起こるとサイクロン，ハリケーン，台風など様々な嵐が発生する。

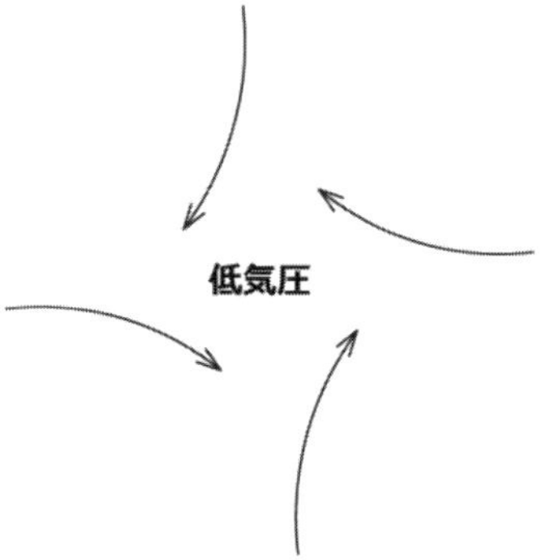

図9.13 サイクロンは空気が低圧領域に移動し，コリオリの力によって（北半球では）右に偏向された結果，できたものである。これにより反時計回りの流れが生じ，内向きの圧力が，外向きのコリオリの力（および内側に働く求心加速度の差にによる力）とある程度，平衡状態となる。

コリオリ力と遠心力の両方は，回転基準系を使用しているために起こることから，根本的には運動学的効果であることに留意することが重要である。単純な場合においては慣性系内の運動を分析し，その結果を回転系に変換する方が（教育的である上に）簡単である。それにもかかわらず，2つの系の間の変換は複雑であるので，「見かけの」コリオリ力と遠心力を考慮しながら回転系内で常に作業するほうが簡単である。

例 9.2 回転テーブル上の単純な動き

図 9.14（a）に示すように，水平な回転テーブル上の中央にA，端にC，中間にBという 3 人の観察者A, B, Cが立っている。回転テーブルは角速度$\mathbf{\Omega}$で（上から見て）反時計回りに回転している。時間$t = 0$で，AはちょうどB, Cの方向に向けて摩擦の働かないパックをはじくが，パックはB, Cの

---

13 （2 次元の回転テーブルとは対照的に）地球は 3 次元であるので，コリオリの効果はここで単純に述べたものよりも複雑である。しかし上記の説明は，地球表面に平行に移動する物体や低軌道の投射体に対しては間違いなく正しい。

両方ともに当たらず，後者のほうが前者よりもその差異が大きい。回転テーブル上の観察者と地上の観察者の両方の観点から，これらのでき事を説明する。

（任意の慣性系で測定された）パックに働く合力はゼロである。したがって回転系で働く 2 つの力は，遠心力およびコリオリ力のみである。前者は常に半径方向外側を向き，パックの偏向に影響しない。後者は一貫して，正電荷に作用する上向きの磁場のように，パックの速度を右に偏向させる。これにより，パックは図 9.14（a）に示す曲線経路を進む。時間t_1でBの半径に達した際にはBの右に少し離れた位置にあり，時間t_2で回転テーブルの端に到達すると，さらに右（実際には約 4 倍）にずれる。この説明は正確かつ明確であるが，そうであるかどうかはコリオリ力に対する読者の理解に依存する。地上基準系で同じ実験を分析することにより，偏向がなぜ発生するのかをさらに理解することができる。

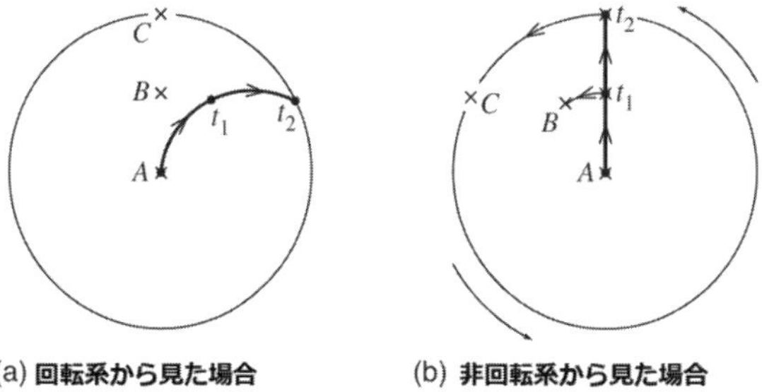

図9.14　(a) 3人の観察者A, B, Cが回転テーブル上に一列に並んでおり，中央にA，外周にCがいる。観察者AはB, Cに向かってパックをはじくが，コリオリ力のためにパックは右に曲がり，B, Cには当たらない。　(b) 観察者が同じ実験を地面上で見た場合。この系ではパックは直線的に移動するが，時間t_1でBの半径に達すると，観察者Bは左に移動している。パックが端に達する時間t_2までに，Cはさらに左に移動している。

図 9.14（b）に示すように，地上の観察者がいる慣性系ではパックの合力はゼロであり，パックは直線の経路に従う。しかし時間t_1でBに当たるはずであったが，回転テーブルが回転することにより，観察者Bは左に移

動した。時間t_2にCに当たるはずであったが，観察者Cはさらに左に移動している。パックから見ると，B,Cが左に移動したことになる。したがってB,Cから見ると，パックは図 9.14（a）のように右に曲がる。

コリオリ力に関するこの簡単な別の説明は，信じられないほど単純である。一般にコリオリ力と遠心力の影響は極めて複雑であり，非回転基準系でこのことを説明するのは，それほど簡単ではない（問題 9.20 および 9.24 を参照）。

9.8 自由落下とコリオリ力

次に自由落下する物体，すなわち地表の点**R**近くの，真空中で落下する物体に対するコリオリ力の影響について考えてみよう。この解析では遠心力も含める必要があるため，運動方程式は次のようになる。

$$m\ddot{\mathbf{r}} = m\mathbf{g_0} + \mathbf{F_{cf}} + \mathbf{F_{cor}} \tag{9.50}$$

ここで以前もそうであったように，$m\mathbf{g_0}$は対象物に対する地球の真の重力を表す。遠心力は$m(\mathbf{\Omega}\times\mathbf{r})\times\mathbf{\Omega}$（$\mathbf{r}$は地球の中心に対する物体の位置）であるが，$\mathbf{r}$を$\mathbf{R}$（実験がおこなわれている地上の位置）で置き換える優れた近似を用いる。以上より，

$$\mathbf{F_{cf}} = m(\mathbf{\Omega}\times\mathbf{R})\times\mathbf{\Omega}$$

である。運動方程式 (9.50) に戻って，右辺の最初の2つの項の和は$m\mathbf{g}$であることを認識してほしい。ここで$\mathbf{g}$は（9.44）で導入された，位置$\mathbf{R}$において静

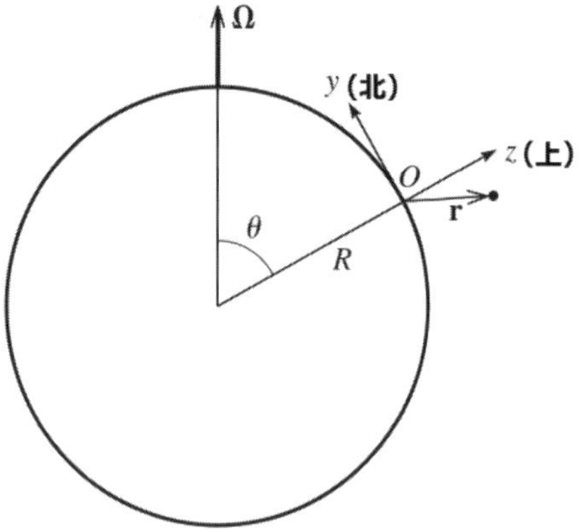

図 9.15 自由落下実験のための軸の選択。原点Oは実験の位置（地球の中心に対する相対的な位置$\mathbf{R}$）で地球表面上にある。z軸は垂直方向を上向きで（より正確には$-\mathbf{g}$の方向で，$\mathbf{g}$は観測された自由落下加速度を示す），x,y軸は水平方向（すなわち$\mathbf{g}$に垂直）であり，yは北を，xは東を指す。Oに対する落下物の位置は$\mathbf{r}$である。

止状態から手を離された物体における自由落下の加速度である。言い換えれば，$\mathbf{g_0}$を実験している位置で観測された$\mathbf{g}$に置き換えると，（9.50）から$\mathbf{F_{cf}}$という項を省略することができる。$\mathbf{F_{cor}}$に$2m\boldsymbol{v}\times\mathbf{\Omega}$を代入すると，運動方程式は（係数$m$を消去した後に）以下のようになる。

$$\ddot{\mathbf{r}} = \mathbf{g} + 2\dot{\mathbf{r}} \times \mathbf{\Omega} \tag{9.51}$$

簡素化された方程式（9.51）の特徴は，それが（その導関数$\dot{\mathbf{r}}$と$\ddot{\mathbf{r}}$のみを含み）位置$\mathbf{r}$を全く含まないことである。これは原点を変更しても（原点の変更は$\mathbf{r}$に定数を加えることになるため），方程式が変わらないことを意味する。したがって図9.15に示すように，ここでは地球表面上の位置$\mathbf{R}$に原点を選ぶ。図のように軸を選択することで，運動方程式を3つの成分に分解することができる。$\dot{\mathbf{r}}$の成分は，以下の通りである。

$$\dot{\mathbf{r}} = (\dot{x}, \dot{y}, \dot{z})$$

$$\mathbf{\Omega} = (0, \Omega\sin\theta, \Omega\cos\theta)$$

である。したがって$\dot{\mathbf{r}} \times \mathbf{\Omega}$は，以下のようになる。

$$\dot{\mathbf{r}} \times \mathbf{\Omega} = (\dot{y}\Omega\cos\theta - \dot{z}\Omega\sin\theta, -\dot{x}\Omega\cos\theta, \dot{x}\Omega\sin\theta) \tag{9.52}$$

運動方程式（9.51）は，次の3つの方程式に分解される。

$$\begin{aligned} \ddot{x} &= 2\Omega(\dot{y}\cos\theta - \dot{z}\sin\theta) \\ \ddot{y} &= -2\Omega\dot{x}\cos\theta \\ \ddot{z} &= -g + 2\Omega\dot{x}\sin\theta \end{aligned} \tag{9.53}$$

これらの3つの方程式を，Ωの小ささに依存した一連の近似をおこなうことで，解く。まずΩが非常に小さいので，Ωを完全に無視すると最初の近似が得られる。この近似では，方程式は

$$\ddot{x} = 0,\ \ \ddot{y} = 0,\ \ \ddot{z} = -g \tag{9.54}$$

となり入門物理学の授業で解いた自由落下の方程式となる。物体が$x = y = 0$，$z = h$で静止から落とされた場合，最初の2つの方程式は，$\dot{x}, \dot{y}, x, y$がすべてゼロのままであることを暗示する。最後の式から$\dot{z} = -gt$，つまり$z = h - \frac{1}{2}gt^2$となる。したがって，近似解は

$$x = 0,\ \ y = 0,\ \ z = h - \frac{1}{2}gt^2 \tag{9.55}$$

となり，物体は一定の加速度gで鉛直方向に落下する。この近似は，Ωの0次の項しか含まない（つまりΩから独立している）ので，0次の近似と呼ばれることがある。これは非常に良い近似であることはよく知られているが，コリオリ力の影響

はない。

次の近似を得るために，以下のような議論をする。Ωを含む項（9.53）はすべて小さい。したがってx, y, zの0次近似を使用して，これらの項を評価することは問題ない。（9.53）の右辺に（9.55）を代入すると，以下のようになる。

$$\ddot{x} = 2\Omega g t \sin\theta,\ \ \ddot{y} = 0,\ \ \ddot{z} = -g \tag{9.56}$$

これらの2，3番目の式は0次の場合と全く同じであるが，xに関する式は新しいものである。2回積分すると

$$x = \frac{1}{3}\Omega g t^3 \sin\theta \tag{9.57}$$

となり，またy, zは0次近似（9.55）と同じである。この結果は（Ωの1次のべき乗となっているので），明らかに1次近似と呼ばれる。2次近似を得るためにこの手順を再度繰り返すことができるが，我々の目的にとって1次の近似式で十分である。

解（9.57）に関して注目すべきことは，自由落下する物体が真下に落ちないことである。コリオリ力により，物体を東にわずかにカーブさせる（正のx方向）。その影響の大きさを知るには，赤道直下で100メートルの鉱山の縦坑に落とした物体を考え，それが底に達するまでの偏向を求めよう。底に達するまでの時間は（9.55）の最後の式によって$t = \sqrt{2h/g}$と決定され，(9.57）により（$\theta = 90°, g \approx 10\mathrm{m}/s^2$として）全体の偏向が以下のように計算でき，

$$x = \frac{1}{3}\Omega g \left(\frac{2h}{g}\right)^{3/2}$$

$$\approx \frac{1}{3} \times (7.3 \times 10^{-5}\mathrm{s}^{-1}) \times (10\mathrm{m/s^2}) \times (20s^2)^{3/2} \approx 2.2\mathrm{cm}$$

小さな偏向が確かに検出可能である。このタイプの小さな偏向はニュートンによって実際に予測され，ライバルのロバート・フーク（フックの法則で有名，1635-1703）によって検証されたが，コリオリの効果が理解されるまでは正しく説明されなかった。

9.9 フーコーの振り子

コリオリ力の最後の，かつ目立った応用として，世界中の多くの科学博物館で見ることができ，フランスの物理学者ジャン・フーコー（1819-1868）による発明であるフーコー振り子を考えてみよう。これは高い天井から軽いワイヤによっ

て吊るされた非常に重い質量mのおもりで作られた振り子である。この造りにより，振り子は非常に長い間自由に揺れ，東西方向にも南北方向にも揺れることができる。慣性系においては，おもりにはわずか 2 つの力，ワイヤからの張力$\mathbf{T}$および重量$m\mathbf{g_0}$が働く。地球の回転系では遠心力とコリオリ力もあるため，地球に固定した系の運動方程式は

$$m\ddot{\mathbf{r}} = \mathbf{T} + m\mathbf{g_0} + m(\mathbf{\Omega} \times \mathbf{r}) \times \mathbf{\Omega} + 2m\dot{\mathbf{r}} \times \mathbf{\Omega}$$

となる。前節と全く同じように右辺の第 2 項と第 3 項を合わせると$m\mathbf{g}$となるが，ここで$\mathbf{g}$は観測された自由落下加速度である。そして運動方程式は，以下のようになる。

$$m\ddot{\mathbf{r}} = \mathbf{T} + m\mathbf{g} + 2m\dot{\mathbf{r}} \times \mathbf{\Omega} \tag{9.58}$$

ここで前節と同様にxは東，yは北，zは垂直方向（$-\mathbf{g}$方向）となるように軸を選択した場合，図 9.16 に示すような振り子となる。

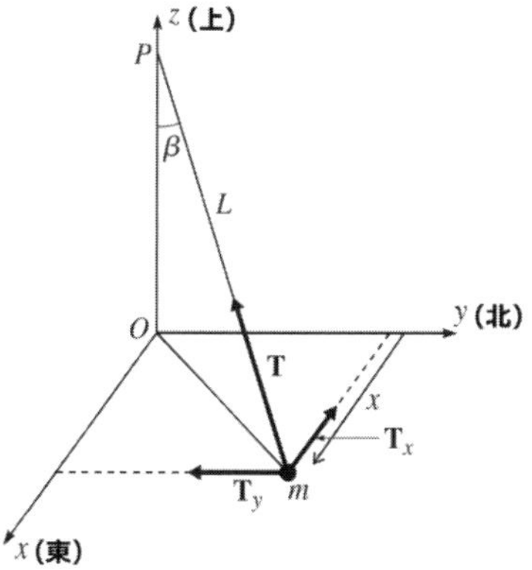

図 9.16 フーコーの振り子は，高い天井にある点Pから長さLの軽いワイヤで吊り下げられた質量mのおもりで構成されている。おもりに働く張力は$\mathbf{T}$と示され，そのx, y成分はT_x, T_yである。小さな振動の場合，角度βは非常に小さい。

ここで小さな振幅，つまり振り子と垂直との間の角度βが常に小さくなる場合に議論を制限する。このことにより，2 つの単純化できる近似が可能となる。第 1 に張力$\mathbf{T}$のz成分は，張力の大きさによってうまく近似できる。すなわち$T_z = T\cos\beta \approx T$である。 第 2 に小さな振動の場合，$T_z \approx mg$と考えることができることはすぐわかる[14]。これら 2 つの近似をまとめると，以下のようになる。

$$T \approx mg \tag{9.59}$$

ここで運動方程式（9.58）のx, y成分を調べる必要がある。そのためには，$\mathbf{T}$の

14　(9.58) のz成分を見てほしい。微小振動の極限では，左辺と右辺の最後の項はゼロに近づき，$T_z - mg = 0$となる。

x成分とy成分を特定する必要がある。図 9.16 を見ると，相似三角形であるので$T_x/T=-x/L$となり，またT_yも同様になる。これを（9.59）と組み合わせると，

$$T_x=-mgx/L,\quad T_y=-mgy/L \tag{9.60}$$

となる。$\mathbf{g}$のx,y成分はもちろんゼロであり，$\dot{\mathbf{r}}\times\boldsymbol{\Omega}$の成分は（9.52）で与えられる。これらのすべてを（9.58）に入れると，(係数mを消去し，微小振動においては$\dot{x}$または$\dot{y}$に比べて$\dot{z}$を含む項を無視できるため，それを落とすと)

$$\left.\begin{aligned}\ddot{x}&=-gx/L+2\dot{y}\Omega\cos\theta\\ \ddot{y}&=-gx/L-2\dot{x}\Omega\cos\theta\end{aligned}\right\} \tag{9.61}$$

となる。ここで通常，θは実験位置の余緯度を表す。ω_0を振り子の固有角振動数としたとき係数g/Lはω_0^2であり，Ω_zを地球の角速度のz成分としたとき$\Omega\cos\theta$はΩ_zである。したがってこれらの 2 つの運動方程式は，以下のように書き直せる。

$$\left.\begin{aligned}\ddot{x}-2\Omega_z\dot{y}+\omega_0^2x=0\\ \ddot{y}+2\Omega_z\dot{x}+\omega_0^2y=0\end{aligned}\right\} \tag{9.62}$$

第 2 章で紹介した以下の複素数を導入する技法を使って，連立方程式（9.62）を解くことができる。

$$\eta=x+iy$$

この複素数はxy平面内の位置と同じ情報を含むだけでなく，複素平面内のηのプロットは，振り子の投影位置(x,y)の鳥瞰図であることを思い出してほしい。

（9.62）の 2 番目の式にiを掛けて最初の式に加えると，1 つの微分方程式が得られる。

$$\ddot{\eta}+2i\Omega_z\dot{\eta}+\omega_0^2\eta=0 \tag{9.63}$$

これは 2 次の線形同次微分方程式であり，ちょうど 2 つの独立した解が存在する。したがって 2 つの独立した解を見つけることができれば，一般解はこれらの 2 つの線形結合となる。多くの場合，直観的な推測によって 2 つの独立した解を見つけることができる。ある定数αを持つ，以下の形の解があると仮定する。

$$\eta(t)=e^{-i\alpha t} \tag{9.64}$$

これを（9.63）に代入すると，αに対して以下が成立する。

$$\alpha^2-2\Omega_z\alpha-\omega_0^2=0$$

つまり，以下のようになる。

$$\alpha=\Omega_z\pm\sqrt{\Omega_z^2+\omega_0^2}$$

$$\approx \Omega_z \pm \omega_0 \tag{9.65}$$

最後の行は，地球の角速度Ωが振り子のω_0より極めて小さいので，非常に良い近似である。これにより必要な 2 つの独立した解が得られ，運動方程式（9.63）の一般解は次のようになる。

$$\eta = e^{-i\Omega_z t}\left(C_1 e^{i\omega_0 t} + C_2 e^{-i\omega_0 t}\right) \tag{9.66}$$

この解がどのようなものかを見るには，初期条件を指定して 2 つの定数C_1, C_2を決める必要がある。振り子が$t = 0$でx方向（東）に$x = A, y = 0$に引っ張られ，静止状態（$v_{x0} = v_{y0} = 0$）から解放されると仮定しよう。これらの初期条件の下では，$C_1 = C_2 = A/2$であることを簡単に確認できる[15]。

$$\eta(t) \equiv x(t) + iy(t) = Ae^{-i\Omega_z t}\cos\omega_0 t \tag{9.67}$$

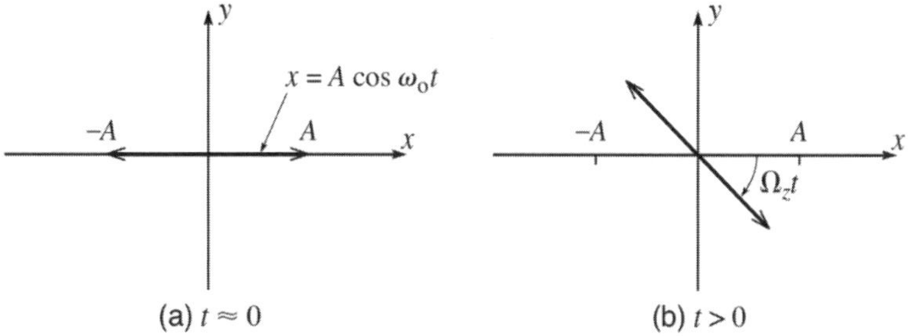

図 9.17 フーコー振り子の動きを，上から眺めた図。　(a) 手を離してしばらくの間，振り子は振幅Aと周波数ω_0でx軸に沿って前後に振動する。　(b) 時間が進むにつれて，振動面は地球の角速度のz成分であるΩ_zに等しい角速度で，ゆっくりと回転する。

$t = 0$では複素指数関数は 1 に等しくなるため，$x = A, y = 0$である。$\Omega_z \ll \omega_0$なので，(9.67) の余弦因子は，指数関数により 1 より十分小さくなる前に，多くの振動をおこなう。このことは，最初$x(t)$が$\pm A$の間を角振動数ω_0で振動し，その間yがゼロに近いままであることを意味する。つまり最初は，図 9.17 (a) に示すように，振り子はx軸に沿った単振動運動をする。

15　読者がこれらの値を確かめた際にわかるように，これらの単純な値は$\Omega_z \ll \omega_0$という仮定に依存するという，微妙な点がある。

しかし最終的に複素数指数$e^{-i\Omega_z t}$が変化し始め，複素数$\eta = x + iy$が角度$\Omega_z t$回転するようになる。Ω_zが正である北半球では，$x + iy$が（$\cos\omega_0 t$のために）正弦波的に振動するが，その振動方向が時計回りに回転することを意味する。すなわち図 9.17（b）に示すように，振り子が振動している面は時計回りにゆっくりと角速度Ω_zで回転する。Ω_zが負の南半球では，対応する回転は反時計回りである。

フーコーの振り子が余緯度θ（緯度$90° - \theta$）に位置すると，その振動面が回転する速度は

$$\Omega_z = \Omega\cos\theta \tag{9.68}$$

である。北極（$\theta = 0$）では$\Omega_z = \Omega$であり，振り子の回転速度は地球の角速度と同じとなる。この結果は，理解をするのが容易である。(回転しない）慣性系に見られるように，北極のフーコー振り子は明らかに一定面内で振動する。一方，同じ慣性系に見られるように，地球は角速度Ωで（上から見て）反時計回りに回転している。地球から見ると，明らかに振り子の振動面は角速度Ωで時計回りに回転していなければならない。

他の緯度では，その結果は慣性系の観点からはるかに複雑に見えるが，フーコーの振り子の回転速度は(9.68)から簡単に計算される。赤道($\theta = 90°$)では$\Omega_z = 0$で，振り子は回転しない。42 度付近の緯度（ボストン，シカゴ，ローマのおおよその緯度）では，以下のようになる。

$$\Omega_z = \Omega\cos 48° \approx \frac{2}{3}\Omega$$

Ω は360°/日に等しいので，$\frac{2}{3}\Omega = 240°$/日であり，6 時間（かなり長い振り子が大きな減衰を伴わずに振動を続けることができる時間）の間に，振り子の振動面が60°動くことは，容易に観測可能である。

9.10 コリオリ力とコリオリの加速

第 1 章の方程式（1.48）において，ニュートンの第 2 法則を 2 次元極座標で表現したことを思い出してほしい。

$$\mathbf{F} = m\ddot{\mathbf{r}} \quad \Leftrightarrow \quad \begin{cases} F_r = m(\ddot{r} - r\dot{\phi}^2) \\ F_\phi = m(r\ddot{\phi} + 2\dot{r}\dot{\phi}) \end{cases} \tag{9.69}$$

右の 2 つの方程式のそれぞれにおいて，遠心力とコリオリ力の観点から，余分な最後の項を理解できるようになった。

力$\mathbf{F}$を受けながら，2次元内で運動する粒子を考える。(正確な解析は円柱極座標を使用して3次元でおこなわれるが，簡単にするために2次元で考える。) 原点Oを持つ任意の慣性系Sに対して，粒子は (9.69) を満たさなければならない。ここで同じ原点Oを共有し，ある1つの時間$t = t_0$で$\Omega = \dot{\phi}$と選ばれた，一定の角速度Ωで回転している非慣性系S'を考えよう。すなわち選択された瞬間時間t_0において，S'系と粒子は同じ速度で回転している。(この理由からS'系は，共回転系と呼ばれることもある。) 粒子がS'系に対して極座標(r', ϕ')を持つ場合，(S系とS'系は同じ原点を共有しているため) 常に

$$r' = r$$

である。S'系と粒子が$t = t_0$で同じ速度で回転しているため，t_0の時点で

$$\dot{\phi}' = 0$$

となる。遠心力およびコリオリ力を含むならば，ニュートンの第2法則をS'系に適用することができる。したがって，以下のようになる。

$$\mathbf{F} + \mathbf{F_{cf}} + \mathbf{F_{cor}} = m\ddot{\mathbf{r}}' \tag{9.70}$$

この方程式を極座標で書くことにしよう。遠心力$\mathbf{F_{cf}}$は動径方向しかなく，その成分は$mr\Omega^2$である。($r' = r$なので，rまたはr'のどちらとしても差はない。) コリオリ力$\mathbf{F_{cor}}$は$2m\mathbf{v}' \times \mathbf{\Omega}$であり，また$\mathbf{v}'$は共回転系内で動径方向であるため，$\mathbf{F_{cor}}$は$\phi'$方向にあり，$\phi'$成分は$-2m\dot{r}\Omega$である。最後に，(9.70) の右辺の項$m\ddot{\mathbf{r}}'$を (9.69) の類似形に置き換える。ただし (選択された時間t_0で) $\dot{\phi} = 0$であるため，$\dot{\phi}$を含む項は存在しない。これらをまとめると，共回転系での粒子の運動方程式が求められる。

$$\mathbf{F} + \mathbf{F_{cf}} + \mathbf{F_{cor}} = m\ddot{\mathbf{r}}' \quad \Leftrightarrow \quad \begin{cases} F_r + mr\Omega^2 = m\ddot{r} \\ F_\phi - 2m\dot{r}\Omega = mr\ddot{\phi} \end{cases} \tag{9.71}$$

(S'系は一定の速度で回転しているので，$\ddot{\phi}'$は$\ddot{\phi}$と等価なので置き換えることができる。)

ここで慣性系での運動方程式 (9.69) と，共回転系での (9.71) を比較してみよう。認識すべき最も重要なことは，$\Omega = \dot{\phi}$であるため，それらはrとϕに対してまったく同じ方程式であるということである。ただし特定の項のある場所が異なっている。非回転系の場合 (9.69) において，左辺の唯一の力に関する項は，真の力の成分F_rおよびF_ϕである。(9.69) の右辺には，その動径方向成分の求心加

速度$-r\dot{\phi}^2$とϕ成分のコリオリの加速度$2\dot{r}\dot{\phi}$が含まれている。回転系の（9.71）では，（$\dot{\phi}$はゼロであると仮定したため）これらの追加の加速項はいずれも存在しないが，代わりにそれらは方程式の力の側に，動径方向の遠心力$m\Omega^2 r$（もちろん符合は逆になっている）とϕ方程式のコリオリカ$-2m\dot{r}\Omega$に生まれ変わっている。

方程式の 2 つの形式が同じであるので，それらが等しく正しいことは明らかである。慣性系では，力はより簡単となる（見かけの力はない）が，加速度はより複雑になる。回転系では，その逆のことが起こる。どの系を使用するかは，利便性によって決まる。特に観察者が回転系に固定されているとき（我々のように地上で生活している場合），回転系で作業し「見かけの」遠心力およびコリオリ力で考えるほうが，一般により便利である。

第 9 章の主な定義と方程式

非回転加速系における慣性力

慣性系に対して加速度$\mathbf{A}$を持つ系から見た物体の運動は，ニュートンの第 2 法則を用いて，$m\ddot{\mathbf{r}} = \mathbf{F} + \mathbf{F}_{\text{inertial}}$ の形となる。ここで$\mathbf{F}$は（任意の慣性系で測定された）物体に働く合力，$\mathbf{F}_{\text{inertial}}$は追加の**慣性力**を示す。

$$\mathbf{F}_{\text{inertial}} = -m\mathbf{A} \qquad [\ (9.5)\ ]$$

角速度ベクトル

物体が単位ベクトル$\mathbf{u}$（右手の法則によって与えられる方向）で指定された軸のまわりを角速度ω（通常はラジアン/秒で測定）で回転している場合，その**角速度ベクトル**は，以下のとおりである。

$$\boldsymbol{\omega} = \omega\mathbf{u} \qquad [\ (9.21)\ ]$$

有用な関係

角速度$\boldsymbol{\omega}$で回転する剛体に固定された点$\mathbf{r}$の速度は，以下のとおりである。

$$\mathbf{v} = \boldsymbol{\omega} \times \mathbf{r} \qquad [\ (9.22)\ ]$$

回転系における時間微分

S系が慣性系S_0に対して角速度$\mathbf{\Omega}$を持つ場合，2 つの系から見た単一のベクトル$\mathbf{Q}$の時間微分は，以下の関係がある。

$$\left(\frac{d\mathbf{Q}}{dt}\right)_{S_0} = \left(\frac{d\mathbf{Q}}{dt}\right)_S + \mathbf{\Omega} \times \mathbf{Q} \qquad [\text{(9.30)}]$$

回転系におけるニュートンの第 2 法則

S系が慣性系S_0に対して角速度$\mathbf{\Omega}$を持つ場合，回転系内のニュートンの第 2 法則は，

$$m\ddot{\mathbf{r}} = \mathbf{F} + \mathbf{F}_{\mathbf{cor}} + \mathbf{F}_{\mathbf{cf}} \qquad [\text{(9.37)}]$$

である。ここで$\mathbf{F}$は（任意の慣性系で測定された）物体に働く合力であり，慣性力$\mathbf{F}_{\mathbf{cor}}$, $\mathbf{F}_{\mathbf{cf}}$は，それぞれ以下の**コリオリ力**および**遠心力**である。

$$\mathbf{F}_{\mathbf{cor}} = 2m\dot{\mathbf{r}} \times \mathbf{\Omega} \quad \text{および} \quad \mathbf{F}_{\mathbf{cf}} = m(\mathbf{\Omega} \times \mathbf{r}) \times \mathbf{\Omega} \qquad [\text{(9.35) および (9.36)}]$$

自由落下の加速度

観測された自由落下加速度$\mathbf{g}$（静止状態からの地面に対する初期加速度として定義される）は，「真の」重力加速度$\mathbf{g_0}$と遠心力の影響を含む。

$$\mathbf{g} = \mathbf{g_0} + (\mathbf{\Omega} \times \mathbf{R}) \times \mathbf{\Omega} \qquad [\text{(9.44)}]$$

「垂直」方向は$\mathbf{g}$の方向として定義され，「水平」方向は$\mathbf{g}$に垂直な方向として定義される。

第 9 章の問題

星印は，最も簡単な（*）ものから難しい（***）ものまでの，おおよその難易度を示している。

9.1 節 回転を伴わない加速

9.1* 前進加速している車にぶら下がっている平衡状態の振り子が，後ろに傾いている理由を理解してから，次のことを考えよ。加速度Aで前方に加速している車の床に質量のないひもで，ヘリウム気球が固定されている。気球が前方に傾くことを明確に説明し，平衡状態にある傾きの角度を求めよ。［ヒント：大気の圧力勾配に起因するアルキメデスの浮力の

ため，ヘリウムの気球は浮く。重力場の方向と浮力の関係は，どのようになっているだろうか。]

9.2* ドーナツ形の宇宙ステーション（外半径R）は，ドーナツの軸上を角速度ωで回転することによって人工的な重力を作り出す。（a）宇宙ステーションの外にある慣性系から見た場合，（b）宇宙飛行士の静止系（これは慣性系から見た場合，求心加速度$A = \omega^2 R$を持つ）から見た場合の両方で，宇宙ステーションに立つ宇宙飛行士に働く力と加速度を描け。$R = 40$メートルで見かけの重力が通常の値約 $10\mathrm{m/s^2}$に等しい場合，どの程度の角速度が必要であるか。（c）6 フィートの宇宙飛行士の足（$R = 40\mathrm{m}$）と頭（$R = 38\mathrm{m}$）におけるgの差は何パーセントか。

9.2 節 潮汐

9.3** （a）図 9.4 の位置Pにある質量mの物体に働く潮汐力（9.12）を考えよう。dを$(d_0 - R_e) = d_0(1 - R_e/d_0)$ と変形し，2 項近似 $(1-\epsilon)^{-2} \approx 1 + 2\epsilon$ を使い，$\mathbf{F_{tid}} \approx -(2GM_m m R_e/d_0^3)\hat{\mathbf{x}}$を示せ。図 9.4 に示す力の方向を確認し，潮汐力と地球の重力$m\mathbf{g}$との数値比較をおこなえ。（b）点Rにおける力を求めよ。この力を（a）の力（大きさと方向）と比較せよ。

9.4** 問題 9.3（a）と同じ計算を，図 9.4 のQ点の潮汐力についておこなえ。［この場合$\hat{\mathbf{d}}/d^2 = \mathbf{d}/d^3$とし，$(1+\epsilon)^{-3/2} \approx 1 - 3\epsilon/2$の 2 項近似を使う。］

9.5** 図 9.5 のQ点の水滴の潮汐力の位置エネルギー（9.16）の導出を再度見直し，P点の潮汐力の PE（9.17）の導出を詳細に示せ。

9.6*** 任意の点Tにおける海洋の高さを$h(\theta)$とする。ここで$h(\theta)$は図 9.5 のQ点を基準に測定され，θはTの極角TORである。海面が等位置エネルギー面なら$h(\theta) = h_0 cos^2\theta$，ただし$h_0 = 3M_m R_e^4/(2M_e d_0^3)$であることを示せ。$h_0 \ll R_e$であることに注意して，海面の形を描きその説明をおこなえ。［ヒント：dは距離MTに等しいとして，（9.13）で与えられるように$U_{tid}(T)$を評価する必要がある。これをおこなうには余弦法則でdを求め，すべての項のオーダーを$(R_e/d_0)^2$に保つように十分に注意し，2 項近似を使ってd^{-1}を近似する必要がある。太陽の影響を無視せよ。］

9.4 節 回転系における時間微分

9.7* （a）$\mathbf{Q}$がS系に固定されている特殊な場合の，2 つの系S_0とSにおけるベクトル$\mathbf{Q}$の導関数の関係（9.30）を説明せよ。（b）S_0系に固定されたベクトル$\mathbf{Q}$について同じことをおこなえ。(a) の答えと比較せよ。

9.5 節 回転系におけるニュートンの第 2 法則

9.8* (a) 北極の近くから南へ，(b) 赤道上を東へ，(c) 赤道を横切って南に移動する人に働く遠心力とコリオリ力の方向を答えよ。

9.9* 質量mの弾丸が砲口速度v_0で水平・真北方向に，余緯度θの位置から発射された。コリオリ力の方向と大きさをm, v_0, θおよび地球の角速度Ωを使って求めよ。$v_0 = 1000\text{m/s}, \theta = 40$度の場合，コリオリ力は弾丸の重量に比べてどの程度になるだろうか。

9.10** 回転系の運動方程式（9.34）の導出の際には，角速度$\mathbf{\Omega}$が一定であると仮定した。$\dot{\mathbf{\Omega}} \neq 0$ならば，（9.34）の右辺に$m\mathbf{r} \times \dot{\mathbf{\Omega}}$と等しい，見かけの力と呼ばれる 3 番目の「見かけの力」があることを示せ。

9.11*** この問題では，ラグランジュ法を使用して回転系の運動方程式（9.34）を証明する。いつものように，ラグランジュ法は（少し複雑なベクトルの取り扱いを必要とする点を除いて）ニュートンの方法よりずっと簡単であるが，それほど洞察的なものではない。Sを慣性系S_0に対して一定の角速度$\mathbf{\Omega}$で回転する，非慣性系とする。両方の系は同じ原点$O = O'$を持つ。 (a) ラグランジアン$\mathcal{L} = T - U$を，Sの座標$\mathbf{r}$と$\dot{\mathbf{r}}$を用いて求めよ。[慣性系でのTを最初に評価しなければならないことを，忘れないでほしい。これに関連して，$\mathbf{v_0} = \mathbf{v} + \mathbf{\Omega} \times \mathbf{r}$であることを思い出してほしい。] (b) 3 つのラグランジュ方程式によって，（9.34）が再現されることを示せ。

9.6 節 遠心力

9.12* (a)（宇宙ステーションなどの）回転系において静力学的な状況を作ろうとすると，余分な「見かけの」遠心力を含まなければならないという点を除けば，通常の静力学的な規則を使用できることを示せ。 (b) 回転する水平回転テーブル（角速度Ω）にパックを置き，それを静止摩擦（係数μ）によってテーブル上に静止したままにしたい。これをおこなうことができる回転軸からの最大距離を求めよ。（回転系内の観察者の視点から論じよ。）

9.13* 鉛直線と地球の中心の方向との間の角度αは，$\sin\alpha = (R_e^2 \Omega^2 \sin 2\theta)/(2g)$で与えられることを示せ。ここで$g$は観測される自由落下加速度であり，地球は完全に球対称であると仮定せよ。αの大きさの最大値と最小値を推定せよ。

9.14** 水の入ったバケツを，縦軸のまわりに角速度Ωで回転させる。ひとたび水が（バケツに対して）平衡状態になると，その表面は放物線になることを示せ。（円柱極座標を使用し，重力と遠心力の複合効果の下で水の表面が，等位置エネルギーとなることを利用せよ。）

9.15** 完全球対称の形を持つある惑星では，自由落下加速度は北極で$g = g_0$，赤道で

$g = \lambda g_0\ (0 \leq \lambda \leq 1)$である。自由落下加速度$g(\theta)$を，余緯度$\theta$の関数として求めよ。

9.7 節 コリオリカ

9.16* 長い摩擦のない棒の中心が原点におかれ，また棒は水平面内で一定の角速度で強制的に回転させられている。棒に沿って回転する座標系x, y（棒に沿った方向をx軸，棒に垂直な方向をy軸）を使用して，棒にはめ込まれたビーズの運動方程式を書き下せ。そして$x(t)$について解け。遠心力，コリオリカの役割について説明せよ。

9.17* 例 7.6（294 ページ）の円形の輪に取り付けられたビーズを，輪とともに回転する系で考える。ビーズの運動方程式を求め，その結果が（7.69）と一致することを確認せよ。自由体図を用いて，平衡位置（7.71）を説明せよ。

9.18** 質量mの粒子が摩擦のない状態で，水平方向をx軸，垂直上方向をy軸とする垂直面内を移動するように制限されている。この平面を，y軸を中心に一定の角速度Ωで強制的に回転させた。x, yに対する運動方程式を求め，それを解き，可能となる運動を説明せよ。

9.19** 垂直軸を中心に，角速度Ωで反時計回りに回転している完全に摩擦のない平坦なメリーゴーランドの上に，（スパイク付きの靴を履いて）立っているとする。 (a)（メリーゴーランドの）床の上に静止状態でパックを持っている状態から，手を離す。（地面に固定されている）近くの塔から見下ろしている観察者が，上から見たパックの経路を説明せよ。また同じく，メリーゴーランド上の人から見たパックの経路も説明せよ。後者の場合，遠心力とコリオリカを用いてメリーゴーランド上の人は何を見ているのかを説明せよ。 (b) 地面に立ってメリーゴーランドに身を乗り出して，腕を伸ばした観察者によって，静止状態から手を離されたパックに関する同じ質問に答えよ。

9.20** 角速度Ωで反時計回りに回転している水平回転テーブル上にある，摩擦のないパックを考えてみよう。 (a) 回転テーブルに立っている人から見た，パックのx, y座標のニュートンの第2法則を書き下せ。(遠心力とコリオリカを含むが，地球の自転は無視すること。) (b) $\eta = x + iy$を使って 2 つの方程式を解き，$\eta = e^{-i\alpha t}$の解を推測せよ。[この場合，5.4 節で説明した臨界減衰 SHM のように，この方法では 1 つの解しか得られない。もう 1 つの解は，減衰 SHM の 2 番目の解法で見つけたのと同じ形式（5.43）である。]一般解を書き下せ。 (c) 時間$t = 0$で，速度$v = (v_{x0}, v_{y0})$（これらすべては回転テーブル上の人によって測定された）で，位置$\mathbf{r_0} = (x_0, 0)$から$\mathbf{v_0} = (v_{x0}, v_{y0})$でパックをはじく。以下が成立することを示せ。

$$\left.\begin{aligned} x(t) &= (x_0 + v_{x0}t)\cos\Omega t + \left(v_{y0} + \Omega x_0\right)t\sin\Omega t \\ y(t) &= -(x_0 + v_{x0}t)\sin\Omega t + \left(v_{y0} + \Omega x_0\right)t\cos\Omega t \end{aligned}\right\} \qquad (9.72)$$

(d) tが大きな値を持つ場合について，パックの運動を説明・図示せよ。[ヒント：tが大きいときは，（両方の係数がゼロの場合を除き）tに比例する項が支配的である。tが大きい場合，$x(t) = t(B_1\cos\Omega t + B_2\sin\Omega t)$という形（$y(t)$についても同様）で（9.72）を書き，5.7 節の技法を使って余弦関数と正弦関数を単一の余弦関数に変換する。$y(t)$については単一の正弦関数に変換する。このようにすると初期条件が何であっても，同じ種類の渦巻きの経路（ただし 1 つ例外がある）であることがわかる。

9.21** 問題 9.20 と 9.24 のように，回転する回転テーブル上でパックがすべると，瞬間的に静止することがある。これが起きた場合の経路の形を図示し，説明せよ。問題 9.24 をおこなった場合は，その問題の（d）の結果との関連性について説明せよ。

9.22** 固定された正電荷Qまわりの楕円軌道上にある負の電荷$-q$（たとえば電子）が，弱い均一磁場$\mathbf{B}$を受けた場合，$\mathbf{B}$の効果により楕円がゆっくりと歳差運動する。この効果は，**ラーモア歳差運動**として知られている。これを証明するために，Qと$\mathbf{B}$のつくり出す場にある，負の電荷の運動方程式を書き下せ。次に角速度$\mathbf{\Omega}$で回転する系に対して，その方程式を書き直せ。［この際に，$d^2\mathbf{r}/dt^2$と$d\mathbf{r}/dt$の両方が変化することに注意すること。］$\mathbf{\Omega}$を適切に選択することによって，$\dot{\mathbf{r}}$に関連する項は相殺されるが，$\mathbf{B}\times(\mathbf{B}\times\mathbf{r})$を含む項が 1 つ残ることを示せ。$\mathbf{B}$が十分に弱い場合，この項は間違いなく無視することができる。この場合，回転系内の軌道は楕円（または双曲線）であることを示せ。元の非回転系で見られる楕円の外観を描け。

9.23** ここに 2 次元の等方性振動子，すなわち力$-k\mathbf{r}$を受ける粒子の運動を解く，珍しい方法がある。適切な回転基準系を選択することで，遠心力が力$-k\mathbf{r}$を正確に打ち消すようにすることを示せ。コリオリ力と磁力との類似性を心に留め，回転系における運動の一般解を書き下せ。2.7 節の複素形式で解を書き下すと，適切に回転する複素数を掛けることで，非回転系に変換することができる。一般解は楕円であることを示せ。［最後の部分の手引きとして，問題 8.11 を参照すること。］

9.24*** ［コンピュータ］適当なプロットプログラム（Mathematica の ParametricPlot など）を使用し，問題 9.20 のパックの軌道（9.72）を，$x_0 = \Omega = 1$で回転する回転テーブル上にプロットせよ。ただし，初期速度$\mathbf{v}_0$は次のとおりである。(a) $(0,1)$，(b) $(0,0)$，(c) $(0,-1)$，(d) $(-0.5,-0.5)$，(e) $(-0.7,-0.7)$，(f) $(0,-0.1)$。すべての興味深いふるまいについて，説明せよ。

9.8 節　自由落下とコリオリ力

9.25* 南極を横断する高速列車が，直線で水平な線路上を一定の速さ$150\mathrm{m/s}$（約300mph）で移動している。列車内の天井から吊り下げられた垂直線と，地上にある小屋の中で吊り下げられた垂直線との間の角度を求めよ。列車の鉛直線はどの方向に偏向しているだろうか。

9.26** 9.8 節では静止状態から落とした物体の軌道を求めるために，逐次近似の方法を使用し，地球の角速度Ωについて 1 次補正をした。同様に，物体が地表面上の点Oから初速度$\mathbf{v_0}$，仰角θで投げられた場合，その軌道はΩの 1 次までで，以下のようになることを示せ。

$$\left.\begin{aligned} x &= v_{x0}t + \Omega\left(v_{y0}\cos\theta - v_{z0}\sin\theta\right)t^2 + \tfrac{1}{3}\Omega g t^3 \sin\theta \\ y &= v_{y0}t - \Omega(v_{x0}\cos\theta)t^2 \\ z &= v_{z0}t - \tfrac{1}{2}gt^2 + \Omega(v_{x0}\sin\theta)t^2 \end{aligned}\right\} \qquad (9.73)$$

[まず運動方程式(9.53)を 0 次で，つまりΩを完全に無視して解く。(9.53)の右辺に$\dot{x},\dot{y},\dot{z}$の 0 次の解を代入し，次の近似を与えるために積分する。v_0は空気抵抗が無視できるほど十分に小さく，**g**は運動中一定であると仮定する。]

9.27** 9.8 節では，非常に高い塔から赤道上に落とした物体の経路について議論した。(a) 塔から落下物が北側に見えるような状態において，地球に固定された系でこの経路を描け。物体が，手を離した場所から東に着地する理由を説明せよ。 (b) 落下物の北側の空中に浮遊している慣性系の観測者が見た状況を描け。物体が手を離した場所から東に着地する理由を（この観点から）明確に説明せよ。[ヒント：地球中心に関する物体の角運動量は保存される。このことは物体が落下するにつれて，その角速度$\dot{\phi}$が変化することを意味する。]

9.28** 問題 9.26 の結果(9.73)を使い，次のことをおこなう。海軍の大砲が，砲口速度v_0で余緯度θの位置から，水平上方αで真東の方向に砲弾を撃たれた。 (a) 地球の回転（および空気抵抗）を無視して，砲弾がどれくらいの時間（t）空中にとどまれるか，そして着弾するまでにどれくらい遠く（R）まで飛ばすことができるか，を調べよ。$v_0 = 500\text{m/s}$, $\alpha = 20°$の場合の，t, Rを求めよ。 (b) 海軍砲兵は，(a) の範囲Rで真東にいる敵艦を狙うが，コリオリの効果を忘れており，(a) のように相手を狙うとする。敵艦からどの程度，北または南に砲弾がずれるかを，$\Omega, v_0, \alpha, \theta, g$を使って求めよ。(東西方向にもずれるが，これはそれほど重要ではない)。戦いが北緯 50 度（$\theta = 40$度）で起こった場合，この距離を求めよ。緯度が南緯 50 度の場合は，どうなるだろうか。この問題は，長距離砲撃では深刻な問題となる。第 1 次世界大戦のフォークランド諸島の戦闘では，南半球のコリオリ効果が北半球と反対であることを見落としていたため，英国海軍の砲撃は一貫して数十ヤードほどドイツ船から外れた。

9.29** (a) 野球のボールが，余緯度θの地面上の地点から初期のスピードv_0で，垂直方向に投げ出される。問題 9.26 の解 (9.73) を使用して，ボールが投げ上げられた地点から西に距離$(4\Omega v_0^3 \sin\theta)/(3g^2)$離れた地点に着地することを示せ。 (b) $v_0 = 40\text{m/s}$の場合，赤道直下でのこの影響の大きさを推定せよ。 (c)（地球に固定された観測者が）北側から見たボールの軌道を図示せよ。赤道上の地点から落とされたボールの軌道と比較することで，コリオリ効果によりボールが西に投げられたにもかかわらず，落ちてくるボールが東に移動する理由を説明せよ。

9.30*** コリオリ力により，回転する物体にトルクが発生する。このことを説明するために，質量m，半径r，角速度ωでその垂直軸のまわりを余緯度θで回転する水平な輪を考える。地球の回転によるコリオリ力が，西向きの大きさ$m\omega\Omega r^2\sin\theta$のトルクを起こすことを示せ。ただし$\Omega$は，地球の角速度である。このトルクは，ジャイロコンパスの基本である。

9.31*　コンプトン発電機**は，アメリカの物理学者 A.H.コンプトン（1892-1962，コンプトン効果の発見者として最もよく知られている）が，まだ学部学生の頃に発明した，地球の回転によるコリオリ力の美しいデモンストレーションをおこなう発電機である。トーラスまたはリング（リングの半径$R \gg$ガラス管の半径）の形状をした細いガラス管は，水と水の動きを見るためのほこり粒子とで満たされている。最初，リングと水は静止しており水平であるが，そのリングを東西の直径を中心に 180° 回転させる。なぜ水がチューブのまわりを動くのか説明せよ。180°回転させた直後の水の速度は，$2\Omega R\cos\theta$であることを示せ。ここでΩは地球の角速度であり，θは実験場所の余緯度である。$R \approx 1\mathrm{m}, \theta \approx 40°$の場合，この速度を求めよ。コンプトンはこの速度を顕微鏡で測定し，3%以内の一致を得た。

9.32***　問題 9.28 のすべての部分に対して，南北方向と東西方向の両方で砲弾が目標からずれている距離を求めよ。[ヒント：この場合，着弾までの時間がコリオリの効果の影響を受けることを認識している必要がある。]

9.9 節　フーコーの振り子

9.33**　フーコーの振り子の微小振幅運動の一般解は，（9.66）で与えられる。もし$t = 0$で振り子が$x = A, y = 0$で静止している場合，2 つの係数C_1, C_2を求めよ。また$\Omega \ll \omega_0$であるのでそれらが$C_1 = C_2 = A/2$としてうまく近似でき，（9.67）の解となることを示せ。

9.34***　地表の点Pに，完全に平らで摩擦のない巨大な台が構築されている。台は完全に水平，つまり局所的な自由落下加速度$\mathbf{g_P}$に垂直である。台上で滑るパックの運動方程式を求めよ。そしてそれが振り子の長さLを地球の半径Rに置き換えた以外は，フーコーの振子と同じ形式（9.61）を持つことを示せ。パックの角振動数，およびフーコーの歳差運動を求めよ。[ヒント：地球中心Oを基準にしたパックの位置ベクトルを，$\mathbf{R} + \mathbf{r}$と書く。ここで$\mathbf{R}$は点Pの位置であり，$\mathbf{r} = (x, y, 0)$はPに対するパックの位置である。$\mathbf{R}$を含む遠心力は$\mathbf{g_P}$に吸収され，$\mathbf{r}$を含む寄与は無視できる。復元力は，パックが動くときの$\mathbf{g}$の変化に由来する。]近似の有効性を確認するために，重力復元力，コリオリ力，および遠心力の中の無視される項$m(\mathbf{\Omega} \times \mathbf{r}) \times \mathbf{\Omega}$のおよその大きさを比較せよ。

第 10 章　剛体の回転運動

剛体とは，その形状が変化しない性質を持つN個の粒子の集まりであり，またその構成粒子の任意の 2 つの間の距離は固定されている。完璧な剛体はもちろん理想的なものに過ぎないが，極めて有用なものであり，実際多くの系の良い近似となる。N個の粒子で構成された剛体は，N個の粒子の任意の系よりもはるかに単純である。任意の系では，N個の各粒子に 3 つの座標が設定されているため$3N$個の座標が必要である。一方で剛体は 6 つの座標しか必要とせず，そのうちの 3 つは重心の位置を，別の 3 つは物体の向きを指定する。さらに剛体の運動は，質量中心（CM）の並進運動と CM まわりの物体の回転という，2 つの別個のより単純な問題に分けることができる。

ここでは主に，物体の CM に関連するいくつかの一般的な結果から始めることにしよう。これらの結果は，第 8 章の冒頭で 2 粒子について得られた結果を一般化したものであり，またそれらの大部分はN粒子の任意の系にも適用される。しかし，ここではすぐに剛体の運動に特化して考える。後者の最も興味深い面は回転運動であり，これがこの章の大部分を占める。

10.1　質量中心の性質

質量m_α，原点Oから測定された位置$\mathbf{r}_\alpha$のN個の粒子$\alpha = 1, \cdots, N$を考える。（同じ原点Oに対する）系の質量中心は，第 3 章の（3.9）において，以下の位置であると定義された。

$$\mathbf{R} = \frac{1}{M}\sum_{\alpha=1}^{N} m_\alpha \mathbf{r}_\alpha \quad \text{または} \quad \frac{1}{M}\int \mathbf{r}dm \tag{10.1}$$

ここでMはすべての粒子の総質量を示し，系が連続的な質量分布を持つ場合には，積分形が使用される。

全運動量と CM

系の運動に関するいくつかの重要なパラメータは，CM の観点から明確に表現することができる。第 3 章の（3.11）で見たように，全運動量は以下のようになる。

$$\mathbf{P} = \sum_\alpha \mathbf{P}_\alpha = \sum_\alpha m_\alpha \dot{\mathbf{r}}_\alpha = M\dot{\mathbf{R}} \tag{10.2}$$

すなわち系の全運動量は，全質量Mに等しい質量および CM の速度に等しい速度を持つ単一粒子と全く同じである。この結果を微分すると$\dot{\mathbf{P}} = M\ddot{\mathbf{R}}$であり，また$\dot{\mathbf{P}}$が系に働く全外力$\mathbf{F}^{\mathbf{ext}}$に等しいので[（1.29）で見たように]，以下のようになる。

$$\mathbf{F}^{\mathbf{ext}} = M\ddot{\mathbf{R}} \tag{10.3}$$

すなわち，CM はまるでそれが系に働く全外力を受ける，質量Mの単一粒子であるかのように動く。この結果は，野球のボールや彗星などの広がりを持った物体を質点として扱うための正当化の最重要な根拠となる。これらの非質点物体は，その CM で表現されている限り，質点と同じように運動する。

全角運動量

系の全角運動量における CM 運動の役割はより複雑であるが，同様に重要である。以下の議論では，系が剛体であることに依存しないが，物体が楕円体として示されている図 10.1 のように，質量m_αのN個の部分からなる剛体を考えてみよう。任意の原点Oに対するm_αの位置は$\mathbf{r}_\alpha$として示され，Oに対する CM の位置は$\mathbf{R}$として示されている。また CM に対するm_αの位置が$\mathbf{r}'_\alpha$と示されている。これらの間には，以下の関係が成り立つ。

$$\mathbf{r}_\alpha = \mathbf{R} + \mathbf{r}'_\alpha \tag{10.4}$$

m_αの原点Oに関する角運動量$\mathbf{l}_\alpha$は，

$$\mathbf{l}_\alpha = \mathbf{r}_\alpha \times \mathbf{p}_\alpha = \mathbf{r}_\alpha \times m_\alpha \dot{\mathbf{r}}_\alpha \tag{10.5}$$

である。したがってOに関する全角運動量は，以下のようになる。

$$\mathbf{L} = \sum_\alpha \mathbf{l}_\alpha = \sum_\alpha \mathbf{r}_\alpha \times m_\alpha \dot{\mathbf{r}}_\alpha$$

$\mathbf{r}_\alpha$と$\dot{\mathbf{r}}_\alpha$の両方を書き換えるために（10.4）を使用すると，$\mathbf{L}$は次の4つの項の和となる。

$$\mathbf{L} = \sum \mathbf{R} \times m_\alpha \dot{\mathbf{R}} + \sum \mathbf{R} \times m_\alpha \dot{\mathbf{r}}'_\alpha + \sum \mathbf{r}'_\alpha \times m_\alpha \dot{\mathbf{R}} + \sum \mathbf{r}'_\alpha \times m_\alpha \dot{\mathbf{r}}'_\alpha$$

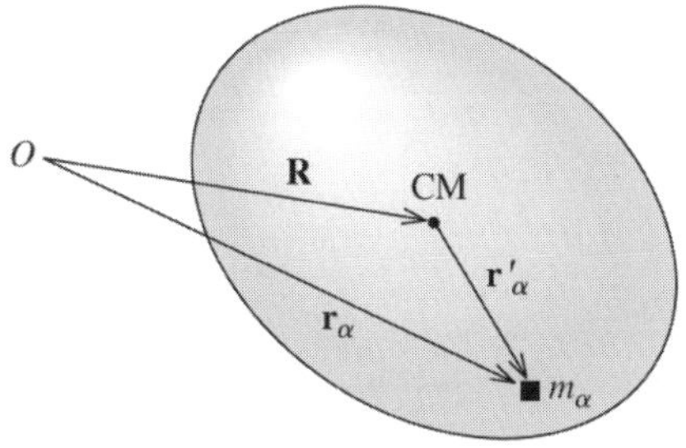

図 10.1 剛体（ここでは楕円体として示されている）は多くの小さな断片$\alpha = 1, \cdots, N$から構成されている。典型的な断片の質量はm_αであり，原点Oに対するその位置は$\mathbf{r}_\alpha$である。Oに対する CM の相対位置は$\mathbf{R}$であり，$\mathbf{r}'_\alpha$は CM に対するm_αの位置を示し，$\mathbf{r}_\alpha = \mathbf{R} + \mathbf{r}'_\alpha$となる。

これら4つの和のそれぞれに対し，αに依存しない項を和の外に出すと，（$\sum m_\alpha = M$に注意）

$$\mathbf{L} = \mathbf{R} \times M\dot{\mathbf{R}} + \mathbf{R} \times \sum m_\alpha \dot{\mathbf{r}}'_\alpha + \left(\sum m_\alpha \mathbf{r}'_\alpha\right) \times \dot{\mathbf{R}} + \sum \mathbf{r}'_\alpha \times m_\alpha \dot{\mathbf{r}}'_\alpha \tag{10.6}$$

となる。この方程式は，大きく簡略化することができる。まず右辺第3項の括弧内の和は，CM に対する CM の位置（にMをかけたもの）であることに注意してほしい。もちろん，これはゼロである（問題 10.1 参照）。

$$\sum m_\alpha \mathbf{r}'_\alpha = 0 \tag{10.7}$$

したがって，（10.6）の第3項はゼロになる。この関係を微分すると，（10.6）の第2項の和も同様にゼロであることがわかる。したがって（10.6）は

$$\mathbf{L} = \mathbf{R} \times \mathbf{P} + \sum \mathbf{r}'_\alpha \times m_\alpha \dot{\mathbf{r}}'_\alpha \tag{10.8}$$

となる。第1項は，（Oに対しての）CM の運動に関する角運動量である。第2項は，CM に対しての運動に関する角運動量である。したがって（10.8）は，以下のように再表現される。

$$\mathbf{L} = \mathbf{L}(\text{CM の運動}) + \mathbf{L}(\text{CM に対する相対運動}) \tag{10.9}$$

この有用な結果を説明するために，太陽のまわりの惑星の運動を考えてみよう。（太陽は極めて重いので，固定されたものとして扱うことができる。）この場合，

(10.9) により惑星の全角運動量は, 太陽まわりの CM の軌道運動の角運動量と, その CM まわりの回転運動の角運動量の和であることがわかる。

$$\mathbf{L} = \mathbf{L}_{\mathbf{orb}} + \mathbf{L}_{\mathbf{spin}} \tag{10.10}$$

全角運動量を軌道部分とスピン部分へ分割することは, これら 2 つがそれぞれ保存される（少なくとも良い近似でこのことが成り立つ）ことがよくあるため, 特に有用である。このことを見るには, まず$\mathbf{L}_{\mathbf{orb}} = \mathbf{R} \times \mathbf{P}$であることより

$$\dot{\mathbf{L}}_{\mathbf{orb}} = \dot{\mathbf{R}} \times \mathbf{P} + \mathbf{R} \times \dot{\mathbf{P}} = \mathbf{R} \times \mathbf{F}_{\mathbf{ext}} \tag{10.11}$$

（最初のベクトル積はゼロであり, また$\dot{\mathbf{P}} = \mathbf{F}_{\mathbf{ext}}$）である。つまり$\mathbf{L}_{\mathbf{orb}}$は惑星があたかも点粒子であり, すべての質量が CM に集中しているかのように運動する。特に惑星に働く太陽の力が中心力（$\mathbf{F}_{\mathbf{ext}}$が$\mathbf{R}$と同一線上にある）であれば, $\mathbf{L}_{\mathbf{orb}}$は一定である。 実際には, 完全な中心力ではない（惑星は完全に球状ではなく, 太陽の重力場は完全に一様ではない）が, 優れた近似にはなる。

$\dot{\mathbf{L}}_{\mathbf{spn}}$を求めるために, $\mathbf{L}_{\mathbf{spn}} = \mathbf{L} - \mathbf{L}_{\mathbf{orb}}$と書く。すでに$\dot{\mathbf{L}} = \boldsymbol{\Gamma}^{\mathbf{ext}}$であることが分かっているため,

$$\dot{\mathbf{L}} = \sum \mathbf{r}_\alpha \times \mathbf{F}_\alpha^{\mathbf{ext}} = \sum (\mathbf{r}'_\alpha + \mathbf{R}) \times \mathbf{F}_\alpha^{\mathbf{ext}} = \sum \mathbf{r}'_\alpha \times \mathbf{F}_\alpha^{\mathbf{ext}} + \mathbf{R} \times \mathbf{F}^{\mathbf{ext}} \tag{10.12}$$

である。(10.12) から (10.11) を引いて, $\dot{\mathbf{L}}_{\mathbf{spn}}$を計算する。

$$\dot{\mathbf{L}}_{\mathbf{spn}} = \dot{\mathbf{L}} - \dot{\mathbf{L}}_{\mathbf{orb}} = \sum \mathbf{r}'_\alpha \times \mathbf{F}_\alpha^{\mathbf{ext}} = \boldsymbol{\Gamma}^{\mathbf{ext}} \text{（CM まわり）}$$

すなわち, CM に関する角運動量である$\mathbf{L}_{\mathbf{spn}}$の変化率は, CM に対して測定された全外部トルクにすぎない。[このもっともらしい結果は, (3.28) で証明なしに述べられている。やや以外なのが, CM に取り付けられた基準系が一般的には慣性系ではないということである。このことに驚くかどうかは別にして, この結果は正しく, また極めて有用である。]任意の惑星の CM に対する太陽のトルクは極めて小さいので, $\mathbf{L}_{\mathbf{spn}}$はほぼ一定である。ただしこの有用な結論は, 優れた近似値ではあるが正確ではない。たとえば地球の赤道の膨らみのために, 太陽（そして月）によって地球に小さなトルクが働き, $\mathbf{L}_{\mathbf{spn}}$は一定ではない。$\mathbf{L}_{\mathbf{spn}}$のゆっくりとした変化は, 春分点歳差として知られている効果, つまり恒星に対して地軸が 1 年に約 50 秒角動く原因となる。

量子力学においても, (正確な類似ではないが) 角運動量を軌道部分とスピン部分とに分けることができる。たとえば, 水素原子中の陽子のまわりを周回する電子の角運動量は, (10.10) のように 2 つの項から成り立っており, 同じ理由か

ら，それぞれの角運動量はほぼ完全に保存される。この場合も，この有用な結果は大まかには正しいというだけに過ぎない。この場合は電子に弱い磁気トルクがあり，（全角運動量は保存されるが）スピンも軌道角運動量も完全には保存されない。

運動エネルギー

N個の粒子の全運動エネルギーは，

$$T = \sum_{\alpha=1}^{N} \frac{1}{2} m_\alpha \dot{\mathbf{r}}_\alpha^2 \tag{10.13}$$

である。これまでのように，（10.4）を使って$\mathbf{r}_\alpha$を$\mathbf{R} + \mathbf{r}'_\alpha$で置き換えることができる。

$$\dot{\mathbf{r}}_\alpha^2 = \left(\dot{\mathbf{R}} + \dot{\mathbf{r}}'_\alpha\right)^2 = \dot{\mathbf{R}}^2 + \dot{\mathbf{r}}'^2_\alpha + 2\dot{\mathbf{R}} \cdot \dot{\mathbf{r}}'_\alpha$$

それゆえ

$$T = \frac{1}{2} \sum m_\alpha \dot{\mathbf{R}}^2 + \frac{1}{2} \sum m_\alpha \dot{\mathbf{r}}'^2_\alpha + \dot{\mathbf{R}} \cdot \sum m_\alpha \dot{\mathbf{r}}'_\alpha \tag{10.14}$$

であり，最後の項の和は，（10.7）でゼロになるので

$$T = \frac{1}{2} M \dot{\mathbf{R}}^2 + \frac{1}{2} \sum m_\alpha \dot{\mathbf{r}}'^2_\alpha \tag{10.15}$$

または以下のようになる。

$$T = T(\text{CM の運動}) + T(\text{CM に対する運動}) \tag{10.16}$$

剛体の場合，CM に対する唯一可能な運動は回転である。したがって，この結果を言い換えると，

$$T = T(\text{CM の運動}) + T(\text{CM まわりの回転}) \tag{10.17}$$

である。この有用な結果は，たとえば道路を転がっている車輪の運動エネルギーが, CM の並進エネルギーと車軸回りの回転エネルギーであることを示している。

（10.14）から，全運動エネルギーの代わりとなる，時には有用な表現を導くことができる。（10.14）の導出にあたっては$\mathbf{R}$はCMの位置であることに依存しないため，物体内に固定された任意の点$\mathbf{R}$に対して成立する。特に静止状態にある（またはある瞬時に静止していた）物体内の点を$\mathbf{R}$と選んだ場合，（10.14）右辺の第1項と第3項はともにゼロであり，

$$T = \frac{1}{2} \sum m_\alpha \dot{\mathbf{r}}'^2_\alpha \tag{10.18}$$

となる。これは剛体の全運動エネルギーは，瞬間的に静止している物体中の任意の点に対する物体の回転エネルギーに過ぎないことを示している。たとえば転がっている輪の運動エネルギーは，道路との接触点が瞬間的に静止しているので，この点を中心とする回転のエネルギーとして評価することができる。

剛体の位置エネルギー

N粒子からなる剛体に働くすべての外力および内力が保存力であれば，4.10節で見たように，全位置エネルギーは以下のように書くことができる。

$$U = U^{ext} + U^{int} \tag{10.19}$$

ここでU^{ext}は，任意のすべての外力の位置エネルギーの和である。（たとえば注目している物体が野球のボールの場合，U^{ext}は「外部」である地球が作る場によって，ボールを構成するすべての粒子が持つ重力エネルギーである。）内力の位置エネルギーU^{int}は，すべての粒子対についての位置エネルギーの和であり，

$$U^{int} = \sum_{\alpha<\beta} U_{\alpha\beta}(r_{\alpha\beta}) \tag{10.20}$$

となる。ここで$r_{\alpha\beta}$は粒子α, βの間の距離[1]である。しかしながら，剛体ではすべての粒子間距離$r_{\alpha\beta}$は固定されている。したがって内力の位置エネルギーは一定であり，無視してもよい。言い換えれば剛体の運動を議論する際には，外力とそれに対応する位置エネルギーのみを考慮する必要がある。

10.2　固定軸まわりの回転

前節の結果は，回転運動の重要性を示している。たとえば空中を飛んでいる，細長い物体の運動エネルギー（読者は鼓手長のトワーリング・バトンを想像するかもしれない）は，CM の並進エネルギーと CM まわりの回転エネルギーの和である。我々は，前者についてはほぼ完全に理解しているが，後者については学習する必要がある。この章の残りの部分では，回転運動に焦点を当てる。

この節では，図 10.2 に示す木片を固定棒のまわりに回転させ，その角運動量を計算するなど，固定軸を中心に回転する物体の特殊な場合から議論を始める。

---

[1] この章全体を通して，すべての内力は中心力であると仮定する。これは$U_{\alpha\beta}$が$\mathbf{r}_{\alpha\beta}$の方向ではなく，その大きさにのみ依存することを保証する。これはまた，内力が全角運動量の変化に寄与しないことを保証する。

回転軸は固定されているので，原点Oを回転軸のどこかに置き，またこの軸をz軸とする。通常，物体は質量m_α ($\alpha = 1,\cdots,N$)の多数の小片に分割されるため，物体の角運動量は以下の式で与えられる。

$$\mathbf{L} = \sum \mathbf{l}_\alpha = \sum \mathbf{r}_\alpha \times m_\alpha \mathbf{v}_\alpha \tag{10.21}$$

ここで速度$\mathbf{v}_\alpha$は，物体の角速度$\boldsymbol{\omega}$によって物体の小片が円上を動く速度である。(9.22) で，これは単に$\mathbf{v}_\alpha = \boldsymbol{\omega} \times \mathbf{r}_\alpha$であることがわかる。$z$軸は$\boldsymbol{\omega}$に沿う方向にあるので，$\boldsymbol{\omega}$の成分表示は以下のようになる。

$$\boldsymbol{\omega} = (0,0,\omega)$$

また

$$\mathbf{r}_\alpha = (x_\alpha, y_\alpha, z_\alpha)$$

である。したがって$\mathbf{v}_\alpha = \boldsymbol{\omega} \times \mathbf{r}_\alpha$は，

$$\mathbf{v}_\alpha = \boldsymbol{\omega} \times \mathbf{r}_\alpha = (-\omega y_\alpha, \omega x_\alpha, 0)$$

であり，最終的に以下のようになる。

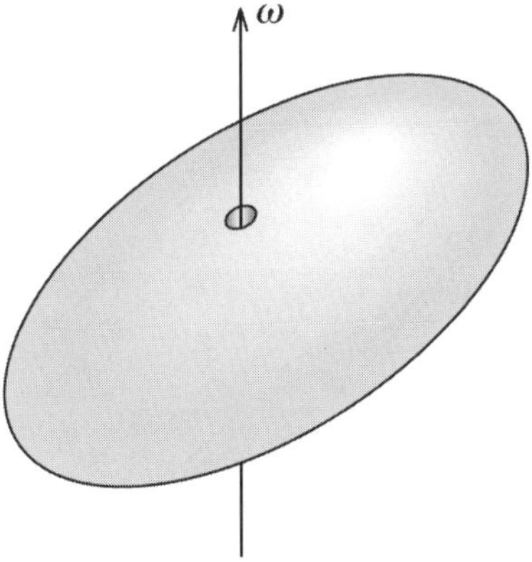

図 10.2 穴が開けられた卵形の木片が，z軸に固定された棒に差し込まれている。 木片は，角速度$\boldsymbol{\omega}$で回転している。

$$\mathbf{l}_\alpha = m_\alpha \mathbf{r}_\alpha \times \mathbf{v}_\alpha = m_\alpha \omega(-z_\alpha x_\alpha, -z_\alpha y_\alpha, x_\alpha^2 + y_\alpha^2) \tag{10.22}$$

今や，回転する剛体の全角運動量を計算する準備が整った。まずz成分から始める。(10.22) のz成分を (10.21) に代入すると，

$$L_z = \sum m_\alpha (x_\alpha^2 + y_\alpha^2)\omega \tag{10.23}$$

である。ここでρ_αをz軸から任意の点(x,y,z)までの距離$\rho = \sqrt{x^2+y^2}$を表すとすると，$(x_\alpha^2 + y_\alpha^2)$は$\rho_\alpha^2$に等しい。このため，

$$L_z = \sum m_\alpha \rho_\alpha^2 \omega = I_z \omega \tag{10.24}$$

となるが，ここで

$$I_z = \sum m_\alpha \rho_\alpha^2 \tag{10.25}$$

である。これは入門物理学のすべてのコースで導入されている**z軸まわりの慣性モーメント**，つまりすべての構成要素に，z軸からの距離の 2 乗を掛けたものの

和である[2]。このようにして，以下の良く知られた結果を示した。

（角運動量） ＝ （慣性モーメント） × （角速度）

ただし（10.24）の左辺の角運動量はL_zであり，そして慣性モーメントはz軸まわりの回転のものであることに注意してほしい。

この結果を納得するために，回転体の運動エネルギーを計算しよう。これは

$$T = \frac{1}{2}\sum m_\alpha v_\alpha^2$$

であり，また角速度ωでz軸のまわりを円運動するm_αの速度は$v_\alpha = \rho_\alpha \omega$であるので，

$$T = \frac{1}{2}\sum m_\alpha \rho_\alpha^2 \omega^2 = \frac{1}{2} I_z \omega^2 \tag{10.26}$$

となり，入門物理学の別のよく知られた結果となる。

これまでのところ特に驚く結果を得たわけではないが，$\mathbf{L}$のx成分とy成分を計算すると，予期せぬものが見つかる。（10.22）のx, y成分を（10.21）に代入すると，$\mathbf{L}$のx成分とy成分が求まる。

$$L_x = -\sum m_\alpha x_\alpha z_\alpha \omega, \qquad L_y = -\sum m_\alpha y_\alpha z_\alpha \omega \tag{10.27}$$

これらの和は一般的にゼロにはならないが，驚くべき結論は次のとおりである。角速度$\boldsymbol{\omega}$はz方向（物体はz軸のまわりを回転する）を指すが，L_x, L_yは非ゼロであれば，角運動量$\mathbf{L}$は異なる方向にあってもよい。つまり角運動量は角速度と同じ方向ではなく，入門物理学で学んだ$\mathbf{L} = I\boldsymbol{\omega}$の関係は一般的に正しくない。

この予期しない結論をよりよく理解するために，図 10.3 のようにz軸回りに一定の角度αを保って旋回する質量のない棒の端に取り付けられた単一の質量mの物体からなる剛体を考える。この物体がz軸のまわりを回転するとき，質量mの物体がページに入り込む方向（負のx方向）の速度$\mathbf{v}$を持つ。したがって$\mathbf{L} = \mathbf{r} \times m\mathbf{v}$は図に示された$z$軸に対して角度$90° - \alpha$の方向を指す。明らかに$L_y$はゼロに等しくなく，物体が$z$軸を中心に回転しているにもかかわらず，角運動量はその方向にはない。言い換えれば，$\mathbf{L}$は$\boldsymbol{\omega}$と平行ではない。

2 実際に慣性モーメントを計算する際に，（10.25）の和を積分で置き換えることがある。しかし今のところ，慣性モーメントを和で表すことにする。

この例は，もう少し調べてみる価値がある。z軸を中心に物体が安定して回転すると，$\mathbf{L}$の方向が変化することは，図から明らかである。（具体的には，$\mathbf{L}$自体がz軸まわりを運動する。）したがって$\dot{\mathbf{L}} \neq 0$であり，物体を安定して回転させるためにトルクが必要である。この結論に最初は驚くかもしれないが，実際には簡単に理解できる。必要とされるトルクは$\dot{\mathbf{L}}$の方向，つまり図 10.3 のページから飛び出す方向（正のx方向）にある。したがって，トルクは反時計回りでなければならない。これを理解する最も簡単な方法は，物体と一緒に回転している系に身を置くことである。この系では，質量mはz軸から（図の右側への）遠心力を受ける。したがって，mが取り付けられている棒が，その軸上にある固定点から曲がるかまたは離れることを防ぐには，反時計回りのトルクが必要である。

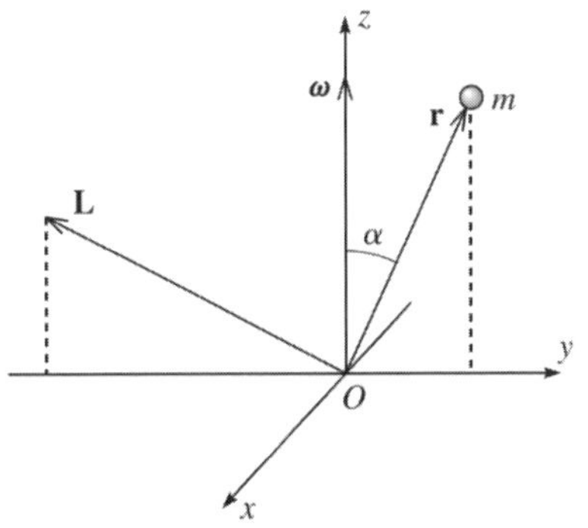

図 10.3 z軸に固定された質量のない棒によって固定された角度αで回転する，単一の質量mを含む剛体の回転体。この図は，mがyz平面内にある瞬間を示したものである。z軸のまわりで物体が回転すると，mの速度（したがって運動量）の方向はページ内側（負のx方向に）にある。したがって角運動量$\mathbf{L} = \mathbf{r} \times \mathbf{p}$は図に示したようになり，確かに角速度$\boldsymbol{\omega}$に平行ではない。

高速道路を惰行走行している自動車の車輪の場合，車輪が一定方向に回転しているとき，通常はそれにトルクを加えようとは思わない。これは角運動量が角速度に平行になるように車体を設計する必要があることを意味する。車の場合，これは車輪の動的バランスによって保証されている。車輪のつり合いが適切になされていないと，車の不快な振動によってそのことがすぐに認識されてしまう。より一般的には，$\mathbf{L}$と$\boldsymbol{\omega}$が平行であるかどうかの問題は回転体の学習において重要である。またそのことにより第 10.4 節で論じるように，主軸という重要な概念が導入される。

慣性乗積

z軸まわりを回転する物体の角運動量についての結果をまとめ，記法を合理化する必要がある。(10.27) からL_xとL_yはωに比例することは明らかであり，そのため比例定数を一般にI_{xz}とI_{yz}で表す。したがって (10.27) を

$$L_x = I_{xz}\omega, \quad L_y = I_{yz}\omega \tag{10.28}$$

とする。ここで

$$I_{xz} = -\sum m_\alpha x_\alpha z_\alpha, \quad I_{yz} = -\sum m_\alpha y_\alpha z_\alpha \tag{10.29}$$

である。2つの係数I_{xz}およびI_{yz}は，物体の**慣性乗積**と呼ばれる。この新しい表記の理論的根拠は，ωがz方向にあるとき，I_{xz}は$\mathbf{L}$のx成分を表すようにしたことである。(I_{yz}についても同様である。) この表記に適合させるためには，z軸についての慣習的な慣性モーメントであるI_zの名前をI_{zz}に変更しなければならない。

$$I_{zz} = \sum m_\alpha \rho_\alpha^2 = \sum m_\alpha (x_\alpha^2 + y_\alpha^2) \tag{10.30}$$

この表記では，z軸を中心に回転する物体の場合，角運動量は

$$\mathbf{L} = (I_{xz}\omega, I_{yz}\omega, I_{zz}\omega) \tag{10.31}$$

である。明らかに，異なる形状の物体について係数I_{xz}, I_{yz}, I_{zz}を計算することが重要である。この章の残りの部分でいくつかの例を挙げるが，章末問題にはもっと多くのものが用意されている。ここでは，まずは3つの簡単な例を示す。

例 10.1 慣性モーメントと慣性乗積の簡単な計算

次にあげる剛体のz軸まわりの慣性モーメントと慣性乗積を計算する。(a)図 10.3 に示すような，位置$(0, y_0, z_0)$にある単一の質量mの物体。(b) (a) と同じであるが，図 10.4 (a) のような，xy平面の下方に対称的に配置された等しい質量を持つ第 2 の物体がある場合。 (c) 図 10.4 (b) のような，z軸を中心としxy平面に平行な質量M，半径ρ_0の一様なリング。

(a) 図 10.3 の単一質量の場合，(10.29) と (10.30) の和はそれぞれ 1 つの項にまで減少し，

$$I_{xz} = 0, \qquad I_{yz} = -my_0z_0, \quad I_{zz} = my_0^2$$

となる。I_{yz}がゼロでないことにより，$\mathbf{L}$が非ゼロのy成分を持つので角運動量$\mathbf{L}$が回転軸と同じ方向にないことがわかる。(b) および (c) については，剛体がある種の対称性を持つ場合，どのようにして慣性乗積がゼロになるかを示す。

(b)図 10.4(a)のように 2 つの物体が存在する場合，(10.29)と(10.30)

の和はそれぞれ 2 つの項を含む。また両方の物体とも$x_\alpha = 0$であるので，以下のようになる。

$$I_{xz} = -\sum m_\alpha x_\alpha z_\alpha = 0 \quad (10.32)$$

また，以下も成立する。

$$I_{yz} = -\sum m_\alpha y_\alpha z_\alpha = -m[y_0 z_0 + y_0(-z_0)] = 0 \quad (10.33)$$

$$I_{zz} = \sum m_\alpha (x_\alpha^2 + y_\alpha^2) = m(0 + y_0^2 + 0 + y_0^2) = 2my_0^2$$

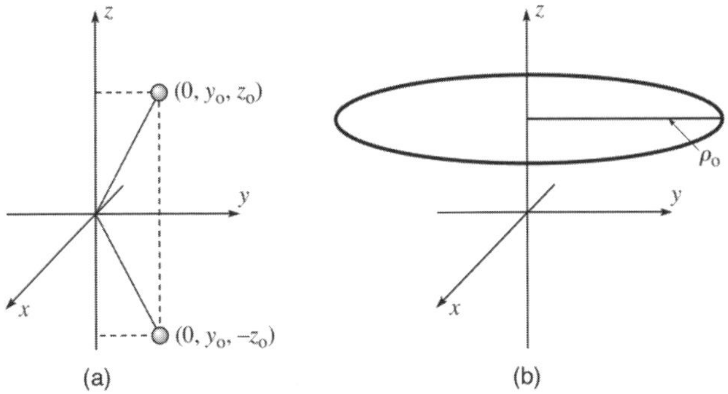

図10.4（a）xy平面の上下に等しい距離で保持され，z軸まわりに回転する2つの等しい質量mの物体を含む剛体（2つの物体がyz平面にあるときが，示されている）。　（b）z軸を中心とし，xy平面に平行な全質量M半径ρ_0の一様な連続リング。

ここで興味深いのは慣性乗積I_{yz}であり，第 1 の物体の寄与がz_αの反対符号を持つ「鏡像」点にある第 2 の物体によって相殺されるため，ゼロとなる。このことは平面$z = 0$において反射対称性を持つ任意の物体に対して起こり[3]，（10.32）と（10.33）の和の各項がz_αの反対の符号を有する別の項によって消えるので，慣性乗積I_{xz}, I_{yz}の両方がゼロになる。

$I_{xz} = I_{yz} = 0$の場合，（10.31）から物体がz軸を中心に回転するとき，角運動量**L**もz軸の方向を向くことがわかる。

（c）図 10.4（b）の物体の質量は連続的に分布しているため，一般に

[3] 任意の点(x, y, z)と，平面$z = 0$に対して(x, y, z)の鏡面に位置する$(x, y, -z)$において質量密度が同じである場合，物体は平面$z = 0$に対して鏡面対称性を持つと言う。

慣性乗積と慣性モーメントを積分として求めるべきであるが，この場合には積分を行わずに解を得ることができる。最初に慣性乗積I_{xz}を（10.32）の和で与えることを考えよう。図 10.4（b）を参照すると，この和がゼロであることがすぐにわかる。$(x_\alpha, y_\alpha, z_\alpha)$にある微小質量$m_\alpha$の和に対する各寄与は，円の反対側$(-x_\alpha, -y_\alpha, z_\alpha)$にある等しい質量からの寄与と対になる。$z$は同じ値であるが$x$が反対の値を持つこの第 2 の寄与は，第 1 の寄与をちょうど打ち消すので，I_{xz}はゼロであることがわかる。同じく，$I_{yz}=0$である。慣性モーメントI_{zz}は，（10.30）の最初の和の形で最も簡単に評価される。和の中のすべての項は同じρ_αの値（すなわちρ_0）を持つので，ρ_0^2を和の外に出すことができ，

$$I_{zz} = \left(\sum m_\alpha\right)\rho_0^2 = M\rho_0^2$$

となる。

この例では 2 つの慣性乗積はゼロであったが，その理由は物体が回転軸に関して軸対称であったからであり[4]，また同じ結果がかなり一般的に成り立つことはすぐにわかる。（車軸に対して平衡を保つ車輪，またはその中心線に対する円錐のように）剛体がある軸に対して軸対称であるなら，（10.32）と（10.33）の和の項が打ち消しあうので，その軸を中心とする慣性モーメントの 2 つの積は自動的にゼロになる。特に物体がある軸を中心に軸対称であり，この対称軸を中心に回転している場合，その角運動量は対称軸と同じ方向になる。

10.3 任意の軸に関する回転：慣性テンソル

これまでは，z軸のまわりを回転している物体だけを考えてきた。ある意味では，これは極めて一般的である。なぜならどの軸が回転していても，それをz軸と考えることができるからである。この言い方は確かに正しいが，残念ながらそれですべてが終わりというわけではない。まず我々は多くの場合，任意の軸につ

---

[4] 質量密度が軸を中心とし，軸に垂直な任意の円上のすべての点で同じである場合，物体は軸のまわりで軸対称または回転対称であると言う。今考えている軸を中心とする円柱極座標(ρ, ϕ, z)に対して，質量密度はϕとは無関係である。言い換えると，質量分布は対称軸のまわりの回転によって変化しない。

いて自由に回転できる物体に興味がある。軸受部がどの軸を中心にしても回転できるジャイロスコープや，（野球のボールや，空中に投げ上げられた鼓手長のバトンのような）投射物も，同じ自由度を持つ。この場合，物体が回転する軸は時間とともに変化する。これが起こると，ある瞬間にz軸として回転軸を選ぶことは確かにできるが，そのようにして選択したz軸はその後はほぼ確実に回転軸ではない。この理由だけからしても，物体が任意の軸を中心に回転している際の角運動量の様子をきちんと調べなければならない。

任意の軸について回転を考慮する必要があることの第 2 の理由は，ややとらえがたい。後でこのことについて戻るものの，ここで簡単に言及しておこう。一般的に，回転体の角運動量の方向は回転軸と同じではないことは，すでに見たとおりである。一方で，場合によってはこれらの 2 つの方向が同じであることが起こる。（たとえば，軸対称な物体がその対称軸を中心に回転している場合に当てはまる。）これが成立する場合は，問題となっている軸は主軸であると言う。任意に与えられた点のまわりを回転する物体に対して，互いに垂直な 3 つの主軸が存在する。これらの主軸を考えると回転についての議論がはるかに簡単となるので，主軸を座標軸として選択することがよくある。これをおこなうと，任意の回転軸と一致するようにz軸を選択する自由がなくなる。ここでもまた，どの軸を回転軸にするかを学ぶ必要がある。最初にやるべきことは，そのような回転に対する角運動量を計算することである。

任意の角速度に対する角運動量

任意の軸を中心に角速度

$$\boldsymbol{\omega} = (\omega_x, \omega_y, \omega_z)$$

で回転する剛体を考える。角運動量の計算を始める前に，その計算が適用される状況について，検討することにしよう。心に留めておくべき 2 つの重要な場合がある。まず剛体に 1 つの固定点があり，そのため唯一の可能な運動はこの固定点まわりの回転となる場合である。たとえばフーコーの振り子は天井の支点に固定されているため，唯一の可能な運動はその固定点を中心とする回転である。また，机上のコマの回転は机の小さなへこみに引っ掛かり，それ以降その下端の固定位置まわりを回転する。どちらの場合でも角速度$\boldsymbol{\omega}$の大きさと方向は変わる可能性があるが，回転は常に固定点まわりになるので，その点を原点とする。

読者が頭に思い浮かべることができるもう 1 つの場合は，空中に投げ上げられた物体である。この場合，確かに固定点はないが，CM の運動と CM に対する回転運動の観点から運動を分析できることを学習してきた。この場合，現在考えている運動は CM に対する運動であるでので，それが当然のことながら原点となる。

これらの例を念頭に置いて，物体の角運動量を計算しよう。

$$\begin{aligned}\mathbf{L} &= \sum m_\alpha \mathbf{r}_\alpha \times \mathbf{v}_\alpha \\ &= \sum m_\alpha \mathbf{r}_\alpha \times (\boldsymbol{\omega} \times \mathbf{r}_\alpha)\end{aligned} \tag{10.34}$$

$\boldsymbol{\omega}$をz軸方向に取ると，前節でおこなったのとほぼ同じようにこの値を計算することができる。任意の位置$\mathbf{r}$について，$\boldsymbol{\omega} \times \mathbf{r}$の成分と$\mathbf{r} \times (\boldsymbol{\omega} \times \mathbf{r})$の成分を書き下すことができるが，その結果は複雑なものとなる。（これをおこなう方法がいくつかあるが，そのうちの 1 つはいわゆる$BAC - CAB$規則である。問題 10.19 を参照のこと。）

$$\begin{aligned}\mathbf{r} \times (\boldsymbol{\omega} \times \mathbf{r}) = (&(y^2 + z^2)\omega_x - xy\omega_y - xz\omega_z, \\ &-yx\omega_x + (z^2 + x^2)\omega_y - yz\omega_z, \\ &-zx\omega_x - zy\omega_y + (x^2 + y^2)\omega_z)\end{aligned} \tag{10.35}$$

（10.35）を（10.34）に代入すると，$\mathbf{L}$の 3 つの成分を次のように書き下すことができる。

$$\left.\begin{aligned}L_x &= I_{xx}\omega_x + I_{xy}\omega_y + I_{xz}\omega_z \\ L_y &= I_{yx}\omega_x + I_{yy}\omega_y + I_{yz}\omega_z \\ L_z &= I_{zx}\omega_x + I_{zy}\omega_y + I_{zz}\omega_z\end{aligned}\right\} \tag{10.36}$$

ここで 3 つの慣性モーメントI_{xx}, I_{yy}, I_{zz}および 6 つの慣性乗積$I_{xy}, \cdots$は，前節の定義（10.29）および（10.30）と同じように定義される。たとえば，

$$I_{xx} = \sum m_\alpha (y_\alpha^2 + z_\alpha^2) \tag{10.37}$$

であり，またI_{yy}, I_{zz}の場合も同様である。そして

$$I_{xy} = -\sum m_\alpha x_\alpha y_\alpha \tag{10.38}$$

などである。

添え字x, y, zを$i = 1,2,3$に置き換えても構わない場合，(10.36) は簡潔な形を取る。

$$L_i = \sum_{j=1}^{3} I_{ij}\omega_j \tag{10.39}$$

読者はお分かりだろうが，(10.39) は行列の乗算の規則となっているため，(10.36) を表現すもう 1 つの方法があることを示唆している。つまり，(10.36) は行列形式で書き換えることができる。まず，以下の 3×3 行列を導入する。

$$\boldsymbol{I} = \begin{bmatrix} I_{xx} & I_{xy} & I_{xz} \\ I_{yx} & I_{yy} & I_{yz} \\ I_{zx} & I_{zy} & I_{zz} \end{bmatrix} \tag{10.40}$$

これは**慣性モーメントテンソル**[5]，または単に**慣性テンソル**と呼ばれる。さらに，3 次元ベクトルを 3 つの成分で構成された 3×1 列行列と考えることに，一時的に同意することにする。つまり，以下のように表現する。

$$\mathbf{L} = \begin{bmatrix} L_x \\ L_y \\ L_z \end{bmatrix}, \quad \boldsymbol{\omega} = \begin{bmatrix} \omega_x \\ \omega_y \\ \omega_z \end{bmatrix} \tag{10.41}$$

(現時点では$\mathbf{I}$のような 3×3 正方行列と，$\mathbf{L}, \boldsymbol{\omega}$のような 3×1 列行列の 2 種類の行列に対して，太字を使用していることに注意してほしい。読者はこの後 2 種類の行列を文脈から区別することを学ぶことになるであろう。) これらの表記法を用いると，(10.36) は極めて簡潔な行列形式に書き直すことができる。

$$\mathbf{L} = \mathbf{I}\boldsymbol{\omega} \tag{10.42}$$

ここで右辺の積は 2 つの行列の標準的な積であり，最初のものは 3×3 の正方行列であり，次のものは 3×1 の列行列である。

この美しい結果は，力学における線形代数が持つ大いなる有用性の最初の例である。このことは物理学の多くの分野，特に量子力学において顕著であるが，古

[5] テンソルの完全な定義には，座標軸を回転させたときの要素の変換特性が含まれる (15.17 節を参照)。しかしここでの目的においては，3 次元テンソルは (10.40) のように 3×3 行列として配列された 9 個の数の集合である，として十分である。

典力学においても確かにその通りである。行列表記で多くの問題を定式化することは，他の方法よりもずっと簡潔な形となるため，線形代数の基礎に精通しておくことは必要不可欠である[6]。

慣性テンソル（10.40）の重要な性質は，それが対称行列であることである。すなわち，その成分は以下を満たしている。

$$I_{ij} = I_{ji} \tag{10.43}$$

これを言い表すもう 1 つの方法は，行列（10.40）が左上から右下に走る対角線，つまり主対角線に沿って像を映しても，変わらないということである。対角線より上の各成分（たとえばI_{xy}）は，対角線より下にある鏡像（I_{yx}）に等しい。この性質を証明するには，I_{xy}がI_{yx}と同じであり，またすべての非対角成分I_{ij}($i \neq j$の成分)も同様であることを，定義（10.38）から調べるだけでよい。この性質を言い表すさらなる別の方法は，行列$\mathbf{A}$の転置行列を，主対角線に対して$\mathbf{A}$を鏡像させて得られる行列$\tilde{\mathbf{A}}$として定義することである。つまり$\tilde{\mathbf{A}}$のij成分は，$\mathbf{A}$のji成分である。したがって（10.43）は，行列$\boldsymbol{I}$がそれ自身の転置行列と等しいことを意味している。

$$\mathbf{I} = \tilde{\mathbf{I}} \tag{10.44}$$

行列$\mathbf{I}$が対称行列であるというこの性質は，慣性テンソルの数学理論に重要な役割を果たす。

例 10.2 立方体の慣性テンソル

（a）質量M，辺の長さaの一様な剛体の立方体が，その角を中心に回転する場合（図 10.5），および（b）同じ立方体が，その中心まわりに回転する場合について，慣性テンソルを求める。その際に，立方体の縁に平行な座標軸を使用せよ。どちらの場合も，回転軸が$\hat{\mathbf{x}}$に平行なとき[つまり$\boldsymbol{\omega} = (\omega, 0,0)$]，および$\boldsymbol{\omega}$が(1,1,1)方向の対角線に沿っているときの角運動量をそれぞれ求める。

---

[6] 行列の和，積，転置，行列式などは，Mary Boas 著，『Mathematical Methods in the Physical Sciences 』(Wiley, 1983)の第 3 章にある。この章と次章で説明しようとしている事項のいくつかについては，同書の第 10 章で詳しく説明されている。

（a）質量が連続的に分布しているので，（10.37）と（10.38）の和を積分で置き換える必要がある。したがって（10.37）は

$$I_{xx} = \int_0^a dx \int_0^a dy \int_0^a dz\, \varrho(y^2 + z^2) \tag{10.45}$$

となる。ここで$\varrho = M/a^3$は，立方体の質量密度を表す。これは 2 つの 3 重積分の和であり，またそれぞれは 3 つの単積分に分解することができる。たとえば，

$$\int_0^a dx \int_0^a dy \int_0^a dz\, \varrho y^2 = \varrho\left(\int_0^a dx\right)\left(\int_0^a y^2 dy\right)\left(\int_0^a dz\right)$$
$$= \frac{1}{3}\varrho a^5 = \frac{1}{3}Ma^2 \tag{10.46}$$

である。（10.45）の第 2 項についても同じ値となり，最終的に以下のようになる。

$$I_{xx} = \frac{2}{3}Ma^2 \tag{10.47}$$

（対称性により）I_{yy}, I_{zz}についても，同じ値となる。

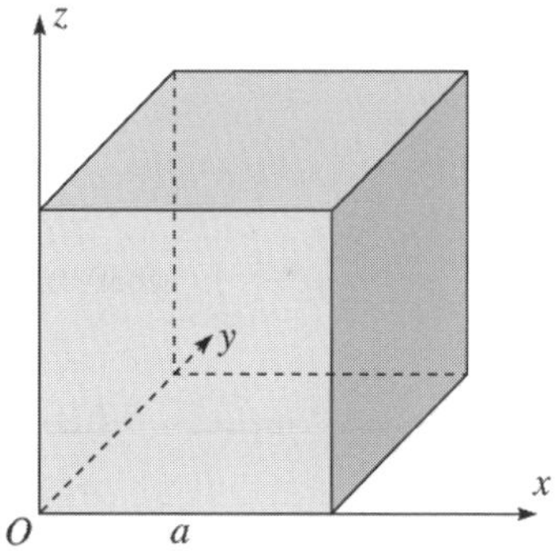

図 10.5 角Oを中心に自由に回転する，一辺の長さ側面aの均一な立方体。

Iの非対角成分の積分形式（10.38）は，以下のようになる。

$$I_{xy} = -\int_0^a dx \int_0^a dy \int_0^a dz\, \varrho xy$$
$$= -\varrho\left(\int_0^a xdx\right)\left(\int_0^a ydy\right)\left(\int_0^a dz\right)$$
$$= -\frac{1}{4}\varrho a^5 = -\frac{1}{4}Ma^2 \tag{10.48}$$

同じく（対称性によって），他のすべての非対角成分に対しても同じ値となる。

これらの結果をまとめると，立方体の慣性モーメントは以下のようになる。

$$\mathbf{I} = \begin{bmatrix} \frac{2}{3}Ma^2 & -\frac{1}{4}Ma^2 & -\frac{1}{4}Ma^2 \\ -\frac{1}{4}Ma^2 & \frac{2}{3}Ma^2 & -\frac{1}{4}Ma^2 \\ -\frac{1}{4}Ma^2 & -\frac{1}{4}Ma^2 & \frac{2}{3}Ma^2 \end{bmatrix} = \frac{1}{12}Ma^2 \begin{bmatrix} 8 & -3 & -3 \\ -3 & 8 & -3 \\ -3 & -3 & 8 \end{bmatrix}$$

（角に対して）　　(10.49)

ここで後者のより簡潔な表現は，行列に数を掛ける場合の規則に従ったものである。（予想どおり，$\mathbf{I}$は対称行列である。）

（10.42）によると，角速度$\boldsymbol{\omega}$に対応する角運動量$\mathbf{L}$は，行列の積$\mathbf{L} = \mathbf{I}\boldsymbol{\omega}$によって与えられ，ベクトル$\mathbf{L}$および$\boldsymbol{\omega}$は，当該ベクトルの3つの成分からなる3×1の列ベクトルである。したがって，立方体がx軸を中心に回転している場合，

$$\mathbf{L} = \mathbf{I}\boldsymbol{\omega} = \frac{Ma^2}{12}\begin{bmatrix} 8 & -3 & -3 \\ -3 & 8 & -3 \\ -3 & -3 & 8 \end{bmatrix}\begin{bmatrix} \omega \\ 0 \\ 0 \end{bmatrix} = \frac{Ma^2}{12}\begin{bmatrix} 8\omega \\ -3\omega \\ -3\omega \end{bmatrix} \tag{10.50}$$

となるが，またはより標準的なベクトル表記法に戻って表現すると

$$\mathbf{L} = Ma^2\omega\left(\frac{2}{3}, -\frac{1}{4}, -\frac{1}{4}\right) \tag{10.51}$$

である。なお今の場合，$\mathbf{L}$は角速度$\boldsymbol{\omega} = (\omega, 0,0)$と同じ方向ではないことがわかる。

立方体が主対角線を中心に回転している場合，回転方向の単位ベクトルは$\mathbf{u} = (1/\sqrt{3})(1,1,1)$であり，角速度ベクトルは$\boldsymbol{\omega} = \omega\mathbf{u} = (\omega/\sqrt{3})(1,1,1)$となる。したがって（10.42）によれば，この場合の角運動量は

$$\mathbf{L} = \mathbf{I}\boldsymbol{\omega} = \frac{Ma^2}{12}\frac{\omega}{\sqrt{3}} = \begin{bmatrix} 8 & -3 & -3 \\ -3 & 8 & -3 \\ -3 & -3 & 8 \end{bmatrix}\begin{bmatrix} 1 \\ 1 \\ 1 \end{bmatrix}$$

$$= \frac{Ma^2}{12}\frac{\omega}{\sqrt{3}}\begin{bmatrix} 2 \\ 2 \\ 2 \end{bmatrix} = \frac{Ma^2}{6}\boldsymbol{\omega} \tag{10.52}$$

となる。立方体の主対角線のまわりの回転の場合，角運動量は角速度と同じ方向にあることがわかる。

(b) 立方体がその中心まわりに回転している場合，図10.5において，原点Oを立方体の中心に移動する必要がある。これは（10.45）と（10.48）のすべての積分範囲が，0からaの代わりに$-a/2$から$a/2$に変更されることを意味する。I_{xx}についての（10.45）より，［（10.46）と同じようにして］

$$I_{xx} = \frac{1}{6}Ma^2 \tag{10.53}$$

となる。I_{yy}, I_{zz}も同様になる。（10.48）の積分範囲を$-a/2$から$a/2$に置き換えると，最初の 2 つの積分は両方ともゼロとなる。

$$I_{xy} = 0$$

非対角成分はすべて同じように計算できゼロになることを，読者が簡単に確認できるであろう。実際に例 10.1 に基づいて，$\mathbf{I}$の非対角成分がゼロとなることを期待することができる。平面$z = 0$に対して鏡映対称（平面$z = 0$の上からのすべての寄与は，平面の下の対応する点からの寄与によって相殺される）であれば，I_{xz}, I_{yz}の両方が自動的にゼロになることがわかった。したがって$x = 0, y = 0, z = 0$の 3 つの座標平面のうちの 2 つが鏡映対称面である場合，慣性乗積がすべてゼロであることが保証される。立方体（その中心にOがある）の場合，3 つの座標平面はすべて鏡映対称面であるため，非対角成分はゼロになることは必然的である。

結果をまとめると，その中心のまわりを回転する立方体について，慣性テンソルは

$$\mathbf{I} = \frac{1}{6}Ma^2\begin{bmatrix}1 & 0 & 0\\ 0 & 1 & 0\\ 0 & 0 & 1\end{bmatrix} = \frac{1}{6}Ma^2\mathbf{1} \qquad \text{（CM まわり）} \tag{10.54}$$

である。ここで$\mathbf{1}$は，3×3 の**単位行列**である。

$$\mathbf{1} = \begin{bmatrix}1 & 0 & 0\\ 0 & 1 & 0\\ 0 & 0 & 1\end{bmatrix} \tag{10.55}$$

立方体の中心まわりの回転の慣性テンソルは単位行列の倍数であるため，立方体の中心に関する回転は，解析が容易であることがわかる。特に（その中心まわりに回転する）立方体の角運動量は，

$$\mathbf{L} = \mathbf{I}\boldsymbol{\omega} = \frac{1}{6}Ma^2\mathbf{1}\boldsymbol{\omega} = \frac{1}{6}Ma^2\boldsymbol{\omega} \tag{10.56}$$

であるが，これは$\boldsymbol{\omega}$がどのような方向を向いていようと，角運動量$\mathbf{L}$が角速度$\boldsymbol{\omega}$と同じ方向にあることを意味する。このことは，立方体の中心に対する高い対称性の結果である。

立方体の中心を通る軸まわりの回転（10.56）は，立方体の角を通る主対角線のまわりの回転（10.52）と一致することに読者は気付くであろう。これは偶然ではない。立方体の中心を通る主対角線は，角を通る主対角線とまったく同じである。したがって，これら 2 つの軸のまわりの回転

の角運動量は一致しなければならない。

この例は，慣性モーメント**I**の典型的な計算の多くの特徴を示している。この章の最後にある問題のいくつかを試してみてほしい。ここでは，軸対称な物体の特殊な特徴を示すもう 1 つの例を，次に挙げる。

例 10.3 円錐の慣性テンソル

その先端のまわりを回転する一様な円錐（質量M，高さh，および底面の半径R）の形をしたコマの，慣性テンソル**I**を求める。図 10.6 に示すように，円錐の対称軸に沿ってz軸を選択する。任意の角速度**ω**に対して，コマの角運動量**L**はどうなるだろうか。

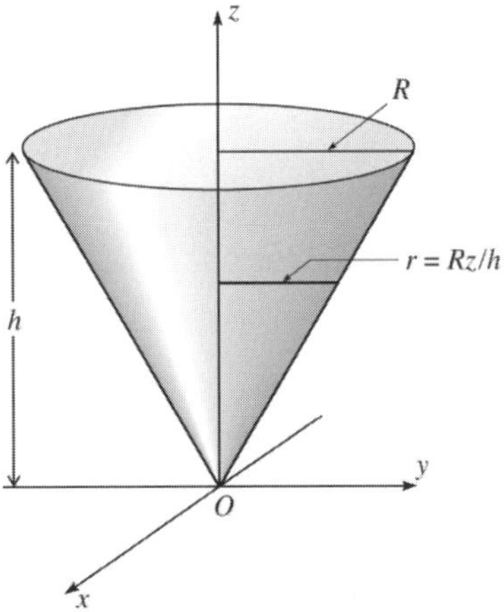

図 10.6 質量M，高さh，および底面半径Rの均一な円錐が，その頂点を中心に回転する。高さzでの円錐の半径は，$r = Rz/h$である。（頂点は必ずしも垂直ではないが，それがどのような向きであれ，対称軸に沿ってz軸を選択する。）

モ
の
れ

z 軸まわりの慣性モーメントI_{zz}は，以下積分によって与えらる。

$$I_{zz} = \int_V dV\varrho(x^2 + y^2) \qquad (10.57)$$

ここで積分の添え字Vは，積分が物体の体積でおこなわれることを示している。またdVは体積要素であり，ϱは一定の質量密度$\varrho = M/V = 3M/(\pi R^2 h)$である。$x^2 + y^2 = \rho^2$であるので，この積分は円柱極座標$(\rho, \phi, z)$を用いると簡単に計算できる。したがって，積分は次のように書くことができる[7]。

$$I_{zz} = \varrho \int_V dV \rho^2 = \varrho \int_0^h dz \int_0^{2\pi} d\phi \int_0^r \rho d\rho \rho^2 \tag{10.58}$$

図 10.6 に示すように，ρ積分の上限rは高さzでの円錐の半径である。これらの積分は容易に実行され（問題 10.26），以下のようになる。

$$I_{zz} = \frac{3}{10} MR^2 \tag{10.59}$$

z軸回りの回転対称性のために，他の 2 つの慣性モーメントI_{xx}とI_{yy}は等しい。（z軸を中心に 90 度回転しても物体は変化しないが，I_{xx}とI_{yy}は交換されるので，$I_{xx} = I_{yy}$である。）I_{xx}を求めるために，以下のように書く。

$$I_{xx} = \int_V dV \varrho (y^2 + z^2) = \int_V dV \varrho y^2 + \int_V dV \varrho z^2 \tag{10.60}$$

ここでの最初の積分は（10.57）の第 2 項と同じであり，回転対称性により，(10.57)の 2 つの項は等しい。したがって(10.60)の最初の項は$I_{zz}/2$，または$\frac{3}{20} MR^2$となる。（10.60）の 2 番目の積分は，（10.58）のように円柱極座標を使用して評価でき，$\frac{3}{5} Mh^2$を与える。したがって，以下のようになる。

$$I_{xx} = I_{yy} = \frac{3}{20} M(R^2 + 4h^2) \tag{10.61}$$

これにより，慣性モーメントの非対角積$I_{xy}, \cdots$が計算すべきものとして残る。これらを計算することはできるが，すべてゼロであることを簡単に確認できる。その要点となるのは，z軸まわりの軸対称性のために，平面$x = 0$および$y = 0$の両方が鏡映対称面となることである(図 10.6 参照)。例 10.1 でおこなわれた議論により，$x = 0$についての対称性により，$I_{xy} = I_{xz} = 0$であることがわかる。同様に$y = 0$についての対称性により，$I_{yz} = I_{yx} = 0$がわかる。つまり任意の 2 つの座標平面についての対称性により，慣性乗積のすべてがゼロであることが保証されることがわかる。

結果をまとめると，均一な円錐の（その先端に対する）慣性モーメントは

---

7 ここで密度を表すギリシャ文字「ロー」の伝統的な使用が，z軸からの距離が等しいことを示す円柱極座標の使用とぶつかるという，面倒なことが起きる。そのため密度についてはϱ，座標についてはρというように，2 つの異なる文字を使用していることに注意してほしい。幸いにも，このような不運な衝突はたまにしか起こらない。円柱極座標での体積積分についての記憶を新たにする必要がある場合は，問題 10.26 を参照すること。

$$\mathbf{I} = \frac{3}{20}M\begin{bmatrix} R^2 + 4h^2 & 0 & 0 \\ 0 & R^2 + 4h^2 & 0 \\ 0 & 0 & 2R^2 \end{bmatrix} = \begin{bmatrix} \lambda_1 & 0 & 0 \\ 0 & \lambda_2 & 0 \\ 0 & 0 & \lambda_3 \end{bmatrix} \quad (10.62)$$

であるが，ここで最後の形式は議論の便宜のためだけのものである。(今の場合，$\lambda_1 = \lambda_2$となる)。この行列について注目すべきことは，その非対角成分がすべてゼロであることである。この性質を持つ行列を，**対角行列**という。[立方体の中心まわりの慣性テンソル（10.54）もまた対角行列であったが，すべての対角成分が等しいため単位行列**1**の倍数であり，さらに特殊な場合となっている。]任意の角速度$\boldsymbol{\omega} = (\omega_x, \omega_y, \omega_z)$に対する角運動量**L**を評価した場合，**I**が対角行列であることによる重要な結果が現れる。

$$\mathbf{L} = \mathbf{I}\boldsymbol{\omega} = (\lambda_1\omega_x, \lambda_2\omega_y, \lambda_3\omega_z) \quad (10.63)$$

これは目立たないように見えるかもしれないが，角速度$\boldsymbol{\omega}$が座標軸の 1 つに沿っている場合，角運動量**L**についても同じことが成立することに注意する必要がある。たとえば$\boldsymbol{\omega}$がx軸に沿う場合は$\omega_y = \omega_z = 0$となり，（10.63）は，

$$\mathbf{L} = \mathbf{I}\boldsymbol{\omega} = (\lambda_1\omega_x, 0, 0) \quad (10.64)$$

であり，**L**もx軸方向を指していることがわかる。明らかに$\boldsymbol{\omega}$がy軸またはz軸に沿っている場合も同じことが起こり，慣性テンソル**I**が対角行列であれば，$\boldsymbol{\omega}$が 3 つの座標軸のうちの 1 つに沿う方向を指すときは，**L**は$\boldsymbol{\omega}$と平行になる。

10. 4　慣性主軸

一般に，点Oを中心に回転する物体の角運動量は，回転軸と同じ方向ではないことがわかった。すなわち，**L**は$\boldsymbol{\omega}$に平行ではない。少なくともある種の物体については，**L**と$\boldsymbol{\omega}$が平行である特定の軸が存在することがある。これが起こるとき，問題としている軸は**主軸**と呼ばれる。この定義を数学的に表現するために，ある実数λに対して$\mathbf{a} = \lambda\mathbf{b}$の場合にのみ，2 つの非ゼロベクトル$\mathbf{a}, \mathbf{b}$が平行であることに注意してほしい。したがって$\boldsymbol{\omega}$がある軸の方向を指し示している場合，ある実数$\lambda$に対して

$$\mathbf{L} = \lambda\boldsymbol{\omega} \tag{10.65}$$

が成立しているなら，Oを通る任意の軸を（原点Oに対する）主軸と定義することができる。この方程式のλの意味を見るために，$\boldsymbol{\omega}$の方向を一時的にz方向としよう。この場合，$\mathbf{L}$は$\mathbf{L} = (I_{xz}\omega, I_{yz}\omega, I_{zz}\omega)$ として (10.31) で与えられる。$\mathbf{L}$は$\boldsymbol{\omega}$と平行であるため最初の 2 つの成分はゼロであり，$\mathbf{L} = (0,0,I_{zz}\omega) = I_{zz}\boldsymbol{\omega}$となる。（10.65）と比較すると，（10.65）のλはその軸を中心とした物体の慣性モーメントにすぎないことがわかる。要約すると，角速度$\boldsymbol{\omega}$が主軸に沿っている場合$\mathbf{L} = \lambda\boldsymbol{\omega}$であり，$\lambda$は問題の軸を中心とする慣性モーメントである。

主軸が存在することについて，我々が既に知っていることを見直してみよう。前節の最後で，慣性テンソル$\mathbf{I}$が選択された軸の組に対して対角行列

$$\mathbf{I} = \begin{bmatrix} \lambda_1 & 0 & 0 \\ 0 & \lambda_2 & 0 \\ 0 & 0 & \lambda_3 \end{bmatrix} \tag{10.66}$$

であった場合，選択されたx, y, z軸は主軸である。逆にx, y, z軸が主軸であれば，慣性テンソル（10.66）のように対角行列でなければならない（問題10.29）。ここで$\lambda_1, \lambda_2, \lambda_3$で示された3つの数値は，3つの主軸についての慣性モーメントであり，**主モーメント**と呼ばれる。

（例10.3のコマのように）物体がOを通る対称軸を持つ場合，その軸は主軸である。さらに対称軸に垂直な任意の2つの軸（例10.3のx, y軸など）も主軸であるが，それはこれらの軸に対する慣性テンソルが対角行列となるためである。ここでも物体がOを介して鏡映対称の2つの垂直面を持つ場合（例10.2の中心まわりに回転する立方体のように[8]），これらの2つの面とOで定義される3つの垂直軸が主軸となる。

これまでの主軸の例は，すべて特殊な対称性を持つ物体に含まれたものであった。主軸の存在が何らかの形で物体の一部に結びついていると，読者はもっともらしく考えるかもしれない。しかし実際には，このことは最重要なことではない。物体の対称性によって主軸を見つけるのは極めて簡単であるが，任意の点を中心

---

8 もちろん，立方体には鏡映対称性を持つ 3 つの面があるが，ここでの主張を保証するのに 2 つで十分である。 たとえば図 10.6 の円錐が楕円錐であれば，z軸はもはや回転対称軸にはならなが，平面$x = 0$と$y = 0$は依然として鏡映対称の 2 つの平面であり，3 つの座標軸は依然として主軸である。

に回転する任意の剛体には，3 つの主軸が存在する。

主軸の存在

任意の剛体および任意の点Oに対して，Oを通る 3 つの直交する主軸が存在する。すなわち慣性テンソル$\mathbf{I}$が対角行列となる$\mathbf{O}$を通る 3 つの直交する軸があり，角速度$\boldsymbol{\omega}$がこれらの軸のいずれか 1 つに沿った方向を指しているとき，角運動量$\mathbf{L}$も同じ方向を向くという性質を持つ。

この驚くべき結果は，もし$\mathbf{I}$が実数の対称行列（ある物体の，任意に選ばれた直交軸の組に関する慣性テンソルなど）であれば，新たな軸に関して評価された対応する行列（対称行列$\mathbf{I}'$と呼ぶ）が対角行列（10.66）となるような，（同じ原点を持つ）直交軸の別の組が存在する，という重要な数学定理の結果である。このことは付録で証明されているが，回転運動の議論は主軸を使うことができれば非常に簡単になり，ここで述べた結果はこのことがいつでもおこなえることを保証している。（ただし剛体の主軸が，物体に固定されていることに言及することは価値がある。したがって主軸を座標軸として選択すると，回転する座標軸を使用することになる。）

主軸の存在を証明することは不可欠ではないが，まずは主軸を見つける方法を知る必要がある。これが次節で取り上げる内容である。

回転体の運動エネルギー

当然ながら，回転体の運動エネルギーを書き下しておくことは重要である。その結果は，

$$T = \frac{1}{2}\boldsymbol{\omega}\cdot\mathbf{L} \qquad (10.67)$$

となるが，ここでは発展的な章末問題（問題 10.33）として，その導出を残しておく。特に座標系として主軸を用いると，$\mathbf{L} = (\lambda_1\omega_1, \lambda_2\omega_2, \lambda_3\omega_3)$ および

$$T = \frac{1}{2}(\lambda_1\omega_1^2 + \lambda_2\omega_2^2 + \lambda_3\omega_3^2) \qquad (10.68)$$

となる。この重要な結果は，固定されたz軸まわりの回転に関する方程式（10.26），つまり$T = \frac{1}{2}I_{zz}\omega^2$の自然な一般化となっている。この結果は，10.9 節で回転体に対するラグランジアンを求める際に使用される。

10.5　主軸を求める：固有値方程式

点Oを中心に回転している剛体の主軸を見つけたいとしよう。与えられた座標軸を使って，物体の慣性テンソル**I**を計算したとする。**I**が対角行列の場合，それらの軸は物体の主軸であり，それ以上やることはない。しかし，**I**は対角行列ではないとする。どのようにして主軸を見つけるのであろうか。本質的な手がかりは，(10.65) である。**ω**が主軸に沿った方向を指し示しているならば，(ある数λに対して) **L**は$\lambda\boldsymbol{\omega}$に等しくなければならない。$\mathbf{L} = \mathbf{I}\boldsymbol{\omega}$であるから，**ω**は（まだ知られていない）数λを用いて

$$\mathbf{I}\boldsymbol{\omega} = \lambda\boldsymbol{\omega} \tag{10.69}$$

を満たさなければならない。(10.69) は，

（行列）×（ベクトル）＝（数）×（同じベクトル）

の形をしており，**固有値方程式**と呼ばれる。固有値方程式は現代物理学の最も重要な方程式の 1 つであり，様々な分野に現れる。それらはすべて，あるベクトル（ここでは**ω**）に対して実行されるある種の数学演算が，最初のベクトルと同じ方向を持つ第 2 のベクトル（ここでは$\mathbf{I}\boldsymbol{\omega}$）を生成する，という考え方を表現したものである。(10.69) を満たすベクトル**ω**は**固有ベクトル**，対応するλは**固有値**と呼ばれる。

(10.69) の固有値問題は，2 つの解くべき部分を持っている。通常は (10.69) を満足する**ω**の方向（主軸の方向）を知りたい場合が多く，また対応する固有値λ（すなわち，主軸の慣性モーメント）も知りたい場合がほとんどである。実際には，まず可能な固有値λを求め，それに対応する**ω**の方向を見つけるというように，逆順序でこれらの 2 つの部分を求めていく。

行列方程式(10.69)を解く第 1 段階は，行列式を書き換えることである。$\boldsymbol{\omega} = \mathbf{1}\boldsymbol{\omega}$（**1**は 3×3 の単位行列）であるので，(10.69) は$\mathbf{I}\boldsymbol{\omega} = \lambda\mathbf{1}\boldsymbol{\omega}$と同じであり，右辺の項を左辺に移すと以下が成り立つ。

$$(\mathbf{I} - \lambda\mathbf{1})\boldsymbol{\omega} = 0 \tag{10.70}$$

これは$\mathbf{A}\boldsymbol{\omega} = 0$の行列式であるが，ここで**A**は 3×3 行列，**ω**はベクトル，すなわち 3×1 の数列$\omega_x, \omega_y, \omega_z$である。行列方程式$\mathbf{A}\boldsymbol{\omega} = 0$は，実際には 3 つの数$\omega_x, \omega_y, \omega_z$に対する 3 つの連立方程式であり，行列式$\det(\mathbf{A})$がゼロである場合に限

り，これらの方程式は非ゼロ解を持つというというのは，このような方程式のよく知られた性質である[9]。したがって，固有値方程式（10.70）は，

$$\det(\mathbf{I}-\lambda\mathbf{1})=0 \tag{10.71}$$

を満たすとき非ゼロの解を持つ。この方程式は，行列$\mathbf{I}$の**特性方程式**（または永年方程式）と呼ばれる。行列式は，λの3乗を含む。したがって方程式は固有値λの3次方程式であり，一般に3つの主モーメントである$\lambda_1, \lambda_2, \lambda_3$の3つの解を持つことになる。これらの$\lambda$の各値について（10.70）を解くことで，対応するベクトル$\boldsymbol{\omega}$を求めることができる。その方向は，今考えている剛体の3つの主軸のうちの1つの方向を示す。

主軸を求めるための解法（または，より一般的には固有値問題の解法）を試みたことがないなら，例を見て自分でやってみたいと思うであろう。そのことを，これから始める。

例 10.4 角に関するの立方体の主軸

例10.2の角を中心に回転する立方体について，主軸とそれに対する主モーメントを求める。主軸に対して評価された慣性テンソルの形は，どのようなものであろうか。

立方体の縁に平行な軸の場合，慣性テンソルが

$$\boldsymbol{I}=\mu\begin{bmatrix}8 & -3 & -3\\ -3 & 8 & -3\\ -3 & -3 & 8\end{bmatrix} \tag{10.72}$$

［（10.49）］となることは，すでに調べた。ここで$\mu=Ma^2/12$という記号を導入したが，これは慣性モーメントの次元を持つ。$\mathbf{I}$は対角行列ではないので，当初選択した軸（立方体の辺に平行）が主軸ではないことは明らかである。主軸を見つけるには，固有値方程式$\mathbf{I}\boldsymbol{\omega}=\lambda\boldsymbol{\omega}$を満たす$\boldsymbol{\omega}$の方向を見つけなければならない。

最初のステップは，特性方程式$\det(\mathbf{I}-\lambda\mathbf{1})=0$を満たす$\lambda$（固有値）の値を求めることである。$\mathbf{I}$に（10.72）を代入すると，

[9] たとえばMary Boas著，『Mathematical Methods in the Physical Sciences』（Wiley, 1983），133ページ参照。

$$\mathbf{I}-\lambda\mathbf{1}=\begin{bmatrix}8\mu & -3\mu & -3\mu\\ -3\mu & 8\mu & -3\mu\\ -3\mu & -3\mu & 8\mu\end{bmatrix}-\begin{bmatrix}\lambda & 0 & 0\\ 0 & \lambda & 0\\ 0 & 0 & \lambda\end{bmatrix}$$
$$=\begin{bmatrix}8\mu-\lambda & -3\mu & -3\mu\\ -3\mu & 8\mu-\lambda & -3\mu\\ -3\mu & -3\mu & 8\mu-\lambda\end{bmatrix}$$

となる。この行列の行列式は評価するのが簡単であり，

$$\det(\mathbf{I}-\lambda\mathbf{1})=(2\mu-\lambda)(11\mu-\lambda)^2 \tag{10.73}$$

となる。したがって，方程式$\det(\mathbf{I}-\lambda\mathbf{1})=0$の 3 つの根（固有値）は次のようになる。

$$\lambda_1=2\mu,\quad \lambda_2=\lambda_3=11\mu \tag{10.74}$$

この場合，3 次方程式（10.73）の 3 つの根のうちの 2 つが等しくなることに注意すること。

固有値が求まったので固有ベクトル，つまりその角を中心に回転する立方体の 3 つの主軸の方向，を計算することができる。これらは方程式（10.70）によって決定されるが，固有値$\lambda_1,\lambda_2,\lambda_3$のそれぞれについて順に調べなければならない。(ただし今の場合，最後の 2 つは等しい。）λ_1から始めよう。

$\lambda=\lambda_1=2\mu$とすると，（10.70）は

$$(\mathbf{I}-\lambda\mathbf{1})\boldsymbol{\omega}=\mu\begin{bmatrix}6 & -3 & -3\\ -3 & 6 & -3\\ -3 & -3 & 6\end{bmatrix}\begin{bmatrix}\omega_x\\ \omega_y\\ \omega_z\end{bmatrix}=0 \tag{10.75}$$

となる。これは$\boldsymbol{\omega}$の成分について，以下の 3 つの方程式を与える。

$$\begin{aligned}2\omega_x-\omega_y-\omega_z&=0\\ -\omega_x+2\omega_y-\omega_z&=0\\ -\omega_x-\omega_y+2\omega_z&=0\end{aligned} \tag{10.76}$$

最初の式から 2 番目の式を引くと$\omega_x=\omega_y$となり，また最初の式から$\omega_x=\omega_z$であることがわかる。したがって$\omega_x=\omega_y=\omega_z$であり，第 1 の主軸は立方体の主対角線に沿った方向（1,1,1）であることがわかる。この方向の単位ベクトル$\mathbf{e_1}$を定義すると，

$$\mathbf{e_1}=\frac{1}{\sqrt{3}}(1,1,1) \tag{10.77}$$

となり，$\mathbf{e_1}$は最初の主軸の方向を指定する。$\boldsymbol{\omega}$が$\mathbf{e_1}$に沿っている場合，$\mathbf{L}=\mathbf{I}\boldsymbol{\omega}=\lambda_1\boldsymbol{\omega}$である。このことは，この主軸についての慣性モーメント

が$\lambda_1 = 2\mu = \frac{1}{6}Ma^2$であることを示している。したがって最初の固有値の解析では，次の結論が導かれた。角Oを中心に回転する立方体の主軸の1つはOを通る主対角線（方向$\mathbf{e_1}$）であり，その軸の慣性モーメントに対応する固有値は$\frac{1}{6}Ma^2$である。

他の2つの固有値は等しいため（$\lambda_2 = \lambda_3 = 11\mu$），一度だけ考えればよい。$\lambda = 11\mu$の場合，固有値方程式（10.70）は，

$$(\mathbf{I} - \lambda\mathbf{1})\boldsymbol{\omega} = \mu\begin{bmatrix}-3 & -3 & -3\\ -3 & -3 & -3\\ -3 & -3 & -3\end{bmatrix}\begin{bmatrix}\omega_x\\ \omega_y\\ \omega_z\end{bmatrix} = 0$$

である。これは$\boldsymbol{\omega}$の成分に対して3つの方程式を与えるが，実際には3つの方程式はすべて同じ方程式である。

$$\omega_x + \omega_y + \omega_z = 0 \tag{10.78}$$

この方程式は，$\boldsymbol{\omega}$の方向を一義的に決定しない。$\omega_x + \omega_y + \omega_z$は，$\boldsymbol{\omega}$とベクトル(1,1,1)のスカラー積とみなすことができる。したがって，(10.78)は単に$\boldsymbol{\omega}\cdot\mathbf{e_1} = 0$を述べているに過ぎない。すなわち，$\boldsymbol{\omega}$は第1の主軸$\mathbf{e_1}$に対して直交であればよい。言い換えれば，$\mathbf{e_1}$に垂直な任意の2つの直交方向$\mathbf{e_2}$および$\mathbf{e_3}$は，慣性モーメント$\lambda_2 = \lambda_3 = 11\mu = \frac{11}{12}Ma^2$を持つ他の2つの主軸としての役割を果たす。最後の2つの主軸の選択におけるこの自由度は，最後の2つの固有値λ_2およびλ_3が等しいという状況に直接関連する。3つの固有値がすべて異なる場合，それぞれが対応する主軸に対して固有の方向を導く。

最後に$\mathbf{e_1}, \mathbf{e_2}, \mathbf{e_3}$の方向を向いている新しい軸に関して慣性テンソルを再評価すると，新しい行列$\mathbf{I}'$は対角行列になり，主モーメントは対角線に沿って配置される。

$$\mathbf{I}' = \begin{bmatrix}\lambda_1 & 0 & 0\\ 0 & \lambda_2 & 0\\ 0 & 0 & \lambda_3\end{bmatrix} = \frac{1}{12}Ma^2\begin{bmatrix}2 & 0 & 0\\ 0 & 11 & 0\\ 0 & 0 & 11\end{bmatrix}$$

この理由から，物体の主軸を見つける過程は，**慣性テンソルの対角化**として説明される。

この例の最後の段落は，重要な点を示している。対応する主モーメントを持つ

物体の主軸が求まれば，新しい軸に関する慣性テンソルを再計算する必要はない。主軸に関して，慣性テンソルは以下のように対角化され，

$$\mathbf{I}' = \begin{bmatrix} \lambda_1 & 0 & 0 \\ 0 & \lambda_2 & 0 \\ 0 & 0 & \lambda_3 \end{bmatrix} \tag{10.79}$$

また主モーメント$\lambda_1, \lambda_2, \lambda_3$は対角線上にある。一般に 3 つの主モーメントがすべて異なる場合，3 つの主軸の方向は一意的に決定され，自動的に直交する（問題 10.38 参照)。例 10.4 で見たように，主モーメントのうちの 2 つが等しい場合，対応する 2 つの主軸は第 3 の軸に直交する任意の方向を持つことができる。(これは例 10.4 で起きたことであり，Oを通る軸を中心に回転対称性を持つ物体で起こる。) 3 つの主モーメントがすべて同じであれば (その中心まわりの立方体または球)，任意の軸は主軸となる。主軸の一意性，またはここで述べたその他の点に関する事柄の証明については，問題 10.38 を参照してほしい。

10.6　弱いトルクによるコマの歳差運動

我々は今や，いくつかの興味深い問題を解決するために必要な剛体の角運動量について，十分な学習をした。まずは弱いトルクを受けるコマの歳差運動の現象から始める。

図 10.7 に示すような対称コマを考えてみよう。x, y, z軸は地面に固定されており，z軸は垂直上

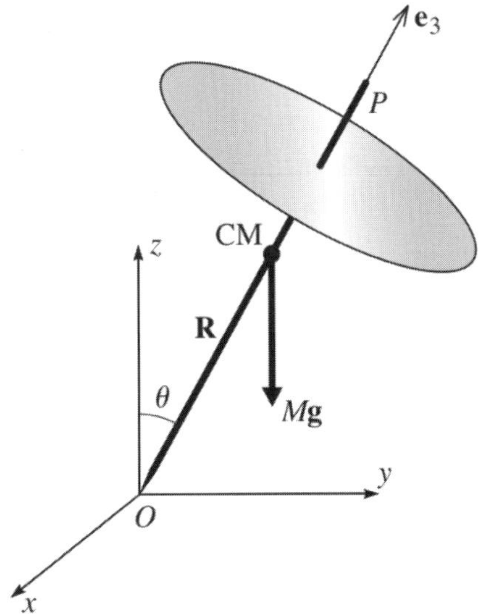

図 10.7 回転コマは，通常円形ディスクの中心を通って固定され，Oで自由に回転する棒OPから構成される。総質量はMであり，$\mathbf{R}$はOに対する CM 位置を表す。コマの主軸はコマの対称軸に沿った単位ベクトル$\mathbf{e}_3$，および$\mathbf{e}_3$に垂直な任意の 2 つの直交する単位ベクトル$\mathbf{e}_1, \mathbf{e}_2$とからなる。コマにかかる重力$M\mathbf{g}$はトルクを生み出し，角運動量$\mathbf{L}$を変化させる。

方に設定されている。コマはその下端がOにあり自由に旋回しており，垂直方向と角度θをなす。コマの持つ軸対称性のために，その慣性テンソルはコマの主軸（すなわち$\mathbf{e_3}$に沿った軸が対称軸であり，および$\mathbf{e_3}$に垂直する任意の2つの直交軸）に対して，以下の対角化された形をとる。

$$\mathbf{I} = \begin{bmatrix} \lambda_1 & 0 & 0 \\ 0 & \lambda_1 & 0 \\ 0 & 0 & \lambda_3 \end{bmatrix} \tag{10.80}$$

まず重力が働かず，コマが角速度$\boldsymbol{\omega} = \omega \mathbf{e_3}$および角運動量

$$\mathbf{L} = \lambda_3 \boldsymbol{\omega} = \lambda_3 \omega \mathbf{e_3} \tag{10.81}$$

でその対称軸まわりを回転していると仮定する。コマにトルクが働かないので，$\mathbf{L}$は一定である。したがって，コマは角速度一定で同じ軸を中心にして無限に回転し続ける[10]。

ここで重力を考慮すると，トルク$\boldsymbol{\Gamma} = \mathbf{R} \times M\mathbf{g}$が働くが，その大きさは$RMg\sin\theta$，その方向は垂直軸である$z$軸とコマの軸の両方に垂直な方向である。このトルクが小さい場合を，考えてみよう。（パラメータR，Mまたはgのいずれかまたはすべてが，系に関連する他のパラメータと比較して小さいとすることにより，このことが保証される。）$\boldsymbol{\Gamma} = \dot{\mathbf{L}}$であるので，トルクの存在は角運動量が変化することを意味する。

$\mathbf{L}$が変化することは，$\boldsymbol{\omega}$が変化し成分ω_1およびω_2がゼロでなくなることを意味する。しかしトルクが小さい場合は，ω_1, ω_2は小さな値にとどまることが期待できる[11]。これは(10.81)が，良好な近似値として残ることを意味する。(つまり，$\mathbf{L}$への主な寄与は$\mathbf{e_3}$についての回転である。）この近似では，トルク$\boldsymbol{\Gamma}$は$\mathbf{L}$に垂直である（なぜなら$\boldsymbol{\Gamma}$は$\mathbf{e_3}$に対して垂直である）ので，$\mathbf{L}$の方向は変化するが大きさは変化しない。（10.81）により$\mathbf{e_3}$は方向を変え始めるが，ωは一定のままであることがわかる。特に$\dot{\mathbf{L}} = \boldsymbol{\Gamma}$は，以下のように書ける。

$$\lambda_3 \omega \dot{\mathbf{e}}_3 = \mathbf{R} \times M\mathbf{g}$$

---

10 現段階で角速度が一定であることは，自明ではない。しかし，後でこのことを証明するので，合理的な主張としてここでは受け入れてほしい。

11 繰り返しになるが，この妥当な主張は証明されるべき（後で証明する）であるが，現時点では受け入れることにしよう。

$\mathbf{R} = R\mathbf{e_3}$および$\mathbf{g} = -g\hat{\mathbf{z}}$（ただし$\hat{\mathbf{z}}$は垂直上向きの単位ベクトル）を代入すると，

$$\dot{\mathbf{e}}_3 = \frac{MgR}{\lambda_3\omega}\hat{\mathbf{z}} \times \mathbf{e}_3 = \boldsymbol{\Omega} \times \mathbf{e}_3 \tag{10.82}$$

ここで

$$\boldsymbol{\Omega} = \frac{MgR}{\lambda_3\omega}\hat{\mathbf{z}} \tag{10.83}$$

である。(10.82）により，コマの軸（$\mathbf{e}_3$）が垂直方向$\hat{\mathbf{z}}$のまわりで，角速度$\boldsymbol{\Omega}$で回転していることがわかる。

ここでの結論は，重力によって加えられたトルクにより，コマの軸が歳差運動すること，すなわち一定の角度θおよび角速度$\Omega = RMg/\lambda_3\omega$で垂直円錐のまわりをゆっくりと移動することである[12]。この歳差運動は，一見すると驚くべきことではあるが，簡単な言葉で理解することができる。図 10.7 において重力によるトルクは時計回りであり，トルクベクトル$\boldsymbol{\Gamma}$はページに入り込む方向である。$\dot{\mathbf{L}} = \boldsymbol{\Gamma}$であるため，$\mathbf{L}$の変化もページに入り込む方向である。これはまさに予測される歳差運動の方向である。

回転物体の軸に関する歳差運動は，読者が子供の時にコマで遊んだ際に，おそらく観察したであろう効果である。他の状況でも，同じ効果が現れる。たとえば地球は回転コマのように自転軸まわりを回転するが，またこの自転軸は太陽のまわりの地球の軌道の法線から角度$\theta = 23°$傾いている。地球の赤道の膨らみのために，太陽と月は小さなトルクを地球に及ぼし，これらのトルクは地球の軸をゆっくりと（2 万 6000 年に 1 回転）歳差運動させる。これは，**春分点歳差**として知られる現象であり，そのため 13,000 年後には，北極星は真北から約46°離れたところにいることになる。

10.7　オイラー方程式

回転する剛体の運動方程式（または少なくとも運動方程式の 1 つの形式）を設

12 ここでの議論は近似であり，その妥当性の基準は$\Omega \ll \omega$であることを再度強調すべきであろう。正確な解析では，ここで説明したような形で始めたとすると，コマはθ方向に章動と呼ばれる非常に小さな振動も起こすことが分かっている。ただし実際には，章動は摩擦によって速やかに減衰される。

定する準備が整った。我々の議論が主に適用される 2 つの状況は，(1) 第 10.6 節の回転コマのように，1 つの固定点を持つ物体と，(2) その CM まわりの回転運動を調べることを選んだ，鼓手長のバトンのような固定点のない物体である。ここで導かれる式は，オイラー方程式（第 6 章のオイラー・ラグランジュ方程式と同じ数学者の名前がつけられている）と呼ばれ，$m\mathbf{a} = \mathbf{F}$とみなすことができるニュートンの第 2 法則の回転バージョンである。オイラー方程式を使って簡単に解ける問題がいくつかあるが，多くの問題はラグランジュ法を使うと簡単に解くことができる。これについては 10.10 節で取り上げる。

オイラー方程式の導出に入る前に，考慮しなければならない複雑な状況がある。慣性テンソル，特に主軸を使用する利点をよく知っているため，当然であるが物体の主軸を座標軸として使用したいと考える。しかし主軸は回転体に固定されているので，必然的に回転する軸を使用する必要がある。したがって回転基準系を扱うために，第 9 章でやった手続きをおこなう必要がある。本書で使用する表記法を，図 10.8 に示す。ニュートンの法則が単純な形で成り立つ慣性系の場合，x, y, zというラベルのついた軸を使用する。この系は宇宙空間に固定されているため，慣習的に**空間系**と呼ばれている。回転系は 3 つの単位ベクトル $\mathbf{e}_1, \mathbf{e}_2, \mathbf{e}_3$によって定義され，物体に固定されており，物体の主軸の方向を指し示す。この系は物体に固定されているため，**物体系**と呼ばれる。

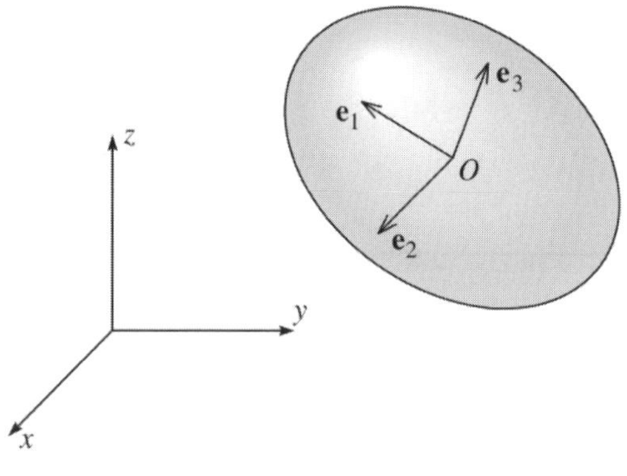

図 10.8 回転する剛体（ここでは卵型で示されている）のオイラー方程式を導出するために使用される軸。x, y, zというラベルの付いた軸は，空間系と呼ばれる慣性系を定義する。単位ベクトル$\mathbf{e}_1, \mathbf{e}_2, \mathbf{e}_3$は物体の主軸方向を指し示し，回転する非慣性系である物体系を定義する。物体が固定点を持たない場合（空気中に投げ上げられた卵のように），Oは通常，物体の CM となるように選択される。物体に固定点がある場合，Oはその固定点に選択される。そして一般的に両方の基準系において，Oを原点とする。

物体の角速度を $\boldsymbol{\omega}$，物体の主モーメントを$\lambda_1, \lambda_2, \lambda_3$とすると，物体系で測定した角運動量は，以下のようになる。

$$\mathbf{L} = (\lambda_1\omega_1, \lambda_2\omega_2, \lambda_3\omega_3) \qquad \text{[物体系における]} \qquad (10.84)$$

今仮に$\mathbf{\Gamma}$を物体に作用するトルクとすると，空間系から見ると以下が成立することがわかっている。

$$\left(\frac{d\mathbf{L}}{dt}\right)_{space} = \mathbf{\Gamma} \qquad (10.85)$$

第 9 章で，2 つの系に見られるベクトルの変化率が（9.30）で関連づけられていることを学習した。

$$\left(\frac{dL}{dt}\right)_{space} = \left(\frac{d\mathbf{L}}{dt}\right)_{body} + \boldsymbol{\omega} \times \mathbf{L}$$

$$= \dot{\mathbf{L}} + \boldsymbol{\omega} \times \mathbf{L} \qquad (10.86)$$

2 番目の行では，回転体系（その角速度は，物体の角速度と同じく$\boldsymbol{\omega}$である）での時間微分をドットで表すという規約を再導入した。（10.85）に（10.86）を代入すると，回転体系の運動方程式が得られる。

$$\dot{\mathbf{L}} + \boldsymbol{\omega} \times \mathbf{L} = \mathbf{\Gamma} \qquad (10.87)$$

この方程式は，**オイラー方程式**と呼ばれる。（10.84）を使用して，オイラー方程式を 3 つの成分に分解することができる。

$$\left.\begin{aligned} \lambda_1\dot{\omega}_1 - (\lambda_2 - \lambda_3)\omega_2\omega_3 = \Gamma_1 \\ \lambda_2\dot{\omega}_2 - (\lambda_3 - \lambda_1)\omega_3\omega_1 = \Gamma_2 \\ \lambda_3\dot{\omega}_3 - (\lambda_1 - \lambda_2)\omega_1\omega_2 = \Gamma_3 \end{aligned}\right\} \qquad \text{[オイラー方程式]} \quad (10.88)$$

この方程式も，オイラー方程式と呼ばれることが多い。

3 つのオイラー方程式は，物体内に固定された系から見た$\boldsymbol{\omega}$の進化を決定する。一般に，回転体系から見た加わるトルクの成分$\Gamma_1, \Gamma_2, \Gamma_3$は時間の複雑な（および未知の）関数であるため，使用するのが困難である。実際，オイラー方程式の主な用途は，次節で説明するように，加わるトルクがゼロの場合である。しかし単純な形のトルクであるため，オイラーの方程式から有益な情報を得ることができるいくつかの場合がある。たとえば，10.6 節の回転コマについて，もう一度考えてみよう。この場合，コマの重力トルクは常に軸$\boldsymbol{e}_3$に垂直であるため，Γ_3は常にゼロである。さらにコマの軸対称性により，2 つの慣性モーメントλ_1およびλ_2は等しい。したがって，オイラー方程式の第 3 項（10.88）は，

$$\lambda_3\dot{\omega}_3 = 0$$

すなわち対称軸に沿った$\boldsymbol{\omega}$の成分は一定であることが分かる。このことは 10.6 節の議論では妥当であると述べたが，その証明しなかった[13]。

10.8　トルクが働かない場合のオイラー方程式

ここで，トルクが働かない回転体を考える。この場合，オイラー方程式（10.88）は，以下の単純な形となる。

$$\left.\begin{aligned}\lambda_1\dot{\omega}_1 &= (\lambda_2 - \lambda_3)\omega_2\omega_3\\ \lambda_2\dot{\omega}_2 &= (\lambda_3 - \lambda_1)\omega_3\omega_1\\ \lambda_3\dot{\omega}_3 &= (\lambda_1 - \lambda_2)\omega_1\omega_2\end{aligned}\right\} \tag{10.89}$$

これらの方程式について，まず 3 つの主モーメント$\lambda_1, \lambda_2, \lambda_3$がすべて異なる場合，次に$\lambda_1 = \lambda_2 \neq \lambda_3$の場合（回転コマのような場合）について説明する。

3 つの異なる主モーメントを持つ物体

最初に，考えている物体の主モーメントがすべて異なっているとしよう。時間$t = 0$で物体がその主軸の 1 つ（$\mathbf{e}_3$）のまわりを回転し始める場合，$t = 0$で$\omega_1 = \omega_2 = 0$となる。次に$\omega_1 = \omega_2 = 0$の場合，3 つのオイラー方程式（10.89）の右辺はゼロになる。これはω_1, ω_2がゼロである限り，$\boldsymbol{\omega}$の 3 つの成分はすべて一定であることを示している。すなわちω_1, ω_2はゼロのままであり，ω_3は一定である。言い換えれば，物体がその主軸の 1 つを中心に回転し始めると，一定の角速度$\boldsymbol{\omega}$で回転を続ける。まず第 1 に，このことは回転体系で測定された角速度に適用される。しかし$\boldsymbol{\omega}$は$\mathbf{e}_3$に沿っており，また角運動量は$\mathbf{L} = \lambda_3\boldsymbol{\omega}$であるため，$\mathbf{L}$は任意の慣性系から見て一定であることがわかる。したがって，ここでの結果は任

---

[13] ω_1, ω_2の成分がすべての時間にわたって小さいままである，というこの議論のもう 1 つの証明されていない主張も，オイラー方程式を使って理解できる。トルク成分Γ_1, Γ_2は非ゼロであり，このことはω_1, ω_2を変化させる。それにもかかわらず，回転コマが回転するに伴い，両方はともに小さく急速に振動する。これらの条件のもとで，最初の 2 つのオイラー方程式（10.88）は，ω_1, ω_2もまた急激に小振幅で振動することを意味することは容易にわかる。これが必要な結果である。

意の慣性系に等しく適用される。トルクの影響を受けない物体が最初に主軸のまわりを回転している場合，一定の角速度で無限に回転し続ける。

この結果の逆もまた当てはまる。$t = 0$で角速度が主軸に沿っていなければ，$\boldsymbol{\omega}$は一定ではない。これを理解するには，$\boldsymbol{\omega}$が主軸に沿っていなければ，少なくとも 2 つの成分が非ゼロであることに注意すればよい。オイラー方程式（10.89）によると，$\boldsymbol{\omega}$の 2 つの成分がゼロでない場合，$\dot{\boldsymbol{\omega}}$の少なくとも 1 つの成分がゼロでないことがわかる。（たとえばω_1, ω_2が 0 でなければ，$\dot{\omega}_3 \neq 0$である。）したがって 2 つの成分が 0 でない場合，$\boldsymbol{\omega}$は一定ではない。

3 つの異なる主モーメントを持つ物体が，一定の角速度で自由に回転できる唯一の方法は，その 1 つの主軸まわりを回転させた場合であると結論付けられる。この種の回転が安定しているかどうかを知ることは，興味深い。つまり物体が主軸の 1 つのまわりを回転しており，そこに非常に小さな衝撃が与えられた場合，元の主軸に近い軸まわりの回転を続けるであろうか，それともその運動が完全に変化するだろうか。$\omega_1 = \omega_2 = 0$で物体が軸$\mathbf{e_3}$を中心に回転しているとしよう。ここに小さな衝撃を与えれば，ω_1, ω_2は少なくとも最初は小さい非ゼロ値を取る。問題は，ω_1, ω_2の値が小さいままであるか，または大きくなり始めるかどうかである。これに答えるために，オイラー方程式（10.89）の第 3 項から，ω_1, ω_2の両方が小さい限り，$\dot{\omega}_3$は非常に小さい（「小×小」）ままであることに着目する。したがって，最初は少なくともω_3を一定にするのは良い近似である。この場合，最初の 2 つのオイラー方程式は，

$$\left.\begin{aligned} \lambda_1\dot{\omega}_1 &= [(\lambda_2 - \lambda_3)\omega_3]\omega_2 \\ \lambda_2\dot{\omega}_2 &= [(\lambda_3 - \lambda_1)\omega_3]\omega_1 \end{aligned}\right\} \tag{10.90}$$

となる。ここで鍵括弧内の係数は（ほぼ）一定である。ω_1, ω_2が結びついているこれらの 1 次方程式は，容易に解くことができる。おそらく最も簡単な方法は，最初の方程式を 1 回微分し，2 番目の方程式を代入することである。

$$\ddot{\omega}_1 = -\left[\frac{(\lambda_3 - \lambda_2)(\lambda_3 - \lambda_1)}{\lambda_1\lambda_2}\omega_3^2\right]\omega_1 \tag{10.91}$$

鍵括弧内の係数が正の場合，ω_1の解は時間の正弦または余弦関数であり，ω_1は小さな振動を続け，繰り返しゼロに戻る。（10.90）の第 1 式によれば，ω_2は$\dot{\omega}_1$に比例するので，同じ条件下ではω_2は同様の小さな振動を続ける。これらの条件が

意味することを理解するためには，λ_3がλ_1, λ_2の両方よりも大きいか，λ_1, λ_2の両方よりも小さい場合，(10.91) の係数が正であることに注意してほしい。したがって，物体が最大のモーメントまたは最小のモーメントを持つ主軸のいずれかを中心に回転している場合，その動きは小さなかく乱に対して安定していることがわかる。

一方，λ_3がλ_1, λ_2の間にある場合，(10.91) の括弧内の係数は負であるので，ω_1の解は実数の指数関数となり，急速にゼロから離れる[14]。$\omega_2 \propto \dot{\omega}_1$であるので，同じことが$\omega_2$に対しても成り立つ。我々は以下の結論に達した。自由に回転する物体の場合，中間のモーメント（λ_3がλ_1より小さいがλ_2より大きい，またはその逆）を持つ主軸のまわりの回転は，不安定である。この興味深い主張は，ゴムバンドで縛られた本を使って確かめることができる。最大軸または最小軸のいずれかを回転させながら投げると，その軸に対して安定して回転し続ける。中間軸のまわりを回転させると，本の動きは大きく乱れる（受け取るのが困難になる)。

2 つの等しいモーメントを持つ物体の運動：自由歳差運動

3 つの異なる主モーメントを有する自由に回転する物体に対するオイラー方程式（10.89）を完全に解くことは可能であるが，複雑で問題の本質的な理解につながらない。3 つの主モーメントのうち 2 つが (回転コマのように) 等しい場合，問題ははるかに簡単で興味深いものとなる。したがってこのような場合を考え，最初の 2 つのモーメントが等しい，つまり$\lambda_1 = \lambda_2$と仮定する。この単純化の主な特徴は，オイラー方程式の第 3 式（10.89）が

$$\dot{\omega}_3 = 0$$

となること，すなわち（物体系で測定される）角速度の第 3 成分ω_3は一定であることである。

$$\omega_3 = 一定$$

ω_3が一定であることがわかると，最初の 2 つのオイラー方程式は

14　ω_1の解は 2 つの指数関数$e^{\pm\alpha t}$の組み合わせであり，純粋な減衰指数$e^{-\alpha t}$という特殊な場合は，ここでの主張にあてはまらないと考えるかもしれない。しかし，この解は初期条件から除外される。物体に$\omega_1 = 0$から小さな衝撃が与えられた場合，ω_1と$\dot{\omega}_1$は同じ符号を持つ必要があるが，純粋な減衰指数では反対の符号となる。

$$\left.\begin{aligned}\dot{\omega}_1 &= \frac{(\lambda_1-\lambda_3)\omega_3}{\lambda_1}\omega_2 = \Omega_b\omega_2 \\ \dot{\omega}_2 &= -\frac{(\lambda_1-\lambda_3)\omega_3}{\lambda_1}\omega_1 = -\Omega_b\omega_1\end{aligned}\right\} \tag{10.92}$$

となる。ここで定数の角速度が，以下で定義されている。

$$\Omega_b = \frac{(\lambda_1-\lambda_3)\omega_3}{\lambda_1} \tag{10.93}$$

[下付き文字「b」は物体（body）を表している。]ω_1とω_2の連立方程式（10.92）は，これまでやってきたように$\omega_1 + i\omega_2 = \eta$と置くという技法で簡単に解ける。これにより，（10.92）は以下のようになる。

$$\dot{\eta} = -i\Omega_b\eta$$

そして，以下のように解ける。

$$\eta = \eta_0 e^{-i\Omega_b t}$$

$t = 0$で$\omega_1 = \omega_0$，$\omega_2 = 0$となるように軸を選ぶと$\eta_0 = \omega_0$となり，ηの実数部と虚数部を取ると，完全解が得られる。

$$\boldsymbol{\omega} = (\omega_0\cos\Omega_b t, -\omega_0\sin\Omega_b t, \omega_3) \tag{10.94}$$

ここでω_0, ω_3はともに一定である。2 つの成分ω_1, ω_2は角速度Ω_bで回転するが，ω_3は一定のままである。ω_0, ω_3は一定であるので，$\boldsymbol{\omega}$と$\mathbf{e_3}$との間の角度αも一定である。したがって図 10.9（a）に示すように，物体系で見た$\boldsymbol{\omega}$は（10.93）で与えられる角速度Ω_bで円錐体（**物体円錐**と呼ばれる）のまわりをゆっくり動く。

角運動量$\mathbf{L}$は,

$$\begin{aligned}\mathbf{L} &= (\lambda_1\omega_1, \lambda_1\omega_2, \lambda_3\omega_3) \\ &= (\lambda_1\omega_0\cos\Omega_b t, -\lambda_1\omega_0\sin\Omega_b t, \lambda_3\omega_3)\end{aligned} \tag{10.95}$$

となる。（10.94）と（10.95）を比較すると，3 つのベクトル$\boldsymbol{\omega}, \mathbf{L}, \mathbf{e_3}$は，各々の 2 つの間の角度が時間的に一定である単一の平面にあることがわかる。物体系体で見た場合，$\boldsymbol{\omega}$と$\mathbf{L}$は同じ角速度Ω_bで$\mathbf{e_3}$のまわりを歳差運動する。

空間系で起こることを理解するために，任意の慣性系でベクトル$\mathbf{L}$が一定であることに注意してほしい。したがって空間系で見ると，図 10.9（b）に示すように，$\boldsymbol{\omega}, \mathbf{L}$および$\mathbf{e_3}$を含む平面は$\mathbf{L}$まわりに回転し，そのため 2 つのベクトル$\boldsymbol{\omega}, \mathbf{e_3}$は$\mathbf{L}$まわりに歳差運動する。特に空間系では$\boldsymbol{\omega}$は**空間円錐**と呼ばれる円錐形を描きだすが，物体はこの円錐上を回っている。なお空間円錐のまわりの$\boldsymbol{\omega}$の歳差運動は様々な方法で表現できることを示すため，それをかなり難しい問題（問題 10.46）として残す。その中でもっとも単純なのは，以下の形である。

$$\Omega_s = \frac{L}{\lambda_1} \tag{10.96}$$

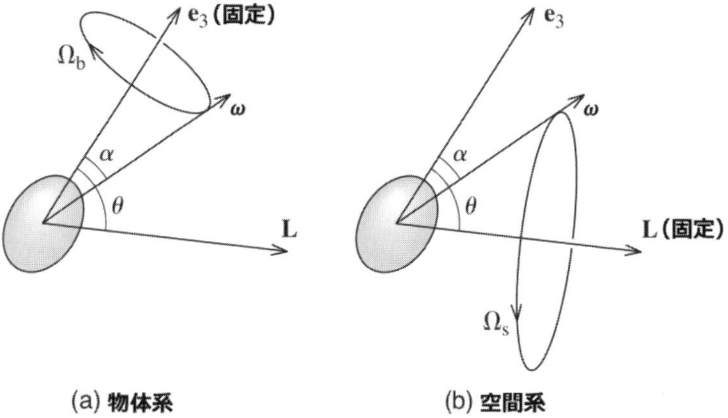

図 10.9 軸対称な物体（ここでは長球体，または「卵形」の剛体として示されている）が，主軸のいずれの方向でもない方向に，角速度**ω**で回転している。　(a) 物体系から見た場合，**ω**と**L**は共に対称軸$\mathbf{e_3}$まわりを回転し，その角振動数Ω_bは（10.93）で与えられる。(b) 空間系で見た場合，**L**は固定されており，**ω**と$\mathbf{e_3}$の両方が（10.96）で与えられる角振動数Ω_sで**L**のまわりを歳差運動する。

ここで得られた**自由歳差**は，回転物体に外部トルクが働かない場合である。これとは逆に，外部トルクの働きを受けていない物体に対して，導き出してみよう。この歳差運動の興味深い例は，地球によって与えられる。太陽と月が地球の赤道の膨らみに小さなトルクを生み出し，このトルクは 26000 年周期の極軸の歳差運動を引き起こすことは，すでに説明した。これは赤道の膨らみにより，極軸に関する地球の慣性モーメントが他の 2 つの主モーメントよりも 300 分の 1 程度大きいことを意味する。（10.93）によると，（地球の回転が完全に主軸に一致しない限り），これは角速度$\Omega_b = \omega_3/300$の歳差運動をおこなうことを意味する。ω_3は 1 日に 1 回転するので，Ω_bはおよそ 300 日ごとに 1 回転することに対応する。極軸の小さなぐらつき（1 秒角未満）は，アメリカのアマチュア天文学者セス・チャンドラー（1846-1913）によって発見された。この**チャンドラー揺動**は，ここで議論された自由物体の歳差運動によるものである。ただしその周期は約 400 日であり，これは地球が完全な剛体ではないことによる。

10.9　オイラー角*

*星印がつけられた節には，通常いくらか進んだ題材が含まれており，時間がない場合は省略することができる。

オイラー方程式（10.88）の困難は，それらが物体に固定された軸を用いていることであり，極めて単純な問題を除いて，そのような軸を取り扱うことはかなり難しい。我々は，回転していない空間系に対して運動方程式を考え出す必要がある。このことをおこなう前に，そのような系に対する物体の向きを指定する座標系が必要となる。これをおこなう方法がいくつかあり，そのすべてがかなり面倒である。最も一般的で有益なのは（またもや！）オイラーによるもので，3 つのオイラー角で剛体の向きを指定する。多くの応用問題では，注目している物体は固定点のまわりを回転する。この場合（詳細について考える唯一の場合），固定点を空間軸と物体軸の両者の原点Oとして選択する。前述のように，空間系の基底ベクトルは$\hat{\mathbf{x}}, \hat{\mathbf{y}}, \hat{\mathbf{z}}$と表記される。物体系については，物体の主軸$\mathbf{e_1}, \mathbf{e_2}, \mathbf{e_3}$を使う。主モーメントのうちの 2 つが等しい場合，第 1 軸と第 2 軸を$\lambda_1 = \lambda_2$となるように，また第 3 軸$\mathbf{e_3}$を対称軸の方向にとる。最初，これらの 3 つの軸が対応する空間軸（$\hat{\mathbf{x}}$に沿って$\mathbf{e_1}$を配置するなど）に沿って配置されていると仮定しよう。3 つの異なる軸まわりの角度θ, ϕおよびψの 3 つの連続した回転を使い，物体の固有の向きを角度(θ, ϕ, ψ)で指定することができる。特に角度θ, ϕは，空間系に対する軸$\mathbf{e_3}$の極角になる。

ステップ（a）：空間軸と位置合わせされた物体軸から，図 10.10 の最初の図に示すように，最初に物体を$\hat{\mathbf{z}}$軸を中心に角度ϕ回転させる。これにより，第 1 および第 2 の物体軸がxy平面内で回転する。特に第 2 の物体軸は，$\mathbf{e'_2}$と表された方向を指す。

ステップ（b）：次に，新しい軸$\mathbf{e'_2}$を中心として物体を角度θ回転させる。これにより，物体軸$\mathbf{e_3}$が極角θ, ϕの方向に移動する。明らかに，これら 2 つのステップで物体軸$\mathbf{e}_3$を任意の方向に向けることができ，$\mathbf{e}_3$が正しい位置にあれば，唯一の自由度は$\mathbf{e}_3$まわりの回転である。

ステップ (c)：最後に，図 10.10 の 3 番目の図に示すように，物体の軸$\mathbf{e}_2, \mathbf{e}_1$を割り当てられた方向に移動させるために必要な角度$\psi$を使用して，$\mathbf{e}_3$まわりに物体を回転させる。

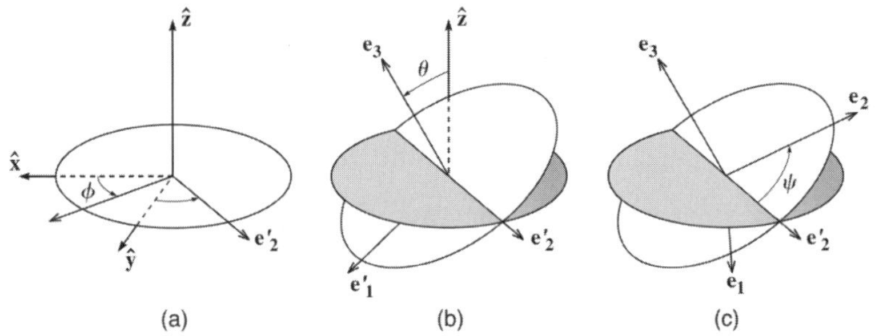

図 10.10 オイラー角θ, ϕ, ψの定義。物体軸$\mathbf{e}_1, \mathbf{e}_2, \mathbf{e}_3$および空間軸$\hat{\mathbf{x}}, \hat{\mathbf{y}}, \hat{\mathbf{z}}$が一致している状態から，3 つの連続する回転により，物体軸を特定の方向に向ける。

3 つの角度(θ, ϕ, ψ)は物体の向きを指定するもので，**オイラー角**と呼ばれる[15]。それらを使用する前に，いくつかのパラメータをオイラー角を用いて計算する必要がある。まずは角速度$\boldsymbol{\omega}$から始めよう。$\boldsymbol{\omega}$を求めるには，図 10.10 のステップを一連の 4 つの基準系を定義するものと見なすことができ，$\hat{\mathbf{x}}, \hat{\mathbf{y}}, \hat{\mathbf{z}}$で定義された空間軸から始まり，2 つの中間系を介し，$\mathbf{e}_1, \mathbf{e}_2, \mathbf{e}_3$で定義された最終的な物体軸に移動する。空間軸に対する物体軸の角速度を求めるためには，これらの系のそれぞれの速度をその前の系に対して相対的に求め，そのベクトル和を作ればよい。[（9.25）で述べたように，相対的な角速度は加算されることを忘れないでほしい。] ϕが変化すると，ステップ（a）によって定義された系は，空間軸に対して角速度$\boldsymbol{\omega}_\mathbf{a} = \dot{\phi}\hat{\mathbf{z}}$で回転する。同様に，ステップ（b）で定義された系の角速度は，その前の系に対して$\boldsymbol{\omega}_\mathbf{b} = \dot{\theta}\mathbf{e}'_2$であり，ステップ（c）における物体系の角速度は$\boldsymbol{\omega}_\mathbf{c} = \dot{\psi}\mathbf{e}_3$である。したがって，空間系に対する物体系の角速度は，

---

15 オイラー角を定義する際に使用される，さまざまな慣習に注意すること。ここで説明した方法は量子力学では最も一般的であるが，古典力学の著者の間ではあまり一般的ではない。ここでの方法は，θ, ϕは物体軸$\mathbf{e}_3$の極角であるという大きな利点がある。

$$\boldsymbol{\omega} = \boldsymbol{\omega}_\mathbf{a} + \boldsymbol{\omega}_\mathbf{b} + \boldsymbol{\omega}_\mathbf{c} = \dot{\phi}\hat{\mathbf{z}} + \dot{\theta}\mathbf{e'}_\mathbf{2} + \dot{\psi}\mathbf{e}_\mathbf{3} \tag{10.97}$$

となる。これは単位ベクトルを使った$\boldsymbol{\omega}$のかなり複雑な表現であるが，いずれかの系の単位ベクトルを使って，これらのベクトルを書き換えるのは簡単である（問題 10.48）。

角運動量または運動エネルギーを求めるためには，主軸$\mathbf{e_1}, \mathbf{e_2}, \mathbf{e_3}$に対して$\boldsymbol{\omega}$の成分を求める必要がある。しかし$\lambda_1 = \lambda_2$という対称的な場合に限定して考えるのであれば，これをおこなう必要はない。大切なことは$\lambda_1 = \lambda_2$の場合，$\mathbf{e_1}$および$\mathbf{e_2}$の平面内の任意の 2 つの垂直軸は主軸となることである。したがって$\mathbf{e_1}, \mathbf{e_2}, \mathbf{e_3}$の代わりに$\mathbf{e'_1}, \mathbf{e'_2}, \mathbf{e_3}$軸を使用できる。ここで$\mathbf{e'_1}, \mathbf{e'_2}$は図 10.10 の 2 番目の図に示されている。このように選択すると，(10.97) の最後の 2 つの項を変換する必要ないという利点がある。なぜなら

$$\hat{\mathbf{z}} = (\cos\theta)\mathbf{e_3} - (\sin\theta)\mathbf{e'_1} \tag{10.98}$$

が成り立つので (読者はこれが成立することを確認すること), 以下が成立する。

$$\boldsymbol{\omega} = (-\dot{\phi}\sin\theta)\mathbf{e'_1} + \dot{\theta}\mathbf{e'_2} + (\dot{\psi} + \dot{\phi}\cos\theta)\mathbf{e_3} \tag{10.99}$$

主軸に対する角速度$\boldsymbol{\omega}$がわかると，直ちに角運動量$\mathbf{L}$と運動エネルギーTを書き下すことができる。角運動量は (任意の主軸の組に対して) $\mathbf{L} = (\lambda_1\omega_1, \lambda_1\omega_2, \lambda_3\omega_3)$である。したがって，今の場合

$$\mathbf{L} = (-\lambda_1\dot{\phi}\sin\theta)\mathbf{e'_1} + \lambda_1\dot{\theta}\mathbf{e'_2} + \lambda_3(\dot{\psi} + \dot{\phi}\cos\theta)\boldsymbol{e}_\mathbf{3} \tag{10.100}$$

である。今後のために，物体軸$\mathbf{e_3}$に沿う$\mathbf{L}$の成分は，以下のようになることに注意すること。

$$L_3 = \lambda_3\omega_3 = \lambda_3(\dot{\psi} + \dot{\phi}\cos\theta) \tag{10.101}$$

またすぐに確認できるように（問題 10.49），空間軸$\hat{\mathbf{z}}$に沿った成分は，

$$L_z = \lambda_1\dot{\phi}\sin^2\theta + \lambda_3(\dot{\psi} + \dot{\phi}\cos\theta)\cos\theta \tag{10.102}$$

$$= \lambda_1\dot{\phi}\sin^2\theta + L_3\cos\theta \tag{10.103}$$

である。ここで 2 番目の行で, (10.101) を利用した。また今後のために，θ, L_z, L_3を

用いて（10.103）から$\dot{\phi}$を解くことができることに注意してほしい。

$$\dot{\phi} = \frac{L_z - L_3\cos\theta}{\lambda_1\sin^2\theta} \quad (10.104)$$

（10.68）で，運動エネルギーが$T = \frac{1}{2}(\lambda_1\omega_1^2 + \lambda_2\omega_2^2 + \lambda_3\omega_3^2)$であることがわかった。したがって最初の 2 つの主モーメントが等しい物体では，（10.99）は以下のようになる。

$$T = \frac{1}{2}\lambda_1(\dot{\phi}^2\sin^2\theta + \dot{\theta}^2) + \frac{1}{2}\lambda_3(\dot{\psi} + \dot{\phi}\cos\theta)^2 \quad (10.105)$$

この結果を利用して，次に回転コマのラグランジアンを書き下すことにする。

10. 10　回転コマの運動*

ラグランジュ方程式

オイラー角の使用法を説明するために，第 10.6 節の図 10.7 に示した対称回転コマに戻る。この系の運動は，ラグランジュ法を用いると最も容易に解くことができるので，ラグランジアン$\mathcal{L} = T - U$を書き下すことから始める。運動エネルギーは（10.105）で与えられるが，一方で位置エネルギーは$U = MgR\cos\theta$である。したがってコマのラグランジアンは，以下のようになる。

$$\mathcal{L} = \frac{1}{2}\lambda_1(\dot{\phi}^2\sin^2\theta + \dot{\theta}^2) + \frac{1}{2}\lambda_3(\dot{\psi} + \dot{\phi}\cos\theta)^2 - MgR\cos\theta \quad (10.106)$$

3 つの一般化座標に対し，3 つのラグランジュ方程式が存在する。θ方程式は，次のとおりである。

$$\lambda_1\ddot{\theta} = \lambda_1\dot{\phi}^2\sin\theta\cos\theta - \lambda_3(\dot{\psi} + \dot{\phi}\cos\theta)\dot{\phi}\sin\theta + MgR\sin\theta \quad [\theta\text{方程式}] \quad (10.107)$$

ϕとψに対する方程式は，より簡単である。なぜならϕとψのどちらも$\mathcal{L}$に現れないのでϕとψの両方がイグノラブルであり，そのため対応する一般化運動量は定数だからである。p_ϕの場合，これは

$$p_\phi = \frac{\partial\mathcal{L}}{\partial\dot{\phi}} = \lambda_1\dot{\phi}\sin^2\theta + \lambda_3(\dot{\psi} + \dot{\phi}\cos\theta)\cos\theta = \text{一定} \quad [\phi\text{方程式}] \quad (10.108)$$

である。(10.102) と比較すると，一般化運動量p_ϕはちょうど角運動量のz成分L_zであり，p_ϕが一定であるということはL_zが保存されているという意味を持つことがわかる。この結果は，z軸まわりのトルクがないので，予期されたものである。

同様に，p_ψについては

$$p_\psi = \frac{\partial \mathcal{L}}{\partial \dot{\psi}} = \lambda_3\left(\dot{\psi} + \dot{\phi}\cos\theta\right) = 一定 \quad [\psi方程式] \tag{10.109}$$

である。これを（10.101）と比較すると，p_ψは物体の対称軸$\mathbf{e_3}$に沿った$\mathbf{L}$の成分であり，p_ψが定数であることから，L_3が保存されることがわかる。$L_3 = \lambda_3\omega_3$なので，角速度の成分ω_3も一定であるという，重要な結果も得られる。（この結果は，オイラー方程式を使用して 10.7 節で証明した。）

定常歳差

ラグランジュ方程式の最初の応用として，コマの軸がz軸まわりを一定の角度θを持つ円錐上を移動する歳差運動をすることができるか，を調べる。（10.104）から，θが一定であれば，$\dot{\phi}$も同様であることがわかる。つまり，コマの軸が一定の角度θの円錐のまわりを動く場合，一定の角速度$\dot{\phi} = \Omega$となる必要がある。次にψ方程式（10.109）を見ると，$\dot{\phi}$とθが一定なら，$\dot{\psi}$も一定でなければならないことがわかる。

コマの歳差運動の角速度Ωは，θ方程式（10.107）によって決定される。θが一定の場合，左辺はゼロであり，$\dot{\phi}$をΩ，$\left(\dot{\psi} + \dot{\phi}\cos\theta\right)$を$\omega_3$で置き換えると，$\Omega$は以下を満たす必要がある。

$$\lambda_1\Omega^2\cos\theta - \lambda_3\omega_3\Omega + MgR = 0 \tag{10.110}$$

これはΩに関する 2 次方程式である。したがって根が実数である限り，与えられた傾きθと与えられた回転ω_3に対して，コマが歳差運動することができる 2 つの異なる角速度Ωが存在する。他のパラメータを用いて，これらの 2 つのΩの値を書き下すことができるが，最も興味深い場合は，コマが高速に回転しω_3が大きくなる場合である。この場合は 2 つの根が実数であり，一方の根が他の根よりもはるかに小さいことがわかる。小さな根は，以下のようになる（問題 10.53）。

$$\Omega \approx \frac{MgR}{\lambda_3\omega_3} \tag{10.111}$$

このゆっくりした歳差運動はまさに 10.6 節の（10.83）のΩに対して予測された

運動である[16]。

（10.110）の大きな第2の根（ここでもω_3は非常に大きいと仮定する）は，次のようになる（問題10.53を参照）。

$$\Omega \approx \frac{\lambda_3 \omega_3}{\lambda_1 cos\theta} \tag{10.112}$$

このより早い歳差運動はgに依存しないので，重力が存在しなくてもこれを観察できることに注意してほしい。実際この歳差運動は，トルクが存在しない条件下で運動する対称物体について，10.8節で予測された自由歳差運動である。ここで予測されるΩの値は，（10.96）のΩ_3と同じ値であることを確かめることができる（問題10.52を参照）。

章動

一般に，コマが垂直軸まわりの（ϕが変化する）すりこぎ運動をする場合，角度θも変化する。したがって軸が垂直線のまわりを回転すると，それはまた（そのラテン語が，うなずきを繰り返すという意味を持つ）**章動**と呼ばれる上下に振れる運動をおこなう。θに関する式（10.107）を使って，θの変化を調べることができる。第1のステップは，ϕおよびψ方程式を用いて，定数$p_\phi = L_z$および$p_\psi = L_3$を利用して変数$\dot{\phi}, \dot{\psi}$を消去することである。これはθの2階常微分方程式を与え，少なくとも原理的にはθを時間の関数として解くことができる。

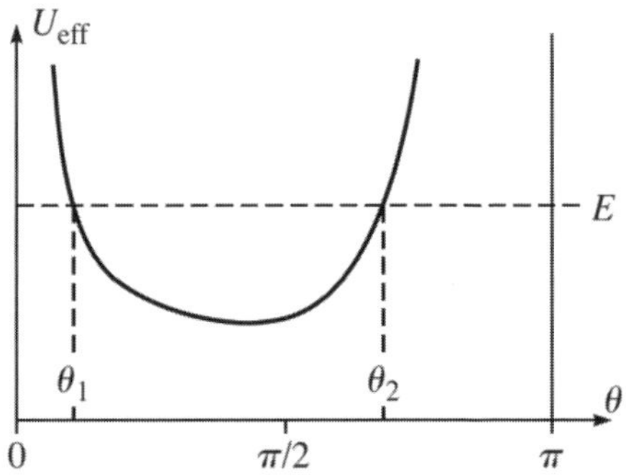

図10.11 対称コマに対するθの時間依存性を決定する有効位置エネルギー（10.114）。Eは$U_{eff}(\theta)$以上であればよいので，$\theta_1 \le \theta \le \theta_2$の区間に限定される。

運動の定性的性質を得るためのより簡単な手順は，（10.105）で与えられたTお

---

16 ここで分母はω_3を含むが，一方で（10.83）の分母はωを含む。しかし両方の議論がω_3が非常に大きいと仮定しているので$\omega_3 \approx \omega$であるため，これらの差異はそれほど重要でない。

よび$U = MgR\cos\theta$を持つ，全エネルギー$E = T + U$を調べることである。Tにおいては変数$\dot{\phi}, \dot{\psi}$を定数L_z, L_3に置き換えることができるので，以下のようになることがわかる（問題10.51）。

$$E = \frac{1}{2}\lambda_1\dot{\theta}^2 + U_{eff}(\theta) \tag{10.113}$$

ここで有効位置エネルギー$U_{eff}(\theta)$は，以下で与えられる。

$$U_{eff}(\theta) = \frac{(L_z - L_3\cos\theta)^2}{2\lambda_1\sin^2\theta} + \frac{L_3^2}{2\lambda_3} + MgR\cos\theta \tag{10.114}$$

（10.113）は，この問題が座標θだけを含む1次元の問題になっていることを強調するのに役立つ。$U_{eff}(\theta)$のグラフを見ることで，θの定性的なふるまいを予測することができる。座標θは0からπの範囲であり，第1項の分母における$\sin^2\theta$のため，$U_{eff}(\theta)$はθ=0およびπという2つの端部で$+\infty$に近づく。$U_{eff}(\theta)$のグラフが図10.11に示す「U」の形をしていることを，読者が確かめることは難しくない。（10.113）から$E \geq U_{eff}(\theta)$であることが明らかなので，図に示すように，θは$E = U_{eff}(\theta)$である2つの転向点θ_1とθ_2の間に閉じ込められる。明らかにθは，コマの軸が垂直のまわりを歳差運動すると同時に，θ_1とθ_2との間で周期的に振動，または「章動」する。

運動の詳細は，ϕがどのように変化するかに依存する。（10.104）により，

$$\dot{\phi} = \frac{L_z - L_3\cos\theta}{\lambda_1\sin^2\theta} \tag{10.115}$$

である。これは，2つの主要な可能性があることを示している。（大きさにおいて）L_zがL_3より大きい場合，$\dot{\phi}$はゼロとはならない。したがって$\dot{\phi}$は変化するが，符号が変わることはない。したが

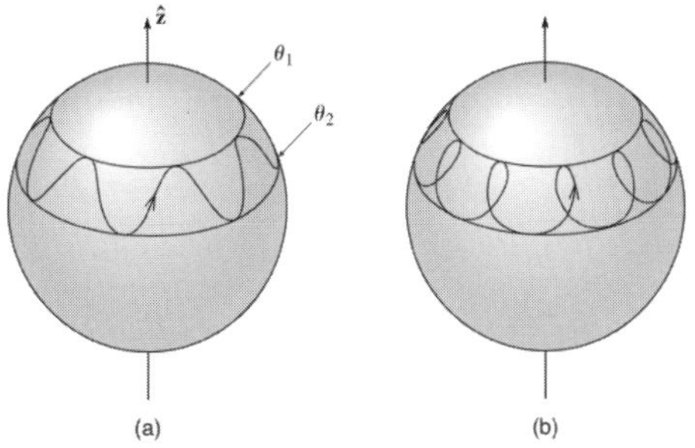

図 10.12 コマの章動。回転コマの上端は，下端の固定点を中心とする球上を移動する。　(a) $\dot{\phi}$は決してゼロにならないので，ϕは一方向に着実に進むが，その一方でθは常にθ_1とθ_2の間で振動する。　(b) $\dot{\phi}$が符号を変化させると，θが振動している間に，ϕは最初前進し，その後に後退する。

って，ϕは常に同じ方向に変化（常に増加または常に減少）する。したがってコマは単一方向に歳差運動し，傾斜角θはθ_1とθ_2との間で振動するので，図 10.12（a）に描かれた運動となる。L_zがL_3より小さければ，$\dot{\phi}$は角度θ_0でゼロとなり，$L_z - L_3\cos\theta_0 = 0$となる。この角度が運動がその中に閉じ込められているθ_1とθ_2の間になければ，図 10.12（a）に示すように，$\dot{\phi}$はゼロとならず，その動きは図に示されている通り続く。一方で角度θ_0がθ_1とθ_2の間にある場合，$\dot{\phi}$はθの振動ごとに符号を 2 回変化させる。この場合，歳差運動は最初に一方向に移動し，次に逆方向に移動するが，図 10.12（b）に全体の運動が示されている。

第 10 章の主な定義と方程式

CM と相対運動

$$\mathbf{L} = \mathbf{L}(\text{CM の運動}) + \mathbf{L}(\text{CM に対する相対運動}) \qquad [(10.9)]$$

$$T = T(\text{CM の運動}) + T(\text{CM に対する相対運動}) \qquad [(10.16)]$$

慣性テンソル

剛体の角運動量$\mathbf{L}$と角速度$\boldsymbol{\omega}$は，以下の関係がある。

$$\mathbf{L} = \mathbf{I}\boldsymbol{\omega} \qquad [(10.42)]$$

ここで$\mathbf{L}$と$\boldsymbol{\omega}$は 3×1 の列ベクトルと見なすべきものである。また$\mathbf{I}$は 3×3 の**慣性テンソル**であり，その対角成分と非対角成分は，以下の通りである。

$$I_{xx} = \sum_\alpha m_\alpha (y_\alpha^2 + z_\alpha^2) \text{ 等} \qquad I_{xy} = -\sum_\alpha m_\alpha x_\alpha y_\alpha \text{等} \quad [(10.37)\&(10.38)]$$

主軸

（点Oまわりの）物体の**主軸**はOを通る任意の軸であり，また$\boldsymbol{\omega}$が主軸に沿っている場合，$\mathbf{L}$は$\boldsymbol{\omega}$に平行である。つまり，ある実数$\boldsymbol{\lambda}$に対して以下のようになる。

$$\mathbf{L} = \lambda\boldsymbol{\omega} \qquad [(10.65)]$$

任意の物体および任意の点Oに対して，Oを通る 3 つの直交する主軸がある。[10.4 節および付録]

その主軸に関する慣性テンソルは，**対角行列**となる。

$$\mathbf{I}' = \begin{bmatrix} \lambda_1 & 0 & 0 \\ 0 & \lambda_2 & 0 \\ 0 & 0 & \lambda_3 \end{bmatrix} \qquad [(10.79)]$$

オイラー方程式

$\dot{\mathbf{L}}$が物体に固定された系（物体系）から見た物体の角運動量の変化率であるとすると，それは**オイラー方程式**を満たす。

$$\dot{\mathbf{L}} + \boldsymbol{\omega} \times \mathbf{L} = \boldsymbol{\Gamma} \qquad [(10.87)\&(10.88)]$$

オイラー角

剛体の向きは，図 10.10 で定義した 3 つの**オイラー角**θ, ϕ, ψによって指定できる。　[10.9&10.10 節]

固定点を中心に回転する剛体のラグランジアンは，以下のとおりである。

$$\mathcal{L} = \frac{1}{2}\lambda_1(\dot{\phi}^2\sin^2\theta + \dot{\theta}^2) + \frac{1}{2}\lambda_3(\dot{\psi} + \dot{\phi}\cos\theta)^2 - MgR\cos\theta \qquad [(10.106)]$$

第 10 章の問題

星印は，最も簡単な（*）ものから難しい（***）ものまでの，おおよその難易度を示している。

10 .1 節 質量中心の性質

10.1* $\sum m_\alpha \mathbf{r}'_\alpha = 0$という（10.7）の結果は，CM に対する CM の位置ベクトルがゼロであると言い換えることができ，そのためこの結果はほぼ明らかである。そうではあるが，読者が結果を理解していることを確かめるために，（10.4）を$\mathbf{r}'_\alpha$について解き，関係する和に代入することによってこのことを証明せよ。

10.2* 物体の全 KE は，瞬間的に静止している任意の点に対する回転 KE であるという（10.18）の結果を説明するために，以下をおこなえ。平坦な道路に沿って速さvで転がる均一な車輪（質量M，半径R）の KE を，CM の運動エネルギーと CM まわりの回転エネルギーの和として書き下せ。そして道路と接触している瞬間的な点についての回転のエネルギーを求め，同じ答えを得ることを示せ。（回転エネルギーは$\frac{1}{2}I\omega^2$，一様な車輪の中心に対する慣性モーメントは$I = \frac{1}{2}MR^2$，縁上の点に対しては$I' = \frac{3}{2}MR^2$である。）

10.3* 底面の四角形（1 辺の長さL）がxy平面の原点の中心にあり，その頂点が原点より高さHだけ上のz軸上にある四角錐の 5 つの角に，5 つの等しい質点を配置する。5 質点系の CM を求めよ。

10.4** 質量中心または慣性モーメントの計算には通常は積分，多くは体積積分が含まれるが，このような積分は球面極座標でおこなうのが最良であることが多い (図 4.16 を参照)。以下を証明せよ。

$$\int dV\, f(\mathbf{r}) = \int r^2\, dr \int \sin\theta\, d\theta \int d\phi\, f(r,\theta,\phi)$$

[rと$r + dr$，θと$\theta + d\theta$，ϕと$\phi + d\phi$で囲まれた微小体積dVについて考えよ。]左辺の体積積分が全空間でなされる場合，右辺の 3 つの積分区間はどのようになるであろうか。

10.5** 半径Rの一様な半球は，その中心を原点とするxy面内の平坦な底面を持つ。問題 10.4 の結果を用いて，質量中心を求めよ。 [コメント：これと次の 2 つの問題は，積分によって質量中心を求める計算について，読者に慣れてもらうことを意図している。すべての場合において，CM の定義 (10.1) の積分形を使用する必要がある。(ここでの場合のように) 質量がある体積内に分布している場合，積分は$dm = \varrho dV$という体積積分になる。]

10.6** (a) 問題 10.5 のような，内側と外側の半径aとbと質量Mの一様な半球殻の CM を求めよ。 [問題 10.5 のコメントを参照し，問題 10.4 の結果を使用せよ。] (b) $a = 0$のときの答えはどのようになるか。 (c) もし$b \to a$ならば，どうなるか。

10.7** 「丸い円錐」は，半径Rの一様な球から，$\theta \le \theta_0$の体積を切り取ることによって作られる。ここでθは極軸から測定された角度であり，θ_0は 0 とπの間の定数である。 (a) この円錐を描き，問題 10.4 の結果を用いてその体積を求めよ。(b) その CM を求め，$\theta_0 = \pi$と$\theta_0 \to 0$の場合について説明せよ。

10.8** 均一な細いワイヤが，y軸に沿って$y = \pm L/2$の間にある。これを半径Rの円弧に沿って左向きに曲げるが，中心点は原点に残し，y軸に接した状態にする。この場合の CM を求めよ。 [問題 10.5 のコメントを参照すること。今の場合，積分は 1 次元積分である。] $R \to \infty$, および $2\pi R = L$の場合の解を求めよ。

10.2 節 固定軸まわりの回転

10.9* 密度ϱを持つ連続質量分布の慣性モーメントは，(10.25) の和を体積積分$\int \rho^2 dm = \int \rho^2 \varrho dV$に変換することによって得られる。($\rho = z$軸からの距離，$\varrho =$質量密度という 2 つのギリシャ文字のローを使っていることに注意。) 半径R，質量Mの一様な円柱をその軸を中心に回転させた場合の慣性モーメントを求めよ。慣性乗積がゼロである理由を説明せよ。

10.10* (a) 質量M，長さLの細い均一な棒がx軸上にあり，その一端は原点にある。z軸まわりの回転に対する慣性モーメントを求めよ。[ここでは (10.25) の和は，$\int x^2 \mu dx$の形の積分で置き換える必要がある。なおμは線形質量密度であり，質量/長さである。] (b) 棒の中心が原点にある場合，慣性モーメントはどうなるであろうか。

10.11** (a)問題 10.4 の結果を用いて，直径を中心に回転する均一な球(質量M，半径R)の慣性モーメントを求めよ。　(b) 内側と外側の半径がaとbである均一な球殻に対して同じことをおこなえ。[これをおこなうための洗練された方法の 1 つは，球殻を考える際に，まず半径bの球を考え，そこから同じ密度を持つ半径aの球から取り除くことである。]

10.12** 質量Mの（トブラローネ（訳者註：独特な三角柱の形をしたチョコ）の箱のような）三角プリズムの$2a$離れた 2 つの端の 2 等辺三角形が，xy平面に平行であり，その中心が原点にあり，その軸がz軸に沿っているとする。z軸まわりの回転に対する慣性モーメントを求めよ。積分をおこなうことなく，z軸回りの回転に関する 2 つの慣性乗積を書き下し，説明せよ。

10.13** 細い棒（その幅はゼロであるが，必ずしも一様である必要はない）は，その一端が水平な z 軸に固定されており，xy平面（xは水平，yは垂直下方）で自由に回転する。その質量はmであり，その CM は固定点から距離aにあり，その（z軸まわりの）慣性モーメントはIである。　(a) 運動方程式$\dot{L}_z = \Gamma_z$を書き下し，運動が微小角度（鉛直下向きから測定）に限定されていると仮定して，この複合振り子の周期を求めよ。(「複合振り子」は伝統的に質量が分散している振り子を意味し，その質量は質量のない腕の一点に集中している「単振り子」とは対照的である)。　(b) これと「同等」の単振り子，つまり同じ周期を持つ単振り子の長さを求めよ。

10.14** 静止している宇宙ステーションは，6 トン（6000 kg）の質量，5m と 6m の内外の半径を持つ中空の球殻で近似できる。その方向を変えるために，中央にある均一なフライホイール（半径 10cm，質量 10kg）を静止状態から 1000rpm（訳者註：rmp は 1 分間の回転数，つまり回転毎分）で迅速に回転させる。　(a) 宇宙ステーションの向きを 10 度変えるのに必要な時間を求めよ。 (b) 作業全体にどの程度のエネルギーが必要であろうか。[必要な慣性モーメントを求めるために，問題 10.11 をおこなえ。]

10.15**　(a) 縁のまわりを回転する一辺a，質量Mの一様な立方体の慣性モーメントの積分形を（問題 10.9 のように）書き下し，それが$\frac{2}{3}Ma^2$に等しいことを示せ。　(b) 粗いテーブル上で，縁でバランスをとり不安定な平衡状態にある立方体は，最終的に転倒してテーブルに当たるまで回転する。立方体のエネルギーを考えることにより，テーブルに当たる直前の角速度を求めよ。(縁はテーブル上を滑らないと仮定する。)

10.16** 問題 10.15 のような質量M，一辺の長さaの均等な立方体の慣性モーメントを求め，以下のことをおこなえ。立方体が水平で摩擦のないテーブル上を速度$\mathbf{v}$で動いているが，$\mathbf{v}$に垂直で非常に低い階段にぶつかり，その先頭の下端を突然停止させる。　(a) 衝突前，衝突中，および衝突後の短時間に，どのような量が保存されているかを考えることにより，衝突直後の立方体の角速度を求めよ。　(b) 階段に当たった後に，立方体が転がる最小の速さvを求めよ。

10.17** その表面が$(x/a)^2 + (y/b)^2 + (z/c)^2 = 1$である，一様な楕円体（質量$M$）の$z$軸まわりの慣性モーメントの積分形を書き下せ。 積分をおこなう簡単な方法の 1 つは，変数を

$\xi = x/a,\ \eta = y/b,\ \zeta = z/c$に変更することである。得られた 2 つの積分のそれぞれは，（問題 10.11 のように）球の対応する積分に関連付けることができる。この積分を実行せよ。$a = b = c$の場合の答えを確認せよ。

10.18*** 問題 10.13 の棒について考える。棒は固定点から下に距離bの場所を衝撃力$F\Delta t = \xi$という水平方向の力Fで鋭く打たれた。（a）衝撃力を受けた直後の，固定点に対するの棒の角運動量，および運動量を求めよ。（b）固定点に伝達された衝撃力ηを求めよ。（c）$\eta = 0$となる場合のbの値（これをb_0とする）を求めよ。（距離b_0は，いわゆる「スイートスポット」を定義する。棒がテニスラケットで手が固定点ある場合，ボールがスイートスポットに当たると手に衝撃力を感じない。）

10.3 節　任意の軸に関する回転：慣性テンソル

10.19* ベクトル$\mathbf{r}\times(\boldsymbol{\omega}\times\mathbf{r})$の成分が，（10.35）によって与えられることを確かめよ。このことを成分を計算する，およびいわゆる$BAC - CAB$規則，つまり$\mathbf{A}\times(\mathbf{B}\times\mathbf{C}) = \mathbf{B}(\mathbf{A}\cdot\mathbf{C}) - \mathbf{C}(\mathbf{A}\cdot\mathbf{B})$を使用する，という 2 つの方法によっておこなえ。

10.20* 以下の意味において，慣性テンソルが加算的であることを示せ。物体Aが 2 つの部分B, Cから構成されているとする。（たとえば，ハンマーは木製の棒に金属製の頭部を取り付けたものである。） この時，$\mathbf{I_A} = \mathbf{I_B} + \mathbf{I_C}$となることを示せ。同様に，$A$が$B$から$C$を取り除いたものであると考えられる場合（球殻は，大きな球体の内部から小さな球体を取り除いたものである），$\mathbf{I_A} = \mathbf{I_B} - \mathbf{I_C}$となることを示せ。

10.21** 方程式（10.37）と（10.38）の慣性テンソルの定義は，対角成分と非対角成分が全く異なる方程式で定義されているという，かなり複雑な特徴を持っている。2 つの定義を，以下の 1 つの方程式にまとめることができることを示せ。（積分形式では，これはそれほど厄介ではない。）

$$I_{ij} = \int \varrho\left(r^2\delta_{ij} - r_i r_j\right)dV$$

ここでδ_{ij}は**クロネッカーのデルタ記号**である。

$$\delta_{ij} = \begin{cases} 1 \ (i = j) \\ 0 \ (i \neq j) \end{cases} \tag{10.116}$$

10.22** 一辺aの立方体の角に 8 つの等質量の物体mを含み，質量のない支柱によって形が保たれている剛体がある。（a）定義（10.37）と（10.38）を使用して，立方体の角Oを中心とした回転に対する慣性テンソル$\mathbf{I}$を求めよ。（Oを通る 3 つの辺に沿った軸を使用せよ。）（b）立方体の中心まわりに回転する，同じ物体の慣性テンソルを求めよ。（この場合も，縁と平行な軸を使用せよ。）この場合，$\mathbf{I}$の特定の成分がゼロになると予想される理由を説明せよ。

10.23** 物体内の点Oを中心に回転する，平坦な板金のような剛体の平面体または「薄板」を考える。薄板がxy平面上にあるように軸を選択すると，慣性テンソル$\mathbf{I}$のどの成分が自動的にゼロになるだろうか。また $I_{zz} = I_{xx} + I_{yy}$であることを証明せよ。

10.24** （a）$\mathbf{I}^{\mathbf{cm}}$は CM まわりの剛体（質量M）の慣性モーメントを表し，$\mathbf{I}$は CM から$\Delta = (\xi, \eta, \zeta)$だけ変位した点$P$まわりの慣性テンソルを表すとする。このとき，以下を証明せよ。

$$I_{xx} = I_{xx}^{cm} + M(\eta^2 + \zeta^2) \qquad I_{yz} = I_{yz}^{cm} - M\eta\zeta \tag{10.117}$$

（これらの結果は，入門物理学でおそらく学習したであろう平行軸の定理を一般化したものであり，CM まわりの回転の慣性テンソルを知っていれば，他の点まわりについて計算するのは簡単であることを意味する。）(b)例 10.2（428 ページ）の結果は，恒等式（10.117）を満足することを示せ。[そのため，例にある（a）の計算は実際には不要である]。

10.25** （a）x, y, z方向の辺の長さが$2a, 2b, 2c$で，質量がMである一様な直方体（矩形レンガの形状）の CM まわりの慣性テンソルの 9 つの成分すべてを求めよ。積分を行わずに，非対角成分を書き下すことができる理由を明確に説明せよ。（b）（a）と問題 10.24 の結果を組み合わせて，(a, b, c)にある角Aまわりの，同じ直方体の慣性モーメントを求めよ。（c）立方体がAを通ってx軸に平行に角速度ωで回転している場合，Aまわりの角運動量を求めよ。

10.26** （a）円柱極座標において，体積積分が以下のようになることを示せ。

$$\int dV f(\mathbf{r}) = \int \rho d\rho \int d\phi \int dz\, f(\rho, \phi, z)$$

（b）先端で固定され，その軸を中心に回転する図 10.6 の円錐の慣性モーメントについて，積分範囲を明確に説明したうえで，積分（10.58）によって与えられることを示せ。積分が$\frac{3}{10}MR^2$となることを示せ。（c）（10.61）のように，$I_{xx} = \frac{3}{20}M(R^2 + 4h^2)$となることも証明せよ。

10.27*** アイスクリームコーンのような形で，質量M，高さh，および底部半径Rを持つ，尖った端部を中心に回転する均一で薄い中空円錐の慣性テンソルを求めよ。

10.28*** 問題 10.12 で述べた，高さhの三角プリズムの慣性テンソル$\mathbf{I}$を求めよ。（問題 10.12 をおこなった場合は，すでに約半分の計算を済ませていることになる。）その結果，$\mathbf{I}$は軸対称の物体が持つ形をしていることがわかる。これは，軸のまわりの 3 回対称性（120 度の回転の下での対称性）は，この形式を保証するのに十分であることを示唆している。。

10.4 節 慣性主軸

10.29* 軸Ox, Oy, Ozが特定の剛体の主軸である場合，（これらの軸に関する）慣性テンソルは対角行列であり，また主モーメントが (10.66) のように対角成分となることを証明せよ。

10.30* 物体内の点Oを中心に回転する，薄板状の板金のような薄板を考えてみよう。Oを通り平面に垂直な軸が主軸であることを証明せよ。［ヒント：問題 10.23 を参照］

10.31** 回転対称軸$\hat{\mathbf{z}}$を持つ，任意の剛体を考える。 (a) 対称軸が主軸であることを証明せよ。 (b) $\hat{\mathbf{z}}$に直交し，お互いも直交する 2 つの方向$\hat{\mathbf{x}}$および$\hat{\mathbf{y}}$も主軸であることを証明せよ。 (c) これら 2 つの軸に対応する主モーメントが等しい，つまり$\lambda_1 = \lambda_2$であることを証明せよ。

10.32** (a) 任意の剛体の主モーメントが，$\lambda_3 \le \lambda_1 + \lambda_2$を満たすことを示せ。［ヒント：これらのモーメントを定義する積分を調べよ。］特に$\lambda_1 = \lambda_2$ならば，$\lambda_3 \le 2\lambda_1$である。 (b) $\lambda_3 = \lambda_1 + \lambda_2$となる物体はどのような形か。

10.33*** 重要な一般的な結果が得られる，ベクトル恒等式と行列の良い演習問題は，以下のとおりである。 (a) 質量m_αの粒子で構成され，角速度$\boldsymbol{\omega}$で原点を通る軸まわりを回転する剛体の場合，運動エネルギーは以下のように書くことができることを示せ。

$$T = \frac{1}{2}\sum m_\alpha[(\omega r_\alpha)^2 - (\boldsymbol{\omega}\cdot\mathbf{r}_\alpha)^2]$$

ただし$\mathbf{v}_\alpha = \boldsymbol{\omega}\times\mathbf{r}_\alpha$であることに，注意せよ。任意の 2 つのベクトル$\mathbf{a}, \mathbf{b}$について，

$$(\mathbf{a}\times\mathbf{b})^2 = a^2b^2 - (\mathbf{a}\cdot\mathbf{b})^2$$

となるこのベクトル恒等式は便利である。（なおこの恒等式を使う場合は，それが成り立つことを証明せよ。） (b) 物体の角運動量$\mathbf{L}$は

$$\mathbf{L} = \sum m_\alpha\,[\boldsymbol{\omega} r_\alpha^2 - \mathbf{r}_\alpha(\boldsymbol{\omega}\cdot\mathbf{r}_\alpha)]$$

であることを示せ。これをおこなうには$BAC - CAB$規則，つまり$\mathbf{A}\times(\mathbf{B}\times\mathbf{C}) = \mathbf{B}(\mathbf{A}\cdot\mathbf{C}) - \mathbf{C}(\mathbf{A}\cdot\mathbf{B})$が必要である。 (c) (a) と (b) の結果を組み合わせると，

$$T = \frac{1}{2}\boldsymbol{\omega}\cdot\mathbf{L} = \frac{1}{2}\tilde{\boldsymbol{\omega}}\mathbf{I}\boldsymbol{\omega}$$

となるが，これら 2 つの等式が成立することを証明せよ。最後の式は行列積である。$\boldsymbol{\omega}$は$\omega_x, \omega_y, \omega_z$を持つ 3×1 の列ベクトル，$\tilde{\boldsymbol{\omega}}$のチルダは転置行列（今の場合は行ベクトル），$\mathbf{I}$は慣性モーメントである。この結果は非常に重要であり，粒子に対しての$T = \frac{1}{2}\mathbf{v}\cdot\mathbf{p}$という極めて明らかな結果に相当している。 (d) (10.68) のように，主軸に対して$T = \frac{1}{2}(\lambda_1\omega_1^2 + \lambda_2\omega_2^2 + \lambda_3\omega_3^2)$となることを示せ。

10.5 節 主軸を求める：固有値方程式

10.34* 剛体の立方体の慣性テンソル$\mathbf{I}$は，（10.72）で与えられる。$\det(\mathbf{I}-\lambda\mathbf{1})$が，（10.73）で与えらることを確認せよ。

10.35** $(a,0,0)$の位置にある質量のm物体，$(0,a,a)$の位置にある質量$2m$の物体，$(0,a,-a)$の位置にある質量$3m$物体という，3 つの物体で構成されている剛体がある。（a）慣性テンソル$\mathbf{I}$を求めよ。（b）主モーメントと直交主軸の組を求めよ。

10.36** 位置$(a,0,0),(0,a,2a),(0,2a,a)$に固定されている 3 つの等しい質量（$m$）を持つ物体から成る剛体がある。（a）慣性テンソル$\mathbf{I}$を求めよ。（b）主モーメントと直交主軸の組を求めよ。

10.37*** 薄く平坦で均一な金属の三角形が，$(1,0,0),(0,1,0)$と原点に角を持つxy平面内にある。その表面密度（質量/面積）は$\sigma=24$である。（距離と質量は任意の単位で測定され，その答えがきちんと出るように 24 が選ばれた）。（a）三角形の慣性テンソル$\mathbf{I}$を求めよ。(b) その主モーメントとそれに対応する軸を求めよ。

10.38*** 慣性テンソル$\mathbf{I}$（ただし対角行列ではない）を持つ剛体に対する，3 つの独立した主軸（方向$\mathbf{e_1},\mathbf{e_2},\mathbf{e_3}$）と対応する主モーメント$\lambda_1,\lambda_2,\lambda_3$を読者が求めたとする。（関係するすべての量は実数であると仮定できるが，その証明はそれほど困難ではない。）（a）$\lambda_i\neq\lambda_j$ならば，$\mathbf{e_i}\cdot\mathbf{e_j}=0$であることを証明せよ。（ベクトルと行列を区別する記法を導入することが，役立つかもしれない。たとえば行列を示す場合は下線を使うことにする。したがって，$\underline{\mathbf{a}}$はベクトル$\mathbf{a}$を表す 3×1 行列，スカラー積$\mathbf{a}\cdot\mathbf{b}$は行列積$\underline{\tilde{\mathbf{a}}}\,\underline{\mathbf{b}}$または$\underline{\tilde{\mathbf{b}}}\,\underline{\mathbf{a}}$と同じである。次に$\mathbf{e_i},\mathbf{e_j}$の両方が$\mathbf{I}$の固有ベクトルであるという事実を用いて，$\underline{\tilde{\mathbf{e_i}}}\,\underline{\mathbf{I}}\,\underline{\mathbf{e_j}}$を 2 つの方法で評価することを考えよ。）（b）（a）の結果を用いて，3 つの主モーメントがすべて異なる場合，3 つの主軸の方向が一意的に決定されることを示せ。（c）主モーメントのうちの 2 つが等しい，つまり$\lambda_1=\lambda_2$の場合，$\mathbf{e_1},\mathbf{e_2}$を含む面内のいずれの方向も，同じ主モーメントを持つ主軸となることを証明せよ。すなわち$\lambda_1=\lambda_2$の場合，対応する主軸は一意に決定されない。（d）3 つの主モーメントがすべて等しい場合，いずれの軸も同じ主モーメントを持つ主軸となることを証明せよ。

10.6 節 弱いトルクによるコマの歳差運動

10.39* その先端を中心として 1800rpmで自由に回転する一様な円錐形のコマを考える。高さが 10 cm，基底半径が 2.5 cmの場合，歳差運動の角速度を求めよ。

10.7 節 オイラー方程式

10.40** （a）トルクが働かず，剛体が自由に回転している状況を考える。オイラー方程式（10.88）を使用し，角運動量$\mathbf{L}$の大きさが一定であることを証明せよ。（i番目の方程式に

$L_i = \lambda_i \omega_i$を掛けて 3 つの方程式を加えよ。）　(b) 同様にして，(10.68) の回転の運動エネルギー$T_{rot} = \frac{1}{2}(\lambda_1 \omega_1^2 + \lambda_2 \omega_2^2 + \lambda_3 \omega_3^2)$が一定であることを示せ。

10.41** 薄板内の点Oのまわりを自由に回転する，薄板（トルクなし）を考える。オイラー方程式を利用し，薄板の平面内の$\boldsymbol{\omega}$の成分が一定の大きさを持つことを示せ。[ヒント：問題 10.23 および 10.30 の結果を使用せよ。問題 10.30 によると，$\mathbf{e_3}$を薄板平面に垂直な方向に選ぶと，$\mathbf{e_3}$は主軸方向を指し示すことになる。そのため証明しなければならないのは，$\omega_1^2 + \omega_2^2$の時間微分がゼロであるということである。]

10.8 節　トルクが働かない場合のオイラー方程式

10.42* 30 cm×20 cm×3 cmの本を取りだし，ゴムバンドで縛って，本の最短対称軸に近い軸まわりを 180 rpmで回転させて空気中に投げる。その回転軸の微小振動の角振動数を求めよ。最も長い対称軸に近い軸を中心に回転させた場合は，どうなるだろうか。

10.43** 薄い均一円板（フリスビーと考えよ）を，ディスクの軸と角度αをなす軸のまわりに角速度$\boldsymbol{\omega}$で回転させ, 空中に投射する。(a) $\boldsymbol{\omega}$の大きさが一定となることを示せ。[(10.94) を参照すること。] (b) 投げ上げた人から見て, ディスクの軸は角速度$\Omega_s = \omega\sqrt{4 - 3sin^2\alpha}$で, 角運動量の方向まわりを歳差運動することを示せ。(問題 10.23 と 10.46 の結果が役に立つであろう。)

10.44** 自由空間に軸対称の宇宙ステーション（主軸$\boldsymbol{e}_3$，$\lambda_1 = \lambda_2$）が浮いている。ロケットはどちら側にも対称的に取り付けられており，噴射して対称軸のまわりに一定のトルクを加える。オイラー方程式を（物体軸を基準とする）$\boldsymbol{\omega}$に対して正確に解き，その運動を説明せよ。なお$t = 0$において，$\boldsymbol{\omega} = (\omega_{10}, 0, \omega_{30})$とせよ。

10.45** 地球の赤道の膨らみのために，極軸まわりのモーメントは，他の 2 つのモーメントよりわずかに大きい。つまり$\lambda_3 = 1.00327\lambda_1$, (ただし$\lambda_1 = \lambda_2$)である。　(a) 10.8 節に説明されている自由歳差運動の周期が，305 日であることを示せ。(本文に記載されているように, この「チャンドラー揺動」の周期は, 実際には 400 日程度である。) (b) 極軸と$\boldsymbol{\omega}$の間の角度は約 0.2 秒である。問題 10.46 の (10.118) を使用して，空間系から見て，このぐらつきの周期は約 1 日であることを示せ。

10.46*** 10.8 節では，軸対称体の自由歳差運動において，第 3 ベクトル$\mathbf{e_3}$（物体軸），$\boldsymbol{\omega}$，および$\mathbf{L}$が同一平面内にあることがわかった。物体系から見ると$\mathbf{e_3}$は固定され，$\boldsymbol{\omega}$と$\mathbf{L}$は角速度$\Omega_b = \omega_3(\lambda_1 - \lambda_3)/\lambda_1$で$\mathbf{e_3}$のまわりを歳差運動する。空間系で見た場合，$\mathbf{L}$は固定され，$\boldsymbol{\omega}$と$\mathbf{e_3}$は角速度$\Omega_s$で$\mathbf{L}$のまわりを歳差運動する。この問題では，$\Omega_s$に対する 3 つの同等の式を見出すことができる。　(a) $\mathbf{\Omega_s} = \mathbf{\Omega_b} + \boldsymbol{\omega}$であることを示せ。[相対的な角速度は，ベクトルと同じように加えることができることに注意すること。] (b) $\mathbf{\Omega_b}$は$\mathbf{e_3}$と平行であることに留意し，$\mathbf{e_3}$と$\boldsymbol{\omega}$の間の角度をα，$\mathbf{e_3}$と$\mathbf{L}$の間の角度をθとし，$\Omega_s = \omega\sin\alpha/\sin\theta$を証明せ

よ。（図 10.9 を参照。）　(c) 以下を証明せよ。

$$\Omega_s = \omega\frac{\sin\alpha}{\sin\theta} = \frac{L}{\lambda_1} = \frac{\sqrt{\lambda_3^2+(\lambda_1^2-\lambda_3^2)\sin^2\alpha}}{\lambda_1} \tag{10.118}$$

10.47*** 地球は完全な剛体で，かつ均一・球形であり，自転軸まわりを一定の速度で回転していると想像せよ。地球の10^{-8}の質量を持つ巨大な山が余緯度 60° に追加され，10.8 節で説明されている自由歳差運動を，地球が始めたとする。北極（ωに沿った直径の北端と定義される）が現在の位置から 100 マイル移動するのに，どれくらいの時間がかかるだろうか。［地球の半径を 4000 マイルとせよ。］

10.9 節 オイラー角*

10.48** (10.97) は，不均一な単位ベクトルを用いて物体の角速度を与える。 (a) $\boldsymbol{\omega}$を$\hat{\mathbf{x}}, \hat{\mathbf{y}}, \hat{\mathbf{z}}$を用いて表現せよ。 (b) $\mathbf{e}_1, \mathbf{e}_2, \mathbf{e}_3$に関して，同じことをおこなえ。

10.49** $\mathbf{L}$について (10.100) から出発して，L_zが (10.102) および (10.103) によって正しく与えられていることを確かめよ。

10.50** (10.105) は，$\lambda_1 = \lambda_2$の物体のオイラー角を用いて運動エネルギーを示している。3 つの主モーメントがすべて異なる物体に対し，これに対応する式を求めよ。

10.10 節 回転するコマの運動*

10.51* 対称コマのエネルギーが，$E = \frac{1}{2}\lambda_1\dot{\theta}^2 + U_{eff}(\theta)$となることを確認せよ。ここで有効位置エネルギーは，(10.114) で与えられる。

10.52** (10.112) に関して予測された，対称コマのすばやい定常歳差運動を考える。 (a) この運動では，角運動量$\mathbf{L}$は垂直方向に極めて近くなければならないことを示せ。［ヒント：$\mathbf{L}$の水平成分L_{hor}を求めるために，(10.100) を使用せよ。$\dot{\phi}$が (10.112) の右辺によって与えられる場合，L_{hor}は正確にゼロとなる。］ (b) この結果を使用して，(10.112) で与えられた歳差運動の角速度Ωは，(10.96) の自由歳差運動の角速度Ω_sと一致することを示せ。

10.53** 10.10 節のコマの定常歳差運動の議論において，定常歳差運動が起こりうる割合Ωは 2 次方程式 (10.110) によって決定された。特にω_3が非常に大きい場合について，この方程式を調べる。この場合，方程式は$a\Omega^2 + b\Omega + c = 0$と書くことができ，また$b$は非常に大きい。(a) bが非常に大きい場合，この方程式の 2 つの解はおおよそ$-c/b$（小）と$-b/a$（大）であることを確かめよ。「bが非常に大きい」という条件は，正確にはどういう意味であろうか。(b) これらが (10.111) および (10.112) の 2 つの解を与えることを検証せよ。

10.54*** [コンピュータ]コマの章動は，有効位置エネルギー (10.114) によって制御される。$U_{eff}(\theta)$の図を，以下のようにして作成せよ。 (a) まず，$U_{eff}(\theta)$の第 2 項は定数なので無視する。次に，$MgR = 1 = \lambda_1$となる適切な単位系を選ぶ。また残りのパラメータL_zおよびL_3は，完全に独立したパラメータである。$L_z = 10, L_3 = 8$とし，$U_{eff}(\theta)$をθの関数として図示せよ。 (b) このグラフを使って，コマが$\theta =$一定で歳差運動をする角度θ_0を決定する方法を，明確に説明せよ。θ_0を有効数字 3 桁で求めよ。 (c) (10.115) で与えられるこの定常歳差運動の角速度$\Omega = \dot{\phi}$を求めよ。与えられた近似値 (10.112) と比較せよ。

10.55*** 10.8 節の対称性を持つ物体の自由歳差運動の解析は，オイラー方程式に基づいていた。以下述べるように，オイラー角を使って同じ結果を得ることができる。$\mathbf{L}$は一定なので，$\mathbf{L} = L\hat{\mathbf{z}}$となるように空間軸$\hat{\mathbf{z}}$を選択することができる。 (a) $\hat{\mathbf{z}}$に (10.98) を使用し，単位ベクトル$\mathbf{e}'_1, \mathbf{e}'_2, \mathbf{e}_3$を用いて$\mathbf{L}$を表せ。 (b) この式を (10.100) と比較し，$\dot{\theta}, \dot{\phi}, \dot{\psi}$の 3 つの方程式を求めよ。 (c) θと$\dot{\phi}$は一定であり，空間軸$\hat{\mathbf{z}}$を中心とする物体軸の歳差運動の角速度は，(10.96) のように$\Omega_s = L/\lambda_1$であることを示せ。(d) (10.99) を用いて，$\boldsymbol{\omega}$と$\mathbf{e}_3$との間の角度は一定であり，3 つのベクトル$\mathbf{L}, \boldsymbol{\omega}, \mathbf{e}_3$は常に同一平面上にあることを示せ。

10.56*** 対称コマの重要かつ特殊な運動は，垂直軸を中心に回転するときに発生する。この運動を以下のように分析せよ。 (a) 有効 PE (10.114) を調べることにより，$\theta = 0$のときにL_3とL_zが等しくなければならないことを示せ。 (b) $L_z = L_3 = \lambda_3\omega_3$とし，$\theta = 0$を中心に$U_{eff}(\theta)$のテイラー展開を$\theta^2$項までおこなえ。 (c) $\omega_3 > \omega_{min} = 2\sqrt{MgR\lambda_1/\lambda_3^2}$ならば$\theta = 0$の位置は安定するが，$\omega_3 < \omega_{min}$ならば不安定であることを示せ。(実際には，摩擦が回転コマを遅くする。したがってω_3が十分に速い場合，コマは垂直方向で安定するが，ω_3がω_{min}に達すると，コマがゆっくりと垂直方向から離れる。)

10.57*** (a) その下端が摩擦のない水平なテーブル上を自由に滑ることができる，対称コマのラグランジアンを求めよ。一般化座標として，オイラー角(θ, ϕ, ψ)およびX, Yを使用する。ここで(X, Y, Z)はテーブル上の固定点に対する CM の位置である。($Z = R\cos\theta$であるので，垂直位置Zは独立座標ではないことに注意すること。) (b) (X, Y)の CM の運動を，回転運動から完全に分離できることを示せ。 (c) (与えられたθとω_3に対して) (10.111) と (10.112) という，2 つの可能な歳差運動の角運動量を考える。これらの値は，下端が固定されている場合に対応する値と，どの程度異なっているか。

第 11 章　連成振動子と規準振動

第 5 章では，固定されたばねの端に取り付けられた物体のような，単一の物体の振動について説明した。ここではCO_2のように，分子を構成する原子のような複数の物体の振動を取り扱うことにする。これらの分子は，ばねによって互いにつながった物体系と考えることができる。各物体が別々の固定ばねに取り付けられており，お互いが連結されていない場合は，第 5 章で説明したように，それぞれが独立して揺れ動く。そしてこの場合については，何も言うことはない。したがってここでは振動することができ，かつ何らかの形で互いに接続された物体系，すなわち**連成振動子**系に注目する。1 つの振動子には単一の固有角振動数があり，（減衰力または駆動力がない場合は）永遠に振動し続ける。2 つ以上の連成振動子にはいくつかの固有（または「規準」）角振動数があり，一般的な運動は異なる規準角振動数を持つ振動の組み合わせとなる。

第 10 章の回転体の理論と同様に，連成振動子の理論では行列の本質的な使用をおこなう必要があるので，第 10 章で学んだ多くの考え方が重要な役割を果たす。この章の考え方の最も明白な応用は分子の研究であるが，音響，橋や建物のような建造物の振動，結合された電気回路などの多くの応用がある。

この章では，我々が関心を持っているすべての力がフックの法則にしたがっており，また運動方程式はすべて線形であると仮定する。これは特別な場合であるが，極めて重要で特別な場合でもある。また力学や物理学の分野で，多くの応用がある。それにもかかわらず，ここで説明する系は特殊な場合であることに注意してほしい。第 12 章で，非線形振動子の運動が驚くほど複雑になることがわかる。

11.1 2つの物体と3つのばね

単純な連成振動子の最初の例として，図 11.1 に示す 2 つの台車を考えてみよう。台車は 2 本の固定された壁の間にある水平な軌道上を，摩擦なく移動する。それぞれの台車はばね（ばね定数k_1およびk_3）によって近くの壁に取り付けられ，またばね定数k_2のばねによってお互いにつながれている。ばね 2 がない場合，2 つの台車は互いに独立して振動するであろう。したがって，2 つの振動子を「つなぐ」のは，ばね 2 である。ばね 2 の存在によりどちらの台車も，他の台車の移動なしに，移動することは不可能である。たとえば台車 1 が静止していて台車 2 が動くと，ばね 2 の長さが変化し，台車 1 に変化する力が働き，同じく運動する[1]。

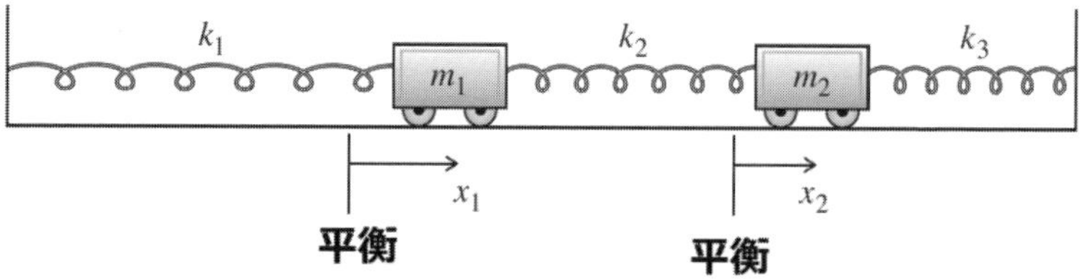

図 11.1 k_1およびk_3で示したばねによって固定壁に取り付けられ，k_2でお互いがつながれた 2 つの台車。台車の位置x_1およびx_2は，それぞれの平衡位置から測定される。

ニュートンの第 2 法則またはラグランジュ方程式のいずれかを使用して，2 つの台車の運動方程式を見出すことは容易である。一般的にラグランジュ方程式を書き下すのは容易であるが，今の単純な場合では，ニュートンの法則のほうがやや有益である。2 つの台車がそれらの平衡位置から距離x_1およびx_2（右側に）移動したと仮定する。ばね 1 はx_1だけ引き伸ばされ，台車 1 の左方向に力k_1x_1を及

---

1 以下の説明では，2 つの台車が平衡位置にあるとき，3 つのばねは伸ばされも圧縮もされていないと仮定することが最も簡単である。しかし 2 つの壁の間隔に応じて，3 つのばねがすべて圧縮されているか，3 つのばねがすべて伸びている可能性がある。幸いにも次の 3 つの節の結果のどれもが，これらの可能性の影響を受けないことが，簡単に（問題 11.1）確認できる。

ぼす。ばね 2 は，両方の台車の位置によって影響を受けるのでより複雑であるが，容易にわかるようにばねが$x_2 - x_1$だけ伸ばされ，台車 1 の右方向に力$k_2(x_2 - x_1)$を及ぼす。したがって台車 1 に働く合力は，

$$
\begin{aligned}
(\text{台車 1 の合力}) &= -k_1 x_1 + k_2(x_2 - x_1) \\
&= -(k_1 + k_2)x_1 + k_2 x_2 \qquad (11.1)
\end{aligned}
$$

である。2 行目では，x_1とx_2の 2 つの変数への依存性をより明確に示している。同様の方法で台車 2 に働く力を見い出すことができ，2 つの運動方程式は次のようになる。

$$
\left.\begin{aligned}
m_1\ddot{x}_1 &= -(k_1 + k_2)x_1 + k_2 x_2 \\
m_2\ddot{x}_2 &= k_2 x_1 - (k_2 + k_3)x_2
\end{aligned}\right\} \qquad (11.2)
$$

これらの 2 つの連立方程式を解く前に，これらが以下の簡潔な行列形式によって，すっきりと記述できることに注意してほしい。

$$
\mathbf{M}\ddot{\mathbf{x}} = -\mathbf{K}\mathbf{x} \qquad (11.3)
$$

ここで，系の構成要素にラベルを付ける（2×1）列行列（または「列ベクトル」）を導入する。

$$
\mathbf{x} = \begin{bmatrix} x_1 \\ x_2 \end{bmatrix} \qquad (11.4)
$$

（2 自由度系には 2 つの構成要素があり，n自由度系ではn個の構成要素がある。）また，2 つの正方行列を定義した。

$$
\mathbf{M} = \begin{bmatrix} m_1 & 0 \\ 0 & m_2 \end{bmatrix}, \quad \mathbf{K} = \begin{bmatrix} k_1 + k_2 & -k_2 \\ -k_2 & k_2 + k_3 \end{bmatrix} \qquad (11.5)
$$

「質量行列」$\mathbf{M}$は（この単純な場合には少なくとも）対角行列であり，質量m_1およびm_2は対角線上にある。「ばね定数行列」$\mathbf{K}$は，2 つの方程式（11.2）の右辺においてx_1およびx_2が組になっていることを反映して，非ゼロの非対角成分を有する。行列の方程式（11.3）は，単一のばねにつながれた単一の台車に対する運動方程式を一般化したものであることに注意してほしい。1 自由度の場合のみ，3 つの行列$\mathbf{x}, \mathbf{M}, \mathbf{K}$はすべて（1×1）行列，すなわち通常の数となる。$\mathbf{x}$は台車の位置$x$，質量行列$\mathbf{M}$は台車の質量$m$，$\mathbf{K}$はばね定数$k$である。そして運動方程式（11.3）

は，おなじみの$m\ddot{x} = -kx$である。また，**M**と**K**の両方が対称行列であることに注意してほしい。この章の対応するすべての行列についても，同様である。**M**と**K**の対称性はここでの議論において明白な役割を果たさないが，付録で示した通り，このことは基礎となる数学の重要な特性である。

運動方程式（11.3）を解くにあたり，両方の台車が同じ角振動数ωで余弦波的に振動する解が存在することが推測できる。つまり，

$$x_1(t) = \alpha_1 \cos(\omega t - \delta_1) \tag{11.6}$$

$$x_2(t) = \alpha_2 \cos(\omega t - \delta_2) \tag{11.7}$$

である。いずれにせよ，この形の解を見つけようとする際に，障害となるものは何もない。（そして実際に求めることができる。）この形式の解があるならば，余弦は正弦で置き換えた同じ形の解も存在する。

$$y_1(t) = \alpha_1 \sin(\omega t - \delta_1)$$

$$y_2(t) = \alpha_2 \sin(\omega t - \delta_2)$$

そしてこれら 2 つの解を，1 つの複素解に統合することができる。

$$z_1(t) = x_1(t) + iy_1(t) = \alpha_1 e^{i(\omega t - \delta_1)} = \alpha_1 e^{-i\delta_1} e^{i\omega t} = a_1 e^{i\omega t} \tag{11.8}$$

ここで$a_1 = \alpha_1 e^{-i\delta_1}$であり，同様に以下が成立する。

$$z_2(t) = x_2(t) + iy_2(t) = \alpha_2 e^{i(\omega t - \delta_2)} = \alpha_2 e^{-i\delta_2} e^{i\omega t} = a_2 e^{i\omega t} \tag{11.9}$$

「架空の」複素解を，運動方程式を解くために導入するこの技法は，5.5 節で紹介したものと同じである。もちろん，これらの複素数が 2 つの台車の実際の運動を表すわけではない。実際の運動は，2 つの実数（11.6）と（11.7）で与えられる。それにもかかわらず，a_1, a_2およびωを正しく選択すると，2 つの複素数（11.8）および（11.9）は（これまで見てきたように）運動方程式の解となり，それらの実数部は系の実際の運動を記述する。複素数を用いる大きな利点は，（11.8）と（11.9）の右辺からわかるように，共通要素$e^{i\omega t}$によって与えられる時間依存性が，両者で同じとなることである。これにより，2 つの複素解を 1 つの（2×1）形式の行列解にまとめることができる。

$$\mathbf{z}(t) = \begin{bmatrix} z_1(t) \\ z_2(t) \end{bmatrix} = \begin{bmatrix} a_1 \\ a_2 \end{bmatrix} e^{i\omega t} = \mathbf{a} e^{i\omega t} \tag{11.10}$$

ここで，列ベクトル$\boldsymbol{a}$は 2 つの複素数からなる定数である。

$$\mathbf{a} = \begin{bmatrix} a_1 \\ a_2 \end{bmatrix} = \begin{bmatrix} \alpha_1 e^{-i\delta_1} \\ \alpha_2 e^{-i\delta_2} \end{bmatrix}$$

運動方程式（11.3）の解を求める際には，複素形式（11.10）の解$\mathbf{z}(t)$を求めることを試みる。この解を見つけることができれば，実際の運動$\mathbf{x}(t)$は$\mathbf{z}(t)$の実部である。

$$\mathbf{x}(t) = \mathrm{Re}\,\mathbf{z}(t)$$

（11.3）つまり$\mathbf{M}\ddot{\mathbf{x}} = -\mathbf{K}\mathbf{x}$に（11.10）を代入すると，以下の式を得る。

$$-\omega^2 \mathbf{M}\mathbf{a}e^{i\omega t} = -\mathbf{K}\mathbf{a}e^{i\omega t}$$

または共通の指数因子を消去した上で移項すると，

$$(\mathbf{K} - \omega^2 \mathbf{M})\mathbf{a} = 0 \qquad (11.11)$$

となる。この方程式は，10.5 節で検討した固有値方程式の一般化である。（通常の固有値方程式ではω^2が固有値であり，行列$\mathbf{M}$が単位行列$\mathbf{1}$である。）これはほぼ同じ方法で解くことができる。行列$(\mathbf{K} - \omega^2\mathbf{M})$が非ゼロ行列式を持つ場合，(11.11) の唯一の解は，全く運動がないことに対応する自明の解$\mathbf{a} = 0$である。一方，

$$\det(\mathbf{K} - \omega^2 \mathbf{M}) = 0 \qquad (11.12)$$

の場合，（11.11）の自明でない解，したがって仮定された正弦波形式（11.10）の運動方程式の解が存在する。この場合，行列$\mathbf{K}, \mathbf{M}$は(2×2)行列であるので，(11.12) はω^2の 2 次方程式となり，一般に 2 つの解を持つ。これは，台車が（11.10）のように正弦[または実際の運動となる（11.6）および（11.7）で]振動することができる 2 つの角振動数ωが存在することを意味する[2]。

この系が正弦波振動することができる 2 つの角振動数（いわゆる**規準角振動数**）は，ω^2の 2 次式（11.12）によって決定される。この式の詳細は，3 つのばね定数と 2 つの質量の値に依存する。一般的な場合は直接的に求めることができるが，

---

[2] ω^2に対して 2 つの解があるので，これは$\omega = \pm\sqrt{\omega^2}$の 4 つの解を与えると考えるかもしれない。しかし（11.6）および（11.7）を見ると，$+\omega$と$-\omega$が実際の動作では同じ振動数となることがわかる。

それは特に教育的なものではない。その代わりに，何が起こっているのかをより簡単に理解できる2つの特別な場合について議論する。ここでは3つのばねが同一である場合と，2つのばねが同一である場合から，議論を始める。

11.2 同一のばねと質量の等しい物体

図11.1の2つの台車を調べるが，今度は2つの質量が等しく（$m_1 = m_2 = m$），同様に3つのばね定数も等しい（$k_1 = k_2 = k_3 = k$）とする。この場合，(11.5)で定義された行列$\mathbf{M}, \mathbf{K}$は，

$$\mathbf{M} = \begin{bmatrix} m & 0 \\ 0 & m \end{bmatrix} \qquad \mathbf{K} = \begin{bmatrix} 2k & -k \\ -k & 2k \end{bmatrix} \tag{11.13}$$

となる。一般固有値方程式[3]（11.11）の行列$(\mathbf{K} - \omega^2\mathbf{M})$は次のようになる。

$$(\mathbf{K} - \omega^2\mathbf{M}) = \begin{bmatrix} 2k - m\omega^2 & -k \\ -k & 2k - m\omega^2 \end{bmatrix} \tag{11.14}$$

また，その行列式は

$$\det(\mathbf{K} - \omega^2\mathbf{M}) = (2k - m\omega^2)^2 - k^2 = (k - m\omega^2)(3k - m\omega^2)$$

である。この行列式がゼロとなることで2つの規準角振動数が決められるので，

$$\omega = \sqrt{\frac{k}{m}} = \omega_1, \qquad \omega = \sqrt{\frac{3k}{m}} = \omega_2 \tag{11.15}$$

である。これらの2つの規準角振動数は，2つの台車が純粋に正弦波運動で振動する際の角振動数である。最初のω_1は，単一のばねk上の単一の質量mの角振動数に等しいことに注意してほしい。この偶然の理由を，これから見ていくことにする。

（11.15）は系の2つの可能な角振動数を示しているが，対応する運動についてまだ説明していない。実際の運動は実数列$\mathbf{x}(t) = \mathrm{Re}\,\mathbf{z}(t)$で与えられるが，ここで$\mathbf{z}(t) = \mathbf{a}e^{i\omega t}$は複素数列であり，また$\mathbf{a}$は2つの定数

$$\mathbf{a} = \begin{bmatrix} a_1 \\ a_2 \end{bmatrix}$$

からなり，以下の固有値方程式を満たさなければならない。

---

[3] 以後，（11.11）を固有値方程式と呼び，「一般」という言葉を省略する。

$$(\mathbf{K}-\omega^2\mathbf{M})\mathbf{a}=0 \tag{11.16}$$

規準角振動数が求まっているので，各規準角振動数に対応するベクトル$\mathbf{a}$を順次解いていく。いずれかの規準角振動数を持つ正弦波運動を**規準振動**というが，まずは第 1 規準振動から始める。

第 1 規準振動

仮にωを第 1 規準角振動数$\omega_1=\sqrt{k/m}$に等しくすると，（11.14）の行列$(\mathbf{K}-\omega^2\mathbf{M})$は

$$(\mathbf{K}-\omega^2\mathbf{M})=\begin{bmatrix} k & -k \\ -k & k \end{bmatrix} \tag{11.17}$$

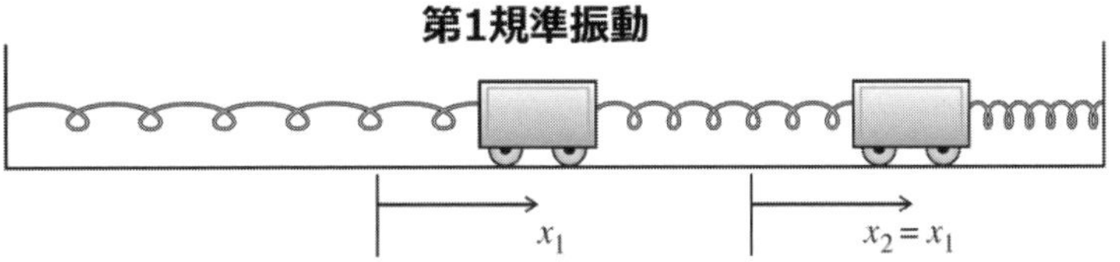

図 11.2 3 つの同一のばねを持つ，2 つの同一質量の台車の第 1 規準振動。2 つの台車は，$x_1(t)=x_2(t)$となるように等振幅で正確に前後に振動し，中間のばねは常にその平衡長のままである。

となる。（この行列の行列式が 0 であることに注意すること。）したがって，この場合，固有値方程式（11.16）は次のようになる。

$$\begin{bmatrix} 1 & -1 \\ -1 & 1 \end{bmatrix}\begin{bmatrix} a_1 \\ a_2 \end{bmatrix}=0$$

これは，以下の 2 つの方程式と同等である。

$$a_1-a_2=0$$
$$-a_1+a_2=0$$

これらの 2 つの方程式は実際には同じ方程式であり，どちらも

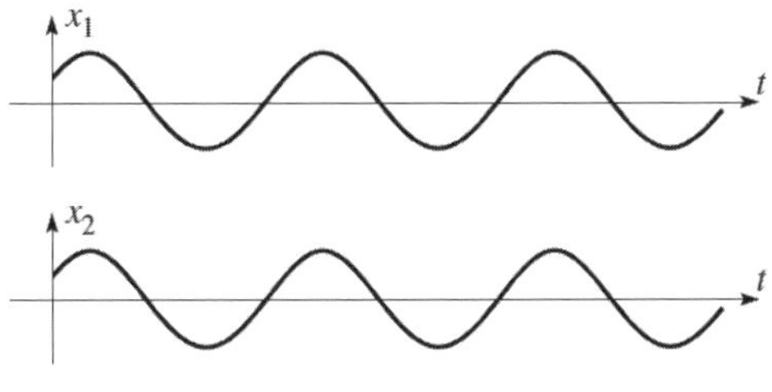

図 11.3 第 1 規準振動では，2 つの台車の位置が等振幅かつ同相で正弦波振動する。

$a_1 = a_2 = Ae^{-i\delta}$を意味することに注意してほしい。したがって，複素数列$\mathbf{z}(t)$は

$$\mathbf{z}(t) = \begin{bmatrix} a_1 \\ a_2 \end{bmatrix} e^{i\omega_1 t} = \begin{bmatrix} A \\ A \end{bmatrix} e^{i(\omega_1 t - \delta)}$$

となる。これに対応する実際の運動は，実数列$\boldsymbol{x}(t) = \mathrm{Re}\mathbf{z}(t)$または

$$\mathbf{x}(t) = \begin{bmatrix} x_1(t) \\ x_2(t) \end{bmatrix} = \begin{bmatrix} A \\ A \end{bmatrix} \cos(\omega_1 t - \delta)$$

つまり，以下のようになる。

$$\left.\begin{aligned} x_1(t) &= A\cos(\omega_1 t - \delta) \\ x_2(t) &= A\cos(\omega_1 t - \delta) \end{aligned}\right\} \quad [\text{第 1 規準振動}] \qquad (11.18)$$

第 1 規準振動では，図 11.2 に示すように，2 つの台車が同じ振幅Aで，かつ同相で振動することがわかる。

図 11.2 の顕著な特徴は，$x_1(t) = x_2(t)$であるため，振動中に中央のばねが伸び縮みしないことである。つまり第 1 規準振動では真ん中のばねは運動には無関係で，各台車はまるで単一のばねに取り付けられているかのように振動する。このことはなぜ第 1 規準角振動数$\omega_1 = \sqrt{k/m}$が単一のばねにつながれた単一の台車の場合と同じであるのかを，説明する。

第 1 規準振動の運動を説明する別の方法は，2 つの位置x_1, x_2をtの関数として図示することである。これを，図 11.3 に示す。

第 2 規準振動

系が正弦振動することができる第 2 の規準角振動数は，$\omega^2 = \sqrt{3k/m}$として（11.15）で与えられる。これを（11.14）に代入すると，以下のようになる。

$$(\mathbf{K} - \omega_2^2\mathbf{M}) = \begin{bmatrix} -k & -k \\ -k & -k \end{bmatrix} \qquad (11.19)$$

したがってこの規準振動では，固有値方程式$(\mathbf{K} - \omega_2^2\mathbf{M})\mathbf{a} = 0$は，

$$\begin{bmatrix} 1 & 1 \\ 1 & 1 \end{bmatrix} \begin{bmatrix} a_1 \\ a_2 \end{bmatrix} = 0$$

となる。これは$a_1 + a_2 = 0$，または$a_1 = -a_2 = Ae^{-i\delta}$を意味する。したがって，複素数列$\mathbf{z}(t)$は

$$\mathbf{z}(t) = \begin{bmatrix} a_1 \\ a_2 \end{bmatrix} e^{i\omega_2 t} = \begin{bmatrix} A \\ -A \end{bmatrix} e^{i(\omega_2 t - \delta)}$$

となり，対応する実際の運動は実数列$\mathbf{x}(t) = \mathrm{Re}\mathbf{z}(t)$または

$$\mathbf{x}(t) = \begin{bmatrix} x_1(t) \\ x_2(t) \end{bmatrix} = \begin{bmatrix} A \\ -A \end{bmatrix} \cos(\omega_2 t - \delta)$$

つまり，以下のようになる。

$$\left.\begin{aligned} x_1(t) &= A\cos(\omega_2 t - \delta) \\ x_2(t) &= -A\cos(\omega_2 t - \delta) \end{aligned}\right\} \quad \text{[第 2 規準振動]} \quad (11.20)$$

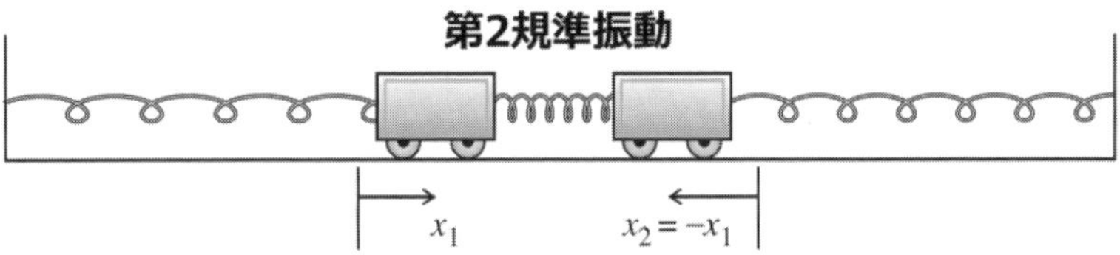

図 11.4 3 つの同一のばねを持つ 2 つの同一質量の台車の第 2 規準振動。 2 つの台車は同じ振幅で前後に振動するが，常に位相がずれるので，常に$x_2(t) = -x_1(t)$になる。

第 2 規準振動では，図 11.4・図 11.5 に示すように，2 つの台車は同じ振幅Aで振動するが，位相が真逆にずれている。

第 2 規準振動では，台車 1 が右に移動すると台車 2 は左に等距離移動し，その逆も同様であることに留意されたい。これは外側の 2 つのばねが引き伸ばされると（図 11.4 のように），中間のばねは 2 倍圧縮されることを意味する。したがって，たとえば左のばねが台車 1 を左に引っ張っているとき，中央のばねは台車 1 を 2 倍の力で左に押す。これは各台車がばね定数$3k$の単一の

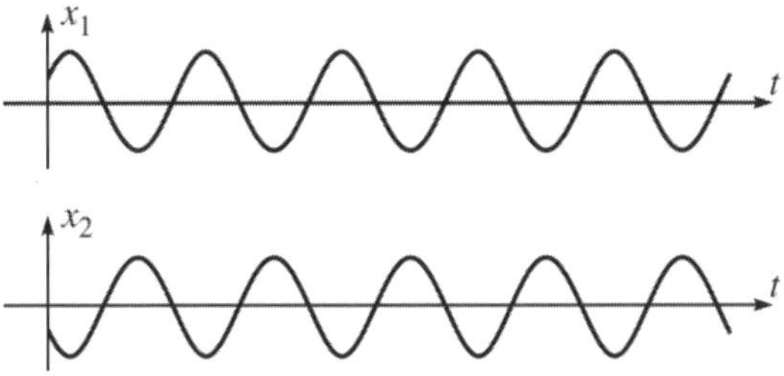

図 11.5 第 2 規準振動では，2 つの位置が等振幅であるが，位相が真逆にずれて正弦波振動する。

ばねに取り付けられているかのように動くことを意味する。そのため，第 2 規準角振動数は$\omega^2 = \sqrt{3k/m}$である。

一般解

今や 2 つの規準振動の解が見つかったが，それを以下のように書き直す。

$$\mathbf{x}(t) = A_1 \begin{bmatrix} 1 \\ 1 \end{bmatrix} \cos(\omega_1 t - \delta_1), \qquad \mathbf{x}(t) = A_2 \begin{bmatrix} 1 \\ -1 \end{bmatrix} \cos(\omega_2 t - \delta_2)$$

ここでω_1, ω_2は規準角振動数（11.15）である。これらの解はどちらも 4 つの実定数$A_1, \delta_1, A_2, \delta_2$の任意の値に対して，運動方程式$\mathbf{M}\ddot{\mathbf{x}} = -\mathbf{K}\mathbf{x}$を満たす。運動方程式は線形で同次であるため，これら 2 つの解の和も解となる。

$$\mathbf{x}(t) = A_1 \begin{bmatrix} 1 \\ 1 \end{bmatrix} \cos(\omega_1 t - \delta_1) + A_2 \begin{bmatrix} 1 \\ -1 \end{bmatrix} \cos(\omega_2 t - \delta_2) \qquad (11.21)$$

運動方程式は 2 つの変数$x_1(t), x_2(t)$に対する 2 つの 2 階微分方程式であるので，一般解は 4 つの積分定数を持つ。したがって，4 つの任意定数を持つ解（11.21）は，一般解である。一般解は，初期条件によって決定される定数$A_1, A_2, \delta_1, \delta_2$を用いて，（11.21）の形で書くことができる。

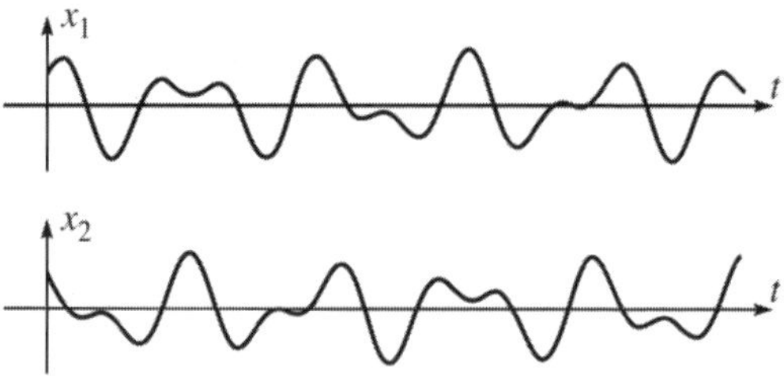

図 11.6 一般解では，$x_1(t)$と$x_2(t)$の両方が 2 つの規準振動数で振動し，非常に複雑な非周期的運動を生成する。

一般解（11.21）を，視覚化するのは難しい。各台車の運動は 2 つの角振動数ω_1, ω_2が混合したものである。$\omega_2 = \sqrt{3}\omega_1$であるので，定数$A_1$または$A_2$のいずれかがゼロである特殊な場合を除いて（この場合は規準振動の 1 つを繰り返す），運動は決して繰り返されない。図 11.6 は，典型的な非規準振動（$A_1 = 1, A_2 = 0.7, \delta_1 = 0, \delta_2 = \pi/2$）における，2 つの台車の位置を示している。この図について言える唯一のことは，運動はそれほど単純ではないということである。

規準座標

これまでで，2 台車系の任意の可能な運動では，座標$x_1(t), x_2(t)$の両方が時間と共に変化することがわかった。規準振動では時間依存性は単純（正弦波）であるが，2 つの台車が結合されており，1 つの台車が他の台車の移動なしで移動できないため，両方が変化するという状況は依然として正しい。物理的にはあまりはっきりしたものではないが，それぞれが互いに独立して変化することができる便利な特徴を持つ代替の，いわゆる**規準座標**を導入することが可能である。このことは連成系であれば一般に当てはまるが，3 つの同一のばねで結合された 2 つの等しい質量の場合には，特に簡単となる。

座標x_1, x_2の代わりに，2 つの台車の位置を 2 つの規準座標で特徴づける。

$$\xi_1 = \frac{1}{2}(x_1 + x_2) \tag{11.22}$$

$$\xi_2 = \frac{1}{2}(x_1 - x_2) \tag{11.23}$$

元の変数x_1, x_2の物理的意味（2 つの台車の位置）は明確であるが，ξ_1, ξ_2も系の構成要素にラベルを付ける役割を果たす。さらに（11.18）を考えると，第 1 規準振動では新しい変数は次のようになる。

$$\left.\begin{aligned} \xi_1(t) &= A\cos(\omega_1 t - \delta) \\ \xi_2(t) &= 0 \end{aligned}\right\} \quad \text{[第 1 規準振動]} \tag{11.24}$$

一方，第 2 規準振動では，（11.20）から

$$\left.\begin{aligned} \xi_1(t) &= 0 \\ \xi_2(t) &= A\cos(\omega_2 t - \delta) \end{aligned}\right\} \quad \text{[第 2 規準振動]} \tag{11.25}$$

となる。第 1 規準振動では新しい変数ξ_1は振動するが，ξ_2はゼロのままである。第 2 規準振動では，逆になる。この意味において，新しい座標は独立している。系の一般的な運動はこれら 2 つの振動の重ね合わせであり，この場合ξ_1, ξ_2の両方が振動する。しかしξ_1は角振動数ω_1で振動し，ξ_2は角振動数ω_2で振動する。より複雑な問題では，これらの新しい規準座標によってかなり簡素化される。（このような例については問題 11.9，11.10，11.11 を，さらに詳しい説明は 11.7 節を参照してほしい。）

11.3 2つの弱く結合した振動子

前節では，3つの等しいばねでつながれた2つの等しい質量をもつ物体の振動について説明した。この系では2つの規準振動は理解しやすく，視覚化するのが簡単であったが，非規準振動ではそうではなかった。非規準振動が容易に可視化される系は，同じ固有角振動数を有し，弱く結合された一対の振動子の場合である。このような系の例として，図 11.7 に示す 2 つの同じ台車を考えてほしい。これらの台車は，同じばね（ばね定数k）で近くの壁に取り付けられており，はるかに弱いばね（ばね定数$k_2 \ll k$）によってお互いがつながれている。

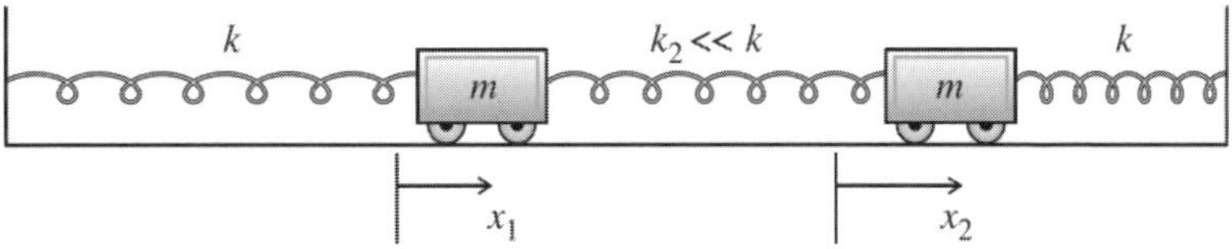

図 11.7 2つの弱く結合した台車。2つの台車を連結する中間のばねは外側の2つのばねよりもはるかに弱い。

この系の規準振動は，すぐに求めることができる。質量行列$\mathbf{M}$は以前と同じである。ばね行列$\mathbf{K}$と固有値問題を決定する重要な組み合わせ$(\mathbf{K}-\omega^2\mathbf{M})$は，簡単に書き下せる。[$\mathbf{K}$ については，(11.5) から始める。]

$$\mathbf{K} = \begin{bmatrix} k+k_2 & -k_2 \\ -k_2 & k+k_2 \end{bmatrix}$$

$$(\mathbf{K}-\omega^2\mathbf{M}) = \begin{bmatrix} k+k_2-m\omega^2 & -k_2 \\ -k_2 & k+k_2-m\omega^2 \end{bmatrix} \tag{11.26}$$

$(\mathbf{K}-\omega^2\mathbf{M})$の行列式は$(k-m\omega^2)(k+2k_2-m\omega^2)$であり，2つの規準角振動数は，以下のようになる。

$$\omega_1 = \sqrt{\frac{k}{m}}, \qquad \omega_2 = \sqrt{\frac{k+2k_2}{m}} \tag{11.27}$$

最初の角振動数は前の例とまったく同じであるが，なぜそうなのか簡単に理解できる。すぐわかるように，第1規準振動での運動は，図 11.2 に示す等しいばねの場合の第1規準振動の運動と同じである。重要な点は，この振動では2つの台車が一緒に動くため中央のばねが伸び縮みせず，したがって無関係であるということである。当然のことながら中央のばねの強さに関わらず，この場合は同じ角振動数が得られる。

第 2 規準振動においても，その運動はそれと対応する等しいばねの振動の場合と同じであり，図 11.4 に示すように，2 つの台車は完全に位相がずれる。しかしこの振動では中間ばねの強度はもちろん関係し，(11.27) で与えられる第 2 規準角振動数ω_2はk_2に依存する。今の場合$k_2 \ll k$であるので，ω_2はω_1に非常に近い。この近さを利用するために，2 つの規準角振動数の平均をω_0と定義すると便利である。

$$\omega_0 = \frac{\omega_1 + \omega_2}{2}$$

ω_1とω_2はお互いに非常に近いので，ω_0はどちらにも非常に近く，ほとんどの目的においてはω_0は$\omega_1 = \sqrt{k/m}$と本質的に同じと考えることができる。ω_1とω_2の差が小さいことを示すために，以下のように書く。

$$\omega_1 = \omega_0 - \epsilon, \qquad \omega_2 = \omega_0 + \epsilon$$

すなわち，微小定数ϵは 2 つの規準角振動数の差の半分である。

弱く結合した台車の 2 つの規準振動は，次のように書くことができる。

$$\mathbf{z}(t) = C_1 \begin{bmatrix} 1 \\ 1 \end{bmatrix} e^{i(\omega_0 - \epsilon)t}, \qquad \mathbf{z}(t) = C_2 \begin{bmatrix} 1 \\ -1 \end{bmatrix} e^{i(\omega_0 + \epsilon)t}$$

これらは，2 つの複素数C_1, C_2の任意の値に対して運動方程式を満足する。(もう少しの間，「架空の」複素解を使い続けることにする。) これら 2 つの解の和も，解である。

$$\mathbf{z}(t) = C_1 \begin{bmatrix} 1 \\ 1 \end{bmatrix} e^{i(\omega_0 - \epsilon)t} + C_2 \begin{bmatrix} 1 \\ -1 \end{bmatrix} e^{i(\omega_0 + \epsilon)t} \tag{11.28}$$

これは 4 つの任意の実数定数(2 つの複素定数C_1, C_2は 4 つの実数定数に相当する) を含んでいるため，一般解である。(11.28) の定数C_1, C_2は，$t = 0$における 2 つの台車の位置および速度の初期条件によって決定される。

解 (11.28) の一般的な特徴を調べるために，以下のように変形する。

$$\mathbf{z}(t) = \left\{ C_1 \begin{bmatrix} 1 \\ 1 \end{bmatrix} e^{-i\epsilon t} + C_2 \begin{bmatrix} 1 \\ -1 \end{bmatrix} e^{i\epsilon t} \right\} e^{i\omega_0 t} \tag{11.29}$$

これは，解を 2 つの項の積で表現している。中括弧$\{\cdots\}$は，tに依存する (2×1)

列行列である。しかしϵは非常に小さいので，この列行列は第 2 因子$e^{i\omega_0 t}$に比べると極めてゆっくり変化する。任意の適度に短い時間間隔にわたり，第 1 因子は本質的に一定であり，解は$\mathbf{z}(t) = \mathbf{a}e^{i\omega_0 t}$のようにふるまう。ただし$\mathbf{a}$は定数である。すなわち短い時間間隔にわたって，2 つの台車は角振動数ω_0で正弦波振動する。しかし十分に長い時間経過すると，「一定」であった$\mathbf{a}$はゆっくりと変化し，2 つの台車の運動は変化する。この運動については，この後すぐに詳しく説明する。

定数C_1, C_2を適当な値にした上で，(11.29) のふるまいを見直してみよう。まずC_1またはC_2のいずれかがゼロであれば，解 (11.29) は規準振動の 1 つとなる。(たとえば$C_1 = 00$ の場合，解は第 2 規準振動である。) より興味深いのはC_1, C_2の大きさが同じ場合であるが，議論を簡略化するために，C_1, C_2が等しくかつ実数であると仮定する。

$$C_1 = C_2 = A/2$$

(2 で割っているが，これは後の便宜のためである。) この場合 (11.29) は次のようになる。

$$\mathbf{z}(t) = \frac{A}{2}\begin{bmatrix} e^{-i\epsilon t} + e^{i\epsilon t} \\ e^{-i\epsilon t} - e^{i\epsilon t} \end{bmatrix} e^{i\omega_0 t} = A\begin{bmatrix} \cos\epsilon t \\ -i\sin\epsilon t \end{bmatrix} e^{i\omega_0 t} \qquad (11.30)$$

2 つの台車の実際の運動を調べるには，この行列の実部$\mathbf{x}(t) = \mathrm{Re}\mathbf{z}(t)$を取る必要がある。なおこの行列の 2 つの因子が，2 つの台車の位置を表す。

$$\left.\begin{aligned} x_1(t) &= A\cos\epsilon t\,\cos\omega_0 t \\ x_2(t) &= A\sin\epsilon t\,\sin\omega_0 t \end{aligned}\right\} \qquad (11.31)$$

解 (11.31) は単純かつ洗練された解釈が可能である。まず時間が 0 で$x_1 = A$であり，$\dot{x}_1 = x_2 = \dot{x}_2 = 0$であることに注意してほしい。つまりこの解は，台車 1 を距離A右に引っ張り，$t = 0$で台車から手を離したときの運動を示している。一方，台車 2 は平衡位置に静止している。ϵは非常に小さいので，ϵtを含む (11.31) の関数が本質的に変化しない，すなわち$\cos\epsilon t \approx 1$かつ$\sin\epsilon t \approx 0$となるある程度の時間間隔 (すなわち$0 \leq t \ll 1/\epsilon$) が存在する。この時間間隔では，(11.31) で与えられる 2 つの位置は

$$\left.\begin{aligned} x_1(t) &\approx A\cos\omega_0 t \\ x_2(t) &\approx 0 \end{aligned}\right\} \qquad [t \approx 0] \qquad (11.32)$$

となる。最初，台車 1 は振幅A角振動数ω_0で振動し，台車 2 は静止したままであ

る。

この単純な状態は，永遠に続くわけではない。台車 1 が移動し始めると，中間の弱いばねが縮まり，台車 2 を押し始める。中央のばねが及ぼす力は弱いが，最終的に台車 2 を振動させ始める。これは（11.31）の通りだが，ここで係数$\sin\epsilon t$は最終的には感知できるようになり，台車 2 は角振動数ω_0で振動し始める。$x_2(t)$の係数$\sin\epsilon t$が 1 に向かって増加するにつれて，$x_1(t)$の係数$\cos\epsilon t$は，2 つの振動している台車の全エネルギーが一定に保たれなければならないため，ゼロに向かって小さくなる。最終的に$\epsilon t = \pi/2$のとき，係数$\sin\epsilon t$は 1 になり（$\cos\epsilon t$はゼロに達する），以下のようになる[4]。

$$\left.\begin{aligned} x_1(t) &\approx 0 \\ x_2(t) &\approx A\sin\omega_0 t \end{aligned}\right\} \quad [t \approx \pi/2] \tag{11.33}$$

台車 2 は最大振幅で振動し台車 1 はまったく振動しないので，台車 2 は台車 1 を駆動し始める。台車 1 は振幅を増加させながら振動し始め，また台車 2 の振動の振幅は再び減少し始める。2 つの台車がエネルギーをやり取りするこのプロセスは，永遠に（またはここでは無視している散逸力が，すべてのエネルギーを奪い去るまで）続く。このことは図 11.8 に示されているが，この図は台車 1 から 2 へ，そして再び 1 へとエネルギーを移動させる 2 つの周期について，（11.31）で与えられる$x_1(t), x_2(t)$をtの関数として示している。

読者がうなりという現象を学習しているなら，おそらく図 11.8 のグラフとうなりのグラフとの類似性に気づいたであろう。うなりは，ほぼ等しい角振動数の 2 つの波，たとえば音波のような，を重ね合わせた結果である。角振動数の差が小さいため，（任意の場所で）2 つの波は定期的に位相の一致・不一致が起こる。これは波の干渉の結果により増幅と減衰が交互繰り返され，合成波のグラフは図 11.8 のいずれかのグラフのようになる。2 つの台車の場合，何がうなりに対応しているのかを理解するために，（11.22）と（11.23）の 2 つの規準座標，$\xi_1 = \frac{1}{2}(x_1 + x_2)$および$\xi_2 = \frac{1}{2}(x_1 - x_2)$，を再度考える必要がある。今の場合の解

---

[4] 共鳴に関する 5.6 節の議論によって，ここで起こったことを解釈できることに注意してほしい。弱いばねは台車 2 を共振振動数ω_0で駆動していたので，台車 2 はドライバの背後で$\pi/2$振動することによって応答していたはずである。$\sin\omega_0 t$が$\cos\omega_0 t$ から$\pi/2$遅れているので，このことは（11.32）と（11.33）からわかるとおりである。

(11.31)は，次のようになる。[三角関数の恒等式，$\cos\theta\cos\phi + \sin\theta\sin\phi = \cos(\theta - \phi)$を思い出すこと。]

$$\left.\begin{aligned}\xi_1(t) &= \frac{1}{2}A\cos(\omega_0 - \epsilon)t = \frac{1}{2}A\cos\omega_1 t\\ \xi_2(t) &= \frac{1}{2}A\cos(\omega_0 + \epsilon)t = \frac{1}{2}A\cos\omega_2 t\end{aligned}\right\} \tag{11.34}$$

すなわち，2 つの規準座標は等しい振幅で振動する。最初の角振動数はω_1であり，2 つ目はその近傍の角振動数ω_2である。

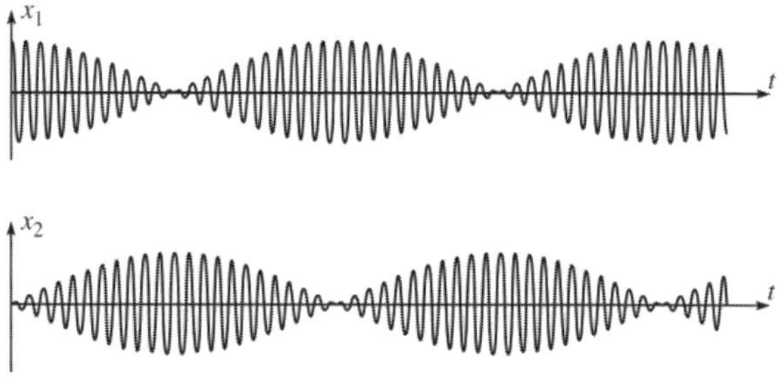

図 11.8　台車 1 が$x_1 = A > 0$，台車 2 が$x_2 = 0$の静止状態で手を離された場合の，2 つの弱く結合した振動台車の位置$x_1(t), x_2(t)$。

$x_1(t) = \xi_1(t) + \xi_2(t)$であるので，$x_1(t)$は$\xi_1(t), \xi_2(t)$の重ね合わせであり，$x_1(t)$の増減は，ほぼ等しい角振動数を持つこれら 2 つの信号間のうなりの結果である。$x_2(t)$についても同じことが言えるが，$x_2(t) = \xi_1(t) - \xi_2(t)$であるため図 11.8 に明瞭に示されているように，$x_1(t)$が増幅しているときには，$x_2(t)$は減少している。

11.4　ラグランジュ法：2 重振り子

直前の 3 つの節で取り上げた 2 つの振動台車の分析は，ニュートンの第 2 法則に基づいていた。ラグランジュ形式を使って同じ運動方程式を導き出すこともできるが，そのことに特に利点はない。しかし，より複雑な系を調べる場合，ラグランジュ法の利点が圧倒的になることがわかる。この節では，ラグランジアンを利用して，これまでやってきた2つの台車の方程式を再構築することから始める。また 2 つの自由度を持つもう 1 つの単純な系，つまり 2 重振り子についても同じことをおこなう。これらの 2 つの例は，次節での一般的な議論への道を開くことになる。

3 つのばねでつながれた 2 つの台車に対するラグランジュ法

図 11.1 の 2 つの台車をもう一度考えてみよう。台車に働くそれぞれの力を確認すると，ただちにニュートンの第 2 法則から運動方程式（11.2）を書き下すことができた。ラグランジュ方程式を用いて同じことをおこなうために，最初に運動エネルギーTと位置エネルギーU, そしてラグランジアン$\mathcal{L} = T - U$を書き下す。運動エネルギーは，以下のとおりである。

$$T = \frac{1}{2}m_1\dot{x}_1^2 + \frac{1}{2}m_2\dot{x}_2^2 \tag{11.35}$$

位置エネルギーを書き下すには，3 つのばねの伸びが$x_1, x_1 - x_2, -x_2$であることを認識しなければならない。

$$\begin{aligned} U &= \frac{1}{2}k_1x_1^2 + \frac{1}{2}k_2(x_1 - x_2)^2 + \frac{1}{2}k_3x_2^2 \\ &= \frac{1}{2}(k_1 + k_2)x_1^2 - k_2x_1x_2 + \frac{1}{2}(k_2 + k_3)x_2^2 \end{aligned} \tag{11.36}$$

これらの結果から直ちにラグランジアン$\mathcal{L} = T - U$がわかり，そして運動に関する 2 つのラグランジュ方程式を得る。

$$\frac{d}{dt}\frac{\partial\mathcal{L}}{\partial\dot{x}_1} = \frac{\partial\mathcal{L}}{\partial x_1}, \qquad m\ddot{x}_1 = -(k_1 + k_2)x_1 + k_2x_2$$

$$\frac{d}{dt}\frac{\partial\mathcal{L}}{\partial\dot{x}_2} = \frac{\partial\mathcal{L}}{\partial x_2}, \qquad m\ddot{x}_2 = k_2x_1 - (k_2 + k_3)x_2$$

これらはまさに 2 つの運動方程式（11.2）であり，我々はこれを$\mathbf{M}\ddot{\mathbf{x}} = -\mathbf{K}\mathbf{x}$という行列の形で書き直した。同じ方程式を導く代替の方法は，この単純な系に対しては特別な利点はない。次に出す 2 番目の系はまだ極めて単純なものであるが，ラグランジュ法のほうがニュートン法よりずっと簡単になる。

2 重振り子

図 11.9 に示すように，固定点から長さL_1の質量を持たない棒に吊るされた質量m_1の物体と，長さL_2の質量を持たない棒によってm_1から吊るされた質量m_2の第 2 の物体から構成される 2 重振り子を考える。ラグランジアン$\mathcal{L}$を 2 つの一般化座標ϕ_1, ϕ_2の関数として書き下すのは簡単である。角度ϕ_1が 0 から増加すると，物体m_1は$L_1(1 - \cos\phi_1)$だけ上昇し，位置エネルギーは以下のようになる。

$$U_1 = m_1gL_1(1 - \cos\phi_1)$$

同様にϕ_2が 0 から増加すると，第 2 の物体は$L_2(1-\cos\phi_2)$だけ上昇するが，その支持点（m_1）は$L_1(1-\cos\phi_1)$上昇する。したがって

$$U_2 = m_2 g[L_1(1-\cos\phi_1) + L_2(1-\cos\phi_2)]$$

となる。以上より，全位置エネルギーは次のとおりである。

$$U(\phi_1,\phi_2) = (m_1+m_2)gL_1(1-\cos\phi_1) + m_2 g L_2(1-\cos\phi_2) \qquad (11.37)$$

図 11.9 に示すように，m_1の速度は接線方向に$L_1\dot{\phi}_1$であるため，その運動エネルギーは

$$T_1 = \frac{1}{2}m_1 L_1^2\dot{\phi}_1^2$$

となる。m_2の速度は，図 11.9 に示されているように，2 つの速度のベクトル和である。これはm_1に対するm_2の速度$L_2\dot{\phi}_2$と，m_1の速度$L_1\dot{\phi}_1$を足したものである。これら 2 つの速度の間の角度は$(\phi_2-\phi_1)$であるので，m_2の運動エネルギーは

$$T_2 = \frac{1}{2}m_2\left[L_1^2\dot{\phi}_1^2 + 2L_1L_2\dot{\phi}_1\dot{\phi}_2\cos(\phi_1-\phi_2) + L_2^2\dot{\phi}_2^2\right]$$

となる。以上より全運動エネルギーは，次のとおりである。

$$T = \frac{1}{2}(m_1+m_2)L_1^2\dot{\phi}_1^2 + m_2L_1L_2\dot{\phi}_1\dot{\phi}_2\cos(\phi_1-\phi_2) + \frac{1}{2}m_2L_2^2\dot{\phi}_2^2 \qquad (11.38)$$

（11.38）と（11.37）から，ラグランジアン$\mathcal{L} = T - U$と，ϕ_1,ϕ_2に対する 2 つのラグランジュ方程式を書き下すことができる。しかし得られた方程式は複雑すぎて特に啓発的なものではなく，また解析的に解くこともできない。このような状況は単振り子を思い起こさせるものであり，その運動方程式（$L\ddot{\phi} = -g\sin\phi$）も解析的に解くことができず，数値的に解くか適切な近

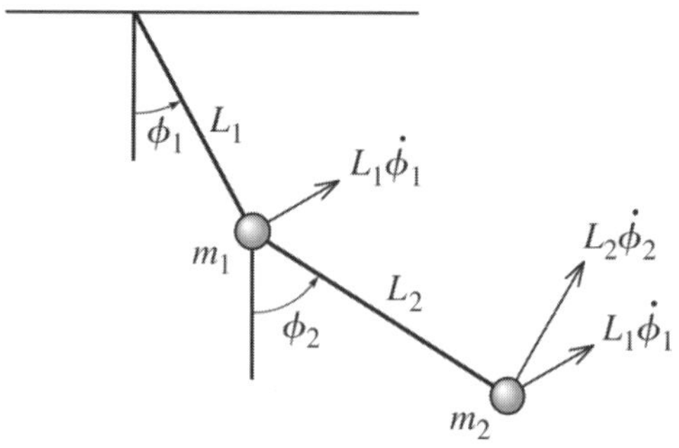

図 11.9 2 重振り子。m_2の速度は，図に示された角度$\phi_2-\phi_1$離れている 2 つの速度のベクトル和である。

似をおこなう必要があった。どちらの場合も最も簡単な近似は小角度近似であり，単振り子の方程式を解くことができる$L\ddot{\phi}=-g\phi$の形にする。ほとんどすべての連成振動系に対する厳密な方程式は解析的に解くことができないが，微小振動（これは確かに重要な特殊な場合）に注意を払うと，方程式は解ける形になる。

2 重振り子の方程式に戻り，角度ϕ_1,ϕ_2とそれに対応する速度$\dot{\phi}_1,\dot{\phi}_2$の両方が常に小さい状態に留まると仮定しよう。そしてテイラー展開し，4 つの微小量で 3 次以上のすべての項を削除することで，TとUの式を単純化できる。運動エネルギー（11.38）では，注意が必要な唯一のものは中間項である。因子$\cos(\phi_1-\phi_2)$はすでに 2 重の微小量の積$\dot{\phi}_1\dot{\phi}_2$が掛けられているので，余弦を 1 で近似することができる。

$$T=\frac{1}{2}(m_1+m_2)L_1^2\dot{\phi}_1^2+m_2L_1L_2\dot{\phi}_1\dot{\phi}_2+\frac{1}{2}m_2L_2^2\dot{\phi}_2^2 \tag{11.39}$$

位置エネルギー（11.37）では，（微小量が掛けられていないので）余弦をより慎重に扱わなければならない。$\cos\phi$のテイラー級数は$\cos\phi\approx1-\phi^2/2$と近似できるので，（11.37）は以下のようになる。

$$U=\frac{1}{2}(m_1+m_2)gL_1\phi_1^2+\frac{1}{2}m_2gL_2\phi_2^2 \tag{11.40}$$

これらの単純化された表現をTとUに使った運動方程式を得る前に，微小振動の仮定が何をおこなったのかを調べてみよう。Tの正確な式（11.38）は座標ϕ_1,ϕ_2と速度$\dot{\phi}_1,\dot{\phi}_2$の超越関数であった。微小角度近似は，これを 2 つの速度の同次 2 次関数[5]にした。Uの正確な式（11.37）は，ϕ_1,ϕ_2の超越関数であった。微小角度近似はこれをϕ_1,ϕ_2の同次 2 次関数にした。このことにより広範囲の振動系で同じ単純化がおこなわれたことがわかる。つまりすべての振動が小さいという仮定は，Tを速度の同次 2 次関数に，Uを座標の同次 2 次関数にする[6]。TとUを同次 2 次形式に単純化するという特徴は，それらを微分して得られたラグランジュ方程式が同次線形関数になるため，常に簡単に解くことができる運動方程式を作り出す。

ここでTとUの近似式（11.39）と（11.40）をラグランジアン$\mathcal{L}=T-U$に代入

5　同次 2 次関数は，その引数の 2 乗項のみを含む。1 次，定数項，2 より大きいべき乗はない。

6　フックの法則にしたがうばねによって結ばれた質量系の際立った特徴は，（11.35）と（11.36）のようなTとUの正確な表現が，近似をすることなく，すでにこの単純な形になっていることである。

することで，ϕ_1, ϕ_2の 2 つのラグランジュ式の運動方程式を書き下すことができる。

$$\frac{d}{dt}\frac{\partial \mathcal{L}}{\partial \dot{\phi}_1} = \frac{\partial \mathcal{L}}{\partial \phi_1}, \quad (m_1 + m_2)L_1^2\ddot{\phi}_1 + m_2L_1L_2\ddot{\phi}_2 = -(m_1 + m_2)gL_1\phi_1 \quad (11.41)$$

$$\frac{d}{dt}\frac{\partial \mathcal{L}}{\partial \dot{\phi}_2} = \frac{\partial \mathcal{L}}{\partial \phi_2}, \quad m_2L_1L_2\ddot{\phi}_1 + m_2L_2^2\ddot{\phi}_2 = -m_2gL_2\phi_2 \quad (11.42)$$

ϕ_1, ϕ_2の 2 つの方程式は，単一の行列方程式として書き直すことができる。

$$\mathbf{M}\ddot{\boldsymbol{\phi}} = -\mathbf{K}\boldsymbol{\phi} \quad (11.43)$$

ここで座標を表す（2×1）行列

$$\boldsymbol{\phi} = \begin{bmatrix} \phi_1 \\ \phi_2 \end{bmatrix}$$

および 2 つの（2×2）行列

$$\mathbf{M} = \begin{bmatrix} (m_1 + m_2)L_1^2 & m_2L_1L_2 \\ m_2L_1L_2 & m_2L_2^2 \end{bmatrix}, \quad \mathbf{K} = \begin{bmatrix} (m_1 + m_2)gL_1 & 0 \\ 0 & m_2gL_2 \end{bmatrix} \quad (11.44)$$

を導入した。行列式（11.43）は，ばねにつながれた 2 つの台車の場合に対応する（11.3）とまったく同じである。今の場合，「質量」行列$\mathbf{M}$は実際には質量で構成されていないが，運動方程式（11.43）においては依然として慣性の役割を果たしている。（つまりそれは座標の 2 次導関数の積となっている。）同様に「ばね定数」行列$\mathbf{K}$は，実際にはばね定数で構成されていないが，運動方程式において同様の役割を果たしている。

運動方程式（11.43）を解くための手順は，第 11.1 節の 2 つの台車の場合とまったく同じである。最初に 2 つの座標ϕ_1, ϕ_2が同じ角振動数ωで正弦波的に変化する解，つまり規準振動を求めることを試みる。前と同じように，そのような解$\boldsymbol{\phi}(t)$は，時間依存性$e^{i\omega t}$を持つ複素解$z(t)$の実数部に等しいとすることができる。つまり，

$$\boldsymbol{\phi}(t) = \mathrm{Re}\mathbf{z}(t), \quad \mathbf{z}(t) = \mathbf{a}e^{i\omega t} = \begin{bmatrix} a_1 \\ a_2 \end{bmatrix} e^{i\omega t}$$

である。$\mathbf{a}$の 2 つの成分a_1, a_2は定数である。前と全く同じように，角振動数ωと列行列$\mathbf{a}$が固有値方程式$(\mathbf{K} - \omega^2\mathbf{M})\mathbf{a} = 0$を満たす場合にのみ，この形式の関数は運動方程式（11.43）を満たす。この方程式は$\det(\mathbf{K} - \omega^2\mathbf{M}) = 0$の場合のみ解を

持つが，これは 2 重振り子の 2 つの規準角振動数を決定するω^2の 2 次方程式となる。これらの 2 つの角振動数が求まれば，対応する列$\mathbf{a}$が求まり，2 つの規準振動の様子を知ることができる。最後に系の一般的な運動は，これらの 2 つの規準振動の任意の重ね合わせに過ぎない。

等しい長さと重さを持つ場合

議論を簡略化するために，等しい質量$m_1 = m_2 = m$，等しい長さ$L_1 = L_2 = L$を持つ 2 重振り子の場合に注意を払うことにする。同じ長さLを持つ単振り子の角振動数が$\sqrt{g/L}$であることを認識すると，方程式は相当に整理できる。この角振動数をω_0とすると，gを$L\omega_0^2$と置き換えることができ，(11.44)の 2 つの行列$\mathbf{M}, \mathbf{K}$の 2 つの行列は（読者が確認できるように），以下のようになる。

$$\mathbf{M} = mL^2 \begin{bmatrix} 2 & 1 \\ 1 & 1 \end{bmatrix}, \quad \mathbf{K} = mL^2 \begin{bmatrix} 2\omega_0^2 & 0 \\ 0 & \omega_0^2 \end{bmatrix} \tag{11.45}$$

したがって，固有値方程式の行列$(\mathbf{K} - \omega^2\mathbf{M})$は

$$(\mathbf{K} - \omega^2\mathbf{M}) = mL^2 \begin{bmatrix} 2(\omega_0^2 - \omega^2) & -\omega^2 \\ -\omega^2 & (\omega_0^2 - \omega^2) \end{bmatrix} \tag{11.46}$$

となる。規準角振動数は，$\det(\mathbf{K} - \omega^2\mathbf{M}) = 0$の条件から決まる。

$$2(\omega_0^2 - \omega^2)^2 - \omega^4 = \omega^4 - 4\omega_0^2\omega^2 + 2\omega_0^4 = 0$$

この方程式の 2 つの解は，$\omega^2 = \left(2 \pm \sqrt{2}\right)\omega_0^2$である。すなわち，2 つの規準角振動数は，

$$\omega_1^2 = \left(2 - \sqrt{2}\right)\omega_0^2, \quad \omega_2^2 = \left(2 + \sqrt{2}\right)\omega_0^2 \tag{11.47}$$

（または $\omega_1 \approx 0.77\omega_0$，$\omega_2 \approx 1.85\omega_0$）である。ここで$\omega_0 = \sqrt{g/L}$は，長さ$L$の単振り子の角振動数である。

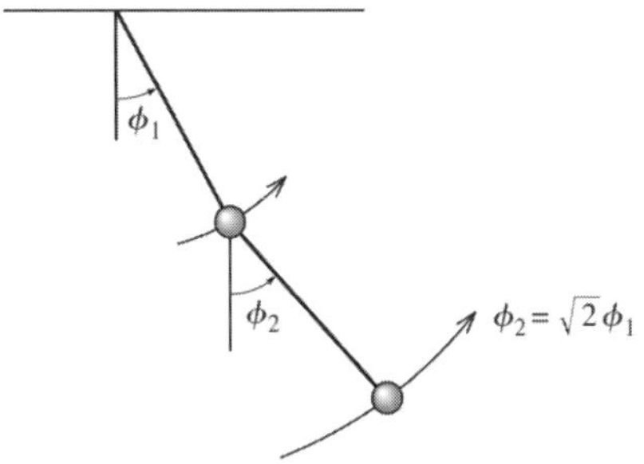

図 11.10 質量が同じで長さが等しい 2 重振り子の第 1 規準振動。2 つの角度ϕ_1, ϕ_2は同位相で振動するが，ϕ_2の振幅は$\sqrt{2}$倍大きい。

2 つの規準角振動数を知ることで，$\omega = \omega_1$およびω_2とし，$(\mathbf{K} - \omega^2\mathbf{M})\mathbf{a} = 0$を解くことによって，対応する正規振動での 2 重振り子の運動を知ることができる。

（11.47）で求められた$\omega = \omega_1$を（11.46）に代入すると，

$$(\mathbf{K} - \omega_1^2 \mathbf{M}) = mL^2 \omega_0^2 (\sqrt{2} - 1) \begin{bmatrix} 2 & -\sqrt{2} \\ -\sqrt{2} & 1 \end{bmatrix}$$

となる。したがって方程式$(\mathbf{K} - \omega_1^2 \mathbf{M})\mathbf{a} = 0$は$a_2 = \sqrt{2} a_1$を意味し，$a_1 = A_1 e^{-i\delta_1}$と書くと，2 つの座標は以下のようになる。

$$\boldsymbol{\phi}(t) = \begin{bmatrix} \phi_1(t) \\ \phi_2(t) \end{bmatrix} = \mathrm{Re}\,\mathbf{a} e^{i\omega_1 t} = A_1 \begin{bmatrix} 1 \\ \sqrt{2} \end{bmatrix} \cos(\omega_1 t - \delta_1) \quad [\text{第 1 振動}] \quad (11.48)$$

第 1 規準振動では，図 11.10 に示すように，2 つの振り子が正確に同位相で振動し，下の振り子の振幅は上の振り子の振幅の$\sqrt{2}$倍になる。

第 2 規準振動については，（11.46）と（11.47）から，

$$(\mathbf{K} - \omega_2^2 \mathbf{M}) = -mL^2 \omega_0^2 (\sqrt{2} + 1) \begin{bmatrix} 2 & \sqrt{2} \\ \sqrt{2} & 1 \end{bmatrix}$$

となる。方程式$(\mathbf{K} - \omega_2^2 \mathbf{M})\mathbf{a} = 0$は$a_2 = -\sqrt{2} a_1$を意味し，$a_1 = A_2 e^{-i\delta_2}$と書くと，2 つの座標は以下のようになる。

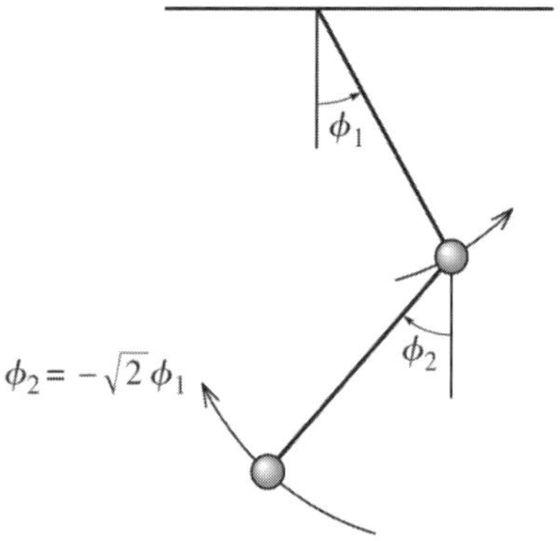

図 11.11 質量が同じで長さが等しい 2 重振り子の第 2 規準振動。2 つの角度ϕ_1, ϕ_2は位相が逆になって振動し，ϕ_2の振幅は$\sqrt{2}$倍大きい。

$$\boldsymbol{\phi}(t) = \begin{bmatrix} \phi_1(t) \\ \phi_2(t) \end{bmatrix} = \mathrm{Re}\,\mathbf{a} e^{i\omega_2 t} = A_2 \begin{bmatrix} 1 \\ -\sqrt{2} \end{bmatrix} \cos(\omega_2 t - \delta_2) \quad [\text{第 2 振動}] \quad (11.49)$$

この第 2 規準振動では，$\phi_2(t)$は$\phi_1(t)$と位相が逆になり，再び図 11.11 に示すように$\phi_1(t)$の振幅の$\sqrt{2}$倍の振幅で振れる。一般解は，2 つの規準振動（11.48）と（11.49）の任意の線形結合である。

11.5　一般的な場合

ここまでで，2 つの系（3 つのばねに取り付けられた 2 つの台車と 2 重振り子）の規準振動を詳細に調べてきた。今や，安定な平衡点を中心に振動するn自由度

系の一般的な場合について議論する準備が整った。系はn自由度を持つので，その構成はn個の一般化座標$q_1, \cdots, q_n$によって特徴付けられる[7]。あまりにも多くの表記を使うことによる混乱を避けるために，ここではすべてのn座標組を 1 つの太字$\mathbf{q}$で略記する。

$$\mathbf{q} = (q_1, \cdots, q_n)$$

[したがって 11.1 節の 2 つの台車では，$\mathbf{q}$は 2 つの変位$\mathbf{q} = (x_1, x_2)$を表し，2 重振り子については$\mathbf{q} = (\phi_1, \phi_2)$を表す。]（$\mathbf{q}$は一般に 3 次元ベクトルではなく，一般化座標$q_1, \cdots, q_n$の$n$次元空間内のベクトルであることに注意すること。）

ここでは系が保存的であると仮定して，位置エネルギーを導入する。

$$U(q_1, \cdots, q_n) = U(\mathbf{q})$$

またラグランジアン$\mathcal{L} = T - U$であり，運動エネルギーは$T = \sum_\alpha \frac{1}{2} m_\alpha \dot{\mathbf{r}}_\alpha^2$である。ここで和は，すべての粒子$\alpha = 1, \cdots, N$について足し合わせる。直交座標$\boldsymbol{r}_\alpha$と一般化座標との関係を用いて，運動エネルギーを一般化座標$\mathbf{q} = (q_1, \cdots, q_n)$を用いて書き直さなければならない。

$$\mathbf{r}_\alpha = \mathbf{r}_\alpha(q_1, \cdots, q_n) \tag{11.50}$$

ただしこの関係においては，時間tを明示的に伴わないことを前提としている。[7.3 節の用語では，（11.50）が時間を伴わない一般化座標は「自然」と呼ばれたことに注意。] 7.8 節で詳しく述べたように，（11.50）をtに関して微分し，運動エネルギーに代入すると，[（7.94）と比較して]

$$T = T(\mathbf{q}, \dot{\mathbf{q}}) = \frac{1}{2} \sum_{j,k} A_{jk}(\mathbf{q})\, \dot{q}_j \dot{q}_k \tag{11.51}$$

となる。ここで係数$A_{jk}(\mathbf{q})$は座標$\mathbf{q}$に依存する可能性がある。[2 重振り子の場合（11.38）と比較せよ。]現在の仮定の下ではラグランジアンは$\mathcal{L}(\mathbf{q}, \dot{\mathbf{q}}) = T(\mathbf{q}, \dot{\mathbf{q}}) - U(\mathbf{q})$という一般的な形式を持つが，ここで$T(\mathbf{q}, \dot{\mathbf{q}})$は（11.51）で与えられ，また$U(\mathbf{q})$は座標$\mathbf{q}$の未知関数である。

系に対する最後の仮定は，安定した平衡状態の下で微小振動させているということである。必要に応じて座標を再定義することにより，平衡位置を$\boldsymbol{q} = 0$（すなわち$q_1 = \cdots = q_n = 0$）とすることができる。次に，微小振動のみに興味があるので座標$\mathbf{q}$の小さな値を考え，平衡点$\mathbf{q} = 0$に対するU, Tのテイラー展開を使うこ

---

7 ここでは系がホロノミックであることを前提と考えているので，7.3 節で議論されたとおり，自由度の数は一般化座標の数に等しい。

とができる。これはUに対して

$$U(\mathbf{q}) = U(0) + \sum_j \frac{\partial U}{\partial q_j} q_j + \frac{1}{2}\sum_{j,k} \frac{\partial^2 U}{\partial q_j \partial q_k} q_j q_k + \cdots \tag{11.52}$$

である。すべての導関数は$\mathbf{q} = 0$で評価されるが，このことにより数式が大幅に単純化できる。第 1 に$U(0)$は定数であるため，位置エネルギーのゼロ点を再定義することによって，この項を無視することができる。第 2 に$\mathbf{q} = 0$は平衡点であるので，すべての 1 次導関数$\partial U/\partial q_j$はゼロである。ここで 2 次導関数を$\partial^2 U/\partial q_j \partial q_k = K_{jk}$と名前をつける。(2 階微分をおこなう順番によって違いがないため，$K_{jk} = K_{kj}$である)。最後に振動が小さいので，$\mathbf{q}$または$\dot{\mathbf{q}}$の 2 次よりも高い項をすべて無視する。これにより，U は以下のようになる。

$$U = U(\mathbf{q}) = \frac{1}{2}\sum_{j,k} K_{jk}\, q_j q_k \tag{11.53}$$

運動エネルギーは，さらに簡単になる。（11.51）のすべての項にはすでに$\dot{q}_j \dot{q}_k$という因子が含まれているが，これはすでに 2 次の微小量である。したがって$A_{jk}(\mathbf{q})$を展開した際には定数項以外のすべてを無視することができる。この定数項$A_{jk}(0) = M_{jk}$とすると，運動エネルギーは

$$T = T(\dot{\mathbf{q}}) = \frac{1}{2}\sum_{j,k} M_{jk}\, \dot{q}_j \dot{q}_k \tag{11.54}$$

となるので，ラグランジアンは

$$\mathcal{L}(\mathbf{q}, \dot{\mathbf{q}}) = T(\dot{\mathbf{q}}) - U(\mathbf{q}) \tag{11.55}$$

となる。ここで$T(\dot{\mathbf{q}})$は（11.54）で与えられ，$U(\mathbf{q})$は（11.53）で与えられる。近似形式（11.54）と（11.53）は，2 重振り子の近似値（11.39）と（11.40）に対応することに注意してほしい。2 重振り子の近似と同様に，このような近似は運動エネルギーを速度$\dot{\mathbf{q}}$の同次 2 次関数に，位置エネルギーを座標$\mathbf{q}$の同次 2 次関数に変える。2 重振り子の場合と同様に，このことは運動方程式が解くことができる線形方程式となることを保証する。この方程式を解く前に，微小振動の仮定から生じるこのTとUの劇的な単純化の，もう少し簡単な例を見てみよう。

例 11.1 ワイヤ上のビーズ

図 11.12 に示すように，質量mのビーズが，xy平面（yは垂直上方向に）にある摩擦のない$y = f(x)$の形に曲げられたワイヤに通されている。Oを

中心とする微小振動に適した位置エネルギーおよび運動エネルギー，およびそれらの単純化された形を書き下す。

この系は 1 自由度しか持たないものの，一般化座標として通常，xを選択する。この選択のもとでは，位置エネルギーは$U = mgy = mgf(x)$である。微小振動に限定すると，$f(x)$をテイラー展開することができる。$f(0) = \dot{f}(0) = 0$であるので，

$$U(x) = mgf(x) \approx \frac{1}{2}mgf''(0)x^2$$

となる。運動エネルギーは$T = \frac{1}{2}m(\dot{x}^2 + \dot{y}^2)$であり，ここでチェーンルールを使うと，$\dot{y} = f'(x)\dot{x}$である。したがって，運動エネルギーの正確な式は$T = \frac{1}{2}m(1 + f'(x)^2)\dot{x}^2$であり，$x$と$\dot{x}$に依存することに注意してほしい。しかし$T$には既に係数$\dot{x}^2$が含まれているので微小振動近似をおこなうと，$f'(x)$を$x = 0$での値（すなわちゼロ）で置き換えることができる。

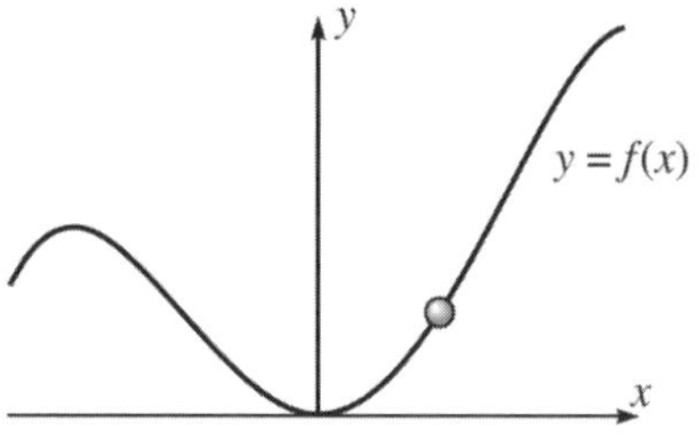

図 11.12 $y = f(x)$の形をした摩擦のないワイヤにはめ込まれたビーズ。

$$T(x, \dot{x}) = \frac{1}{2}m[1 + f'(x)^2]\dot{x}^2 \approx \frac{1}{2}m\dot{x}^2$$

予想どおり微小振動近似により，UとTの両方はx（Uの場合）または$\dot{x}$（Tの場合）の同次 2 次関数に変化した。

運動方程式

一般的な系の近似ラグランジアン（11.55）に戻ると，運動方程式を簡単に書き下すことができる。n個の一般化座標$q_i, (i = 1, \cdots, n)$があるので，n個の対応する方程式が存在する。

$$\frac{d}{dt}\frac{\partial \mathcal{L}}{\partial \dot{q}_i} = \frac{\partial \mathcal{L}}{\partial q_i} \qquad [i = 1, \cdots, n] \tag{11.56}$$

これらの方程式を明示的に書くには，TとUの式（11.54）と（11.53）を微分する必要がある。読者がこのような微分をおこなったことがない場合は，最初に明示的に書き出しておくことをお勧めする。たとえば2つの自由度（$n = 2$）を有する系の場合，Uの式（11.53）は，

$$U = \frac{1}{2}\sum_{j,k=1}^{2} K_{jk}\, q_j q_k = \frac{1}{2}(K_{11}q_1^2 + K_{12}q_1q_2 + K_{21}q_2q_1 + K_{22}q_2^2)$$
$$= \frac{1}{2}(K_{11}q_1^2 + 2K_{12}q_1q_2 + K_{22}q_2^2) \qquad (11.57)$$

となる。ここで2行目では，$K_{12} = K_{21}$であることを利用した。この形式では，q_1またはq_2のどちらでも簡単に微分できる。たとえば，

$$\frac{\partial U}{\partial q_1} = K_{11}q_1 + K_{12}q_2$$

である。$\partial U/\partial q_2$についても，またより一般的な場合でも同じような式が成立する。（ただし自由度が多くなる。）

$$\frac{\partial U}{\partial q_i} = \sum_j K_{ij}\, q_j \qquad [i = 1, \cdots, n] \qquad (11.58)$$

運動エネルギーの微分（11.54）もまったく同じようになるため，n個のラグランジュ方程式（11.56）を書き下すことができる。

$$\sum_j M_{ij}\, \ddot{q}_j = -\sum_j K_{ij}\, q_j, \qquad [i = 1, \cdots, n] \qquad (11.59)$$

これらのn個の方程式は，ただちに単一の行列方程式として表現できる。

$$\mathbf{M}\ddot{\mathbf{q}} = -\mathbf{K}\mathbf{q} \qquad (11.60)$$

ここで$\mathbf{q}$は$(n \times 1)$列行列

$$\mathbf{q} = \begin{bmatrix} q_1 \\ \vdots \\ q_n \end{bmatrix}$$

であり，$\mathbf{M}, \mathbf{K}$はそれぞれ数値M_{ij}, K_{ij}からなる$(n \times n)$の「質量」行列と「ばね定数」行列である[8]。

8 計算の観点から言うと，必要なのは2つの行列$\mathbf{M}, \mathbf{K}$である。行列$\mathbf{M}, \mathbf{K}$はT, Uの近似式（11.54）と（11.53）から直接わかるので，実際にはラグランジアンもラグランジュ方程式も書き下す必要はない。

行列方程式（11.60）は 2 つの台車の 2 次元方程式（11.3）および 2 重振り子の（11.43）をn次元に拡張したものであり，まったく同じ方法で解くことができる。ここでは最初によく知られた形式で，規準振動を求める。

$$\mathbf{q}(t) = \mathrm{Re}\mathbf{z}(t), \quad \mathbf{z}(t) = \mathbf{a}e^{i\omega t} \tag{11.61}$$

ここで$\mathbf{a}$は$(n \times 1)$の定数列行列である。これから固有値方程式は，以下のようになる。

$$(\mathbf{K} - \omega^2\mathbf{M})\mathbf{a} = 0 \tag{11.62}$$

ωが**特性方程式**または**永年方程式**を満たす場合にのみ，解を有する。

$$\det(\mathbf{K} - \omega^2\mathbf{M}) = 0 \tag{11.63}$$

この行列式はω^2のn次多項式であるため，（11.63）はn個の解を持ち，系にはn個の規準角振動数があることを示している[9]。ωを順番に各規準角振動数に設定すると，（11.62）は対応する規準振動における系の動きを決定する。最後に系の一般的な運動は，規準振動の解（11.61）の任意の和によって与えられる。

直前の 3 つの段落で説明した一般的な手順は，2 つの台車および 2 重振り子の例についてすでに詳しく説明したとおりである。次節では 3 つの自由度を持つもう 1 つの例を説明するが，読者は章末問題のいくつかを必ずおこなってほしい。

11.6　3 重振り子

図 11.13 に示すように，同一の 2 つのばねで連結された 3 つの同一の振り子を考えてみよう。一般化座標としてϕ_1, ϕ_2, ϕ_3の 3 つの角度を用い，平衡位置を$\phi_1 = \phi_2 = \phi_3 = 0$に取るのはもっともなことである。最初にやるべきことは，微

---

[9] 2 つの微妙な点が存在する。まず，（11.63）の根の一部が等しくなる可能性がある。これは単に，規準振動のいくつかが等しい周波数を持つことを意味するだけで，重大な問題とはならない。 第 2 に，そしてより深いところでは，規準振動数が実数となるために，ω^2に関する（11.63）のn個の解が実数かつ正の数となる必要がある。これは実際には付録で議論するように，行列$\mathbf{K}, \mathbf{M}$の性質からそのようになる。

小変位に対する系のラグランジアンを書き下すことである。系統的でかつ最も安全な手順は，TとUの正確な式を書き下してから微小角度近似をおこなうことである。実際には，正確な表現を求めることは極めて面倒なことがある。(今の場合，ばねの位置エネルギーはその伸びに依存し，あらゆる角度に対するこれらの正確な表現は，かなり面倒なものとなる。問題 11.22 を参照すること。）細心の注意を払ってTとUの近似を直接書き下すことで，多くの困難を避けることができるが，それがここで採用する方法である。

3 重振り子の運動エネルギーは，容易にわかる。

$$T = \frac{1}{2}mL^2\left(\dot{\phi}_1^2 + \dot{\phi}_2^2 + \dot{\phi}_3^2\right) \qquad (11.64)$$

これは近似を必要としない。各振り子の重力に対する位置エネルギーは，$mgL(1-\cos\phi) \approx \frac{1}{2}mgL\phi^2$の形式をとるが，最後の式はよく知られた小角近似である。したがって，重力に対する位置エネルギーの和は，以下のようになる。

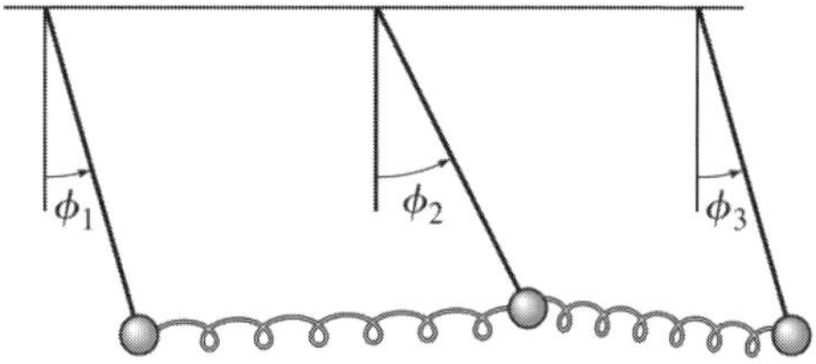

図 11.13 長さL質量mの 3 つの同一の振り子が，ばね定数kの 2 つの同一のばねで連結されている。一般化座標は，ϕ_1, ϕ_2, ϕ_3の 3 つの角度である。ばねの自然長は振り子の支点間の距離に等しいので，平衡位置は$\phi_1 = \phi_2 = \phi_3 = 0$であり，その際には 3 つの振り子はすべて垂直にぶら下がっている。

$$U_{grav} = \frac{1}{2}mgL(\phi_1^2 + \phi_2^2 + \phi_3^2) \qquad (11.65)$$

2 つのばねの位置エネルギーを求めるには，ばねがどれだけ伸びているかを調べなければならない。角度ϕの任意の値に対して，これはかなり厄介な事であるが，微小角度に対しては，唯一の大きく伸びるのは振り子の支点の水平方向の変位から生じるもので，その各々はおおよそ$L\phi$の距離だけ，ばねを右へ移動させる。したがってたとえば左のばねはおおよそ$L(\phi_2-\phi_1)$だけ伸び，ばねの全位置エネルギーは，以下のようになる。

$$\begin{aligned} U_{spr} &= \frac{1}{2}kL^2[(\phi_2-\phi_1)^2 + (\phi_3-\phi_2)^2] \\ &= \frac{1}{2}kL^2(\phi_1^2 + 2\phi_2^2 + \phi_3^2 - 2\phi_1\phi_2 - 2\phi_2\phi_3) \end{aligned} \qquad (11.66)$$

TとUを組み合わせ，ラグランジアンと運動方程式を得る前に，ここで紹介したい便利な方法がある。我々が導出しようとしている方程式には複数の定数パラメータ（m, L, g, k）が含まれているが，これらは特に興味深いものではない。またこれらのパラメータを繰り返し書くことは，少なくとも面倒であり，誤りにつながる可能性もある。したがってこれ以上の計算をおこなう前に，興味のないパラメータを取り除くための何らかの方法を見つけることは役に立つ。理論物理学者がよくおこなう基本的なやり方は，興味のないパラメータを 1 にする**自然単位**を選択することである。たとえば今の問題ではmを質量の単位，Lを長さの単位とする。このように選択すると，m, Lは 1 となり，これ以後のすべての計算から消える。この技法は計算を大幅に簡素化し，誤りを犯す危険性を減らし，真に重要な事柄を調べるのに役立つ。

自然単位を使用することの唯一の重大な欠点は，次のとおりである。計算が完了したら，その解が隠されたパラメータの値にどのように依存しているか（$L = 1.5\mathrm{m}$の場合の規準角振動数は，いくらであるかなど）を知りたいことがある。この種の質問に答えるには，隠されたパラメータを解に戻さなければならない。初心者は，このこと（隠されたパラメータを元に戻すこと）をおこなうことは難しいと思うであろうが，通常はかなり簡単である。たとえば$m = L = 1$の場合，規準角振動数の 1 つが$\omega^2 = g$であることがわかったとする。これは，（この系においては）g/ω^2の値が 1 であることを意味する。しかしg/ω^2が長さの次元を持ち，また今の場合長さの単位が 1 であるということは，それが任意の単位系でLという値を持つということと同じである。したがって一般的に$g/\omega^2 = L$であり，どのような単位を使おうと$\omega^2 = L/g$である。これにより「L」を解に戻し，与えられたLの値に対してωを求めることができる。

$m = L = 1$の単位を選ぶと（11.64），（11.65），（11.66）から得られた運動エネルギーと位置エネルギーは次のようになる。

$$T = \frac{1}{2}\left(\dot{\phi}_1^2 + \dot{\phi}_2^2 + \dot{\phi}_3^2\right) \tag{11.67}$$

$$U = \frac{1}{2}g(\phi_1^2 + \phi_2^2 + \phi_3^2) + \frac{1}{2}k[\phi_1^2 + 2\phi_2^2 + \phi_3^2 - 2\phi_1\phi_2 - 2\phi_2\phi_3] \tag{11.68}$$

ラグランジアンと運動方程式を書き下すことができるが，実際にはそれをおこなう必要はない。我々は，その結果がすでによく知られている行列方程式となることを知っている。

$$\boldsymbol{M}\ddot{\boldsymbol{\phi}} = -\mathbf{K}\boldsymbol{\phi} \tag{11.69}$$

ここで$\boldsymbol{\phi}$は 3 つの角度ϕ_1, ϕ_2, ϕ_3からなる（3×1）行列である。（3×3）行列$\mathbf{M}$および$\mathbf{K}$の要素は，（11.67）および（11.68）から直接読み取ることができる[10]。

$$\mathbf{M} = \begin{bmatrix} 1 & 0 & 0 \\ 0 & 1 & 0 \\ 0 & 0 & 1 \end{bmatrix}, \qquad \mathbf{K} = \begin{bmatrix} g+k & -k & 0 \\ -k & g+2k & -k \\ 0 & -k & g+k \end{bmatrix} \tag{11.70}$$

この系の規準振動は，$\boldsymbol{\phi}(t) = \mathrm{Re}\mathbf{z}(t) = \mathrm{Re}\mathbf{a}e^{i\omega t}$という，よく知られた形をしている。ここで$\mathbf{a}$と$\omega$は，以下の固有値方程式で決まる。

$$(\mathbf{K} - \omega^2\mathbf{M})\mathbf{a} = 0 \tag{11.71}$$

最初のステップは，特性方程式$\det(\mathbf{K} - \omega^2\mathbf{M}) = 0$から規準角振動数を求めることであり，そのために行列$(\mathbf{K} - \omega^2\mathbf{M})$を書き下す必要がある。

$$(\mathbf{K} - \omega^2\mathbf{M}) = \begin{bmatrix} g+k-\omega^2 & -k & 0 \\ -k & g+2k-\omega^2 & -k \\ 0 & -k & g+k-\omega^2 \end{bmatrix} \tag{11.72}$$

行列式は次のように簡単に計算できる。

$$\det(\mathbf{K} - \omega^2\mathbf{M}) = (g-\omega^2)(g+k-\omega^2)(g+3k-\omega^2)$$

つまり，3 つの規準角振動数は以下のようになる。

$$\omega_1^2 = g, \quad \omega_2^2 = g+k, \quad \omega_3^2 = g+3k \tag{11.73}$$

3 つの規準角振動数が求まったので，対応する 3 つの規準振動を順番に得ることができる。第 1 規準角振動数は$\omega_1 = \sqrt{g}$である。（これはここでの単位系であり，$L = 1$とした。すでに言及したように，通常の単位系では$\omega_1 = \sqrt{g/L}$であり，これは長さLの単振り子の角振動数と同じである。）$(\mathbf{K} - \omega^2\mathbf{M})$を表す式（11.72）に$\omega_1$を代入すると，固有値方程式（11.71）は，

$$a_1 = a_2 = a_3 = Ae^{-i\delta} \qquad \text{[第 1 振動]}$$

となる。（各自で確認すること。）すなわち第 1 規準振動では，

$$\phi_1(t) = \phi_2(\mathrm{t}) = \phi_3(t) = A\cos(\omega_1 t - \delta)$$

---

10 これらの行列の要素を読み取る際には，若干の注意が必要である。たとえば（11.68）の前の係数1/2を無視すると，対角要素K_{ii}は単にϕ_i^2の係数になるが，非対角要素K_{ij}は$\phi_i\phi_j$の係数の半分になる。これを理解するために，（11.57）を参照のこと。

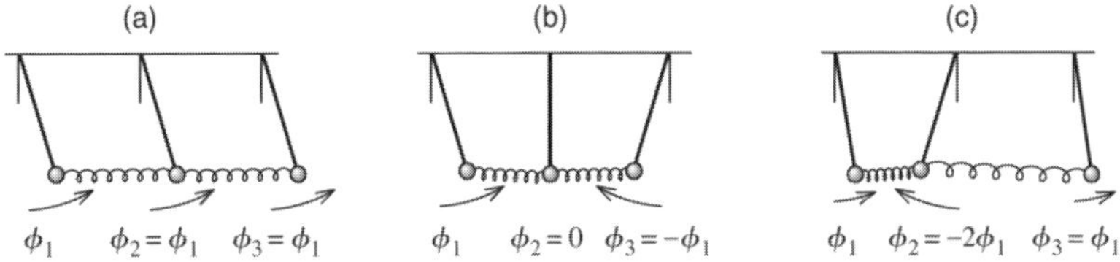

図 11.14 三重振り子の 3 つの規準振動。　(a) 第 1 振動では，三重振り子が一斉に振動する。どのばねも伸ばされも圧縮もされていないので，振動数は同じ長さの単振り子の振動数にすぎない。　(b) 第 2 振動では，外側の 2 つの振り子は逆に位相がずれるが，中央の振り子はまったく動かない。　(c) 第 3 振動では外側の 2 つの振り子が一斉に振動するが，中央の振り子は逆に位相がずれ，また振幅が 2 倍である。

となり，図 11.14 (a) に示すように，3 つの振り子が（等振幅と同位相で）一斉に振動する。この振動では，ばねは圧縮も伸ばされもせず，それらの存在は無関係となる。したがって，各振り子は角振動数$\omega_1 = \sqrt{g/L}$（またはここでの単位系では$\sqrt{g}$）の単振り子のように振動する。

$\omega = \omega_2$を代入すると，固有値方程式（11.71）は，

$$a_1 = -a_3 = Ae^{-i\delta}, \quad a_2 = 0 \qquad \text{[第 2 振動]}$$

である。したがって図 11.14 (b) に示すように，外側の 2 つの振り子は中央の振り子が静止している間，位相が逆にずれる。最後に，固有値方程式（11.71）に$\omega = \omega_3$を代入すると，

$$a_1 = -\frac{1}{2}a_2 = a_3 = Ae^{-i\delta} \qquad \text{[第 3 振動]}$$

となる。したがって第 3 振動では，図 11.14 (c) に示すように，外側の 2 つの振り子が同じように振動するが，中央の振り子は振幅が 2 倍で完全に位相がずれて振動する。一般解は，3 つの規準振動の任意の線形結合である。

11.7　規準座標*

*読者の時間が不足している場合，この節を省略することができる。

11.2 節では，3 つの同一のばねで結合された 2 つの等しい質量の物体の規準振動を求めた。その節の最後で，2 つの座標x_1, x_2を 2 つの「規準座標」で置き換えることができることを説明した。

$$\xi_1 = \frac{1}{2}(x_1 + x_2), \qquad \xi_2 = \frac{1}{2}(x_1 - x_2) \tag{11.74}$$

これらの新しい座標は，それぞれが常に2つの規準角振動数のうちの1つで振動する（ξ_1が角振動数ω_1，ξ_2が角振動数ω_2）という特性を持っている。この節では，安定した平衡点を中心に振動する系に対して，同じことができることを示す。系がn自由度の場合，n個の一般化座標$q_1, \cdots, q_n$とn個の角振動数$\omega_1, \cdots, \omega_n$を持つ。ここで示すのは，各基準座標$\xi_i$が1つの角振動数，すなわち規準角振動数$\omega_i$で振動する$n$個の新しい規準座標$\xi_1, \cdots, \xi_n$を導入できることである。これを説明する前に，2つの台車に関する11.2節の議論を再検討し，拡張しておく必要がある。

ばねにつながれた2つの台車の規準座標

位置x_1, x_2にある2つの台車に対する運動方程式は，（11.2）で与えられた。ここで（台車の質量とばね定数がそれぞれ等しいとして），この方程式を書き直す。

$$\left.\begin{aligned} m\ddot{x}_1 &= -2kx_1 + kx_2 \\ m\ddot{x}_2 &= kx_1 - 2kx_2 \end{aligned}\right\} \tag{11.75}$$

この2つの方程式を足し算すると$\xi_1 = \frac{1}{2}(x_1 + x_2)$のみの方程式が得られ，また引き算すると$\xi_2 = \frac{1}{2}(x_1 - x_2)$のみの方程式が得られることは，すぐにわかる。

$$\left.\begin{aligned} m\ddot{\xi}_1 &= -k\xi_1 \\ m\ddot{\xi}_2 &= -3k\xi_2 \end{aligned}\right\} \tag{11.76}$$

これらの2つの方程式はそれぞれ独立しており，各規準座標が単一の角振動数（ξ_1は$\omega_1 = \sqrt{k/m}$，ξ_2は$\omega_2 = \sqrt{3k/m}$）で振動することを示している。言い換えると，規準座標は，2つの結合されていない振動子の座標と同様の働きをする。規準座標に移動すると，振動子が「非結合」になる。

x_1, x_2の方程式（11.75）は単一の行列方程式$\mathbf{M}\ddot{\mathbf{x}} = -\mathbf{K}\mathbf{x}$として書き直すことができるのと同様に，$\xi_1, \xi_2$の2つの方程式（11.76）も$\mathbf{M}'\ddot{\boldsymbol{\xi}} = -\mathbf{K}'\boldsymbol{\xi}$と書くことができる。ただし，2つの行列$\mathbf{M}', \mathbf{K}'$が両方とも対角行列であるという重要な相違点がある。

$$\mathbf{M}' = \begin{bmatrix} m & 0 \\ 0 & m \end{bmatrix}, \qquad \mathbf{K}' = \begin{bmatrix} k & 0 \\ 0 & 3k \end{bmatrix} \tag{11.77}$$

元の座標(x_1, x_2)から規準座標(ξ_1, ξ_2)への変換は，行列$\mathbf{M}, \mathbf{K}$の対角化と呼ばれる。新しい行列が対角行列であるということは，ξ_1, ξ_2の方程式（11.76）が結合しておらず，ξ_1, ξ_2は独立に振動することと同義である。

2 つの規準座標ξ_1, ξ_2を先と異なるより一般的な方法，つまり固有振動方程式$(\mathbf{K} - \omega^2\mathbf{M})\mathbf{a} = 0$で決まる固有ベクトル$\mathbf{a}$として定義することができる。11.2 節で述べたように，（2 つの台車に関する）これらの 2 つの（2×1）行列は

$$\mathbf{a}_{(1)} = \begin{bmatrix} 1 \\ 1 \end{bmatrix}, \qquad \mathbf{a}_{(2)} = \begin{bmatrix} 1 \\ -1 \end{bmatrix} \tag{11.78}$$

である。[2 つの重要な点：これらのベクトルのそれぞれには任意の乗数Aが含まれるが，ここではAを固定する。最も簡単な選択は$A = 1$にすることである。別の，場合によってはより良い選択となるのは，係数を$1/\sqrt{2}$としベクトルを正規化することである。次に，$\mathbf{a}$の各列は 2 つの値で構成されている。ここではこれらをa_1, a_2と呼ぶ。しかし今は 2 つの異なる列$\mathbf{a}_{(1)}, \mathbf{a}_{(2)}$それぞれの規準振動について議論している。そしてこの区別を強調するために添字に括弧を使用している。]任意の（2×1）列ベクトルは，2 つのベクトル$\mathbf{a}_{(1)}, \mathbf{a}_{(2)}$の組み合わせとして表現できる。（問題 11.33 を参照。）特に，$\boldsymbol{x}$を以下のように表現する。

$$\mathbf{x} = \xi_1\mathbf{a}_{(1)} + \xi_2\mathbf{a}_{(2)} = \begin{bmatrix} \xi_1 + \xi_2 \\ \xi_1 - \xi_2 \end{bmatrix} \tag{11.79}$$

第 1 の等式は，$\mathbf{x}$を固有ベクトル$\mathbf{a}_{(1)}, \mathbf{a}_{(2)}$で展開した際の係数として$\xi_1, \xi_2$を定義するが，（11.79）の最後の式をみると，$\xi_1, \xi_2$はまさに（11.74）の規準座標であることが納得できるであろう。すなわち規準座標は，それぞれが規準角振動数の 1 つで独立に振動する性質を持ち，固有ベクトル$\mathbf{a}_{(1)}, \mathbf{a}_{(2)}$で$\mathbf{x}$を展開した場合の係数として定義することができる。この定義は，n自由度の任意の振動の一般的な場合に自然に引き継がれる。

一般的な場合

今や，n個の一般化座標$q_1, \cdots, q_n$を持つ任意の振動系の規準座標を簡単に導入することができる。また我々は，このような系がn個の規準振動を有することを知っている。振動iでは，列ベクトル$\mathbf{q}$は正弦波で振動する。

$$\mathbf{q}(t) = \mathbf{a}_{(i)}\cos(\omega_i t - \delta_i)$$

ここで定数列$\boldsymbol{a}_{(i)}$は，固有値方程式を満たす。

$$\mathbf{K}\mathbf{a}_{(i)} = \omega_i^2\mathbf{M}\mathbf{a}_{(i)} \tag{11.80}$$

列$\mathbf{a}_{(1)}, \cdots, \mathbf{a}_{(n)}$は$n$個の独立した（$n \times 1$）の実数列行列であり[11]，任意の（$n \times 1$）列行列はこれらを使って展開することができる。すなわちベクトル$\mathbf{a}_{(1)}, \cdots, \mathbf{a}_{(n)}$はすべての（$n \times 1$）ベクトルの空間の**基底**または**完全集合**である。（これらの性質を持つことの証明については，付録を参照すること。）したがって運動方程式$\mathbf{q}(t)$の解は，

$$\mathbf{q}(t) = \sum_{i=1}^{n} \xi_i(t)\mathbf{a}_{(i)} \tag{11.81}$$

である。この規準座標ξ_iの定義は，ばねにつながれた 2 つの台車系の新しい定義（11.79）とまったく同じであり，以下述べるように異なる$\xi_i(t)$が独立して振動するという望ましい特性を有することを証明できる。

列$\mathbf{q}(t)$は，以下の運動方程式を満たす。

$$\mathbf{M}\ddot{\mathbf{q}} = -\mathbf{K}\mathbf{q}$$

$\mathbf{q}$をその展開式（11.81）で置き換えると，上式は次のようになる。

$$\sum_{i=1}^{n} \ddot{\xi}_i(t)\mathbf{M}\mathbf{a}_{(i)} = -\sum_{i=1}^{n} \xi_i(t)\mathbf{K}\mathbf{a}_{(i)} = -\sum_{i=1}^{n} \xi_i(t)\omega_i^2\mathbf{M}\mathbf{a}_{(i)} \tag{11.82}$$

ここで最後の等式は，固有値方程式（11.80）に従った。ここでn個の列ベクトル$\mathbf{a}_{(1)}, \cdots, \mathbf{a}_{(n)}$は独立であり，この性質は行列$\mathbf{M}$で乗算されたときに変化しない。したがって$n$個のベクトル$\mathbf{M}\mathbf{a}_{(1)}, \cdots, \mathbf{M}\mathbf{a}_{(n)}$も独立であり，両辺のすべての対応する係数が等しい場合のみ，等式（11.82）は成立する[12]。つまり，

$$\ddot{\xi}_i(t) = -\omega_i^2 \xi_i(t)$$

である。これにより（11.81）で定義された規準座標ξ_iが，規準角振動数で独立に振動することがわかる。

第 11 章の主な定義と方程式

---

11 ベクトル$\mathbf{a}_{(i)}$が実数であることは，明らかではない。2 つの台車の場合は，（11.78）からそうであることがわかる。一般的な場合では，実数の固有値方程式（11.80）によって決定され，それらが実数，または実数と再定義できることを証明することはそれほど難しくはない。付録を参照のこと。

12 ここで使用された結果は，すべてのiについて$\lambda_i = \mu_i$である場合にのみ$\sum_1^3 \lambda_i \mathbf{e}_i = \sum_1^3 \mu_i \mathbf{e}_i$が正しいという，3 次元空間における慣れ親しんだ結果の類推である。ベクトル$\mathbf{a}_{(1)}, \cdots, \mathbf{a}_{(n)}$が独立であることの証明は，付録を参照すること。

行列形式の運動方程式

n自由度系は，n個の一般化座標$q_1, \cdots, q_n$からなる$n \times 1$行列$\mathbf{q}$によって指定することができる。安定平衡に対する微小振動（平衡状態で$\mathbf{q} = 0$となるように選ばれた座標を持つ）の運動方程式は，行列形式で表現できる。

$$\mathbf{M}\ddot{\mathbf{q}} = -\mathbf{K}\mathbf{q} \qquad [\ (11.60)\ ]$$

ここで$\mathbf{M}, \mathbf{K}$は$n \times n$の「**質量**」行列と「**ばね定数**」**行列**である。これらの行列を求める 1 つの方法は，系の KE と PE を以下の形式で書き下すことである。

$$T = \frac{1}{2}\sum_{j,k} M_{jk}\,\dot{q}_j\dot{q}_k, \quad U = U(\mathbf{q}) = \frac{1}{2}\sum_{j,k} K_{jk}\,q_j q_k \qquad [\ (11.54)\ \&\ (11.53)\ ]$$

規準振動

規準振動とは，すべてのn座標が同じ角振動数ω（**規準角振動数**）で正弦波振動する場合であり，また次のように書くことができる。

$$\mathbf{q}(t) = \mathrm{Re}\left(\mathbf{a}e^{i\omega t}\right) \qquad [\ (11.61)\ ]$$

ここで$n \times 1$の定数行列$\mathbf{a}$は，一般固有値方程式を満たさなければならない。

$$(\mathbf{K} - \omega^2\mathbf{M})\mathbf{a} = 0 \qquad [\ (11.62)\ ]$$

n自由度と$\mathbf{q} = 0$での安定な平衡状態を持つ任意の系に対して，n個の規準角振動数$\omega_1, \cdots, \omega_n$（そのうちのいくつかは等しいこともある），および$n$個の独立した対応する固有ベクトル$\mathbf{a}_{(1)}, \cdots, \mathbf{a}_{(n)}$が存在する。これらの固有ベクトルを使って任意の$n \times 1$行列を展開することができ，また運動方程式の任意の解を規準振動で展開することができる。

規準座標

任意の解を規準振動で展開した場合，展開係数$\xi_i(t)$は**規準座標**と呼ばれ，それぞれが対応する角振動数ω_iで振動する。 [11.7 節]

第 11 章の問題

星印は，最も簡単な（*）ものから難しい（***）ものまでの，おおよその難易度を示している。

11 .1 節 2 つの物体と 3 つのばね

1.1* 図 11.1 の 2 つの台車について議論するにあたり，2 つの台車が平衡状態にあるとき，3 つのばねの長さL_1, L_2, L_3は，それらが伸び縮みのない自然長l_1, l_2, l_3に等しいと仮定することが最も簡単であると述べた。しかしながらこの仮定は必要ではなく，3 つのばねはすべて平衡位置で伸ばされ（または圧縮され）ていてもよい。 (a) 2 つの台車が平衡状態にあるために必要となる，これら 6 つの長さ（および 3 つのばね定数k_1, k_2, k_3）の間の関係を求めよ。 (b) x_1, x_2が台車の平衡位置から測定されている場合に限り，L_1, L_2, L_3とl_1, l_2, l_3がどのように関係するかにかかわらず，どちらの台車に働くの力も（11.2）で表されることを示せ。

11.2** 質量のないばね（ばね定数k_1）が天井から吊り下げられ，その下端に質量m_1の物体が吊り下げられている。第 2 の質量のないばね（ばね定数k_2）がm_1から吊り下げられ，第 2 の質量m_2の物体が第 2 のばねの下端に吊り下げられている。物体は垂直方向にのみ移動するので，質量の平衡位置から測定された座標y_1, y_2を用いて，運動方程式が行列形式$\mathbf{M}\ddot{\mathbf{y}} = -\mathbf{K}\mathbf{y}$で書き表せることを示せ。ここで$\mathbf{y}$は$y_1, y_2$で構成される 2× 1 行列である。2×2 行列$\mathbf{M}$および$\mathbf{K}$を求めよ。

11.2 同一のばねと質量の等しい物体

11.3* 図 11.1 に示す 2 つの台車と 3 つのばねの系の規準角振動数をm_1, m_2, k_1, k_2, k_3を用いて求めよ。$m_1 = m_2$, $k_1 = k_2 = k_3$の場合において，この答えが正しいことを確認せよ。

11.4** (a) $m_1 = m_2$, $k_1 = k_3$の場合（ただしk_2は異なる），図 11.1 に示す 2 つの台車と 3 つのばねからなる系の規準角振動数を求めよ。その答えが $k_1 = k_2$の場合も正しいことを確認せよ。 (b) 2 つの規準振動のそれぞれの運動を順番に求め，説明せよ。 11.2 節での$k_1 = k_2$の場合の運動と比較せよ。また類似点を説明せよ。

11.5** (a)$m_1 = m_2$, $k_1 = k_2$と仮定して，図 11.15 に示す 2 つの台車の規準角振動数ω_1, ω_2を求めよ。(b) 各規準振動の運動を順番に求め，説明せよ。

11.6** 問題 11.5 と同じ問いを，$m_1 = m_2$かつ$k_1 = 3k_2/2$の場合について答えよ。（$k_1 = 3k, k_2 = 2k$とせよ。）2 つの規準振動での運動を説明せよ。

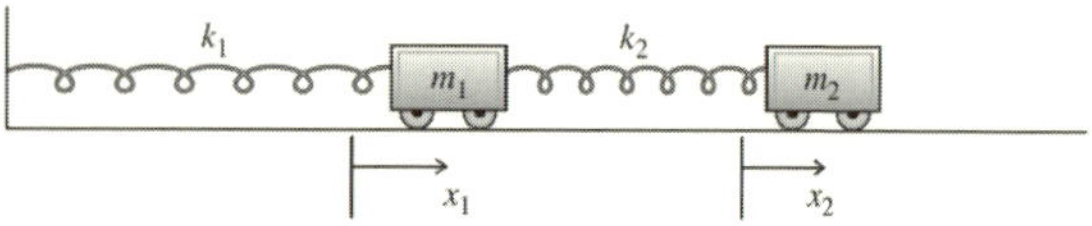

図 11.15 問題 11.5 および 11.6 の図

11.7** [コンピュータ] 11.2 節の 2 つの台車の最も一般的な運動は，(11.21) および初期条件によって決定される定数

$A_1, A_2, \delta_1, \delta_2$によって与えられる。　(a)（11.21）は次のように書き換えることができることを示せ。

$$\mathbf{x}(t) = (B_1\cos\omega_1 t + C_1\sin\omega_1 t)\begin{bmatrix}1\\1\end{bmatrix} + (B_2\cos\omega_2 t + C_2\sin\omega_2 t)\begin{bmatrix}1\\-1\end{bmatrix}$$

この形式は通常，与えられた初期条件に一致させる際に便利である。　(b) 位置$x_1(0) = x_2(0) = A$で台車を離した場合，係数B_1, B_2, C_1, C_2を求め，$x_1(t), x_2(t)$を図示せよ。ただし，$A = \omega_1 = 1$, $0 \le t \le 30$とせよ。　(c) $x_1(0) = A$, $x_2(0) = 0$として，(b) と同じことをおこなえ。

11.8** [コンピュータ]問題 11.7 と同じだが，(b) では台車は$t = 0$では平衡位置にあり，互いに速さv_0でお互いに離れる方向に蹴られた場合について答えよ。　(c) では台車は平衡位置から出発し，台車 2 は右向きに速さv_0を持つが，台車 1 の初期の速さは 0 である場合について答えよ。図示する際には，$v_0 = \omega_1 = 1$, $0 \le t \le 30$とせよ。

11.9**　(a) 11.2 節の等質量の台車の運動方程式（11.2）を，3 つの同一のばねの場合に書き下せ。変数$\xi_1 = \frac{1}{2}(x_1 + x_2)$, $\xi_2 = \frac{1}{2}(x_1 - x_2)$への変数変換により，$\xi_1, \xi_2$の独立した方程式になることを示せ。　(b) ξ_1, ξ_2について解き，x_1, x_2の一般解を書き下せ。(法線座標が何であるかを考えれば，この手順は非常に簡単なものとなる。このような単純な対称系では，特に規準振動に対する経験を積むと，対称性を考慮することでξ_1, ξ_2の形を推測できることがある。)

11.10*** [コンピュータ]一般に，散逸力を伴う結合振動子の解析は，この章で検討した保存系の場合より，はるかに複雑である。しかし以下の問題が示すように，同じ方法が依然としてうまく働く場合がある。　(a) 3 つの同一のばねの場合において，11.2 節の等質量の台車に対する（11.2）の運動方程式を書き下せ。ただし各台車は線形抵抗力$-b\mathbf{v}$（両方の台車とも同じ係数b）を受ける。　(b) 変数を規準座標$\xi_1 = \frac{1}{2}(x_1 + x_2)$, $\xi_2 = \frac{1}{2}(x_1 - x_2)$に変更すると，$\xi_1, \xi_2$の運動方程式は分離することを示せ。　(c) 規準座標およびx_1, x_2に対する一般解を書き下せ。(d) 初期条件$x_1(0) = A$, $x_2(0) = v_1(0) = v_2(0) = 0$に対して$x_1(t), x_2(t)$を求めよ。また$A = k = m = 1$, $b = 0.1$として，$x_1(t), x_2(t)$を$0 \le t \le 10\pi$の範囲で図示せよ。

11.11***　(a) 11.2 節の等質量台車の（11.2）に対応する運動方程式を，3 つの同一のばねの場合に書き下せ。ただし各台車は線形抵抗力$-b\mathbf{v}$（両方の台車とも同じ係数b）を受けるとする。　(b) 変数を規準座標$\xi_1 = \frac{1}{2}(x_1 + x_2)$, $\xi_2 = \frac{1}{2}(x_1 - x_2)$に変更すると，$\xi_1, \xi_2$の運動方程式は分離することを示せ。　(c) 5.5 節の方法を用いて，一般解を書き下せ。　(d) $\beta = b/2m \ll \omega_0$と仮定すると，$\omega \approx \omega_0 = \sqrt{k/m}$のとき$\xi_1$が共振し，$\omega \approx \sqrt{3}\omega_0$のときは$\xi_2$が共振することを示せ。　(e) 一方，両方の台車が同じ力$F_0\cos\omega t$で同相で駆動される場合，ξ_1のみが共振を示すことを証明し，その理由を説明せよ。

11.12*** 2 つの振動子をつなぐ別の方法がある。図 11.16 の 2 つの台車は，(異なる形状ではあるが) 同じ質量mを持つ。それらは同一であるが別々のばね（ばね定数k）および別々の壁によってつながれている。図に示すように台車 2 は台車 1 の上に乗り，台車 1 は糖蜜で満たされ，粘性抵抗により台車同士はつながっている。 (a) 抵抗力の大きさをβmvとするが，ここで$\mathbf{v}$は 2 つのカートの相対速度である。x_1, x_2を台車の平衡位置からのずれとした場合，2 つの台車の運動方程式を書き下せ。これらは$\ddot{\mathbf{x}} + \beta \mathbf{D}\dot{\mathbf{x}} + \omega_0^2 \mathbf{x} = 0$のように行列形式で書くことができることを示せ。ただし$\mathbf{x}$はx_1, x_2からなる 2×1 行列，$\omega_0 = \sqrt{k/m}$，$\mathbf{D}$はある 2×2 の正方行列である。 (b) $\mathbf{x}(t) = \mathrm{Re}\mathbf{z}(t)$，$\mathbf{z}(t) = \mathbf{a}e^{rt}$として解を求めることを考える。実際に$r = i\omega_0$または$r = -\beta + i\omega_1$で，この形式の 2 つの解となることを示せ。ここで$\omega_1 = \sqrt{\omega_0^2 - \beta^2}$である。(粘性力が弱いと仮定しているので，$\beta < \omega_0$である。) (c) これに対応する運動を説明せよ。なぜこれらの振動の 1 つが減衰され，もう 1 つは減衰されないのかを説明せよ。

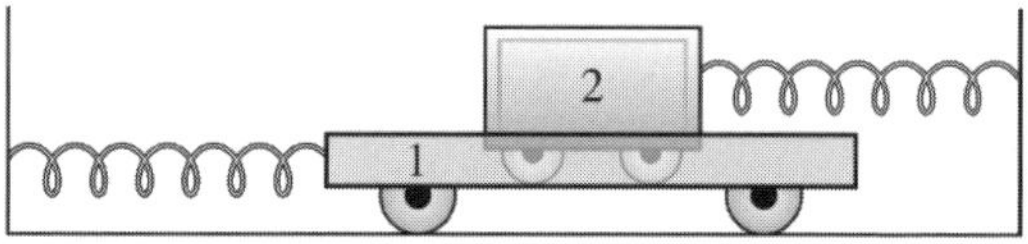

図 11.16 問題 11.12 の図

11.3 節 2 つの弱く結合した振動子

11.13*** [コンピュータ]弱いばねと抵抗力$-b\mathbf{v}$（各台車に同じ力）の力が加わる，11.3 節の 2 つの台車を考えてみよう。 (a) x_1, x_2の運動方程式を（11.2）の形で書き，規準座標$\xi_1 = \frac{1}{2}(x_1 + x_2)$，$\xi_2 = \frac{1}{2}(x_1 - x_2)$に変更すると，$\xi_1$，$\xi_2$の運動は分離することを示せ。 (b) 消散係数$b$が小さいと仮定して$\xi_1(t)$，$\xi_2(t)$を解き（5.4 節でみたように，これは「不足減衰運動」である。），一般解$x_1(t), x_2(t)$を求めよ。 (c) $x_1 = A$に台車 1 を，$x_2 = 0$に台車 2 を置き，$t = 0$で台車が静止していると仮定する。$0 \leq t \leq 80$のtの関数として 2 つの位置を求めて図示せよ。ただし$A = k = m = 1$，$k_2 = 0.2$，$b = 0.04$とせよ。(初期条件を一致させるために$b \ll 1$を利用し，適切なコンピュータプログラムを使用して図を作成せよ。) 図に説明を付けよ。

11.4 節 ラグランジュ法：2 重振り子

11.14** 図 11.17 に示すように，質量のないばね（ばね定数k）でつながれた 2 つの同一の平面振り子（長さL，質量m）を考える。振り子の位置は，図に示された角度ϕ_1，ϕ_2で指定する。ばねの自然長は 2 つの支点間の距離に等しいので，平衡位置は$\phi_1 = \phi_2 = 0$になり，2 つの振り子は垂直に

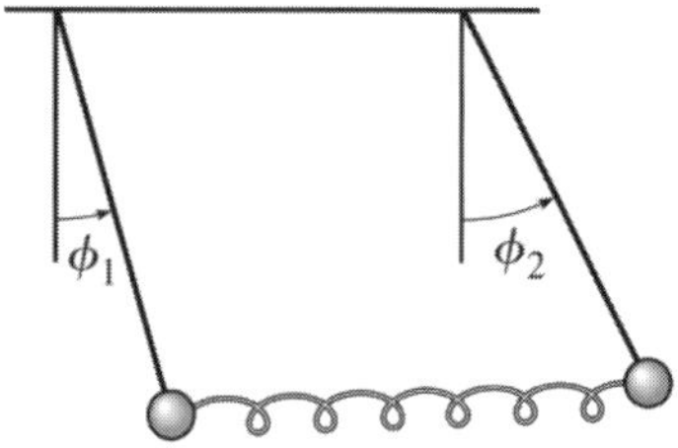

図 11.17 問題 11.14 の図

なる。　(a) 全運動エネルギー，重力およびばねの位置エネルギーを書き下せ。[両方の角度が，常に小さいままであると仮定する。これは，ばねの伸びが$L(\phi_2-\phi_1)$で近似されることを意味する。]ラグランジュの運動方程式を書き下せ。　(b) これらの 2 つのつながれた振り子の規準振動を求め，説明せよ。

11.15** 図 11.9 の 2 重振り子の（すべての角度に対して当てはまる）正確なラグランジアンを書き下し，対応する運動方程式を見つけよ。 両方の角度が小さい場合，この方程式は（11.41）および（11.42）となることも示せ。

11.16**　(a) 任意の質量と長さの値について，図 11.9 の 2 重振り子の微小振動に対する規準角振動数を求めよ。　(b) その答えが$m_1=m_2$，$L_1=L_2$という特殊な場合に正しいことを確認せよ。　(c) $m_2\to 0$の極限について説明せよ。

11.17**　(a) $m_1=8m$, $m_2=m$, $L_1=L_2=L$とした場合，図 11.9 の 2 重振り子の規準角振動数と規準振動を求めよ。　(b) 振り子を$\phi_1=0$, $\phi_2=\alpha$で手を離した場合の運動$[\phi_1(t),\phi_2(t)]$を求めよ。この動きは周期的であろうか。

11.18** 2 つの等しい質量mを持つ物体が，正のx軸上と正のy軸上にそれぞれ 1 つずつ，摩擦なしに動くように拘束されている。それらは 2 つの同一のばね（ばね定数k）に取り付けられ，その両端は原点に取り付けられている。さらに 2 つの物体は，ばね定数kの第 3 のばねによって互いにつながれている。ばねは，3 つの長さが自然長（伸びが全くない長さ）のとき，系が平衡になるように選ばれている。規準角振動数はいくらであろうか。規準振動を求め，説明せよ。

11.19*** 単振り子（質量M，長さL）は，図 11.18 に示すように，ばね定数kのばねにつながれ振動する台車（質量m）から吊るされている。　(a) 角度ϕが小さいままであると仮定した場合，系のラグランジアンと，xとϕの運動方程式を書き下せ。　(b) $m=M=L=g=1$, $k=2$（すべて適切な単位系での値とする）と仮定し，規準角振動数を求めよ。また各規準角振動数について，対応する規準振動の運動を求め説明せよ。

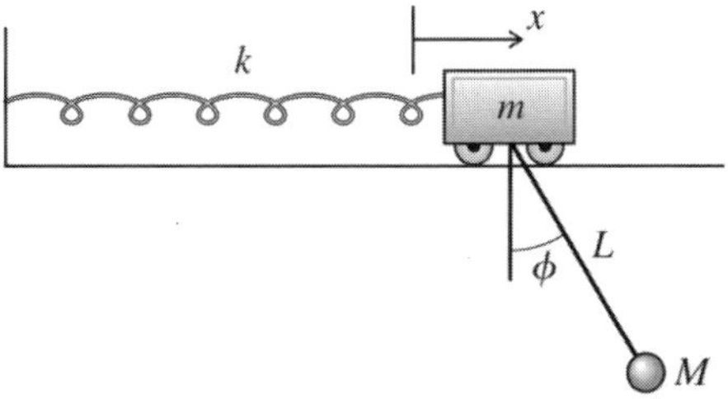

図 11.18 問題 11.19 の図

11.20*** 長さ$2b$の細く一様な棒が，固定長lの 2 本の垂直な軽いひもによって天井から吊るされている。平衡からわずかに変位したと仮定し，系のラグランジアンと規準角振動数を求めよ。そして規準振動を求め，説明せよ。［ヒント：一般化座標を棒の縦方向の変位x，棒の 2 つの端の横方向の変位y_1, y_2と選択せよ。棒の 2 つの端がどの程度平衡の高さを上回っており，また棒がどの程度の角度回転したかを調べよ。］

11.5 および 11.6 節 一般的な場合，および 3 重振り子

11.21* 仮に$U=\frac{1}{2}\sum_j\sum_k K_{jk}q_jq_k$で，係数$K_{jk}$がすべて一定であり，また$K_{ij}=K_{ji}$を満たす場合，(11.58) で要求されるように$\partial U/\partial q_i=\sum_j K_{ij}q_j$であることを確かめよ。

11.22* 図 11.13 の 3 重振り子の，任意の角度に対する正確な位置エネルギーを書き下せ。3 つの角度すべてが小さい場合は，その答えが (11.68) になることを示せ。

11.23** (11.73) は，3 重振り子の 3 つの規準角振動数を，$L=m=1$の自然単位で示したものである。すでに見たように，任意の単位系においてω_1^2の値はg/Lである。ω_2^2,ω_3^2の値を適切な単位系で求めよ。[ヒント：$\omega_2^2-\omega_1^2$をから考え始めよ。]

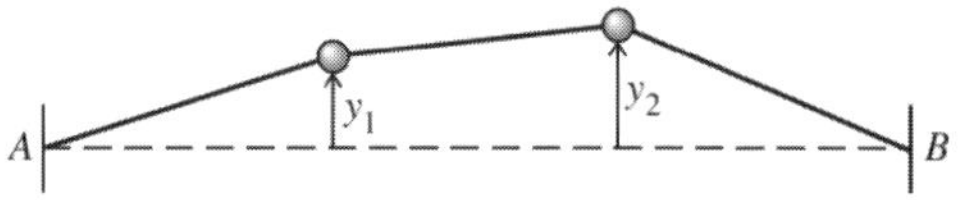

図 11.19 問題 11.24 の図

11.24** 2 つの等しい質量mの物体が，摩擦のない水平なテーブル上を移動する。それらは，図 11.19 に示すように，3 つの同一のピンと張ったひも（それぞれ長さL，張力T）によって保持され，その平衡位置は，固定点 A と B の間の直線である。）これらの 2 つの物体が縦 (x) 方向ではなく，横 (y) 方向に動いたとする。微小変位の場合のラグランジアンを書き下し，対応する規準振動での運動を求め説明せよ。[ヒント：「微小」変位の場合，y_1,y_2がLよりもずっと小さいので，張力を一定として扱うことができる。したがって，各ひもの PE はTdであり，dは平衡状態から増加した長さである。

11.25** 図 11.1 のような台車とばねの系を考えよう。ただし等質量の台車が 3 つ，同一のばねが 4 つあるとする。3 つの規準角振動数を計算し，これらの規準振動に対応する運動を求め説明せよ。

11.26** 質量mのビーズを，半径R，質量m（同じ質量）の摩擦のない円形のワイヤ環に通す。図 11.20 に示すように，ワイヤ環はA点で吊り下げられ，それ自身の垂直面内で自由に揺れる。角度ϕ_1,ϕ_2を一般

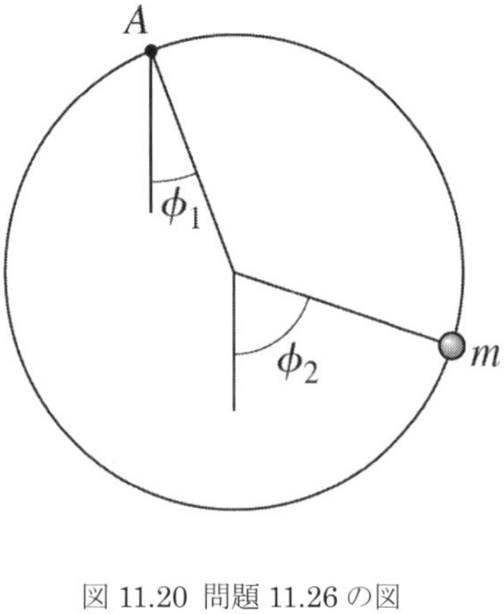

図 11.20 問題 11.26 の図

化座標として，微小振動の規準角振動数を計算し，対応する規準振動の運動を求め説明せよ。［ヒント：ワイヤ環の KE は$\frac{1}{2}I\dot{\phi}_1^2$である。ここで$I$は$A$まわりの慣性モーメントであるが，これは平行軸定理を使用して求めることができる。］

11.27** 水平で摩擦のない軌道上にある，同じ質量mの 2 つの台車を考える。台車はばね定数kの単一のばねによって互いに接続されているが，それ以外は軌道に沿って自由に動く。（a）ラグランジアンを書き下し，系の規準角振動数を求めよ。規準角振動数の 1 つがゼロであることを示せ。（b）角振動数がゼロでない規準振動の運動を求め，説明せよ。（c）角振動数ゼロの振動でも，同じことをおこなえ。［ヒント：これをおこなうには，いくつかの工夫が必要となる。ゼロ角振動数がどのような振動であるかは，すぐには分からない。この場合，固有値方程式$(\mathbf{K}-\omega^2\mathbf{M})\mathbf{a}=0$は$\mathbf{K}\mathbf{a}=0$になることに注意してほしい。解$\mathbf{x}(t)=\mathbf{a}f(t)$を考えるが，$f(t)$は$t$の未定関数であり，運動方程式$\mathbf{M}\ddot{\mathbf{x}}=-\mathbf{K}\mathbf{x}$を利用して，この解は系全体が一定速度で動いていることを表していることを示せ。ここではこのような運動が可能だが，前の例では不可能である理由を説明せよ。］

11.28** 単振り子（質量M，長さL）が，水平軌道に沿って自由に動く質量mの台車内に吊るされている。（図 11.18 を参照してほしいが，台車と壁をつなぐばねは取り外されているとする。）（a）規準角振動数を求めよ。（b）対応する規準振動を求め，説明せよ。［問題 11.27 のヒントを参照すること。］

11.29*** 長さ$2b$，質量mの細い棒の 2 つの端部が，水平な天井に取り付けられた 2 つの同じ垂直ばね（ばね定数k）によって吊るされている。系全体が 1 つの垂直平面内を動くように制約されていると仮定すると，微小振動の規準角振動数と規準振動を求めよ。そしてこの規準振動を説明せよ。［ヒント：一般化座標をうまく選択をすることは重要である。その 1 つとしてr, ϕ, αを選択する。ここでrおよびϕは天井のばねの中間に設定された原点に対する棒の CM の位置を指定し，αは棒の傾斜角度である。位置エネルギーを書き下す際には，注意すること。］

11.30*** ［コンピュータ］図 11.1 のような台車とばねから構成される系を考える。ただし同じ質量の台車が 4 つ，同一のばねが 5 つあるとする。4 つの規準角振動数を求め，対応する規準振動での運動を求め説明せよ。［この問題はコンピュータの助けなしに解くことができるが，行列式を求め，適切なコンピュータソフトウェアを使用して特性方程式を解く方法を学ぶことは貴重なことであろう。］

11.31*** 水平状態にある，摩擦の働かない半径Rの硬い輪を考える。この輪には質量$2m$, m, mの 3 つのビーズと，ビーズ間にばね定数kの 3 つの同じばねがある。3 つの規準角振動数を計算し，それぞれの規準振動を求め説明せよ。

11.32*** 直線状の 3 原子分子（CO_2など）のモデルとして，質量mの 2 つの同一の原子が質量Mの単一の原子に結合されている，図 11.21 に示す系を考えてみよう。状況を簡単なものにするために，この系は 1 次元方向のみ動くように制限されていると仮定する。（a）ラグランジアンを書き下し，系の規準角振動数を求めよ。そして規準角振動数の 1 つがゼロであることを示せ。(b) 角振動数が非ゼロである規準振動における運動を求め，説明せよ。 (c) 角振動数ゼロの振動についても，同じことをおこなえ。［ヒント：問題 11.27 の最後のコメントを参照すること。］

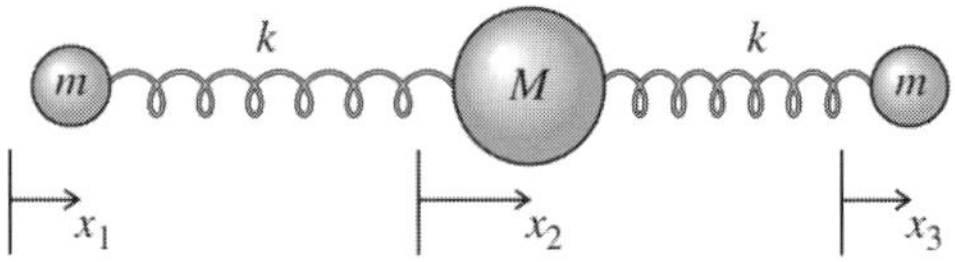

図 11.21 問題 11.32 の図

11.7 節 規準座標*

11.33* 11.2節の2つの台車の2つの規準振動における運動を記述する固有ベクトル$\mathbf{a}_{(1)}, \mathbf{a}_{(2)}$が，(11.78) に示されている。任意の (2×1) 行列$\mathbf{x}$を，これらの 2 つの固有ベクトルの線形結合として書くことができることを証明せよ。すなわち$\mathbf{a}_{(1)}, \mathbf{a}_{(2)}$は，(2×1) 行列空間の基底となる。

11.34** 任意の ($n\times1$) 行列$\mathbf{x}$をn個の固有ベクトルの線形結合として表現することは，振動系の規準振動の運動を記述する固有ベクトル$\mathbf{a}_{(1)}, \cdots, \mathbf{a}_{(n)}$の重要な性質である。すなわち，固有ベクトルは ($n\times1$) 行列空間の基底となる。これは付録で証明されているが，その説明をするために以下のことをおこなう。 (a) 11.6 節の連成振り子の 3 つの固有ベクトル$\mathbf{a}_{(1)}, \mathbf{a}_{(2)} \mathbf{a}_{(3)}$を書き下せ。(それぞれには全体にかかる任意の係数が含まれており，都合の良いように選択することができる。) 任意の (3×1) 行列$\mathbf{x}$が，これらを使うと展開できることを証明せよ。 (b) この展開における展開係数は，規準座標ξ_1, ξ_2, ξ_3である。 3 重連成振り子の規準座標を求め，図 11.14 の 3 つの規準振動の持つ意味を説明せよ。

11.35** 問題 11.14 の 2 重連結振り子を考えてみよう。 (a) 規準座標ξ_1, ξ_2の自然な選択は，どのようなものであろうか。 (b) 両方の振り子が大きさbv (ただしbは小さいとする) の復元力を受けたとしても，ξ_1, ξ_2の運動方程式は分離していることを示せ。 (c) 2 つの振動に対して，2 つの振り子の運動を求め，説明せよ。

第 II 部

発展編

本書の第 I 部には，何らかの意味において必要不可欠な題材が含まれている。第 II 部には，現代物理学において極めて重要ではあるが，選択的に学ばれるべきものと考えられる，より高度な話題が含まれている。第 I 部の章は順番に読むように作られているが，第 II 部の 5 つの章は，読者の好みや費やすことのできる時間に応じて選ぶことができるよう，相互に独立している。第 I 部の内容の大部分を理解している場合は，第 II 部のいずれの章にも取り組むことができる。しかしこのことは第 II 部のいずれかの章を読む前に，第 I 部のすべてを学習しなければならないと言っているのではない。たとえば第 5 章の振動について学んだ後，すぐにカオスに関する第 12 章を読むことができる。同様に第 7 章のラグランジュ力学の直後に第 13 章のハミルトン力学を，第 8 章の 2 体運動の直後に第 14 章の衝突理論を読むことができる。

第 12 章　非線形力学とカオス

ここ数十年における最も魅力的で胸躍らせる発見の 1 つは，運動方程式が非線形であるほとんどの系においてカオスという現象が出現するという認識であった。振動する力学系，化学反応，流体の流れ，レーザー，人口の増加，病気の広がりなど，多くの異なる分野に現れるこの驚くべき現象は，系が（ニュートンの法則のような）決定論的な運動方程式に従うものの，実際問題として，その将来の詳細なふるまいが予測できないことを意味する。

カオス的な力学系の挙動は極めて複雑であり，この挙動を説明する必要性から，状態空間軌道・ポアンカレ断面・分岐図という系の運動を見るための新しい一連の方法が生み出された。幸いにも，カオス状態となるほど十分複雑な系であっても，その説明のためにこれらの新しい手段をすべて必要としないほどには単純である。特に運動方程式が非線形である駆動減衰振動子にはカオスが出現するが，十分に基本的な用語でそのふるまいを述べることができる。そのため，本書では主にこの系に焦点を当てる。線形および非線形方程式の違いや減衰線形振動子の特性を簡単に概観した後，時間に対する位置ϕの単純なグラフを用いて，駆動減衰振動子の運動をある程度詳細に説明する。基本的な現象を理解した後，急速に拡大しているカオスに関する文献を読むために必要な，より洗練された手段の一部を紹介する。この章を終えるにあたり，カオスが出現する別の系，いわゆるロジスティック写像を説明する。これは厳密には力学の一部ではないが，力学系との多くの強い類似点を持ち，その挙動の側面のいくつかを簡単に理解できる大きな利点がある。このことはまた，カオスの驚くべき普遍性を説明するのに役立つ。

著者はこの章の構成を計画するにあたり，分野全体を表面的に垣間見るのではなく，限られた話題をよく理解することが重要であることを強く感じた。特にカオス理論は減衰振動子のような散逸系と，非散逸系または「ハミルトン」系という2つの広大な領域に分けられるが，本書では完全に前者に限定することにした。読者の中には，この決定に疑問を抱く人がいることは分かっている。ポアンカレの先駆的研究と同様に，（たとえば，天文学や統計力学における）カオス理論の多くの重要な応用は，非散逸系に関係している。それにもかかわらず，初心者が最も取り組みやすい話題は散逸系に関係しており，この章を適切な長さに保つために，散逸系のみを取り扱うことにした。この章をカオス理論に関するすべてのことを伝えるものではなく，適切な例題集として見てほしい。

この章は，他の章とは大きく異なっている。カオス理論は新しいものであり，全く基礎的ではない。(そして一部の理論はまだ発見されていない。) その理解のためには，著者がこの本で仮定しているよりも微分方程式をはるかに深く理解する必要がある。カオス理論の適切な解説には1章ではなく，一冊全体が必要である[1]。したがってそのような運動があることを証明しようとすることなく，カオス的な動きの魅力的な主たった特性を簡単に記述することに限定する。これは実際問題として，望ましいものである。より進んだ書物を読む前に，カオスがどのような内容を含んでいるのかを知り，それを記述するのに使用される手段のいくつかに精通していることは，ほぼ確実に望ましいことである。

12.1 線形性と非線形性

系がカオスとなるためには，その運動方程式は非線形でなければならない。本書では時折，線形方程式と非線形方程式の例を挙げたが，ここで2つの概念を見直してみよう。微分方程式は，（単数または複数の）従属変数およびそれらの導関数が線形関係にある場合，線形である。ばね（ばね定数k）につながれた台車（質量m）の運動方程式は

$$m\ddot{x} = -kx \tag{12.1}$$

---

1 そのような本はいくつか存在する。著者のお気に入りは，ストロガッツ著 『非線形ダイナミクスとカオス』(丸善出版，2015) であるが，カオスに至るまでに数学的準備のための8つの章を必要としている。

であり，台車の位置xの線形微分方程式である。同様に第 11 章[（11.2）など]で説明した 2 つの台車の運動方程式は，2 つの台車の位置x_1, x_2の線形方程式である。（12.1）の台車に駆動力$F(t)$が働く場合，

$$m\ddot{x} = -kx + F(t) \tag{12.2}$$

であり，方程式は依然線形である。[「非同次」項$F(t)$は従属変数xを全く含まないため，同次方程式ではない。]それとは対照的に，単振り子（質量m，長さL）の運動方程式は$I\ddot{\phi} = \Gamma$，または

$$mL^2\ddot{\phi} = -mgL\sin\phi \tag{12.3}$$

である。$\sin\phi$はϕに対して線形ではないので，この式はϕの非線形方程式である。（振動が小さい場合は$\sin\phi \approx \phi$であり，方程式は線形方程式でよく近似される。しかし一般的に，単振り子の方程式は非線形である。）もう 1 つの例は，太陽の重力場にある単一の惑星の運動方程式である。

$$m\ddot{\mathbf{r}} = -GmM\hat{\mathbf{r}}/r^2 \tag{12.4}$$

力の項がx, y, zに対して非線形であるため，変数$\mathbf{r} = (x, y, z)$の非線形方程式である。これらの 2 つの例は，非線形方程式が特に珍しいわけではないことを示している。逆に多くの日常的な系は，非線形の運動方程式を持つ。

本書に関する限り，線形微分方程式と非線形微分方程式の主な違いは，前者は解析的に簡単に解くことができたのに対し，後者の大部分は解析的に解くことが不可能であったことである。この点に関する我々の経験は，実際の状態をよく反映している。ほぼすべての線形方程式は解析的に解くことができ，非線形方程式はほとんど解けない[2]。このような状況は，カオスが重要かつ広範な現象であることを科学者が認識できなかった原因となっている。非線形方程式は極めて難しいので，教科書では線形問題に常に焦点を当てている。非線形問題に対処しなければならない場合，線形問題に近似し問題を解くことがよくある。このように非線形系で発生する驚くほど豊富で多様な複雑な運動は，まったく認識されていなかった。カオス現象に気づいた最初の人は，重力 3 体問題，重力によって相互作用する 3 つの物体（太陽，地球，月など）の運動を研究していた，フランスの数

[2] 解くことができる非線形方程式のまれな例の 1 つは，その軌道が第 8 章で見いだされた惑星に対する非線形方程式（12.4）である。しかしこの際，rの非線形方程式（8.37）をuの線形方程式（8.45）にする巧みな変数変換をおこなったことに注目して欲しい。

学者ポアンカレ（1854-1912）であった。この系の運動方程式は，対応する2体問題（12.4）からわかるように非線形である。ポアンカレは，カオス運動がその特徴の1つである初期状態に対する鋭敏性と呼ばれる現象を示すことを観察した。

カオスに関するポアンカレの見解は，1970 年代まで物理学者にはほとんど注目されなかったが，それはいくつかの要因によるものであったと推察される。相対性理論（1905）と量子力学（1925 年頃）の発見は，ほとんどの物理学者の注意を古典力学から逸らした。コンピュータの助けを借りずに非線形方程式を解くことの難しさは，非線形問題の追求を確実に阻んでいた。いずれにしても 1970 年代になって，さまざまな非線形問題のコンピュータ解[3]が科学者（物理学者および他分野の研究者）の注目を集め，カオスと呼ばれるようになっていった。

カオスには非線形性が不可欠である。系の運動方程式が線形であれば，カオスとなることはない。しかし非線形性は，カオスを保証するものではない。たとえば単振り子の方程式（12.3）は非線形であるが，振幅が大きい（線形近似が全く良くない）場合でも，単振り子は決してカオスとならない。一方，制動力$-bv=-bL\dot{\phi}$と駆動力$F(t)$を加えると，(12.3) は駆動減衰振動子の方程式になる。

$$mL^2\ddot{\phi}=-mgL\sin\phi-bL^2\dot{\phi}+LF(t) \tag{12.5}$$

この方程式はパラメータの値によっては，カオスにつながる。大雑把に言うと，カオスとなる必要条件は運動方程式が非線形で，かつある程度複雑なことである。簡単な振り子の方程式（12.3）はあまり複雑ではないが，駆動減衰振動子の方程式（12.5）は複雑である。残念なことに，カオスを生み出す「十分に複雑」なものについての議論は，この本の範囲をはるかに超えている[4]。

---

3 そのようなものの最初となる大気の対流に関する計算は，1963 年に MIT の気象学者エドワード・ローレンツによってなされたが，この研究はさらに 10 年にわたって注目を集めることはなかった。詳細であるが極めて読みやすいカオス理論の歴史については，ジェイムズ・グリック著 ,『カオス―新しい科学をつくる』（新潮文庫，1991）を参照のこと。

4 第 13 章でわかるように，n変数の 2 階微分方程式（ニュートンの第 2 法則など）は，通常，N変数$\xi_1,\cdots,\xi_N$の 1 階微分方程式の集合として書き直すことができる。ここで$N>n$であり，$i=1,\cdots,N$に対して一般形$\dot{\xi}_i=f_i(\xi_1,\cdots,\xi_N)$となる。たとえば$\dot{\phi}=\omega$と書くと，角度$\phi$の単振り子の 1 つの式（12.3）は，$\phi$と$\omega$の 2 つの 1 階微分方程式，すなわち$\dot{\phi}=\omega$と$\dot{\omega}=-(g/L)\sin\phi$となる。これらの方程式の右辺が$t$と独立しているとき（この場合はそうであるが)，方程式は自律的であると呼ばれる。散逸系がカオスを示すためには，この標準的な自律型の場合では，その運動方程式は非線形，そして$N\geq 3$となるN変数を持たなければならない。非散逸系では非線形性が必要とされ，かつ$N\geq 4$である。

カオスとなる非線形系のもう 1 つの比較的単純な例は，第 11.4 節の 2 重振り子である。小角度近似では，2 重振り子の運動方程式は 2 つの角度ϕ_1, ϕ_2の 1 次方程式であるが[(11.41) (11.42) 参照]，一般に非線形である (問題 11.15 参照)。そのため，カオスを生み出すほどには十分複雑である。駆動減衰振動子と 2 重振り子は，カオスを示す最も単純な力学系の 2 つの例である。駆動減衰振動子は 1 自由度（その構成を指定するのに必要な 1 つの座標ϕ）を持つが，2 重振り子は 2 自由度（2 つの座標ϕ_1, ϕ_2）が必要である。この理由から，駆動減衰振動子は解析するのが簡単であり，ここでの議論の中心となるであろう。

非線形性の特長

すべての微分方程式という膨大な集合の中で，線形方程式は一般的な非線形方程式では共有されない多くの単純な性質を持つ，極めて小さい部分集合を形成する。したがって線形方程式は「特別」なものである。それにもかかわらず，すでに述べた理由から，多くの物理学者は線形の場合にはるかに精通しており，線形方程式のよく知られた性質を，非線形方程式を解く際に仮定することもある。この危険な仮定は，間違っていることも多い。特にこの章で主に説明したいことは，線形系では決して現れないカオスが，非線形系では一般的な現象であるということである。残念なことに，この特別な違いの根本的な理論はこの本の範囲を超えており，カオスがなぜ発生するのかを詳細に理解することなく，カオス的な動きの簡単な例を見ることに満足する必要がある。ここでは我々の多くが非線形方程式を学習する際に，線形性との類推によって誤解を招いてしまうことを強調する，線形方程式と非線形方程式との大きな違いを述べることとする。

非線形方程式は重ね合わせの原理に従わない

第 5 章で線形同次方程式が重ね合わせの原理，つまり解の任意の線形結合が別の解となる，ということを満たしていることを学んだ。我々はこの結果を何度か，特に第 5 章と第 11 章で使用したが，2 階微分方程式の例で読者の記憶を新たなものにしてほしい。

$$p(t)\ddot{x}(t) + q(t)\dot{x}(t) + r(t)x(t) = 0 \qquad (12.6)$$

ここで$x(t)$は未知関数であり，$p(t), q(t), r(t)$は既知関数である。［このような方程式の例は，ばねにつながれた台車に対する（12.1）である。]まず，この方程式の各項は$x(t)$（またはその微分）に対して線形であるため，任意の定数aを全体に掛けることができるので，$x(t)$が解であれば$ax(t)$も解であることはすぐにわかる。第2に$x_1(t)$と$x_2(t)$の両方の解である場合，$x_1(t)$と$x_2(t)$に対応する2つの方程式を加えることで，$x_1(t)+x_2(t)$も解であることがわかる。したがって，任意の線形結合

$$x(t) = a_1 x_1(t) + a_2 x_2(t)$$

も（12.6）の解である。このような結果は，重ね合わせの原理と呼ばれる。一方で方程式が非線形であれば，ここで述べたどちらの議論も，うまく働かない。[読者はそのことを確認すること。たとえば，（12.6）の最後の項が$r(t)\sqrt{x(t)}$である場合を考えよ。問題12.3を参照のこと。]したがって，重ね合わせの原理は非線形方程式には適用できない。

ここで我々が何度も使用した重ね合わせの原理の重要な結果は，次のとおりである。（12.6）の一般解を求めるには，$x_1(t)$と$x_2(t)$の2つの独立解を求めるだけでよい。一般解は，$x_1(t)$と$x_2(t)$の線形結合として表すことができる。より一般的には，n次の同次線形微分方程式の一般解を求めるには，n個の独立した解を見つけるだけでよく，一般解はこれらn個の解の線形結合として表すことができる。重ね合わせの原理は非線形方程式には適用されないので，この劇的な単純化は非線形方程式には適用されない。

第5章で見たように，（12.2）や（12.5）のような非同次方程式に対応する状況が存在する。$x_p(t)$が線形n次非同次方程式の特殊解の1つであれば，一般解は，対応する同次方程式のn個の独立した解の線形結合に$x_p(t)$を加えたものとなる。非線形方程式の場合，このような状況に対応する結果とはならない（問題12.4）。したがって，任意のn次線形方程式（同次または非同次）のすべての解は，n個の独立関数によって単純に表現することができるが，非線形方程式の場合，そのような単純な式とはならない。

これらの非線形方程式の一般的な結果をもとに，非線形方程式の1つである，駆動減衰振動子の方程式（12.5）を取り上げ，詳しく見ていく。ここでは最初に，その運動の期待される（あるいは少しは期待される）いくつかの特徴について説明する。そして，振り子のカオス的運動に関連する驚くべき特徴を取り上げる。

12.2　駆動減衰振動子線形性と非線形性

駆動減衰振動子（または **DDP**）の運動方程式は（12.5）で与えられた。今後この方程式に何度か出会うことになるので，読者にはこの方程式がどのような由来を持つのかを明確にし，それを整理しておいてほしい。図 12.1 に振り子を示す。運動方程式は$I\ddot{\phi} = \Gamma$となるが，ここでIは慣性モーメント，Γは支点に対するトルクである。今の場合$I = mL^2$であり，トルクは図 12.1 に示す 3 つの力から生じる。抵抗力は大きさbvを持ち，したがってトルクは$-Lbv = -bL^2\dot{\phi}$である。重力に関するトルクは$-mgL\sin\phi$であり，駆動力のトルクは$LF(t)$ である。したがって運動方程式$I\ddot{\phi} = \Gamma$は，

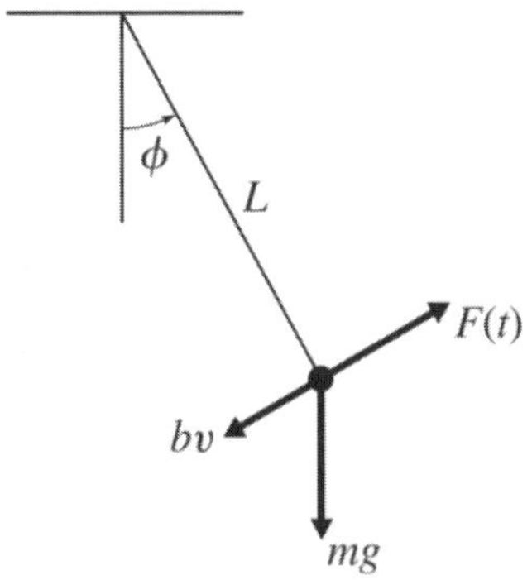

図 12.1 駆動減衰振り子に働く 3 つの重要な力は，大きさbvの抵抗力，重力mg，駆動力$F(t)$である。（真上にある支点からの反作用の力もあるが，これはトルクには何も寄与しない。）

$$mL^2\ddot{\phi} = -bL^2\dot{\phi} - mgL\sin\phi + LF(t) \tag{12.7}$$

となり，ちょうど（12.5）と同じとなる。

この章では，駆動力$F(t)$は正弦波であると仮定する。具体的には，

$$F(t) = F_0\cos(\omega t) \tag{12.8}$$

である。ここでF_0は駆動振幅（駆動力の振幅），ωは**駆動角振動数**である。第 5 章で議論したように，現実的で興味深い駆動力は正弦波の形できわめてよく近似されるものも多く，このような正弦波の力でカオスをよい精度で再現することが可能であることが証明されている。（12.7）に代入し，少しだけ変形すると，

$$\ddot{\phi} + \frac{b}{m}\dot{\phi} + \frac{g}{L}\sin\phi = \frac{F_0}{mL}\cos\omega t \tag{12.9}$$

となる。この式で係数b/mは定数であるので，第 5 章でやったように2βとする。

$$\frac{b}{m} = 2\beta$$

ここで，βは**減衰定数**と呼ばれるものである。同様に係数g/Lはω_0^2，つまり

$$\frac{g}{L} = \omega_0^2$$

であり，またω_0は振り子の**固有角振動数**である。最後に，係数F_0/mLは(時間)$^{-2}$の次元を持たなければならない。すなわち，F_0/mLはω_0^2と同じ単位を有する。この係数を$F_0/mL = \gamma\omega_0^2$と書き換えると便利である。すなわち，無次元パラメータ

$$\gamma = \frac{F_0}{mL\omega_0^2} = \frac{F_0}{mg} \tag{12.10}$$

を導入するが，これは**駆動力**と呼ばれ，駆動振幅F_0と重力mgの比にすぎない。このパラメータγは，駆動力の強度に関する無次元量である。$\gamma < 1$のとき駆動力は重力よりも小さく，比較的小さな運動を生み出すと予想される（たとえば，駆動力は$\phi = 90°$で振り子を保持するには不十分である）。逆に$\gamma \geq 1$であれば，駆動力は振り子の重量を上回っており，より大きいスケールの運動が発生することが予想される（たとえば，振り子が$\phi = \pi$で真上にずっと留まる運動など）。

これらのすべての置き換えをおこなうと，駆動減衰振動子の最終的な運動方程式（12.9）が得られる。

$$\ddot{\phi} + 2\beta\dot{\phi} + \omega_0^2\sin\phi = \gamma\omega_0^2\cos\omega t \tag{12.11}$$

この式の解を，以後の節で調べることにする。

12.3　DDP の期待される特徴

線形振動子の特性

駆動減衰振動子のカオス運動の驚くべき豊かさを理解するためには，線形振動子の経験に基づき，どのようなふるまいが予想されるのかを最初に見直さなければならない。具体的には小さな初期速度で，平衡位置$\phi = 0$付近で振り子から手を離すことを考える。仮に駆動力が小さい（$\gamma \ll 1$）場合，ϕは常に小さいままであることが期待される。したがって，（12.11）の$\sin\phi$をϕと近似することができ，運動方程式は線形方程式となる。

$$\ddot{\phi} + 2\beta\dot{\phi} + \omega_0^2\phi = \gamma\omega_0^2\cos\omega t \tag{12.12}$$

これは，第 5 章の線形振動子の場合とまったく同じ（5.57）の形をしている。したがって弱い駆動力の場合，駆動減衰振動子の「期待される」挙動は 5.5 節で説明した運動に過ぎない。振り子の初期挙動は初期条件に依存するが，初期条件による差異（または「過渡」）は急速に消滅し，その運動は独自の「アトラクター」に近づく。今の場合は，駆動力と同じ角振動数で，振り子は正弦波振動する。

$$\phi(t) = A\cos(\omega t - \delta) \tag{12.13}$$

これらの予測は，図 12.2 に明確に示されている。この図は $\gamma = 0.2$ という，かなり弱い駆動力に対する，駆動減衰振動子の実際の動きを示している。[厳密な運動方程式（12.11）は解析的に解くことができないので，DDP 運動のこれ以降のすべての図は（12.11）の数値解から得られたものである[5]。]駆動角振動数を $\omega = 2\pi$ としたので，駆動周期は $\tau = 2\pi/\omega = 1$ である。そのため水平軸は駆動周期単位での時間を示している。固有角振動数は $\omega_0 = 1.5\omega$ と比較的共振に近く設定されているが，その理由はこのようにするとカオス的な運動が通常最も簡単に起こるからである[6]。この図の最も目立つ特徴は，おおよそ 2 周期後に，その動作が駆動力の正確な周期 $\tau = 1$ の正弦波運動に落ち着くことである。この図を描くために選択された初期条件は，$t = 0$ で $\phi = \dot{\phi} = 0$ である。（ここでの 1 つの図で示せるも

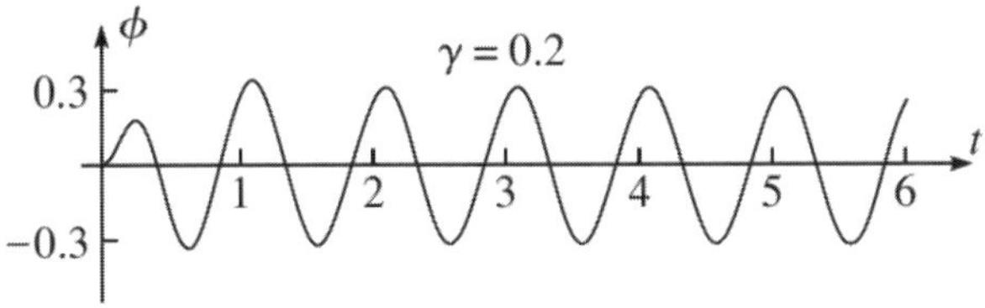

図 12.2 $\gamma = 0.2$ の比較的弱い駆動力を持つ DDP の動き。駆動時間は $\tau = 1$ に選択され，水平軸は駆動周期の単位で時間を示している。約 2 周期後に，その動作が完全な正弦波に落ち着いていることがわかる。

5 これらの図はすべて Mathematica の数値ソルバ NDSolve を使って作成されている。ほとんどの図では，デフォルトの 15 桁の精度で十分であったが，疑わしい点があった場合，2 つの連続した計算が区別できなくなるまで，精度を整数ステップで増加させた。

6 ここで使用した他のパラメータは，以下の通りである。減衰定数 $\beta = \omega_0/4$，$t = 0$ での初

のではないが）選択された初期条件が何であれ，線形振動子の運動は初期の過渡現象が消滅するに従い，同じ独自のアトラクターに常に接近する。

要約すると，正弦波駆動力を有する線形減衰振動子について，（1）選択された初期条件にかかわらず，運動が近づく独自のアトラクターがある。（2）このアトラクターの運動自体は，駆動角振動数に完全に等しい角振動数を有する正弦波である。

線形領域に近い場合の DDP の振動

ここで，以下の近似がもはや満足できるものでない程度に振動の振幅が近づくように，駆動力を増加させることを想像してみよう。

$$\sin\phi \approx \phi$$

振幅がそれほど大きくない限り，$\sin\phi$に関するテイラー展開のもう 1 つ項を含めることによって満足できる近似を得ることが期待できる。

$$\sin\phi \approx \phi - \frac{1}{6}\phi^3$$

この近似を運動方程式（12.11）に対して使用すると，近似式

$$\ddot{\phi} + 2\beta\dot{\phi} + \omega_0^2\left(\phi - \frac{1}{6}\phi^3\right) = \gamma\omega_0^2\cos\omega t \tag{12.14}$$

を得る。ϕ^3を含む新しい非線形項が小さい限り，この方程式の解は，以前と同じ形式の式によって，（過渡現象が消滅した後には）依然としてうまく近似できることが予想される。

$$\phi(t) \approx A\cos(\omega t - \delta)$$

これを(12.14)に入れると，ϕ^3を含む微小項は$\cos^3(\omega t - \delta)$に比例する項になる。

$$\cos^3 x = \frac{1}{4}(\cos 3x + 3\cos x) \tag{12.15}$$

であるので（問題 12.5 を参照），（12.14）の左辺には$\cos 3(\omega t - \delta)$に比例する小さな項が存在する。右辺にはこのように時間依存する項が含まれていないので，左辺の項（$\phi, \dot{\phi}$または$\ddot{\phi}$，そして実際には 3 つすべて）の少なくとも 1 つには，このような時間依存の形をしたものが必要である。すなわち，$\phi(t)$のより正確な式は，以下のようになる。

期条件は$\phi = \dot{\phi} = 0$。

$$\phi(t) = A\cos(\omega t - \delta) + B\cos3(\omega t - \delta) \quad (12.16)$$

ここでBはAよりずっと小さいとする。したがって駆動力が増加し，振幅が増加すると，解には角振動数3ωで振動する微小項が出現することを予想しなければならない。

この議論を繰り返すことができる。改善された解（12.16）を（12.14）に戻すと，ϕ^3の項は$\cos n(\omega t - \delta)$の形のさらに小さな項を与えるが，ここで$n$は 3 より大きい整数になる。したがって角振動数$n\omega$を用いて（12.16）のより小さい補正を考えなければならない。なおnは様々な整数に等しい。ωの整数倍に等しい角振動数で振動する項は，駆動角振動数の**倍調波**と呼ばれる。したがって駆動力が増加し，非線形性がより重要になるにつれて，振り子の運動は駆動角振動数ωの様々な倍調波を取り込むことになる。最も重要なのは，既に（12.16）に含まれている$n = 3$の倍調波である。

角振動数$n\omega$を有するn次倍調波は，周期$\tau_n = 2\pi/n\omega = \tau/n$を持つが，ここで$\tau = 2\pi/\omega$は駆動周期である。したがって 1 駆動周期の間に，n番目の倍調波はn回繰り返される。 特に 1 駆動周期で，各倍調波は元の値に戻るため，様々な倍調波からなる運動は依然として駆動力と同じ周期を持つ。

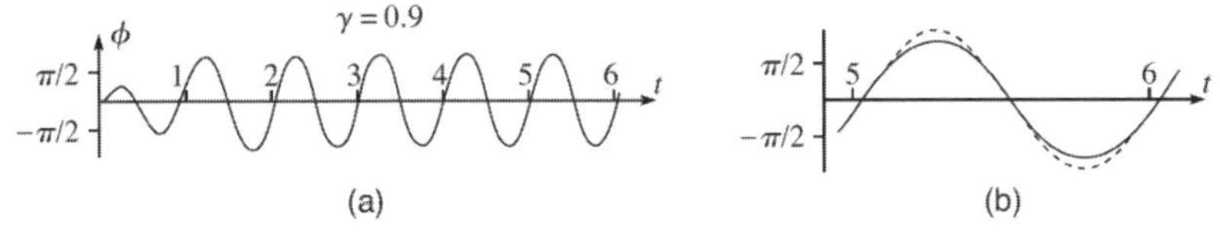

図 12.3（a）駆動強度$\gamma = 0.9$の DDP の動き（その他のパラメータは図 12.2 と同じ）。2 つまたは 3 つの駆動周期の後，運動は駆動周期に等しい周期を持つ規則的な振動に落ち着き，少なくともほぼ正弦波に見える。　(b) 実線は，$t = 5$から 6 までの（a）の 1 周期の拡大図である。破線は同じ振動数，位相，傾きを持つ純粋な余弦であり，実際の動きはもはや完全に正弦波ではないことを明確に示している。それは山や谷の部分ではやや平坦である。

（12.16）の運動（おそらく他の倍調波を含む）と線形振動子の運動（12.13）との主な違いは，余分な項（または複数の項）により，（12.16）はもはや単一の余弦関数によって表現できなくなることである。このことは，tに対する$\phi(t)$のグラフが，純粋な正弦波の形状からわずかにずれることによって見ることができるはずである。しかし，我々が検討している型では，（12.16）の係数Bと高次倍調波のすべての係数はAよりもずっと小さく，実際の運動と純粋な余弦運動との差はかなりわかりにくい。図 12.3（a）は，駆動力$\gamma = 0.9$（弱い駆動力と強い駆動力との間の大まかな境界線$\gamma = 1$より若干小さい）の，駆動減衰振動子の運動を示す。図 12.2 のように，運動は駆動力と同じ周期で安定した振動に素早く落ち着いている。一見すると（約$t = 2$後の）カーブは純粋な余弦であるように見えるが，より詳細に調べると，それが山や谷の部分ではやや平坦であることがわかる。図 12.3（b）は運動の 1 周期の拡大図（実線）であるが，同じ周期および位相を持つ純粋な余弦（点線の曲線）を重ね合わせている。この比較は，実際の動きがもはや単一の余弦ではないことを明確に示している[7]。

線形および線形に近い場合の DDP の挙動は，以下のように手短に要約できる。初期の過渡現象が消滅するにつれて，運動は独自のアトラクターに近づき，振り子は駆動力と同じ周期で振動する。線形領域（駆動強度$\gamma \ll 1$）では，この運動は，駆動角振動数ωに等しい角振動数を有する単純な余弦関数になる。線形に近い領域（γはやや大きいが，1 よりずっと小さい）では，運動は先と同じ周期を持つが，いくつかの倍調波を取り込み，(12.16) にあるように，角振動数$n\omega$を有する余弦の和となる。次節で説明するように，駆動強度を$\gamma = 1$よりわずかに増やすだけで，劇的に異なる運動に出くわすことになる。

12.4 DDP：カオスへのアプローチ

DDP の駆動強度を，引き続き大きくしていこう。図 12.4 は，弱い駆動力と強い駆動力の

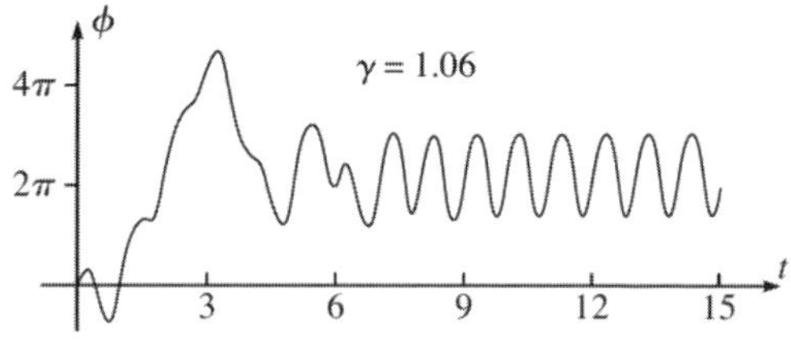

図 12.4 駆動強度$\gamma = 1.06$の DDP の運動。初期の，やや混乱した動きは，約 9 回の駆動周期後に消滅し，その動きは駆動体と同じ周期のアトラクターに落ち着く。

7 山や谷のところでの平らな形は，(12.16) とよく似ている。BとAの符号が反対であれば，(12.16) の第 2 項は山と谷での$\phi(t)$を減少させ，軸を横切る場所の近くで$\phi(t)$を増加させる。この挙動は，物理的にも分かりやすい。山や谷の場合，重力の復元力（$mgLsin\phi$）は線形近似（$mgL\phi$）よりも弱く，実際の動きはそれほど急激ではない。

大まかな境となる$\gamma = 1$より少し大きくなるように駆動強度を$\gamma = 1.06$に上げたことを除いて，先の 2 つの図とすべて同じパラメータと初期条件の下での運動（tの関数としてのϕ）を示している。この図に関して最も印象的なことは，初期の一時的な振動である。最初の 3 回の駆動周期では，振り子は$\phi = 0$からほぼ5πまで振れる。すなわち，DDP は反時計回りにほぼ 2 回転する。次の 2 つの周期ではほぼ$\phi = \pi$に振り戻され，最終的に$\phi \approx 2\pi$付近の正弦振動に近づく。（もちろん$\phi = 2\pi$の位置は$\phi = 0$と同じであるが，$t = 0$の状態から振り子が反時計回りに 1 回転したことを示しているため，ϕが最終的に2πを中心に動くとすることは意味がある。）

最終的な運動が完全に周期的であることを，図 12.4 のようなグラフに基づいて確かめることはできない。この質問に対してより詳細に調べる方法の 1 つは，連続する 1 周期間隔$t = t_0, t_0 + 1, t_0 + 2, t_0 + 3, \cdots$での位置$\phi(t)$を確かめることである。$t_0$をより大きく選ぶほど，（最終的な動きが周期的である場合）これらの位置は互いに一致するはずである。たとえば，$t = 34$で始まる位置$\phi(t)$は，以下のようになる。（図 12.4 に基づく数値解が得られる。）つまりこれ以降の値はすべて 6.0366 になる。5 桁の有効数字から明らかなように，DDP の運動は 35 回の駆動周期後に完全に周期的になっている[8]。もちろん示された整数時間の間に，何らかの非周期的な運動をおこなう可能性もあり，また誰であっても，このデータを数学的証明として受け入れないであろう。それにもかかわらず，$\gamma = 1.06$の場合（およびここでの初期条件を使用した場合），$\phi(t)$が駆動体と同じ周期を持つ周期的アトラクターに近づくという，極めて強い証拠となる。この点において，$\gamma = 1.06$で示された運動は，図 12.3 に示されている$\gamma = 0.9$での運動とあまり変わらない。しかし図 12.4 の初期の印象深い振動は，今後起こるであろう興味深い展開の前兆である。

t	$\phi(t)$
34	6.0366
35	6.0367
36	6.0366
37	6.0366
38	6.0366
39	6.0366

---

[8] より大きい有効数字を使うなら，当然ながら運動が定状態に落ち着くまでに時間がかかる。たとえば$\phi(t)$が 6 桁の有効数字で繰り返されるのは，46 周期経過するまでではなく，その後$t = 46,47,48,\cdots$で$\phi(t) = 6.03662$が繰り返される。

周期 2

図 12.5（a）は，駆動強度を$\gamma = 1.073$に上げたことを除くと，前の図とまったく同じである。やはり最も明白な特徴は，運動がほぼ正弦波である定常振動に落ち着く前に，20 回の駆動周期の間持続する荒々しい初期振動である。しかしこれらの振動を注意深く見ると，山と谷（特に谷）がすべて同じ高さになるわけではないことがわかる。図 12.5（b）は$t = 20$と30の間の谷を拡大したもので，谷が 2 つの異なった高さで交互に現れることがはっきりとわかる。交互に現れる変化は十分な周期の後には消える一時的なものなのではと疑問に思うかもしれないが，実際はそうではない。

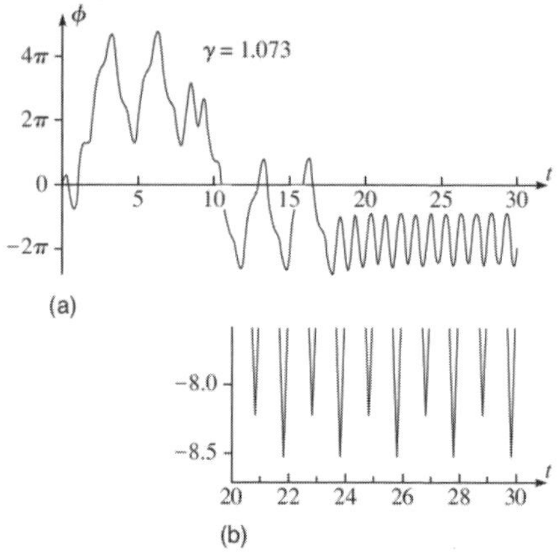

図 12.5（a）駆動強度$\gamma = 1.073$の DDP の最初の 30 周期。荒々しい初期振動が約 20 回の駆動周期にわたって持続し，その後運動はほぼ正弦波のアトラクターに落ち着く。しかしより詳細に調べると，このアトラクターの山と谷はすべて同じ高さではない。（b）$20 \leq t \leq 30$のアトラクターの拡大図で，（a）の谷のみが示されている。谷は高さが交互に変わり，2 回の駆動周期ごとに山と谷がそれぞれ 1 回繰り返される。

$999 \leq t \leq 1000$における振動の図は，$20 \leq t \leq 30$の場合とまったく同じに見える。これを示す別の方法は，1 周期間隔で$\phi(t)$の数値を求めることである。$t = 30$から始めると，永遠に正確に繰り返されるパターンが生み出されていることがわかる。明らかに$t = 30$から，tのすべての偶数値に対して$\phi(t)$は-6.6438（有効数字 5 桁）の値となり，tのすべての奇数値に対して別の値-6.4090となるような運動に落ち着いている。

t	$\phi(t)$
30	−6.6438
31	−6.4090
32	−6.6438
33	−6.4090
34	−6.6438
35	−6.4090

この動きは，運動が駆動体の角振動数で繰り返されなくなることを意味する。

むしろ，その動きは駆動周期の 2 倍に等しい周期を持つので，運動は**周期 2** を持つと呼ぶことにする。(我々が用いている単位系では，ここで述べたことは文字通り真実である。一般的に，運動周期は駆動周期の 2 倍である)。この進化は，先ほどまで見てきた線形振動に近い場合に出現した倍調波とは全く異なったものであることを認識することは重要である。倍調波は角振動数$n\omega$であり，駆動角振動数の整数倍，したがって駆動周期の整数倍に等しい周期を持つ。我々が今見つけたのは駆動周期の整数倍，したがって角振動数ω/nに等しい周期を持つので，駆動角振動数の**分数調波**と表現することができる。図 12.5（a）を見ると，運動がいまだに駆動体の周期（周期 1）を持つ，正弦波に近いものであることがわかる。したがって$\phi(t)$の支配項は，依然として$A\cos(\omega t-\delta)$の形を取る。それにもかかわらず，$\phi(t)$は周期 2 の微小な分数調波項を含んでいる。

周期 3

図 12.5 に示すアトラクターは周期 2 を有するが，支配的な運動は依然として周期 1 のものである。すなわち$n=2$の新しい分数調波は，ほんのわずか解に貢献するだけである。しかし駆動力を少し上げると，分数調波が支配的なアトラクターが見つかる。図 12.6 は，駆動強度が$\gamma=1.077$に増加した DDP の運動の最初の 15 周期を示している。(その他のパラメータはすべて前と同じである。)

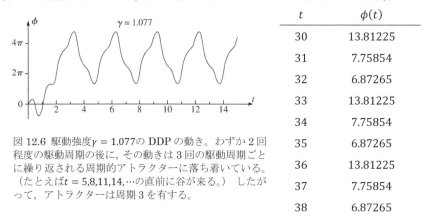

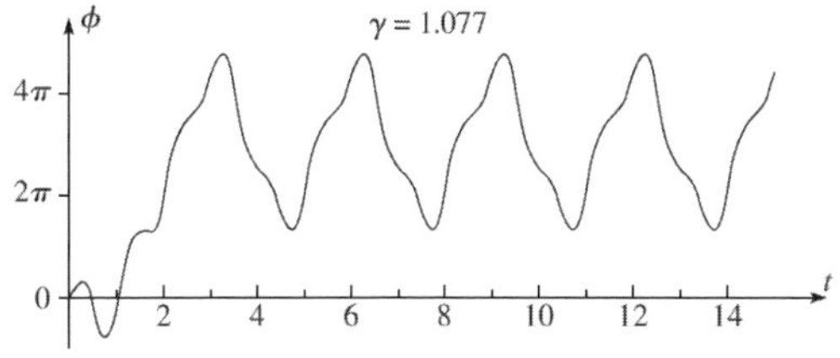

図 12.6 駆動強度$\gamma=1.077$の DDP の動き。わずか 2 回程度の駆動周期の後に，その動きは 3 回の駆動周期ごとに繰り返される周期的アトラクターに落ち着いている。（たとえば$t=5,8,11,14,\cdots$の直前に谷が来る。）したがって，アトラクターは周期 3 を有する。

t	$\phi(t)$
30	13.81225
31	7.75854
32	6.87265
33	13.81225
34	7.75854
35	6.87265
36	13.81225
37	7.75854
38	6.87265

この場合，その運動が 3 回の駆動周期ごとに繰り返されるアトラクターに落ち

着くため，周期 3 を有することは一見して明らかである。この図のみで周期 3 を持っているかどうかを判断するのは難しいかもしれないが，1 周期間隔での$\phi(t)$の値を調べることで，結論を強化することができる。$t = 30$から始めると，表のようになる。まったく同じパターンが 3 回の駆動周期ごとに 1 回繰り返し，無限に続くことが見て取れる。明らかにこの解は周期 3 となっており，この項が解を支配している。

複数のアトラクター

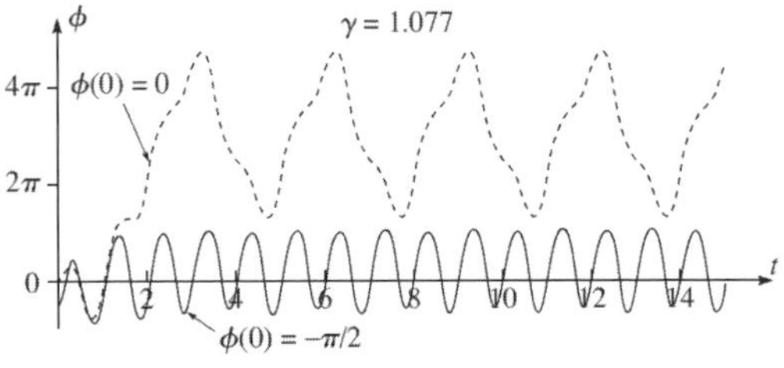

図 12.7 同一の駆動強度であるが初期条件が異なる同じ DDP の 2 つの解［破線は$\phi(0) = \dot{\phi}(0) = 0$，実線は$\phi(0) = -\pi/2, \dot{\phi}(0) = 0$とする］。過渡現象が消滅した後でも，2 つの動きは全く異なる。

線形振動子の場合，与えられたパラメータの組を用いて，5.5 節で特別なアトラクターが存在することを証明した。つまりϕと$\dot{\phi}$の初期値が何であっても，ひとたび過渡的な運動が消滅すると，最終的な運動は常に同じになる。非線形振動子の場合はそうではなく，図 12.6 の駆動強度$\gamma = 1.077$の DDP は，その明確な例となっている。図 12.7 では，図 12.6 と同じパラメータ（同じ駆動強度を含む）で，初期条件の異なる 2 つの組を使用した DDP の運動を示した。破線は図 12.6 と同じ解である。また初期条件は，これまでのすべての図で使用したのと同じで，$\phi(0) = \dot{\phi}(0) = 0$である。実線は同じ DDP で，$\dot{\phi}(0) = 0$であるが，$\phi(0) = -\pi/2$である。すなわち実線の場合，振り子は左 90° から手を離された。この図からはっきりとわかるように，2 つのアトラクター（最初の過渡現象が消滅するにつれて，運動が収束する曲線）は全く異なる。破線の場合，アトラクターの周期は 3 である。実線の場合，（よく見ると）わずかに深さの異なる交互の谷（および交互の山）があるため，最終的な周期は 2 である。非線形振動子の場合，初期条件が異なるとアトラクターが全く異なる可能性があることは明らかである。

周期倍化カスケード

異なる初期条件が異なるアトラクターになる可能性があることがわかったので，γを変化させると振動は，我々が選択する初期条件に依存すると予想しなければならない。図 12.2 から図 12.6 までの一連の図では，5 つの場合すべてに対して初期条件$\phi(0)=\dot{\phi}(0)=0$を使用した。図 12.7 で導入された新しい初期条件$\phi(0)=-\pi/2,\dot{\phi}(0)=0$は，全く異なる興味深い進化を導くことが分かった。図 12.8 では 4 つの連続したγ値における DDP の運動を示しているが，すべてに対

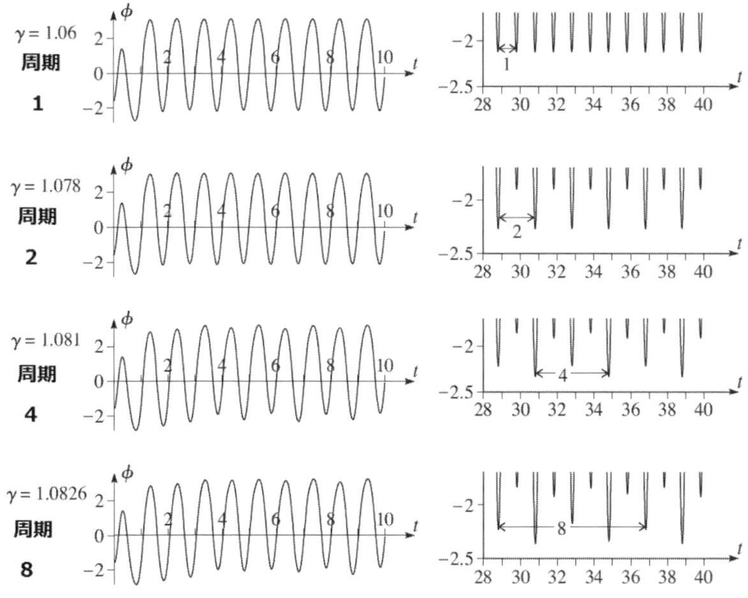

図 12.8 周期倍化カスケード。左側のグラフは，DDP の最初の 10 回の駆動周期を示し，駆動強度は下に行くほど連続的に大きくなっている。初期条件$\phi(0)=-\pi/2,\dot{\phi}(0)=0$およびその他のパラメータは，すべてのグラフで同じである。右側の各グラフは，連続する振動の程度の違いをより明確に示すために，左側の対応する運動の底の部分を拡大している。これらの拡大グラフは，$t=28$から始まる 12 の駆動周期を示し，運動は完全に周期的なアトラクター（少なくともここで示したスケールで）に落ち着いた。各々の両矢印は，対応する動作の 1 つの完全な周期を示す。そこで示されているように，4 つのアトラクターの周期は 1，2，4，および 8 であることが明確にわかる。

して新しい初期条件とした。左側の図は，駆動体の最初の10周期について，$\phi(t)$をtの関数として示した。1 段目のグラフは$\gamma = 1.06$で図 12.4 と同じ値であり，図 12.4 で示した通り運動は駆動周期に等しい周期を持つ定常振動に落ち着く。すなわち，アトラクターは周期 1 を有する。この結論を確認するために，右側の図は$28 < t < 40$（初期の過渡現象が図のスケールで完全に消滅した時点）での同じ運動を示しているが，縦軸が拡大されている。この図から，連続するすべての振動が同じ振幅を持つことがわかる。

2 段目のグラフでは，駆動強度が$\gamma = 1.078$に増加した。一見すると，その運動は$\gamma = 1.06$の場合と非常によく似ているが，より詳細に調べると，最大値および最小値がすべてにおいて同じ高さではないことがわかる。このことは，右側の拡大図を見ると非常によくわかる。右側の拡大図では，2 つの別々の固定された高さの間で最小値が交互に切り替わっており，アトラクターの周期が 2 であることがわかる。

3 段目の$\gamma = 1.081$では，左側のグラフは前の 2 つの例とよく似ており，何が起きているのかを確かめるのは難しい。その理由の 1 つは，10 回（左側に表示された数）の駆動周期がすべての過渡現象が消滅するのに十分な長さでないからであるが，右側の拡大図では最小値が 4 つの異なる値の中から交互に選択されていることが見て取れる。つまり周期は再び倍増して，周期 4 になる。

最終段のグラフでは$\gamma = 1.0826$の場合であるが，左側のグラフで何が起きているのかを確かめるのはさらに困難である。しかし右側の拡大図は，8 回の駆動周期ごとに動きが繰り返されていることを明確に示している。つまりアトラクターは周期 8 である。これらの 4 組のグラフに見られる**周期倍化カスケード**は，その後も続く。（訳者註：カスケードは，次々に起きる一続きのものという意味を持つ言葉である。）さらに駆動力を上げれば，周期 16，32 から無限大までの運動を見ることができる。

図 12.8 の周期倍化カスケードは非常に目立つ現象であるが，4 つのひと続きのグラフ間の定量的な違いは極めて小さい。これらの微妙な違いを観察するのに十分な精度で駆動振り子を作ることは非常に難しいが，このことは事実である。それにもかかわらず，このような振り子が作られ，この章で説明されているすべての効果を観察するために使用されており，理論と実験の間で驚くべき一致を得て

いる[9]。さらに驚くべきことに，周期が倍増する現象は，電気回路，化学反応，振動する壁によって跳ね返るボールなど，数多くの全く異なる非線形系で見ることができる。これらの系のそれぞれには，変化させることができる「制御パラメータ」（DDP の駆動強度，電気回路内の電圧，化学反応における流速）が存在する。このパラメータを変化させながら系の挙動を見ることで，その挙動が周期倍化カスケードを示すことがわかる。図 12.9 は，Libchaber らによって観測されたカスケード[10]を示しているが，これはその底部がその上部よりわずかに高い温度に維持されている小さな箱内にある水銀の対流である。この温度差は制御

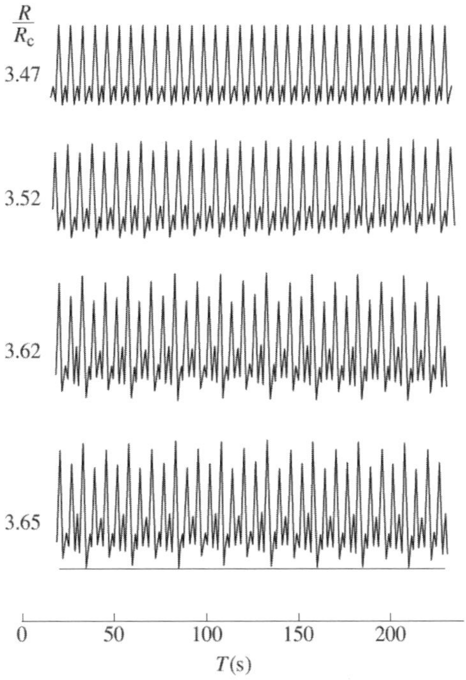

図 12.9 小さな箱内の水銀の対流における，周期倍化カスケード。図はパラメータR/R_cによって与えられる 4 つの連続した温度について，箱内の 1 つの固定点における温度を時間の関数として示したものである。

9 商業的に利用可能な 3 つの「カオス的振り子」の説明については，J. A. Blackburn and G. L. Baker, "A Comparison of Commercial Chaotic Pendulums," American Journal of Physics, Vol. 66, p. 821, (1998)を参照のこと。そこに記載されている Daedalon 振り子を使用して，図 12.32 のデータを得た。

10 A. Libchaber, C. Laroche, and S. Fauve, Journal de Physique-Lettres, vol. 43, p. 211 (1982)から許可を得て再掲。

パラメータであり，レイリー数と呼ばれる数Rによって測定される。Rが非常に小さいとき，対流なしで熱が伝導される。臨界温度差R_cでは定常対流が始まり，さらにRが増加すると対流が振動するようになる。これらの振動は，小さな箱内の任意の固定点の温度を測定することによって観測することができ，図 12.9 は制御パラメータRの 4 つの連続した$\boldsymbol{R_c}$より大きな値について，(ある 1 つの固定点で)観測された温度を図示したものである。周期は 1 から 2，2 から 4，4 から 8 とはっきりと倍増している。

多くの異なる系で，周期倍化カスケードが観察されるだけではない。ここではっきり述べたように，カスケードはいつも同じように起こることを説明するが，これが「普遍性」と呼ばれる状況である。

ファイゲンバウム定数と普遍性

DDP の周期倍化に戻ると，図 12.8 に示す駆動強度γの値から，γを増やすほど周期倍化がより速く起こることがわかる。この考え方を定量的にするには，周期が実際に倍になるγの**しきい値**を調べる必要がある。たとえば図 12.8 の数字を見ると，$\gamma = 1.06$と1.078の間のどこかに，周期が 1 から 2 に変化する値γ_1がなければならないことは明らかである。このしきい値（または「**分岐点**」）を実際に求めるのはかなり困難であるが，（有効数字 5 桁で）$\gamma_1 = 1.0663$であることがわかっている。同様に$\gamma_2 = 1.0793$で，周期は 2 から 4 に変化する。周期を$2n-1$から$2n$に変化させるしきい値をγ_nとすると，最初のいくつかのしきい値γ_nは表 12.1 のようになる。この表の最後の列では，等比的に小さくなっていくことがわかるように，連続したしきい値間の距離$\gamma_n - \gamma_{n-1}$を示している[11]。各区間はその前の区間の約 5 分の 1 となっている。

1970 年代後半，物理学者ミッチェル・ファイゲンバウム (1944 年生まれ) は，多くの異なる非線形系が同様の周期倍化カスケードを示すだけでなく，カスケードがすべて同じ等比で加速的に起こることを示した。具体的には，制御パラメータ（ここでは駆動力）のしきい値の間隔は，以下のようになる。

11　一連の数字$a_1, a_2, \cdots$は，ある定数kに対して$a_{n+1} = ka_n$なら等比数列である。$k < 1$の場合，等比数列は$n \to \infty$で 0 になる。

$$(\gamma_{n+1} - \gamma_n) \approx \frac{1}{\delta}(\gamma_n - \gamma_{n-1}) \tag{12.17}$$

ここで，このような多くの系において定数δは同じ値を持ち，**ファイゲンバウム定数**と呼ばれる[12]。

$$\delta = 4.6692016 \tag{12.18}$$

周期倍化は多くの系で発生しており，δが多くの異なる系で同じ値を持つという事実から，周期倍化の現象が**普遍的**であると特徴付けられる。ここではファイゲンバウムの関係式（12.17）において「ほぼ等

しい」記号を使っているが，その理由は，厳密に言えば，この関係は$n \to \infty$でしか成り立たないからである。しかし多くの系では，この関係はnのすべての値に対して極めて良い近似値となる。（問題 12.11，12.29 を参照。）

表 12.1 [初期条件$\phi(0) = -\pi/2$，$\dot{\phi}(0) = 0$の]DDP の周期が 1 から 2，2 から 4，4 から 8，8 から 16 というように，2 倍になる最初の 4 つのしきい値γ_n。最後の列は，連続するしきい値間の間隔の幅を示している。

t	周期	γ_n	間隔
1	1 → 2	1.0663	
			0.0130
2	2 → 4	1.0793	
			0.0028
3	4 → 8	1.0821	
			0.0006
4	8 → 16	1.0827	

ファイゲンバウムの関係式(12.17)は，隣り合ったしきい値の間隔が急激にゼロに近づき，そのためしきい値自体が有限の極限γ_cに近づくことを意味する。

$$\gamma_n \to \gamma_c \ (n \to \infty) \tag{12.19}$$

したがってしきい値γ_nの数列は，以下の関係を満たす。

$$\gamma_1 < \gamma_2 < \cdots < \gamma_n < \cdots < \gamma_c$$

γ_nとγ_cとの間の急激に狭くなっている差の間に，無限に多くのしきい値が押し込まれている。DDP については，極限γ_cは以下のようになる。

12　実際には 2 つのファイゲンバウム定数があり，ここでのものは，ファイゲンバウムのデルタと呼ばれることもある。

$$\gamma_c = 1.0829 \tag{12.20}$$

臨界値γ_cを越えると，カオスが始まることがわかるので，周期倍化カスケードは**カオス経路**と呼ばれる。しかし，周期倍化カスケードを経ることなくカオスを示す系があることは強調されるべきである。すなわち周期倍化カスケードは，カオスへのいくつかの可能な経路の 1 つにすぎない。

12.5　カオスと初期状態に対する鋭敏性

臨界値$\gamma_c = 1.0829$を超えて駆動力γを増加させると，DDP は「カオス」と呼ばれる挙動を示し始める。図 12.10 は，$\gamma = 1.105$の DDP の最初の 30 回の駆動周期を表している。振り子は明らかに駆動体の周期に合わせて「振動しよう」としている。それにもかかわらず，実際の振動は不規則に振り回され，正確に繰り返されることはない。もちろん，読者は振動が落ち着く時間が与えられていないのでは，と疑問に思うかもしれない。おそらく後しばらくすると，その動きは周期的な動きに収束するのではないだろうか。しかし実際には，どのような時間間隔のグラフを描いても，この図と同様に不安定であり，任意の間隔に対して正確に繰り返すことはない。駆動力が完全に周期的であり，かつ過渡状態が完全に消滅した後でさえも，長期動作は間違いなく非周期的である。この不規則で非周期的な長期運動は，カオスの特徴を定義するものの 1 つである。もう 1 つの特徴は，初期条件に対する鋭敏性と呼ばれる現象である。

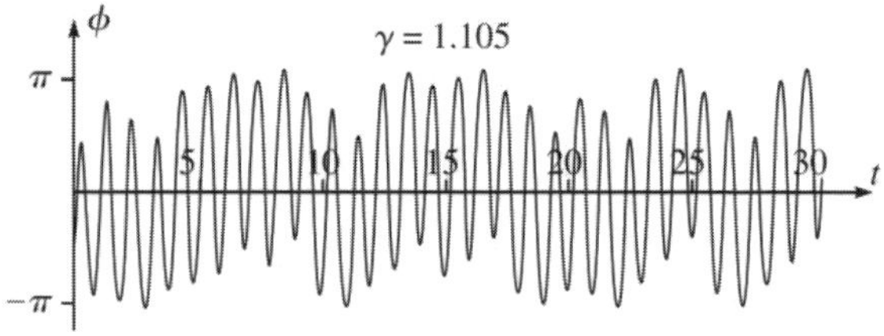

図 12.10 カオス。$\gamma = 1.105$の DDP の最初の 30 回の駆動周期は不安定であり，周期性の兆候を示さない。事実，振動は規則的な周期運動に落ち着くことは決してない。この不規則で非周期的な長期運動は，カオスの特徴の 1 つである。

初期状態に対する鋭敏性

初期条件に対する鋭敏性の問題は，以下の問いに関連して発生する。すべてのパラメータが同じであるが，初期条件がわずかに異なる状態で，$t = 0$で運動を始める 2 つの同一の DDP を考える。[たとえば初期角度$\phi(0)$が，ほんのわずか異なっていたとする。]時間が経つにつれて，2 つの振り子の動きはほぼ同じとなるであろうか。それらの状態はお互いに近い状態に留まるだろうか。あるいはそれらは分離し，ますます異なったものになるだろうか。

これらの質問をより明確なものとするために，2 つの振り子の位置を$\phi_1(t), \phi_2(t)$で表す。これらの 2 つの関数はまったく同じ運動方程式を満たすが，初期条件はわずかに異なる。今，$\Delta\phi(t)$が 2 つの解の差を表すとすると，

$$\Delta\phi(t) = \phi_2(t) - \phi_1(t) \tag{12.21}$$

となる。問題は$\Delta\phi(t)$の時間依存性である。$\Delta\phi(t)$は一定であるのか，時間が経つにつれて減少するのか，それとも増加するのか。

第 5 章で議論した線形振動子については，運動方程式のすべての解が$t \to \infty$で同じアトラクターに近づくことを証明したので，$\Delta\phi(t)$はゼロになるというのが答えである。したがって，2 つの解の差はゼロに近づく必要がある。さらに，その差は指数関数的にゼロに近づく必要がある。これを見るには，方程式（5.67）により，一般解が以下の形を持つことを思い出せばよい。

$$\phi(t) = A\cos(\omega t - \delta) + C_1 e^{r_1 t} + C_2 e^{r_2 t} \tag{12.22}$$

余弦項はすべての解について同じであるが，2 つの減衰指数項は初期条件に依存する係数C_1, C_2を持つ。2 つの解の差をとると余弦項がなくなり，以下のようになる。

$$\Delta\phi(t) = B_1 e^{r_1 t} + B_2 e^{r_2 t} \tag{12.23}$$

ここで定数B_1, B_2は，2 組の初期条件に依存する。この差の正確な挙動は，減衰定数βと固有角振動数ω_0の相対的な大きさに依存する。ここまでのすべての例では，$\beta = 0.25\omega_0$を選択したので，$\beta < \omega_0$（不足減衰と呼ばれる状況）である。この場合，5.4 節で係数r_1, r_2が$-\beta \pm i\omega_1$の形をしていることがわかった。簡単な計算により，（12.23）は以下の形となる。[（5.38）と比較せよ。]

$$\Delta\phi(t) = De^{-\beta t}\cos(\omega_1 t - \delta) \tag{12.24}$$

すなわち$\Delta\phi(t)$は，指数関数$e^{-\beta t}$に振動する余弦を掛けたものである。

（12.24）のような関数の時間依存性を表示しようとすると，問題が起こる。

指数因子は非常に速く減衰し，通常のグラフではその値の範囲を簡単に表示できない。たとえば$\beta = 0.25\omega_0 = 0.75\pi = 2.356$を使用した場合，1 回の駆動周期（$t = 1$）の後に指数因子は$e^{-\beta t} = e^{-2.356} \approx 0.09$であり，$\Delta\phi(t)$ は 1 桁減少する。10 周期にわたって$\Delta\phi(t)$を描きたいとすると，$\Delta\phi(t)$は約 10 桁減少する。そのため，tに対する$\Delta\phi(t)$の単純な線形表示では表せない。

良く知られているように，この問題の解決策は対数表示をすることである。すなわち，tに対して$\Delta\phi(t)$の対数を表示する。実際には$\Delta\phi(t)$は負になりうるので，$\ln|\Delta\phi(t)|$をtに対して表示する。（12.24）によれば，これは以下のようになる。

$$\ln|\Delta\phi(t)| = \ln D - \beta t + \ln|\cos(\omega_1 t - \delta)| \tag{12.25}$$

右辺第 1 項は定数であり，第 2 項は傾き$-\beta$の直線である。第 3 項は少し複雑である。$|\cos(\omega_1 t - \delta)|$は 1 と 0 の間で振動し，その自然対数は 0 と$-\infty$の間で振動する。したがって$\ln|\Delta\phi(t)|$はtに対して，傾き$-\beta$で直線的に減少する包絡線の下で，上下に振動する（余弦項が 0 になるたびに$-\infty$になる）。このことは，線形近似が確かに良好である比較的弱い駆動力$\gamma = 0.1$のもとで，tに対して$\ln|\Delta\phi(t)|$を描いた図 12.11 にはっきりと示されている。［ここでは底が 10 の対数を用い，自然対数を用いなかったが，その理由は前者はグラフ化した際の解釈が簡単となるためである。$\log(x)$は定数である$\log(e)$を$\ln(x)$に掛けただけなので，この選択はここでの定性的予測を変えることはない。］このグラフを描くために，第 1 の

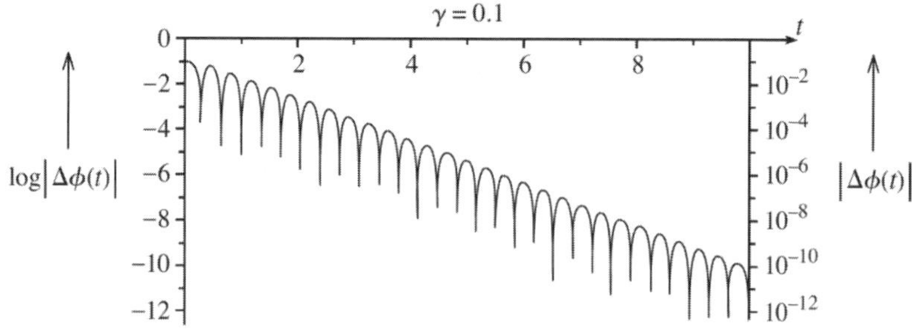

図 12.11 弱い駆動強度$\gamma = 0.1$の初期位置が 0.1 ラジアン（または約6°）異なる 2 つの同一の DDP の差$\Delta\phi(t)$の対数グラフ。左の縦軸は$\log|\Delta\phi(t)|$を示し，右の縦軸は$|\Delta\phi(t)|$を示している。この図から明らかなように，$\log|\Delta\phi(t)|$は線形に減少するので，$\Delta\phi(t)$は指数関数的に減衰する。

振り子に図 12.8 および図 12.10 の場合と同じ初期条件を与えた。第 2 の振り子は，その初期位置が 0.1 ラジアン低い状態で手を離されたので，初期の差は $\Delta\phi(0) = 0.1\text{rad}$, すなわち約 6 度であった。この図の最も重要な特徴は, $\log|\Delta\phi(t)|$が直線的に減少するため，$\Delta\phi(t)$は指数関数的に減衰することになり，最初の 10 回の駆動周期で約 10 桁低下するということである。(このことはグラフから簡単に確認できる。) [13]

これまで線形領域では，異なる初期条件で始められた 2 つの同一の DDP の差$\Delta\phi(t)$が指数関数的に減少することを証明した。これは重要な実用的結果をもたらす。実際には，系の初期条件を正確に知ることはできない。したがって DDP の将来の行動を予測しようとするときには，使用する初期条件が実際の初期条件と少し異なる可能性があることを認識しておく必要がある。これは$t > 0$に対する予測された運動が，真の運動と異なることを意味する。しかし$\Delta\phi(t)$は指数関数的にゼロになるので，誤差は初期誤差よりも悪くならず，実際には急速にゼロに近づく。そのため線形振動子は，初期状態に影響されないと言える。予測を任意に定められた精度で達成するためには，初期条件がこれと同じ精度になっていることを確認するだけでよい。

線形型から駆動力γを増やすとどうなるであろうか。当然ながら，もはや線形振動子の証明に依存することはできない。しかし差$\Delta\phi(t)$は，少なくともある範囲の駆動力に対して指数関数的に減少し続けるであろうと予想することができる。問題は「この範囲がどの程度大きいか」であり，その答えは非常に驚くべきことになる。初期条件の差が十分小さい場合，差$\Delta\phi(t)$は臨界値γ_cまでのγのすべての値に対して指数関数的に減少し続ける。たとえば$\gamma = 1.07$とすれば，表 12.1 から運動は（その表の初期条件に対して）周期 2 となり，その運動は非線形であることがはっきりわかる。それにもかかわらず，図 12.11 と同じ初期条件の 2 つの解の差$\Delta\phi(t)$を表示した図 12.12 に示されているように，差$\Delta\phi(t)$は指数関数的に減衰する。この場合，$\Delta\phi(t)$は最初の 15 または 20 回の駆動周期では振幅がほ

13　第 2 の注目すべき特徴は，$|\Delta\phi(t)|$がゼロになる（$\log|\Delta\phi(t)|$が$-\infty$になる）場所は，対数グラフ上の鋭い下向きスパイクとして現れることである。これは，プロッティングプログラムが有限個の点をサンプリングするだけであり，通常$\log|\Delta\phi(t)| = -\infty$となる場所を逃してしまうからである。その代わりに$\log|\Delta\phi(t)|$ が急激に小さくなる場所を感知するが，これがこの図で示したものである。

ぼ一定のままであるが，その後は$\log|\Delta\phi(t)|$が直線的に降下し，これは$\Delta\phi(t)$が$t\to\infty$で指数関数的に減衰することを示している。ただし線形の場合に比べ，指数関数的減衰はかなり遅いことに注意する必要がある。今の場合では，最後の 25 周期で振幅が約 4 桁低下する。図 12.11 の線形の場合では，わずか 10 周期で 10 桁減少した。それにもかかわらず，主要な点は$\Delta\phi(t)$が指数関数的にゼロになることであり，それにより線形型のように DDP の将来の挙動を予測することができ，予測の不確実性はそれほど大きくない（通常はかなり小さい），ということである。

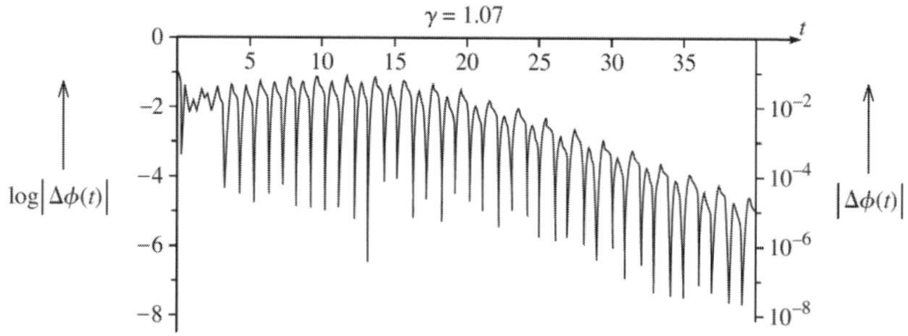

図 12.12 0.1 ラジアン（または約6°）異なる初期位置で手を離された，駆動強度$\gamma = 1.07$の 2 つの同一の DDP の差$\Delta\phi(t)$の対数グラフ。最初の 15 回程度の駆動周期では，$\Delta\phi(t)$の振幅はほぼ一定であるが，その後は$\log|\Delta\phi(t)|$ の最大値が線形に減少しており，これは$\Delta\phi(t)$が指数関数的に減衰することを意味する。

もし駆動力を$\gamma_c = 1.0829$を超えるカオス的な領域まで増やすと，図は完全に変化する。図 12.13 は，図 12.11 と図 12.12 の同じ DDP の$\Delta\phi(t)$を示しているが，駆動力は$\gamma = 1.105$であるものの，その他は図 12.10 のカオス運動の最初の図で使用したのと同じ値である。このグラフの最も明白な特徴は，時間とともに$\Delta\phi(t)$が明らかに増加することである。実際には$\Delta\phi(t)$の増加を強調するために，最初の差を$\Delta\phi(0) = 0.0001$ラジアンに選んだことに注意してほしい。この小さな値から始めても， 16 回の駆動周期で$|\Delta\phi|$は約 4 桁以上増加し$|\Delta\phi| \approx 3.5$となる。

$t = 1$から$t = 16$（その後はグラフが水平になる）では，図 12.13 の最大値はほぼ直線的に増加するが，これは$\Delta\phi(t)$が指数関数的に増加することを意味している[14]。この指数関数的な成長は，DDP の長期的な動きを正確に予測しようとするどんな試みも受け付けない。今の場合，初期条件では10^{-4}ラジアンの誤差が 16 周期で約 3.5，つまりπラジアン以上の誤差に成長する。したがって，初期状態での$\pm 10^{-4}$ラジアンの不確実性は，$\pm\pi$の不確実性まで増大するが，振り子の角度における$\pm\pi$の不確実性は，振り子がどこにあるのか全くわからないことを意味する。この例が選ばれたのは，特に劇的だからである。それにもかかわらず，いかなるカオス運動においても，$\Delta\phi(t)$は少なくとも指数関数的に増加する。たとえ$\Delta\phi(t)$がπに達する前にこの成長が横ばいになっても，指数関数的成長は，初期状態の小さな不確実性が予測された運動の大きな不確実性に急速に成長することを意味する。この意味において，カオスは**初期状態に極めて敏感**であることがわかる。この鋭敏性は，カオス的な運動の信頼性のある予測を，実際問題として不可能にする。

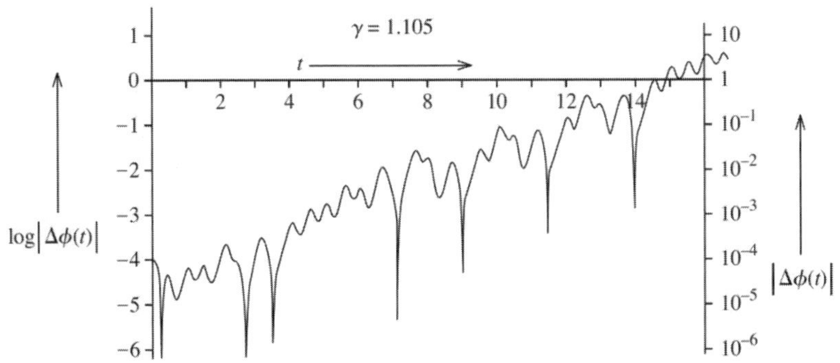

図 12.13 両者とも駆動強度$\gamma = 1.105$を持ち，初期の差$\Delta\phi(0) = 10^{-4}$ rad を有する 2 つの同一の振り子の差$\Delta\phi(t)$。小さな初期振動の後，$\log|\Delta\phi(t)|$が線形に増加するが，これは$\Delta\phi(t)$自体が指数関数的に増加することを意味する。

---

14 最終的に曲線が平らとなることは，容易に理解できる。図 12.10 から，角度$\phi(t)$［実際には$\phi_1(t)$，ただし$\phi_2(t)$にも同じく適用できる］は約$\pm\pi$の間で振動することがわかる。すなわち$\phi_1(t)$も$\phi_2(t)$も大きさπを超えることはない。したがってそれらの差$\Delta\phi(t)$は決して2πを超えることはできない。したがって$\Delta\phi(t)$が2πに達する前に，曲線は水平になっていなければならない。

リアプノフ指数

前述の 3 つの例で見たことは，わずかに異なる初期条件で手を離された 2 つの同一の DDP 間の差$\Delta\phi(t)$が指数関数的に増大する，と言い換えることができる。

$$\Delta\phi(t) \sim Ke^{\lambda t} \tag{12.26}$$

（記号「~」は，示された挙動を有する包絡線の下で$\Delta\phi(t)$が振動することを意味し，またKは正の定数である。）指数部の係数λは**リアプノフ指数**と呼ばれる[15]。長期運動が非カオス的（周期的振動に落ち着く）であれば，リアプノフ指数は負である。長期運動がカオス的（不安定で非周期的）である場合，リアプノフ指数は正である。

大きいγの値

これまでのところ駆動力γを増加させるにつれて，DDP の動きは純粋な正弦波の応答を持つ線形型から，付加的な周期倍化を持つ準線形型，分数調波の出現，（少なくともある種の初期条件では）周期倍化カスケード，そして最終的にはカオスに至るまで，ますます複雑になった。さらにγを増加させるとカオスが続き，さらに激化することは当然予想されるかもしれないが，いつものように非線形系に対する我々の予測は外れる。γが増加するにつれて，DDP はカオスと，それら

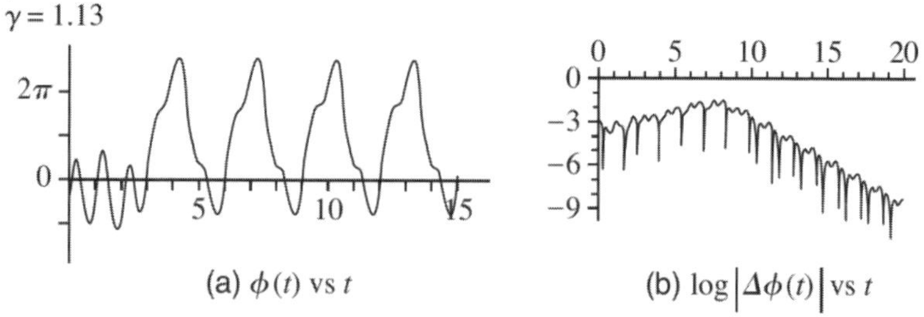

図 12.14 $\gamma = 1.13$の DDP の動き。 (a) $\phi(t)$のグラフは，周期 3 の振動に素早く落ち着く（図 12.8 と 12.10 と同じ初期条件）。 (b) 2 つの同一の振り子の差の対数グラフ。最初の振り子は (a) と同じ初期条件で，後者の振り子は 0.001 ラジアン小さい初期角度を持つ。初期のわずかな増加の後，$\Delta\phi(t)$は指数関数的に 0 になる。

15 厳密に言えばリアプノフ指数は複数存在するが，ここで議論しているのは，そのうちの最大のものについてである。

を分離している周期的で非カオス的な運動をおこなう区間の間を交互に行きかう。ここでは 2 つの例で，このことを説明する。

$\gamma = 1.105$の場合，DDP はカオス的挙動（図 12.10），および隣接する解の指数的な発散的挙動（図 12.13）の両方をおこなう。図 12.14 に示すように，隣接する解の指数関数的収束を伴う非カオス的な周期 3 の振動の狭い「窓」に入るためには，駆動強度を$\gamma = 1.13$に増加させるだけでよい。(a) では，3 回の駆動周期後に, その運動が周期 3 の定常的な振動に落ち着くことがわかる。(b) では, 0.001 ラジアンの初期値の差$\Delta\phi(0)$で手を離された 2 つの振り子のその後の差$\Delta\phi(t)$を示す。最初の 8 回の駆動周期では$\Delta\phi(t)$は増加するが，それ以降は指数関数的にゼロに減少し，次の 12 周期で 6 桁低下する。

図 12.15 は, 運動がカオスに戻った$\gamma = 1.503$の駆動強度に対応する 2 つのグラフを示している[16]。(a) では，新しい種類のカオス的な運動が見られる。駆動力は, 振り子を上限を超えて回転させるのに十分強く, 最初の 18 回の駆動周期で, 振り子は時計回りに 13 回完全に回転する[$\phi(t)$は26πだけ減少する]。ここでの運

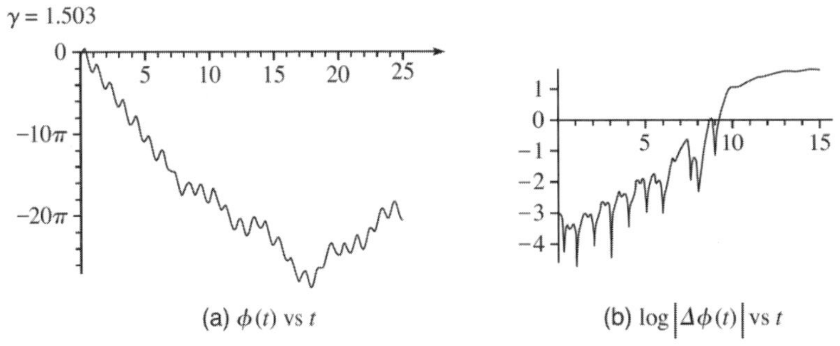

図 12.15 $\gamma = 1.503$の DDP の運動（図 12.14 と同じ初期条件）。 (a) tに対する$\phi(t)$のグラフは，不規則に振動する。最初の 18 周期で，約-26πになる。つまり時計回りに，約 13 回完全に回転する。それから元に戻り始めるが, 決して繰り返しは起きない。(b) 0.001 ラジアンの初期の差を有する 2 つの同一の振り子間の距離の対数グラフ。最初の 9 または 10 周期の間，$\phi(t)$は指数関数的に増加し，次に平準化される。

---

16 図 12.14 と図 12.15 に示す値$\gamma = 1.13$と1.503の間で, DDP はカオス的および非カオス的な運動を何度も経るが，今のところその詳細は省略する。

動は，不規則な振動を重ね合わせており，1 回の駆動周期あたり約 1 回転する一定方向への回転と見なすことができる[17]。$t = 18$で，不規則な振動を重ね合わせた反時計回りの一定方向への逆回転になり，図が示唆するように，その後の運動は決して周期的に落ち着くことはない。

図 12.15（b）の対数グラフは，同じ駆動強度$\gamma = 1.503$を持つ 2 つの振り子の振動を示しているが，最初の差は 0.001 ラジアンである。2 つの振り子の差は最初の 9 または 10 周期で指数関数的に増加し，おおよそ$t = 15$で水平になる。この差の大きな特徴は，2 つの振り子の実際の位置$\phi_1(t), \phi_2(t)$を示す図 12.16 の従来の線形グラフにとって，十分に大きいことである。驚くべきことに，最初の 8.5 周期までは 2 つの曲線は全く区別はできないが，その後にその差は完全に目に見えるようになる。しかし，図 12.15（b）を参照すると，この驚くべきふるまいを理解することができる。この図において$t \approx 8.5$まで差$\Delta\phi(t)$は急速に成長しているが，それでも常に約 1/3 ラジアン未満であることがわかる。この差を図 12.16 で見るには，小さすぎる。時間$t \approx 9.5$までに$\Delta\phi(t)$は約 3 ラジアンに達するが，

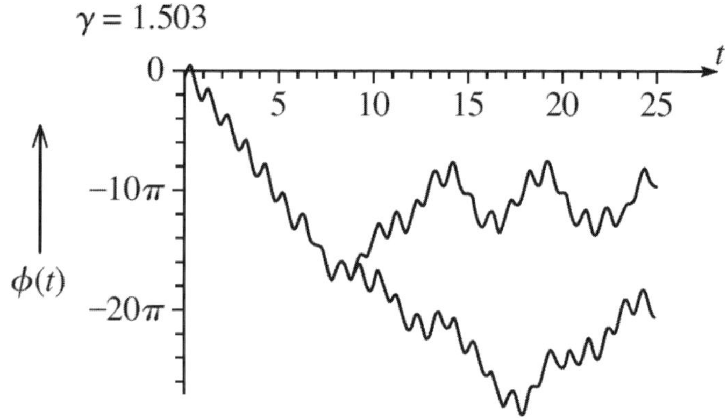

図 12.16 図 12.15（b）[$\phi(0) = 0.001$rad]に示されている 2 つの同一の DDP の位置の線形グラフ。最初の 8 回半の駆動周期までは，2 つの曲線は区別できない。その後，この差は劇的に明白となる。

---

17 よく見ると最初の 7 周期では，運動は各周期ごとに-2πの一定方向への回転に非常に近く，周期 1 の振動が重ね合わされていることがわかる。-2πの変化は振り子を同じ場所に戻すので，このタイプの運動は周期的である。駆動力の値によっては，長期間の運動がまさにこのタイプに落ち着く。これは位相ロックと呼ばれる現象である。(問題 12.17 参照)。

これなら線形グラフでも容易に見ることができ，またその後も急速に大きくなっている。したがって$t \approx 9.5$から，2 つの曲線は完全に区別できる。

これらの最後の 2 つの例から引き出される主な教訓は，次のとおりである。(1) DDP の駆動力γが臨界値$\gamma_c = 1.0829$を過ぎると，その運動がカオスとなる区間とそうでない区間が存在する。これらの間隔は往々にして非常に狭いので，カオス的な運動が驚くほどの速さで起こったり起こらなかったりする。(2) カオスは，図 12.15（a）の不規則な「回転」運動など，いくつかの異なる形を取ることができる。　(3) カオスの不規則な動きは，隣接する運動方程式の解の指数関数的な発散に関連する初期条件への鋭敏性と常に同一である。

12. 6　分岐図

これまでの，駆動減衰振動子の運動の各グラフは，駆動力γの特定の値に対する運動を示したものであった。運動の変化をγの変化として見るためには，γの値ごとに 1 つずつ，異なる図を描かなければならなかった。ここでは周期が変化し，周期性とカオスが交互に変化する全体像を再現する単一のグラフを作成することを考える。これが分岐図の目的である。

図 12.17 からわかるように，**分岐図**とはγに対する$\phi(t)$のふるまいを示した図である。この図が示すものを説明する最良の方法は，それがどのように作られたかを詳細に説明することであろう。表示するγの範囲（図 12.17 の$\gamma = 1.06$から1.087まで）を決定したら，選択した範囲で均等な間隔を置いた多数のγを最初に選択する必要がある。図 12.17 では，0.0001 の間隔で隔てられた 271 個のγを，以下のように選択した。

$$\gamma = 1.0600, 1.0601, 1.0602, \cdots, 1.0869, 1.0870$$

各々の選択されたγに対して，次に$t = 0$からすべての過渡現象が消滅するように，ずっと長くなるように選択された時間t_{max}まで運動方程式（12.11）を数値的に解く。図 12.17 を作るために，これまでのグラフと同じ初期条件，すなわち$\phi(0) = -\pi/2$および$\dot{\phi}(0) = 0.18$を選択した[18]。

[18] 著者のなかには，異なる初期条件の図を重ねることを好むものもいる。これにより，可能となる多くの運動に対するより完全なグラフを得ることができるが，グラフを解釈しにくくする。議論を簡単にするために，ここでは初期条件の組を 1 つだけにした。

その後の運動を理解するために，以下のように 1 周期おきに$\phi(t)$の値を調べることを多数回繰り返し，周期性（または非周期性）を確認する。

$$\phi(t_0), \phi(t_0+1), \phi(t_0+2), \cdots$$

運動の周期がnである場合はn周期後に同じ運動が繰り返されるが，そうでなければ繰り返されない。したがって次にやることは，$\phi(t)$に対する解を用い，選択されたt_{min}からt_{max}までの範囲にわたって，整数間隔の時間での$\phi(t)$の値を見つけることである。（t_{min}は，すべての過渡現象が消滅するように十分長いとする。）図 12.17 では，$\phi(t)$を以下の時間で 100 回求めた。

$$t = 501, 502, \cdots, 600$$

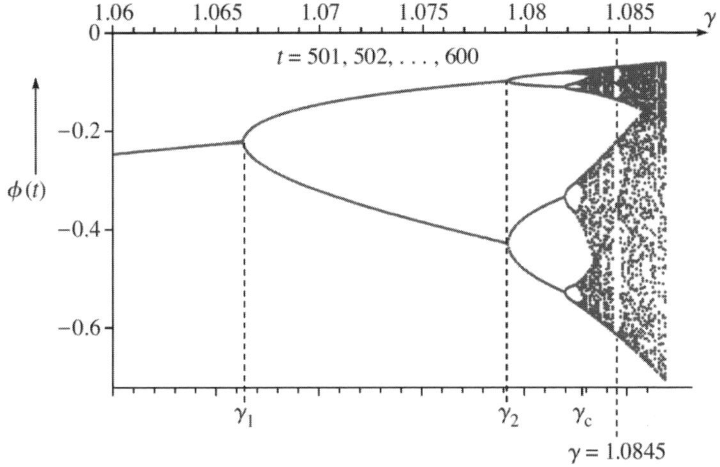

図 12.17 駆動強度$1.060 \leq \gamma \leq 1.087$に対する駆動減衰振動子の分岐図。周期倍化カスケードを明らかに見ることができる。$\gamma_1 = 1.0663$で周期が 1 から 2 に変化し，$\gamma_2 = 1.0793$で 2 から 4 に変化する。周期 4 から 8 への次の分岐は$\gamma_3 = 1.0821$であり， 8 から 16 へは$\gamma_4 = 1.0827$である。臨界値$\gamma_c = 1.0829$の右側では運動はほぼカオス的であるが，$\gamma = 1.0845$では周期 6 の運動を作りだすことができる。

（このことを 271 個の異なる値を持つγについておこなわれなければならないので 271×100，つまり 30,000 回近くの計算がおこなわれたため，計算全体を終えるのに数時間を要した。）最後にγの各値について，γに対する$\phi(t)$のグラフ上の点として，$\phi(t)$を描いた。これが何を意味しているのかを知るには，まず，

$\gamma = 1.065$の場合を考えてみよう。ここでの運動は，周期 1 を持つことがわかる。周期 1 のとき，$\phi(t)$の連続する 100 個の値はすべて同じである。100 個の点は，γの値に対してすべて同じ場所にある。したがって周期 1 を持つ任意のγで見ることができるのは，単一の点である。$\gamma = 1.06$から周期が倍となるしきい値$\gamma_1 = 1.0663$までのグラフは，単一曲線になる。

しきい値$\gamma_1 = 1.0663$では周期が 2 に変化し，位置

$$\phi(501), \phi(502), \phi(503), \cdots, \phi(600)$$

は，2 つの異なる値の間で交互に変化する。したがって，これらの 100 個の点はグラフ上に正確に 2 つの異なる点を作り出し，単一の曲線はγ_1で 2 つの曲線に分岐する。$\gamma_2 = 1.0793$では再び倍増し周期 4 になり，2 つの曲線のそれぞれが 2 つに分岐し，4 つの曲線となる。（そのことをグラフ上に示していないが）次の倍増となる周期 8 まで簡単にわかるが，注意深く見れば，周期 16 の分岐点までわかる。その後，中身の詰まった点の混乱状態となる。カオスが始まる正確な値γ_cを（グラフから）明らかにすることは不可能であるが，$\gamma = 1.083$以後のどこかにあることは明らかである。この点を超えた図 12.17 の残りの部分では，運動はほぼカオス的であるが，$\gamma = 1.0845$の小さな窓（垂直の破線で示す）が存在する。（この窓は，点の密度がより濃いグラフの上部区間で特に目立つ。）この垂線に対して物差しをあてると，この特定のγの値では，わずか 6 つの異なる点しかないことがわかる。つまり$\gamma = 1.0845$では運動は周期的に戻るが，この場合は周期 6 の運動となる。

より大きな視点

図 12.17 は，かなり小さい範囲の駆動強度（$1.06 \le \gamma \le 1.087$）を詳細に示している。より大きな範囲の駆動力を調べる前に，やや複雑な問題に対処しておく必要がある。γが増加するにつれて，振り子は「回転」運動，つまり数多くの完全な回転をおこなう運動を始めるようになる。場合によっては無限に「回転」を続けることになるので，$\phi(t)$は最終的に$\pm\infty$に近づく。この回転運動は完全に周期的であっても，連続する値

$$\phi(t_0), \phi(t_0 + 1), \phi(t_0 + 2), \cdots$$

は，各周期で 2π の倍数だけ増加するので，決して繰り返されない。これは，図

12.17のように正確に描かれた分岐プロットを無意味なものとする。この困難を回避する最も簡単な方法は，ϕを以下の範囲内に常にあるように再定義することである。

$$-\pi < \phi \leq \pi$$

ϕがπを超えるたびに2πを引き，$-\pi$を下回るたびに2πを加える。このように修正すると，以前と同じように分岐図を描くことができる。しかしながらこのように$\pm\pi$の間にϕを保つことにより，$\pm\pi$を通過するたびに$\phi(t)$に意味のない不連続なジャンプを導入するという欠点を持つ。

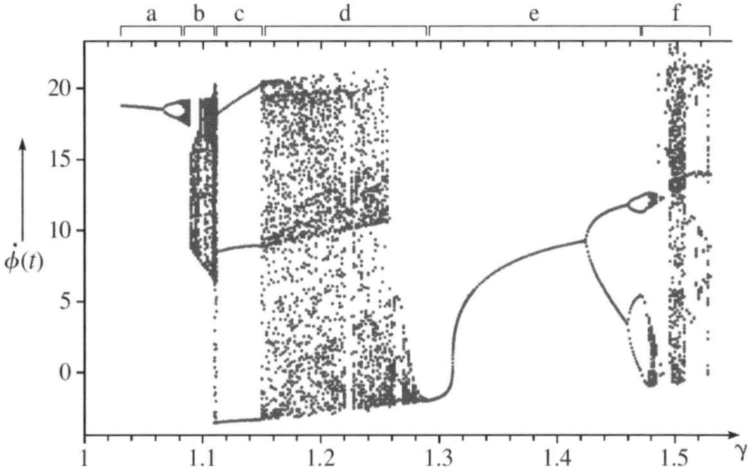

図 12.18 駆動強度$1.03 \leq \gamma \leq 1.53$の DDP の$\dot{\phi}$の値を示す分岐図。a，b，…，f とラベル付けされた間隔の意味は，以下の通りである。(a) この間隔は，図 12.17 で詳細に示されたものと同じである。周期 1 から始まり，次にカオスにつながる周期倍化カスケートが続く。 (b) 概ねカオス状態。 (c) 周期 3。(d) 概ねカオス状態。(e) 周期 1，その後続く別の周期倍化カスケード。 (f) 概ねカオス状態。

ϕにおける 2 π 曖昧さの問題を取り巻く第 2 の，そして時にはより単純となる方法は，角度$\phi(t_0),\cdots$の代わりに角速度の値を描くことである。

$$\dot{\phi}(t_0), \dot{\phi}(t_0+1), \dot{\phi}(t_0+2), \cdots \tag{12.27}$$

（$\dot{\phi}$はϕに2πの任意の倍数を加えることによって影響を受けないので,）角速度$\dot{\phi}$はϕが持つ2πの曖昧さに影響されない。したがって運動が周期nの周期性を持つ場合，（12.27）の値はn周期後に繰り返され，そうでなければ繰り返されない。したがってϕの代わりに$\dot{\phi}$の値を使って描かれた分岐図は，振り子が回転運動をしても図 12.17 と同様の働きをする。

図 12.18 は，$\gamma = 1.0$より少し大きい値から$\gamma = 1.5$より少し大きい値の範囲で$\dot{\phi}$を使って描かれた分岐図である。この図の最初の部分は上部に（a）と表示されており，図 12.17 でより詳細に示された周期，つまり周期 1 から始まりカオスで終わる周期倍化カスケードである。(b) は概ねカオス状態であるが，我々はすでにそれが周期性を持ついくつかの狭い窓を含んでいることを知っている。（その大部分は，ここで使われているスケールでは完全に隠されている。）(c) では周期 3 の周期運動が非常にはっきり見えており，図 12.14 に示された値$\gamma = 1.13$を含む。(d) は大部分がカオスであるが，(e) は長く続く周期 1 の周期運動から始まり，その後に別の周期倍化カスケードが続く。最後に，(f) は概ねカオス状態であるが，周期性の窓をいくつか持つ。

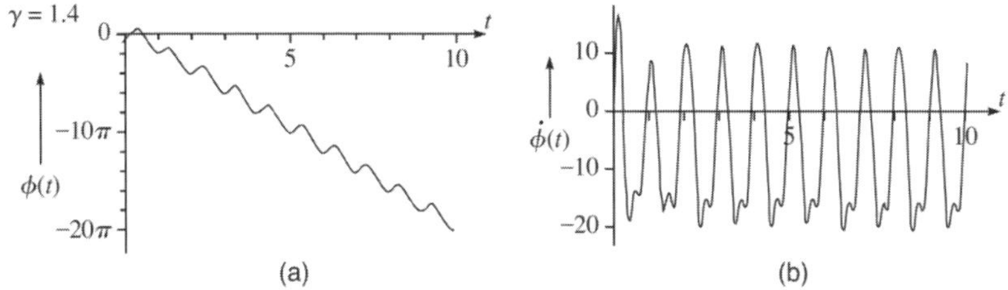

図 12.19 駆動力$\gamma = 1.4$の DDP の運動。(a) $\phi(t)$のtに対するグラフは，各駆動周期においてϕが2πだけ減少する周期的な回転運動を示す。　(b) 角速度$\dot{\phi}(t)$のtに対するグラフは，約 2 回の駆動周期の後，運動が周期的になり，$\dot{\phi}(t)$が各周期ごとに同じ値に戻ることをさらに明確に示す。

図 12.18 の顕著な特徴は，$\gamma = 1.3$より少し小さい値から$\gamma = 1.4$より少し大きい値まで，周期 1 の運動をおこなう長い区間が存在することである。$\gamma = 1.4$の場合の運動を示している図 12.19 からわかるように，この周期 1 の運動は回転運動である。(a) でtの関数として$\phi(t)$を示しているが，振り子が駆動周期あたり 1 回転の速度で，時計回りに回転していることがわかる。（ϕは 10 周期でちょうど20π減少する。）運動が周期的であることは，tの関数として$\dot{\phi}(t)$を示す（b）においてさらに明らかである。約 2 回の駆動周期の後，$\dot{\phi}(t)$は明らかに周期 1 の周期

的運動となる。

12.7　状態空間軌道

次の 2 つの節では，カオス（そして非カオス）系の動きを見るための重要な代替方法であるポアンカレ断面の簡単な紹介をおこなう。ポアンカレ断面は，いわゆる状態空間軌道の単純化である。この単純化は，複雑な多次元系において特に役立つが，1 次元の駆動減衰振動子においても導入することができる。そのためこの節では，DDP の状態空間軌道に基づいて説明する。

DDP の議論では，tの関数としての位置$\phi(t)$にもっぱら焦点を当てていた。しかし時間が進むにつれて，位置$\phi(t)$と角速度$\dot{\phi}(t)$の両方を追跡することが時には有利であることがわかる。原則として，すべてのtについて$\phi(t)$を知っていれば，直接微分によって$\dot{\phi}(t)$を計算することができる。したがって$\phi(t)$と同じように$\dot{\phi}(t)$を追いかけることは，この意味で冗長である。それにもかかわらず両方の変数を追うことにより，運動に対する新しい洞察を提供することができるが，そのことをここで議論する。

作るのは難しいうえ，仮に作ったとしても啓発的ではない 3 次元グラフが必要となるため，第 3 変数tの関数として 2 つの変数$\phi(t)$および$\dot{\phi}(t)$のグラフを描くことは，すぐに問題となる。通常の手順は，水平軸ϕと垂直軸$\dot{\phi}$を持つ 2 次元平面上の点としてのペアの値$\left[\phi(t), \dot{\phi}(t)\right]$を描くことである。($\phi, \dot{\phi}$の座標を持つ平面を，状態空間という。）時間が経過すると，点$\left[\phi(t), \dot{\phi}(t)\right]$はこの 2 次元空間内を移動し，**状態空間軌道**（または位相空間軌道）と呼ばれる曲線を描く。これらの状態空間軌道を解釈することに慣れれば，系の運動をはっきりと把握できる。

最初の例として，$\gamma = 0.6$（線形近似が依然としてかなり良い駆動強度），初期条件$\phi(0) = -\pi/2$, $\dot{\phi}(0) = 0$の DDP を考えよう。図 12.20 に，この場合のtに対する$\phi(t)$の従来型のグラフを示す。このグラフを解釈するには（読者はおそらくご存知であろうが），変化する位置$\phi(t)$がグラフの垂直変位によって示され，時間tが左から右に進むことを知っていなければならない。この理解の下で，
$\phi(0) = -\pi/2$, $\dot{\phi}(0) = 0$から始まった運動は，期待される正弦波アトラクター
$\phi(t) = A\cos(\omega t - \delta)$に近づくことを知ることができる。

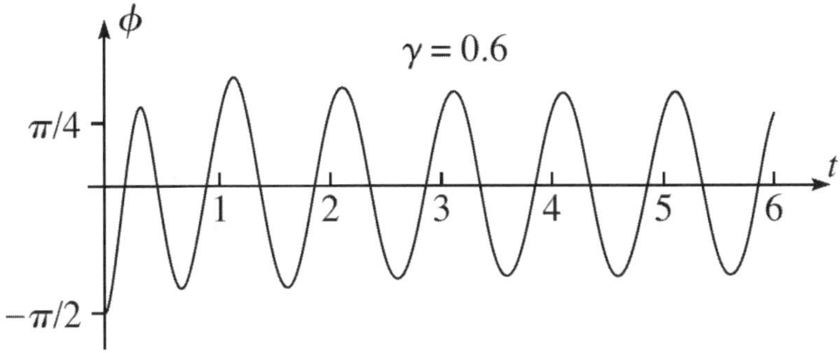

図 12.20 駆動強度$\gamma = 0.6$を持つ DDP のtに対する$\phi(t)$の従来のグラフ。その運動は，ほぼ完全に正弦波振動に落ち着く。

図 12.21 に，同じ初期条件の同じ DDP の状態空間軌道を示す。(a) は最初の 20 周期を示しており，$0 \leq t \leq 20$である。この図を解釈するためには，時間が経過するに伴い，$[\phi(t), \dot{\phi}(t)]$を表す曲線上を矢印の方向に進むことを知っていなければならない。これが理解できると，軌道は$\phi(0) = -\pi/2$, $\dot{\phi}(0) = 0$から始まることがはっきりとわかる。初期の加速度$\ddot{\phi}$は正であるため[19]，最初から$\dot{\phi}(t)$は増加し，$\phi(t)$は$\dot{\phi}$が非ゼロになるとすぐに増加し始める。したがって，点$[\phi(t), \dot{\phi}(t)]$は最初上側に移動し，右に曲がる。$\phi(t)$の振動は，軌道の前後・左右運動，つまり上下運動による$\dot{\phi}(t)$の振動によって証明される。最終的に，過渡現象が消滅するにつれて運動は長期アトラクター，つまり（線形近似で）$\phi(t)$は

$$\phi(t) = A\cos(\omega t - \delta) \tag{12.28}$$

に近づく。これは角速度$\dot{\phi}(t)$が，以下の形に近づくことを意味する。

$$\dot{\phi}(t) = -\omega A\sin(\omega t - \delta) \tag{12.29}$$

2 つの方程式（12.28）と（12.29）は，$(\phi, \dot{\phi})$平面で時計回りの長半径Aと短半径ωAを持つ楕円のパラメトリック方程式である。したがって過渡現象がひとたび消滅すると，点$[\phi(t), \dot{\phi}(t)]$は駆動角振動数ωに等しい角振動数で，この楕円のま

19 簡単に確認できるように，与えられた初期条件では，重力と駆動力の両方が初期に正の加速を振り子に与える。

わりを移動する。すなわち，状態空間軌道は 1 駆動周期当たり 1 回転する。図 12.21（a）では，状態空間軌道がこの楕円に向かってらせん状に旋回し，約 3 周期後に合流する。[これは従来のtの関数としての$\phi(t)$のグラフに対する，状態空間軌道の小さな利点の 1 つをすでに示している。従来の図 12.20 では，実際の運動は 1 周期を少し越えると極限の正弦波運動と区別できなくなった。図 12.21（a）の状態空間グラフでは，実際の軌道と極限軌道を 3 周期は見分けることができる。したがって状態空間軌道はアトラクターへ近づく，より敏感な図を与える。]図 12.21（b）は，最初の 5 周期を省略したことを除いて，（a）と同じである。すなわち（b）では$5 \leq t \leq 20$であり，楕円アトラクターのみが現れる。我々の主な関心は通常は極限運動にあるので，状態空間の図は初期動作周期は省略され，極限運動だけが表示される（b）のように描かれる。

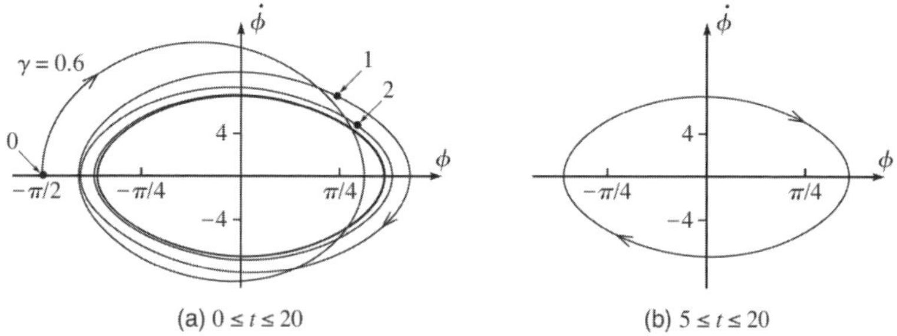

図 12.21 駆動強度$\gamma = 0.6$の DDP の状態空間軌道。状態空間は座標$\phi, \dot{\phi}$を持つ 2 次元平面である。状態空間軌道は，時間が経過するに従い点$[\phi(t), \dot{\phi}(t)]$がたどる経路に過ぎない。（a）初期値$\phi(0) = -\pi/2$, $\dot{\phi}(0) = 0$から始まる最初の 20 周期。0,1,2 とラベル付けされた 3 つの点は$[\phi(t), \dot{\phi}(t)]$を$t = 0,1,2$としたものである。軌道は内向きに渦を巻き，周期 1 のアトラクターに急速に近づき，状態空間に楕円として現れる。（b）（a）と同じであるが，最初の 5 周期を省略して，楕円アトラクターのみが見えるようにした。$5 \leq t \leq 20$の間では，点$[\phi(t), \dot{\phi}(t)]$は同じ楕円軌道を 15 回移動する。

図 12.22 は，図 12.21 とまったく同じ DDP の状態空間軌道を示しているが，初期状態が$\phi(0) = \dot{\phi}(0) = 0$の場合である。（a）では，軌道が最初に述べた初期条件から始まり，外側に向かってらせんを描き，軌道が楕円アトラクターと合体する前に約 2.5 周期を要したことが簡単にわかる。（b）は$t = 5$から始まる 15 周

期を示しており，その時間までには軌道はその長期アトラクターと区別がつかなくなる。特に図 12.22(b)は図 12.21(b)とまったく同じである。なぜなら$\gamma = 0.6$の場合，すべての初期条件のもとで同じアトラクターになるからである。

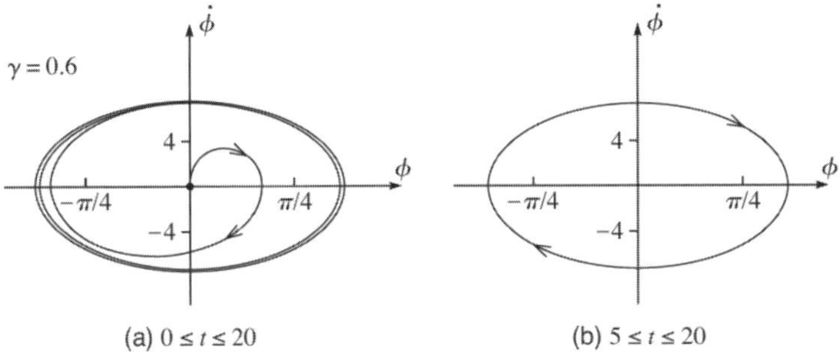

図 12.22 駆動強度$\gamma = 0.6$で初期条件$\phi(0) = \dot{\phi}(0) = 0$の DDP の状態空間軌道。(a) 原点から楕円アトラクターに向かって渦を巻く最初の 20 周期。　(b) $5 \le t \le 20$の 15 周期において，軌道は図 12.21 (b) とまったく同じ図となるため，楕円アトラクターのまわりを 15 回動く。

状態空間

第 13 章で状態空間の詳細な議論をおこなうが，ここではこの用語の簡単な説明をする。振り子の場合，**状態空間**（位相空間とも呼ばれる）は角度位置ϕ，角速度$\dot{\phi}$の 2 変数で定義される 2 次元平面である。これは，系の位置または構成を与える 1 つの変数ϕによって定義される 1 次元**配置空間**と対比されるものである。より一般的には，n次元力学系の配置空間はn個の位置座標$q_1, \cdots, q_n$のn次元空間であり，状態空間は座標$q_1, \cdots, q_n$と速度$\dot{q}_1, \cdots, \dot{q}_n$の$2n$次元空間である。第 13 章で，状態空間の特性と利用について論じる。ここで 1 つの重要な特徴を述べる。力学系の「**状態**」（または完全な「運動状態」）は多くの場合，その後の（任意の選ばれた時間t_0での）運動，つまりその後のすべての時点での運動を一意に決定するという意味で使用される。すなわち系の状態は，運動方程式の固有解を特定するのに必要な初期条件を定義する。振り子についていうと，時間t_0における位置ϕを指定するだけでは，解を一意に決定するには不十分であるが，ϕおよび$\dot{\phi}$を指定すれば十分である。つまり2つの変数$\phi, \dot{\phi}$は振り子の状態を定義するが，すべての$(\phi, \dot{\phi})$組からなる空間はもちろん状態空間と呼ばれる。

状態空間軌道は，$[\phi(t), \dot{\phi}(t)]$の組が時間発展に伴って，状態空間内を進む軌道に過ぎない。当然ながらその名称から，状態空間軌道が，たとえば座標$\mathbf{r} = (x, y, z)$を持つ通常の空間内における惑星軌道と大きく異なることを認識しなければならない。たとえばある惑星は，与えられた時間t_0に1つの点$\mathbf{r}$を通過する多くの異なる軌道を持つことができる。一方，初期状態を指定しているので，状態空間における任意の「点」$(\phi, \dot{\phi})$に対して，振り子は与えられたt_0において$(\phi, \dot{\phi})$を通過するちょうど1つの状態空間軌道を持つ。状態空間軌道のもう1つの興味深い特徴は，その方向に関係する。垂直軸は速度$\dot{\phi}$を表しているので，水平軸より上にある（$\dot{\phi} > 0$）任意の点の動きは，図12.22に示されているように常に右方向になる（ϕが増える）。同様に，水平軸の下にある任意の点での運動は，左方向である必要がある。軌道が水平軸を横切る場合，$\dot{\phi} = 0$であるため，軌道はちょうど垂直方向に移動していなければならない（ϕは変化しない）。これらの性質はすべて図12.22に示されている。これらの性質により，図12.22（b）の楕円アトラクターのような閉じた状態空間軌道は，常に時計回りの方向にたどられることを意味する。

より多くの状態空間軌道

駆動強度γを増やすと，DDPの動きは様々な劇的な変化を経ることがわかる。そのいくつかは，状態空間軌道の図で非常にうまく表示される。たとえば，図12.23は$\gamma = 1.078$および$\gamma = 1.081$の状態空間軌道を示しているが，これらは図12.8に最初に示されている周期倍化カスケードの中間にある。両方の図は$t = 20$から始まる40周期を示しているが，初期の過渡現象はすべて完全に消滅している。すなわち両方の図は極限状態で長期的な運動を示し，図12.22（b）と比較されるべきものである。この図のように，これらの新しい軌道はなんらかの楕円形の閉路で原点のまわりを移動するが，どちらの場合も軌道は1つ以上の閉路を作って閉じる。(a)には2つの閉路があり，それぞれが1つの駆動周期を持つので，運動は2周期ごとに1回繰り返される。つまり，周期は2である。（b）には4つの閉路があり，その周期が4倍に倍増したことが極めて明確に示されている。

[過渡現象が消滅した後に開始し，少なくとも（a）では 2 周期，（b）では 4 周期を図示した場合に限り]，これらの 2 つの図で，その後何周期描いても違いが起こらないことを理解することは重要である。ここでは$t = 20$から 100 または 20 から 1000 までプロットしたが，依然として（a）では同じ 2 つの閉路を，（b）では同じ 4 つの閉路が存在する。

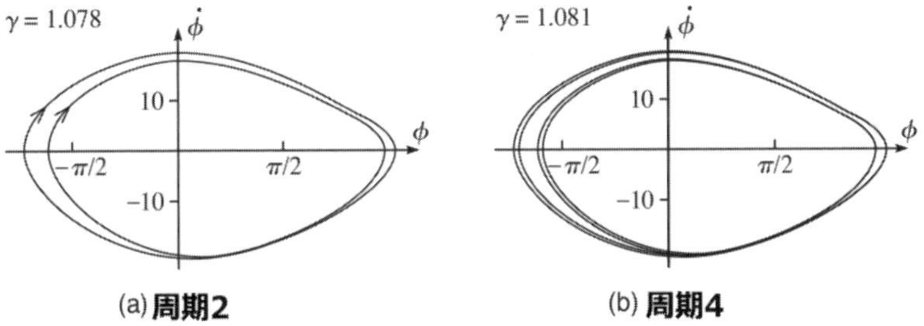

図 12.23　（a）周期 2 の$\gamma = 1.078$と，（b）周期 4 の$\gamma = 1.081$の周期アトラクターを示す状態空間軌道。両方とも，$t = 20$から 60 までの 40 周期を示している。（a）では，軌道は 2 つの別個の閉路をそれぞれ 20 回たどる。（b）では，4 つの閉路をそれぞれ 10 回たどる。図 12.8（の 2・3 行目のグラフ）と比較すること。

カオス

駆動強度の強さγを少し増やすと，カオスの領域に入る。図 12.24 は駆動強度$\gamma = 1.105$の状態空間軌道を示しているが，そのカオス的性質は図 12.10 と図 12.13 からもわかる。(a）は$t = 14$から$t = 21$までの 7 つの周期を示しており，7 周期で軌道が繰り返されないか，またはそれ自体で閉じることができないことが明確にわかる。したがって運動が周期的である場合，周期は 7 より大きくなければならない。周期的かどうかを判断するには，より多くの周期を描く必要がある。（b）では$t = 14$から 200 まで描いている。図はほぼ黒塗りになったが，依然として繰り返されていない。［この最後の主張の証拠は，$t = 400$まで描くと（図示していない），曲線が (b) の残りの隙間に移動するからである。したがって$t = 200$で繰り返すことは確かにない。］したがって，図 12.24 は運動が決して繰り返されることはなく，実際にはカオスであるという結論を強く支持している。

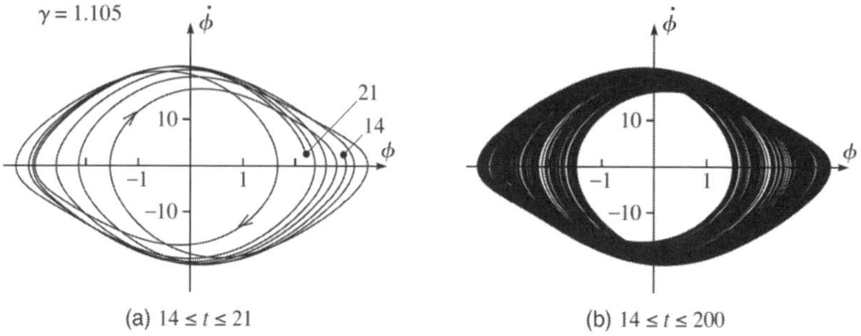

図 12.24 カオスアトラクターを示す$\gamma = 1.105$の DDP の状態空間軌道。(a) $t = 14$から 21 までの 7 周期において，軌道はそれ自体では閉じない。　(b) $t = 14$から 200 までの 186 周期でも同じことが成り立ち，運動は決して繰り返されることはなく，カオスとなっていることは明らかである。

図 12.24 (b) の黒い帯は極めて印象的であるが，今後利用していく際にはあまりにも多くの情報を持ち過ぎている。我々にもっと多くの情報を与える可能性のある少量の情報を，この図から抽出する方法が必要である。このことをおこなうための手法がポアンカレ断面であるが，これを取り上げる前にさらに 2 つの状態空間軌道の例を挙げることにする。

回転運動における状態空間軌道

$\gamma = 1.4$の場合 DDP は「回転運動」となり，駆動周期ごとに時計回りに 1 回転することがわかった（図 12.19)。この運動における状態空間軌道が，図 12.25 に示されている。この図では，2 周期後に，振り子はϕが2πだけ減少する周期的な動きに落ち着き，振り子が周期ごとに完全な時計回りの回転をどのようにして起こすかを，明確に見ることができる。

数周期にわたって状態空間軌道を示す場合には，図 12.25 は極めて満足できるものである。しかし（運動がカオスとなる場合など)，場合によっては数百周期という非常に長い時間間隔で軌道を見せたいことがある。この場合，ϕは何百回も回転することがある。このことを示す場合，図 12.25 のやり方ではその運動を見ることが完全に不可能になるまで，ϕ軸のスケールを圧縮しなければならなくなる。この困難を回避するためによくやる方法は，ϕが常に$-\pi$とπの間になるようにϕを再定義することである。ϕが$-\pi$を超えて減少するたびに2πに加え，πを超えて増加するたびに2πを減ずる。（2πの倍数異なるϕの 2 つの値は振り子の同じ位置を表すため，このことは許容される。）このようにϕを再定義すると，図 12.25 の状態空間軌道は図 12.26（a）になる。この新しい図は（いくつかの利点があることがわかるものの），図 12.25 に対して明らかに改善されているとは言えないが，2 つの図の関係を理解するために注意深く検討する必要がある。図 12.26 は，図 12.25 において$-3\pi < \phi < -\pi$，$-5\pi < \phi < -3\pi$のように間隔をあけて区切ったものを，$-\pi < \phi < \pi$の範囲にそれらをすべて戻して貼り付けたものと考えることができる。新しく得られた図において，ϕは$\phi = \pm\pi$に達するたびに不連続なジャンプをおこなう。たとえば約$t = 0.7$においてϕは A 点で$-\pi$まで減少し，B 点にジャンプする。

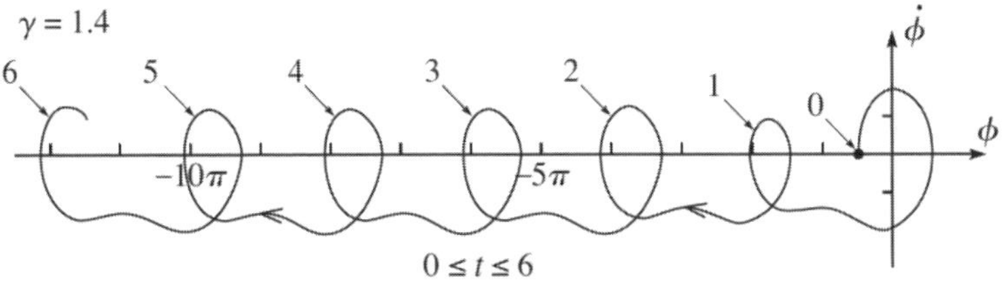

図 12.25 $\gamma = 1.4$の DDP の状態空間軌道の最初の 6 周期。周期的な回転運動を示し，ϕは各周期で2π減少する。数字$0,1,\cdots,6$は，時間$t = 0,1,\cdots,6$における状態空間「位置」$(\phi, \dot{\phi})$を示す。

図 12.25 に対する図 12.26（a）の利点は，軌道の周期性に対するより鋭い考察を与えることである。新しい図では軌道が周期的アトラクターに近づいていることがわかるが，$0 \le t \le 6$の区間では周期的アトラクターに軌道が到達していないことも明らかである。（6 つの別個の閉路があることをがわかる。）一方で時間$t = 10$まで経過すると，それ以後の周期は図のスケール上では区別できない。図 12.26（b）に示す 20 周期は，すべて同じ点 C で左に消え，D で再び現れ，全く同じ経路で C に戻ることを 20 回繰り返す。

図 12.26 の欠点は，たとえば点 A と B のように，ϕ が$-\pi$から$+\pi$にジャンプするたびに見かけ上の不連続点が存在することである。図が切り取られ，垂直線$\phi = \pm\pi$がつながった円柱形に丸められたと想像すれば，（少なくとも心の中では）これらの不連続点を取り除くことができる。このようにして，点 A は点 B と同じになり，状態空間軌道は垂直な円柱上を連続的に移動する。

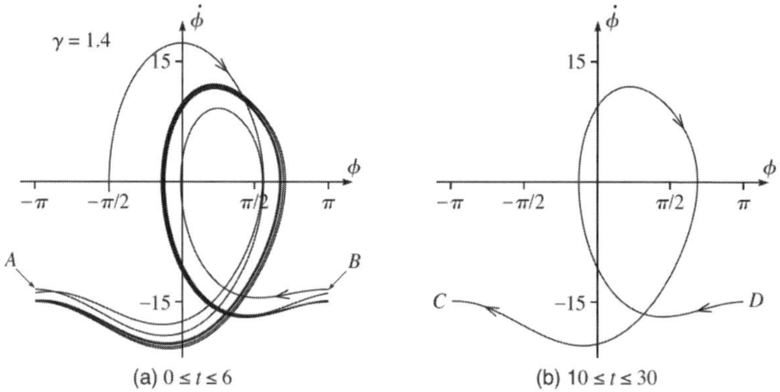

図 12.26 (a) 図 12.25 とまったく同じ軌道であるが，ϕが$-\pi$とπの間にとどまるように再定義されている。ϕが$-\pi$（たとえば A）まで減少するごとに，軌道は消えて$+\pi$（たとえば B）に現れる。 (b) 時間$t = 10$までに軌道は完全に周期的な運動に落ち着き，各周期はその前の周期上に（このスケールで）正確に重なり合う。

カオスについての追加の話題

状態空間軌道の最終例として，図 12.27 に$\gamma = 1.5$の DDP の軌道を示した。この図では本章において，この図以前のすべての図で使用した値$\beta = \omega_0/4$ではなく，より小さな減衰定数$\beta = \omega_0/8$を選択したが，このγの値に対して運動がカオスとなることはすでに分かっている。減衰が小さくなると，カオス的な運動がより激しくなり，（次節で説明するが）さらに興味深くエレガントなポアンカレ断面が生成される。これらのパラメータの下では，振り子は不規則な回転運動となり，最初は一方向に，次に他方向にといった複雑な回転運動をおこなう。図 12.26 のように$-\pi$とπの間に閉じ込められたϕの図を作成したが，その結果は劇的に異なったものとなる。この運動は，示された 190 周期では繰り返されない。(この事が主張できる証拠は，図示されていないが$10 \le t \le 250$の軌道が，図 12.27 の未訪問領域の一部に移動することである。もしこの運動が$t = 200$以前に繰り返しが起こっていた場合，$t = 200$の後には新しい領域を訪れることができないはずである。)

図 12.27 に示された軌道の密接な絡み合いは，これらのパラメータに対して運動がカオスであるという主張を強く支持する。残念なことに，この図がカオス運動の性質について有益な情報を引き出せると主張することはできない。有益な情報をえるためには，情報があまりにも詰まりすぎている。次節では，図 12.27 のような図から，興味深いパターンが出現するのに必要な情報を抽出する手法であるポアンカレ断面について説明する。

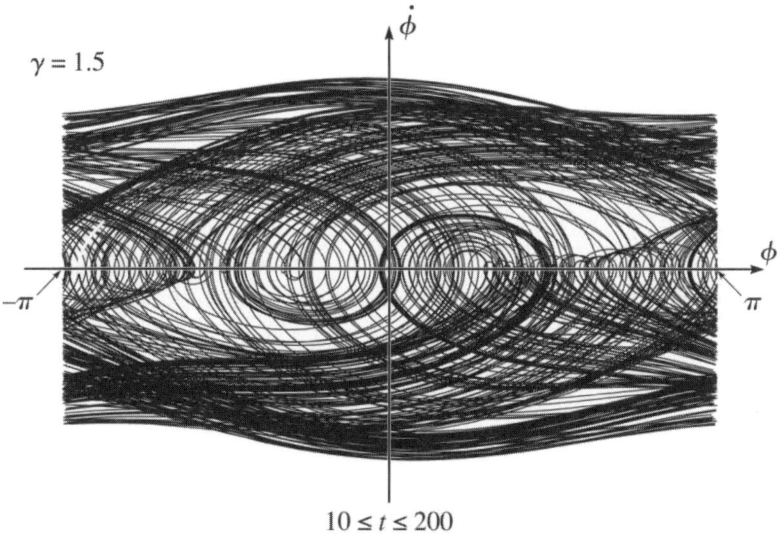

図 12.27 $\gamma = 1.5, \beta = \omega_0/8$の DDP に対するカオスの状態空間軌道。示されている 190 周期では，運動は決して繰り返されない。

12.8　ポアンカレ断面

DDP の周期的な運動にとって，状態空間軌道は振り子の履歴を見るための記述的な方法である。カオス的な運動のために，状態空間軌道はカオスの劇的な性質を感覚的に伝えるが，詳細に使用するには情報があまりにも多すぎる。この難点を回避する方法として以前に使用され，またポアンカレによって示唆された技法がある。これは連続変数tの関数として運動を追いかけるのではなく，時間 $t = t_0, t_0 + 1, t_0 + 2, \cdots$の周期ごとに 1 回だけ位置を調べる方法である。DDP の**ポアンカレ断面**は，1 周期間隔

$$t = t_0, t_0 + 1, t_0 + 2, \cdots \tag{12.30}$$

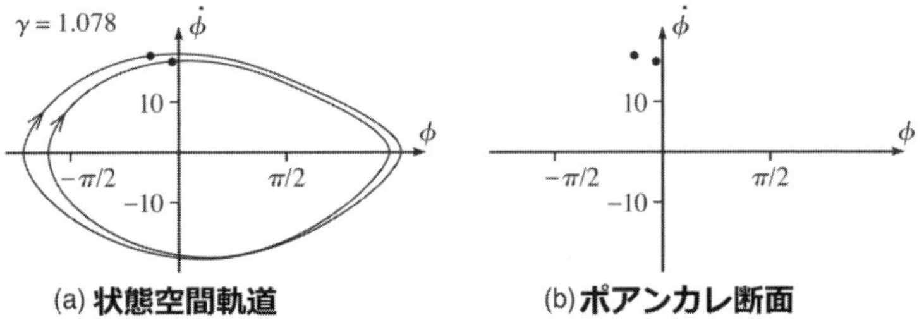

図 12.28　(a) $\gamma = 1.078$における，$20 \leq t \leq 60$での DDP の状態空間軌道。点は $t = 20, 21, 22, \cdots$での位置を表すが，運動は周期 2 を有するので，これらは 2 つの固定点の間を交互に移動する。右の点は$t = 20, 22, \cdots$左の点は$t = 21, 23, \cdots$である。　(b) これと対応するポアンカレ断面では軌道を省略し，$t = 20, 21, 22, \cdots$の位置を示す点のみを描く。2 つの点の存在は，周期 2 の運動を明確に示している。

での状態空間における振り子の「位置」$[\phi(t), \dot{\phi}(t)]$を示すプロットである。ただしt_0は，過渡現象が消えてなくなるように選ばれた[20]。このことを説明するために，図 12.28 (a) に示されている$\gamma = 1.078$（減衰定数は通常の値$\beta = \omega_0/4$に戻す）の DDP の状態空間軌道を考えてみる。この軌道の 2 つの閉路は，（すでにわかっているように）長期運動は周期 2 であることを示している。これを強調するために，$t = 20, 21, 22, \cdots$の 1 周期間隔での位置$[\phi(t), \dot{\phi}(t)]$を示す点を描いている。

---

[20] 多次元系の場合，ポアンカレ断面は多次元状態空間を介して 2 次元薄片，または断面を取ることを含む。したがって，「断面」という単語が使われている。

運動は周期 2 を有するので，これらは 2 つの異なる位置の間を交互に移り，ちょうど 2 つの点として現れる。ポアンカレ断面では，図 12.28（b）のように軌道を消し，1 周期間隔で点だけを描く。運動が周期的である場合，図 12.28（a）の完全な状態空間軌道に対しポアンカレ断面ははその周期を極めてはっきりと示している（4 つの点を持つポアンカレ断面は，周期 4 の運動を示すなど）ものの，特別な利点はない。一方で運動がカオスである場合，同一の運動となることはなく，状態空間軌道は私たちが図 12.27 で見たように極めて複雑となる。この場合，ポアンカレ断面は全く予想外の構造を明らかにする。

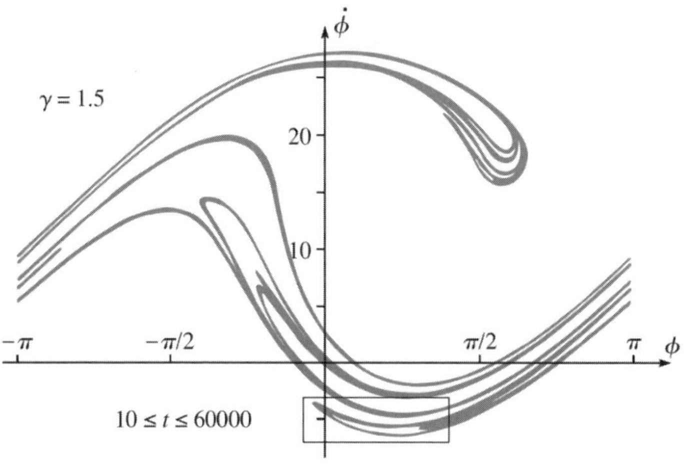

図 12.29 $\gamma = 1.5$, 減衰定数$\beta = \omega_0/8$の場合の$10 \le t \le 60000$における振り子のポアンカレ断面図。この図は$t = 10, 11, \cdots, 60000$の約60000点の「位置」$[\phi(t), \dot{\phi}(t)]$を 1 周期間隔で表示したものででき上がっている。図 12.30 で拡大された領域は，四角い枠で示されている。

カオス運動のポアンカレ断面の説明するために，カオス状態の空間軌道として図 12.27 に示された振り子を選んだ。この運動は決して繰り返されないので，ポアンカレ断面は無限に多くの点を含み，無限に多くの点は完全な軌道の点の部分集合を構成することは明らかである。おそらく誰もこの部分集合がどのようになるかを推測することはできないだろうが，高速なコンピュータの助けを借りると，それを求めることができる。その結果を図 12.29 に示す。この素晴らしい図形が何を表しているのかは明らかではないが，それが何らかのものを示していることは明らかである。図 12.27 から 1 周期間隔でそれらの点だけを選択することにより，図 12.27 の密で堅い絡みを図 12.29 の優雅な曲線に減らした。実際，図 12.29 は比較的単純な曲線のように見えるが，それは曲線ではなく**フラクタル**である。フラクタルはさまざまな方法で定義できるが，フラクタルの特徴は図の一部を拡大すると，元の図に類似した構造を有する（写真を持っている人の写真を持っている人の写真など）ことである。ポアンカレ断面のこの特性を説明するために，図 12.29 の下部にある四角い箱で示される領域を拡大した。（図 12.29 のスケールでは）この領域は箱内の左側の近くにあり左を指す顕著な「舌」を含み，第 2

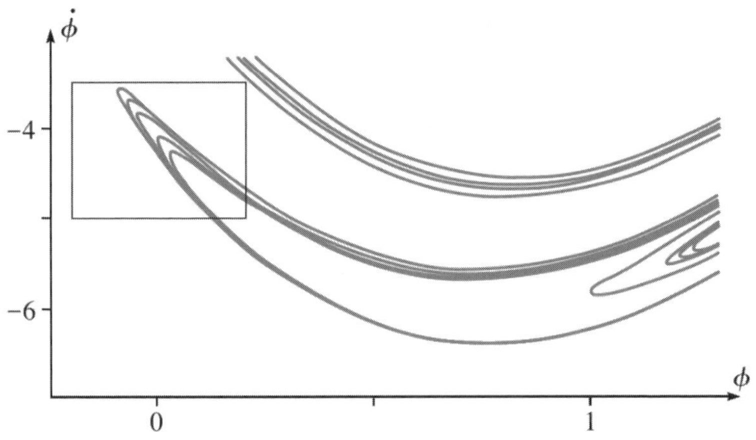

図 12.30 図 12.29 のポアンカレ断面の下部にある小箱の拡大図。12.29 の箱の 2 つの舌のそれぞれは，複数の舌でできているのがわかる。左側の箱内の領域は，図 12.31 でさらに拡大されている。

の舌は箱の右側近くの第 1 の舌の内側にあることに注意してほしい。図 12.30 は，この箱の 4 倍の拡大図である。この拡大により，図 12.29 の箱の右側の単一の舌が実際には 4 つの舌であるのに対し，左側の舌は実際には少なくとも 5 つであることが明らかになった。

ポアンカレ断面の小さい領域を連続的にズームインするこの過程は，少なくとも原理的には無限に続けることができる。図 12.31 は，図 12.30 の左側の灰色の長方形で示された領域をさらに 4 倍拡大した図である。この拡大図では，図 12.30 の左の 5 つの舌（実際には 5 番目の舌を除く）は，いくつかの別々の舌で構成されている。この図形が持ついわゆる**自己相似性**は，フラクタルの特徴の 1 つである。

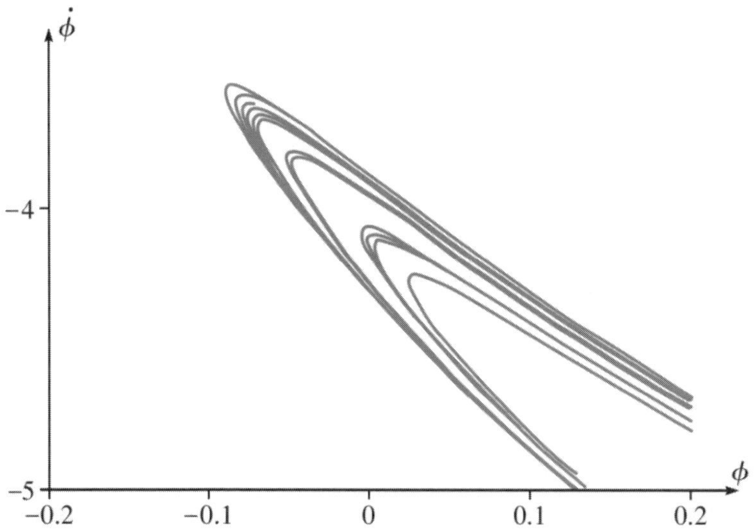

図 12.31 図 12.30 の左側にある箱の拡大図。図 12.30 の箱内にある 5 つの舌のそれぞれ（おそらく最も内側のものを除いて）は，いくつかの舌で構成されていることがわかる。

カオス系の運動におけるポアンカレ断面がフラクタルである場合，長期間の動きは**ストレンジアトラクター**と呼ばれるものとなる。カオス的なアトラクターのポアンカレ断面がフラクタルであることを説明するのは，残念なことに本書の範囲をはるかに超えるものであり，またこの現象について理解されていない多くのことが存在する。それにもかかわらず，フラクタルの奇妙な幾何学的構造がカオス系の長期的挙動の研究に現れることは，間違いなく魅力的である。この発見は，カオス系の物理学とフラクタルの数学の両者に関する多くの研究を刺激した。

現実の振り子を使ってストレンジアトラクターを観察することは明らかに難しいが，実験物理学者が再度の挑戦に乗り出した。図 12.32 は，Daedalon カオス振り子で作られたポアンカレ断面を示している。(a) は実験結果を示し，(b) は理論予測（すなわち，実験値のパラメータを用いた運動方程式の数値解）を示す。これらのグラフの繊細さを考慮すると，両者の一致は顕著である[21]。

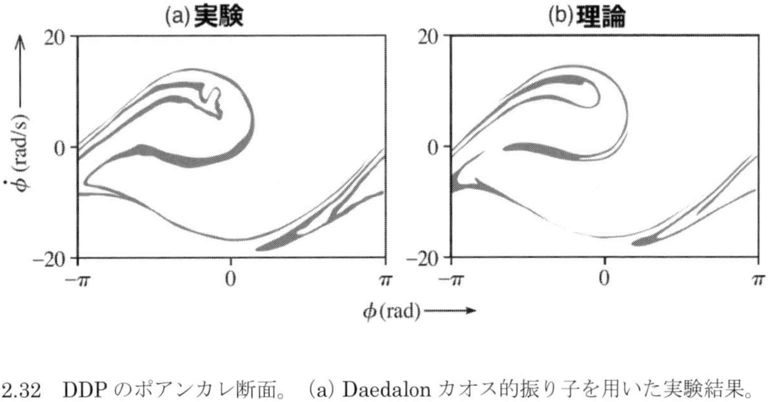

図 12.32 DDP のポアンカレ断面。(a) Daedalon カオス的振り子を用いた実験結果。(b) (a) と同じパラメータを用いた理論的予測。H.J.T. Smith 教授と James Blackburn 教授，および Daedalon Corporation のご好意による。

21 それにもかかわらず，両者の間には違いが存在する。その原因の 1 つは，完全に正弦波の駆動モータを作ることが難しいことである。

12.9　ロジスティック写像

繰り返し強調したように，カオス現象は多くの異なる状況に現れる。特にカオスとなることができるが，運動方程式（写像と呼ばれる）がどのような力学系の方程式よりも単純なある種の系がある。これらの系は厳密には古典力学の一部ではないが，いくつかの理由からここで言及する価値がある。まず運動方程式が単純であるため，運動のいくつかの側面は極めて基本的な方法で理解することができる。またこれらのより単純な系を研究して得たカオス現象を理解することで，力学系におけるカオス現象を明らかにすることができる。特に，これらの「写像」と力学系のポアンカレ断面との間には，密接な関係がある。最後に，この新しい文脈におけるカオスの議論は，その現象を示す系の多様性を目立たせる。

離散時間と写像

力学に関するほぼすべての問題は，時間が連続的に進むにつれて系がどのように進化するかに関係している。しかしながら，時間が離散変数である系が存在する。スーパーボウル（訳者註：アメリカンフットボールの優勝決定戦）のような 1 年に 1 回しか発生しないでき事の履歴は，その一例である。スーパーボウルの試合での得点は，1967 年から 1 年間の間隔で離散した数字の列で定義される。

$$t = 1967, 1968, 1969, \cdots \tag{12.31}$$

毎週のグループランチへの出席は，1 週間おきの離散時間で定義される。年間のインドモンスーンにおける総降雨量は，1 年間隔の離散時間で定義される。

変数が連続時間の関数として定義されていても，ある離散時間にのみ値が必要であることもある。たとえば，特定の昆虫の個体群を研究する昆虫学者は，個体群の日々の進化に関心がないかもしれない。むしろ 1 年に 1 回の，その年の幼虫がふ化した直後の昆虫の個体群の記録に興味があるかもしれない。この状況のもう 1 つの例は，12.8 節で説明したように，力学系のポアンカレ断面である。我々の究極の関心事は，すべての（連続した）時間に対する系の状態を知ることであるが，系の状態を離散的な 1 周期間隔で記録することが有用なことがわかった。この少量の情報で満足する覚悟がある限りにおいて，ポアンカレ断面は振り子（またはそれ以外の何であれ）の問題を離散時間問題に還元する。また離散時間系から有益な情報を得るには，ポアンカレ断面の挙動が役に立つ。

駆動減衰振動子の場合，ある時間tにおいて$[\phi(t), \dot{\phi}(t)]$の組によって与えられる系の状態は，その後の任意の時間での状態を一義的に決定する。特に1周期後の状態$[\phi(t+1), \dot{\phi}(t+1)]$を決定する。これは選択された$[\phi(t), \dot{\phi}(t)]$に作用する関数$f$（これがどのようなものかはわからないが，確かに存在する）が存在し，対応する$[\phi(t+1), \dot{\phi}(t+1)]$を与えることを意味する。つまり，以下のようになる。

$$[\phi(t+1), \dot{\phi}(t+1)] = f[\phi(t), \dot{\phi}(t)] \tag{12.32}$$

同じように$t+1$年の集団n_{t+1}が，前年度tの集団n_tによって一意に決まる[22]という性質を持つ昆虫種を想像することができる。この場合も，n_tを対応するn_{t+1}に移す関数fが存在することを暗示する。

$$n_{t+1} = f(n_t) \tag{12.33}$$

この形式の方程式を，考えている個体群の**成長方程式**と呼ぶ。

例 12.1 指数関数的な個体数の増加

（12.33）のような成長方程式の最も簡単な例は，n_{t+1}がn_tに比例する場合である。

$$n_{t+1} = f(n_t) = rn_t \tag{12.34}$$

つまり，次の年の個体数を今年の個体数で表す関数$f(n)$は，

$$f(n) = rn \tag{12.35}$$

であるが，ここで正の定数rは集団の**成長率**，または**成長パラメータ**と呼ばれるものである。[たとえば今年の春に生き残ったすべての昆虫が次の春前に死ぬが，各々が2匹の生き残った子孫を残すならば，個体数は（12.34）を$r=2$で満たすであろう。]（12.34）をn_0を使ってn_tについて解き，n_tの長期的なふるまいについて考える。

（12.34）の解は容易にわかる。

22 もちろん，これは極めて単純化されたモデルである。現実の世界では，n_{t+1}の集団はn_tに依存するだけでなくt年の降雨量，昆虫の食糧の供給量，昆虫を捕獲する鳥の個体数などの多くの要因にも依存する。それにもかかわらず，絶え間ない昆虫の食糧の供給と昆虫の捕食者のいない温帯島を想像することができる。そこではn_{t+1}はn_tだけで一意的に決まる。

$$n_1 = f(n_0) = rn_0$$

および

$$n_2 = f(n_1) = f\big(f(n_0)\big) = r^2 n_0$$

であるので，明らかに以下のようになる。

$$n_t = f(n_{t-1}) = \overbrace{f(f(\cdots f}^{t\text{回}}(n_0)\cdots)) = r^t n_0 \tag{12.36}$$

仮に$r > 1$の場合，個体数n_tは指数関数的に増加し，$t \to \infty$で無限大に近づいていく。個体数は$r = 1$の場合は一定のままであり，$r < 1$の場合は指数関数的に 0 に減少する。

より興味深い成長方程式を議論する前に，いくつかの用語を紹介する必要がある。数学では，「関数」と「写像」という言葉は，ほぼ同義語として使用される。したがって（12.33）は，n_tの関数としてn_{t+1}を定義すると言うことができる。あるいは，（12.33）はfはn_tを対応する場所n_{t+1}に移す**写像**であると言うことができる[23]。この関係を，以下のように表すことができる。

$$n_t \xrightarrow{f} n_{t+1} = f(n_t) \tag{12.37}$$

数列$n_0, n_1, n_2, \cdots$も，同様に表すことができる。

$$n_0 \xrightarrow{f} n_1 \xrightarrow{f} n_2 \xrightarrow{f} n_3 \cdots \tag{12.38}$$

これらは当然のことながら**反復写像**，または単に**写像**と呼ばれる。何らかの理由で，「写像」という言葉は（「関数」とは対照的に），任意の離散時間変数の連続する値の間の（12.37）のような関係を記述するために，広く使用される。写像（12.37）は，ある数n_tを別の数n_{t+1}に移すので，1 次元写像である。DDP のポアンカレ断面の対応関係（12.32）は，ある組$\big[\phi(t), \dot{\phi}(t)\big]$を別の組$\big[\phi(t+1), \dot{\phi}(t+1)\big]$に移すので，2 次元写像である。

ロジスティック写像

23 このやや奇妙な使い方の起源は，地図製作からの由来のようである。たとえば米国の地図作成者の地図は，米国の実在する各地点と紙面上の対応する地点との間の対応関係を確立するが，関数$y = f(x)$は，各値xと対応する値$y = f(x)$との関係を確立する。

例 12.1 の$r > 1$の指数関数的な写像は，多くの場合の個体数の初期成長にとって合理的であり，また現実的なモデルであるが，実際の個体数は絶えず指数関数的に増加することはない。たとえば過密状態や食糧不足などにより，最終的には成長が遅くなる。より現実的な個体数増加のモデルを与えるために，写像（12.34）を修正することは良くあることである。最も簡単な方法は，（12.34）の関数$f(n) = rn$を

$$f(n) = rn(1 - n/N) \tag{12.39}$$

と置き換えることである。ここでNは大きな正の定数であり，その重要性をこれから見ていくことにする。すなわち，指数写像（12.34）をいわゆる**ロジスティック写像**に置き換える。

$$n_{t+1} = f(n_t) = rn_t(1 - n_t/N) \tag{12.40}$$

個体数がNに比べて小さい限り，（12.40）のn_t/Nの項は重要ではなく，新しい写像は指数写像と同じく，指数関数的進化を生み出す。しかしn_tがNに向かって成長すると，n_t/Nいう項が重要になり$(1 - n_t/N)$が減少し始め，過剰成長の一部が「消滅」する。したがって（12.39）のこの「死亡率因子」$(1 - n/N)$は，nが大きくなり過密状態または飢餓が重要になるにつれて，個体数増加の減速をもたらす。特にn_tが値Nに達すると，（12.40）の$(1 - n_t/N)$はゼロとなり，n_{t+1}もゼロになる。n_tがNより大きい場合n_{t+1}は負となるので，このようなことは起こりえない。言い換えれば，ロジスティック写像（12.40）によって支配される個体数は，モデルの最大値または**環境収容力**であるNを決して超えることができない。死亡率因子がnを含むために，（指数写像とは異なり）ロジスティック写像（12.39）は非線形であることに注意してほしい。ロジスティック写像のカオス的なふるまいを可能にするのはこの非線形性にある。

図 12.33 は，成長パラメータ$r = 2$および初期母集団$n_0 = 4$に対する指数関数的およびロジスティック的な増加を比較したものである。上の曲線（灰色の点）は，成長パラメータが 2 の指数関数の場合である。下の曲線（黒い点）は，同じ成長パラメータ$r = 2$および環境収容力$N = 1000$のロジスティック写像（12.40）によって予測された成長を示す。nが小さい（1000 よりはるかに小さい）場合，ロジスティックな成長は純粋な指数関数的成長と区別がつかないが，nが 100 に達すると，死亡率因子はロジスティックの成長を目に見えるほど遅くし，最終的に

$n = 500$付近で横ばいになる。

ロジスティック写像について詳細に議論する前に，変数を個体数nから以下の相対交代数に変更すると簡略化され便利である。

$x = n/N$ （12.41）

これは実際の個体数nとその最大可能値Nとの比である。（12.40）の両辺をNで割ると，x_tは以下の成長方程式に従うことがわかる。

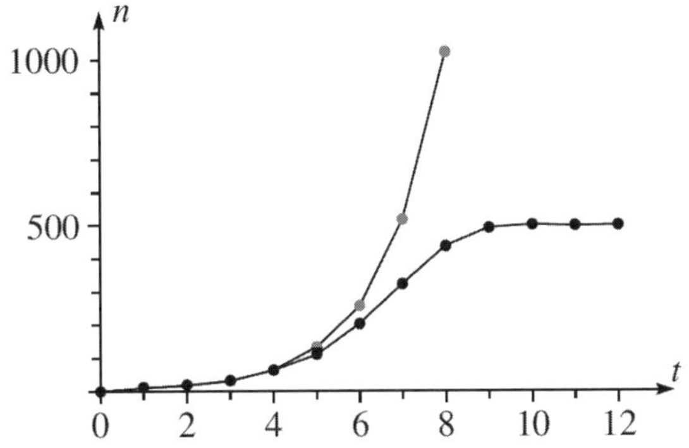

図 12.33 成長パラメータ$r = 2$の指数関数的およびロジスティック的な成長。灰色の点は指数関数的な増加を示し，無限に増加する。黒い点はロジスティックな成長を示し，最終的には減速し，$n = 500$で平衡に近づく。点を結ぶ線はあくまで目安である。

$$x_{t+1} = f(x_t) = rx_t(1 - x_t) \tag{12.42}$$

ここで以下のように，xの関数として写像fを再定義した。

$$f(x) = rx(1 - x) \tag{12.43}$$

個体数nは$0 \le n \le N$の範囲に限定されるため，相対個体数は$x = n/N$は

$$0 \le x \le 1 \tag{12.44}$$

となる。この範囲内で，関数$x(1 - x)$の最大値は$1/4$（$x = 1/2$）である。したがって，（12.42）で与えられるx_{t+1}が 1 を超えないことを保証するためには，成長因子を$0 \le r \le 4$に制限しなければならない。したがって写像（12.42）を，$0 \le x \le 1$かつ$0 \le r \le 4$の範囲で調べればよい。

ロジスティック写像の風変わりな側面のいくつかを見る前に，最初に予想

されるように成長する 2 つの場合を見てみよう。図 12.34（a）は，成長パラメータ$r = 0.8$と 2 つの異なる初期値$x_0 = 0.1$および$x_0 = 0.5$のロジスティック写像に従う集団を示している。いずれの場合も$t \to \infty$で$x_t \to 0$となる。実際$r < 1$である限り，どのような初期値で個体数は最終的にゼロになることがわかる。(12.42) から$x_t \leq r x_{t-1}$となるので，$x_t \leq r^t x_0$となる。したがって$r < 1$ならば$t \to \infty$で$x_t \to 0$となることがわかる。

図 12.34（b）は，成長パラメータ$r = 1.5$および先と同じ 2 つの初期条件についてのロジスティック写像に従う集団を示している。$x_0 = 0.1$の場合，最初は個体数が増加することがわかる。一方より大きな初期値$x_0 = 0.5$の場合，死亡率因子によって最初は個体数が減少する。どちらの場合も，最終的には$x = 0.33$で水平になる。

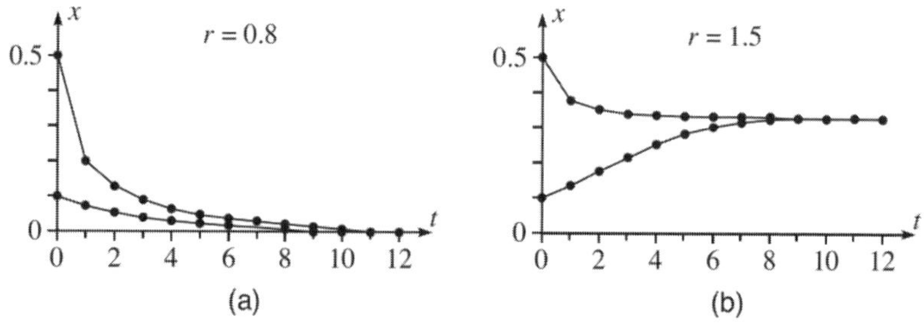

図 12.34 2 つの異なる成長率のそれぞれについて，2 つの異なる初期条件を持つロジスティック写像 (12.42) の相対個体数$x_t = n_t/N$。(a) 成長パラメータ$r = 0.8$では，$x_0 = 0.1$または$x_0 = 0.5$であるかにかかわらず，個体数は急速にゼロに近づく。(b) $r = 1.5$かつ (a) と同じ 2 つの初期条件では，母集団は一定値 0.33 に近づく。

固定点

図 12.34 に示された両方の場合は，個体数はロジスティック写像によって最終的に落ち着く一定の**アトラクター**を有すると言える。すなわち，任意の$r < 1$で$x = 0$，$r = 1.5$で$x = 0.33$である。母集団がこのような一定のアトラクターに等しくなった場合を$x_0 = x^*$と書くと，それはすべての時間で一定である。すなわちすべてのtに対して，$x_t = x^*$である。これは明らかに，

$$f(x^*) = x^* \tag{12.45}$$

の場合にのみ起こる。この式を満たす任意の値x^*は，写像fの**固定点**と呼ばれる。これらの固定点は，固定点で始まる系は永遠にその状態にとどまるという点で，力学系の平衡点に類似している。

与えられた写像に対して方程式（12.45）を解き，写像の固定点を見つけることができる。たとえば，ロジスティック写像の固定点は，

$$rx^*(1 - x^*) = x^* \tag{12.46}$$

を満たすが，この方程式は簡単に解ける。

$$x^* = 0 \qquad \text{または} \qquad x^* = \frac{r-1}{r} \tag{12.47}$$

最初の解は，すでに指摘した固定$x^* = 0$である。第 2 の解は，rの値に依存する。$r < 1$の場合は負であり，したがって無意味である。$r = 1$の場合は第 1 の解$x^* = 0$と一致するが，$r > 1$の場合，第 2 の固定点となる。たとえば$r = 1.5$の場合$x^* = 1/3$となり，既に述べた固定点を与える。

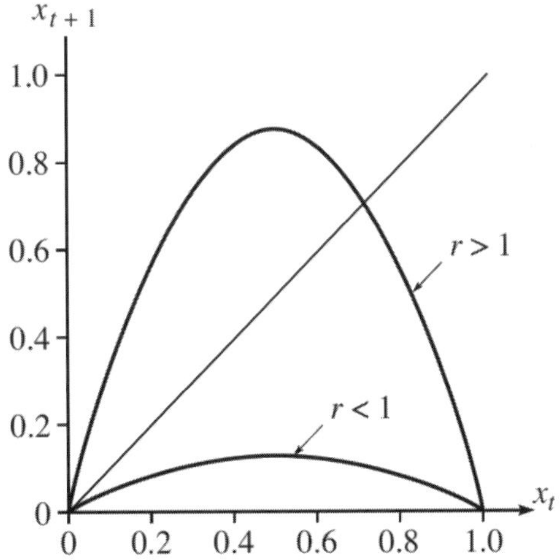

図 12.35 選択された 2 つのr（1 つは 1 より小さく，もう 1 つは 1 より大きい）における，xの関数としてのx（つまり45°線），およびロジスティック関数$f(x) = rx(1 - x)$（2 つの曲線）。ロジスティック写像の固定点は，直線と曲線との交点である。$r < 1$のとき，$x^* = 0$にただ 1 つの交点がある。$r > 1$の場合，$x^* = 0$および$x^* > 0$の 2 つの交点がある。

ロジスティック写像の固定点を見つける際に（12.45）を解析的に解くことができるのは幸運な状況であるが，グラフを使う考察がさらなる洞察を与えるうえ，多くの異なる状況にも適用できるので，方程式をグラフで調べることも有益である。また一部の写像については，必ずしも解析的に解く必要もなくなる。(12.45) を図式的に解くために，図 12.35 のように 2 つのxと

$f(x)$をxの関数として描き，2つのグラフが交差する値をx^*として固定点を読み取る。rが小さいとき，$f(x)$の曲線はxに対してxの45°線より下にあるため，交点は$x = 0$のみである。すなわち，唯一の固定点は$x^* = 0$である。rが大きい場合，$f(x)$の曲線は45°線の上に隆起し，2つの固定点が存在する。これら2つの場合の境界は，$x = 0$における$f(x)$の傾きがちょうどrであることに気づくことによって，容易にわかる。したがってrを増やすと，$r = 1$のとき，曲線は45°の線（勾配が1）に移動する。したがって$r < 1$の場合，$x^* = 0$に固定点が1つだけ存在する。$r > 1$のとき，$x^* = 0$に1つ，$x^* > 0$にもう1つ，合計2つの固定点がある。このグラフを使った議論の利点は，単一の凹状のアーチ状の同じ形を持つ関数$f(x)$に対して，同じように議論できる点にある。[たとえば$f(x)$は，問題12.23の関数$f(x) = r\sin(\pi x)$でもよい。]

安定性に対するテスト

x^*はロジスティック写像の固定点（すなわち平衡値）であり，個体数がx^*で始まる場合は，その状態にとどまることを保証する。ただしそれだけでは，x^*が写像のアトラクターであることを保証するには十分ではない。さらにx^*が**安定した固定点**であること，すなわち個体数がx^*に近づくとそこから離れるのではなく，x^*に向かって進化することを確認する必要がある。（この問題は力学系の平衡点の研究とちょうど対応している。系がちょうど平衡点から始まるならば，原則としてそこに無限にとどまるであろう。しかし平衡が安定している場合にのみ，系が少しばかり乱れても，平衡に戻ることになる。）

安定性に対する簡単なテストが存在するが，これは次のようなものである。x_tが固定小数点x^*に近い場合，以下のように書ける。

$$x_t = x^* + \epsilon_t \tag{12.48}$$

つまり，ϵ_tをx_tと固定点x^*の差と定義する。ϵ_tが小さい場合，x_{t+1}を次のように評価できる。

$$\begin{aligned} x_{t+1} &= f(x_t) = f(x^* + \epsilon_t) \\ &\approx f(x^*) + f'(x^*)\epsilon_t = x^* + \lambda\epsilon_t \end{aligned} \tag{12.49}$$

最後のところで，x^*が固定点である[つまり$f(x^*) = x^*$]という事実を使った。またx^*における$f(x)$の微分にλという記号を使った。

$$\lambda = f'(x^*) \tag{12.50}$$

ここで（12.48）にしたがって，$x_{t+1} = x^* + \epsilon_{t+1}$とする。これを（12.49）の最後の式と比較すると，

$$\epsilon_{t+1} \approx \lambda \epsilon_t \tag{12.51}$$

となる。この単純な関係のために，$\lambda = f'(x^*)$は固定点の**乗数**または**固有値**と呼ばれる。$|\lambda| < 1$であれば，ひとたびx_tがx^*に近づくと，それ以後の値はx^*に近づく。一方で$|\lambda| > 1$であれば，x_tがx^*に近づいたとしても，それ以後の値はx^*から離れる。これは安定性に対するテストとなる。

固定点の安定性

x^*を写像$x_{t+1} = f(x_t)$の固定点とする。すなわち，$x^* = f(x^*)$である。
$|f'(x^*)| < 1$の場合はx^*は安定しており，アトラクターとして働く。
$|f'(x^*)| > 1$の場合はx^*は不安定であり，リペラーとして働く。

ロジスティック写像の 2 つの固定点に，このテストを直ちに適用することができる。$f(x) = rx(1-x)$なので，その微係数は

$$f'(x) = r(1-2x)$$

である。固定点$x^* = 0$では，このことは微分が

$$f'(x^*) = r$$

となることを意味する。したがって固定点$x^* = 0$は$r < 1$では安定であるが，$r > 1$では不安定である。固定点$x^* = (r-1)/r$において，微分は

$$f'(x^*) = 2 - r$$

となる。この固定点は$1 < r < 3$では安定であるが，$r > 3$では不安定である。この結果は図 12.36 にまとめられており，固定点の値x^*が成長パラメータrの関数として示されている。安定な固定点は実線の曲線で，不安定な曲線は破線で表されている。

ここで述べた議論は, 2 つの固定点のそれぞれが不安定になる時を正確に示し，また第 1 の固定点が不安定になったときに第 2 の固定点がちょうど現れることを示している。一方で固定点はなぜこのようにふるまうのかを明確に

する議論をおこない，同じ定性的結論が同じ一般的な特徴を持つ他の 1 次元写像にも適用されることをより明確に示すのは（それが真実であるのなら）よいことである。そのような議論は，図 12.35 のグラフを調べることによって見出すことができる。この図では，写像の固定点が$f(x)$の曲線とxの45°線（xの関数としてのx）の交点に対応していることがわかる。rが小さい場合，交点は$x^* = 0$に 1 つしかないことは明らかである。rが増加するにつれて，曲線はより大きく膨らみ，最終的に45°線を横切って第 2 の交点，つまり非ゼロの第 2 固定点を生みだす。$x = 0$における曲線の傾き$f'(0)$がちょうど 1 のとき（つまり45°線に接しているとき），この第 2 の交点が現れることがわかる。安定性のテストでは，$x^* = 0$の最初の固定点が安定から不安定に変わる瞬間に，第 2 の固定点が現れなければならないことを意味する。

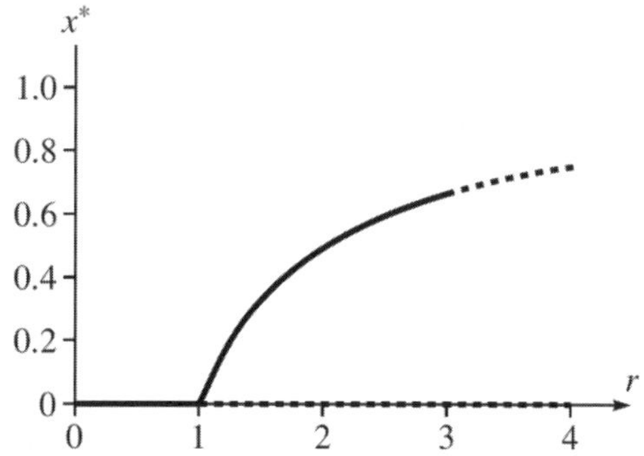

図 12.36 成長パラメータrの関数としての，ロジスティック写像の固定点x^*。 実線の曲線は安定した固定点を示し，破線の曲線は不安定な固定点を示している。固定点$x^* = 0$は，ゼロ以外の固定点が最初に現れる場所（$r = 1$）で不安定になることに注意すること。

最初の 2 倍周期

図 12.36 には，ロジスティック写像の固定点の全体像が示されている。実線の曲線は定数アトラクターである安定した固定点を示している。$r < 1$の場合，ロジスティック写像に従う個体数は$t \to \infty$で 0 に近づき，$1 < r < 3$の場合は$t \to \infty$で他の固定点$x^* = (r-1)/r$に近づく。ここで$r > 3$のとき，何が起こるかという最も興味深い問いに答えることにする。コンピュータ時代においては，この問いに簡単に答えることができる。図 12.37 は，$r = 3.2$の成長パラメータを有するロジスティック写像に従う個体数の最初の 30 周期を示

す。このグラフの顕著な特徴は，もはや単一の定数値に落ち着かないということである。その代わりに，x_a, x_bと示された 2 つの固定値の間を行き来し，2 周期ごとに 1 回繰り返す。駆動減衰振動子で使われる言葉では，2 倍周期になったと言い換えることができる。この 2 倍周期の制限動作は**周期 2** と呼ばれる。

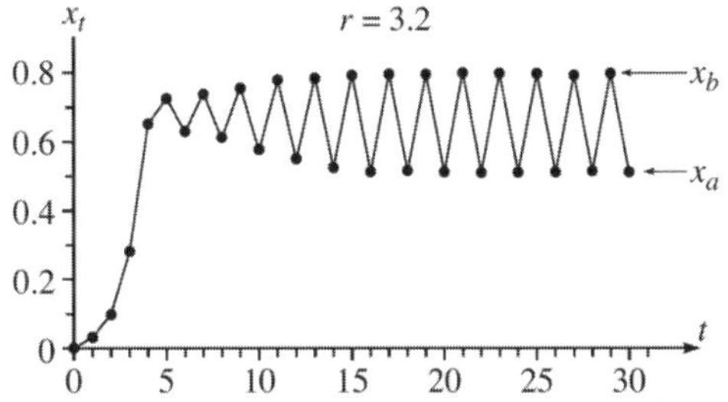

図 12.37 成長パラメータ$r = 3.2$および初期値$x_0 = 0.01$を持つロジスティック写像に従う個体数。個体数は一定の値に落ち着くことはなく，2 つの値の間を振動し，2 周期ごとに 1 回繰り返す。言い換えれば，その周期が 2 倍になり，周期 2 となった。

議論はもう少し複雑であるが，すでに述べた図式的な方法でロジスティック写像の周期が 2 倍になることが理解できる。基本的な考察は次のとおりである。まず 2 つの制限された値x_a, x_bのどちらも，写像$f(x)$の固定点ではない。その代わりに，

$$f(x_a) = x_b, \ \ f(x_b) = x_a \tag{12.52}$$

となる。しかし，以下の **2 重写像**（**2 重反復写像**）を考えてみよう。

$$g(x) = f(f(x)) \tag{12.53}$$

それはx_tを，2 年後の個体数に移す。

$$x_{t+2} = g(x_t) \tag{12.54}$$

図 12.37 または（12.52）から，x_a, x_bの両方が 2 重写像$g(x)$の固定点であることは明らかである[24]。

$$g(x_a) = x_a, \ \ g(x_b) = x_b \tag{12.55}$$

したがって写像$f(x)$の周期 2 を調べるには，2 重写像$g(x) = f(f(x))$の固定点を調べるだけでよく，またこのことにより固定点の性質を利用することがで

24 これらの点は，2 次の固定点と呼ばれることもある。

きる。このことをおこなう前に，$f(x)$の固定点は自動的に$g(x)$の固定点でもあることに気付くことは重要である。（任意のtに対して$x_{t+1} = x_t$ならば，確かに$x_{t+2} = x_t$である。）したがって$g(x)$の固定点は，$f(x)$の周期 2 に対応するが，$f(x)$の固定点ではない。

$f(x)$はxの 2 次関数であるので，$g(x) = f(f(x))$は 4 次関数であり，その形を明示的に書き下して調べることができる。しかしそのグラフを考えることで，より良い理解を得ることができる。成長パラメータ$r = 0.8$に対する図 12.38（a）に示すように，rが小さい場合$f(x)$は単一の低い円弧（図 12.35 参照）であり，$g(x)$はさらに低い円弧であることは容易にわかる。rが増加すると両方の円弧とも上昇し，$r = 2.6$までには関数$g(x)$は，図 12.38（b）に示すように 2 つの最大値を生みだす。（問題 12.26 で，その理由を調べることができる。）また両方の曲線とも45°線と 2 回，つまり原点で 1 回，固定点 $x^* = (r-1)/r$で 1 回交差する。両方の曲線が同じ点で45°線と交差することは，以下の 2 つのことを示している。まず，すでに知っているように，$f(x)$の固定点も$g(x)$の固定点であり，$g(x)$のすべての固定点も$f(x)$の固定点である。つまり，まだ周期 2 は存在しない。

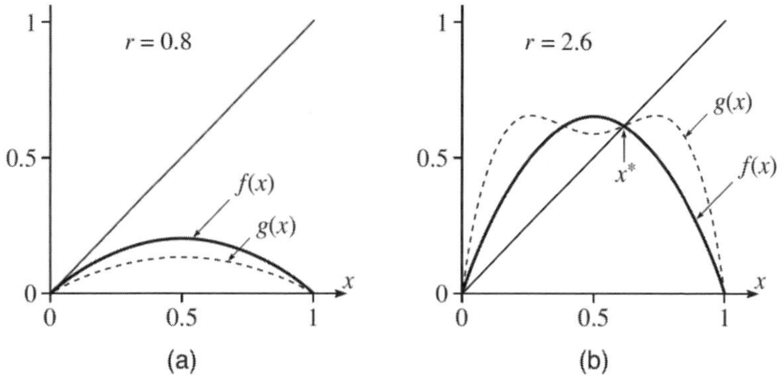

図 12.38 ロジスティック写像$f(x)$とその 2 重写像$g(x) = f(f(x))$。（a）成長パラメータ$r = 0.8$の場合，各関数は原点で45°線と一度だけ交差する単一の円弧となる。（b）$r = 2.6$の場合，$f(x)$はこれまでよりも高くなるが，ただ 1 つの円弧である。$g(x)$は 2 つの最大値を持ち，その間に谷がある。両方の関数は，x^*と記された同じ点で，45°線との第 2 の交差点を持つ。

成長パラメータrをさらに増加させると，2 重写像$g(x)$の 2 つの頂点は上昇し続け，それらの間の谷は低くなる（その理由については，再度問題 12.26 を参照)。図 12.39 は，成長パラメータ$r = 2.8, 3.0$および 3.4 に対する$f(x)$および$g(x)$の曲線を示している。$r = 2.8$の場合，2 重写像$g(x)$は$f(x)$と同じ 2 つの固定点を持ち，$x = 0$およびx^*として表わされる。$r = 3.4$［図（c）］までに，2 重写像はx_a, x_bとして示される 2 つの追加の固定点を作りだす。つまりロジスティック写像に，周期 2 が追加される。周期 2 が現れるしきい値は明らかに，図の（b）のように曲線$g(x)$が45°線に接する値，すなわち$r = 3$でのロジスティック写像の場合である。$r < 3$の場合，曲線$g(x)$はx^*で45°線と 1 回だけ交差する。$r > 3$の場合，x^*ともう 2 回，つまりx_a, x_b（x^*に対して 1 つは大きく，もう 1 つは小さい）の 3 回交差する。

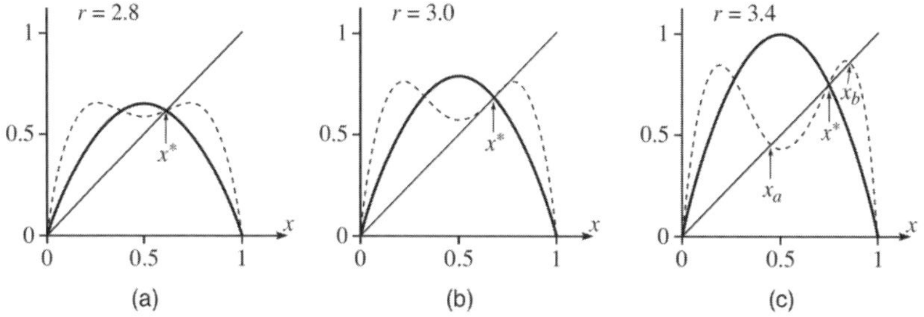

図 12.39 $r = 2.8, 3.0, 3.4$のロジスティック写像$f(x)$（実線）と，2 重反復写像$g(x) = f(f(x))$（点線）。（a）$r = 2.8$の場合，$g(x)$は$f(x)$と同じ 2 つの固定点，すなわち$x = 0$および$x = x^*$を持つ。（b）rが 3.0 に達すると，$g(x)$の曲線は45°線に接する。（c）のようにrの値が大きい場合，写像$g(x)$はx_a, x_bで示された別の固定点を持つ。

固定点x^*が不安定になるしきい値は$r = 3$であることは，すでに分かっている。したがって図 12.39 は，「周期 1」（つまり固定点）が不安定になる瞬間に周期 2 が現れることを示している。幸いなことに，我々は今，これがなぜそうでなければならないのかを知る立場にある。曲線$g(x)$が点x^*で45°線に接しているとき，すなわち，

$$g'(x^*) = 1 \tag{12.56}$$

のとき，ちょうど周期 2 が現れることを知っている。これが何を意味するか

を見るために，周期 2 の固定点のいずれかで 2 重写像$g(x)$の導関数$g'(x)$を評価してみよう。たとえばx_aでは，

$$g'(x_a) = \frac{d}{dx}g(x)\Big|_{x_a} = \frac{d}{dx}f\big(f(x)\big)\Big|_{x_a} = f'\big(f(x)\big)\cdot f'(x)\Big|_{x_a}$$
$$= f'(x_b)f'(x_a) \qquad (12.57)$$

となる。なお 1 行目の最後の式で，チェーンルールを使用した。2 行目では$f(x_a) = x_b$という事実を使っている。この結果を図 12.39（b）の周期 2 の誕生に適用しよう。誕生の瞬間，$x^* = x_a = x_b$であり，（12.56）と（12.57）を組み合わせると

$$[f'(x^*)]^2 = 1$$

である。これは$|f'(x^*)| = 1$であり，安定性テストによると，周期 2 が誕生する瞬間，固定点x^*が不安定になることがわかる。

これらの同じ技法を使って，さらにrを増やしていく過程を探ることができる。たとえば，$r = 3$で出現した周期 2 が$r = 1 + \sqrt{6} = 3.449$で不安定になり，安定した周期 4 になることがわかる（問題 12.28）。しかし，この長い章があまり難解にならないように，ロジスティック写像を数値的に調べ，いくつかの見どころを簡単に説明するにとどめる。

分岐図

図 12.36 では，ロジスティック写像の固定点の完全な履歴を確認した。この図に 2 重写像$g(x) = f(f(x))$の固定点x_a, x_b（ロジスティック写像の周期 2）を加えると，図 12.40 が得られる。これらの曲線は，駆動減衰振動子の分岐図（図 12.17）の始まりを連想させる。実際に図 12.17 で使用したのと同

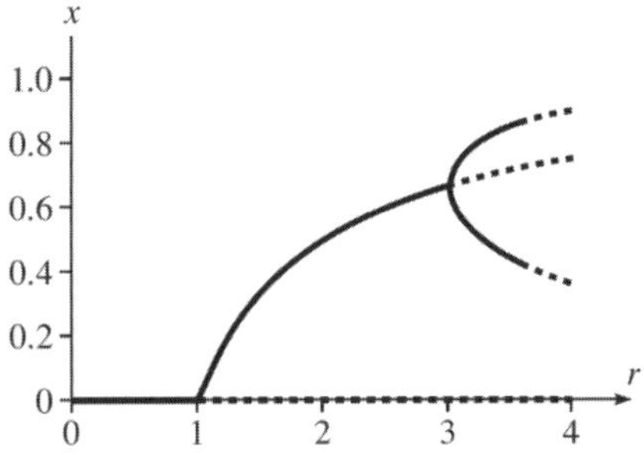

図 12.40　成長パラメータrの関数としてのロジスティック写像の固定点と 2 周期。実線の曲線は安定しており，破線の曲線は不安定である。

じ手順を使用して，図 12.40 を再度描くことができる。最初に，関心のある範囲内の成長パラメータの等間隔の値を多数選択する。(ここでは興味深いことが起こる$2.8 \leq r \leq 4$の範囲を考え，この範囲で 1200 の等間隔の値を選定した。) 次に，rの各値に対して個体数$x_0, x_1, x_2, \cdots, x_{tmax}$を計算するが，ここで$t_{max}$は十分に長い時間であるとする。(ここでは$t_{max} = 1000$とした。) 次に，すべての過渡状態が消滅するのに十分な時間t_{min}を選択する。(ここでは$t_{min} = 900$とした。) 最後に，rに対するxのグラフを描くことで，$t_{min} \leq t \leq t_{max}$の$x_t$の値を対応する$r$の値に対して点として示す。図 12.41 に，ロジスティック写像の分岐図を示す。

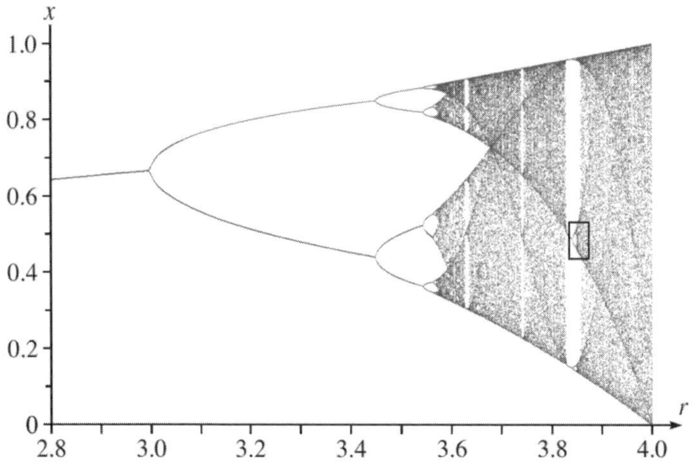

図 12.41 ロジスティック写像の分岐図。周期倍化カスケードは$r_1 = 3$から始まり，$r_2 = 3.449$で 2 回目の倍増し，$r_c = 3.570$でカオスが終わることがはっきりわかる。カオスの中で，周期性の窓がはっきりと見える。特に$r = 3.84$付近で周期 3 の窓が存在する。$r = 3.84$付近の小さな四角形は，図 12.44 で拡大された領域である。

図 12.41 のロジスティック写像の分岐図と図 12.17 駆動振動子の分岐図の類似性は，まさに印象的である。2 枚の図の解釈も同様である。図 12.41 の左側では，$r \leq 3$では周期 1 のアトラクターが続き，$r = 3$で周期の最初の倍増が起こる。これに続いて$r = 3.449$で 2 回目の倍増が起こるが，このような周期

倍化カスケードが$r = 3.570$付近のカオスになるまで続く。この図から任意に選択されたrのもとで，（図 12.41 のスケールでは区別できない明確な微細構造があるが）ロジスティック写像に従う個体数の長期的なふるまいを予測することができる。たとえば$r = 3.5$では，$t = 100$から 120 までの 20 周期が示された図 12.42（a）から，個体数は周期 4 を持つことは明らかである。同様に，広い範囲に広がるカオスの間に挟まれた$r = 3.84$付近では，図 12.42（b）に示されているように，周期 3 の狭い窓が存在する。カオスの例として，図 12.43 で$r = 3.7$の個体数の進化が示されている。ここで示された 80 周期では，繰り返しの証拠はない。

図 12.41（および拡大図）から，周期倍化が発生するrのしきい値を読み取ることができる。周期2^nが現れるしきい値をr_nで表すと，以下のようになる。

$$r_1 = 3, \quad r_2 = 3.4495, \quad r_3 = 3.5441, \quad r_4 = 3.5644,$$
$$r_5 = 3.5688,\ r_6 = 3.5697,\ r_7 = 3.5699 \tag{12.58}$$

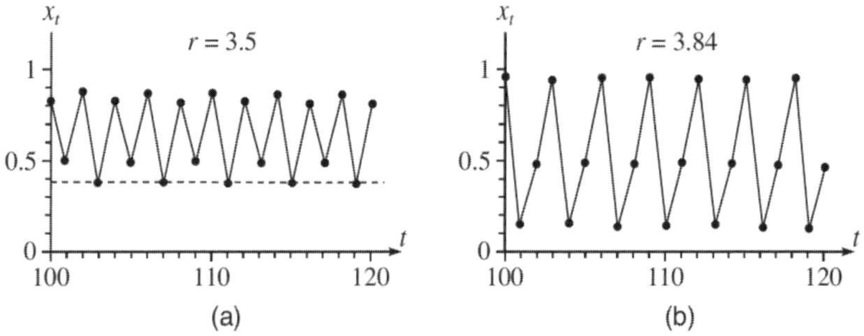

図 12.42 成長パラメータ$r = 3.5$および3.84を用いたロジスティック集団の長期的な進化。　（a）周期 4。$r = 3.5$の場合，$100 \le t \le 120$の 20 周期では，4 周期間隔で 4 つの異なる値をとる。(破線の水平線は, 4 番目ごとの不変性を強調するためのものである。)（b）周期 3。$r = 3.84$の場合，個体数は 3 周期ごとに繰り返される。

読者が確認できるように，連続するしきい値の間の距離は，駆動振動子の周期倍化の対応する間隔のように，等比級数的に縮小する。実際（問題 12.29 参照），（12.58）の数値は，同じファイゲンバウム定数（12.18）を持ち，DDP に関連して最初に出会ったファイゲンバウムの関係（12.17）と著しく適合している。

駆動振動子と顕著な対応関係を示すもう 1 つのものは，以下のとおりである（問題 12.30）。進化が非カオス的であるrについて，2 つの集団が互いに十分に接近し始めると，その差は$t \to \infty$で指数関数的に 0 に収束する。進化がカオス的であるrについては，その差は$t \to \infty$で指数関数的に発散する。つまりロジスティック写像のカオス的な進化は，駆動振動子で見いだされた初期条件に対する敏感な依存性を，同じく示す。

ロジスティック分岐図の最も顕著な特徴は，図の特定の部分を拡大すると，完璧な自己相似性が現れることであろう。図 12.41 の$r = 3.84$に近い小さな四角形は，図 12.44 では何倍も拡大されている。この新しい図は逆さまになっており，またその縮尺が大きく異なるという事実を別にすれば，元の図全体を完全に再現したものとなっている。これは図 12.29,12.30，および 12.31 に示す DDP のポアンカレ断面に関連して，カオス研究の多くの場面で現れる自己相似性の顕著な例である。

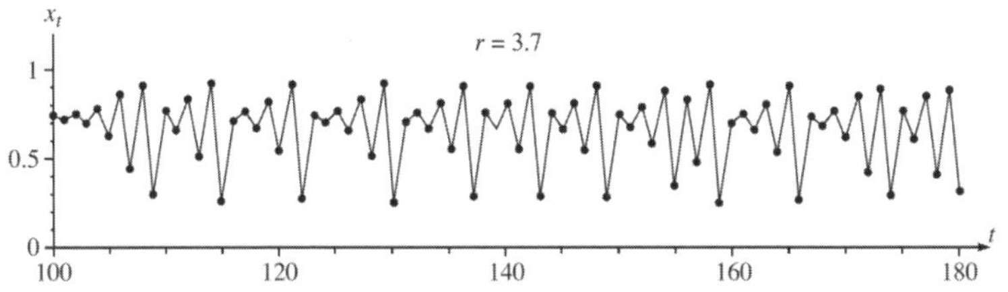

図 12.43 カオス。$r = 3.7$の場合，ロジスティック写像の 80 周期（$100 \le t \le 180$）は，繰り返しの傾向を示さない。

ロジスティック写像には他にも多くの特徴があり，DDP との類似点もある。すべての探求の価値があり，いくつかはこの章の最後の問題として扱った。しかしここでこれ以上のロジスティック写像の考察をやめ，カオスの主な特徴とそれらを調べるために用いた技法に読者が熟知したことを願いながら，この章を閉じる。読者の知的欲求が，この魅惑的な主題をさらに探求するように鼓舞されたことを，著者として願っている[25]。

25 数学をほとんど使わず，カオスの包括的な歴史を扱ったグリック 著，大貫昌子 訳，『カオス―新しい科学をつくる』（新潮文庫，1991）を参照のこと。数学的ではあるが読みやす

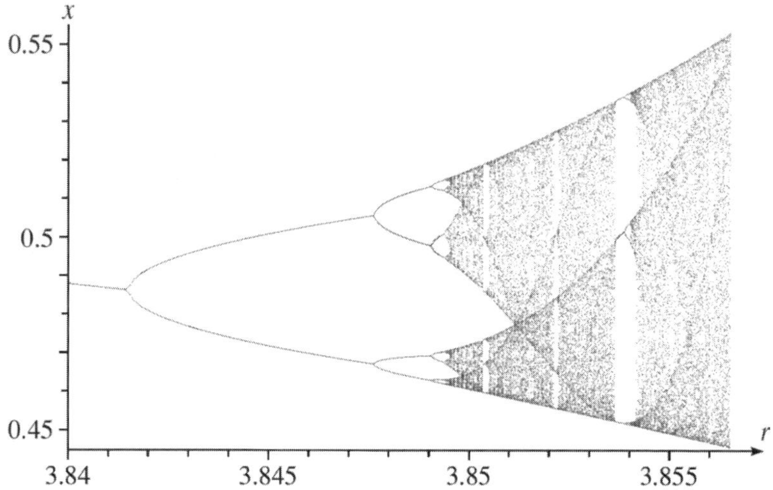

図 12.44 図 12.41 のロジスティック分岐図の小さな矩形の拡大図。元の図形のこの小さな部分は，元の図形全体の完全な逆さまの複製となっている。この部分は元の図の 3 つのものの 1 つに過ぎないことに注意して欲しい。この図で周期 1 が周期 2 に倍加したように見える場合，実際には周期 3 が周期 6 に倍増している。

第 12 章の主な定義と方程式

駆動減衰振動子

正弦波の力$F(t) = F_0\cos(\omega t)$によって駆動される減衰振動子は，非線形方程式

$$\ddot{\phi} + 2\beta\dot{\phi} + \omega_0^2\sin\phi = \gamma\omega_0^2\cos\omega t \qquad [\ (12.11)\ ]$$

に従う。ここで$\gamma = F_0/mg$は**駆動強度**と呼ばれ，駆動振幅と重力の比である。

く，多くの異なる分野のカオスを取り扱ったものとしては，ストロガッツ 著，田中久陽，中尾裕也，千葉逸人 訳，『ストロガッツ 非線形ダイナミクスとカオス』(丸善出版，2015) を参照のこと。物理系のカオスに主に焦点を当てたものとして，ベイカー，ゴラブ 著，松下貢 訳，『カオス力学入門—基礎とシミュレーション』(啓学出版，1992)，および Robert Hilborn 著，『Chaos and Nonlinear Dynamics』(Oxford University Press, New York, 2000)，の 2 つの本がある。

周期倍化

駆動力が小さい（$\gamma \lesssim 1$）場合，振り子の長期応答または**アトラクター**は，駆動力と同じ周期を持つ。しかし$\gamma_1 = 1.0663$を超えてγを増加させると，一定の初期条件および駆動角振動数に対して，アトラクターは**周期倍化カスケード**となり，周期が繰り返し倍増し，$\gamma \to \gamma_c = 1.0829$で無限大に近づく。　[12.4 節]

カオス

少なくともある種の駆動角振動数と初期条件によっては，駆動力がγ_cを超えて増加すると，長期運動は非周期的になり，**カオス**が始まる。γ_cがさらに増加すると，長期運動はある時はカオス，ある時は周期的となる。 [12.5 および 12.6 節]

初期条件に対する鋭敏性

カオス的な運動は，**初期条件に極めて敏感**である。同一の駆動力を持つ 2 つの同一のカオス的振り子がわずかに異なる初期条件から開始した場合，最初の差は小さくても，それらの差は時間と共に指数関数的に増加する。　[12.5 節]

分岐図

分岐図は$t_0, t_0+1, t_0+2, \cdots$（より一般的には$t_0, t_0+\tau, t_0+2\tau, \cdots$）の離散時間における系の位置を駆動強度（より一般的には適切な制御パラメータ）の関数として，図示したものである。　[図 12.17&12.18]

状態空間軌道とポアンカレ断面

n自由度を有する系の**状態空間**は，n個の一般化座標とn個の一般化速度とを含む$2n$次元空間である。DDP の場合，状態空間の点は$(\phi, \dot{\phi})$の形をとる。**状態空間軌道**は，系が進化するにつれて状態空間内でたどる軌道に過ぎない。**ポアンカレ断面**は$t_0, t_0+1, t_0+2, \cdots$の離散時間に制限された状態空間軌道（$n \geq 2$のとき，より小さい次元の部分空間）である。　[12.7 および 12.8 節]

ロジスティック写像

ロジスティック写像は，一定の離散的な間隔でx_tを与える関数（または「写像」）である。（たとえば毎年の，特定の昆虫の個体数など。）

$$x_{t+1} = rx_t(1 - x_t) \qquad [\ (12.42)\ ]$$

これは力学系ではないが，非線形力学系の多くの特徴（周期倍化，カオス，初期条件に対する鋭敏性）を示す。 [12.9 節]

第 12 章の問題

星印は，最も簡単な（*）ものから難しい（***）ものまでの，おおよその難易度を示している。

警告：運動が非カオス的であっても，その結果が小さな誤差に対して極めて鋭敏となる可能性がある。コンピュータを利用した問題においては，満足のいく結果を得るために計算精度を高める必要がある。

12.1 節 線形性と非線形性

12.1* 非線形 1 次方程式$\dot{x} = 2\sqrt{x-1}$を考えよう。 (a) 変数を分離することで，解$x_1(t)$を求めよ。 (b) 得られた解には 1 つの定数kが含まれているので，これは一般解であると予想できる。しかし$x_2(t) = 1$という別の解があり，これはkの値が何であれ$x_1(t)$の形とはならないことを示せ。 (c) $x_1(t)$と$x_2(t)$は解であるが，$Ax_1(t)$も$Bx_2(t)$も$x_1(t) + x_2(t)$も解ではないことを示せ。（つまり重ね合わせの原理は，この方程式には適用されない。）

12.2* 非線形方程式で起こりうる面倒なことの別の例を，次に示す。非線形方程式$\dot{x} = 2\sqrt{x}$を考えてみよう。これは 1 階微分方程式であるので，$x(0)$を指定すると，一意的な解が決定できると予想される。この方程式は$x(0) = 0$という初期条件を満たす，2 つの解を持つことを示せ。［ヒント：変数を分離することで 1 つの解$x_1(t)$が求まるが，$x_2(t) = 0$という別の解が存在することに注意すること。幸いにも，古典力学で通常遭遇する方程式については，このような不愉快なあいまいさに苦むことはない。］

12.3* （12.6）の形を持つ 2 階線形同次方程式を考える。 (a) $x_1(t)$と$x_2(t)$がこの方程式の解であるならば，$a_1x_1(t) + a_2x_2(t)$の線形結合も解である，という重ね合わせの原理の詳細な証明をおこなえ。ここでa_1, a_2は任意定数である。 (b) ここで（12.6）の第 3 項を$r(t)\sqrt{x(t)}$で置き換えた非線形方程式を考えてみよう。重ね合わせの原理は，この方程式では成立しない理由を明確に説明せよ。

12.4* 以下の形の 2 階非同次線形方程式を考える

$$p(t)\ddot{x}(t) + q(t)\dot{x}(t) + r(t)x(t) = f(t) \qquad (12.59)$$

$x_p(t)$をこの方程式の解（「特殊」解）とした場合，一般解$x(t)$は以下のように書くことができることを証明せよ。

$$x(t) = x_p(t) + a_1 x_1(t) + a_2 x_2(t) \tag{12.60}$$

ここで，$x_1(t), x_2(t)$は対応する同次方程式の 2 つの独立解，すなわち（12.59）で$f(t)$を消去したものである。［ヒント：$x(t)$および$x_p(t)$の式を書き下し，引き算せよ。］この結果は，（12.59）のすべての解を見つけるには特殊解と，対応する同次方程式の 2 つの一般解を求めればよいことを示している。　(b)（a）で証明した結果が，なぜ以下のような非線形方程式に対しては，一般的に成立しないのかを説明せよ。

$$p(t)\ddot{x}(t) + q(t)\dot{x}(t) + r(t)\sqrt{x(t)} = f(t)$$

12.3 節 DDP の期待される特徴

12.5* オイラーの関係式と，cosϕの対応する表現（巻末）を使って，（12.15）の恒等式を証明せよ。

12.6** ［コンピュータ］(a) 駆動強度$\gamma = 0.9$, 駆動角振動数$\omega = 2\pi$, 固有角振動数$\omega_0 = 1.5\omega$, 減衰定数$\beta = 12.6$の DDP に対して，初期値$\phi(0) = \dot{\phi}(0) = 0$の下で（12.11）を適切なソフトウェアを利用し，数値的に解け。$0 \le t \le 6$の 6 周期の解を図示し，図 12.3 に示す結果となることを確認せよ。(b) および（c）2 つの異なる初期条件$\phi(0) = \pm\pi/2$，ただし両者とも$\dot{\phi}(0) = 0$の下で，同じ方程式を解き，これら 3 つの解をすべて同じ図に描け。これらの結果は，この駆動強度のもとでは，(初期条件が何であれ）すべての解が同じ周期的アトラクターに近づくという主張を裏付けているであろうか。

12.4 節 DDP：カオスへのアプローチ

12.7**　［コンピュータ］駆動強度$\gamma = 1.06$，$0 \le t \le 10$で問題 12.6 と同じ計算をおこない，その結果が図 12.4 と一致することを確認せよ。この結果は，(初期条件が何であれ）すべての解が収束する固有のアトラクターが依然として存在することを示唆しているか。(一見すると，答えは「いいえ」となると思うかもしれないが，ϕの値が 2π だけ違う場合は同じと見なされることを考慮に入れること。)

12.8**　［コンピュータ］駆動強度$\gamma = 1.073$, 駆動角振動数$\omega = 2\pi$, 固有角振動数$\omega_0 = 1.5\omega$, 減衰定数$\beta = \omega_0/4$を使用して，初期条件$\phi(0) = \pi/2$，$\dot{\phi}(0) = 0$の下で DDP の運動方程式（12.11）をコンピュータを使って数値的に解くことを考える。　(a) $0 \le t \le 50$について解き，最初の 10 周期，つまり$0 \le t \le 10$を図示せよ。　(b) 初期の過渡現象が消滅したことを確かめるために，10 周期を$40 \le t \le 50$で図示せよ。長期的な運動の周期はどのようになるか。(アトラクターとなるか。)

12.9** [コンピュータ] $\phi(0)=0$とする以外はすべての同じパラメータを用いて，問題 12.8 と同じ計算をおこなえ。最初の 30 周期$0 \le t \le 30$を図示し，図 12.5 と同じになることを確認せよ。10 周期を$40 \le t \le 50$で図示し，長期的運動の周期を求めよ。

12.10** [コンピュータ]初期条件を変えたうえで，問題 12.8 と同じパラメータの下での DDP の運動を調べよ。たとえば$\dot{\phi}(0)=0$であるが，$\phi(0)$には$-\pi$からπまでのさまざまな値を代入し，計算せよ。最初の運動は初期条件によってかなり異なることがわかるが，(2πの倍数で異なるϕの値が同じ位置を表すとした場合,) 長期的な運動はすべての場合で同じであることがわかるであろう。

12.11** 表 12.1 に示すしきい値γ_nの値が，ファイゲンバウムの関係式 (12.17) にどの程度適合しているかを，次のようにして調べる。(a) ファイゲンバウムの関係式が完全に正しいと仮定し，$(\gamma_{n+1}-\gamma_n)=(1/\delta)^{n-1}(\gamma_2-\gamma_1)$，したがって$\ln(\gamma_{n+1}-\gamma_n)$の$n$に対するグラフは，傾き$-\ln\delta$を持つ直線でなければならないことを示せ。 (b) 表 12.1 の 3 つの差について，グラフを作成せよ。作成されたグラフは，どの程度我々の予測に一致しているか。(図形的に，または最小 2 乗法を使用して) グラフに直線を当てはめ，その傾き，つまりファイゲンバウム定数δを求めよ。[プロットの位置が 3 つしかないこと，そしてファイゲンバウムの関係式 (12.17) は大きなnの極限を除き近似に過ぎないこと，の 2 つの理由から，読者はこれが既知の値 (12.18) と極めて良く一致するとは思わないであろう。しかしこのような状況下でも，顕著な一致が見られることがわかるであろう。]

12.12** ファイゲンバウムの関係式 (12.17) を調べる別の方法がある。(a) (12.17) は厳密に正しいと仮定し，しきい値γ_nが有限の極限γ_cに近づくこと，および$\gamma_n=\gamma_c-K/\delta^n$であることを証明せよ。ここで$K$は定数である。これは，$\delta^{-n}$に対する$\gamma_n$のグラフが直線であることを意味する。 (b) δの既知の値 (12.18) と表 12.1 のγ_nの 4 つの値を使用して，このグラフを作成せよ。このグラフは，我々の予測と合っているか。グラフの切片はγ_cでなければならないが，その値はいくらになるか。それは (12.20) とどの程度，うまく合致しているかを調べよ。

12.5 節 カオスと初期状態に対する鋭敏性

12.13* 図 12.13 によると，$\gamma=1.105$の場合，わずかに異なる初期条件を持つ 2 つの同一の振動子の差が，指数関数的に増加することがわかる。具体的にいうと，$\Delta\phi$が10^{-4}で始まった場合，$t=14.5$でおおよそ 1 に達する。これを使って (12.26)，つまり$\Delta\phi(t) \sim Ke^{\lambda t}$で定義されたリアプノフ指数$\lambda$の値を推定せよ。カオス的な運動のために，その答えは$\lambda>0$でなければならない。

12.14** [コンピュータ]駆動力$\gamma=1.084$, 駆動角振動数$\omega=2\pi$, 固有角振動数$\omega_0=1.5\omega$,

減衰定数$\beta = \omega_0/4$，初期条件$\phi(0) = \dot{\phi}(0) = 0$の下で，DDP の運動方程式（12.11）を数値的に解け。最初の 7 回の駆動周期（$0 \leq t \leq 7$）に対して，解$\phi_1(t)$を求めよ。$\phi(0) = 0.00001$以外はすべての同じパラメータの値で再度解き，この解を$\phi_2(t)$とせよ。 $\Delta\phi(t) = \phi_2(t) - \phi_1(t)$とし，$t$に対する$\log|\Delta\phi(t)|$のグラフを作成せよ。この駆動力で運動はカオスとなる。作成されたグラフから，このことを確認できるか。どのような意味で確認できるか。

12.15** [コンピュータ]駆動力$\gamma = 0.3$，駆動角振動数$\omega = 2\pi$，固有角振動数$\omega_0 = 1.5\omega$，減衰定数$\beta = \omega_0/4$，初期条件$\phi(0) = \dot{\phi}(0) = 0$の下で，DDP の運動方程式（12.11）を数値的に解け。最初の 5 つの駆動周期（$0 \leq t \leq 5$）について解き，解$\phi_1(t)$を求めよ。$\phi(0) = 1$（すなわち初期角度は 1 ラジアン）以外はすべての同じパラメータの値で再度解き，この解を$\phi_2(t)$とせよ。 $\Delta\phi(t) = \phi_2(t) - \phi_1(t)$とし，$t$に対する$\log|\Delta\phi(t)|$のグラフを作成せよ。作成されたグラフから，$\Delta\phi(t)$が指数関数的にゼロになることが確認できるか。注：指数関数的減衰は無限に続くが，最終的に$\Delta\phi(t)$は丸め誤差よりも小さくなり，指数関数的減衰は見られなくなる。さらに計算を進めたい場合は，精度を高める必要がある。

12.16** リアプノフ指数が$\lambda = 1$である DDP の，カオス的な運動を考えてみよう。時間はいつもの通り，駆動周期の単位で測定される。（この値は問題 12.13 の値とほぼ同じである。）（a）$\phi(t)$を 1/100 ラジアンの精度で予測する必要があり，また初期値$\phi(0)$を10^{-6}ラジアン以内で知っていると仮定する。必要な精度内で$\phi(t)$を予測できる最大時間t_{max}を求めよ。t_{max}は決められた精度内で予測するための**タイムホライズン**と呼ばれることがある。（b）膨大な経費と労力を費やして，初期値の精度を10^{-9}ラジアン（1000 倍の改善）にしたとする。この場合，（同じ予測精度での）タイムホライズンを求めよ。どの要素によってt_{max}が改善されたか。この結果は，カオス的な運動を正確に長期予測するのが難しいことを示している。

12.17** [コンピュータ]図 12.15 から$\gamma = 1.503$の場合，DDP は 1 周期ごとに2πだけ変化する安定した回転運動を「おこなおう」としているが，不規則なぐらつきが重なっていること，および回転方向が時折逆転することがわかる。γの他の値については，振り子は安定した周期的な回転に近づく。（a）$0 \leq t \leq 8$について，駆動力$\gamma = 1.3$とし，また他のパラメータは問題 12.14 の最初のものと同じという条件下で，運動方程式（12.11）を解け。その解を$\phi_1(t)$とし，tの関数として図を描き，その運動を説明せよ。（b）各周期ごとに-2πの安定した回転があるため，このグラフに基づいて運動が周期的であることを確かめることは困難である。より良い方法として，時間に対して$\phi_1(t) + 2\pi t$を描け。またこれが何を示しているかを説明せよ。このような周期的な回転運動は，**位相ロック**と呼ばれる。

12.18** [コンピュータ]問題 12.17 の回転運動は周期的であり，したがってカオス的ではないので，隣接する解（同じ方程式の解であるが，初期条件がわずかに異なる解）の差$\Delta\phi(t)$は指数関数的に減少すると考える。これを見るために，問題 12.17 の（a）を実行し，$\phi(0) = 1$以外は同じパラメータのもとでの解を求めよ。この 2 番目の解$\phi_2(t)$から，$\Delta\phi(t) = \phi_2(t) - \phi_1(t)$を求めよ。$\log|\Delta\phi(t)|$を$t$の関数としてグラフを描き，説明せよ。

12.7 節 状態空間軌道

12.19* 減衰力・駆動力の働かない，ばね定数がkでその端に質量mの物体がついたばねによる単振動子を考えてみよう。 (a) 位置の一般解$x(t)$を時間tの関数として書き下せ。これを利用して，座標空間$(x,\dot{x})$の 2 次元状態空間における点$[x(t),\dot{x}(t)]$の運動を示す状態空間軌道を描け。時間が進むにつれて軌道上を動く方向について説明せよ。 (b) 系の全エネルギーを書き下し，エネルギー保存則を使用することで，状態空間軌道が楕円であることを証明せよ。

12.20* (5.28) で説明されているように，弱い減衰力は働くが駆動されていない振動子を考えてみよう。一般的な運動は (5.38) で与えられる。 (a) パラメータ$\delta = 0$, $\omega_1 = 2\pi$, $\beta = 0.5$を用いて，$0 \le t \le 10$の$(x,\dot{x})$の運動を示す状態空間軌道を描け。 (b) この系は，独特の固定アトラクターを有する。それはどのようなものであろうか。得られた図とエネルギー保存の面から説明せよ。

12.9 節 ロジスティック写像

12.21** 電卓の助けを借りて簡単に調べることができる，反復写像$x_{t+1} = f(x_t)$を考える。ここで$f(x) = \cos(x)$としよう。x_0の値を選ぶと，$x_1, x_2, x_3, \cdots$が得られる。電卓のコサインのボタンを何度も繰り返し押せ。(電卓がラジアン様式であることを確認すること。) (a) x_0をいくつか異なった選択をしたうえでこれをおこない，x_tの最初の 30 程度の値を求めよ。そして，何が起こっているか説明せよ。 (b) 固定アトラクターが 1 つあるように見えるはずである。それはどのようなものであるか。固定点$f(x^*) = x^*$の方程式を（たとえばグラフによって）調べ，安定性のテスト[つまり$|f(x^*)| < 1$で安定であればx^*は]を適用せよ。

12.22** 反復写像$x_{t+1} = f(x_t)$を考える。ここで，$f(x) = x^2$である。 (a) ちょうど 2 つの固定点があり，そのうちの 1 つが安定していることを示せ。それらはどのようなものであろうか。 (b) $-1 < x_0 < 1$の場合にのみ，x_tが安定した固定点に近づくことを示せ。$-1 < x_0 < 1$の区間は**吸引流域**と呼ばれるが，それは「流域」から始まる$x_0, x_1, \cdots$ は同じアトラクターに引き付けられるからである。 (c) $|x_0| > 1$が成立する場合にのみ，$x_t \to \infty$となることを示せ。(したがって$x = \infty$に第 2 の安定した固定点があると言うことができ，この固定点の吸引流域は，集合$|x_0| > 1$である)。カオス系の場合，吸引流域はこの例より複雑であり，場合によってはフラクタルである。

12.23** [コンピュータ]**正弦写像**$x_{t+1} = f(x_t)$を考える。ここで，$f(x) = r\sin(\pi x)$である。この写像の興味深い動作は，$0 \le x \le 1$かつ$0 \le r \le 1$で起こるため，この範囲に注意を限定する。 (a) 図 12.35 に類似した図を用いて，この写像の固定点について議論せよ。rの値に応じて，写像に 1 つまたは 2 つの固定点があることを示せ。rが小さいときは安定した固定点が 1 つしかないことを示せ。 (b) 2 番目の固定点が現れるrの値（r_0と呼ぶ）を求めよ。r_0は第 1 の固定点が不安定になるrの値でもあることを示せ。 (c) rが増加すると，第 2 の固定点は最終的に不安定になる。これが起こる値r_1を数値的に探せ。

12.24** [コンピュータ]問題 12.23 の正弦写像を考えてみよう。プログラム電卓（またはコンピュータ）を使用すると，選択した初期値x_0に対して，x_tの最初の 10 または 20 の値を簡単に求めることができる。$x_0 = 0.3$とすると，以下のパラメータrの値のそれぞれについて，最初の 10 個のx_tの値を計算せよ。 (a) $r = 0.1$, (b) $r = 0.5$, (c) $r = 0.78$。いずれの場合も，その結果（tに対するx_t）を描き，長期アトラクターについて説明せよ。問題 12.23 を実行した場合，ここでの結果がそこで証明したものと一致しているかを考えよ。

12.25** [コンピュータ]問題 12.23 の正弦写像は，ロジスティック写像と同様に，周期倍化カスケードとなる。これを示すために$x_0 = 0.8$とし，以下のパラメータrの値のそれぞれについて，最初の 20 個のx_tの値を求めよ。(a) $r = 0.60$, (b) $r = 0.79$, (c) $r = 0.85$, および（d ）$r = 0.865$。これらの結果を（4 つの別々の図として）描き，説明せよ。

12.26** ロジスティック写像の周期 1 が不安定となる，ちょうどその時点での周期 2 の出現は，図 12.38 と図 12.39 に示されたように，$f(x)$および$g(x) = f(f(x))$のグラフの挙動に直接従う。重要な点は，関数$f(x)$が制御パラメータrを 0 から増加させるにつれて着実に高くなる単純な円弧であることである。同時に，$f(f(x))$は$f(x)$よりも低い単純な円弧として始まるが，最小値[$f(x)$よりも小さい]をその間に持つ 2 つの最大値[$f(x)$よりも高い]を発生させる。なぜこの$f(f(x))$のふるまいが必然的に$f(x)$のふるまいに従うのかを，明確に説明せよ。［ヒント：$f(x)$は$x = 0.5$について対称であるため，xが 0 から 0.5 までのふるまいのみを考慮する必要がある。この議論の利点は，このことが$f(x) = r\phi(x)$の任意の写像に適用されることである。ここで$\phi(x)$は，（問題 12.23 の正弦写像などのように）単一の対称円弧を持つ。］

12.27** 写像$f(x)$の周期 2 は，2 重反復$g(x) = f(f(x))$の固定点に対応する。したがって図 12.37 のx_a, x_bと示されている 2 つの値は，方程式$f\big(f(x)\big) = x$の根である。ロジスティック写像の場合，これは 4 次方程式であり，解くのが困難なわけではない。 (a) ロジスティック関数$f(x)$は，

$$x - f\big(f(x)\big) = rx\left(x - \frac{r-1}{r}\right)[r^2x^2 - r(r+1)x + r + 1] \tag{12.61}$$

であることを示せ。したがって固定点方程式$x - f\big(f(x)\big) = 0$は，4 つの根を持つ。最初の 2 つは$x = 0$および$x = (r-1)/r$である。これらを説明し，他の 2 つの根が

$$x_a, x_b = \frac{r+1\pm\sqrt{(r+1)(r-3)}}{2r} \tag{12.62}$$

となることを示せ。これらが周期 2 の 2 つの固定点であることを説明せよ。 (b) $r < 3$の場合，これらの根は複素数となり，したがって実際には周期 2 は存在しないことを示せ。(c)

$r \geq 3$の場合，これらの 2 つの根は実数であり，実際の周期 2 が存在する。$r = 3.2$の場合のx_a, x_bの値を求め，図 12.37 の値を確認せよ。

12.28** 問題 12.27 の (12.62) は, ロジスティック写像の周期 2 の 2 つの固定点を与える。この周期 2 は，安定している場合にのみ観測できる。これは$|g'(x)| < 1$の際に起こるが，ここで$g(x)$は 2 重写像$g(x) = f(f(x))$であり，xはx_aまたはx_bの値のいずれかである。 (a)（12.57）と（12.62）を組み合わせ，$g(x_a)$を求めよ。[（12.57）はx_a, x_bに対して対称であるため，x_a, x_bのどちらを使用しても同じ結果が得られる。すなわち，2 つの点は必然的に同時に安定するか不安定になる。] (b) 周期 2 が$3 < r < 1 + \sqrt{6}$で安定していることを示せ。これにより，周期 2 が周期 4 で置き換わるしきい値が，$r_2 = 1 + \sqrt{6} = 3.449$であることが証明される。

12.29** [コンピュータ]ロジスティック写像の周期倍化のしきい値r_nは，（12.58）で与えられる。これらは少なくとも$n \to \infty$（およびγをrに置き換えた）の極限で，ファイゲンバウムの関係式（12.17）を満たす必要がある。この主張を，次のようにして確認せよ。 (a) 問題 12.11 をおこなっていないなら, ファイゲンバウムの関係式が (正確に真である場合)，$(r_{n+1} - r_n) = K/\delta^n$となることを証明せよ。 (b) $\ln(r_{n+1} - r_n)$をnに対してグラフ化せよ。データを表現する最も良い直線を求め，その傾きからファイゲンバウム定数を予測せよ。その答えを，良く知られている値$\delta = 4.67$と比較せよ。

12.30** [コンピュータ]ロジスティック写像のカオス的進化は，DDP と同じように初期条件に対する鋭敏さを示している。これを説明するために，以下のことをおこなえ。 (a) 成長率$r = 2.6$を用いて，$x_0 = 0.4$から始まる$1 \leq t \leq 40$についてx_tを計算せよ。最初の条件$x'_0 = 0.5$として，同じことを繰り返せ。(プライムはこの 2 番目の解を最初のものと区別するだけのものであり，微分を意味するものではない。）そして，$\log|x'_t - x_t|$のtに対するグラフを描け。差$x'_t - x_t$の挙動を説明せよ。 (b) $r = 3.3$の下で，(a) を繰り返せ。 この場合，長期項の進化として周期 2 が存在する。その差$x'_t - x_t$のふるまいについても説明せよ。 (c) $r = 3.6$で，(a) と (b) を繰り返せ。この場合，進化はカオス的であり，その差が指数関数的に大きくなることが期待される。したがって, 2 つの初期値をもっと近づける方が興味深い。このことをはっきりさせるために，$x_0 = 0.4, x'_0 = 0.400001$とせよ。その差は，どのようになるだろうか。

12.31*** [コンピュータ]ロジスティック写像の進化が非カオス的であるとき，同じrを持つ 2 つの解が十分に近い所から始まると, その差は指数関数的に収束する。(これは問題 12.30 に示されている。) これは同じrを持つ任意の 2 つの解が, 収束することを意味しない。(a) 問題 12.30 (a) を$r = 3.5$とする（これは，長期運動が周期 4 を有することがわかっている値である）以外は，すべての同じパラメータで繰り返せ。$x'_t - x_t$はゼロに近づくか。 (b) 同じ問題を，初期条件を$x_0 = 0.45$, $x'_0 = 0.5$として解き，また説明せよ。周期が 1 より大きい場合，どのように初期条件を選択しても，$x'_t - x_t$の差がゼロになることは不可能である理由を説明せよ。

12.32*** [コンピュータ] $0 \leq r \leq 3.55$のロジスティック写像の分岐図を，図 12.41 の流儀で作成せよ。$x_0 = 0.1$とし，主な特徴について説明せよ。[ヒント：ごくわずかな点を使用して開始せよ。おそらくrは 0 から 3.5 まで 0.5 の幅で，tは 51 から 54 とするとよい。これにより，rの各値を個別に計算し，どのような事態になっているかを確認せよ。良い図を作成するには，点の数を増やす必要がある。(rは 0 から 3.55 まで 0.025 の幅で，tは 51 から 60 までにせよ。）点の数が増えてくると，計算を自動化する必要がある。]

12.33*** [コンピュータ]図 12.41 のロジスティック分岐図を，$2.8 \leq r \leq 4$の範囲で再現せよ。ただし$x_0 = 0.1$とせよ。[ヒント：図 12.41 を作成するために約 50,000 点を使用したが，それほどの数を使用する必要はない。いずれにしても，ごくわずかな点を使用して開始せよ。おそらくrは 2.8 から 3.4 まで 0.2 の幅で，tは 51 から 54 とするとよい。この条件下でrの各値を個別に計算し，どのような事態になっているのかを確認せよ。良い図を作成するには，点の数を増やす必要がある。(rは 2.8 から 4 まで 0.025 の幅で，tは 500 から 600 までにせよ。）点の数が増えてくると，計算を自動化する必要がある。]

12.34*** [コンピュータ]問題 12.23 と 12.25 の正弦写像の分岐図を作成せよ。これは図 12.41 に似ているが，$0.6 \leq r \leq 1$の範囲で$x_0 = 0.1$とせよ。主な特徴について，説明せよ。[ヒント：ごくわずかな点を使用して開始せよ。おそらくrは 0.6 から 0.8 まで 0.05 の幅で，tは 51 から 54 とするとよい。この条件下でrの各値を個別に計算し，どのような事態になっているのかを確認せよ。良い図を作成するには，点の数を増やす必要がある。(rは 0.6 から 1 まで 0.005 の幅で，tは 400 から 500 までにせよ。）点の数が増えてくると，計算を自動化する必要がある。]

第 13 章　ハミルトン力学

本書の最初の 6 つの章では，（第 2 法則に関連して）この世界を力と加速度によって説明し，また直交座標での使用に適している，ニュートン形式の力学を取り扱ってきた。第 7 章では，ラグランジュ形式について学習した。この第 2 の形式はいずれか一方が他方から導かれるという意味において，ニュートン形式と完全に等価であるが，ラグランジュ形式は座標の選択に関してかなり自由度がある。ニュートン形式で記述された系を表現するn個の直交座標は，n個の一般化座標$q_1, q_2, \cdots, q_n$で置き換えられ，またラグランジュ方程式は，本質的にどのような$q_1, q_2, \cdots, q_n$を選択しても成立する。多くの場面で見てきたように，この多用途性により，ラグランジュ形式を使って多くの問題をもっと簡単に解くことができる。ラグランジュ形式には，拘束力を排除するという利点もある。他方，ラグランジュ形式は散逸系（たとえば摩擦を伴う系）に適用される場合には不利である。読者が両方の形式に慣れており，それぞれの長所と短所に精通していることを，著者として希望している。

ニュートン力学は，ニュートンによって 1687 年に出版された『プリンキピア』で最初に公表された。ラグランジュは 1788 年に彼の著書『解析力学』において，自分自身が導いた公式を記載した。19 世紀初めにはラグランジュを含む様々な物理学者が，力学の第 3 の定式化を発展させたが，1834 年にアイルランドの数学者ウィリアム・ハミルトン（1805-1865）によって完全な形式にされ，ハミルトン力学と呼ばれるようになった。この第 3 の定式化が，この章の主題である。

ラグランジュ力学と同様に，ハミルトン力学はニュートン力学と同等であるが，座標の選択にかなり柔軟性がある。実際，この点ではラグランジュ形式よりも柔軟性がある。ラグランジュ形式はラグランジュ関数$\mathcal{L}$を中心としたものであるが，ハミルトン形式はハミルトン関数$\mathcal{H}$に基づいている。（このことは，第 7 章で簡単に触れた。）我々が取り扱う系の大部分において，$\mathcal{H}$はちょうど全エネルギーに相当する。したがってハミルトン形式の利点の 1 つは，（ラグランジアン$\mathcal{L}$と異なり）明確な物理的意義を持ち，保存される関数$\mathcal{H}$に基づいていることである。ハミルトン形式は，他の保存量を扱ったり，様々な近似をおこなったりするのに特に適している。ハミルトン形式は，物理学の様々な異なる分野で一般化されている。特にハミルトン力学により，古典力学から量子力学が自然に導かれる。これらの理由から，ハミルトン形式は天体物理学，プラズマ物理学，加速器の設計など，現代物理学の多くの分野で重要な役割を果たしている。残念ながらこの本のレベルでは，ラグランジュ形式を超えるハミルトン形式の利点の多くを示すことは難しい。この章では，ハミルトン形式をラグランジュ形式の代替とすることで満足してほしいと考える。代価にしたことの利点のいくつかについては言及するが，あまり深いところまで述べることはできない。読者が古典力学のより高度なコースを受講したり，量子力学を勉強したりする場合は，この章の多くの考え方に再び出会うであろう。

13.1 基本変数

ハミルトン力学はニュートン力学よりもラグランジュ力学に近く，ラグランジアンから自然に出てくるので，ラグランジュ関数$\mathcal{L}$を中心とする後者の主な特徴を見直してみよう。関心のある大部分の系では，$\mathcal{L}$はまさに運動エネルギーと位置エネルギーの差（$\mathcal{L} = T - U$）であり，この章ではこのような系に注意を払う。ラグランジアン$\mathcal{L}$は，n個の一般化座標$q_1, \cdots, q_n$，n個の時間に対する導関数（または一般化速度）$\dot{q}_1, \cdots, \dot{q}_n$，および時間の関数である。

$$\mathcal{L} = \mathcal{L}(q_1, \cdots, q_n, \dot{q}_1, \cdots, \dot{q}_n, t) = T - U \tag{13.1}$$

n個の座標$(q_1, \cdots, q_n)$は，系の位置または「配置」を指定し，n次元**配置空間**内の点を定義するものと考えることができる。$2n$個の座標$(q_1, \cdots, q_n, \dot{q}_1, \cdots, \dot{q}_n)$は**状態空間**内の点を定義し，$n$個の 2 階微分となる運動方程式，つまりラグランジュ方程式に対して特定の解を決定する（任意の選択された時間t_0での）初期条件の集合を指定する。

$$\frac{\partial \mathcal{L}}{\partial q_i} = \frac{d}{dt}\frac{\partial \mathcal{L}}{\partial \dot{q}_i} \quad [i = 1, \cdots, n] \tag{13.2}$$

初期条件の各組について，これらの運動方程式は状態空間を通る一意の経路または「軌道」を決定する。

また**一般化運動量**は，以下のように定義されることを読者は思い出されるであろう。

$$p_i = \frac{\partial \mathcal{L}}{\partial \dot{q}_i} \tag{13.3}$$

仮に座標$(q_1, \cdots, q_n)$が直交座標である場合，一般化運動量p_iは，通常の運動量の対応する成分である。一般にp_iは運動量ではないが，これまで見てきたように類似の役割を果たす。一般化運動量p_iは**正準運動量**，またはq_iに対する**共役運動量**とも呼ばれる。

ハミルトン形式では，ラグランジアン$\mathcal{L}$の中心的役割は，以下で定義される**ハミルトン関数**，つまり**ハミルトニアン**$\mathcal{H}$によって引き継がれる。

$$\mathcal{H} = \sum_{i=1}^{n} p_i \dot{q}_i - \mathcal{L} \tag{13.4}$$

次の 2 つの節で導き出す運動方程式は，ラグランジュ方程式のように$\mathcal{L}$ではなく$\mathcal{H}$の導関数を伴う。一般化座標$(q_1, \cdots, q_n)$が「自然」（すなわちqと基底となる直交座標間の関係が，時間に依存しない場合）であることを証明した 7.8 節で，ハミルトン関数を簡単に導出した。そこでは$\mathcal{H}$は系の全エネルギーに過ぎず，したがってお馴染みのものであり，また容易に視覚化することができる。

ラグランジュ形式とハミルトン形式の間には，第 2 の重要な違いがある。前者では，系の状態を$2n$個の座標

$$(q_1, \cdots, q_n, \dot{q}_1, \cdots, \dot{q}_n)\ , \qquad [\text{ラグランジュ形式}] \tag{13.5}$$

で表すのに対し，後者ではn個の一般化座標と，（一般化速度の代わりに）n個の一般化運動量で表す。

$$(q_1, \cdots, q_n, p_1, \cdots, p_n)\ , \qquad [\text{ハミルトン形式}] \tag{13.6}$$

このような座標の選択にはいくつかの利点があるが，そのうちの一部はここで説明するものの，その他のものについてはそのまま受け入れる必要がある。

ラグランジュ形式の$2n$個の座標（13.5）を$2n$次元の状態空間の点を定義するも

のとみなすのと同様に，ハミルトン形式の$2n$個の座標（13.6）を$2n$次元空間の点を定義するものとみなすことができるが，これを**位相空間**と呼ぶ[1]。ラグランジュの運動方程式（13.2）が初期の点（13.5）から始まる状態空間における一意の経路を決定するのと同様に，ハミルトン方程式は，任意の初期の点（13.6）から始まる位相空間における一意の経路を決定する。ハミルトン形式の利点を述べる簡潔な方法は，位相空間が状態空間よりも便利な幾何学的特性を有するということである。

ラグランジュ形式と同様，ハミルトン形式は摩擦力の影響を受けない系を調べるのに最適である。したがってこの章では，考えているすべての力が保存力であるか，少なくとも位置エネルギー関数から導かれると仮定する。この制限は，多くの興味深い力学系を除外してしまうが，それでも特に天体物理学や原子・分子レベルの微視的な研究では，膨大な数の重要な問題が残ることになる。

13.2 1次元系のハミルトン方程式

表記上の複雑さを最小限に抑えるために，最初に単一の「自然な」一般化座標qを持つ保存的な1次元系における，ハミルトンの運動方程式を導出する。たとえば平面単振り子がそれに相当するが，この場合qは通常は角度ϕである。または固定ワイヤにはめ込まれたビーズもそれに相当するが，この場合qはワイヤに沿った水平距離xである。そのような系の場合，ラグランジアンはqと$\dot{q}$の関数であり，

$$\mathcal{L} = \mathcal{L}(q, \dot{q}) = T(q, \dot{q}) - U(q) \tag{13.7}$$

である。一般に運動エネルギーはqおよび$\dot{q}$に依存するが，保存系では位置エネルギーはqにのみ依存することに注意する必要がある。たとえば，単振り子（質量mおよび長さL）の場合，

$$\mathcal{L} = \mathcal{L}(\phi, \dot{\phi}) = \frac{1}{2} mL^2\dot{\phi}^2 - mgL(1 - \cos\phi) \tag{13.8}$$

である。この場合，運動エネルギーはϕを含まず，$\dot{\phi}$のみを含む。高さが可変な

---

[1] 多くの著者は，「状態空間」と「位相空間」という名前を同じ意味で使用しているが，異なる空間に異なる名前を付けるのが便利である。位置と一般化速度からなる空間には「状態空間」を，位置と一般化運動量からなる空間については「位相空間」を，あてがうこととする。

$y=f(x)$の摩擦の無いワイヤ上を動くビーズの場合，例 11.1（492 ページ）より

$$\mathcal{L}=\mathcal{L}(x,\dot{x})=T-U=\frac{1}{2}m[1+f'(x)^2]\dot{x}^2-mgf(x) \tag{13.9}$$

である。ここで運動エネルギーのx依存性は，$\frac{1}{2}mv^2$の項のvを水平距離xで書き直したことによる。2 つの例（13.8）と（13.9）は，7.8 節で「自然」座標を持つ保存系のラグランジアンの一般的な形式（ここでは 1 次元）

$$\mathcal{L}=\mathcal{L}(q,\dot{q})=T-U=\frac{1}{2}A(q)\dot{q}^2-U(q) \tag{13.10}$$

となっている。運動エネルギーは関数$A(q)$を介して複雑な方法でqに依存する可能性があるが，$\dot{q}$への依存性は単純な 2 次因子$\dot{q}^2$となっていることに注意してほしい。このラグランジアンに対するラグランジュ方程式が，qの 2 階微分方程式となることは，簡単に確かめることができる。

ハミルトニアンは（13.4）によって定義されるが，1 次元では

$$\mathcal{H}=p\dot{q}-\mathcal{L} \tag{13.11}$$

となる。7.8 節の議論で，このように定義された関数が興味深い関数であると期待される理由を提示した。今のところ，ハミルトンによる提案としてこの定義を受け入れることにしよう。我々が学習を続けるにつれて，その利点が現れる[2]。$\mathcal{L}$の形式（13.10）が与えられると，一般化運動量pを次のように計算することができる。

$$p=\frac{\partial\mathcal{L}}{\partial\dot{q}}=A(q)\dot{q} \tag{13.12}$$

そのため，$p\dot{q}=A(q)\dot{q}^2=2T$となる。これを（13.11）に代入すると，

$$\mathcal{H}=p\dot{q}-\mathcal{L}=2T-(T-U)=T+U$$

である。つまり，ここで考えている「自然」系のハミルトニアン$\mathcal{H}$はちょうど全エネルギーであり，第 7.8 節の任意の次元における「自然」系について証明したのと同じ結果を与える。

ハミルトン形式を設定する次のステップは，おそらく最も微妙である。(13.10) に明示されているように，ラグランジュ形式では$\mathcal{L}$をqと$\dot{q}$の関数として考える。

---

[2] ここでの主な関心の対象である$\mathcal{L}$から$\mathcal{H}$への変換は，いくつかの分野，特に熱力学において重要な役割を果たす，ルジャンドル変換と呼ばれる数学的操作の一例である。たとえば，熱力学的な内部エネルギーUからエンタルピーHへの変化は，$\mathcal{L}$からハミルトニアン$\mathcal{H}$への変換に類似したルジャンドル変換となっている。

同様に，（13.12）はqと$\dot{q}$によって一般化運動量pを与える。また，qとpを用いて（13.12）を$\dot{q}$に対して解くことができる。

$$\dot{q} = p/A(q) = \dot{q}(q,p) \tag{13.13}$$

$\dot{q}$をq,pの関数として表現したうえで，ハミルトニアンを考えよう。$\mathcal{H}$の中に$\dot{q}$が出現した場合，それを$\dot{q}(q,p)$で置き換えることができるため，$\mathcal{H}$はq,pの関数になる。一連の手続きを経て，（13.11）は以下のようになる。

$$\mathcal{H}(q,p) = p\dot{q}(q,p) - \mathcal{L}(q,\dot{q}(q,p)) \tag{13.14}$$

最後の段階は，ハミルトンの運動方程式を得ることである。これらを求めるには，qとpについて$\mathcal{H}(q,p)$の導関数を評価するだけである。まずチェーンルールを使って，（13.14）をqに対して次のように微分する。

$$\frac{\partial \mathcal{H}}{\partial q} = p\frac{\partial \dot{q}}{\partial q} - \left[\frac{\partial \mathcal{L}}{\partial q} + \frac{\partial \mathcal{L}}{\partial \dot{q}}\frac{\partial \dot{q}}{\partial q}\right]$$

右辺の第3項は，$\partial\mathcal{L}/\partial\dot{q} = p$である。したがって，右辺の第1項と第3項は互いに相殺され，以下のようになる。

$$\frac{\partial \mathcal{H}}{\partial q} = -\frac{\partial \mathcal{L}}{\partial q} = -\frac{d}{dt}\frac{\partial \mathcal{L}}{\partial \dot{q}} = -\frac{d}{dt}p = -\dot{p} \tag{13.15}$$

ここで第2の等式は，ラグランジュ方程式（13.2）を使った。この方程式は，ハミルトニアン$\mathcal{H}$に関してpの時間微分（すなわち$\dot{p}$）を与え，また2つのハミルトンの運動方程式のうちの最初のものである。これについて議論する前に，2番目のものを導びこう。

（13.14）をpに関して微分し，チェーンルールを使うと

$$\frac{\partial \mathcal{H}}{\partial p} = \left[\dot{q} + p\frac{\partial \dot{q}}{\partial p}\right] - \frac{\partial \mathcal{L}}{\partial \dot{q}}\frac{\partial \dot{q}}{\partial p} = \dot{q} \tag{13.16}$$

となるが，これは中間の式の第2項と第3項がちょうど打ち消しあうからである。これはハミルトンの運動方程式の2番目のものであり，ハミルトニアン$\mathcal{H}$に関して$\dot{q}$を与える。それらをまとめ（少し並べ替え）ると，1次元系に対する**ハミルトン方程式**を得る。

$$\dot{q} = \frac{\partial \mathcal{H}}{\partial p}, \qquad \dot{p} = -\frac{\partial \mathcal{H}}{\partial q} \tag{13.17}$$

1 次元系の運動方程式について，ラグランジュ形式ではqの 2 階微分方程式が 1 つ存在する。ハミルトン形式では，qとpの 1 階微分方程式が 2 つ存在する。この結果をより一般的な系に拡張したり，新しい形式が持つ利点について議論したりする前に，いくつかの簡単な例を見てみよう。

例 13.1 直線状のワイヤ上のビーズ

図 13.1 に示すように，x軸に沿って配置された摩擦のない剛体の直線状のワイヤ上を移動するビーズを考えてみよう。ビーズの質量はmであり，また位置エネルギー$U(x)$に対応する保存力を受ける。ラグランジアンとラグランジュの運動方程式を書き下す。ハミルトニアンとハミルトンの運動方程式を求め，2 つの方法を比較する。

当然のことであるが，ここでは一般化座標qを直交座標xとする。ラグランジアンは，以下のようになる。

$$\mathcal{L}(x,\dot{x}) = T - U = \frac{1}{2}m\dot{x}^2 - U(x)$$

対応するラグランジュ方程式は

$$\frac{\partial \mathcal{L}}{\partial x} = \frac{d}{dt}\frac{\partial \mathcal{L}}{\partial \dot{x}} \qquad \text{または} \qquad -\frac{dU}{dx} = m\ddot{x} \tag{13.18}$$

であるが，これはまさにニュートンの運動方程式$F = ma$である。

ハミルトン形式を構築するには，まず一般化運動量を求める。

$$p = \frac{\partial \mathcal{L}}{\partial \dot{x}} = m\dot{x}$$

予想どおり，これは従来の運動量mvである。この方程式は$\dot{x} = p/m$と解くことができるので，これをハミルトニアンに代入し，以下を得る。

$$\mathcal{H} = p\dot{x} - \mathcal{L} = \frac{p^2}{m} - \left[\frac{p^2}{2m} - U(x)\right] = \frac{p^2}{2m} + U(x)$$

これは全エネルギーであり，運動項$\frac{1}{2}m\dot{x}^2$は運動量を用いて$p^2/(2m)$と書き直される。最後に，2 つのハミルトン方程式（13.17）は

$$\dot{x} = \frac{\partial \mathcal{H}}{\partial p} = \frac{p}{m}, \qquad \dot{p} = -\frac{\partial \mathcal{H}}{\partial x} = -\frac{dU}{dx}$$

となる。ニュートン力学の観点から見ると，最初のものは伝統的な運動量の定義であり，この定義を第2の式に代入すると，$m\ddot{x} = -dU/dx$を再び得る。このようにニュートン形式，ラグランジュ形式，ハミルトン形式のすべてが，よく知られている同じ方程式を導きだす。この極めて単純な例では，ラグランジュ形式もハミルトン形式も，ニュートン形式に対して目に見える利点はない。

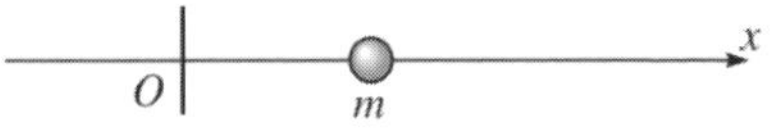

図 13.1 摩擦のない直線状のワイヤ上を滑っている質量mのビーズ。

例 13.2 アトウッドの器械

アトウッドの器械に対するハミルトン形式を構築する。（これは図 4.15 で最初に紹介しているが，図 13.2 として再度示す。）下方に測定したm_1の高さxを1つの一般化座標として使用する。

ラグランジアンは$\mathcal{L} = T - U$であり，例 7.3（288 ページ）に示したように，

$$T = \frac{1}{2}(m_1 + m_2)\dot{x}^2, \qquad U = -(m_1 - m_2)gx \qquad (13.19)$$

である。ハミルトニアン$\mathcal{H}$は，$\mathcal{H} = p\dot{x} - \mathcal{L}$，または$\mathcal{H} = T + U$のようにより簡単に（真であれば[3]）

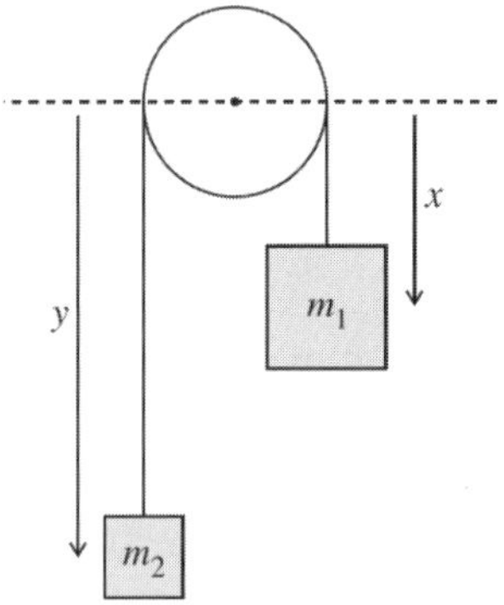

図 13.2 質量および摩擦のない滑車に通された，質量のない非伸長のひもによって吊り下げられた2つの質量m_1, m_2の物体からなるアトウッドの器械。ひもの長さは一定であるので，系全体の位置は，任意の適切な固定された場所から下にあるm_1までの距離xで指定される。

3 一般化座標が「自然」であること，すなわち一般化座標と基礎となる直交座標との間の関係が時間と無関係であることを条件として，この第2の表現が真であることを理解しておいてほしい（問題 13.4）。

計算できる。いずれにせよ，一般化運動量$p = \partial\mathcal{L}/\partial\dot{x}$であるが，$U$は$\dot{x}$を含まないので，以下のようになる。

$$p = \frac{\partial T}{\partial \dot{x}} = (m_1 + m_2)\dot{x}$$

これを解くと，$\dot{x} = p/(m_1 + m_2)$のように$\dot{x}$をpを用いて求めることができる。x, pの関数としての$\mathcal{H}$を求めるために，これを$\mathcal{H}$に代入する。

$$\mathcal{H} = T + U = \frac{p^2}{2(m_1+m_2)} - (m_1 - m_2)gx \qquad (13.20)$$

ここで，2 つのハミルトンの運動方程式（13. 17）は

$$\dot{x} = \frac{\partial \mathcal{H}}{\partial p} = \frac{p}{m_1+m_2}, \qquad \dot{p} = -\frac{\partial \mathcal{H}}{\partial x} = (m_1 - m_2)g$$

となる。これらのうちの最初のものは，一般化運動量の定義を単に再度記述したものであり，これを 2 番目のものと組み合わせると，アトウッドの器械の加速度に関するよく知られた結果が得られる。

$$\ddot{x} = \frac{m_1 - m_2}{m_1 + m_2}g$$

この 2 つの例は，ハミルトン形式の一般的な特徴のいくつかを示している。最初にやるべきことは，ハミルトニアン$\mathcal{H}$を書き下すことである。（ラグランジュ形式で最初にやるべきことは，$\mathcal{L}$を書き下すことであるのと，ちょうど同じである。）ハミルトン形式では一般化運動量を書き下し，一般化速度の式を解き，位置と運動量の関数として$\mathcal{H}$を表現するという，通常は 2 つの追加の段階がある。これが完了すると，あとはハミルトン方程式を解くだけである。一般に得られた方程式を解くのは容易であるという保証はないが，（ラグランジュ形式と同じく）ハミルトン形式の素晴らしい特性は，運動方程式を見つけるための確実な方法を提供することである。

13. 3　様々な次元のハミルトン方程式

1 次元系に対するハミルトン方程式の導出は，多次元系に容易に拡張される。

実際上の唯一の問題は，方程式が添え字でひどく乱雑になる可能性であるが，混乱を最小限に抑えるために，11.5 節で紹介した略記を使用する。n次元系の配置はn個の一般化座標$q_1, \cdots, q_n$によって与えられるが，これらを単一の太字$\mathbf{q}$で表現する。

$$\mathbf{q} = (q_1, \cdots, q_n)$$

同様に一般化速度は$\dot{\mathbf{q}} = (\dot{q}_1, \cdots, \dot{q}_n)$となり，一般化運動量は

$$\mathbf{p} = (p_1, \cdots, p_n)$$

である。今のところ，太字の$\mathbf{q}$または$\mathbf{p}$は必ずしも 3 次元ベクトルではないことを理解しておくことは重要である。むしろ$\mathbf{q}, \mathbf{p}$は一般化座標空間または一般化運動量空間におけるn次元ベクトルである。

ハミルトン方程式は標準形式のラグランジュ方程式から直接得られる。したがって，前者を証明するためには，後者が正しいことを仮定すればよい。しかしここでは第 7 章で使用したのと同じ仮定，つまり拘束はホロノミックであると仮定する。すなわち，自由度の数は一般化座標の数に等しい。また非拘束力は位置エネルギー関数から導かれると仮定するが，それらが保存力である必要はない。(すなわち位置エネルギーがtに依存することが許される。) N個の直交座標の基底$\mathbf{r_1}, \cdots, \mathbf{r_N}$を$n$個の一般化座標$q_1, \cdots, q_n$と結び付ける方程式は，時間に依存することができる。つまり一般化座標が「自然」であることは，本質的ではない。これらの仮定は，標準的なラグランジュ形式が適用されることを保証するのに十分であり，ハミルトン形式を導き出すことができる。したがって我々の出発点は，ラグランジアン

$$\mathcal{L} = \mathcal{L}(\mathbf{q}, \dot{\mathbf{q}}, t) = T - U$$

である。系の進化はn個のラグランジュ方程式によって支配される。

$$\frac{\partial \mathcal{L}}{\partial q_i} = \frac{d}{dt}\frac{\partial \mathcal{L}}{\partial \dot{q}_i} \quad [i = 1, \cdots, n] \tag{13.21}$$

ここで（13.4）のように，ハミルトン関数を定義する。

$$\mathcal{H} = \textstyle\sum_{i=1}^{n} p_i \dot{q}_i - \mathcal{L} \tag{13.22}$$

一般化運動量は（13.3）と同様

$$p_i = \frac{\partial \mathcal{L}(\mathbf{q}, \dot{\mathbf{q}}, t)}{\partial \dot{q}_i} \quad [i = 1, \cdots, n] \tag{13.23}$$

である。 1 次元の場合と同様に，次にやることはハミルトニアンを$2n$個の変数$\mathbf{q},\mathbf{p}$の関数として表現することである。この目的のために，n個の一般化速度$\dot{\mathbf{q}}$に対するn個の連立方程式として，方程式（13. 23）を見ることができることに留意されたい。一般的に，これらの方程式を解いて変数$\mathbf{q},\mathbf{p},t$を用いて一般化速度を与えることができる。

$$\dot{q}_i = \dot{q}_i(q_1,\cdots,q_n,p_1,\cdots,p_n,t) \qquad [i=1,\cdots,n]$$

または，より簡潔に

$$\dot{\mathbf{q}} = \dot{\mathbf{q}}(\mathbf{q},\mathbf{p},t)$$

である。今やハミルトニアンの定義から，（再度面倒であるが）一般化速度を取り除くことができる。

$$\mathcal{H} = \mathcal{H}(\mathbf{q},\mathbf{p},t) = \sum_{i=1}^{n} p_i \dot{q}_i\,(\mathbf{q},\mathbf{p},t) - \mathcal{L}(\mathbf{q},\dot{\mathbf{q}}(\mathbf{q},\mathbf{p},t),t) \tag{13. 24}$$

ハミルトン方程式の導出は，1 次元の場合と同様であるが，その詳細は問題として残しておく（問題 13. 15）。（13. 14）から（13. 17）で導いたのと同じ手順にしたがって，$\mathcal{H}$をq_iおよびp_iで微分する。このようにして**ハミルトン方程式**を求める。

$$\dot{q}_i = \frac{\partial \mathcal{H}}{\partial p_i}, \qquad \dot{p}_i = -\frac{\partial \mathcal{H}}{\partial q_i} \qquad [i=1,\cdots,n] \tag{13.25}$$

n自由度系では，ハミルトン形式は$2n$個の 1 階微分方程式を与えるが，ラグランジュ形式ではn個の 2 階微分方程式を与える。

ハミルトン方程式の例を議論する前に，考慮すべきもう 1 つの$\mathcal{H}$の導関数，つまり時間に関する導関数がある。これは実際には，非常に微妙な問題である。以下の 2 つの理由により，関数$\mathcal{H}(\mathbf{q},\mathbf{p},t)$は時間とともに変化する。第 1 に運動が進むにつれて$2n$個の座標$(\mathbf{q},\mathbf{p})$が変化し，これにより$\mathcal{H}(\mathbf{q},\mathbf{p},t)$が変化する可能性がある。さらに$\mathcal{H}(\mathbf{q},\mathbf{p},t)$は，最後の引数$t$によって示されるように，明示的な時間依存性を有することができ，これは$\mathcal{H}$を時間と共に変化させることもできる。数学的には，これは$d\mathcal{H}/dt$は次のように，$2n+1$個の項を含む。

$$\frac{d\mathcal{H}}{dt} = \sum_{i=1}^{n}\left[\frac{\partial \mathcal{H}}{\partial q_i}\dot{q}_i + \frac{\partial \mathcal{H}}{\partial p_i}\dot{p}_i\right] + \frac{\partial \mathcal{H}}{\partial t} \tag{13. 26}$$

この方程式の$\mathcal{H}$の 2 つの導関数の違いを理解することは，重要である。左辺の微分$d\mathcal{H}/dt$（ときには全微分と呼ばれる）は，運動が進むにつれての$\mathcal{H}$の実際の変化率であり，すべての座標$q_1, \cdots, q_n, p_1, \cdots, p_n$は$t$が進むにつれて変化する。右辺の$\partial\mathcal{H}/\partial t$は偏微分であり，これは他のすべてのものを固定し$t$だけを動かした場合の変化率である。特に$\mathcal{H}$が$t$に明示的に依存しない場合，この偏導関数はゼロになる。今の場合はハミルトン方程式（13.25）によって，（13.26）の和の項の各組がゼロとなることがわかる。その結果，以下の単純な結果が得られる。

$$\frac{d\mathcal{H}}{dt} = \frac{\partial\mathcal{H}}{\partial t}$$

すなわち，$\mathcal{H}$は時間とともに明示的に時間依存性がある範囲でのみ変化する。特に$\mathcal{H}$がtに明示的に依存しない場合（これはよくあることだ），$\mathcal{H}$は時間的に一定である。すなわち，$\mathcal{H}$が保存される。これは 7.8 節で得られた結果と同じである[4]。

7.8 節では，時間依存性に関する第 2 の結果を証明した。一般化座標$q_1, \cdots, q_n$の間の関係式がtに依存しない場合（すなわち一般化座標は「自然」である場合），ハミルトニアン$\mathcal{H}$は全エネルギーであり，$\mathcal{H} = T + U$である。この章の残りの部分では，一般化座標が「自然」であり，$\mathcal{H}$が明示的に時間依存をしない場合のみ考える。したがって$\mathcal{H}$は全エネルギーであり，また全エネルギーは保存されている。

ここで 2 次元空間系に対するハミルトン形式の例をあげる。残念ながら，すべての単純な例の場合と同じく，これらはラグランジュ形式に対するハミルトン形式の重要な利点を示さない。むしろこれらの例においては，ハミルトン形式は同じ最終的な運動方程式へ至る代替ルートにすぎない。

例 13.3 中心力場における粒子のハミルトン方程式

一般化座標として通常の極座標r, ϕを使用し，位置エネルギー$U(r)$を持

4 （7.89）および（7.90）において，$\mathcal{H}$が時間に明示的に依存しない場合に限り，$\mathcal{H}$が保存することが証明された。$\partial\mathcal{H}/\partial t = -\partial\mathcal{L}/\partial t$であることは容易に確かめられるため，これらの 2 つの条件（$\mathcal{H}$は明示的に時間に依存しない，または$\mathcal{L}$も同様に明示的に時間に依存しない）は等価である。問題 13.16 を参照のこと。

つ保存的な中心力場内にある質量mの粒子に関するハミルトン方程式を求める。

角運動量の保存によって，運動は固定された平面に限定されていることがわかるが，その平面に極座標r,ϕを設定する。運動エネルギーは，これらの一般化座標を利用すると，よく知られた式

$$T = \frac{1}{2}m\left(\dot{r}^2 + r^2\dot{\phi}^2\right) \tag{13.27}$$

となる。(r,ϕ)と(x,y)を関係付ける方程式は時間に依存しないので，$\mathcal{H} = T + U$であることがわかっており，またr,ϕと対応する一般化運動量p_r, p_ϕで表現しなければならない。後者のものは，$p_i = \partial\mathcal{L}/\partial\dot{q}_i = \partial T/\partial\dot{q}_i$の関係式によって定義されるが[5]，そのため

$$p_r = \partial T/\partial\dot{r} = m\dot{r}, \quad p_\phi = \partial T/\partial\dot{\phi} = mr^2\dot{\phi} \tag{13.28}$$

となる。r方向の運動量p_rは，通常の運動量$m\mathbf{v}$の動径成分に過ぎないが，7.1 節で［（7.26）］最初に見たように，ϕに対する運動量p_ϕは角運動量である。次の 2 つの方程式（13.28）を解いて，速度$\dot{r},\dot{\phi}$を運動量p_r, p_ϕによって与えなければならない。

$$\dot{r} = \frac{p_r}{m}, \quad \dot{\phi} = \frac{p_\phi}{mr^2}$$

これを（13.27）に代入すると，適切な変数の関数として表されたハミルトニアンにたどりつく。

$$\mathcal{H} = T + U = \frac{1}{2m}\left(p_r{}^2 + \frac{p_\phi{}^2}{r^2}\right) + U(r) \tag{13.29}$$

ここで，4 つのハミルトン方程式（13.25）を書き下すことができる。2 つの動径方向に関する方程式は，

$$\dot{r} = \frac{\partial\mathcal{H}}{\partial p_r} = \frac{p_r}{m}, \qquad \dot{p}_r = -\frac{\partial\mathcal{H}}{\partial r} = \frac{p_\phi{}^2}{mr^3} - \frac{dU}{dr} \tag{13.30}$$

である。これらのうちの最初の式は，動径方向の運動量の定義を再現したものである。最初の式を 2 番目の式に代入すると，$m\ddot{r}$は半径方向の力

5 位置エネルギー$U = U(q)$が速度$\dot{q}$から独立している（ここではこのことを仮定している）場合には，p_iの定義式において$\mathcal{L}$をTで置き換えることができるという，些細な単純化が存在する。

（$-dU/dr$）＋遠心力（${p_\phi}^2/mr^3$）の和であるというよく知られた結果が得られる。［方程式（8.24）および（8.26）を参照。］ϕに関する2つの方程式は，以下のようになる。

$$\dot{\phi} = \frac{\partial \mathcal{H}}{\partial p_\phi} = \frac{p_\phi}{mr^2}, \qquad \dot{p}_\phi = -\frac{\partial \mathcal{H}}{\partial \phi} = 0 \tag{13.31}$$

最初の式はp_ϕの定義を再現する。2番目の式は我々がすでに知っていること，つまり角運動量が保存されていることを示している。前の2つの例と同様，ハミルトン形式は，ニュートン形式およびラグランジュ形式のどちらを使ってもたどり着く同じ最終的な方程式を得るための代替のルートを提供することがわかる。

この例は，任意の系に対してハミルトン方程式を設定する際に従わなければならない一般的な手順を示している。

1. 適切な一般化座標$q_1, \cdots, q_n$を選ぶ。
2. $q, \dot{q}$を利用して，運動エネルギーTおよび位置エネルギーUを書き下す。
3. 一般化運動量$p_1, \cdots, p_n$を求める。(系が保存的であると仮定しているので，Uは$\dot{q}_i$から独立しているため，$p_i = \partial T/\partial \dot{q}_i$である。一般的には，$p_i = \partial \mathcal{L}/\partial \dot{q}_i$を使用しなければならない。
4. p, qを用いて$\dot{q}$を解く。
5. ハミルトニアン$\mathcal{H}$をp, qの関数として書き下す。［座標が「自然」である（一般化座標と直交座標の基底の関係は時間とは無関係である）ので，$\mathcal{H}$は全エネルギー$\mathcal{H} = T + U$であるが，そのことが疑わしいときは$\mathcal{H} = \sum p_i \dot{q}_i - \mathcal{L}$を用いる。問題13.11および13.12を参照のこと。］
6. ハミルトン方程式（13.25）を書き下す。

先の例を振り返ってみると，これらの6つの手順のすべてにしたがっていることがわかる。今後のすべての例および問題についても，同様である。別の例を説明する前に，これらの6つの手順をラグランジュ形式の対応する手順と比較してみよう。ラグランジュ方程式を求めるには，最初の2つは同じ手順に従う。（一般化座標を選び，T, Uを書き下す。）ただし一般化運動量を知る必要はなく，$\dot{q}$をpで書き直す必要もないので，（3）と（4）は不要である。最後に（5）と（6）と類似のもの，すなわちラグランジアンとラグランジュ方程式を書き下すこと，を実行しなければならない。明らかにハミルトン形式を設定することは，ラグランジアンと比較して 2 つの小さな余分な手順[上記の（3）と（4）]を伴う。両方の段階とも通常はかなり簡単であるが，これは明らかにハミルトン形式の小さな欠点である。ここで，別の例をあげる。

例 13.4 円錐上の物体に対するハミルトン方程式

（$z > 0$の円柱極座標ρ, ϕ, zにおいて）鉛直円錐$\rho = cz$の摩擦の無い面上を垂直下方に移動するように制約されている，質量mの物体を考える（図 13.3)。一般化座標としてz, ϕを使って，ハミルトン方程式を設定する。任意の与えられた解に対して，運動が制限される最大および最小の高さz_{max}, z_{min}が存在することを示す。この結果を使用して，円錐上の物体の動きを説明する。$z > 0$の任意の与えられた値に対して，物体が一定の高さzで円形経路を移動する解が存在することを示す。

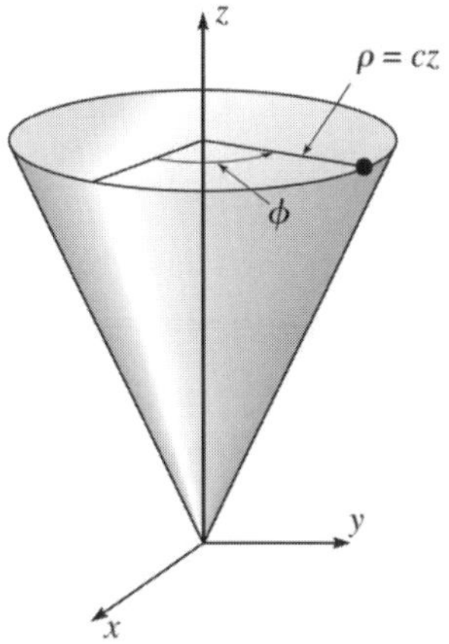

図 13.3 質量mの物体は，図に示された円錐の表面上を動くように拘束されている。はっきりさせるために，円錐は物体の高さで切り取って表示されているが，実際には上向きに無限に続く。

ここでの一般化座標はz, ϕであり，ρは物体が円錐上にとどまるという制約によって決定され，$\rho = cz$である。したがって運動エネルギーは

$$T = \frac{1}{2}m\left[\dot{\rho}^2 + \left(\rho\dot{\phi}\right)^2 + \dot{z}^2\right] = \frac{1}{2}m\left[(c^2+1)\dot{z}^2 + \left(cz\dot{\phi}\right)^2\right]$$

となる。もちろん位置エネルギーは，$U = mgz$である。一般化運動量は，

$$p_z = \frac{\partial T}{\partial \dot{z}} = m(c^2+1)\dot{z}, \qquad p_\phi = \frac{\partial T}{\partial \dot{\phi}} = mc^2z^2\dot{\phi} \tag{13.32}$$

である。これらは$\dot{z}$と$\dot{\phi}$に対して簡単に解くことができ，ハミルトニアンを書き下すことができる。

$$\mathcal{H} = T + U = \frac{1}{2m}\left[\frac{p_z^2}{(c^2+1)} + \frac{p_\phi^2}{c^2z^2}\right] + mgz \tag{13.33}$$

今や，ハミルトン方程式は簡単に求められる。2 つのz方程式は

$$\dot{z} = \frac{\partial \mathcal{H}}{\partial p_z} = \frac{p_z}{m(c^2+1)}, \qquad \dot{p}_z = -\frac{\partial \mathcal{H}}{\partial z} = \frac{p_\phi^2}{mc^2z^3} - mg \tag{13.34}$$

であり，2 つのϕ方程式は

$$\dot{\phi} = \frac{\partial \mathcal{H}}{\partial p_\phi} = \frac{p_\phi}{mc^2z^2}, \qquad \dot{p}_\phi = -\frac{\partial \mathcal{H}}{\partial \phi} = 0 \tag{13.35}$$

である。これらのうちで最後の式から，我々が想像したとおり，角運動量のz成分であるp_ϕが一定であることがわかった。

任意の解について，zが 2 つの境界z_{min}, z_{max}の間に閉じ込められていることを確認する最も簡単な方法は，ハミルトニアン（13.33）が全エネルギーに等しいこと，またエネルギーが保存されていることを使用するすることである。したがって任意の解に対して，(13.33) は定数Eに等しくなる。ここで（13.33）の関数$\mathcal{H}$は 3 つの正の項の和になり，$z \to \infty$で最後の項が無限大になる。$\mathcal{H}$は固定された定数Eと等しくなければならないので，zがz_{max}を超えることはできない。同様に (13.33) の第 2 項は，$z \to 0$で無限大に近づく。そのため，zがある値$z_{min} > 0$を超えて小さくなることはできない。特にこれは，物体が$z = 0$の円錐の底に完全に落ちることができないことを意味する[6]。円錐上にある物体の運動を説明するのは，今や簡単である。物体は，一定の角運動量 $p_\phi = mc^2z^2\dot{\phi}$ でz軸のま

[6] 2 つのコメント：(13.33) の第 2 項は，遠心力に関連していることは容易にわかる。したがって，物体は遠心力によって円錐の底から離されていると言うことができる。第 2 に，この言葉の例外の 1 つは，角運動量$p_\phi = 0$の場合である。この場合，物体は円錐の半径方向（ϕ一定）で上下に移動し，最終的には底に落ちる。

わりを移動する。p_ϕは一定であるため，角速度$\dot{\phi}$はzが小さくなるにつれて大きくなり，zが大きくなるにつれて小さくなる。同時に，物体の高さzはz_{min}, z_{max}との間で上下に振動する。（詳細は，問題 13.14 と 13.17 を参照。）

物体が一定の高さzにとどまる解が可能かどうかを調べる際には，常に$\dot{z}=0$となる必要があることに注意してほしい。これはすべての時間において$p_z=0$であり，したがって$\dot{p}_z=0$でもあることを意味する。z方程式（13.34）の 2 番目のものから，以下が成立するときに限り$\dot{p}_z=0$であることがわかる。

$$p_\phi = \pm\sqrt{m^2c^2gz^3} \tag{13.36}$$

選択された初期の高さzに対して，$p_z=0$かつ p_ϕがこれらの 2 つの値のうちの 1 つに等しくなるようにして物体の運動を開始させた場合（時計回りまたは反時計回りのどちらでもよい），$\dot{p}_z=0$であるのでp_z，したがって$\dot{z}$の両方がゼロのままであるので，物体は水平な円のまわりを初期の高さで移動し続ける。

13.4　イグノラブル座標

これまででハミルトン形式を確立し，またラグランジュ形式が有効である場合ハミルトン形式もつねに有効であることを見てきた。ハミルトン形式はラグランジュ形式の長所と短所（ニュートン力学に対して）のほとんどすべてを享受する。しかしラグランジュ形式の代わりにハミルトン形式を使うことの大きな利点（またはその逆）については，まだ明確となってはいない。すでに述べたように，より高度な理論的研究においては，ハミルトン形式にはいくつかの明確な利点があり，これからの 4 つの節でこれらの利点の一部についての印象を与えることを試みる。

第 7 章では，ラグランジアン$\mathcal{L}$が座標q_iから独立している場合，対応する一般化運動量p_iは一定であることを見てきた。[ラグランジュ方程式$\partial\mathcal{L}/\partial q_i = (d/dt)\,\partial\mathcal{L}/\partial\dot{q}_i$から直ちに，$\partial\mathcal{L}/\partial q_i = \dot{p}_i$と書き直すことができる。したがって$\partial\mathcal{L}/\partial q_i = 0$なら直ちに$\dot{p}_i = 0$である。]このとき，座標$q_i$は**イグノラブル**であると

言う。

同様にハミルトニアン$\mathcal{H}$がq_iから独立しているならば，ハミルトン方程式$\dot{p}_i = -\partial\mathcal{H}/\partial q_i$から，その共役運動量$p_i$が定数であることがわかる。先の例の（13.35）では，$\mathcal{H}$はϕと無関係であり共役運動量p_ϕ（実際には角運動量）は一定であることを見た。これと先に述べた結果は，実際には同じである。なぜなら，$\partial\mathcal{L}/\partial q_i = -\partial\mathcal{H}/\partial q_i$（問題 13.22）を証明することは容易であるからである。したがって$\mathcal{H}$がq_iから独立している場合に限り，$\mathcal{L}$はq_iとは無関係となる。もし座標q_iがラグランジアンに対してイグノラブルであれば，ハミルトニアンに対してもイグノラブルであり，またその逆も同様である。

それにもかかわらず，ハミルトニアン形式のほうがイグノラブル座標を扱うのに便利である。このことを見るために自由度2の系を考え，ハミルトニアンがq_2から独立しているとしよう。これは，ハミルトニアンが 3 つの変数にしか依存しないことを意味する。

$$\mathcal{H} = \mathcal{H}(q_1, p_1, p_2) \tag{13.37}$$

たとえば中心力問題のハミルトニアン（13.29）は，座標ϕとは独立しているという性質を持っている。これは，初期条件によって決まる定数$p_2 = k$の存在を意味する。この定数をハミルトニアンに代入すると

$$\mathcal{H} = \mathcal{H}(q_1, p_1, k)$$

となるが，これは 2 つの変数q_1, p_1の関数であり，運動の解はこの事実上の 1 次元のハミルトニアンを持つ 1 次元の問題になる。より一般的には，n自由度系がイグノラブル座標q_iを有する場合，ハミルトン形式における運動の解は，q_iおよびp_iが完全に無視できる$(n-1)$自由度の問題と全く同じである。いくつかのイグノラブル座標がある場合，このことに対応して問題はさらに単純化される。

ラグランジュ形式でもq_iがイグノラブルであればp_iは一定であるが，このことが先と同じような素晴らしい簡略化につながるわけではないことは，当然である。系が 2 自由度を持ち，q_2がイグノラブルであると再び仮定すると，（13.37）に対応して

$$\mathcal{L} = \mathcal{L}(q_1, \dot{q}_1, \dot{q}_2)$$

である。ここでq_2はイグノラブルでありp_2は定数であるが，$\dot{q}_2$が一定であるとは必ずしも言えない。したがって，ラグランジアンは$q_1, \dot{q}_1$にのみ依存する 1 次元関

数にならない。[たとえば中心力問題では，ラグランジアンは$\mathcal{L}=\mathcal{L}(r,\dot{r},\dot{\phi})$の形を取るが，$\phi$はイグノラブルであるものの，$\dot{\phi}$は運動が進むにつれて変化し，1 自由度の問題に還元することはできない[7]。]

13.5　ラグランジュ方程式とハミルトン方程式の比較

n自由度を持つ系では，ラグランジュ形式はn個の変数$q_1,\cdots,q_n$に対するn個の 2 階微分方程式となる。同じ系に対して，ハミルトン形式は$2n$変数$q_1,\cdots,q_n,p_1,\cdots,p_n$に対する$2n$個の 1 階微分方程式となる。ハミルトン形式が，$n$個の 2 階微分方程式を$2n$個の 1 階微分方程式に再構成できることは，特に驚くことではない。実際，任意のn個の 2 階微分方程式の集合が，このように再構成できることはすぐにわかる。簡単のため，1 自由度しかない場合を考えてみよう。このとき，ラグランジュ形式では 1 つの座標qに対して 1 つの 2 階微分方程式を与える。この方程式は，次のように書くことができる。

$$f(\ddot{q},\dot{q},q)=0 \tag{13.38}$$

ここで，fは 3 つの引数を持つ関数である。さて，第 2 の変数

$$s=\dot{q} \tag{13.39}$$

を導入する。この第 2 の変数に関して，$\ddot{q}=\dot{s}$であり，最初の微分方程式 (13.38) は

$$f(\dot{s},s,q)=0 \tag{13.40}$$

となる。このようにしてqの 2 階微分方程式（13.38）は，q,sに関する 2 つの 1 階微分方程式（13.39）と（13.40）に置き換えられた。

明らかに，ハミルトン方程式が 1 階微分方程式であるという事実は，ラグランジュ方程式が 2 階微分方程式であるという点において，特別な改善とはなっていない。しかしハミルトン方程式特有の形式は，実際に大きな改善となる。このことを見るために，ハミルトン方程式をより合理的な形で書き直してみよう。まず（13.25）の最初のn個の方程式を，次のように書き換える。

---

7 この特殊な場合においては，困難は回避するのは簡単である。8.4 節の議論では，法線方向のラグランジュ方程式（8.24）を変数$\dot{\phi}$に関して書き下した後，$\dot{\phi}$を一定値$p_\phi=l$で書き直せばよい。

$$\dot{q}_i = \frac{\partial \mathcal{H}}{\partial p_i} = f_i(\mathbf{q}, \mathbf{p}) \quad [i = 1, \cdots n] \tag{13.41}$$

ここで各f_iは$\mathbf{q}, \mathbf{p}$の関数であるが，これらのn個の式を 1 つのn次元方程式にまとめる。

$$\dot{\mathbf{q}} = \mathbf{f}(\mathbf{q}, \mathbf{p}) \tag{13.42}$$

ここで太字の$\mathbf{f}$はn個の関数$f_i = \partial\mathcal{H}/\partial p_i$からなるベクトルを表す。同様の方法で，$\dot{p}_i$に対する$n$個の式を同様の形に書き直すことができる。

$$\dot{\mathbf{p}} = \mathbf{g}(\mathbf{q}, \mathbf{p}) \tag{13.43}$$

ここで太字の$\mathbf{g}$はn個の関数$g_i = -\partial\mathcal{H}/\partial q_i$からなるベクトルを表す。最後に，$2n$次元のベクトルを導入する。

$$\mathbf{z} = (\mathbf{q}, \mathbf{p}) = (q_1, \cdots, q_n, p_1, \cdots, p_n) \tag{13.44}$$

この**位相空間ベクトル**または**位相点**$\mathbf{z}$は，すべての一般化座標およびそれらのすべての共役運動量を含む。$\mathbf{z}$の各値は，位相空間内の一意の点にラベルを付け，系の初期条件の固有の組を識別する。この新しい表記法により，2 つの式（13.42）と（13.43）を$2n$個の成分を持つ 1 つの大きな運動方程式に組み合わせることができる。

$$\dot{\mathbf{z}} = \mathbf{h}(\mathbf{z}) \tag{13.45}$$

ここで関数$\mathbf{h}$は，（13.42）および（13.43）の$2n$個の関数$f_1, \cdots, f_n, g_1, \cdots, g_n$を含むベクトルである。

方程式（13.45）は，位相空間ベクトル$\mathbf{z}$の 1 階微分方程式としてのハミルトン方程式を表す。さらにこれは以下のような，特に簡単な形式の 1 階微分方程式である[8]。

（$\mathbf{z}$の 1 次導関数）＝（$\mathbf{z}$の関数）

微分方程式に関する数学の文献の大部分は，この標準形式の方程式に費やされている。ハミルトン方程式は，ラグランジュ方程式とは異なり，自動的にこの形式になっているというのは，明確な利点である。

単一の位相空間ベクトル$\mathbf{z} = (\mathbf{q}, \mathbf{p})$を形成するために$n$個の位置座標$\mathbf{q}$と$n$個の

---

8 ハミルトニアンが明示的に時間に依存するならば，（13.45）は（依然として極めて単純な）形式$\dot{\mathbf{z}} = \mathbf{h}(\mathbf{z}, t)$となる。明示的な時間依存のない形式（13.45）は，自律的であると呼ばれる。

運動量$\mathbf{p}$との組み合わせることは，位相空間における位置座標と運動量座標との間の等価性を示唆しているが，この示唆は正しいことが証明されている。第 7 章以降，ラグランジュ形式の強みの 1 つは，座標に関する大きな柔軟性であることを我々は知っている。一般化座標$\mathbf{q} = (q_1, \cdots, q_n)$の任意の集合は，第 2 の集合$\mathbf{Q} = (Q_1, \cdots, Q_n)$に置き換えられるが，ここで新しい$Q_i$の各々は，元の$(q_1, \cdots, q_n)$の関数となっている。

$$\mathbf{Q} = \mathbf{Q}(\mathbf{q}) \tag{13.46}$$

ラグランジュ方程式は，古い座標$\mathbf{q}$に関して成立するように，新しい座標$\mathbf{Q}$に関しても成立する[9]。これを言い換えると，ラグランジュ方程式は$\mathbf{q} = (q_1, \cdots, q_n)$によって定義される$n$次元の配置空間の任意の座標変化のもとで変化しない（または不変である）と述べることができる。ハミルトン形式は，この同じ柔軟性を共有している。ハミルトン方程式は，配置空間の座標変化（13.46）のもとでは不変である。しかしながらハミルトン形式は，実際にははるかに大きな柔軟性を有しており，$2n$次元の位相空間においてある種の座標変化を可能にする。ここでは，以下の形式の座標変換

$$\mathbf{Q} = \mathbf{Q}(\mathbf{q}, \mathbf{p}), \qquad \mathbf{P} = \mathbf{P}(\mathbf{q}, \mathbf{p}) \tag{13.47}$$

つまり$\mathbf{q}$と$\mathbf{p}$の両方が混在している座標変換を考える。(13.47）がある種の条件を満たす場合，この座標の変化は**正準変換**と呼ばれ，ハミルトン方程式はこれらの正準変換のもとで不変である。正準変換のこれ以上の議論は，本書の範囲を超えてしまうが，それらの存在を認識し，またそのことがハミルトン形式を強力な理論的ツールにする特性の 1 つであることを理解することは必要である[10]。問題 13.24 および 13.25 は，正準変換の例である。

13.6　位相空間軌道

（13.44）の位相空間ベクトル$\mathbf{z} = (\mathbf{q}, \mathbf{p})$を，位相空間における系の「位置」の

---

9 しかしながら，ここで述べたことは若干の制限を受けなければならない。各集合$\mathbf{Q}$が一意の集合$\mathbf{q}$を決定し，逆もまた同様であること，また関数$\mathbf{Q}(\mathbf{q})$は微分可能でなければならないという意味で，座標$\mathbf{Q}$は「合理的（reasonable)」でなければならない。

10 $2n$次元ベクトル$(\mathbf{q}, \dot{\mathbf{q}})$で定義される状態空間で機能するラグランジュ力学には，対応する変換がないことは強調されるべきである。$\dot{\mathbf{q}}$は$\mathbf{q}$の時間微分として定義されているため，$\mathbf{q}$と$\dot{\mathbf{q}}$が混在する（13.47）の類似の変換は存在しない。

定義と見なすことができる。任意の点$\mathbf{z_0}$は（任意の選択された時間t_0における）可能な初期条件を定義し，ハミルトン方程式（13.45）は，$\mathbf{z_0}, t$から始まり時間の経過と共に系が従う固有の**位相空間軌道**または**軌跡**を定義する。位相空間は$2n$次元であるので，これらの軌道の可視化は$n = 1$でない限り面倒である。たとえば3次元の単一の非拘束粒子の場合は$n = 3$であり，位相空間は 6 次元となるため，簡単に視覚化することができない。全位相空間よりも小さい次元の部分空間における位相空間軌道を見るためには，12.8 節で説明したポアンカレ断面などの様々な技法があるが，ここでは$n = 1$の系の 2 つの例を挙げる したがって，位相空間は 2 次元である。

これらの例を見る前に，ただちに言及しなければならない位相空間軌道の重要な特性がある。位相空間内の同じ点を，2 つの異なる位相空間軌道が通過することはない。すなわち，2 つの位相空間軌道が互いに交差することは起こらない。図 13.4 のように，2 つの軌道が 1 つの同じ点$\mathbf{z_0}$を通過すると仮定する。

ハミルトン方程式（13.45）から，任意の点$\mathbf{z_0}$について，$\mathbf{z_0}$を通過する軌道は 1 つしか存在しないことになる。したがって，$\mathbf{z_0}$を通過する 2 つの軌道は同じでなければならない。この結果は異なる時間においても，異なる軌道が同じ点を通過することを排除することに注意してほしい。今日，ある軌道が$\mathbf{z_0}$を通過する場合，今日，昨日，または明日において，異なる軌道が$\mathbf{z_0}$を通過することはない[11]。2 つの位相空間軌道が交わることはない

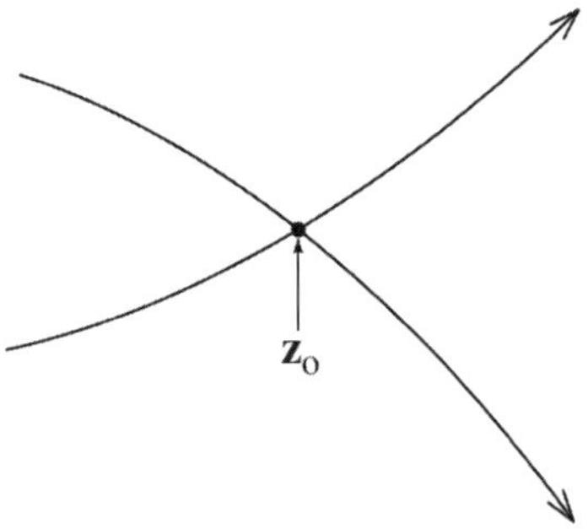

図 13.4 位相空間内の同じ点を通過する，2 つの軌道を考える。しかしながらハミルトン方程式は，与えられた点$\mathbf{z_0}$に対して，$\mathbf{z_0}$を通過する一意の軌道が存在することを保証するので，これら 2 つの軌道は，実際は同じでなければならない。

11 これが成立する理由は，ハミルトニアンが時間依存しないためである。$\mathcal{H}$が明示的に時間依存している場合，同じ時間においては 2 つの軌道が 1 つの点を通過することはない，と主張できるだけである。

ということの結果は，位相空間内での軌道について厳しい制限を課す。そのことは，たとえばハミルトン系のカオス的運動の分析に，重要な結果をもたらす。

例 13.5 1次元調和振動子

質量mの物体，およびばね定数kのばねを有する1次元調和振動子のハミルトン方程式を設定し，座標(x,p)によって定義される位相空間内の可能な軌道について説明する。

運動エネルギーは$T=\frac{1}{2}m\dot{x}^2$であり，固有角振動数$\omega=\sqrt{k/m}$を導入すると，位置エネルギーは$U=\frac{1}{2}kx^2=\frac{1}{2}m\omega^2x^2$である。一般化運動量は$p=\partial T/\partial\dot{x}=m\dot{x}$であり，（$x$と$p$の関数として書き下される）ハミルトニアンは

$$\mathcal{H}=T+U=\frac{p^2}{2m}+\frac{1}{2}m\omega^2x^2 \tag{13.48}$$

である。そしてハミルトン方程式は，以下のようになる。

$$\dot{x}=\frac{\partial\mathcal{H}}{\partial p}=\frac{p}{m},\qquad \dot{p}=-\frac{\partial\mathcal{H}}{\partial x}=-m\omega^2x$$

これらの2つの方程式を解く最も簡単な方法は，pを消去して，よく知られている2次方程式$\ddot{x}=-\omega^2x$を得ることである。その結果，以下の良く知られた解を得ることができる。

$$x=A\cos(\omega t-\delta)\quad つまり\quad p=m\dot{x}=-m\omega A\sin(\omega t-\delta) \tag{13.49}$$

1次元調和振動子の位相空間は，座標(x,p)を有する2次元空間である。この空間では，解（13.49）は図13.5に示したように時計回りに進む楕円のパラメトリック形式である。この図は，振動子が$x=A$（実線の曲線）および$x=A/2$（破線の曲線）において，静止状態から運動を開始した場合の2つの位相空間軌道を示している。軌道は楕円でなければならないが，これはエネルギーの保存に従うことを意味する。全エネルギーはハミルトニアン（13.48）によって与えられ，その初期状態（$x=A,p=0$の実線の場合）での値は$\frac{1}{2}m\omega^2A^2$である。したがって，エネルギー保存則により

$$\frac{p^2}{2m}+\frac{1}{2}m\omega^2x^2=\frac{1}{2}m\omega^2A^2$$

または

$$\frac{x^2}{A^2}+\frac{p^2}{(m\omega A)^2}=1 \tag{13.50}$$

となる。これは長半径Aおよび短半径$m\omega A$を持つ楕円の方程式であるが,（13. 49）とも一致している。

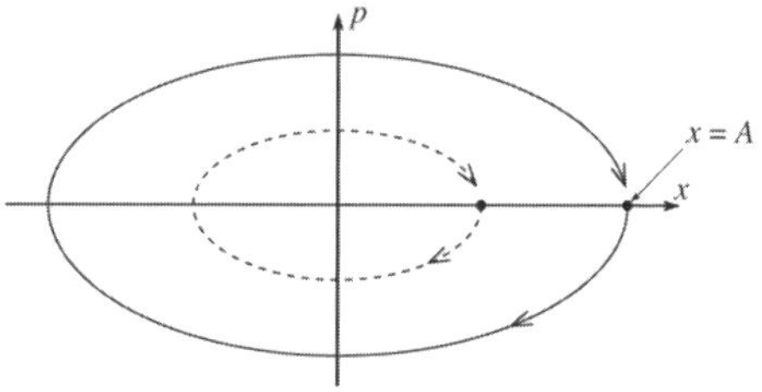

図 13.5 1 次元調和振動子の位相空間は, x（位置）とp（運動量）によってラベル付けされた軸を持つ平面であり，運動状態を表す点は時計回りの楕円を描く。 各位相点(x,p)には，一意の軌道が存在する。外側の軌道（実線）は$x=A, p=0$で静止状態から始まり，内側の軌道は$x=A/2, p=0$から始まる。

おそらく, 図 13. 5 の位相空間軌道の 1 つを詳細に追うことは，価値のあることであろう。実線の場合，xが最大でかつ静止状態から運動を始めるが，これは図中に点として示されている$x=A, p=0$の場所である。復元力により，mは$x=0$に向かって加速されるためxは小さくなり，またpは負の方向にどんどん大きくなる。xが 0 に達する時には，pは最大の負の値$p=-m\omega A$に到達する。その後，振動子は平衡点を過ぎ去るが，そのためxは負になる。一方でpは負ではあるが，その大きさは小さくなっていく。xが$-A$に達する際にはpは再びゼロとなり，振動子がその開始点$x=A, p=0$ に戻るまで同様のことが起こり，その後は再び周期運動が始まる。先に述べた一般的な議論と一致しているが，図 13. 5 に示す 2 つの軌道が，互いに交差していないことに注意してほしい。実際，（13. 50）で表わされる 2 つの楕円は，Aの値が同じ場合（つまり同じ楕円の場合）以外には，共通の点を持つことはできない。

この単純な 1 次元の場合, 位相空間内の点は単純な解$x=A\cos(\omega t-\delta)$

から学ぶ以上のことを教えてくれないが，その運動をはっきりと理解できることを理解してほしい。

読者が第12章を読んでいれば，位相空間軌道は第12.7節で説明した状態空間軌道と密接に関連していることがわかるであろう。唯一の違いは，前者が(x, p)平面を使用するのに対して，後者が$(x, \dot{x})$平面を使用し，系の進化を追跡することである。今の場合，x軸に沿った1次元運動ではpは$\dot{x}$に比例するため（具体的には$p = m\dot{x}$），ほとんど違いはない。したがって2種類のグラフは，前者が垂直方向にm倍に伸びることを除いて同一である。 それにもかかわらず，一般的な2次元の場合，(q, p)と$(q, \dot{q})$によって定義される空間は大きく異なる場合がある。次節で説明するように，位相空間図形には，状態空間図形とは共有されない素晴らしい特性がある。

位相空間を1つの軌道だけでなく，異なる複数の軌道に沿って追跡する必要があることは，よくあることである。たとえばカオスの研究では，わずかに異なる初期条件で開始された2つの同一の系の進化を追いかけることは非常に興味深いことがわかった。運動が非カオス的である場合，2つの系は位相空間内で互いに接近したままであるが，運動がカオス的であるとそれらは急速に離れて動き，その運動の詳細は実際問題として予測できない。次の例において，重力の影響下にある4つの隣接した粒子の位相空間軌道を調べる。

例 13.6 落下する物体

重力のみが働き，縦方向に動くように制約された質量mの物体に対して，ハミルトン形式を構築する。適切な原点から下に測った座標xと，共役運動量を使用し位相空間軌道，特に$t = 0$における次の4つの異なる初期条件の下で，時間0から時間tまでの軌道を描く。

(a) $x_0 = p_0 = 0$（すなわち物体は$x = 0$で静止状態から手を離される。）

(b) $x_0 = X, p_0 = 0$（物体は$x = X$において静止状態から手を離される。）

(c) $x_0 = X, p_0 = P$（物体は初期運動量$p = P$で$x = X$から投げられる。）

(d) $x_0 = 0, p_0 = P$（物体は初期運動量$p = P$で$x = 0$から投げられる。）

運動エネルギーおよび位置エネルギーは，$T=\frac{1}{2}m\dot{x}^2, U=-mgx$である。（$x$は下向きに測定されていることに注意。）そして共役運動量は$p=m\dot{x}$であり，ハミルトニアンは

$$\mathcal{H}=T+U=\frac{p^2}{2m}-mgx \tag{13.51}$$

である。位相空間軌道の形状を求める際には，エネルギー保存により$\mathcal{H}=$一定を満たさなければならないので，運動方程式を解く必要はない。ハミルトニアン（13.51）の場合，これは$x=kp^2+const$という形式の放物線を定義し，その対称軸はx軸上にある。

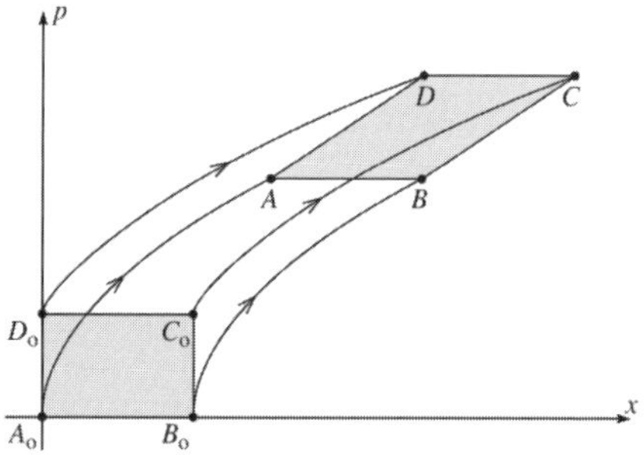

図 13.6 重力の影響下で垂直に動く物体に対する，位置x（垂直方向に測定したもの）と運動量pを表す4つの異なる位相空間軌道。時間0における4つの異なる初期状態は，A_0, B_0, C_0, D_0とラベル付けされており，一方その後の時間tに対応する最終状態を有する点はA, B, C, Dで示されている。

求められた4つの軌道を描くためには，以下の運動方程式を解くことが必要である。

$$\dot{x}=\frac{\partial\mathcal{H}}{\partial p}=\frac{p}{m},\quad \dot{p}=-\frac{\partial\mathcal{H}}{\partial x}=mg$$

これらのうちの2番目の式から，

$$p=p_0+mgt$$

がわかる。そして最初の式に代入すると，以下が得られる。

$$x=x_0+\frac{p_0}{m}t+\frac{1}{2}gt^2$$

両者の結果は，初等力学においてきわめてよく知られた関係式である。与えられた初期条件を入力すると，図13.6に示す4つの曲線が得られる。予想通り，4つの軌道$A_0A,\cdots,D_0D$は放物線で，他と交差する軌道はない。

初期の矩形$A_0B_0C_0D_0$が平行四辺形$ABCD$に進化したことがわかるが，平行四辺形の面積が元の長方形の面積と同じであることを示すことは容易である。（底辺が同じ長さ$A_0B_0 = AB$であり，また同じ高さであることに注意すること。問題 13. 27 を参照。）次節では，これらの 2 つの特性（形状は変化するが，面積は変わらない）が，すべての位相空間軌道の一般的な特性であることを見ていく。特に面積が変化しないことは，リウヴィルの定理として知られる重要な結果の一例である。

13. 7　リウヴィルの定理*

*この節は，本書の他のほとんどの題材よりも先進的な題材を含んでいる。特にベクトル解析の発散演算子と発散定理を使用する。これらの概念を理解していない場合は，この節を省略することもできる。

例 13.6 において，さまざまな初期条件から進化したいくつかの同一の系の運動を追跡するために，位相空間のグラフを使用できることがわかった。多くの問題，特に統計力学の問題では，膨大な数の同一の系の運動を追跡することがある。各系の状態は，位相空間内の点としてラベル付けすることができ，これらの点の数が十分に多い場合，得られた点群を一種の流体として見ることができる。密度 ρ は位相空間の体積当たりの点の数で測定される。たとえば理想気体の統計力学では，容器内を移動する10^{23}個の同一分子の運動を考える。各分子は同じハミルトニアンによって支配され，

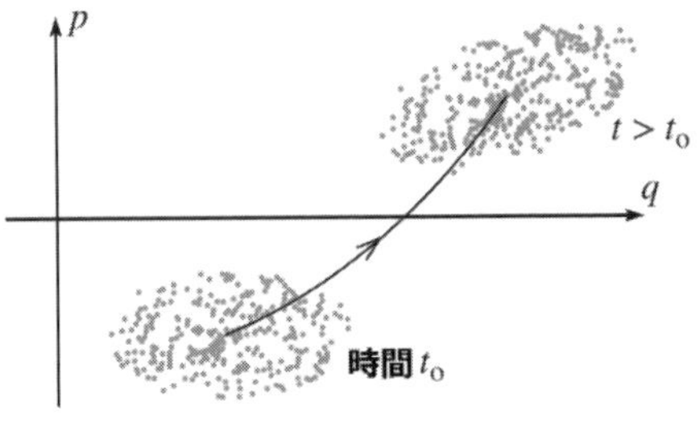

図 13.7 下側の点集合内の点は，ある時間における 300 の同一系の状態を示している。時間が進むにつれて，ハミルトン方程式にしたがって各点が位相空間を移動し，点集合全体が上方の位置に移動する。

座標(x,y,z,p_x,p_y,p_z)で表わされる同じ 6 次元位相空間内を移動する。したがって，この位相空間内の10^{23}個の点の位置を与えることによって，系の状態をいつでも特定することができる。これらの10^{23}個の点は，その運動が（多くの目的において）流体のように扱うことができる群を形成する。この節の大部分では，この例を念頭に置くが，特定の場合としてたった 1 つの空間次元，したがって 2 次元の位相空間を持つ系に特化することもある。

それらの位相空間における点集合による多数の同一系の運動の追跡が図 13.7 に示されている。この図は多次元の位相空間を模式的に表したものであるが，簡略化のために$\mathbf{z}=(q,p)$という 1 自由度の系の 2 次元の位相空間を考えてみよう。下側の集合の各点は，時間t_0における位相空間内の位置$\mathbf{z}=(q,p)$を与えることによって，ある系（たとえば気体中の 1 分子）の初期状態を表す。ハミルトン方程式は，各点が位相空間を移動する「速度」を決定する。

$$(\text{位相空間速度})=\dot{\mathbf{z}}=(\dot{q},\dot{p})=\left(\frac{\partial\mathcal{H}}{\partial p},-\frac{\partial\mathcal{H}}{\partial q}\right) \tag{13.52}$$

初期集合の各点$\mathbf{z}$について固有の速度$\dot{\mathbf{z}}$があり，各点は割り当てられた速度で移動する。一般に異なる点は異なる速度を有し，点集合は図に示すようにその形状および向きを変更することができる。一方まもなく証明するように，点集合によって占有される体積は変化しないが，その結果はリウヴィルの定理と呼ばれる。

この定理をより正確に述べるために，図 13.8 の左下に示すような位相空間の閉じた面を考える。この閉じた面上の各点は，それぞれ固有の初期条件を定義しており，時間が進むにつれて対応する位相空間軌道に沿って移動する。したがって，面全体が位相空間を移動する。最初に面の内側にある点は，常に内側にとどまっていなければならないことは明らかである。仮に外側に移動できる点があったとすると，ある瞬間にそれは動く面の縁を横切る必要があ

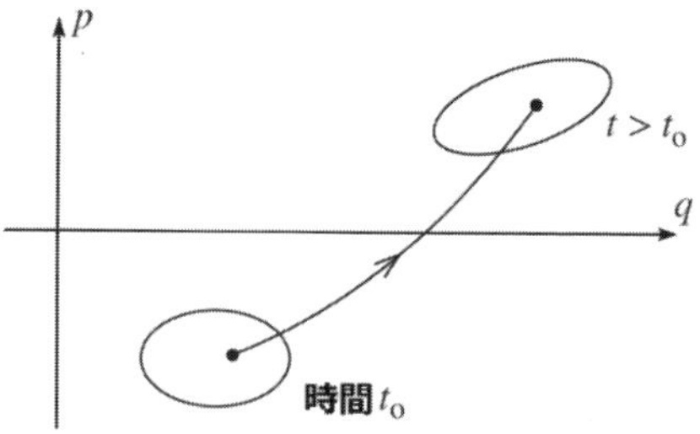

図 13.8 時間が経過すると，左下の閉じた面が位相空間を移動する。最初は面の内側にある任意の点が，常に内側に残る。

る。この瞬間には，互いに交差する 2 つの異なる軌道が存在することになるが，そのことは不可能であることはすでに述べたとおりである。同様の議論により，最初に面の外側にあった任意の点は，常に外にとどまっている。したがって（たとえば分子を表す）面内の点の数は，時間変化しない。この節の主な結果，つまりリウヴィルの定理は，図 13.8 の動く閉じた面の体積が時間的に一定である，ということを意味する。これを証明するには，このような量の変化率と，速度ベクトルの発散との関係を知る必要がある。

体積変化

上で述べた，我々が必要とする 2 つの数学的結果は，任意の次元数の空間で保持される。我々は$2n$次元位相空間で，この結果を適用する必要がある。ただし日常的になじみのある 3 次元空間で，それらを最初に考えてみよう。ここでは，運動する流体で満たされた 3 次元空間を考えるが，各点$\mathbf{r}$にある流体は速度$\mathbf{v}$で移動しているとする。各位置$\mathbf{r}$について固有の速度$\mathbf{v}$が存在するが，異なる点$\mathbf{r}$では$\mathbf{v}$は異なる値を持つ。したがって，$\mathbf{v} = \mathbf{v}(\mathbf{r})$と書くことができる。これは各位相点$\mathbf{z}$が，位相空間におけるその位置によって一意的に決定される速度で移動する，位相空間における状況$\dot{\mathbf{z}} = \dot{\mathbf{z}}(\mathbf{z})$とまったく同様である。

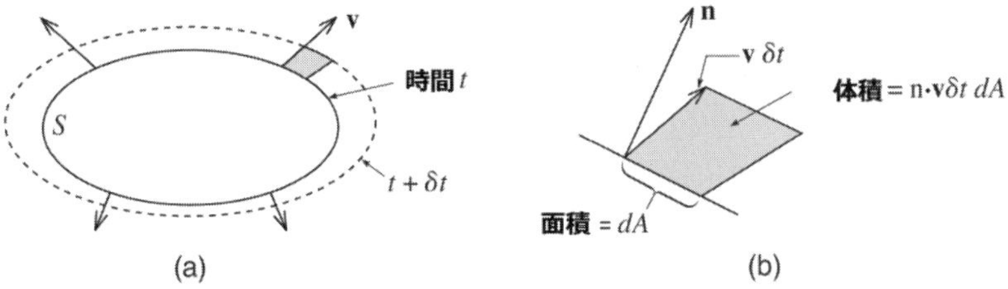

図 13.9（a）面Sは，時間tの初期位置（実線の曲線）から時間$t + \delta t$の新しい位置（点線の曲線）まで流体と共に移動する。Vの変化は，2 つの表面間の体積である。（b）（a）の影付き部分の拡大図。ベクトル$\mathbf{n}$は，面Sに対して垂直な単位ベクトルであり，外側を指している。

ここで，ある時間tにおける流体中の閉じた表面Sを考える。この表面に染料を付け，液体の動きを追いかけることを想像してみよう。ここで調べなければならないことは，VがSの体積を表す場合，流体が動くにつれてVがどの程度変化するか，ということである。図 13.9（a）は，短い時間δtだけ離れた 2 つの隣り合った瞬間における，表面Sの 2 つの位置を示している。間隔δtの間のVの変化は，これら 2 つの表面の間の体積である。これを評価するために，まず図 13.9（a）の小さな陰影付きの体積の寄与を検討する。（図 13.9（b）にその拡大図が示されている。）この微小体積は，底面積dAを有する円柱である。円柱の側面は変位$\mathbf{v}\delta t$によって与えられるので，円柱の高さは$\mathbf{v}\delta t$の底面に垂直な成分である。単位ベクトル$\mathbf{n}$をSの外向き法線の方向に導入すると，円柱の高さは$\mathbf{n}\cdot\mathbf{v}\delta t$であり，その体積は$\mathbf{n}\cdot\mathbf{v}\delta t dA$である。表面$S$内の体積の全体的な変化は，これらの小さな寄与の和をとることで求められる。

$$\delta V = \int_S \mathbf{n}\cdot\mathbf{v}\delta t dA \tag{13.53}$$

ここで積分は，閉じた面Sの全体にわたって実行される面積分である。両辺をδtで割って，$\delta t \to 0$とすると，2 つの重要な結果のうちの最初のものが得られる。

$$\frac{dV}{dt} = \int_S \mathbf{n}\cdot\mathbf{v} dA \tag{13.54}$$

図 13.9（a）は，温度上昇している気球内の膨張する空気のような，外向きの速度$\mathbf{v}$を持つ流体の流れを示している。$\mathbf{v}$が外向きの場合，（$\mathbf{n}$は外向きの法線と定義されているため）スカラー積$\mathbf{n}\cdot\mathbf{v}$は正であり，また積分（13.54）も正であるが，このことはVが増加していることを意味している。（温度が下がっている気球の中の空気のように）$\mathbf{v}$が任意の場所で内向きの場合，$\mathbf{n}\cdot\mathbf{v}$は負であり，$V$は減少する。一般に$\mathbf{n}\cdot\mathbf{v}$は表面$S$の部分では正であり，他の部分では負である。特に流体が非圧縮性でVが変化しない場合，$\mathbf{n}\cdot\mathbf{v}$の正と負の値からの寄与は，$dV/dt$がちょうどゼロになるように相殺されなければならない。

表面Sおよび体積Vについての結果（13.54）を 3 次元で導出したが，ここで述べたことは任意の次元数においても同様に有効である。m次元空間ではベクトル$\mathbf{n}, \mathbf{v}$の両方がm個の成分を持ち，スカラー積は$\mathbf{n}\cdot\mathbf{v} = n_1 v_1 + \cdots + n_m v_m$である。この定義の下で，（13.54）は$m$の値に関係なく有効である。

発散定理

我々が必要とする第 2 の数学的結果は，**発散定理**または**ガウスの定理**と呼ばれるものである。これはベクトル解析の標準的な結果の 1 つであり（第 4 章で使用したストークスの定理に似ているが），その証明は多くの単純な場合においては極めて簡単で有益なものであり，ベクトル解析のどのような教科書でも見つけることができる[12]（問題 13.37 を参照のこと）。定理には，発散と呼ばれるベクトル演算子が含まれる。任意のベクトル$\mathbf{v}$について，$\mathbf{v}$の**発散**は次のように定義される。

$$\nabla \cdot \mathbf{v} = \frac{\partial v_x}{\partial x} + \frac{\partial v_y}{\partial y} + \frac{\partial v_z}{\partial z}; \qquad (13.55)$$

ここで$\mathbf{v}$は任意のベクトル（たとえば力または電場）であるが，ここでは速度であるとする。以前に発散演算子を学習したことがない場合は，問題 13.31, 13.32, 13.34 のうちのいくつかを解いておいたほうがよいであろう。

発散定理は，面積分（13.54）を$\nabla \cdot \mathbf{v}$で表すことができることを主張している。

$$\int_S \mathbf{n} \cdot \mathbf{v} dA = \int_V \nabla \cdot \mathbf{v} dV \qquad (13.56)$$

ここで右辺の積分は，表面Sの内部の体積Vに対する面積分である。この定理は驚くほど強力な道具となり，特に電磁気学におけるガウスの法則の応用の際に重要な役割を果たす。多くの場合，この定理によって評価が難しい積分をおこなうことができる。特に$\nabla \cdot \mathbf{v} = 0$という性質を持つ，多くの興味深い流体の運動がある。このような流れの場合，左辺の積分は直接評価するのが非常に面倒かもしれないが，発散定理により積分がゼロであることがすぐにわかる。発散定理はこのように使用されるので，ここでそのような流れの例を見てみよう。

例 13.7 せん断流

ある流体の流れの速度を，kを定数として

$$\mathbf{v} = ky\hat{\mathbf{x}} \qquad (13.57)$$

つまり$v_x = ky, v_y = v_z = 0$であるとする。この流れを説明し，球形として始まる閉じた表面の動きを描く。発散$\nabla \cdot \mathbf{v}$を評価して，流体によって動いている閉曲面Sで囲まれた容積が変化しない，すなわち流体は非圧縮的に流れることを示す。

[12] たとえば Mary Boas 著，『Mathematical Methods in the Physical Sciences』（Wiley, 1983），271 ページを参照のこと。

速度$\mathbf{v}$は任意の場所でx方向であり，その大きさはyだけに依存する。したがってy =一定面上の任意の点は，滑り剛体板のように動く。これは層流と呼ばれるものである[13]。層流はyとともに増加するため，各平面は図13.10の3つの細い矢印で示されているように，各平面はその下の平面より少し速く動く，つまりせん断運動をおこなう。流体とともに動く，最初は球状である閉じた表面を考えると，その頂部は底部より少し速く引っ張られるため，図のように楕円形に伸びていく。

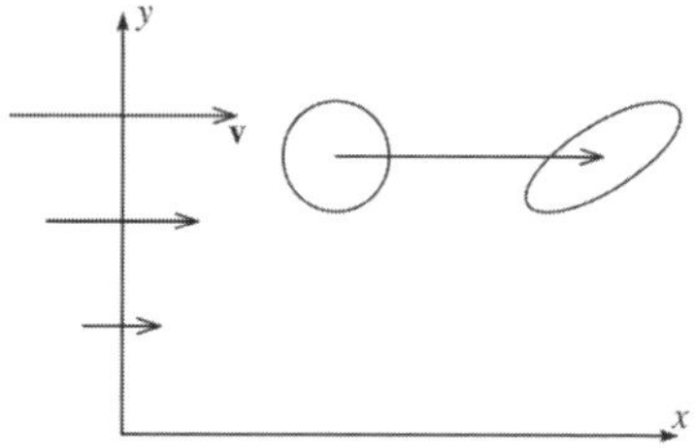

図 13.10（13.57）で示された流体の運動は，層流のせん断流である。平面$y = 0$に平行な平面上の点は，すべてyに比例した速度でx方向に一定速度で移動する。このせん断運動により，球体は楕円体に引き伸ばされる。

定義（13.55）を用いて，$\nabla \cdot \mathbf{v}$を簡単に評価することができる。

$$\nabla \cdot \mathbf{v} = \frac{\partial v_x}{\partial x} + \frac{\partial v_y}{\partial y} + \frac{\partial v_z}{\partial z} = \frac{\partial ky}{\partial x} + 0 + 0 = 0 \qquad (13.58)$$

ここで2つの結果（13.54），（13.56）を組み合わせると，閉曲面内の体積の変化率は

$$\frac{dV}{dt} = \int_V \nabla \cdot \mathbf{v} dV \qquad (13.59)$$

である。任意の場所で$\nabla \cdot \mathbf{v} = 0$であることがわかっているので，$dV/dt = 0$であり，流体と共に移動する任意の閉曲面内の体積は，(13.57)の流れに対して一定である。

13 この言葉（laminar : 層）は薄板またはプレートを意味するラテン語であり，またそこから「to laminate」という動詞も得られる。

以前に発散定理を学習したことがない場合は，問題 13.33 と 13.37 のどちらかまたは両方を試してみるとよいであろう。ここで，$\nabla\cdot\mathbf{v}$の意義についてもう一言述べる。十分に小さい体積Vに（13.59）を適用すると，$\nabla\cdot\mathbf{v}$は積分領域全体でほぼ一定になり，（13.59）の右辺はちょうど$(\nabla\cdot\mathbf{v})V$になり，（13.59）それ自体が任意の微小容積Vに対して

$$\nabla\cdot\mathbf{v}=\frac{1}{V}\frac{dV}{dt}$$

である。dV/dtは$\mathbf{v}$の外向き流れであるので，$\nabla\cdot\mathbf{v}$は体積あたりの外向きの流れである。$\nabla\cdot\mathbf{v}$が点$\mathbf{r}$で正であれば，$\mathbf{r}$のまわりでは外向きの流れがあり，その付近の小さな体積は（気球内の気体が発熱するように）膨張する。$\nabla\cdot\mathbf{v}$が負の場合，内向きの流れがあり，$\mathbf{r}$ 付近の小さな体積は（気球内の気体が冷却するように）収縮する。この例では$\nabla\cdot\mathbf{v}$はゼロであり，流体と共に移動する体積は一定である。

発散は，任意の次元数に容易に一般化できる。座標$(x_1,\cdots,x_m)$を有するm次元空間において，ベクトル$\mathbf{v}=(v_1,\cdots,v_m)$の発散は，

$$\nabla\cdot\mathbf{v}=\frac{\partial v_1}{\partial x_1}+\cdots+\frac{\partial v_m}{\partial x_m}$$

である。これらの定義では，積分が体積要素$dV=dx_1dx_2\cdots dx_m$のm次元領域上の積分であることを除いて，最終的な結果である（13.59）はまったく同じ形式となる。

リウヴィルの定理

ついにこの節の主な目標，すなわちリウヴィルの定理を証明する準備が整った。これは座標空間$\mathbf{z}=(\mathbf{q},\mathbf{p})=(q_1,\cdots,q_n,p_1,\cdots,p_n)$を有する$2n$次元の位相空間における運動に関する定理である。表記を簡略化するために，$n=1$の 1 自由度系のみを考え，位相空間内の位相点は$\mathbf{z}=(q,p)$で 2 次元的なものにする。問題 13.36 を試みることで読者が自分自身で確認できるが，一般的な場合でもほぼ同じように処理できる。

各位相点$\mathbf{z}=(q,p)$はハミルトン方程式にしたがって，速度

$$\mathbf{v}=\dot{\mathbf{z}}=(\dot{q},\dot{p})=\left(\frac{\partial\mathcal{H}}{\partial p},-\frac{\partial\mathcal{H}}{\partial q}\right)\tag{13.60}$$

で運動する。図 13.8 に示したように，位相点を含む任意の閉曲面Sが位相空間を移動するとみなす。S内の体積が変化する割合は（13.59）で与えられるが，ここで体積は 2 次元体積（実際には面積）であり，また

$$\nabla \cdot \mathbf{v} = \frac{\partial \dot{q}}{\partial q} + \frac{\partial \dot{p}}{\partial p} = \frac{\partial}{\partial q}\left(\frac{\partial \mathcal{H}}{\partial p}\right) + \frac{\partial}{\partial p}\left(-\frac{\partial \mathcal{H}}{\partial q}\right) = 0 \tag{13.61}$$

である。2 階微分における 2 つの微分の順番は重要ではないので，上式はゼロとなる。$\nabla \cdot \mathbf{v} = 0$であるので$dV/dt = 0$となり，閉曲面で囲まれた体積$V$は，面が位相空間内を移動しても一定であることが証明された。これが**リウヴィルの定理**である。

リウヴィルの定理を言い表す，もう 1 つの方法がある。以前に，任意の体積V内の同一の系を表す点数Nを変えることができないことをみた。（境界線Sの内側から外側に，またはその逆に移動することはできない。）またここで，体積Vは変化しないことが分かった。したがって点密度$\rho = N/V$も変化しない。このことを，点の集合は非圧縮性流体のように位相空間を移動すると言い換えることができる。ただしこの言い方の意味を理解することが，重要である。もちろん密度ρは異なる位相点$\mathbf{z} = (q, p)$で異なっていてもよい。ここで主張しているのは，軌道に沿った位相点を追いかけても，各時点での密度は変化しないということである。

残念なことに，ここではリウヴィルの定理の結果をこれ以上調べることはしないが，その代わり 1 つの例を挙げる。第 12 章で運動がカオスである場合は，ほぼ同じ初期条件で始まる 2 つの同一の系は，位相空間において急速に離れていくことを見た。したがって図 13.8 に示すような位相空間内の微小な初期体積を考えると，運動がカオスである場合，体積内の少なくともいくつかの対が急速に離れなければならない。しかし我々は今，総体積Vが変化しないことを示した。したがって，体積が一方向に成長すると，別の方向に収縮して葉巻のようになる。位相点が移動できる領域が限定されていることは，よく起こることである。（たとえば図 13.5 の調和振動子で見たように，エネルギーの保存がこのような影響を与える。）この場合，体積Vがより長くて薄くなると，複雑に折り畳まれていくことになるが，これはカオス運動の魅力的な物語にもう 1 つの思わぬ展開を付け加えることになる。

最後に，リウヴィルの定理の妥当性に関する 2 つの点を挙げる。まずこの章の

すべての例において，ハミルトニアンは$\partial\mathcal{H}/\partial t = 0$と時間に明示的に依存しておらず，また保存系であった。さらに座標は「自然」であるので，$\mathcal{H} = T + U$であった。しかしリウヴィルの定理が成立するためには，これらの仮定は必要ない。この節で与えられた証明は，ハミルトン方程式の妥当性にのみ依存しており，ハミルトン方程式に従う系もまた，リウヴィルの定理に従う。たとえば電磁場の荷電粒子は$\partial\mathcal{H}/\partial t$が非ゼロであり，また$\mathcal{H}$が$T + U$と等しくないが，ハミルトン方程式に従い（問題 13.18），したがってリウヴィルの定理にも従う。第 2 に，リウヴィルの定理は座標$(\mathbf{q}, \mathbf{p})$を持つハミルトンの位相空間に対するものであり，座標$(\mathbf{q}, \dot{\mathbf{q}})$を持つラグランジュの状態空間にはこれと対応する定理は存在しない。これはラグランジュ形式に対するハミルトン形式の最も重要な利点の 1 つである。

第 13 章の主な定義と方程式

ハミルトニアン

ある系が一般化座標$\mathbf{q} = (q_1, \cdots, q_n)$，ラグランジアン$\mathcal{L}$，一般化運動量$p_i = \partial\mathcal{L}/\partial\dot{q}_i$を持つとすると，その**ハミルトニアン**は

$$\mathcal{H} = \sum_{i=1}^{n} p_i\dot{q}_i - \mathcal{L} \qquad [\,(13.22)\,]$$

である。$\mathcal{H}$は常に変数$\mathbf{q}$と$\mathbf{p}$（そしておそらくt）の関数とみなされる。

ハミルトン方程式

系の時間発展は，ハミルトン方程式に従う。

$$\dot{q}_i = \frac{\partial\mathcal{H}}{\partial p_i}, \qquad \dot{p}_i = -\frac{\partial\mathcal{H}}{\partial q_i} \quad [i = 1, \cdots, n] \qquad [\,(13.25)\,]$$

位相空間および位相空間軌道

系の**位相空間**は，n個の一般化座標q_iおよびn個の対応する運動量p_iによって定義される点$(\mathbf{q}, \mathbf{p})$を有する，$2n$次元空間である。**位相空間軌道**は，時間が進むにつれて系が位相空間内でたどる経路である。［13.5 および 13.6 節］

リウヴィルの定理

わずかに異なる初期条件で同時に多数の同一系が始まったとすると，系を表す位相空間内の点は，流体を形成するものと見ることができる。リウヴィルの定理によれば，この流体の密度は時間的に一定である。(またはこれと等価であるが，任意の点群によって占有される体積は一定である。) [13.7 節]

第 13 章の問題

星印は，最も簡単な (*) ものから難しい (***) ものまでの，おおよその難易度を示している。

13 .2 節 1 次元系のハミルトン方程式

13.1* x軸に沿って動くように拘束されている（力が全く働かない）自由粒子のラグランジアン，一般化運動量，ハミルトニアンを求めよ。(xを一般化座標として使用せよ。) ハミルトン方程式を見い出し，それを解け。

13.2* 重力の影響下で，鉛直方向に動きを拘束された質量mの物体を考える。適切に設定された原点Oから鉛直下方に測られた座標xを使い，ラグランジアン$\mathcal{L}$を書き下し，一般化運動量$p = \partial\mathcal{L}/\partial\dot{x}$を求めよ。$x, p$の関数としてハミルトニアン$\mathcal{H}$を求め，ハミルトンの運動方程式を書き下せ。(この単純な系において，ハミルトン形式を使って新しいことを学ぶというのは高望みしすぎであるが，運動方程式を確認することは意味のあることである。)

13.3* 図 13.2 のアトウッドの器械を，滑車が質量M，半径Rの一様な円盤という仮定の下で考える。xを一般化座標として使用し，ラグランジアン，一般化運動量p，ハミルトニアン$\mathcal{H} = p\dot{x} - \mathcal{L}$を書き下せ。ハミルトン方程式を見い出し，それらを使って加速度$\ddot{x}$を求めよ。

13.4* ハミルトニアン$\mathcal{H}$は，$\mathcal{H} = p\dot{q} - \mathcal{L}$（1 次元の場合）として与えられるため，確信が持てない場合は，これを使用するべきである。しかしながら一般化座標qが「自然」なら（qと直交座標との関係が時間に無関係なら）$\mathcal{H} = T + U$となり，多くの場合この形のほうが書き下すのが簡単である。そのため問題を解く際には，一般化座標が「自然」であるか，そして$\mathcal{H} = T + U$の簡単な形を使うことができるかを，手短に確認する必要がある。例 13.2（598 ページ）のアトウッドの器械に対して，一般化座標が「自然」であるかどうか，確かめよ。[ヒント：1 つの一般化座標xと 2 つの直交座標x, yが存在する。2 つの直交座標が 1 つの一般化座標で書けることを確かめ，その関係式が時間を含まないこと，そして$\mathcal{H} = T + U$を使ってよいことを確認せよ。これは極めて簡単である。]

13.5** 質量mのビーズが，円柱極座標(ρ, ϕ, z)において$z = c\phi, \rho = R$を満たすようにらせん状に曲げられた，摩擦の無いワイヤに通されている。ここでc, Rは定数である。z軸は鉛直上方を向いており，重力は鉛直下方を向いている。ϕを一般化座標として，運動エネルギーと位置エネルギーを書き下せ。またハミルトニアン$\mathcal{H}$をϕおよびその共役運動量pの関数として書き下せ。ハミルトン方程式を書き下し，$\ddot{\phi}$そして$\ddot{z}$について解け。その結果をニュートン力学の観点から説明し，$R = 0$という特別な場合について説明せよ。

13.6** ばねの端に取り付けられた台車内の振動子について議論した際，ばねの質量を常に無視してきた。無視できない質量Mのばね（ばね定数k）に取り付けられた，質量mの台車のハミルトニアン$\mathcal{H}$を，ばねの伸びxを一般化座標として使って求めよ。ハミルトン方程式を解き，振動子は角振動数$\omega = \sqrt{k/(m + M/3)}$で振動することを示せ。つまりばねの質量は$m$に$M/3$を加えるという影響を及ぼす。（ばねの質量は一様に分布しており，そのためばねは一様に伸びると仮定している。）

13.7*** 質量mのジェットコースターが，xy平面上にある摩擦の無い軌道上を動いている。（xを水平方向，yを垂直方向にとる。）地面からの軌道の高さは，$y = h(x)$で与えられる。(a) xを一般化座標として使用して，ラグランジアン，一般化運動量p，ハミルトニアン$\mathcal{H} = p\dot{x} - \mathcal{L}$（$x, p$の関数）を書き下せ。　(b)ハミルトン方程式を見い出し，ニュートン形式と一致することを示せ。[ヒント：4.7 節で，ニュートンの第 2 法則は$F_{tang} = m\ddot{s}$の形式をとることを示したが，ここでsは軌道に沿って測られた距離である。これを$\ddot{x}$の方程式として書き直し，同じ式がハミルトン方程式から得られることを示せ。]

13.3 節 様々な次元のハミルトン方程式

13.8* 3 次元空間内を動く（力を全く受けない）自由粒子のラグランジアン，一般化運動量，ハミルトニアンを求めよ。（x, y, zを一般化座標として使用せよ。）ハミルトン方程式を見いだし，それを解け。

13.9* 鉛直平面内を運動し，重力の影響は受けるが空気抵抗は受けない，質量mの投射体のハミルトニアンおよびハミルトン方程式を書き下せ。水平方向に測ったx座標，および垂直上方向に測ったy座標を使え。4 つの運動方程式それぞれについて，説明せよ。

13.10* 2 次元面内を動き，$\mathbf{F} = -kx\hat{\mathbf{x}} + K\hat{\mathbf{y}}$の力を受ける質量$m$の粒子を考える。ここで$k, K$は正の定数である。$x, y$を一般化座標として，ハミルトニアンとハミルトン方程式を書き下せ。ハミルトン方程式を解き，運動の様子を説明せよ。

13.11* $\mathcal{H} = T + U$という単純な形式は，一般化座標が「自然」（一般化座標と直交座標の基底との関係が時間と無関係である）の場合にのみ正しい。一般化座標が「自然」でない場合は，$\mathcal{H} = p\dot{x} - \mathcal{L}$という定義を使用する必要がある。このことを説明するために，次のことを考える。直線路に沿って一定でない速度Vで動いている列車の中で，2 人の子供がキャッチボールをしている。一般化座標として，車両の固定点に対するボールの位置(x, y, z)を使用できるが，ハミルトニアンを設定するには慣性系，すなわち地面に固定された系での座標を使用する必要がある。ボールのハミルトニアンを見い出し，それが$T + U$と同じでないことを示せ。(車両系で測定されたものでも，地上系で測定されたものでも，そうはならないことを示せ。)

13.12* 問題13.11と同じことを，以下の系でおこなえ。質量mのビーズが，水平面内にある摩擦のない直線状の棒に通され，棒の中点を通る固定された垂直軸を中心に一定の角速度ωで回転している。ビーズのハミルトニアンを求め，それが$T+U$と等しくないことを示せ。

13.13** 円柱極座標(ρ,ϕ,z)において$\rho=R$で与えられる，半径Rの摩擦のない円柱上を移動するように拘束された質量mの粒子を考える。粒子はただ1つの外力$\mathbf{F}=-kr\hat{\mathbf{r}}$を受けている。ここで$k$は正の定数，$r$は原点からの距離，$\hat{\mathbf{r}}$は原点から離れる方向の単位ベクトルである。一般化座標としてz,ϕを使ってハミルトニアン$\mathcal{H}$を求め，ハミルトン方程式を書き下して解き，その運動を説明せよ。

13.14** 例13.4（605ページ）で説明した，円錐表面に拘束された物体を考える。そこでは最大と最小の高さz_{max},z_{min}が存在しなければならず，物体がそれを超えて移動することはない。zが最大値または最小値の場合は，$\dot{z}=0$でなければならない。これは共役運動量が$p_z=0$の場合にのみ起こり，また方程式$\mathcal{H}=E$を使って（$\mathcal{H}$はハミルトン関数（13.33）である），与えられたエネルギーEに対して，このことがちょうど2つのzの値で起こることを示せ。［ヒント：$p_z=0$の場合の関数$\mathcal{H}$を書き下し，zの関数として$0<z<\infty$でのふるまいを描け。この関数は，与えられたEに対して何回等しくなることができるかを考えよ。］図を使って，物体の運動を説明せよ。

13.15** （13.24）から出発して，n自由度系の$2n$個のハミルトン方程式（13.25）の導出の詳細を説明せよ。（13.14）から（13.15）（13.16）までと同じように議論できるが，考慮すべき$2n$の異なる導関数と，それに関係する$i=1$〜nまでの多くの和があることに注意すること。

13.16** ハミルトニアン（13.24）から出発して，$\partial\mathcal{H}/\partial t=-\partial\mathcal{L}/\partial t$であることを証明せよ。［ヒント：最初に，1自由度系を考えてみよう。この系では，(13.24)は$\mathcal{H}(q,p,t)=p\dot{q}(q,p,t)-\mathcal{L}(q,\dot{q}(q,p,t),t)$である。］

13.17*** 例13.4（605ページ）で説明した，円錐面上に拘束された物体を考える。物体が一定の高さ$z=z_0$に留まり，一定の角速度$\dot{\phi}_0$を持つ解が存在することがわかった。(a) p_ϕの任意の値に対して(13.34)を使用し，対応する高さz_0の値を与える方程式を見い出せ。(b) この運動が安定していることを示すために，運動方程式を使用せよ。つまり軌道が$z=z_0+\epsilon$でϵが小さい場合，ϵはゼロのまわりで振動することを示せ。 (c) この振動の角振動数は$\omega=\sqrt{3}\dot{\phi}_0\sin\alpha$であることを示せ。ここで$\alpha$は円錐の半角（$\tan\alpha=c$，ここで$c$は$\rho=cz$の定数）である。 (d) 振動子の角振動数$\omega$が，軌道角速度$\dot{\phi}_0$と等しくなる角度$\alpha$を求め，その場合の運動を説明せよ。

13.18*** この章のすべての例およびすべての問題（この問題を除く）は，位置エネルギー

$U(\mathbf{r})$ [場合によっては$U(\mathbf{r},t)$]から導かれる力を取り扱っている。しかし 13.3 節で与えられたハミルトン方程式の証明は，ラグランジュ方程式を持つ任意の系に適用されるが，これには位置エネルギーから導かれない力が含まれる可能性がある。このような力の重要な例は，荷電粒子に働く磁力である。　(a) ラグランジアン（7.103）を使って，電磁場内における電荷qのハミルトニアンが

$$\mathcal{H} = (\mathbf{p} - q\mathbf{A})^2/(2m) + qV$$

であることを示せ。(このハミルトニアンは，荷電粒子の量子力学において重要な役割を果たす。)　(b) ハミルトン方程式は，よく知られているローレンツ力についての方程式$m\ddot{\mathbf{r}} = q(\mathbf{E} + \mathbf{v} \times \mathbf{B})$に等しいことを示せ。

13.4 節 イグノラブル座標

13.19* 例 13.3（602 ページ）では，2 次元中心力問題のハミルトニアンを極座標r,ϕを使って書くことで，座標ϕはイグノラブルであることがわかった。同じ問題に対してハミルトニアンを，直交座標x,yを使って書き下せ。この選択では，どちらの座標もイグノラブルでないことを示せ。[このことによる教訓は，一般化座標の選択については，ある程度の注意が必要であるということである。特に系の対称性を探し，それらを利用するための一般化座標を選択する必要がある。]

13.20* $\mathbf{r},t$に依存しない単一の力$\mathbf{F}$の支配下にある，2 次元空間内での物体の運動を考える。(a) 位置エネルギー$U(\mathbf{r})$，およびハミルトニアン$\mathcal{H}$を求めよ。　(b) 直交座標x,yに対して$\mathbf{F}$の方向をx軸にとると，yはイグノラブルであることを示せ。　(c) 直交座標x,yに対して$\mathbf{F}$の方向としてどちらの軸も使用しない場合，どちらの座標もイグノラブルでないことを示せ。(教訓：一般化座標を注意深く選ぶこと。)

13.21** 質量m_1,m_2の 2 つの物体が，質量の無いばね（ばね定数k，自然長l_0）でつながれ，8.2 節で定義されている CM と相対位置が$\mathbf{R},\mathbf{r}$で，摩擦のない水平面内を移動するように拘束されている。　(a) 一般化座標をX,Y,r,ϕとして，ハミルトニアン$\mathcal{H}$を書き下せ。ここで(X,Y)は$\mathbf{R}$の直交座標成分，(r,ϕ)は$\mathbf{r}$の極座標成分である。どの座標がイグノラブルで，どれがそうではないかを説明せよ。　(b) 8 つのハミルトンの運動方程式を書き下せ。　(c) $p_\phi = 0$となる特別な場合の rに関する方程式を解き，その運動を説明せよ。　(d) $p_\phi \neq 0$の場合の運動を求め，この場合rに関する方程式を解くのがなぜ難しいのかを，物理的に説明せよ。

13.22** ラグランジュ形式において$\partial\mathcal{L}/\partial q_i = 0$，すなわち$\mathcal{L}$が$q_i$から独立している場合，座標$q_i$はイグノラブルである。これは，運動量$p_i$が一定であることを保証する。ハミルトン形式では，$\mathcal{H}$が$q_i$から独立しているならば$q_i$はイグノラブルである。これはまた，$p_i$が一定であることを保証する。どちらの場合も$p_i =$一定であるので，これらの 2 つの条件は同じで

なければならない。これが正しいことを，次のように直接証明する。 (a) 1 自由度系の場合，ハミルトニアン（13.14）から出発して，$\partial\mathcal{H}/\partial q = -\partial\mathcal{L}/\partial q$であることを証明せよ。これにより，$\partial\mathcal{L}/\partial q = 0$の場合に限り$\partial\mathcal{H}/\partial q = 0$となることがわかる。(b) n自由度系の場合，（13.24）から出発して，$\partial\mathcal{H}/\partial q_i = -\partial\mathcal{L}/\partial q_i$であることを示せ。

13.23*** 図 13.11 に示す，アトウッドの器械の改良版を考えてみよう。左の 2 つの物体は等しい質量を持ち，ばね定数kの無質量のばねで接続されている。右の物体の質量は$M = 2m$であり，滑車は質量および摩擦がない。xは，平衡長さからのばねの伸びである。すなわちばねの長さは$l_e + x$であるが，ここでl_eは平衡長さである。(すべての物体が適切な位置にあり，Mは静止している。) (a) 全位置エネルギー（ばね+重力）はちょうど$U = \frac{1}{2}kx^2$（および，ゼロにすることができる定数を加えたもの）であることを示せ。 (b) x, yに対する，2 つの共役運動量を求めよ。$\dot{x}, \dot{y}$について解き，ハミルトニアンを書き下せ。座標yがイグノラブルであることを示せ。 (c) 4 つのハミルトン方程式を書き下し，以下の初期条件の下でそれらを解け。質量Mの物体を系全体が平衡状態になるように固定し，$y = y_0$とする。Mを固定したまま，下の質量mの物体を距離x_0だけ引っ張り，$t = 0$で両方の物体から手を離す。[ヒント：x, yの初期値とその運動量を書き下せ。xに関する方程式は，xの 2 次方程式に組み合わせて解くことができる。ひとたび$x(t)$が分かれば，他の 3 つの変数をすぐに書き下すことができる。]その運動を説明せよ。特にxの振動に対する角振動数を求めよ。

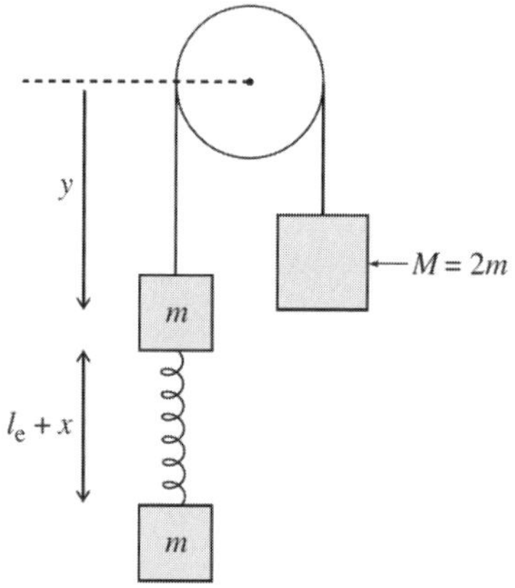

図 13.11 問題 13.23 の図

13.5 節 ラグランジュ方程式とハミルトン方程式の比較

13.24* ここでは，ハミルトン形式がどのようにqとpを別の変数に交換するかを表す，正準変換の簡単な例を示す。ハミルトニアン$\mathcal{H} = \mathcal{H}(q, p)$を持つ，1 自由度の系を考える。運動方程式はもちろん，通常のハミルトン方程式$\dot{q} = \partial\mathcal{H}/\partial p$および$\dot{p} = -\partial\mathcal{H}/\partial q$である。ここで，$Q = p$および$P = -q$と定義される位相空間における新しい座標を考える。新しい座標Q, Pの運動方程式は$\dot{Q} = \partial\mathcal{H}/\partial P$であり，$\dot{P} = -\partial\mathcal{H}/\partial Q$であることを示せ。つまりハミルトン形式は，位置と運動の役割を交換した新たな座標にも同じように適用される。

13.25*** これから，正準変換のもう 1 つの例を示す。依然として事例は実際に使用するにはあまりにも単純であるが，座標変換の効力を示している。　(a) ハミルトニアン$\mathcal{H}=\mathcal{H}(q,p)$の 1 自由度系と，次のように定義された新しい座標組Q,Pを考える。

$$q=\sqrt{2P}\sin Q,\quad p=\sqrt{2P}\cos Q \tag{13.62}$$

$\partial\mathcal{H}/\partial q=-\dot{p}$および$\partial\mathcal{H}/\partial p=\dot{q}$ならば，$\partial\mathcal{H}/\partial Q=-\dot{P}$および$\partial\mathcal{H}/\partial P=\dot{Q}$に従うことを証明せよ。言い換えれば，ハミルトン形式は古い座標で成立するように，新しい座標でも同様に成立する。 (b) 質量$m=1$かつばね定数$k=1$の 1 次元調和振動子のハミルトニアンは，$\mathcal{H}=\frac{1}{2}(q^2+p^2)$であることを示せ。　(c)（13.62）で定義された座標Q,Pに関してこのハミルトニアンを書き換えると，Qはイグノラブルであることを示せ。[この素晴らしい結果を生み出すために，(13.62) の座標変換が巧みに選択された。] Pとは何であろうか。(d) $Q(t)$のハミルトン方程式を解きqについて書き直すと，その解は期待される運動となることを確認せよ。

13.6 節 位相空間軌道

13.26* x軸に拘束され，力$F_x=-kx^3$，$(k>0)$に支配された質量mの物体のハミルトニアン$\mathcal{H}$を求めよ。位相空間軌道を図示し，説明せよ。

13.27** 図 13.6 に，自由落下中の物体に対するいくつかの位相空間軌道が示されている。点A_0,B_0,C_0,D_0は，時間 0 における 4 つの異なる可能な初期状態を表し，A,B,C,Dはその後の対応する状態を表す。位置$x(t)$と運動量$p(t)$をtの関数として書き下し，これらを使って$ABCD$が矩形$A_0B_0C_0D_0$と等しい面積を持つ平行四辺形であることを証明せよ。[これはリウヴィルの定理の一例である。]

13.28** x軸に拘束され，力$F_x=kx$，$(k>0)$に支配された質量mの物体を考える。　(a) 位置エネルギー$U(x)$を書き下し図示し，物体の可能な運動を説明せよ。($E>0$および$E<0$の場合を区別すること。)　(b) ハミルトニアン$\mathcal{H}(x,p)$を書き下し，$E>0$および$E<0$の 2 つの場合において取りうる位相空間軌道を説明せよ。(関数$\mathcal{H}(x,p)$は，一定のエネルギーEと等しくなければならないことに注意すること。) (a) を用いて，(b) に対する答えを説明せよ。

13.7 節 リウヴィルの定理*

13.29* 図 13.10 は，せん断流（13.57）によって最初球形であったものが，楕円体に引き伸ばされた様子を示している。最初は原点を中心とする球形であったものについて，同様の様子を図示せよ。

13.30* 図 13.9 は，流れが任意の場所（少なくとも表面Sのすべての点）において外側である，流体の運動を示している。このことは体積変化δVへの寄与がすべて正であり，Vが間違いなく増加していることを意味する。Sの上側の流れが外向きであり，下側の流れが内向きである場合の，対応する図を描け。Sの下側からのVの変化に対する寄与$\mathbf{n}\cdot\mathbf{v}\delta t dA$がなぜ負となるのか，したがって$\delta V$は正の寄与が負の寄与よりも大きいか，またはその逆であるかに応じて，どちらの符号も取りうることを明確に説明せよ。

13.31* 次の各ベクトルについて，3 次元の発散$\nabla\cdot\mathbf{v}$を求めよ。(a) $\mathbf{v}=k\mathbf{r}$，(b) $\mathbf{v}=k(z,x,y)$，(c) $\mathbf{v}=k(z,y,x)$，(d) $\mathbf{v}=k(x,y,-2z)$。ここで$\mathbf{r}=(x,y,z)$は通常の位置ベクトルであり，またkは定数である。

13.32** 次の各ベクトルについて，3 次元の発散$\nabla\cdot\mathbf{v}$を求めよ。(a) $\mathbf{v}=k\hat{\mathbf{x}}$，(b) $\mathbf{v}=kx\hat{\mathbf{x}}$，(c) $\mathbf{v}=ky\hat{\mathbf{x}}$。$\nabla\cdot\mathbf{v}$は$\mathbf{v}$に関連する外向きの流れを表している。$\nabla\cdot\mathbf{v}=0$となった場合，外向きの流れがゼロであることを示す簡単な図を作成せよ。$\nabla\cdot\mathbf{v}\neq 0$となった場合は，その理由およびその流れが正か負かを示す図を作成せよ。

13.33** 発散定理は素晴らしい結果であり，閉曲面Sからの$\mathbf{v}$の流れを与える表面積分を，$\nabla\cdot\mathbf{v}$の体積積分に関連付ける。時には，これらの積分の両方を評価することは容易で，定理の妥当性を確認することができる場合もある。より多くの場合，一方の積分は他方よりも評価がはるかに容易であり，発散定理は面倒な積分を評価する上手な方法を与える。次の演習問題は，この両方の状況を示している。 (a) $\mathbf{v}=k\mathbf{r}$とする。ここでkは定数であり，Sを原点を中心とする半径Rの球とする。発散定理 (13.56) の左辺 (表面積分) を評価せよ。次に$\nabla\cdot\mathbf{v}$を計算し，これを使って（13.56）の右辺（体積積分）を評価せよ。両者が一致することを示せ。 (b) 今度は同じ速度$\mathbf{v}$を使うが，Sを原点が中心にない球とする。実際に計算することなく，表面積分を直接評価するのが難しい理由を説明せよ。その代わりに，体積積分をおこなうことによってその値を求めよ。(後者の計算は，前者以上には難しくないはずである。)

13.34** (a) $\mathbf{v}=k\hat{\mathbf{r}}/r^2$について，$\nabla\cdot\mathbf{v}$を直交座標を用いて計算せよ。($\hat{\mathbf{r}}/r^2=\mathbf{r}/r^3$に注意すること。) (b) 巻末には，さまざまなベクトル演算子の表現（発散，勾配など）が，極座標で表示されている。球面極座標の発散の式を使用して，(a) に対する答えを確認せよ。($r\neq 0$とせよ。)

13.35** 加速器の導管に沿って，粒子ビームがz方向に移動している。粒子は長さL_0（z方向），および半径R_0の円柱形の体積内に，均一に分布している。粒子は，p_z方向に幅$p_0\pm\Delta p_z$で一様に分布する運動量を有し，横方向の運動量$p_\perp$を半径$\Delta p_\perp$の円内で有する。粒子の空間密度を上げるために，粒子ビームは電場と磁場によって絞り込まれるため，その半径はより小さな値Rに収縮する。リウヴィルの定理から，横方向運動量$p_\perp$の広がりと半径Rについて，何が言えるか。(絞り込みは，L_0またはΔp_zのいずれにも影響しないと仮定する。)

13.36** 自由度nの系の$2n$次元の位相空間において，リウヴィルの定理を証明せよ。ここで方程式（13.60）から（13.61）にかけての議論と，同じように議論することができることに注意せよ。唯一の違いは，位相速度$\mathbf{v} = \dot{\mathbf{z}}$が$2n$次元のベクトルであり，$\nabla \cdot \mathbf{v}$が$2n$次元の発散であることである。

13.37*** 発散定理

$$\int_S \mathbf{n} \cdot \mathbf{v}\, dA = \int_V \nabla \cdot \mathbf{v}\, dV \tag{13.63}$$

の一般的証明はかなり複雑であり，また特に啓発的でもない。しかし単純で極めて有益な特別な場合がいくつかある。以下は，そのうちの 1 つである。6 つの平面$x = X, X + A$，$y = Y, Y + B$，$z = Z, Z + C$で囲まれた体積$V = ABC$の矩形体領域を考える。この領域の表面Sは，S_1（平面$x = X$），S_2（平面$x = X + A$）などと呼ぶことができる，6 つの矩形で構成されている。（13.63）の左側の面積分は，矩形S_1, S_2などのそれぞれに対して 1 つずつ，合計 6 つの積分である。　(a) これらの積分の最初の 2 つを考え，以下を示せ。

$$\int_{S_1} \mathbf{n} \cdot \mathbf{v}\, dA + \int_{S_2} \mathbf{n} \cdot \mathbf{v}\, dA = \int_Y^{Y+B} dy \int_Z^{Z+C} dz\, [v_x(X + A, y, z) - v_x(X, y, z)]$$

(b) 右辺の被積分関数は，$x = X$から$x = X + A$までのxの$\partial v_x / \partial x$の積分として書き換えられることを示せ。　(c)（b）の結果を（a）に代入し，残りの 2 組の面について，対応する結果を書き下せ。これらの結果を加えて，発散定理（13.63）を証明せよ。

第 14 章　衝突理論

衝突実験または散乱実験は，原子および原子を構成する物質の構造を調べるための，唯一の最も強力な道具である。このタイプの実験では，たとえば電子や陽子などの発射体の流れを標的物体，たとえば原子または原子核に向けて発射し，衝突によって「散乱」された発射体の分布を観察することによって，標的物体と発射体との相互作用に関する情報を得ることができる。おそらく最も有名な衝突実験は，アーネスト・ラザフォード（1871-1937）が原子の構造を発見した実験であろう。ラザフォードとその助手は，金箔のシート内の金の原子の薄層に，α 粒子（正に荷電したヘリウム原子の原子核）の流れを当てた。そして散乱された α 粒子の分布を測定することによって，原子の質量の大部分が，原子の中心にある小さな正に帯電した「核」に集中していると推論した。それ以来，原子核や原子核内部の物理学における発見（中性子の発見，核分裂と核融合，クォークの発見など）は，適切な標的物体と慎重に監視された出力粒子による衝突実験の助けを借りておこなわれた。

より大きな物体を使った散乱実験を，想像することもできる。別のビリヤードボールによってはじかれた 1 つのビリヤードボール，太陽によって飛ばされる彗星ですら考えることができるが，これらの場合は標的物体を手軽に調べる別の方法がある。したがって衝突理論の主な応用は，原子レベル以下である。原子・原子系で通用する力学は量子力学なので，これは衝突理論の最も広く使われている形式が量子衝突理論であることを意味する。それにもかかわらず，量子衝突理論の中心的な考え方の多く（全断面積および微分断面積，実験室系および CM 系）

は，量子理論の複雑さなしに，これらの概念を優れた形で導入する古典理論にすでに登場している。これがこの章の主な目的であり，古典力学の文脈の中で衝突理論の主な概念を紹介するものである。

衝突理論が複雑となる主な理由は，原子および原子を構成する物質のスケールでは，標的との相互作用の際に発射体の詳細な軌道をたどることができないということからくる。これからわかるように，このことは単一の発射体を観察しただけでは，ほとんど何も知ることができないことを意味する。一方，多くの発射体を衝突させると，方向によって散乱された発射体の数が違うことがわかり，そこから多くの知見を得ることができる。それは様々な方向に散乱した多数の発射体の統計的分布を扱うことを意味するが，そのために衝突理論の中心概念である衝突断面積（訳者註：「散乱断面積」これとも同じ意味で使う）の概念を古典論と量子論の両方に対して導入する必要がある[1]。そしてそのことが，この章の主題である。

14.1 散乱角と衝突パラメータ

散乱断面積の中心的な概念を導入する前に，それとは異なる散乱角と衝撃パラメータという 2 つの重要なパラメータを導入することは有益である。このことをおこなう前に，いくつかの単純な衝突実験を念頭に置いておくとよいであろう。すべての衝突実験は，遠方から標的に接近する，自由に運動する発射体から始まり，そのエネルギーは純粋に運動学的である。図 14.1 では，固定された標的が発射体に力を及ぼし，後者が標的に近づくにつれて軌道が曲がり，発射体は「散乱」し，異なる方向に移動する。この種の衝突の例として，ラザフォードの有名な実験がある。この実験においては，発射体と標的が正に荷電した粒子であり，散乱を引き起こす力はそれらの間のクーロン反発力であった。図 14.2 では，標的は硬球であり，接触したときにのみ弾丸に力を加える (接触力)。したがって，

---

1 量子力学は本質的に統計的な理論であり，明確な予測可能な結果ではなく確率を扱っている。したがって量子力学においては，最初から異なる散乱した方向の分布を議論する必要性がある。それとは対照的に，古典力学の状況においても発射体の詳細な軌道を観察することが実際に不可能であることから，同様の必要性が生じる。このような違いがあるにもかかわらず，問題を処理するための方法，とりわけ衝突断面の考え方は，2 つの理論で非常によく似ている。

発射体は標的に当たるまで（もしそうであれば）直線状に移動し，次いで異なる方向に跳ね返り，移動する。この種の事象のよく知られた例は，2 つのビリヤードボールの衝突である。（この場合，発射体と標的は同じ大きさとなる。）

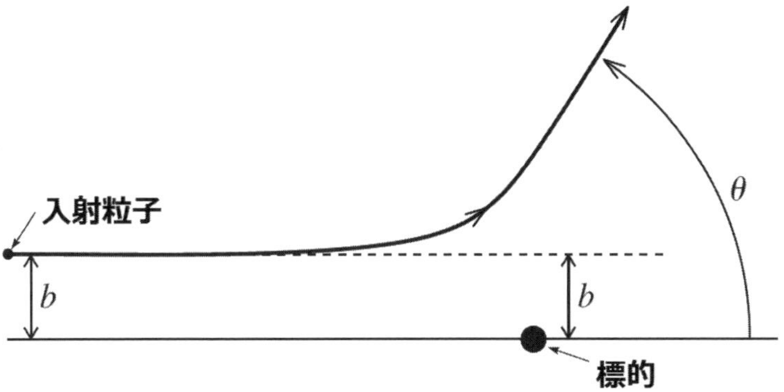

図 14.1 この衝突実験では，発射体は自由粒子のように左から移動している。標的からの力の場を感じ始めると，その軌道は曲がり別の方向に移動する。散乱角θは，初期速度と最終速度との間の角度である。衝突パラメータbは，入射する直線軌道から標的の中心を通る平行軸までの垂直距離である。

これらの 2 つの例を念頭に置くことで，衝突理論の最初の 2 つの重要なパラメータを定義することができる。図 14.1 と図 14.2 の両方に示すように，**散乱角**θは発射体の入射速度と発射速度との間の角度として定義される。標的が全くない場合，散乱角はもちろんゼロである。したがって，$\theta = 0$は散乱なしに対応する。たとえば図 14.2 では，発射体が目標を完全に外してしまい，θがゼロになることがある。可能な最大値は$\theta = \pi$である。図 14.2 では，発射体が標的の中心を通る軸に沿ってやって来て，真っ直ぐ後ろに飛び跳ねる正面衝突が$\theta = \pi$となる。

2 つの図の左側に示すように，**衝突パラメータ**bは発射体の入ってくる直線経路から標的の中心を通る平行軸への垂直距離として定義される。衝突パラメータについて考える第 2 の方法は，図 14.1 の右側に示されている。発射体に力が働かなければ，最も近づいた距離をbと考えることができるが，その際の軌道は単なる直線である。言い換えれば，衝突パラメータは発射体がどの程度，標的に向けられたかを示す。衝突パラメータが非常に大きい場合，発射体はほとんど標的からの力を感じることはなく，θは小さくなる。実際に図 14.2 では，θは標的の半径より大きな任意のbの値に対して，完全にゼロになる。他の極値として値$b = 0$は正面衝突を意味し, 多くの場合$\theta = \pi$に対応する[2]。図 14.1 と図 14.2 から, 与えられたbの値に対してθの一意的な対応値が存在することは明らかであり, そのため古典的衝突理論の主な課題は，$\theta = \theta(b)$を求めることである。

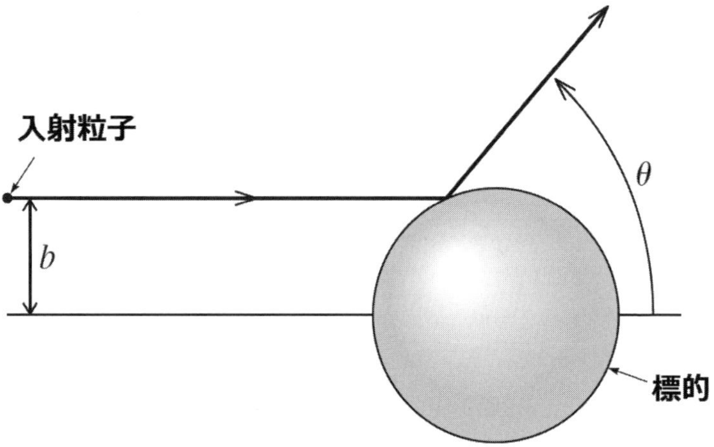

図 14.2 発射体と標的が，接触力によってのみ相互作用する散乱実験。実際に標的に当たって跳ね返るときにのみ，発射体の軌道がそれる。衝突パラメータbが標的の半径よりも小さい場合にのみ，衝突が起こる。

（衝突理論の最大の応用分野である）原子および原子物理学においては，散乱角実験の状況は，衝撃パラメータのそれとは全く異なる。散乱角θは容易に測定されるが，衝撃パラメータは直接測定することはできない。これらの 2 つの点について，順に対処しよう。散乱角の測定には多くの方法があるが，そのうちの最もよくわかるものの 1 つが，図 14.3 に示されている。これは霧箱で作られた陽

2　これらの例（ラザフォード実験と剛体球の散乱）の両方において，$b = 0$は確かに$\theta = \pi$を意味する。一方で発射体と標的との間の力が引力であれば，$b = 0$の発射体は標的にぶつかり，標的の性質に応じて再度現れることはないか，またはまっすぐに通り抜け$\theta = \pi$に現れたりする。

子と窒素核との衝突の写真を表している。これらの粒子を直接撮影するにはもちろん小さすぎるが，粒子がそれほど大きくなくて見えない場合でも，霧箱は移動する荷電粒子の軌道を記録できるようにする様々な道具の 1 つである。霧箱では，荷電粒子が過飽和水蒸気の雲を通って移動する際に，まわりの原子の一部をイオン化し，これらのイオン化された原子が水蒸気の一部を凝縮させ，航空機によって空中に残された蒸気の軌跡にいくらか似た，可視軌跡を作り出す。図 14.3 では，入射する陽子の軌跡をはっきりと見ることができる。陽子が最終的に打ち込まれる窒素核は運動していないため，最初は見ることはできない。しかし陽子が窒素核に当たると，陽子の軌道は急激な方向転換を起こし，窒素核はそれ自身の反動を受けて元いた場所から離れる軌道を描く。このような写真から，散乱角が容易に測定される。

一方で衝撃パラメータは，決して直接的に測定することはできない。問題となるのは，衝撃パラメータの大きさが，原子または 0.1 ナノメートル以下であることである。図 14.3 のような霧箱の軌道は 1 ミリメートルオーダーの幅を持ち，ここで考えている最大の衝撃パラメータよりも約 1000 万倍も大きい。明らかに，衝突パラメータの直接的かつ有意義な測定はできない。次節で説明するように，衝突断面積の概念につながる衝突パラメータを測定することは不可能である。

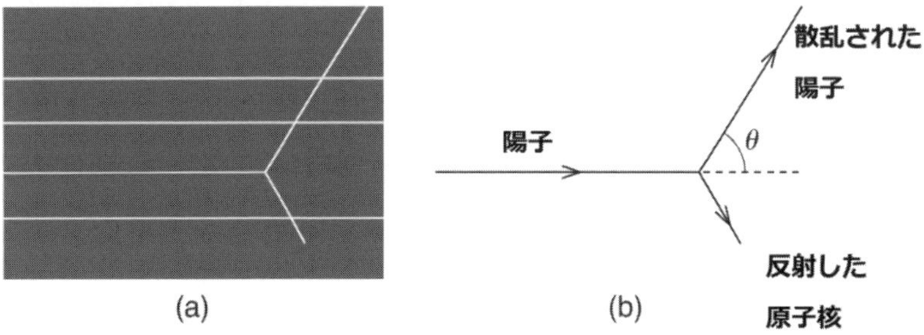

図 14.3 (a) 霧箱では，移動している荷電粒子は可視軌道を残し，後で検査するために撮影することができる。ここでは 4 つの陽子が左から霧箱に入り，そのうち 3 つは軌道が曲げられずに直進する。4 番目は窒素原子核に当たった際に起動を曲げられ，霧箱から右上の方向に去った。弾き飛ばされた原子核は，右下に見える。　(b) 衝突に関係する軌跡の追跡。

14.2 衝突断面積

まず図 14.3 に示すような，1 回の衝突を観測することを想像してみよう。衝突パラメータを知っていれば，標的の大きさや発射体に作用する力の強さと範囲について，推測することができる。しかし我々が衝突パラメータを知らないことを考えると，このような単一の事象から引き出せる情報はほとんどない。実際この 1 つの事象から結論づけられる唯一のことは，発射体の経路に何らかの障害があることである。一方で類似の発射体と標的の多くの異なる衝突を観測することができれば，発射体と標的の性質とそれらの相互作用を調べることができる。この重要な考え方を探求するために，いくつかの簡単な例を考えてみよう。

図 14.2 に示すような実験を考えてみよう。この場合，無視できる大きさの発射体が半径Rの硬い球に接触するときにのみ，力が作用する。発射体が標的に当たると発射体は跳ね返り，異なる方向に現れる。発射体が標的を外した場合，その軌道は曲げられず直線的に通過する。この実験を観測すると，図 14.2 に示す衝突は図 14.3 のようになり，そのような事象を 1 つ観察しても，標的がそこにあることのみがわかるだけである。

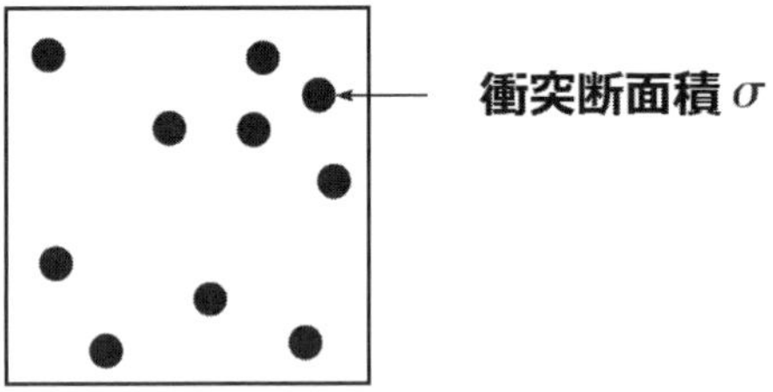

図 14.4 着弾した発射体の正面から見た，複数の剛体球の標的を持つ標的集合体。衝突断面積σは，入射方向に垂直な方向の標的の面積である。標的密度n_{tar}は，入射方向から見た標的密度（個数/面積）である。

しかし，同じ実験を何回も繰り返すことができたとする。実際には，これは 2 つの方法で達成される。1 つの標的だけに代わりに，単一の標的集合体の中にある多くの標的を考える。たとえば，金箔の中にある多数の金の原子核，ヘリウムガスのタンクのなかにある多数のヘリウム原子などである。そして単一の発射体を使うのではなく，発射体のビームを使う。まず単一の発射体が，剛体球の標的集合体を通過することを考えてみよう。入射する発射体から「見る」と，標的集合体は図 14.4

のように見える。発射体の正確な軌跡はわからないので，標的の 1 つに当たるかどうかはなんとも言えない。ただし以下のようにして，標的に当たる確率を計算できる。標的がランダムに配置されていて，十分多数ある場合は[3]，入射方向から見て，**標的の密度**n_{tar}を単位面積あたりの標的数と言い表すことができる。Aが標的集合体の総面積である場合，標的の総数は$n_{tar}A$である。次に$\sigma = \pi R^2$で（正面から見た場合の）衝突の断面積，つまり各標的の**衝突断面積**を表した場合，すべての標的の総面積は$n_{tar}A\sigma$となる。したがって，任意の発射体がランダムな経路上で集合体を通過する際に命中する確率は，

$$(\text{命中確率}) = \frac{\text{標的が占有する面積総面積}}{\text{総面積}} = \frac{n_{tar}A\sigma}{A} = n_{tar}\sigma \qquad (14.1)$$

である。入射発射体の数（N_{inc}）が多いビームを送信すると，実際に発射される散乱数（N_{sc}）は，確率（14.1）とN_{inc}の積となる。

$$N_{sc} = N_{inc}n_{tar}\sigma \qquad (14.2)$$

これは衝突理論の基本的な関係である。N_{sc}, N_{inc}と標的密度n_{tar}は測定できるので，（14.2）から標的の大きさ（または衝突断面積）σを求めることができる。これ以後は衝突断面積の概念がかなり一般化され，またかなり複雑になるが，本質的な考え方は常に同じである。散乱数（または反応，吸収，他の過程）を数えることによって，（14.2）の類似形を使用して常に発射体と相互作用する標的の有効面積であるパラメータσを求めることができる。

例 14.1 かしの木の中にいるカラスを撃つ

ハンターはかしの木にランダムに降りていく 50 羽のカラスを見たが，今は（木にさえぎられて）それらのカラスを見ることはできない。各カラスの衝突断面積は$\sigma = 1/2$平方フィートであり，かしの木は（ハンターの位置から見て）150 平方フィートの総面積を有する。ハンターが 60 個

[3] 統計的考察を用いるために，多くの標的があることが重要である。一方で標的は多すぎたり，他の標的の「影」に隠れてしまったりする場合，発射体が複数回衝突する可能性がある。ラザフォードが有名な実験で薄い箔を使用したことは，複数の衝突を避けるためであった。

の弾丸を木の葉にランダムに発射した場合，何羽のカラスに命中すると予想されるか。

この状況は，単純な散乱実験と非常によく似ている。目標密度は n_{tar} = （カラス数）/（木の面積） = 50/150 = 1/3平方フィート$^{-2}$ である。撃った弾丸の数は$N_{inc} = 60$であるため，(14.2) から，予想される命中数は以下の通りとなる。

$$N_{hit} = N_{inc} n_{tar} \sigma = 60 \times \left(\frac{1}{3}\mathrm{ft}^{-2}\right) \times \left(\frac{1}{2}\mathrm{ft}^{2}\right) = 10$$

実際には安定した発射体の流れを使用することが多いため，入射数N_{inc}を時間Δtで割った入射率$R_{inc} = N_{inc}/\Delta t$の方が，より便利である。同様に，散乱率は$R_{sc} = N_{sc}/\Delta t$である。(14.2) の両辺を$\Delta t$で割ると，完全に等価な関係式が得られる。

$$R_{sc} = R_{inc} n_{tar} \sigma$$

衝突断面積σは面積であり，また断面積の SI 単位はもちろん平方メートルである。ただし原子および原子核の衝突断面積を平方メートルで測定すると，不都合なほど小さくなる。特に，典型的な原子核の寸法は約10^{-14}mであるので，核の衝突断面積は$10^{-28}\mathrm{m}^2$の単位で都合よく測定される。この面積は（「納屋（バーン：barn）ほども大きな的」という皮肉によって）**barn** と呼ばれるようになった。

$$1\mathrm{barn} = 10^{-28}\mathrm{m}^2$$

例 14.2 アルミニウムホイル内の中性子の散乱

1 万個の中性子が0.1mmの厚さをもつアルミニウム箔に向けて発射された。アルミニウム核の衝突断面積が約 1.5barn の場合[4]，散乱する中性子の数はいくらであろうか。（アルミニウムの比重は，2.7 とする。）

散乱される数は (14.2) で与えられるが，$N_{inc} = 10^4, \sigma = 1.5 \times 10^{-28}\mathrm{m}^2$

4 まもなくわかるように，標的の衝突断面積は，異なる発射体によって異なる可能性がある。したがって厳密に言えば，中性子散乱におけるアルミニウムの衝突断面積は約 1.5 バーンであると言えるであろう。さらに衝突断面積は発射体のエネルギーに依存する。ここで与えられる数値は，約0.1eVから約1000eVまでのエネルギーに対して有効である。

であることが分かっている。したがって，我々が求める必要があるのは標的密度n_{tar}，つまり箔の単位面積あたりのアルミニウム核の数である。（もちろん箔には多くの原子内電子も含まれているが，これらは中性子の散乱にほとんど寄与しない。）アルミニウムの密度（質量/体積）は$\varrho = 2.7 \times 10^3$ kg / m^{3}である。これに箔の厚さ（$t = 10^{-4}$ m）を掛けると，箔の面積当たりの質量が与えられ，これをアルミニウム核の質量（$m = 27$ 原子質量単位）で割ると，n_{tar}が得られる。

$$n_{tar} = \frac{\varrho t}{m} = \frac{(2.7\times10^3 \mathrm{kg/m^3})\times(10^{-4}\mathrm{m})}{2.7\times1.66\times10^{-27}\mathrm{kg}} = 6.0 \times 10^{24}\mathrm{m}^{-2} \quad (14.3)$$

（14.2）に代入すると，散乱数は以下のようになる。

$$N_{sc} = N_{inc} n_{tar} \sigma = (10^4) \times (6.0 \times 10^{24}\mathrm{m}^{-2}) \times (1.5 \times 10^{-28}\mathrm{m}^2) = 9$$

ここでは与えられた衝突断面積σを使用して，観測すべき散乱の数N_{sc}を予測した。逆にN_{sc}の観測値を用いて衝突断面積σを求めることもできる。

14.3　衝突断面積の一般化

関係式（14.2）およびそれを一般化したものは，衝突理論の基本的な関係である。理論家は標的模型を使用して衝突断面積σを計算し，実験家は（14.2）を使用しσを測定し，予測値と比較する。しかし発射体と標的，およびそれらの相互作用は，一般に前節で使用した単純な発射体と剛体球の標的よりもはるかに複雑である。この節では，少し面白い場合を見ていくことにする。

2 つの剛体球の散乱

図 14.5 に示すように，半径R_2の剛体球である標的と半径R_1の剛体球である発射体を想像してみよう。衝突パラメータbが 2 つの半径の和以下$b \le R_1 + R_2$，である場合にのみ，2 つの球は接触する。つまり発射体の中心は，半径$R_1 + R_2$および面積$\sigma = \pi(R_1 + R_2)^2$の標的を中心とした円の内側になければならない。今や前節とまったく同じ議論をおこなうことができ，1 つの発射体が散乱される確率，および散乱された発射体の総数を求めることができる。唯一の違いは，標的の面積$\sigma = \pi R^2$を$\sigma = \pi(R_1 + R_2)^2$で置き換える必要があることである。したがって，

同じ結論に到達する。

$$N_{sc} = N_{inc} n_{tar} \sigma \tag{14.4}$$

ただし，以下の部分が異なる。

$$\sigma = \pi(R_1 + R_2)^2 \tag{14.5}$$

この例の主な教訓は，通常の関係式（14.4）を引き続き使用できるということであるが，σを標的の衝突断面積と見なすことはできないということである。むしろσは標的と発射体の両方に関係しており，σは後者を散乱させるための前者の有効面積と考えるべきである。特にある種類の発射体を散乱させる特定の標的の断面積は，異なる発射体を散乱させる同じ標的の断面積と大きく異なることがある。

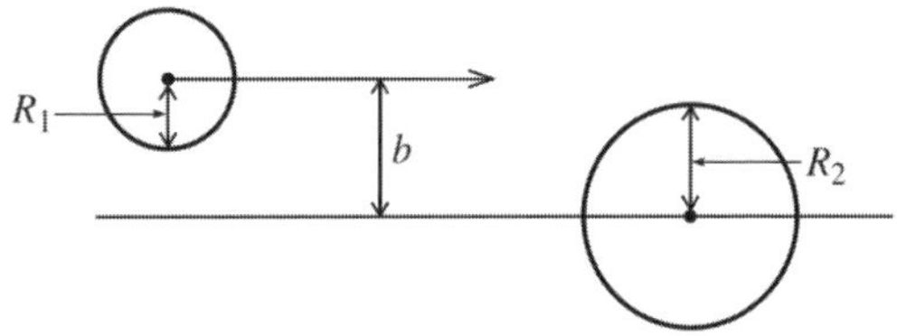

図 14.5 半径R_1の剛体球発射体が，衝突パラメータbを持つ半径R_2の剛体球の標的に接近する。衝突は，$b \le R_1 + R_2$の場合にのみ発生する。

例 14.3 空気分子の平均自由行程

我々の周囲の空気中のN_2分子とO_2分子は，半径$R \approx 0.15$nmの剛体球のようにふるまう。これを使用して，STP での空気分子の平均自由行程を推定する。

空気中の分子の平均自由行程λは，たとえば導電率，粘度および拡散速度などの気体のいくつかの特性を決定する重要なパラメータである。平均自由行程は，分子が他の分子との衝突の間に移動する平均距離として定義される。これを見積もるために，空気中を移動する選択された 1 つの分子が，他の分子に衝突した直後から追いかけることにしよう。議論を簡単にするために，他のすべての分子は静止していると仮定する。（この近似によって結果が若干変わるが，それでもなお合理的な見積もりを得ることができる。）選択した分子を，他のすべての静止分子からなる標的集合体を通って移動する発射体と考えることができるが，ここで解くべき問題は，衝突する前に移動する平均距離xを求めることである。衝突断面積は（14.5）から，$\sigma = \pi(2R)^2 = 4\pi R^2$と与えられる。最初に，厚さ$dx$（発射体の速度の方向）の薄いスライスを想像すると，このスライスにおける「標的」密度は

$$n_{tar} = \frac{N}{V}dx$$

である。ここでNは分子の総数，Vはそれらの総体積，N/Vは数密度（数/体積）である。したがって，分子が厚さdxの任意の薄いスライスにおいて衝突を起こす可能性は，（14.1）で与えられる。

$$\text{prob}\left(dx\text{内で衝突}\right) = \frac{N\sigma}{V}dx \qquad (14.6)$$

衝突を起こすことなく，発射体が距離xを移動する確率をprob(x)で表すことにする。衝突することなく距離xを移動し，次のdxで衝突する確率は，prob(x)と（14.6）の積である。

$$\text{prob}(x\sim x + dx\text{間で最初の衝突}) = \text{prob}(x)\cdot\frac{N\sigma}{V}dx \qquad (14.7)$$

一方，これと同じ確率は，

$$\begin{aligned}\text{prob}\left(x\sim x + dx\text{間で最初の衝突}\right) &= \text{prob}(x) - \text{prob}(x + dx)\\ &= -\frac{d}{dx}\text{prob}(x)dx \qquad (14.8)\end{aligned}$$

であるので，（14.7）と（14.8）を比較すると，prob(x)の微分方程式が得られる。

$$\frac{d}{dx}\text{prob}(x) = -\frac{N\sigma}{V}\text{prob}(x)$$

これから，prob(x)はxに関して指数関数的に減少することがわかる。

$$\text{prob}(x) = e^{-(N\sigma/V)x} \qquad (14.9)$$

[ここでprob(0)が 1 である，という初期条件を使用した。]平均自由行程はxの平均値（つまり$\lambda = \langle x\rangle$）であり，この平均を求めるには$x$を確率（14.8）に掛け，$x$のすべての可能な値にわたって積分すればよい。

$$\lambda = \langle x \rangle = \int_0^\infty x \left[\frac{N\sigma}{V} e^{-(N\sigma/V)x}\right] dx = \frac{V}{N\sigma} \tag{14.10}$$

STP では，22.4 リットルの空気にアボガドロの分子数（1 モル）が含まれていることがわかっている。このため，

$$\lambda = \frac{V}{N_A(4\pi R^2)} = \frac{22.4 \times 10^{-3}\mathrm{m}^3}{(6.02 \times 10^{23}) \times 4\pi(0.15 \times 10^{-9}\mathrm{m})^2}$$

$$= 1.3 \times 10^{-7}\mathrm{m} = 130\mathrm{nm}$$

である。この結果から，空気分子の平均自由行程は分子間距離（約 3 nm）よりもかなり大きく，分子サイズ（約 0.3 nm）よりもはるかに大きいことがわかる。

異なる過程と標的

これまでのところ衝突としてもっぱら考えてきたのは，発射体が標的によって曲げられ，異なる方向に出現する状況である。その他にも，いくつかの可能性がある。発射粒子とパテの球からなる標的との衝突を考えてみよう。パテの吸収性が十分であれば，標的に当たった発射体はもぐりこみ，再び出現することはない。すなわち，標的は発射体を捕捉または吸収する。前の議論は，$N_{cap} = N_{inc}n_{tar}\sigma$として捕捉された発射体の数を与える。我々は簡単に問題をより複雑にすることができる。たとえば，標的の表面の一部は吸収性があり，一部は硬いとする。吸収性の部分に衝突した発射体は捕捉され，硬性の部分に衝突した発射体は散乱される。（すなわち，異なる方向に移動して再出現する。）この場合，(14.4) に類似した 2 つの別個の関係，1 つは捕捉数を与え，もう 1 つは散乱数を与える。

$$N_{cap} = N_{inc}n_{tar}\sigma_{cap} \ \text{[捕捉]} \tag{14.11}$$

$$N_{sc} = N_{inc}n_{tar}\sigma_{sc} \ \text{[散乱]} \tag{14.12}$$

ここで，σ_{cap}は発射体を吸収する標的の部分の断面積であり，σ_{sc}は散乱する標的の部分の断面積である。標的の全断面積は，もちろん以下の通りである。

$$\sigma_{tot} = \sigma_{cap} + \sigma_{sc}$$

捕獲と散乱の両方が可能な実際の衝突の例は，余分な電子を捕獲することができる塩素のような，電子と原子との衝突である。この場合，発射体を捕らえる標

的の領域を特定することはできないが，捕獲された発射体の数は発射された発射体の数であるN_{inc}と標的密度であるn_{tar}に比例する。したがって（14.11）と全く同じ式を使用して，**捕獲衝突断面積**σ_{cap}を適切な比例定数として定義することができる。この定義では，発射体を捕捉する標的の有効面積としてσ_{cap}を見なすことができる。（また，そうする必要がある。）同様に，（14.12）を使用して**散乱断面積**σ_{sc}を定義し，σ_{sc}を発射体を散乱させるための標的の有効面積と見なす。

電子と原子の衝突では，散乱と捕獲以外の可能性がある。たとえば入射電子が十分なエネルギーを有する場合，1 つ以上の原子内電子にぶつかって原子をイオン化することができる。イオン化数は，次のように書くことができる。

$$N_{ion} = N_{inc} n_{tar} \sigma_{ion} \ \text{[イオン化]} \tag{14.13}$$

これにより，入射電子によるイオン化のための標的原子の有効面積として，**イオン化断面積**σ_{ion}を定める。また中性子が^{235}Uの核に衝突すると核分裂，つまり 2 つのより小さな核に分裂し，約200MeVの運動エネルギーを放出する。そして**核分裂断面積**σ_{fis}を，$N_{fis} = N_{inc} n_{tar} \sigma_{fis}$を満たす中性子照射による核分裂をおこす$^{235}U$の有効面積として，定義することができる。

ここで述べておく必要がある，もう 1 つの分類がある。「散乱」という言葉は，一般に発射体が偏向されて，同じ標的，同じ原子，同じ核などを残しながら運動する過程のために使われる。この使用法では，捕獲のような過程は除外される。この過程では，発射体は衝突以後まったく現れることはない。また電子が標的原子からはじき出されイオン化する過程や，または核分裂のような過程も除外される。標的の内部運動が変わらない場合，散乱は**弾性**であると言われる。衝突によって標的の内部運動が変化した場合，散乱は**非弾性**と呼ばれる。たとえば，固定原子による電子の散乱を考えてみよう。議論を簡単にするために，原子は固定されていると仮定する。（原子は電子よりも重いため，これは優れた近似である。）原子内電子は最初は**基底状態**，つまり可能な限りエネルギーレベルが低く[5]，原子が最も安定した状態にある。入射電子が原子により散乱される場合には，2 つの可能性が存在する。ひとつは電子は弾性的に散乱し，その運動エネルギーは変

---

5 原子は特定の離散した「エネルギーレベル」でのみ存在することができることを，思い出して欲しい。孤立した原子は最終的に最低エネルギーレベル（基底状態）に到達するため，衝突における標的原子は多くの場合基底状態である。

化せず，標的の内部運動を元の状態のままにする場合である。いまひとつは原子にその運動エネルギーの一部を与え，標的の内部運動をより高いエネルギーレベルに上げて，非弾性的に散乱する場合である[6]。**原子励起**の後者の過程は，ドイツの物理学者ジェイムズ・フランク（1882-1964）とグスタフ・ヘルツ（1887-1975）によって初めて観測され，原子エネルギーレベルの存在について説得力のある証拠を与えた（1925 年のノーベル賞受賞）。

発射体が標的から散乱するとき，望むならば，弾力性と非弾力性の 2 種類の過程を区別することができる。与えられた実験における散乱の総数N_{sc}は，弾性散乱と非弾性散乱の合計$N_{sc} = N_{el} + N_{inel}$であり，これに対応する$\sigma_{sc} = \sigma_{el} + \sigma_{inel}$を満たす断面積を定義することができる。

与えられた標的と発射体について，衝突散乱，捕獲，イオン化，分裂などの可能な結果をすべて列挙することができ，それぞれの結果に対して対応する断面積を定義することができる。これらの部分断面の合計を**全断面積**σ_{tot}と呼ぶ。たとえば原子と衝突する電子の場合，起こり得る 3 つの結果，すなわち散乱，捕獲，またはイオン化が存在する可能性がある。この場合，全断面積は

$$\sigma_{tot} = \sigma_{sc} + \sigma_{cap} + \sigma_{ion}$$

である。3 つの方程式（14.12），（14.11），（14.13）を合計すると，全断面が入射ビームから取り除かれた発射体の総数を与えることがわかる。

$$N_{tot} = N_{inc} n_{tar} \sigma_{tot} \quad [\text{全体}]$$

すなわちσ_{tot}は，可能な方法のいずれかで発射体と相互作用するための標的の有効面積である。

ほとんどの場合，定義したさまざまな断面積は発射された発射体のエネルギーによって変化する。容易に理解できる例として，原子と衝突する電子のイオン化の衝突断面積を考える。原子をイオン化するためには，入射電子は原子内電子の 1 つをたたき出し自由にするのに必要な最小エネルギーを持たなければならない。入射電子のエネルギーがこの**イオン化エネルギー**よりも小さい場合，イオン化は

6　一般に発射体と標的の両方は動くことができ，気体中の 2 つの分子の衝突のように，内部構造および内部運動のエネルギーを持つことができる。この場合，弾性散乱は発射体と標的の両方の内部運動が変化しないものとして定義される。これは衝突前後の全運動エネルギー$T_{proj} + T_{tar}$が同じであることを意味する。

不可能である。したがって$N_{ion}=0$であり，（14.13）で定義されるイオン化断面積σ_{ion}はゼロである。イオン化エネルギーを上回る場合はイオン化が可能であり，N_{ion}とσ_{ion}は通常非ゼロである。明らかにσ_{ion}はエネルギーによって異なる。このことは必ずしも明らかではないが，実際にはほぼすべての断面積が同様にエネルギーに依存していることが，章末問題によってわかる。

14.4　散乱の微分断面積

（14.12）の断面σ_{sc}を定義する際に，出現した特定の方向にかかわらず，散在した発射体の総数を数えた。明らかに，特定の方向も監視した場合は，より多くの情報を得ることができる。このことは今から議論するように，微分断面積の概念につながる。

問題を単純化するために，唯一可能な相互作用が弾性散乱である衝突を考えてみよう。たとえば，剛体球による点状の発射体の散乱（図 14.2），または正電荷を持つ重い原子核による正電荷のアルファ粒子のラザフォード散乱（図 14.1）を考えることができる。どちらの場合でも，発射体が完全に目標を逸し散乱しないか，または弾性的に散乱するかの，２つの可能性がある[7]。

ある方向に出現する粒子の数を監視する場合は，方向の測定方法に合意しておく必要がある。入射ビームの方向をz軸に取り，それから極角θ,ϕを与えて散乱された発射体の方向を指定するのが標準的である。これらの角度は連続であるので，厳密な方向(θ,ϕ)を用いて散乱する粒子数を表現することはできない。そうではなく，狭い円錐に現れる粒子数(θ,ϕ)を数えなければならない。この狭い円錐の大きさを特徴付けるために，以下のように定義される立体角の概念を使用する。

7　もしラザフォード実験のアルファ粒子が十分なエネルギーを持っていれば，それは核をより高いエネルギーレベルにまで上昇させるか，または弾きとばすことができる。しかし，ラザフォードが利用できた低エネルギーではこのような可能性はなく，今の場合，我々は低エネルギーに注意を向ける。ラザフォード散乱には，おそらく言及する価値がある別の微妙な点がある。完全に孤立した核のクーロン力$F=kqQ/r^2$は無限にまで広がり，すべてのアルファ粒子は，衝突パラメータが大きい場合でも，ほんのわずか偏向される。言い換えれば，入射したアルファ粒子のすべては散乱される。しかし実際には核のクーロン力は常に原子内の電子によって大距離で遮蔽されており，原子全体の外側を通過するアルファは散乱されない。

立体角

円錐の立体角の定義を理解するためには，平面内にある2直線間の通常の角度の定義を思い出すとよい。これは図14.6（a）に示されている。仮に2本の直線がOで一致するならば，Oを中心とする任意の適切な半径rの円を描く。2本の直線は長さsの円弧を定義し，角度θは（ラジアンで）$\theta = s/r$として計算される。（sはrに比例するので，この定義はrの選択とは無関係である。）同様の方法で，3次元円錐がOに頂点を持つ場合，図 14.6（b）のように半径rの球をOを中心に描く。円錐は領域Aの球面（r^2に比例）内で球と交差するが，円錐の**立体角**を，以下のように定義する。

$$\Delta\Omega = A/r^2 \tag{14.14}$$

このように定義された立体角の単位は**ステラジアン**と呼ばれ，**sr**と略される。円錐がすべての可能な方向を含む場合，球全体の面積は$4\pi r^2$なので，立体角は4πである。すなわち，2次元の全方向に対応する通常の角度が2πラジアンであるのと

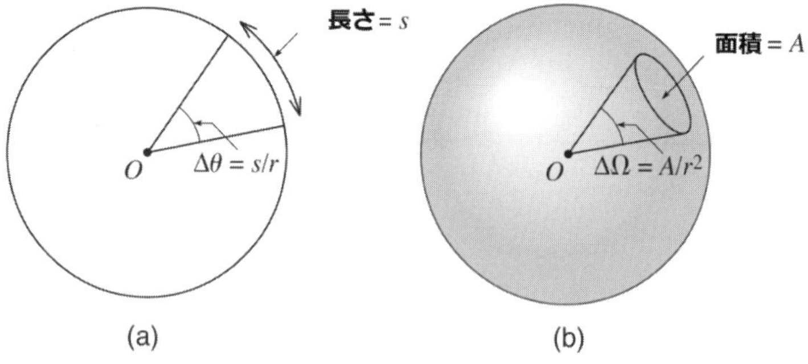

図14.6（a）円の弧の長さがsである通常の2次元の角度θは，$\theta = s/r$として定義される。ここでrは円の半径であり，θはラジアンである。　（b）球面上の領域Aによって区切られた円錐の立体角は，A/r^2と定義される。ここでrは球の半径であり，ステラジアンである。

同様に，3次元のすべての可能な方向に対応する立体角は4πステラジアンである。図 14.6（b）に示す錐体は円錐であるが，定義$\Delta\Omega = A/r^2$は任意の円錐の形状に対して等しく作用する。たとえば我々はθから$\theta + d\theta$，ϕから$\phi + d\phi$の範囲の極

角の狭い円錐を考える必要がある。この円錐は，領域$r^2\sin\theta d\theta d\phi$の「矩形」内の球面と交差し，そのため立体角は以下のようになる。

$$d\Omega = \sin\theta d\theta d\phi \qquad (14.15)$$

微分断面積

立体角の概念を利用して，散乱の微分断面積を定義する準備が整った。ここでは通常の実験，つまり高密度のn_{tar}を持つ標的集合体にN_{inc}の多数の発射体が向けられた実験を想定している。選択された任意の方向(θ, ϕ)の任意の円錐に対する立体角$d\Omega$について，図 14.7 に示すように，$d\Omega$に散乱される発射体の数を監視する。この数をN_{sc}（$d\Omega$内）で表すが，これはよく知られている引数N_{inc}とn_{tar}に比例しなければならないので，次のように書くことができる。

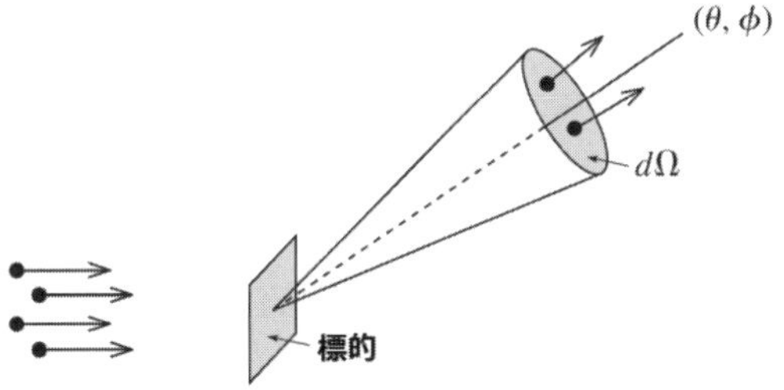

図 14.7 投射体は，矩形の標的集合体に対し左から入射する。(θ, ϕ)方向の立体角$d\Omega$の円錐に現れる数N_{sc}（$d\Omega$内）を，監視する。

$$N_{sc}\text{（}d\Omega\text{内）} = N_{inc}n_{tar}d\sigma\text{（}d\Omega\text{内）} \qquad (14.16)$$

ここで$d\sigma$（$d\Omega$内）は，立体角$d\Omega$に散乱する標的の有効面積である。これは$d\Omega$に比例するので，それを以下のように書く。

$$d\sigma\text{（}d\Omega\text{内）} = \frac{d\sigma}{d\Omega}d\Omega$$

係数$d\sigma/d\Omega$は**散乱の微分断面積**と呼ばれる。それを用いて，(14.16) を次のように書き直すことができる。

$$N_{sc}\text{（}d\Omega\text{内）} = N_{inc}n_{tar}\frac{d\sigma}{d\Omega}(\theta, \phi)d\Omega \qquad (14.17)$$

微分断面積が（一般的に）観測方向に依存することを強調するために，引数(θ,ϕ)を追加した。(14.17) は微分断面積$d\sigma/d\Omega$の定義とすることができる。（14.17）を用いて$d\sigma/d\Omega$を測定するのは実験物理学者の仕事であり，発射体と標的との間の相互作用の仮定モデルに基づいて$d\sigma/d\Omega$を予測するのは理論物理学者の仕事である。

すべての可能な立体角$d\Omega$について数N_{sc}（$d\Omega$内）を加えると，散乱の総数N_{sc}が得られる。つまりすべての立体角に対して（14.17）を積分すると，N_{sc}が得られる。σを全散乱断面積とすると，$N_{sc}=N_{inc}n_{tar}\sigma$であるので

$$\sigma=\int\frac{d\sigma}{d\Omega}(\theta,\phi)d\Omega=\int_0^{\pi}sin\theta d\theta\int_0^{2\pi}d\phi\frac{d\sigma}{d\Omega}(\theta,\phi) \qquad (14.18)$$

となる。第 2 の等号は（14.15）による。すなわち全断面積[8]は，微分断面積の全立体角にわたる積分である。

例 14.4 散乱中性子の角度分布

数 MeV（百万電子ボルト）の入射エネルギーで，重原子核から中性子を散乱させるための微分断面積は，

$$\frac{d\sigma}{d\Omega}(\theta,\phi)=\sigma_0(1+3\cos\theta+3\cos^2\theta) \qquad (14.19)$$

である。ここでσ_0は約 30 ミリバーン/ステラジアン（mb / sr）という定数である。散乱中性子の角度分布を説明し，全散乱断面積を求める。

（14.19）の最も顕著な特徴は，ϕに依存しないことである。(次節で説明するように，これはか

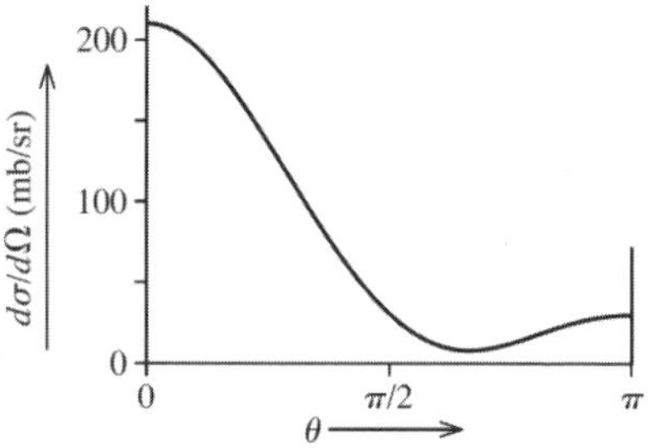

図 14.8 散乱角度θの関数としてグラフ化された，核から中性子を散乱させる微分断面積（14.19)。縦軸は$d\sigma/d\Omega$ステラジアンあたりのミリバーンの単位で表される。

[8] これは一般に，全散乱断面積σ_{sc}と言うべきものである。ここでは散乱が唯一可能な相互作用であると仮定しているので，これらは同じものである。

なり一般的な現象である。）これは散乱中性子の分布が軸対称であることを意味し，θへの依存性のみに注目すればよいため，角度分布の視覚化をより簡単にする。図 14.8 は，$\theta = 0$からπまでのθの関数としての$d\sigma/d\Omega$を示している。$\theta = 0$で，$d\sigma/d\Omega$が最大となることがわかる。すなわちこの例では，少なくとも散乱された粒子は，「順方向」$\theta = 0$付近に散乱する可能性が最も高い。（特に高エネルギーでの量子散乱において，これはよく起こる。）この例では，逆方向$\theta = \pi$におけるはるかに小さな最大値も存在し，$\theta = \pi$で真逆方向に散乱する確率は，後方半球$\pi/2 < \theta < \pi$の他の方向よりも大きくなる。

全散乱断面積は，（14.18）のように微分断面積を積分することによって求められる。 被積分関数はϕとは無関係であるため，ϕに対する積分は自明であり，2πの係数を与える。

$$\sigma = \int \frac{d\sigma}{d\Omega}(\theta,\phi)d\Omega = 2\pi\sigma_0 \int_0^{\pi} \sin\theta d\theta\,(1 + 3\cos\theta + 3\cos^2\theta)$$

$$= 8\pi\sigma_0 = 754\mathrm{mb} \qquad (14.20)$$

14.5　微分断面積の計算

微分断面積の計算を簡単なものとするために，散乱は軸対称であると仮定する。球対称は軸対称でもあるので，標的が球対称である場合（図 14.2 のような剛体球，または球対称の力の場を形成する標的の

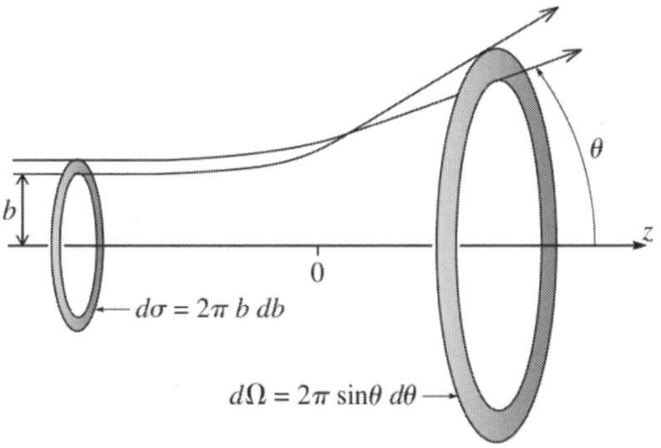

図 14.9 bと$b + db$の間に入射するすべての発射体は，角度θと$\theta + d\theta$の間に散在する。これらの粒子が衝突する領域は$d\sigma = 2\pi b db$であり，散乱する立体角は$d\Omega = 2\pi\sin\theta d\theta$である。

場合）は，このことは確かに成り立つ。これは微分断面積がϕとは無関係であることを意味し，議論しているϕにすべての異なる値を同時に含めることを可能にする。衝突パラメータbで，標的にむけて発射することを想像してみよう。発射体の軌道を計算することによって，少なくとも原理的にはbの関数として対応する散乱角$\theta = \theta(b)$を求めることができる。あるいはbに対して解くことによって，bをθの関数，すなわち$b = b(\theta)$として表すことができる。

次に，bと$b + db$の間の衝突パラメータで，標的に近づくすべての発射体について考察する。これらは図 14.9 の左側に示されている環（陰影のリング形状）に入射する。この環帯は，断面積

$$d\sigma = 2\pi b db \tag{14.21}$$

を持つ。これらの同じ粒子が図 14.9 に示すとおり，角度θと$\theta + d\theta$との間の立体角に現れる。

$$d\Omega = 2\pi \sin\theta d\theta \tag{14.22}$$

微分断面積$d\sigma/d\Omega$は，単純に（14.21）を（14.22）で割って

$$\frac{d\sigma}{d\Omega} = \frac{b}{\sin\theta}\left|\frac{db}{d\theta}\right| \tag{14.23}$$

となる。$d\sigma/d\Omega$が正であることを保証するために，絶対値を挿入している。（bが増加するとθが減少することが多いため，$db/d\theta$は負の値となる。）

要約：与えられた標的からの入射粒子の散乱に対する微分断面積を計算するには，まず発射体の軌道を計算し，散乱角θを衝突パラメータbの関数（またはその逆）として求める。次に，$d\sigma/d\Omega$は（14.23）のように，bを単にθで微分することによって求められる。

例 14.5　剛体球散乱散乱

（14.23）を使用した最初の例として，半径Rの固定された剛体球によって点状の発射体を散乱させた際の微分断面積を求める。またその結果をすべての立体角について積分し，全断面積を求める。

最初の課題は，図 14.10 に示すように，散乱した発射体の軌道を見つけだすことである。発射体が剛体球から跳ね返ったとき，その入射角と反射角（両方とも画像内にαとして示されている）が等しいことを理解することは大切である。（この「反射の法則」は，エネルギーと角運動量の保存から導かれる。問題 14.13 を参照のこと。）図から衝突パラメータが$b = R\sin\alpha$であり，散乱角が$\theta = \pi - 2\alpha$であることがわかる。これらの 2 つの方程式を組み合わせると，

$$b = R\sin\frac{\pi-\theta}{2} = R\cos(\theta/2) \tag{14.24}$$

となる。また（14.23）から，微分断面積は以下のようになる。

$$\frac{d\sigma}{d\Omega} = \frac{b}{\sin\theta}\left|\frac{db}{d\theta}\right| = \frac{R\cos(\theta/2)}{\sin\theta}\frac{R\sin(\theta/2)}{2} = \frac{R^2}{4} \tag{14.25}$$

この結果についての最も印象的なことは，微分断面積が等方性を持つことである。すなわち，立体角$d\Omega$に散乱される粒子の数はすべての方向において同じである。断面積の和を求めるには，この結果をすべての立体角にわたって積分するだけでよい。

$$\sigma = \int\frac{d\sigma}{d\Omega}d\Omega = \int\frac{R^2}{4}d\Omega$$
$$= \pi R^2$$

これはもちろん，標的球の断面積となる。

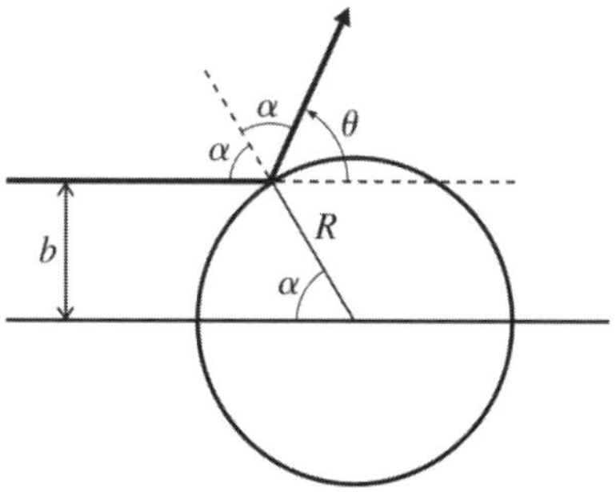

図 14.10 固定された剛体球から跳ね返る点状の発射体は，反射の法則に従うので，αとラベル付けされた 2 つの隣接する角度は等しい。衝突パラメータは$b = R\sin\alpha$，散乱角は$\theta = \pi - 2\alpha$である。

14.6　ラザフォード散乱

おそらく史上最も有名な衝突実験は，ラザフォードとその助手が薄い金箔中の金の原子核からのアルファ粒子の散乱を観測し，その分布を用いて原子核モデル

を論じたラザフォードの実験であろう。このモデルによれば，アルファ粒子（電荷q）上に働く核（電荷Q）の力は

$$F = \frac{kqQ}{r^2} = \frac{\gamma}{r^2} \tag{14.26}$$

となる。アルファ粒子は，原子内の電子が回転運動している軌道よりもずっと内側にある核に近づく場合にのみ，散乱される。したがって電子からの力を無視することができ，（14.26）がアルファ粒子に働く唯一の力となる。したがって第 8 章で見たように，アルファ粒子の軌道は双曲線であり，図 14.11 に示すように，核（しばらくの間，固定したものとして取り扱う）がその焦点にある。$\mathbf{u}$を標的からアルファ粒子の最接近点を指す単位ベクトルとした場合，軌道は$\mathbf{u}$の方向に関して対称であり，$\mathbf{u}$から測定したアルファの位置を極角ψで表すと便利である（図 14.11 を参照）。散乱されたアルファ粒子が遠方に移動した場合のψの極限をψ_0で表すと，アルファ粒子の軌道に対する角度の合計は$2\psi_0$であり，散乱角は以下のようになる。

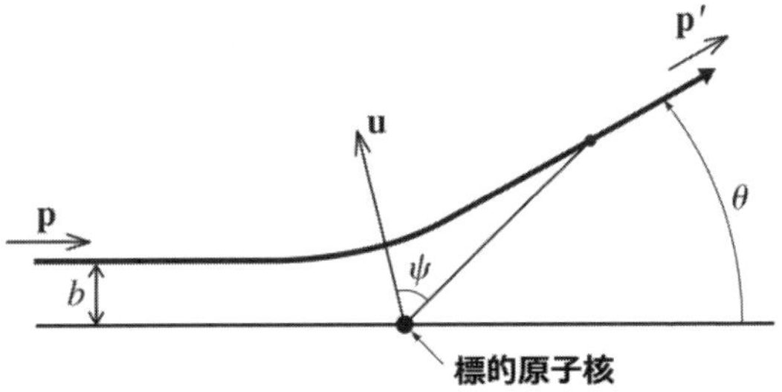

図 14.11 固定された原子核からの，アルファ粒子のラザフォード散乱。軌道は双曲線であり，固定単位ベクトルuによってラベル付けされた直線に関して対称である。粒子の位置は，uから測定した角度ψによってラベル付けすることができる。粒子が遠ざかるにつれて（$t \to \infty$）$\psi \to \psi_0$，$t \to -\infty$に対して$\psi \to -\psi_0$となる。したがって，散乱角は$\theta = \pi - 2\psi_0$である。

$$\theta = \pi - 2\psi_0 \tag{14.27}$$

ここでやるべきことは，散乱角θを衝突パラメータbに関連付けることである。発射体の運動量の変化を 2 通りの方法で評価することにより，これをおこなう。

$$\Delta\mathbf{p} = \mathbf{p}' - \mathbf{p} \tag{14.28}$$

ここで$\mathbf{p}, \mathbf{p}'$は衝突前後の運動量である。まずエネルギーの保存によって$\mathbf{p}, \mathbf{p}'$は等

しい大きさを持つので，図 14.12 に示す三角形は二等辺三角形であり，

$$|\Delta\mathbf{p}| = 2p\sin(\theta/2) \tag{14.29}$$

である。

他方ニュートンの第 2 法則から，$\Delta\mathbf{p} = \int \mathbf{F}dt$である。図 14.12 と図 14.11 を比較すると，$\Delta\mathbf{p}$が単位ベクトル$\mathbf{u}$と同じ方向にあることがわかる。したがって$\Delta\mathbf{p}$の大きさは，$\mathbf{F}$の$\mathbf{u}$方向の成分F_uで置き換えた，同じ積分によって与えられる。

$$|\Delta\mathbf{p}| = \int_{-\infty}^{\infty} F_u dt$$

図 14.11 から，$F_u = (\gamma/r^2)\cos\psi$であることがわかる。今ではおなじみとなった技法を使って，$dt = d\psi/\dot{\psi}$と書く。ここで$mr^2\dot{\psi} = l = bp$であるので（図 14.11 を再度参照），$\dot{\psi}$をbp/mr^2に置き換えることができる。これらをまとめると，

$$|\Delta\mathbf{p}| = \int_{-\psi_0}^{\psi_0} \frac{\gamma\cos\psi}{r^2}\frac{d\psi}{bp/mr^2} = \frac{\gamma m}{bp}2\sin\psi_0 = \frac{2\gamma m}{bp}\cos(\theta/2) \tag{14.30}$$

となる。[積分範囲については，$t \to \pm\infty$で$\psi \to \pm\psi_0$となることに注意すること。最後の等号では（14.27）を使いψ_0を$(\pi-\theta)/2$で置き換えたため，$\sin\psi_0$は$\cos(\theta/2)$となる。]$|\Delta\mathbf{p}|$に関する 2 つの式（14.29）および（14.30）を等しいと置き，bについて解くと以下を得る。

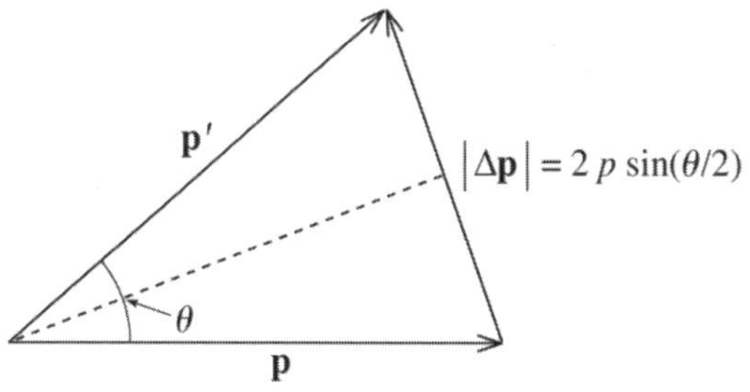

図 14.12 発射体の運動量の変化は，$\Delta p = p - p'$である。$|p| = |p'|$であるので，$|\Delta p| = 2psin(\theta/2)$である。

$$b = \frac{\gamma m}{p^2}\frac{\cos(\theta/2)}{\sin(\theta/2)} = \frac{\gamma}{mv^2}\cot(\theta/2) \tag{14.31}$$

最後の等式では，pをmvで置き換えた。ここでvは発射体の入射速度である。

衝突角 θ の関数として衝突パラメータbが求まったので，（14.23）を使用して微分断面積を得ることができる。

$$\frac{d\sigma}{d\Omega} = \frac{1}{\sin\theta} \cdot b \cdot \left|\frac{db}{d\theta}\right| = \frac{1}{2\sin(\theta/2)\cos(\theta/2)} \cdot \frac{\gamma}{mv^2}\cot(\theta/2) \cdot \frac{\gamma}{mv^2}\frac{1}{2\sin^2(\theta/2)}$$

またはγをkqQに置き換えて

$$\frac{d\sigma}{d\Omega} = \left(\frac{kqQ}{4E\sin^2(\theta/2)}\right)^2 \tag{14.32}$$

である。ここでEは入射発射体のエネルギーであり，$E = mv^2/2$である。これは有名な**ラザフォードの散乱公式**であり，電荷q，エネルギーEの入射体が固定された標的Qによって散乱した場合の微分断面積を与える。ラザフォードがこの式を導いてからおよそ 1 世紀後の今日でも，この式はよく使われるものとして残っているが，歴史的に重要なのは，この式が原子核の存在を証明するために使われたということである[9]。

ガイガー・マースデンの実験

最もよく知られている最重要なラザフォード散乱実験は，ラザフォードの助手であったハンス・ガイガー（ガイガーカウンターの発明者：1882-1945）とアーネスト・マースデン（1889-1970）によっておこなわれたもので，その結果は 1913 年に出版された。彼らの目的は原子に対するラザフォードの「惑星」モデル，つまり質量の大部分が小さな正電荷を帯びた核に集中していることを，確かめることであった[10]。これまで見てきたように，このモデルはアルファ粒子の散乱断面積（14.32）に関係しており，散乱確率は$\sin^4\theta/2$に反比例し，エネルギー平方和E^2に反比例し，核電荷の 2 乗（Q^2）に比例するという，極めて具体的な予測をしている。ガイガーとマースデンは，これらの予測のすべてを驚くほどの精度で検証し，それによってラザフォード原子モデルの迅速な受け入れに貢献することが

---

9 原子は微視的な系であり，古典力学ではなく量子力学が使われるべきであるため，ラザフォードの古典力学的な式がラザフォードとその助手にとって有用であったことに驚くかもしれない。物理学の歴史の中で最も驚くべき偶然の 1 つは，2 つの荷電粒子の散乱に対する量子力学の方程式が，ラザフォードの古典的な公式と正確に一致することである。（これは他の公式においては，確かに起こりえない。）

10 最初は核の電荷の符号（正または負）は明確ではなかったが，それが正であること，周回軌道にある電子がそれと同じ大きさの負の電荷を帯びていることが，すぐにわかった。

できた。彼らは6.5MeV付近のラドンガス（当時は「ラジウムエマネーション」と呼ばれた）から放射されるアルファ粒子を使用した。（$1\mathrm{MeV} = 10^6$電子ボルト，$1\mathrm{eV} = 1.6 \times 10^{-19}$ジュール。）これらの狭い「光線束」を薄い金属箔に当て，小さな硫化亜鉛スクリーンを用いて散乱粒子を計数した。このスクリーンに当たったアルファ粒子は，顕微鏡で観察できる小さな光の閃光や「シンチレーション」を引き起こした。このようにして，毎分約 90 個のアルファ粒子をカウントすることができた。（これは忍耐と集中が必要な仕事である。）散乱の角度依存性を観察するために，スクリーンとマイクロスコープを$5° \leq \theta \leq 150°$の範囲で動かした。入射エネルギーへの依存性を調べるために，入射粒子を薄い雲母のシートに通して減速させ，エネルギーを変化させた。そして核の電荷に依存することを確かめるために，彼らは様々な標的箔（金，白金，スズ，銀，銅，アルミニウム）を使用した。

例 14.6 角度依存性

ラザフォード断面積（14.32）を，その角度依存性をはっきりさせるために，以下のように書く。

$$\frac{d\sigma}{d\Omega}(\theta) = \frac{\sigma_0(E)}{\sin^4\theta/2} \tag{14.33}$$

6.5MeVのアルファ粒子が金箔により散乱された場合の，$\sigma_0(E)$を求める。（ガイガー・マースデンの実験の最大および最小の角度である）150°および5°での微分断面積を求める。次の値を仮定して，1 分で数えなければならなかったアルファの数を求める。1 分間の入射アルファ粒子の数$N_{inc} = 6 \times 10^8$, 金箔の厚さ$t = 1\mu\mathrm{m}$, 硫化亜鉛スクリーンの面積$= 1\mathrm{mm}^2$, スクリーンから標的までの距離$= 1\mathrm{cm}$。散乱角 θ の関数として，微分断面積のグラフを作成する。

アルファ粒子の電荷は$q = 2e$であり，金の原子核の電荷は$Q = 79e$であるので，

$$\sigma_0(E) = \left(\frac{2 \times 79 \times ke^2}{4E}\right)^2$$

となる。これは SI 単位で簡単に評価できるが，よりうまい方法は，

$ke^2 = 1.44\mathrm{MeV}\cdot\mathrm{fm}$という有益な組み合わせ（fmはフェムトメートル，つまり10^{-15}mを表す。）を使用することである。いずれにしても，

$$\sigma_0 = 76.6\times10^{-30}\mathrm{m}^2/\mathrm{sr} = 0.766\mathrm{barns/sr}$$

となるので，これを（14.33）に代入し，以下を得る。

$$\frac{d\sigma}{d\Omega}(150°) = 0.88\mathrm{barns/sr},\quad \frac{d\sigma}{d\Omega}(5°) = 2.1\times10^5\mathrm{barns/sr} \quad (14.34)$$

これらの間の5桁以上の大きな違いは，これから見るように実際にはかなりの困難を引き起こす。（14.17）に代入して実際の数を数える前に，n_{tar}および$d\Omega$を計算しておく必要がある。

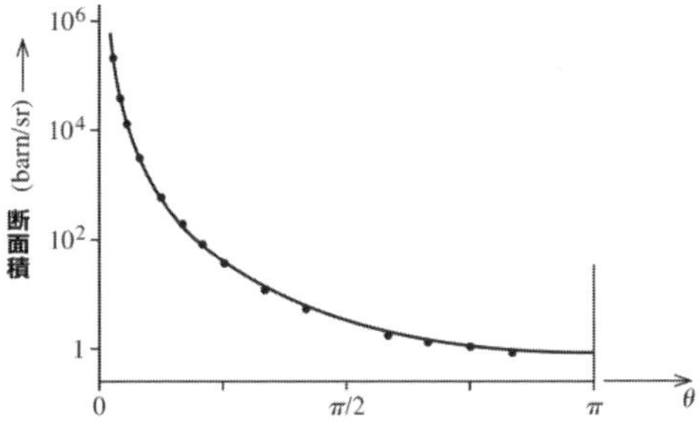

図 14.13 角度θの関数としてのラザフォード微分断面積の片対数グラフ。各点はガイガーとマースデンによる測定値である。

いつものように，金の密度（比重19.3）とその原子質量（197）から，n_{tar}を求めることができる。

$$n_{tar} = \frac{\varrho t}{m} = \frac{(19.3\times10^3\mathrm{kg/m^3})\times(10^{-6}\mathrm{m})}{197\times1.66\times10^{-27}\mathrm{kg}} = 5.90\times10^{22}\mathrm{m}^{-2}$$

ガイガーとマースデンの実験におけるスクリーンの面積は$A = 1\mathrm{mm}^2$であり，標的からの距離は$r = 10\mathrm{mm}$であった。したがって，その立体角は

$$d\Omega = \frac{A}{r^2} = 0.01\mathrm{sr}$$

となる。これをまとめると，1分間につきスクリーンの150°の位置に当たるアルファ粒子の数は

$$\begin{aligned} N_{sc}(150°) &= N_{inc}n_{tar}\frac{d\sigma}{d\Omega}(150°)d\Omega \\ &= (6\times10^8)\times(5.90\times10^{22}\mathrm{m}^{-2})\times(0.88\times10^{-28}\mathrm{m}^2/\mathrm{sr})\times(0.01\mathrm{sr}) \\ &= 31 \end{aligned}$$

これはガイガーとマースデンが簡単かつ正確に数えることができる数である。一方，同じ計算をおこなうと，

$$N_{sc}(5°) = 7.5 \times 10^6$$

であり，彼らが数えたり見積もったりすることができない数となる。明らかに小角度での断面積を測定するには，大角度よりもはるかに弱い発射体のビームを使用する必要がある。

散乱角が変化するにつれて断面積が大きく変化するために，$d\sigma/d\Omega$の線形グラフはあまり有用ではない。小角度を表示するスケールを選択すると，大角度の断面積はゼロに見えてしまう。大角度を表示するように調整すると，小角度の断面積がグラフから消えてしまう。これに対する解は片対数グラフを作成すること，つまりθに対する断面積の対数をグラフにすることである。これにより，図 14.13 に示す曲線が得られる。このグラフでは，15°から180°の間の 5 桁以上の変化を明確に見ることができる。この図で示した点は，ガイガーとマースデンの元データからのものであり，ラザフォードの原子モデルがなぜ迅速に受け入れられた理由を明確に示している。

14.7　様々な基準系における断面積*

*いつもの通り，星印のついた節は初読の際には省略してもかまわない。

多くの場面において，これまで標的粒子が固定された衝突について議論してきた。これは標的が発射体に比べて非常に重い場合（原子に対する電子の散乱など）には優れた近似であるが，実際に固定された粒子は存在しないことを認識しなければならない。そのため，両方が動くことができる 2 粒子の衝突を考えることにする。幸いなことに，我々はすでにこのことをおこなう方法を知っている。CM 系（質量中心が静止している基準系）での動きを観測すると，相対座標$\mathbf{r} = \mathbf{r_1} - \mathbf{r_2}$の運動は，換算質量$\mu = m_1 m_2/M$に等しい質量を持つ単一粒子の運動と同じである。したがって CM 系において衝突を観察すると，固定された力の場の中の単一の「等価粒子」の運動の問題となる。残っている唯一の問題点は，CM 系は通常

において実験をおこなう系ではないことである。したがって，CM 系で計算された散乱断面積を**実験室系**，つまり実験がおこなわれる実験室の系内の対応する値に関連付ける方法を学ぶ必要がある。特に我々は，CM 系の微分断面積$(d\sigma/d\Omega)_{cm}$と，それと対応する実験室系で測定した$(d\sigma/d\Omega)_{lab}$との間の関係を見ることにする。

CM 変数

系間の変換の問題を解く前に，CM 系の 2 つのより洗練された特徴について言及する必要がある。まず CM と相対座標を用いた場合，2 つの粒子のラグランジアンは（8.13）の形を持つ。

$$\mathcal{L} = \frac{1}{2}M\dot{\mathbf{R}}^2 + \frac{1}{2}\mu\dot{\mathbf{r}}^2 - U(r) \tag{14.35}$$

$\dot{\mathbf{r}}$の 3 つの成分に関して$\mathcal{L}$を微分すると，$\mathbf{r}$に対応する一般化運動量が得られる。

$$\mathbf{p} = \mu\dot{\mathbf{r}} \tag{14.36}$$

つまり，（推測されたように）相対運動の運動量は，質量μ，速度$\dot{\mathbf{r}}$の単一粒子の運動量と同じである。

第 2 の特徴は，CM 系で測定された 2 つの粒子の運動量に関係する。（8.9）から

$$\mathbf{r_1} = \mathbf{R} + \frac{m_2}{M}\mathbf{r} \qquad \mathbf{r_2} = \mathbf{R} - \frac{m_1}{M}\mathbf{r} \tag{14.37}$$

である。2 つの速度を求めるために，これらを区別する。特に CM 系では$\dot{\mathbf{R}} = 0$であるので，$\dot{\mathbf{r}}_\mathbf{1} = (m_2/M)\dot{\mathbf{r}}$となる。$m_1$を掛けて，発射体の運動量$\mathbf{p_1} = \mu\dot{\mathbf{r}} = \mathbf{p}$を求める。すなわち CM 系において，発射体の運動量$\mathbf{p_1}$は，相対運動の運動量$\mathbf{p}$と同じである。同様に$\mathbf{p_2} = -\mathbf{p}$であることを証明できるので，以下のようになる。

$$\mathbf{p_1} = -\mathbf{p_2} = \mathbf{p} = \mu\dot{\mathbf{r}} \qquad \text{（CM 系）} \tag{14.38}$$

ここでの最初の等式から，CM 系の全運動量がゼロであることがわかる。第 2 の等式は，断面積の評価に有用である。微分断面積を測定する際に，ある立体角$d\Omega$内に運動量$\mathbf{p_1}$の発射体が現れる回数を数える。（CM 系において）$\mathbf{p_1} = \mathbf{p}$であるので，相対運動量$\mathbf{p}$が$d\Omega$に現れる回数と同じである。したがって，単一粒子の質量μが固定された標的から散乱しているかのように，CM 系の微分断面積を求める

ことができる。したがって，たとえば固定された標的から 1 粒子を散乱させるラザフォードの式（14.32）は，mをμで置き換えると CM 系における 2 つの荷電粒子の散乱の微分断面積を与える。

異なる系の断面積の間の一般的な関係

CM 系では，発射体と標的は互いに等しく反対の運動量で互いに接近する。従来の衝突実験（ラザフォードの実験など）の実験室系では，標的は最初は静止している。現代の衝突ビーム実験の多くにおいては，発射体と標的がそれぞれ逆方向に運動している。これらのすべての場合において初期運動量は同一線上にあるが，問題を簡略化するために，この場合に議論を限定する[11]。

断面積が 2 つの異なる系間でどのように変換するかを見るには，その定義を調べるだけでよい。（14.2）で定義された全断面から始めよう。

$$N_{sc} = N_{inc} n_{tar} \sigma$$

（唯一可能な衝突は弾性散乱であると引き続き仮定するので，吸収やイオン化など他の過程については心配する必要はない。）この同じ定義は，どちらの系でも使用できる。したがって，CM 系における全断面積σ_{cm}は，以下の通りである。

$$N_{sc}^{cm} = N_{inc}^{cm} n_{tar}^{cm} \sigma_{cm} \tag{14.39}$$

4 つの量はすべて CM 系で測定されたものである。まったく同じ方法でσ^{lab}を

$$N_{sc}^{lab} = N_{inc}^{lab} n_{tar}^{lab} \sigma_{lab} \tag{14.40}$$

と定義できるが，4 つの量はすべて実験室系で測定されたものである。任意の特定の散乱事象は，2 つの異なる系からでは全く異なって見えるかもしれないが，事象の総数はいずれの系においても同じでなければならない。このため，

$$N_{SC}^{cm} = N_{SC}^{lab}$$

が成立する。同様に，どちらの系においても入射粒子の数は同じであるため，$N_{inc}^{cm} = N_{inc}^{lab}$となる。図 14.4 に示すように標的密度$n_{tar}$は，入射方向から見た標的粒子の密度（個数/面積）である。これは標的が前方（または後方）へ運動す

---

11 完全に同一線上にはない衝突ビームも存在する。原子物理学の実験では，大角度で交差するビームが使用される場合もあり，また気体中の分子の衝突では，2 つの粒子がどの角度でも接近する可能性がある。このような斜めの衝突は特に扱いにくいものではないが，ここでは同一直線上の衝突のみを考える。

ることの影響を受けないので，$n_{tar}^{cm} = n_{tar}^{lab}$である。（14.39）と（14.40）を比較すると，（14.39）の最初の 3 つの項のそれぞれは（14.40）の対応する項に等しいことがわかる。最終的な条件も同じでなければならないため，CM 系と実験室系の散乱全断面積は等しくなる。

$$\sigma_{cm} = \sigma_{lab} \qquad \text{[全散乱断面積]} \tag{14.41}$$

吸収やイオン化などの他のことが起こりえる場合も，まったく同じ議論が成り立ち，同じ結果が得られる。たとえば全吸収断面積は，CM 系および実験室系で同じである。

微分断面積は，もう少し複雑である。CM 系においてθ_{cm}と測定された散乱角は，実験室系では一般に異なる値θ_{lab}を有し，一方で$d\Omega_{cm}$として測定された立体角は，他方において$d\Omega_{lab}$として測定される。これらの複雑な関係とは別に，前と同じ議論を使用することができる。微分断面積（14.17）の定義

$$N_{sc}(d\Omega\text{内}) = N_{inc} n_{tar} \frac{d\sigma}{d\Omega} d\Omega \tag{14.42}$$

は，どちらの系でも使用できる。前と同じように，N_{inc}とn_{tar}の値はどちらの系においても同じ値を持つ。さらに CM 系で$d\Omega_{cm}$という任意の選択された立体角内に散在する数は，実験室系で$d\Omega_{lab}$というそれに対応する立体角内に入る数と同じである。したがって以前やったように，（14.42）の最初の 3 つの項は両方の系で同じ値を持ち，最終的な積についても同じことが成り立つ。つまり

$$\left(\frac{d\sigma}{d\Omega}\right)_{cm} d\Omega_{cm} = \left(\frac{d\sigma}{d\Omega}\right)_{lab} d\Omega_{lab} \tag{14.43}$$

または

$$\left(\frac{d\sigma}{d\Omega}\right)_{lab} = \left(\frac{d\sigma}{d\Omega}\right)_{cm} \frac{d\Omega_{cm}}{d\Omega_{lab}} \tag{14.44}$$

である。使用される系に応じて与えられた立体角が異なる値（$d\Omega_{cm}$および$d\Omega_{lab}$）を持つため，微分断面積は 2 つの系で同じではない。

$d\Omega = \sin\theta d\theta d\phi = -d(\cos\theta)d\phi$であり，出射運動量の方位角$\phi$は両方の系で同じであるため，（14.44）をやや入り組んでいるが有用な形に書き直すことができる。

$$\left(\frac{d\sigma}{d\Omega}\right)_{lab} = \left(\frac{d\sigma}{d\Omega}\right)_{cm} \left|\frac{d(\cos\theta_{cm})}{d(\cos\theta_{lab})}\right| \tag{14.45}$$

（両者の断面積とも正で定義されているが，右辺の微分が負の場合もあるので，絶対値記号が必要である。）CM 系から実験室系への微分断面積の変換の問題は，今やθ_{lab}の観点からθ_{cm}を求めたり，その逆をおこなったりし，そしてその導関数を求めるという運動学的問題に置き換えることができる。

14.8　CM 系と実験室系の散乱角の関係*

*いつもの通り，星印のついた節は初読の際には省略してもかまわない。

CM 系と実験室系の散乱角度を関連付けるには，両方の系における粒子の運動量を調べる必要がある。これらに添字「cm」および「lab」を追加し，出射値を示すためにプライムを使用する。（入射値の場合は「プライムを付けない」。）CM 系における運動量は，(14.38) で与えられる。

$$\mathbf{p_{cm1}} = -\mathbf{p_{cm2}} = \mathbf{p} \quad （初期） \tag{14.46}$$

$$\mathbf{p'_{cm1}} = -\mathbf{p'_{cm2}} = \mathbf{p'} \quad （最終） \tag{14.47}$$

ここでいつものように$\mathbf{p}, \mathbf{p}'$は相対運動量を表す（$\mathbf{p} = \mu\dot{\mathbf{r}}$）。これらの値を図 14.14 (a) に示す。エネルギー保存則によって，4 つの運動量はすべて CM 系内で等しい大きさになることに注意してほしい。

物事をはっきりさせるために，「実験室系」においては，粒子 2（標的）が最初は静止しているという昔ながらの場合に限定して説明する。この系で見られる様々な運動量が，図 14.14 (b) に示されている。これらの運動量を求めるために，2 つの方程式 (14.37) に戻る。

$$\mathbf{r_1} = \mathbf{R} + \frac{m_2}{M}\mathbf{r} \qquad \mathbf{r_2} = \mathbf{R} - \frac{m_1}{M}\mathbf{r} \tag{14.48}$$

最初，粒子 2 は静止しているので，第 2 式より以下がわかる。

$$\dot{\mathbf{R}} = \frac{m_1}{M}\dot{\mathbf{r}} = \frac{\mu}{m_2}\dot{\mathbf{r}} = \frac{\mathbf{p}}{m_2} \tag{14.49}$$

これは実験室系から見た質量中心の速度であり，実験室系の任意の運動量を対応

する CM 値に関連付けることができる。特に（14.48）の第 1 式を微分すると，

$$\mathbf{p}_{\mathrm{lab}1} = m_1\dot{\mathbf{r}}_1 = m_1\dot{\mathbf{R}} + \mu\dot{\mathbf{r}} = \frac{m_1}{m_2}\mathbf{p} + \mathbf{p} \tag{14.50}$$

または

$$\mathbf{p}_{\mathrm{lab}1} = \lambda\mathbf{p} + \mathbf{p} \tag{14.50}$$

となる。ここで，今後重要となる**質量比**を導入した。

$$\lambda = \frac{m_1}{m_2} \tag{14.51}$$

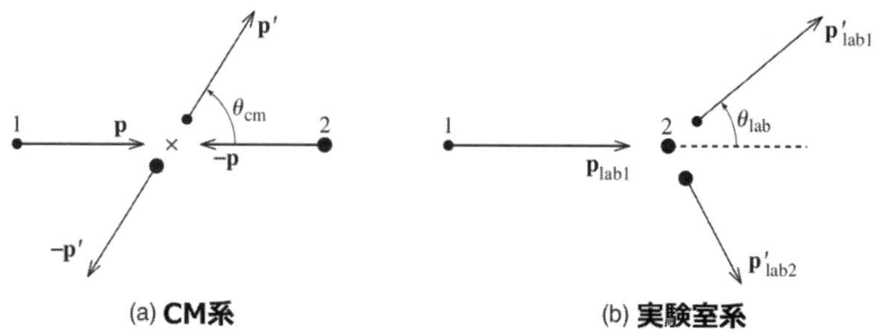

図 14.14（a）CM 系における弾性衝突。2 つの粒子は，大きさが等しく向きが反対の運動量で CM（十字で示す）に近づく。 （b）粒子 2 が最初に静止している実験室系における同じ衝突。

まったく同じ方法で，最終的な運動量$\mathbf{p}'_{\mathrm{lab}1}$は以下のようになる。

$$\mathbf{p}'_{\mathrm{lab}1} = \lambda\mathbf{p} + \mathbf{p}' \tag{14.52}$$

2 つの結果（14.50）および（14.52）が，図 14.15 に示されている。ここで，直線 BC および BD は CM 系における粒子 1 の初期運動量と最終運動量を表し，AC および AD は実験室系においてこれらに対応するものである。点 D から線 AC に垂線を降ろすことで，以下を確認することができる（問題 14.25）。

$$\tan\theta_{lab} = \frac{\sin\theta_{cm}}{\lambda+\cos\theta_{cm}} \tag{14.53}$$

これはθ_{cm}の関数としてθ_{lab}を与える。この結果を使用し，対応する CM の値を使って実験室系の断面積を求める前に，図 14.15 を使用して他のいくつかの結果

を求めておこう。

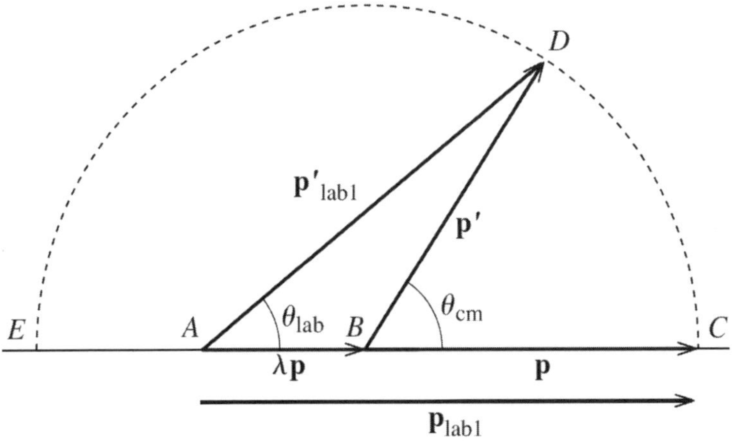

図 14.15 CM 系と実験室系における，初期運動量と最終運動量の関係。λは質量比m_1/m_2であり，この図では 0.5 が選択された。$\mathbf{p}, \mathbf{p'}$で示される運動量は，初期および最終の相対運動量であり，$\mathbf{p_{cm1}}$および$\mathbf{p'_{cm1}}$と同じである。

$|\mathbf{p}| = |\mathbf{p'}|$であるので，図で示されているように，点 D は中心 B および半径pを有する円上にある。$\theta_{cm} = 0$またはπの場合を除き，θ_{lab}は常にθ_{cm}よりも小さいことがわかる。図 14.15 の詳細な様子は，2 つの質量の相対的な大きさによって決まる。最初に$\lambda < 1$（発射体が標的よりも軽い，つまり$m_1 < m_2$）とする。この場合，図 14.15 に示すように，点 A は円の内側にある。（この図は，質量比$\lambda = 0.5$の場合を描いている。）$\theta_{cm} = 0$の場

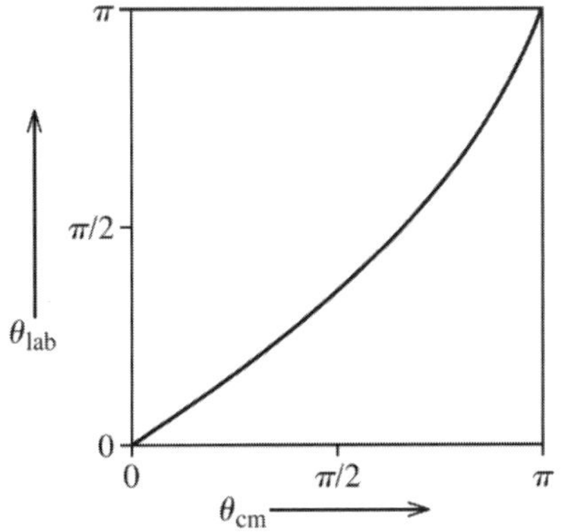

図 14.16 質量比 0.5（つまり$m_1 = 0.5m_2$）の場合の，CM 系の角度θ_{cm}（14.53）の関数としての実験室系における散乱角θ_{lab}。2 つの角度は 0 とπでは等しく，$\theta_{lab} < \theta_{cm}$である。

合，点 D は C と一致し，θ_{lab}もゼロである。θ_{cm}が0からπまで連続的に増加する場合を考えると，点 D は半円のまわりを C から E に連続的に移動する。その際，$\theta_{cm}=\pi$になるまでθ_{lab}がθ_{cm}よりも常に小さく，$\theta_{cm}=\pi$でθ_{lab}もπに等しい。（つまり発射体が CM 系内を真っ直ぐに跳ね返る場合，少なくとも$\lambda<1$であれば実験室系でも同じことが成り立つ。）この挙動を図 14.16 に示すが，この図は質量比$\lambda=0.5$のもとでの，θ_{cm}に対するθ_{lab}のグラフである。

$\lambda=1$の場合（つまり，発射体と標的の質量が等しい場合），θ_{cm}の関数としてのθ_{lab}の挙動は驚くほど異なる。この場合，(14.53）は

$$\theta_{lab}=\frac{1}{2}\theta_{cm} \tag{14.54}$$

となる（問題 14.27 参照）。したがってθ_{cm}が 0 からπまで変化すると，θ_{lab}は 0 から$\pi/2$まで変化する。特に実験室系における等質量衝突では，散乱角は決して90°を超えることはない。$\lambda>1$ならば，問題 14.31 で示すように，再び異なったものとなる。

実験室系における微分断面積を求めるには，（14.45）の微分$d(\cos\theta_{cm})/d(\cos\theta_{lab})$を求める必要がある。(14.53）を使用すると，簡単な計算によって（問題 14.26）

$$\frac{d(\cos\theta_{lab})}{d(\cos\theta_{cm})}=\frac{1+\lambda\cos\theta_{cm}}{(1+2\lambda\cos\theta_{cm}+\lambda^2)^{3/2}} \tag{14.55}$$

が得られる。これを（14.45）に代入し，以下を得る。

$$\left(\frac{d\sigma}{d\Omega}\right)_{lab}=\left(\frac{d\sigma}{d\Omega}\right)_{cm}=\frac{\left(1+2\lambda\cos\theta_{cm}+\lambda^2\right)^{3/2}}{|1+\lambda\cos\theta_{cm}|} \tag{14.56}$$

例 14.7 剛体球の散乱

質量m_1の点粒子の発射体を半径R，質量$m_2=2m_1$の剛体球に対して散乱させた場合の実験室系における微分断面積を求め，適切な散乱角の関数としてグラフ化する。

CM 系における断面積は，固定された標的から散乱する換算質量μに等しい質量の粒子の場合と同じである。例 14.5（654 ページ）で，この場合の微分断面積は$R^2/4$であること，つまり

$$\left(\frac{d\sigma}{d\Omega}\right)_{cm} = \frac{R^2}{4}$$

であることがわかった。また（$\lambda = 0.5$の場合の）実験室系における断面積は，（14.56）からすぐに書き下すことができる。2 つの断面積は，図 14.17 に角度の関数としてグラフ化されている[12]。既に知っているように，CM 系における断面積は等方性を持つ。実験室系における断面積は，順方向に著しくひずんでいる。

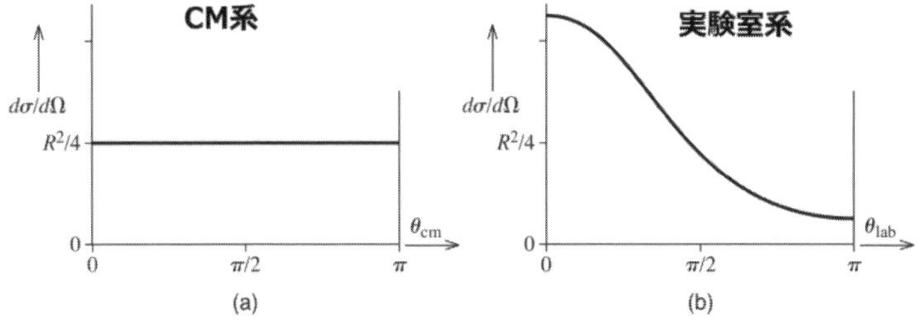

図 14.17（a）剛体球から散乱する場合の微分断面積は，CM 系においては等方的である。(b）実験室系では，順方向にピークが存在する。

第 14 章の主な定義と方程式

散乱角と衝突パラメータ

散乱角は，標的によって発射体が曲げられる角度θである。**衝突パラメータ**は，発射体が曲がらなかった場合の，対象物の中心からの距離bである。

[14.1 節]

衝突断面積

12　式(14.56)は，実験室系における断面積を CM 系における角度θ_{cm}の関数として与える。それをθ_{lab}の関数として表現するには，（14.53）に対してθ_{lab}に関してθ_{cm}を解く必要がある。図 14.17（b）のグラフを作成するには，θ_{lab}と$(d\sigma/d\theta)_{lab}$の両者をパラメータθ_{cm}の関数として扱い，θ_{cm}が 0 からπまでのパラメトリックプロットを作成するのが簡単である。

特定の対象「oc」（弾性散乱，吸収，反応，分裂）に関する**衝突断面積**σ_{oc}は，

$$N_{oc} = N_{inc} n_{tar} \sigma_{oc}$$ [14.2 および 14.3 節]

であるが，ここでN_{oc}は対象となるものの出力数，N_{inc}は入力発射体の数，n_{tar}は標的密度（数/面積）である。

微分断面積

(θ, ϕ)方向の散乱に対する**微分断面積**$\frac{\mathrm{d}\sigma}{\mathrm{d}\Omega}(\theta, \phi)$は，以下で与えられる。

$$N_{sc}\ (d\Omega\text{内}) = N_{inc} n_{tar} \frac{d\sigma}{d\Omega}(\theta, \phi) d\Omega\ (d\Omega\text{内})$$ [（14.17）]

微分断面積の計算

衝突角θが衝突パラメータbの関数（またはその逆）としてわかっている場合は，微分断面積は，以下の式から求められる。

$$\frac{d\sigma}{d\Omega} = \frac{b}{\sin b}\left|\frac{db}{d\theta}\right|$$ [（14.23）]

ラザフォードの公式

電荷qを固定電荷Qによって散乱させた場合の微分断面積は，**ラザフォードの公式**によって与えられる。

$$\frac{d\sigma}{d\Omega} = \left(\frac{kqQ}{4E\sin^2(\theta/2)}\right)^2$$ [（14.32）]

CM 系と実験室系の断面積

実験室系は一般に，標的が静止している系である。**CM 系**は，CM が静止している系である。2 つの系における微分断面積は，以下の関係を満たす。

$$\left(\frac{d\sigma}{d\Omega}\right)_{lab} = \left(\frac{d\sigma}{d\Omega}\right)_{cm} \left|\frac{d(\cos\theta_{cm})}{d(\cos\theta_{lab})}\right|$$ [（14.45）]

第 14 章の問題

星印は，最も簡単な（*）ものから難しい（***）ものまでの，おおよその難易度を示している。

14 .2 節 衝突断面積

14.1* 直径 15cmのブルーベリーパンケーキに，直径 1cmのブルーベリーが 6 個入っている。真上から見た場合のブルーベリーの断面積σと，パンケーキに含まれるブルーベリーの「標的」密度n_{tar}（数/面積）を求めよ。パンケーキにランダムに刺した串が，ブルーベリーに当たる確率はいくらであるか。（最初はσとn_{tar}を用いて，その後は数値的に求めよ。）

14.2* (a) 核の半径は 5fmである（$1\text{fm} = 10^{-15}\text{m}$）。断面積$\sigma$をバーンの単位で求めよ。（$1\text{barn} = 10^{-28}\text{m}^2$）(b) 半径 0.1nmの原子について，同じことをおこなえ。（$1\text{nm} = 10^{-9}\text{m}$）

14.3* 粒子ビームを，液体水素のタンクに投射する。タンクの奥行きが 50cm，液体密度が 0.07gram/cm^3の場合，入射粒子から見た水素原子の標的密度（数/面積）を求めよ。

14.4** ある核子を銅の原子核で散乱させた場合の断面積は，2.0 バーンである。これらの核子10^9個を，厚さ 10 μmの銅箔に当てれば，何個の粒子が散乱するか。（銅の密度は $8.9\ \text{gram/cm}^3$であり，その原子質量は 63.5 である。原子内の電子による散乱は全く無視できる。）

14.5** ある核子を窒素核によって散乱させた場合の断面積は，0.5 バーンである。STP の下で窒素を含む長さ 10cm の霧箱に対してこれらの粒子を10^{11}個当てた場合，いくつの粒子が散乱するか。（理想気体の法則を使用し，また各々の窒素分子には 2 つの原子があることに注意すること。原子内の電子による散乱は全く無視できる。）

14.6** 散乱断面積$N_{sc} = N_{inc} n_{tar} \sigma$の定義は，広い標的集合体を通過する発射体の狭いビームを使用する実験に適用される。ところが実験者は，小さな標的集合を完全に呑み込む広い入射ビームを使用することがある。（たとえば小さなプラスチック片に向けられた車のヘッドランプからの光子ビームなど。）このような場合には$N_{sc} = n_{inc} N_{tar} \sigma$が成り立つことを示せ。ここで$n_{tar}$は正面から見た入射ビームの密度（数/面積）で，$N_{inc}$は標的集合体内の標的の総数である。

14.4 節 散乱の微分断面積

14.7* 地球から見た場合の，月および太陽がなす立体角を計算せよ。またその答えについて，説明せよ。（月と太陽の半径は，$R_m = 1.74 \times 10^6\text{m}$および$R_s = 6.96 \times 10^8\text{m}$であり，地球からの距離は，$d_m = 3.84 \times 10^8\text{m}$および$d_s = 1.50 \times 10^{11}\text{m}$である。）

14.8* ラザフォードの助手ガイガーとマースデンがおこなった有名な実験では，硫化亜鉛のスクリーンを使って散乱したアルファ粒子を検出した。このスクリーンは，アルファ粒子が衝突したときに小さな光の閃光を作った。スクリーンの面積が$1\mathrm{mm}^2$で標的からの距離が1cmの場合，スクリーンの立体角を求めよ。

14.9* すべての方向に渡って立体角（14.15），つまり$d\Omega = \sin\theta d\theta d\phi$を積分し，すべての方向に対応する立体角が$4\pi$ステラジアンであることを確かめよ。

14.10* 必要な積分値をおこなうことにより，例 14.4（652 ページ）の断面積全体の結果（14.20）を確かめよ。（変数を$u = \cos\theta$に変更すると，積分が極めて簡単になる。）

14.11** 120°の角度で6.5MeVで入射したアルファ粒子を銀の原子核によって散乱させた場合の微分断面積は，約 0.5barn/srである。合計10^{10}個のアルファ粒子を厚さ1μmの銀箔に衝突させた際に，標的から120°の角度と1cmの距離にある面積$0.1\mathrm{mm}^2$のカウンターを使用して散乱粒子を検出した場合，散乱したアルファ粒子の数はいくらになるか。（銀の比重は 10.5，原子質量は 108 である。）

14.12*** [コンピュータ] 量子散乱理論では，微分断面積は散乱振幅と呼ばれる複素数$f(\theta)$の絶対値の 2 乗に等しい。

$$\frac{d\sigma}{d\Omega} = |f(\theta)|^2 \tag{14.57}$$

散乱振幅は，無限級数として表現することができる。

$$f(\theta) = \frac{\hbar}{p}\sum_{l=0}^{\infty}(2l+1)e^{i\delta_l}\sin\delta_l P_l(\cos\theta) \tag{14.58}$$

ここで$\hbar = 1.05 \times 10^{-34}\mathrm{J\cdot s}$は「エッチバー」と呼ばれ，プランク定数を$2\pi$で割ったものであり，$p$は衝突した発射体の運動量である。実数$\delta_l$は**位相シフト**と呼ばれ，発射体と標的の性質と入射エネルギーに依存する。$P_l(\cos\theta)$は，いわゆるルジャンドル多項式である（$P_0 = 1, P_1 = \cos\theta$等）。

部分波級数（14.58）は，位相シフトがゼロとはわずかに異なる低エネルギーで特に有用である。 (a) $\delta_0 = -30°, \delta_1 = 150°$であり，他のすべての位相シフトは無視できる場合において，10MeVの中性子（質量$m = 1.675 \times 10^{-27}\mathrm{kg}$）がある重い核によって散乱する場合，この級数を書き下せ。 (b) 微分断面積の式を（$\hbar$，m，入射エネルギーE，および 2 つのゼロでない位相シフトを使って）求め，$0 \leq \theta \leq 180°$の間でグラフ化せよ。 (c) 全散乱断面積を求めよ。

14.5 節 微分断面積の計算

14.13** 剛体球による散乱断面積を導き出すにあたっては，図 14.10 に示すように，剛体球から跳ね返る粒子の入射角と反射角が等しいという「反射の法則」を使用した。エネルギーと角運動量の保存を利用し，この法則を証明せよ。（「剛体球の散乱」の定義は，発射体がその運動エネルギーを変化させずに跳ね返ることである。力に球対称性があるということは，球の中心に関する角運動量が保存されることを意味する。）

14.14**　スケートリンク上を滑り，さまざまな標的障害物に衝突するパック発射体砲に適用できる 2 次元散乱理論をつくることができる。断面積σは標的の有効幅であり，微分断面積$d\sigma/d\theta$は角度$d\theta$で散乱される発射体の数である。　（a）（14.23）に対応する 2 次元の類似式は$d\sigma/d\theta = |db/d\theta|$であることを示せ。（2 次元散乱では，$\theta$の範囲を$-\pi$から$\pi$にすることが便利なことに注意すること。）　（b）次に氷上に固定されている半径Rの剛体球（実際には剛体円盤）に対して，小さな発射体を散乱させた場合の微分断面積を求めよ。（2 次元では，剛体「球」の散乱は等方的でないことに注意すること。）　（c）この答えを（b）と組み合わせ，全断面積が$2R$になることを示せ。

14.15*** ［コンピュータ］以下の位置エネルギーを持つ球対称な力の中を運動する，点状の発射体を考える。

$$U(r) = \begin{cases} -U_0 & (0 \le r \le R) \\ 0 & (R < r) \end{cases} \tag{14.59}$$

ここでU_0は正の定数である。これは球状の井戸型と呼ばれ，$r < R$および$R < r$のいずれかの領域を自由に移動する発射体を表すが，境界$r = R$を横切るとき，半径方向内側の衝撃力を受け，その運動エネルギーを$\pm U_0$だけ変化させる。（内向きに運動した場合には$+U_0$，外向きに運動した場合には$-U_0$となる。）　（a）運動量p_0および衝突パラメータ$b < R$で井戸に接近する発射体の軌道を描け。　（b）エネルギー保存則を用いて，井戸内の発射体の運動量p（$r < R$）を求めよ。ζを運動量比$\zeta = p_0/p$とし，dを発射体の原点への最接近距離とする。角運動量の保存を使用し，$d = \zeta b$であることを示せ。　（c）描いた図を使い，散乱角 θ が

$$\theta = 2\left(\arcsin\frac{b}{R} - \arcsin\frac{\zeta b}{R}\right) \tag{14.60}$$

となることを示せ。この式はθをbの関数として与えるが，これは断面積を得るために必要なものである。この関係は運動量比ζに依存し，運動量比ζは入力運動量p_0と井戸の深さU_0に依存する。$\zeta = 0.5$の場合において，θをbの関数としたグラフを描け。　（d）θをbについて微分することにより，$\zeta = 0.5$の場合の微分断面積をbの関数として求めよ。$d\sigma/d\Omega$をθの関数としてグラフを描き，説明せよ。［ヒント：θの関数として図を描くために，bをθに関して解く必要はない。その代わりに，0 からRまで動くパラメータbの関数として，点$(\theta, d\sigma/d\Omega)$のパラメトリックプロットを作成できる。］（e）$d\sigma/d\Omega$を全方向にわたって積分し，全断面を求めよ。

14.6 節 ラザフォード散乱

14.16* 原子のラザフォード模型の具体的な予測の 1 つは，断面積がE^2に反比例する，またはそれと等価であるがv^4に反比例することであった。これを確認するために，ガイガーとマースデンは，入射したアルファ粒子を薄い雲母箔に通してvを変化させ，速度を遅くした。ラザフォードの予測によれば，N_{sc}とv^4の積は入射速度が何であれ，（他のすべての変数が一定に保たれている場合）一定でなければならない。以下のデータ表に$N_{sc}v^4$を示す行を追加して，ラザフォードの予測がどれほど良好であるかを確認せよ。

雲母シートの数	0	1	2	3	4	5	6
カウント，N_{sc}（分）	24.7	29	33,4	44	81	101	255
速度v（任意単位）	1	0.95	0.9	0.85	0.77	0.69	0.57

14.17* 原子のラザフォード模型のもう 1 つの具体的な予測は，断面積が原子核電荷の 2 乗に比例すること，すなわちZ^2（ここでZは原子番号であり，原子核中の陽子数を表す）に比例することである。これを確認するために，ガイガーとマースデンは，（他のすべての変数を固定したまま）さまざまな標的からの散乱数を数えた。そして次の結果を得た。

標的	金	プラチナ	すず	銀	銅	アルミ
N_{sc}	1319	1217	467	420	152	26
Z	79	78	50	47	29	13

この表に比率N_{sc}/Z^2を表示する行を追加して，ラザフォードの予測がどれほど良好であるかを確認せよ。(原子量が分かっていなかったり，よく理解されていなかったりした時代に，ラザフォードは原子核の電荷が原子質量の半分にほぼ等しいと，正しく推測していた。そしてこれがZの代わりに使用された。）アルミニウムの場合には予測とのずれが大きくなるが，これはより軽量の標的にとって重要となる標的の反動を無視したことによる。

14.18** ラザフォードに原子核モデルが正しいことを示唆した最初の観察の 1 つは，アルファ粒子の一部が金属箔によって$\pi/2 \le \theta \le \pi$の後方半球に散乱されたことであった。その結果を他の原子モデルに基づいて説明することは不可能であったが，原子核モデルからは自然に説明できるものであった。初期の実験において，ガイガーとマースデンは白金箔によって後方半球に散乱された入射アルファ粒子の割合を測定した。後方半球上のラザフォード断面積（14.33）を積分することにより，$\theta \ge 90°$の散乱断面積は$4\pi\sigma_0(E)$であることがわかる。以下の数値を使用して，比$N_{sc}(\theta \ge 90°)/N_{inc}$を予測せよ。白金箔の厚さ≈ 3μm，密度= 21.4gram/cm^3，原子量= 195，原子番号= 78，入射アルファ粒子のエネルギー= 7.8MeV。その答えを，「8000 のうちの約 1 個の入射アルファ粒子が散乱された」（すなわち，後方半球に散乱された）という彼らの見積もりと比較せよ。この割合は小さいが，他の原子モデルの予測ははるかに大きいものであった。

14.19** ラザフォード断面積の導出において単純化のカギとなるのは，発射体の軌道が最接近の方向**u**に関して対称であることであった。（図 14.4 を参照のこと。）以下のようにして，これはほぼすべての保存的な中心力に当てはまることを証明せよ。　(a)（実際の位置エネルギーに遠心力の位置エネルギーからの影響を入れた）有効位置エネルギーは，図 8.4 のようであると仮定する。すなわち$r \to \infty$でゼロに近づき，$r \to 0$で$+\infty$に近づく[13]。このことを使い，無限遠から来る発射体は最小値r_{min}に達してから再び無限に移動することを証明せよ。　(b) 先のことは，発射体がr_{min}と無限大の間のrの任意の値をちょうど 2 回，1 回目は近づく途中で，2 回目は遠ざかる途中で，通ることを意味する。これら 2 つの点において$\dot{r}$の値が等しく，逆向きであり，$\dot{\psi}$の値が等しいことを証明せよ。（ψは図 14.11 で定義された極角である）。　(c) これらの結果を用いて，軌道が方向$\boldsymbol{u}$に関して鏡映対称であることを証明せよ。

14.20** ラザフォード断面積の導出は，(14.30) の積分因子rの偶発的な相殺によって，かなり簡単になった。原理的には，どのような中心力場でもうまく機能する，断面積を求める方法がある。散乱軌道の一般的な様子は図 14.11 のようになり，最近接方向**u**に関して対称である。（問題 14.19 を参照。）ψが**u**方向から測定した発射体の極角の場合，$t \to \pm\infty$で$\psi \to \pm\psi_0$であり，散乱角は$\theta = \pi - 2\psi_0$である。（図 14.11 を再度参照。）角度ψ_0は，積分範囲を最も近づいた時から∞まで取った場合の$\int \dot{\psi}\, dt$に等しい。今やおなじみとなった技法を使うと，これを$\int \dot{\psi}/\dot{r} dr$と書き直すことができる。次に$\dot{\psi}$を角運動量$l$と$r$で書き換え，(8.35) で定義されたエネルギー$E$と有効位置エネルギー$U_{eff}$で$\dot{r}$を書き換える。これらのことをすべて済ませれば，以下を証明できる。

$$\theta = \pi - 2\int_{r_{min}}^{\infty} \frac{(b/r^2)dr}{\sqrt{1-(b/r)^2-U(r)/E}} \tag{14.61}$$

この積分をおこなうことができればθをbで表すことができ，したがって断面積 (14.23) が求まる。その使用例については，問題 14.21，14.22，および 14.23 を参照すること。

14.21** 問題 14.20 の一般的な関係 (14.61) を使って，剛体球による散乱についての関係式 (14.24) を再導出せよ。

14.22** 問題 14.20 の一般的な関係 (14.61) を使って，ラザフォード散乱の関係式 (14.31) を再導出せよ。

14.23*** エネルギーEを持つ粒子の散乱を，位置エネルギー$U = \gamma/r^2$を持つ反発力$1/r^3$の固定された場のもとで考える。問題 14.20 の関係 (14.61) を用いてθをbで表し，微分断面積は

---

13 この動作は間違いなく普通であるが，それが正しくない力の場がいくつかある。実際の位置エネルギーが$r = 0$付近できわめて強い引力をもつなら（たとえば$U(r) = -1/r^3$），$r = 0$付近の遠心力を支配し，有効位置エネルギーは$r \to 0$で$+\infty$となる。ここでの議論はまた，$b = 0$という特別な場合に分かれるが，この場合，発射体は標的に直接衝突する可能性がある。

$$\frac{d\sigma}{d\Omega} = \frac{\gamma}{E}\frac{\pi^2(\pi-\theta)}{\theta^2(2\pi-\theta)^2\sin\theta} \tag{14.62}$$

であることを示せ。r_{min}を求める方法について読者の記憶を呼び起こすために，図 8.5（$E > 0$ の場合）を参照すること。θ方程式をbに対して解くことでbをθの関数として求め，断面積を計算せよ。

14.8 CM 系と実験室系の散乱角の関係*

14.24** （たとえば陽子に対する陽子の散乱のような）同一質量の 2 粒子による散乱を考える。この場合，$\theta_{lab} = \frac{1}{2}\theta_{cm}$である。（問題 14.27 を参照のこと。） (a)（14.45）の結果を使い，発射体と標的が同一質量の場合，以下が成立することを示せ。

$$\left(\frac{d\sigma}{d\Omega}\right)_{lab} = 4\cos\theta_{lab}\left(\frac{d\sigma}{d\Omega}\right)_{cm} \tag{14.63}$$

(b) 2 つの同一質量の剛体球の散乱に対する，実験室系での断面積を書き下せ。（CM 系においては，微分断面積は$R^2/4$であることを我々はすでに知っている。ここで$R = R_1 + R_2$である。）すべての方向に対して積分すると，実験室系における全断面積は当然であるが，πR^2であることを確かめよ。

14.25** 図 14.15 を使い， 以下の(14.53)を証明せよ。

$$\tan\theta_{lab} = \frac{\sin\theta_{cm}}{\lambda+\cos\theta_{cm}} \tag{14.64}$$

14.26** 適切な三角関数の公式を使い，（14.64）を書き直し，$\cos\theta_{lab}$を$\cos\theta_{cm}$の関数として表せ。そして CM 系と実験室系における断面積の関係を与える上で本質的となる（14.55）の導出を確かめよ。

14.27** (a)問題 14.25 の(14.64)の質量比を$\lambda = 1$とし，同一質量の散乱の場合では，$\theta_{lab} = \frac{1}{2}\theta_{cm}$であることを証明せよ。 (b) $\lambda = 1$ $(m_1 = m_2)$の場合に図 14.15 を再度描きなおし，なぜθ_{lab}の最大値が$\pi/2$であるかを説明せよ。

14.28** 実験室系における固定されていない標的粒子の運動量を調べることは，興味深い。反動運動量p'_{lab2}と入射粒子の方向との間の角を反動角とし，ξ_{lab}で表す。（図 14.14 の破線の下側の角度）。 (a)図 14.15 において，反動運動量はベクトルDCであらわされることを示せ。$\xi_{lab} = (\pi - \theta_{cm})/2$であることを証明せよ。 (b)同一質量$(m_1 = m_2)$という特殊な場合において，$\xi_{lab} + \theta_{lab} = \pi/2$であること，つまり同一質量を持つ 2 つの粒子が弾性衝突した場合，散乱された間の角度は90°であることを示せ。 (c)最後の結果を，（弾性衝突した場合に成り立つ）運動量とエネルギーの保存則を利用して，直接求めよ。

14.29** 弾性衝突を，2 つの粒子の全エネルギーが衝突前後で変化しないと定義する。 (a)

弾性衝突をした場合，2 つの粒子各々の運動エネルギーは，CM 系において，別々に保存することを示せ。(b)なぜ実験室系では，上と同じ結果とならないのかを，明確に説明せよ。（標的粒子のエネルギーについて考えよ）。(c)衝突によって標的粒子が得たエネルギー（これは入射粒子が失ったエネルギーでもある）をΔEとする。図 14.15 を使い，入射粒子が失ったエネルギーの割合は，（実験室系で）

$$\frac{\Delta E}{E} = \frac{4\lambda}{(1+\lambda)^2}\sin^2(\theta_{cm}/2)$$

であることを示せ。ここでいつものように，λを質量比m_1/m_2とする。(図 14.15 において，直線DCは標的の反動運動量を示している。) (d)与えられた質量比λにおいて，どのような種類の衝突が最もエネルギーを失う割合が最大となるのかを答えよ。このエネルギー損失を最大にするλの値を求めよ。(その答えはたとえば原子炉において，なるべく早く粒子のエネルギーを失わせたい場合に重要となる。)

14.30* ** まだ問題 14.24 をやっていない場合は，それをおこなえ。（a）同一質量を持つ 2 つの剛体球 A，B の散乱を考えるが，B ははじめ静止している。選択された角度Θで立体角$d\Omega$内に散乱する発射体 A の数の標準式(14.42)を書き下せ。(b)この数をN(角度Θで立体角$d\Omega$に散乱する A の数）とする。同じ角度Θで同じ立体角$d\Omega$に跳ね返る標的粒子 B の数を監視することを考える。観察される B の数N（角度Θで立体角$d\Omega$に散乱する B の数）を求めよ。これは A での対応する数とどのように比較されるか。

14.31* ** [コンピュータ]標的よりも重い発射体，すなわち$m_1 > m_2$または$\lambda > 1$の弾性散乱を考えてみよう。（a）この場合について，図 14.15 と同じようなグラフを描け。θ_{lab}の各値に対応する 2 つの異なる CM 系の角θ_{cm}が存在することを明確に示せ。（b）$\theta_{lab} = 0$に対応する 2 つの CM 角を求めよ。この例で，$m_1 > m_2$のときにθ_{cm}に 2 つのあいまいさがある理由を説明せよ。（c）$\lambda = 2$の場合について，θ_{cm}の関数としてのθ_{lab}をグラフに描け。（d）与えられたλの値に対するθ_{lab}の可能な最大値を求めるために，（a）のグラフを用いよ。$\lambda = 1$の場合の答えが正しいことを，確認せよ。

第 15 章　特殊相対性理論

1687 年にプリンキピアが出版されてから 1905 年までは，ニュートン力学が最高位のものとして君臨していた。この理論はますます多くの系に適用され，ほぼ常に成功していた。ニュートン力学が失敗したまれな場合では，事態を複雑化させる要因が見落とされていたことが判明し，これらの要因が含まれていれば，ニュートン力学は再びすべての実験結果を説明することができた[1]。ニュートン形式には（エネルギーなどの）新しい概念が追加され，また異なった形式（ラグランジュ形式とハミルトン形式）に作り直されたが，その基盤は崩れなかった。その後 19 世紀の終わりにかけて，古典的なニュートン力学の考え方と矛盾するように見えるいくつかの測定がなされた。これらの測定結果を古典物理学に沿わせるために多くの努力がなされたが，1905 年にアルバート・アインシュタイン（1879-1955）は，現在では相対性理論と呼ばれるものに関する最初の論文を発表した。本章で紹介するように，この論文は光速度に近い速度を持つ粒子は，全く新しい形式の力学を必要とすることを示した。より遅い速度でさえ，ニュートン力学は新しい「相対論的力学」に対する近似に過ぎないが，その差は通常は検出できないほど小さい。特に地球上で通常発生する速度では，ニュートン力学は

1 ニュートン力学の最大の勝利は，おそらく海王星の予測と発見であろう。天王星の軌道計算（他の既知の惑星を考慮に入れたもので，もちろんニュートン力学に基づいている）は，観測された位置と約 1.5 分角ずれていた。1846 年に英国の天文学者ジョン・クーチ・アダムズ（1819-1892）とフランス人ユルバン・ルヴェリエ（1811-1877）によって独立に，天王星軌道の外側にある未知の惑星の存在によってこのずれが説明できることが明らかにされた。数ヶ月後，現在では海王星と呼ばれる新しい惑星が，ドイツのヨハン・ガレ（1812-1910）によって，その予測された位置で発見された。

完全に満足できるものであり，そのことがなぜこの理論が現在でも物理学の重要かつ興味深い一部であるのかの理由となっている。(そしてこの章を除く他の 15 の章によって，このことは正当化される[2]。)

15.1 相対性

最初に「相対性理論」という名前の重要性を考えてみよう。ほとんどの物理的な測定は，選択された基準系をもとにしておこなわれることはすぐにわかるであろう。粒子の位置が$\mathbf{r} = (x, y, z)$であるということは，選択された原点と選択された座標軸をもとにして，その位置ベクトルが成分(x, y, z)を持つことを意味する。時間$t = 5$秒で事象が発生したということは，選択された時間$t = 0$に対してtが 5 秒後であることを意味する。自動車の運動エネルギーTを測定する際に，Tが道路に固定された基準系または自動車に固定された基準系のどちらに対してTを測定するかで，結果は大きく異なる。ほとんどすべての測定は，測定がおこなわれるべき基準系の詳細を必要とするが，この事実を測定の相対性と呼ぶことにする。

相対性理論は，測定の相対性の結果に対する研究である。最初はこのことが極めて興味深い話題とは思えないだろうが，アインシュタインは測定が座標系の選択にどのように依存するかについて慎重に研究した結果，ニュートン力学を完全に再考する必要があることを示した。

アインシュタインの相対性理論は，本来は 2 つの理論からなる。特殊相対性理論と呼ばれる最初のものは，主に加速していない基準系に焦点を当てる点で「特殊」である。一般相対性理論と呼ばれる第 2 のものは，加速している基準系を含む点で「一般」的である。アインシュタインによって，加速系の研究は自然に重力理論につながり，一般相対性理論は相対論的重力理論であることが分かった。実際には，一般相対性理論はニュートンの重力とは予測が異なる場合にのみ必要である。これにはブラックホールによる強い重力場，宇宙全体，および全地球測位システムに必要となる極めて正確な時間測定に対する地球の重力の影響の研

[2] 相対性理論に関するこの章を書く際に(特に最初の節と演習問題について)，John Taylor, Chris Zafiratos, Michael Dubson 著,『Modern Physics』(第 2 版，Prentice Hall, 2003) の相対性理論に関する章からの借用を考えないことは難しかった。私に許可を与えてくれた Prentice Hall 社に感謝する。

究が含まれる。原子核物理学と素粒子物理では，光速度に近い速度を持つが重力が完全に無視できる粒子を考えるため，特殊相対性理論のみが必要な理論となる。この章では，特殊相対性理論のみを取り扱うことにする[3]。

15.2　ガリレイの相対性原理

相対性理論の考え方の多くは古典物理学のなかにすでに存在しており，以前の章でも述べた。これらの考え方を見直し，アインシュタインの相対性理論の議論に適した形でそれらを再考しよう。

第 1 章で議論したように，ニュートンの法則は多くの異なる基準系，すなわちいずれかが他の基準系に対して一定の速度で運動する，いわゆる慣性系で成立する。このことを言い換えると，古典物理学において 1 つの慣性系から別の慣性系に注意を移すとき，ニュートンの法則は**不変**（すなわち変化しない）である。1 番目の系に対して一定の速度で移動する 2 番目の系への古典的な変換を，**ガリレイ変換**と呼ぶ。したがって同じ結果をより手短に述べる方法は，ニュートンの法則はガリレイ変換の下で不変である，となる。この主張を最初に見直してみよう。

ガリレイ変換

話を簡単にするために，最初に同じ方向を向いている 2 つの系S, S'を考える。すなわちx軸はx'軸に平行であり，y軸はy'軸に平行であり，z軸はz'軸に平行である。さらにSに対するS'の速度$\boldsymbol{V}$がx軸に沿っていると仮定する。ニュートン力学の根本的な仮定は，普遍的な単一の時間tが存在することであった。したがって，SとS'の観測者が時計を同期する（および同じ時間単位を使用する）ことに同意すると，$t = t'$となる。最後に原点O, O'を，$t = t' = 0$で一致するように選ぶことができる。この状況は図 15.1 に示されている。ここでSは地面に固定された系である。（地球に固定された系は慣性系であると仮定する。つまり，地球のゆっくり

---

3 一般相対性理論全体を説明するには，別の本が必要である。いくつかの良い参考文献は次のとおりである。R. Geroch 著，『General Relativity from A to B』(University of Chicago Press, 1978)；ケンヨン著，三上恵成訳，『ケンヨン　一般相対論』(丸善プラネット，2017)；シュッツ著，江里口・二間瀬訳，『相対論入門』（丸善，2010）；ハートル著，牧野訳，『重力：アインシュタインの一般相対性理論入門』（日本評論社，2016）

とした回転を無視する。）S'系は，x軸に沿って速度$\mathbf{V}$で移動する列車に固定されている。

小さな爆竹の爆発など，何らかのでき事を考えてみよう。S系の観察者によって測定すると，これは位置$\mathbf{r} = (x, y, z)$および時間tで起こる。S'系で測定すると，これは$\mathbf{r}' = (x', y', z')$および時間$t'$で起こる。最初の（そして非常に単純な）課題は，座標(x, y, z)と(x', y', z')の間の数学的関係を確立することである。図 15.1 からすぐに$x' = x - Vt$, $y' = y$, $z' = z$であることがわかる。時間に関する古典的仮定$t' = t$によって，これらの間の関係式は

$$\left.\begin{aligned} x' &= x - Vt \\ y' &= y \\ z' &= z \\ t' &= t \end{aligned}\right\} \tag{15.1}$$

となる。これらの 4 つの方程式は**ガリレイ変換**と呼ばれ，Sで測定された出来事の座標(x, y, z, t)によって，S'で測定された同じ出来事の座標(x', y', z', t)を与える。これらは空間と時間に関する古典的な考え方の数学的表現である。

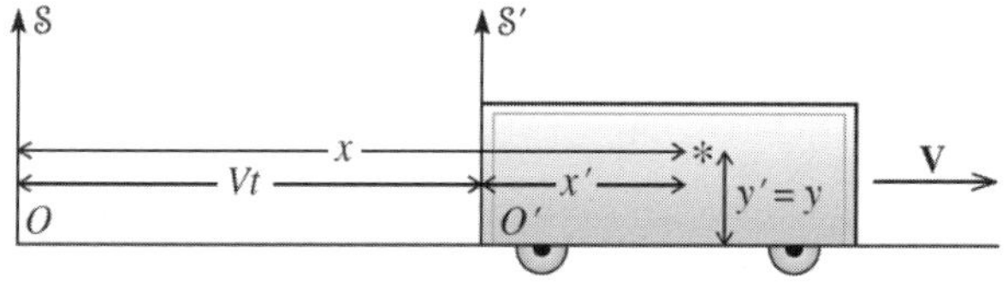

図 15.1 S系は地面に固定され，S'は一定速度Vでx方向に走行する列車に固定されている。時間$t = t' = 0$において，2 つの原点が一致$O = O'$する。星印は，小さな爆発などのでき事を示す。

図 15.1 に示すように，ガリレイ変換（15.1）は対応する座標軸が平行に配置された 2 つの系で測定された座標と，x軸に沿った相対速度とを関連付ける。図 15.1 のような配置を，**標準的配置**と呼ぶことにする。これはもちろん，最も一般的な配置というわけではない。たとえば相対速度$\mathbf{V}$が任意の方向にある場合，（15.1）は次のように簡潔に書き換えることができる。

$$\mathbf{r}' = \mathbf{r} - \mathbf{V}t \quad \text{および} \quad t' = t \tag{15.2}$$

対応する軸がもはや平行でなくなるように軸を回転させることができるので，これはガリレイ変換の最も一般的な形式ではない。また原点O, O'と，時間原点を置

き換えることもできる。しかし（15.2）は，現在の目的にとっては十分である。

ガリレイ変換（15.2）を使用すると，2 つの系で測定された物体の速度を直ちに関連付けることができる。$\mathbf{v}(t) = \dot{\mathbf{r}}(t)$が$S$系で測定された物体の速度であり，同様に$\mathbf{v}'(t)$が$S'$系で測定された速度である場合，(15.2)を微分することによって，（$\mathbf{V}$が一定であることに注意すると）以下がわかる。

$$\mathbf{v}' = \mathbf{v} - \mathbf{V} \tag{15.3}$$

これは古典物理学の考え方によれば，相対速度はベクトル演算の通常の規則にしたがって加算（または減算）されるとする，**古典的な速度の加算式**である。

ニュートンの法則のガリレイ不変性

ガリレイ変換の下でのニュートンの法則の不変性を証明するために，第 2 法則がS系で成立すると仮定する。すなわち$\mathbf{F} = m\mathbf{a}$であり，3 つの変数がすべてS系で測定されている。任意の物体の質量の測定がすべての慣性系において同じ結果をもたらすという実験的な事実（少なくとも古典力学の範囲においては）がある。したがってS'系で測定された質量m'はSで測定された質量と同じであり，$m = m'$である。力に対しても同じことが言えるという証明は，ある程度は力の定義に依存する。力がばね釣り合いの読み取り値によって定義されるという見解を取ると，S'系で測定された力$\mathbf{F}'$はS系で測定された力と同じであり，$\mathbf{F}' = \mathbf{F}$であることは明らかである。最後に（15.3）を時間微分すると，（$\mathbf{V}$が一定であると仮定しているので）$\mathbf{a}' = \mathbf{a}$となることがわかる。今やS'系における変数$\mathbf{F}', m', \mathbf{a}'$のそれぞれが，$S$系の変数$\mathbf{F}, m, \mathbf{a}$に等しいことを示した。したがって$\mathbf{F} = m\mathbf{a}$が成立する場合，$\mathbf{F}' = m'\mathbf{a}'$も成立する。すなわちニュートンの第 2 法則は，ガリレイ変換のもとで不変である。第 1 法則と第 3 法則も同じとなることの証明は，演習問題（問題 15.1）として残しておく。ガリレイ変換の下での力学法則の不変性は，ガリレイよって知られていた。ガリレイは地球が「本当に」動いているのか，あるいは「本当に」静止しているのかを実験で決めることはできないと主張した。太陽系に対するコペルニクスの地動説は，従来の天動説と同様に妥当なものである。

ガリレイの相対性理論と光速度

ニュートンの法則はガリレイ変換の下で不変であるが，同じことは電磁気学の法則には当てはまらない。4 つのマクスウェルの方程式のような簡潔な形式で書こうと，あるいは元の形式（クーロンの法則，ファラデーの法則など）で書こうと，それらはある 1 つの慣性系で正しい場合であっても，またガリレイ変換が異なる慣性系間の正しい関係であった場合でも，他の慣性系では正しくない可能性がある。この主張を検証する最も簡単な方法は，マクスウェルの方程式が光（そしてより一般的には電磁波）はどの方向に対しても真空中を以下の速度で伝搬することを暗示していることを確認することである。

$$c = \frac{1}{\sqrt{\epsilon_0 \mu_0}} = 3.00 \times 10^8 \mathrm{m/s} \qquad (15.4)$$

ここでϵ_0, μ_0は，真空の誘電率および透磁率である。したがってマクスウェル方程式がS系で正しい場合，光はS系で測定したときに同じ速さcで任意の方向に移動しなければならない。しかし今度は，S系のx軸に沿って速さVで移動する第 2 の系S'に対して，同じ方向に進む光を考える。S系において，光速度は$v = c$である。したがってS'系において，その速度は古典的な速度の加算式（15.3）によって，図 15.2 の左側に示すように，以下のように与えられる。

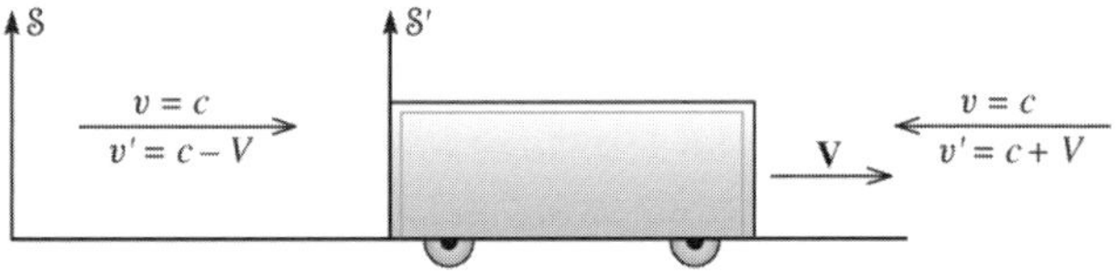

図 15.2 相対速度Vの 2 つの系S, S'の標準的配置。2 つの光線が反対方向から車に接近する。Sで測定したときに，光がいずれの方向に対しても速度cを有する場合，古典的な速度加算式ではS'系で測定したとき，右方向に移動する光は速度$c - V$を有し，左方向に移動する光は速度$v = c + V$を持つ。

$$v' = c - V$$

同様に左方向に進む光はS系で速さ$v = c$を有するが，S'系では$v' = c + V$である。速さv'を持つ光（S'系で測定）は，その方向に応じて$c - V$と$c + V$の間で変化する。したがって，マクスウェル方程式は慣性系S'系では成り立たない。

ガリレイ変換が慣性系間の正しい変換であった場合，ニュートンの法則はすべての慣性系で成立するが，マクスウェルの方程式が成立する系は 1 つしかない。光がすべての方向で同じ速度で移動するこの特殊な系は，エーテル系と呼ばれることがある[4]。

マイケルソン・モーリーの実験

力学法則は任意の慣性系で有効である一方，電磁気学の法則は固有の系でのみ有効であるというここで説明した状況は，19 世紀末にはよく理解されていた。それは少数の人々（アインシュタインにおいては最も顕著に）において問題視され，最終的にはアインシュタインによって間違っていることが示された。それにもかかわらずこのことは論理的に一貫しており，ほとんどの物理学者は，光速度がすべての方向で同じ値cを持つ系は 1 つしかないということを当然のように思っていた。地球は太陽のまわりを絶え間なく方向を変化させながら相当な速さで移動するので，地球はエーテル系に対してほとんどの時間動いており，地球上で測定された光速度は異なる方向に対して異なるはずである。ただしその効果は非常に小さいと予想された。（地球の軌道上の速度は$V \approx 3 \times 10^4 \mathrm{m/s}$であり，地上基準では大きいが，$c = 3 \times 10^8 \mathrm{m/s}$と比較すると非常に小さい。そのため，$c - V$と$c + V$の間の変動は極めて小さいと考えられる。）それにもかかわらず 1880 年に，化学者エドワード・モーリー（1838-1923）に支援を受けたアメリカの物理学者アルバート・マイケルソン（1852-1931）は，予想される光速度差を容易に検出できる干渉計を考案した。しかし驚いたことに，彼らは光速度に全く変化がないことを見出した。

彼らの実験，そして同じ目的を持った多くの異なる実験が繰り返されたが，地球に対する光速度変化の再現性のある証拠は全く見つからなかった。今となっては，正しい結論を導き出すことは容易である。すべての予想とは逆に，たとえ地球が 1 年の異なる時期に異なる速度を持っていても，光速度は地球を基準とした系に対してすべての方向で同じである。言い換えれば，光がすべての方向に同じ速度を持つ系が 1 つしかないということは，真実ではない。

この結論は非常に驚くべきことであり，そのため 20 年間真剣に取り組まれる

---

[4] 名前の由来は，以下の通りである。音が空気中を伝播するのと同じように，光は媒質中を伝播するはずであると仮定した。しかしこの媒体を検出することができなかったうえ，また光は真空中を通過するように見えたので，この媒体は明らかに極めて珍しい性質を有しているはずであった。そのため，この媒質はギリシャにおける天の材質に由来する「エーテル」と名付けらた。「エーテル系」は，エーテルが静止している系である。

ことはなかった。その代わりに，独特のエーテル系の考えを維持しながら，マイケルソン・モーリーの結果を説明するいくつかの斬新な理論がつくられた。たとえば，いわゆるエーテルのドラッグ理論は，大気が引きずられているのと同じように，光がその中を伝播すると考えられる媒質であるエーテルは，地球と共に引きずられていると考えた。これは地上に立つ観測者がエーテルに対して静止しており，すべての方向で同じ速度の光を測定することを意味する。しかし，エーテルのドラッグ理論は恒星光行差の現象と両立できない[5]。これらの代替理論は実験事実のすべてを（少なくとも合理的かつ経済的な方法で）説明することができず，今日ほとんどすべての物理学者が特殊なエーテル系などなく，光速度はすべての慣性系内のすべての方向で同じ値を持つ不変定数であることを受け入れている。この驚くべき考えを受け入れた最初の人は，これから議論するように，アインシュタインであった。特に光速度の不変性は，ガリレイ変換と，それを基礎としていた空間と時間の古典像を拒否することを要求する。またこのことは，ニュートン力学に多くの修正を要求する。

15.3 特殊相対性理論の仮定

特殊相対性理論は，マイケルソン・モーリーの実験で示唆されているように，光速度の不変性を受け入れることに基づいている[6]。アインシュタインは，物理学のすべての法則が任意の慣性系で成立しなければならないという，自分自身の信念を表した 2 つの仮説または公理から，特殊相対性理論を作り上げた。

相対性理論の仮説について議論する前に，慣性系の意味について同意しておくことは良いことであろう。

---

[5] エーテルのドラッグ理論は，地球に対するエーテルの包絡線に入る光が曲がることを必要とする。これは地球が円軌道上を移動するにつれて，星の位置が小さな円上を移動する恒星光行差と矛盾する。恒星光行差は，星からの光が地球に近づく際に直線的に移動することを明確に示している。

[6] アインシュタインがこの理論の定式化をしていた際に，マイケルソン・モーリーの結果を実際に知っていたかどうかは不明である。そのことを知っていたいくつかの証拠はあるが，アインシュタインの主な動機はマクスウェル方程式がすべての慣性系で成立すべきであるという確信であったことは明らかである。彼が知っていたか，またはアインシュタインの驚異的な業績に影響しなかったにせよ，マイケルソン・モーリーの結果はアインシュタインの前提を支持する美しく明確な証拠となる。

慣性系の定義

慣性系とは，物理学のすべての法則が通常の形で保持される任意の基準系（すなわち座標x, y, zおよび時間tの系）である。

「物理学のすべての法則」が何であるかを，いまだ特定していないことに注意してほしい。アインシュタインに従い，我々は物理学の法則とはどのようなものであるかを決めるのに役立つ，相対性の仮定を使用する。（いつものように，究極のテストはそれらが実験に一致するかどうかである。）相対性理論に受け継がれる古典的な法則の 1 つはニュートンの第 1 法則であるということがわかるだろう。新たに定義された慣性系は，力が働かない物体が一定の速度で移動する，よく知られた「非加速」系である。以前と同様に，地球に固定された系は（良い近似で）慣性系である。加速ロケットや紡績回転テーブルに固定された系はそうではない。相対性理論における慣性系と古典力学における慣性系との大きな違いは，異なる系間の数学的関係である。相対性理論では，古典的なガリレイ変換をいわゆるローレンツ変換に置き換えなければならないことがわかる。

また慣性系では，物理法則が「通常の形で」保持されるものと規定されていることにも注意してほしい。第 9 章で見てきたように，物理法則を修正することで非慣性系でそれを保持することもできる。（たとえば，遠心力とコリオリ力を導入することで，ニュートンの第 2 法則は回転系でも使用することができる。）「通常の形で」という修飾子を追加したことで，そのような修正を除外する。

相対性理論の第 1 の仮定は，お互いに対して一定の速度で移動する，多くの異なる慣性系が存在することの主張である。

相対性理論の第 1 の仮定

Sが慣性系であり，第 2 の系S'がSに対して一定の速度で移動する場合，S'も慣性系である。

このことを述べるもう 1 つの方法は，第 1 の系からそれに対して一定の速度で動く第 2 の系に注意を移しても，物理法則は不変であるということである。これはすでに力学の法則で証明したものであるが，今は物理学のすべての法則に対してそれが成り立つことを主張している。

最初の仮定の良く知られているもう 1 つの説明は，「絶対運動のようなものはない」ということである。このことを理解するために地球に取り付けたS系，地球に対して一定の相対速度で運動しているロケットに取り付けたS'系を考える。自然な疑問はS系が本当に静止しており，S'系が本当に動いている（あるいはその逆）と言うことができるかどうかである。答えが「はい」であればS系は絶対静止系であり，Sに対して動くものは絶対的な運動であると言うことができる。しかし，これは相対性理論の最初の仮定と矛盾する。S系にいる科学者が観測可能な法則はすべて，S'系にいる科学者によって等しく観測可能である。S系で実行できる任意の実験は，S'系で同様に実行することができる。したがって，どの系が実際に動いているかを示す実験はない。地球に対して，ロケットは動いている。ロケットに対して，地球は動いている。これが我々が述べることができるすべてである。

最初の仮定のさらに別の言い方は，すべての慣性系の中で，好ましい系はないということである。物理法則を使って，他のどの系よりも特別ないかなる系をも選び出すことはできない。

2 番目の仮定は，すべての慣性系に適用される法則の 1 つを指定する。

相対性理論の第 2 の仮定

（真空中の）光速度は，任意の慣性系のすべての方向において同じ値cを有する。

これは，もちろん，マイケルソン・モーリーの実験の結果である。

第 2 の仮定は我々の日々の経験と矛盾しているが，現在では確立された実験事実である。アインシュタインの仮定の結果を調べると，いくつかの驚くべき予測に遭遇することになる。そのすべてが，（たとえば次節で説明する時計の遅れと呼ばれる現象）我々の経験と矛盾しているように見える。これらの予測を受け入れることが困難な場合は，留意すべき 2 つの点がある。第 1 に，これらはすべて第 2 の仮定の論理的帰結である。したがって第 2 の仮定（意外ではあるがそれは正しい）を受け入れると，その論理的な結果をすべて受け入れる必要があるが，場合によっては直観に反するかもしれない。第 2 に，これらの驚くべき現象（第 2 の仮定自体を含む）はすべて，物体が光速度に匹敵する速度で移動する場合にのみ重要となる微妙な特性を有する。日常生活でのcよりもずっと遅い速度においては，これらの現象は目に見える形では現れない。この意味で，アインシュタインの仮定の驚くべき結果は，我々の日々の経験と矛盾するものではない。

15. 4　時間の相対性：時計の遅れ

2 番目の仮定が，普遍的な単一の時間という古典的な概念を放棄させることを強いていることに気付くであろう。つまり，2 つの異なる慣性系で測定されたある事象の時間が，一般的に異なることがわかる。この場合，最初に単一の系で測定された時間の意味を明確にする必要がある。

ここでは我々が自由に使える，信頼できる定規と時計をたくさん持っていることを前提としている。時計は同一である必要はないが，同じ慣性系内で同じ場所に静止状態で持ってきたとき，互いに一致するという特性を持たなければならない。原点Oを持つ単一の慣性系Sを考えてみよう。我々は時計の 1 つを持つ主観測者をOに配置することができ，主観測者は本質的に瞬時にでき事を観測できるため，小さな爆発など近くで起こったでき事の時間を簡単に測ることができる。原点から離れたでき事の時間を計ることは，主観測者が感知する前にでき事からの光がOに移動しなければならないので，より困難である。主観測者が，でき事が起こった場所がどのくらい離れているかを知っていれば，信号が届くまでにどれくらいの時間がかかったかを計算することができ（光が速度cで移動していることを知っているとする），これを到着時間から引くことで，でき事が起こった時間を得る。このようなことをおこなうことより簡単な方法（原理的にはとにかく）は，興味のある領域全体にわたって，それぞれが自分の時計を持って規則的に配置された多数の助手を採用することである。助手はOからの距離を測定しておく。そして主観測者が（主観測者の）時計と一致した時間で光信号を送信させることによって，助手は自分の時計がOでの時計と同期していることを確認できる。各助手は信号が到達するのにかかる時間を計算し，（この通過時間を考慮して）自分の時計がOにある時計と一致していることを確認できる。

十分に密に配置された十分な数の助手がいれば，本質的に瞬時に時間を測ることができるでき事に十分近い助手がいることであろう。助手がその時間を測った後，時間のあるときに便利な手段（電話など）で，結果の他人に知らせることができる。このようにして任意のでき事に対し，S系で測定された固有の明確な時間tを割り当てることができる。以下では，任意の慣性系Sに長方形の軸線$Oxyz$の組があり，助手のチームがS内において静止状態で配置され，同期した時計を備えていると仮定する。このことにより，S系において観察される任意のでき事に，位置(x, y, z)および時間tを割り当てることを可能となる。

時計の遅れ

観測者が 2 つの異なる慣性系でおこなった時間の測定を比較してみよう。これまでやってきたように 2 つの系を考え，Sを地面に固定し，S'をSに対して速さVでx方向に移動する列車に固定する。ここで列車内の観測者が，電車の床にあるフラッシュ電球のスイッチを入れるという**思考実験**（ドイツ語での **gedanken 実験**）をおこなう。光は列車の天井に向かい，そこで反射して起点に戻り，光電セルに当たって「ビープ音」を鳴らす。2 つの系で測定された，光が床から発射されてから床に戻った時に鳴るビープ音との時間間隔Δtと$\Delta t'$を比較したい。

S'系から見たこの思考実験は，図 15.3（a）に示されている。列車の高さがhであれば，S'系では光は速度c（2 番目の仮定）で総距離$2h$を移動するため，以下の時間がかかる

$$\Delta t' = \frac{2h}{c} \tag{15.5}$$

これはS'系の観測者によって測定される，フラッシュとビープ音との間の時間である。（もちろん，時計は信頼できるとする。）

S系から見た思考実験は，図 15.3（b）に示されている。特に同じ光線が，三角形の 2 つの辺AB, BCに沿って進むように見える。Δtがフラッシュとビープ音との間の時間（S系で測定した）である場合，辺ACは長さ$V\Delta t$を有する。したがって三角形ABDは，辺$h, V\Delta t/2, c\Delta t/2$を有する[7]。（ここで，いずれの系でも光速度が$c$で

7 ここでは列車の高さが，どちらの系においても同じであるとしているが，まもなくこれを証明する。

あるという 2 番目の仮定を使用していることに注意してほしい)。したがって,

$$(c\,\Delta t/2)^2 = h^2 + (V\,\Delta t/2)^2$$

となり，これを解くと以下のようになる。

$$\Delta t = \frac{2h}{\sqrt{c^2-V^2}} = \frac{2h}{c}\frac{1}{\sqrt{1-\beta^2}} \tag{15.6}$$

ここで便利な略称を導入した。

$$\beta = \frac{V}{c} \tag{15.7}$$

これはcの単位で測定された速さVである。

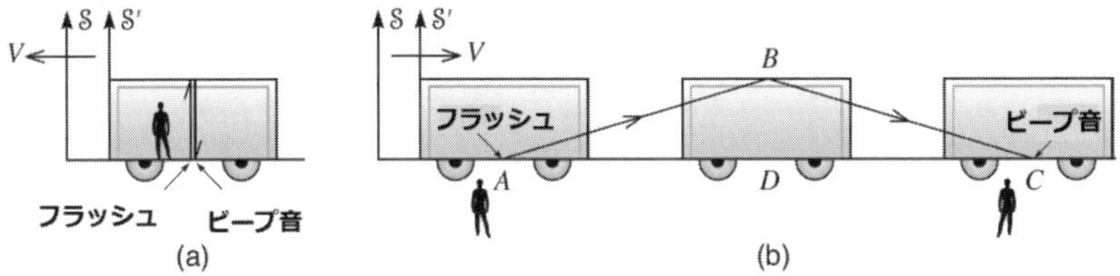

図 15.3 (a) S'系から見た思考実験。光がまっすぐに上下に移動し，フラッシュとビープ音が同じ場所で起こる。　(b) S系から見ると，フラッシュとビープ音は距離$V\Delta t$だけ離れている。S系では 2 つのでき事が異なる場所で発生するため，それぞれが起こった時間を測る 2 人の観測者が必要であることに注意してほしい。

2 つの結果 (15.5) と (15.6) に関する注目すべき点は，それらが等しくないということである。同じ 2 つのでき事（フラッシュとビープ音）の間の時間は，2 つの異なる慣性系で測定した場合，異なった値なる。具体的には，

$$\Delta t = \frac{\Delta t'}{\sqrt{1-\beta^2}} \tag{15.8}$$

となる。この結果は，列車の天井にある鏡によって光源に反射されるフラッシュを用いた思考実験で導かれたが，この結論は列車内の同じ場所で発生する任意の 2 つの事象に適用される。たとえばS'系内に静止している観察者が「楽しい」と叫び，そのすぐ後で「悲しい」と叫ぶことを想像しよう。原理的には，「楽しい」でフラッシュを発生させ，その光を反射させて「悲しい」の瞬間に到着するよう

に鏡を配置する。したがって「楽しい」と「悲しい」の2つのでき事に，(15.8) を適用することができる。2つのでき事が起こるタイミングは，光と音を使って実験をおこなったかどうかに依存しないため，(15.8) はS'系内の同じ場所で発生する任意の2つの事象に適用できると結論づけられる。

1つの系の時計が，何らかの形で誤って動作しているとは思わないでほしい。逆に両方の系のすべての時計が正しく動作していることが，これからの議論にとっては重要である。さらにどのような種類の時計を使用したかには違いがないので，(15.8) はすべての（正確な）時計に対して適用される。つまり2つの系で測定された場合，時間自体が (15.8) にしたがって異なる。これから議論するように，この驚くべき結論は繰り返し検証されている。

S'系が（S系に対して）実際に静止している場合，$V = 0$であるので$\beta = 0$であり，(15.8) は$\Delta t' = \Delta t$となる。すなわちS'がSに対して運動しない限り，時間に差はない。さらに通常の地上速度では$V \ll c$，つまり$\beta \ll 1$となり (15.8) の分母は1に極めて近い。つまり我々が日々経験する速度では，2つの時間はほぼ等しいので，次の例に示すように，それらの相違を検出することはほとんど不可能である。

例 15.1 ジェット機上にある面での時間差

一定の速度$V = 300\mathrm{m/s}$で走行するジェット機のパイロットが，フラッシュを正確に1時間の間隔で（パイロットの基準系で測定して）発生させたと仮定する。2人の観測者を地面に配置して確認すると，連続する2回のフラッシュの間の時間Δtはどのように測定されるであろうか。（地球の自転の影響を無視し，地面を慣性系とする。）

必要な間隔は，$\Delta t' = 1$時間および$\beta = V/c = 10^{-6}$とした場合の (15.8) で与えられる。つまり

$$\Delta t = \frac{\Delta t'}{\sqrt{1-\beta^2}} = \frac{1\mathrm{h}}{\sqrt{1-10^{-12}}}$$

$$\approx 1\mathrm{h} \times \left(1 + \frac{1}{2} \times 10^{-12}\right) = 1\mathrm{h} + 1.8 \times 10^{-9}\mathrm{s}$$

である。ここで 2 番行目の式変形で，2 項近似を使用している[8]。この実験では，時間差は 2 ナノ秒未満である（$1\text{ns} = 10^{-9}\text{s}$）。なぜ古典物理学者がそのような違いを検出できなかったのかを理解するのは，難しくないであろう。

Vを増やすと（15.8）の時間差が大きくなり，Vをcに近づければ極めて大きな差を作ることができる。たとえば$V = 0.99c$の場合，$\beta = 0.99$であり，（15.8）は$\Delta t \approx 7\Delta t'$となる。素粒子物理学実験の加速器によってこの高速度が日常的に達成され，予測された時間差が正確に確認されている。

（15.8）に$V = c$（つまり$\beta = 1$）を代入すると，馬鹿げた結果$\Delta t = \Delta t'/0$が得られ，$V > c$（すなわち$\beta > 1$）を入力すると，Δtは虚数となる。これらの結果から，Vは常にcより小さくなければならないことが示される。

$$V < c$$

2 つの慣性系の相対速度はcと等しいか，またはそれを超えることはできないというこの仮説は正しいことが証明されており，相対性理論の最も深淵な結果の 1 つである。つまり光速度はすべての慣性系で同じであることに加えて，任意の 2 つの慣性系の相対的な動きに対する一般的な限界速度でもある。

因子$1/\sqrt{1-\beta^2}$は相対性理論において頻繁に現れるものであり，そのためγと表記される。

$$\gamma = \frac{1}{\sqrt{1-\beta^2}} \tag{15.9}$$

この新しい因子は常に$\gamma \geq 1$であり，$\beta \to 1$（すなわち$V \to c$）で$\gamma \to \infty$を満たすことを覚えておくと便利である。

パラメータγを使うと，（15.8）は次のように少し簡潔に書くことができる。

$$\Delta t = \gamma \Delta t' \geq \Delta t' \tag{15.10}$$

この結果の非対称性（$\Delta t'$は決してΔtより大きくならない）はS'系の特別な役割，

---

8 ほとんどの計算機が 1 と$1 - 10^{-12}$の差を認識できないため，これは 2 項近似を使用する計算の良い例である。

つまりS'系は時間間隔が最小である特殊な系であるということを示唆しているため，一見すると相対性理論の仮定に違反しているように見える。しかしS'系は，問題となっている2つのでき事（フラッシュとビープ音）が同じ場所で発生する特別な系であるため，我々の思考実験においてまさにそうであるように，特別なものである。（この非対称性は図 15.3 に示唆されており，$\Delta t'$を測定したのは 1人の観測者であったが，Δtを測定したのは 2 人の観測者であった。）この非対称性を強調するために，$\Delta t'$はΔt_0と記され，（15.10）は以下のように書きなおされる。

$$\Delta t = \gamma \Delta t_0 \geq \Delta t_0 \tag{15.11}$$

Δt_0の下付き文字は，その2つのでき事が同じ場所で発生した特別な系において，Δt_0は静止している時計で測られた経過時間であることを強調している。この時間は，2つのでき事の間の**固有時**と呼ばれることもある。（15.11）において，Δtは任意の系で測定された対応する時間であり，常に固有時以上の大きさを持つ。このため，（15.11）で示唆されている効果は**時計の遅れ**と呼ばれ，運動している時計はゆっくり時を刻むように観測される，とおおまかに言うことができる。地上の観測者が測定すると，動いている列車の時計は遅く進むことがわかる。

最後になるが，2つの慣性系の基本的な対称性を強調する必要がある。我々はS'系に特別な役割を与える方法で，思考実験をおこなうことを選択した。（フラッシュとビープ音が同じ場所で発生した系であった。）しかしフラッシュ，鏡，ブザーを地面に置いて実験をおこなうこともできるが，この場合は$\Delta t' = \gamma \Delta t$であるという逆の効果を見出すであろう。時計の遅れを（15.11）の形で書くことの利点は，どちらがS系で，どちらがS'系であるかを覚えておかなければならないという問題を回避できることである。下付き文字Δt_0は，2つのでき事が同一の場所にある系で測定された固有時であることを常に示している。

時計の遅れの証拠

時計の遅れは1905年に予測されたが，1941年になってロッシとホールによって実験的に確認された[9]。その際に問題となるのは，測定可能な遅れを示すのに十分速く進む時計を得ることであった。ロッシとホールは，個々の粒子に特徴的な一定時間の後に（平均して）崩壊する，不安定な原子核粒子に付随する自然時計を利用した。不安定な粒子の寿命は，多数の粒子の半分が崩壊する時間である**半減期**$t_{1/2}$で特定することができる。ミュー粒子は，宇宙線粒子（主に陽子とアルファ粒子）が大気原子と衝突したときに，地球の上部大気中に生成される不安定な粒子である。これらのミュー粒子の多くは光速度に非常に近い速度を持ち，地球の表面まで辿り着くのに十分長い時間生き残っている。ミュー粒子は 1935 年に宇宙線の研究でカール・アンダーソンによって発見された。1941 年までにその半減期は，$t_{1/2} = 1.5\mu s$であることが知られていた。これは静止しているミュー粒子の集団の半分がこの時間に崩壊することを意味する。時計の遅れが正しい場合，運動するミュー粒子の半減期（地上の観測者によって測定される）は，（15.11）のように係数γだけ大きくなるはずである。たとえばミュー粒子の速度が$0.8c$の場合$\gamma = 1.67$であり，ミュー粒子の半減期は以下のようになる。

$$t_{1/2}(\text{速度 } 0.8c) = 1.67 t_{1/2} = (\text{静止時}) = 2.5\mu s$$

ロッシとホールは，宇宙線のミュー粒子を速度に応じて分け，どのくらいの数のミュー粒子が大気中を生き延びたかを測定することで，半減期を求めた。彼らの測定はかなり大きな実験誤差があったにもかかわらず，アインシュタインの予測（15.11）を検証し，単一の普遍的な時間という古典的仮定を除外するのに十分であった。

人工時計を用いた時計の遅れのテストは，超精密原子時計の開発を待たなければならなかった。1971 年には，4 つの携帯型の原子時計がワシントンの米国海軍天文台の基準時計に同期され，ジェット機で世界中を飛行し，海軍天文台に戻った。測定された基準時計と携帯型時計とのずれは(273 ± 7)ns（4 つの時計を平均した値）であり，予測値(275 ± 21)nsとの一致は良好であった[10]。

---

[9] B. Rossi and D. B. Hall, Physical Review, vol. 59, p. 223 (1941).

[10] J. C. Hafele and R. E. Keating, Science, vol.177, p166 (1972)を参照のこと。1 つが西へもう 1 つが東への 2 回の移動がおこなわれ，満足の行く結果が得られた。ここで引用された数字は，より決定的な西への移動のものである。この実験は，予測された不一致が重力効果からの一定程度の寄与を有するので，特殊相対性理論だけでなく一般相対性理論の

不安定粒子の自然時計と人工原子時計の両方を使った時計の遅れに関するテストは，より高精度で繰り返されており，（15.11）に具体化されているような時間の相対性は真実であることに間違いはない。毎日何千回も実行されるもう 1 つの重要なテストは，全地球測位システム（GPS）である。このシステムは飛行機，船舶，乗用車，ハイカーなどが数メートル以内で自分自身の位置を見つけるのに使用され，頭上にある 24 台の GPS 衛星からの信号が観測者の受信機に到着し，衛星の既知の位置から受信機の位置を計算する。数メートル以内で位置を求めるには数ナノ秒の精度が必要であり，これは衛星と地上に固定された基準系の時計間の相対論的な時計の遅れを受け入れることを必要とする。GPS の成功は，相対性理論の正確さに対する日々の証拠である[11]。

15. 5 長さの収縮

相対性理論の仮定から，時間は相対的であるという結論が導かれた。異なる 2 つの事象間の時間は，異なる慣性系で測定されたときには異なる。さらに重要なことに，この結論は実験によって支持されている。同様にして，このことは物体の長さが，測定がおこなわれる系に依存することを意味する。これを見るために，図 15.3 の列車で 2 番目の思考実験をおこなうが，今度はその長さを測定する。地面（S系）に立つ観測者（これをQと呼ぶ）が長さを測定する最も簡単な手順は，列車が観測者を通り過ぎるまでの時間Δtを測定することであり，その際の列車の長さは以下で計算できる[12]。

$$l = V\Delta t \tag{15.12}$$

列車の静止系で測定された列車の長さl'を求めるには，列車内の観測者は単に

テストでもあった。

11 GPS における相対性理論の大きな役割に対する説明については，N. Ashby, Physics Today, May 2002, p41 を参照のこと。そこに記載されているように，特殊相対性理論と同様に一般相対性理論の重要な貢献がある。したがって GPS の成功は，両方の理論のテストとなっている。

12 慣れ親しんだ多くの古典的な概念を疑問視しているので，読者は古典的な式（15.12）を使うのが正当かどうかを尋ねる権利がある。しかしこれは速度の定義（速度=距離/時間）にすぎず，（同じ系内のすべての数量を測定する限りにおいて）いずれの基準系に対しても有効である。

長めのテープを使用するだけでよい。しかし（15.12）との比較のために，別の方法を使用すると便利である。我々は 2 人の観測者を列車に乗車させることができる。列車には前方に 1 人，後方にもう 1 人の観測者を乗せ，地面上に立っている観測者Qを通りすぎる時間を記録させる。これらの 2 つの時間の差$\Delta t'$は，列車が観測者Qを通過する（S'系で測定される）時間であるので，（同じくS'系で測定された）列車の長さはちょうど

$$l' = V\Delta t' \tag{15.13}$$

である。ここで重要な仮定をしていることに注意してほしい。S'系に対するS系の速度は，S系に対するS'系の速さVと同じである（相対速度は反対方向であるが，その大きさは同じである。）このことは古典力学では真であり，相対性理論においても真であるが，それは 2 つの仮定から導かれる。議論の詳細については注意が必要であるが，要点は次のとおりである。S系からS'系への変換を考えてみよう。これを一時的に（$S \to S'$）で示す。この変換をおこなう前に，x軸をy（またはz）軸のまわりに 180° 回転させてから変換をおこない，再び元に戻す。回転の効果は，x軸の方向を逆転させることである。（そして最後に，再び回転させる。）これら 3 つの操作を合わせた効果は，まさに変換（$S' \to S$）となっている。回転は速度を変化させないので，Sに対するS'の速度はS'に対するSの速度と同じであることが証明された。

（15.12）と（15.13）を比較すると，時間Δtと$\Delta t'$が等しくないので，長さlとl'についても同じことが成立しなければならない。その差を定量化するためには，Δtと$\Delta t'$との関係を正しい方法で得るよう注意する必要がある。（SおよびS'において測定される）これらの 2 つの時間は 2 つのでき事，つまり「観測者Qに対して列車の前方が通過」および「観測者Qに対して列車の後方が通過」した際の，時間差である。S系に対してこれらの 2 つのでき事は同じ場所で起こり，そのためΔtは固有時であり，$\Delta t' = \gamma\Delta t$である。これを（15.13）に代入し（15.12）と比較すると，$l' = \gamma l$または

$$l = \frac{l'}{\gamma} \leq l' \tag{15.14}$$

である。S系で測定された電車の長さは，S'系で測定された長さよりも（$V = 0$でない限り）短い。

時計の遅れと同様に（15.14）の効果は非対称であり，実験の非対称性を反映している。S'系は測定対象（列車）が静止している特別な系であるため，特殊である。［もちろん我々は，逆の実験をもう一度おこなうことができる。地面に静止している建物の長さを測定した場合，lとl'の役割は逆になる。］どの系がどのようなものであるのかという混乱を避けるため，(15.14) を次のように書き換える。

$$l = \frac{l_0}{\gamma} \leq l_0 \tag{15.15}$$

ここでl_0は物体の**静止系**（物体が静止している系）で測定された物体の長さ，lは任意の系における長さを表す。長さl_0は物体の**固有長**と呼ばれる。($V \neq 0$の場合) $l \leq l_0$であるため，この長さの差は**長さの収縮**と呼ばれる。（または最初にこのような効果があると示唆した 2 人の物理学者，オランダのローレンツ（1853-1928）とアイルランドのフィッツジェラルド（1851-1901）にちなんでローレンツ収縮，またはローレンツ・フィッシュジラルド収縮と呼ばれる。）その結果は，運動する物体は収縮するように見えると，大雑把に言い換えることができる。

時計の遅れと同様に，長さの収縮は実験によって十分に確立された実際の効果である。2 つの効果は密接に結びついているので，一方の証拠は他方の証拠とみなすことができる。特に粒子の静止系で見た場合，高速に動く不安定粒子の崩壊は，長さ収縮の明確な証拠と解釈することができる（問題 15.12 を参照）。

相対速度に垂直な長さ

先ほど導出した長さ収縮は，列車の運動方向の長さのような相対速度の方向の長さに適用される。列車の高さなど，動きに垂直な長さに対する類似した収縮または伸びがないことは容易にわかる。たとえば収縮があったとし，2 人の観察者がおり，QがS系で静止し，Q'がS'系で静止していると想像してみよう。さらにQとQ'が（静止状態では）同じ高さであり，Q'がちょうど頭上にナイフを保持していると仮定する。収縮があった場合，Qから測定すると観測者Q'が通り過ぎる際に短くなり，ナイフが通り過ぎるとQは頭皮が削られるか，またはより悪いことが起こる。しかし以前の思考実験とは異なり，この実験は 2 つの系の間で完全に対称的である。各系に 1 人の観測者がおり，唯一の違いは相対速度の方向である。したがってQ'から見ると，Qは縮まなければならない。そのナイフはQにぶつかることはなく，Qの頭皮を削らない。このように収縮を仮定すると矛盾が生じるため，収縮は起こらない。同様の議論によって伸びる可能性が排除できるため，実際にはどちらの系にも見られるようにナイフはQを通り過ぎるだけである。我々は，相対運動に垂直な長さは変化しないと結論する。長さの収縮（15.15）は，相対速度に平行な長さにのみ適用される。

15.6　ローレンツ変換

空間と時間の古典的概念によれば，2 つの慣性系S, S'の座標間の数学的関係はガリレイ変換（15.1）であることがわかっている。相対性理論では，これは正しい関係ではない。（たとえば時計の遅れは，方程式$t = t'$に反する。）しかし図 15.1 に関連してガリレイ変換を導出するために使用したのと同様の議論を用いて，正しい関係を導き出すことができる。ここでは地面に取り付けられたS系，速さVで動く列車に取り付けられたS'という，2 つの系を想像している。さらに爆竹が爆発し，列車の壁に一点P'に痕跡を残したとする。この爆発の座標は，S系にいる観測者によって測定した場合は(x, y, z, t)であり，S'系にいる観測者によって測定した場合は(x', y', z', t')である。我々の目的はx', y', z', t'をx, y, z, tによって求めることである。その思考実験は図 15.4 に示されており，様々な距離を測定する系（SまたはS'）を識別するのに，十分な注意をする必要があることがわかっていることを除けば，図 15.1 と同様である。

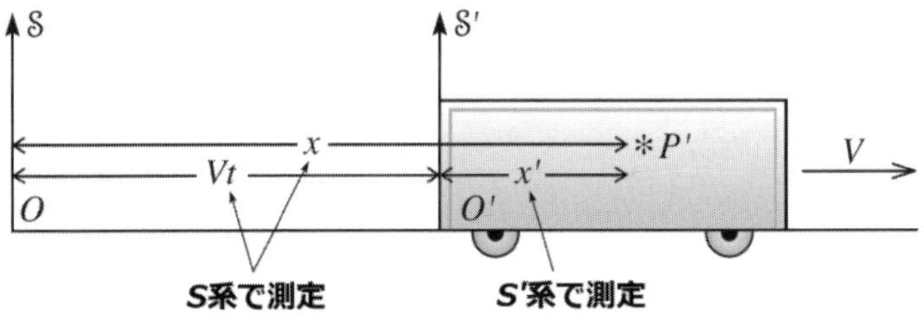

図 15.4 座標x'は，原点O'とP'の爆発跡との間をS'で測定した水平距離である。距離xおよびVtは，両方とも爆発の時間t（Sで測定）においてSで測定される。

相対速度に垂直な長さは両方の系で同じであるため，両者の関係をすぐに書き下すことができる。

$$y' = y, \quad z' = z \tag{15.16}$$

これはガリレイ変換とまったく同じである。座標x'はS'系で測定したときの，原点O'と焼け焦げた跡P'との間の水平距離である。xとVtは爆発の瞬間t（Sで測定）におけるOからP'およびOからO'までの距離なので，S系で測定した同じ距離は$x - Vt$である。したがって，長さ収縮の式（15.15）（ここでx'は固有長である）によって，

$$x - Vt = x'/\gamma$$

または

$$x' = \gamma(x - Vt) \tag{15.17}$$

である。これは我々が必要とする 4 つの方程式のうちの 3 番目のものである。$V \ll c$ならば$\gamma \approx 1$であり，（15.17）はガリレイの関係$x' = x - Vt$となることに注意すること。

最後にt'に関する関係式を得るために，簡単な技法を使う。SとS'の役割を交換して，前の議論を繰り返す。つまり爆発によってSに固定された壁の点Pに印がつけられたとする。先と同じようにすると，以下の結果を得る。

$$x = \gamma(x' + Vt') \tag{15.18}$$

（この結果は，（15.17）においてプライムと非プライムに交換し，Vを$-V$に置き換えることで直接得ることができる。）（15.17）を（15.18）に代入し，x'を消去してt'について解くと，以下のようになる。（読者は確認しておくこと。）

$$t' = \gamma(t - Vx/c^2) \tag{15.19}$$

これはt'に関して必要となる式である。$V \ll c$とすると，第 2 項を無視し$\gamma \approx 1$とできるので，（15.19）はガリレイの関係$t' = t$になる。

（15.16），（15.17），（15.19）をまとめると，必要な 4 つの方程式が得られる。

ローレンツ変換

$$\left.\begin{aligned} x' &= \gamma(x - Vt) \\ y' &= y \\ z' &= z \\ t' &= \gamma(t - Vx/c^2) \end{aligned}\right\} \tag{15.20}$$

これら 4 つの方程式は，最初に提案したローレンツと最初にそれらを正しく解釈したアインシュタインに敬意を表して，**ローレンツ変換**または**ローレンツ・アインシュタイン変換**と呼ばれる。ローレンツ変換はS'で測定したでき事の座標(x',y',z',t')を，Sで測定した座標(x,y,z,t)で与える。これは古典的なガリレイ変換（15.1）に対する相対論的に正しい変形版である。

座標(x,y,z,t)を(x',y',z',t')を用いて表現したい場合は，4 つの方程式（15.20）を解くこともできるが，より単純な方法としてVを$-V$で置き換えるとよい。いずれにしても，結果は**逆ローレンツ変換**となる。

$$\left.\begin{aligned} x &= \gamma(x' + Vt') \\ y &= y' \\ z &= z' \\ t &= \gamma(t' + Vx'/c^2) \end{aligned}\right\} \tag{15.21}$$

ローレンツ変換は，相対性理論の仮定から導かれる空間と時間のすべての特性を表す。この変換を使用することで，異なる慣性系でおこなわれた測定に対するすべての運動学的関係を計算することができる。この章の最後にある演習問題にはいくつかの例があるが，ここにはさらにいくつかの例をあげる。

例 15.2 長さの収縮の再導出

ローレンツ変換を使用して，（15.15）の長さ収縮の公式を再導出する。（長さ収縮はローレンツ変換を導出する際に使用されたので，このことは長さ収縮の代わりの導出ではないことに注意すること。むしろ一貫性を確かめるだけである。）

地面に固定されたS系，x 軸に沿ってS系に対して速さVで移動する列車に固定されたS'系という，2 つの系を考える。列車の長さをS系およびS'系で測定して比較する。S'系での測定は，列車がこの系で静止しているので，簡単である。観測者は時間に余裕があるときに，列車の後方と前方のx'座標x'_1, x'_2を測定することができ，その長さはちょうど$l' = x'_2 - x'_1$になる。この長さは列車の固有長なので，

$$l_0 = l' = x'_2 - x'_1 \tag{15.22}$$

列車が動いているので，S系での測定はより困難である。十分な注意を払

うと，列車の後方がQ_2を通過する全く同じ瞬間（$t_1 = t_2$）に，前方がQ_1を通過するように，線路の横に2人の観測者Q_1, Q_2を置くことができる。S系で測定した長さは，

$l = x_2 - x_1$

である。今，ローレンツ変換（15.20）を「列車の前方がQ_2を通過する」でき事に適用すると，

$$x'_2 = \gamma(x_2 - Vt_2)$$

となり，「列車の後方がQ_1を通過する」でき事の場合，

$$x'_1 = \gamma(x_1 - Vt_1)$$

となる。両者を引いた上で，$t_2 = t_1$を利用すると，

$$l_0 = x'_2 - x'_1 = \gamma(x_2 - x_1) = \gamma l$$

または$l = l_0/\gamma$となる。これは長さ収縮（15.15）である。

次の例は，相対性理論に関する数多くの見掛け上のパラドックスの1つである。

例 15.3 相対論的なヘビ

固有長100cmの相対論的なヘビが，$V = 0.6c$でテーブルを横切って移動している。ヘビを切断するために，物理学専攻の学生は100 cm離れた場所に2つの包丁を持ち，左の包丁がヘビの尾のすぐ後ろに来た際に，テーブル上でそれらを同時に振り下ろす。学生は，以下のように論理的に考えた。「ヘビは$\beta = 0.6$で動いているため，その長さは係数$\gamma = 5/4$で収縮するので（これを確認しておくこと），私がいる系で測定された長さは80 cmである。したがって私の右手の包丁は，ヘビよりもずっと前方に振り下ろされるため，ヘビを傷つけることはない。」この考えは図15.5に示されている。一方，ヘビは以下のように考える。「包丁を持つ人は$\beta = 0.6$で近づいてくるので，包丁間の距離は80 cmに収縮する。そのため包丁が振り下ろされると，確実に切断される。」ローレンツ変換を利用して，このパラドックスを解決する。

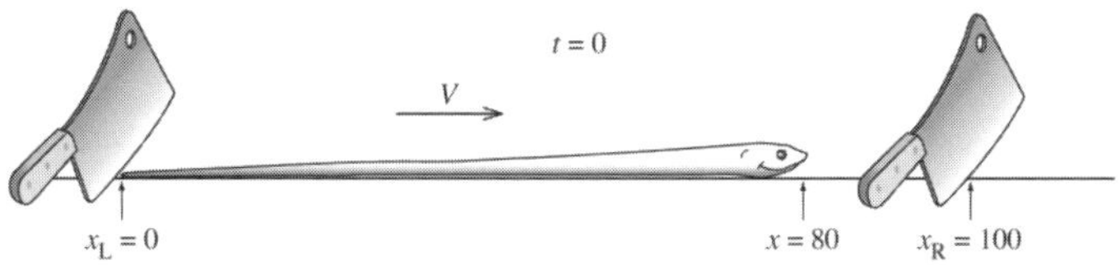

図 15.5 学生の静止系Sで見た，ヘビのパラドックス。時間$t=0$で包丁が同時に振り下ろされる。

通常のように，S系とS'系を選択しよう。学生はS系で静止しており，包丁は$x_L=0, x_R=100$cmにある。ヘビはS'系で静止しており，尾が$x'=0$，頭が$x'=100$にある。矛盾を解決するためには，S系およびS'系で観察した場合，いつどこで包丁が振り下ろされるかを調べる必要がある。

S系では，包丁は$t=0$で同時に振り下ろされる。この時点では，ヘビの尾は$x=0$にある。ヘビの長さは 80 cmであるため，頭部は$x=80$cmの場所でなければならない。[読者は変換式$x'=\gamma(x-Vt)$を使って，これを確かめることができる。つまり$x=80$cm$, t=0$のとき，これは正しい値$x'=100$cmを与える。] S系から見ると，実験は図 15.5 に示すとおりである。右の包丁はヘビより先に振り下ろされる。学生は正しく，ヘビは無傷である。

ヘビの推論のどこが間違っていたのであろうか。この問いに答えるにはS'系で見た場合，2 つの包丁が振り下ろされる座標と時間を調べる必要がある。左の包丁は$t_L=0$において，$x_L=0$である。ローレンツ変換（15.20）によると，S'系で見た場合，この事象の座標は

$$t'_L=\gamma(t_L-Vx_L/c^2)=0$$
$$x'_L=\gamma(x_L-Vt_L)=0$$

となる。予想どおり，図 15.6（a）に示すように，時間$t'_L=0$では左の包丁はヘビの尾のすぐ後ろに位置する。

これまでのところ，特に驚くようなことは起きていない。しかし右の包丁が振り下ろされるのは，$t_R=0, x_R=100$cmである。したがってS'で見た場合，ローレンツ変換によって，以下に与えられた時間に包丁は振り下ろされる。

$$t'_R = \gamma(t_R - Vx_R/c^2) = -2.5\text{ns}$$

(各自で確認しておくこと。) 重要な点は，S'系のように2つの包丁は同時に振り下ろされないことである。右の包丁が左の包丁より前の時間で振り下ろされるので，(この系での) 包丁間の距離がわずか80cmしか離れていないにもかかわらず，必ずしもヘビに当たるわけではない。実際，右の包丁が振り下ろされる位置は，ローレンツ変換によって与えられる。

$$x'_R = \gamma(x_R - Vt_R) = 125\text{cm}$$

右の包丁は実際にヘビを切り刻むことはない。

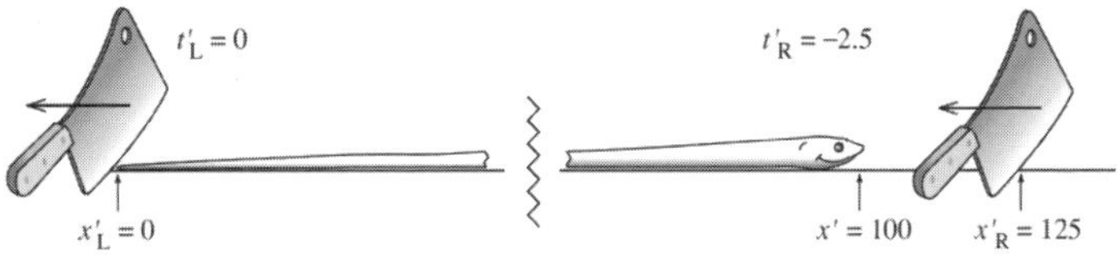

図 15.6 ヘビの静止系S'で見た場合の，ヘビのパラドックス。包丁は速度Vで左に移動しており，右の包丁は左の包丁より 2.5 ns前に振り下ろされる。包丁は 80 cm離れているが，これにより 125 cm離れて振り下ろされることになる。

このパラドックスおよび他の類似したパラドックスの解決策は，1つの系では同時に起こる2つのでき事が，異なる系では必ずしも同時であるとは限らないということであり，**同時刻の相対性**と呼ばれる。ヘビの静止系では2つの包丁が異なる時間に振り下ろされることがわかるとただちに，どのようにしてヘビに当たらないかを理解することは，もはや簡単であろう。

15.7 相対論的な速度加算式

次の，そして非常に重要なローレンツ変換の応用として，相対論的速度加算式の導出をおこなう。この式は次の質問に対する答えとなる。電子，野球のボール，惑星のような物体が慣性系Sに対して速度$\mathbf{v}$で移動している場合，他のS'系に対する速度$\mathbf{v}'$はどのようになるだろうか。古典物理学においては，この問題に対する答えは古典的な速度加算公式である。もし$\mathbf{V}$がS系に対するS'系の速度を表すならば, $\mathbf{v}' = \mathbf{v} - \mathbf{V}$である（おそらくこの公式を加算公式と名付けた人なら, $\mathbf{v} = \mathbf{v}' + \mathbf{V}$と書くであろう。）$S$系と$S'$系の座標軸が平行で，$\mathbf{V}$が$x$軸方向であるという特殊な場合（つまり「標準」的な配置の場合），これは次のようになる。

$$v'_x = v_x - V,\ \ v'_y = v_y,\ \ v'_z = v_z \tag{15.23}$$

我々がやるべきことは，上式に対応する相対論的な式を求めることである。

S系またはS'系で測定した位置$\mathbf{r}(t)$または$\mathbf{r}'(t)$において，移動する粒子を考えてみよう。速度$\mathbf{v}$の定義は位置の時間微分である。

$$\mathbf{v} = \frac{d\mathbf{r}(t)}{dt} \tag{15.24}$$

ここで$d\mathbf{r} = \mathbf{r}_2 - \mathbf{r}_1$は時間$t_1$および$t_2 = t_1 + dt$における位置の間の微小変位である。ここで$(x_2, y_2, z_2, t_2)$および$(x_1, y_1, z_1, t_1)$のローレンツ変換を書き下し，その差をとると

$$dx' = \gamma(dx - Vdt),\ dy' = dy,\ \ dz' = dz,\ \ dt' = \gamma(dt - Vdx/c^2) \tag{15.25}$$

となる。（$d\mathbf{r}, dt$は，$\mathbf{r}, t$と全く同じ変換式を満たすことに注意すること。これは，ローレンツ変換が線形だからである。）定義（15.24）を使って$\mathbf{v}'$の成分を書き下すと，（15.25）を代入してv'_xを以下のように得る。

$$v'_x = \frac{dx'}{dt'} = \frac{\gamma(dx - Vdt)}{\gamma(dt - Vdx/c^2)}$$

となるが，γの因子を相殺し，分子および分母をdtで割ると，

$$v'_x = \frac{v_x - V}{1 - v_xV/c^2} \tag{15.26}$$

となる。同様にして，

$$v'_y = \frac{dy'}{dt'} = \frac{dy}{\gamma(dt - Vdx/c^2)}$$

となるが，分子および分母をdtで割ると，v'_yが（同様にv'_zも）得られる。

$$v'_y = \frac{v_y}{\gamma(1 - v_xV/c^2)},\quad v'_z = \frac{v_z}{\gamma(1 - v_xV/c^2)} \tag{15.27}$$

$y' = y$であっても$dt' \neq dt$であるので，$v'_y \neq v_y$であることに注意してほしい。また，γはSに対するS'の速さVに関する因子，すなわち$\gamma = 1/\sqrt{1 - V^2/c^2}$であることにも注意が必要である。

（15.26）および（15.27）を合わせた3つの方程式が，**相対論的な速度加算式**または相対論的な速度変換式である。すべての速度がcよりもはるかに小さい場合$\gamma \approx 1$であり，分母の第2項を無視することができるため，この式は（15.23）のニュートン力学の結果と一致する。しかし速度がcに近づくと，相対論的な速度変換は以下の例が示すように，驚くべき結果をもたらす。

例 15.4 cに近い2つの速度を加える

地球に対して$0.8c$の速度で移動しているロケットから，前方に（ロケットに対して）速度$0.6c$で弾丸を発射する。この場合の地球に対する弾丸の速度を求める。

S系は地球に固定され，S'系はロケットに固定されるという通常の方法で系を選択すると，$V = 0.8c, v' = 0.6c$である。やるべきことはvの値を求めることである。ニュートン力学的な答えは，$v = v' + V = 1.4c$である。相対論的な答えは，（15.26）の逆である。これはプライムが付いている変数とプライムが無い変数を交換し，Vの符号を反転させる通常の技法で求めることができる。結果は次のようになる。（すべての速度がx方向にあるので，添え字xを省略している。）

$$v = \frac{v' + V}{1 + v'V/c^2} \tag{15.28}$$

$$= \frac{0.6c + 0.8c}{1 + 0.8 \times 0.6} = \frac{1.4}{1.48}c \approx 0.95c$$

重要なことは，$0.6c$に$0.8c$を「加える」と，c未満の答えが得られるということである。実際$v' < c$の任意の速度では，対応するvも自動的にcよりも小さいことを証明することは簡単である（問題15.43を参照）。つまり，ある1つの系での速さがc未満のものは，任意の系での速さもc未満である。

例 15.5 1 つの速度がcに等しい 2 つの速度を加える

例 15.4 のロケットは，ロケットに対して速度cの信号（たとえば光のパルス）を送る。地球に対する信号の速度を求める。

ここでは$v' = c$であるので，(15.28) は

$$v = \frac{v' + V}{1 + v'V/c^2} = \frac{c + V}{1 + V/c} = c \tag{15.29}$$

つまりS'系に対して速度cでx方向に移動する信号は，S系に対しても速度cを持つ。問題 15.43 で証明できるように，この結果は移動方向に関係なく正しい。それは（我々を最初にローレンツ変換に導いた）相対速度の第 2 の仮定にしたがっており，光速度はローレンツ変換のもとで不変であることがわかる。

15.8　4 次元時空：4 元ベクトル

ローレンツ変換(15.20)は，x', t'の各方程式がx, tの両方を含むという意味で，空間と時間を混ぜ合わせたものとなっている。ロシア・ドイツの数学者ヘルマン・ミンコフスキー（1864-1909）は，この空間と時間の混合は時間が 3 次元の空間座標と組み合わさり，4 次元時空を形成しなければならず，ローレンツ変換は一種の回転として作用することを示唆した。この提案を検討する前に，我々が慣れ親しんでいる 3 次元空間の通常の回転についての 2 つの事実を見てみよう。

通常の 3 次元空間における回転

通常の 3 次元空間のベクトルを議論する際には，表記法を少し変更すると便利である。任意に選択された直交軸については第 1 章で述べた表記法，つまり$\mathbf{e_1}, \mathbf{e_2}, \mathbf{e_3}$と名付けられた 3 つの単位ベクトルを使用する。一般的なベクトル$\mathbf{q}$の成分をq_1, q_2, q_3とする。

$$\mathbf{q} = q_1\mathbf{e_1} + q_2\mathbf{e_2} + q_3\mathbf{e_3} = \textstyle\sum_{i=1}^{3} q_i\mathbf{e_i} \tag{15.30}$$

この場合，良く知られている以下の関係式が成り立つ。

$$q_i = \mathbf{e_i} \cdot \mathbf{q} \tag{15.31}$$

この表記に従い，今から位置ベクトル$\mathbf{r} = (x, y, z)$を$\mathbf{x} = (x_1, x_2, x_3)$に変更する。

ここで$\mathbf{e_1}, \mathbf{e_2}, \mathbf{e_3}$によって定義される座標軸を，単位ベクトル$\mathbf{e'_1}, \mathbf{e'_2}, \mathbf{e'_3}$を持つ

第 2 の座標軸にする回転を考える。新しい軸に関する同じベクトルの成分q'_iは，

$$q'_i = \mathbf{e'_i} \cdot \mathbf{q} = \mathbf{e'_i} \cdot \sum_{j=1}^{3} q_j \mathbf{e_j} = \sum_{j=1}^{3} \left(\mathbf{e'_i} \cdot \mathbf{e_j}\right) q_j \tag{15.32}$$

である。この方程式は，新しい座標系の各座標q'_iを，元の座標系の座標q_jの和として表現するものである。（つまりローレンツ変換と同様に，相対運動をしている系の間の回転に関する変換となっている。）この和の係数は，新しい系および古い系の単位ベクトルのスカラー積$\mathbf{e'_i} \cdot \mathbf{e_j}$である[13]。

第 10 章の行列表記法を採用すると，より簡潔に（15.32）を表現することができる。ここで$\mathbf{R}$を，以下の要素からなる 3×3 の正方行列とする。

$$R_{ij} = \mathbf{e'_i} \cdot \mathbf{e_j} \tag{15.33}$$

$\mathbf{q}$と$\mathbf{q'}$は，座標からなる 3×1 の列とする。

$$\mathbf{q} = \begin{bmatrix} q_1 \\ q_2 \\ q_3 \end{bmatrix}, \qquad \mathbf{q'} = \begin{bmatrix} q'_1 \\ q'_2 \\ q'_3 \end{bmatrix} \tag{15.34}$$

[第 10 章と同じように，この表記について余り厳密なものとしないでほしい。混乱の恐れがある場合，$\mathbf{q}$は（15.34）のような列行列であるとするが，そのような危険がない場合は$\mathbf{q}$を「ベクトル」と呼び，(q_1, q_2, q_3)と行形式で書く。]これらの表記では，回転（15.32）は簡潔な形式で表現できる。

$$\mathbf{q'} = \mathbf{Rq} \tag{15.35}$$

軸を回転させることの効果は，座標q_iの列行列$\mathbf{q}$に，ある 3×3 の**回転行列**$\mathbf{R}$を乗ずることである。

例 15.6　1 つの軸を中心とした単純な回転

x_1x_2平面を水平に，x_3軸を垂直上向きにとり，図 15.7 に示すように，軸をx_2軸まわりに角度θだけ回転させて新しい軸の組を与えると仮定する。この回転に対する回転行列$\mathbf{R}$を求める。

求める行列$\mathbf{R}$は，（15.33）を使って簡単に書き下すことができる。図 15.7 を調べると，必要となるスカラー積を計算して

13 $\mathbf{e'_i} \cdot \mathbf{e_j}$は，古い軸に対する新しい軸の**方向余弦**と呼ばれることもあるが，それは$\mathbf{e'_i} \cdot \mathbf{e_j} = \cos\theta_{ij}$であり，$\theta_{ij}$は$\mathbf{e'_i}$と$\mathbf{e_j}$との間の角度であるからである。

$$\mathbf{R} = \begin{bmatrix} \cos\theta & 0 & \sin\theta \\ 0 & 1 & 0 \\ -\sin\theta & 0 & \cos\theta \end{bmatrix} \tag{15.36}$$

となる。そして任意の点の座標に対する回転$\mathbf{R}$の効果は，$\mathbf{x}' = \mathbf{Rx}$または

$$\left.\begin{aligned} x'_1 &= (\cos\theta)x_1 + (\sin\theta)x_3 \\ x'_2 &= x_2 \\ x'_3 &= (-\sin\theta)x_1 + (\cos\theta)x_3 \end{aligned}\right\} \tag{15.37}$$

となる。

3 つの数x_1, x_2, x_3が単一の 3 次元空間における座標であることの最良の根拠の 1 つは，(15.37) のように回転がそれらを混ぜ合わせることである。垂直方向の距離（x_3）は水平方向の距離（x_1, x_2）とは根本的に異なるという見解を持つ人物を想像することができるであろう[14]。しかしそのような見方は，(15.37) がx_1, x_3を混在させていること（そして$\theta = \pi/2$の場合，単にその役割を交換すること）に気がついたとき，この見解は納得できないものとなるであろう。同様にローレンツ変換は，空間と時間の座標を 4 次元時空で混合する回転の一種であると結論付けることができる。

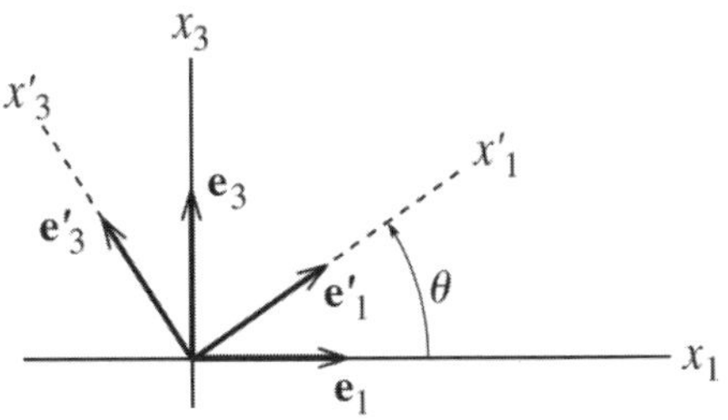

図 15.7 プライムを付けられた軸は，プライムを付けられていない軸から，（ページ方向を向く）x_2軸を中心として，反時計回りにθ回転することにより得られる。x_2方向はこの回転の影響を受けず，単位ベクトル$\mathbf{e}_2$と$\mathbf{e}'_2$は両者ともページ方向を指す。

14 そのような見方は奇妙に見えるかもしれないが，それは日々の実務的なおこないによって支持されているようである。たとえばダムの背後に水を貯水する事業に携わる人々は，貯水量をエーカー・フィート，つまり水平面積はエーカーで，垂直深度はフィートで測定する。

時空の「回転」としてのローレンツ変換

ローレンツ変換（15.20）を見ると，回転（15.37）がx_1, x_3を混ぜ合わせるのと同じように，x, tを混ぜ合わせていることがわかる。表記法を改善することで，これらの関係を驚くほど近づけることができる。まず上で述べたように，空間座標の表示をx_1, x_2, x_3と変更し，4番目の座標を以下のように導入する。

$$x_4 = ct \tag{15.38}$$

係数cは，x_4がx_1, x_2, x_3と同じ次元を持つことを保証する。$\beta = V/c$であるので，ローレンツ変換（15.20）を以下のように書き直すことができる。

$$\left.\begin{aligned} x'_1 &= \gamma x_1 - \gamma\beta x_4 \\ x'_2 &= x_2 \\ x'_3 &= x_3 \\ x'_4 &= -\gamma\beta x_1 + \gamma x_4 \end{aligned}\right\} \tag{15.39}$$

$\gamma \geq 1$であるので，$\gamma = \cosh\phi$のような「角度」ϕを導入できることに注意すると，回転（15.37）と同じように取り扱えるような改善をおこなうことができる。単純な計算により（問題 15.30）$\gamma\beta = \sinh\phi$であることがわかるので，（15.39）は以下のような類似形になる。

$$\left.\begin{aligned} x'_1 &= (\cosh\phi)x_1 - (\sinh\phi)x_4 \\ x'_2 &= x_2 \\ x'_3 &= x_3 \\ x'_4 &= (-\sinh\phi)x_1 + (\cosh\phi)x_4 \end{aligned}\right\} \tag{15.40}$$

（15.37）の三角関数は（15.40）では双曲線関数になっている（そして符号が変わっている）が，回転（15.37）がx_1, x_3を混合するのと同じく，ローレンツ変換（15.40）はx_1, x_4を混合することに誰も異議を唱えないであろう。つまり両者は類似しており，$x_4 = ct$を **4次元時空**または **4次元空間**の4番目の座標とみなすための強力な証拠となる。

4元ベクトル

4つの数x_1, x_2, x_3および$x_4 = ct$は，4次元時空におけるベクトルを構成する。このようなベクトルは，位置ベクトル$\mathbf{x} = (x_1, x_2, x_3)$のような3元ベクトルと区別するために**4元ベクトル**と呼ばれる。残念ながら，いくつかの異なる表記法が4元ベクトルに使用されている。本書では4元ベクトルに普通のイタリック文字を

使用する。たとえば，今説明した位置・時間ベクトルの場合

$$x = (x_1, x_2, x_3, x_4) = (\mathbf{x}, ct)$$

である。（たとえばこの後に定義される 4 元運動量pなど）他の 4 元ベクトルにも出会うことになる。任意の 4 元ベクトルの表記法は

$$q = (q_1, q_2, q_3, q_4) = (\mathbf{q}, q_4)$$

である。ここでqの最初の 3 つの成分を含む太字$\mathbf{q}$をqの空間成分と呼び，第 4 の成分q_4を時間成分と呼ぶ[15]。

3 元ベクトルと同様に, 4 元ベクトルが 4×1 列行列であることを理解することは大切なことである。

$$x = \begin{bmatrix} x_1 \\ x_2 \\ x_3 \\ x_4 \end{bmatrix} \quad \text{および} \quad q = \begin{bmatrix} q_1 \\ q_2 \\ q_3 \\ q_4 \end{bmatrix} \tag{15.41}$$

この表記法の下では，ローレンツ変換（15.39）は次のように行列形式で書くことができる。

$$x' = \Lambda x \tag{15.42}$$

ここでΛは以下の 4×4 行列である。

$$\Lambda = \begin{bmatrix} \gamma & 0 & 0 & -\gamma\beta \\ 0 & 1 & 0 & 0 \\ 0 & 0 & 1 & 0 \\ -\gamma\beta & 0 & 0 & \gamma \end{bmatrix} = [\text{標準ブースト}] \tag{15.43}$$

これは最も一般的なローレンツ変換ではない。これは標準的配置と呼ばれるもの，つまり対応する軸は平行であり，S系のx軸に沿った方向に速度を持つS'系という，2 つの系の間の変換である。多くの目的においては，この**標準的な変換**のみを検討すればよいのだが，より一般的な変換についてここで若干取り上げる。

対応する軸を平行にするローレンツ変換は，**純粋なブースト**または単に**ブースト**（訳者註：速度の異なる座標系への変換をブーストと言う。ブーストは「押す」という意味を持つ言葉。）と呼ばれる。その理由は，1 つの系から回転することな

---

15 この記法には，次の 2 つの欠点が存在する。(1) スカラーにイタリック体（たとえば質量にm）を使用しているので，イタリック体が 4 元ベクトルなのかスカラーなのかを文脈において伝える必要がある。　(2) qが 3 元ベクトル$\mathbf{q}$の大きさであるという慣例を使用することはできない。その代わりに，$|\mathbf{q}|$を使用する。（ただし位置ベクトルの大きさrを引き続き使用するが，$r = |\mathbf{x}|$である。）

く最初の系に対して一定の速度で移動する別の系にブーストするからである。一般的な変換には回転も含まれる。変換が純回転（相対運動がなく，向きの変化のみ）であれば，もちろん$t' = t$であり，3 つの空間座標のみが変更される。したがって，（15.42）の形式で純粋な回転を書くことができるが，その場合の4×4行列Λは以下のブロック形式である。

$$\Lambda = \Lambda_R = \left[\begin{array}{ccc|c} & & & 0 \\ & \mathbf{R} & & 0 \\ & & & 0 \\ \hline 0 & 0 & 0 & 1 \end{array}\right] = [\text{純回転}] \qquad (15.44)$$

ここで$\mathbf{R}$は与えられた回転に関する 3×3 行列である。（この種のブロック行列を見たことがない場合は，$x' = \Lambda_R x$の式をすべて書き出し，$t' = t$であるので 4 番目の成分は変化させない条件下で，3 つの空間座標がどのように回転するのかを確認してほしい。）

任意の方向$\mathbf{u}$に対する純粋なブーストΛ_Bを書き下したい場合は，数回の回転と標準ブーストから構築することができる。まず新しいx_1軸が必要な方向$\mathbf{u}$を指すように回転させる。次に標準ブースト（15.43）をおこなう。そして元の向きに戻す。最後に任意のローレンツ変換Λは，ブーストとそれに続く適切な回転の積$\Lambda = \Lambda_R \Lambda_B$として表すことができる[16]。他のローレンツ変換を扱う際の演習問題については，問題 15.32 から 15.34 を参照のこと。

4 元ベクトルはすべてのローレンツ変換（15.42）の下で，時空ベクトル$x = (\mathbf{x}, ct)$と同じ方法で変換するものとして定義される。正式な定義は，次のとおりである。

4 元ベクトルの定義

2 つの系S, S'の値が$q' = \Lambda q$で関係付けられるように，各慣性系Sにおいて，4 つの数の組$q = (q_1, q_2, q_3, q_4)$で 4 元ベクトルが指定される。ここでΛは，S, S'を結びつけるローレンツ変換である。

明らかに時空ベクトル$x = (\mathbf{x}, ct)$はこの定義に適合するが，以後の節で（上で述

16 実は 2 つの系の空間的な原点は，$t = t' = 0$において一致しているので，最も一般的な変換ではない。このことは原点の 1 つを移動させることで考慮できるが，ここではこのような状況は取り扱わない。

べた 4 元運動量pを含む）いくつかの例を見ていく。

4 元ベクトルの概念の大きな利点は，提案された物理法則が相対論的に不変であるかどうかをほとんど何の努力をすることなく確認できることである。たとえば，以下の形の法則があるべきだと考えているとする。

$$q = p \tag{15.45}$$

q, pは 4 元ベクトルであるとする。（これから見ていくように，運動量保存則はこのような形，つまり$p_{fin} = p_{in}$をしている。）さらに，ある系Sで法則が成立すると仮定する。他の系S'の対応する値は$q' = \Lambda q$および$p' = \Lambda p$であり，（15.45）の両辺にΛを乗じるだけで，$q' = p'$であることがわかる。つまり，1 つの系Sにおいて導入された 4 元ベクトルに関する定理（15.45）が正しければ，他の系S'においても，それが正しいことが保証される。（もちろん，これは定理が真実であることを保証するものではなく，実験だけがその正しさを確かめることができる。ただし定理が相対性理論の仮定と一致することは保証される。）

回転のもとで不変である単一の量は，**回転スカラー**または**3 元スカラー**と呼ばれる。たとえば物体の質量は 3 元スカラーであり，時間tもそうである。同じように，ローレンツ変換で不変である単一の量は，**ローレンツスカラー**または**4 元スカラー**と呼ばれる。たとえば（適切に定義されている場合）質量mが 4 元スカラーであることがわかる。つまり任意の物体の質量は，すべての慣性系で同じ値を持つ。一方，時間tは 4 元スカラーではない。むしろ，既に見てきたように，それは 4 元ベクトルの第 4 成分である。

15.9　不変スカラー積

3 次元空間における任意の回転変換や，4 次元空間における任意のローレンツ変換のようなものは，不変量によって特徴づけることができる。ここでの主な関心はもちろんローレンツ変換であるが，私たちが何を期待するべきかについての指針を得るために，まずは回転を見てみよう。

3 次元空間における不変スカラー積

3 次元空間における回転の最も明白な特性の 1 つは，ベクトルの長さを変更しないことである。任意のベクトル$\mathbf{x}$の長さの 2 乗として

$$s = \mathbf{x} \cdot \mathbf{x} = x_1^2 + x_2^2 + x_3^2 \tag{15.46}$$

と定義した場合，ある座標系における$s = \mathbf{x} \cdot \mathbf{x}$の値は，その座標系を回転することによって得られる他の任意の座標系における値$s' = \mathbf{x}' \cdot \mathbf{x}'$と同じである。（先ほど紹介した用語でいうと，$s$は回転スカラーである。）これは任意の$\mathbf{x}$に当てはまるので，$\mathbf{x} = \mathbf{a} + \mathbf{b}$（$\mathbf{a}, \mathbf{b}$は任意の 2 つの他のベクトル）で$\mathbf{x}$を置き換えることができ，$(\mathbf{a} + \mathbf{b})^2$の不変量は，

$$\mathbf{a} \cdot \mathbf{a} + 2\mathbf{a} \cdot \mathbf{b} + \mathbf{b} \cdot \mathbf{b} = \mathbf{a}' \cdot \mathbf{a}' + 2\mathbf{a}' \cdot \mathbf{b}' + \mathbf{b}' \cdot \mathbf{b}' \tag{15.47}$$

となる。すでに等しいと分かっている項を打ち消すと，

$$\mathbf{a} \cdot \mathbf{b} = \mathbf{a}' \cdot \mathbf{b}' \tag{15.48}$$

である。言い換えれば，回転させた際の任意の 3 元ベクトルの長さの不変性は，任意の 2 つの 3 元ベクトルのスカラー積が不変であることを意味する。我々は 4 次元空間のスカラー積について，同様の議論をこれからすぐにおこなう。

4 次元空間における不変スカラー積

3 次元と同じいくつかの特性を有する，4 次元空間のスカラー積を構築することができる。任意の 4 元ベクトル$x = (x_1, x_2, x_3, x_4) = (\mathbf{x}, ct)$に対して，以下の定義をする。

$$s = x_1^2 + x_2^2 + x_3^2 - x_4^2 = r^2 - c^2t^2 \tag{15.49}$$

これは明らかに 3 次元の長さの 2 乗の一般化であるが，4 番目の項のマイナス記号にも注意してほしい。（このマイナス符号は，時空のローレンツ変換が普通の空間の回転とまったく同じではないためである。）sという量はローレンツ変換のもとでは不変であり，またそのことは簡単に証明できる。まず標準ブースト（15.39）を考えてみよう。この変換のもとでsは以下のようになる。

$$\begin{aligned} s' &= {x'}_1^2 + {x'}_2^2 + {x'}_3^2 - {x'}_4^2 \\ &= \gamma^2(x_1 - \beta x_4)^2 + x_2^2 + x_3^2 - \gamma^2(-\beta x_1 + x_4)^2 \\ &= \gamma^2(1 - \beta^2)x_1^2 + x_2^2 + x_3^2 - \gamma^2(1 - \beta^2)x_4^2 \\ &= s \end{aligned}$$

最後の等式は，$\gamma^2(1 - \beta^2) = 1$を使った。したがって，$s$は標準ブーストの下で不変である。しかしローレンツ変換は標準ブーストと回転から構築でき，（r^2とtは別々に回転不変であるため）sは回転によって確かに変化しないことがわかった。

したがって，sはローレンツ変換のいずれにおいても不変である。

新しい不変量sの重要性について議論する前に，それを使った**不変スカラー積**を 4 次元空間で定義する。任意の 2 つの 4 元ベクトル$x = (x_1, x_2, x_3, x_4)$および$y = (y_1, y_2, y_3, y_4)$に対して，これを以下のように定義する[17]。

$$x \cdot y = x_1 y_1 + x_2 y_2 + x_3 y_3 - x_4 y_4 \tag{15.50}$$

（繰り返すが，第 4 要素の符号がマイナスであることに注意すること。この「スカラー積」は，通常のスカラー積と少し異なる。）明らかに（15.49）の$s = x \cdot x$は不変量である。そして回転と同様に，(15.47)から(15.48)に至る議論により，$x \cdot x$が任意の 1 つの 4 元ベクトルxに対して不変であるため，スカラー積$x \cdot y$も任意の 2 つの 4 元ベクトルxおよびyに対して不変である。スカラー積$x \cdot y$は，ニュートン力学における通常のスカラー積$\mathbf{a} \cdot \mathbf{b}$と同様に，相対性理論において大きな役割を果たすことがわかるであろう。任意の 4 元ベクトルxのスカラー積は$x \cdot x = x^2$と書かれ，xの「2 乗不変長」と呼ばれることもあるが，x^2が正であると誤解してはいけない。逆にx^2は明らかに正，負，ゼロのいずれの値にもなることができる。

今後の参考として，不変量$x \cdot y$をローレンツ行列Λの性質として書き直すことができる。x, yの値が何であれ，$x' = \Lambda x, y' = \Lambda y$であれば$x \cdot y = x' \cdot y'$である。ここで$\Lambda$はローレンツ変換である。したがって 4 つの要素を持つ任意の 2 つの列x, yに対するローレンツ変換Λについて，以下が成り立つ。

$$x \cdot y = (\Lambda x) \cdot (\Lambda y) \tag{15.51}$$

スカラー積がどのような由来を持つのかを理解するために，S系において時間$t = 0$，原点$\mathbf{x} = 0$でフラッシュを発光させる実験を考える。フラッシュからの光は速さcで広がるため，その後の任意の時間tで光は球$r^2 = c^2 t^2$の位置にある。新しい表記法を用いると，拡散波面は$x \cdot x = r^2 - c^2 t^2 = 0$の条件下に位置すると表現することができる。ここで$x \cdot x$の不変性により，他の任意の$S'$系において$x' \cdot x' = 0$である場合は，$x \cdot x = 0$となる。したがって$S$系で見られるように速度$c$

---

17 警告。物理学者においては，定義（15.50）を使用する人と式全体の前にマイナス記号を置く人とが，ほぼ均等に分かれている。両者の規則とも，長所と短所がある。

で広がる球面波は，S'系でも速度cで広がる球面波であり，逆もまた同様である。スカラー積$x \cdot x$の不変性は，光速度がすべての慣性系で同じであるという第2の仮定の反映であることがわかる。

15. 10　光円錐

スカラー積$x \cdot x$は，時空を物理的に異なる5つの領域に分ける。これを視覚化するには，空間次元の1つ（例えばx_3）を無視すると便利である。したがって図15.8のように残りの2つの空間次元を水平方向にとり，$x_4 = ct$を垂直方向上側にとる。（数学的には，これは$x_3 = 0$「平面」に注意を限定することになる。）

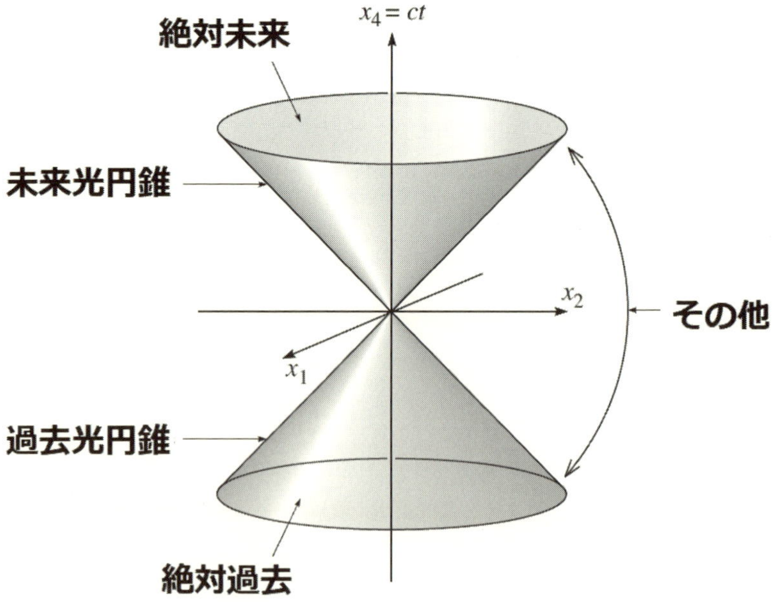

図 15.8 光円錐は条件$x \cdot x = r^2 - c^2t^2 = 0$によって定義され，時空を5つの異なる部分，つまり$t > 0$および$t < 0$に対応する順方向および逆方向の光円錐，絶対未来と絶対過去と呼ばれる未来および過去光円錐の内部，「その他」と書かれている円錐の外側，に分割される。

時空の原点Oで発光された（すなわち$t=0$のときに$\mathbf{x}=0$で発光された）フラッシュ電球からの光を再び考えてみよう。時間が経過すると，光は$r^2=c^2t^2$の拡大円上のx_1x_2平面にあって外側に移動し，図 15.8 に示す上側半分の円錐上を移動する。したがって，**未来光円錐**と呼ばれるこの円錐は，原点Oから放出された光によって訪れることになる時空のすべての点の集合である。数学的には，それは$x\cdot x=r^2-c^2t^2=0$かつ$t>0$を満たす, すべての時空点の集合$x=(\mathbf{x},ct)$である。

図 15.8 に示す下半分の円錐は**過去光円錐**と呼ばれ，xから放出された光がその後に原点Oを通過するという性質を持つ, すべての時空点$x=(\boldsymbol{x},ct)$の集合である。光円錐全体（未来および過去）は，原点を通過する光線の経路を表す直線から構成されている。光は速度cで移動しx_4は$x_4=ct$であるので，これらの線は勾配 1 を持ち，光円錐の表面は（このスケールで描いた場合）時間軸に対して 45° の角度をなす。光円錐は$x\cdot x=0$の条件で定義され，$x\cdot x$は不変（すべての系で同じ値）であるため，光円錐自体が不変であることになる。つまり任意の 2 つの系の観測者は，どの点が光円錐上にあるかに関して常に同意する。

光円錐の内部：未来と過去

次に，未来光円錐の内側にある座標$x=(\mathbf{x},ct)$を有する時空点Pを考える。これは明らかに$t>0$かつ$r^2<c^2t^2$，または

$$\left.\begin{array}{l} x_4>0 \\ x_1^2+x_2^2+x_3^2<x_4^2 \quad (\text{または}\, x\cdot x<0) \end{array}\right\} \tag{15.52}$$

である。これら 2 つの条件は，驚くべき結果をもたらす。まず$t>0$なので，少なくとも座標xが測定されるS系で観測された場合，Pで発生するでき事はOでのでき事よりも後であると主張することができる。しかし，他のS'系ではどうであろうか。これに答えるために，(15.52) の第 2 の条件は$x\cdot x<0$であり，$x\cdot x$はローレンツ変換のもとで不変であることに注意する。したがって$x'\cdot x'$も負であり，S'系においても第 2 の条件が満たされる。最初の条件がS'においても満たされていることを見るためには，まずS'がSとローレンツブースト (15.39) によって関連付けられていると仮定する。

$$x'_4=\gamma(x_4-\beta x_1) \tag{15.53}$$

ここでは$|\beta|<1$であり，(15.52) の第 2 の条件は，$|x_1|<x_4$である。したがって

$x'_4 > 0$であり，第1の条件もS'系において満たされる。ローレンツ変換は標準ブーストと回転から成り立っているので（回転はx_4を全く変化させない），2つの条件（15.52）が1つの系で成立するならば，すべての系で成立すると結論づけられる。言い換えると，Pが未来光円錐の内側にあるということは，ローレンツ不変を意味する。特にPが未来光円錐の内部にある場合，Pで起こる事象はOより遅いことにすべての観察者が同意する。この理由から，未来光円錐の内部はしばしば**絶対未来**と呼ばれる。すべての観察者は，PがOの未来にあることに同意するので，「絶対的」である。同様にPが過去光円錐の内側にある場合，Pはすべての慣性系にいる観測者によってOよりも早く測定されるため，この領域は**絶対過去**と呼ばれる（問題15.39を参照）。

これまでのところ，時空の原点Oを頂点とする光円錐を考えてきた。これは，Oを通過する光線によって定義される。それに代わって，他の時空点Qを通過する光を考えると，Qを頂点とする光円錐，つまりQの光円錐が定義される。この円錐は図15.8のようになるが，図15.9に示すように，頂点は原点Oではなく任意の点Qになる。この円錐上の任意の点Pは$(\mathbf{x}_\mathrm{P} - \mathbf{x}_\mathrm{Q})^2 = c^2(t_P - t_Q)^2$を満足しなければならない。つまり

$$(x_P - x_Q)^2 = 0 \qquad (Q\text{の光円錐上にある}P\text{に対して}) \tag{15.54}$$

である。Qの未来光円錐の内側はQの絶対未来であり，そのすべての点は任意の慣性系にいる観測者から見るとQよりも後の時間である。すなわち，Qの未来光円錐内の任意の点Pについて，すべての観察者は$t_P > t_Q$であることに同意する。

光円錐の外側：空間ベクトル

図15.9のように，光円錐の外側にある点Pの状況はまったく異なる。まず，Pが外にある条件は，

$$(\mathbf{x}_\mathrm{P} - \mathbf{x}_\mathrm{Q})^2 > c^2(t_P - t_Q)^2 \tag{15.55}$$

またはこれと同等であるが，

$$(x_P - x_Q)^2 > 0 \qquad (Q\text{の光円錐の外側にある}P\text{に対して}) \tag{15.56}$$

である。この条件は，PとQとの間で対称的である。したがってPがQの光円錐の外側にある場合，QもPの光円錐の外側にあり，その逆もまた同様である。図15.9から明らかなように，PはQの光円錐の外側の点であり，PはQよりも後におこる

（すなわち$t_P > t_Q$）。そして他にはPとQが同時に起こる点（$t_P = t_Q$）があり，またPがQより前に起こる（$t_P < t_Q$）その他の点がある。この主張は何も目立ったものではなく，図 15.9 の幾何学の直接的な結果である。しかし次の命題は驚くべきことである。（そして，ここで直接証明しなければならないものである。）

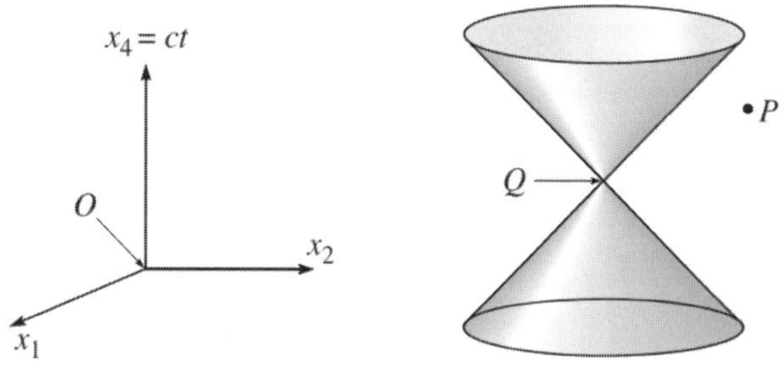

図 15.9 座標$x_Q = (\mathbf{x}_Q, ct_Q)$を持つ任意の時空点$Q$の光円錐は，$Q$を通過するすべての光線によって構成されている。$P$と示されている点は，$Q$の円錐の外側にある。

命題

Pを与えられた点Qの光円錐の外側にある，任意の時空点とする。

（1）$t_P > t_Q$であるS系が存在する

しかし

（2）$t'_P = t'_Q$であるS'系も存在する

そして

（3）$t''_P < t''_Q$であるS''系も存在する

この驚くべき命題は与えられた 2 つの事象，すなわちそれぞれが他の光円錐の外側にある事象の時間順序が，異なる系で異なることを意味する。第 1 の観測者が事象Aは事象Bより前に起こったと言う場合， 第 2 の観測者から見るとそうではない。（そして第 3 の観測者についても，同じようなことが言える。）これは，**因果律**の概念につながる深い意味を持つ。あるでき事A（たとえば爆発）が別のでき事B（遠方の建物の崩壊）の原因である場合，原因が結果に先立つため，Aは明らかに最初に起こる必要がある。先の定理によれば，時空点PがQの光円錐の外側にある場合，QとPのどちらが早く起こったか，最初は明白ではない。（ある系ではどちらがが先に起きており，別の系ではその順序が逆である。）したがってQで起こることは，Pで起こることの原因となることは無く，また逆もそうである。さてQからPに向かうあらゆる種類の信号は，［（15.55）より］cより大きな速度で移動する必要がある。逆にQから放たれる信号の速度がcより大きい場合は，Qの光円錐の外側のある点Pに移動することができる。しかし因果的な影響が，光速度より速く伝わることはない[18]。Qの光円錐の外側の領域はQで起こるすべてのものから全く影響を受けないので，この領域はQの**その他の場所**と呼ばれる。

定理の証明を簡単にするために点Qを原点Oに置き，Pの座標を$x = (\mathbf{x}, ct)$と略記する。（一般的な場合でもそれほど難しくはないが，表記がやや面倒である。）必要に応じて回転させることで，$\mathbf{x}$を正のx_1軸に置くことができる。

$$x = (x_1, 0,0, x_4) \tag{15.57}$$

上記の（1）が真（$x_4 > 0$）であると仮定し，（2）と（3）を証明する。[明らかに 3 つのうちの 1 つが真でなければならず，（2）または（3）のいずれかから始めても，うまく機能することを簡単に確かめることができる。］新しい系S'に対して標準ブースト（15.39）をおこなう。

$$x'_4 = \gamma(x_4 - \beta x_1) \tag{15.58}$$

PはOの光円錐の外側にあるので$\mathbf{x}^2 > c^2t^2$であり，ベクトル（15.57）に対しては$x_1 > x_4$である。したがって$\beta = x_4/x_1 < 1$と選ぶことができ，（15.58）にしたがって$x'_4 = 0$となる。すなわち$t' = 0$であり，$Q = 0$の場合について上記の式（2）が証明された。Pが点Qの光円錐の外側の任意の位置にあれば，対応するブーストはその第 4 成分がゼロ，つまり$t'_P = t'_Q$となるベクトル$x'_P - x'_Q$である。

第 4 成分がゼロである 4 元ベクトルは，純粋な空間ベクトルとして表現することができ，ローレンツ変換によってこの形式にすることができるものは，空間的と呼ばれる。つまり 4 元ベクトルは，4 番目の成分がゼロとなる系があれば**空間的**である。この用語を使用すると，光円錐の外側がすべて空間的なベクトルで構成されていると言える。同様に因果関係についての結果を言い換えると，PとQの 2 つの点の差$x_P - x_Q$が空間的なものであれば，Pで起こることはQで起こるこ

---

18 因果信号がcより大きい速度を持つことができた場合，それはQからQの光円錐の外側のあるPに移動する可能性があるが，これまでで見たように，それは不可能である。

とに影響を及ぼさず，またその逆も成立する。

［(1) の仮定から］(3) を証明するには，変換 (15.58) を再度見るだけでよい。$x_1 > x_4$であるので，x_4/x_1より少し大きいが 1 よりも小さいβを選択することができ，この選択によって必要に応じて$t" < 0$（または一般に$t"_P < t"_Q$）の系（$S"$）を得る。

時間ベクトル

空間ベクトル（問題 15.44）に対しておこなったのと同様の議論により，4 元ベクトルqが光円錐の内側にある場合（すなわち$q \cdot q < 0$），純粋形$q' = (0,0,0,q'_4)$となるS'系が存在する。したがって，当然ながら光円錐内部のベクトルを**時間的**なものと考えることができる。これらは，未来時間ベクトル（$q_4 > 0$）と過去時間ベクトル（$q_4 < 0$）に分けることができる。

未来時間ベクトルの重要な例は，時間dtにおける任意の物質粒子の変位に関する 4 元ベクトルdxである。これから論議するように，物質粒子は正の質量($m > 0$)を持つ粒子として定義することができる。同様に（これから見るように），与えられた任意の時間において，それは静止系が存在する任意の粒子である。すなわち粒子が静止している系があり，$v = 0$である。経験上，物質の通常の構成要素（電子，陽子，中性子）のすべてがこの性質を持ち，原子，分子，野球のボール，星などのすべての複合体についても同様である[19]。時間tと$t + dt$の間に物質粒子が$\mathbf{x}$から$\mathbf{x} + d\mathbf{x}$に移動したと仮定した場合，変位に関する 4 元ベクトルは，

$$dx = (d\mathbf{x}, cdt) = (\mathbf{v}, c)dt$$

である。粒子の静止系では$d\mathbf{x} = 0$であり，dxは純時間形式$dx = (0,0,0,cdt)$を持つ。したがってdxはすべての系において時間的であり，$dx^2 < 0$である。そして

$$dx^2 = \left(\mathbf{v}^2 - c^2\right)dt^2 < 0$$

であるので，すべての系において$\mathbf{v}^2 < c^2$であると結論づけることができる。すなわち，物質粒子は光速度以上の速度で移動することができない。これは，光速度が普遍的な速度限界であることを証明した，以下の 3 つの意味となることに注意

19　15.16 節で議論するように，この性質を持たない唯一の一般的な粒子は光子である。光子はすべての系において速度cで移動するので，確かに静止系はない。当然のことながら，ここでは物質粒子として光子を考慮しない。

してほしい。 (1) 任意の 2 つの慣性系の相対速度は常にc未満である。 (2) 任意の慣性系において，任意の因果信号の速度は常にc以下である。 (3) 任意の慣性系において，物質粒子の速度はcよりも小さい。

15.11 商法則とドップラー効果

4 元ベクトルの性質の素晴らしい応用例として，次に波源または観測者の運動によって波の振動数が変化するドップラー効果について説明する。これをおこなう前に，4 元ベクトルのもう 1 つの重要な性質，商法則を導き出しておく必要がある。

商法則

すべての慣性系Sにおいて, 4 つの数$k = (k_1, k_2, k_3, k_4)$ によって特定される量kを見つけたと仮定する。kは 4 元ベクトルであると考えることが自然であり魅力的であるが，これは必ずしも正しくない。たとえば質量m，電荷q，体積V，温度Tの物体の運動について議論する際に，

$$k = (m, q, V, T)$$

と定義できる。この 4 つの数値の組はすべての系で定義されるが，明らかに 4 元ベクトルではない。すなわち 1 つの系S内でのその値は, ローレンツ変換$k' = \Lambda k$によって別の系S'内の値に関係づけることができない。この例はかなり人為的に思えるかもしれないが，4 つの成分を持つすべての量kが必然的に 4 元ベクトルであるわけではない。一方，kが以下の定理の条件を満たす場合，4 元ベクトルである。

> **商法則**
>
> xが 4 元ベクトルであることが知られており，各慣性系において$k = (k_1, k_2, k_3, k_4)$が 4 つの数の集合であり，xのすべての値に対して$\phi = k \cdot x = k_1 x_1 + k_2 x_2 + k_3 x_3 - k_4 x_4$がすべての系において同じ値を有する（すなわち$\phi = k \cdot x$は 4 元スカラーである）場合，$k$は 4 元ベクトルである。

この法則の証明は，驚くほど簡単である。まずϕは 4 元スカラーであるため，以

下が成立する。

$$k \cdot x = k' \cdot x' \quad (15.59)$$

しかし（15.51）から，任意のローレンツ変換に対して

$$k \cdot x = (\Lambda k) \cdot (\Lambda x)$$

である。仮定からxは 4 元ベクトルであるので，Λxをx'で置き換えることができる。

$$k \cdot x = \Lambda k \cdot x' \quad (15.60)$$

（15.59）と（15.60）を比較すると，

$$k' \cdot x' = (\Lambda k) \cdot x'$$

この方程式は，x'の任意の選択に対して成立する。仮に$x' = (1,0,0,0)$と選択した場合，k'の最初の要素はΛkの最初の要素と等しく，このことを続けると，4 つの要素すべてが等しく

$$k' = \Lambda k$$

となり，k（スカラーϕとベクトルxの「商」）が実際に 4 元ベクトルであることがわかる。この商法則に慣れるために，ドップラー効果について振り返ってみよう。

ドップラー効果

読者がドップラー効果について考える際には，音に関するドップラーシフトを思い起こすであろう。我々の前を通り過ぎるパトカーのサイレン音は，それが一定の音である場合，それが静止しているより高い音で近付いてきて，前を通り過ぎると低い音になる。同じく踏切を通り過ぎる列車に乗っている乗客からは，踏切の音は最初は高く，列車が通り過ぎると低く聞こえる。これと同様の効果が光およびその他の電磁波でも起こる。よく知られている星からの光の「赤方偏移」は星が我々からどれぐらい速く離れているか（および間接的にではあるが星がどれぐらい我々から離れた距離にあるか），を調べるために天文学者によって日常的に使われている。原子核の「ドップラー冷却」，つまり運動している原子から見たレーザー光線のドップラーシフトは高速に運動している原子を選択的に減速させるので，原子の集団を冷却するために使われている。また高速道路において，レーザーが車に当たって跳ね返った際のドップラー効果により，警察官が車

の速度を測る際にも使われている。光のドップラー効果の公式を導くためには，相対論的にやらなければならない（光は光速度で運動する！）。4 元ベクトルの知識を用ると，驚くほど簡単に公式を導くことができる。

任意の正弦平面波は，以下の形をしている。

$$\phi = A\cos(\mathbf{k}\cdot\mathbf{x} - \omega t - \delta) \tag{15.61}$$

ここで関数ϕの性質は，考えている波に依存している。音波においては音によって生じる圧力変化と見なすことができ，光においては電磁場の任意の構成要素と見なすことができる。ベクトル$\mathbf{k}$は**波数ベクトル**と呼ばれており，その方向は伝播方向であり，大きさは$|\mathbf{k}| = 2\pi/\lambda$である。ここで$\lambda$は波長，$\omega$は角振動数で$\omega = 2\pi\nu$であり，$\nu$は通常の振動数，そして$\delta$は（通常はほとんど興味を持たれないが）位相シフトである。波の速さは$v = \omega/|\mathbf{k}|$であり，真空中の光においてはもちろんcであるので，$\omega = c|\mathbf{k}|$である。

ここでの主な関心事である平面波 (15.61)の位相は$\mathbf{k}\cdot\mathbf{x} - \omega t$である。これを 4 元スカラー積で書き下すと

$$\mathbf{k}\cdot\mathbf{x} - \omega t = k \cdot x \tag{15.62}$$

であるが，ここでいつものように$x = (\mathbf{x}, ct)$ であり，またkは以下の**波数 4 元ベクトル**である。

$$k = (\mathbf{k}, \omega/c) \tag{15.63}$$

このように定義されたkが実際に4元ベクトルであることを示すために，任意の場所xにおける位相$k\cdot x$が，谷または山の位置からの波の相対位置を決めることに注目する。任意の系に対してこのこと

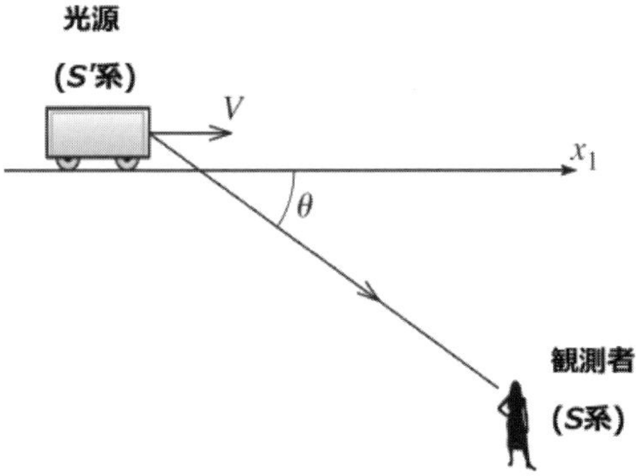

図 15.10 ドップラー効果。光源がS系に対して速度Vでx_1軸に沿って動いている。S系にいる観測者はx_1軸に対して角度θで光源を観測する。S系から見た光の振動数はωであり，光源の静止系S'においては$\omega = \omega_0$である。

は同じであるため，$k \cdot x$は 4 元スカラーであり，xは確かに 4 元ベクトルであるので，商法則が保証するようにkはその名の通り 4 元ベクトルである。kの 4 番目の要素はω/cであり，またkの変換がどのようなものであるのかが分かっているので，光源が動いている系において測定した場合の光の信号の角振動数を求める用意ができた。

ここで考えている実験は，図 15.10 に示されている。静止系Sにいる観測者は速さVでx_1軸に沿って動いている列車を観測する。列車は列車の静止系S'でみた場合は角振動数$\omega' = \omega_0$で光を放出する。光はx_1軸に対して角度θにいる観測者に届くが，観測者から見た場合の角振動数ωを求める。

光の波の 4 元ベクトルkは$k = (\mathbf{k}, k_4)$の形をしているが，ここで$k_4 = \omega/c = |\mathbf{k}|$である。標準的なローレンツブーストにより

$$k'_4 = \gamma(k_4 - \beta k_1)$$

である。$k'_4 = \omega'/c, k_4 = \omega/c$および$k_1 = |\mathbf{k}|\cos\theta = (\omega/c)\cos\theta$と置くと，

$$\omega' = \gamma\omega(1 - \beta\cos\theta)$$

となる。ωについて解いて，ω'をω_0に置き換えると，光に対する**相対論的なドップラー効果**の公式を得る。

$$\omega = \frac{\omega_0}{\gamma(1 - \beta\cos\theta)} \tag{15.64}$$

ここでω_0は光源に対して静止している系における光の角振動数，ωは光源が速度$\mathbf{V}$で動いている系から観測した場合の角振動数，そしてθは$\mathbf{V}$と観測される光との角度である。

15. 12　質量，4 元速度，4 元運動量

これまでの 11 の節では，相対性理論の運動学のみを議論してきたことを読者はじれったく感じているかもしれない。実際，これは相対性理論に関する真実を反映している。時計の遅れや光速度より速く伝わる因果信号が不可能なことなど，最も興味深い特徴の多くは純粋に運動学的である。それにもかかわらず，我々は今や相対論的力学を取り上げるべき時であり，これがまさにこれからおこなおう

としていることである。

この節では，物体の質量と運動量の相対論的定義を導入する。相対性理論のような新しい主題の未知の分野を学ぶ際に，質量や運動量のような概念の「正しい」定義のようなものは存在しないことを認識することは重要である。ハンプティ・ダンプティのように，我々は原理的には言葉を好きなように定義することができる[20]。それにもかかわらず，我々が課したいと望む一定の合理性要件が存在する。運動量の定義は非相対論的定義が有益であると証明された領域，すなわち対象物の速度がcよりもはるかに小さい領域において，非相対論的定義と可能な限り近いものでなければならない。そして私たちは，関連する概念に不可欠と思われる性質を，新しい概念と非相対論的な対応概念と共有することを望む。たとえば，孤立系の総運動量が保存されるという性質を持った相対論的運動量の定義を得たいと考える。

相対性理論の質量

相対性理論の質量には 2 つの異なる定義があり，どちらも妥当性の要件を満たしており，またどちらにも支持者がいる。ここで使用する定義は不変量として記述することができ，物理学者の大多数が好むものである。可変質量と呼ばれるもう 1 つの定義は，一見するといくつかの概念が容易に見えるため，相対性理論の普及者によって主に好まれている。ここでは後で可変質量を簡単に説明するが，この章全体を通して以下のように定義される不変質量を使用する。静止時の（または速度がcよりもはるかに小さい）物体を考えた場合，非相対論的定義は明確かつ有用な量である。その定義の意味を強調するために，この質量は**静止質量**と呼ばれることもある。高速で移動する同じ物体の質量を定義するために，我々は次の極めて単純な定義を採用する。

不変質量の定義

物体の質量mは，その速度が何であれ，静止質量と定義される。

---

20 ハンプティ・ダンプティは，「私が言葉を使うときには，言葉はわたしが選んだとおりの意味になる－それ以上でもそれ以下でもない。」と語った。ルイス・キャロル著，『鏡の国のアリス』より。

慣性系Sの観察者が光の半分の速度で運動する物体を見てその質量を知りたければ，何らかの形で物体を静止させ（または物体と共に動く系内に移動し），非相対論的な力学の便利な技法を使って，その質量を測定しなければならない。すべての慣性系の等価性は，この手順がすべての系で同じ答えを生み出すことを保証するので，得られた質量は不変質量と呼ぶことができる。しかし，これは我々が使用する唯一の定義であるので，一般的にそれを単に質量と呼ぶことにする。このように定義された質量はすべての系で同じ値であるため，ローレンツスカラーである。

物体の固有時

相対論的な運動量の定義を取り上げる前に，2 つのより重要な運動学的な量を導入するのが便利である。時間tにおける物体の 3 次元位置$\mathbf{x}(t)$は時空の点$x = (\mathbf{x}(t), ct)$を定義し，時間が進むにつれて，この点は物体の**世界線**と呼ばれる経路をたどる。我々は，物体の世界線上の隣接点xおよび$x + dx$との差dxは時間ベクトルであることを見てきた。これは$dx_0 = (0,0,0,cdt_0)$の形式で，差が純粋な時間的となる系（つまり物体の静止系）が存在することを意味する。（下付き文字 0 は静止系を意味する。）3 次元空間の 2 つの位置は等しいので($\mathbf{x_0} = \mathbf{x_0} + d\mathbf{x_0}$)，時間$dt_0$は物体の世界線上の 2 つの点の間の固有時である。この固有時を求めるために，実際には静止系に行く必要はない。他のどの系においても，その差は以下の形をしている。

$$dx = (\mathbf{v}dt, cdt)$$

また$dx_0^2 = dx^2$であるので，$-c^2dt_0^2 = (v^2 - c^2)dt^2$に従う。これは$dt_0$に対して，以下のように解くことができる。

$$dt_0 = dt\sqrt{1 - v^2/c^2} = \frac{dt}{\gamma(v)} \tag{15.65}$$

ここで$\gamma(v)$は物体の速度vに対して評価される良く知られたγ因子，つまり$1/\sqrt{1 - v^2/c^2}$である。[読者は（15.65）は時計の遅れに関する（15.11）であることを知っているため，この計算を実際におこなう必要はない。]任意の系Sに（15.65）を適用することができ，その場合dt_0と同じ値を得る。つまり，固有時dt_0はローレンツスカラーであり，これから見るように，扱うのに都合のよい量である。

4 元速度

物体の 3 元速度$\mathbf{v}$は，かなり複雑な速度加算式（15.26）および（15.27）にしたがって変換することがわかった。このように複雑となった理由は，簡単である。3 元速度$\mathbf{v} = d\mathbf{x}/dt$は，3 元ベクトル$d\mathbf{x}$と 4 元ベクトルの第 4 成分$dt$の商である。そのため，それが複雑なものとなるのはほぼ確実である。このような問題点を認識すると，より単純な変換をするベクトルを簡単に構築できる。$d\mathbf{x}/dt$の代わりに$\mathbf{u} = d\mathbf{x}/dt_0$を考えると，少なくとも分母はスカラーである。実際，我々は以下の 4 元ベクトルを考えることができる。

$$u = \frac{dx}{dt_0} = \left(\frac{d\mathbf{x}}{dt_0}, c\,\frac{dt}{dt_0}\right) \tag{15.66}$$

この **4 元速度**は 4 元ベクトルと 4 元スカラーの商であるため，明らかに 4 元ベクトルである。（15.65）を使用し，dt_0をdt/γで置き換えると，

$$u = \gamma\left(\frac{d\mathbf{x}}{dt}, c\,\frac{dt}{dt}\right) = \gamma(\mathbf{v}, c) \tag{15.67}$$

となる。この結果の際立った特徴は，3 元速度$\mathbf{v}$が 4 元速度uの空間部分ではないということである。（これが後者をvではなくuとした理由である。）しかし，物体がcよりもはるかに遅く動いている場合，$\gamma \approx 1$であり 4 元速度の空間部分は通常の 3 元速度$\mathbf{v}$と区別がつかない。この後直接見るように，uは 4 元ベクトルであり，相対論的力学を構築する際に役立つ。

相対論的な運動量

我々は相対論的力学の次の定義，すなわち質量mと速度$\mathbf{v}$を持つ物体の運動量$\mathbf{p}$の定義に取り組む準備が整った。ここでの定義は，少なくとも非相対論的速度$|\mathbf{v}| \ll c$ではニュートン力学の定義（$\mathbf{p} = m\mathbf{v}$）と一致することが望ましい。ここでの定義について他に何を求めているかについては，運動量のニュートン力学的な性質のどのようなものを重要であるとみなし，それが相対性理論に引き継がれるかにかかっている。ニュートン力学における運動量の最も重要な特性を 1 つ挙げるのは難しいだろうが，孤立系において物体の全運動量$\mathbf{P} = \sum \mathbf{p}$は保存される

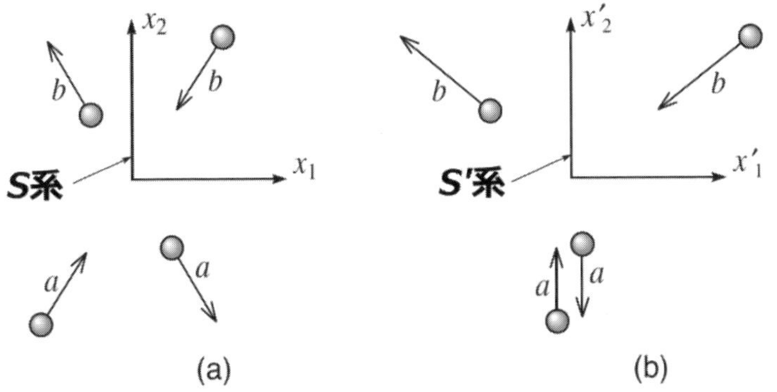

図 15.11 2 つの等質量粒子a, bの弾性衝突。　(a) S系では，やってくる粒子は大きさは等しいが反対の速度で接近し，衝突後はx_2成分が逆になる。ニュートン力学的な全運動量$\sum m\mathbf{v}$は，衝突の前後でゼロである。　(b) S'系は，S系の初期速度のx_1成分に等しい速度を有する。相対論的な速度の加算公式を使用すると，この系内でニュートン力学的な全運動量$\sum m\mathbf{v}$が保存されていないことを示すことは容易である。

という運動量$\mathbf{p}$の保存は，確かに強力な候補である。相対性理論の仮定と一致させるために，この法則は，仮に正しいものであれば，すべての慣性系で真でなければならない。

最も簡単な可能性は，ニュートン力学的な定義$\mathbf{p} = m\mathbf{v}$を使い続けることができるということである。しかし，この可能性は簡単に棄却することができる。少し工夫するだけで，ニュートン力学的な全運動量$\sum m\mathbf{v}$は 1 つのS系において保存されるが，第 2 の系S'では保存されないという思考実験をおこなうことができる。図 15.11 に示されている 1 つの例は，2 つの等質量の粒子a, bの弾性衝突である。S系に見られるように，2 つの粒子はx_1x_2平面内で等しくかつ反対の速度で原点に近づくが，衝突後は速度のx_2成分が逆になる。明らかにS系で測定したニュートン力学的な全運動量は，衝突の前後でゼロ（$\sum m\mathbf{v} = 0$）であり，ニュートン力学的な運動量は保存されている。図 15.11（b）は，粒子aの成分v_1に等しい速さVでS系のx_1軸に沿って移動するS'系から見た同じ実験を示しており，そのため粒子aはS'系ではx_2軸をまっすぐ上に移動し，次にx_2軸に沿ってまっすぐ下に移動する。相対論的速度変換（15.26）と（15.27）を用いて，S'系で測定した 4 元速度を求めることができる。これらの計算は単純ではあるがかなり面倒であるので，それらを読者のための演習問題として残しておく（問題 15.54）が，重要な結論は容易に述べられる。S'系の速度を代入すると，ニュートン力学的な運動量はS'系では保存されない[21]。つまり，$\sum m\mathbf{v}'_{\text{in}} \neq \sum m\mathbf{v}'_{\text{fin}}$である。我々が運動量のニュートン力学的な定義を採用するならば，運動量保存の法則は相対性理論の仮定と明らかに矛盾する。

運動量のニュートン力学的な定義$\mathbf{p} = m\mathbf{v}$の問題は，3 元速度$\mathbf{v}$の厄介な変換に由来しており，これは問題に対するより有望な方法があることを示唆している。3 元速度$\mathbf{v}$を使用する代わりに 4 元速度uを使用して，質量mの任意の物体の **4 元運動量**を，以下のように定義する。

$$p = mu = (\gamma m\mathbf{v}, \gamma mc) \quad \text{[4 元運動量の定義]} \tag{15.68}$$

[最後の式は（15.67）による。] mは 4 元スカラーでありuは 4 元ベクトルであるので，pは 4 元ベクトルとして定義される。通常おこなう方法で，

$$p = (\mathbf{p}, p_4) \tag{15.69}$$

とすると，これは **3 元運動量p**を 4 元ベクトルpの空間部分として定義することとなり，また（15.68）と比較すると，

$$\mathbf{p} = m\mathbf{u} = \gamma m\mathbf{v} \quad \text{[3 元運動量の定義]} \tag{15.70}$$

である。物体がゆっくりと移動している（$|\mathbf{v}| \ll c$）場合$\gamma \approx 1$であり，pの新しい定義は古典的な定義と一致する（$\mathbf{p} = m\mathbf{v}$）。しかし一般に，2 つの定義は因子γによって異なり，新しい定義（15.70）が有用であることが証明されている。

運動量保存はどうであろうか。我々は現在 4 元運動量ベクトルを考えているので，運動量保存が正しい場合は以下のような 4 次元の法則でなければならない。

---

21 その理由は，かなり分かり易いものである。速度のy成分の変換（15.27）は，x成分に依存する。粒子aと粒子bのS系での速度のx成分は異なっているため，それらのy成分は結果としてS'系で異なる大きさになる。したがって$\sum mv'_y$はゼロではなく，衝突で速度が逆転したときに実際に符号が変化する。

$$\sum p_{fin} = \sum p_{in} \tag{15.71}$$

これはまさに 4 次元方程式である。最初の 3 つの成分は新たに定義された 3 次元の運動量保存則であり，4 つ目はその他のもの，すなわち第 4 の成分$\sum p_4$の保存である。明らかにこの第 4 の要素が何であるかを素早く見つけ出す必要があるが，この重要な質問には別の節を充てることにする。しかし簡潔に言えば，新しい 4 元運動量の第 4 の要素はエネルギー（実際にはE/c）であることがわかるので，法則（15.71）は運動量およびエネルギー保存という古くからの法則の素晴らしい組み合わせとなっている。

ここで強調したいことは，以下のことである。4 元運動量pは 4 元ベクトルであるので，（15.71）の両辺も同じく 4 元ベクトルである。したがって（15.71）が 1 つの系Sにおいて真である場合，それはすべての系において自動的に真となる。すなわちここで示された 4 元運動量保存則は，相対性理論の前提条件と両立している。この法則が実際に正しいかどうかは，もちろん実験によって決定されなければならない。数え切れないほどの実験から，孤立系の 4 元運動量の和は一定であることが分かっている。

可変質量

物理学者の中には，**可変質量**を導入することによって相対論的 3 元運動量の定義（15.70）を書き換えることを好むものもいる。

$$m_{var} = \gamma(v)m \tag{15.72}$$

この定義により，3 元運動量は

$$\mathbf{p} = m_{var}\mathbf{v} \tag{15.73}$$

となる。これは相対論的な運動量を非相対論的な運動量$\mathbf{p} = m\mathbf{v}$のように見せるという利点がある。それにもかかわらずこの定義には以下に述べるような重要な欠点があり，そのため多くの物理学者は可変質量の使用を避けている。第 1 に重要な違いがある場合には，新しい定義を古い定義と同じようにすることは必ずしも良い考えではない。第 2 に，可変質量を導入してもニュートン力学と完全に同じ議論をすることができない。たとえば相対論的運動エネルギー（次節で定義する）が$\frac{1}{2}m_{var}v^2$に等しいわけではなく，$\mathbf{F} = m_{var}\mathbf{a}$も（一般的には）正しくない（問題 15.59 および 15.79 参照）。第 3 に，不変質量とは異なり可変質量はローレンツスカラーではない。これらの理由のために，本書では可変質量を使用しない。

15.13　運動量の第 4 要素としてのエネルギー

孤立系の場合，4 元運動量の保存は 4 つの保存量があることを意味する。最初の 3 つは，新たに定義された 3 元運動量$\mathbf{p}$である。しかし第 4 要素は，何を意味するのであろうか。任意の自由運動する物体について，（15.68）で定義される 4 元運動量の第 4 の成分はエネルギーをcで割ったものであることを，これから見ていく。これは重要な結論であり，それを正式な定義とした上でその正当性と結果を議論する。

相対論的エネルギーの定義

4 元運動量$p = (\mathbf{p}, p_4)$を有する自由運動する物体のエネルギーEは，以下のようになる。

$$E = p_4 c = \gamma m c^2 \tag{15.74}$$

ここで 2 番目の等号は$p_4 = \gamma m c$である（15.68）を使った。この定義により，4 元運動量pは次のように書き換えることができる。

$$p = (\mathbf{p}, E/c) \tag{15.75}$$

これが，4 元運動量pが **4 元運動量・エネルギーベクトル**とも呼ばれる理由である。

定義（15.74）の部分的正当化として，まず（15.74）が少なくともエネルギーの次元，すなわち[質量 × 速度^2]を有することに気付く。次に，非相対論的な物体に対してEが非相対論的なエネルギーになるかを見てみよう。$v \ll c$のもとでは，2 項級数を使ってγを展開することができる。

$$\gamma = [1 - (v/c)^2]^{-1/2} = 1 + \frac{1}{2}(v/c)^2 + \cdots \tag{15.76}$$

その結果，$v \ll c$の下で（15.74）は以下のようになる。

$$E \approx mc^2 + \frac{1}{2}mv^2 \tag{15.77}$$

非相対論的力学では，質量は完全に保存されていると考えられているので，mc^2という項は一定であると考えてよい。古典物理学者は，新たに定義されたEは（15.77）を古典的運動エネルギーに，無関係な定数を加えたものであると解釈する。

（15.77）を説明するために，しばらくの間弾性衝突を考える。たとえば質量m_a^{in}, m_b^{in}，非相対論的速度v_a^{in}, v_b^{in}を持つ 2 つの原子a, bが衝突し，m_a^{fin}, m_b^{fin}およびv_a^{fin}, v_b^{fin}で再出現したと仮定する。（ニュートン力学では初期質量と最終質量は同じであるが，この質問に対する早まった予見を避けるために異なるラベルを使用する。）任意の 2 体衝突では，新しく定義された相対論的エネルギー（15.74）の保存は，

$$E_a^{in} + E_b^{in} = E_a^{fin} + E_b^{fin}$$

または衝突が非相対論的である場合，

$$\left[m_a^{in}c^2 + \frac{1}{2}m_a^{in}\left(v_a^{in}\right)^2\right] + \left[m_b^{in}c^2 + \frac{1}{2}m_b^{in}\left(v_b^{in}\right)^2\right]$$

$$= \left[m_a^{fin}c^2 + \frac{1}{2}m_a^{fin}\left(v_a^{fin}\right)^2\right] + \left[m_b^{fin}c^2 + \frac{1}{2}m_b^{fin}\left(v_b^{fin}\right)^2\right]$$

である。項を再編成すると，次のように書くことができる。

$$M^{in}c^2 + T^{in} = M^{fin}c^2 + T^{fin} \tag{15.78}$$

ここでM^{in}は初期総質量，T^{in}は初期全運動エネルギーなどである[22]。ニュートン力学的な考え方によれば質量は保存されているので，$M^{in} = M^{fin}$である。したがって，（15.78）の 2 つの質量項は相殺され，

$$T^{in} = T^{fin}$$

である。つまり，全体の運動エネルギーは保存される。これは，弾性衝突において成立することがわかっているものである。したがって，非相対論的弾性衝突の範囲内では，新たに定義された相対論的エネルギー（15.74）の保存は，良く知られているニュートン力学的なエネルギーの保存と一致する。これは（15.74）がニュートン力学的なエネルギー概念の適切な一般化としての定義となっていること（もちろん，このように定義されたエネルギーが保存されているという実験的な事実と併せて）に対する，最も単純でかつ強力な証拠の 1 つとなっている。

直前の段落の議論によって，弾性衝突の場合は馴染みのある結果を与える。しかし，このことは我々を相対論的力学の最初の大きな驚きに導くだろう。非相対

22　ここで「運動エネルギー」とは，原子全体の並進運動の運動エネルギー$\frac{1}{2}mv^2$を意味する。もちろん原子は，電子軌道を周回する電子の運動エネルギーを持つこともできるが，ここでは原子の内部エネルギーの一部として，それを含んでいるとする。

論的力学においても全運動エネルギーが保存されない非弾性衝突というものがあることを，我々は知っている。たとえばここでの2つの原子の場合，衝突は原子内の電子の内部運動を妨害し，原子の一方（または両方）の内部エネルギーを変化させる可能性がある。この場合，原子の全運動エネルギーが変化した状態で出現することがわかっており，$T^{fin} \neq T^{in}$となる。(このような過程は実験的事実として確立しており，電子と水銀原子との非弾性衝突に関するフランク・ヘルツの実験は，その有名な例である。）さて（15.78）につながる議論では，相対論的エネルギーが保存されるという（真の）仮定にのみ依存しているので，(15.78)は可能な非相対論的衝突に適用されなければならない。特に$T^{fin} \neq T^{in}$での非弾性衝突では，(15.78）は2つの原子の総質量が変化しなければならないこと，つまり$M^{fin} \neq M^{in}$を意味する。一方の原子の内部エネルギーが変化し，他方が全く変化しない非弾性衝突を考えると，最初の原子については以下のことを言うことができる。もし原子が内部エネルギーを得るなら（「励起」）$T^{fin} < T^{in}$であり，したがって（15.78）から$M^{fin} > M^{in}$，すなわち原子が内部エネルギーを得るとき，質量を獲得しなければならない。逆に，もし原子が内部エネルギーを失うならば，質量を失わなければならない。

相対論的エネルギーが（そのままの形で）保存されているならば，それは論理的には質量が保存されないことになる。取り組まなければならない第1の問題は，なぜこの非保存的な質量が発見されていないかということである。この問いに答えるために，(15.78）を次のように書く。

$$\Delta M c^2 = -\Delta T \tag{15.79}$$

質問に対する簡単な答えは，次のとおりである。日常的な基準では，c^2は非常に大きいため，ΔTがかなり大きい場合でも，$\Delta M = \Delta T / c^2$は依然として非常に小さく，ほとんどの場合観測されない。このような例を，以下に示す。

例 15.7 フランク・ヘルツの実験における質量変化

1914年の有名な実験において，ジェイムス・フランクとグスタフ・ヘルツは，水銀蒸気で満たされた容器を通過するように電子を発射した。水銀原子は，原子の通常の「基底状態」よりも4.9eV ($1\text{eV} = 1.6 \times 10^{-19}$J) 高い内部エネルギー状態を持つ。電子と水銀原子との衝突によって水銀原子が励起され，その結果衝突後の電子の最終的な運動エネルギーは初期より4.9eV小さかった。すなわち，$\Delta T = -4.9\mathrm{eV}$である。衝突によって，水銀原子の質量がどれだけ増加したか。

（15.79）によれば，質量の増加は

$$\Delta M = -\frac{\Delta T}{c^2} = \frac{4.9eV}{c^2} = 8.7 \times 10^{-36}\mathrm{kg}$$

（変換と算術演算は，各自で確認すること。）電子はその質量が変化しない（電子のままである）ので，この質量増加のすべては水銀原子（今や励起した水銀原子である）が負う。この増加は日常の基準では非常に小さいが，水銀原子の元の質量（200.6 原子質量単位または$3.3 \times 10^{-25}\mathrm{kg}$）と比較して質量増加がどれくらい大きいかが，問題となる。 この原子の質量の増加の割合は，

$$\frac{\Delta m}{m} = \frac{8.7\times10^{-36}}{3.3\times10^{-25}} = 2.6 \times 10^{-11}$$

となる。この増加の割合は，質量を直接測定することによって検出するには小さすぎる。

典型的な化学反応で放出されるエネルギーも，1 原子あたり数 eV である。たとえば酸素中での水素の燃焼は，以下の非弾性衝突と考えることができる。

$$H_2 + H_2 + O_2 \rightarrow H_2O + H_2O \tag{15.80}$$

ここで衝突後の 2 つの分子の全運動エネルギーは，衝突前の 3 つの分子の運動エネルギーよりも約 5eV 高い[23]。相対論的な運動エネルギーの保存は，衝突後の水分子が初期の水素と酸素よりも総質量が少ないことを必要とするが，その差は直接的な質量測定によって検出するには小さすぎる。

核反応では，放出される運動エネルギーがはるかに大きくなる可能性がある。たとえば，中性子による核分裂では

23 化学反応におけるエネルギー放出（または損失）が，例 15.7 のフランク・ヘルツの実験におけるエネルギー放出（または損失）とほぼ同じであることは，偶然ではない。両方の場合において，その変化は原子または分子内の電子のエネルギーレベルの差に由来しており，これらの差はほとんど常に数 eV のオーダーである。

$$n + {}^{235}U \to {}^{90}Kr + {}^{143}Ba + n + n + n$$

となり，運動エネルギーは約 200MeV 増加する。質量欠損の割合は 1000 分の 1 であり，依然としてそれほど大きくないが，多くの核反応に対して直接測定するには十分大きい。後で見るように，質量変化がさらに大きくなる過程があるが，核物理からの証拠は我々の疑念を払拭し，相対論的予測（15.79）を確認するためには既に十分であるといえる。

質量エネルギー

（15.77），つまり$E \approx mc^2 + \frac{1}{2}mv^2$のうちで，$mc^2$の項はニュートン力学における「無関係の定数」ではない。相対性理論ではニュートン力学と異なり，エネルギーには任意定数が含まれていない。これは 4 元運動量$p = (\mathbf{p}, E/c)$が 4 元ベクトルであり，Eに定数を加えることがこの望ましい特性を破壊するからである。これを念頭に置いて，物体のエネルギーEの相対論的定義$E = \gamma mc^2$を再び見てみよう。物体が静止していても$\gamma = 1$の場合，物体は依然として$E = mc^2$（おそらくすべての物理学で最も有名な方程式）で与えられるエネルギーを持っている。このエネルギーは物体の**静止エネルギー**と呼ばれるが，質量mと関連しているので**質量エネルギー**と呼ばれることもある。

質量エネルギーの概念は，上で述べた非弾性過程を，ある質量エネルギーが運動エネルギーに変換される過程，またはその逆であると解釈することを可能にする。原子物理や核物理学の過程では，この変換は通常では総質量エネルギーのわずかな部分しか含まれないが，変換率は 100%のものもある。たとえば電子（e^-）とその「反粒子」，すなわち陽電子e^+との衝突において，両方の粒子を消滅させることができる。

$$e^- + e^+ \to \text{放射線}$$

そして，それらの質量エネルギーの 100%が電磁放射のエネルギーとなる。

物体が動いているとき，$\gamma > 1$でエネルギー$E = \gamma mc^2$は静止エネルギーmc^2より大きい。これはTという量を，以下の式で定義できることを示唆している。

$$E = mc^2 + T \tag{15.81}$$

Tは物体がその運動によって獲得した付加的なエネルギーであり，**運動エネルギー**と呼ばれ，

$$T = E - mc^2 = (\gamma - 1)mc^2 \tag{15.82}$$

となる。物体がゆっくり動いているとき，（(15.77) から）$T \approx \frac{1}{2}mv^2$となることを見てきたが，一般に非相対論的な結果は正しいものではなく，相対論的定義（15.82）を用いなければならない。

3 つの有用な関係

物体の運動を特徴付けるパラメータ$m, \mathbf{v}, \mathbf{p}, E$の間に，3 つの有用な関係がある。まず$p = \gamma m(\mathbf{v}, c)$および$p = (\mathbf{p}, E/c)$であるので，以下が成り立つ。

$$\boldsymbol{\beta} \equiv \frac{\mathbf{v}}{c} = \frac{\mathbf{p}c}{E} \tag{15.83}$$

この関係により，3 元運動量$\mathbf{p}$とエネルギーEが分かれば，物体の速度を求めることができる。

次に不変量である「2 乗長さ」$p^2 = p \cdot p$を考えてみよう。物体の静止系においてpは$p = (0,0,0,mc)$という形となり，$p \cdot p = -(mc)^2$となる。この方程式の両辺は不変量であるので，任意の系で同じ関係が成り立つ。つまり 4 元運動量pおよび質量mを持つ任意の物体は，任意の慣性系において

$$p \cdot p = -(mc)^2 \tag{15.84}$$

である。この関係は暗記しておく価値があり，そのことによって計算を大幅に簡略化することができる。

最後になるが，3 元運動量とエネルギーを用いて（15.84）を書き換えることが有用な場合がある。$p = (\mathbf{p}, E/c)$であるので，（15.84）は$\mathbf{p}^2 - (E/c)^2 = -(mc)^2$，または

$$E^2 = (mc^2)^2 + (\mathbf{p}c)^2 \tag{15.85}$$

である。これは 3 つの量$E, mc^2, |\mathbf{p}|c$が図 15.12 に示すように，斜辺Eを持つ直角三角形の辺に関連していることを示している。この段階では，この言葉に深い幾

何学的意味はないが，（15.85）の関係を覚えて視覚化する簡単な方法を与える。速度がcよりもずっと小さければ$\gamma \approx 1$であるので，$E \approx mc^2$である。この場合，三角形の斜辺と底辺はほぼ等しいので，$T \ll mc^2$であり三角形は非常に低くなる（高さ≪底辺）。他方vがcに非常に近い場合，$\gamma \gg 1$でありしたがって$E \gg mc^2$である。この場合は$T \gg mc^2$なので，エネルギーは主に運動的であり，三角形は$E \approx |\mathbf{p}|c$で非常に背の高い形となる（高さ≫底辺）。

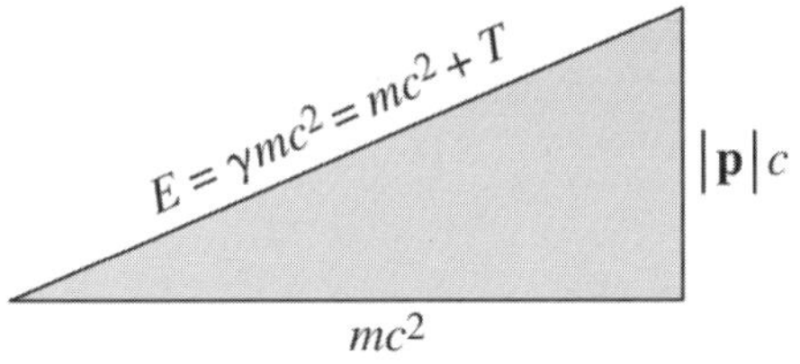

図 15.12 3 つのパラメータ$E, mc^2, |p|c$は，Eを斜辺として持つ直角三角形の辺のような関連がある。

例 15.8 電子のエネルギーと運動量

電子の静止エネルギーは約 0.5 MeVである（実際には 0.511 であるが，多くの場合 0.5 で十分である）。SI 単位（キログラム），および$\mathrm{MeV/c^2}$での電子の質量を求める。電子の運動エネルギーが$T = 0.8\mathrm{MeV}$である場合，その全エネルギーE，および 3 元運動量の大きさ$|\mathbf{p}|$を$\mathrm{MeV/c}$単位で求める。その速度についても求める。

与えられた静止エネルギーは，

$$mc^2 = 0.5\mathrm{MeV} \tag{15.86}$$

である。mについて解き，eVをジュールに変換しcの値を入れると，$m \approx 9 \times 10^{-31}\mathrm{kg}$（より正確には$9.11 \times 10^{-31}$）であることがわかる。この計算はキログラム単位でも単純であるが，$\mathrm{MeV/c^2}$ではもっと簡単で便利である。（15.86）の両辺をc^2で割ると，すぐに答えが得られる。

$$m = 0.5\mathrm{MeV/c^2}$$

明らかに$\mathrm{MeV/c^2}$での質量は，MeV単位でのmc^2と数値的に同じである。これはとても単純なので，すぐに慣れるだろう。これ以前に単位$\mathrm{MeV/c^2}$を使用したことがない場合は，$m = 0.5\mathrm{MeV/c^2}$が$mc^2 = 0.5\mathrm{MeV}$とちょうど等しいことを忘れずにいるだけで良い。これが質量を特定するのに便利な理由は，我々の真の関心が質量そのものではなく，むしろ対応するエネルギーmc^2であり，後者の最も便利な単位がMeVだからである。

$T = 0.8\text{MeV}$であれば，明らかに$E = T + mc^2 = 1.3\text{MeV}$であり，「有用な関係」（15.85）によって

$$|\mathbf{p}|c = \sqrt{E^2 - (mc^2)^2} = \sqrt{1.3^2 - 0.5^2}\text{MeV} = 1.2\text{MeV}$$

となる。もう一度必要な変換をおこなうことで SI 単位で答えを得ることができるが，より簡単で便利なやり方では，両辺をcで割って

$$|\mathbf{p}| = 1.2\text{MeV/c}$$

となる。最後に有用な関係（15.83）によれば，電子の無次元速度$\beta = v/c$は

$$\beta = \frac{|\mathbf{p}|c}{E} = \frac{1.2\text{MeV}}{1.3\text{MeV}} = 0.92$$

すなわち，$v = 0.92c$である。

（15.83）と（15.85）を使用した場合，質量をMeV/c^2，運動量をMeV/cの単位で測定すると，係数cがうまく打ち消されることに注意してほしい。これはmがmc^2，$\mathbf{p}$が$\mathbf{p}c$の組み合わせでのみ，これらの関係式に出現するためである。これらの関係と新しい単位を使う演習問題については，問題 15.61 から 15.63 を参照してほしい。

15. 14　衝突

エネルギーと運動量の保存則は，衝突の分析において重要な役割を果たす。この節では，このことをいくつかの例を用いて説明する。

例 15.9　2 つのパテの塊の衝突

図 15.13 に示すように質量m_a，エネルギーE_a，速度$\mathbf{v_a}$の相対論的なパテのボールが，質量m_bの静止したボールと衝突する。2 つのボールが合わさって 1 つの物体を形成する場合，物体の質量mおよびその速度vを求める。

最終的な質量を求めるために，物体の 4 元運動量の不変の「2 乗長さ」が$-m^2c^2$であることを思い出してほしい。最終的な 4 元運動量をp_{fin}で

示すと，

$$\left(p_{fin}\right)^2 = -m^2c^2 \tag{15.87}$$

である。運動量・エネルギーの保存によって$p_{fin} = p_{in}$であるが，ここでp_{in}は初期の全運動量である。すなわち$p_{in} = p_a + p_b$であり，

$$\begin{aligned}(p_{in})^2 &= (p_a + p_b)^2 = p_a^2 + p_b^2 + 2p_a \cdot p_b \\ &= -m_a^2c^2 - m_b^2c^2 - 2E_am_b\end{aligned} \tag{15.88}$$

となる。ここで最後の項は$p_b = (0,0,0,m_bc)$から導かれる。(15.87) と (15.88) を比較すると，最終的な物体の質量は，以下のようになる。

$$m = \sqrt{m_a^2 + m_b^2 + 2E_am_b/c^2}$$

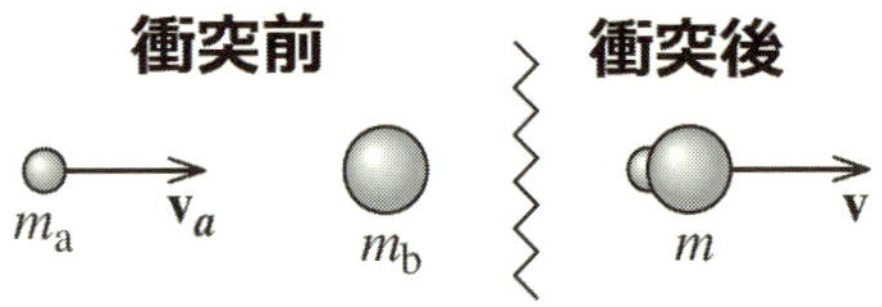

図 15.13 パテの 2 つのボールが衝突し，単一の塊を形成する。

元の運動が非相対論的であった場合，$E_a \approx m_ac^2$であり，非相対論的な結果$m = m_a + m_b$を再現することに注意してほしい。しかし一般的には，$m > m_a + m_b$である。

有用な関係 (15.83) によれば，最終速度は$\mathbf{v} = \mathbf{p_{fin}}c^2/E_{fin}$である。4元運動量が保存するので，$p_{fin}$の要素を$p_{in}$の要素で置き換えることができる。

$$\mathbf{v} = \frac{\mathbf{p_a}c^2}{E_a+m_bc^2} = \frac{\gamma_am_a\mathbf{v_a}}{\gamma_am_a+m_b} \tag{15.89}$$

ここでγ_aは入ってくるボールのγ因子を表す。$v_a \ll c$ならば，これはおなじみの非相対論的な結果$\mathbf{v} = m_a\mathbf{v_a}/(m_a + m_b)$になることに注意すること。

CM 系

非相対論的な力学において，系の質量中心が静止している CM 系または重心

系という概念は，極めて有用であることがわかった。あるいは，この系は全運動量がゼロ，つまり$\mathbf{P} = \sum \mathbf{p} = 0$である系として特徴づけることができる。（したがって，「CM」は「運動量の中心」のように考えることもできる。）この代替の定義は，相対論的力学に直接引き継がれる[24]。我々は，物質粒子の 4 元運動量pが（未来光円錐の内側にある）未来時間的なものであることを見出している[25]。さて，任意の数の未来時間的なベクトル同志の和も，未来時間的なものであることを証明するのは簡単である（問題 15.69）。したがって任意の集合粒子の全運動量$P = \sum p$もまた時間的であり，またこれにより，Pが$P = (0,0,0,p_4)$の形を持つ系が存在することが保証される。当然ながら 3 元運動量$\mathbf{P} = 0$の系を，CM 系と定義する。

衝突の問題は，CM 系では簡単に解けることがよくある。したがって CM 系以外のS系で同じ問題を解く必要がある場合は，次の 2 つの例で示すように，S系から CM 系に変換して問題を解き，再度S系に変換するのが最も簡単な手順である。

例 15.10 弾性正面衝突

図 15.14 (a) に示すように質量m_a，速度$\mathbf{v_a}$を持つ発射体と，質量m_bの静止した標的との弾性的な正面衝突を考える。（正面衝突であるので，図示されているように，2 つの粒子は衝突後も入射速度$\mathbf{v_a}$の線に沿った方向に運動する。）標的粒子bの最終速度$\mathbf{v_b}$を求める。

実験が実際におこなわれている実験室系（標的粒子bが最初は静止している状態）をSとし，入射速度の方向をx軸とする。この問題をS系で直接解くには，エネルギーと運動量の保存に関する方程式を書き下し，最終速度を求めればよい。残念ながら方程式は非常に複雑であるので，より簡単に求めるには，CM 系S'に変換すればよい。CM 系では，衝突前の 2 つ

---

24 面白いことに，重心の概念は満足には相対性理論に引き継がれない。したがって CM 系は，運動量中心と考える方が良い。

25 今のところ物質粒子，すなわち質量$m > 0$の粒子のみを考えている。この後すぐに質量のない粒子について議論するが，この場合はpが光円錐上にある。幸いにも（1 つの小さな例外を除いて），粒子の一部が質量を持たない場合でも同じ結果が適用される。問題 15.88 と 15.89 を参照のこと。

の粒子の3元運動量の大きさは等しく方向が反対であり，また衝突が単にそれらを逆転させるだけであることは容易にわかる（問題 15.68）。したがって，やるべき手順は次のようになる。（1）p_bを CM 系S'に変換する。（2）その空間部分$\mathbf{p_b}$の符号を逆転させる。そして（3）S系に戻り，速度を計算する。これをおこなう前に，S系に対する CM 系S'の速度を求める必要がある。4 元運動量の和は

$$P = (\mathbf{p}_\mathrm{a}, \frac{E_a + m_b c^2}{c})$$

であるので，CM 系に変換するのに必要な（無次元の）速度$\boldsymbol{\beta}$は，

$$\boldsymbol{\beta} = \frac{\mathbf{p_a} c}{E_a + m_b c^2} \tag{15.90}$$

となる。（非相対論的な極限を取ると$\mathbf{p_a} \approx m_a \mathbf{v_a}$, $E_a \approx m_a c^2$であるので，この式は予想通り，質量中心の速度$\mathbf{v} = m_a \mathbf{v_a}/(m_a + m_b)$に対応する。）

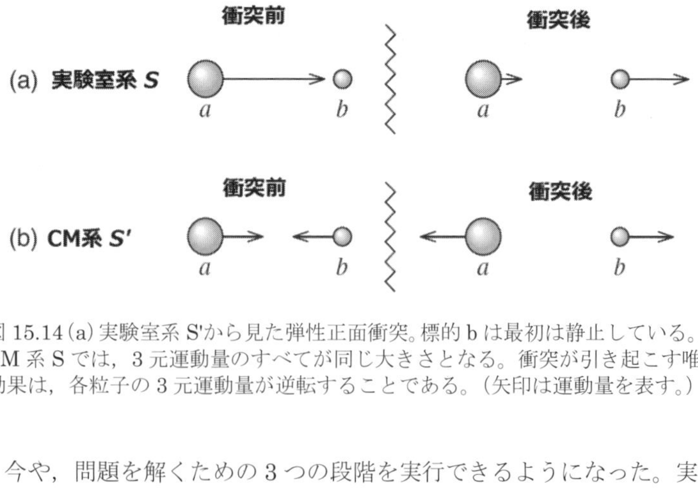

図 15.14（a）実験室系 S'から見た弾性正面衝突。標的 b は最初は静止している。（b）CM 系 S では，3 元運動量のすべてが同じ大きさとなる。衝突が引き起こす唯一の効果は，各粒子の 3 元運動量が逆転することである。（矢印は運動量を表す。）

今や，問題を解くための 3 つの段階を実行できるようになった。実験室系では，標的粒子bの衝突前の 4 元運動量は

$$p_b^{in} = (0,0,0, m_b c) \qquad [実験室系，衝突前] \tag{15.91}$$

である。速度（15.90）のもとで標準ローレンツブーストを適用すると，対応する CM 系での運動量は以下のようになる。

$$p'^{in}_b = \gamma m_b c(-\beta, 0,0,1) \qquad \text{[CM 系，衝突前]} \qquad (15.92)$$

である。CM 系において，衝突は単にこの運動量の空間成分を逆転させるだけである。したがって，衝突後の対応する運動量は以下のようになる。

$$p'^{fin}_b = \gamma m_b c(\beta, 0,0,1) \qquad \text{[CM 系，衝突後]} \qquad (15.93)$$

最後に，実験室系に変換すると，以下のようになる。

$$p^{fin}_b = \gamma^2 m_b c(2\beta, 0,0,(1+\beta^2)) \qquad \text{[実験室系，衝突後]} \qquad (15.94)$$

対応する無次元速度は$2\beta/(1+\beta^2)$であるため，実際の最終速度は

$$\mathbf{v_b} = \frac{2\boldsymbol{\beta}}{(1+\beta^2)} c \qquad (15.95)$$

となる。ここで$\boldsymbol{\beta}$は（15.90）で与えられる。

（15.95）は簡単に求まったが，一般的には特に啓発的ではない。特別な場合，つまり 2 つの質量が等しい場合，（15.95）が$\mathbf{v_b} = \mathbf{v_a}$となることを示すことは容易である（問題 15.73)。すなわち標的bは，やってくる発射体aの速度になり，発射体は静止する。このようなふるまいは，非相対論的な力学を学んだ学生（およびビリヤードの選手）にはよく知られており，$m_a = m_b$の場合，相対論的な結果（15.95）はよく知られている非相対論的な結果と一致することがわかる。

2 つの質量が等しいかどうかにかかわらず, $v_a \ll c$の極限を取ると相対論的な結果（15.95）は，対応する非相対論的な結果に近づくことが容易に示される。（問題 15.73 を参照すること。）

しきい値エネルギー

過去 70 年間に発見された素粒子のほとんどは，それとは異なる他の粒子同士の衝突で生成された際に発見されたものである。たとえば負のパイ中間子π^-は，陽子と中性子との衝突で作り出すことができ，

$$\mathrm{P} + \mathrm{n} \to \mathrm{p} + \mathrm{p} + \pi^-$$

である。同様に，最初に発見された反陽子は，陽子・陽子衝突によって作り出された。

$$\mathrm{p} + \mathrm{p} \to \mathrm{p} + \mathrm{p} + \mathrm{p} + \bar{\mathrm{p}} \qquad (15.96)$$

（負に帯電した反陽子$\bar{\text{p}}$は陽子の「反粒子」であり，同じ質量であるが反対の電荷を持つ）。この種の反応を観察している実験者にとっての大きな関心事は**しきい値エネルギー**であり，それは反応が起こるための衝突前の粒子の最小エネルギーとして定義される。

以下の形の反応を考えてみよう。

$$a + b \to d + \cdots + g$$

伝統的な衝突実験では，元の粒子の 1 つ（通常はbとされる）は通常静止しており，実験室系と呼ばれているものを定義する。したがって実験室系における，この種の反応に対するしきい値エネルギーを知ることが重要である。一見すると，これを計算することは簡単なことに思える。衝突後の粒子が取りうる最小エネルギーは，すべての粒子が静止した場合のエネルギー，つまり全静止エネルギー$\sum m_{fin}c^2$である。そのため，反応のしきい値エネルギーは$\sum m_{fin}c^2$である。 残念ながら，この一見妥当な議論は間違っている。問題となるのは，実験室系では衝突前の 3 元運動量の和がゼロでないことである。（粒子bは静止しているので，必要なエネルギーをもたらすためにはaが動いている必要がある。）粒子の 3 元運動量の保存により，衝突後の 3 元運動量が非ゼロでなければならないので，衝突後のすべての粒子が静止することはない。したがって，しきい値エネルギーは$\sum m_{fin}c^2$以上である。しかし，その値はいくらなのであろうか。

この質問に答える最も簡単な方法は，3 元運動量の和がゼロである CM 系で，衝突後のすべての粒子が静止している状態を考えることである。したがって

$$E_{cm} \geq \sum m_{fin}c^2 \tag{15.97}$$

である。衝突後のすべての粒子が静止している場合，等号が成立する。2 つの系における 4 元運動量の和を比較することによって，実験室系でのしきい値エネルギーを求めることができる。CM 系では，4 元運動量の和は$P_{cm} = (0,0,0, E_{cm}/c)$の形をとる。実験室系では$P_{lab} = p_a + p_b$であり，$p_a = (\mathbf{p_a}, E_a/c), p_b = (0,0,0, m_b c)$は元の 2 つの粒子の運動量である。今，スカラー積の不変性によって，$P_{cm}^2 = P_{lab}^2$であるので

$$-E_{cm}^2/c^2 = (p_a + p_b)^2 = p_a^2 + p_b^2 + 2p_a \cdot p_b = -m_a^2c^2 - m_b^2c^2 - 2E_a m_b$$

であるが，またはE_aについて解いて，

$$E_a = \frac{E_{cm}^2 - m_a^2 c^4 - m_b^2 c^4}{2 m_b c^2}$$

となる。(15.97) からE_{cm}の最小値を代入すると，実験室系内の発射体aの最小エネルギーは以下のようになる。

$$E_a^{min} = \frac{\left(\sum m_{fin}\right)^2 - m_a^2 - m_b^2}{2m_b} c^2 \qquad (15.98)$$

この方程式を使用する有名な例として，反応 (15.96) を用いて反陽子の存在を検証する実験がある。この反応では$\sum m_{fin} = 4m_p, m_a = m_b = m_p$なので，最小エネルギー (15.98) は$7m_p c^2$である。すなわち，陽子が反応 (15.96) によって反陽子を生成するための最小運動エネルギーは，$6m_p c^2 \approx 5600\text{MeV}$である。ここで問題としている反応は，先に述べたエネルギーに加速された陽子を使い，カリフォルニア大学バークレー校でベバトロンと呼ばれる加速器によって最初におこなわれた。ベバトロンは，反応が確実に起こるために必要なしきい値以上とするために，陽子を約 6000MeVに加速するように特別に設計された。

(15.98) の重要な特徴は，先頭の項が$\left(\sum m_{fin}\right)^2$に比例することである。したがって，もし発生させようとしている粒子 1 が非常に重い場合には，E_a^{min}は法外に大きいものとなるかもしれない。たとえばψ (またはJ/ψ) と呼ばれる粒子は，約3100MeV/c^2もの質量を有し，以下の反応によって発見された。

$$e^+ + e^- \rightarrow \psi$$

陽電子と電子の質量はそれぞれ約0.5MeV/c^2である。これらの数字を (15.98) に代入すると，この反応が固定された電子に対して陽電子を発射する (またはその逆) ことによって起こる場合，最小入射エネルギーは$E^{min} \approx 10^7$ MeVであり，今日存在する電子または陽電子加速器の到達範囲を大きく外れている。この一見望みのない障害を回避する方法は，その大きさがおおよそ等しく方向が反対の運動量で互いに近づいている，電子と陽電子の衝突ビームを使用することである。つまり，実験は CM 系でおこなわれる。(15.97) から，この場合のしきい値は$E^{cm} \approx 3100$ MeVであることがわかる。この非常に小さなしきい値エネルギーという利点は，ここで述べた実験において，高エネルギー粒子の 2 つのビームを使わなければならないという欠点をはるかに凌駕していた。

15. 15 相対性理論における力

我々は，まだ相対性理論に力の概念を導入していない。その理由の1つは，非相対論的力学に比べて相対性理論においては力の果たす役割がはるかに小さい，ということによる，もう1つは，力の概念は相対性理論においてより複雑であることである。最も明白な複雑さは，（質量や速度などのいくつかの他のパラメータのように）力を異なる方法で定義できることである。第2の複雑さは，物体の静止質量が変化する可能性から生じる。これまで見てきたように，電子と原子とが非弾性的に衝突することにより，原子に内部エネルギーが与えられ，その静止質量が増加する。同じ効果の巨視的な例については，金属物体の下に炎を置くことを想像してほしい。吸収された熱は物体の内部エネルギーおよび静止質量を増加させる。ほとんどの入門的な教科書と同様に，対象物の静止質量を変えない力に注意を限定することによって，「熱的な力」という複雑さを避けることにする[26]。幸いにも，これらには電場$\mathbf{E}$および電場$\mathbf{B}$内の電荷qが受けるローレンツ力を含む，特殊相対性理論における重要な力が含まれている。

$$\mathbf{F} = q(\mathbf{E} + \mathbf{v} \times \mathbf{B}) \tag{15.99}$$

相対性理論における定義のうち，最も有用なものは，おそらく以下の**3元力**であろう。

$$\mathbf{F} = \frac{d\mathbf{p}}{dt} \tag{15.100}$$

ここで$\mathbf{p}$は相対論的な3元運動量$\mathbf{p} = \gamma m\mathbf{v}$を表す。$\mathbf{p}$は非相対論的な運動量ではないので，これは非相対論的な力と同じではないが，$v \ll c$（および$\gamma \approx 1$）の場合に非相対論的な定義と一致するという本質的な長所がある。（15.100）の定義が推奨される第2の特徴は，この定義は電磁場内の電荷qに対する力がローレンツ方程式（15.99）と一致することが実験によって示されていることによる。第3に定義（15.100）では，以下のようにある種の仕事・運動量の定理を証明することができることによる。$E^2 = (\mathbf{p}c)^2 + (mc^2)^2$という有用な関係（15.85）を考え

26 「熱的な」力についての慎重かつ明確な議論については，リンドラー 著，小沢清智，熊野洋 訳，『特殊相対性理論』，（地人書館，1989)を参照してほしいが，リンドラーは（本書でγmと呼んだ）可変質量mを使っている。

る。時間に関して両辺を微分すると，（静止質量mは不変であると仮定しているので，dm/dtの項は存在しない。ただし問題 15.85 を参照のこと。）

$$E\frac{dE}{dt} = \mathbf{p}c^2 \cdot \frac{d\mathbf{p}}{dt} = \mathbf{p}c^2 \cdot \mathbf{F}$$

となる。両辺をEで割って，$\mathbf{p}c^2/E = \mathbf{v}$であることを使うと

$$\frac{dE}{dt} = \mathbf{v} \cdot \mathbf{F} \tag{15.101}$$

となる。両辺にdtを掛け合わせると，

$$dE = \mathbf{F} \cdot dx \tag{15.102}$$

であるが，ここで$d\mathbf{x}$は変位$d\mathbf{x} = \mathbf{v}dt$を表す。最後に$E = mc^2 + T$であり，質量$m$が変化しないと仮定しているので，

$$dT = \mathbf{F} \cdot d\mathbf{x} \tag{15.103}$$

となる。これは正確に言うと，相対論的エネルギーと力を含むように一般化された仕事・運動量定理である。

例 15.11 一定の力の下での運動

物体は，均一な一定の力$\mathbf{F}$（たとえば，均一な静電場内の電荷に対する力）の作用を受け，$t = 0$において原点で静止状態から手を離される。その 3 元運動量$\mathbf{p}$，3 元速度$\mathbf{v}$，および位置$\mathbf{x}$を時間の関数として表す。

（$\mathbf{F}$を定数として）（15.100）を積分し，直ちに

$$\mathbf{p} = \mathbf{F}t \tag{15.104}$$

を得る。（15.85）から，$\gamma^2 = 1 + \mathbf{p}^2/(mc)^2$であることがすぐに分かり

$$\gamma = \sqrt{1 + (Ft/mc)^2}$$

および

$$\mathbf{v} = \frac{\mathbf{p}}{m\gamma} = \frac{\mathbf{F}t}{m\sqrt{1+(Ft/mc)^2}} \tag{15.105}$$

となる。tが小さいときは平方根の第 2 項を無視し，非相対論的な答え$\mathbf{v} = \mathbf{F}t/m$を得るが，$t$が大きくなると平方根の第 2 項が支配的になり，$v$は$c$に近づくが，決してその値に到達することはない。これは，物質粒子が光速度以上の速度を有することができないという我々の知見と一致す

る。

物体の位置$\mathbf{x}$を求めるために，(15.105) を積分して

$$\mathbf{x} = \frac{\mathbf{F}}{m}\left(\frac{mc}{F}\right)^2\left(\sqrt{1+\left(\frac{Ft}{mc}\right)^2}-1\right) \tag{15.106}$$

となる。簡単に確認できるようにtが小さいとき，これは良く知られた非相対論的な結果$\mathbf{x} = \frac{1}{2}\mathbf{F}t^2/m$（つまり$\frac{1}{2}\mathbf{a}t^2$）となる。$t \to \infty$のとき，速度が光速度に近づくにつれて，その位置は$\mathbf{F}$の方向に（$ct + const$）に漸近的に近づく（問題 15.82)。

位置エネルギー

少なくとも 1 つの系Sにおいて，物体に働く力$\mathbf{F}$が関数$U(\mathbf{x})$の勾配であることが起こりうる。すなわち$\mathbf{F} = -\nabla U(\mathbf{x})$であり，その力は保存的である。このような例として，静電場中を移動する電荷qがある。このような場合，物体が変位$d\mathbf{x}$を移動するときにおこなわれる仕事は，$\mathbf{F}\cdot d\mathbf{x} = -\nabla U\cdot d\mathbf{x} = -dU$となる。これを仕事・運動エネルギー定理（15.103）と組み合わせると，$dT = -dU$または$d(T+U) = 0$であることがわかる。すなわち，非相対論的力学の場合と同様に，物体に対する力が保存的であれば，$T + U$は保存される。

4 元力

3 元力$\mathbf{F} = d\mathbf{p}/dt$は 4 元ベクトルの空間部分ではない。（その原因は$d\mathbf{p}$が 4 元ベクトルの空間部分であるが，dtは 4 元スカラーではないことである。）この点において，3 元力は 3 元速度$\mathbf{v} = d\mathbf{x}/dt$と似ており，またある系から別の系への$\mathbf{F}$の変換は$\mathbf{v}$の変換に類似している（問題 15.83)。速度と同様に，3 元力に密接に関連する 4 元力をどのように定義するのかを調べるのは，簡単である。対象物体の**4 元力**を，対象物体の世界線に沿って測定する固有時に関するpの導関数として定義することができる。

$$K = \frac{dp}{dt_0} \tag{15.107}$$

（4 元力の広く受け入れられている表記法はないが，Kはその中の表記法の 1 つである。）dpは 4 元ベクトルでありdt_0は 4 元スカラーであるので，Kは自動的に 4 元ベクトルである。$dt_0 = dt/\gamma$であるので，Kを以下のように書き直す。

$$K = (\mathbf{K}, K_4) = \gamma\left(\frac{d\mathbf{p}}{dt}, \frac{1}{c}\frac{dE}{dt}\right) = \gamma(\mathbf{F}, \mathbf{v}\cdot\mathbf{F}/c) \tag{15.108}$$

最後の等式は（15.101）による。4 元速度の空間部分が通常の 3 元速度$\mathbf{v}$のγ倍である（15.67）と同様に，4 元力の空間部分が 3 元力$\mathbf{F}$のγ倍であることがわかる。

4 元力の利点は，4 元ベクトルであることに由来している。つまり 1 つの系から別の系への変換は，使い慣れたローレンツ変換に過ぎない。それはまた，4 元力の観点から定式化された物理法則のローレンツ不変量を，容易に確認できることを意味する。4 元力の主な欠点は固有時に関する運動量の時間微分を与えることであり，その一方で 3 元力は任意の 1 つの慣性系の時間に関する導関数を与える。我々が主に関心を持つのは，（運動する物体の固有時ではなく）ある特定の系における時間に関する物体の運動にあるので，3 元力はこの点でより有用である。

15.16　質量のない粒子：光子

相対性理論の驚くべき結果は質量がゼロ，つまり$m = 0$の粒子が存在する可能性である。非相対論的力学では，質量を持たない粒子という概念は全く意味を持たない。定義$\mathbf{p} = m\mathbf{v}$および$T = \frac{1}{2}mv^2$は，$m = 0$の粒子が運動量および運動エネルギーをもたず，おそらく何もないということを明らかに示している。一見すると，同じ議論が相対性理論にも適用されるように思われるかもしれない。相対論的な定義

$$\mathbf{p} = \gamma m\mathbf{v},\ \ E = \gamma mc^2 \tag{15.109}$$

において$m \to 0$の極限をとると，質量のない粒子は運動量やエネルギーを持たないため，そのようなものは存在しないという同じ結論が得られるように見える。この難点をしばらく棚上げし，2 つの関係（15.85）と（15.83）を見てみよう。

$$E^2 = (mc^2)^2 + (\mathbf{p}c)^2, \qquad \frac{\mathbf{v}}{c} = \frac{\mathbf{p}c}{E} \tag{15.110}$$

$m = 0$の粒子が存在する場合（そしてこれらの関係がまだ有効である場合），最初の関係式は

$$E = |\mathbf{p}|c \qquad [m = 0\ \text{の場合}] \tag{15.111}$$

である。これと第 2 の関係式と組み合わせると，粒子の速度がcでなければならないことがわかる。

$$v = c \qquad [m = 0\ \text{の場合}] \tag{15.112}$$

言い換えれば，質量のない粒子が存在するとすれば，相対論的力学の関係式により，それがが常に速度cで移動することを必要とする。今，$\mathbf{p}, E$の元の定義（15.109）に戻ると，$m \to 0$で$v \to c$および$\gamma \to \infty$となることがわかる。したがって質量のない粒子の場合，2 つの定義は$\infty \times 0$の形を取ることになり，これは未定義であり，したがって$m = 0$の粒子の存在を実際に排除しない。

明らかに，相対論的力学は常に速度cで移動する質量のない粒子が存在する余地を残している。そのような粒子が存在するかどうかは，もちろん実験によって決着をつけなければならない問題であり，また実験は明らかに私たちにそのような粒子が存在することを教えてくれる。光子は，電磁波のエネルギーおよび運動量を運ぶ粒子である。実験によると，光子は（15.111）の$E, \mathbf{p}$を満たし，また常に光速で移動する（驚くことではないが）ことが示されている[27]。

$m = 0$の場合，光子の 4 元運動量は

$$p^2 = 0 \tag{15.113}$$

を満たす。つまり，その不変 2 乗長さの平方はゼロである。物質粒子（すなわち$m > 0$の粒子）の 4 元運動量が常に未来時間的であることは，すでに述べたとおりである。これとは対照的に，質量のない粒子は未来光円錐上にあり，**未来光的**である。

定義（15.109）はもはや有効ではないので，質量のない粒子のエネルギーと運動量がどのように定義されるのかという疑問がわくであろう。少なくとも原理的には，保存則を用いてこれらを定義することができる。たとえば，原子 X による光子の放出を考える。

$$X^* \to X + \gamma \tag{15.114}$$

27 ニュートリノは質量のない粒子のもう 1 つの例であると考えられていたが，現在の実験結果によれば，その質量はゼロではなく，おそらく電子質量の約10^{-6}倍ほどである。（比較のためにいうと，光子の質量の実験限界は，電子質量の10^{-20}倍である）理論的には，電磁波に対する光子と同じく，重力に対する重力子と呼ばれる質量のない粒子を仮定することができるが，重力子の直接的な証拠はない。

ここでX^*は原子の励起状態を，Xは基底状態を表し，またγは光子の標準的な記号である。どちらの原子の状態に対しても，どのようにエネルギーおよび運動量を定義し測定するかを既に知っているので，エネルギーおよび運動量保存から光子の対応する値を求めることができる。もちろん，同じ光子に対する異なる導出が同じ答えをもたらすという，定義の一貫性を確かめる必要がある。たとえば，（15.114）の光子を第 2 の原子 Y と衝突させて電子を放出させた（光電効果）とする。

$$\gamma + Y \to Y^+ + e \tag{15.115}$$

ここでY^+は，1 つの電子が除去されたYの陽イオンを示す。この過程を使用して光子のエネルギーと運動量を測定することができるが，これらの第 2 の測定値は最初の測定値と同じ答えをもたらすはずである。そしてこれまでにおこなわれた実験によって，光子のエネルギーと運動量がここで述べたように一貫して定義されていることが繰り返し示されている。

実際，光子のエネルギーと運動量を求める第 2 の方法がある。量子力学の発展に関する最初の発見（マックス・プランクとアインシュタインによる）の 1 つは，光子のエネルギーが電磁波の角振動数に関連しているという有名な関係であった。

$$E = \hbar\omega \tag{15.116}$$

ここで$\hbar$はプランク定数（実際には，元のプランク定数hを2πで割った値であり，$h/2\pi = 1.05 \times 10^{-34}\mathrm{J \cdot s}$）であり，$\omega$は波動の角振動数である。同様に，光子の運動量は

$$\mathbf{p} = \hbar\mathbf{k} \tag{15.117}$$

であるが，ここで$\mathbf{k}$は波の波数ベクトルである。したがって，対応する波動の角振動数および波数ベクトルを測定することによって，$E, \mathbf{p}$を求めることができる。2 つの関係（15.116）と（15.117）を 1 つの 4 元ベクトルの関係にまとめることができるというのは素晴らしいことである。$p = (\mathbf{p}, E/c)$ であり，波数の 4 元ベクトルは$k = (\mathbf{k}, \omega/c)$であるので，この 2 つの関係は，

$$p = \hbar k \tag{15.118}$$

である。この方程式の両辺は 4 元ベクトルなので，この関係は相対論的に不変である。つまり，2 つの量子論的な関係式（15.116）および（15.117）は，相対性

理論の原則と一致している。

時として(15.117)は，波長λを用いて書き換えられる。$|\mathbf{k}| = 2\pi/\lambda$であるので，以下のようになる。

$$|\mathbf{p}| = \hbar|\mathbf{k}| = \frac{2\pi\hbar}{\lambda} = \frac{h}{\lambda} \tag{15.119}$$

この形式におけるこの関係は，光子だけでなく，粒子に関連する量子波にも適用されるべきであるとド・ブロイによって初めて提案されたため，フランスの物理学者ルイ・ド・ブロイ（1892-1987）に敬意を表して**ド・ブロイの関係式**と呼ばれる。今後のために，ここでは光子の4元運動量を次のように書き直す。

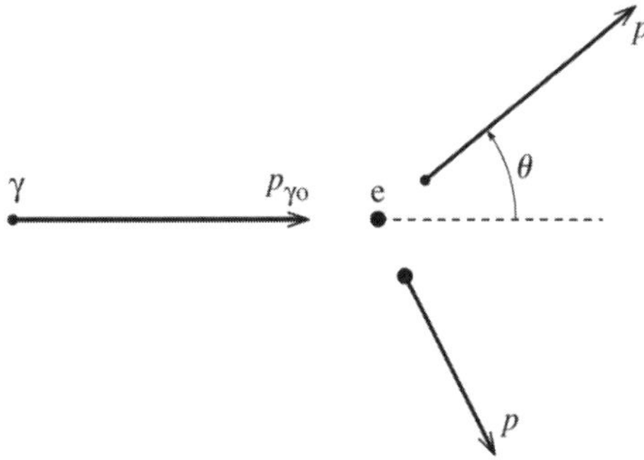

図 15.15 γとラベル付けされた 4 元運動量$p_{\gamma 0}$を持つ光子が，固定された電子と衝突する。光子は 4 元運動量p_γと角度θで出現し，電子は 4 元運動量pで反跳する。

$$p = \hbar k = \hbar\left(\mathbf{k}, \frac{\omega}{c}\right) = \frac{\hbar\omega}{c}(\hat{\mathbf{k}}, 1) \tag{15.120}$$

最後の等号は$|\mathbf{k}| = \omega/c$であり，したがって$\mathbf{k} = (\omega/c)\hat{\mathbf{k}}$であることを用いた。

コンプトン効果

歴史的にいうと，上記の関係に従う無質量の光子の存在に関する最も有力で説得力のある証拠は，1923 年にアメリカの物理学者アーサー・コンプトン（1892-1962）の実験であった。コンプトンは静止電子[28]に対して X 線光子を発

28 標的電子は，実際にはグラファイトの炭素原子の原子内の電子であった。したがって電子は完全に静止していなかったが，その運動エネルギー（数 eV）は X 線光子のエネルギー（数千 eV）と比較して無視できるものであった。同じく，電子の結合（結合エネルギー≈数

射し，散乱光子の波長の増加を測定した。ニュートン力学では，散乱波の波長は入射波の波長と同じでなければならないが，粒子状の光子によって放射が運ばれるならば，波長の増加は容易に説明できる。光子が電子と衝突すると，電子は反跳し，光子の元のエネルギーの一部を受け取る。したがって衝突後の光子は，入射ビーム中のエネルギーよりも少ないエネルギーしか持たず，したがって運動量がより小さくなければならない。（15.119）によれば，運動量が少ないほど波長が長くなるので，波長の増加が説明される。先の関係を用いてコンプトンは予想される波長のずれを計算することができ，実験はその計算結果を完全に確認した。

コンプトンの実験を，図 15.15 に図式的に示す。光子は 4 元運動量$p_{\gamma 0}$で左から入り，4 元運動量p_γと角度θで出る。ここで（15.120）にしたがって，

$$p_{\gamma 0} = \frac{\hbar\omega_0}{c}(\hat{\mathbf{k}}_\mathbf{0}, 1) \qquad p_\gamma = \frac{\hbar\omega}{c}(\hat{\mathbf{k}}, 1) \tag{15.121}$$

である。電子の最初の 4 元運動量は

$$p_0 = (0,0,0,mc) \tag{15.122}$$

であり，4 元運動量pで反跳する。4 元運動量が保存することから，$p_0 + p_{\gamma 0} = p + p_\gamma$，または

$$p_0 + (p_{\gamma 0} - p_\gamma) = p$$

である。両辺を 2 乗すると

$$p_0^2 + 2p_0 \cdot (p_{\gamma 0} - p_\gamma) + (p_{\gamma 0}^2 - 2p_{\gamma 0} \cdot p_\gamma + p_\gamma^2) = p^2$$

となる。$p_0^2 = p^2 = -m^2c^2$であるので，これらの 2 つの項はキャンセルされる。また$p_{\gamma 0}^2 = p^2 = 0$であるので，これらの 2 つの項は削除することができるので，

$$p_0 \cdot (p_{\gamma 0} - p_\gamma) = p_{\gamma 0} \cdot p_\gamma \tag{15.123}$$

である。（15.122）と（15.121）を代入し，若干の式変形をすると，（読者は各自確認しておくこと）

$$\omega_0 - \omega = \frac{\hbar}{mc^2}(1 - \cos\theta)\omega_0\omega$$

または

---

eV）は，このような高い光子エネルギーでは重要ではなかった。

$$\frac{1}{\omega}-\frac{1}{\omega_0}=\frac{\hbar}{mc^2}(1-\cos\theta)$$

となる。最後にωを$2\pi c/\lambda$で置き換えると，求めるべき波長のずれが見出される。

$$\Delta\lambda=\lambda-\lambda_0=\frac{h}{mc}(1-\cos\theta) \tag{15.124}$$

ここでは$2\pi\hbar$を，元のプランク定数hで置き換えた。これは，散乱線の波長のずれに対する有名なコンプトンの式である。コンプトンが得たデータは，いくつかの角度で予測と一致しており，放射のエネルギーと運動量は相対論的力学の法則に従う光子によって運ばれるが，その質量は$m=0$であるという考えを強く支持する。

15. 17　テンソル*

*いつもの通り，星印のついた節は初読の際には省略してもかまわない。

この章の次の節であり，また最後となる節で，電磁気学理論の相対論的な形式について，ごく簡単に説明する。残念なことに，ここでの簡単な紹介においても 4 次元時空におけるテンソルの性質に関する知識が必要であるので，4 元テンソルが本節の主題である。4 元テンソルの完全な説明には，「共変」および「反変」ベクトルのかなり複雑な知識が必要であるが，ここでの目的に限定すると，このような形式化なしで済ませることができる。それでもなお，相対性理論の学習をさらに進めたいと思うなら，より精巧な計算操作を習得する必要があることを認識しておく必要がある[29]。ここでは，3 次元ベクトルとテンソルの変換の特性を述べることから始める。

3 次元空間におけるベクトルとテンソル

3 元ベクトル$\mathbf{a}$は，（各系における）3 つの成分と（15.35）のような回転の下での変換の特性によって特徴付けられる。

$$\mathbf{a}'=\mathbf{R}\mathbf{a} \tag{15.125}$$

---

29 明確かつ十分に簡素な説明については，David J. Griffiths 著，『Introduction to Electrodynamics』（第 3 版　Prentice Hall, 1999），501 および 535 ページを参照のこと。

ここで$\mathbf{a}, \mathbf{a}'$は，2 つの系におけるそれぞれの 3 つの成分からなる列ベクトルを表し，$\mathbf{R}$はそれらを結ぶ（3×3）回転行列である。より詳しく述べると，この行列方程式は，

$$a'_i = \textstyle\sum_j R_{ij} a_j \tag{15.126}$$

となり，その和は$j = 1$から 3 までである。

今後のために，回転行列$\mathbf{R}$の重要な特性を確立しておく必要がある。もちろん任意の回転が，任意の 2 つのベクトルに対して不変のスカラー積$\mathbf{a} \cdot \mathbf{b}$を保つことはわかっている。すなわち$\mathbf{a} \cdot \mathbf{b} = \mathbf{a}' \cdot \mathbf{b}'$であり，$\mathbf{a}'$は（15.125）で与えられ，$\mathbf{b}'$も同様である。行列の表記法では，スカラー積は次のようになる。

$$\mathbf{a} \cdot \mathbf{b} = \tilde{\mathbf{a}}\mathbf{b} \tag{15.127}$$

ここで$\mathbf{b}$は要素b_1, b_2, b_3の列ベクトル，$\tilde{\mathbf{a}}$は要素a_1, a_2, a_3の行ベクトルである。したがって行列表記では，方程式$\mathbf{a} \cdot \mathbf{b} = \mathbf{a}' \cdot \mathbf{b}'$は

$$\tilde{\mathbf{a}}\mathbf{b} = (\mathbf{Ra})^{\sim}(\mathbf{Rb}) = \tilde{\mathbf{a}}\big(\tilde{\mathbf{R}}\mathbf{R}\big)\mathbf{b} \tag{15.128}$$

である。[ここでは，$(\mathbf{Ra})^{\sim} = \tilde{\mathbf{a}}\tilde{\mathbf{R}}$という結果を使用した。問題 15.94 を参照のこと。]これは任意の$\mathbf{a}, \mathbf{b}$について成立する必要があるので，以下を示すのは簡単である（問題 15.95）。

$$\tilde{\mathbf{R}}\mathbf{R} = \mathbf{1} \tag{15.129}$$

ここで$\mathbf{1}$は 3×3 の単位行列である。この条件を満たす任意の行列を**直交行列**といい，回転は 3×3 の直交行列で与えられることが証明された。

3 次元のテンソル$\mathbf{T}$は（各 3 次元直交座標系の基準系における）9 つの要素T_{ij}から構成されるが，ここでi, jの両方が 1 から 3 までの値をとる（厳密に言えば，9 つの要素を持つ 2 階テンソルである。階数nのテンソルは3^n個の要素を持つが，ここで取り扱うのは$n = 2$の場合のみである。）テンソル変換の特徴を見るために，以下の要素を持つテンソルの簡単な例を考えてみよう。

$$T_{ij} = a_i b_j \tag{15.130}$$

ここでa_i, b_jは任意の 2 つのベクトルの成分である。（たとえば$\boldsymbol{a}$は粒子の位置であり，$\mathbf{b}$はその速度である。）これは明らかに 9 つの要素を持ち，ある意味では典型的なテンソルである。

テンソル（15.130）の変換は，それを作り上げている 2 つのベクトルの変換から直ちに導かれる。

$$T'_{ij} = a'_i b'_j = \left(\sum_k R_{ik} a_k\right)\left(\sum_l R_{jl} b_l\right)$$
$$= \sum_{k,l} R_{ik} R_{jl} T_{kl} \qquad (15.131)$$

この変換は，テンソルの特徴を定めるものである。ベクトルの変換（15.126）とほぼ同じであるが，テンソルは 2 つの添え字を持ち，添え字ごとに 1 つずつ，合計 2 つの回転行列を必要とする。

$(\mathbf{R})_{jl} = (\tilde{\mathbf{R}})_{lj}$とすると，変換（15.131）を行列形式で書くことができる。ここで$\tilde{\mathbf{R}}$は$\mathbf{R}$の転置行列を表し，（15.131）と同様に，変換（15.131）を以下の行列形式で書くことができる。

$$\mathbf{T}' = \mathbf{R}\mathbf{T}\tilde{\mathbf{R}} \qquad (15.132)$$

任意の（階数 2 の）3 次元テンソルの変換はこの方程式に従い，またこのように変換する 9 個の要素の任意の組は，テンソルである。

テンソルを使用して実行できる最も重要な演算の 1 つは，ベクトルとの乗算である。たとえば剛体の角運動量$\mathbf{L}$は，慣性テンソル$\mathbf{I}$と角速度ベクトル$\boldsymbol{\omega}$の積$\mathbf{L} = \mathbf{I}\boldsymbol{\omega}$によって与えられる。このような形式の乗算は期待どおりベクトルであるということが重要であり，また簡単に証明できる。$\mathbf{T}$を任意のテンソル，$\mathbf{a}$を任意のベクトルとし，すべての基準系で$\mathbf{b} = \mathbf{T}\mathbf{a}$で 3 つの数の列$\mathbf{b}$を定義する。この定義において$\mathbf{b}$がベクトルであることを示すために，$\mathbf{T}, \mathbf{a}$の特徴 (15.132) および (15.125) を次のように使用する。

$$\mathbf{b}' = \mathbf{T}'\mathbf{a}' = \left(\mathbf{R}\mathbf{T}\tilde{\mathbf{R}}\right)(\mathbf{R}\mathbf{a}) = \mathbf{R}\mathbf{T}\left(\tilde{\mathbf{R}}\mathbf{R}\right)\mathbf{a} = \mathbf{R}\mathbf{T}\mathbf{a} = \mathbf{R}\mathbf{b} \qquad (15.133)$$

（15.129）によれば$\tilde{\mathbf{R}}\mathbf{R} = \mathbf{1}$であるため，第 4 の等式が成立する。以上により，3 つの数の列である$\mathbf{b}$がベクトルと同じように変換すると結論づけることができる。すなわち，$\mathbf{b} = \mathbf{T}\mathbf{a}$はベクトルである。この議論を逆にし，$\mathbf{a}, \mathbf{b}$がベクトルであることがわかっており，各系において$\mathbf{b} = \mathbf{T}\mathbf{a}$であり，ここで$\mathbf{T}$は$3 \times 3$の行列（各系において）である場合， $\mathbf{T}$は（15.132）を満たし，したがってテンソルであるということが証明できる（問題 15.99）。

4 次元時空におけるベクトルとテンソル

4 次元時空におけるベクトルとテンソルの議論は，不変スカラー積のマイナス符号という唯一の異なる点を除くと，3 次元に対して与えられたものと非常によく似ている。4 元ベクトルは（各系における）4 つの要素の列aによって与えられ，ある慣性系Sから別の慣性系S'へローレンツ変換$a' = \Lambda a$によって移る。この変換によって不変スカラー積は変化しないが，このことを行列表記で書き下すことができる。

$$a \cdot b = a_1 b_1 + a_2 b_2 + a_3 b_3 - a_4 b_4 = \tilde{a} G b \tag{15.134}$$

ここでbは 4 元ベクトルbの列，$\tilde{a}$は 4 元ベクトルaの行であり，Gは以下の4×4行列である】。

$$G = \begin{bmatrix} +1 & 0 & 0 & 0 \\ 0 & +1 & 0 & 0 \\ 0 & 0 & +1 & 0 \\ 0 & 0 & 0 & -1 \end{bmatrix} \tag{15.135}$$

この**計量行列**は，（15.134）の$\tilde{a}$とbの間に挿入され，bの 4 番目の要素の符号を変更させ，必要なマイナス記号をスカラー積に挿入する。

スカラー積（15.134）はa, bを$\Lambda a, \Lambda b$に置き換えても不変であり，（15.129）から導かれる議論によって

$$\widetilde{\Lambda} G \Lambda = G \tag{15.136}$$

である（問題 15.98）。これは回転における$\widetilde{\mathbf{R}}\mathbf{R} = \mathbf{1}$の相対論的な類似式となっている。条件（15.136）を満たすすべての4×4行列の集合は，任意のローレンツ変換がこの条件を満たす必要があるため，**ローレンツ群**と呼ばれる。

4 元テンソル（厳密には 2 階の 4 元テンソル）は，（すべての慣性系Sに対して定義される）16 個の数$T_{\mu\nu}$の集合として定義される。ここで指標μ, νは 1 から 4 までで変化し，以下の関係式を満たす4×4行列Tを形成する。

$$T' = \Lambda T \tilde{\Lambda} \tag{15.137}$$

この性質は，3 元テンソルの式（15.132）とちょうど同じような性質である。2 つの適切な行列の間に行列Gを挿入することによって 2 つの 4 元ベクトルのスカラー（または内）積（15.134）を形成するのと同じく，テンソルとベクトルのスカラー積を作ることができる。

$$T \cdot a = TGa \tag{15.138}$$

Tが任意のテンソル，aが任意のベクトルである場合，$b = T \cdot a$は 4 元ベクトルであることを示すのは簡単な演習問題となる。[その証明は（15.133）の 3 次元の場合と同様である。問題 15.96 を参照のこと。]逆にa, bが 4 元ベクトルであることがわかっており，すべての系Sにおいて$b = T \cdot a$ならば，T（bとaの「商」）は 4

元テンソルである，という「商法則」を証明することができる。(問題 15.96 を参照のこと。)

これらの定義と 4 元テンソルの特性をもとにした，相対論的電気力学への簡単な冒険の旅への準備が整った。

15. 18 電気力学と相対性理論

光が全方向に速度cで移動するのは古典電磁気学の法則の結果であり，特殊相対性理論は光速度cが任意の慣性系で同じであるという認識から生まれた。これらの 2 つの事柄は，古典電磁気学が既に相対性理論の原理と一致していることを示唆している。このことを証明する最も簡単な方法は，電気力学の慣れ親しんだ法則が 4 元スカラー，4 元ベクトル，および 4 元テンソルを利用して書き下せることを示すことであり，そうであればローレンツ変換に対する不変性は自明となる。ここでは重要な法則の 1 つ，つまりローレンツ力の法則についてのみそれをおこなう。

$$\mathbf{F} = q(\mathbf{E} + \mathbf{v} \times \mathbf{B}) \tag{15.139}$$

このことをおこなう過程で，電場$\mathbf{E}$および電場$\mathbf{B}$の変換規則についても調べる。$\mathbf{E}, \mathbf{B}$の特性を扱う前に，電荷qを持つどのような粒子についても任意の慣性系において同じ値を持つという実験的事実があることを知っておく必要がある。すなわち，qはローレンツスカラーである。

ローレンツ力の法則（15.139）は観測事実であり，（間違いなく）すべての慣性系で有効であるという見解を取る。(15.139）は相対論的に不変ではないように見えるが，ここでやるべきことは，そう見えるように書き直すことである。これをおこなうための最初の手がかりは，（15.139）は$\mathbf{v}$の線形関数として$\mathbf{F}$を定義していることに気づくことである。次の段階は，以下の 4 元力Kおよび 4 元速度uを用いて，この線形関係を書き換えることである。

$$K = \left(\gamma\mathbf{F}, \frac{\gamma\mathbf{v}\cdot\mathbf{F}}{c}\right), \qquad u = (\gamma\mathbf{v}, \gamma c) \tag{15.140}$$

γを（15.139）の両辺に掛けると，Kがuの線形関数であることがわかる。そのような最も単純な関係は，$K = q\mathcal{F}\cdot u$の形をとる。ここで$\mathcal{F}$は未知の 4 元テンソルである（そしてKは明らかにqに比例するので，因子qを挿入した)。行列形式では，この関係は$K = q\mathcal{F}Gu$ となる。[ここでK, uは 4×1 列行列と見なされなければならず，Gは計量行列（15.135）である。]行列$\mathcal{F}G$の 16 個の要素は，Kの成分を 1 度に 1 つずつ書き出すことによって求めることができる。たとえば，(15.140) および（15.139）から，Kの第 1 の成分は，以下のようになる。

$$K_1 = \gamma q(E_1 + v_2B_3 - v_3B_2) = q[B_3u_2 - B_2u_3 + (E_1/c)u_4] \quad (15.141)$$

係数$u_1, \cdots, u_4$は，導入された関係$K = q\mathcal{F}Gu$における行列$\mathcal{F}G$の最初の行に過ぎない。このようにして，行列$\mathcal{F}G$全体が

$$\mathcal{F}G = \begin{bmatrix} 0 & B_3 & -B_2 & E_1/c \\ -B_3 & 0 & B_1 & E_2/c \\ B_2 & -B_1 & 0 & E_3/c \\ E_1/c & E_2/c & E_3/c & 0 \end{bmatrix} \quad (15.142)$$

であることがわかる。[この行列の最初の行を（15.141）の係数と比較せよ。詳細は，問題 15.104 を参照のこと。] 最後に$G^2 = 1$（4×4単位行列）であるので，右側からGを掛けることで電磁場テンソルが求まる。

$$\mathcal{F} = \begin{bmatrix} 0 & B_3 & -B_2 & -E_1/c \\ -B_3 & 0 & B_1 & -E_2/c \\ B_2 & -B_1 & 0 & -E_3/c \\ E_1/c & E_2/c & E_3/c & 0 \end{bmatrix} \quad (15.143)$$

またローレンツ力は，きわめて単純な形式を取る。

$$K = q\mathcal{F} \cdot u \quad (15.144)$$

我々は，ローレンツ力の法則はすべての慣性系において有効な実験的事実であるという見解を取っている。(15.144）においてK, uは 4 元ベクトルであることが知られており，電荷qはスカラーである。(15.138）の下で引用した商法則から，ローレンツ変換の下での電場と磁場の挙動を表す$\mathcal{F}$は，4 元テンソルである[30]。今後の参考として$\mathcal{F}$が反対称テンソル，つまり行列$\mathcal{F}$は反対称であり$\tilde{\mathcal{F}} = -\mathcal{F}$を満たすことに注意せよ。

---

[30] テンソル場$\mathcal{F}$を求めるさまざまな方法があるが，そのうちのいくつかは$\mathcal{F}$を 4 テンソルと定義する。このような方法では，ローレンツ力の法則（15.144）は，自動的にローレンツ不変性が保証される「4 元ベクトル= 4 元ベクトル」の形をとる。

電場と磁場のローレンツ変換

テンソル場$\mathcal{F}$は任意の与えられた慣性系S内の場$\mathbf{E}, \mathbf{B}$を指定する。$\mathcal{F}$は 4 元テンソルであるので，他のS'系での値は（15.137）で与えられる。

$$\mathcal{F}' = \Lambda\mathcal{F}\tilde{\Lambda} \tag{15.145}$$

与えられたローレンツ変換Λについて（15.145）の右辺を計算し，その結果を$\mathcal{F}'$の定義（15.143）と比較することは，退屈な作業ではあるが簡単であり，変換された場を書き下すことができる。たとえばx_1軸に沿った速度vの標準ブーストの場合，以下のようになる（問題 15.105）。

$$\begin{aligned} E'_1 = E_1,\ E'_2 = \gamma(E_2 - \beta c B_3),\ E'_3 = \gamma(E_3 + \beta c B_2) \\ B'_1 = B_1,\ B'_2 = \gamma(B_2 + \beta E_3/c),\ B'_3 = \gamma(B_3 - \beta E_2/c) \end{aligned} \tag{15.146}$$

変換（15.146）の最も顕著な特徴は，電場と磁場が混ざり合っていることである。1 つの系Sに対して場が純粋に電気的（任意の静電荷分布に関して，どこでも$\mathbf{B} = 0$）である配置は，必然的に他の系S'では非ゼロの磁気成分（$\mathbf{B}' \neq 0$）を有する。したがって相対論では電場は磁場の存在を必要とし，逆もまた同様であると言える。

電磁場の変換特性を知ることの重要な利点は，次のとおりである。S系内のある電荷および電流分布による磁場を求める際に，磁場がより容易に求められるS'系を見つけることが可能である。このような場合は，S'の磁場を書き下した後，元の系Sに戻すのが最も簡単な方法である（次の例を参照）。

例 15.12 長い直線状の電流が作る場

無限に続く均一な直線状の電荷がつくるE場とB場を求める。ただし電荷の密度はλ（クーロン/メートルで測定）であり，S系のz軸上に配置され$+z$方向に速度vで移動するものとする。

直線上を移動する電荷はz軸に沿って電流$I = \lambda v$をつくるので，問題は直線上の電荷と直線上の電流の両者を合わせた場を求めることである。最初にS系を離れることなく，基本的な方法でこれが可能であることを示す。ガウスの法則を使用して，線電荷のE場がz軸から半径方向外側に

$E = 2k\lambda/\rho$であることを示すことができる。（ここで$k = 1/4\pi\epsilon_0$はクーロン定数であり，ρはz軸からの垂直距離，すなわち円柱極座標の座標ρ, ϕ, zの最初の座標である。）同様にアンペールの法則を使用して，電流のB場が右手の法則によって与えられる方向に$B = (\mu_0/2\pi)I/\rho$であることを示すことができる。ここでμ_0はいわゆる空間の透磁率である。円柱極座標の単位ベクトルを使用して，これらの 2 つのよく知られた結果を簡潔に表現することができる。

$$\mathbf{E} = \frac{2k\lambda}{\rho}\hat{\boldsymbol{\rho}}, \quad \mathbf{B} = \frac{\mu_0}{2\pi}\frac{I}{\rho}\hat{\boldsymbol{\phi}} \tag{15.147}$$

これらの場は両方とも図 15.16（a）に示されている。

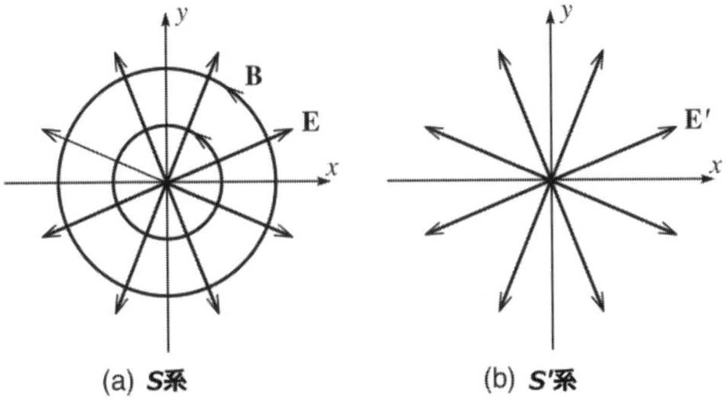

図 15.16 z軸上の直線状の電荷によって生成される場。（a）S系では，直線状の電荷がページの外側に向かって上昇している。これは電流を作りだし，z軸から放射状に出ている電場Eに加え，z軸付近を周回する磁場Bを生成する。（b）S'系では電荷が静止しており，電流は存在しないのでB場はなく，半径方向のE場のみである。

ガウスとアンペールの法則を使用した導出は直接的なものであるが，電荷とともに移動するS'系に変換することで同じ結果を再現することは有益である。S'系では電流がないため，図 15.16（b）に示すように唯一の場は半径方向の電場$E' = 2k\lambda'/\rho'$である。この場は，単位ベクトル$\hat{\boldsymbol{\rho}}' = (x'/\rho', y'/\rho', 0)$の方向にあり，以下のように書くことができる。

$$\mathbf{E}' = \frac{2k\lambda'}{\rho'}\hat{\boldsymbol{\rho}}' = \frac{2k\lambda'}{\rho'^2}(x', y', 0) \qquad (15.148)$$

これを元のS系に戻す前に，電荷密度λとλ'が等しくないことを認識する必要がある。z軸の任意の区間に含まれる電荷の合計は，（電荷は不変量であるため）どちらの系でも同じでなければならない。そのため$\lambda\Delta z = \lambda'\Delta z'$となるが，長さが収縮するため$\Delta z = \Delta z'/\gamma$となる。したがって，以下のようになる。

$$\lambda = \gamma\lambda' \qquad (15.149)$$

（15.148）で与えられた場$\mathbf{E}'$と$\mathbf{B}' = 0$をS系に変換する必要がある。これをおこなうにあたり，まずはS'系がS系の（x軸に沿う標準ブーストではなく）z軸に沿って移動することに注意してほしい。したがって，まず（15.146）をz軸に沿ったブーストに書き直す必要がある。その後，（プライムが付いている場からプライムなしの場を求めるため）この変換の逆を求めなければならない。結果は簡単に確認でき，以下のようになる。

$$\begin{aligned} &E_1 = \gamma(E'_1 + \beta cB'_2),\ E_2 = \gamma(E'_2 - \beta cB'_1),\ \ E_3 = E'_3 \\ &B_1 = \gamma(B'_1 - \beta E'_2/c),\ B_2 = \gamma(B'_2 + \beta E'_1/c),\ \ B_3 = B'_3 \end{aligned} \qquad (15.150)$$

$\mathbf{B}' = 0$および（15.148）の$\mathbf{E}'$を代入すると，以下のようになる。

$$\mathbf{E} = \gamma\frac{2k\lambda'}{\rho^2}(x, y, 0) = \frac{2k\lambda}{\rho^2}\hat{\boldsymbol{\rho}} \qquad (15.151)$$

最初の等式を書く際にはx, y，したがって$\rho = \sqrt{x^2 + y^2}$がz方向のブーストの下では不変であるという事実を使用した。第 2 に，$\gamma\lambda'$をλに置き換えた。これは，（15.147）のE場と正確に一致する。

同様に，$\mathbf{B}' = \mathbf{0}$および（15.148）を（15.150）の$\mathbf{B}$の式に代入すると，磁場が得られる。

$$\mathbf{B} = \gamma\beta\frac{2k\lambda'}{c\rho^2}(-y, x, 0)$$

ここで，$\gamma\lambda' = \lambda$，$\beta = v/c$，$k/c^2 = 1/4\pi\epsilon_0 c^2 = \mu_0/4\pi$，$(-y/\rho, x/\rho, 0) = \hat{\boldsymbol{\phi}}$の置き換えをすると，

$$\mathbf{B} = \frac{\mu_0}{2\pi}\frac{\lambda v}{\rho}\hat{\boldsymbol{\phi}} \qquad (15.152)$$

となる。また$\lambda v = I$であるので，これは（15.147）のB場とまったく同じである。この$\mathbf{B}$の導出の顕著な特徴は，アンペールの法則を参照していないことである。S系におけるガウスの法則と，場のローレンツ変換とを組み合わせることで，通常アンペールの法則で表わされる結果を得た。

ローレンツ変換の下での電磁場のふるまいのこの顕著な例で，相対論的電気力学への短い取り組みを終了する。読者はこの章末にある問題で，いくつかの側面を探ることができる。その後，グリフィスおよびジャクソンの優れた本を読むとよい[31]。

第 15 章の主な定義と方程式

時計の遅れ

S_0系から観測した場合，同じ場所で発生し時間Δt_0離れている 2 つのでき事は，他のS系でそれらの間の時間を測定すると

$$\Delta t = \gamma \Delta t_0 \qquad [(15.11)]$$

となる。ここで$\gamma = 1/\sqrt{1-\beta^2}, \beta = V/c$ であり，VはS_0系に対するS系の速度である。

長さの収縮

S_0系で観察した場合，物体は静止しておりその長さがl_0であったとする。長さの方向に速度$\mathbf{V}$で移動するS系で，その長さを測定すると

$$l = l_0/\gamma \qquad [(15.15)]$$

である。$\mathbf{V}$に垂直な方向の長さは変化しない。

ローレンツ変換

31　David J. Griffiths 著，『Introduction to Electrodynamics』（第 3 版，Prentice Hall, 1999）の第 12 章は本書とほぼ同レベルであるが，当然のこのながら電気力学をはるかに重視している。ジャクソン著，西田稔訳『電磁気学』（吉岡書店，2002）は，グリフィスの本を読んだ後に取り組むことができる大学院レベルの教科書である。

（標準的配置の関係にある）2 つの系で測定された任意の 1 つのでき事の座標は，**ローレンツ変換**によって関連付けられる。

$$\left.\begin{aligned} x' &= \gamma(x - Vt) \\ y' &= y \\ z' &= z \\ t' &= \gamma(t - Vx/c^2) \end{aligned}\right\} \qquad [\ (15.20)\ ]$$

逆ローレンツ変換は，プライムが付いた変数とプライムが付いていない変数を交換し，Vの符号を変えることによって得られる。

速度の加算式

2 つの系（標準的配置）で測定された単一物体の速度は，**速度の加算式**によって関連付けられる。

$$v'_x = \frac{v_x - V}{1 - v_x V/c^2},\quad v'_y = \frac{v_y}{\gamma(1 - v_x V/c^2)},\quad v'_z = \frac{v_z}{\gamma(1 - v_x V/c^2)} \qquad [\ (15.26)\ ,\ (15.27)\ ]$$

4 元ベクトル

座標(x, y, z)を(x_1, x_2, x_3)と書き換え，$x_4 = ct$を導入すると，4 次元**時空**内の点は 4 元ベクトル$x = (x_1, x_2, x_3, x_4)$で表される。xの成分を 4×1 列行列に配置すると，ローレンツ変換は$x' = \Lambda x$という形式の「回転」になる。ここで，Λは 4×4 行列である。**4 元ベクトル**は，このように変換する（各慣性系に 1 つずつ割り振られる）4 つの数の組$q = (q_1, q_2, q_3, q_4)$である。

$$q' = \Lambda q \qquad [15.8\text{ 節}]$$

不変スカラー積

2 つの 4 元ベクトルx, yの**スカラー積**は，次のように定義される。

$$x \cdot y = x_1 y_1 + x_2 y_2 + x_3 y_3 - x_4 y_4 \qquad [\ (15.50)\ ]$$

またこのスカラー積は，すべてのローレンツ変換の下で不変である。同じベクトル同士のスカラー積は，$x \cdot x = x^2$と記されることが多い。

光円錐

時空の点Qの光円錐は，Qを通るすべての光線からなる。同じく，それは

$(x_P - x_Q)^2 = 0$となるすべての点Pを含む。　[15.10 節]

相対論的ドップラー効果

S系に対して速度$\mathbf{V}$で移動する光源からの光を，角度θ（θは$\mathbf{V}$と光線との間の角度）の方向から観察する。光源の静止系で測定した光の角振動数をω_0とすると，S系で観測される角振動数は，以下の通りである。

$$\omega = \frac{\omega_0}{\gamma(1 - \beta\cos\theta)} \qquad [（15.64）]$$

質量，4 元速度，運動量，エネルギー

物体の（不変）**質量**は，その静止質量と定義される。**4 元速度**は

$$u = \frac{dx}{dt_0} = \gamma(\mathbf{v}, c) \qquad [（15.66），（15.67）]$$

である。4 元運動量は，以下の通りである。

$$p = mu = (\gamma m\mathbf{v}, \gamma mc) = (\mathbf{p}, E/c) \qquad [（15.68），（15.70），（15.75）]$$

3 つの有用な関係

$$\boldsymbol{\beta} = \mathbf{p}c/E,\ \ p \cdot p = -(mc)^2,\ \ E^2 = (mc^2)^2 + (\mathbf{p}c)^2 \qquad [（15.83）－（15.85）]$$

3 元力と 4 元力

粒子に働く **3 元力 F**および **4 元力**Kは，以下の通りである。

$$\mathbf{F} = \frac{d\mathbf{p}}{dt} \qquad K = \frac{dp}{dt_0} \qquad [（15.100），（15.107）]$$

質量のない粒子

$m = 0$の無質量粒子に対して，以下が成立する。

$$E = |\mathbf{p}|c,\quad v = c,\quad p^2 = 0 \qquad [（15.111）－（15.113）]$$

電磁場の変換

標準ブーストの下では，電場および磁場は次のように変換される。

$$E'_1 = E_1,\ E'_2 = \gamma(E_2 - \beta c B_3),\quad E'_3 = \gamma(E_3 + \beta c B_2)$$
$$B'_1 = B_1,\ B'_2 = \gamma(B_2 + \beta E_3/c),\ B'_3 = \gamma(B_3 - \beta E_2/c) \quad [\,(15.146)\,]$$

第 15 章の問題

星印は，最も簡単な（*）ものから難しい（***）ものまでの，おおよその難易度を示している。

15 .2 節 ガリレイの相対性原理

15.1* 15.2 節と同様の議論を用いて，ニュートンの第 1 および第 3 法則はガリレイ変換のもとで不変であることを証明せよ。

15.2** A + B → C + Dの形の，古典的な非弾性衝突を考える。（これはたとえばNa + Cl → $Na^+ + Cl^-$のような衝突であり，2 つの中性原子が電子を交換して互いに反対に帯電したイオンになる。）ニュートン力学における保存則は，総質量が保存されている（これはニュートン力学においては確かに正しい）場合に限り，ガリレイ変換の下で不変であることを示せ。（相対性理論においては運動量に対するニュートン力学的な定義を修正しなければならず，そのため総質量は保存されない。）

15.4 節 時間の相対性：時計の遅れ

15.3* 低空飛行する地球衛星が，約 8000m/sで移動する。この速度におけるγ係数を求めよ。地面から見た場合，この速度で移動する時計は（地上時計で測定された）1 時間後，地上時計とどれくらい異なるか。その差をパーセント表示で答えよ。

15.4* 0.99cの速度に対するγ係数は，どのような値になるか。地面から見た場合，この速度で移動する時計は，1 時間後の地上時計とどのくらい異なっているか。（地上時計では 1 時間と測定されるとする。）

15.5* 宇宙探検家 A は，遠く離れた星に行くため，一定速度 0.95 cで出発する。その星を短時間探査した後，同じ速さで戻り，（地球上の観測者によって測定した場合）80 年後，帰宅する。A の時計はどの程度の期間，A がいなかったことになっているか。また地球上に残っていた双子 B と比べて，どれだけ老化しているか。

[注：これは有名な「双子のパラドックス」である。適切な場所にγ係数を慎重に挿入することにより正解を得るの容易であるが，それを理解するには，地球に固定された系S，地球から離れるロケットの系S'，および帰還ロケットの系S''の 3 つの慣性系が必要であることを認識する必要がある。旅の前半と後半の時計の遅れに関する公式を書き下し，そして

加えよ。実験は 2 つの双子の間で対称ではないことに注意すること。B は単一の慣性系Sで静止しているが，A がそのようになるには少なくとも 2 つの異なる系が必要である。これが結果を非対称にする原因である。]

15.6* 1 週間における銀河クルージングの後に，ハーツ社（訳者註：アメリカ合衆国の大手レンタカー社）のレンタル・ロケットを返却したところ，スポック（訳者註：アメリカ合衆国のテレビドラマ・シリーズである「スタートレック」の乗組員のひとり）は 3 週間のレンタル料を請求されたことに衝撃を受けた。彼が等速度でまっすぐに出発した後にまっすぐに戻ってきたと仮定すると，どのくらいの速さで旅行したのかを求めよ（問題 15.5 の注を参照)。

15.7**宇宙線によって上層大気に生成されたミュー粒子は，地表におおよそ均一に降りそそぐが，（静止系で測定した場合）約 1.5μsの半減期でそのうちの一部は途中で崩壊する。ミュー粒子検出器を気球で 2000m の高度まで運んだところ，1 時間のうちに地球に向かって$0.99c$で移動する 650 個のミュー粒子を検出した。同一の検出器が海面にある場合，1 時間にどれだけのミュー粒子を検出するか。相対論的な時計の遅れを考慮して答えを計算すると同時に，ニュートン的にも計算せよ。(n回の半減期の後，元の粒子の2^{-n}が生き残ることに注意すること。）もちろん，相対論的な答えは実験に一致する。

15.8** パイ中間子（π^+またはπ^-）は，1.8×10^{-8} sの固有の半減期で崩壊する不安定な粒子である。(これはパイ中間子の静止系で測定された半減期である。)　(a) $0.8c$で移動しているS系で測定された，パイ中間子の半減期を求めよ。　(b) 32,000 個のパイ中間子が同じ場所に作られ同じ速度で移動した場合，長さ$d=36$mの排気パイプを通り過ぎた後に何個残るか。n回の半減期の後，元の粒子の2^{-n}が生き残ることに注意すること。　(c) 時計の遅れを無視した場合について，先の問いの答えを求めよ。(もちろん，実験に一致するのは (b) の答えである。)

15.9** 15.4 節の冒頭で説明したように，S系内において時計を同期させる方法の 1 つは，主任観測者はすべての補助観測者を原点Oに呼び出し，そこで時計を同期させ，割り当てられた位置に極めてゆっくりと移動することである。この主張を以下のようにして証明せよ。ある観測者が，原点から距離dの位置Pに割り当てられているとする。その観測者が一定速度Vで走行する場合，Pに到達すると，その時計はOでの主任観測者の時計とどのくらい異なるであろうか。$V\to0$とした場合，この差が 0 に近づくことを示せ。

15.10*** 時計の遅れとは，S系に対して時計が動いたときに，S系内の観測者が精密に測定すると，その時計がゆっくり進むことを見いだすことである。これはS系の 1 人の観察者が，時計がゆっくり進んでいるのを見ると言うことと全く同じではなく，この後者の言い方は必ずしも真実ではない。これを理解するには，我々の目に到達する光によって我々が見ているものが決まることに注意することである。x軸の横に観測者が立っており，時計が観測者に対して，x軸に沿って速度Vで近づいている場合を考える。時計が位置 A から B に移動すると，その間の時間はΔt_0と記録されるが，補助観測者によって測定される 2 つのでき事

（「A での時計」と「B での時計」）の間の時間は$\Delta t = \gamma \Delta t_0$である。しかし，B は A よりも観察者に近いので，B の時計からの光は A からの光よりも短い時間で観察者に到達する。したがって，A において時計を見ている人と B において時計を見ている人との時間差Δt_{sec}は，Δtよりも小さい。 (a) 以下を，証明せよ。

$$\Delta t_{sec} = \Delta t(1-\beta) = \Delta t_0 \sqrt{\frac{1-\beta}{1+\beta}}$$

（これはΔt_0よりも小さい。）両方の等式を証明せよ。 (b) 時計が観測者を通り過ぎた際に，観察者は何時と見なすであろうか。

この問題の教訓は，読者が時計の遅れについてどのように述べるか，また考えるかを慎重にしなければならないということである。「動いている時計は時間がゆっくり進むように観測されたり，測定されたりする」と言うのはよいが，「動いている時計はゆっくり進む」と言うのは間違いである。

15.5 節 長さの収縮

15.11* 1 メートルの定規が（定規の向きに速度$\mathbf{v}$で）目の前を通り過ぎた場合，その長さは 80cm と測定された。速さvの値を求めよ。

15.12** パイ中間子の静止系において，問題 15.8 の実験を考えてみよう。この系でのパイ中間子の半減期を求めよ。(b) において，パイ中間子から見たパイプの長さはどれくらいで，またパイプを通過するのにどれくらい時間がかかるだろうか。この時間の終わりには，どれぐらいのパイ中間子が残っているだろうか。問題 15.8 の答えと比較し，2 つの異なる議論がどのようにして，同じ結果につながるかを説明せよ。

15.13** (a) 1 メートルの定規はS_0系に対して静止しているが，それはS系に対して標準的配置で速度$V = 0.8c$で移動している。 (a) 定規は$x_0 y_0$平面にあり，x_0軸に対して$\theta_0 = 60°$の角度をなしている（S_0で測定)。S系で測った場合の長さlを求めよ。x軸とのなす角度θはどうなるか。［ヒント：棒を 30-60-90 の 3 角形合板の斜辺と考えるのが役立つかもしれない。］ (b) $\theta = 60°$の場合について，lを求めよ。この場合，θ_0はいくらになるか。

15.14*** 時計の遅れと同様に，長さの収縮は単一の観察者によって直接見ることはできない。この主張を説明するために，S系のx軸に沿って移動する固有長l_0の棒と，x軸から離れ棒全体の右側に立っている観測者を想像してほしい。S系の任意のある瞬間における棒の長さを精密に測定すると，もちろんであるが結果$l = l_0/\gamma$を得る。 (a) ある時点で観測者の目に到達する光が，棒の 2 つの端部 A および B を異なる時間に離れていなければならない理由を明確に説明せよ。 (b) 観測者はlより長い長さを見る（カメラが記録する）ことを示せ。[x軸が目盛り付きの定規で印付けられていると考えるとよい。］ (c) 観測者が軌道の横に立っていると，l_0以上の長さを観測する。つまり，長さが膨張する。このことを示せ。

15.6 節 ローレンツ変換

15.15* ローレンツ変換の方程式（15.20）を解き，x, y, z, tをx', y', z', t'を用いて表せ。逆ローレンツ変換（15.21）が得られることを確認せよ。プライムがない変数とプライムがある変数を交換し，Vを$-V$に変更することで，同じ結果が得られることに注意すること。

15.16* 位置$\mathbf{r_1}, \mathbf{r_2}$，および時間$t_1, t_2$で起こった 2 つのでき事を考えてみよう。$\Delta\mathbf{r} = \mathbf{r_2} - \mathbf{r_1}$，$\Delta t = t_2 - t_1$とする。$\mathbf{r_1}, t_1$および$\mathbf{r_2}, t_2$のローレンツ変換を書き下し，$\Delta\mathbf{r}$, Δtの変換を導き出せ。$\Delta\mathbf{r}$, Δtは，$\mathbf{r}$, tとまったく同じ方法で変換されることに注意すること。この重要な特性は，ローレンツ変換の線形性によるものである。

15.17* S系におけるx軸上の$x = 0$および$x = a$の両方で,$t = 0$で同時に発生した 2 つのでき事を考えてみよう。　(a) 速度Vでx軸に沿って正の方向に移動するS'系で測定された 2 つのでき事が起こった時間を求めよ。　(b) 速度Vでx軸に沿って負の方向に移動する第 2 の系S''に対して，同じことをおこなえ。3 つの異なる系で観測される，2 つのでき事の時間的順序について説明せよ。この驚くべき結果は，15.10 節でさらに論じられる。

15.18** 逆ローレンツ変換（15.21）を使用して，時計の遅れを表す式（15.8）を再導出せよ。［ヒント：図 15.3 のS'系において，同じ位置で発生する発光とビープ音の思考実験をもう一度考えよ。］

15.19** 固有長$2d$のロケットに乗っている旅行者が，原点O'がロケットの真ん中に固定され，x'軸がロケットに沿って固定された座標系S'を設定する。$t' = 0$で旅行者はO'において発光する。　(a) ロケットの前後に光が到達する座標x'_F, t'_Fおよびx'_B, t'_Bを求めよ。　(b) S系（ただしその系に対してロケットは速度Vで移動している）において，同じ実験を考えよ (S, S'は標準的配置)。逆ローレンツ変換を使用し，2 つの信号の到着についての座標x_F, t_Fおよびx_B, t_Bを求めよ。なぜ 2 つの到着がS'系では同時で，S系ではそうでないのかを明確に説明せよ。この現象は同時刻の相対性と呼ばれる。

15.7 節 相対論的な速度加算式

15.20* ニュートンの第 1 法則は，以下のように述べることができる。物体が孤立していれば（力が働かない場合），物体は一定の速度で移動する。このことは，ガリレイ変換の下で不変である。これがローレンツ変換の下でも不変であることを証明せよ。[慣性系Sで真であると仮定し，相対論的な速度加算式を使って他のS'系でも真であることを示す。]

15.21* ロケットはS系に対して速度$\frac{1}{2}c$で移動し，ロケットに対して速度$\frac{3}{4}c$で進む前方弾を発射する。S系から見た弾丸の速度を求めよ。

15.22* ロケットはS系のx軸に沿って，$0.9c$の速度で移動している。ロケットから（ロケットの静止系S'で測定した）速度v'で弾丸を発射するが，その速度の大きさは$0.9c$で，方向はy'軸に沿っているとする。S系で測った弾丸の速度（大きさと方向）を求めよ。

15.23* S系で見た場合，2 つのロケットはx軸に沿って$0.9c$の等しい大きさで，反対方向の速度で接近している。左側の観測者が測定した右側のロケットの速度を求めよ。［これと前の 2 つの問題は，相対性理論においてcより小さい 2 つの速度の「和」が常にc未満であるという一般的な結果を示している。問題 15.43 を参照のこと。］

15.24* 逃亡している強盗の車は$0.8c$で移動しており，$0.4c$で移動する警官に追いかけられている。警官は強盗に追いつくことができないことに気付いたため，（警官に対して）$0.5c$で移動する弾丸で強盗を撃った。警官の弾丸が強盗に命中することはあるだろうか。

15.25* ロケットは，S系のx軸に沿って速度Vで移動している。ロケットの静止系S'のy軸に沿って，速度cで移動する信号（たとえば光のパルス）を発する。S系で測定した信号の速度を求めよ。

15.26* 2 つの物体A, Bが互いに接近しており，速度v_A, v_BでS系のx軸に沿って反対方向に移動している。時間$t = 0$において，それらは位置$x = 0$および$x = d$にある。任意の時間tの位置を書き下し，時間$t = d/(v_A + v_B)$でそれらが出会うことを示せ。これは，2 つの物体が両方とも動いているS系において測定した場合は，相対速度が$v_A + v_B$であることに注意すること。この相対速度がcより大きくなるようにv_Aおよびv_Bの値を選択できるため，一見すると驚くべきことのように思えるかもしれない[32]。

15.27* S'系はS系のx軸に沿って，速度V_1で動く（標準的配置）。S''系はS'系のx'軸に沿って，速度V_2で移動する（標準的配置）。標準的なローレンツ変換を 2 回適用することにより，x, y, z, tを用いて任意の事象の座標x'', y'', z'', t''を求めよ。この変換が，実際にV_1, V_2の相対論的な「和」によって与えられる，速度Vでの標準的なローレンツ変換であることを示せ。

15.28* 相対論的な速度加算式は，以下の質問に対する答えである。$\mathbf{u}$が観測者Aに対する慣性観測者Bの速度であり，$\mathbf{v}$がBに対するCの速度である場合，Aに対するCの相対速度$\mathbf{w}$はいくらとなるか。その答えを$\mathbf{w} = "\mathbf{u} + \mathbf{v}"$とする。ニュートン力学では，これは$\mathbf{u}$と$\mathbf{v}$の通常のベクトル和となる。相対性理論では（少なくともu軸がx軸に沿っている場合），これは（15.26）と（15.27）の逆速度加算式によって与えられる。$u = (u, 0, 0), v = (0, v, 0)$として，$"\mathbf{u} + \mathbf{v}"$と$"\mathbf{v} + \mathbf{u}"$の成分を書き下せ。[$\mathbf{u}, \mathbf{v}$に関する$\gamma$因子$\gamma_u$および$\gamma_v$を区別することに注意。]$"\mathbf{u} + \mathbf{v}" \neq "\mathbf{v} + \mathbf{u}"$であるが，これら 2 つのベクトルは等しい大きさを持ち，z軸回りの回転だけが異なることを示せ。この回転はウィグナー回転と呼ばれ，原子エネルギーレベルの微細構造に重要な影響を及ぼすトーマス歳差運動の原因となる。

---

32 それにもかかわらず，このことは相対性理論のいかなる原則にも違反しない。単一の物体はいかなる慣性系に対してもcより大きい速度を有することはできないが，2 つの物体が動く系内で測定される相対速度がcより大きいことを禁止するものはない。

15.8 節 4 次元時空：4 元ベクトル

15.29* （a）$\mathbf{e_1}$が$\mathbf{e_2}$に向かう方向にθ回転するように，x_3軸を中心に 3 次元空間を回転させる3×3行列$\mathbf{R}(\theta)$を求めよ。　（b）$[\mathbf{R}(\theta)]^2=\mathbf{R}(2\theta)$を示し，この結果を解釈せよ。

15.30* （15.40）に関連して導入された「角度」ϕは，いくつかの有用な特性を有する。任意の速さ$v<c$（および対応する係数β,γ）に関して，$\gamma=\cosh\phi$となるようにϕを定義することができる。このように定義されたϕは，vに対応する**ラピディティ**と呼ばれる。$\sinh\phi=\beta\gamma$, $\tanh\phi=\beta$であることを証明せよ。

15.31* 問題 15.30 で導入されたラピディティの，便利な特性を次に示す。観測者BはAによって測定されるラピディティϕ_1を持ち，CはB（x軸に沿った両方の速度で）によって測定されるラピディティϕ_2を有すると仮定する。すなわちAに対するBのラピディティは$\beta_1=\tanh\phi_1$であり，以下同様である。 Aによって測定されたCのラピディティが，$\phi=\phi_1+\phi_2$であることを証明せよ。

15.32* 15.8 節において，純回転に対応する4×4行列Λ_Rが（15.44）のブロック形式であるとした。方程式$x'=\Lambda_R x$の各々の成分を書き出し，x_4は変わらないが空間部分(x_1,x_2,x_3)が回転していることを示すことによって，この主張を確かめよ。

15.33** （a）x_1とx_2を交換することによって，x_2軸に沿った速度Vのブーストのローレンツ変換，および対応する4×4行列Λ_{B2}を書き下せ。　（b）x_1x_2平面において，回転角を反時計回りに測定した場合，$\pm\pi/2$回転を表す4×4行列$\Lambda_{R+},\Lambda_{R-}$を書き下せ。　（c）$\Lambda_{B2}=\Lambda_{R-}\Lambda_{B1}\Lambda_{R+}$を確かめよ。ここで$\Lambda_{B1}$は$x_1$軸に沿った標準ブーストである。またこの結果を説明せよ。

15.34** x_1x_2平面内で，x_1軸と角度θをなす方向に純粋なブーストを与える4×4行列を$\Lambda_B(\theta)$とする。なぜ，$\Lambda_B(\theta)=\Lambda_R(-\theta)\Lambda_B(0)\Lambda_R(\theta)$が成立するのかを説明せよ。ここで$\Lambda_R(\theta)$は$x_1x_2$平面内で角度$\theta$回転させる行列，$\Lambda_B(0)$は$x_1$軸に沿った標準ブーストである。この結果を使って$\Lambda_B(\theta)$を求め，$S'$において観測した$S$の空間原点の動きを求めることで結果を確認せよ。

15.35** ゼロ成分定理と呼ばれる，以下の有用な結果を証明せよ。qを 4 元ベクトルとし，qの成分の 1 つが任意の慣性系においてゼロであると仮定する。（たとえば，任意の系で$q_4=0$。）その場合，qの 4 つの成分は任意の系でゼロになる。

15.9 節 不変スカラー積

15.36* これまで任意の 4 元ベクトルxのスカラー積$x\cdot x$が，ローレンツ変換のもとで不変であることを見てきた。$x \cdot x$の不変量を使い，任意の2つの4元ベクトルx, yのスカラー積$x \cdot y$が，同様に不変量であることを証明せよ。

15.37* 任意の2つの4元ベクトルx, yについて，$x' \cdot y' = x \cdot y$であることを直接確かめよ。ここでx', y'は，x_1軸に沿った標準的なローレンツブーストによってx, yに結びついている。

15.38** 観測者が位置$\mathbf{x}(t)$で空間内を移動すると，4元ベクトル$x = (\mathbf{x}(t), ct)$は観測者の世界線と呼ばれる時空内の経路をたどる。時空内の点P, Qで発生する2つの事象を考える。観測者によって2つの事象が同じ時間tに起こったと測定された場合，P, Qを結ぶ線は時間tの観測者の世界線に対して直交している，すなわち，$(x_P - x_Q) \cdot dx = 0$であることを示せ。ここでdxは，時間tおよび$t + dt$において世界線上の2つの隣接点を結んだものである。

15.10節 光円錐

15.39* 座標$x = (\mathbf{x}(t), x_4)$の時空点Pが，S系で見た場合に過去光円錐の内側にあるとする。これは，少なくともS系において$x \cdot x < 0$かつ$x_4 < 0$であることを意味する。これらの2つの条件がすべての系で満たされることを証明せよ。このことは，すべての観察者が$t < 0$に同意することを意味するため，過去光円錐の内側を絶対過去を呼ぶことを正当化する。

15.40* 時空の点xが未来光円錐上にあることは，ローレンツ不変であることを示せ。

15.41* 719ページの命題において，3つのうちの少なくとも1つが真でなければならないことは明らかである。そこで与えられた証明によって，(1) が真ならば，(2) と (3) も真であることを示した。(2) から (1) と (3) が導かれることを示すことで，証明を完成させよ。[厳密に言えば，(3) から (1) または (2) が導かれることを確認する必要があるが，これは既におこなってきた議論と極めて類似しているため，読者が気にする必要はない。]

15.42* xが時間的であり$x \cdot y = 0$ならば，yは空間的であることを証明せよ。

15.43* (a) ある慣性系から見た物体の速さが$v < c$である場合，すべての系において$v < c$であることを示せ。[ヒント：4元ベクトルの変位$dx = (d\mathbf{x}, cdt)$を考えよ。ここで$d\mathbf{x}$は微小時間dtにおける3次元変位である。] (b) 同様に，(光のパルスなどの) 信号が1つの系で速度cである場合，その速度はすべての系でcであることを示せ。

15.44** (a) qが時間的であるとすると，$q' = (0,0,0,q_4)$という形を持つ系S'があることを示せ。 (b) qが1つの系Sにおいて順時間的であるならば，すべての慣性系において順時間的であることを示せ。

15.11節 商法則とドップラー効果

15.45* 15.11 節の冒頭で導出された商法則は，いくつかある同様の商法則のうちの 1 つにすぎない。ここに別の商法則がある。k, xの両方が 4 元ベクトルであり，すべての慣性系においてkがxの倍数であると仮定する。すなわちS系では$k = \lambda x$，S'系では$k' = \lambda' x'$などとなる。この場合，係数λ（kとxの「商」）はすべての系において同じ値，つまり$\lambda = \lambda'$を有する 4 元スカラーである。この商法則を証明せよ。

15.46* (a) 光源が観測者に対して正面から近づいている場合，ドップラー効果の式 (15.64) は$\omega = \omega_0\sqrt{(1+\beta)/(1-\beta)}$として書き直すことができることを示せ。　(b) 光源が観察者から直接遠ざかっている場合，これに対応する結果を求めよ。

15.47* 赤信号で止まらなかったために違反切符を切られた物理学者の弁明，つまり交差点に近づいていたので，赤い光がドップラーシフトして緑色に見えたとの主張，を論じよ。物理学者はどれくらい早く走る必要があるか。($\lambda_{red} \approx 650$nm，$\lambda_{green} \approx 530$nm)

15.48** ドップラー効果の式 (15.64) の係数γは時計の遅れに帰することができ，$\theta = 90°$であってもドップラーシフトが存在することを意味する。(ニュートン力学では$\theta = 90°$のときにドップラーシフトがなく，また観測者の方向に対する速度はゼロである。) したがって，この横断ドップラーシフトは時計の遅れのテストであり，理論に対する極めて正確なテストをもたらした。しかし光源が光速度に極めて近い速さで運動している場合を除いて，横方向シフトは非常に小さい。　(a) $V = 0.2c$の場合，$\theta = 90°$のときのドップラーシフトの割合を求めよ。　(b) これを光源が観察者の正面から近づくときのドップラーシフトと比較せよ。

15.12 節 質量，4 元速度，4 元運動量

15.49* 任意の物体の 4 元速度が，$u \cdot u = -c^2$の 2 乗不変長を持つことを示せ。

15.50* 任意の 2 つの物体a, bについて，それらの 4 元速度のスカラー積が$u_a \cdot u_b = -c^2\gamma(v_{rel})$であることを示せ。ここで$\gamma(v)$は通常の$\gamma$因子，つまり$\gamma(v) = 1/\sqrt{1 - v^2/c^2}$であり，$v_{rel}$は$b$の静止系における$a$の速度，またはその逆である。

15.51** (a) 図 15.11 に示す衝突の場合，(a) のS系において，全 4 元運動量$p_a + p_b$[個々の運動量は (15.68) のように，相対論的に定義されている]の 4 つの成分すべてが保存されることを確認せよ。(b) 2 行またはそれ以下で，(b) のS'系において全 4 元運動量が保存されることを証明せよ。[この問題は，4 元運動量の保存則は一般的に真であることを証明しているわけではないが，この法則は少なくとも図 15.11 の衝突と無矛盾であることを示している。]

15.52** (a) 孤立系の全 3 元運動量$\mathbf{P} = \sum \mathbf{p}$が，すべての慣性系で保存されていると仮定する。これが真であれば (実際にそうであるのだが)，全 4 元運動量$P = (\mathbf{P}, P_4)$の第 4 成分P_4も同様に保存されなければならないことを示せ。　(b) 問題 15.35 のゼロ成分定理を用いる

と，次のような強力な結果を素早く証明することができる。全運動量Pのうちの 1 つの成分がすべての系で保存されている場合，4 つの成分はすべての系で保存される。

15.53** 任意の 2 つの物体a, bについて，

$$p_a \cdot p_b = m_a E_b = m_b E_a = m_a m_b c^2 \gamma(v_{rel})$$

であることを示せ。ここでm_aはaの質量，E_bはaの静止系におけるbのエネルギー，およびその逆であり，v_{rel}はbの静止系におけるaの速度（またはその逆）である。

15.54*** （a）相対論的に正しい速度加算式を使用し，S系におけるaの初速度を用いて図 15.11（b）の衝突におけるS'系から見た 4 元速度を示す表を作成せよ。[$\mathbf{v_a} = (\xi, \eta, 0)$のような単純な名前を，$S$系における$a$の初速度に与えよ。]（b）衝突前と衝突後のニュートン力学的な全運動量$m_a v'_a + m_b v'_b$を示す列を追加し，S'系においてはニュートン力学的な運動量のy成分が保存されていないことを示せ。

15.55*** 4 元速度$u = \gamma(\boldsymbol{v}, c)$は 4 元ベクトルであるので，その変換の特性は単純である。uの 4 つの成分すべてについて，標準ローレンツブーストを書き下せ。これらを使って，$\mathbf{v}$の相対論的な速度加算式を導き出せ。

15.13 節 運動量の第 4 成分としてのエネルギー

15.56* （15.80）の反応において，酸素が水素と結合すると約5eVのエネルギーが放出される。（すなわち最終的な 2 つの分子の運動エネルギーは，最初の 3 つの分子の運動エネルギーよりも5eV多い。） （a）分子の全静止質量は，どれだけ変化するか。 （b）全質量の変化の割合を求めよ。 （c）この反応によって 10 グラムの水が生成された場合，全質量の変化量を求めよ。

15.57* アスタチン 215 の放射性原子核が静止状態で崩壊した場合，反応中に原子全体が 2 つに引き裂かれる

$$^{215}\mathrm{At} \to {}^{211}\mathrm{Bi} + {}^{4}\mathrm{He}$$

3 つの原子の質量は原子質量単位で（順番に）214.9986，210.9873，4.0026 である。（1 原子質量単位$= 1.66 \times 10^{-27}\mathrm{kg} = 931.5\ \mathrm{MeV/c^2}$。）反応後の 2 つの原子の全運動エネルギーを，ジュール単位とMeV単位で求めよ。

15.58* （a）運動エネルギーTが静止エネルギーと等しい場合，粒子の速度を求めよ。（b）そのエネルギーEが，静止エネルギーのn倍に等しい場合はどうか。

15.59* 可変質量$m_{var} = \gamma m$を定義した場合，相対論的運動量$\mathbf{p} = \gamma m \mathbf{v}$は$m_{var}\mathbf{v}$になり，ニュートン力学的定義に似たものになる。しかし相対論的運動エネルギーは$1/2 m_{var} v^2$に等しく

ないことを示せ。

15.60* 質量m_aの粒子が静止状態にあり，質量m_bの 2 つの同一の粒子に崩壊する。運動量とエネルギーの保存を使用して，放出される粒子の速度を求めよ。

15.61* 質量3MeV/c^{2}の粒子は，4MeV / cの運動量を有する。そのエネルギー（MeV単位）と速度（単位c）を求めよ。

15.62* 質量12MeV/c^{2}の粒子は，1MeVの運動エネルギーを有する。その運動量（MeV/c）と速度（cの単位）を求めよ。

15.63* (a) 1 MeV/c^{2}の質量は, 何キログラムであるか。(b) 1MeV/cの運動量を, kg · m/sで表せ。

15.64* 慣性系Sで測定した場合，陽子は 4 元運動量pを有する。またS系で測定すると，S'系内に静止している観察者は，4 元速度uを有する。この観測者によって測定された陽子のエネルギーが$-u\cdot p$であることを示せ。

15.65** 粒子の相対論的運動エネルギーは, $T=(\gamma-1)mc^2$である。2 項級数を使って, Tを$\beta=v/c$のべき乗級数として表現する。　(a) 第 1 項が非相対論的運動エネルギーであることを確かめ，βの最も低いベキに対して，相対論的運動エネルギーと非相対論的運動エネルギーの差が$3\beta^4mc^2/8$であることを示せ。　(b) この結果を用いて，非相対論的な値が正しい相対論的な値の 1%以内にある最高速度を見出せ。

15.66** 非相対論的力学では，エネルギーに任意定数が含まれている。物理的性質は置換$E\to E+$定数によって変化しない。これは相対論的力学の場合には当てはまらないことを示せ。［ヒント：4 元運動量pは，4 元ベクトルのように変換されることを思い出すこと。］

15.14 節 衝突

15.67* 等質量の 2 つのボール（それぞれの質量m）は，大きさは等しいが$0.8c$の逆速度で真正面から接近する。衝突は完全非弾性であるので，一緒にくっついて一体の質量Mを形成する。最終的な速度と質量Mを求めよ。

15.68* 2 つの粒子（質量m_a, m_b）がx軸に沿って互いに接近して衝突し，同じ軸に沿って移動して出現する，例 15.10 の弾性正面衝突を考えてみよう。CM 系においては（その定義によって）$\mathbf{p}_\mathrm{a}^\mathrm{in}=-\mathbf{p}_\mathrm{b}^\mathrm{in}$である。運動量およびエネルギー保存を利用して，$\mathbf{p}_\mathrm{a}^\mathrm{fin}=-\mathbf{p}_\mathrm{a}^\mathrm{in}$を証明せよ。すなわち粒子$a$（および同様に$b$）の運動量は，CM 系内でそれ自体が逆転するだけである。

15.69* (a) 物質粒子（$m>0$）の 4 元運動量は，未来時間的であることを示せ。　(b) 任意の 2 つの未来時間的なベクトルの和は未来時間的であり，したがって任意の数の未来時間的なベクトルの和は未来時間的であることを示せ。

15.70* (a) 問題 15.69 の結果を用いて，任意の数の物質粒子に対して CM 系，つまり運動量の和がゼロである系が存在することを証明せよ。 (b) 任意の系Sに対して，CM 系の速度は$\boldsymbol{\beta} = \mathbf{p}c/E$で与えられることを示せ。

15.71* 重いエキゾチック粒子を作成する 1 つの方法は，2 つのより軽い粒子を衝突させることである。

$$a + b \to d + e + \cdots + g$$

ここでdは関心のある重い粒子であり，$e, \cdots, g$は反応において生成されるその他の粒子である。（このような過程の良い例はψ粒子の生成$e^+ + e^- \to \psi$であるが，この場合は他の粒子$e, \cdots, g$が存在しない。） (a) m_dが他のどの粒子よりも重いと仮定すると，この反応が CM 系で起こる最小（またはしきい値）エネルギーは$E_{CM} \approx m_d c^2$であることを示せ。 (b) 粒子bが最初は静止している実験室系で同じ反応を生み出すためのしきい値エネルギーは，$E_{lab} \approx m_d^2 c^2 / 2m_b$であることを示せ。 (c) $e^+ + e^- \to \psi$に対するこれらの 2 つのエネルギーを，$m_e \approx 0.5\ \mathrm{MeV/c^2}$および$m_\psi \approx 3100\ \mathrm{MeV/c^2}$のもとで計算せよ。その答えは，なぜ素粒子物理学者が衝突ビーム実験装置を建設する手間と費用をかけるのかを説明する。

15.72* マッド・サイエンティストが，質量Mの粒子が 2 つの同一の質量m（$M < 2m$）の粒子に崩壊するのを観察したと主張している。これがエネルギーの保存に違反するという異論に対して，彼は十分速く移動していると容易に$2mc^2$の以上のエネルギーを持つことができ，したがって 2 つの質量mの粒子に崩壊する可能性があると答えている。彼が間違っていることを示せ。［マッド・サイエンティストは，エネルギーと運動量の両方が保存されていることを忘れてしまっている。これらの 2 つの保存則の観点からこの問題を分析することができるが，Mの静止系を考えるほうがはるかに簡単である。］

15.73** 粒子bの最終速度$\mathbf{v_b}$が（15.95）で与えられる，例 15.10 の正面弾性衝突を考える。 (a) 質量が等しく（$m_a = m_b$），$v_b = v_a$という特殊な場合を考える。ここでv_aは，粒子aの初期速度を表す。この場合，aの最終速度はゼロであることを示せ。[等質量衝突のこの結果は，ニュートン力学ではよく知られている。読者は今，そのことが相対論でも成立することを示した。］ (b) 非相対論的な極限（15.95）が$v_b = 2v_a m_a/(m_a + m_b)$となることを示せ。必要な非相対論的計算をおこなうことによって，これは弾性正面衝突の非相対論的な答えと一致することを示せ。

15.74** S系のx軸の正方向に沿って速さ$0.5c$で移動する粒子aは，2 つの同一の粒子$a \to b + b$に分裂し，両方ともx軸上を移動し続ける。 (a) $m_a = 2.5m_b$と仮定すると，粒子aの静止系に対する 2 つの粒子bの速度を求めよ。 (b) (a) の結果に対して必要な変換をおこなうことにより，元のS系における 2 つの粒子bの速度を求めよ。

15.75** 未知の質量Mの粒子は，既知の質量を持つ 2 つの粒子$m_a = 0.5\mathrm{GeV}/c^2$，$m_b =$

$1.0\mathrm{GeV}/c^2$に崩壊したが，その際の運動量はx_2軸に沿って$\mathbf{p_a} = 2.0\mathrm{GeV}/c$，$x_1$軸に沿って$\mathbf{p_b} = 1.5\mathrm{GeV}/c$であった（$1\mathrm{GeV} = 10^9\mathrm{eV}$）。未知の質量$M$と，その速度を求めよ。

15.76** 粒子aは，S系のx_1軸に沿って粒子bを追走している。それぞれの質量はm_a, m_bであり，速度は$v_a, v_b(v_a > v_b)$である。bに追いつくと衝突して合体し，質量mの単一粒子を形成し，速度はvとなる。このとき

$$m^2 = m_a^2 + m_b^2 + 2m_a m_b \gamma(v_a)\gamma(v_b)(1 - v_a v_b/c^2)$$

が成立することを示し，vを求めよ。

15.77*** 粒子aが静止粒子bに衝突する，例 15.10 の弾性正面衝突を考える。（a）$m_a \neq m_b$とすると，粒子aの最終運動エネルギーは$T_a^{fin} < (m_a - m_b)^2c^2/2m_b$を満たすことを示せ。[ヒント：CM 系に着目し，4 元ベクトル$p_a^{fin} - p_b^{in}$が時間的，つまり$\left(p_a^{fin} - p_b^{in}\right)^2 < 0$であることを示せ。]（b）（a）の結果は，もし$T_a^{in}$は大きな値であれば，入射エネルギーのほとんどが$b$によって失われることを意味している。これは非相対論的な状況と，まったく異なっている。非相対論的力学では，aによって保持される運動エネルギーの割合は，T_a^{fin}とは無関係で一定であることを証明せよ。具体的には，$T_a^{fin} = T_a^{in}(m_a - m_b)^2/(m_a + m_b)^2$である。

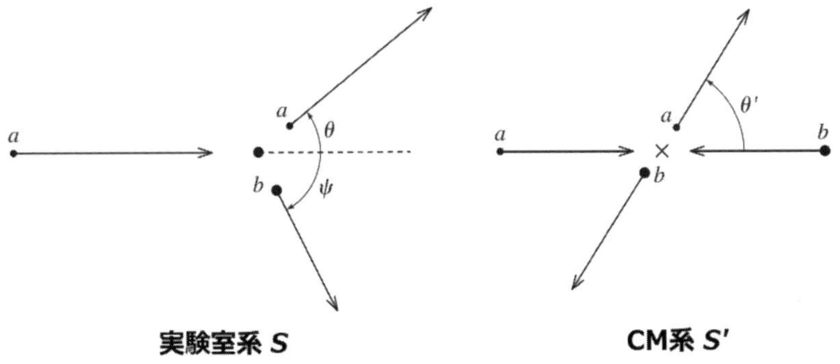

図 15.17 問題 15.78 の図

15.78*** 図 15.17 に示す弾性衝突を考えてみよう。実験室系Sでは，粒子bは最初は静止している。粒子aは 4 元運動量p_aで入射し，角度θで散乱する。粒子bは角度ψで反跳する。CM 系S'では，2 つの粒子は大きさが等しく反対方向の運動量で接近し，粒子aは角度θ'で散乱する。（a）実験室系に対する CM 系の速度が，$V = p_a c^2/(E_a + m_b c^2)$であることを示せ。（b）$a$の最終運動量を CM 系から実験室系へ変換することによって，

$$\tan\theta = \frac{\sin\theta'}{\gamma V(\cos\theta' + V/v'_a)} \tag{15.153}$$

を示せ。ここでv'_aは CM 系におけるaの速度である。 (c) すべての速度がcよりもはるかに小さいという極限において，この結果は非相対論的結果（14.53）（$\lambda = m_a/m_b$）と一致することを示せ。 (d) $m_a = m_b$の場合に特化して考える。この場合は$V/v'_a = 1$となることを示し，$\tan\psi$について（15.153）に類似した公式を見つけよ。 (e) 2 つの散乱運動量間の角度が，$\tan(\theta + \psi) = 2/(\beta_V^2\gamma_V\sin\theta')$によって与えられることを示せ。$V \ll c$という極限で$\theta + \psi = 90°$という，よく知られた非相対論的な結果が回復されることを示せ。

15.15 節 相対性理論における力

15.79* 力$\mathbf{F}$の作用を受ける，質量m（定数であると仮定してもよい）の物体を考える。定義（15.100）から，

$$\mathbf{F} = \gamma m\mathbf{a} + (\mathbf{F}\cdot\mathbf{v})\mathbf{v}/c^2$$

であることを示せ。ここで，$\mathbf{a} = d\mathbf{v}/dt$は物体の加速度である。相対性理論においては，$\mathbf{F} = m\mathbf{a}$は確かに真実ではないことに注意してほしい。そうではなく$\mathbf{F}$は$\mathbf{v}$に対して垂直であるという特殊な場合を除いては，$\mathbf{F} = m_{var}\mathbf{a}$が正しいことを示せ。ここで$m_{var}$は可変質量$m_{var} = \gamma m$である。一般に，$\mathbf{F}$と$\mathbf{a}$は同じ方向ではない。

15.80* 質量m，電荷qの粒子が，均一で一定の磁場$\mathbf{B}$内を移動する。$\mathbf{v}$が$\mathbf{B}$に垂直であれば，粒子は以下の半径の円内を移動することを示せ。

$$r = |\mathbf{p}/qB| \tag{15.154}$$

[この結果は，$\mathbf{p}$が相対論的運動量$\mathbf{p} = \gamma m\mathbf{v}$であることを除いて，非相対論的な結果（2.81）と一致する。]

15.81* 電子（質量$0.5\text{MeV}/c^2$）は，0.02 テスラの磁場中の円軌道内を，速度$0.7c$で移動する。問題 15.80 の相対論的な結果（15.154）を使って，電子の軌道半径を求めよ。ニュートン力学的な運動量の定義を使用した場合，その答えはどうなるか。[言うまでもなく相対論的な結果は実験によって確認されており，これによって相対論的力学の正しさを示す最初の証拠のいくつかを与えた[33]。]

---

[33] Göttingen Nachrichten の論文，p143（1901）において，Walter Kaufmann は，磁場中の電子の「見かけ上の質量」（可変質量）が速度とともに増加し，相対論的な式$m_{var} = \gamma(v)m$と大まかに一致することを示した。アインシュタインが相対性理論の最初の論文を発表する約 4 年前に，この論文が出版されたことは注目に値する。

15.82* (a)（15.105）を積分することによって，均一な電場内を移動する粒子の位置に対する結果（15.106）を確かめよ。 (b) tが小さいとき，粒子はゆっくりと動くはずであり，（15.106）は非相対論的な結果$\mathbf{x} = \frac{1}{2}\mathbf{a}t^2$と一致するはずである。そうなることを確かめよ。 (c) tが大きいとき$\mathbf{x} \approx \hat{\mathbf{F}}(ct + const)$であることを示し，この結果を説明せよ。

15.83* 物体に働く力$\mathbf{F}$の定義（15.100）から始めて，S系からS系の標準的配置に対して，速度Vで移動する第 2 の系S'へと変換する際の$\boldsymbol{F}$の成分が，以下で与えられることを証明せよ。

$$F'_1 = \frac{F_1 - \beta \mathbf{F} \cdot \mathbf{v}/c}{1 - \beta v_1/c}, \qquad F'_2 = \frac{F_2}{\gamma(1-\beta v_1/c)}, \qquad F'_3 = \frac{F_3}{\gamma(1-\beta v_1/c)} \tag{15.155}$$

ここで$\beta = \beta(V)$および$\gamma = \gamma(V)$は 2 つの系の相対速度に関係し，$\mathbf{v}$はS系で測定された物体の速度である。

15.84** 質量mの物体が$t = 0$で，y方向に 3 元運動量p_0で原点から投げ出された。x方向に一定の力F_0を受ける場合，その速度$\mathbf{v}$をtの関数として求め，また$\mathbf{v}$を積分することによってその軌道を求めよ。非相対論的な極限において，その軌道が予想通り放物線となることを確かめよ。

15.85** 時間の経過とともに物体の質量が変化する過程があることを，これまで見てきた。 (a)（15.85）から，$dm/dt_0 = -u \cdot K/c^2$を証明せよ。ここでt_0は物体の固有時，uは 4 元速度，Kは物体に働く 4 元力である。 (b) このことは，力が物体の質量を変化させないという必要かつ十分な条件は，$u \cdot K = 0$であることを意味する。荷電粒子が電磁場中に（瞬間的にでも）静止していれば，$dE/dt = 0$となるというのは実験的な事実である。これを用い，電磁気力によって粒子の質量が変化しないことを議論せよ。

15.16 節 質量のない粒子：光子

15.86* 中性パイ中間子π^0は，2 つの光子$\pi^0 \to \gamma + \gamma$に崩壊する不安定な粒子（質量$m = 135\mathrm{MeV}/c^2$）である。 (a) パイ中間子が静止している場合，各光子のエネルギーを求めよ。 (b) パイ中間子がx軸に沿って移動しており，また（それから生じた）光子も，x軸に沿って前方および後方にそれぞれ 1 つずつ移動していることが観察されたと仮定する。最初の光子が 2 番目の光子の 3 倍のエネルギーを持っている場合，パイ中間子の元の速度vを求めよ。

15.87* 中性パイ中間子（問題 15.86）は速度vで移動しており，2 つの光子に崩壊した。そしてこれらの光子は，元の速度方向の両側に等しい角度 θ で出現した。この場合，$v = c\cos\theta$となることを示せ。

15.88* 質量$m_a = 0, m_b > 0$の 2 つの粒子a, bが互いに接近する。CM 系（すなわち，それらの 3 元運動量の合計がゼロである系）が存在することを証明せよ。[ヒント：これは 2 つの 4 元ベクトル（そのうちの 1 つは未来光的で，もう 1 つは未来時間的である）の和が，未来時間的であることを示すことと同じである。]

15.89* 2 つの質量ゼロの粒子の 3 元運動量が平行でない場合，CM 系を持つことを示せ。[ヒント：これは空間部分が平行でない限り，2 つの未来時間的なベクトルの和が未来時間的であることを示すことと同じである。]

15.90** 観測された最初の陽電子は，上空の大気中の高エネルギー宇宙線光子による電子・陽電子対で生成された。 (a) $\gamma \to e^+ + e^-$の過程において，孤立した光子は電子・陽電子対に変換できないことを示せ。[この過程は必然的に 4 元運動量の保存に違反することを示している。] (b) 実際には光子が静止した核に衝突し，その結果

$$\gamma + 核 \to e^+ + e^- + 核$$

となる。(15.98) を使用すると，この反応を引き起こす光子の最小エネルギーを求めることができることを確かめよ。[(15.98) の導出においては，入射粒子が$m > 0$であると仮定した。]核の質量が電子の質量よりもはるかに大きい場合，この反応を誘発する最小の光子エネルギーは約$2m_e c^2$であることを示せ。[これは$\gamma \to e^+ + e^-$という過程に対して計算されたエネルギーであり，核の役割はちょうど 3 元運動量を吸収する「触媒」であることを示している。]

15.91** 静止している励起状態の原子X^*は，光子を放出することによって基底状態Xに降下する。原子物理学では，光子のエネルギーE_γが 2 つの原子状態のエネルギーの差$\Delta E = (M^* - M)c^2$に等しいと通常は仮定する。ここでMとM^*は，基底状態および励起状態の静止質量である。反跳原子XがエネルギーΔEの一部を持ち去らなければならないので，これは正確には正しくない。実際には，$E_\gamma = \Delta E[1 - \Delta E/(2M^* c^2)]$であることを示せ。$\Delta E$が数 eVのオーダーであり，一方で最も軽い原子は$1\text{GeV}/c^2$オーダーの$M$を持つ場合，$E_\gamma = \Delta E$であるという仮定の妥当性について議論せよ。

15.92** 正のパイ中間子はミュー粒子とニュートリノ，つまり$\pi^+ \to \mu^+ + \nu$に崩壊する。これらの質量は$m_\pi = 140\text{MeV}/c^2$, $m_\mu = 106\text{MeV}/c^2$, $m_\nu = 0$である。(m_νは正確にはゼロではないという説得力のある証拠があるが，その質量は十分小さく，この問題においてはゼロと取り扱ってよい。) 崩壊後のミュー粒子の速度は$\beta = (m_\pi^2 - m_\mu^2)/(m_\pi^2 + m_\mu^2)$であることを示せ。これを数値的に評価せよ。より稀にしか起こらない崩壊モード$\pi^+ \to e^+ + \nu$ ($m_e = 0.5\text{MeV}/c^2$) においても，同じことをおこなえ。

15.93*** 高エネルギーの電子（エネルギーE_0，速さ$\beta_0 c$）と，エネルギー$E_{\gamma 0}$の光子との正面衝突による弾性衝突を考える。光子の最終エネルギーE_γが，以下のようになることを示せ。

$$E_\gamma = E_0 \frac{1+\beta_0}{2+(1-\beta_0)E_0/E_{\gamma 0}}$$

[ヒント：(15.123) を使え。] $E_\gamma < E_0$であるが$\beta_0 \to 1$ならば$E_\gamma/E_0 \to 1$，すなわち非常に高エネルギーの電子は，光子との正面衝突によってほとんどすべてのエネルギーを失うことを示せ。$E_0 \approx$10TeV で光子が可視光の範囲にある$E_{\gamma 0} \approx$3eV のとき，電子が保持するのは元のエネルギーの何分の一であるか。（なお電子の質量は約0.5MeV/c^2であり，また1TeV = 10^{12}eVである。）

15.17 節 テンソル

15.94* 2 つの行列A, B（ここでAの列数とBの行数は同じとする）に対して，ABの転置は$(\mathrm{AB})^{\sim} = \tilde{\mathrm{B}}\tilde{\mathrm{A}}$を満たすことを証明せよ。

15.95* n次元ベクトル$\mathbf{a}, \mathbf{b}$に対し，$\mathbf{a}, \mathbf{b}$を任意に選択した場合に$\tilde{\mathbf{a}}\mathbf{C}\mathbf{b} = \tilde{\mathbf{a}}\mathbf{D}\mathbf{b}$（$\mathbf{C}, \mathbf{D}$は$n \times n$行列）ならば，$\mathbf{C} = \mathbf{D}$であることを示せ。

15.96* T, aがそれぞれ 4 元テンソルと 4 元ベクトルの場合，$b = T \cdot a = TGa$は 4 元ベクトル，つまり$b' = \Lambda b$という規則にしたがって変換することを証明せよ。

15.97* (a) $T_{\mu\nu} = T_{\nu\mu}$ならば，テンソルTは対称テンソルと呼ばれる。Tが 1 つの慣性系で対称であれば，任意の慣性系においても対称テンソルであることを証明せよ。 (b) $T_{\mu\nu} = -T_{\nu\mu}$であれば，Tは反対称テンソルと呼ばれる。Tが 1 つの慣性系において反対称テンソルであるならば，任意の慣性系においても反対称テンソルであることを証明せよ。(後者の特性の一例は電磁場テンソルであり，すべての系において反対称である)。

15.98** (a) スカラー積$a \cdot b = \tilde{a}Gb$の不変性を用いて，4×4ローレンツ変換行列が条件（15.136），つまり$\tilde{\Lambda}G\Lambda = G$を満たさなければならないことを証明せよ。 (b) 標準ローレンツブースト（15.43）は，この条件を満たすことを確かめよ。

15.99** 3 元ベクトルの商法則の有用な形式は，次の通りである。$\mathbf{a}, \mathbf{b}$が 3 元ベクトルであると仮定する。すべての直交軸の組に対して，任意の$\mathbf{a}$において$\mathbf{b} = \mathbf{T}\mathbf{a}$となる 3×3 の行列$\mathbf{T}$があるとする。このとき，$\mathbf{T}$はテンソルである。 (a) このことを証明せよ。 (b) 4 元ベクトルと 4 元テンソルに対する法則を立て，証明せよ。

15.100*** (a) ∇がベクトル演算子であるということは，$\phi(x)$が任意のスカラーならば，$\nabla\phi = (\partial\phi/\partial x_1, \partial\phi/\partial x_2, \partial\phi/\partial x_3)$の 3 つの成分は 3 元ベクトル変換法則（15.126）にしたがって変換されることと同義である。このことを証明せよ。[ヒント：$\partial\phi/\partial x_i = \sum_j \left(\partial x'_j/\partial x_i\right)\partial\phi/\partial x'_j$というチェーンルールを利用する。] (b) 4 次元時空において，ϕが 4 元スカラーであれば，以下によって規定される量$\square\phi$

$$\Box\phi = \left(\frac{\partial\phi}{\partial x_1}, \frac{\partial\phi}{\partial x_2}, \frac{\partial\phi}{\partial x_3}, -\frac{\partial\phi}{\partial x_4}\right) \tag{15.156}$$

は 4 元ベクトルであることを示せ。(4 番目の要素のマイナス記号に注意。) この結果は，電磁場のマクスウェル方程式を書き下す際に重要である。

15.18 節 電気力学と相対性理論

15.101* (a) $\mathbf{E}\cdot\mathbf{B}$および$E^2 - c^2B^2$は，ローレンツ変換に対して不変であることを証明せよ。[変換式 (15.146) を使用して標準ブーストの下での結果を証明し，もしどちらかの量が標準ブーストの下で不変であるなら，それはローレンツ変換のもとでは不変であることを説明する。]これらの結果を使用して，以下を証明せよ。 (b) S系において$\mathbf{E}, \mathbf{B}$が互いに垂直であれば，他の系S'でも垂直である。(c) S系において$E > cB$であれば，$E = 0$となる系は存在しない。

15.102* (a) x_1軸に沿った標準ブーストの変換式 (15.146) から出発し，x_3軸に沿った対応するブーストを求めよ。 (b) この変換の逆を書き下し，直線上を移動する電荷についての結果 (15.151)，(15.152) を確かめよ。

15.103* (a) 変換式 (15.146) を用いて，S系において$\mathbf{E} = 0$ならば，S'系において$\mathbf{E}' = \mathbf{v}\times\mathbf{B}'$であることを示せ。 (b) 同様に，$S$系において$\mathbf{B} = 0$ならば，$S'$系において$\mathbf{B} = -\mathbf{v}\times\mathbf{E}'/c^2$であることを示せ。

15.104** 電磁場テンソルを，$K = q\mathcal{F}\cdot u \equiv q\mathcal{F}Gu$で定義した。ここで$K$は電荷$q$の 4 元力であり，$u$は 4 元速度である。 (a) ローレンツ力 (15.139) から，Kの 4 つの要素を ([15.141] のように) 書き下せ。 (b) これらを用いて行列$\mathcal{F}G$を求め，テンソル$\mathcal{F}$が (15.143) の形式を有することを示せ。

15.105** $\mathcal{F}$は 4 元テンソルであるので，規則 (15.145) にしたがって変換する必要があり，$\mathcal{F}' = \Lambda\mathcal{F}\tilde{\Lambda}$である。(15.143) の$\mathcal{F}$と標準ローレンツブースト形式$\Lambda$を使用して，行列$\mathcal{F}'$を求め，電磁場の変換式 (15.146) を確かめよ。

15.106** クーロンの法則から，次のようにしてローレンツ力の法則を導く。 (a) 電荷qがS'系に静止している場合，クーロンの法則によりqに働く力は$\mathbf{F}' = q\mathbf{E}'$である。問題 15.83 の力の逆変換 (15.155) を使用して，S系における力$\mathbf{F}$を書き下せ。(今のところ$\mathbf{E}'$を使って答えよ。) (b) 場の変換 (15.146) を使用して，$\mathbf{E}$と$\mathbf{B}$を使って先の答えを書き直し，$\mathbf{F} = q(\mathbf{E} + \mathbf{v}\times\mathbf{B})$を示せ。

15.107** 古典的な電磁気学でよく知られている結果として，3 元スカラーポテンシャルϕと 3 元ベクトルポテンシャル$\mathbf{A}$を導入すると，場$\mathbf{E}, \mathbf{B}$は次のように書くことができる。

$$\mathbf{E} = -\nabla\phi - \frac{\partial A}{\partial t}, \qquad \mathbf{B} = \nabla \times \mathbf{A} \tag{15.157}$$

相対性理論では，4 元ポテンシャル$A = (\mathbf{A}, \phi/c)$によって，これらのポテンシャルは 1 つに組み合わされる。以下を証明せよ。

$$\mathcal{F}_{\mu\nu} = \square_\mu A_\nu - \square_\nu A_\mu$$

ここで□は，問題 15.100 の（15.156）で定義されたダランベール演算子である。（Aが 4 元ベクトルであることを受け入れるならば，これは$\mathcal{F}$が 4 元テンソルであるという代替の証明を与える。）

15.108** S系に対して速度$\mathbf{v}$で移動する，電荷密度ϱの電荷分布を考える。 (a) $\varrho = \gamma\varrho_0$を示せ。ここで$\varrho_0$は静止系における電荷密度である。（$\mathbf{v}$は位置によって変化することがあるので，分布のそれぞれの部分は異なる静止系を持つが，それは差し支えない。） (b) 3 元電流密度は，$\mathbf{J} = \varrho\mathbf{v}$と定義される。$J = (\mathbf{J}, c\varrho)$と定義される 4 元のカレント密度は，4 元ベクトルであることを示せ。 (c) 電荷の保存が連続方程式$\nabla \cdot \mathbf{J} + \partial\varrho/\partial t = 0$を意味するのは，電磁気学においてよく知られた結果である。（ここで$\nabla \cdot \mathbf{J} = \partial J_i/\partial x_i$は，$\mathbf{J}$の発散と呼ばれる）。この条件は，明示的に（ローレンツ）不変な条件$\square \cdot J = 0$と等価であることを示せ。ここで□は，問題 15.100 の（15.156）で定義されたダランベール演算子である。

15.109*** 2 つの等価な電荷qが，S系の$+x$方向に並んで移動している。それらの間の距離はrで，速さはvである。 (a) 問題 15.83 の力の変換式（15.155）を使って，静止系S'での力を求め，S系に変換せよ。S系での力は，静止系の力よりも小さいことに注意すること。 (b) S'系内の電場と磁場を求め，磁場の変換式（15.146）を用いてS系内での値を求めよ。（S系において）これらの場を使用し，S系のいずれかの電荷に働くローレンツ力を書き下せ。S系においては，引力である電気力と反発力である磁力が存在することに注意せよ。$\beta \to 1$でそれらはほぼ等しくなり，その和は 0 に近づく。

15.110*** 位置$\hat{\boldsymbol{x}}$の電荷qは，一定速さvでS系のx軸に沿って移動している。 (a) 静止系S'に対して電荷がつくる電場と磁場を書き下せ。 (b) 場の逆変換（15.146）を使用し，元のS系に対する電場を書き下せ。[最初の例では，プライムが付けられた変数x', y', z', t'を用いてEを求めるであろうが，標準のローレンツ変換を使ってx, y, z, tを用いてそれらを消去することができる]。位置rと時間tの場が

$$E = \frac{kq(1-\beta^2)}{(1-\beta^2\sin^2\theta)^{3/2}} \frac{\hat{\boldsymbol{R}}}{R^2} \tag{15.158}$$

であることを示せ。ここで$\mathbf{R} = \mathbf{r} - vt\hat{\boldsymbol{x}}$は電荷の位置から測定点$\mathbf{r}$を指すベクトルであり，$\theta$は$\mathbf{R}$と$x$軸との間の角度である。 (c) $\mathbf{R}$が一定という条件下において，θの関数として電場の強度の挙動を図示せよ。またある時間tが一定という条件下で，電気力線を図示せよ。

15.111*** マクスウェルの 4 つの方程式のうちの 2 つを示す。

$$\nabla \times \mathbf{B} - \frac{1}{c^2}\frac{\partial \mathbf{E}}{\partial t} = \mu_0 \mathbf{J}, \qquad \nabla \cdot \mathbf{E} = \frac{1}{\epsilon_0}\varrho \tag{15.159}$$

ここでJとϱは，電場を生じさせる電流密度と電荷密度である。この 2 つの方程式は，単一の 4 元ベクトル方程式$\Box \cdot \mathcal{F} = -\mu_0 \tilde{J}$として書けることを示せ。ここで$\Box$は問題 15.100 で導入された 4 元勾配演算子，Jは 4 元電流$(\mathbf{J}, c\varrho)$，スカラー積は$\Box \cdot \mathcal{F} = \widetilde{\Box} G \mathcal{F}$である。

第 16 章　連続体力学

古典力学は複雑さが増す順に，次の 3 つの主領域に分けることができる。(1) **質点の力学**。時には，これらの質点は，(我々の知る限りにおいては) 質量がある点に集中している電子のような基本粒子であることもある。しかし通常は，その質量はある位置に局所化されていないが，当面の目的のためにそのように見なすことができる，広がりを持った物体である。したがって，野球のボールの軌道を処理したり，惑星の軌道を求めたりするために，それらを質点として扱うことは優れた近似法である。この場合，任意の系の構成は，各質量に対して 3 つの有限な座標によって与えられる。　(2) **剛体の力学**。ここでは，関心のある質量が有限の体積に広がっていることを受け入れるが，任意の物体のさまざまな部分の相対位置は固定されていると仮定する。つまり，物体全体が変形しない。これまで我々が見てきたように，このような物体については回転運動をすることを受け入れなければならないが，系の構成は依然として離散的かつ有限の座標系によって指定される。たとえば単一の剛体の場合，わずか 6 つの座標が必要なだけであり，そのうち 3 つは CM 位置，残りの 3 つは物体の向きである。剛体の概念は理想化されたものである。すべての現実の物体は変形するが，多くの系においては合理的で極めて有用な近似である。　(3) 最後に，系の質量がある領域に広がっており，様々な部分の相対的な位置が連続的に，そして任意に変化することを認める**連続体の力学**がある。明らかに，飛行機の翼を通過する空気の流れ，またはパイプの中の水の流れのような流体の運動は，連続体力学の領域である。しかし，重荷がかかった鉄梁の屈曲や地震による地殻の振動など，ある部分の独自の動きが重要となる場合の固体の運動も，連続体力学の領域である。連続体力学では，系は連続的に無数の部分を含み，その構成を表現するには無数の座標を必要とする。

これまでのところ，本書で最初の 2 つの話題，すなわち（離散的な力学と呼ぶことができる）質点と剛体の力学を，離散的な有限数の座標で扱ってきた。この最後の章は，連続体力学の簡単な紹介となるように意図されている。徹底的な紹介をおこなうには別の本が必要であるが，少なくとも本質的な考え方を与えることができるであろう。具体的には，離散的な力学から連続体力学への移行によって，前者の常微分方程式が偏微分方程式に変わる様子を見ていく。そしてこれらの偏微分方程式が，波動方程式にどのようにつながるかを見ていくが，それは液体および気体，地球の地殻における地震波，および多くのその他の波，とりわけ光およびマイクロ波のような電磁波を記述する。最初の 3 つの節では 1 次元連続系を扱い，16.4 節では 3 次元に移行する。恐らく 3 次元における最大の複雑さは，力と変位が 2 つのテンソル，すなわち応力およびひずみテンソルを含むことである。この章の主な目的の 1 つは，これら 2 つの重要な概念を紹介することである。16.7 節で流体と固体の応力テンソルを，16.8 項は固体のひずみテンソルを導入する。16.9 節では，これら 2 つのテンソルの関係を表す一般化されたフックの法則を紹介する。16.10 節および 16.11 節では，弾性固体の運動方程式を導出し，これを使って固体の縦波と横波を解析していく。最後の 2 つの節は，非粘性流体の仕組みに関する非常に簡単な紹介である。16.12 節では，運動方程式といわゆる連続方程式を導出し，16.13 節ではそれらを使って流体中の可能な波を解析する。

議論を始める前に，物質の連続的分布という概念自体が理想化であることを強調する必要がある。風洞を流れる空気の性質は，場所ごとに絶え間なく滑らかに変化する。たとえば空気の密度$\varrho(\mathbf{r})$は，体積dVが小さいときには質量$\varrho(\mathbf{r})dV$を与える。そして$\varrho(\mathbf{r})$は確かに$\mathbf{r}$によって変化するが，それは非常に滑らかであると仮定する。しかし，ナノメートルの分解能を持つ超顕微鏡を用いると，空気は個々の分子から構成されているように見え，密度$\varrho(\mathbf{r})$は各分子の近くでは大きな値を持ち，その間にある巨大な空間でゼロになるというように大きく変動することを我々はよく知っている。幸いにも，これらの大きな変動のスケールは，通常関心のあるスケールに比べて小さい。たとえば我々が$1mm^3$のような小さい領域に興味があったとしても，その中には約10^{16}個の分子が含まれている。したがって我々が実際に扱う密度$\varrho(\mathbf{r})$は，この膨大な分子数にわたって平均化された密度であり，実際に$\mathbf{r}$に対して滑らかに変化する。ミリメートル以上のスケールで物質を連続的に扱うことができ，密度のようなパラメータは多くの分子を含んだ平均であるという考えを，**連続体仮説**と呼ぶ。連続体力学が成功するためにはこの仮説が十分な正当性を持つかに依存するが，この章ではこの仮説を採用する。

16.1　ピンと張った弦の横方向の運動

連続的な系の最初の例として，x軸に沿ってピンと張られた弦を考えてみよう。平衡状態では弦がちょうどx軸上にあると仮定するが，y方向に微小運動（多くは振動運動）をしていると仮定する。任意の時点で弦の構成を指定する簡単な 1 つの方法は，図 16.1（a）に示すように，x軸上の変位$u(x)$を与えることである。具体的には，任意の時間において軸上の平衡位置がxであった弦の微小要素は，軸の上に$y = u(x)$の距離に位置する。この方法はほとんど説明を必要としないが，これは関連する離散系，つまりx軸上で平衡状態にある伸び縮みのない無質量の弦でつながれたn個の点集合$m_1, \cdots, m_n$と対比する価値がある。これらの質点が図 16.1（b）のようにy方向に移動することが許されるならば，それらの構成はx軸からのずれ$u_1, \cdots, u_n$によって特定することができる。離散系をこれらのn個の変数$u_i, \mathrm{i} = 1, \cdots, n$で指定する場合，連続系では連続関数$u(x)$で表される。$u_i$に付随する離散的な添え字$i$の役割は，$u(x)$の連続変数$x$に取って代わられている。添え字$i$が$n$個の質点の位置$\mathrm{y} = u_i$を指定するように，変数$x$は弦の各部分が$\mathrm{y} = u(x)$にあることを指定する。

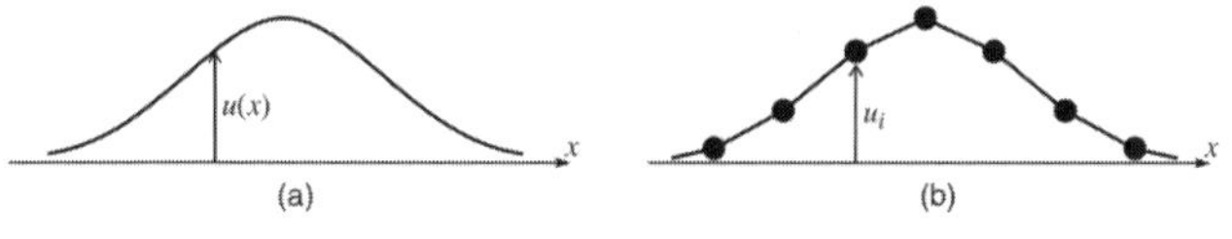

図 16.1（a）連続した弦の位置は常に，x軸上の平衡位置からの弦の変位を与える関数$u(x)$によって指定される。　（b）質量のない弦で結合されたn個の質点の集合は，離散的な変位の集合u_iによって与えられる。ただし$i = 1, \cdots, n$である。

図 16.1 の系が運動している場合，変位uは時間tに依存する。離散系の場合それらは$u_i(t)$になり，連続系では 2 変数関数$u(x,t)$となる。離散系の場合，ニュートンの第 2 法則は，（たとえば第 11 章の結合微分方程式のように）$u_i(t)$に関する常微分方程式の集合となる。連続系の場合，ニュートンの法則は，これから示すようにx,tの両方についての偏微分を含む，$u(x,t)$の偏微分方程式となる。

弦の運動を調べるために，図 16.2 に示すように，xと$x+dx$の間の弦の微小部分 AB にニュートンの第 2 法則を適用する。議論を簡単にするために，重力を無視し，変位$u(x,t)$が任意のx,tに対して非常に小さく，弦がx軸にほぼ平行のままであると仮定する。これにより弦の長さは本質的に変わらず，したがって張力Tは任意のx,tに対して同じままであることが保証される。区間 AB 上の合力は$\mathbf{F}^{\mathbf{net}} = \mathbf{F_1} + \mathbf{F_2}$であり，$\mathbf{F_1}, \mathbf{F_2}$は図 16.2 に示すように，隣接する弦の部分による張力である。ϕが弦とx軸との間の角度を表す場合，この合力のx成分は

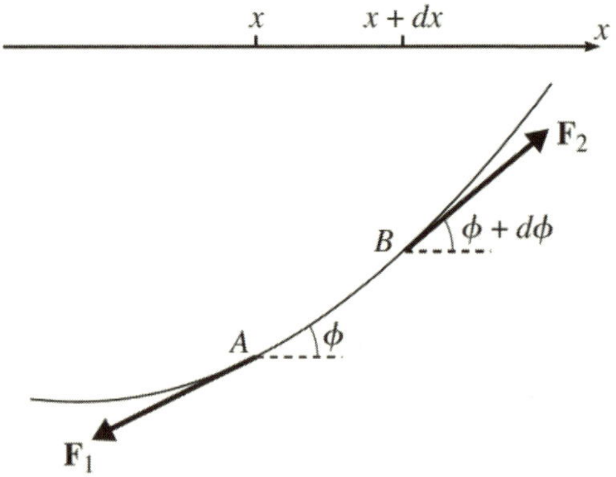

図 16.2 ばねの小要素 AB に働く 2 つの力は，ばねの隣接する部分によって加えられる張力$\mathbf{F_1}, \mathbf{F_2}$である。

$$F_x^{net} = T\cos(\phi + d\phi) - T\cos\phi$$

である。ϕおよび$\phi + d\phi$は両方とも小さいので，両方の余弦は 1 に非常に近い。そのためF_x^{net}は無視できるものであり，運動はy方向のみであるという仮定と一致する。一方，y成分は確かに無視できない。

$$F_y^{net} = T\sin(\phi + d\phi) - T\sin\phi = T\cos\phi d\phi \tag{16.1}$$

ϕが小さいので$cos\phi$を 1 に置き換えることができ，$d\phi = (\partial\phi/\partial x)dx$と書くことができる。[$\phi = \phi(x,t)$は$x,t$に依存するため，導関数は偏微分である。]最後に，$\phi$が小さいので$\phi = \partial u/\partial x$，つまり弦の傾きとなる。このため，以下が成立する。

$$F_y^{net} = T\frac{\partial \phi}{\partial x}dx = T\frac{\partial^2 u}{\partial x^2}dx \tag{16.2}$$

ニュートンの第 2 法則は$F_y^{net} = ma_y$であるが，ここでa_yは加速度$a_y = \partial^2 u/\partial t^2$，$m$は区間 AB の質量であり，$\mu$が弦の質量線密度を表すなら，それは$\mu dx$に等しい。このため，

$$F_y^{net} = \mu\frac{\partial^2 u}{\partial t^2}dx \tag{16.3}$$

となる。2 つの式（16.2）と（16.3）を等しいとおくと，ピンと張った弦の運動方程式に到達する。

$$\frac{\partial^2 u}{\partial t^2} = c^2\frac{\partial^2 u}{\partial x^2} \tag{16.4}$$

ここで，以下の重要な定数を導入した。

$$c = \sqrt{\frac{T}{\mu}} \tag{16.5}$$

ここでTは弦の張力，μは質量線密度（質量/長さ）である。

運動方程式（16.4）は**1 次元波動方程式**と呼ばれるが，これはその解はこれから見るように弦に沿って進む波であるためである。予期されるように，この方程式は偏微分方程式であり，x, tに関する微分を含む。定数cは速さの次元（確かめること）を持ち，波が移動する速さである。波動方程式（16.4）は弦，音波や光波，地震波などの多くの異なる波動の運動を記述する。したがって，この方程式のための新しい節を設ける。

16. 2　波動方程式

ここでは波動方程式（16.4）の解は，以下の 3 種類しか存在しないことを示す。（1）左から右に弦に沿って移動する変位$u(x,t)$。　（2）右から左へ弦に沿って移動する変位$u(x,t)$。　（3）これら 2 つの任意の組み合わせ。この主張の証明は

驚くほど単純であるが，読者がおそらくすぐには思いつかない技法に依存している。我々は変数をx, tから，以下に変更する。

$$\xi = x - ct,\ \ \eta = x + ct \tag{16.6}$$

以下を示すのは，簡単な練習問題である（問題 16.4）。

$$\frac{\partial^2 u}{\partial t^2} - c^2 \frac{\partial^2 u}{\partial x^2} = -4c^2 \frac{\partial}{\partial \xi}\frac{\partial u}{\partial \eta} \tag{16.7}$$

新しい変数を利用すると，波動方程式（16.4）は単純になる。

$$\frac{\partial}{\partial \xi}\frac{\partial u}{\partial \eta} = 0 \tag{16.8}$$

この方程式を解くために，一時的に$\partial u/\partial \eta = h$と書き，（16.8）が$\partial h/\partial \xi = 0$となるようにする。これは$h$が$\xi$に依存しないことを示しているが，もちろん$\eta$には依存している。したがって$h = h(\eta)$と書くことができ，

$$\frac{\partial u}{\partial \eta} = h(\eta)$$

となる。任意の与えられたξの値に対してこの方程式を積分し，$u = \int h(\eta)\,d\eta +$「定数」を与えることができる。ここで「定数」は，異なるξの値に対して異なったものとなる。これを「定数」$f(\xi)$とし，積分を$\int h(\eta)\,d\eta = g(\eta)$とすると，（16.8）の任意の解は

$$u = f(\xi) + g(\eta) \tag{16.9}$$

となることがわかる。これを（16.8）の左辺に代入すると，この形の関数は 2 つの関数$f(\xi), g(\eta)$の任意の選択に対して（16.8）の解であることがわかる。したがって，（16.9）は（16.8）の一般解である。

元の変数x, tに戻すと，波動方程式（16.4）の一般解は次のような形式となることがわかる。

$$u(x,t) = f(x - ct) + g(x + ct) \tag{16.10}$$

ここでf, gは，任意関数である。これらの解がどのようなものであるかを見るために，まず関数$g = 0$の場合を考えてみよう。

$$u(x,t) = f(x - ct) \tag{16.11}$$

この解は，どのようなものであろうか。まず時間$t = 0$において，解は$u(x,0) = f(x)$であることに注意してほしい。つまり，関数$f(x)$は時間$t = 0$にお

ける変位に過ぎない。図 16.3 に，そのような関数の可能性を示す。$x = 0$における大きな最大値と左側の小さなくぼみを持つ実線は，$t = 0$での変位の形状である関数$f(x)$を示す。後の時間tでは，変位は$f(x - ct)$である。$f(x)$は$x = 0$に最大値を持つので，$f(x - ct)$は$x - ct = 0$のときに最大値をとることになる。したがって$x = 0$にあった最大値は，今や$x = ct$にある。同様の議論が曲線の任意の点（たとえば左にある最小値）に適用されるので，全体の変位が距離ctだけ丸ごと右に移動したと結論づけることができる。すなわち，変位は速さcで右に移動する波である。

同様の議論により，形式$u(x,t) = g(x + ct)$の解が速さcで左に移動する波を表し，また一般解（16.10）は右に移動する波と左に移動する波の重ね合わせとなる。一般解（16.10）に現れる関数f, gは，問題の初期条件によって決まる。推測されるように，特定の解を決定するには，次の例のように，初期時間における位置uと初速度$\dot{u} = \partial u/\partial t$を指定する必要がある。

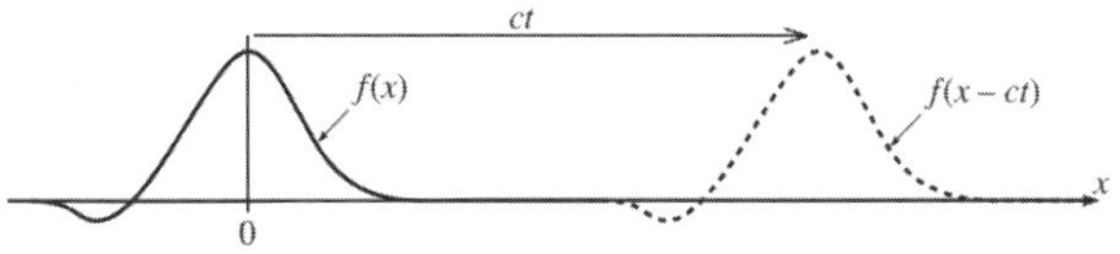

図 16.3 波の運動（16.11）。 時間 0 において，変位は$u = f(x)$によって与えられる。後の時間tでは$u = f(x - ct)$となり，形は同じであるが，距離ctだけ右に動いている。

例 16.1 三角波の進化

長いピンと張った弦の微小区間が両側に引っ張られ，以下の初期変位で$t = 0$において静止状態から手を離された。

$$u(x, 0) = u_0(x) \tag{16.12}$$

$u_0(x)$は図 16.4（a）に示す三角波である。その後の時間tに対する変位$u(x,t)$を求める。

解は（16.10）の形をとる必要がある。ここで 2 つの関数f, gは，初期条件によって決定される。与えられた初期変位（16.12）は，

$$f(x) + g(x) = u_0(x) \tag{16.13}$$

となる。この式は，それ自体ではfとgを別々に決定できるわけではなく，初速度についても調べておく必要がある。（16.10）をtに関して微分すると，（y方向の）弦の初速度は次のようになる。

$$\left[\frac{\partial u}{\partial t}\right]_{t=0} = -cf'(x) + cg'(x)$$

ここでプライムは，関数を関数変数で微分することを表す。今の場合，弦は静止状態から手を離されるので，$f'(x) - g'(x) = 0$となる。xに関して積分すると，以下のようになる[1]。

$$f(x) - g(x) = 0 \qquad (16.14)$$

（16.13）と（16.14）を解くと，以下のようになることがわかる。

$$f(x) = g(x) = \frac{1}{2}u_0(x)$$

実際の変位（16.10）は，任意の時間tにおいて

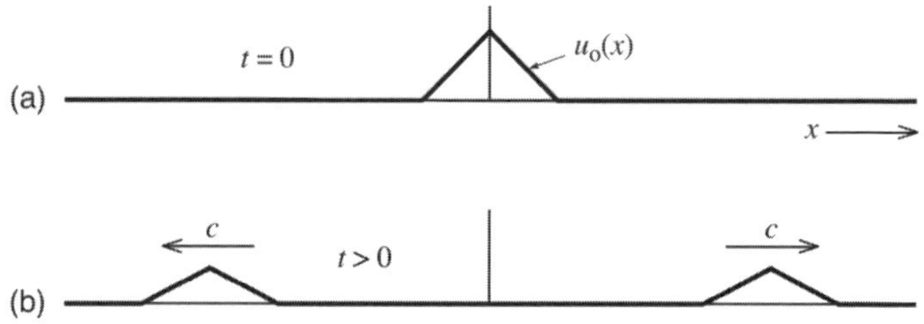

図 16.4（a）$t = 0$でのばねの初期変位は，三角波$u_0(x)$によって与えられる。（b）その後，波は元の半分の高さの 2 つの三角形で構成され，1 つは右に移動し，もう 1 つは左に移動する。

$$u(x,t) = f(x-ct) + g(x+ct) = \frac{1}{2}u_0(x-ct) + \frac{1}{2}u_0(x+ct) \qquad (16.15)$$

となる。図 16.4（b）に示すように，元の三角形は速さcで反対方向に移動する，半分の高さの 2 つの三角形に分かれる。

この解（16.15）を時間$t < 0$まで逆方向に進化させることは興味深い。この時間では，2 つの三角形両側から原点に近づく。tが 0 に近づくと，

[1] 厳密に言えば，（16.14）には積分定数が存在するはずであるが，簡単に確認できるように，$u = f + g$によって打ち消されるので，ゼロにすることができる。

2つの三角形が出会い干渉し始める。$t=0$では，それらはちょうど重なり合い，それぞれの高さの2倍の三角波を形成する。tが0より大きくなると，図16.4（b）のように再び分かれて離れていく。

解（16.10）の特殊ではあるが重要なものとして，関数f,gが正弦波である場合があげられる。$g=0$の場合，変位は次のような形になる。

$$u(x,t)=A\sin[k(x-ct)]=A\sin(kx-\omega t) \tag{16.16}$$

ここでA,kは任意の定数であり，また$\omega=kc$である。この式は振幅A，波数k（または波長$\lambda=2\pi/k$）および角振動数ω（または周期$\tau=2\pi/\omega$）で右に進む正弦波を表す。$x-ct$を$x+ct$に置き換えると，左に移動する同様の正弦波

$$u(x,t)=A\sin[k(x+ct)]=A\sin(kx+\omega t) \tag{16.17}$$

を得る。これらの2つの解の和は，それ自体が解である。

$$u(x,t)=A\sin(kx-\omega t)+A\sin(kx+\omega t)=2A\sin(kx)\cos(\omega t) \tag{16.18}$$

（これを確かめるためには，関連する三角関数の公式を使用する。）この解は（右へも左へも）まったく移動しない，という顕著な性質を持つ。その代わりに，（任意の場所xにおいて）$2A\sin(kx)$に等しい振幅で，$\cos(\omega t)$で上下に振動する。特にkxがπの整数倍（$kx=n\pi$）である点（ノード）では，弦は図16.5に示すようにまったく動かない。注意深く選んだ2つの進行波を重ね合わせることにより，**定常波**が形成されていることがわかる。次節で説明するように，これらの定常波は有限長の弦の振動において重要な役割を果たし，実際には連成振動子系の規準振動の連続体にお

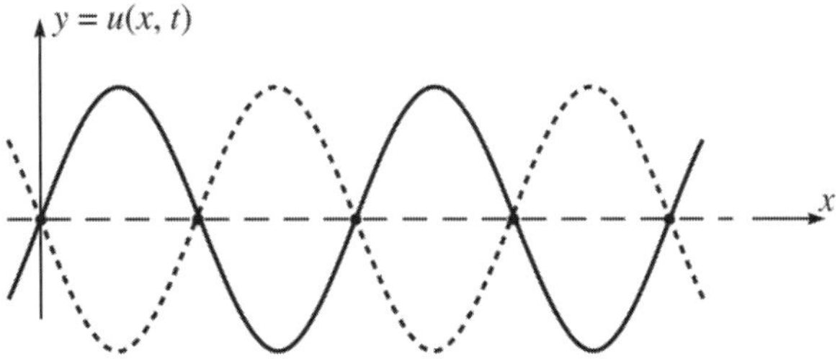

図16.5 連続する3つの時間，$t=0$（実線），$t=\tau/4$（短破線），$t=\tau/2$（長破線）での定常波（16.18）。ここでτは周期を表す。x軸上の$kx=n\pi$における小さな点はノードであり，弦はまったく動かない。連続する2つのノード間の中間部分は腹であり，弦は最大振幅$2A$で上下に振動する。

ける類似形になっている。

16. 3　境界条件：有限長の弦上の波*

*いつもの通り，星印のついた節は初読の際には省略してもかまわない。

これまでのところ，暗黙のうちに弦は無限に長い，あるいは少なくともその終端の影響を無視できるほど長いと仮定していた。実際の弦は，もちろん長さが有限であり，終わりがある。弦自体の動きは前と同じ波動方程式（16. 4）によって支配されるが，端の存在によって，その解に追加の**境界条件**が課される。これらの境界条件は，弦の端の性質によって異なったものとなる。たとえば弦の端部は固定されていてもよいし，羽ばたくように自由に動いてもよいが，これら 2 つの状況に適した境界条件は全く異なる。ここではただ 1 つのタイプの境界条件と，それを解く 1 つの方法を検討する。具体的には，両端（$x = 0$と$x = L$）が固定された弦を考えてみよう。この問題は，第 11 章の規準振動の説明と類似の方法で解くことができる。

規準振動

ここで我々が解くべき問題は，以下の通りである。$0 < x < L$の場合，弦の変位$u(x, t)$は$t = 0$での位置uと速度$\dot{u}$を固定する初期条件を持つ波動方程式（16. 4）を満たさなければならない。

$$\frac{\partial^2 u}{\partial t^2} = c^2 \frac{\partial^2 u}{\partial x^2} \tag{16. 19}$$

さらにすべての時間tに対して，$x = 0$および$x = L$での境界条件を満たさなければならない

$$u(0, t) = u(L, t) = 0 \tag{16. 20}$$

この問題を解くいくつかの方法のうち，ここでは第 11 章の方法に従う。つまり，時間の経過とともに正弦波的に変化する解を探すことから始める。

$$u(x, t) = X(x)\cos(\omega t - \delta) \tag{16. 21}$$

関数$X(x)$および定数ω, δを決めなければならない。この形式の解は簡単に求まり，以前と同様にそのような解が存在し，問題の解はそれらで構成されていることが

わかる。

波動方程式（16. 19）に仮定された形式（16. 21）を代入すると，後者は

$$-\omega^2 X(x)\cos(\omega t-\delta)=c^2\frac{d^2X(t)}{dx^2}\cos(\omega t-\delta)$$

または

$$\frac{d^2X(t)}{dx^2}=-k^2X(x) \qquad (16.22)$$

となる。ここで

$$k=\frac{\omega}{c} \qquad (16.23)$$

である。正弦波の時間依存性が（16. 21）となるという仮定により，偏微分方程式（16. 19）は常微分方程式（16. 22）となる。さらに，この方程式の解は簡単に求めることができる[2]。

（16. 22）の一般解は

$$X(x)=a\cos(kx)+b\sin(kx) \qquad (16.24)$$

である。これにより定数a, bを任意に選択することで，波動方程式（16. 19）の解が得られる。しかし，境界条件（16. 20）を満たす必要があり，それは以下のことを要求する。

$$X(0)=X(L)=0 \qquad (16.25)$$

$X(0)=0$という条件は，単に（16. 24）の係数aがゼロであることを必要とするので，$X(x)=b\sin(kx)$となる。したがって$X(L)=0$の条件は，$b=0$または$\sin(kL)=0$のいずれかを必要とする。前者の場合，解は全くのゼロであり，弦は運動しない。$\sin(kL)=0$の場合，kLはπの整数倍でなければならず，

$$u(x,t)=\sin(kx)\,A\cos(\omega t-\delta) \qquad (16.26)$$

であるが，境界条件によりkは以下の値となる。

$$k=k_n=n\frac{\pi}{L} \quad [n=1,2,3,\cdots] \qquad (16.27)$$

（16. 23）により$\omega=ck$であるので，上記に対応する角振動数ωは，

$$\omega=\omega_n=n\frac{\pi c}{L} \quad [n=1,2,3,\cdots] \qquad (16.28)$$

以上より，単一の角振動数ωで正弦波振動する解が存在することがわかった。

2　ここでの解法は，変数分離法と密接に関連している。問題 16.9 を参照のこと。

ただし，ωは（16. 28）の値のひとつである。この結果は，n個の連成振動子系が角振動数$\omega_1, \cdots, \omega_n$を有する様々な正弦波の規準振動のいずれかで振動するという，第 11 章での結果を思い起こさせるものである。主な相違点は，第 11 章の系は有限の自由度と等しい数の規準角振動数を持っていたということである。今の場合，（16. 28）にあるように弦の自由度は無限であり，規準角振動数も無限である。図 16. 6 に，弦の最低角振動数の 3 つの規準振動，つまり**基本角振動数**と最初の 2 つの**倍音**を示す。この図を図 16. 5 と比較すると，有限長の弦の規準振動のそれぞれが無限長の弦上の定常波の一部に過ぎないことがわかる。有限長の弦の両端が固定されているということは，$x = 0$および$x = L$が節点でなければならないことを意味し，長さLは半波長の整数倍，$L = n\lambda/2$でなければならない。$\lambda = 2\pi/k$であるので，これによって$k = n\pi/L$であるという条件（16. 27）が説明される。

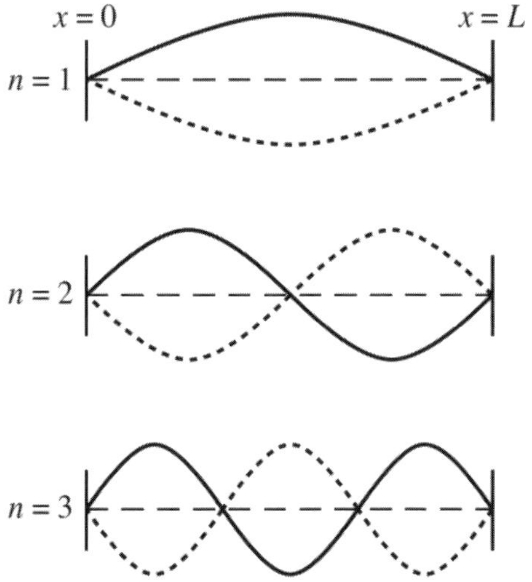

図 16.6 両端に固定された，長さLのばねの 3 つの最低振動数の規準振動（16.26）。各図において実曲線，長破線，短破線は，4 分の 1 周期ごとの 3 つの連続した時間におけるばねの様子を示している。$n = 1$振動を基本波と呼ぶ。

許容される弦の角振動数（16. 28）は，最も低い角振動数の整数倍，$\omega_n = n\omega_1$である。それらは，他の多くのものの中でもピアノやギターのような弦楽器が振動する際の角振動数である。一緒に奏でられると「調和」する（すなわち気持ちの良い音を作る）ため，基本振動を含むこれらの振動は，弦の**調和**と呼ばれる。

一般解

規準振動（16.26）は，任意の運動を規準振動の解を使って展開できるため，有限長の弦のすべての可能な運動を決定することができる。このことを見るためには，5.7 節で説明したフーリエ級数の性質を使用する必要がある。まず，弦の運動は波動方程式（16.19）と境界条件（16.20）を満足する関数$u(x,t)$によって与えられ，その初期位置$u(x,0)=u_0(x)$と速度$\dot{u}(x,0)=\dot{u}_0(x)$によって決定されることに注意しよう。このような解が規準振動で展開できることを確認するために，規準振動解（16.26）を「正弦および余弦」形式で書き直す。

$$u(x,t)=\sin k_n x(B_n\cos\omega_n t+C_n\sin\omega_n t) \tag{16.29}$$

ここでの主張は，あらゆる可能な運動は規準振動の解の線形結合として表現できるということである。

$$u(x,t)=\sum_{n=1}^{\infty}\sin k_n x(B_n\cos\omega_n t+C_n\sin\omega_n t) \tag{16.30}$$

これを証明するために，まずこの線形結合が波動方程式，および$x=0, x=L$でゼロとなる境界条件を確かに満たすことに注意してほしい。時間$t=0$では，解は以下のようになる。

$$u(x,0)=\sum_{n=1}^{\infty}B_n\sin k_n x \tag{16.31}$$

これはフーリエ正弦系列であり，係数B_nは$u(x,0)$が任意の初期値$u_0(x)$に一致するように選択することができる[3]。同様に，解の速度（16.30）は

$$\dot{u}(x,0)=\sum_{n=1}^{\infty}\omega_n C_n\sin k_n x \tag{16.32}$$

となり，与えられた初速度$\dot{u}_0(x)$と等しくなるように係数C_nを選ぶことができる。以上によりこの解は運動方程式と境界条件を満たし，係数B_n, C_nの選択によって任意の初期条件に一致させることができる。したがって弦の可能な運動は，（16.30）のように規準振動で展開することができる。

（16.30）の角振動数はすべて最低角振動数の整数倍（$\omega_n=n\omega_1$）であるため，（16.30）の各項は周期的であり，その周期は$\tau=2\pi/\omega_1$である。したがって有限の弦のすべての可能な運動は，この周期を持つ周期運動である。［もちろん，（16.30）のある係数がゼロの場合，運動はより短い周期を持つ周期運動であるかもしれないが，すべての解は基本振動の周期を持つ。］

---

[3] ここで無視されているやや面倒な点が存在する。この級数（16.31）は余弦項がないため，通常のフーリエ級数ではない。しかし（通常の$2n\pi/L$とは対照的に）$k_n=n\pi/L$であるため，通常のフーリエ級数の 2 倍の正弦項を含んでいる。そして$0\le x\le L$の区間で，任意の関数を展開するためにこの系列を使うことができることを証明することができる。問題 16.13 を参照のこと。

例 16.2 有限弦上の三角波

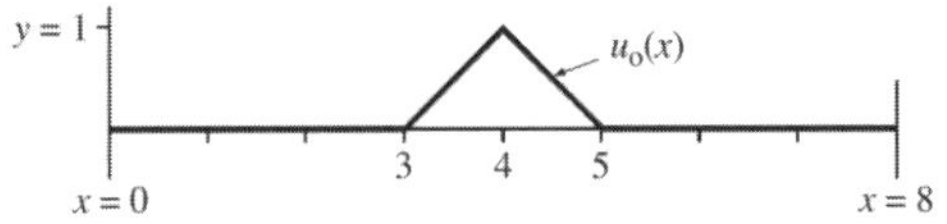

図 16.7 ばねは，示された三角形の位置で$\boldsymbol{t=0}$で静止状態から解放される。

長さ$L=8$の弦の両端は固定されている。図 16.7 のような小さな三角形の変位が与えられ，$t=0$で静止状態から解放されたとする。展開（16.30）でフーリエ係数B_n, C_nを求め，無限級数を近似するためにいくつかの有限項を用いて，$t=0$から$t=\tau/2$までの 5 つの等間隔時間での弦の位置を図示する。ここでτは，運動周期であるとする。

弦は最初は静止しているので，係数C_nはすべてゼロである。係数B_nは以下の積分で与えられる。

$$B_n = \frac{2}{L}\int_0^L u_0(x)\sin\frac{n\pi x}{L}\,dx \tag{16.33}$$

[これは完全にではないが，（5.84）にかなり近い。詳細は，問題 16.13 を参照してほしい。] nが偶数であるとき，これがゼロであることは容易にわかる。nが奇数の場合，$n=2m+1$と書くことができるが，以下のようになることが，問題 16.10 から確認できる。

$$B_{2m+1} = (-1)^m\frac{32}{(2m+1)^2\pi^2}\left(1-\cos\frac{(2m+1)\pi}{8}\right) \tag{16.34}$$

これらの係数を展開式（16.30）に代入し，ある有理数の有限項を選ぶと，すべての時間tに対する変位$u(x,t)$の良好な近似を得ることができる。最初の 5 つまたはそれ以上の項を使用すると，我々は適度な近似値を手に入れられるが，（コンピュータにとって）より多くの項を使用するのはほとんど問題ではないため，ここでは最初の 20 項の合計を使用することにした。結果を図 16.8 に示す。これら 5 つの図のそれぞれについて，注意が必要である。最初の図は，フーリエ級数の最初の 20 項で近似した図 16.7 の初期変位を示している。近似は非常に良いが，頂点で鋭い曲がり角を再現することはできない。(明らかに，正弦または余弦関数の有限和では，勾配の瞬間的な変化を再現することはできない。) 2 番目の図では，最初の三角形は 2 つの別々の三角形に分割され，反対方向に移動する。これはまさに，例 16.1（図 16.4）で見た運動である。いずれの波も $x = 0$ および L の境界に達していないので，運動は境界の存在によって今のところ影響を受けていない。3 番目の図を読み飛ばすと，4 番目の図では各三角形が壁に反射され，反転されて中心に向かって戻っている。3 番目の図では，元の波と反射波の両方が存在し，合わせてゼロの変位となるように干渉している。最後の図では，2 つの反射波が瞬間的に 1 つの逆三角形に合体している。その運動をさらに追うと，2 つの反射波は反対側の壁に当たって再び反射するまで今の状態を続ける。(問題 16.11 を参照)。

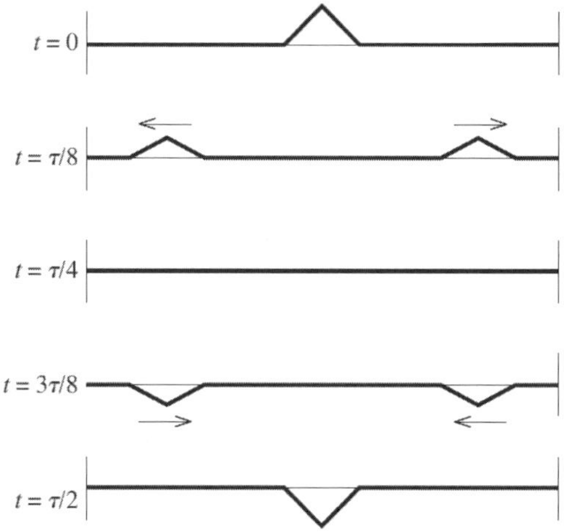

図 16.8 図 16.7 の初期位置から解放されたフーリエ級数の最初の 20 の非ゼロ項（16.30）を用いて計算された 5 つの連続したスナップショット。最初の図は（フーリエ級数の 20 項で近似した）初期位置を示している。続く 4 つの図は，$\tau/8$間隔での位置を示す。ここでτは，基本波の周期である。

16.4　3 次元波動方程式

我々は 3 次元世界に住んでおり，波動方程式（16.4）

$$\frac{\partial^2 u}{\partial t^2} = c^2 \frac{\partial^2 u}{\partial x^2} \tag{16.35}$$

は，3 次元に一般化する必要がある。適切な一般化が何であるべきかを推測することは困難ではない。もし$p = p(x, y, z, t) = p(\mathbf{r}, t)$が 3 次元系の何らかの変位（たとえば空気中を伝わる音波の圧力）を示していれば，(16.35) の適切な一般化は

$$\frac{\partial^2 p}{\partial t^2} = c^2\left(\frac{\partial^2 p}{\partial x^2} + \frac{\partial^2 p}{\partial y^2} + \frac{\partial^2 p}{\partial z^2}\right) \tag{16.36}$$

である。この章の後半で，この 3 次元波動方程式を実際に満たす変位の例をいくつか見ることにする。特に 16.13 節では，非粘性流体（たとえば空気）中の圧力[4]がその一例であることを示すが，その際の波の速さcは

$$c = \sqrt{\frac{\mathrm{BM}}{\varrho_0}} \tag{16.37}$$

となる。ここで BM は流体の体積弾性率を表し，ϱ_0は平衡密度である。（この後すぐに体積弾性率を定義するが，現時点では圧縮に対する流体の抵抗を特徴付けるパラメータとしておいてほしい。）

波動方程式 (16.36) の表記は，普通は簡素化される。つまり通常やるように，$\boldsymbol{\nabla}$を以下の成分を持つ「ベクトル」とする。

$$\boldsymbol{\nabla} = \left(\frac{\partial}{\partial x}, \frac{\partial}{\partial y}, \frac{\partial}{\partial z}\right)$$

$\boldsymbol{\nabla}$のスカラー積は

$$\nabla^2 = \boldsymbol{\nabla}\cdot\boldsymbol{\nabla} = \left(\frac{\partial}{\partial x}\right)^2 + \left(\frac{\partial}{\partial y}\right)^2 + \left(\frac{\partial}{\partial z}\right)^2 \tag{16.38}$$

となる。おそらく電磁気学を学習した際，この微分演算子に出会ったことであるだろう。この演算子は電磁気学，量子力学，流体力学，弾性力学，熱力学などの多くの分野で大きな役割を果たしており，ラプラスが導いた静電気学に対する方程式で使われていることから，**ラプラシアン**と呼ばれている。この記法を用いると，**3 次元波動方程式** (16.36) を次のように書き換えることができる。

---

4 厳密に言えば，この節全体で議論される圧力pは増加圧力，つまり全圧力と平衡大気圧との間の差である。

$$\frac{\partial^2 p}{\partial t^2} = c^2 \nabla^2 p \qquad (16.39)$$

平面波

方程式（16.39）には多くの解があるが，最も単純なのは平面波である。平面波の簡単な例は，y, zから独立した（16.39）[または（16.36）]の解である。

$$p(\mathbf{r}, t) = p(x, t)$$

明らかにこの形式の変位は，$x =$一定の任意の面内のすべての点で同じ値を持つ。この形式を（16.36）に代入すると，y, zに関する微分はなくなり，1 次元波動方程式になる。

$$\frac{\partial^2 p}{\partial t^2} = c^2 \frac{\partial^2 p}{\partial x^2}$$

その最も一般的な解は，$p = f(x - ct) + g(x + ct)$ であることは，既に分かっている。特に解$p = f(x - ct)$は，速さcでx方向に移動する平面状の変位（したがって「平面波」という名前を持つ）である。（x軸に垂直な任意の平面において，pは定数である。）

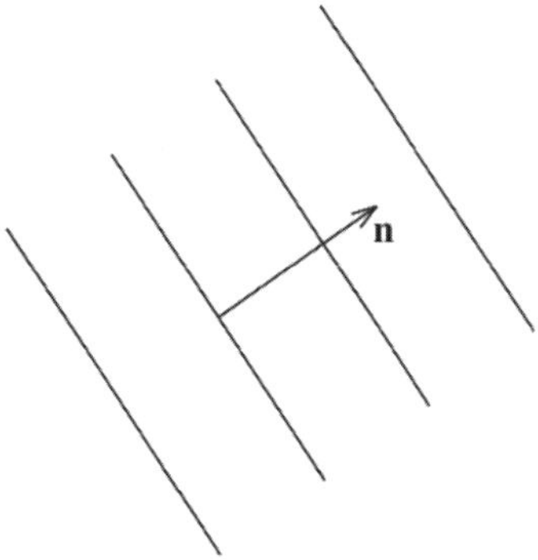

図 16.9 正弦波の平面波（16.41）。波の山（または波先）は単位ベクトル$\mathbf{n}$に垂直な平面であり，$\mathbf{n}$の方向に速度cで移動する。

同様に$p = f(y - ct)$または$f(z - ct)$の形式の解は，yまたはz方向に移動する平面波である。より一般的には，$\mathbf{n}$が任意の単位ベクトルを表す場合，以下の形式の変位

$$p = f(\mathbf{n} \cdot \mathbf{r} - ct) \qquad (16.40)$$

は波動方程式（16.39）を満たし，$\mathbf{n}$に垂直な任意の平面で一定であり，速さcで$\mathbf{n}$方向に進む（問題 16.15 を参照）。関数fが正弦関数$f(\xi) = \cos k\xi$である場合，たとえば波動（16.40）は正弦波的な平面波である。

$$p = \cos[k(\mathbf{n}\cdot\mathbf{r} - ct)] \tag{16.41}$$

その山は$\mathbf{n}$に垂直な面にあり，図 16.9 に示すように$\mathbf{n}$の方向に速さcで移動する。この種の波は，2 次元で視覚化する方が簡単である。読者はたとえば，池の表面上の「平面」波を考えることができる。

実際の変位は無限に大きな平面上で一定であることができないため，平面波は実際には決して起こらない数学的理想化のたまものである。それにもかかわらず，それは極めて有用な近似である。太陽から我々の頭上に降り注ぐ光は，遠方の爆発音がそうであるように，平面波でうまく近似される。

球面波

3 次元波動方程式のもう 1 つの重要な解は球面波，たとえば小さな無指向性の拡声器から放射状に外方向に進行する音波である。このような波が球対称であると仮定すると，それは$p = p(r,t)$の形でなければならない。（つまり球面極座標において，pはθ,ϕとは無関係である。）この形式の関数が以下を満たすことを示すのは，それほど難しくない。

$$\nabla^2 p = \frac{1}{r}\frac{\partial^2}{\partial r^2}(rp) \tag{16.42}$$

[このことを証明する明確な方法は，∇^2の定義（16.38）を使って左辺を評価することである。最も簡単なのは，巻末に示す極座標で∇^2の式を調べることである。問題 16.16 を参照すること。]したがって，波動方程式は次のようになる。

$$\frac{\partial^2 p}{\partial t^2} = c^2\frac{1}{r}\frac{\partial^2}{\partial r^2}(rp)$$

または両辺にrを掛けて，

$$\frac{\partial^2}{\partial t^2}(rp) = c^2\frac{\partial^2}{\partial r^2}(rp) \tag{16.43}$$

となる。

球面波の場合，関数$rp(r,t)$はr,tに関して 1 次元波動方程式を満たすことがわかる。したがって一般解は，

$$rp(r,t) = f(r-ct) + g(r+ct)$$

である。特に関数gがゼロの場合，変位は次の形をとる。

$$p(r,t) = \frac{1}{r} f(r - ct) \tag{16.44}$$

係数$f(r-ct)$は，外向きに移動する変位を表す。これは放射状に広がっている波について推測されたものなので，「$1/r$は何であるか」という疑問がわく。これに答えるために，入門物理学の結果が必要となる。3 次元における任意の波の**強度**は，伝播方向に垂直な単位領域に波によって供給される仕事率として定義され，音波の強度はp^2に比例する。（このことの証明については，問題 16.37 を参照すること。）したがって（16.44）の係数$1/r$は，強度が$1/r^2$に比例することを意味し，まさにエネルギーの保存に必要とされるものである。距離rにおいて波源のエネルギーは$4\pi r^2$の領域に広がっている。したがって，波が半径方向外側に移動すると強度は$1/r^2$に低下して，全エネルギーを一定に保たなければならない。

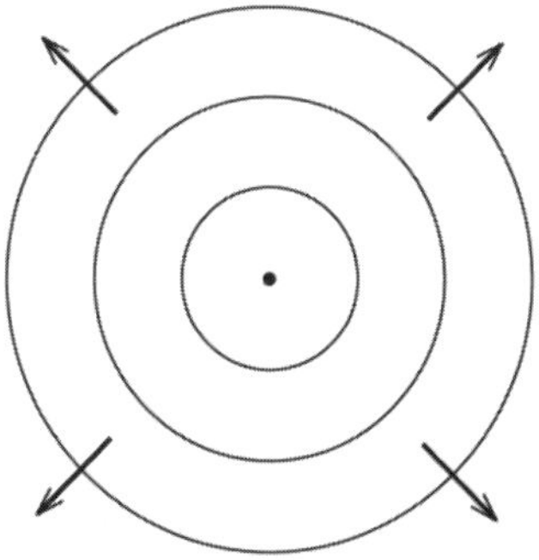

図 16.10 球面波。波の山は，原点から外側に向かって移動する球となる。これが何を示しているかを視覚化するのを助けるために，原点で水の中に出し入れする棒によって池の水面上に作られた波紋などの 2 次元波と考えるのが役立つ。

（16.44）のfが三角関数，たとえば$f(\xi) = \cos k\xi$であるとすると，図 16.10 に示すように，波の山が原点から半径方向外側に速さcで移動している正弦波を表す。

16.5　体積力および面積力

我々の次の目的は，3 次元連続系の運動方程式を求める方法を調べることである。このことは一般に非常に複雑な問題であり，その詳細は系の性質に強く依存する。たとえば流体の運動方程式は，弾力性のある固体の運動方程式とは全く異なる。それにもかかわらず，多くの異なる連続系に適用できる単純な一般的原則があるが，これについては次に説明する。

読者が推測するように，物体の任意の微小要素dVにニュートンの第2法則を適用することによって，連続体の運動方程式を見つけることができる。（ここで「物体」という言葉は，物質，固体，液体，気体のいずれかの物体を意味している）。これはニュートンの第2法則を1次元の弦の微小長さdxに適用した16.1節でおこなったこととまったく同じであるが，当然ながら3次元の場合はより複雑である。最初に体積要素dVの幾何学的性質を議論する必要があり，次にそれに働く力を詳述し，その結果としてdVの変位について議論する。

体積要素

ここで取り扱う体積要素の形は，任意である。体積要素は球形，または直方体（レンガの形をしたもの），または我々が気まぐれに思いついた形でよい。議論を簡単にするために，図16.11のような単純な直方体の体積を考える。ラベルdVが示唆するように，ここで考えている体積は通常，微小体積である。dVの境界となる表面は，連続体の実際の境界（たとえば気体を含む円柱の壁）とすることもできるが，通常は「虚」表面，すなわち物体全体の内部の任意の表面である。すべての境界面はすべての空間をちょうど2つの部分，つまり「内側」（つまりdV）と「外側」（その他のすべて）に分割する閉じた表面である。これは図16.11の面Sのように，任意の面の向きを面に垂直でdVから外側に向かう単位ベクトル$\mathbf{n}$で指定できることを意味する[5]。

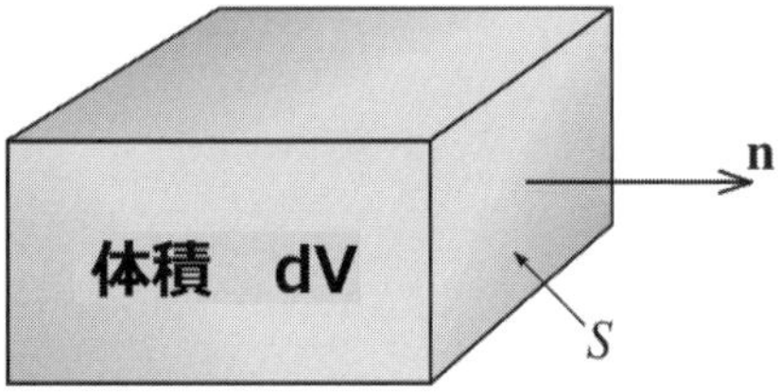

図16.11連続体の体積dVの微小要素は任意の形状を持つことができるが，ここに示す直方体とするのが便利である。表面の任意の部分S（ここでは右端）の向きは，dVから外側を指す単位ベクトル$\mathbf{n}$によって指定される。

体積要素にかかる力

[5] 閉じていない表面の場合，微小部分Sの向きはSに垂直な単位ベクトル$\mathbf{n}$によって指定できるが，$\mathbf{n}$と$-\mathbf{n}$の両方が定義に合致しているため，符号の曖昧さが残る。幸いにも，この章ではSは常に閉じた表面の一部であるので，$\mathbf{n}$が外側を指していることを明白に主張できる。

連続系の体積要素dVに働く最も重要な 2 種類の力は，体積力および面積力と呼ばれる。体積力の一例は重力$\mathbf{F} = \varrho\mathbf{g}dV$であり，ここで$\varrho$は物体の質量密度，$\mathbf{g}$は重力加速度である。第 2 の例は，電荷密度$\varrho'$を有する物体が電場$\mathbf{E}$から受ける静電気力$\mathbf{F} = e\mathbf{E}dV$である。**体積力**の定義は，単にそれが体積$dV$に比例する力であるということだけである。体積力は一般的には外場（重力など）の結果であり通常，体積力は重力であると仮定する。いずれにせよ，物体に働く力はほとんど常に既知であり，よく理解されている。したがって，我々の主な関心事は面積力である。

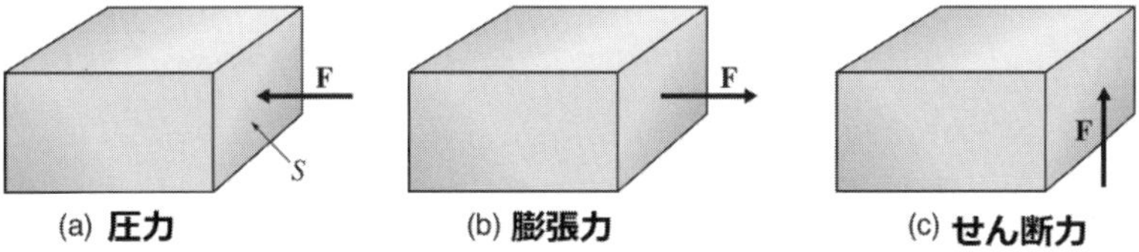

図 16.12 長方形の体積の面S上の，3 つの異なる面積力。 (a) 静水圧は表面に垂直および内側に作用するため，$\mathbf{F}$は内向きであるのに対し，$\mathbf{n}$は外向きであるので，$\mathbf{F} = -p\mathbf{n}dA$となり，マイナス符号を伴う。 (b) Sに垂直な方向の張力。 (c) 定義上，せん断力はSに対して接線方向に作用する。

面積力のよく知られた例は，圧力pが流体中の微小表面要素dAに及ぼす力pdAである。**面積力**の定義は，それが作用する表面の面積dAに比例する力である。面積力は一般に，表面のすぐ外側の分子からの分子間力が，内部の分子に作用する結果である。図 16.12 は，3 つの重要な特殊な場合の面積力である圧力，膨張力，せん断力を示している。圧力と膨張力の両方は表面Sに対して法線方向に作用するのに対し，定義上，せん断力はSに対して接線方向に作用することに注意すること。せん断力の特徴は，図

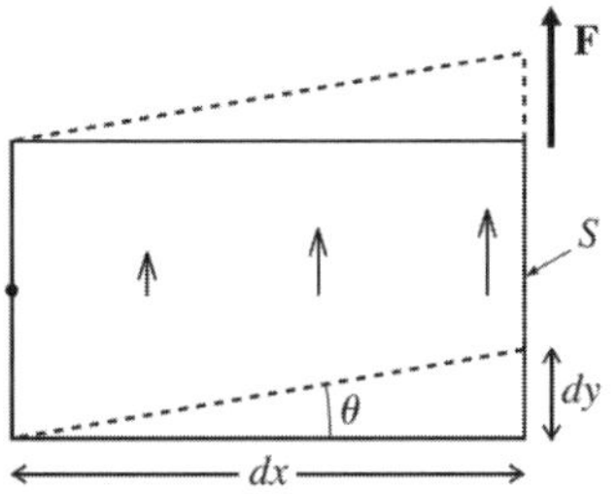

図 16.13 図 16.12 の直方体の面Sに加えられたせん断力$\mathbf{F}$（ここでは，真正面から見ている）。反対の面が固定されていると，せん断はSに平行な面が$\mathbf{F}$方向に移動し，元の矩形断面を平行四辺形に変える，図に示された動きを生み出す。距離dx, dyは，（16.54）のせん断ひずみを定義するために使用される。

16.13 に示すせん断運動を生じることである。

圧力はいつ等方性であるか

この節を終了するにあたり，入門物理学で学んだであろう静止流体の圧力がすべての方向で均等に作用する，または手短に言うと圧力が等方性を持つという結果を証明する。実際の結果はこれよりも少し一般的であり，ここではそれをより一般的に証明する。いずれの流体においても特徴的な性質は，平衡状態でせん断力を保持することができないことであり，またせん断力がないことが圧力の等方性につながる本質的な特徴である。ここでは，せん断力がない物質では圧力が等方性を持つことを手短に証明する。明らかにこの結果は静止流体に適用されるが，せん断力がない場合は非静止流体にも適用される。流体中のせん断力の原因は粘度であるので，粘度がゼロであれば流体が動いても圧力は等方的であると言える。もちろん，粘度が正確にゼロである流体はごくわずかであるが，粘度が無視できるほど小さい状況は多数存在する。そのような状況では，圧力は十分に等方的である。この結果は，明らかに極めて便利である。より重要なことは，これから見ていくように，ここでの証明方法は他にも多くの応用があることである。

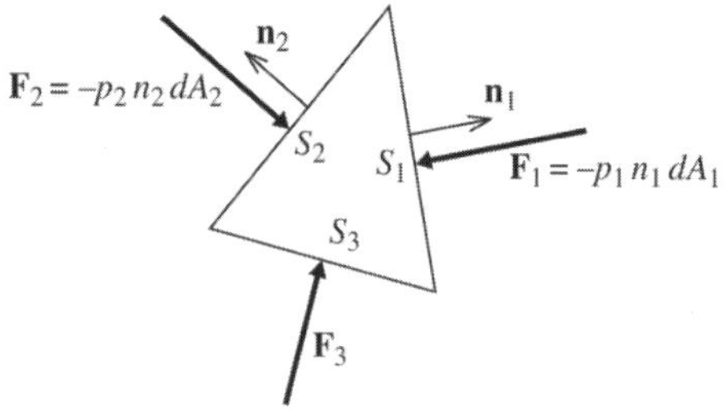

図 16.14 （横向きの）面S_1と面S_2は，任意の 2 つの単位ベクトル$\mathbf{n_1}$と$\mathbf{n_2}$に対して垂直である。それらは同じ長方形であり，S_3と一緒に（端と端とを合わせて）二等辺三角形を形成する。3 つの力$\mathbf{F_1}, \mathbf{F_2}$および$\mathbf{F_3}$は 3 つの面の面積力であり，仮定によってせん断力がないので，面に垂直である。

せん断力が存在しない媒質を考え，$\mathbf{n_1}, \mathbf{n_2}$を任意の 2 つの方向とする。媒質中の特定の点で，図 16.14 のように小さな三角プリズムを形成するように，面 $\mathbf{n_1}$に垂直なS_1面と，$\mathbf{n_2}$に垂直な面S_2という 2 つの小さい同じ長方形を設定する。ここで示された 3 つの面に対する面積力は面に垂直であり，$\mathbf{F_1} = -p_1\mathbf{n_1}dA_1$などと書くことができる。ここで 3 つの面の圧力が異なっている可能性を考慮するため，p_1, p_2, p_3と書く。（ここでの目標は$p_1 = p_2 = p_3$であることを証明することである。）これらの圧力は，媒体の各点ごとに変化することはもちろんであるが，十分に小さい体積を考えると，小さなプリズムにニュートンの第 2 法則を適用することができる。ここでプリズムの質量は$m = \varrho dV$である。またプリズムに働く合力は$\mathbf{F_1} + \mathbf{F_2} + \mathbf{F_3} + \mathbf{F_{vol}}$であり，$\mathbf{F_{vol}}$は総体積力（たとえば重量$\mathbf{F_{vol}} = \varrho \mathbf{g} dV$）を表す。したがって方程式$\mathbf{F} = m\mathbf{a}$は[6]

$$\mathbf{F_1} + \mathbf{F_2} + \mathbf{F_3} + \mathbf{F_{vol}} = m\mathbf{a}$$

となる。これは，次のように書き換えることができる。

$$\mathbf{F_1} + \mathbf{F_2} + \mathbf{F_3} = m\mathbf{a} - \mathbf{F_{vol}} \tag{16.45}$$

ここで非常にうまい方法がある。（16.45）は図 16.14 の小さなプリズムに適用されるが，より小さなプリズムにも当てはまる。したがってプリズムを，3 つの方向すべてに対してλ倍縮小する。左辺の 3 つの面積力の項（16.45）は面積に比例するため，λ^2の係数で減少する。一方で右辺の質量と体積に関するそれぞれの力はdVに比例し，λ^3の係数で減少しなければならない。したがって，より小さいプリズムの（16.45）の対応部分は，

$$\lambda^2(\mathbf{F_1} + \mathbf{F_2} + \mathbf{F_3}) = \lambda^3(m\mathbf{a} - \mathbf{F_{vol}})$$

となる。または両辺をλ^2で割って，

$$(\mathbf{F_1} + \mathbf{F_2} + \mathbf{F_3}) = \lambda(m\mathbf{a} - \mathbf{F_{vol}}) \tag{16.46}$$

である。この方程式は，λの（1 より小さい）任意の値に対して成り立つ。特にλをゼロに近づけると，3 つの表面項の和はゼロになる必要があるという驚くべき結論に達する。

$$\mathbf{F_1} + \mathbf{F_2} + \mathbf{F_3} = 0 \tag{16.47}$$

図 16.14 の三角形は二等辺三角形であるため，$\mathbf{F_1}, \mathbf{F_2}$の大きさが$F_1 = F_2$でなければならないことを確認するのは簡単である。（これを確かめるためには，$\mathbf{F_3}$に垂直な成分を使うだけでよい。）$F_1 = p_1 dA_1, F_2 = p_2 dA_2, dA_1 = dA_2$であるので，次のことが結論づけられる。

$$p_1 = p_2 \tag{16.48}$$

$\mathbf{n_1}, \mathbf{n_2}$の方向は任意であるため，せん断力がない媒体では圧力が方向に依存しないことが証明された。特に静止流体では等方性であり，粘度が無視できるほど小

6 厳密に言えば，プリズムの 2 つの端に 2 つの圧力を含める必要があるが，図 16.14 の平面内の成分のみに関心があるため，これらを無視することができる。

さい運動している流体についても同様である。

16.6 応力とひずみ：弾性率

次節で説明するように，連続体（固体，液体，気体）内の面積力は，応力テンソルと呼ばれる3次元テンソルによって表現される。16.8節では，結果として生じる物体の変位が，ひずみテンソルと呼ばれる2階テンソルで表現できることがわかる。最後に運動方程式を書き下す前に，2つのテンソル間の関係を確立する必要がある。[この最後の文章の意味は，ばねに取り付けられた物体の運動方程式を書き下すためには，ばねの張力（F）と伸び（x）を関連付けるフックの法則（$F = kx$）を知る必要がある，という良く知られている事柄を連続体に対して類推したものである。]応力テンソルとひずみテンソルの一般的な理論は非常に複雑であるので，この節では一般的な場合に入る前に，いくつかの簡単で特別な場合について述べる。

応力

いずれの面積力Fも作用する面の面積Aに比例するので，比F/Aを考えるのが自然であり，この比を**応力**と呼ぶ。次節で説明するように，一般的には応力テンソルを考える必要があるが，複雑さを欠く単純な例として静的流体内の圧力があり，この場合の応力は圧力となる。

$$\text{応力} = \frac{F}{A} = \text{圧力}\,p \qquad [\text{静止流体の場合}] \tag{16.49}$$

同様に，単純な膨張力を受けるワイヤまたは棒の応力は

$$\text{応力} = \frac{\text{膨張力}}{\text{面積}} \qquad [\text{膨張力がかかるワイヤの場合}] \tag{16.50}$$

となる。ここで，面積はワイヤの断面積である。図16.13のような単純なせん断力の場合，せん断力は

$$\text{応力} = \frac{\text{せん断力}}{\text{面積}} \quad [\text{せん断力の場合}] \tag{16.51}$$

となる。しかし状況を複雑にすると，応力（または応力テンソルの任意の成分）は，面積力（またはその成分の1つ）と，それが作用する表面の面積との比とし

て定義できる。特に応力は，常に[力/面積]の次元を有する。

ひずみ

応力の結果として現れるのは，ほとんどの場合応力が作用した物体の変化，つまり体積変化，たとえば液体の体積の変化またはワイヤの長さの変化である。この変化を微小変化として表したものは，**ひずみ**と呼ばれる。たとえば静止流体では，ひずみは体積の微小変化であり，

$$\text{ひずみ} = \frac{dV}{V} \quad [\text{静止流体中の場合}] \tag{16.52}$$

となる。膨張力が働くワイヤの場合，ひずみは長さの微小変化であり，以下のようになる。

$$\text{ひずみ} = \frac{dl}{l} \quad [\text{膨張力のあるワイヤの場合}] \tag{16.53}$$

図 16.13 の単純せん断力に対して，ひずみは

$$\text{ひずみ} = \frac{dy}{dx} \quad [\text{せん断力の場合}] \tag{16.54}$$

となる。ここでdyはせん断方向の変位，dxはせん断が発生した場所までの垂直方向の変位である（図 16.13 参照）。

応力とひずみの関係：弾性率

媒体中の応力があまり大きくなければ，得られるひずみは応力に対して線形であることが予想される。伸びたワイヤの場合，この関係は

$$\text{応力} = (\text{ヤング率}) \times \text{ひずみ} \quad \text{または} \frac{dF}{A} = \mathrm{YM} \cdot \frac{dl}{l} \tag{16.55}$$

ここで，YMは線材の**ヤング率**である[7]。[この方程式を$dF = (A\mathrm{YM}/l)dl$と書き直すと，ばね定数$k = (A\mathrm{YM}/l)$のフックの法則と見なすことができる。ヤング率で書

---

7 この主題に関する本が多数あるのと同じように，様々な弾性率の表記法が存在する。ここで使用されている表記法は慣習的ではないが，読者はどこが違うのかに注意してくれることを望む。

いた場合の利点は，kと異なりYMは素材の特性であり，次元AおよびIとは無関係であることがはっきりわかることである。]（16.55）において，dlは膨張力の増加dFによって引き起こされる伸びである。

静水圧のみの力を受ける物質の場合，圧力のわずかな増加dpにより，以下で与えられる体積の変化が引き起こされる。

$$応力 = (体積弾性率) \times ひずみ \quad または \quad dp = -\mathrm{BM} \cdot \frac{dV}{V} \qquad (16.56)$$

ここでBMは材料の**体積弾性率**であり，圧力の増加が体積の減少を引き起こすため，マイナス記号が付いている。せん断力については，

$$応力 = (せん断弾性率) \times ひずみ \quad または \quad \frac{F}{A} = \mathrm{SM} \cdot \frac{dy}{dx} \qquad (16.57)$$

であり，SMは材料の**せん断弾性率**である。

この節を要約すると，応力は連続媒体中の面積力を特徴づける。

$$応力 = \frac{力}{面積} \qquad (16.58)$$

一方，ひずみは結果として生じる変形を特徴付ける。

$$ひずみ = 変形の割合 \qquad (16.59)$$

応力は常に圧力の単位（力/面積）を持つが，ひずみは常に無次元である[8]。様々な弾性率（ヤング，体積，およびせん断）は，対応するひずみに対する応力の比である。

---

8 どちらが応力でどちらがひずみに対応するか，を覚えておく良い方法はあまりない。1つの可能性は，以下のものである。日常用語で「応力はひずみを引き起こす」または同様に「力が変形を引き起こす」と覚えておくことである。したがって「応力」は「力」と対となり，「ひずみ」は「変形」と対になる。あるいはアルファベット順では「応力(stress)」は「ひずみ(strain)」の後に来るのと同じように，「力(force)」は「変形(deformation)」の後に来ることに注意すること。

$$弾性率 = \frac{応力}{対応するひずみ} \tag{16.60}$$

16.7　応力テンソル

この節では，連続媒体中の閉じた表面Sの小さな領域dA上の面積力の一般的な式を導出する。いつものように，ここでもdAの場所でSに垂直で外向きの単位ベクトルを表すために，$\mathbf{n}$を使用する。表記を簡略化するために，ベクトル$d\mathbf{A}$を$\mathbf{n}$方向で，大きさdAで定義する。つまり，

$$d\mathbf{A} = \mathbf{n}dA \tag{16.61}$$

である。このベクトルは，考えている小さな面の向きと大きさを示す。我々の第 1 の課題は，$d\mathbf{A}$によって指定された表面要素上の面積力$\mathbf{F}(d\mathbf{A})$が$d\mathbf{A}$の 1 次関数であること，すなわち，

$$\mathbf{F}(\lambda_1 d\mathbf{A_1} + \lambda_2 d\mathbf{A_2}) = \lambda_1\mathbf{F}(d\mathbf{A_1}) + \lambda_2\mathbf{F}(d\mathbf{A_2}) \tag{16.62}$$

を示すことである。ここでλ_1, λ_2は任意の 2 つの実数であり，$d\mathbf{A_1}, d\mathbf{A_2}$は任意の 2 つのベクトルである。

力$\mathbf{F}(d\mathbf{A})$は，表面要素の正確な形状とは無関係である。一方で面積$d\mathbf{A}$に比例するので，（あまり大きすぎない）任意の正の数λに対して

$$\mathbf{F}(\lambda d\mathbf{A}) = \lambda\mathbf{F}(d\mathbf{A}) \tag{16.63}$$

が成り立つ。もし$d\mathbf{A}$を$-d\mathbf{A}$に置き換えれば，これは表面の内側と外側を交換することになり，ニュートンの第 3 法則によって面積力の符号を変える。すなわち，$\mathbf{F}(-d\mathbf{A}) = -\mathbf{F}(d\mathbf{A})$となる。したがって（16.63）は，$\lambda$の値が負でも正でも成立する。

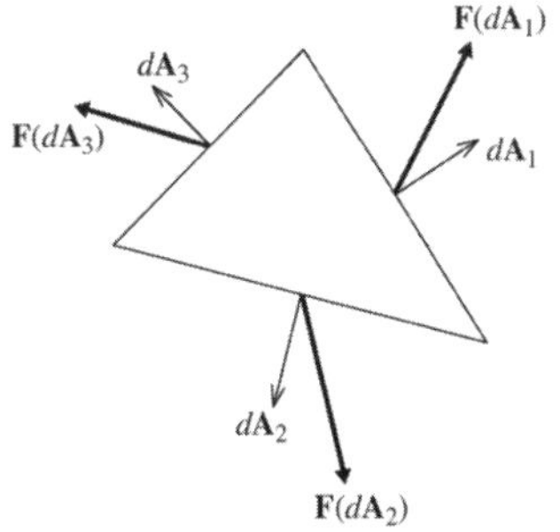

図 16.15 任意の微小ベクトル$d\mathbf{A_1}, d\mathbf{A_2}$は，共通の 1 つの端（右下）を共有する（横向きの）2 つの長方形の表面を定義する。これらの 2 つの矩形は，その面がベクトル$d\mathbf{A_3}$によってラベル付けされた第 3 の長方形と共に，（端と端とを合わせて）三角形のプリズムを形成する。3 つの長方形の面に対する面積力は$\mathbf{F}(d\mathbf{A_1})$などと表示されている。

次に，任意の 2 つの小さなベクトル$d\mathbf{A_1}, d\mathbf{A_2}$について考える。連続媒体中の任意の点で，図 16.15 に示すように，

$d\mathbf{A_1}, d\mathbf{A_2}$によって与えられる向きと面積で，1 つの共通の端で接触する 2 つの小さな長方形の面を考えてみよう。これらの 2 つの長方形と，図において$d\mathbf{A_3}$と表示される第 3 の長方形によって画定される三角柱を考える。このプリズムは 2 つの顕著な特性を有する。第 1 に，示された 3 つの辺が閉じた三角形を形成するので，3 つのベクトル$d\mathbf{A_1}, d\mathbf{A_2}, d\mathbf{A_3}$についても同様である。したがって，

$$d\mathbf{A_1} + d\mathbf{A_2} + d\mathbf{A_3} = 0$$

である。

第 2 に，非粘性流体[（16.47）]における圧力の等方性を証明するために使用したのと同じ議論によって，

$$\mathbf{F}(d\mathbf{A_1}) + \mathbf{F}(d\mathbf{A_2}) + \mathbf{F}(d\mathbf{A_3}) = 0$$

が成立する[9]。これら 2 つの方程式を順番に利用すると，

$$\mathbf{F}(d\mathbf{A_1} + d\mathbf{A_2}) = \mathbf{F}(-d\mathbf{A_3}) = -\mathbf{F}(d\mathbf{A_3}) = \mathbf{F}(d\mathbf{A_1}) + \mathbf{F}(d\mathbf{A_2}) \qquad (16.64)$$

となる。最後に（16.63）と（16.64）を組み合わせると，直ちに（16.62）を検証することができ，$\mathbf{F}(d\mathbf{A})$が$d\mathbf{A}$に対して線形であることが証明された。

第 1 のベクトル（この場合$\mathbf{F}$）が第 2 のベクトル（$d\mathbf{A}$）の線形関数である場合，第 1 のベクトル成分は以下の線形の関係で，第 2 のベクトル成分と関係しているという，線形代数の基本的結果がある[10]。

$$F_i(d\mathbf{A}) = \textstyle\sum_{j=1}^{3} \sigma_{ij}\, dA_j \qquad (16.65)$$

または行列形式で，

$$\mathbf{F}(d\mathbf{A}) = \mathbf{\Sigma} d\mathbf{A} \qquad (16.66)$$

である。この第 2 の関係式（16.66）において$\mathbf{\Sigma}$は（3×3）行列であり[11]，（16.65）

---

9 ここで再び，2 つの三角形の端の力を無視している。2 つの端を$d\mathbf{A_4}, d\mathbf{A_5}$とすると$d\mathbf{A_4} = -d\mathbf{A_5}$であるが，（16.63）より$\boldsymbol{F}(d\boldsymbol{A_4}) = -\boldsymbol{F}(d\boldsymbol{A_5})$となり，これら 2 つの力は互いに打ち消し合う。

10 この証明は，極めて簡単である。$\mathbf{u}$が$\mathbf{v}$の線形関数であるとすると，$u_i = \mathbf{e_i} \cdot \mathbf{u}$および$\mathbf{v} = \sum_j \mathbf{e_j}\, v_j$なので，$u_i(\mathbf{v}) = \mathbf{e_i} \cdot \mathbf{u}\left(\sum_j \mathbf{e_j}\, v_j\right) = \sum_j \left[\mathbf{e_j} \cdot \mathbf{u}(\mathbf{e_j})\right] v_j$であり，これは（16.65）で$\sigma_{ij} = \mathbf{e_j} \cdot \mathbf{u}(\mathbf{e_j})$としたものである。

11 ギリシャ語の太大文字「シグマ」(16.66) と，和 (16.65) を混同しないこと。

の 9 つの数σ_{ij}で構成される。この行列$\mathbf{\Sigma}$は，**応力テンソル**と呼ばれる 2 階の 3 次元テンソルである。当然ながら，応力テンソルは媒体中の各点ごとに変化するが，各点$\mathbf{r}$におけるその重要性は次の通りである。媒質中の各点$\mathbf{r}$（および与えられた時間t）において，（16.66）を介して$\mathbf{r}$の任意の表面要素$d\mathbf{A}$に力を与える固有の（3×3）行列$\mathbf{\Sigma}$が存在する。

応力テンソルの要素

応力テンソル$\mathbf{\Sigma}$とその要素σ_{ij}の数学的意義は，（16.66）と（16.65）よりも簡潔に表現することはできないが，物理的な意味合いを理解するために特殊な場合を考えてみよう。たとえば$d\mathbf{A} = \mathbf{e_1}dA$のような，$x$軸に垂直な微小面積$dA$を考えてみよう。$d\mathbf{A}$の成分のうちの 1 つのみ（すなわち第 1 成分）が非ゼロであるので，（16.65）の和は単一の項となる。たとえば（16.65）のx成分は，

$$F_1\text{（}\mathbf{e_1}\text{に垂直な面積}dA\text{上）} = \sigma_{11}dA$$

となる。これを見ると，σ_{11}は第 1（x）軸に垂直な面上の，単位面積あたりの力の第 1 成分であると言える。同様にσ_{ii}はi番目の軸に垂直な面上の，単位面積あたりの力のi番目の成分である。これを別の言い方をすると，応力テンソル$\mathbf{\Sigma}$の対角成分σ_{ii}は，i番目の軸に垂直な面上の，単位面積当たりの力の法線成分を与える。

非対角成分σ_{ij} $(i \neq j)$も，同様に解釈することができる。再びx軸に垂直な微小領域dAを考えると，（16.65）の第 2 成分は以下のようになる。

$$F_2\text{（}\mathbf{e_1}\text{に垂直な面積}dA\text{上）} = \sigma_{21}dA$$

明らかにσ_{21}は，第 1（x）軸に垂直な面上の，単位面積当たりの第 2（y）成分である。同様の議論がσ_{31}に適用され，σ_{21}とσ_{31}は，第 1 の軸に垂直な面上の単位面積当たりの接線またはせん断力の 2 つの成分であると言える。より一般的には，6 つの非対角成分σ_{ij} $(i \neq j)$は，考えている点を通る 3 つの座標平面上の 6 つのせん断力を示す。

応力テンソルの対称性

6 つの非対角成分σ_{ij}は対同士は等しいので，実際には独立していない。具体的にいうと応力テンソル$\mathbf{\Sigma}$は対称であるため，$\sigma_{ij} = \sigma_{ji}$である。非粘性流体の圧力の

等方性を証明するために，第 16.5 節の終わりに導入された議論をここでも用いて，このことを証明することができる。今回は図 16.16 に示すように，軸がz方向にあり，断面がxy平面に平行な正方形である微小プリズムについて，検討する。プリズムの軸まわりの角運動量は，

$$\frac{dL_3}{dt} = \Gamma_3 \tag{16.67}$$

を満たす。ここでΓ_3は，プリズムのトルクのz成分である。Γ_3に寄与する 4 つの力（実際には力の成分）はF_a, F_b, F_c, F_dとして図に示されているせん断力である。（16.65）から，$F_a = \sigma_{12} dA, F_b = \sigma_{21} dA$である。力$F_c, F_d$はそれぞれ$F_a, F_b$の大きさと等しいが反対方向である。したがって総トルクΓ_3は，

$$\Gamma_3 = F_b l - F_a l = (\sigma_{21} - \sigma_{12}) l dA \tag{16.68}$$

となる。今ではおなじみとなった技法を使って，プリズムの 3 つの方向すべてでλ倍に縮小する。（16.67）では，この減少によってΓ_3にλ^3の係数が掛かるが，L_3にはλ^4の係数が掛かる。λ^3で割って$\lambda \to 0$とすると，Γ_3は実際にはゼロでなければならないことがわかる。（16.68）によれば，これは$\sigma_{21} = \sigma_{12}$であることを意味する。同様の議論が他の対角成分でもでき，すべてのi, jに対して

$$\sigma_{ji} = \sigma_{ij} \tag{16.69}$$

となることがわかる。すなわち，応力テンソル$\mathbf{\Sigma}$は対称である。

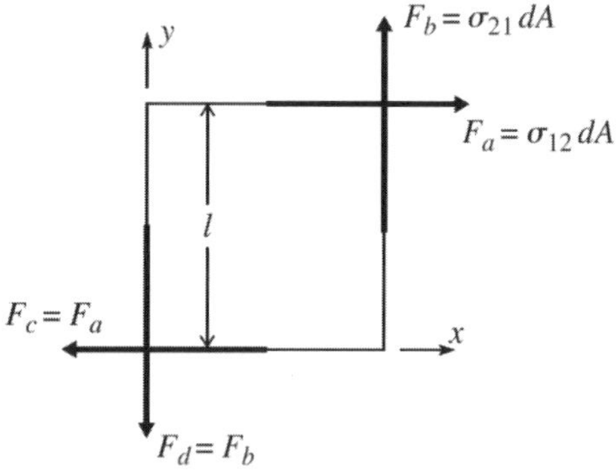

図 16.16 z軸に平行な軸を持つ正方形プリズムの端面図。プリズムの軸回りの回転に寄与する 4 つの力は，F_a, F_b, F_c, F_dで示されている。正方形の端部は側面lを有し，端部に見られる 4 つの面は領域dAを有する。

例 16.3 静止流体中の応力テンソル

静止流体中の，圧力がpの場所での応力テンソル$\mathbf{\Sigma}$を書き下す。

静止流体にはせん断力はなく，任意の与えられた場所において圧力はすべての方向で同じである。したがって，$d\mathbf{A}$によってラベル付けされた小さな表面要素上の面積力は，

$$\mathbf{F}(d\mathbf{A}) = -p d\mathbf{A}$$

である。ここでpは$d\mathbf{A}$とは無関係であり，（流体の任意の点に対して）定数である。（マイナス記号は$d\mathbf{A}$が外向きなのに対し，圧力は内向きであるからである。）これを応力テンソルの定義（16.66）と比較すると，

$$\mathbf{\Sigma} = -p\mathbf{1} \tag{16.70}$$

である。ここで$\mathbf{1}$は（3×3）単位行列である。この美しく単純な結果は，静止流体（および粘度が無視できるものであれば動く流体）において唯一の面積力は表面に垂直で，表面の向きに依存しない圧力であることを簡潔に表している[12]。

例 16.4 応力の数値例

連続媒体中のある点Pにおいて，応力テンソルは以下で表される。

$$\mathbf{\Sigma} = \begin{bmatrix} -1 & 2 & 0 \\ 2 & -2 & 0 \\ 0 & 0 & 1 \end{bmatrix} \tag{16.71}$$

Pの微小表面要素は面積dAを持ち，$x + y + z = 0$の平面に平行である。この表面要素の力は，何であろうか。この力と表面要素の法線との間の角度を求める。物事を明確にするため，Pを第 1 象限（x, y, zはすべて正）にし，表面の外側が原点から離れる側であると仮定する。

最初に，ここでは要素の単位を指定していないことに注意してほしい。しかしながらそれらはもちろん，圧力の単位（力/面積）になる。考えている媒体が川底にある水であれば，単位はキロパスカルかもしれない。地殻の中の岩なら，メガパスカルかもしれない。

[12] この例は，圧力の等方性の簡潔な代替証明の存在を示唆している。せん断力が存在しないということは，任意の軸の選択に対して$\mathbf{\Sigma}$は対角行列（対角要素がすべてゼロに等しい）でなければならないことを意味する。この性質を持つ唯一のテンソルは，単位行列の倍数であることを示すのは簡単である。

表面要素の力は，(16.66) の$d\mathbf{A}=\mathbf{n}dA$で与えられる。ここで$\mathbf{n}$は面の法線である。表面は$x+y+z=0$の平面に平行であるので，

$$\mathbf{n}=\frac{1}{\sqrt{3}}\begin{bmatrix}1\\1\\1\end{bmatrix} \tag{16.72}$$

である[13]。したがって，表面要素に対する力は，

$$\mathbf{F}(d\mathbf{A})=dA\mathbf{\Sigma}\mathbf{n}=\frac{dA}{\sqrt{3}}\begin{bmatrix}1\\0\\1\end{bmatrix} \tag{16.73}$$

であり，力と法線との間の角度θは，

$$\cos\theta=\frac{\mathbf{F}\cdot\mathbf{n}}{|\mathbf{F}|\cdot|\mathbf{n}|}=\frac{2/3}{\sqrt{2/3}\times 1}=\sqrt{\frac{2}{3}}$$

である。したがって，$\theta=\arccos\left(\sqrt{2/3}\right)=35.3°$である。このことは，せん断力が存在すると，表面要素に対する力が必ずしも表面に垂直でないという事実を明確に示している。

16.8 固体のひずみテンソル

先の節では，応力テンソルが連続媒体，固体，液体または気体内部の面積力をどのように表現するかを見た。この節では媒質内の変位を記述するものとして，ひずみテンソルの議論をおこなう。残念なことに，ひずみテンソルに関する固体の分析は流体の分析とは全く異なるので，話を簡単にするために，固体の議論に限定する[14]。

連続した固体の構成を指定するには，連続した多数の構成要素のそれぞれの位置を指定する必要がある。これをおこなう便利な方法は，位置$\mathbf{r}$に元々存在していた特定の微小体積dVが，現在は位置$\mathbf{r}+\mathbf{u}(\mathbf{r})$にあることを指定することである。

---

13 これを確かめる方法は，いくつかある。単純なものの1つは，平面が$f(x,y,z)=$定数の形で与えられ，ベクトル∇fがこの形の面に対して垂直であるという，ベクトル解析の標準的な結果に注目することである。(問題4.18を参照)。したがって，$\mathbf{n}=\pm\nabla f/|\nabla f|$となる。$\mathbf{n}$は原点から離れる方向にあるためプラス記号が適用され，これによって (16.72) の結果が得られることを確認するのは簡単である。

14 固体と流体の間に大きな違いがなければならないことは，容易にわかる。たとえば固体の形状の変化はひずみを作り出し，通常は相当な応力を伴う。しかし，流体の形状の変化（たとえば四角い箱から丸いボウルにミルクを移すなど）は応力を必要としないので，通常はひずみを作り出さない。

「元の」位置は平衡位置であってもよいし，都合のよい初期時間t_0での位置であってもよい。いずれにせよベクトル$\mathbf{u}(\mathbf{r})$は，微小体積をその元の位置$\mathbf{r}$から現在の位置に移動するのに必要な変位である。

一見すると，$\mathbf{u}(\mathbf{r})$が物体のひずみの良い尺度になると思うかもしれないが，そうではないことはすぐにわかる。たとえば$\mathbf{u}(\mathbf{r}) = \mathbf{u_0}$が単なる定数（$\mathbf{r}$とは無関係）である場合を考えてみよう。そのような変位は，単純に全体をベクトル$\mathbf{u_0}$だけ動かすことになり，内部応力を全く必要としない。応力はひずみに比べると物体の変位によってそれほどは起こらず，また図 16.17（b）に示すように，ひずみは物体の異なる部分が異なる量だけ変位することを必要とする。図 16.17（a）はすべての$\mathbf{r}$について$\mathbf{u}(\mathbf{r})$が同じ場合の剛体の平行移動を示しているので，任意の 2 つの隣接点の距離$d\mathbf{r}$は同じままである。（b）では$\mathbf{u}(\mathbf{r})$と$\mathbf{u}(\mathbf{r} + d\mathbf{r})$が異なり，2 つの隣接点の距離が$d\mathbf{r}$から$d\mathbf{r} + d\mathbf{u}$に変化する。それらの距離における変化$d\mathbf{u}$は，$\mathbf{r}$に関する$\mathbf{u}$の導関数で表すことができる。

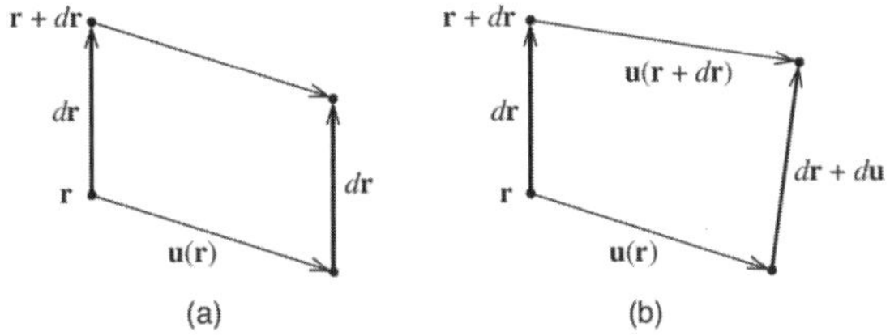

図 16.17（a）剛体の平行移動では，物体のすべての点が同じ量だけ移動する。すなわち$\mathbf{u}(\mathbf{r})$はすべての$\mathbf{r}$について同じであり，任意の 2 つの隣接点の距離$d\mathbf{r}$は変化しない。（b）物体のひずみは，$\mathbf{u}(\mathbf{r})$が場所ごとに異なることを必要とする。ここで点$\mathbf{r}$と$\mathbf{r} + d\mathbf{r}$は異なる量だけ移動し，それらの距離は$d\mathbf{r}$から$d\mathbf{r} + d\mathbf{u}$に変化する。

$$du_i = \sum_j \frac{\partial u_i}{\partial r_j} dr_j \qquad (16.74)$$

また行列表記法では，以下のようになる。

$$d\mathbf{u} = \mathbf{D}d\mathbf{r} \qquad (16.75)$$

$\mathbf{D}$は偏導関数$\partial u_i/\partial r_j$からなる**導関数行列**（または導関数テンソル）である。

$$\mathbf{D} = \begin{bmatrix} \partial u_1/\partial r_1 & \partial u_1/\partial r_2 & \partial u_1/\partial r_3 \\ \partial u_2/\partial r_1 & \partial u_2/\partial r_2 & \partial u_2/\partial r_3 \\ \partial u_3/\partial r_1 & \partial u_3/\partial r_2 & \partial u_3/\partial r_3 \end{bmatrix} \qquad (16.76)$$

導関数行列$\mathbf{D}$の要素は，固体内部を移動するにつれて変位$\mathbf{u}(\mathbf{r})$がどれほど急速に変化するかを示すので，$\mathbf{D}$はひずみの良い尺度となると思うかもしれない。残念ながら，議論すべきもう1つの複雑さが存在する。固体の平行移動はひずみとして考えてはならないことをすでに述べたが，剛体回転の場合も同様である。つまり，$\mathbf{D}$は回転によってどのような形を取るべきかを調べなければならず，$\mathbf{D}$によって与えられた任意の変位に対して，$\mathbf{D}$から剛体回転に相当する部分を差し引き，ひずみを真に表すもののみを残す必要がある。

以下では，微小な膨張力（このことは$\mathbf{D}$のすべての微分が1よりずっと小さいことを意味する）にのみ関心がある。したがって，ベクトル$\boldsymbol{\theta} = \theta\mathbf{u}$でラベル付けできる微小な剛体回転を考えてみよう。ここで単位ベクトル$\mathbf{u}$は回転軸を示し，θは（微小）回転角である。結果として生じる任意の点$\mathbf{r}$の変位を最初から計算することは困難ではないが，角速度$\boldsymbol{\omega}$で回転する剛体内の点$\mathbf{r}$の速度が（9.22），つまり$\mathbf{v} = \boldsymbol{\omega} \times \mathbf{r}$であることを思い出すことによって，問題を少しであるが軽減することができる。両側に微小時間dtを掛けると，$\boldsymbol{\theta} = \boldsymbol{\omega}dt$であるから，変位$\mathbf{u}(\mathbf{r})$は以下のようになる[15]。

$$\mathbf{u}(\mathbf{r}) = \mathbf{v}dt = \boldsymbol{\omega}dt \times \mathbf{r} = \boldsymbol{\theta} \times \mathbf{r} \tag{16.77}$$

この方程式の成分を書き出して微分すると（16.75），つまり$d\mathbf{u} = \mathbf{D}d\mathbf{r}$を簡単に確かめることができる。

$$\mathbf{D} = \begin{bmatrix} 0 & \theta_3 & -\theta_2 \\ -\theta_3 & 0 & \theta_1 \\ \theta_2 & -\theta_1 & 0 \end{bmatrix} = [\text{任意の微小回転}] \tag{16.78}$$

すなわち，ベクトル$\boldsymbol{\theta} = (\theta_1, \theta_2, \theta_3)$によって与えられる任意の微小回転について，導関数行列は反対称行列（16.78）で与えられる。（$\widetilde{\mathbf{M}} = -\mathbf{M}$を満たす場合，行列$\mathbf{M}$は反対称行列である。）逆にすべての反対称行列は（16.78）の形をとるので，すべての反対称行列（すべての要素が小さい）は微小回転の導関数行列である。したがって導関数行列（16.76）が反対称行列であることが判明した場合，それは回転に対応しており，ひずみとみなすべきではない。

1つ前の段落の結果を利用するには，行列理論の基本定理を使用する必要がある。つまり以下の明白な恒等式から，正方行列$\mathbf{M}$は2つの行列の和として書くこ

[15] dt，したがってθが小さいことが重要である。それ以外の場合，$\mathbf{v}$は回転中に大きく変化する。

とができるが，そのうちの 1 つは反対称行列で，もう 1 つは対称行列である。

$$\mathbf{M} = \frac{1}{2}\left(\mathbf{M} - \widetilde{\mathbf{M}}\right) + \frac{1}{2}\left(\mathbf{M} + \widetilde{\mathbf{M}}\right) \qquad (16.79)$$

これらのうちの第 1 項は明らかに反対称行列であり，第 2 項は対称行列であるので，ここで主張した定理が証明された。任意の変位に対する導関数行列$\mathbf{D}$は，以下のように分解できる。

$$\mathbf{D} = \mathbf{A} + \mathbf{E} \qquad (16.80)$$

ここで$\mathbf{A}$は$\mathbf{D}$の反対称部分であり，回転を表しひずみに寄与しない。第 2 項$\mathbf{E}$は**ひずみテンソル**と呼ばれ[16]，$\mathbf{D}$の対称部分である。

$$\mathbf{E} = \frac{1}{2}\left(\mathbf{D} + \widetilde{\mathbf{D}}\right) \qquad (16.81)$$

$\mathbf{D}$は（16.76）で定義されている導関数行列である。このように定義されたひずみテンソルは，以下の 2 つの例が示すように，ひずみの良い尺度となる。

例 16.5 膨張

固体中のある点Pにおけるひずみテンソル$\mathbf{E}$は，単位行列の倍数である。

$$\mathbf{E} = e\mathbf{1} \qquad (16.82)$$

ここでeは小さな数であり，正または負である。P（便宜上，原点とする）の近傍の点の変位を書き下す。

全体の変位または回転には関心がないので，点Pが動かず，Pの近傍は回転しないと仮定してもよい。この場合，（16.80）における$\mathbf{D}$の

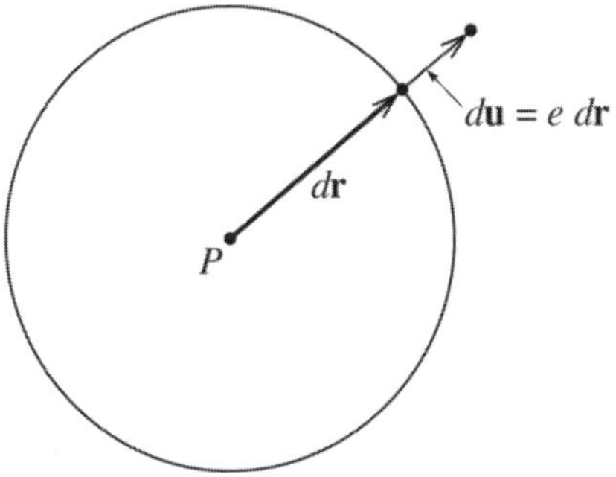

図 16.18 ひずみ（16.82）は，$d\mathbf{r}$の半径方向の点を$(1+e)d\mathbf{r}$に移動する。したがってPを中心とする小さな球は，すべての方向で$1+e$倍だけ膨張する。

[16] この用語は極めて不統一である。「ひずみテンソル」は数多くのわずかに異なる定義を有し，多くの異なる記号によって示される。ここでの使用方法について言えることは，少なくとも他の数名の著者がこのような使用をしているということである。

反対称部分$\mathbf{A}$はゼロであり，$\mathbf{D}=\mathbf{E}$である。したがって図 16.18 に示すように，（P に対して）$d\mathbf{r}$の位置にある点は$d\mathbf{r}+d\mathbf{u}$に置き換えられ，また$d\mathbf{u}=\mathbf{E}d\mathbf{r}=ed\mathbf{r}$である。すなわち，点$d\mathbf{r}$は$(1+e)d\mathbf{r}$に移動する。このことは$d\mathbf{r}$の方向とは無関係であるので，小さな半径$d\mathbf{r}$の球全体が$1+e$因子によって全方向に拡大または膨張され，ひずみ（16.82）を**等方ひずみ**または**膨張**であると結論づけられる。球はeが正の場合は拡大され，eが負の場合は縮小する。

今後のために，どの体積も$(1+e)$の 3 方向すべてに引き伸ばされるので，体積は$(1+e)^3\approx 1+3e$だけ増加することに注意してほしい。($e\ll 1$に注意すること。）言い換えれば，$\mathbf{E}=e\mathbf{1}$の膨張は微小体積において$3e$の増加をもたらす。つまり，以下が成立する。

$$\frac{dV}{V}=3e \tag{16.83}$$

例 16.6 せん断ひずみ

固体中のある点Pにおけるひずみテンソル$\mathbf{E}$は，（$\gamma\ll 1$として）

$$\mathbf{E}=\begin{bmatrix}0 & \gamma & 0\\ \gamma & 0 & 0\\ 0 & 0 & 0\end{bmatrix} \tag{16.84}$$

または$\mathbf{E}$の要素をϵ_{ij}で表すと，$\epsilon_{12}=\epsilon_{21}=\gamma$であり，他のすべての$\epsilon_{ij}$はゼロである。$P$（これを再度，原点にとる）の近傍の点の変位を書き下す。

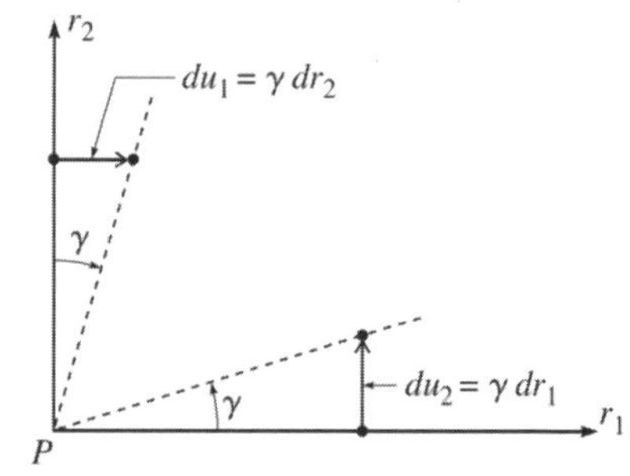

図 16.19 ひずみ（16.84）の下ではr_2軸上の点はr_1方向に移動し，またその逆の移動も存在する。結果として，2 つの軸が図示のように傾くせん断となる。

前に述べたように，全体的な平行移動または回転がないと仮定した場合，$\mathbf{E}$は導関数行列$\mathbf{D}$と同じであり，その非ゼロ要素は以下の通りである。

$$\frac{\partial u_1}{\partial r_2} = \frac{\partial u_2}{\partial r_1} = \gamma$$

これはr_2軸に沿って移動すると，変化する$\mathbf{u}$の唯一の成分はu_1であることを意味する。したがって図 16.19 に示すように，r_2軸上の任意の点はr_1方向である横方向に移動する。同様に，r_1軸上の点はr_2方向である上方に変位する。これらを合わせた効果は，図に示すように，2 つの軸が互いに向かって傾いているせん断となる。（これはγが正の場合で，γが負の場合は逆に傾く。）γが小さい限り，両方の軸が傾斜する角度はパラメータγと等しくなる。

この最後の例から，ひずみテンソルの非対角成分ϵ_{ij}はせん断ひずみと関連していることがわかる。同様に，対角成分は軸に沿った膨張に関連している。たとえばϵ_{11}が非ゼロである場合，r_1軸上の点は（横方向の変位に加えて）軸に沿って変位し，軸全体は因子$1+\epsilon_{11}$によって引き伸ばされる。このため 3 つの対角成分$\epsilon_{11}, \epsilon_{22}, \epsilon_{33}$を，$\mathbf{E}$の**膨張要素**と呼ぶ。

一般ひずみテンソルの分解

最後の 2 つの例は，ひずみテンソルを使った最終的な計算につながる。$\mathbf{E}$が対角で対角成分が等しい場合，$\mathbf{E} = e\mathbf{1}$となるように$\epsilon_{11} = \epsilon_{22} = \epsilon_{33} = e$とすると，対応する変形は例 16.5 の単純な膨張であることが分かった。与えられたひずみテンソル$\mathbf{E}$がこれらの条件を満たしていなくても，eをその膨張平均，すなわち 3 つの対角成分の平均として定義することができる。

$$e = \frac{1}{3}(\epsilon_{11} + \epsilon_{22} + \epsilon_{33}) \tag{16.85}$$

単純な膨張$e\mathbf{1}$は，元のテンソル$\mathbf{E}$といくつかの有益な関係を生み出す。このことを示す前に，行列理論では対角成分の和は行列の**対角和**と呼ばれる重要な概念であることに言及する必要がある。すなわち，要素m_{ij}を有する任意の（$n \times n$）行列$\mathbf{M}$に対して，その対角和 tr$\mathbf{M}$を以下で定義する。

$$\mathrm{tr}\mathbf{M} = \sum_{i=1}^{n} m_{ii} = m_{11} + \cdots + m_{nn} \tag{16.86}$$

したがって，任意のひずみテンソル$\mathbf{E}$の膨張平均eの定義（16.85）を表す別の方法は，それが対角和の1/3であること，つまり

$$e = \frac{1}{3}\mathrm{tr}\mathbf{E} \tag{16.87}$$

である。行列$e\mathbf{1}$は純粋な膨張であり，関心のある点のまわりの小さな領域の体積を自然に変化させ，元のひずみ$\mathbf{E}$と同じ量だけ体積を変化させる（問題 16.24）。したがって，以下のように書ける。

$$\mathbf{E} = e\mathbf{1} + \mathbf{E}' \tag{16.88}$$

ここで$\mathbf{E}$を 2 つの別々のひずみの和として表現した。最初のひずみは，$\mathbf{E}$と同じ量だけ体積を変化させる純粋な膨張であり，第 2 のものは$\mathbf{E}$と同じせん断ひずみを与えるが，体積の変化は生じない。第 1 項の$e\mathbf{1}$を$\mathbf{E}$の**等方部分**と呼ぶ。第 2 項$\mathbf{E}' = \mathbf{E} - e\mathbf{1}$は時には**偏差ひずみ**または$\mathbf{E}$の**偏差部分**と呼ばれるが，その理由は$\mathbf{E}$が対応する純粋な膨張から逸脱する量であるためである。数学的には，最初の項は$\mathbf{E}$と同じ対角和を持つ単位行列の倍数であり，2 番目の項はゼロの対角和を持つということによって，（16.88）は特徴付けられる。次節では，この$\mathbf{E}$の分解が，ひずみと応力との関係において本質的な役割を果たすことを見ていく。

例 16.7 ひずみの数値例

固体中のある点におけるテンソルのひずみは，

$$\mathbf{E} = \begin{bmatrix} -0.01 & 0.02 & 0.05 \\ 0.02 & 0.03 & 0.04 \\ 0.05 & 0.04 & 0.04 \end{bmatrix} \tag{16.89}$$

このひずみを（16.88）のように，等方部分と偏差部分に分解する。

膨張平均は$e = \frac{1}{3}\mathrm{tr}\mathbf{E} = 0.02$であることが容易に分かり，$\mathbf{E}'$は引き算$\mathbf{E}' = \mathbf{E} - e\mathbf{1}$によって求められる。以上により

$$e\mathbf{1} = \begin{bmatrix} 0.02 & 0 & 0 \\ 0 & 0.02 & 0 \\ 0 & 0 & 0.02 \end{bmatrix},\ \mathbf{E}' = \begin{bmatrix} -0.03 & 0.02 & 0.05 \\ 0.02 & 0.01 & 0.04 \\ 0.05 & 0.04 & 0.02 \end{bmatrix} \tag{16.90}$$

である。元のひずみテンソル$\mathbf{E}$が$e\mathbf{1} + \mathbf{E}'$と等しいことを確認することは容易である。$e\mathbf{1}$の対角和は$\mathbf{E}$の対角和と同じであるが，$\mathbf{E}'$の対角和はゼロであることに留意されたい。

16.9　応力とひずみの関係：フックの法則

連続固体の運動方程式を書き下す最後の段階は，応力テンソル$\mathbf{\Sigma}$とひずみテンソル$\mathbf{E}$との関係を求めることである。この関係は時には**構成方程式**と呼ばれ，ばねにつながれた物体に対するフックの法則に相当し，力（または応力）を伸び（またはひずみ）で表す。少なくとも小さな変位に対して，応力とひずみの関係は線形でなければならないと仮定することは合理的であり，ここでもそのことを仮定する。金属でできた物体あるいは地殻の岩など，この仮定に合った材質の例は多数ある。必要とされる関係が線形であるとき，それは一般化されたフックの法則と呼ばれる。議論をさらに簡素化するために（そしてこれにより非常に単純化される）固体は等方性を持つと仮定するが，これは$\mathbf{\Sigma}$と$\mathbf{E}$の間の関係が軸の選択，回転に対して不変であることを意味している。

応力テンソル$\mathbf{\Sigma}$を，ひずみテンソル$\mathbf{E}$の関数$\mathbf{\Sigma} = f(\mathbf{E})$で表現することを考える。関数$f$は線形でなければならず，また回転不変でなければならない。線形性はよく知られている特性であるが，回転不変であるとは次のことを意味する。Rが座標軸の任意の回転を表し，$\mathbf{M}_\mathrm{R}$が回転Rによって行列$\mathbf{M}$を回転させた結果である場合，

$$f(\mathbf{E}_\mathrm{R}) = [f(\mathbf{E})]_R \tag{16.91}$$

つまり，回転したひずみ$\mathbf{E}_\mathrm{R}$に対応する応力（方程式の左辺）は，$\mathbf{E}$に対応する応力を回転させた結果（方程式の右辺）と同じでなければならない。またひずみテンソルは，等方テンソルと偏差テンソルの和に分解できることがわかっている。

$$\mathbf{E} = e\mathbf{1} + \mathbf{E}' \tag{16.92}$$

この分解には 2 つの重要な特性がある。第 1 に，その回転不変性である。つまり軸を回転させると，各部分は回転したテンソルの対応する部分に別々に回転する。（$\mathbf{E}$の等方部分は$\mathbf{E}_\mathrm{R}$の等方部分に回転し，偏差部分も同様である。）第 2 に，$\mathbf{E}$をそれ以上分解してこの特性を保持することは不可能である[17]。

残念ながら，本書で仮定している数学の範囲を超えて証明された重要な結果は，

17　群論の用語では，(16.92) の 2 つの部分は既約であると言う。ここで必要となる群論の知識については，Harold Cohen 著，『Mathematics for Scientists and Engineers』(Prentice Hall, 1992)の第 10 章，または Jon Mathews, R. L. Walker 著，『Mathematical Methods of Physics』(W. A. Benjamin, 1970) の第 16 章を参照のこと。

以下の通りである。関数fが線形不変かつ回転不変である場合において$\mathbf{\Sigma} = f(\mathbf{E})$であり，また$\mathbf{E}$が（16. 92）のように分解されるなら，関数$f$が取りうる最も一般的な形は次のとおりである。

$$\mathbf{\Sigma} = \alpha e\mathbf{1} + \beta\mathbf{E}' \tag{16.93}$$

ここでα, βは（固体が作られている材質に依存する）2 つの定数，またいつものように$e = \frac{1}{3}\mathrm{tr}\mathbf{E}$である[18]。（16. 93）は**一般化されたフックの法則**，または単に**フックの法則**と呼ばれ，それに従う任意の固体は**弾性固体**と呼ばれる。フックの法則（16. 93）を（$\mathbf{E}' = \mathbf{E} - e\mathbf{1}$ではなく）$\mathbf{E}$で書き換えると[19]，

$$\mathbf{\Sigma} = (\alpha - \beta)e\mathbf{1} + \beta\mathbf{E} \tag{16.94}$$

となる。これから$\mathbf{\Sigma}$を使って$\mathbf{E}$を解くことができる。（16. 93）の対角和を取ると$\mathrm{tr}\mathbf{\Sigma} = 3\alpha e$であるので，$e = \mathrm{tr}\mathbf{\Sigma}/3\alpha$であることがわかる。これを（16. 94）に代入すると，以下のようになる。

$$\mathbf{E} = \frac{1}{3\alpha\beta}\left[3\alpha\mathbf{\Sigma} - (\alpha - \beta)(\mathrm{tr}\mathbf{\Sigma})\mathbf{1}\right] \tag{16.95}$$

予想される通り，定数α, βは 16. 6 節[（16. 55）～（16. 57）]の最後に導入された弾性率に関連している。体積弾性率から始めよう。

体積弾性率

たとえば等方性圧力p（せん断力なし）のみが働く固体物質を想像しよう。この場合，応力テンソルは$\mathbf{\Sigma} = -p\mathbf{1}$という単純な形式を持つことがわかる。これをフックの法則（16. 95）に代入すると，

---

18 群の表現論の枠組みの中では，この証明は驚くほど簡単である。線形関数fはすべての回転で交換可能でなければならない。分解（16.92）は，すべての対称行列の空間を 2 つの既約部分空間（それぞれ次元 1 と 5）に分割する。シューアの補題では，これらの既約部分空間のいずれかへのfの制限は，せいぜいスカラー（ここではαまたはβとする）の乗算であるので，（16.93）が証明された。

19 この方程式は$\mathbf{\Sigma} = 3\lambda e\mathbf{1} + 2\mu\mathbf{E}$と書かれることもあり，$\lambda, \mu$は**ラメ定数**と呼ばれる。

$$\mathbf{E} = \frac{1}{\alpha\beta}\,[-\alpha + (\alpha - \beta)\,]p\mathbf{1} = \frac{p}{\alpha}\mathbf{1} \tag{16.96}$$

である。すなわち，ひずみテンソル$\mathbf{E}$は単位行列の倍数でもあり，$e = -p/\alpha$とすると$\mathbf{E} = e\mathbf{1}$と書くことができる。しかし（16. 83）から，$e = \frac{1}{3}dV/V$であることを知っている。これら 2 つの式のeと比較すると$p = -\frac{1}{3}\alpha dV/V$であり，これと体積弾性率の定義（16. 56）とを比較すると，以下を得る。

$$\alpha = 3\mathrm{BM} \tag{16.97}$$

せん断弾性率

次に例 16. 6 の（16. 84）で与えられ，図 16. 19 に示されている単純せん断ひずみ$\mathbf{E}$を考えてみよう。これは対角和がゼロなので$e = 0$であり，フックの法則（16. 94）は以下の単純な形となる。

$$\mathbf{\Sigma} = \beta\mathbf{E}$$

特にせん断の原因となる応力は，

$$\frac{F}{A} = \sigma_{12} = \beta\epsilon_{12} = \beta\gamma \tag{16.98}$$

であるが，これをせん断弾性率の定義（16. 57）と比較する必要がある。残念ながら（16. 57）は図 16. 13 のひずみと対応しており，図 16. 19 と全く同じではない。具体的にいうと図 16. 19 では，両方の軸が角度γだけ内向きに傾いているが，図 16. 13 ではx軸は角度θで回転し，y軸は変化しない。図 16. 13 の変位は，図 16. 19 のような単純なせん断と，それに続くy軸の元の方向への回転との組み合わせであることは，すぐにわかるであろう。これは図 16. 13 の角度θが図 16. 19 の角度γの 2 倍，つまり$\theta = 2\gamma$に等しいことを意味する。これをせん断弾性率の定義（16. 57）に入れると，

$$\frac{F}{A} = \mathrm{SM}\frac{dy}{dx} = \mathrm{SM}\theta = 2\mathrm{SM}\gamma$$

となる。（16. 98）と比較すると，定数βはせん断弾性率の 2 倍であると結論づけられる。

$$\beta = 2\mathrm{SM} \tag{16.99}$$

ヤング率

先と同様にヤング率を定数α,βで表すこともできるが，これは練習問題として残しておく（問題 16. 27)。その結果，

$$\mathrm{YM}=\frac{3\alpha\beta}{2\alpha+\beta}=\frac{9\mathrm{BM}\cdot\mathrm{SM}}{3\mathrm{BM}+\mathrm{SM}} \tag{16.100}$$

となる。ここで最後の表現は，αに（16. 97）をβに（16. 99）を代入した結果である。この結果の興味深い特徴は，3 つの弾性率のうち 2 つだけが独立していることを示していることである。 たとえばBM, SMを知っていれば，YMを計算することができる（問題 16. 26 を参照)。

16. 10 弾性体の運動方程式

微小体積dVの弾性体を考えてみよう。その質量はϱdVであるが，ここでϱは密度，その位置は$\mathbf{r}+\mathbf{u}(\mathbf{r},t)$であり，$\mathbf{r}$はその平衡位置，$\mathbf{u}(\mathbf{r},t)$は平衡からの変位である。[変位$\mathbf{u}(\mathbf{r},t)$は$\mathbf{r}$と$t$に依存するが，与えられた固体片の平衡位置$\mathbf{r}$は一定であり，$t$とは無関係である。]この微小体積に適用されるニュートンの第 2 法則は，以下の通りである。

$$\varrho dV\frac{\partial^2\mathbf{u}}{\partial t^2}=\mathbf{F}_{\mathbf{vol}}+\mathbf{F}_{\mathbf{sur}} \tag{16.101}$$

ここで$\mathbf{F}_{\mathbf{vol}}$は体積力を表し，$\mathbf{F}_{\mathbf{sur}}$は$dV$に対する面積力を表す。体積力は$dV$に比例し，厳密に言うと，それを重力であると仮定する。

$$\mathbf{F}_{\mathbf{vol}}=\rho\mathbf{g}dV \tag{16.102}$$

体積表面の微小要素に対する面積力は$\mathbf{\Sigma}d\mathbf{A}$であり，いつものように$\mathbf{\Sigma}$は 3×3 応力テンソルで，$d\mathbf{A}$は表面要素を表すベクトル（行列積においては 3×1 列ベクトルとみなされる）である。したがって，面積力の合力は

$$\mathbf{F}_{\mathbf{sur}}=\int\mathbf{\Sigma}d\mathbf{A} \tag{16.103}$$

となる。ここで積分は，対象としている体積の閉じた表面上でおこなうとする。この積分の計算をより便利な形でおこなうためには，発散定理を使う必要がある。この定理は第 13 章のハミルトン力学において紹介されたが，読者がその章を読んでいない場合を想定して，ここで主な考え方を概観しておく。（詳細については 13. 7 節と問題 13. 31～13. 34 を参照のこと。）発散定理は，$\int\mathbf{v}\cdot d\mathbf{A}$の形の面積

分が閉じた面 S 内にある体積積分，すなわち

$$\int_S \mathbf{v}\cdot d\mathbf{A} = \int_V \nabla\cdot\mathbf{v}dV \tag{16.104}$$

であるというものである。ここで$\mathbf{v}$は任意のベクトル，Vは表面 S によって囲まれた体積，$\nabla\cdot\mathbf{v}$は$\mathbf{v}$の**発散**である。

$$\nabla\cdot\mathbf{v} = \frac{\partial v_x}{\partial x} + \frac{\partial v_y}{\partial y} + \frac{\partial v_z}{\partial z} = \sum_{j=1}^{3}\partial_j v_j \tag{16.105}$$

ここで便利な略記を導入した。

$$\partial_j = \frac{\partial}{\partial r_j}$$

要素を用いて書き直すと，発散定理（16. 104）は

$$\int \sum_j v_j dA_j = \int \sum_j \partial_j v_j dV \tag{16.106}$$

となる。面積力の第i成分（16. 103）は

$$(\mathbf{F}_{\mathbf{sur}})_i = \int \sum_j \sigma_{ij} dA_j \tag{16.107}$$

である。i（1, 2, 3）の固定値ごとに対して，これは（16. 106）の左辺の形をしているため，その右辺の形に置き換えることができる。

$$(\mathbf{F}_{\mathbf{sur}})_i = \int \sum_j \partial_j \sigma_{ij} dV \tag{16.108}$$

仮にそのi番目の要素が以下の形となるベクトル$\nabla\cdot\boldsymbol{\Sigma}$を導入すれば，より簡潔なベクトル形式で書くことができる[20]。

$$(\nabla\cdot\boldsymbol{\Sigma})_i = \sum_{j=1}^{3}\partial_j \sigma_{ij} \tag{16.109}$$

∇はベクトル演算子であり，一方で$\boldsymbol{\Sigma}$はテンソルであるので，$\nabla\cdot\boldsymbol{\Sigma}$はベクトルであることに注意してほしい。この記法を用いると，（16. 108）を次のように書くことができる。

$$\mathbf{F}_{\mathbf{sur}} = \int \nabla\cdot\boldsymbol{\Sigma}dV \tag{16.110}$$

この結果は体積が小さくても大きくても関係なく，任意の体積の面積力に対して有効である。しかしここでの興味は，無限小の体積dVに対するものである。十分に小さい体積について被積分関数は一定であり，任意の微小体積dVに対して，その結果は以下のようになる。

$$\mathbf{F}_{\mathbf{sur}} = \nabla\cdot\boldsymbol{\Sigma}dV \tag{16.111}$$

---

20 任意のテンソル$\mathbf{M}$に対して，要素m_{ij}とm_{ji}は必ずしも同じではないので，添字i, jの順序に注意する必要がある。幸い$\boldsymbol{\Sigma}$は対称行列なので，どの順序で書くかは重要ではない。

運動方程式（16. 101）に戻り，$\mathbf{F}_{\mathbf{vol}}$に（16. 102），$\mathbf{F}_{\mathbf{sur}}$の（16. 111）を代入する。これをおこなうとすべての項がdVの係数を持つが，これらは打ち消しあって以下のようになる。

$$\varrho \frac{\partial^2 \mathbf{u}}{\partial t^2} = \varrho \mathbf{g} + \boldsymbol{\nabla} \cdot \boldsymbol{\Sigma} \tag{16. 112}$$

この重要な方程式は，理解しやすいものである。左辺は$m\mathbf{a} = \mathbf{F}$の$m\mathbf{a}$を表す。右側の第 1 項は重力（またはより一般的には体積力）を表し，第 2 項は面積力を表す。

この運動方程式を使用する前に，応力テンソル$\boldsymbol{\Sigma}$をひずみテンソル$\mathbf{E}$で置き換えるために，フックの法則を使用する必要がある。（16. 94）では，フックの法則は

$$\boldsymbol{\Sigma} = (\alpha - \beta) e \mathbf{1} + \beta \mathbf{E} \tag{16. 113}$$

である。またはその構成要素の観点から，以下のようになる。

$$\sigma_{ji} = (\alpha - \beta) e \delta_{ji} + \beta \epsilon_{ji} \tag{16. 114}$$

ここでδ_{ji}は**クロネッカーのデルタ記号**である。

$$\delta_{ji} = \begin{cases} 1 & j = i\text{の場合} \\ 0 & j \neq i\text{の場合} \end{cases} \tag{16. 115}$$

$\epsilon_{ji} = \frac{1}{2}\left(\partial_j u_i + \partial_i u_j\right)$であるので，膨張平均$e$は

$$e = \frac{1}{3}\sum_i \epsilon_{ii} = \frac{1}{3}\sum_i \partial_i u_i = \frac{1}{3}\boldsymbol{\nabla} \cdot \mathbf{u}$$

である。これらの結果を（16. 114）に入れると，以下のようになる。

$$\sigma_{ji} = \frac{1}{3}(\alpha - \beta)\delta_{ji}\boldsymbol{\nabla} \cdot \mathbf{u} + \frac{1}{2}\beta\left(\partial_i u_j + \partial_j u_i\right)$$

これにより，（16. 112）で使用されている$\boldsymbol{\nabla} \cdot \boldsymbol{\Sigma}$を評価することができる。

$$(\boldsymbol{\nabla} \cdot \boldsymbol{\Sigma})_i = \sum_j \partial_j \sigma_{ji} = \frac{1}{3}(\alpha - \beta)\sum_j \delta_{ji}\,\partial_j(\boldsymbol{\nabla} \cdot \mathbf{u}) + \frac{1}{2}\beta\sum_j \partial_j \partial_i u_j + \frac{1}{2}\beta\sum_j \partial_j \partial_j u_i$$

この複雑な結果の各項は，単純化される。第 1 項は$\sum_j \delta_{ji}\,\partial_j = \partial_j$である。第 2 項は$\sum_j \partial_j \partial_i u_j = \partial_i \sum_j \partial_j u_j = \partial_i \boldsymbol{\nabla} \cdot \mathbf{u}$，第 3 項は$\sum_j \partial_j \partial_j u_i = \nabla^2 u$である。以上により，

$$\boldsymbol{\nabla} \cdot \boldsymbol{\Sigma} = \frac{1}{3}(\alpha - \beta)\boldsymbol{\nabla}(\boldsymbol{\nabla} \cdot \mathbf{u}) + \frac{1}{2}\beta\boldsymbol{\nabla}(\boldsymbol{\nabla} \cdot \mathbf{u}) + \frac{1}{2}\beta\boldsymbol{\nabla}^2\mathbf{u}$$

$$= \left(\frac{1}{3}\alpha + \frac{1}{6}\beta\right)\boldsymbol{\nabla}(\boldsymbol{\nabla} \cdot \mathbf{u}) + \frac{1}{2}\beta\boldsymbol{\nabla}^2\mathbf{u}$$

$$= \left(BM + \frac{1}{3}SM\right)\boldsymbol{\nabla}(\boldsymbol{\nabla} \cdot \mathbf{u}) + SM\boldsymbol{\nabla}^2\mathbf{u} \tag{16. 116}$$

となる。最後の行では体積およびせん断弾性率，つまりBMおよびSMを用いてαおよびβを書き換えるために，（16. 97）および（16. 99）を使用している。

ついに，弾力性のある固体の運動方程式を使用可能な形で書く準備が整った。（16. 116）を（16. 112）に代入すると，

$$\varrho\frac{\partial^2\mathbf{u}}{\partial t^2} = \varrho\mathbf{g} + \left(\mathrm{BM} + \frac{1}{3}\mathrm{SM}\right)\boldsymbol{\nabla}(\boldsymbol{\nabla}\cdot\mathbf{u}) + \mathrm{SM}\boldsymbol{\nabla}^2\mathbf{u} \qquad (16.\ 117)$$

となる。次節では，（フランスの工学者，クロード・ナビエ，1785-1836 にちなんで）**ナビエ方程式**と呼ばれるこの方程式を使用して，弾力性のある固体中の 2 つの主な種類の波を導き出す。

16. 11　固体中の縦波と横波

弾性体には縦波および横波という，2 種類の主だった波があることはよく知られている。これを示すために，ナビエ方程式（16. 117）を検討する。重力は重要ではないと仮定し，$\mathbf{g} = 0$に設定する。（これは通常，優れた近似である。1 つの例外は，非常に遅い（$\tau \gtrsim 200s$）地球の自由振動であり，この場合は重力が重要となる。）一般性を失うことなく，x（つまりr_1）方向に伝播する平面波を考えるが，この場合$\mathbf{u}$はx, tにのみ依存する。

まず，縦方向の変位の可能性について検討しておく。この場合，$\mathbf{u}$の変位は伝播方向にあり，

$$\mathbf{u} = [u_x(x,t), 0,0]$$

である。この場合，$\boldsymbol{\nabla}\cdot\mathbf{u} = \partial u_x/\partial x$であり，$\boldsymbol{\nabla}(\boldsymbol{\nabla}\cdot\mathbf{u})$の唯一の非ゼロ成分は$x$成分であり，$\partial^2 u_x/\partial x^2$である。$\boldsymbol{\nabla}^2\mathbf{u}$の唯一の非ゼロ成分は，同じく$\partial^2 u_x/\partial x^2$に等しい$x$成分である。このすべてを運動方程式（16. 117）に代入すると，

$$\varrho\frac{\partial^2 u_x}{\partial t^2} = \left(\mathrm{BM} + \frac{4}{3}\mathrm{SM}\right)\frac{\partial^2 u_x}{\partial x^2} \qquad (16.\ 118)$$

となる。これは波動方程式であり，波の速さは

$$c_{long} = \sqrt{\frac{\mathrm{BM}+\frac{4}{3}\mathrm{SM}}{\varrho}} \tag{16.119}$$

である。以上より，（16. 119）で与えられるc_{long}の速さを持つ縦波が，実際に存在すると結論づけることができる。

x方向に移動する代わりに，y方向に移動する横波（またはせん断）波を考えると，

$$\mathbf{u} = [0, u_y(x,t), 0]$$

の形式になる。今の場合$\nabla \cdot \mathbf{u} = 0$であり，$\nabla^2 \mathbf{u}$は$\partial^2 u_y/\partial x^2$に等しい$y$成分しか持たないので，（16. 117）は

$$\varrho \frac{\partial^2 u_y}{\partial t^2} = \mathrm{SM}\frac{\partial^2 u_y}{\partial x^2}$$

となる。これは波動方程式であり，その波の速さは

$$c_{tran} = \sqrt{\frac{\mathrm{SM}}{\varrho}} \tag{16.120}$$

となる。以上により，（16. 120）によって与えられた速さc_{tran}を持つ，横波が存在すると結論づけられる。

$c_{long} > c_{tran}$であることに注目してほしい。つまり縦方向と横方向の信号が何らかの場所から同時に発信される場合，縦方向の信号が最初に遠方の検出器に到達する。たとえば地球科学では，遠方の震源からの縦波が横波の前に到着することがよく知られており，地震学者に地震や爆発がどのくらい離れているかを測定する方法を提供する。このため縦波は1**次波**またはP**波**とも呼ばれ，横波は**せん断波**，2**次波**またはS**波**と呼ばれる。

例 16.8 岩石中の波

地殻を構成する物質の弾性率は様々であるが，その代表的な値は$\mathrm{BM} \approx 40\mathrm{GPa}, \mathrm{SM} \approx 25\mathrm{GPa}$である。（これらは花こう岩のおおよその値で，密度は約$2.7 \times 10^3 \mathrm{kg/m^3}, 1\mathrm{GPa} = 10^9\mathrm{Pa} = 10^9\mathrm{N/m^2}$である。）これらの値を持つ岩石の縦波および横波の速度を求める。

（16. 119）によれば，縦波の速度は以下の通りである。

$$c_{long} = \sqrt{\frac{\left(40+\frac{4}{3}\times 25\right)\times 10^9 \mathrm{N/m^2}}{2.7\times 10^3 \mathrm{kg/m^3}}} \approx 5.25\mathrm{km/s}$$

同様に，(16. 120) から，横波の速度は以下の通りである。

$$c_{tran} = \sqrt{\frac{25\times 10^9 \mathrm{N/m^2}}{2.7\times 10^3 \mathrm{kg/m^3}}} \approx 3.0\mathrm{km/s}$$

横波の速度の式 (16. 120) の顕著な特徴は，せん断弾性率SMが流体中でそうであるようにゼロであれば，c_{tran}はゼロであることである。これは，流体が横波を保持できないことを（正しく）示唆している[21]。この結果の素晴らしい応用は，縦方向と違い横方向の地震波が地球の中心を伝播しないことが分かったため，地球の中心付近の領域（すなわち外核）は液体であることが判明したことである。

16. 12　流体：運動の表現*

*いつもの通り，星印のついた節は初読の際には省略してもかまわない。

直前の 4 つの節では，主に固体連続媒質の運動に焦点を当てた。この章の最後の 2 つの節では，流体の運動を簡単に紹介することとする。残念なことに一般的な流体，特に粘性流体の分析は複雑であり，この章が過度に長くなるのを避けるため**非粘性流体**または**理想流体**，すなわち粘度が無視できる流体に議論を制限する。粘度を無視することは，大切なものを投げ捨てることになると主張するかもしれないが，実際には粘度を無視することが合理的である流体運動に関する多くの問題がある。さらに重要なことに粘性流体の分析には非粘性流体が必要であるため，ここでの議論はその後の粘性流体の学習に必須となる予備的なものである。さらにここで議論されたいくつかの考え方，特に対流微分と連続の式は，いずれ

21　(16. 120) の導出には個体媒質を前提としていたため，この議論は完全に隙の無いものではない。それにもかかわらず，示唆された結論は正しいものである。つまり横波は流体が供給できない横方向（せん断）の復元力を必要とするという，本質的に正当な理由によって正しい。

の場合にも等しく適用可能である。

物質表示と空間表示

これまで，元々位置$\mathbf{r}$にあった物質が現在位置$\mathbf{r}+\mathbf{u}(\mathbf{r},t)$にあることを指定することによって，連続媒体で何が起きているのかを分析した。この方法は物体の特定部分に焦点を当てているため，**物質表示**と呼ばれることがある。流体の議論では，流体の個々の部分を追いかけるのではなく，空間の各固定点で起こっていることを特定する方が便利なことがある。したがって各固定点$\mathbf{r}$（および時間t）における流体の速度$\mathbf{v}(\mathbf{r},t)$，密度$\varrho(\mathbf{r},t)$などを与えることができる。この方法は，**空間表示**と呼ばれる[22]。

流体を議論する際の空間表示の利点は，明らかである。固体では，通常その各小片は平衡位置$\mathbf{r}$が明確に定義されており，このことがまさに[$\mathbf{r}$からの変位$\mathbf{u}(\mathbf{r},t)$を与える]各小片にラベルを付けることの理由である。流体中では，一般にその各部分は独自の平衡位置を持たない。当然のことながら，各小片の最初の位置を基準として使用することもできるが，流体の運動においては通常，各小片は最初の位置から遠く離れて不便になる。したがって通常流体の議論では，空間内の各固定点で起こっていることに焦点を当てる（空間表示）方が便利である。

物質微分

空間表示の主な欠点は，ニュートンの第 2 法則を使用しようとするときに最も明確に現れる。$\mathbf{F}=m\mathbf{a}$における加速度$\mathbf{a}$は，もちろん流体の小部分の加速度である。残念ながら$\mathbf{v}(\mathbf{r},t)$が点$\mathbf{r}$での流体の速度である場合，$\mathbf{a}$は$\partial\mathbf{v}/\partial t$だけではない。偏微分$\partial\mathbf{v}/\partial t$は固定点$\mathbf{r}$での流体速度の変化率であるが，必要としている加速度は与えられた流体が動くときの$\mathbf{v}$の変化率である。このような区別は他のパラメータにも当てはまり，密度や温度などのスカラーの場合には，おそらく視覚化が容易である。たとえば，流体の微小要素の密度を考える。時間tで要素が位置$\mathbf{r}$にある場合，必要な密度は$\varrho(\mathbf{r},t)$である。しかしその後，短時間で要素は新しい位置

22　多くの場合，物体表示と空間表示は，それぞれラグランジュ表示とオイラー表示と呼ばれる。しかしこれは歴史的に正確ではないうえ（両方とも，オイラーによるものである），特に覚えやすいものでもない。

$\mathbf{r}+d\mathbf{r}$に移動する。ここで$d\mathbf{r}=\mathbf{v}dt$であり，密度は$\varrho(\mathbf{r}+d\mathbf{r},t+dt)$になる。（もし我々が物質要素を追いかけることを望むなら，新しい時間$t+dt$と新しい位置$\mathbf{r}+d\mathbf{r}$で新しい密度を評価しなければならないことに注意してほしい。）したがって，体積要素の密度変化は

$$d\varrho=\varrho(\mathbf{r}+d\mathbf{r},t+dt)-\varrho(\mathbf{r},t)=\frac{\partial\varrho}{\partial t}dt+d\mathbf{r}\cdot\nabla\varrho$$

$$=\frac{\partial\varrho}{\partial t}dt+\mathbf{v}dt\cdot\nabla\varrho$$

となり，両辺をdtで割ると，ϱの時間微分が求まる。

$$\frac{d\varrho}{dt}=\frac{\partial\varrho}{\partial t}+\mathbf{v}\cdot\nabla\varrho \qquad (16.121)$$

この導関数は流体の物質片の動きに従うときの変化率を与えるので，**物質微分**と呼ばれる[23]。

流体の他のパラメータにも，同様の議論を適用することができる。たとえば（同様の方法で定義された）dp/dtは，流体の物質要素の運動を追いかけた際の圧力の変化率になる。特に流体の速度の各成分を調べ，3 つの成分を一緒にすると

$$\frac{d\mathbf{v}}{dt}=\frac{\partial\mathbf{v}}{\partial t}+\mathbf{v}\cdot\nabla\mathbf{v} \qquad (16.122)$$

となる。もちろんこの導関数は，流体の体積要素の加速度である。この結果をもとにして，非粘性流体の運動方程式を書き下す準備が整った。

非粘性流体の運動方程式

ここでは質量ϱdV，および（16.122）で与えられる加速度を持つ流体の小さな体積要素dVを考えてみよう。ニュートンの第 2 法則は，

$$\varrho dV\frac{d\mathbf{v}}{dt}=\mathbf{F}=\mathbf{F}_{\text{vol}}+\mathbf{F}_{\text{sur}} \qquad (16.123)$$

---

23 物質微分の他の名称は，全微分または対流微分である。一部の著者は，この微分の特殊性を強調するために，d/dtの代わりに記号D/Dtを使用している。

ここでは唯一の体積力は重力であると仮定し，$\mathbf{F}_{\text{vol}} = \varrho dV\mathbf{g}$とする。ここで，$\mathbf{g}$は重力加速度である。（16.111）から面積力は$\mathbf{F}_{\text{sur}} = \nabla\cdot\mathbf{\Sigma}dV$であり，（16.70）から$\mathbf{\Sigma} = -p\mathbf{1}$である。(後者は静止流体の仮定の下で導かれたが，それを導くためには粘度が無視できることのみが必要であった)。$\nabla\cdot\mathbf{\Sigma}$を評価するために，

$$(\nabla\cdot\mathbf{\Sigma})_i = \sum_j \partial_j \sigma_{ji} = -\sum_j \partial_j \left(p\delta_{ji}\right) = -\partial_i p$$

であることを考える。したがって，$\nabla\cdot\mathbf{\Sigma} = -\nabla p$である。これらすべての結果を（16.123）にまとめると，すべての項にdVの要素が含まれていることがわかる。この要素を消去すると，非粘性流体の運動方程式に到達する。

$$\varrho\frac{d\mathbf{v}}{dt} = \varrho\mathbf{g} - \nabla p \qquad (16.124)$$

ベルヌーイの定理

運動方程式（16.124）の最初の簡単な応用として，ベルヌーイの定理という一般物理学のコースの中で最も慣れ親しんだ結果を導き出す。この定理は通常，非圧縮性の非粘性流体の定常流の場合についてのものであり，ここでもこの場合を検討する。流れが定常であるということは，パラメータ$p, \mathbf{v}, \varrho$が任意の固定点$\mathbf{r}$で一定であることを意味する。すなわち，偏微分$\partial p/\partial t$などはすべてゼロである。流体が非圧縮性であるということは，密度が変化しないことを意味し，$d\varrho/dt = 0$である。（密度の場合，$\partial\varrho/\partial t$と$d\varrho/dt$の両方がゼロであることに注目すること。）$\mathbf{g}$は一様で$z$軸の負の方向にある場合を考えているので，$\mathbf{g} = -\nabla(gz)$と書くことができる[24]。この置き換えを（16.124）でおこない，方程式全体について$\mathbf{v}$とのスカラー積をとると，以下のようになる。

$$\varrho\mathbf{v}\cdot\frac{d\mathbf{v}}{dt} + \varrho\mathbf{v}\cdot\nabla(gz) + \mathbf{v}\cdot\nabla p = 0 \qquad (16.125)$$

この方程式の 3 つの項を，すべてを簡略化することができる。最初の項については，$\mathbf{v}\cdot d\mathbf{v}/dt = \frac{1}{2}d(v^2)/dt$に注意してほしい。第 2 項と第 3 項については，任意

24　仮に$\mathbf{g}$が均一でなくても保存力であるので，$\mathbf{g} = -\nabla\Phi$となるような関数（重力ポテンシャルと呼ばれる）を常に導入することができる。よくわからない記号の導入を避けるため，ここでは$\Phi = gz$という一般的な事例を扱うことにした。

の関数fについて，$\mathbf{v}\cdot\nabla f = df/dt - \partial f/\partial t$であることに注意する。ここで今考えている関数については$\partial f/\partial t = 0$なので，$\mathbf{v}\cdot\nabla f = df/dt$となる。これらの置換えで，(16. 125) は

$$\frac{1}{2}\varrho\frac{dv^2}{dt} + \varrho\frac{d(gz)}{dt} + \frac{dp}{dt} = 0 \qquad (16.126)$$

となる。最後に$d\varrho/dt = 0$であるので，ϱを微分の内部に持ってくることができ，

$$\frac{d}{dt}\left(\frac{1}{2}\varrho v^2 + \varrho gz + p\right) = 0 \qquad (16.127)$$

となる。これは流体の任意の物質要素と共に移動するとき，$\Psi = \frac{1}{2}\varrho v^2 + \varrho gz + p$が一定であることを主張する。言いかえると$\Psi$は流線に沿って一定であるが，それはまさに，一定の非圧縮性の非粘性流体に対するベルヌーイの定理の内容である。項$\frac{1}{2}\varrho v^2$は圧力pと共にΨの中に現れ，運動に関連しているため，$\frac{1}{2}\varrho v^2$は動圧と呼ばれることもある。

連続の式

質量の保存は，連続の式と呼ばれる粘性または非粘性流体の密度と速度との間の重要な関係につながる。電磁気学の講座を受講している場合は，この式に対応する電荷の保存を反映した関係に出会ったかもしれない。この関係を証明するために，流体の微小体積dVを考える。この微小体積が動いても，その質量ϱdVは変化しない。このため，

$$\frac{d}{dt}(\varrho dV) = dV\frac{d\varrho}{dt} + \varrho\frac{d}{dt}(dV) = 0 \qquad (16.128)$$

移動量の変化率は，すでに 13. 7 節の式 (13. 59) で評価した。(第 13 章を読んでいない場合,「体積変化」(619 ページ) でこの結果の証明を調べることができる。) その結果は任意の体積V（微小体積または巨大体積でもよい）に対して，

$$\frac{dV}{dt} = \int_V \nabla\cdot\mathbf{v}dV$$

となる。微小体積dVの場合，これは

$$\frac{d}{dt}(dV) = \nabla\cdot\mathbf{v}dV$$

となる。これを（16. 128）に代入し，共通因子dVを取り除くと，**連続の式**に到達する。

$$\frac{d\varrho}{dt} + \varrho \mathbf{\nabla} \cdot \mathbf{v} = 0 \tag{16.129}$$

またはこれと同等であるが，以下のようになる。（問題 16. 34 参照。）

$$\frac{d\varrho}{dt} + \mathbf{\nabla} \cdot (\varrho \mathbf{v}) = 0 \tag{16.130}$$

この関係は，電気力学における対応する関係（ϱは電荷密度で置き換えられる）と同様に，流体力学において重要な役割を果たす。我々はこの関係式を，流体中の音速を導き出す次節で使用する。

16. 13　流体中の波動*

*いつもの通り，星印のついた節は初読の際には省略してもかまわない。

運動方程式と連続の式を用いると，非粘性流体における波動の議論することができる。平衡状態から小さな変位を受け，そのため小さな（おそらくは振動する）速度$\mathbf{v}$を得た流体を考えるが，その圧力と密度は以下のようになる。

$$p = p_0 + p' \tag{16.131}$$

$$\varrho = \varrho_0 + \varrho' \tag{16.132}$$

ここでp_0, ϱ_0は平衡値であり，p', ϱ'は微小増分である。まず平衡状態において，運動方程式（16. 124）は単純に

$$\varrho_0 \mathbf{g} - \mathbf{\nabla} p_0 = 0 \tag{16.133}$$

となる。実際には（16. 131）と（16. 132）を運動方程式に挿入して，以下を得る。

$$(\varrho_0 + \varrho')\left(\frac{\partial \mathbf{v}}{\partial t} + \mathbf{v} \cdot \mathbf{\nabla} \mathbf{v}\right) = (\varrho_0 + \varrho')\mathbf{g} - \mathbf{\nabla}(p_0 + p')$$

この複雑な方程式は単純化される。まず平衡条件（16. 133）によって，右辺の第 1 項と第 3 項がちょうど打ち消しあう。第 2 に変位が小さいと仮定することによって，微小量となるv, ϱ', p'またはそれらの微分量の 2 次以上の項を落とすことが

できる。したがって$\mathbf{v}\cdot\nabla\mathbf{v}$の項を無視することができ，同様に左辺の$\varrho'$に関わる項も無視することができる。これにより，以下が成立する。

$$\varrho_0\frac{\partial\mathbf{v}}{\partial t}=\varrho'\mathbf{g}-\nabla p' \tag{16.134}$$

最後に，現実的な状況を表す数値を入れ，右辺の項$\varrho'\mathbf{g}$が$\nabla p'$に比べて無視できることを示すのは，難しいことではない（問題 16.38）。したがって，微小変位の運動方程式は，以下のようになる。

$$\varrho_0\frac{\partial\mathbf{v}}{\partial t}=-\nabla p' \tag{16.135}$$

連続の方程式（16.130）についても，同じように扱うことができる。（16.131）と（16.132）を挿入すると，（読者は以下の結果を確認すること）

$$\frac{\partial\varrho'}{\partial t}=-\varrho_0\nabla\cdot\mathbf{v}-\mathbf{v}\cdot\nabla\varrho_0 \tag{16.136}$$

となる。基本的に（16.134）の右辺の最初の項が無視できるのと同じ理由で，最後の項は無視することができる。（問題 16.38 を再度参照のこと。）

$$\frac{\partial\varrho'}{\partial t}=-\varrho_0\nabla\cdot\mathbf{v} \tag{16.137}$$

運動方程式（16.135）と連続の方程式（16.137）は，3 つの変数$\mathbf{v},p',\varrho'$について，2 つの方程式を与える。一方で体積弾性率$p=\mathrm{BM}(-dV/V)$の定義（16.56）によって，3 番目の式が得られる。前述のように，これは圧力を対応する体積変化に関連付けるが，圧力変化にも等しく適用され，その場合には$dp=\mathrm{BM}(-dV/V)$となる。（しばらくの間，考えている体積をVとすると，dVはその増分になる。）ここで流体要素の質量は変化しないので，ϱVは定数でなければならない。したがって$\varrho dV+Vd\varrho=0$，または$dV/V=-d\varrho/\varrho$となる。これらの 2 つの結果を組み合わせると，

$$dp=\mathrm{BM}\frac{d\varrho}{\varrho} \tag{16.138}$$

となる。この場合，圧力の変化dpは我々がp'としたものである。同様に，$d\varrho$はϱ'としたものであり，元の密度はϱ_0である。したがって，現在の表記法では以下のようになる。

$$p' = \mathrm{BM}\frac{\varrho'}{\varrho_0} \tag{16.139}$$

この最後の結果を使って，連続性の式（16. 137）からϱ'を消去して

$$\frac{\partial p'}{\partial t} = -\mathrm{BM}\boldsymbol{\nabla}\cdot\mathbf{v}$$

となる。これをtに対して微分し，運動方程式（16. 135）を使うと，

$$\frac{\partial^2 \boldsymbol{p'}}{\partial t^2} = -\mathrm{BM}\boldsymbol{\nabla}\cdot\frac{d\mathbf{v}}{dt} = \frac{\mathrm{BM}}{\varrho_0}\nabla^2 p'$$

となる。2 番目の式では空間的および時間的な微分の順序を入れ替え，3 番目の式では運動方程式（16. 135）を使った。この結果は，以下の波の速さを持つ 3 次元波動方程式となる。

$$c = \sqrt{\frac{\mathrm{BM}}{\varrho_0}} \tag{16.140}$$

この後すぐに，流体の中の波が必然的に縦波であることを示す。連続媒体中の縦波は一般に音波と呼ばれるものであるため，流体中の音速は$c = \sqrt{\mathrm{BM}/\varrho_0}$であることが証明された。

例 16.9　水中での音速

水の体積弾性率が2.2GPaであるとすれば，水中の音速はどのくらいであろうか。

水の密度はもちろん1000kg/m^{3}なので，音速は（16. 140）で与えられる。

$$c = \sqrt{\frac{\mathrm{BM}}{\varrho_0}} = \sqrt{\frac{2.2\times 10^9\mathrm{N/m^2}}{10^3 Kg/m^3}} = 1.5\mathrm{km/s}$$

流体中の波が縦波になっていることを示すために，単位ベクトル$\boldsymbol{n}$の方向に進む波を想像してみよう。

$$p' = f(\mathbf{n}\cdot\mathbf{r} - ct) \tag{16.141}$$

運動方程式（16. 135）によると，これは

$$\frac{\partial\mathbf{v}}{\partial t} = -\frac{1}{\varrho_0}\boldsymbol{\nabla}p' = -\frac{1}{\varrho_0}\boldsymbol{\nabla}f(\mathbf{n}\cdot\mathbf{r} - ct) = -\frac{\mathbf{n}}{\varrho_0}f'(\mathbf{n}\cdot\mathbf{r} - ct)$$

である。ここでf'は，考えている変数に関するfの導関数を表す。この関係を直ちに積分して，流体の速度を得る[25]。

$$\mathbf{v} = -\frac{\mathbf{n}}{\varrho_0}\int f'(\mathbf{n}\cdot\mathbf{r} - ct)dt = \frac{\mathbf{n}}{c\varrho_0}f(\mathbf{n}\cdot\mathbf{r} - ct) = \frac{p'\mathbf{n}}{c\varrho_0} \tag{16.142}$$

（ここでの積分操作が分からない場合は，$\xi = \mathbf{n}\cdot\mathbf{r} - ct$という変数変換を試してほしい。）この結果には，2 つの重要な特徴がある。まず，流体の速度は圧力p'に比例することがわかる。特に正弦波では，速度はp'と同位相で振動する。第 2 に，流体速度は伝播の方向にある。つまり，波は縦波である。16. 11 節で予想されたように，流体は横波を保持することはできない。

第 16 章の主な定義と方程式

1 次元波動方程式

1 次元波動方程式は次のとおりである。

$$\frac{\partial^2 u}{\partial t^2} = c^2\frac{\partial^2 u}{\partial x^2} \qquad [\,(16.4)\,]$$

一般解は

$$u(x,t) = f(x - ct) + g(x + ct) \qquad [\,(16.10)\,]$$

であり，第 1 項は右に移動する変位を表し，第 2 項は左に移動する変位を表す。

---

25 第 3 番目の式では，積分定数を省いた。この「定数」は（tには依存しないが）rに依存する可能性があり，実際には非ゼロである可能性がある。たとえば振動波の運動に，一定の速度を持つ変位を重ね合わせることを想像することができる。しかしこのような時間に依存しない速度は，我々が波と表現するものではないので，波動を議論する際にはゼロにすることができる。

3 次元波動方程式

$$\frac{\partial^2 p}{\partial t^2} = c^2\nabla^2 p \qquad [(16.39)]$$

応力，ひずみ，弾性率

$$応力 = \frac{力}{面積}, \quad ひずみ = 変形の割合 \qquad [(16.58)\ \&\ (16.59)]$$

$$弾性率（\mathrm{YM, BM, SM}）= \frac{応力}{対応するひずみ} \qquad (16.60)$$

応力テンソル

応力テンソルは 3×3 の対称行列$\boldsymbol{\Sigma}$であり，領域$d\mathbf{A}$の小さな要素に対する面積力が，以下のようになるように定義されている。

$$\mathbf{F}(d\mathbf{A}) = \boldsymbol{\Sigma} d\mathbf{A} \qquad [(16.66)]$$

固体のひずみテンソル

$\mathbf{u}(\mathbf{r})$が固体要素の元の位置$\mathbf{r}$からの変位を表す場合，**ひずみテンソル**は以下の要素を有する 3×3 対称行列$\mathbf{E}$である。

$$\epsilon_{ij} = \frac{1}{2}\left(\frac{\partial u_i}{\partial r_j} + \frac{\partial u_j}{\partial r_i}\right) \qquad [(16.81)]$$

これは 2 つの項の和として分解することができ，以下のようになる。

$$\mathbf{E} = e\mathbf{1} + \mathbf{E}' \qquad (16.88)$$

ここで$e = \frac{1}{3}\mathrm{tr}\mathbf{E}$である。

一般化されたフックの法則

等方性を持つ固体の場合，応力とひずみテンソルの間の最も一般的な関係は，

$$\boldsymbol{\Sigma} = \alpha e\mathbf{1} + \beta\mathbf{E}' \qquad [(16.93)]$$

である。ここで定数α, βは，3 つの弾性率に関連している。

[（16.97），（16.99），（16.100）]

弾性固体の運動方程式

等方性を持つ弾性体の運動方程式は，**ナビエ方程式**である。

$$\varrho \frac{\partial^2 \mathbf{u}}{\partial t^2} = \varrho \mathbf{g} + \left(\mathrm{BM} + \frac{1}{3}\mathrm{SM}\right) \boldsymbol{\nabla}(\boldsymbol{\nabla} \cdot \mathbf{u}) + \mathrm{SM}\boldsymbol{\nabla}^2 \mathbf{u} \qquad [\ (16.117)\ ]$$

固体中の波

縦波（または**1次波**，または**P波**）および**横波**（または**せん断波**，**2次波**または**S波**）の速さは，以下のとおりである。

$$c_{long} = \sqrt{\frac{\mathrm{BM}+\frac{4}{3}\mathrm{SM}}{\varrho}}\ , \qquad c_{tran} = \sqrt{\frac{\mathrm{SM}}{\varrho}} \qquad [\ (16.119),\ (16.120)\ ]$$

流体中の物質微分

運動する流体の物質要素を追いかけた場合のパラメータξ（密度，温度，または速度）の時間変化率は，**物質微分**によって与えられる。

$$\frac{d\xi}{dt} = \frac{\partial \xi}{\partial t} + \mathbf{v} \cdot \boldsymbol{\nabla}\xi \qquad (16.121)$$

非粘性流体の運動方程式

$$\varrho \frac{d\mathbf{v}}{dt} = \varrho \mathbf{g} - \boldsymbol{\nabla} p \qquad (16.124)$$

連続の式

質量の保存から**連続の式**が導出される。

$$\frac{d\varrho}{dt} + \boldsymbol{\nabla} \cdot (\varrho \mathbf{v}) = 0 \qquad (16.130)$$

流体中の波動

流体中の縦波の速さは，

$$c = \sqrt{\frac{\mathrm{BM}}{\varrho_0}} \qquad [\ (16.140)\ ]$$

であるが，一方で横波を保持することはできない。

第 16 章の問題

星印は，最も簡単な（*）ものから難しい（***）ものまでの，おおよその難易度を示している。

16.1 節 ピンと張った弦の運動

16.1* 弦の波動方程式に現れる量$c = \sqrt{T/\mu}$が，速度の単位を持つことを確認せよ。

16.2* 波動方程式（16.4）は，図 16.1（a）に示すような，連続した弦の運動方程式である。この方程式は，図 16.1（b）のn個の離散物体の方程式の，$n \to \infty$の極限として求めることができる。ただし極限操作には，注意が必要である。$n \to \infty$とすると，物体間の間隔b（図 16.20 参照）および個々の質量mを持つ物体は，線形質量密度m/bがμ，すなわち連続したひもの密度に近づくように，両方ともゼロになる必要がある。これは，$m = \mu b$とすることで保証できる。i番目の物体の位置u_iについてニュートンの第 2 法則を書き下し，それが波動方程式において$b \to 0$としたものになっていることを示せ。

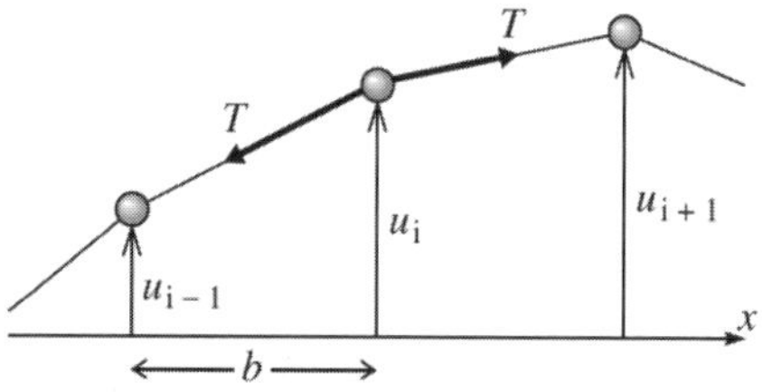

図 16.20　問題 16.2 の図

16.2 節 波動方程式

16.3* $f(\xi)$を，任意の（2 回微分可能な）関数とする。$f(x-ct)$が波動方程式（16.4）の解であることを，直接代入することによって示せ。

16.4* 変数変換$\xi = x - ct$および$\eta = x + ct$をおこなうと，以下の（16.7）のようになることを示せ。

$$\frac{\partial^2 u}{\partial t^2} - c^2\frac{\partial^2 u}{\partial x^2} = -4c^2\frac{\partial}{\partial \xi}\frac{\partial u}{\partial \eta}$$

16.5* (a) 任意の 2 回微分可能な関数$g(\xi)$に対して，$u = g(x + ct)$は波動方程式（16.4）の解であることを示せ。　(b) この解は，左側に進むひずみのない変位を表していることを，明確に示せ。

16.6* 例 16.1（791 ページ）には，軽微な欠陥が存在する。(16.14) では積分定数を省略しているので，この方程式は実際には$f(x) - g(x) = k$となるはずである。それでも同じ最終結果（16.15）が得られることを示せ。

16.7** [コンピュータ]例 16.1（791 ページ）の 2 つの三角波の図を，いくつかの狭い時間間隔で作成し，動的に示せ。その運動を説明せよ。図を描くために速さc，時間 0 での三角形の高さ，および底辺の半分の幅，をすべて 1 にすることもできる。$t = -4$から 4 に至るまでの，多数の時間にわたって図を作成せよ。

16.8** [コンピュータ]定常波（16.18）の図 16.5 と同様の図を，$t = 0$から周期τまでのいくつかの等間隔の時間にわたって作成せよ。$2A = 1, k = \omega = 2\pi$とせよ。描いた図を動的にし，その運動を説明せよ。

16.3 節 境界条件：有限長の弦上の波

16.9** 両端を固定された有限長の弦の運動は，波動方程式（16.19）と境界条件（16.20）によって決定される。我々は時間に対して正弦波的な解を探しだすことで，問題を解いた。この種の問題に対する異なったより一般的な方法は，**変数分離法**と呼ばれる。この方法では，分離された形の$u(x, t) = X(x)T(t)$，すなわちxの関数とtの関数の積の形をもつ（16.19）の解を求める。[いつものことであるが，この形の解を見つけようとする試みを阻むものはない。実際に，この方法により解を求めることができるより大きなクラスの問題（この問題を含む）があり，任意解への膨張を可能にする十分な解がある。]　(a) この形を（16.19）に代入することで，方程式が$T''(t)/T(t) = c^2X''(x)/X(x)$の形に書き直せることを示せ。(b) この最後の方程式において，両辺が別々に同じ定数（Kと呼ぶ）に等しくなることを論ぜよ。ここでKが，負でなければならないことが分かっている[26]。このことを使って，関数$T(t)$が正弦波でなければならないことを示せ。これにより（16.21）が成立し，16.3 節の解に戻る。変数分離法はいくつかの分野，特に量子力学と電磁気学において重要な役割を果たす。

16.10** 積分（16.33）を使用し，図 16.7 の三角波のフーリエ係数はnが偶数の場合はゼロであり，nが奇数の場合は（16.34）で与えられることを示せ。

16.11** [コンピューター]例 16.2 の波の図 16.8 と同様の図を，$t = 0$から周期τまでの，よ

---

26 このことを実際に示すのは，難しいことではない。$X''(x)/X(x) = K/c^2$を見てほしい。$K > 0$ならば，$X(0) = X(L) = 0$の境界条件を満たす解は存在しないことを示すことができる。

り狭い間隔時間で作成せよ。その図を動的にして，その運動を説明せよ。

16.12** 原点$x = 0$に固定され，右方向にずっと伸びている半無限長の弦を考える。図 16.4（a）の関数のように，$f(\xi)$を原点まわりに局所化した関数とする。（a）大きな負の時間t_0における関数$f(x + ct)$によって与えられる波について説明せよ。（b）半無限長の弦上にある，この波動のその後の動きを解く方法の 1 つは**鏡像法**と呼ばれ，以下のようなものである。関数$u = f(x + ct) - f(-x + ct)$を考える。（ここでの第 2 項は「鏡像」と呼ばれるが，読者はなぜそうなのか説明できるだろうか。）明らかに，これは任意のx, tに対して，波動方程式を満たす。それが時間t_0で，半無限長の弦のいたるところで，与えられた（a）の波と一致することを示せ。また$x = 0$で$u = 0$の境界条件に従うことを示せ。（c）波動方程式と任意の初期条件と境界条件に従う波がただ 1 つあるという事実がある。したがって（b）の波は（半無限長の弦における）任意の時間の解である。すべての時間における半無限長の弦の運動を説明せよ。

16.13** （16.31）に関して，$0 \le x \le L$の区間の任意の関数は正弦関数のみを含むフーリエ級数で展開できるとした。我々は一般的なフーリエ級数が正弦関数と余弦関数を必要とするという主張に慣れているので，一見すると非常に驚くべきことのように見える。この問題において，この驚くべき主張を証明する。$f(x)$を，$0 \le x \le L$に対して定義された任意の関数とする。与えられた区間では元の関数と等しく，それ以外については以下が成立すると仮定すると，すべてのxについて関数$f(x)$を定義することができる。

$$f(-x) = -f(x), \quad f(x + 2L) = f(x) \tag{16.143}$$

これにより（1）周期$2L$，（2）奇関数，（3）元の間隔においては元の関数$f(x)$と同じである関数を定義できることを証明せよ。この新しい$f(x)$に対して通常のフーリエ級数を書き下し，余弦項の係数がすべてゼロであることを示せ。これにより，正弦関数だけで元の関数を展開することができる可能性が確かめられた[27]。新しい関数の周期が$2L$であることを念頭に置いて展開係数の標準式（5.84）を書き下し，その答えが（16.33）と一致することを示せ。フーリエ正弦級数列は，端点$x = 0$およびLでゼロである関数について論じるのに特に便利である。

16.14*** [コンピュータ]長さ$L = 1$のピンと張った弦は，$t = 0$で静止した状態から解放されるが，その際の初期位置は以下のとおりである。

$$u(x, 0) = \begin{cases} 2x & [0 \le x \le \frac{1}{2}] \\ 2(1 - x) & [\frac{1}{2} \le x \le 1] \end{cases} \tag{16.144}$$

---

27 しかしながら，これが$B_n sin(n\pi x/L)$の形をしていることに注意してほしい。通常のフーリエ級数には正弦と余弦があるが，その引数は$2n\pi x/L$である。したがって新しいフーリエ正弦系列は，ある意味では正弦関数のみを有することを補うために，2 倍の項を有する。

弦の波動速度を$c=1$とする。(a) 波動の初期形状を描きし，フーリエ正弦級数列 (16.31) での係数B_nを求めよ。　(b) $t=0$と周期τの間の密接した時間間隔における，最初の数項の和を描け。図を動的にして，その運動を説明せよ。

16.4 節 3 次元波動方程式

16.15** $f(\xi)$を 2 つの導関数$f'(\xi), f''(\xi)$をもつ任意の関数とし，$\mathbf{n}$を任意の固定単位ベクトルとする。　(a) $\nabla f(\mathbf{n}\cdot\mathbf{r}-ct)=\mathbf{n}f'(\mathbf{n}\cdot\mathbf{r}-ct)$を示せ。　(b) したがって，$f(\mathbf{n}\cdot\mathbf{r}-ct)$は 3 次元波動方程式 (16.38) を満たすことを示せ。　(c) $f(\mathbf{n}\cdot\mathbf{r}-ct)$は$\mathbf{n}$に垂直な任意の平面で（一定の時間$t$において）一定であり，$\mathbf{n}$の方向に速さ$c$で伝搬する信号を表すことを説明せよ。

16.16** $f(\mathbf{r})$を任意の球対称関数とする。すなわち(r,θ,ϕ)の球面極座標で表現すると，θ,ϕとは無関係であり，$f(\mathbf{r})=f(r)$の形をとる。　(a) ∇^2の定義 (16.38) から始めて，以下を示せ。

$$\nabla^2 f=\frac{1}{r}\frac{\partial^2}{\partial r^2}(rf)$$

(b) 球面極座標の∇^2に対する巻末の公式を使用し，同じ結果を証明せよ。(明らかに，この 2 番目の証明ははるかに簡単であるが，∇^2の導出は面倒である。)

16.17** 16.1 節では，ピンと張った弦の横波に対する波動方程式を導出した。ここでは，同じ弦に対する縦波の可能性を調べる。平衡位置がxである弦の要素が，x方向に$x+u(x,t)$というわずかな距離だけ変位すると仮定する。　(a) 長さlの短い弦を考え，ヤング率YMの定義 (16.55) を使用して，膨張力が$F=A\mathrm{YM}\partial u/\partial x$であることを示せ。ここで$A$は弦の断面積である。[弦が既に平衡位置まで引き伸ばされている場合，Fは追加の膨張力，すなわち$F=$（実際 − 平衡）である。]　(b) 次に弦dxの短い部分に働く力を考え，uが波の速さ$c=\sqrt{YM/\varrho}$を持つ波動方程式に従うことを示せ。ここでϱは弦の密度（質量/体積）である。

16.7 節 応力テンソル

16.18* 図 16.15 は 3 面プリズムの端面図であり，3 面がベクトル$d\mathbf{A}_1$などでラベル付けされている。($d\mathbf{A}_1$の大きさは対応する面の面積であり，その方向は面に垂直である。それ以外に紙面に平行な面が 2 つあるが，これらはここでは関係しない。) 3 つの面の端部は閉じた三角形を形成する。なぜこれが$d\mathbf{A}_1+d\mathbf{A}_2+d\mathbf{A}_3=0$であることを意味するのかを明確に示せ。

16.19*　$\mathbf{n}_1,\mathbf{n}_2$を任意の 2 つの単位ベクトルとし，$P$を連続媒体中の点とする。$\mathbf{F}(\mathbf{n}_1 dA)$ は外向きの単位法線$\mathbf{n}_1$を持つPにおける小領域dAの面積力であるため，$\mathbf{n}_2\cdot\mathbf{F}(\mathbf{n}_1 dA)$は$\mathbf{n}_2$方向

の力の成分となる。$\mathbf{n}_2 \cdot \mathbf{F}(\mathbf{n}_1 dA) = \mathbf{n}_1 \cdot \mathbf{F}(\mathbf{n}_2 dA)$というコーシーの相反定理を証明せよ。

16.20** ある種の連続媒体中の任意の点(x, y, z)における応力テンソルは，（適切で便利な単位を選択することにより）以下のようになる。

$$\mathbf{\Sigma} = \begin{bmatrix} xz & z^2 & 0 \\ z^2 & 0 & -y \\ 0 & -y & 0 \end{bmatrix} \tag{16.145}$$

面$x^2 + y^2 + z^2 = 4$の，点(1,1,1)での微小面積dA上の面積力を求めよ。

16.21** 連続媒質内の任意の点Pにおいて，面積力は実対称行列である応力テンソル$\mathbf{\Sigma}$によって与えられる。線形代数のよく知られた定理（付録参照）により，そのような行列は直交座標軸の適切な回転によって対角化できる。これを利用して，任意の点Pに 3 つの直交する方向（Pの**主応力軸**）が存在し，これらの方向の 1 つに垂直な任意の面積力は，表面に対して垂直であることを証明せよ。

16.22*** 応力テンソル$\mathbf{\Sigma}$が任意の直交軸の選択に対して対角（すべての非対角成分が 0）である場合，単位行列の倍数であることを示せ。これはせん断力が（いずれの座標系においても）存在しない場合，圧力は方向に依存しないという代替的かつ素晴らしい証明を与える。この問題を解くには，15.17 節で説明したように，座標軸を回転させた場合にテンソル要素がどのように変換するかを知る必要がある。ある 1 組の軸に関して$\mathbf{\Sigma}$は対角行列であるが，3 つの対角成分のすべてが等しいとは限らない（たとえば$\sigma_{11} \neq \sigma_{33}$）と仮定する。（15.36）の回転をおこなった後の系において$\sigma'_{13} = 0$となるような回転を見つけることは，それほど難しいことではない。

16.8 節 固体のひずみテンソル

16.23* ひずみテンソルの理解のための重要な道具立ては，行列$\mathbf{M}$を反対称行列と対称行列に分解する（16.79）であった。この分解がただ 1 つしか存在しないことを証明せよ。［ヒント：$\mathbf{M} = \mathbf{M_A} + \mathbf{M_S}$で$\mathbf{M_A}, \mathbf{M_S}$がそれぞれ反対称行列と対称行列である場合，$\mathbf{M_A} = \frac{1}{2}(\mathbf{M} - \tilde{\mathbf{M}}), \mathbf{M_S} = \frac{1}{2}(\mathbf{M} + \tilde{\mathbf{M}})$であることを示せ。］

16.24* 微小回転$\boldsymbol{\theta}$に対して変位（16.77），つまり$\mathbf{u}(\mathbf{r}) = \boldsymbol{\theta} \times \mathbf{r}$の成分を書き出し，導関数行列が（16.78）で与えられることを確かめよ。

16.25*** 連続した固体のある点P（それを原点とする）におけるひずみテンソルは，$\mathbf{E}$である。議論を簡単にするため変位が起こってもPは固定され，またPの近傍は回転しないとする。 (a) Pの近傍のx軸が$(1 + \epsilon_{11})$倍に伸びていることを示せ。 (b) したがってPまわりの小さな体積が，$dV/V = \mathrm{tr}\mathbf{E}$だけ変化していることを示せ。これは同じ対角和を有する 2 つのひずみが，同じ量だけ体積を膨張させることを示している。(16.88) の分解$\mathbf{E} = e\mathbf{1} + \mathbf{E}'$

において，膨張部分$e\mathbf{1}$は$\mathbf{E}$自体と同じ量だけ体積を変化させるが，偏差部分$\mathbf{E}'$は全く体積を変化させない。

16.9 節 応力とひずみの関係：フックの法則

16.26* 以下の表は，いくつかの素材に対する 3 つの弾性率を示している。(16.100) によれば，体積弾性率およびせん断弾性率を知っていれば，任意の材料のヤング率を計算できる。BMおよびSMのデータを使用して各材料のYMを計算し，3 番目の列の所定の値と比較せよ。(密度は問題 16.32 で必要となる。)

弾性率（単位GPa）および密度（単位g/cm^3）

素材	BM	SM	YM	ϱ
鉄	90	40	100	7.8
鋼	140	80	200	7.8
砂岩	17	6	16	1.9
ペロブスカイト	270	150	390	4.1
水	2.2	0	0	1.0

16.27*** x軸に沿ってピンと張った，ワイヤまたは棒を考えてみよう。ヤング率YMを定義するために軸に沿った膨張力，つまり$\sigma_{11} > 0$でその他は$\sigma_{ij} = 0$という応力を考える。 (a) (16.95) を使用し，対応するひずみテンソル$\mathbf{E}$を書き下せ。 (b) ヤング率の定義 (16.55) からと仮定する$= \sigma_{11}/\epsilon_{11}$を示せ。(c) これらの 2 つの結果を組み合わせてYMの式(16.100) を確かめ，特に$\mathrm{YM} = 9\mathrm{BM}\cdot\mathrm{SM}/(3\mathrm{BM}+\mathrm{SM})$を示せ。

16.28*** 問題 16.27 のワイヤまたは棒を，再度考える。一般にワイヤを縦方向に伸ばすと，ワイヤは横方向に収縮する。縦方向の膨張率に対する横方向の収縮率の比は**ポアソン比** (フランス人の数学者でラプラスとラグランジュの生徒，1781-1840) と呼ばれ，ギリシャ文字「ニュー」νで表される。 (a) $\nu = -\epsilon_{22}/\epsilon_{11}$を示せ。 (b) 問題 16.27 の方法を用いて，$\nu = (3\mathrm{BM} - 2\mathrm{SM})/(6\mathrm{BM} + 2\mathrm{SM})$を示せ。 (c) 問題 16.26 に挙げられている，5 つの素材のポアソン比を計算せよ。$\mathrm{BM} \gg \mathrm{SM}$の素材の価値について，説明せよ。

16.29*** 座標軸を変更すると，ひずみテンソルは (15.132) にしたがって変化するが，それは$\mathbf{E_R} = \mathbf{RE\widetilde{R}}$と書き換えることができる。ここで，$\mathbf{R}$は (3 × 3) 直交回転行列である。直交行列の性質 (15.129) を用いて，$\mathrm{tr}\mathbf{E_R} = \mathrm{tr}\mathbf{E}$を示せ。すなわち任意のテンソルの対角和は，回転不変である。この結果を使用して，(16.92) の下で説明した意味において，分解$\mathbf{E} = e\mathbf{1} + \mathbf{E}'$が回転不変であることを示せ。

16.10 節 弾性体の運動方程式

16.30* δ_{ji}がクロネッカーのデルタ記号（16.115）を表し，$\mathbf{a}$が成分$a_j(j=1,2,3)$を持つベクトルである場合，$\sum_j \delta_{ji}\, a_j = a_i$であることを証明せよ。同様に，重要な恒等式（16.116）を証明するために使用した，$\sum_j \delta_{ji}\, \partial_j = \partial_i$を示せ。

16.11 節 固体の縦波と横波

16.31* 地震計は，遠方の地震源から到来する信号を記録する。S 波が P 波の 12 分後に到着したとすると，地震源はどのくらい離れていたであろうか。例 16.8（830 ページ）の速度を使用せよ。

16.32* [コンピュータ]適切なソフトウェアを使用して，問題 16.26 に挙げられている 5 つの素材の縦波と横波の速度を計算せよ。値が読みやすい表となるように，ソフトウェアを調整しておくこと。

16.12 節 流体：運動の表現

16.33* 静止流体に適用される運動方程式（16.124）を書き下せ。$\mathbf{g}$ が一様でかつϱが一定である（$\mathbf{r}$とは無関係である）と仮定し，$\mathbf{r_1}$と$\mathbf{r_2}$の 2 点間の圧力差がちょうど$\Delta p = \varrho g h$であるという，入門物理学でよく知られている結果を証明せよ。ここでhは$\mathbf{r_1}$と$\mathbf{r_2}$の鉛直高度の差である。

16.34** （16.129）と（16.130）は，連続の式の 2 つの異なる形式である。それらが同等であることを証明せよ。

16.13 節 流体中の波動

16.35* 流体中の波が必然的に縦波であることを示す重要なステップは，（16.142）の積分であった。微分$f'(\xi)$をもつ任意の関数$f(\xi)$に対して，$\int f'(\mathbf{n}\cdot\mathbf{r}-ct)dt = -f(\mathbf{n}\cdot\mathbf{r}-ct)/c$を証明せよ。

16.36** （16.140）の結果を使って空気中の音速を調べる際には，少し注意が必要である。（偉大なニュートンでさえ，間違っていた！）その際に問題となるのは，空気の体積弾性率の正しい値を決めることである。振動は非常に速いので熱伝達をおこなう時間はなく，空気は断熱的に膨張および収縮するので，$pV^\gamma =$ 一定である。ここでγはいわゆる「比熱比」

であり，空気では$\gamma = 1.4$である。　(a) 体積弾性率が$\mathrm{BM} = \gamma p$であることを示せ。　(b) 理想気体の法則$pV = nRT$を用い，密度が$\varrho_0 = pM/RT$であることを示せ。ここで，Mは空気の平均分子量（$M \approx 29$ グラム/モル）である。　(c) これらの結果をまとめて，音速が$c = \sqrt{\gamma RT/M}$であることを示せ。0℃での音の速度を調べ，既知の値331m/sと比較せよ。

16.37** 音波の強度Iが，圧力増加分p'の 2 乗に比例することを示せ。これをおこなうために，面積dA を持つ伝搬方向に垂直な流体の微小部分を考える。この微小部分がその直前の流体に働く割合を書き下し，次にdAで割ることで，時間平均強度が$\langle I \rangle = \langle p'^2 \rangle / c\varrho_0$であることを示せ。

16.38*** 流体中の波に対する波動方程式を導くための重要な部分は，(16.134) の右辺第 1 項を無視したことである。　(a) (16.139) を使って，(16.125) の右辺を$\varrho' \mathbf{g} - \mathrm{BM}\nabla\varrho'/\varrho_0$と書き換えることで，これを正当化せよ。第 1 項と第 2 項の比は$g\varrho_0\lambda/\mathrm{BM}$であることを示せ。ここで$\lambda$は$\varrho'$が変化する典型的な距離とする。($\lambda$は 1 センチメートル，または長くて数メートルの波長とするのが適切である。) 水に対する値（$\mathrm{BM} = 2\mathrm{GPa}$など）を用いると，第 1 項は無視できることがわかる。(読者は空気についても，同じ結論に達するであろう。)　(b) (16.136) の右辺第 2 項は無視できるという，同様の議論を証明せよ。

付録

付録　実対称行列の対角化

A1 単一行列の対角化

第 10 章において，剛体の慣性テンソル**I**を導入した。任意の直交軸の組に対して，**I**は3×3実対称行列であり，$\mathbf{L} = \mathbf{I}\boldsymbol{\omega}$のように物体の角運動量**L**をその角速度$\boldsymbol{\omega}$によって与える。主軸を以下の性質を持つ座標軸として定義する。$\boldsymbol{\omega}$が主軸に沿った方向ならば**L**は$\boldsymbol{\omega}$に平行，すなわち

$$\mathbf{L} = \mathbf{I}\boldsymbol{\omega} = \lambda\boldsymbol{\omega} \tag{A.1}$$

である。ここでλはある適当な数である。物体が 3 つの直交する主軸を有する場合，これらの軸に関して**I**は対角行列となる。

$$\mathbf{I} = \begin{bmatrix} \lambda_1 & 0 & 0 \\ 0 & \lambda_2 & 0 \\ 0 & 0 & \lambda_3 \end{bmatrix} \tag{A.2}$$

ここで$\lambda_1, \lambda_2, \lambda_3$は 3 つの主軸まわりの慣性モーメントである。逆に**I**が対角行列の形をしていると，**I**を計算するために用いた座標軸は主軸である。このため，主軸を求める過程は**慣性テンソルの対角化**と呼ばれることがある。第 10.4 節では，任意の原点Oを中心に回転する任意の剛体は，3 つの直交する主軸を有すると主張した。この付録の主な目的は，その主張を証明することである。

行列を対角化する過程は，物理学の多くの異なる分野で何度も何度も繰り返される。たとえば第 16 章を読めば，応力およびひずみのテンソルは実対称行列によって与えられるが，これらを対角化する軸を見つけ出すことが便利であることがわかるであろう。[たとえば，（ある点Pでの）応力テンソルが対角行列となる

軸は応力の主軸と呼ばれ，これらの各軸に沿った応力が純粋な膨張であるというきちんとした性質を持っている。］量子力学では，与えられた力学変数を表す演算子に関する最も重要なことは，それを対角化することである[1]。この過程の一般性を強調するために，対角化したい行列を$\mathbf{A}$とする。nは 3 ではない任意の整数である$n\times n$行列を対角化することがよくあるので，ここでは$\mathbf{A}$を任意の$n\times n$実対称行列と仮定する。とは言うものの，読者が念頭に置いてほしい例は$\mathbf{A}=\mathbf{I}$，つまり剛体の3×3慣性テンソルである。古典力学においては，対角化したい行列はほとんど常にテンソル（慣性テンソル，応力テンソル，ひずみテンソルなど）であり，この節では$\mathbf{A}$はn次元テンソルを表す行列であると仮定する。

主な結果を証明する前に，考えているテンソルを評価する軸の変更の効果を考えてみよう。一般に$n\times n$の行列$\mathbf{A}$が（与えられた軸の組に対して）任意のn次元テンソルを表す場合，異なる軸の組に対して同じテンソルを表す行列$\mathbf{A}'$は直交変換$\mathbf{A}'=\mathbf{RA}\widetilde{\mathbf{R}}$によって与えられる。(15.132) に関連して論じたように，$\mathbf{R}$は 2 組の軸に関係する直交回転行列である。幸運にも読者がテンソルの直交変換をまだ学習していないなら，行列$\mathbf{A}$が慣性テンソル$\mathbf{A}=\mathbf{I}$であると考えることで，ここでの証明に従って学ぶことができる。この行列は和 (10.37)，(10.38)（または連続体の対応する積分）によって定義された。軸を変更すると，座標x,y,zの組は異なる組x',y',z'に置き換えられ，これらの新しい座標を使用すると異なる3×3行列$\mathbf{I}'$が得られる。これが 2 つの行列$\mathbf{I}$と$\mathbf{I}'$の関係を知るうえで必要なことのすべてである。

今や，次の重要な定理を証明する準備ができた。

実対称テンソルの対角化

$\mathbf{A}$がn次元テンソルを表す$n\times n$実対称行列である場合，以下の性質を持つn個の直交する単位ベクトル$\mathbf{e_1},\cdots,\mathbf{e_n}$が存在する。 (1) 各$\mathbf{e_i}$は$\mathbf{A}$の固有ベクトルであり，その実固有値は$\lambda_i$である。

$$\mathbf{Ae_i}=\lambda_i\mathbf{e_i} \tag{A.3}$$

---

[1] 量子力学では，動的変数は（実対称行列ではなく）複素エルミート行列で表される。しかしそれらを対角化する問題は，これら 2 つの場合において非常に似ている。ここでは，実対称行列の場合についてのみ説明する。

（2）これらのn個の単位ベクトルによって定義される軸に関して，テンソルは対角行列として表現される。

$$\mathbf{A}' = \begin{bmatrix} \lambda_1 & 0 & \cdots & 0 \\ 0 & \lambda_2 & \cdots & 0 \\ \vdots & \vdots & \ddots & \vdots \\ 0 & 0 & 0 & \lambda_n \end{bmatrix} \tag{A.4}$$

これを証明する前に，n個の単位ベクトル$\mathbf{e_1}, \cdots, \mathbf{e_n}$は相互に直交しており，線形独立であることに注意する必要がある。したがって，n次元空間内の任意のベクトルをそれらを使って展開することができる。すなわち$\mathbf{e_1}, \cdots, \mathbf{e_n}$は，それらが存在する空間の**正規直交基底**を形成する。

この結果は，いくつかのステップを経て証明される。

ステップ 1. A は，少なくとも 1 つの固有値および対応する固有ベクトルを有する。 これまで固有値方程式（A.3）が，$\det(\mathbf{A} - \lambda\mathbf{1}) = 0$を必要とすることを繰り返し見てきた。この行列式は$\lambda$の$n$次多項式であるので，少なくともこれが 0 となる 1 つ値，つまり$\lambda = \lambda_1$を有する[2]。$\det(\mathbf{B}) = 0$の場合，$\mathbf{Ba} = 0$となる少なくとも 1 つの非ゼロベクトル$\mathbf{a}$が存在することが，線形代数学においてよく知られている[3]。したがって$\det(\mathbf{A} - \lambda_1\mathbf{1}) = 0$であれば，以下を満たす少なくとも 1 つの固有ベクトル$\mathbf{a}$が存在する。

$$\mathbf{Aa} = \lambda_1\mathbf{a} \tag{A.5}$$

ステップ 2.固有値λ_1は実数である。これまで述べてきたことは，固有値λ_1と固有ベクトル$\mathbf{a}$が実数であることを保証するものではない。λ_1が実数であることを示すために，次のことを考えてみよう。行ベクトル$\tilde{\mathbf{a}}^*$（つまり列ベクトル$\mathbf{a}$の転置の複素共役）を（A.5）の左から掛けると，

---

2 一般にn次多項式はn個のゼロとなる値を有するが，これらのうちのいくつか（またはすべて）は等しい場合もある。それにもかかわらず，少なくともゼロとなる値が 1 つあると主張するのは確かに安全である。

3 たとえば Donald A. McQuarrie 著，『Mathematical Methods for Scientists and Engineers』(University Science Books, 2003)の 434 ページ，または Mary Boas 著，『Mathematical Methods in Physical Sciences』(Wiley, 1983)の 133 ページを参照。

$$\lambda_1 = \frac{\tilde{\mathbf{a}}^*\mathbf{Aa}}{\tilde{\mathbf{a}}^*\mathbf{a}} \tag{A.6}$$

となる。右辺の分母, 分子の両方とも実であることが簡単にわかる。まず, 分母は

$$\tilde{\mathbf{a}}^*\mathbf{a} = \sum_i a_i^* a_i = \sum_i |a_i|^2 > 0$$

である。一方，分子は

$$\tilde{\mathbf{a}}^*\mathbf{Aa} = (\tilde{\mathbf{a}}^*\mathbf{Aa})^{\sim} = \tilde{\mathbf{a}}\mathbf{Aa}^* = (\tilde{\mathbf{a}}^*\mathbf{Aa})^*$$

であり，$\tilde{\mathbf{a}}^*\mathbf{Aa}$が実数であることを示している。[最初の等号については左辺が 1×1 の行列であり，したがってその転置と等しいという事実を使用した。2 番目の等号については，$(\mathbf{mnp})^{\sim} = \tilde{\mathbf{p}}\tilde{\mathbf{n}}\tilde{\mathbf{m}}$という有名な結果，および与えられた行列$\mathbf{A}$は対称であることを使用した。最後の等号は，$\mathbf{A}$が実行列であるという事実を使用した。] (A.6) の分子と分母の両方が実数 (そして非ゼロの分母) であるので，固有値λ_1は実数となる。(この引数は$\mathbf{A}$の任意の固有値に適用されるため，実対称行列の固有値はすべて実数である。)

ステップ 3.固有ベクトルを実ベクトルと見なすことができる。実行列の固有ベクトルが実であることを期待するかもしれないが，それは正しくない。なぜならベクトル$\mathbf{a}$が（A.5）を満たすならば，$i\mathbf{a}$も同じくそれを満たすことになるが，明らかにこれは実数ではないからである。したがって，$\mathbf{A}$の固有ベクトルは一般に複素数であり得る。しかし (A.5) の複素共役をとり, $\mathbf{A}$とλ_1が実であることを考えると，$\mathbf{a}$が固有ベクトルなら$\mathbf{a}^*$も同様である。これはベクトル$\mathbf{a} + \mathbf{a}^*$と$i(\mathbf{a} - \mathbf{a}^*)$の両方が同様に固有ベクトルであることを意味する。これらは両方とも実数であり，少なくとも 1 つは非ゼロであるので, すべての固有値に対して少なくとも 1 つの実固有ベクトルが存在することが示せた。したがって一般性を失うことなく，固有ベクトル$\mathbf{a}$が実ベクトルであると仮定することができる。

ステップ 4.固有ベクトルを含む新しい基底を選択する。次のステップは，実固有ベクトル$\mathbf{a}$を正規化し，この正規化固有ベクトルを最初の単位ベクトルとして新しい正規直交基底を選択することである。すなわち，単位ベクトルを

$$\mathbf{e_1} = \frac{\mathbf{a}}{|\mathbf{a}|} \tag{A.7}$$

とするが，これは固有値方程式（A.5）も満たす。

$$\mathbf{Ae_1} = \lambda_1 \mathbf{e_1} \tag{A.8}$$

次に$\mathbf{e_1}$と直交し，また互いに直交する座標軸の新しい組を定義する，$n-1$個の単位ベクトルを選択する[4]。この新しい基底に関して，ベクトル$\mathbf{e_1}$の最初の要素は1であり，他の要素はゼロである。固有値方程式（A.8）は，（新しい基底に関して）$\mathbf{A}$を表す行列の第1列は，その最初の要素の値はλ_1，残りのすべてについてはゼロであることを意味する。行列は対称であるため，次のような形をしている。

$$（新しい基底に対する新しい行列\mathbf{A}）= \left[\begin{array}{c|ccc} \lambda_1 & 0 & \cdots & 0 \\ \hline 0 & & & \\ \vdots & & \boldsymbol{A_1} & \\ 0 & & & \end{array}\right] \tag{A.9}$$

ここで$\boldsymbol{A_1}$は$(n-1)\times(n-1)$の実対称行列である。

ステップ5.行列$\boldsymbol{A_1}$に対して，ステップ1〜4を繰り返す。 行列$\mathbf{A_1}$は，第1の新しい基底ベクトル$\mathbf{e_1}$に直交する$(n-1)$次元の部分空間に作用するものとみなすことができる。これには少なくとも1つの実固有値λ_2とそれに対応する固有ベクトルがあり，これを実数化して正規化して2番目の単位ベクトル$\mathbf{e_2}$を得ることができる。ここで$\mathbf{e_1}, \mathbf{e_2}$および$n-2$個の他の単位ベクトルを含む正規直交基底を選択し，この第2の新しい基底に関して，テンソルを表す行列は，

（第2の新しい基底に対する新しい行列A）＝

$$\left[\begin{array}{cc|ccc} \lambda_1 & 0 & 0 & \cdots & 0 \\ 0 & \lambda_2 & 0 & \cdots & 0 \\ \hline 0 & 0 & & & \\ \vdots & \vdots & & \mathbf{A_2} & \\ 0 & 0 & & & \end{array}\right] \tag{A.10}$$

---

[4] 3次元では，これが常に可能であることが容易にわかる。与えられた$\mathbf{e_1}$に対して，$\mathbf{e_1}$に垂直な平面内の任意の2つの単位ベクトルを選択するだけである。n次元でも，本質的に同じである。それを隙のないものにするためには，グラムシュミットの直交化法を使用すればよい。Donald A. McQuarrie 著，『Mathematical Methods for Scientists and Engineers』(University Science Books, 2003)，448ページを参照のこと。

となる。ここで$\mathbf{A}_2$は$(n-2)\times(n-2)$実対称行列である。

ステップ 6. $\mathbf{A}_2,\mathbf{A}_3$の順にステップ 1 から 4 を繰り返す。 さらに$n-3$回繰り返した後，テンソルを表す行列は（A.4）で述べた対角行列の形になり，これで証明が完了する。

A2 2 つの行列の同時対角化

第 11 章では，安定な平衡の位置を中心に振動するn自由度の系が，以下の形式の運動方程式に従うことを示した。

$$\mathbf{M}\ddot{\mathbf{q}} = -\mathbf{K}\mathbf{q} \tag{A.11}$$

ここで$\mathbf{q}$はn個の一般化座標の列行列であり，$\mathbf{M},\mathbf{K}$は質量およびばね定数行列と呼ばれる$n\times n$の実対称行列である。以下では，$\mathbf{M},\mathbf{K}$の両方が正定値行列であることが重要となる。これが何を意味するかを見るために，最初に行列$\mathbf{K}$を考える。（11.53）によれば，位置エネルギーは$U=\frac{1}{2}\tilde{\mathbf{q}}\mathbf{K}\mathbf{q}$である。これは平衡位置$\mathbf{q}=0$でゼロであり，平衡が安定しているので$U$は任意の$\mathbf{q}\neq 0$に対して 0 より大きくなければならない。したがって，行列$\mathbf{K}$は任意の$\mathbf{q}$が 0 でない場合，$\tilde{\mathbf{q}}\mathbf{K}\mathbf{q}>0$となるが，これは正定行列の定義となる性質である。同様に（11.54）によれば，運動エネルギーは$T=\frac{1}{2}\tilde{\dot{\mathbf{q}}}\mathbf{M}\dot{\mathbf{q}}$であり，これは$\dot{\mathbf{q}}\neq\mathbf{0}$に対して正でなければならない。 つまり，$\mathbf{M}$も正定値でなければならない。

規準振動は，すべてのn座標が同じ角振動数ωで正弦波振動，つまり$\mathbf{q}(t)=\mathrm{Re}(\mathbf{a}e^{i\omega t})$となるような運動と定義されるが，このことは$\omega$と$\mathbf{a}$が以下を満たす場合にのみ可能となる。

$$\mathbf{K}\mathbf{a} = \omega^2\mathbf{M}\mathbf{a} \tag{A.12}$$

この一般化された固有値方程式のn個の独立解$\mathbf{a}$が存在し，したがって任意の可能な運動は規準振動の線形結合として表現できることを説明した。（そしていくつかの特定の例では，このことを明示的に見た。）

この主張を証明するために，（A.11）の解を（A.12）のn個の独立解$\mathbf{a}$について展開すると，新しい一般化座標$\mathbf{q}'$は以下を満たす[5]。

$$\ddot{q}'_i = -\omega_i^2 q'_i \tag{A.13}$$

---

5 ここでq'_iと表した座標は，11.7 節で紹介した座標（そこではξ_iと表現している）と全く同じであることに注意すること。

（A.13）と（A.11）を比較すると，行列$\mathbf{M}, \mathbf{K}$の両方が対角行列となるn次元配置空間の基底が存在することを証明しなければならないことがわかる。

$$\mathbf{M}' = \mathbf{1} = \begin{bmatrix} 1 & \cdots & 0 \\ \vdots & \ddots & \vdots \\ 0 & \cdots & 1 \end{bmatrix}, \qquad \mathbf{K}' = \begin{bmatrix} \omega_1^2 & \cdots & 0 \\ \vdots & \ddots & \vdots \\ 0 & \cdots & \omega_n^2 \end{bmatrix} \tag{A.14}$$

特に新しい基底では，質量行列は単位行列である。これを証明するが，一般的に新しい基底は正規直交ではない。証明は先の証明に大きく依存しており，同様にいくつかのステップが存在する。

ステップ 1. Mを対角化する。 $\mathbf{M}$は実対称行列であるので，$\mathbf{M}$を対角化する$n \times n$直交行列$\mathbf{R}$を見つけることができる。すなわち，$\mathbf{M}' = \mathbf{R}\mathbf{M}\widetilde{\mathbf{R}}$は対角行列である。

$$\mathbf{M}' = \mathbf{R}\mathbf{M}\widetilde{\mathbf{R}} = \begin{bmatrix} \mu_1 & \cdots & 0 \\ \vdots & \ddots & \vdots \\ 0 & \cdots & \mu_n \end{bmatrix} \tag{A.15}$$

$\mathbf{q}' = \mathbf{R}\mathbf{q}$および$\mathbf{K}' = \mathbf{R}\mathbf{K}\widetilde{\mathbf{R}}$と定義すると，新しい座標に関して固有値方程式（A.12）は$\mathbf{K}'\mathbf{a}' = \omega^2\mathbf{M}'\mathbf{a}'$となる。

ステップ 2. $\mathbf{M}'' = \mathbf{1}$となるように座標の縮尺を変更する。 新しい座標$\mathbf{q}'$に関して，運動エネルギーは

$$T = \tfrac{1}{2}\tilde{\dot{\mathbf{q}}}'\mathbf{M}'\dot{\mathbf{q}}' = \sum \mu_i \dot{q}'^2_i \tag{A.16}$$

となる。これは任意の$\dot{\mathbf{q}}' \neq 0$に対して正でなければならないので，(A.15) のすべての数μ_iは正でなければならない。したがって，各座標q'_iを$\sqrt{\mu_i}$の係数を用いて縮尺の変更をおこなうことができる。具体的には，新しい座標$q''_i = q'_i\sqrt{\mu_i}$を定義する。さらに，対角行列（直交行列ではない）を以下のように定義する。

$$\mathbf{S} = \begin{bmatrix} 1/\sqrt{\mu_1} & \cdots & 0 \\ \vdots & \ddots & \vdots \\ 0 & \cdots & 1/\sqrt{\mu_n} \end{bmatrix} \tag{A.17}$$

さらに，

$$\mathbf{M}'' = \mathbf{S}\mathbf{M}'\widetilde{\mathbf{S}} = \mathbf{1}, \qquad \mathbf{K}'' = \mathbf{S}\mathbf{K}'\widetilde{\mathbf{S}} \tag{A.18}$$

と置くと，これらの新しい座標に関して質量行列は単位行列となり，運動エネルギーは単純な形式$T = \frac{1}{2}\sum \dot{q}''^2$となる。そして最も重要なのは，

$\mathbf{M}'' = \mathbf{1}$より一般化された固有値方程式$\mathbf{Ka} = \omega^2\mathbf{Ma}$は，以下の通常の固有値方程式となることである

$$\mathbf{K}''\mathbf{a}'' = \omega^2\mathbf{a}'' \tag{A.19}$$

ステップ 3. $\mathbf{K}''$を対角化する。A.1 節によれば，$\mathbf{K}''$を対角化する直交行列$\mathbf{T}$が存在する。すなわち，

$$\mathbf{K}''' = \mathbf{T}\mathbf{K}''\widetilde{\mathbf{T}}, \quad \mathbf{M}''' = \mathbf{T}\mathbf{M}''\widetilde{\mathbf{T}} = \mathbf{1} \tag{A.20}$$

とすれば$\mathbf{K}''',\mathbf{M}'''$は両方とも対角行列であり，$\mathbf{M}'''$は$\mathbf{1}$に等しい。これにより，先に述べた特性を持つ$n$個の固有ベクトルの存在が証明された[6]。

---

[6] 小さな指摘：固有値は規準振動数の 2 乗であると考えられるので，それらが正であることが不可欠である。これは$\mathbf{K}$，つまり$\mathbf{K}'''$が正定値であることで，仮定されている。

参考文献

本書と同レベルの古典力学の教科書

- Ralph Baierlein, Newtonian Mechanics (McGraw-Hill, 1983)
- V.D.バーガー， M.G.オルソン 著，戸田盛和，田上由紀子 訳，『力学―新しい視点にたって』，培風館（2000）
- Grant Fowles and George Cassiday, Analytical Mechanics (6th edition, Saunders, 1999)
- T. W. B. Kibble and F. H. Berkshire, Classical Mechanics (4th edition, Longman, 1996)
- Keith Symon, Mechanics (3rd edition, Addison-Wesley, 1971)
- Stephen Thornton and Jerry Marion, Classical Dynamics of Particles and Systems (5th edition, Thomson, 2004)
  （参考）マリオン 著，伊原千秋 訳，『力学』，紀伊国屋書店（1972）

古典力学のより高度な教科書

- Louis Hand and Janet Finch, Analytical Mechanics (Cambridge University Press, 1998)
  学部レベルの教科書であるが，上記のものより明らかに進んだ内容を取り扱っている。
- ゴールドスタイン，ポール，サーフコ著，矢野忠，江沢康生，渕崎員弘 訳，『古典力学』，吉岡書店（2006）

1950 年に初版が出版され，驚くほど成功し，また永続性を持つ大学院レベルの教科書。

数学的方法に関する参考書

- Mary Boas, Mathematical Methods in the Physical Sciences (2nd edition, Wiley, 1983)
  素晴らしい記述がなされた，包括的な学部レベルの教科書。今でも，最高のものの1つである。
- Donald McQuarrie, Mathematical Methods for Scientists and Engineers (University Science Books, 2003)
  高評価を受けた学部レベルの新しい書物で，読みやすい。1161 ページもあり，極めて包括的である。
- Jon Mathews and R. L.Walker, Mathematical Methods of Physics (2nd edition, W. A. Benjamin, 1970)
  大学院レベルの教科書であるが，非常に読みやすい。

積分表およびその他の数学公式

- M. Abramowitz and I. Stegun, Handbook of Mathematical Functions (Dover, 1965).
- H. B. Dwight, Tables of Integrals and Other Mathematical Data (4th edition, MacMillan, 1961)
- Alan Jeffrey, Handbook of Mathematical Formulas and Integrals (2nd edition, Academic Press, 2000)

カオスに関する参考書

- グリック 著, 大貫昌子 訳,『カオス—新しい科学をつくる』新潮文庫(1991)
  非常に読みやすく，技術的でないカオス理論の歴史を扱った書物。
- ベイカー，ゴラブ 著，松下貢 訳,『カオス力学入門—基礎とシミュレーション』，啓学出版（1992)
  カオスに関する先駆的な学部レベルの教科書で，当然ながら本書よりもはるかに広い範囲を取り扱っている。

- ストロガッツ 著，田中久陽，中尾裕也，千葉逸人 訳，『ストロガッツ 非線形ダイナミクスとカオス』，丸善出版（2015）
  カオス理論の多くの側面を，美しく数学的に説明している。

相対性理論に関する参考書

- アインシュタイン 著，金子務 訳，『特殊および一般相対性理論について』 白揚社 （1991）
  偉大な人物自身が解説している読みやすい書物。
- リンドラー 著，小沢清智，熊野洋 訳，『特殊相対性理論』，地人書館（1989）（現代の数理科学シリーズ）単行本 - 1989
  専門家の一人による，本書より少しレベルの高い極めて素晴らしい説明がなされている書物。
- ハートル 著，牧野伸義 訳，『重力：アインシュタインの一般相対性理論入門』，日本評論社（2016）
  学部生のために書かれた，一般相対性理論の優れた書物。
- ミスナー，ソーン，ホイーラー 著，若野省己 訳，『重力理論』，丸善出版（2011）
  古い本であるが，今も一般相対性理論に関する最も包括的な教科書である。

連続体力学に関する参考書

- Gerard Middleton and Peter Wilcock, Mechanics in the Earth and Environmental Sciences (Cambridge University Press, 1994)
- D. S. Chandrasekharaiah and Lokenath Debnath, Continuum Mechanics (Academic Press, 1994)
- Lawrence E. Malvern, Introduction to the Mechanics of a Continuous Medium (Prentice Hall, 1969)

奇数番号の問題に対する答え

第 1 章

1.1 $\mathbf{b}+\mathbf{c}=2\hat{\mathbf{x}}+\hat{\mathbf{y}}+\hat{\mathbf{z}}$, $5\mathbf{b}+2\mathbf{c}=7\hat{\mathbf{x}}+5\hat{\mathbf{y}}+2\hat{\mathbf{z}}$, $\mathbf{b}\cdot\mathbf{c}=1$, $\mathbf{b}\times\mathbf{c}=2\hat{\mathbf{x}}-\hat{\mathbf{y}}-\hat{\mathbf{z}}$

1.5 $\theta=\arccos\sqrt{2/3}=0.615\mathrm{rad}$ または 35.3°

1.11 粒子はxy平面内で楕円$(x/b)^2+(y/c)^2=1$を中心に反時計回りに移動し，周期$2\pi/\omega$で完全な 1 つの軌道を作る。

1.23 $\mathbf{v}=(\lambda\mathbf{b}-\mathbf{b}\times\mathbf{c})/b^2$

1.25 任意解は，任意定数を含む$f(t)=Ae^{-3t}$の形をとる。

1.27 地面から見ると，パックは中心Oを通過する回転テーブルをまっすぐに移動する。観察者が回転テーブルに座って見ると，パックは図に示したように湾曲した経路をたどる。

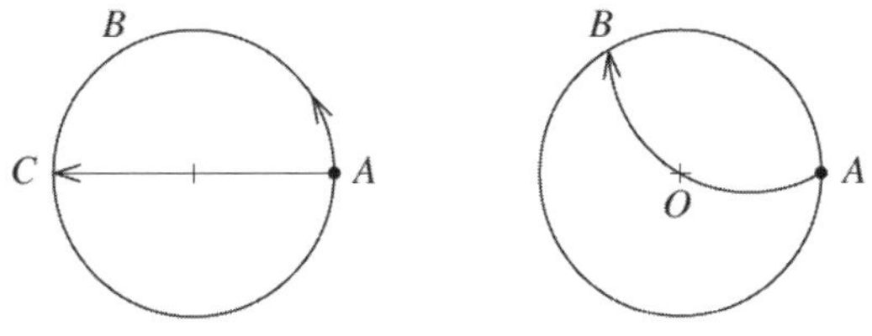

地面から見た場合　　　回転テーブルから見た場合

1.35 位置は$\mathbf{r}=(v_0 t\cos\theta, 0, v_0 t\sin\theta-\frac{1}{2}gt^2)$である。地面に戻る時間は$t=(2v_0\sin\theta)/g$であり，移動距離は$(2v_0^2\sin\theta\cos\theta)/g$である。

1.37 (a) xを斜面に沿って真っ直ぐに測定すると，$x = v_0 t - \frac{1}{2} g t^2 sin\theta$となる。 (b) 戻るまでの時間は，$t = 2v_0/(g\sin\theta)$である。

1.39 $x = v_0 t\cos\theta - \frac{1}{2} g t^2 \sin\varphi$, $y = v_0 t\sin\theta - \frac{1}{2} g t^2 \cos\varphi$, $z = 0$

1.41 張力$= m\omega^2 R$（またはmv^2/R）。

1.47 (a) $\rho = \sqrt{x^2 + y^2}$, $\phi = \arctan(y/x)$（正しい象限に入るように選択されている），zは直交座標の場合と同じである。座標ρは，Pからz軸までの垂直距離である。座標ρにrを使うと，rは$|\mathbf{r}|$と同じではない。また$\hat{\mathbf{r}}$は，$\mathbf{r}$方向の単位ベクトルではない[(b)を参照]。(b) 単位ベクトル$\hat{\boldsymbol{\rho}}$はρを増加させる方向（ϕとzは固定），すなわちz軸から離れる方向を指す。$\hat{\boldsymbol{\phi}}$はz軸を中心とするPを通る水平円に接している（上から見て反時計回り）。$\hat{\mathbf{z}}$はz軸に平行である。$\mathbf{r} = \rho\hat{\boldsymbol{\rho}} + z\hat{\mathbf{z}}$ (c) $a_\rho = \ddot{\rho} - \rho\dot{\phi}^2$, $a_\phi = \rho\ddot{\phi} + 2\dot{\rho}\dot{\phi}$, $a_z = \ddot{z}$

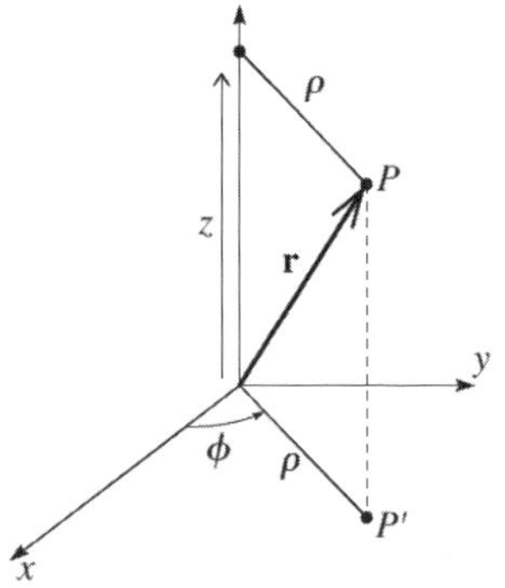

1.49 $\phi = \phi_0 + \omega t$, $z = z_0 + v_{0z} t - \frac{1}{2} g t^2$

1.51 図中の実線は，(Mathematica の NDSolve を使った) 微分方程式の数値解である。破線の曲線は，同じ初期条件（$\phi_0 = \pi/2$）の微小振動近似（1.57）である。初期角度がどの程度大きいかを考慮すると，小角度近似は著しく良好である。唯一の大きな相違は，近似があまりにも速く振動することである。(大きな振幅の場合，真の周期は少し長くなる。)

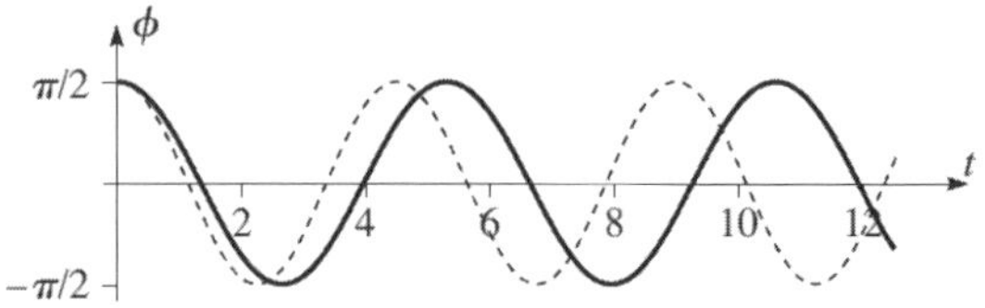

第2章

2.1 2つの力は$v \approx 1\text{cm/s}$のときほぼ等しくなり，$v \gg 1\text{cm/s}$では線形抵抗力は無視できる。ビーチボールの場合，対応する速度は約 1mm/sである。

2.3 $R \approx 0.01$であり，2次抵抗力を無視することは全く問題ない。

2.5

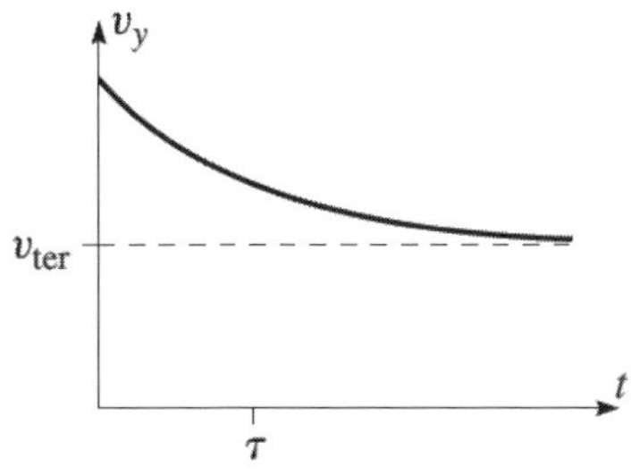

2.7 もし$F = F_0$，つまり定数ならば，$v = v_0 + at$である。ここで$a = F_0/m$である。

2.11 (a) $v_y(t) = -v_{ter} + (v_0 + v_{ter})e^{-t/\tau}$,

$$y(t) = -v_{ter}t + (v_0 + v_{ter})\tau\,(1 - e^{-t/\tau})$$

(b) $t_{top} = \tau\ln(1 + v_0/v_{ter})$，$y_{max} = [v_0 - v_{ter}\ln(1 + v_0/v_{ter})]\tau$

2.13 $v = \pm\omega\sqrt{x_0^2 - x^2}$，ここで $\omega = \sqrt{k/m}$, $x(t) = x_0\cos\omega t$

2.15 飛行時間$t = 2v_{y0}/g$

2.19 (a) $y = \frac{v_{y0}}{v_{x0}}x - \frac{1}{2}g\left(\frac{x}{v_{x0}}\right)^2$

2.23 (a) 終端速度= 22m/s（鉄球)，(b) 140m/s（鋼鉄の弾丸)，(c) 107m/s（落下時のパラシュート)。

2.27 速度$v(t) = v_{ter}\tan\left(\arctan\frac{v_0}{v_{ter}} - \frac{cv_{ter}}{m}t\right)$,

(上向きの運動が続く時間) $= \frac{m}{cv_{ter}} \arctan \frac{v_0}{v_{ter}}$。　ここで$v_{ter} = \sqrt{mg\sin(\theta)/c}$。

2.29

時間(s)	0	1	5	10	20	30
実際の速度(m/s)	0	9.7	37.7	48.1	50.0	50.0
真空中での速度(m/s)	0	9.8	49.0	98.0	196.0	294.0

2.31　(a) 終端速度$v_{ter} = 20.2\text{m/s}$。　(b) 地面にぶつかるまでに要する時間$t = 2.78\text{s}$（真空中で 2.47），地面での速度$v = 17.7\text{m/s}$（真空中で 24.2）。

2.33　(a)

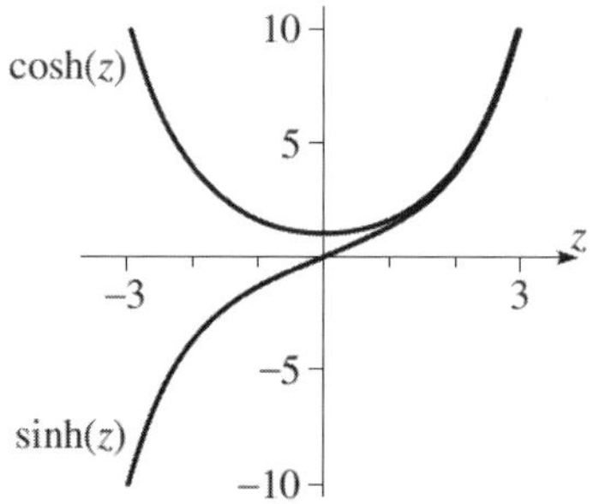

(b) $\sinh(z) = -i\sin(iz)$ (c) $\frac{d\cosh(z)}{dz} = \sinh(z), \frac{d\sinh(z)}{dz} = \cosh(z)$,

$$\int \cosh(z)\, dz = \sinh(z), \int \sinh(z)\, dz = \cosh(z)$$

2.35　(b) $t = 2\tau$および3τにおいて，速度vは終端値の96%および99.5%である。

2.39　(a) $t = \frac{m}{\sqrt{f_{fr}c}}\left(\arctan\sqrt{\frac{c}{f_{fr}}}v_0 - \arctan\sqrt{\frac{c}{f_{fr}}}v\right)$

(b)

v (m/s)	15	10	5	0
t (s)	6.3	18.4	48.3	142

摩擦を無視すると対応する時間は，（問題 2.26 から）6.7，20.0，60.0 および∞

である。摩擦を無視すると，2 次空気抵抗と比較した場合，高速ではかなり良い一致を示すが非常に低速では余り一致しない。

2.41 速度は$v(y) = \sqrt{(v_0^2 + v_{ter}^2)e^{-2gy/v_{ter}^2} - v_{ter}^2}$である。ここで$v_{ter} = \sqrt{mg/c}, y_{max} =$ 17.7m。一方で真空中の場合は 20.4）

2.43 (a) 実線の曲線は実際の軌道であり，破線は真空中における軌道である。 (b) 実際の到達距離は17.7mであり，真空中の到達距離は24.8mである。

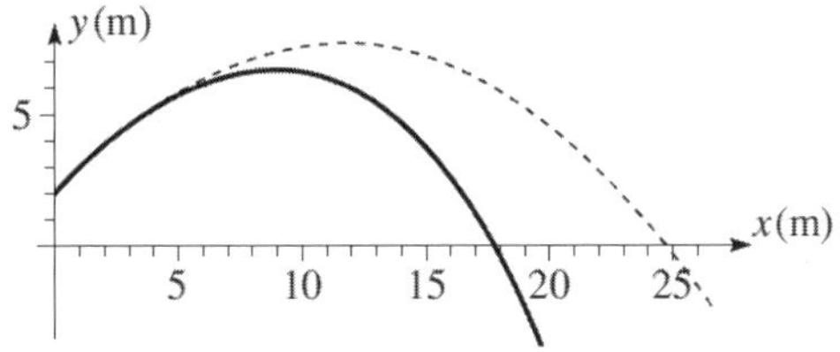

2.45 (b) $z = 3 + 4i = 5e^{0.927i}$; (c) $z = 2e^{-i\pi/3} = 1 - i\sqrt{3}$

2.47 (a)
$z + w = 9 + 4i$, $z - w = 3 + 12i$, $zw = 50$, $z/w = -0.56 + 1.92i$; (b) $z + w = (4 + 2\sqrt{3}) + (4\sqrt{3} + 2)i$, $z - w = (4 - 2\sqrt{3}) + (4\sqrt{3} - 2)i$, $zw = 32i$, $z/w = \sqrt{3} + i$

2.49 (b) $\cos 3\theta = \cos\theta(\cos^2\theta - 3\sin^2\theta)$, $\sin 3\theta = \sin\theta(3\cos^2\theta - \sin^2\theta)$

2.53 $m\dot{v}_x = qBv_y$, $m\dot{v}_y = qBv_x$, $m\dot{v}_z = qE$。 x, yの動きは，図 2.15 と同じで，一定の角速度$\omega = qB/m$での円周上の時計回りの動きである。一方，$z = z_0 + v_{z0}t + \frac{1}{2}a_z t^2$（ここで$a_z = qE/m$）。粒子は$z$軸のまわりの一定の半径上をらせん状または渦巻状に移動し，z方向の運動が加速するにつれてその度合いが増加する。

2.55 (a) $\dot{v}_x = \omega v_y$, $\dot{v}_y = -\omega(v_x - E/B)$, $\dot{v}_z = 0$ (b) $v_{dr} = E/B$ (c) $v_x = v_{dr} + (v_{x0} - v_{dr})\cos\omega t$, $v_y = -(v_{x0} - v_{dr})\sin\omega t$, $v_z = 0$。 横方向速度(v_x, v_y)は半径$(v_{x0} - v_{dr})$の円のまわりを一定速度で進み，x方向の一定のドリフトv_{dr}がそれに重ね合わされる。 (d) $x = v_{dr}t + R\sin\omega t$, $y = R(\cos\omega t - 1)$，ここで $R = (v_{x0} - v_{dr})/\omega$。この軌道はサイクロイドであり，その正確な外観は，以下に 7 つの異なるv_{x0}値について示すように，初期速度v_{x0}に依存する。特に$v_{x0} = v_{dr}$の場合$R = 0$であり，電荷は我々が既に知っているように場をまっ

すぐにドリフトすることに注意すること。(v_{x0}の値はv_{dr}の倍数，および距離はv_{dr}/ωの倍数として表示されている。)

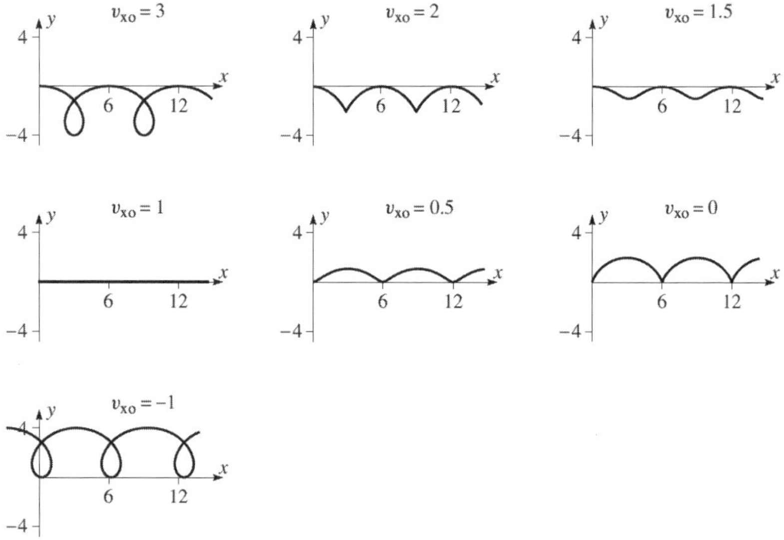

第 3 章

3.3 ベクトル$\mathbf{v}_2, \mathbf{v}_3$は等しい大きさ$v_2 = v_3 = \sqrt{2}v_0$であり，初期方向に対してそれぞれ45°の方向である。

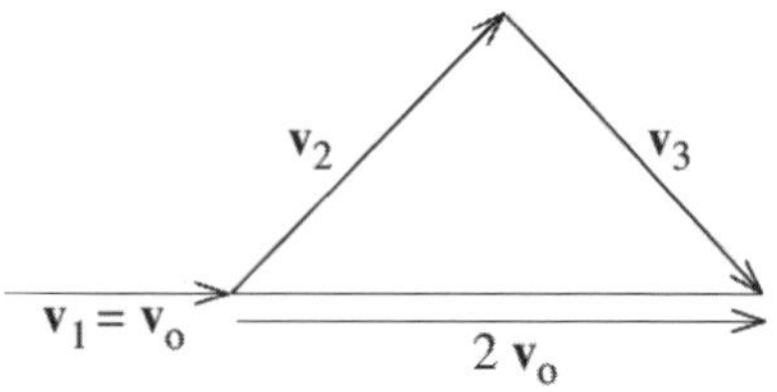

3.7 最終速度$v \approx 2100$m/s。推進力 $\approx 2.5 \times 10^7$N で，初期質量 $\approx 2.0 \times 10^7$Nよりも少し大きめ。

3.9 最小排気速度≈ 2400m/s。

3.11 (b) および (c) $v = v_{ex}\ln(m_0/\mathrm{m}) - gt \approx 900\mathrm{m/s}$。なお重力ゼロの場合は，$2100\mathrm{m/s}$。

3.13 高さ$\approx 4.0 \times 10^4\mathrm{m}$。

3.15 CM 位置，$\mathrm{R} = (1/6,0,0)$。

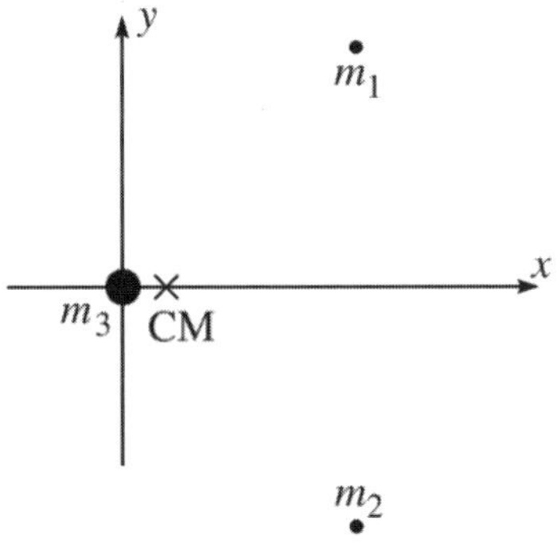

3.17 CM は地球の中心から約$4.6 \times 10^3\mathrm{km}$である。

3.19 (a) CM は不発弾と同じ放物線に従う。 (b) 第 2 の部分が，それが発射された銃に当たる。 (c) いいえ。

3.21 $\mathrm{X} = \mathrm{Z} = 0$，$\mathrm{Y} = 4\mathrm{R}/3\pi$。

3.23 第 2 の破片の速度は$\mathbf{v} - \Delta\mathbf{v}$である。CM（白丸）は 2 つの断片をつなぐ線の中間点にあり，爆発の前の手榴弾と同じ放物線上を動く。

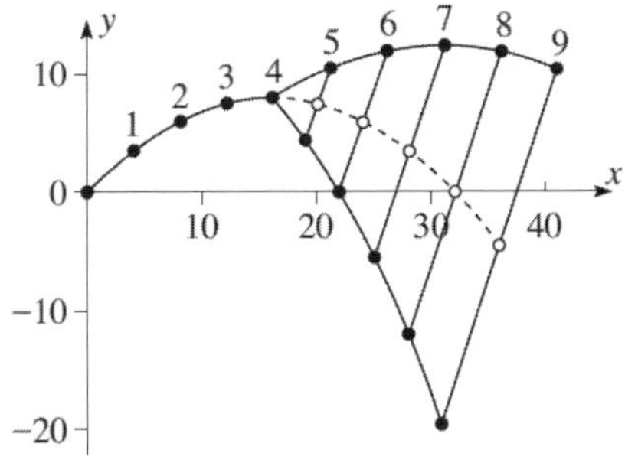

3.25 最終角速度 $\omega = \omega_0(r_0/r)^2$

3.29 最終角速度 $\omega = \omega_0(R_0/R)^5 = \omega_0/32$

3.31 慣性モーメント $I = \frac{1}{2}MR^2$

3.33 慣性モーメント $I = \frac{2}{3}Mb^2$

3.35 (a)

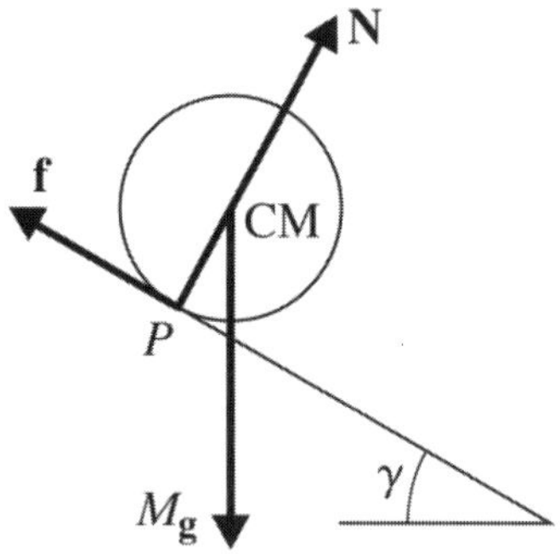

(b) と (c) いずれも$\dot{v} = \frac{2}{3}g\sin\gamma$。

3.37 (a)

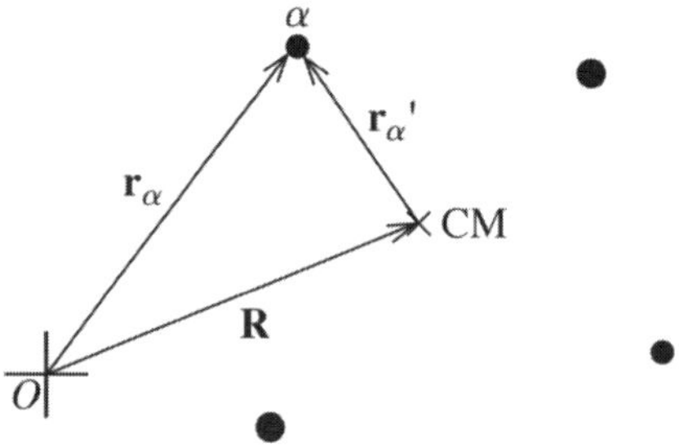

第 4 章

4.3 (a) $W = 0$ (b) $W = 1$ (c) $W = \pi/2$

4.7 (a) $W(\mathbf{r_1} \to \mathbf{r_2}) = -(m\gamma/3)(y_2^3 - y_1^3)$; $U(r) = (m\gamma/3)y^3$.

(b)

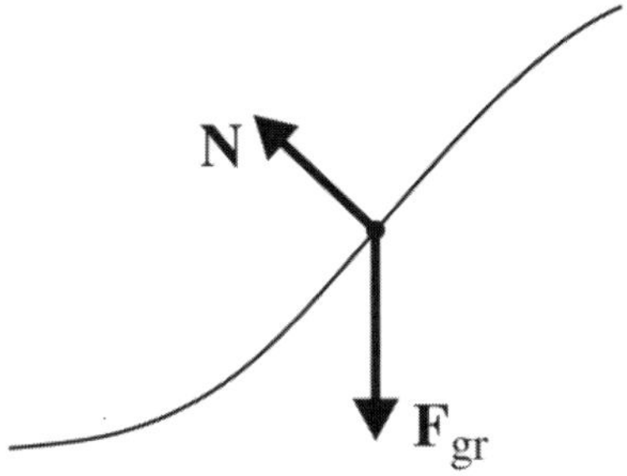

(c) $v_{fin} = \sqrt{2\gamma h^3/3}$

4.9 (b) $x_0 = mg/k$.

4.11

関数	$\partial/\partial x$	$\partial/\partial y$	$\partial/\partial z$
$ay^2 + 2byz + cz^2$	0	$2ay + 2bz$	$2by + 2cz$
$\cos(axy^2z^3)$	$-ay^2z^3\sin(axy^2z^3)$	$-2axyz^3\sin(axy^2z^3)$	$-3axy^2z^2\sin(axy^2z^3)$
$ar = \sqrt{ax^2 + y^2 + z^2}$	ax/r	ay/r	az/r

4.13

関数 f	$\partial f/\partial x$	$\partial f/\partial y$	$\partial f/\partial z$	∇f
$\ln(r)$	x/r^2	y/r^2	z/r^2	$\hat{\mathbf{r}}/r$
r^n	nxr^{n-2}	nyr^{n-2}	nzr^{n-2}	$nr^{n-1}\hat{\mathbf{r}}$
$g(r)$	$g'(r)x/r$	$g'(r)y/r$	$g'(r)z/r$	$g'(r)\hat{\mathbf{r}}$

4.15 (4.35) を使うと，$\Delta f \approx 0.44$が得られる。一方，正確な値は$\Delta f = 0.45$。

41.9 (a) 面$x^2 + 4y^2 = K$はz軸を中心とする楕円柱であり，x方向に「半径」$\sqrt{K}$，y方向にその半分の半径を有する。 (b) 表面の単位法線は，$\mathbf{n} = (1,4,0)/\sqrt{17}$（または$-\mathbf{n}$）である。増加が最大となる方向は$\mathbf{n}$（減少が最大となるのは$-\mathbf{n}$）である。

4.21 重力の位置エネルギーは$U(r) = -GMm/r$である。

4.23 (a) **F**は保存力であり，$U=-\frac{1}{2}k(x^2+2y^2+3z^2)$である。 (b) **F**は保存力であり，$U=-kxy$である。(c) **F**は保存力ではない。 (a) と (b) では，Uは原点でゼロになるように選択された。

4.29 (a)

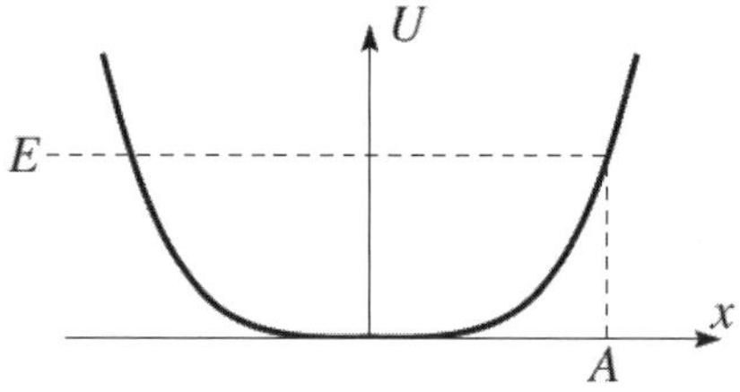

(b) Aに到達する時間は$t(0\to A)=\sqrt{m/2k}\int_0^A dx/\sqrt{A^4-x^4}$である。周期は$4t(0\to A)$である。 (d) $\tau=3.71$。

4.31 (a) 興味のない定数をすべて削除すると，$E=\frac{1}{2}(m_1+m_2)\dot{x}^2-(m_1-m_2)gx$となる。

4.33 (b)

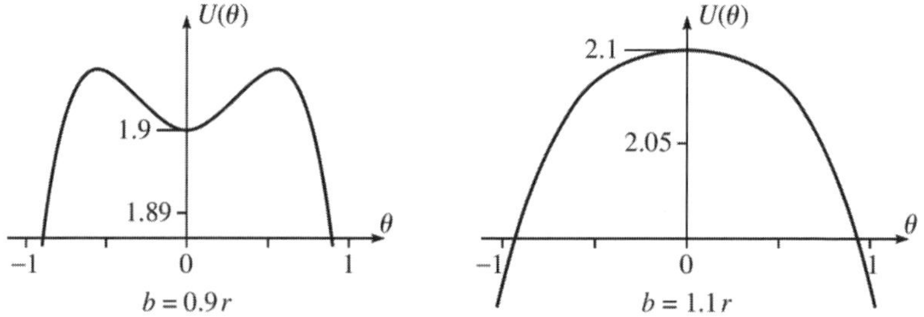

(c) $b<r$の場合には，2 つのさらなる平衡点（$\theta=0$の両側に対称的に存在する）があり，両方とも不安定である。

4.35 (a) $E=\frac{1}{2}(m_1+m_2+I/R^2)\dot{x}^2-(m_1-m_2)gx$（+無視しても良い定数）。 (b) 運動方程式は$(m_1+m_2+I/R^2)\ddot{x}=(m_1-m_2)g$である。

4.37 (a) $U(\phi)=MgR(1-cos\phi)-mgR\phi$。 (b) $m\le M$の場合にのみ平衡位置が存在す

る。 $m = M$の場合，$\phi = 90°$では平衡状態（不安定）が 1 つ存在する。$m < M$の場合，条件$m = M\sin\phi$によって決定される 2 つの位置が存在する。それらは$\phi = 90°$の両側の大小の位置に対称的に配置されている。小さい位置は安定しており，大きい位置は不安定である。[（c）の図を参照]。

（c）$m = 0.7M$の場合，車輪は最大$\phi < \pi$まで振れ，その後$\phi = 0$になり，無限に振動する。$m = 0.8M$の場合，

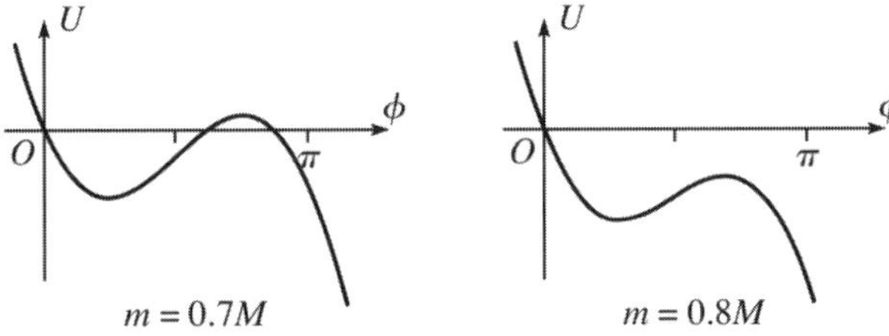

車輪は$\phi = \pi$を超えて振れ，ひもがなくなるまで反時計回りに回転し続ける。（d）m/Mの臨界値は 0.725 である。

4.39（c）もし$\phi = 45°$とすると，この近似は$\tau = 1.037\tau_0$となり，微小振幅近似（τ_0）に対する3.7%の補正となり，真の解（$1.040\tau_0$）の0.3%以内となる。

4.51 $U(\mathbf{r}_1, \mathbf{r}_2, \mathbf{r}_3, \mathbf{r}_4)$

$$= [U_{12}(\mathbf{r}_1 - \mathbf{r}_2) + U_{13}(\mathbf{r}_1 - \mathbf{r}_3) + U_{14}(\mathbf{r}_1 - \mathbf{r}_4) + U_{23}(\mathbf{r}_2 - \mathbf{r}_3) + U_{24}(\mathbf{r}_2 - \mathbf{r}_4)$$

$$+U_{34}(\mathbf{r}_3 - \mathbf{r}_4)] + [U_1^{ext}(\mathbf{r}_1) + U_2^{ext}(\mathbf{r}_2) + U_3^{ext}(\mathbf{r}_3) + U_4^{ext}(\mathbf{r}_4)]$$

4.53 (b) $E = T_1 + T_2 + U_1 + U_2 + U_{12} = \frac{1}{2}mv_1^2 + \frac{1}{2}mv_2^2 - ke^2\left(\frac{1}{r_1} + \frac{1}{r_2} - \frac{1}{r_{12}}\right)$

(c) ずっと以前： $E = T_1 + T_2 + U_1 + 0 + 0 = T_2 - \frac{ke^2}{2r}$

ずっと以後： $E' = T'_1 + T'_2 + 0 + U'_2 + 0 = T'_1 - \frac{ke^2}{2r'}$.

エネルギー保存則より，$T'_1 = T_2 + \frac{1}{2}ke^2\left(\frac{1}{r'} - \frac{1}{r}\right)$

第 5 章

5.3 $U(\phi) = mgl(1 - \cos\phi)$, $k = mgl$

5.5 (a) $B_1 = C_1 + C_2$, $B_2 = i(C_1 - C_2)$ (b) $A = \sqrt{B_1^2 + B_2^2}$, $\delta = \arctan\left(\frac{B_2}{B_1}\right)$, 右象限を選択。 (c) $C = Ae^{-i\delta}$ (d) $C_1 = C/2$, $C_2 = C^*/2$

5.7 (a) $B_1 = x_0$, $B_2 = v_0/\omega$

(b) $\omega = 10\text{s}^{-1}$, $B_1 = 3\text{m}$, $B_2 = 5\text{m}$

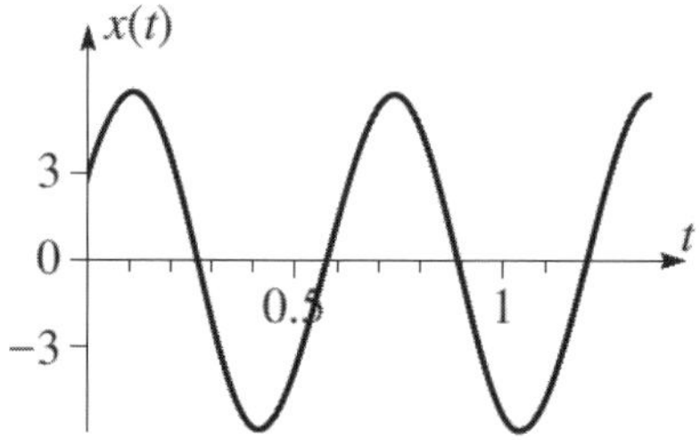

(c) 最初に$x = 0$となるのは，$t = 0.26$秒である。最初に$\dot{x} = 0$となるのは$t = 0.10$秒である。

5.9 周期 $\tau = 1.05\text{s}$

5.11 $A = \sqrt{\frac{x_2^2 v_1^2 - x_1^2 v_2^2}{v_1^2 - v_2^2}}$, $\omega = \sqrt{\frac{v_1^2 - v_2^2}{x_2^2 - x_1^2}}$

5.13 $r_0 = \lambda R$, $\omega = \sqrt{\frac{2U_0}{m\lambda R^2}}$

5.17 (a) 分数p/qが最低項にある場合，$\tau = 2\pi p/\omega_x$

5.19 $k' = 2k(2a - l_0)/a$

5.23 $dE/dt = \dot{x}(m\ddot{x} + kx)$

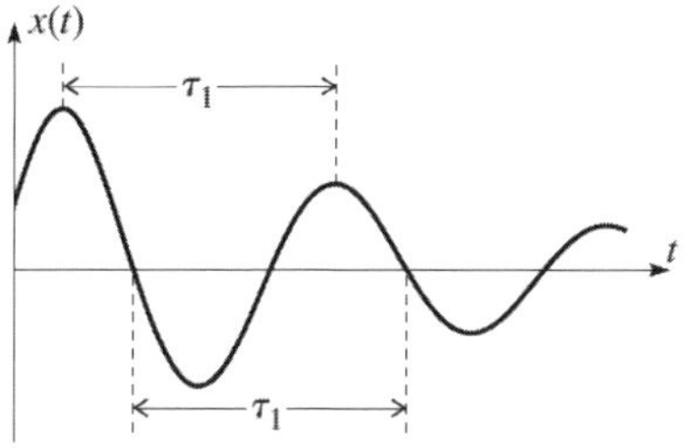

5.25 (a) および (b)

(c) $\beta = \omega_0/2$では，振幅は 1 周期で 0.027 倍収縮する。(βは$\omega_0/10$，収縮率は約 0.53)。

5.29 $\tau_1 =$ 1.006 秒，$\beta = 0.110\omega_0$

5.31 各々の図は，示されたβの値に対するtの関数としての$x(t)$を示す。

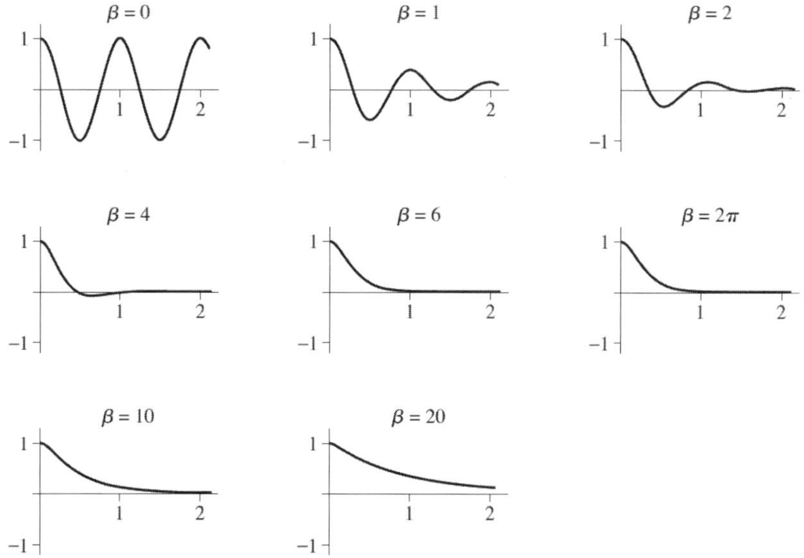

5.37 $A = 26.9,\ \delta = 3.04\ \text{rad},\ B_1 = 26.7,\ B_2 = -6.18.$

実線の曲線は実際の動きである。破線の曲線は過渡の同次解である。

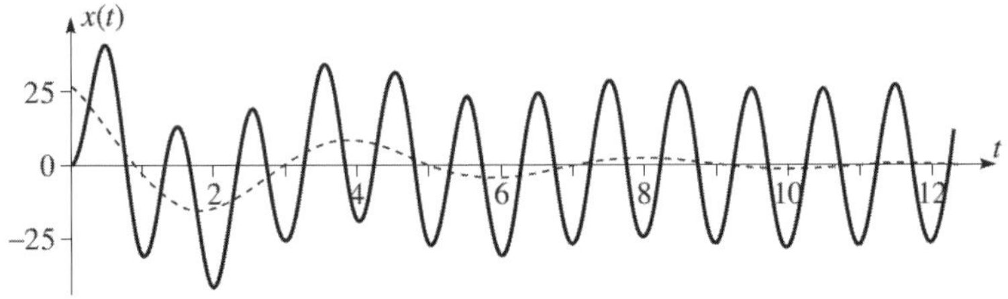

5.43 (a) $k \approx 4 \times 10^4\text{N/m}$ (b) $f \approx 6\text{Hz}$ (c) $v \approx 5\text{m/s}$または約 10mph

5.49 $a_0 = f_{max}/2$, およびnが奇数の場合には$a_n = 4f_{max}/(n\pi)^2$であり, nが偶数の場合には 0 である（$n > 0$）。すべてのnに対して$b_n = 0$。

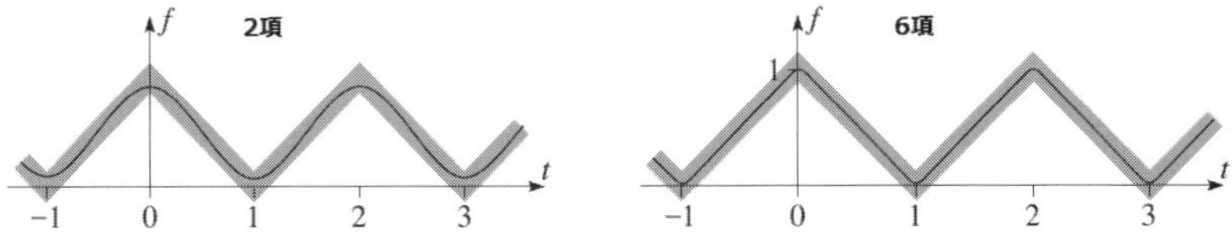

左図は, 最初の 2 つの項の和（定数項と最初の余弦）と「のこぎり歯状の関数」自体を示している。右図は, 最初の 6 つの項の和を示している。これはのこぎり歯状の関数と極めて似ており, 角以外では区別するのが難しい。

5.53 $A_0 = 1/2\omega_0^2$, およびnが奇数の場合には$A_n = 4/n^2\pi^2\sqrt{(\omega_0^2 - n^2\omega^2)^2 + (2\beta n\omega)^2}$で$n$が偶数の場合には 0 である（$n > 0$）。 (a) $\tau_0 = 2,\ \omega_0 = \pi$であり, 最初の 4 つの係数$A_n(n = 0,1,2,3)$は 0.0507, 0.6450, 0, 0.0006 である。 (b) $\tau_0 = 3,\ \omega_0 = 2\pi/3$であり, 最初の 4 つの係数$A_n(n = 0,1,2,3)$は 0.1140, 0.0734, 0, 0.0005 である。

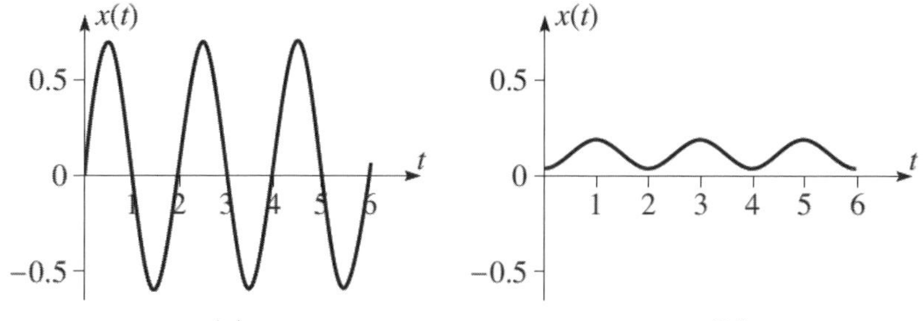

(a)　　　　(b)

5.55 左図は，この問題のデータを示している。右図 5.26 のデータを示している。（ここでは若干異なる縮尺で描いている。）$\beta = 0.1$の共振は，$\beta = 0.2$の共振の 2 倍および半分の幅であることに留意されたい。

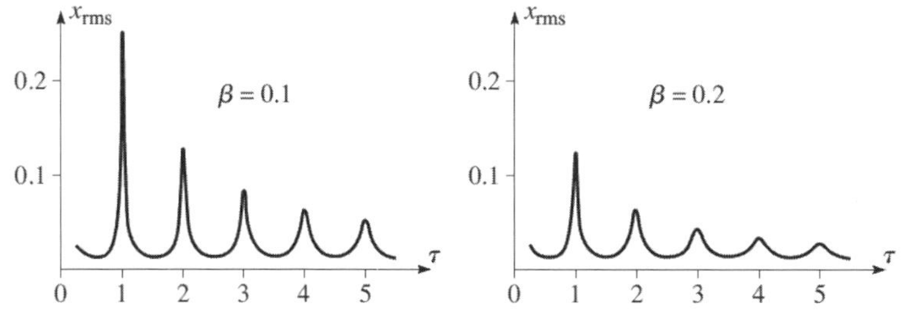

第 6 章

6.3 P_1からQを経由してP_2に移動する時間は，$\left(\sqrt{x^2+y_1^2+z^2}+\sqrt{(x-\ x_2)^2+y_2^2+z^2}\right)/\ c$である。

6.5 AからPを経てBへ移動する時間は，$2\sqrt{2}(R/c)\cos(\theta/2)$である。

6.7 $\phi = az + b$。ここで定数a, bは，経路が与えられた端点を通過するように選択される。一般に，この形式には多くの異なる経路が存在する。

6.9 $y = \sinh(x)/\sinh(1)$

6.11 経路は放物線$x = C + (y - D)^2/4C$で，C, Dは一定である。

6.17 $\rho = \rho_0/\cos[(\phi - \phi_0)/\sqrt{1+\lambda^2}]$。$\lambda = 0$の場合，円錐は平面になり，この方程式は直線の方程式になる。

6.23（a） $v = \sqrt{(v_0\cos\phi + Vy)^2 + (v_0 \sin\phi)^2}$ （c） $y_{max} = 366$ マイル；(節約時間) = 27 分

第 7 章

7.1 $\mathcal{L} = \frac{1}{2}m(\dot{x}^2 + \dot{y}^2 + \dot{z}^2) - mgz$。3 つのラグランジュ方程式は，$0 = m\ddot{x}$, $0 = m\ddot{y}$, $-mg = m\ddot{z}$。

7.3 $\mathcal{L} = \frac{1}{2}m(\dot{x}^2 + \dot{y}^2) - \frac{1}{2}k(x^2 + y^2)$。2 つのラグランジュ方程式は$m\ddot{x} = -kx$, $m\ddot{y} = -ky$。これは 5.3 節の等方性振動子である。

7.5 $(\nabla f)_r = \frac{\partial f}{\partial r}$, $(\nabla f)\phi = \frac{1}{r}\frac{\partial f}{\partial \phi}$

7.7 （a） $m_\alpha \ddot{\mathbf{r}}_\alpha = -\nabla_\alpha U$, $[\alpha = 1, \ldots, N]$ （b） $\mathcal{L} = \sum_\alpha \frac{1}{2} m_\alpha \dot{\mathbf{r}}_\alpha^2 - U(\mathbf{r}_1, \cdots, \mathbf{r}_N)$

7.9 $x = R\cos\phi$, $y = R\sin\phi$, $\phi = \arctan(y/x)$で，正しい象限に入るように選択されている。

7.11 $x = A\cos\omega t + l\sin\phi$, $y = l\cos\phi$, $\phi = \arctan[(x - A\cos\omega t)/y]$.

7.15 $\mathcal{L} = \frac{1}{2}(m_1 + m_2)\dot{x}^2 + m_2 gx$, $a = gm_2/(m_1 + m_2)$

7.17 $\ddot{x} = g(m_1 - m_2)/(m_1 + m_2 + I/R^2)$

7.21 $\mathcal{L} = \frac{1}{2}m(\dot{r}^2 + r^2\omega^2)$, $r = Ae^{\omega t} + Be^{-\omega t}$

7.23 $\mathcal{L} = \frac{1}{2}m(\dot{x} - A\omega\sin\omega t)^2 - \frac{1}{2}kx^2$

7.27 （質量 $4m$の加速度）$= g/7$，下向き。

7.29 $\mathcal{L} = \frac{1}{2}m\left[R^2\omega^2 + l^2\dot{\phi}^2 + 2Rl\omega\dot{\phi}\sin(\phi - \omega t)\right] - mg(R\sin\omega t - l\cos\phi)$，$l\ddot{\phi} = -g\sin\phi + \omega^2 R\cos(\phi - \omega t)$

7.31 (a) $\mathcal{L} = \frac{1}{2}(m+M)\dot{x}^2 + \frac{1}{2}M\left(L^2\dot{\phi}^2 + 2\dot{x}L\dot{\phi}\cos\phi\right) - \frac{1}{2}kx^2 + MgL\cos\phi$。$x, \phi$の方程式は，$(m+M)\ddot{x} + ML\left(\ddot{\phi}\cos\phi - \dot{\phi}^2\sin\phi\right) = -kx$，$M(L\ddot{\phi} + \ddot{x}\cos\phi) = -Mg\sin\phi$。(b) x, ϕの両方が小さいと，$(m+M)\ddot{x} + ML\ddot{\phi} = -kx$，$M(L\ddot{\phi} + \ddot{x}) = -Mg\phi$

7.33 $x(t) = x_0\cosh\omega t + (g/2\omega^2)(\sin\omega t - \sinh\omega t)$

7.35 $\mathcal{L} = \frac{1}{2}mR^2\left[\omega^2 + (\dot{\phi} + \omega)^2 + 2\omega(\dot{\phi} + \omega)\cos\phi\right]$。$B$に対する小さな振動については，角振動数は$\omega$である。

7.37 (a) $\mathcal{L} = m\dot{r}^2 + \frac{1}{2}mr^2\dot{\phi}^2 - mgr$ (b) r, ϕに関する方程式は，$mr\dot{\phi}^2 - mg = 2m\ddot{r}$および$mr^2\dot{\phi} =$ 一定である。(c) $r_0 = [l^2/(m^2g)]^{1/3}$ (d) 角振動数$= \sqrt{3/2}l/mr_0^2$

7.39 (a) $\mathcal{L} = \frac{1}{2}m\left(\dot{r}^2 + r^2\dot{\theta}^2 + r^2\sin^2\dot{\phi}^2\right) - U(r)$

(b) r, θ, ϕ の方程式は，次のようになる。$m\ddot{r} = mr\dot{\theta}^2 + \sin^2\theta\dot{\phi}^2 - \frac{\partial U}{\partial r}$，$\frac{d}{dt}\left(mr^2\dot{\theta}\right) = mr^2\sin\theta\cos\theta\dot{\phi}^2$，$\frac{d}{dt}\left(mr^2\sin^2\theta\dot{\phi}\right) = 0$ (c) 運動は赤道面$\theta = \pi/2$にとどまり，運動が平面に限定されているという知見と一致する。(d) 運動は縦断面$\phi = \phi_0$にとどまる。

7.41 $\mathcal{L} = \frac{1}{2}m(\dot{\rho}^2 + \rho^2\omega^2 + 4k^2\rho^2\dot{\rho}^2) - mgk\rho^2$，および運動方程式は$(1 + 4k^2\rho^2)\ddot{\rho} + 4k^2\rho\dot{\rho}^2 = (\omega^2 - 2gk)\rho$である。ワイヤの底部$\rho = 0$は平衡であり，$\omega^2 < 2gk$の場合は安定であるが，$\omega^2 > 2gk$の場合は不安定である。$\omega^2 = 2gk$の場合，ビーズは任意の$\rho$で平衡状態にあるが，平衡状態は不安定である（$\rho = 0$を除いて）。

7.43 (a) $\mathcal{L} = \frac{1}{2}(M+m)R^2\dot{\phi}^2 - MgR(1 - \cos\phi) + mgR\phi$，運動方程式は$(M+m)R\ddot{\phi} = -Mg\sin\phi + mg$である。(b) 実際には，1 回以上の完全な回転によって分離された平衡が存在するこ

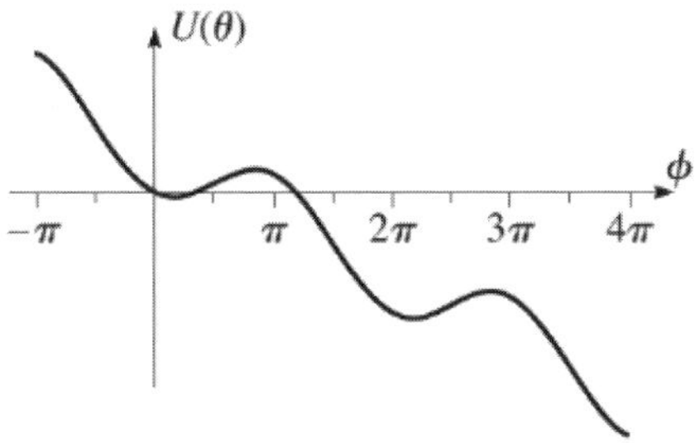

とに注意すること。

(c)

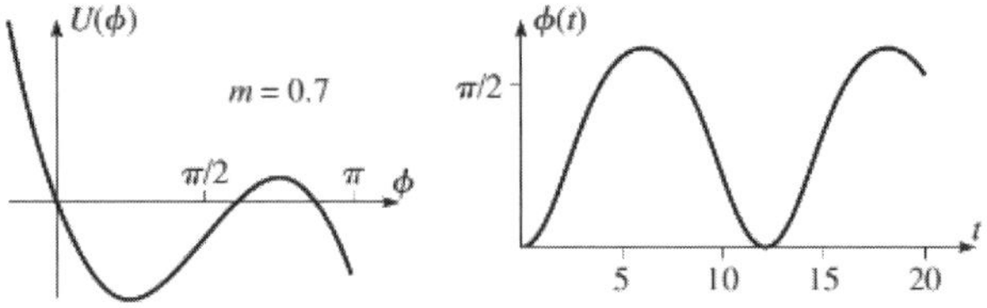

(d)

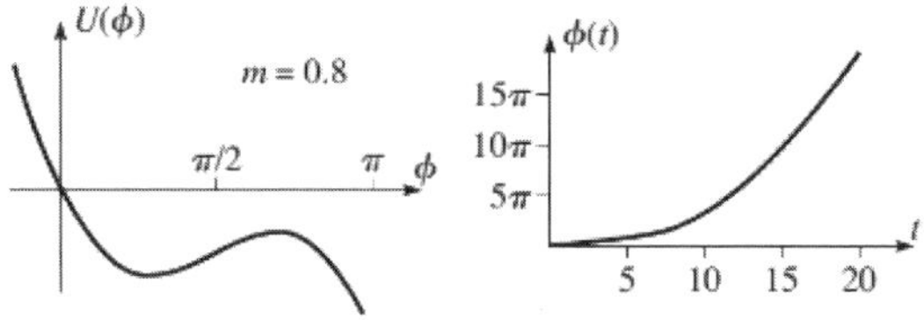

7.49 (b)$\mathcal{L} = \frac{1}{2}m\dot{\mathbf{r}}^2 + q\dot{\mathbf{r}}\cdot\mathbf{A} = \frac{1}{2}m\left(\dot{\rho}^2 + \rho^2\dot{\phi}^2 + \dot{z}^2\right) + \frac{1}{2}qB\rho^2\dot{\phi}$, また 3 つのラグランジュ方程式は $m\ddot{\rho} = m\rho\dot{\phi}^2 + qB\rho\dot{\phi}$, $\frac{d}{dt}\left(m\rho^2\dot{\phi} + \frac{1}{2}qB\rho^2\right) = 0$, $m\ddot{z} = 0$

7.51 $\mathcal{L}(x,y) = \frac{1}{2}m(\dot{x}^2 + \dot{y}^2) + mgy$ （a）2 つの変形ラグランジュ方程式は $\lambda\frac{x}{l} = m\ddot{x}$, $mg + \lambda\frac{y}{l} = m\ddot{y}$

第 8 章

8.3 $y_1 = L + \frac{m_1}{M}v_0t - \frac{1}{2}gt^2 + \frac{m_2v_0}{M\omega}\sin\omega t$, $y_2 = \frac{m_1}{M}v_0t - \frac{1}{2}gt^2 - \frac{m_1v_0}{M\omega}\sin\omega t$.

8.7 (a) 周期$\tau = 2\pi r^{3/2}/\sqrt{Gm_2}$ (b) $\tau = 2\pi r^{3/2}/\sqrt{GM}$ これらの 2 つの答えは，$m_2 \to \infty$の極限で同じ値となる。 (c) $\tau = 0.71$年

8.9 （a） $\mathcal{L} = \frac{1}{2}M\left(\dot{X}^2 + \dot{Y}^2\right) + \frac{1}{2}\mu\left(\dot{r}^2 + r^2\dot{\phi}^2\right) - \frac{1}{2}k(r-L)^2$ （b） $M\ddot{X} = 0$，$M\ddot{Y} = 0$，解$\mathbf{R} = \mathbf{R_0} + \dot{\mathbf{R}}_0t$である。 (c) r,ϕの方程式は，$\mu\ddot{r} = \mu r\dot{\phi}^2 - k(r-L)$および$\mu r^2\dot{\phi} =$一定，である。$r =$一定の場合，$\dot{\phi} =$ 一定，$r = L + \mu r\dot{\phi}^2/k$。$\phi =$一定ならば$r = L + A\cos(\omega t - \delta)$で

あり，$\omega = \sqrt{k/\mu} = \sqrt{2k/m_1}$である。

8.13（a）

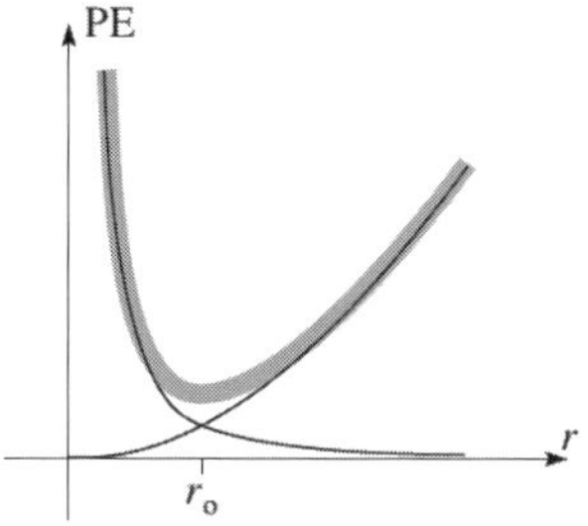

（b）$r_0 = (l^2/k\mu)^{1/4}$である。　（c）振動の角振動数$\omega = \sqrt{4k/\mu}$ 。

8.15 変化率≈ 0.1% 。

8.19 離心率$\epsilon =$ 0.17;（y軸上の高さ）= 1424km。

8.21（a）$l \to 0$ならば，$a \to r_{max}/2$。　（b）$\tau_{(l\to 0)} = (\pi/\sqrt{2GM})(r_{max})^{3/2}$ 。（c）$t = (\pi/2\sqrt{2GM})(r_{max})^{3/2}$。　（d）および（e）$\tau_{(l=0)} = (2\pi/\sqrt{2GM})(r_{max})^{3/2} = 2\tau_{(l\to 0)}$となる。

8.23（b）$\beta = \sqrt{1 + m\lambda/l^2}$，$c = l^2\beta^2/mk$。　（c）$\beta$が有理数$\beta = p/q$（$p, q$は整数）であれば軌道は閉じる。$\lambda \to 0$の場合，軌道はケプラー楕円となる。

8.25（a）

$r_0 = 1$

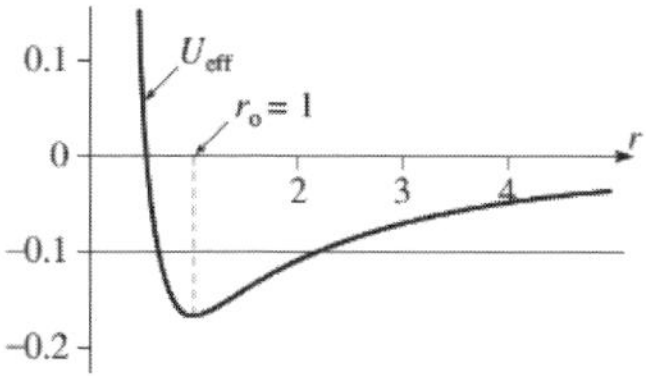

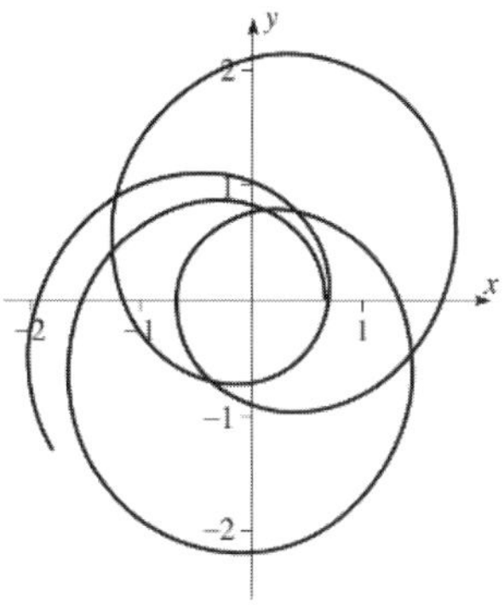

(b) 左の図から$E = -0.1$の場合，内側の転換点は約$r_{min} = 0.7$であることがわかる。これを任意の方程式を解くプログラム（Mathematica の FindRoot など）の初期値として使用すると，方程式$U_{eff}(r) = -0.1$の根は$r_{min} = 0.6671$であることがわかる。 (c) 明らかに右側に示されている軌道は 3.5 回転後も閉じておらず，それは長い間閉じることがない。（実際には決して閉じることはないが，そのことを証明するのは難しい。）

8.27 $c = 8.87 \times 10^7\text{km}$，$\epsilon = 0.753$，$\delta = 1.72\text{rad}$

8.29 新しい軌道は，太陽の質量の半分が消滅した時点での古い円軌道に接する放物線である。地球はもはや拘束されない。

8.31 相対位置$\boldsymbol{r} = (x, y)$の経路，すなわち粒子 2 から見た粒子 1 の軌道を示す。

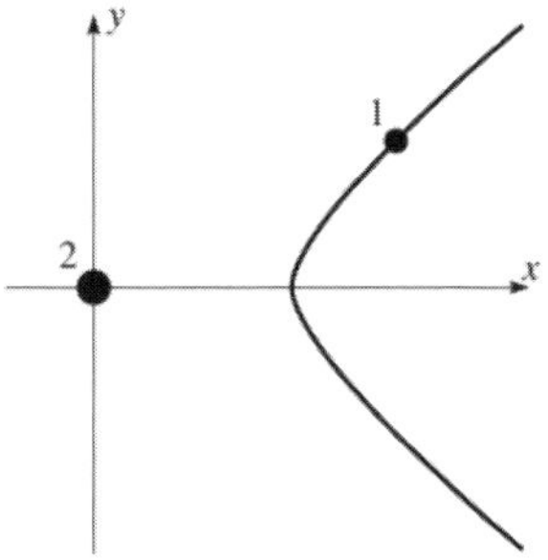

8.35 第 1 推力係数= $\sqrt{2/5}$。 第 2 推進係数= $\sqrt{5/8}$。

第 9 章

9.1 （傾きの角度）=垂直方向に対して$\arctan(A/g)$

9.3 (a) $F_{tid}/mg \approx 1.1 \times 10^{-7}$ (b) 同じ大きさで，反対方向。

9.9 $F_{cor} = 2mv_0\Omega\cos\theta$ 真東; $F_{cor}/mg \approx 0.011$

9.13 αの最大値は約$0.1°$である。最小値はゼロである。

9.15 $g = g_0\sqrt{\cos^2\theta + \lambda^2\sin^2\theta}$

9.19 (a) 地面から見ると，パックは一直線に動く。メリーゴーランドから見た場合，その初期加速度は半径方向外側にある。速度を上げるに従い右に曲がり，中央から外側に向かってらせん状になる。 (b) 地面から見ると，静止したままである。メリーゴーランドから見ると，メリーゴーランドの軸を中心とした時計回りの円上を動く。

9.21 これは問題 9.24 (d) で起こることである。

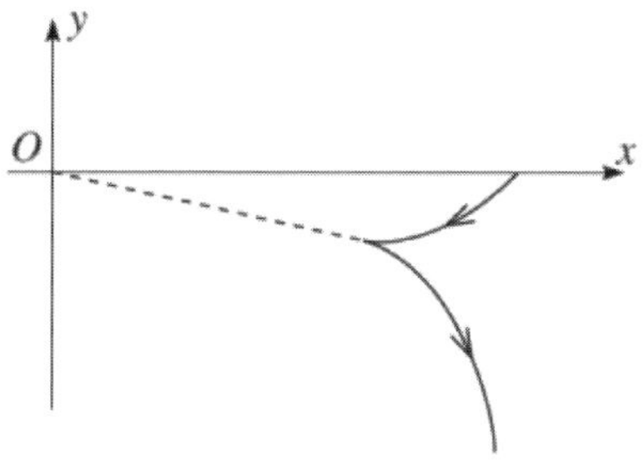

9.25 角度=左に 0.13°

9.27

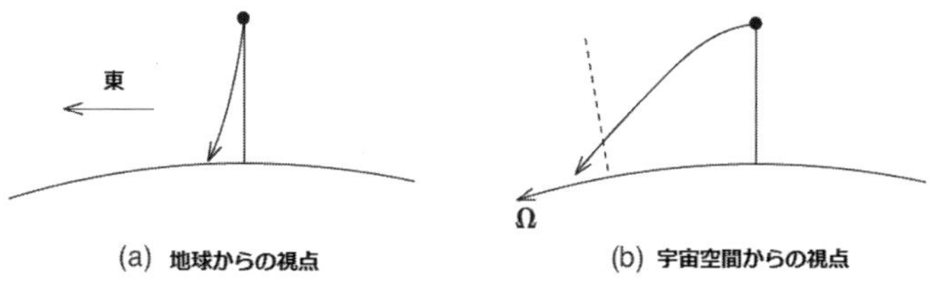

9.29

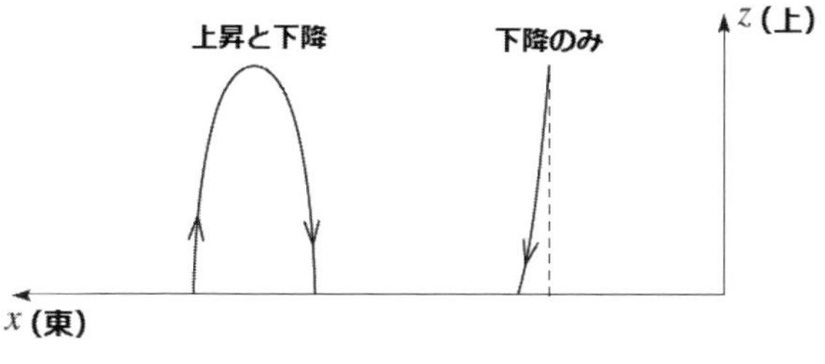

9.31 $v = 0.11\mathrm{mm/s}$

9.33 $C_1 = \frac{A}{2}\left(1 + \frac{\Omega_z}{\omega_0}\right), \qquad C_2 = \frac{A}{2}\left(1 - \frac{\Omega_z}{\omega_0}\right)$

第 10 章

10.3 $R = (0,0,H/5)$

10.5 $R = (0,0,3R/8)$

10.7 (a) $V = \frac{2}{3}\pi R^3(1 - \cos\theta_0)$ (b) $R = (0,0,Z)$ ここで$Z = \frac{3R}{16} \cdot \frac{1-cos2\theta_0}{1-cos\theta_0}$

10.9 $I = \frac{1}{2}MR^2$

10.11 (a) $I(\text{固体}) = \frac{2}{5}MR^2$ (b) $I(\text{中空}) = \frac{2}{5}M\frac{b^5-a^5}{b^3-a^3}$

10.13 (a) $\tau = 2\pi\sqrt{I/\,mga}$ (b) $l = I/(ma)$

10.15 $\omega = \sqrt{3g(\sqrt{2} - 1)/2a}$

10.17 $I_{zz} = \frac{1}{5}M(a^2 + b^2)$

10.23 zを含むすべての慣性乗積は自動的にゼロ，$I_{xz} = I_{yz} = I_{zx} = I_{zy} = 0$となる。

10.25 (a) および (b) CM およびAに関する慣性テンソル$\mathbf{I_{cm}}, \mathbf{I_A}$は，以下の通り。

$$\mathbf{I}_{\mathrm{cm}} = \frac{1}{3}M\begin{bmatrix} b^2 + c^2 & 0 & 0 \\ 0 & c^2 + a^2 & 0 \\ 0 & 0 & a^2 + b^2 \end{bmatrix}, \quad \mathbf{I}_A = \frac{1}{3}M\begin{bmatrix} 4(b^2 + c^2) & -3ab & -3ac \\ -3bc & 4(c^2 + a^2) & -3bc \\ -3ca & -3cb & 4(a^2 + b^2) \end{bmatrix}$$

(c) $\mathbf{L} = \frac{1}{3}M\omega(4(b^2 + c^2 2), -3ab, -3ac)$

10.27 $\mathbf{I} = \frac{1}{4}M\begin{bmatrix}(R^2+2h^2) & 0 & 0\\ 0 & (R^2+2h^2) & 0\\ 0 & 0 & 2R^2\end{bmatrix}$

10.35 (a) $\mathbf{I} = ma^2\begin{bmatrix}10 & 0 & 0\\ 0 & 6 & 1\\ 0 & 1 & 6\end{bmatrix}$

(b) 主モーメントは，$\lambda_1 = 10ma^2$，$\lambda_2 = 7ma^2$，$\lambda_3 = 5ma^2$である。対応する主方向は，$\boldsymbol{e_1} = (1,0,0)$，$\boldsymbol{e_2} = \frac{1}{\sqrt{2}}(0,1,1)$，$\boldsymbol{e_3} = \frac{1}{\sqrt{2}}(0,1,-1)$である。

10.37 (a) $\mathbf{I} = \begin{bmatrix}2 & 1 & 0\\ 1 & 2 & 0\\ 0 & 0 & 4\end{bmatrix}$

(b) $\lambda_1 = 1, \lambda_2 = 3$，$\lambda_3 = 4$; $\boldsymbol{e_1} = \frac{1}{\sqrt{2}}(1,1,0)$，$\boldsymbol{e_2} = \frac{1}{\sqrt{2}}(1,-1,0)$，$\boldsymbol{e_3} = (0,0,1)$

10.39 $\Omega \approx 21$rad/s，または約 200rpm。

10.47 約 1010 年。

10.53 $b^2 \gg 4ac$

10.57 (a) $\mathcal{L} = \frac{1}{2}M(\dot{X}^2 + \dot{Y}^2 + R^2\dot{\theta}^2\sin^2\theta) + \frac{1}{2}\lambda_1^{cm}(\dot{\phi}^2\sin^2\theta + \dot{\theta}^2) + \frac{1}{2}\lambda_3^{cm}(\dot{\psi} + \dot{\phi}\cos\theta)^2 - MgR\cos\theta$。ここで$\lambda_1^{cm}, \lambda_3^{cm}$は，CM に関する 2 つの主モーメントである。(c) より大きな歳差運動の割合は，先端部よりも CM の方が大きい。(10.111) によれば，より小さい歳差運動の割合は変わらない。［ただし，(10.111) は近似値であることに注意すること。次の項まで近似を進めると，より小さな歳差運動率はわずかに減少することがわかる。］

第 11 章

11.1 $k_1(l_1 - L_1) = k_2(l_2 - L_2) = k_3(l_3 - L_3)$

11.3 $\omega^2 = \frac{1}{2m_1m_2}\{m_1(k_2 + k_3) + m_2(k_1 + k_2)$

$$\pm\sqrt{m_1^2(k_2+k_3)^2+m_2^2(k_1+k_2)^2-2m_1m_2(k_2k_3+k_3k_1+k_1k_2-\mathrm{k}_2^2)}\}$$

11.5（a）$m_1=m_2=m$，$k_1=k_2=k$，$\omega_0=\sqrt{k/m}$とする。このとき規準角振動数は，

$\omega_1=\omega_0\sqrt{\frac{3-\sqrt{5}}{2}}=0.62\omega_0$，$\omega_2=\omega_0\sqrt{\frac{3+\sqrt{5}}{2}}=1.62\omega_0$となる。

（b）振動 1 では 2 つの台車は同位相で振動し，m_2の振幅はm_1の振幅の 1.62 倍になる。振動 2 では 2 つの台車は逆位相で振動し，m_2の振幅はm_1の振幅の 0.62 倍になる。

11.7（b）$B_1=A$，$B_2=C_1=C_2=0$

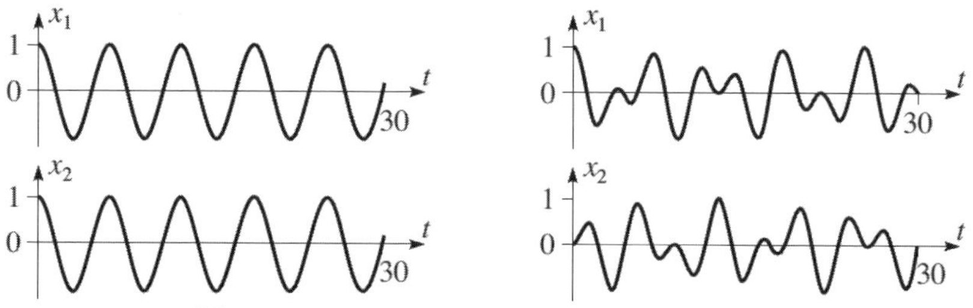

(b) (c)

（c）$B_1=B_2=A/2$，　$C_1=C_2=0$

11.9（b）$\xi_1=A_1\cos(\omega_1t-\delta_1)$，$\xi_2=A_2\cos(\omega_2t-\delta_2)$。ここで$\omega_1=\sqrt{k/m}$, $\omega_2=\sqrt{3k/m}$。また$A_1,\delta_1,A_2,\delta_2$はすべて任意の定数である。したがって

$$x_1=A_1\cos(\omega_1t-\delta_1)+A_2\cos(\omega_2t-\delta_2)$$

$$x_2=A_1\cos(\omega_1t-\delta_1)-A_2\cos(\omega_2t-\delta_2)$$

11.11（a）$m\ddot{x}_1=-2kx_1+kx_2-bx_1+F_0cos\omega t$，$m\ddot{x}_2=kx_1-2kx_2-b\dot{x}_2$

（c）$\xi_1(t)=A_1\cos(\omega t-\delta_1)+B_1e^{-\beta t}\cos(\omega_1t-\delta_1^{tr})$

$\xi_2(t)=A_2\cos(\omega t-\delta_2)+\ B_2e^{-\beta t}\cos(\omega_2t-\delta_2^{tr})$

ここで，定数$A_1,A_2,\delta_1,\delta_2$は（5.64）および（5.65）で与えられる。（ただし今の場合$f_0=F_0/2m$

である。またA_2, δ_2では，ω_0^2は$3\omega_0^2$に置き換えられる。）過渡項における定数$B_1, B_2, \delta_1^{tr}, \delta_2^{tr}$は任意であり，初期条件により決定される。また$\omega_1 = \sqrt{\omega_0^2 - \beta^2}$であり，$\omega_2 = \sqrt{3\omega_0^2 - \beta^2}$である。

11.13 （b） $\beta = b/2m$, $\omega_1 = \sqrt{k/m - \beta^2}$, $\omega_2 = \sqrt{(k + 2k_2)/m - \beta^2}$ とする。このとき $\xi_1 = e^{-\beta t}(B_1\cos\omega_1 t + C_1\sin\omega_1 t)$, $\xi_2 = e^{-\beta t}(B_2\cos\omega_2 t + C_2\sin\omega_2 t)$である。ただし$B_1, C_1, B_2, C_2$は任意定数である。（c）与えられた初期条件（および$\beta \ll 1$の下で），$x_1 = \frac{1}{2}Ae^{-\beta t}(\cos\omega_1 t + \cos\omega_2 t)$, $x_2 = \frac{1}{2}Ae^{-\beta t}(\cos\omega_1 t - \cos\omega_2 t)$。

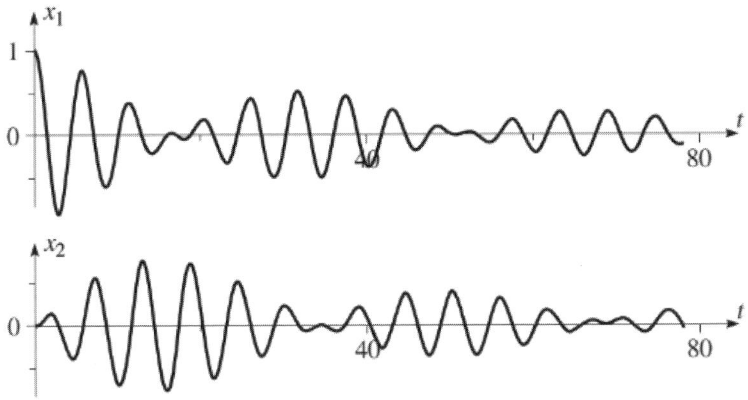

11.15 $\mathcal{L} = T - U$。ここでT, Uは（11.38）および（11.37）で与えられる。ϕ_1の式は次のとおりである。$(m_1 + m_2)L_1^2\ddot{\phi}_1 + m_2L_1L_2\ddot{\phi}_2\cos(\phi_1 - \phi_2) + m_2L_1L_2\dot{\phi}_2^2\sin(\phi_1 - \phi_2) = -(m_1 + m_2)gL_1\sin\phi_1$。$\phi_2$の式は，次のとおりである。$m_2L_1L_2\ddot{\phi}_1\cos(\phi_1 - \phi_2) + m_2L_2^2\ddot{\phi}_2^2 - m_2L_1L_2\dot{\phi}_1^2\sin(\phi_1 - \phi_2) = -m_2gL_2\sin\phi_2$。

11.17 （a） $\omega_1^2 = \frac{3}{4}\omega_0^2$, $\omega_2^2 = \frac{3}{2}\omega_0^2$。ここで$\omega_0 = \sqrt{g/L}$。

第1規準振動の場合，$\mathbf{a} = A\begin{bmatrix}1\\3\end{bmatrix}$，第2規準振動の場合$\mathbf{a} = A\begin{bmatrix}1\\-3\end{bmatrix}$。

（b） $\begin{bmatrix}\phi_1\\\phi_2\end{bmatrix} = \frac{\alpha}{6}\left\{\begin{bmatrix}1\\3\end{bmatrix}\cos\omega_1 t - \begin{bmatrix}1\\-3\end{bmatrix}\cos\omega_2 t\right\}$。これは周期的でない。

11.19（a）$\mathcal{L}=\frac{1}{2}(m+M)\dot{x}^2+ML\dot{x}\dot{\phi}+\frac{1}{2}ML^2\dot{\phi}^2-\left(\frac{1}{2}kx^2+\frac{1}{2}MgL\phi^2\right)$。 x,ϕの式は次のとおりである。 $(m+M)\ddot{x}+ML\ddot{\phi}=-kx,\quad ML\ddot{x}+ML^2\ddot{\phi}=-MgL\phi$

（b）与えられた数値で，規準角振動数は$\omega_1=\sqrt{2-\sqrt{2}}=0.77$，$\omega_2=\sqrt{2+\sqrt{2}}=1.85$となる。第 1 規準振動では，台車とおもりはおもりの振幅（台車に対する相対的な動き）が台車の$\sqrt{2}$倍大きい状態で，同位相で振動する（両方が右に移動し，次に両方が左に移動する）。第 2 の振動では，台車とおもりは逆位相で振動し，同じくおもりの振幅は台車の振幅の$\sqrt{2}$倍になる。

11.23 $\omega_2^2=\frac{g}{L}+\frac{k}{m}$，$\omega_3^2=\frac{g}{L}+3\frac{k}{m}$

11.25 $\omega_0=\sqrt{k/m}$ならば，規準角振動数は次の通り。

$$\omega_1=\omega_0\sqrt{2-\sqrt{2}},\qquad \omega_2=\omega_0\sqrt{2},\qquad \omega_3=\omega_0\sqrt{2+\sqrt{2}}$$

第 1 規準振動では，3 つのすべての台車は，$a_1=a_3=a_2/\sqrt{2}$で同位相で振動する。第 2 規準振動の場合$a_1=a_3, a_2=0$であり，中間の台車は静止しているが，第 1 規準振動と第 3 規準振動は逆位相にずれている。第 3 の場合$a_1=a_3=a_2/\sqrt{2}=0$であり，左右の台車は同位相で振動し，一方で中央の台車は逆位相にずれている。

11.27（a）$\mathcal{L}=\frac{1}{2}m(\dot{x}_1^2+\dot{x}_2^2)-\frac{1}{2}k(x_1-x_2)^2$。規準角振動数は$\omega_1=0,\quad \omega_2=\omega_0\sqrt{2}\quad (\omega_0=\sqrt{k/m})$である。 （b）第 2 規準振動では，2 つの台車は等しい振幅で振動するが，逆位相である。 （c）第 1 規準振動では，$x_1=x_2=x_0+v_0t$。すなわち，それらはばねを平衡長に保ちながら等速運動する。

11.29 $\omega_1=\sqrt{2k/m}$, $\omega_2=\sqrt{6k/m}$, $\omega_3=\sqrt{g/r_0}$。ここでr_0はrの平衡値である。

11.31 3 つの規準角振動数は0, $\sqrt{2}\omega_0$, $\sqrt{3}\omega_0$である。ここで$\omega_0=\sqrt{k/m}$である。

11.35 （a）$\xi_1=\phi_1+\phi_2$および$\xi_2=\phi_1-\phi_2$（またはこれらの任意の倍数）。 （c）第 1 規準振動は，$\phi_1=\phi_2=Ae^{-\beta t}\cos(\omega_1 t-\delta)$であり，第 2 規準振動は$\phi_1=-\phi_2=Ae^{-\beta t}\cos(\omega_2 t-\delta)$である。ここで$\omega_1=\sqrt{\frac{g}{L}-\beta^2}$，$\omega_2=\sqrt{\frac{g}{L}+\frac{2k}{m}-\beta^2}$，$\beta=\frac{b}{2m}$である。

第 12 章

12.1 任意の定数kに対して，$x_1(t) = (t + k)^2 + 1$。

12.7

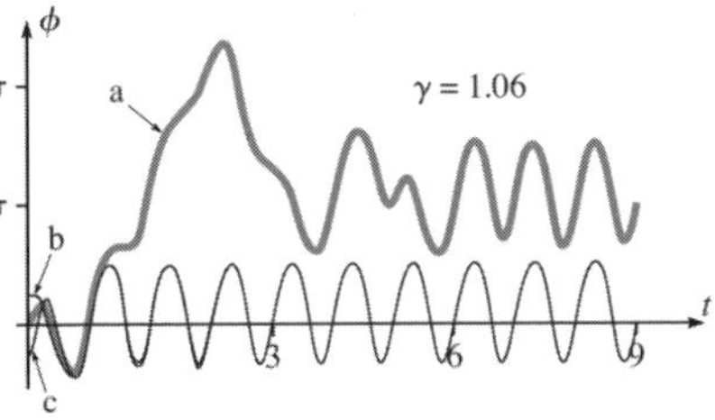

12.9

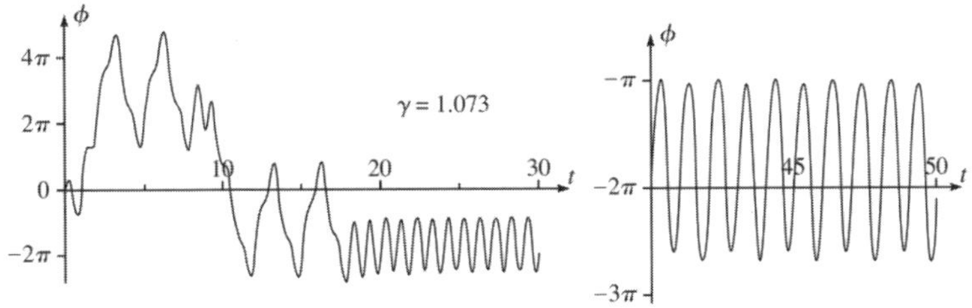

12.11（b）最小 2 乗直線は-1.54の傾きを持ち，$\delta = e^{1.54} = 4.66$となる。（正しい値は 4.67 である。）

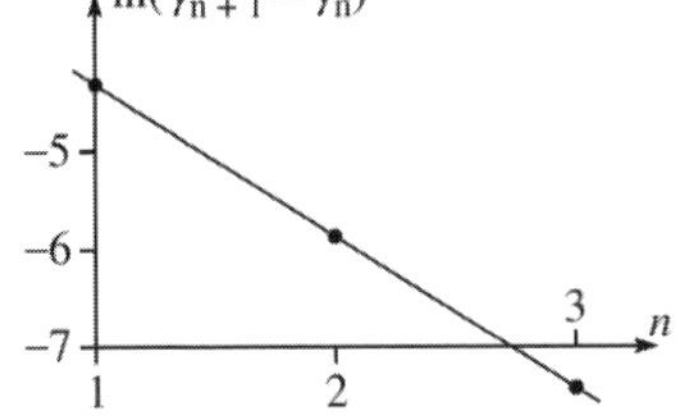

12.13 $\lambda \approx 0.64$

12.15 この図によって，$\phi(t)$が指数関数的に減少することが確認できる。

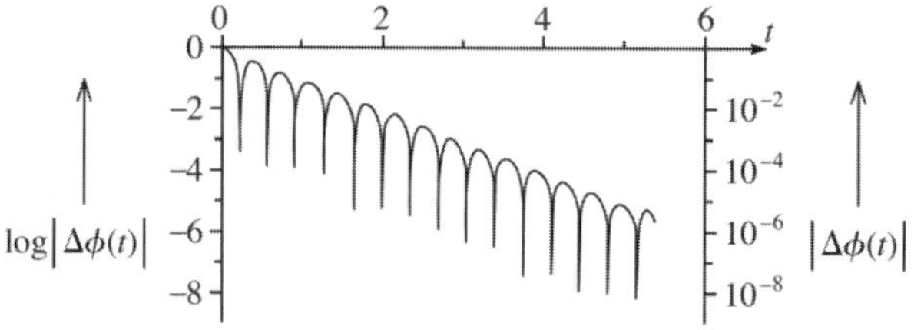

12.7

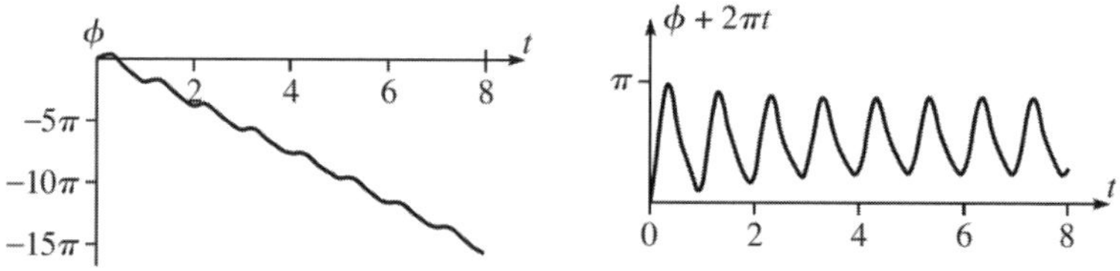

12.19 (a) $x = A\cos(\omega t - \delta)$。ここで$\omega = \sqrt{k/m}$であり，また$A, \delta$は任意定数である。

(b) $E = \frac{1}{2}kx^2 + \frac{1}{2}mx^2 =$ 一定。

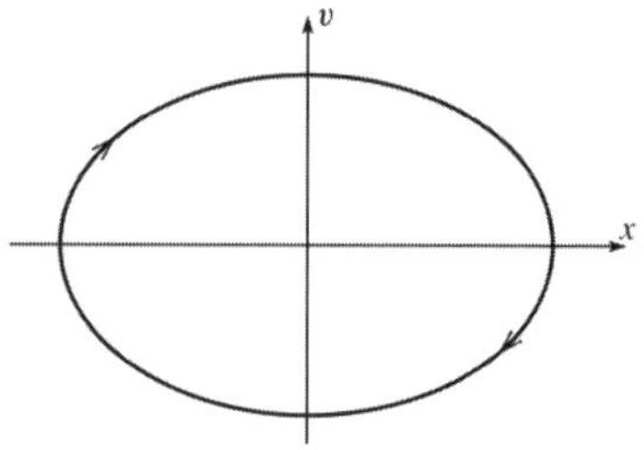

12.21 (a)

x_0	x_1	x_2	x_3	x_4	x_5	⋯	x_{28}	x_{29}	x_{30}
0	1.00	0.54	0.86	0.65	0.793	⋯	0.7391	0.7391	0.7391
3	−0.99	0.55	0.85	0.66	0.791	⋯	0.7391	0.7391	0.7391
100	0.86	0.65	0.80	0.70	0.765	⋯	0.7391	0.7391	0.7391

(b) $x^* = 0.739085$に，単一の安定したアトラクタがある。

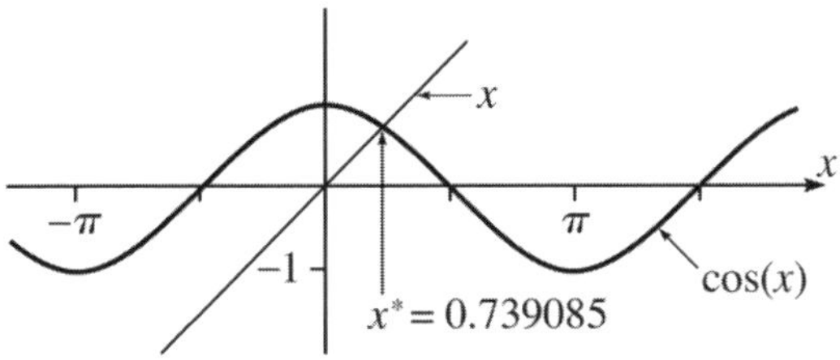

12.23 (a)

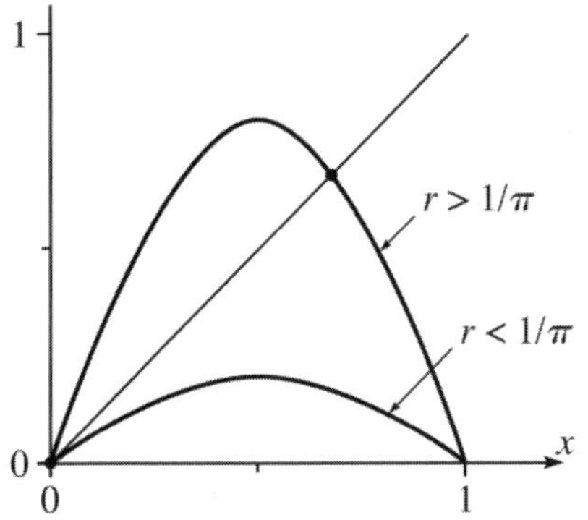

(b) $r_0 = 1/\pi = 0.318$ (c) $r_1 = 0.720$

12.25

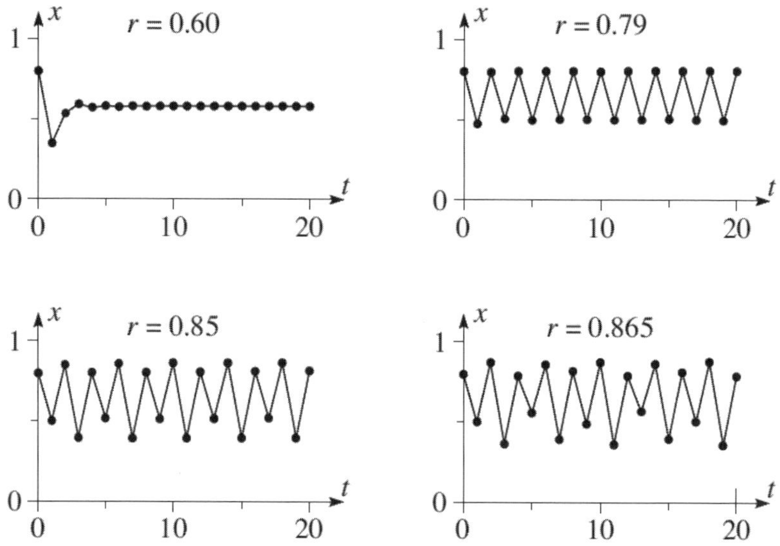

12.27（c）$x_a = 0.5130$および$x_b = 0.7995$。

12.29 最小 2 乗法の傾きから，$\delta = 4.69$を得る。

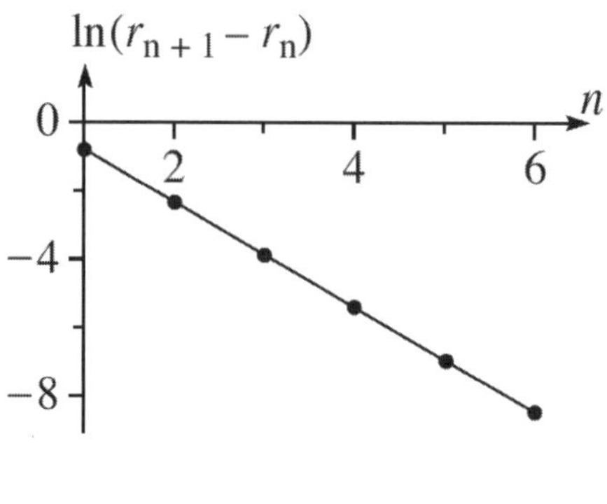

12.31

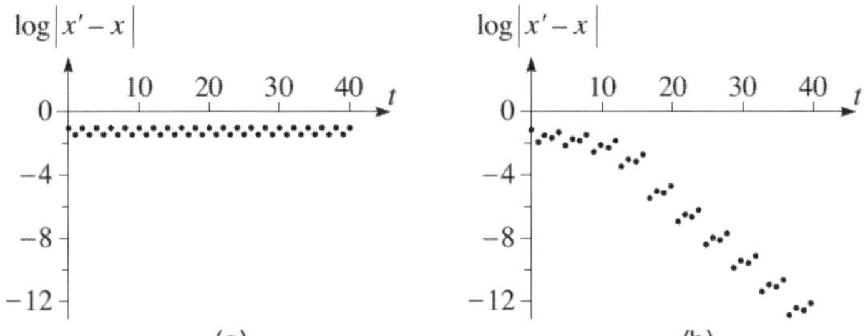

(a)　　(b)

12.33 図 12.41 を参照のこと。

第 13 章

13.1 $\mathcal{H} = p^2/2m$。 ハミルトン方程式は$\dot{x} = p/m$, $\dot{p} = 0$であり，その解は$p = p_0 =$一定，$x = x_0 + v_0 t$。ここで$v_0 = p_0/m$である。

13.3 ハミルトニアンは$\mathcal{H} = p^2/2(m_1 + m_2 + \frac{1}{2}M) - (m_1 - m_2)gx$である。ハミルトン方程式は$\dot{x} = p/(m_1 + m_2 + \frac{1}{2}M)$および$\dot{p} = (m_1 - m_2)g$であり，加速度は$\ddot{x} = g(m_1 - m_2)/(m_1 + m_2 + \frac{1}{2}M)$である。

13.5 ハミルトニアンと 2 つのハミルトン方程式は,

$$\mathcal{H} = \frac{p^2}{2m(c^2 + R^2)} + mgc\phi, \qquad \dot{\phi} = \frac{p}{m(c^2 + R^2)}, \qquad \dot{p} = -mgc$$

である。後ろの 2 つを組み合わせると，$\ddot{z} = c\ddot{\phi} = -gc^2/(c^2 + R^2)$となる。

13.7（a）$\mathcal{H} = \frac{p^2}{2m[1+h'(x)^2]} + mgh(x)$　（b）ハミルトン方程式は　$\dot{x} = \frac{p}{m[1+h'(x)^2]}$,

$p = \frac{p^2 h'(x)h''(x)}{m[1+h'(x)^2]^2} - mgh'(x)$ である。

13.9 ハミルトニアンは，$\mathcal{H} = (p_x^2 + p_y^2)/2m + mgy$である。ハミルトン方程式は $\dot{x} = p_x/m$, $\dot{p}_x = 0$, $\dot{y} = p_y/m$,, $\dot{p}_y = -mg$である。

13.11 ハミルトニアンは，$\mathcal{H} = \frac{p_x^2+p_y^2+p_z^2}{2m} - p_x V + mgz$（$x$軸は軌道と$z$軸に沿って垂直に上向きに測定される）である。

13.13 $\mathcal{H} = \frac{1}{2m}\left(p_z^2 + \frac{p_\phi^2}{R^2}\right) + \frac{1}{2}k(R^2 + z^2)$, $z = A\cos(\omega t - \delta)$。ここで $\omega = \sqrt{k/m}$, $\dot{\phi} =$ 一定。

13.17（a）$z_0 = [p_\phi^2/(m^2c^2g)]^{1/3}$（d）$\alpha = \arcsin(1/\sqrt{3}) = 35.3°$ 。

13.19 $\mathcal{H} = \frac{1}{2m}(p_x^2 + p_y^2) + U(\sqrt{x^2 + y^2})$。

13.21（a）$\mathcal{H} = \frac{1}{2M}(P_x^2 + P_y^2) + \frac{1}{2\mu}\left(p_r^2 + \frac{p_\phi^2}{r^2}\right) + \frac{1}{2}k(r - l_0)^2$。$X, Y, \phi$はイグノラブルである。 rはそうではない。　（c）$r = l_0 + A\cos(\omega t - \delta)$。ここで$\omega = \sqrt{k/\mu}$, A, δは定数である。

13.23（b）2 つの共役モーメントは，$p_x = m(\dot{x} + \dot{y})$および$p_y = m(\dot{x} + 4\dot{y})$である。$\mathcal{H} = \frac{1}{2m}\left[\frac{1}{3}(p_x - p_y)^2 + p_x^2\right] + \frac{1}{2}kx^2$（c）$x = x_0\cos\omega t$および$y = y_0 + \frac{1}{4}x_0(1 - \cos\omega t)$。

ここで$\omega = \sqrt{4k/3m}$である。

13.25（c）$P = \mathcal{H}$（d）$Q = \Omega = t + const$。

13.29

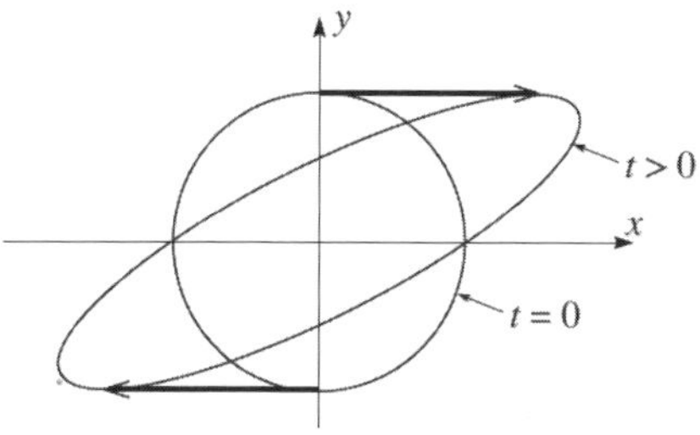

13.31（a）$3k$　（b）0　（c）k　（d）0

13.33（a）LHS $= 4\pi kR^3 =$ RHS。　（b）同じ。

第 14 章

14.1 $\sigma = 0.79\text{cm}^2$，$n_{tar} = 0.034\text{cm}^{-2}$，確率=0.027

14.3（個数密度）$= 2.1 \times 10^{28}\text{atoms/m}^2$

14.5 $N_{sc} = 2.7 \times 10^7$

14.7 $\Delta\Omega_{moon} = 6.45 \times 10^{-5}\ sr$，$\Delta\Omega_{sun} = 6.76 \times 10^{-5}\ sr$。

14.11 $N_{sc} \approx 29$。

14.15（a）

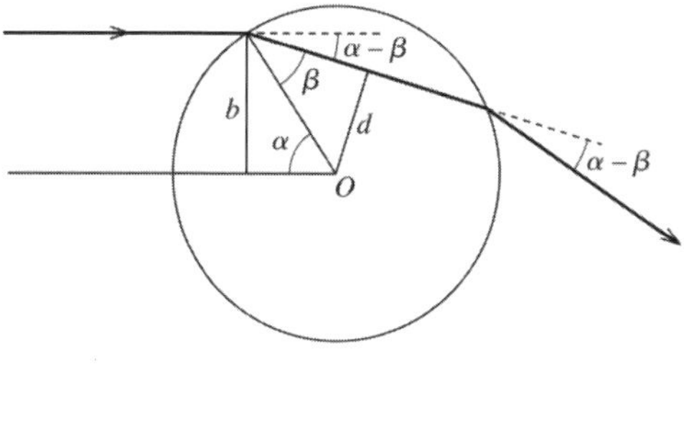

(b) $\sqrt{p_0^2 + 2mU_0}$。

(c) 左の図を参照のこと。

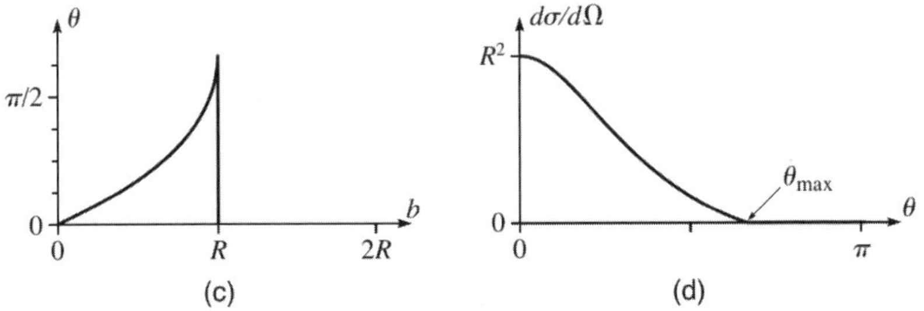

(d) $\frac{d\sigma}{d\Omega} = \frac{b}{(sin\theta)d\theta/db}$。ここで $\frac{d\theta}{db} = 2\left(\frac{1}{\sqrt{R^2-b^2}} - \frac{\zeta}{\sqrt{R^2-\zeta^2 b^2}}\right)$, $0 \le \theta \le \theta_{max} = \pi - \arcsin\zeta$。$\theta > \theta_{max}$の場合，$d\sigma/d\Omega = 0$.（e）$\sigma_{tot} = \pi R^2$となる。

14.17 $N_{SC}/Z^2 =$ 0.21, 0.20など

14.31（b）$\theta_{lab} = 0$の場合，θ_{cm}は 0 またはπになる。

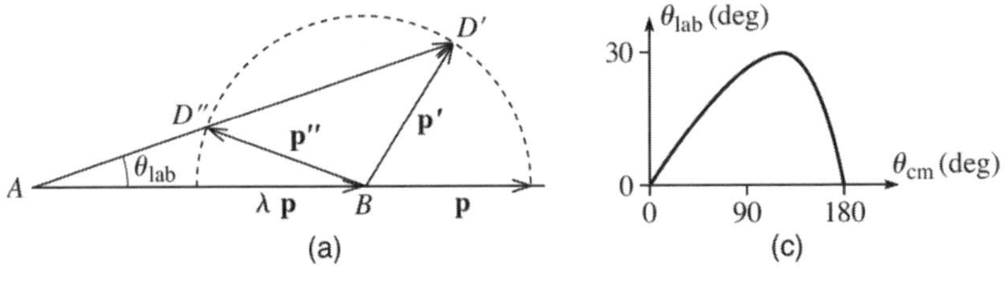

（d）$\theta_{lab}(\max) = \arcsin(1/\lambda)$である。

第 15 章

15.3 $\gamma = 1 + 3.56 \times 10^{-10}$；差$= (\Delta t_0 - \Delta t) = -1.28\mu s$；パーセント差$= -3.56 \times 10^{-8}\%$

15.5 Aの時計を見ると，Aは 25 歳であることがわかる。一方Bの年齢は 80 歳である。

15.7 時計の遅れを考慮すると，予想される数は$N = 420$である。時計の遅れを無視すると，$N = 29$である。

15.11 $v = \frac{3}{5}c$

15.13（a）$l = 91.7\text{cm}$，$\theta = 70.9°$　（b）$l = 83.2\text{cm}$，$\theta o = 46.1°$

15.17 (a) 2 つの事象 1 と 2 を考えると，S'で観測した場合$t_1 = 0$であるが，$t_2 = -\gamma\beta a/c$である。　(b) S''で観測した場合$t_1 = 0$であるが，$t_2 = +\gamma\beta a/c$である。

15.19（a）$x'_F = d$，$t'_F = d/c$，$x'_B = -d$，$t'_B = d/c$　（b）$x_F = \gamma(1+\beta)d$，$t_F = \gamma(1+\beta)d/c$，$x_B = -\gamma(1-\beta)d$，$t_B = \gamma(1-\beta)d/c$

15.21 $v = 0.91c$

15.23 右のロケットに対する左のロケットの速度は，左方向に$0.994c$である。

15.25（Sで測定した速度）$= c$

15.29（a）$$\mathbf{R}(\theta) = \begin{bmatrix} \cos\theta & \sin\theta & 0 \\ -\sin\theta & \cos\theta & 0 \\ 0 & 0 & 1 \end{bmatrix}$$

15.33（a）$$\left.\begin{aligned} x'_1 &= x_1 \\ x'_2 &= \gamma(x_2 - \beta x_4) \\ x'_3 &= x_3 \\ x'_4 &= \gamma(x_4 - \beta x_2) \end{aligned}\right\}$$ その結果 $$A_{B2} = \begin{bmatrix} 1 & 0 & 0 & 0 \\ 0 & \gamma & 0 & -\gamma\beta \\ 0 & 0 & 1 & 0 \\ 0 & -\gamma\beta & 0 & \gamma \end{bmatrix}$$

（b）$$\Lambda_{R+} = \begin{bmatrix} 0 & 1 & 0 & 0 \\ -1 & 0 & 0 & 0 \\ 0 & 0 & 1 & 0 \\ 0 & 0 & 0 & 1 \end{bmatrix}, \qquad \Lambda_{R-} = \begin{bmatrix} 0 & -1 & 0 & 0 \\ 1 & 0 & 0 & 0 \\ 0 & 0 & 1 & 0 \\ 0 & 0 & 0 & 1 \end{bmatrix}$$

15.47 $v = 0.20c$

15.55 uは 4 元ベクトルであるので，$u'_1 = \gamma(V)[u_1 - \beta(V)u_4]$，$u'_2 = u_2$，$u'_3 = u_3$，$u'_4 = \gamma(V)[u_4 - \beta(V)u_1]$である。

15.57 $T(\mathrm{Bi}) + T(\mathrm{He}) = 1.3 \times 10^{-12} J = 8.1 MeV$

15.61 $E = 5\mathrm{MeV}$; $v = 0.8c$

15.63 $1\ \mathrm{MeV}/c^2 = 1.78 \times 10^{-30}\mathrm{kg}$; $1\ \mathrm{MeV}/c = 5.34 \times 10^{-22}\mathrm{kg} \cdot \mathrm{m/s}$

15.65（b）$v_{max} = 0.12c$

15.67 $v_f = 0$; $M = \frac{10}{3}m$

15.71（c）最小エネルギーは$E_{cm} \approx 3100\mathrm{MeV}$であるが，$E_{lab} \approx 9.6 \times 10^6\mathrm{MeV}$である。

15.75 $M = 2.95\mathrm{GeV}/c^2$; $v = 0.65c$。

15.81 $r(rel) = 8.3\ \mathrm{cm}$; $r(nonrel) = 5.9\mathrm{cm}$

15.93 Eが電子の最終エネルギーを表す場合，$E/E_0 \approx 0.002$。

15.109（a）2 つの粒子がxy平面にあるように座標軸を選ぶと，静止系S'では一方が他方に及ぼす力は$\mathbf{F}' = (0, kq^2/r'^2, 0)$になる。(15.155) によれば，これは$S$系では$\mathbf{F} = (0, kq^2/\gamma r^2, 0)$に変換される。（b）$S'$系では，一方が他方の位置に作り出す電場，磁場は$\boldsymbol{E}' = (0, kq/r^2, 0)$，$\boldsymbol{B}' = (0,0,0)$である。$S$系では，$\boldsymbol{E} = (0, \gamma kq/r^2, 0)$，$\boldsymbol{B} = (0,0,\gamma\beta kq^2/cr^2)$である。これらは力$\mathbf{F} = q\mathbf{v} \times \mathbf{B}$を生じるが，これは（a）と同じであることが容易にわかる。

第 16 章

16.7

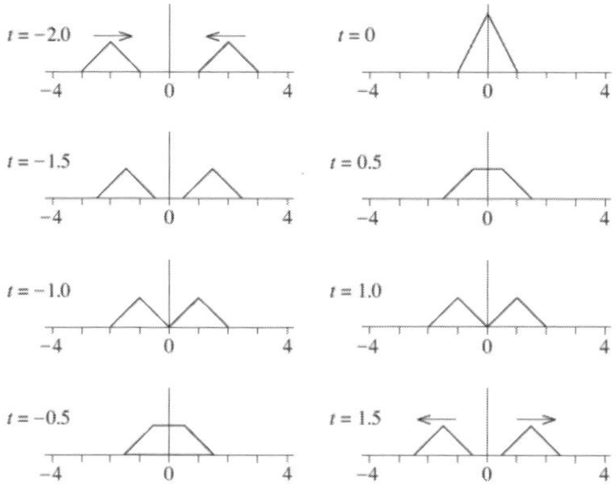

16.11

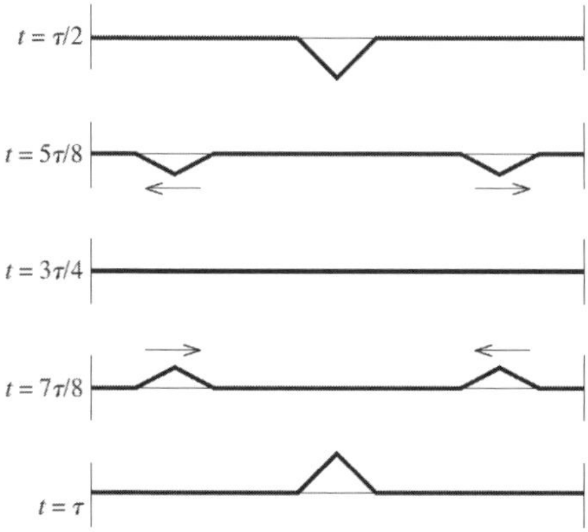

16.27 $\mathrm{E} = \frac{\sigma_{11}}{3\alpha\beta}\begin{bmatrix} 2\alpha+\beta & 0 & 0 \\ 0 & \beta-\alpha & 0 \\ 0 & 0 & \beta-\alpha \end{bmatrix}$

16.31 距離 = 5040 km

索　引

各項目はすべてページ番号で識別されている。さらに，参照範囲が節または章全体に及ぶ場合，その節または章を括弧で囲んで示した。たとえば（1.1 節）または（1 章）など。同様に，参照範囲が主に図，例，問題，または脚注の場合，（図 1.2)，（例 1.3)，（問題 1.4)，または（脚注）のようなただし書きを追加した。

【記号】

【数字】

【ギリシャ文字】

【アルファベット】

【あ行】

【か行】

【さ行】

【た行】

【な行】

【は行】

【ま行】

【や行】

【ら行】

【わ行】

三角関数の公式

$$\sin(\theta \pm \phi) = \sin\theta\cos\phi \pm \cos\theta\sin\phi \qquad \cos(\theta \pm \phi) = \cos\theta\cos\phi \mp \sin\theta\sin\phi$$

$$\cos\theta\cos\phi = \frac{1}{2}\left[\cos(\theta+\phi) + \cos(\theta-\phi)\right]$$

$$\sin\theta\sin\phi = \frac{1}{2}\left[\cos(\theta-\phi) - \cos(\theta+\phi)\right]$$

$$\sin\theta\cos\phi = \frac{1}{2}\left[\sin(\theta+\phi) + \sin(\theta-\phi)\right]$$

$$\cos^2\theta = \frac{1}{2}\left[1+\cos2\theta\right] \qquad \sin^2\theta = \frac{1}{2}\left[1-\cos2\theta\right]$$

$$\cos\theta + \cos\phi = 2\cos\frac{\theta+\phi}{2}\cos\frac{\theta-\phi}{2} \qquad \cos\theta - \cos\phi = 2\sin\frac{\theta+\phi}{2}\sin\frac{\theta-\phi}{2}$$

$$\sin\theta \pm \sin\phi = 2\sin\frac{\theta\pm\phi}{2}\cos\frac{\theta\mp\phi}{2}$$

$$\cos^2\theta + \sin^2\theta = 1 \qquad \sec^2\theta - \tan^2\theta = 1$$

$$e^{i\theta} = \cos\theta + i\sin\theta \quad \text{[オイラーの公式]}$$

$$\cos\theta = \frac{1}{2}\left(e^{i\theta} + e^{-i\theta}\right) \qquad \sin\theta = \frac{1}{2i}\left(e^{i\theta} - e^{-i\theta}\right)$$

双曲線関数

$$\cosh z = \frac{1}{2}(e^{z} + e^{-z}) = \cos(iz) \qquad \sinh z = \frac{1}{2}(e^{z} - e^{-z}) = -i\sin(iz)$$

$$\tanh z = \frac{\sinh z}{\cosh z} \qquad \mathrm{sech}\, z = \frac{1}{\cosh z}$$

$$\cosh^2 z - \sinh^2 z = 1 \qquad \mathrm{sech}^2 z + \tanh^2 z = 1$$

級数展開

$$f(z)=f(a)+f'(a)(z-a)+\frac{1}{2!}f''(a)(z-a)^3+\frac{1}{3!}f'''(a)(z-a)^3+\cdots$$

[テイラー級数]

$e^z=1+z+\frac{1}{2!}z^2+\frac{1}{3!}z^3+\cdots$ $\ln(1+z)=z-\frac{1}{2}z^2+\frac{1}{3}z^3-\cdots$ $[|z|<1]$

$\mathrm{cos}z=1-\frac{1}{2!}z^2+\frac{1}{4!}z^4-\cdots$ $\mathrm{sin}z=z-\frac{1}{3!}z^3+\frac{1}{5!}z^5-\cdots$

$\mathrm{cosh}z=1+\frac{1}{2!}z^2+\frac{1}{4!}z^4+\cdots$ $\mathrm{sinh}z=z+\frac{1}{3!}z^3+\frac{1}{5!}z^5-\cdots$

$\mathrm{tan}z=z+\frac{1}{3}z^3+\frac{2}{15}z^5+\cdots$ $[|z|<\pi/2]$ $\mathrm{tanh}z=z-\frac{1}{3}z^3+\frac{2}{15}z^5-\cdots$ $[|z|<\pi/2]$

$(1+z)^n=1+nz+\frac{n(n-1)}{2!}z^2+\cdots$ $[|z|<1]$ [2 項級数]

微分

$\frac{d}{dz}\mathrm{tan}z=\mathrm{sec}^2z$ $\frac{d}{dz}\mathrm{tanh}z=\mathrm{sech}^2z$

$\frac{d}{dz}\mathrm{sinh}z=\mathrm{cosh}z$ $\frac{d}{dz}\mathrm{cosh}z=\mathrm{sinh}z$

積分

$\int\frac{dx}{1+x^2}=\arctan x$ $\int\frac{dx}{1-x^2}=\mathrm{arctanh}\, x$

$\int\frac{dx}{\sqrt{1-x^2}}=\arcsin x$ $\int\frac{dx}{\sqrt{1+x^2}}=\mathrm{arcsinh}\, x$

$\int\tan x\,dx=-\ln\cos x$ $\int\tanh x\,dx=\ln\cosh x$

$\int\frac{dx}{x+x^2}=\ln\left(\frac{x}{1+x}\right)$ $\int\frac{x\,dx}{1+x^2}=\frac{1}{2}\ln(1+x^2)$

$\int\frac{dx}{\sqrt{x^2-1}}=\mathrm{arccosh}\, x$ $\int\frac{x\,dx}{\sqrt{1+x^2}}=\sqrt{1+x^2}$

$$\int \frac{dx}{x\sqrt{x^2-1}} = \arccos\left(\frac{1}{x}\right) \qquad \int \frac{\sqrt{x}\,dx}{\sqrt{1-x}} = \arcsin(\sqrt{x}) - \sqrt{x(1-x)}$$

$$\int \frac{dx}{(1+x^2)^{3/2}} = \frac{x}{(1+x^2)^{1/2}} \qquad \int \ln(x)\,dx = x\ln(x) - x$$

$$\int_0^1 \frac{dx}{\sqrt{1-x^2}\sqrt{1-mx^2}} = K(m)$$ 第 1 種完全楕円積分

その他のデータ　（章末問題で使用する）

太陽系

（地球質量）$= 5.97 \times 10^{24}$kg

（地球半径）$= 6.38 \times 10^{6}$m

（月質量）$= 7.35 \times 10^{22}$kg

（月半径）$= 1.74 \times 10^{6}$m

（太陽質量）$= 1.99 \times 10^{30}$kg

（太陽半径）$= 6.96 \times 10^{8}$m

（地球－月間距離）$= 3.84 \times 10^{8}$m

（地球－太陽距離）$= 1.50 \times 10^{11}$m

理想気体

アボガドロ数，NA $= 6.02 \times 10^{23}$粒子/モル

ボルツマン定数，k $= 1.38 \times 10^{-23}$ J/K $= 8.62 \times 10^{-5}$eV/K

気体定数，R = 8.31J /（モル K）= 0.0821 リットル・atm/モル（K）

STP = 0℃および 1 気圧

（STP における 1 モルの気体の容積）= 22.4 リットル

換算係数

面積：1 バーン$= 10^{-28}$m^2

エネルギー：1eV $= 1.60 \times 10^{-19}$J

1cal = 4.184J

長さ：1 インチ= 2.54 cm

1 マイル= 1609 メートル

質量：1 u（原子質量単位）= 1.66×10^{-27}kg = 931.5 MeV/c^2

1 ポンド（質量）= 0.454kg

1 MeV/c^2= 1.074×10^{-3}u = 1.783×10^{-30}kg

運動量：1MeV/c = 5.34×10^{-22}kg · m/s

物理定数

クーロン定数，$k = 1/(4\pi\epsilon_0) = 8.99 \times 10^9 \mathrm{N \cdot m^2/C^2}$

重力定数，$G = 6.67 \times 10^{-11} \mathrm{N \cdot m^2/kg^2}$

プランクの定数，$h = 6.63 \times 10^{-34}\ \mathrm{J \cdot s}$,　$\hbar = 1.05 \times 10^{-34} \mathrm{J \cdot s}$

光速度，$\mathrm{c} = 3.00 \times 10^8 \mathrm{m/s}$

真空透過率，$\mu_0 = 4\pi \times 10^{-7} \mathrm{N/A^2}$

真空誘電率，$\epsilon_0 = 8.85 \times 10^{-12} \mathrm{C^2/(N \cdot m^2)}$

ベクトル恒等式

$$\mathbf{A} \cdot (\mathbf{B} \times \mathbf{C}) = \mathbf{B} \cdot (\mathbf{C} \times \mathbf{A}) = \mathbf{C} \cdot (\mathbf{A} \times \mathbf{B})$$

$$\mathbf{A} \times (\mathbf{B} \times \mathbf{C}) = \mathbf{B}(\mathbf{A} \cdot \mathbf{C}) - \mathbf{C}(\mathbf{A} \cdot \mathbf{B}) \qquad [BAC - CAB\text{規則}]$$

ベクトル解析

$$\boldsymbol{\nabla} f = \hat{\mathbf{x}}\frac{\partial f}{\partial x} + \hat{\mathbf{y}}\frac{\partial f}{\partial y} + \hat{\mathbf{z}}\frac{\partial f}{\partial z} \qquad [\text{直交座標}]$$

$$= \hat{\mathbf{r}}\frac{\partial f}{\partial r} + \hat{\boldsymbol{\theta}}\frac{1}{r}\frac{\partial f}{\partial \theta} + \hat{\boldsymbol{\phi}}\frac{1}{r\sin\theta}\frac{\partial f}{\partial \phi} \qquad [\text{極座標}]$$

$$= \hat{\boldsymbol{\rho}}\frac{\partial f}{\partial \rho} + \hat{\boldsymbol{\phi}}\frac{1}{\rho}\frac{\partial f}{\partial \phi} + \hat{\mathbf{z}}\frac{\partial f}{\partial z} \qquad [\text{円柱極座標}]$$

$$\boldsymbol{\nabla}\times\boldsymbol{A}=\hat{\mathbf{x}}\left(\frac{\partial}{\partial y}A_z-\frac{\partial}{\partial z}A_y\right)+\hat{\mathbf{y}}\left(\frac{\partial}{\partial z}A_x-\frac{\partial}{\partial x}A_z\right)+\hat{\mathbf{z}}\left(\frac{\partial}{\partial x}A_y-\frac{\partial}{\partial y}A_x\right)$$ [直交座標]

$$=\hat{\mathbf{r}}\frac{1}{r\sin\theta}\left[\frac{\partial}{\partial\theta}\left(\sin\theta A_\phi\right)-\frac{\partial}{\partial\phi}A_\theta\right]+\hat{\boldsymbol{\theta}}\left[\frac{1}{r\sin\theta}\frac{\partial}{\partial\phi}A_r-\frac{1}{r}\frac{\partial}{\partial r}\left(rA_\phi\right)\right]$$

$$+\hat{\boldsymbol{\phi}}\frac{1}{r}\left[\frac{\partial}{\partial r}(rA_\theta)-\frac{\partial}{\partial\theta}A_r\right]$$ [極座標]

$$=\hat{\boldsymbol{\rho}}\left[\frac{1}{\rho}\frac{\partial}{\partial\phi}A_z-\frac{\partial}{\partial z}A_\phi\right]+\hat{\boldsymbol{\phi}}\left[\frac{\partial}{\partial z}A_\rho-\frac{\partial}{\partial\rho}A_z\right]+\hat{\mathbf{z}}\frac{1}{\rho}\left[\frac{\partial}{\partial\rho}\left(\rho A_\phi\right)-\frac{\partial}{\partial\phi}A_\rho\right]$$

[円柱極座標]

$$\boldsymbol{\nabla}\cdot\boldsymbol{A}=\frac{\partial}{\partial x}A_x+\frac{\partial}{\partial y}A_y+\frac{\partial}{\partial z}A_z$$ [直交座標]

$$=\frac{1}{r^2}\frac{\partial}{\partial r}(r^2A_r)+\frac{1}{r\sin\theta}\frac{\partial}{\partial\theta}(\sin\theta A_\theta)+\frac{1}{r\sin\theta}\frac{\partial}{\partial\phi}A_\phi$$ [極座標]

$$=\frac{1}{\rho}\frac{\partial}{\partial\rho}\left(\rho A_\rho\right)+\frac{1}{\rho}\frac{\partial}{\partial\phi}A_\phi+\frac{\partial}{\partial z}A_z$$ [円柱極座標]

$$\nabla^2 f=\frac{\partial^2 f}{\partial x^2}+\frac{\partial^2 f}{\partial y^2}+\frac{\partial^2 f}{\partial z^2}$$ [直交座標]

$$=\frac{1}{r}\frac{\partial^2}{\partial r^2}(rf)+\frac{1}{r^2\sin\theta}\frac{\partial}{\partial\theta}\left(\sin\theta\frac{\partial f}{\partial\theta}\right)+\frac{1}{r^2\sin^2\theta}\frac{\partial^2 f}{\partial\phi^2}$$ [極座標]

$$=\frac{1}{\rho}\frac{\partial}{\partial\rho}\left(\rho\frac{\partial f}{\partial\rho}\right)+\frac{1}{\rho^2}\frac{\partial^2 f}{\partial\phi^2}+\frac{\partial^2 f}{\partial z^2}$$ [円柱極座標]

●訳者略歴

上田 晴彦（うえだ はるひこ）

1965年1月4日生まれ。大阪市出身。
京都大学を卒業後，広島大学 理論物理学研究所にて宇宙物理学の研究を始める。
京都大学 理学研究科 宇宙物理学教室でのポスドクを経て1995年より秋田大学に研究の場を移し，2010年に教育文化学部の教授に就任。大学生のプログラミング教育に興味があり，秋田大学の教養教育において「コンピュータシミュレーション入門」を担当。
現在，秋田大学副学長（評価・IR 担当）。

著 書 『インターネット望遠鏡で観測！ 現代天文学入門』
（共著，森北出版）
『Maxima で学ぶ解析力学』（工学社）
『Java で初等力学シミュレーション』（プレアデス出版）
訳 書 『古代文明に刻まれた宇宙 ―天文考古学への招待―』（青土社）

古典力学

2019年7月1日 第1版第1刷発行

著 者 ジョン・テイラー
訳 者 上田 晴彦
発行者 麻畑 仁
発行所 (有)プレアデス出版
〒399-8301 長野県安曇野市穂高有明7345-187
TEL 0263-31-5023 FAX 0263-31-5024
http://www.pleiades-publishing.co.jp
装 丁 松岡 徹
印刷所 亜細亜印刷株式会社
製本所 株式会社渋谷文泉閣

落丁・乱丁本はお取り替えいたします。定価はカバーに表示してあります。
ISBN978-4-903814-93-3 C3042 Printed in Japan